国家社科基金重大项目"东西方心灵哲学及其比较研究"
(项目批准号12&ZD120)研究成果

华大"韦卓民哲思"文丛

丛书主编/高新民 毛华兵

东西方心灵哲学及其比较研究

心灵哲学的当代建构

高新民 刘占峰 宋荣/著

科学出版社
北京

图书在版编目（CIP）数据

心灵哲学的当代建构/高新民，刘占峰，宋荣著. —北京：科学出版社，2019.4
（华大"韦卓民哲思"文丛 / 高新民，毛华兵主编."东西方心灵哲学及其比较研究"系列）
ISBN 978-7-03-060951-9

Ⅰ.①心… Ⅱ.①高… ②刘… ③宋… Ⅲ.①心灵学-研究-中国 Ⅳ.①B846

中国版本图书馆 CIP 数据核字（2019）第 056710 号

丛书策划：刘　溪
责任编辑：刘　溪　张　楠/责任校对：任苗苗　高辰雷
责任印制：徐晓晨/封面设计：黄华斌

科　学　出　版　社　出版
北京东黄城根北街 16 号
邮政编码：100717
http://www.sciencep.com

北京虎彩文化传播有限公司 印刷
科学出版社发行　各地新华书店经销
*

2019 年 4 月第 一 版　开本：720×1000　B5
2020 年 1 月第二次印刷　印张：43 3/4
字数：850 000
定价：198.00 元
（如有印装质量问题，我社负责调换）

华大"韦卓民哲思"文丛
编委会

主　编：高新民　毛华兵

编　委（以汉语拼音为序）：

陈吉胜　高扬帆　胡子政　李宏伟
刘占峰　宋　荣　王世鹏　吴秀莲
杨足仪　殷　筱　张　卫　张蔚琳
张文龙

总　　序

"华大'韦卓民哲思'文丛"是为纪念和发扬韦卓民科学精神、展现华中师范大学哲学一级学科原创性学术成果而组织策划的。

本丛书之所以以韦卓民先生的名字命名，是因为他用他的生命实践成功、生动地诠释了难得而又最为我们华中师范大学哲人、最为我们时代所需要的科学和学术精神。

韦卓民（1888—1976）生于广东中山县的一个茶商家庭，是我国现代著名的哲学家、翻译家、教育家和宗教学家，西方哲学史学科的奠基人之一，曾长期担任作为华中师范大学前身之一的华中大学的校长（1929~1951年）。曾留学于哈佛大学、伦敦大学、牛津大学、巴黎大学、柏林大学等著名学府，1927年获英国伦敦大学哲学博士学位。20世纪三四十年代，先生曾三次应邀赴美国长时间讲学，并受聘为耶鲁大学、芝加哥大学、哥伦比亚大学哲学和伦理学客座教授。其所讲的关于中国文化的系列讲座不久以"中国文化之精神"为书名在纽约以英文公开出版。

先生长期的哲学和逻辑研究折射出了一种只在作为民族脊梁的少数知识分子身上才能看到的文化和精神现象，其内隐藏着与"李约瑟难题""钱学森之问"有异曲同工之妙的"韦卓民难题"。他以自己的人生实践和元方法论层面上的科学哲学探讨对之做了别具一格的回答。反思这些用实践写成的答案有助于我们理解今日知识界的种种反常、异常、异化现象，破解杰出、创新人才培养的重大难题。他的学术实践所诠释的科学精神是，以科学本身为目的，为学术而学术，殚精竭虑地敬重、维护、创新科学文化这一最高的社会价值，不仅不像今天许多人那样把它当作谋取金钱、财富、地位、权利的手段，或只做有利可图的学问，反而只要学术需要就毫不犹豫地奉献自己的一切，生为学术而生，死为学术而死。最为突出的是，他以不可思议的意志和毅力，自己戴着"右派""反动学术权威""牛鬼蛇神"等一顶顶可怕的帽子，在经常上五七干校、下农村改造的艰难处境下，完成了令人瞠目的著述和译作。仅逝世前短短二十年时间，他就写下了近千万字的文字，其中大多数是一笔一画誊正清晰的完整手稿。最为感人的是，许多作品是在国人对学术不仅不需要反倒嗤之以鼻的背景下写出来的，例如，他关于新康德主义和关于《判断力批判》的总批判两篇文章落款的时间地点分别是"1972年1月12日政治系宿舍"和"1972年1月4日政史连"，他关于黑格尔哲学的10多万字的英文稿，落款的时间也是1972年。1976年春天的一天，先生对一位同事说争取在最近把他十分看重的《黑格尔〈小逻辑〉评注》写完。可惜的是，没过几天，他因患感冒而悄然离开了人世。

我们将铭记和发扬先生所践行的学术精神，不断拿出无愧于时代的成果，并通过本文丛陆续推出。

高新民　毛华兵
2019年3月

前　言

　　中国不仅有自己的心灵哲学（这已得到了国际学界的认可），而且在近代以前还有发达的、有个性的、令我们骄傲和汗颜的心灵哲学。其表现有很多，第一，直到20世纪上半叶，西方由于分析哲学的介入才发现：对人做心身二分、对世界做心物二分存在着"范畴错误"，这个错误既表现为逻辑错误，又隐含着与科学事实不符的矛盾。而中国心灵哲学一开始就避免了这一错误，其原因和意义值得探讨。第二，西方心灵哲学只是到了现代才有一部分人看到了心灵哲学中的实体论、单子主义（认为心以精神实体为依托，此实体是实物性或单子性存在）的错误和危害，而中国的大多数心灵哲学都没有这样的预设。第三，与此相关的是，中国心灵哲学早就包含关于心的具身性（即心灵是由包括躯体在内的多种因素所成就的现象）思想，而西方只是在最近几十年才开始这一研究。第四，中国心灵哲学一般不把心看作固定不变的东西，而把它看作是变动的，同时只有在人进入动的状态时其才出现，正如梁漱溟先生所说的：识心必于"生"（语默动静）求。而西方只是到最近才由脑科学家、诺贝尔奖获得者埃德尔曼（G. Edelman）认识到这一点。第五，中国历来就有对心灵的自然化操作，而西方的自然化是最近几十年才兴起的，如此等等。但我们必须承认，中国后来掉队了，而且在一定的时期内，差距呈加大趋势。就此而言，中国的心灵哲学中也存在着"李约瑟难题"。现在中国的科研条件如此之好，中国的学者没有理由不在解决这一难题方面有所作为。

　　印度学者一直在为印度心灵哲学进入国际心灵哲学舞台以享有一席之地而奋斗。他们在这一领域研究的新动向是：重视跨文化沟通，并就中国、印度、西方心灵哲学之关系做了大量研究。另外，他们很重视用西方心灵哲学的框架来研究和重构印度心灵哲学。在这方面，印度学者罗摩克里希纳·拉奥（K. Ramakrishna Rao）的工作颇令人瞩目。他曾就读于印度安得拉大学（Andhra University），最初的主攻方向是心理学和超心理学，后热衷于对心理现象进行跨文化研究，还在该大学建立了瑜伽和意识研究所。他的新看法是：心灵哲学不是西方人的专利，每个民族都可以为世界的心灵认识做出特殊的贡献，事实也确实如此。早于基督教1000年的《奥义书》就对人性做了独到的思考，甚至包含了优于西方思想的思想。他对西方一般教科书不提印度的心理学、心灵哲学的做法极为不满。

　　从严格意义上讲，西方的心灵哲学正式发端于古希腊，之后一直延续不断。至20世纪，其发展成为西方哲学中享有重要（有人认为是"优先"）地位的哲学分支。其一般特点是：①涉及这一研究的人很多，分析哲学中的主流哲学家如维特根斯坦（J. Wittgenstein）、罗素（B. Russell）、蒯因（W. Quine）等，几乎都是其领军人物；②研究十分活跃，成果极多，且增加较快；③主要有语言分析和现象学两大传统及走向；④关注细小、微观向度的研究；⑤重视反思和自我批判，不断有对心灵哲学发展进行梳理的

前　言

带有心灵哲学学术史性质的著作问世，如金在权（J. Kim）的《心灵哲学》（*Philosophy of Mind*）、海尔（J. Heil）的《当代西方心灵哲学导论》（*Philosophy of Mind: A Contemporary Introduction*）等，它们在总结、梳理已有成果的基础上，又回过头来对心灵哲学中的元问题进行了深入的思考，还有人专门"挑刺"，如麦金（C. McGinn）、福多（J. Fodor）等曾明确表示心灵哲学陷入了困境；⑥心灵哲学内部既有一体化走向，又有分化走向，如分支越来越多，诸如意识哲学、行动哲学等。许多心灵哲学家已认识到，尽管现当代心灵哲学研究成绩斐然，论著汗牛充栋，但心灵哲学并未见实质性、突破性进展，有些人（如麦金等）甚至认为，心灵对于人的认知是封闭的、神秘莫测的。这也就是有些人所说的心灵哲学的窘境或危机。笔者认为，这是我们发展中国心灵哲学研究、建构有中国特色的心灵哲学的契机和动力。

随着中国的崛起，"中国模式"令世人瞩目，"中国震撼"也成了世界热议的话题。但中国文化软实力、哲学创造力不够强大，与大国形象不相符仍是一个不争的事实。"大国崛起"迫切需要文化的支撑和哲学思维的引领。在此背景下，"文化自觉""哲学自觉"成为中国学者的梦想和追求。心灵哲学作为重要的哲学分支、作为当代西方哲学特别是英美哲学中的"第一哲学"，亟须国人走出"疑古""崇洋"等的误区，密切追踪国外研究最新动态，深度挖掘中国传统思想资源，并在参与世界哲学对话的过程中，发出中国自己的声音。可以说，建构当代中国心灵哲学是时代给中国哲学工作者提出的一项紧迫任务。当代中国社会正在发生深刻转型，新旧价值观念、道德理想的碰撞造成了人们的迷惘和失落，出现了"生活富了，幸福感却降了"的困境，失信、失范成为社会的"瘟疫"，纠结、焦虑成为不少人的深切感受。建设社会主义和谐社会、培树健康社会风尚，须从改善人们的心态入手。这就要求我们深入研究作为生存之内在构成的心理现象的结构、作用及其机制，探寻在既定的外在条件下如何通过心理调节来减轻焦虑和困惑，建构积极心态，改善生存状况，增加生活的幸福指数。新的心灵哲学特别是其中的价值性心灵哲学正好可承担这一使命。

当代哲学和科学的发展为建构当代中国心灵哲学提供了良好的基础。特别是近年来，哲学与科学携手合作，分析哲学传统与现象学传统相互融合，西方心灵哲学呈现出崭新面貌，取得了许多重要成果，而国内在中国传统心学思想、佛教心灵哲学思想的深度挖掘方面也取得了长足进展，在拓展和深化对马克思主义意识论的理解把握方面也有可喜的探索，这些不仅为建构当代心灵哲学体系提供了必备的资源，也提供了可行的方法论。笔者认为，在这个背景下，运用马克思主义哲学的世界观和方法论，充分吸收哲学、科学等多个学科在心灵研究方面的崭新成果，综合东西方智慧，构建当代具有中国特色、中国风格、中国气派的心灵哲学的时机基本成熟。

建构有中国气派的心灵哲学当然应进入国际心灵哲学的前沿，在有助力于推进人类对心灵认识的一切问题上发出自己的声

前言

音。限于篇幅，这里只拟就心灵哲学的主要前沿和焦点问题，尤其是国内研究比较薄弱的一些领域，做出我们的探讨。目前多数心灵哲学家都认识到，尽管现当代心灵哲学研究成绩斐然、论著汗牛充栋，但在对心灵的认识上尚未取得实质性进展和突破，有些人（如维特根斯坦、麦金等）甚至认为，心灵对于人类来说是认知封闭的、神秘莫测的，已成为人类的难解之谜。面对这一现状，笔者认为，应提出和探讨这样的问题：心灵哲学应如何摆脱困境、取得实质性进展或突破呢？或者换言之，推进心灵哲学研究的可能性条件和方法论根据是什么？东西方心灵哲学的比较研究以及在此基础上所进行的专题性研究将是回答这些问题的可能途径。就推进心灵哲学研究来说，我们需要综合各种学科、传统、取向和资源，如哲学与科学、自然主义与现象学、求真性取向与价值论取向等，当然也离不开对东西方文化的综合。众所周知，东西方各民族在看待心灵的视角、秉持的心灵观念等方面存在着显著差异，但其都为心灵认识奉献了智慧和真理颗粒。然而，其中的一些合理元素由于同各种宗教的、非科学的、神秘主义的因素混杂在一起而长期尘封、不为人知。为此，笔者将探讨：如何将这些合理元素挖掘、清理出来呢？在清理之后，我们又如何揭示其潜在的意义、如何将它们整合到深化心灵认识的资源和合力系统之中呢？如何综合东西方心灵研究的积极成果呢？如何将这种综合进一步整合到建构当代心灵哲学的复杂体系之中呢？在现当代西方心灵哲学中，占主导地位的理论是各种唯物主义或物理主义理论（当前更多地表现为各种自然主义学说）。有些学者据此认为，现当代西方心灵哲学中出现了一种"向马克思回归"的趋势。但即便如此，我们也要看到：西方心灵哲学中仍有大量与马克思主义哲学不相容，甚至对立的内容，有些甚至还构成了挑战和威胁。那么，站在当代中国哲学的舞台上，我们必须思考和回答这样的问题：现当代心灵哲学的发展对马克思主义哲学究竟有什么样的影响呢？如何应对和化解各种挑战呢？在深化心灵认识的过程中如何丰富和发展马克思主义哲学（特别是其意识论）呢？在构建当代心灵哲学体系时，如何挖掘、阐发和整合马克思主义意识论的内容呢？

本书试图以我们对中国、印度、西方心灵哲学及其比较研究的成果为基础，依据马克思主义的基本原理和方法，批判性地吸收当前最新的心灵哲学和相关科学的研究成果，采用跨文化、跨学科研究的方法，对心灵哲学发展中所遇到的问题做出原创性解答，对构建有中国特色的心灵哲学进行深入思考和大胆探索。全书由前言、三篇共十七章构成，将分析创建有中国特色的心灵哲学的必要性和有利条件，并指出建构当代中国心灵哲学是时代给中国哲学工作者提出的一项紧迫任务；探讨建构中国式心灵哲学的方法和程序，对求真性心灵哲学常见的前沿、热点问题做出我们的回应和探讨。这些问题包括心灵观、意向性、感受性质、认知现象学构造、心理因果性、情感、自由意志、自我、自我意识、人工智能中的心灵哲学问题等。另外，笔者还将根据心灵哲学的解读框架，对马克思主义

前　言

哲学文献中的心灵哲学思想特别是意识论思想做出我们的挖掘和解读。最后，笔者尝试将东方的价值性心灵哲学与西方方兴未艾的心灵哲学规范研究加以联系，努力探寻一种可通约的概念框架，并据此从价值论、规范性的角度对心灵做出探讨。

高新民

2019 年 3 月

目 录

总序 / i

前言 / iii

上篇 心灵哲学总论：心灵观与心身关系论

第一章 西方的心灵观研究与我们的思路清理 / 3

第一节 西方心灵观研究及其主要成就和启示 / 3

第二节 问题诊断与研究理路梳理 / 19

第二章 心理地理学与心性多样论 / 36

第一节 东方心理地理学的再发现 / 37

第二节 心性多样性与主要心理样式考释 / 49

第三章 心理类型学与心理结构论 / 83

第一节 心理类型学 / 83

第二节 心理结构论 / 87

第四章 心理现象的本体论地位与本质问题 / 100

第一节 心理现象本体论地位的多态性 / 100

第二节　心性多样论视野下的心理本质问题 / 117

第五章　心身关系问题与心理动力学 / 124

   第一节　心与身的一般关系问题 / 125

   第二节　心理动力学问题 / 139

中篇　心灵哲学研究的求真性维度

第六章　意向性难题的中国式解答 / 155

   第一节　东西方意向性研究回眸与思考 / 157

   第二节　概念嬗变与问题整合 / 170

   第三节　意向性理论的祛魅与重构 / 179

   第四节　人工智能的"意向性缺失难题"
          与"建筑术" / 200

   第五节　意向性的人学和人生解脱论维度 / 220

第七章　感受性质：发微、祛魅与真相试探 / 225

   第一节　现象学事实解剖 / 226

   第二节　从感受性质与意识的关系看现象学
          事实 / 234

   第三节　思维和行动中的现象学事实 / 237

   第四节　现象学事实与物理事实的关系
          问题 / 240

   第五节　关于现象学事实的本质思考 / 246

第八章　自我、自我意识和人格同一性问题的尝试性
       解答 / 252

   第一节　概念和问题梳理 / 253

第二节　自我研究的意义与西方有关研究的批判反思 / 270

第三节　自我研究的方法论思考 / 286

第四节　"一实多态"自我论：我们的尝试性解答 / 291

第九章　心理因果性难题的中国式解答 / 322

第一节　中国哲学的心理因果论 / 323

第二节　佛教论心身的因果关系 / 328

第三节　西方最近的心理因果性研究 / 330

第四节　心理因果性的形而上学之维与具体考察 / 350

第五节　"心物二象性"与心本身的起源及原因论 / 384

第十章　从心灵哲学看人工智能的方向选择 / 396

第一节　AI 研究现状、"意向性缺失难题"与智能观 / 396

第二节　AI 建模的基础理论探讨 / 407

第三节　意向性建模的实践及思考 / 414

第四节　关于 AI 发展方向的心灵哲学思考 / 433

第十一章　认知视野中的情感依赖与理性、推理 / 445

第一节　情感在何种意义上是理性的 / 445

第二节　理性选择："满意"而非最优 / 449

第三节　情感影响推理的神经基础与进化解释 / 452

第四节　情感影响推理的可能机制 / 455

第五节　情感：一种内化的行动 / 459

第十二章　意志自由的心灵根基 / 464

　　　第一节　自由意志"判决性实验"及其纷争 / 464
　　　第二节　自由意志的本质性规定 / 468
　　　第三节　行为启动模式中的无意识 / 473
　　　第四节　作为阐释机制的意识 / 476
　　　第五节　意志自由：文明的阶梯 / 480

第十三章　心灵哲学视野下的马克思主义意识论
　　　　　解读 / 485

　　　第一节　物质与运动：马克思主义意识论的本体论
　　　　　　　基础 / 486
　　　第二节　意识或思维：物质的高级运动形式 / 496
　　　第三节　意识的具体实现方式 / 504
　　　第四节　意识的反作用及其内在机制 / 507
　　　第五节　关于哲学的基本问题 / 511
　　　第六节　心理语词分析：一种拓展性研究的
　　　　　　　尝试 / 516

下篇　心灵哲学研究的规范性维度

第十四章　东方规范性心灵哲学的若干思考 / 533

　　　第一节　中国儒道对规范性心灵哲学的贡献 / 534
　　　第二节　佛教心灵哲学新论域 / 546

第十五章　当代西方心灵哲学对"规范性维度"的
　　　　　发现 / 558

第一节　幸福的科学 / 559

第二节　真正的难问题与规范性心灵科学 / 563

第三节　神经幸福学 / 574

第四节　自我研究中的规范性走向 / 580

第十六章　规范性心灵哲学研究的意义与方法论问题 / 584

第一节　规范性心灵哲学研究的必要性 / 584

第二节　规范性心灵哲学研究的可能性根据 / 590

第三节　方法论思考与研究维度 / 592

第四节　"元问题"与研究的逻辑理路 / 598

第十七章　主要问题研究 / 609

第一节　心灵、解脱与人格圆满 / 609

第二节　心灵转化与善巧安心 / 616

第三节　心的生灭和成圣的心理学机制 / 620

第四节　空无与做人 / 623

第五节　心灵哲学视野下的心理健康问题 / 631

第六节　心灵与生、死 / 640

后记 / 677

图 目 录

图 1-1　自我的引力中心模型 / 14

图 2-1　诸心理样式关系图 / 54

图 3-1　心的基质、程度、境界与深浅结构 / 90

图 6-1　心理模型的形成机制与意向性作用 / 207

图 6-2　材料、加工器和静态知识资源之间的
　　　　相互作用 / 212

图 6-3　stratified 模型 / 213

图 6-4　本体论语义学生成文本意义的条件
　　　　与过程 / 214

图 9-1　内容作用的比喻说明 / 348

图 9-2　程序解释与过程解释的关系 / 350

图 9-3　一级认知与一级智能的 S-C-E-R 发生机制
　　　　示意图 / 390

图 9-4　二级认知或二级智能的发生机制示意图 / 393

图 10-1　温度自动启闭装置及其解释 / 413

图 10-2　自主体完成推理过程的步骤 / 419

图 10-3　螃蟹状生物体及其平面图 / 426

图 10-4　二维感觉系统坐标空间的输入和输出 / 426

上　篇
心灵哲学总论：心灵观与心身关系论

我们这里所说的"总论"主要是指对心灵哲学中全局性、总体性、根本性的问题，如心灵观的问题和心身关系问题，做出总括性的、最一般的思考。"心灵观"（view of mind）指的是心灵哲学中这样一种研究实践或理论，即对心灵的总的构成、结构、运作、动力的最一般的研究，主要工作是展开对心灵的地理学、地貌学、结构论、运动论、动力学和本质论的研究。任何心灵观的建构都必然要触及这样的课题，即如果世界上有心灵的存在地位，那么它里面究竟有哪些成员、有一些什么样的存在样式。对这类问题的探讨可称作心理地理学研究或心理的"人口普查"。因为它要尽最大可能弄清心理世界的"家底"，例如有哪些成员或构造，建立关于它们的"库存清单"。如此，它就要做类似于地理大发现和地质考察勘探之类的工作。另外，还要追问这样一些结构论问题，即心中有没有作为认识主体、所有者、统一性或人格同一性根源的中心或自我？如果有，它究竟是什么？它与心灵的其他部分是什么关系？它们合在一起是一个什么样的构造？如果没有这个中心，那么它的内部又是什么样子？可见，心灵观问题与自我问题密切相关。最后，当然是要追问动力学和本质论问题。笔者将在考察西方心灵观研究及其成就和问题的基础上，按上述问题进路做尝试性探讨。心身关系问题关心的是心与身之间究竟有何关系，特别是心理的因果性问题，即如果心理现象有本体论地位，那么它对大脑、身体、外部世界有无作用？这个作用是否是因果作用？如果是，那么它如何可能拥有和发挥这种因果作用？在探讨这些问题时必然会涉及关于因果关系的更一般的形而上学问题。本篇将用四章的篇幅探讨心灵观问题，然后用一章的篇幅讨论心身关系问题。

第一章
西方的心灵观研究与我们的思路清理

西方的心灵观（view of mind）研究尽管是新生事物，但在这一领域，不仅原创性的研究十分活跃和发达，而且研究者还从比较研究的角度做了大量工作，例如，著名心灵哲学家、比较学者乔治·德莱弗斯（Georges Dreyfus）和埃文·汤普森（Evan Thompson）在《亚洲视角：印度的心灵理论》（*Asian Perspectives: Indian Theories of Mind*）中就做了这一工作。他们说："在讨论亚洲的心灵观和意识理论时，我们必须一开始就明白：这个论题充满着难以应对的挑战。"[①]在比较研究中，他们对佛教心灵观用力颇深。尽管西方的成就有目共睹，但许多人在批判地反思之后认为，它陷入了成果多但认识的实质性进展少而小的"危机"或"窘境"。我们要建构能反映中国水平的心灵观，无疑应以对西方心灵观的考察、反思、问题诊断和思路清理为出发点。

第一节 西方心灵观研究及其主要成就和启示

西方最近的心灵观建构一般是从对民间心理学（folk psychology，FP）及其

[①] Dreyfus G, Thompson E. "Asian perspectives: Indian theories of mind". In Zelazo D, Thompson E, Moscovitch M (Eds.). *Cambridge Handbook of Consciousness*. Cambridge: Cambridge University Press, 2007: 89-90.

心灵观的反思与超越开始的。所谓FP，就是隐藏在人的FP实践即对他人的行为做出解释和预言的实践后面，使预言和解释得以成为可能的根据和资源，代表的是常人对心灵的总的看法。这是认知科学和心灵哲学在心灵深掘中所发现的一块"心理新大陆"。以前人们一般认为，它是常人的心灵理论，是错误的心理地理学、结构论和动力学，即常人的心灵观。新的一种看法是，它是人的认知结构的组成部分，无所谓错误不错误。折中的看法是，常人的心灵中同时有心灵理论和认知结构这两个方面。首先，作为一种资源或理论的FP实际上是一种小人理论，例如，认为信念等心理状态、事件是一种实在，像物理事物一样存在着，只是看不见、摸不着，没有形体性；其次，信念等像外物一样，有存在的空间，那就是在"心灵里面"，这个"里面"同外部空间一样是非充实的；再次，心理事件从属于因果律，由外部刺激所引起，进而又可引起人的行为；最后，心里的主人就是自我，像人中的小人一样。西方FP的"理论升华"就是如赖尔（G. Ryle）所说的作为"权威学说"的二元论。说来十分奇怪，在哲学中，公开打出二元论旗帜的尽管只是少数人，在现当代尤其如此，但是，大多数反二元论的哲学家，或在许多问题上都坚持唯物主义因而承认自己是唯物主义哲学家的人，其实并没有真正摆脱二元论的纠缠，在看待人及其心灵时，其实仍是二元论的。不仅如此，二元论在现当代西方有东山再起之势，对此，笔者在《心灵与身体——心灵哲学中的新二元论探微》一书中做了详细考释，读者可参阅。①不管二元论怎么创新，它的心灵观在本质上都是一种小人理论，即把心构想为人之小人，或人格化地理解和构想心灵。例如，科赫（C. Koch）强调：说自我是小人（中文将homuncalus译为"微型人"，一般则译为"小人"）十分恰当，"有非常吸引人之处"②。在他看来，小人不仅存在，而且有不可或缺的作用。他说："思维、概念形成、计划等复杂处理过程都由它产生。"③它的作用还有，能为一些更复杂的心理现象提供合理的解释，如有了它就可解释创造力、问题求解、灵感等。基于这种小人假设，他还提出了一种以小人为中心的心理结构论。他认为，人的心智有不同

---

① 高新民：《心灵与身体——心灵哲学中的新二元论探微》，商务印书馆2012年版。
② [美]克里斯托夫·科赫：《意识探秘：意识的神经生物学研究》，顾凡及、侯晓迪译，上海科学技术出版社2012年版，第416页。
③ [美]克里斯托夫·科赫：《意识探秘：意识的神经生物学研究》，顾凡及、侯晓迪译，上海科学技术出版社2012年版，第418页。

的层次，首先是表层的感觉、知觉等，它们是外部世界的浅层表达，它们由一定的神经元负责；其次是亚心智层次，其作用是将感觉输入转换为运动输出；最后是小人或超心智层次，它负责思维及复杂数据的处理，它是无意识的高层。在它和亚心智层次之间存在的是作为中间层次的意识，它处在内在世界与外部世界的表达相交汇的位置。① 热衷于量子力学哲学解释的多才多艺的佐哈（D. Zohar）肯定了有独立于身体的心灵世界的存在，她在对量子力学和东方神秘主义做出新的解读的基础上，提出和阐发了"量子自我"的新概念。② 她认为，尽管人的内部分分合合、变动不居，但里面的确有一个同一的自我。由于这种自我根源于量子的波函数特征，因此我们不妨将它称作"量子自我"。其特点是：它纯粹是一个变动不居的自我，每一时刻都在变化和进化，一下分解为子自我，一下又重新统一为一个更大的自我。尽管年幼、年轻、年老的心身不同，但"我"的那些过去的方面总会被归属于现在和未来的"我"，而不会被归属于他人。

当代心灵哲学最重要的一个进步是，看到了身体、行为、外在对象和环境因素等所谓情境因素对心的形成和构成有必不可少的作用，并由此诞生了诸如外在主义、4E（embodiedness，即具身性；embeddiedness，即嵌入性；enactedness，即生成性；extendedness，即延展性）理论等崭新的心灵理论。在心灵观上，它们掀起了一场具有革命性的转向，即从单子主义心灵观、小人心灵观转向了延展心灵观或宽心灵观。这里我们先来看柏奇（T. Burge）的反个体主义的宽心灵观。

在柏奇看来，传统的心灵观把意向现象看作是封闭于个体头脑之内的东西，看作是纯个体主义的东西，这是完全错误的。他相信他的"新的方案一定会做得更好"③。在他看来，人类的心灵是在人与外在世界打交道的过程中建立起来的、渗透着社会性和关系性的实在，而不是一种纯个体主义的东西。④ 正是在此意义上，柏奇不厌其烦地强调：他的反个体主义不是一种知识论，也不是语言学中的一种纯粹的意义理论，更不是心理学中的一种纯意识论，而是一种形而上学的理

---

① ［美］克里斯托夫·科赫：《意识探秘：意识的神经生物学研究》，顾凡及、侯晓迪译，上海科学技术出版社 2012 年版，第 421 页。
② Zohar D. *The Quantum Self*. New York: Quill/William Morrow, 1990: 124.
③ Burge T. "Individualism and the mental". In Heil J (Ed.). *Philosophy of Mind*. Oxford: Oxford University Press, 2004: 475.
④ Burge T. "Individualism and the mental". In Heil J (Ed.). *Philosophy of Mind*. Oxford: Oxford University Press, 2004: 477.

论。可以毫不夸张地说，它是一种全新的形而上学心灵观。因为传统的心灵观，不管是常识观，还是科学的，不管是二元论的，还是一元论的，几乎都异口同声地断言，心灵如果存在的话，一定是一种单子性的东西、内在性的东西，至少是内在于大脑中的机能或属性的。而柏奇则认为，心灵是非单子性的、非个体性的，更不可能是实体性的。心灵一旦现实地出现，不论是作为内容、表征，还是作为属性或机能，抑或作为活动和过程，它一定以非单子性的、跨主体的、关系性的、弥散性的方式存在，它不内在于头脑之内，而是弥漫于主客之间。显然，这种观点在以前是任何人都无法想象的。如果心灵是弥散性的、没有边界的现象，不是一个单个的实在，那么我们该怎样看待它事实上的自主性、主体性呢？它有没有中心、自我之类的结构呢？柏奇不否认心的自主性，不否认其内有作为主体的自我。他认为，他理解的自我是保存有许多先天资源的个体。它有自己的储藏结构，这个结构比心理学所说的作为自我中心的心理结构更复杂。它拥有人发挥统一作用的先天条件、资源，如命题形式、命题交互联系等。他说："这些结构是作为我、思想者、推理者之构成要素的统一性资源。"[①]有这种结构的个体就是自我，就是能做出自我评价的推理者。

认知科学中最为流行的4E理论中也包含近于柏奇的心灵观。它们的共同特点是强调头脑之外的因素即情境因素对心灵形成和构成的作用，将心的定位扩展至头脑之外，因此其是一种反传统的心灵观，一般被称作认知或心灵研究中的情境化转向。当然，四种理论分别有不同的侧重，例如，具身理论强调全部身体对心灵形成和构成的作用，延展理论强调身以外的环境的作用，生成理论或行然理论强调行为的作用，嵌入理论强调心对心以外有关因素的作用。例如，A. 克拉克（A. Clark）的延展心灵观认为，世界的组成部分可以被看作是认知过程的组成部分，意为心灵延伸至环境，环境中被把握的特征成了心灵的组成部分；心所认识的、与之发生关系的东西都是心的组成部分，甚至其现在手上拿的"iPhone也是他的心灵的部分"[②]。

现象学的心灵观除了有反传统、反常识的特点之外，还有对立于自然主义、

[①] Burge T. *Cognition Through Understanding*. Oxford: Oxford University Press, 2013: 36.
[②] Clark A, Chalmers D. "The extended mind". In Chalmers D(Ed.). *Philosophy of Mind*. Oxford: Oxford University Press, 2002: 644.

素朴实在论的特点。它也想知道心是什么样子的、如何构成、有什么内在奥妙，如胡塞尔的意识研究就是解剖意识的浩大工程，但它关心的心明显不同于分析心灵哲学所研究的心，因为它不关心自在的、静态存在的、作为潜在属性或状态的心，而着力探讨正在进行着的、活生生的、现实中起着作用的、为主体经验着的在意识的心。这种心不像由一个主宰或主体控制的空间性结构，而是类似于流水的一种流。新生代现象学家扎哈维（D. Zahavi）、加拉格尔（S. Gallagher）等人不承认心灵中有小人式的、实体性的自我或主宰，但又不绝对否认里面有起主观点体、所有者、自反性作用的自我。当然，对于自我究竟是什么、怎样起作用，不同的人有不同的看法。另外，他们反对说心内有层次的差别、有主客的对立，反对把意向性和自我意识分别归于心内的不同机构，而强调每个正在发生的意识同时有意向性和第一人称所与性或明见性的本质特点。现象学也试图揭示意识的结构，认为前反思自我意识的微观结构就是意识的时间结构。加拉格尔等强调：对内时间意识结构（前展—原初印象—保留）的分析实际上是对意识、前反思自我意识微观结构的分析。有理由说，前反思自我意识这种微妙的构造是现象学心灵观的标杆。它让现象学既超越于常识和传统的心灵观，又让它有别于取消论、怀疑论和无政府主义的心灵观。怎样看待主体这一通常心灵观中的关键角色呢？现象学的基本观点是，一方面不承认独立存在的主体，另一方面又肯定经验中有特定意义的主体。因为经验总是从属于一个主体的，要么属于我，要么属于别人，它不可能属于无。经验是否属于我，并不取决于与经验相分离的东西，而是取决于经验的所与性。如果经验是以第一人称呈现方式、本原地被给予的，那么它就是"我"的经验。正因为这样，胡塞尔不说"经验的主体"，因为这样说意味着经验与其主体的分离，而只说经验的主体性。后一概念强调的是，经验属于一个所有者，同时又突出了经验与其主体不可分。这显然是一种避免了小人论的新心灵观。根据这种图式，主体或自我不是经验之外的东西，尽管它与经验有所有者与被拥有者的关系，但它们不是外在的关系，不是站在意识流之外或之上的关系，而是这样的关系，即经验是它的结构的必然组成部分。正是看到了这一点，胡塞尔强调，"我"的经验是本原性地给予"我"的。

阿尔巴哈里（M. Albahari）依据来自神经科学尤其是佛教的文献，当然又借鉴了现象学的思想，论证了一种反二元论的但又承认心灵有其中心、主体的心灵观。它有两个要点：第一，传统和常识心灵观所说的那个统一的、寻求幸福的、连续存在的、本体论上特殊的有意识主体，那个经验的所有者、思想的思想者、行动的自主体，是幻觉；第二，人的心理生活是有序的、统一的，其根源是它内部有一种特殊的意识，它具有过去赋予自我的那三个特征，即统一性、连续性和不变性。①从比较上说，这一理论尽管对意识的像流水一样的本质和结构的看法有近于现象学与佛教的地方，但其不同也是显而易见的，例如，它连特定意义的自我也不承认，强调自我是幻觉。

丹东（B. Daniton）的"简单心灵观"在本质上是现象学的，但有自己的发展。这主要表现在，他不仅不否认客观性原则，而且将它坚定地推广到了他的理论建构之中。他强调：任何心理事项都有两方面，现实的心理世界也是如此，一是心理的方面，二是现象的方面。忽视或遗漏了任何一方面，都违背了科学的客观性原则。②他的简单或一阶心灵观是相对于传统的二阶心灵观而言的。如果说后者是复杂的，那么前者就是简单的。后者认为，觉知是意识的共时性、统一性的基础，甚至是自我的基础。根据这一模型，意识或心灵中有两个层次的东西：一是正在发生与某物有关的心理过程，二是对它的觉知。在他看来，现象内容是内在有意识的事项。要把它转化为经验，用不着再增加觉知之类的东西。觉知是多余的。因此，他在用奥康剃刀剪除了觉知之后，便使经验或意识的构成得到了简化。他把这种简化的意识概念称作"意识的简单化概念"。它有两个要点：第一，自我即经验本身。它说的是："现象属性的所有例示都是十足的有意识经验。"根据他的现象学的简化的心灵观，现象内容本身是"自告知的"（self-intimating）或"自显明的"，或"自照的"。"如果现象事项就是经验本身，那么可以说，它们是自显示的；为了意识到它们，没有必要通过另一分离的觉知机能来予以把握。"③第二，意识或经验以言说的方式自构成（self-constituting）。这意思不是说自我只是经验的集合，而是说："成为自我感觉起来所是的东西，完全可以根据意识内容的现象特征来加以说明，附加的觉知或把握层次是多此一举的。"④

叙事研究在西方学界已引起了广泛的注意。作为一项研究课题，它不仅是叙

---

① Albahari M. *Analytical Buddhism: The Two-Tiered Illusion of Self*. New York: Palgrave Macmillan, 2006: 3.
② Daniton B. *The Phenomenal Self*. Oxford: Oxford University Press, 2008: 187.
③ Daniton B. *The Phenomenal Self*. Oxford: Oxford University Press, 2008: 47.
④ Daniton B. *The Phenomenal Self*. Oxford: Oxford University Press, 2008: 47.

事学的主题，而且还成了社会学、心理学、认知心理学、心理分析、文学等的课题。例如，许多人用叙事构架对人的生活和同一性做叙事分析。许多人基于叙事研究的成果阐述了所谓的叙事自我论及其心灵观。其基本观点是："我们的生活像故事一样。"即使其内部有许多理论形式，但有这样一个共识，即"自我在形式上是故事"①。类似的口号还有："自我是由故事构成的""自我是故事性实在"。它有两个要点：第一，我们关于自我的感觉是故事性的；第二，自我的生活从结构上说是故事性的。从本质上说，它们没有太大区别，像同一个硬币的两面一样。根据这种观点，"自我是这样的存在，他们不只是有一个历史，而且过着他们的生活。自我所过的生活可这样理解，即把人的生活理解为一个故事，故事中的人就是人的生活"②。自我叙事研究的开创者是丹尼特（D. Dennett），其后来在哲学和心理学中受到了许多人的论证。主要的哲学家有麦金太尔（A. MacIntyre）、利科（P. Ricoeur），主要的心理学家有拉德（A. Rudd），等等。

联结主义不仅有独特的心灵观，而且还以它为理论基础建构出了许多人工神经网络模型。因此，我们既可直面它的心灵观，又可通过它所建构的人工神经网络来透视它的心灵观。它在工程学上的目的当然是像一般的人工智能（artificial intelligence，AI）研究一样模拟真实的心智运作的过程和机制，直至建构出超越人类心智的人工系统。若要如此，我们无疑必须对人类心智的地理学、地貌学、结构论、运动论、动力学做出形式描述和理论建模，即必须形成作为它的基础的心灵观。然后在此基础上建构人工神经网络。按照这一理路，联结主义试图根据实际的生物大脑结构建模抽象的人工神经网络，因此它也被称作人工神经网络学派。其心灵观的基本观点是：心灵不像通常所设想的那样，有一个小人式的心或主体或自我在心中主动积极地进行"来料加工"，如同搅拌机加工混凝土一般。在人们说有心理发生的背后，真实的情况是，大量的神经元被激活了，形成了一定的联结模式，如果说里面有加工发生的话，那也只有平行分布式的加工。里面既没主体，也没操作手，有的只是神经元的激活和联结。

"心灵社会"这一代表着一种具有革命意义的心灵观的概念最先是由明斯基

---

① Schechtman M. "The narrative self". In Gallagher S(Ed.). *The Oxford Handbook of the Self*. Oxford: Oxford University Press, 2008: 394.
② Schechtman M. "The narrative self". In Gallagher S(Ed.). *The Oxford Handbook of the Self*. Oxford: Oxford University Press, 2008: 395.

（M. Minsky）等人提出的。它隐含的心灵观接近于前述的联结主义心灵观和其他的无我论心灵观。其基本主张是：心灵或认知是一种拼合结构。[①]具言之，心灵由许多自主体所构成，里面没有绝对居于中心和统治地位的自我或自主体，只有各自为政的自主体。每个自主体的能力都受环境的限制，因为每个自主体都有个体性，都只在局部世界起作用，或只能解决特定的问题。由所完成的任务所决定，在其特定范围内起作用的自主体又会组成更大的系统或"代理"，这些代理由更大的任务所决定，又会结合为更高阶的系统。正是以这样的方式，作为一种小社会的心灵便出现了。我们应看到的是，这种心灵模型尽管受到观察大脑的启发，用了"社会"这样的比喻词，但其并不是大脑或社会的模型。准确地说，它是基于对神经细节的抽象而形成的关于认知结构的模型。在这里，自主体和代理不是实在或物质过程，而只是抽象的过程或功能。从科学基础来说，心灵即社会的模型反映了研究认知多种方案的成果，例如，里面既有分布式、自组织的网络，又有关于局部的系统符号加工过程的经典认知图式的思想。比较学者瓦雷拉（F. J. Varela）等人在将这一思想与佛教的心灵观进行比较之前，对它做了这样的描述："大脑尽管是高度合作的系统，但它们并不是以统一的方式建构起来的网络，因为它们由许多网络所构成，而这些网络本身是以不同的方式关联在一起的。"[②]以视觉系统为例，整个系统相似于由许多子网络通过复杂的拼合过程所构成的拼合物，而不是由统一明确的设计所使然的系统。这类结构表明，人们不应为网络行为寻找统一的模型，而应研究各种网络，它们的能力只限于专门的认知活动，最后再来探寻将网络关联起来的方式。这种心灵观的显著特点是：强调心灵中没有起主宰和组织作用的、小人式的主体或自我。明斯基说："在我们的头脑中并不存在让我们做我们想做的事情的人……是我们构造了我们在我们之中的神话。"[③]简言之，人身上没有我、自我或控制中心。同样，明斯基也不承认人有自由意志，他认为自由意志论是介于决定论和偶然论之间的第三个神话。

应该承认的是，西方也有对心灵观建构泼冷水的思潮，如取消主义和解释主义。前者的观点比较简单，认为，相信存在着信念之类的心理状态、造出"信念"

---

① Minsky M. *The Society of Mind.* New York: Simon and Schuster, 1986: 4-7.
② Varela F J, Thompson E T, Rosch E. *The Embodied Mind.* Cambridge: The MIT Press, 1993: 105.
③ Minsky M. *The Society of Mind.* New York: Simon and Schuster, 1986: 39-40.

之类的语词本来就是历史的误会，再要去建构什么心灵的结构图景，那当然是多此一举的。解释主义的思想比较复杂，它不一概否定心理现象，但对如何建构心灵观持有谨慎而曲折的见解。

马尔（D. Marr）的视觉模块理论不属于严格的解释主义，但开了后来的解释主义的先河，因为它隐含着这样的观点，即对心灵或认知的结构图景的构想与人们所做的描述或解释有关。这就是说，心灵并不是绝对意义上的实在，只有当戴着心理学的有色眼镜、用心理学的概念框架去看世界时，人的面前才有所谓的心灵这样的对象，进而才有进行心灵观探讨的需要。若变换看问题的观点，如用物理的或设计的观点去看，那么就看不到心理的东西，因而就不会有心灵观建构的需要。尽管马尔的理论只阐述了对视知觉的理解，但其具有普遍的心灵哲学意义。马尔像福多（J. Fodor）一样，把视觉看作是模块，认为视觉能力的基础就是人脑内的计算机或信息加工系统。这种系统就是视觉模块。它能认识外部世界的种种事实，如环境中的对象的大小、颜色、形状等。怎样说明人的这种能力呢？马尔认为，对这种模块的说明可从三个层面上进行：一是计算层面，由此有了计算理论。这个层面的说明强调的主要是视觉模块活动的语义和意向细节，主要任务就是具体交代由视觉模块所解决的信息加工问题，以及它是怎样解决这些问题的，如解决这些问题的意向和语义细节。二是表征或算法层面。在这个层面上，主要是挑选关于输入和输出的表征以及用来将一个转换为另一个的算法。相应地有算法和表征理论，它说明的是视觉模块的机械处理符号活动的较低层次的细节。三是硬件执行层面。在这个层面上，探讨的目的在于揭示表征和算法是怎样在实际的装置中被物理地实现的。马尔认为，视觉模块所进行的信息加工和符号处理活动可在物理层面以多种方式被执行。这些活动是怎样在大脑中被执行的呢？计算现象是怎样在物理层次被多样实现的呢？探讨这些问题就是硬件执行理论的任务。显然，在后两个层面特别是第三个层面，不可能有心灵观建构的问题。

后来，由戴维森（D. Davidson）[①]和丹尼特等人所倡导的解释主义更明确地指出：心灵并不是实在存在的东西，它里面有什么、怎样构成、怎样运作，完全取决于人对它的描述和解释。根据这种理论，心灵观不是关于实在心灵（没有二

[①] 本书的"戴维森"只要前面不加名字，都指 D. Davidson。

元论所说的实在的心灵)的总的观点,而代表的是人对心灵的主观构想。你看问题的观点、角度不同,对心灵的构想就不同。尽管戴维森承认,借助命题态度对行动的解释可看作是因果解释或"合理化解释",但根据他的解释主义,命题态度是虚构的,并不具有真实的因果效力。这里是否存在矛盾呢？回答是否定的。根据他的心灵哲学,世界是事件的集合。而事件都是个别的、存在于空间中的、有生灭变异的、标有时间的实在。我们可以用不同的方式来描述和解释它们,例如,对一些事件既可以用物理语言,又可以用心理语言来描述。这样一来,事件既可以表现为物理事件,又可以表现为心理事件。他说:"如果一个事件能用纯物理学的词汇来描述,那么这个事件便是物理的;如果能用心理学术语来描述,那么它就是心理的。"①也就是说,事件本身并无物理和心理之别。所谓心理事件,"只有在被描述时,才是心理的"。"物理的"也是如此。简言之,事件是物理的还是心理的,完全是一个描述或解释的问题。正是在此意义上,他提出了一切心理事件都是物理事件的同一论命题。显然,这一理论排除了命题态度作为心理状态实在存在的可能性。表示它们的语词如果说有指称的话,那么其所指的也不过是用物理词汇描述的物理状态。问题在于:命题态度为什么能成为行为的有解释和预言力的事项？答案简洁而清晰:诉诸命题态度对行为的解释之所以有时是正确的、有效的,不是因为这种解释找到了信念愿望之类的原因,而是因为这些解释是真正起原因作用的物理事件的另一种描述方式。戴维森认为,在各种诉诸命题态度所完成的行为解释中,尽管客观上没有命题态度存在,但各种解释后面还是有不变的东西,那就是行为倾向。而行为倾向正好是用物理语言所描述的物理事件,它们是各种解释图式中共同的、不变的中心点。例如对于某人挥手的行为,有的人解释说那是基于他的信念 p,有的人则解释说那是基于信念 q,甚至是 o、s、x、y 等。这些信念本身都只是一种假设,真正起原因作用的其实只是它后面共有的行为倾向。戴维森的解释主义尽管与取消主义相比更温和一些,但对于一般人来说,这种"转变"的幅度还是太大、太难以接受了。人心不是本有的,而是虚构出来然后强加于人的,这在一般人看来,无异于痴人说梦。

---

① Davidson D. "Mental events". In Rosenthal D(Ed.). *The Nature of Mind*. Oxford: Oxford University Press, 1991: 248.

再来看看丹尼特的解释主义及其所包含的非实在论的心灵观。他创立自己的心灵哲学思想的一个目的就是要"驱除心灵的神秘性"。他说："我们对机械的以及从根本上所说的生物的细节的探讨越是深入，那么我们不得不抛弃的假说就越多。"① 须知，尽管他主张批判、否定传统的心灵观，但是他并没有滑向取消论的极端，而是试图在取消主义、还原论、同一论与二元论、神秘论这两极之间保持必要的张力。他说："从本体论上来说，根本就不存在信念、愿望和别的意向现象。但是意向习语'在实践中'又是不可缺少的。"② 为了论证这一观点，他像戴维森一样诉诸解释主义。不过，他的解释主义具有不同于戴维森解释主义的特点。首先，丹尼特反对戴维森的投射原则，而坚持规范原则。根据这一原则，"人们应该把信念归属于这样的造物，在他（它）的特定条件下，他应当有这样的信念。"③ 他的任务就是要约束、规范这个"应当"。质言之，他的任务不是要说明心理现象的机制、基础，不是为其在自然界寻找本体论地位，不是探讨它的结构图景（没有这回事），而是为心理现象的解释或归属提供原则和约束性条件。这一思想体现在他的"三类解释策略"（类似于马尔的三种说明）之中。人们在日常生活中面对某个对象及其行为时，要对之做出解释和预言，一般都会情不自禁地选择自己所特有的态度（stance）或策略，简言之，人们实践上的一个特点就是从事解释。而要解释，则一定要有观点或策略。人类解释实践所依据的观点不外乎三种：意向态度（intentional stance）、设计态度（design stance）和物理态度（physical stance）。相应地，人类的解释也就有三种。第一种解释策略是意向态度，所谓意向态度就是在解释人或计算机等对象时采用命题心理学的姿态，准备从心理学角度加以描述和解释。如果这样做了，那么该对象就可被称作"相信者"或"意向系统"，我们可认为其内有心理的东西。④ 要特别注意的是，尽管有时意向策略能对行为主体做正确有效的解释和预言，但这不是因为它做出了正确的归属，如把信念等意向状态归于行为主体，而是因为它碰巧是有用和有效的。丹尼特说："这种态度是否成功自然是从效用方面来确定的，而不涉及对

---

① Dahlbom B (Ed.). *Dennett and His Critics: Demystifying Mind*. Oxford: Blackwell Publishers, 1993: 222.
② Dennett D. *The Intentional Stance*. Cambridge: The MIT Press, 1987: 142.
③ Dennett D. *The Intentional Stance*. Cambridge: The MIT Press, 1987: 342.
④ Dennett D. *The Intentional Stance*. Cambridge: The MIT Press, 1987: 342.

象是否真的有信念、意图等。"①也就是说，选择这种预言策略只是一个决策的问题，而不是要去发现什么。根据丹尼特的看法，追问一系统是否真的有信念是十分愚蠢的。因为说它是有还是无，都取决于你的观点和你所做的归属。问题是，诉诸不存在的东西为什么会做出正确的解释和预言呢？丹尼特认为，这一点也不奇怪，例如，地球上根本不存在引力中心、力的平行四边形法则之类的东西，但我们根据它们所做的解释和预言，如对地面上物体的重量、星球之间的关系的解释和预言不也常常是正确的吗？第二种解释策略是设计立场。所谓设计立场，就是根据设计时确定的功能和机制解释对象的行为、表现。因此这种解释又可被称作功能解释。这里的"设计"是广义的。人工产品的功能根源于人的设计，自然事物的功能、机制则根源于大自然的"设计"，如自然选择、事物之间客观形成的相互作用等。第三种物理解释是用构成机制的更简单的物理细节和结构来解释机制。视网膜执行了特殊的理智功能，对此我们可这样解释：进一步去发现视网膜由什么构成，如视锥、视杆以及其他的细胞，它们各自又履行着理智的、更有限的、有更狭窄指向的功能。

丹尼特基于新的叙事研究所提出的叙事引力中心模型更明确地表达了他的具有解构主义色彩的心灵观。他强调，自我可被定义为各种叙事的抽象的引力中心。在这里，各种所讲的故事都是围绕着一个人的，如图1-1所示。

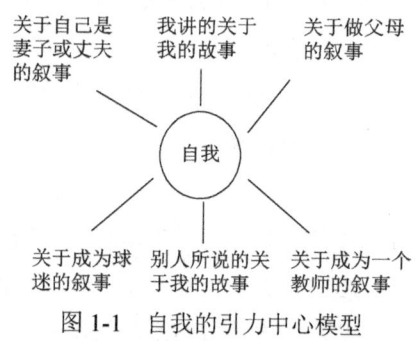

图1-1 自我的引力中心模型

须知，这里的自我不是真实的存在，而是人们为解释人的行为而强加或归属于人的，就像地球上没有引力中心，我们为了解释的需要而说它有这引力中心一

---

① Dennett D. "Mechanism and responsibility". In Dennett D (Ed.). *Brainstorm*. Cambridge: The MIT Press, 1978: 238.

样。丹尼特说："我们的故事是编出来的，但在多数情况下，不是我们编故事，而是故事编我们。我们人的意识、我们的故事性自我正是它们的产物，而不是它们的源泉。"①同样，说人有信念、愿望，说人在心里想了什么、做了什么，都不过是一种工具主义的解释。换言之，意向立场上的信念、欲望的归属只具有工具的意义，并非对大脑内部真实状态的描述。

西方从比较角度切入的心灵观也很有特点和成就，例如，热衷于融合和理论建构，热衷于回答和解决长期莫衷一是的问题，热衷于"求真"。该领域的比较学者都有这样的认同，即比较研究的最突出的作用或意义是可以帮助"发现真"，即通过比较，可找到隐藏在各种哲学中的"真的方面"。西方心灵观比较研究还有这样的倾向，即着力挖掘长期尘封的东方尤其是佛教心灵观中的合理内核，并尝试将它们整合到西方的有关思想之中，以对有关问题做出创造性回答。特别是在研究其中的自我问题时，我们在西方最新的比较研究中明显可以看到西方自我论的一种新的倾向，即"发思佛之幽情"、回归佛教、唯佛教是从的倾向。通过对包括心灵观在内的心灵哲学理论进行比较研究，西方学者得到了这样的启示，即各种心灵观不仅有差异性，而且有共同性。而过去人们一般只注意寻找它们的不同。就对于求真的意义而言，寻找共同性则显得更为重要，因此许多人更重视求同性研究。例如，西德里茨（M. Siderits）等认为，印度和西方的自我论的动机中有部分的同一，其表现首先是都想通过对自我的探讨来把握人的本质。其次，形而上学的基础有相同性，即它们围绕自我、无我的争论都是在形而上学的地基上进行的。再次，许多西方思想家也有近于佛教的思想，特别是许多人受佛教的影响，一般倾向于佛教的针对实体主义的无我论和针对虚无主义的有我论。西方心灵观的比较研究也有局限性，那就是没有看到中国心灵哲学在该领域的贡献。根据笔者的看法，中国的心灵观至少有以下突出的成就：第一，由于中国心灵观对心灵的开发、挖掘进到了比西方人关注的更深的本体层面，它甚至比无意识心理还要深，因此这种甚深的心又有至简至易的特点。中国心灵观的任务就是找到它。果真如此，一切迎刃而解。"惟此心而与道合，此心即造也；体此道而与心会，此道即心也……心外别无道，道外别无物也。"②第二，认识到了心离不开

---

① Dennett D. *Consciousness Explained*. Boston: Little, Brown and Company, 1991: 418.
② ［南宋］白玉蟾：《修真十书·杂著指玄篇·谢张紫阳书》。

"生"的道理。这里的"生"既指生命、活着，又指生活。根据中国的心灵观，心本身一定是活着的，或活生生的，是当下正进行着、正经历着的，且一定既依赖于多种必要条件，如心性、根身、环境和行为或活动，又有其复杂的构成。第三，中国的心灵观是宽心灵观，即不把心局限于大脑或心脏之内，有的甚至不局限于人身之内，而认为心弥散于主客之间，乃至可与世界一样大。由心灵观的外在主义或反实体主义、反单子主义的特点所决定，中国哲学所说的"心"或"心灵"，不是指一个东西、一种性质，因此不是一个概念，而是一个简写的句子或命题，全写即为：心有灵性。[①]第四，中国心灵观坚持一元论基础上的多样性理论（多元论），认为心里面有作用稍多的子系统，如心、神、魂、魄、精、灵、气等，它们都有自己的功能和相对平等的地位。这种心灵观有近于明斯基等人的心灵社会论的地方。根据这类观点，人的认知不是由一个中心性的唯一的主体完成的，里面也没有这样的中心或主宰，而是由众多"自组织的、分布性的网络"共同完成的。[②]

应客观承认的是，关于西方心灵观的探讨尽管时间不长，但已取得了丰硕的成果，值得我们认真总结和思考。例如，在揭示心的依赖条件时、在构想心的图景时，我们不仅强调具身性、嵌入性、行然性，而且强调延展性、社会性，有的甚至由强调心依赖于自然环境和社会环境，过渡到把它们作为心的组成部分。这里尽管存在着极端化倾向，但其包含构建新的心灵观时值得批判吸收的积极思想，例如，强调心的复杂性离不开它所依的复杂性，看到了心的构成论、地理学、结构论、运动学和动力学复杂性与身体、所依环境的复杂性密不可分，主张抛弃过去对心的单子主义、线性理解。另外，还看到了心之所以有它特定的地理学、地图学、结构论、动力学，在很大程度上是由新近的天赋研究发现的"天赋心灵"或原初心性所决定的，因为它有决定后来一切可能和不可能的范围与程度的作用。

西方心灵观研究还有这样的体认，即如果从心理学角度而非从神经生理学、解剖学角度去描述和构想心，那么心一定有其层次或深浅结构。这样的成果不仅体现在较早的弗洛伊德的理论（意识—前意识—潜意识）和詹姆斯（W. James）

[①] 胡道静、陈莲笙、陈耀庭选辑：《道藏要籍选刊（一）》，上海古籍出版社1989年版，第618页。
[②] Minsky M. *The Society of Mind*. New York: Simon and Schuster, 1986: 123.

的理论[物理自我、心理自我、灵性（spirituals）]之中，而且最近的麦金（C. McGinn）不仅强调心有意识、无意识这样的结构层次，而且还大胆提出，其后还有隐结构、隐自我、泛心原等。另外，最近对自我的刨根究底的研究也从一个侧面深化了有关认识，例如，一种带有综合性的倾向认为，如果说有自我的话，它一定是一个系统，如著名的热衷于心灵研究的脑科学家达马西奥（A. Damasio）认为，它有三重自我，即原始自我、核心自我、延展自我。莫林（A. Morin）的描述更复杂，认为自我包括第一性原初性（primary）自我、核心自我、反思性（reflective）自我、延展（extended）自我、循环性（recursive）自我等。[①]他强调：这个自我模型包含了别的自我模型，因此有这个模型就够了。根据这种整合的模型，最高形式的意识或自我，可被称作自我觉知（awareness）。它有两个维度，即时间和自我信息的复杂性。此外，自我觉知层面还有三个附加变量，即自我聚焦的频率、相关自我的信息的量（可获取性）、自我知识的准确性。正是它们构成了自我觉知。

心灵的本质特点是有意识或在意识，至少有意识心理是这样的。因此，要建构科学的心灵观，一个重要任务就是对意识做如实的研究。由这样的认识所决定，西方心灵哲学中研究最多、最深、最热门的就是意识。根据布朗（J. W. Brown）的四层次意识模型[②]，意识从低到高可被这样描述：无意识、意识、自我意识（私人的；公共的）、元自我意识。

西方心灵观研究给我们的重要启示是，要建构科学的心灵观，当务之急是做祛魅工作。因为常识和传统占主导地位的心灵观，包括潜藏在许多科学家和哲学家心中的根深蒂固的、天经地义的心灵观，或如赖尔所说的"权威的学说"，是一种根本错误的心理地理学、地貌学、结构论、动力学。例如，常识的或民间的心理学乃至传统哲学和科学由于未批判地审视原始的灵魂观念，其把人体之内存在着一个居于中心和主导地位的心或"我"作为毋庸置疑的预设接受过来，进而按设想物理实在的方式类推出心的空间（如常说的"心里"或"心内""内心深处"）、心的时间以及心的运作方式，如将外来的材料加以转化，然后像搅拌机一样将它们结合在一起，此即综合，或者像切割机一样对之划分，此即分析。其

[①] Morin A. "Levels of consciousness and self-awareness: a comparison and integration of various neurocognitive views". *Consciousness and Cognition*, 2006, 15(2): 358-371.
[②] Brown J W. "Consciousness and pathology language". In Rieber R W (Ed.). *Neuropsychology of Language: Essays in Honor of Eric Lenneberg*. London: Plenum Press, 1976: 72-93.

他的说法，如心的比较、抽象、推演、回忆、追溯、兴奋、愤怒等都带有拟人或拟物的色彩，至少是隐喻，而非科学的、精确的概念。它们让人想到的是有一个小人式的心在它的自己空间中做某种事情。这样设想心在以前是"不得已而为之"。然而在今天看来，这种以类比和隐喻为基础、根据物体和人体运作模式设想心灵及其意向性的方式，以及由之而来的关于心理图景的构想，肯定是错误的，是必须予以解构的。

西方心灵观研究的方法论启示是，我们应从过去以隐喻、类推为特点的间接方法过渡到像无创伤大脑观察那样的直接方法。由于心灵作为对象的特殊性（如它既是主体又是对象，作为对象，它隐藏得太深），我们不仅难以用科学的手段直接予以观察，就是借助现象学的方法，它也有躲避的特点，例如，当你想对当下发生的心理活动进行观察时，它便已成了过去，消失得无影无踪。于是，直到今天，占主导地位的认识心灵的方法仍是拟人化、拟物化、隐喻和类推之类的方法。古代、近代所形成的心灵认识足以说明这一点，如"流射说""影像说""回忆说""蜡块说""白板说""大理石花纹说"等都是上述方法的体现。近代科学革命从根本上改变了人类的知识图景，进而对心灵认识方式有一定的冲击，例如，人们开始通过"牛顿派的眼睛窥视人类的心灵"。其表现是，思想家开始运用机械装置、生理过程等来对心灵图景与过程做出解释。尽管这样做有机械论的缺陷，但毕竟向对心灵的科学认识迈出了重要的一步。从人类心灵的探索历程来看，几千年来，尽管人类设想心理世界的参照系几经变革，但对心灵的解释模式却万变不离其宗，即都是站在大脑外部，根据某种有形可见的东西及其结构功能去设想心理世界，去研究"人类外显认知活动规律"。[①]正如塞尔（J. R. Searl）在评论用计算机模拟心灵时所说的："一旦你把这种比喻当作本意来理解，一旦你使用计算机遵守规则的比喻去说明最初作为这个比喻基础的心理学意义上遵守规则现象时，混乱就产生了。"[②]我们知道，人的全部心理现象都是由在脑中进行的过程产生的，它们是脑的特征。那么，我们能否超越类比、隐喻等间接方法，把大脑"黑箱"打开，通过直接研究大脑内部的神经机制来揭露心灵总的结

---

① 沈政：《未来的认知神经科学能否给意识以新的解释》，载 21 世纪 100 个科学难题编写组《21 世纪 100 个科学难题》，吉林人民出版社 1998 年版，第 469 页。
② ［美］约翰·塞尔：《心、脑与科学》，杨音莱译，上海译文出版社 1991 年版，第 38 页。

构和秘密呢？回答是肯定的。早在古代，佛教就做了有益的探索，如设法进入特定的心理状态，运用"内自证法"和"观心尽法"等来直接把捉心灵，现当代的联结主义、神经现象学、神经认知科学等更是做了大量创造性的探索。例如，诺贝尔生理学或医学奖获得者克里克（F. Crick）在《惊人的假说》（*The Astonishing Hypothesis*）中声明："我不热衷于功能主义和行为主义的观点，也不倾向于数学家、物理学家或哲学家的论调"，而是要"从科学的角度来思考意识问题"。他强调，要了解脑，就必须了解神经元，特别是数目巨大的神经元是如何并行地一起工作的。因此，直接打开"黑箱"去研究神经细胞的响应是研究意识的最好方法。只有"从神经元的角度考虑问题，考察它们的内部成分以及它们之间复杂的、出人意料的相互作用的方式，这才是问题的实质"[①]。我们对心灵的直接观察尽管现在难以完全做到，即使做了也难以取得预期的效果，但它毕竟是建构科学心灵观的一个必由之路。

第二节 问题诊断与研究理路梳理

尽管心灵观的研究取得了不容忽视的成果和进展，但是冷静地反思已有成果的质量，人们又显得忧心忡忡，因为相比于古代对心灵的认识，人们看不到已有研究取得了什么实质性的进步。著名心灵哲学家查默斯（D. Chalmers）说："人们可能以为我们正在取得进展，事实是许多关键核心问题依然像谜一样挥之不去。"[②]关心心灵哲学研究的神经科学家、认知科学家的看法更加悲观，例如，有人说：哲学"对于心灵本质的研究毫无价值"，在处理种种心灵问题时，"完全误入了歧途"，"通过一般的哲学论证来解决意识问题是无望的"，因此"到了让哲学家站到一边，让科学家来发挥威力的时候"。[③]如果是这样的话，问题究竟出在何处呢？由于有这样的尴尬，所以心灵哲学家在建构自己的心灵观时一

[①] [英]弗朗西斯·克里克：《惊人的假说——灵魂的科学探索》，汪云九、齐翔林、吴新年，等译，湖南科学技术出版社 2004 年版，第 263 页。
[②] [澳]大卫·J. 查默斯：《有意识的心灵：一种基础理论研究》，朱建平译，中国人民大学出版社 2013 年版，第 2 页。
[③] [澳]贝内特、[英]哈克：《神经科学的哲学基础》，张立，等译，浙江大学出版社 2008 年版，第 419-420 页。

般会对已有研究做出把脉，对存在的问题做出诊断。这是有其内在的合理性的，对于心灵哲学的发展也是有益无害的。因为无论是从理论动机还是从实际的操作及效果来说，对已有研究做出诊断，不是要贬低他人、抬高自己，而是为了更好地寻找前进的方向，创立新的、有价值的理论。因此，好的诊断本身就是一种解决问题的方案，或者包含着这样的内容。正如著名心灵哲学家麦克道威尔（J. McDowell）所说的：一种令人满意的诊断应该直接指出一种治疗方式。① 由于每一种理论都有自己的诊断理论，因此诊断的样式特别多，这里我们不妨考察一下物理主义、二元论的诊断。

物理主义的形式有很多，在对已有研究进行把脉时，尽管不同的理论有不同的看法，但存在这样的总的倾向性，即认为妨碍认识前进的主要障碍是人们包括研究者所持的心灵观念中充斥着大量的、看不见的但又支配着我们认识的错误观念。这种观念源于原始思维，因此是典型的文化残留物。就其实质来说，则其是对心灵的小人式或人格化理解，其结果是让人形成对心灵的神秘理解。近来流行的"民间心理学"研究表明，这种观念悄声无息地潜藏在科学家乃至许多唯物主义的心灵之中。因此出路就在于：为心灵观念祛魅，或祛除心灵观念中的神秘性。按照这一思路，从维特根斯坦（J. Wittgenstein）开创分析行为主义以来，不同形式的物理主义纷纷以不同的方式为心灵观念祛魅。

根据这一诊断，过去心灵认识的过程充满着遮蔽。由于人们不知道想象、思维、感觉等同时也是身体或大脑的活动这一"遮蔽"，在原始人为人所虚构或强加在人身上的"心"的基础上，其他的遮蔽接踵而至，如设想心是生命的原则、身体的中心和主宰等，进而又将其神秘化，如赋予它种种神奇的功能，它仿佛成了人中的另一个"我"，并可以不随肉体消亡而消亡，直至长生不朽，轮回转世。这种遮蔽和神秘化的重要成果就是诞生了所谓的民间心理学（folk psychology）。常人从不怀疑它，以为它是天经地义的，其"理论升华"就是二元论。一种奇怪的现象是，大多数反二元论的哲学家，或许在许多问题上都坚持唯物主义哲学家的心底并没有真正摆脱二元论的纠缠，其表现是，在看待人及其心灵时，他们坚持的仍是二元论。正是在这个意义上，著名哲学家赖尔、维特根斯坦和蒯因（W.

---

① ［美］约翰·麦克道威尔：《心灵与世界》，刘叶涛译，中国人民大学出版社2006年版，第3-4页。

Quine）等人认为，二元论是自古以来的"权威学说"。罗蒂（R. Rorty）指出："每个人都总知道怎样把世界分为心的部分和物的部分，这一区分是常识性的和直观性的。"①赖尔不仅真实地揭示了二元论的地位，而且对经过许多代人遮蔽、神秘化的内容做了恰到好处的重构。他说："有一种关于心的本质和位置的学说，它在理论家乃至普通人中非常流行，可以称其为权威的学说。"②其心灵的逻辑地图是："一个人的生活史是双重的，一种生活史的内容是发生在他体内的……另一种生活史的内容则是发生在他心内的……前一种历史是公开的，后一种历史是私下的。前者包括的事件属于物理的世界，后者包括的事件属于心理的世界。"③

自心灵被原始人发明、虚构出来之后，围绕着它的遮蔽、神秘化一直长盛不衰，并处于主导地位。更为不幸的是，人们明明是在对之遮蔽，在它之上增加神秘性，从而使在其之上的不必要的文化尘埃越积越厚，却以为这是在向心灵本质和奥秘的不断逼近，是关于心灵的科学认识在丰富和发展的表现。尽管如此，自古以来，也有一些人独具慧眼，以不畏权威的怀疑批判精神，大胆地向正统的、权威的观点发起了挑战，从而在心灵自我认识的长河中演绎出了一幕幕惊心动魄、可歌可泣的解构、祛蔽、去神秘化的历史剧。而这一解构、祛蔽的历史至少可以上溯至佛教产生之初，当时，其教主释迦牟尼佛就对关于心灵和"我"的观念做了大量的破斥。现当代的各种形式的物理主义仍在继续和推进着这一工程。

二元论的诊断针对的是物理主义，其基本结论是，物理主义在解决心身问题，特别是心理本质问题时存在着重要的、不可饶恕的遗漏，例如，没有看到人身上除了存在着物理的东西之外还存在着不能归结为物理的"主观观点""经验的质"之类的东西。物理主义既然有遗漏，当然就不可能客观认识心的本质及其与身的关系。查默斯认为，心身问题难解的根源在于意识。根据他的把脉，意识问题之所以得不到令人满意的解答，根本原因是其未能理清问题，或未对问题做出合理的分析。他提出：心灵哲学要建立自己的意识理论，就必须对这一理论所面对的问题做出清晰的、令人信服的梳理。不然的话，就会陷入混乱而不能自拔，以致迷失前进的方向。在他看来，围绕意识可以提出许多不同的问题。而不同的问题

---

① ［美］理查德·罗蒂：《哲学和自然之镜》，李幼蒸译，生活·读书·新知三联书店1987年版，第13页。
② ［英］吉尔伯特·赖尔：《心的概念》，刘建荣译，上海译文出版社1988年版，第5页。
③ ［英］吉尔伯特·赖尔：《心的概念》，刘建荣译，上海译文出版社1988年版，第6页。

有不同的内容和性质，相应地，在解决时便必须用不同的方法和程序。由于物理主义看不到意识的复杂性，因此其自然会游离于许多问题之外，特别是不可能触及意识的"困难问题"。为了便于研究，他对意识所缠绕的问题做了分类。概括地说，他关于意识问题有两种分类方法。一是 I-II 类问题，二是容易-困难问题。前者是根据问题的内容来区分的，而后者是根据解决的难易程度来区分的。从解决的难易程度看，人们所关注的意识问题有容易问题和困难问题两大类。所谓容易问题是容易解决的意识问题，例如，意识所表现出的整合作用、内在控制作用、可报告性、可提取性等是什么？我们该怎样予以解释？其为什么会是这样？如此等等。它们之所以是容易的，是因为这些问题都是关于功能的执行问题的。因此一旦说清了有关功能是如何被执行的，那么有关问题便随之被解决了。这些是物理主义所关注的问题。困难问题则相反，即使说明了它是怎样由神经过程、功能组织完成的，问题依然没有得到解决。[1]意识的困难问题有三个方面，即感受性质问题、心理的主观内容问题和主观经验的存在问题（主观经验状态为什么是存在的，以及怎样从物质性实在中产生出来）。

我们要把握意识困难问题的实质，就必须认识到：困难问题之所以困难，是因为这类问题的出现是以第一人称的观察为前提条件的。没有对心理现象的第一人称观察，就不可能出现上述困难问题。而由于第一人称观察之出现是必然的，因此困难问题之出现也有其客观必然性。从困难问题的内容来说，前两个问题是主观状态的特殊性问题，例如，一个状态因为有质的特征，因而不同于别的状态；再如，一个状态由于有如此这般的命题内容，因此其有别于别的状态。主观经验的存在问题是所有现象意识所共有的问题。

查默斯认为，他所提出的困难问题尽管受到了人们的重视和大量研究，但有些人对之所做的研究是建立在误读的基础之上的，例如，丹尼特在解决困难问题时，由于没有注意到它的第一人称观察维度，因此对它的解决是隔靴搔痒。还有许多人尽管注意到了这是一个与主观经验联系在一起的问题，但对它为什么是困难的存在着不同的理解。例如，霍奇森（D. Hodgson）认为，这些问题之所以是困难的，是因为物理理论没法予以说明；洛（E. J. Lowe）认为，它们之所以困难，

---

[1] Chalmers D J. "Moving forward on the problem of consciousness". *Journal of Consciousness Studies*, 1997, 4(1): 3.

是因为它们除了需要用功能执行来解释之外，还需别的解释。[1]鲁宾孙（W. S. Robinson）认为，由于某些现象属性没有结构性的表现，因此其是难以解释的。麦金认为，意识没有空间的维度和结构，因此难解。

在查默斯看来，要准确把握他所说的困难问题，首先，要弄清它的实质性内容。他说："我理解的困难问题就是解释下述问题：意识怎样从大脑的物理过程中产生出来？为什么会从中产生出来？"[2]其次，要认识到：解决上述问题的目的尽管也是要对意识做出解释，但这里所要求的解释是以规律为基础的解释。质言之，要回答意识如何产生出来，首先得找到规律。他自认为，他寻找规律以解释意识的办法类似于牛顿的工作。面对苹果落地，我们可用不同方法去解释：①寻找它的关联物；②说明苹果因多大的重量、在何时何地落地；③寻找后面起作用的规律，然后据此做出解释——因为万有引力，苹果掉到了地上，等等。牛顿用的就是第三种方法。同样，查默斯对意识的解释不是寻找关联物、构成物，而是寻找规律。他说："因为有根本规律 x，所以大脑产生了有意识状态 c。"[3]

另外一名著名的心灵哲学家麦金强调指出：要探讨心身问题，首先必须充分认识到有关问题的复杂性和困难性。而这恰恰是物理主义失足之处。根据他的认识，问题的复杂和困难主要表现在：意识具有神秘性。他说："意识真的是一种莫大的神秘，一种我们没法随意从理论上去理解的自然现象。"[4]意识的神秘性主要表现在：①意识本身的本质及特征神秘难解；②古往今来的探索者一直无法令人满意地说明意识作为一种非空间的现象是如何来到这个有空间特性的世界的；③即使是科学也难以说明每个人在意识活动发生时所伴有的主观性或主观经验究竟是什么、为什么有这种现象发生。更麻烦的是：别的生物如果有经验的话，那么其神秘性就更大。麦金说："我们不可能知道：成为一只蝙蝠会是什么样子，我们不可能对这种异类的主观性样式做出概念化。"[5]

尽管我们可以明白无误地知道意识发生、存在于大脑之中，但为什么是这样，

---

[1] Chalmers D J. "Moving forward on the problem of consciousness". *Journal of Consciousness Studies*, 1997, 4(1): 25.
[2] Chalmers D J. "Moving forward on the problem of consciousness". *Journal of Consciousness Studies*, 1997, 4(1): 29.
[3] Chalmers D J. "Moving forward on the problem of consciousness". *Journal of Consciousness Studies*, 1997, 4(1): 30.
[4] McGinn C. *The Mysterious Flam: Conscious Mind in a Material World*. New York: Basic Books, 1999: xi.
[5] McGinn C. *The Mysterious Flam: Conscious Mind in a Material World*. New York: Basic Books, 1999: 55.

却是难以说明的。他说："大脑是意识的居所"，"心灵居住在大脑之上"。不仅如此，大脑还是使心灵得以发生和存在的东西，它让心灵起作用，表现自己的种种特点。然而，这一事实提出了这样的问题：心灵能根据大脑获得完全的解释吗？它们真的是独立的实在吗？把有意识经验与这块灰色物质拴在一起的东西究竟是什么？意识经验有何本质特点？麦金认为，他对这些问题的态度是矛盾的，即既有乐观主义的倾向，因为他相信可以找到较令人满意的答案，例如他的自然主义二元论就是一种尝试；同时又不可避免地带有悲观主义情调，因为这里的许多问题是难以找到答案的，例如把心与身联系在一起的这个纽带是神秘的，甚至是人的理智根本解不开的神秘。[1]

面对意识问题的神秘性，我们似乎只有两种选择：一是自然主义，二是超自然解释或神秘主义。[2]由于前者希望渺茫，至少步履艰难，因此后者便有了自己的一席之地。它的样式也很多，其共同的操作是：诉诸上帝等超自然力量来解释意识的产生、存在和作用。在麦金看来，这些解释"即使不那么令人信服，但具有建设性，拓展了心身问题的意义。"[3]这表现在：它们将极为深层和困难的问题展现在了人们面前，因此"应尽可能释放它们的力量，并严肃对待之"[4]。根据创世说的看法，自然界有四类存在：一是像岩石一样的非生命的自然事物；二是植物之类的有生命的事物；三是钟表之类的人造物；四是情感、有意识的存在，如人、大猩猩。这些事物之所以界限分明，是因为它们有自己的特殊历史和产生方式。它们产生的时间是 4000 年前，方式是突然创造。关于其论证有很多，例如，新的基于感知能力的论证这样说：物质不可能是感知能力（sentience）的原因，而情感能力又一定有其原因，因此这原因一定是上帝。[5]

神秘主义最常见的类型是各种形式的二元论，例如，有神论的二元论把心灵看作是与上帝一样的纯精神存在，并用上帝的超自然力量来解释心灵的起源、存在和作用。由于上帝分别以两种方式造成了心与身这样两种不同的存在，因此世界上便有两种在本质、作用、存在方式方面根本不同的事物。在麦金看来，有神

---

[1] McGinn C. *The Mysterious Flam: Conscious Mind in a Material World.* New York: Basic Books, 1999: 6.
[2] McGinn C. *The Problem of Consciousness.* Oxford: Basil Blackwell, 1991: 2.
[3] McGinn C. *The Mysterious Flam: Conscious Mind in a Material World.* New York: Basic Books, 1999: 77.
[4] McGinn C. *The Mysterious Flam: Conscious Mind in a Material World.* New York: Basic Books, 1999: 102.
[5] McGinn C. *The Mysterious Flam: Conscious Mind in a Material World.* New York: Basic Books, 1999: 82-83.

论二元论尽管有自己的解释力，但的确有其不足。例如，它没法证明那个能解释别的有意识自主体的有意识自主体的存在；没法解释人以外的动物为什么也有感知能力，尤其是不能解释为什么有的事物有、有的没有这种能力。此外，如果意识的存在和本质完全依赖于上帝，那么为什么有这样的情况，即人并不是一有大脑就有精神生活的，只有发展到一定时期的大脑才能如此。

有没有这样的二元论，它一方面不求助于上帝的作用，另一方面又主张灵魂完全独立于物质世界。也就是说，能否建立一种无神论的二元论呢？回答是肯定的。事实上，存在两种无神论二元论：一是"超级二元论"（hyperdualism）。这是麦金试图辩护的一种替代神秘主义的方案。[①]其基本观点是：①承认心和大脑是两类不同的存在，并承认心灵有平行于大脑发展的发展；②在心灵的构成中，大脑发挥了一定的作用，这种作用不表现在大脑引起或创造了意识。麦金说："大脑不是产生性的，而只是转换性的。"具体而言之，就是大脑不是用物质材料建构心灵的，而是"用心理的构成要素建造心灵的"。应注意，"这些要素不是大脑的组成部分，它们甚至不是这个宇宙的组成部分。表面上是大脑从头开始创造了心灵，但它的作用其实只表现在组织之上。大脑中并没有能使有意识状态出现的不可知的属性。确切地说，它只是与平行的非物质宇宙的要素发生了联系，进而把它们组成为新的整体"[②]。

这种超级二元论尽管"是稀奇古怪的，但许多理论似乎都对它有好感"，如相对论、量子理论就是如此。[③]如果说超级二元论有困难的话，那么这些困难主要表现在因果性问题之上。根据通常的因果原则，只有物理实在才有因果作用，进而形成因果联系，而假设的那个平行的精神宇宙中没有任何物理实在，只有精神性事件和事实。如果超级二元论坚持认为精神事件可在两个世界中作为原因起作用，把"离体的意识设想成能影响事件进程"的东西，那么便会碰到两个难题：第一，离体的意识怎么可能有原因作用；第二，物理宇宙中的物理结果怎么可能是由那个平行的心理宇宙中所发生的事情所引起的。纯意识既然不具有物质及能量，不能在运行中转换物质及能量，它怎么可能引起事物的变化呢？

---

① McGinn C. *The Mysterious Flam: Conscious Mind in a Material World*. New York: Basic Books, 1999: 92.
② McGinn C. *The Mysterious Flam: Conscious Mind in a Material World*. New York: Basic Books, 1999: 91-92.
③ McGinn C. *The Mysterious Flam: Conscious Mind in a Material World*. New York: Basic Books, 1999: 92.

麦金承认，超级二元论所面对的这些问题比普通二元论的问题更棘手。因为后者可借助与心灵有联系的大脑来说明心灵的因果作用，而超级二元论中的心灵由于存在于另一个平行宇宙之中，它便没法像通常的二元论那样去回答问题。他说：这种二元论的"更深层的问题是，不管有没有上帝，它都无法说明心理的因果作用"①。

泛心论也可被看作无神论的二元论或对立于超自然解释的心身学说，即属于"构造性"（constructive）的自然主义的一种。当然，应注意的是，麦金所说的这种泛心论有其特定所指，即主要指当今流行的、为查默斯和西格尔（W. Seager）等人所支持与发展的泛心论。它像其他试图解决意识困难问题的方案一样，试图在自然界或物质事物之内找到某种自然属性，然后据以解释意识怎样从中产生出来。例如，功能主义找到的自然属性是因果作用。泛心论也有这样的倾向，即设法在物质中找到能解释意识的东西，例如，有的人认为物质中存在着原意识的微粒（specks of protoconsciousness），它们像意识本身一样是自然的，因而不同于有些神秘主义者、超自然主义者所假定的非物质实在或神秘的干预作用。②这种泛心论的基本观点是：意识无处不在。换言之，在所有事物中，不管是岩石、星星，还是小草和人，里面至少会有一点点意识的成分。在泛心论者看来，基于此，我们可对大脑如何产生意识这一"产生问题"做出如下回答：大脑的物质构成之内已有意识的特定包裹物。人之所以有意识，是因为他的神经有意识，神经之所以有意识，又是因为构成神经的原子有意识。如此递进，可追溯至物质的最小单元或极微。整个心灵是这些更基本的心理实在的复合。物质从根本上说是有意识的。

根据这种泛心论，许多人之所以为意识的产生问题所困扰，是因为他们没有看到，意识在本质上具有渗透性，即没有看到物质在一切方面都充满着意识。意识的这个特点可这样表述：就像一座房子，它之所以有整体的外观和能住人的功能，这是由它的每一部分的功能所决定的。同样，一个人的精神之所以有这样的渗透作用，也是由大脑的每一部分的精神作用的集合所决定的。不难看出，新泛心论的确不同于神秘主义，因为它强调：是大脑中的某些属性引起了意识。换言之，大脑中出现的意识要素所具有的意识，得益于大脑这样或那样的属性或微粒，

---

① McGinn C. *The Mysterious Flam: Conscious Mind in a Material World.* New York: Basic Books, 1999: 92.
② McGinn C. *The Problem of Consciousness.* Oxford: Basil Blackwell, 1991: 2.

这正是它们表现出的意识属性。例如,"我"的大脑让"我"感觉到疼痛,是因为大脑中的神经元为了产生疼痛感而把个别的心理属性结合成了一个整体。

当今的新泛心论有许多不同的形态。例如,强泛心论认为,所有物质都有意识,意即有机体都有意识状态,神经元都能看、能听、能思维,电子、星星也是如此。质言之,有意识状态可出现于一切事物之中。这种泛心论经常受到的责难是:①常见的物质并没有表现出有意识的迹象,例如,它们并不知道疼痛,不会说要水喝;②物理学并没有提供能把意识状态归于原子和星星的根据;③有机体的思维和情感是离不开它的神经系统的,其他事物没有神经系统怎么可能思维和表现出情感呢?

弱泛心论是为克服强泛心论的上述难题而出现的一种弱化形式,其认为,说万物都有意识,只是说人以外的无机物有最低限度的、弱化的意识,如"前-心理属性"、刺激感应性。就人来说,他有高级而复杂的意识。之所以有意识,是因为它有由各种物质要素构成的大脑,这大脑之所以能产生意识,是因为物质要素在结合之前就有前-心理属性,而前-心理属性就是物质的使意识成为可能的一切属性。①

麦金尽管肯定上述新泛心论没有背离自然主义,但其又指出:它们"像别的流行的构造性方案一样是不足以解决心身问题的"②。其主要问题是"空洞无物"③。

当今的西方心灵哲学的确是百花齐放。尽管物理主义在其中占据主导地位,但各种非物理主义形式甚至各种神秘主义、超自然解释都占有一席之地。这种现象的出现既与意识问题本身的复杂性有关,又与各种物理主义的局限性有关。麦金认为,许多自命为科学的意识理论要么没有触及意识的实质,要么根本没有做出令人满意的解释,例如,即使是人们普遍看好的进化论解释也是不令人满意的。他说:"达尔文的理论并没有解释有意识心灵的存在。"④因为它的一个理论基础是唯物主义,而"只有当唯物主义理论最终被证明为真理时,达尔文对意识的解释才生效"⑤。唯物主义怎样才能成为真理呢?这离不开进化论的发展。

---

① 参阅 McGinn C. *The Mysterious Flam: Conscious Mind in a Material World*. New York: Basic Books, 1999: 99.
② McGinn C. *The Problem of Consciousness*. New York: Basil Blackwell, 1991: 2.
③ McGinn C. *The Mysterious Flam: Conscious Mind in a Material World*. New York: Basic Books, 1999: 99.
④ McGinn C. *The Mysterious Flam: Conscious Mind in a Material World*. New York: Basic Books, 1999: 80.
⑤ McGinn C. *The Mysterious Flam: Conscious Mind in a Material World*. New York: Basic Books, 1999: 82.

因此，只有当达尔文的理论被证明为正确时，唯物主义才算得到了证明。显然，它们陷入了循环论证，而这又表明：它们不可能成为关于意识的正确解释。

面对意识的神秘性，面对意识研究中的尴尬，麦金真可谓"悲喜交集"，悲观主义与乐观主义并存、不可知论与可知论交织。之所以产生悲观主义不可知论情绪，是因为他看到了人的认识能力及科学的局限性，例如，人可用手做出灵巧的动作，但不能像鸟一样飞翔。同样，人的认知能力长于解决物理学问题，而在试图解决心灵问题时，便会捉襟见肘。[①]当然，这种无知不是绝对的，因为我们还是能知道一些东西的，如关于大脑的生理学、意识的表层结构就是如此。[②]

由于看到了这一方面，麦金又不甘做一个绝对的悲观主义者。他认识到，人对世界的认识尽管有局限性，换言之，世界对于人尽管有封闭性，但此封闭性有相对和绝对之分。例如，心灵以及与大脑的联系主要是属于相对的封闭性的，即不是绝对不让人知道的。另外，人们还可对意识的隐秘结构做出推测和描述，可根据对空间的新的理论，讨论心灵、物质的本质，进而揭示二者相互联系的机制、条件和中介。基于这种认识，我们还可对意识的产生、本质提出新的假设。当然，我们又必须看到，事实上也存在着绝对的封闭性，如意识后面的隐秘结构、自我就是如此。心灵肯定是存在的，但有些事实是我们无法认识的，即对于我们来说是封闭的。例如，内省尽管能接近心灵、告诉我们一些事情，但它不能告诉我们它怎样依赖于大脑、怎样与大脑关联。关于意识本身的概念也有其不可避免的局限性，因为人们对意识的现象学扫描总要受时间、地点、能力等的影响。鉴于上述事实，麦金说：在心灵的认识和心身问题的解答上，他"既是悲观主义者，又是乐观主义者"[③]。

麦金在为西方心灵哲学的发展把脉之后，做出了自己的诊断，开出了自己的处方，他指出：要为心身问题，特别是意识的产生问题找到令人满意的解答，就要对过去未能找到这类答案的原因做出诊断，首先，要正视人类的认知能力，要对人的认知能力形成合理的概念构架。根据他的看法，人的认知能力有封闭和开放两个特点。尽管实在之物存在着，且有许多属性，但认知能力总是只能认识其

---

① McGinn C. *The Mysterious Flam: Conscious Mind in a Material World*. New York: Basic Books, 1999: 214.
② McGinn C. *The Mysterious Flam: Conscious Mind in a Material World*. New York: Basic Books, 1999: 151-152.
③ McGinn C. *The Mysterious Flam: Conscious Mind in a Material World*. New York: Basic Books, 1999: 16.

有限的属性，这些不能被认识的东西，对于认知能力来说就是封闭的。他说："意识真的是一种莫大的神秘，一种我们没法随意从理论上去把握的自然现象。神秘的原因在于：我们的理智被错误地设计了，由于此设计，它注定不适于理解意识。自然的有些方面适合于理智的认识方式，因而有科学产生，而有些方面不适合于用理智去探讨，因而有神秘性发性。"①能被认识的，即自然对我们的开放性的表现，反之，则可看作是它的封闭性。既然如此，在面对意识时，研究者就应做到心中有数，例如，既要看到可认识的东西，又要看到不可认识的东西，设法弄清人的无知的"地理学"。②只有这样，人才能把有限的精力用在刀刃上。

其次，麦金的第二个诊断是：过去没能很好解决心身问题除了有先天不可改变的原因之外，还有这样一些原因，例如，主观努力不够，认知方式、概念图式欠妥等。要寻找过去失误的原因，人们只能从这个角度去找。他说："问题不是根源于意识本身的，而是根源于我们的思维方式的。大敌就在此入口处。"③因此，要想推进对心身的认识，我们必须从主观的方面做出调整、改进，如改变概念图式和思维方式。基于这一看法，他提出了"进行激进的概念革新"的口号。他说："问题之所以产生，是因为我们的认识结构妨碍了我们，使我们没法获得关于那些能说明心物联系的大脑自然属性的认识。"④

麦金倡导的概念革新就是要对认知方式和思维方式做出改造，具体而言就是，既应抛弃过去的等同论、还原论，又应否定过去把心身二者绝对割裂、对立起来的平行论、副现象论，而达成这样的共识：①存在着某种大脑属性，它能对意识做出自然的说明；②这种属性对于人的认知既是封闭的，又是开放的；③不存在不同于科学的心身问题的纯哲学的心身问题，意即要解决心身问题，哲学与科学必须携起手来⑤；④既看到科学的有限性，因而不把一切"宝"都押在它之上，同时又对它的最新成果保持敏锐的嗅觉，例如，宇宙大爆炸理论和量子力学关于空间和非空间的学说就隐藏着解决意识产生问题的契机与线索，当然，科学

---

① McGinn C. *The Mysterious Flam*: *Conscious Mind in a Material World*. New York: Basic Books, 1999: xi.
② McGinn C. *The Mysterious Flam*: *Conscious Mind in a Material World*. New York: Basic Books, 1999: xii.
③ McGinn C. *The Mysterious Flam*: *Conscious Mind in a Material World*. New York: Basic Books, 1999: 65.
④ McGinn C. "Can we solve the mind-body problem?" In Heil J(Ed.). *Philosophy of Mind*. Oxford: Oxford University Press, 2004: 782.
⑤ McGinn C. "Can we solve the mind-body problem?" In Heil J(Ed.). *Philosophy of Mind*. Oxford: Oxford University Press, 2004: 785.

成果中的养分有待于用哲学的慧眼去发现和发挥，麦金正是以此态度和方式从有关的科学成果中提炼出了"隐结构"这一作为他的心灵哲学基础和关键的范畴；⑤要变革实在观或存在观，即要抛弃传统的以物理实在为全部存在的实在观，进而"建构一种（形而上学的）实在观"，这种新实在观的特点在于承认存在着超越的实在，就意识而言，尽管使意识成为可能的东西不是超自然的东西，但也不是简单的、常见的实在，而是更复杂的、远离我们认知能力的东西，它独立于或远离我们已有的认知能力，而"实在中的这种东西恰恰又是我们自己本质的一个方面"①，正是这一方面使我们获得了心灵，并使我们能思考心与身如何关联，这种对特殊超越的实在的追索碰巧又发生在我们的头脑之内；⑥要解决意识的困难或产生问题，关键是要完成对"空间概念"的变革。

我们再来看看中立理论的诊断。先来看塞尔的观点。尽管他声称自己的"生物自然主义"是物理主义，但笔者认为，我们可把它看作是中立理论的一种形式。塞尔面对表面上如火如荼的心身研究忧心忡忡，例如，他在全面考察了各种流行的有影响的理论，如同一论、功能主义、取消论、分析行为主义、随附论、解释主义等之后，得出了这样的结论："所有这些都是有很大的错误的。"他在他的重要著作《心灵的再发现》（*The Rediscovery of the Mind*）中追问"心灵哲学错在哪儿"也足以表明他对已有理论的悲观判断。根据该书的诊断，已有理论的样式尽管名目繁多，但不外乎两大类，即二元论和物理主义或自然主义。前者的问题是，尽管看到了心灵的主观性、独立性、不可还原性，但可惜忽视了它的物理性、自然性。而物理主义则走向了另一极端，即突出了物理性但否认了主观性、精神性。因此摆脱困境的出路是，同时认识到心灵既是独立、自主的现象，又是生物现象。②根据他的另一著作《意识的奥秘》（*The Mystery of Consciousness*）的诊断，人们之所没有认识到心灵或意识的本质，意识之所以仍表现为神秘，是因为人们没有看到大脑的特殊的类似于万有引力的原因作用。他说："意识之所以看起来还是一个深奥的秘密，是因为关于大脑中的东西怎么能够引起意识状态这个问题，我们还没有一种清晰的观念。我相信，如果我们能够得到对因果问题

---

① McGinn C. "Can we solve the mind-body problem?" In Heil J (Ed.). *Philosophy of Mind*. Oxford: Oxford University Press, 2004: 785.
② [美] 约翰·R. 塞尔：《心灵的再发现》，王巍译，中国人民大学出版社 2005 年版，第 48-49 页。

的一种解答,神秘感就会消除。"①以"具身认知"为标志的新的认知理论是一种介于物理主义和二元论的中间性质的理论。它根据 4E 理论对已有研究做出了自己的诊断,认为已有的心灵研究没有跳出物质主义和笛卡儿主义的樊篱,只在头脑内去探寻心灵,把它看作是单子性实在,而没有看到它的4E 特性。

笔者认为,在探究已有认识所陷入的困境及其原因时,既要考察具体的成因,更要"抓牛鼻子",即找出症结之所在。根据笔者的诊断,其症结在于:尽管一般论者表面上否定并超越了莱布尼茨式的单子主义,但其在无意识心理结构中并没有真正摆脱它。其表现主要是:在观察和界定心灵时,总是把心灵当作一个单纯的存在或单子性实在,以为它是一个东西或一种性质。有的人即使看到了心的集合性质,但往往把它看作是由简单的或同质的样式所组成的集合,而没有注意到它是像充满着砖瓦、家具、动物、工艺品等异质元素的"房间"这样的复杂集合。这在其宣布结论时得到了充分体现。许多理论在表达自己的观点时,都使用了"心是……"的句式,甚至只是以这样的句式来宣布自己的结论,例如,行为主义说心是大脑的行为倾向,功能主义说心是大脑的功能,计算主义说心类似于计算程序,同一论说心理过程就是大脑过程,等等。有的人虽然也注意到了心的构成性、复杂性,但往往只看到了心理现象在样式、性质上的统一性和在界限、范围上的恒定性,而忽视了其样式的多样性、层次的梯级性、性质的异质性,以及在界限、范围、数量上的不定性和心理个例的生长性、开放性。有的人即使注意到了心理样式的多样式,但在揭示其本质时又仍把心当成一个东西。由于认识上的这些偏颇,过去的心灵哲学研究便有了这样的操作上的特点,即人们为了提出新的理论,往往不做方法论的思考,不做概念分析、语言分析,不注意研究心这个对象的特点,不对心理做"矿藏学""地理学""地质学""描述现象学"的研究,而是一出场就直奔心灵,把它当作一个东西,直接去探寻它的本质,以为只要说明了心是什么,心灵的全部问题包括心身问题就都解决无余了。即使当今心灵哲学中也有重视个例和样式研究的学派或个人,例如,个例同一论反对心身的类型(type)同一论,而主张心只能从个例(token)上同一于身,但由于没有看到全面考察心理个例的必要性,其没有意识到在这里坚持从个别到一般这一

---

① [美]约翰·塞尔:《意识的奥秘》,刘叶涛译,南京大学出版社 2009 年版,第 132 页。

原则的重要性，因此在揭示心理本质的过程中，常常只抓住某一个样式、个例，或只研究某一个子类，以为它就是心的全部，进而将对它们的认识推广到一切心理样式上，以致犯了以偏概全的错误。

笔者还认为，要想在这里有所突破，例如，在揭示心的本质的基础上，建构出能如实反映心灵的本来面目和结构、动力学特征的科学的心灵观，必须先探讨有关的认识论、方法论问题和有关前提条件。

根据认识本质的方法论，要认识某类对象的本质，一是要借助相应的方法做地基清理，弄清有待认识的对象的性质特点；二是必须遵循从个别到一般的认识路线，即首先弄清全部个例及其本质，然后再过渡到对整体对象及其一般本质的把握。在认识心的本质时，无疑也应如此，首先运用语言分析等方法考察"心""意识"等心理语词的真实所指。如果这样做了，我们就不难发现，它们指的是具有不同性质和类型特点的现象，例如，有时指活动，有时指活动加工的对象，有时指主体，有时指活动的结果，有时指体验，等等。即使总括性的"心"，其所指看似简单，其实不然，例如，它既可指心脏，也可指任何事物的枢纽（如核心）；在心理学意义上，它既可指主体，也可指过程，还可指心理的全部，即心理现象的集合，等等。它作为集合也很特别。它不是由类型上相同的个体的人所组成的"人集合"，而是由不同类的现象所组成的复杂的、矛盾的集合，就像一间房间内存在的由动物、家具、工艺品、书本上的哲学思想等不同类的元素组成的集合一样。因此在不做任何限定的情况下，我们就没法用"心是……"这样的方式去揭示其本质，因为它的指称很复杂，每一个指称就是一个特殊的对象。其他的心理语词都是如此。此外，如果心理王国是一个由许多具有不同个性的心理样式和个例组成的复合体，显然我们就不能在对个别不做任何具体研究的情况下，直接跳到对整个心的本质的把握。更为麻烦的是，有研究告诉我们：心理不仅是由无限多样的个例所组成的矛盾复合体，而且还像物质大家庭一样具有异质性（heterogeneity），即由具有不同本质的心理样式和个例所组成的混沌集合。[①]如果是这样，对心的本质的认识就更应首先把注意力放到对个别及其本质的研究之上。另外，已有的心身理论的失误也从反面告诉我们，要真正认识心的本质，必

[①] McGinn C. *Basic Structure of Reality*. Oxford: Oxford University Press, 2011: 175-191.

须改变过去那种把心当作一个东西、一上场就直接去回答"心是什么"的认识路线。

根据这样的方法论,心理本质认识的当务之急是,对心理个例、样式及其性质做尽可能全面的描述现象学研究,尽量不遗漏心理样式和个例,尤其是典型样式,否则在抽象心的一般本质时就会犯以偏概全的错误。用佛教的话说,只有有对心或自心的"如实遍知",才能有对"心真实性"的通达。①在这里,尽量无遗漏地遍知是建构科学心灵观的第一步。因为要知心之真实性,必不可少的是了心,尽知一切心,即对所有一切心理现象有全面的认识、把握。十方诸佛之所以究竟解脱,正是因为他们如实遍知一切心,获得了关于心的真理。例如,通过累世的实证亲历,通过大量的对心理的"田野调查""古生物学研究""心理地理、地质普查",进而运用逼近心理现象本质的下述方法,即"观心心法"(即观察一切心理的心法、要诀)或"心相观法"或"观尽法"(能将一切心法观尽)②,尤其是用特殊的智慧内证自心,最终获得了关于心的本来面目的如实遍知。

中国古代哲学以及印度佛教出自它们的特殊的求真性和解脱论动机,还做了这样一种独特且重要的工作,即"真正、全面、透彻"地对一切心理现象做了"田野调查",并在此基础上完成了对心理现象的"古生物学"研究、心理地质学研究、"矿藏学"调查。这样做的目的是:在全面调查、考察的基础上区分它们的利弊得失,弄清它们对生命、生存的意义。之所以说"真正、全面、透彻",是因为这种调查涵盖了一切方面,几乎没有什么遗漏。例如,在进行共时态调查时,不仅没有遗漏动物、人类,而且关注天界众生及生色界、无色界众生;不仅重视凡心,而且重视圣心。在进行历时性考察时,不仅注意到了个体心理和种系心理的发生过程及阶段,而且关注每一心识的过程及阶段,既考察了活着的生命的心理,又探讨了死亡"中阴"过程中的心理;不仅考察了可触、可知的妄心,而且考察了深层的真心、无意识心理。

怎样如实遍知一切心呢?笔者认为,可从四个方面来开展工作。

一是探讨心与非心的区分标准。这是拟开展的其他工作的前提。笔者认为,这个标准不是简单的一个属性或特点,而是由众多表层属性、特点和内在深层本质组成的系统。其中,心理的根本标志是以生物和文化进化所积淀的"前结构"

---

① [明]宗喀巴:《宗喀巴大师集(第4卷)》,法尊译,民族出版社2001年版,第336页。
② 《增一阿含经》卷5,《大正藏》第2册,第569页。

为基础的、主观主动的、有意识的关联性或关联作用。其他辅助性的判断标志分别是，觉知性、"等无间性"和整体论特征（具体论证详见本书第四章）。

二是运用描述现象学方法或类似于地理大发现的方法，对共时存在的一切心理样式及其性质进行心理个例的"普查"，即"真正、全面、透彻"地对一切心理现象做"田野调查"，例如对心理做尽可能全面的"田野调查""古生物学研究""心理地理、地质普查"，进而运用逼近心理现象本质的方法，在此基础上完成对心理现象的"古生物学"研究、心理地质学研究、"矿藏学"调查。所谓"真正、全面、透彻"，就是指这种调查研究必须涵盖心的一切方面，尽量没有什么遗漏。例如，在进行共时态调查时，不仅不能遗漏动物、人类，而且关注其他可能世界（如果有的话）。在历时性考察时，既注意到个体心理和种系心理的发生过程及阶段，又关注每一心识的过程及阶段，不仅考察可触、可知的表层心理，而且还考察深层的真心、无意识心理。最后，在做这种普查性、遍知性的研究时，还要有变化和发展的观点，因为心理的样式和个例本身是变化的，例如，有的消失了，而有的又在相应条件具备时产生了。这就是说，心还有生成性的特点。总之，要用一切方法，尽可能全面弄清心的表现形式，乃至建立关于一切心理个例的库存清单，至少要查明典型的心理样式。

三是对表层心理后的深层心理做进一步的勘探和挖掘。根据麦金等人的最新研究和佛教心灵哲学的认识，无意识心理还不是心理世界的底层，其后还有隐结构和更深的自我等，如有七识、八识、九识、十识，有识精和真心等。[①]

四是关注长期尘封的东方心灵哲学宝藏。随着心灵认识的深入和比较心灵哲学研究的推进，包括西方学者在内的许多有识之士都认识到，仅靠西方心灵哲学是不足以解决心灵哲学的全部问题的。就心理个例和范围的描述性研究来说，东方心灵哲学在这一领域确实做了大量足以弥补西方之不足的工作。它关注的心理范围之大、涉及的个例之多都超过了西方。这不难理解，因为东方心灵哲学不仅有像西方一样的对心之体、心之本质的探讨，而且还特别热衷于从价值角度探讨"治心"问题，而要如此，就一定会如实考察人身上现实表现出来的各种心理状态，并比较它们对人的利害，以供人们在治心时选择。为此，佛教关注和考察过的心理

[①] McGinn C. *The Mysterious Flam: Conscious Mind in a Material World*. New York: Basic Books, 1999: 145-155.

现象号称有 84 000 种之多，仅欲望就有 750 种，其中有许多是不曾为西方人所知的，如无为心、戒心、定心，等等。①中国心灵哲学在这方面也有不凡的表现，例如，它对心、性、情、志、才、精、气、神、魂、魄等的挖掘和探讨就极具特色。尽管它对其所做的解释、对其本质的揭示以及由此而建立的心理图景还值得研究，但所造出的这些词绝不是无病呻吟，而是有其真实的且不能为其他心理语言所涵盖的所指的。

---

① 《大乘悲分陀利经》卷 5、卷 7，《大正藏》第 3 册，第 266、279 页。

第二章
心理地理学与心性多样论

哲学家在这里借用"地理学"时，只取作为科学的"地理学"（geography）中的部分意义，而且进行了改造和内涵扩充。研究地球的地理学是关于地球及其特征、地球上的居民和现象，关于地球表层各圈层相互作用关系及其空间差异与变化过程的学科体系。地理学传统上被视为地图学（cartography），而地图学的任务是研究地名与数字，研究地球上的众多现象、过程、特征、人类和自然环境的相互关系及其在空间、时间上的分布。笔者所说的心理地理学主要指心灵哲学的这样的研究，即全面地、没有遗漏地查明心理世界（如果有的话）究竟有哪些心理样式和个例，就像在绘制地图时不遗漏地球上的一切地理构造一样。不仅如此，心理的地理学研究还有这样的任务：一方面，由于人类认识与要认识的实在之间总是有差距的，因此人们所认识到的总是有局限性的，这就要求人们不断进行"发现"或"再发现"的工作。对心理构造的认识也是这样，由于总有一些尚未被认识的心理现象，加之它们本身具有生成性，因此人们有必要不断地做心理"地理探险"或"地理大发现"的工作。另一方面，由于心理世界本身有深浅结构，因此在查明心理的构成成员时，还必须不断地探讨深藏于表层之下的深层心理的工作，即要做心理探矿学的工作。我们还应看到的是，尽管心灵本质特别是心灵观的研究是以心理地理学的研究为出发点和基础的，但前一研究也有反哺后一研究的作用，即二者有相互作用和促进的一面。例如，新的心理现象的不断被发现会为心灵哲学在更宽、更广的层面上更为科学地抽象心理现象的本质与规律提供动力和材料，而有了对本质的新的认识，又可能引领心灵哲学对心理新大陆做出新的发现。因此可以说，人类对心理的认识就是在这个过程中向前行进的。就个例和心理新大陆的认识来说，所发现的进程直至今日仍未终结，例如，当今西方心灵哲学争论得不可开交的"感受性质"（quale）及其现象内容，还有最近正在研究的认知性感受性质都是这样的新发现。此外，心理的地理学研究的特殊性还在于它对心理现象的普查、调查是建立在描述现象学方法之上的，至少有一部分心理现象的发现是离不开现象学方法的。而它作为描述现象学方法就是在人经历心理现象时，如实地对之做出体验、观察、描述和记录。

第一节　东方心理地理学的再发现

从比较研究角度来说，西方的心灵哲学相对于东方而言，的确是后来居上，特别是其研究的深度令我们望洋兴叹。然而，西方的心灵哲学是有其局限性的，例如，它的心理地理学研究尽管有其殊胜之处，但就其所知的心理样式、板块与个例的广度和深度来说，是远不及东方的。在这个领域，如我们后面将看到的，不仅印度特别是佛教心灵哲学有不俗的表现，而且中国心灵哲学也为人类的心理地理学做出了独到的、不可磨灭的贡献。笔者这样说的意思是，要建立能够反映我们最高认识水平的、最为全面的心理地理学、地质学，必须有跨文化的视野，将东西方在这方面的认识成果汇聚起来。而要如此，一个亟待开展的工作就是研究长期尘封的东方的认识成果，对之做再发现的工作。西方已开展的心灵哲学比较研究已经开启了这一工作，但它只是开始，而且有偏颇、遗漏和严重的局限性，例如，对中国心灵哲学在本领域的建树不够重视，少有关注，即使有关注，也是隔靴搔痒。

在挖掘中国的心理地理学建树时，我们可从汉字入手。文化语言学告诉我们：汉字非常奇妙和独特，因为它里面沉淀着古人的智慧和科学文化知识。正是基于此，后世的古文字学家、科技史专家便能通过解剖古汉字揭示古人对世界的认识及所达到的水平，例如，通过分析"桑"字可以知道商代关于种桑、养蚕等方面的情况与知识。[①]不仅如此，它对于我们揭示古人哲学观念的形成和状况也同样具有不可多得的价值。它的独特的理念基础、创制原则和方法使它成了一种载荷语言创造和使用者的哲学观念的最合适的载体。索绪尔（F. Saussure）也说：在汉语中，"表意字和口语里的词都是观念的符号"[②]。在他们看来，文字就是第二语言，即"语言的语言，符号的符号"。基于这一点，我们通过考察汉文字中的心理词汇就可窥探其创造者和使用者的内心世界，即"心灵印记"，追溯他们对心理地理学的认识。

汉字的一个特点是，它有时不仅是一个词，而且是一个表述事件的句子、一幅图画、一个命题态度。既然如此，只要弄清了表示心理现象的汉字，就可以弄清中国古代心灵哲学所认识到的主要的心理个例、样式及其心理地图。如果再进一步探讨由字合成的心理语词，那么就可把中国人所认识到的心理个例和样式基本梳理清楚，因为在大多数情况下，有其名必有其实，也就是说，多数心理语词的指称是真实的、有本体论地位的，指的是人们所认识到的心理王国的成员。综观这些字的构成和表意方法，可做这样的分类：①表示外物的名词性的字加上心，如忍、思等；②表示数量的字加上心，如忐、忑、惆等；③表示空间关系、方位的字加上心，如忐、忑、忠等；④表示人体行为的字加上心，如悻、慙等；⑤否定字加上心，如悲、忽等；⑥表示事物时间关系的词加上心，如忐、忪、愁等；⑦表示身体器官或组成部分或身体状况的字加上心，如恬、憎等；⑧表示事物性质、状态的字加上心，如怕、情、懂等；⑨表示事物形体、存在方式的字加上心，如怅、惆等；⑩表示外物运动的字加上心，如忧、倦等。

有充分的依据说，每一个表示心理现象的字及词实际上是中国哲人在心理地理大发现中所发现的地理新大陆的记录，是认识心理王国时认识之网的"网上纽结"，不仅记录了一个本体论的事实，而且对其结构图景甚至运动论、动力学做了具体的描述。这样的字词特别多，因此中国心灵哲学承诺了比西方要多得

---

① 戴吾三：《汉字中的古代科技》，百花文艺出版社2004年版，前言。
② ［瑞士］费尔迪南·德·索绪尔：《普通语言学教程》，高名凯译，商务印书馆1980年版，第101页。

多的心理样式，其认识到的心理范围也大得多。以现行收词量较大的《汉语大字典》为例，即使撇开那些不带"心""忄"偏旁的汉字，如"魂""魄""神""精""信"等，其中第四卷所收的心语语词就接近 1400 个。其中尽管有一些是同义词，但大多都应有其特定所指。

中国心灵哲学认识到的心理样式多、心理范围大的一个表现是，表示心理能力之程度的词出现了，并极为发达，其不仅大量地从物理语言中转化，如用表示物理属性的"大小""高低""优劣"等表示心理能力的相应属性，而且创造了新的心理词汇，如用"敏""不敏"表示心理的能力的特点，如《战国策》说齐王："寡人不敏。"①

中国心灵哲学也注意到心理内容的这种现象，如"心"一词有时指的就是心理内容。《尚书》云："公曰'前人敷乃心'。"意为周公说：武王曾坦露过他的心思。②周公对叛变的人说"尔心未爱"，意为你们心里没有驯顺之意。③"文王惟克厥宅心"，即文王能了解各人的具体心理特点，因此能知人善任。④从《汉语大字典》的收录来看，以"心"作为偏旁的字，如志、忑、忐、忠、忢、忲、忲、忎、忿、怠、忲、恋、惢、惷、恩等，它们表示的就是心中出现了有关的内容或状态，或指向了某个对象。这以更为逼真的方式表现了今日为西方心灵哲学研究得热火朝天的"心理内容"或意向性。每一个这样的字描述的就是一项心理内容，甚至是一种命题态度，即心对某对象、某命题的态度。

另外，还有综合性、涵盖面广的心理语言，如才、智、情、知等经常可以被看到。例如，《战国策》说："欲以一人之智。"⑤"周自知失九鼎，韩自知亡三川，则必将二国并力合谋。"⑥涵盖或介于心物二者之间的词也很多，如卑、傲、奢侈、危、禁等。

中国心灵哲学讨论得最多的心理现象是情绪。仅就《战国策》而言，它们出现的频率极高，例如，"秦兴师临周而求九鼎，周君患之"，"患"即忧患。由

---

① [西汉]刘向：《战略策·齐策》，宋韬译注，山西古籍出版社 2003 年版，第 88 页。
② 《尚书》，慕平译注，中华书局 2009 年版，第 251 页。
③ 《尚书》，慕平译注，中华书局 2009 年版，第 25 页。
④ 《尚书》，慕平译注，中华书局 2009 年版，第 274 页。
⑤ [西汉]刘向：《战国策·秦策》，宋韬译注，山西古籍出版社 2003 年版，第 30 页。
⑥ [西汉]刘向：《战国策·秦策》，宋韬译注，山西古籍出版社 2003 年版，第 33 页。

于齐国的干预，秦放弃了这个要求，但"齐将求九鼎，周君又患之"，颜率在出主意时说："大王勿忧。"①再如，齐明对东周国君说"臣恐西周之与楚、韩宝"，恐即担心，担心把宝物给了楚国和韩国。②总之，表示常见情绪现象的词一应俱全，例如，"周君大悦"③，"周君惧焉"④，"道不拾遗，民不妄取，兵革强大，诸侯畏惧"⑤，"状有愧色"⑥，"寡人忿然，含怒日久"⑦，等等。

表示意动、意志的词也很多，例如，"欲"字用得很多，当然它不是指欲望，而是"想""试图"之意，相当于西方人所说的作为意动或意欲的意向性，例如，"君若欲害之"。⑧

按照心的表现方式，笔者认为我们可把心分为活动或行为、过程、状态、事件、性质、主体等类型。在古代，表现这些心理的字词基本上都被创立齐全了，表示行为的有想、思等；表示过程的是——只要在有关动词上加一定的副词或形容词，就可组成相应的合成词，如"正在想""一直在生气"等；表示状态的字词最多；表示西方人所说的感受性质或现象学性质的字词也大量出现了，如"感"，其不仅说明心中有性质发生，而且以象征的方式表现了其特点，就像心中得到像咸性的盐一样的东西的刺激一样；表示心理主体的字词有心、魂等。

中国人特别关心"治心""制心"问题，而治心就是要克服有害心态，设法进入有利、有益的心态，因此中国心灵哲学特别关心对心理状态的扫描和分析。例如，经常涉及的有害的心态有贪图安逸、荒宁、迷乱⑨；中性的心态有"厥心违怨"（百姓心里会对抗、抢怨）⑩；有利的心态有开阔胸襟、"宽绰厥心"。⑪另外，严格要求自己的一些心理状态也涉及很多，如周公在描述殷王中宗时说：他"严恭寅（敬）畏，天命自度（衡量），治民祗惧（治民时谨慎小心），不敢荒（荒废政务）宁（安宁）"，因此在位达 75 年之久。商朝后来的有些殷王就

---

① [西汉]刘向：《战国策·东周策》，宋韬译注，山西古籍出版社 2003 年版，第 2-3 页。
② [西汉]刘向：《战国策·东周策》，宋韬译注，山西古籍出版社 2003 年版，第 4 页。
③ [西汉]刘向：《战国策·西周策》，宋韬译注，山西古籍出版社 2003 年版，第 15 页。
④ [西汉]刘向：《战国策·西周策》，宋韬译注，山西古籍出版社 2003 年版，第 14 页。
⑤ [西汉]刘向：《战国策·秦策》，宋韬译注，山西古籍出版社 2003 年版，第 22 页。
⑥ [西汉]刘向：《战国策·秦策》，宋韬译注，山西古籍出版社 2003 年版，第 27 页。
⑦ [西汉]刘向：《战国策·秦策》，宋韬译注，山西古籍出版社 2003 年版，第 31 页。
⑧ [西汉]刘向：《战国策·东策》，宋韬译注，山西古籍出版社 2003 年版，第 5 页。
⑨《尚书》，慕平译注，中华书局 2009 年版，第 238-239 页。
⑩《尚书》，慕平译注，中华书局 2009 年版，第 239 页。
⑪《尚书》，慕平译注，中华书局 2009 年版，第 239 页。

不是这样，而是"生则逸"，即生下来就贪图安逸，"惟耽乐之从"，即沉湎于享乐。《尚书》涉及的好的心理状态还有"克自抑畏"（克制自己，谨慎戒惧），"文王卑服"、"徽柔懿恭"，善美、仁爱、恭敬，等等。①

表示价值性心理态度的词也出现了，如"贵""敬""重"等，以及在其前加上了"不""非"等反义词，如非敬。《道德经》中经常用"贵柔""贵弱"等词。

中国各家各派在心理地理学的发现中都做出了独特的贡献，如道家、道教在扩展人类对心理范围及样式的认识上就是如此。他们除关心"性"和"情"这类中国心灵哲学的共有课题之外，还花大力气探讨了精、气、神、魂、魄等。在这些现象中，尽管有些不是纯心理现象，道家、道教对它们的论述有其猜测和不科学的一面，但有些还是有研究价值的，例如，精、气、神就是如此，它们至少可以成为现当代心灵哲学重新审视的课题。有些现象不一定完全按他们所设想的方式存在，但也不是纯虚构的，而是有其真实所指的，如"神"这个概念只要准确予以理解，就是如此。

印度的心理地理学也很发达，这可能与它重视调心、治心有关。限于篇幅，这里只拟考察佛教心灵哲学在这方面的建树，其特点是多。就欲望来说，佛教说有 750 种之多，就全部心理个例的形式而言，佛教说有 84 000 种之多。佛教特别重视心态的转化乃至降伏、断除，即灭除负面、有害、不健康的心态，培养、发展积极健康的心态，造就圣人的心态，因此对各种现实和可能的心态做了全面的扫描和研究，例如，它具体、深入论述的心态有 160 种之多。②

佛教所发现的、做了专门研究的心理个例主要有三大类：一是在妄心或生灭心中所获得的发现；二是于真心中所做的发现；三是发现了介于二者之间的心理现象。这些现象都是佛菩萨借他们独有的"观心心法"所发现的东西，带有鲜明的现象学性质，因此从现象学角度看，其是真实不虚的。既然如此，世间心灵哲学对之置之不理便是没有道理的。因为这样做既人为地限制了自己的研究视野，也会妨碍对心理一般本质的真正全面的科学认识。若遗漏了这些心理现象，将使所建立的心灵哲学失去它的"哲学"意义。如果西方心灵哲学新发现的"感受性

---

① 《尚书》，慕平译注，中华书局 2009 年版，第 237 页。
② 《大乘悲分陀利经》卷 5，《大正藏》第 3 册，第 266 页。

质"值得重视，那么佛教所发现的那些有真实存在地位的心理现象也应如此。

我们先来看佛教在妄心中的新发现。这一发现具有双重意义：一是有利于如实知人心，因为若这些为佛教所发现的妄心是真实存在的，对其不予关注显然有悖于认识的实事求是原则；二是有利于人的离苦得乐、究竟解脱，因为要调治心身、实现心理健康，直至彻底解脱，首先要知道有哪些有害、不健康的心理。而佛教的心理新发现可满足这一需要。妄心的主要样式有："着五阴心，贪五欲心，喜心，掉心，怨心，欺心。浊心，粗心，恚心。不调心，不执心。不柔伏心。着非法心，无住心。相求心。散乱心。更相害心。离法心。无报心。计有法心。灭善心。不生善心，不求涅槃静心。不知应供养心。集一切使缚心。老病死无因缘心。受诸烦恼心。执一切障碍心。毁法幢心。竖见幢心。更相訾毁心。共相食啖心。自贵心。困他心。嫉妒炽盛心。共相杀心。贪欲无厌心。嫉他一切所有心。无恩分心。盗窃心。邪淫心。欺调心。无愿心。是时众生无不尔者，于中展转相从闻如是声，所谓地狱声。畜生声。饿鬼声。病声。老声。死声。害声。难声……"①

在扫描妄心的过程中，佛教发现了一些心理"新大陆"，兹列举一二。例如，随眠（anuśaya）就是世间心理学、心灵哲学未予以注意的一种现象。它有二义，一是有部所说的根本烦恼，因其作用微细、随逐众生而起，隐藏很深，作用是让人昏迷，故名；二是唯识宗所说的隐藏、沉睡在阿赖耶识中的烦恼种子。用今日的话解释，随眠即微细有害的、束缚人而让人不得解脱的心理，有"微细义、随增义、随缚义"。眠即睡得很深，随眠即在粗陋心理（如垢、染污识）等后面的微细、不常直接显现的心理。特点有增长性、膨胀性，如微细有漏心理都会随着环境条件变化而增长。②其样式很多，一种分法是六随眠说，即认为有贪、嗔、痴、慢、疑、边见6种根本烦恼。由于每种随眠又有若干种，因此随眠总共可分为98种。从善恶二性角度看，其中33为不善的，65为无记。

再来看慢心。它是这样的心理，即觉得"已胜"或自己优于别人、强于别人、以自我为中心的心理，其共有7种。一是慢，"于等谓已胜，或于胜谓己等"，对于比自己稍劣的，偏以为自己强、自己优胜；对于与自己相等的，自以为我等。二是过慢，对于与自己相等的，自以为我胜。三是慢过慢，即于胜谓己胜，明明

---

① 《大乘悲分陀利经》卷5，《大正藏》第3册，第266页。
② 《大毗婆沙论》卷50，[唐]玄奘译，《大正藏》第27册，第257页。

是别人优胜,偏以为我胜。四是我慢,把五蕴当作我、我所,枉生骄慢心。五是增上慢,即对于胜功德,如证胜道,未得谓得、未证谓证。六是卑慢,即在与他人比较时,总觉得别人劣多,而自己劣少。七是邪慢,自己实际上无德,但偏以为自己有德,尤其是,自作恶行,反以恶行可恃,并生轻慢心。[①]

略心是佛教以外的心理学、心灵哲学从未涉及的一种心理。略即侵犯、占领,略心指的是这样一种有害的心理,即人正行于内时,所缘虑的东西系缚其心,或者说,是为所缘虑事物所束缚、占领的心。

掉举心也是常见但未引起常人注意的心理。它包含两种心理:一是掉心,"谓大举故,掉缠所掉",掉即沉下,即提起来(举)后的失落心、昏沉之心;二是举心,举即上升,此心是掉心的反面,轻佻浮躁,妄念纷飞。"于举时,及于略时,得平等舍。"[②]意为,心志忐不安、起伏不定,亦即"不寂静、不止息、躁动掉举","心躁动性是为掉举"。[③]

无明是佛教谈论最多的一种心理。它"别有实体",意即无明属于烦恼,但不是所有烦恼,而是其中的一种。"此体其相云何?谓不了知谛实、业果",即迷失真理。也可以说,无明是明、觉的反面,是心中充满黑暗,于真理不知、不觉。明即光明、明了真理,觉即觉悟真理。就作用而言,无明"染污于慧,令不清净"[④],因此是别的一切心理现象直至不能解脱的总根源。当然,从其体性说,它本身毕竟空寂。无明有根本无明和枝末无明之别。

"结"在佛教心灵哲学中也是一个心理语词,有世间心理学所说的"情结"的部分意义。"结"本来是指绳索之类的东西缠在一起,解不开,用于表述心理状态,指那些困扰人、令人闷绝的心理。论云:"系缚义是结义,合苦义是结义,杂毒义是结义。"[⑤]"系缚"即被束缚,无自由。"合苦"的意思是欲界之结使欲界有情与欲界苦合,无乐可言。"杂毒"意即解脱等胜妙处中夹杂着烦恼之类的毒,亦即里面结合着毒物。因此结心是指心理的可生烦恼的、有害的情绪、结缚。就心理层次而言,结心的特点是微细,是粗妄心后的微细妄心。其分类有多

---

① 《大毗婆沙论》卷43,[唐]玄奘译,《大正藏》第27册,第225页。
② [古印度]无著:《瑜伽师地论》卷28,[唐]玄奘译,《大正藏》第30册,第440页。
③ 《大毗婆沙论》卷42,[唐]玄奘译,《大正藏》第27册,第219页。
④ 《阿毗达磨俱舍论》卷16,[唐]玄奘译,《大正藏》第29册,第51-52页。
⑤ 《大毗婆沙论》卷46,[唐]玄奘译,《大正藏》第27册,第237页。

种说法，一是认为有九结，即爱结、恚结、慢结、无明结、见结、取结、疑结、嫉结、悭结。此外，还有三结、五结、九十八结（详见后文）等不同分类。①

在佛教心灵哲学中，"缚"和"使"像"结"一样都是心理语言。它们的安立或在心灵哲学中的隐喻式地被使用，表明佛教有一项重要的心理发现，即人心本来广大无边、无挂无碍，本来自由自在、清净无染，但由于一念无明妄动，平静的心便从此变得不平静了，心便"异化了"，由真心随缘现起的妄心变成了奴役、束缚、囚禁心灵的力量。为说明心灵的这种不自由的状态和特点，佛教便借鉴了"结"之类的词语。这里所说的"缚"其实就是结的另一种描述方式，它要突出的是结心的不自由的特点，其有三缚，即贪欲缚、瞋恚缚、愚痴缚。它们像绳索一样将人心牢牢捆住，同时还是别的负面心理的根源。"使"也是描述这类负面心理的词语，只不过用了"使"便突出了这类心理的原因、派生、驱使作用。"使"的本义是指过去押犯人的人，他们常被用绳子与犯人捆在一起。有一些心理像被绳子束缚一样，使心不能出离三界。简言之，"使"是将人囚禁于三界的毒性心理。共有七使，每种下面又有很多子类。②

再来看佛教对真心及其相关心理现象（如不同于前述凡心的圣心）的发现。严格来说，尽管真心无处不在，甚至与我们的言语动静、吃饭睡觉须臾不离，但是作为一种现象学的事实，其只能为佛接触到，质言之，真心只能为佛所亲证，其他的人充其量只能看到它闪现的某些光亮。我们这里所说的"佛教在真心中的发现"指的是佛教修行者逼近真心时所出现、亲历的开始摆脱妄心束缚的清净心、纯洁心、善良心。它们也有许多形式，这里从远至近、从粗至细略加分述。当追求成佛的人如理如法地迈上修行的征程时，他必然依次出现许多以前不曾有的、世间心灵哲学不曾注意到的心理现象，如策心，它是圣者在修行时出现的鞭策自己向更高净心前进的一种状态。例如，于修心一境性时，不让心头生起，观照时，随取一种净妙举相，殷勤策励，庆悦其心。③再如，还会出现"刹那心，谓初心见道，一念相应，速还忘失，如夜电光，暂现即灭，故云刹那"，这是初心，即是见

---

① 《大毗婆沙论》卷46，[唐]玄奘译，《大正藏》第27册，第236-237页。
② [古印度]世友：《众事分阿毗昙论》卷3，[古印度]求那跋陀罗、菩提耶舍译，《大正藏》第26册，第637页。
③ [古印度]无著：《瑜伽师地论》卷29，[唐]玄奘译，《大正藏》第30册，第443页。

道之心，但持续时间极短，不能持续。依次还会出现流注心。这种心的特点是通过用功，而达到让净念持续、绵延或像流水一样流注。修行到了一定火候，必然出现"甜美心。谓积功不已，乃得虚然朗彻，身心轻泰，酞味于道，故云甜美"。接下来的心光显现是"摧散心。为卒起精勤，或复休废，二俱违道，故云摧散"。明镜心更是真心的显现。"既离散乱之心，鉴达圆明，一切无著，故云明镜。"①从心与理体的关系、心趣理的程度看，行者的心是一个不断从背理心向佛心转化的过程。初始心是背理心，即凡夫之心，它迷理、背理。接着，随着认识的进步，便会有向理心，即声闻心，其特点是，厌恶生死，以求涅槃，趋向寂静、理体。再进一步是入理心，即菩萨心，特点是：虽复断障显理，但能所未亡，即还有主客体分化及其意识，心上还有尘劳，当然有微细妄心。最后必然会出现理心，即佛心。此理非理外之理，非心外之心。理即是心，心即是理，心能平等，契合实性，不见生死与涅槃、凡与圣有何区别，智境无二，理事俱融。②

从禅定的角度看，行者在行禅时只要如理如法，一般会经历这样的心理净化、进步过程，或可体验到这样一些心理：①安住心，心一境性；②摄住心，即收摄心意，不令外驰；③解住心，使心不生对外物的知解；④转住心，使知解心安住下来；⑤伏住心，即伏断修禅中出现的厌倦之心；⑥息住心，止息内心动乱；⑦灭住心，灭除贪爱等心；⑧性住心，通过知心本性而让心安住；⑨持住心，积集禅定功德，让心安住禅定中。这些现象学性质的健康心理在非禅定状态中是碰不到的，但在有关条件具足时，它们的出现和存在又是客观的事实。这九点也可理解为行者的9种安心方法，例如，安住心，即安心所缘不令离；摄住心，即把乱心收摄住；解住心，即觉心外广，通过思考正念等，让心停留于所缘之上；转住心，即见功德，转乐住；伏住心，即设法降伏其心；息住心，即见乱过失，令心正息；灭住心，即若贪等心起，即予灭除；性住心，即让心安不动，本性流动，所作任运成自性；持住心，即不由作意得总持。③

佛教中的圣人除了部分具有凡夫的心理之外，还有许多特殊的、不为一般人所知的心理。发现并研究它们，是佛教心灵哲学独有的工作。就此而言，世间心

---

① [古印度]善无畏：《无畏三藏禅要》，《大正藏》第18册，第945页。
② [北宋]净觉：《楞伽师资记》，《大正藏》第85册，第1284页。
③ [古印度]无著：《大乘庄严经论》卷7，[唐]波罗颇蜜多译，《大正藏》第31册，第624页。

灵哲学是关于凡俗心理的哲学。这里只略述菩萨和佛独有的心理。菩萨作为仅次于佛的亚圣来说,其总的人格特点是能自利利他、自觉觉他。菩萨之所以能进入亚圣的阶位,是因为他们的心理转化成了一种特殊的心理。此心绝对真实,是菩萨时刻持有并表现出来的,可用许多名称来描述,如可称作坚心。坚心即不住于一切诸法,如如不动。另外,坚心也可理解为坚住、坚精进。①我们还可用比喻方法把菩萨之心描述为电光心、金刚心。我们知道,电光的特点是一闪过即灭。之所以称圣人心为电光心,是因为他们的心像电光一样,"暂现色像,速还隐没"。这种心是证得了"不还果"的表现,"暂能照了,速不隐没"。金刚的特点是自身坚固,不能为别物所动,但又能摧折他物。圣者之心也是如此。他们通过精进修行,证得了这样的"寂静心定","彼心意识证得无学果,无结缚等,而不能坏","依是定心,能尽诸漏",能伏诸烦恼习气,"证得无漏心慧解脱"。②用今日心理学的术语说就是,金刚心的特点是具有绝对好的抗风险、抗挫折品质,不管内外环境如何变化,心灵永远是平静、充实、极乐的。用苏东坡的话说就是,"八风吹不动,端坐紫金莲"。以文殊师利的金刚心为例,它不是像石头一样无知无觉的,而是活泼泼的,如大圆镜,既动又不动,既照又寂。一方面,他的心像金刚一样不动,"志若金刚,其所宣说,无有章句,亦无处所,心咸了达,无所遗余";另一方面,他的心又"不刚"。为什么会这样呢?他回答说:"吾自放意,心安柔忍,是故不刚……吾以恣心,入声闻地,处缘觉境,是谓放心。吾又恣心,入诸尘劳、生死之内,而亦不恶贪、恚、痴等烦恼过患,是谓放心。"③就是说,他尽管心行寂然,但又放纵自心于诸染法之中,不舍染法,勇敢面对染法,其目的一是接受考验,二是救度生活在染法中的众生。还应注意的是,他放心于染法,但又能始终保持心安柔忍,此即于动保持不动。

菩萨之心也可称作自在心。这是九地菩萨才能达到的心地。其特点是于他心得自在,于自心得无碍智。其他圣者当然也有自在心,如佛心绝对自由存在,这种自由当然不是一般人所理解的自由,而是彻底摆脱、超越有挂碍的妄心,完全证得了真心之后的一种绝对等虚空、绝对平等的心灵状态。阿罗汉由于灭尽三界见思烦

---

① 《大方广三戒经》卷下,《大正藏》第 11 册,第 699 页。
② [古印度]舍利弗:《阿毗达磨集异门足论》卷 4,[唐]玄奘译,《大正藏》第 26 册,第 379 页。
③ 《大宝积经》卷 150,《大正藏》第 11 册,第 589 页。

第二章　心理地理学与心性多样论

恼，除尽一切障碍束缚，因此也能心无牵挂，自由运作，只是程度上要低一些。

菩萨尽管是了不起的圣人，但尚不是做人的完成，唯有佛是人格完满、一切最圆满、价值具足的人。由菩萨至佛要经过十地。因此我们可以说，十地是成佛阶梯中的登顶十阶段，或者说是接近顶点的楼梯。要登顶观境，只能"因梯而上"。而由低到高的过程实即心灵不断净化、升华的过程。要想由下一级升至上一级，就要舍弃某些心，建构、成就某些心。例如，一地是欢喜地，此地的心理特点是，由于开始超越凡夫妄心，发中道之智，因此产生了圣人的欢喜心；二地是离垢地，即离贪嗔痴诸烦恼，离十不善道罪业之垢，让下述十方便心具足，即直心、堪用心（观诸法实相，心则能堪大用）、柔软心、降伏心、寂灭心、真妙心、不杂心、不贪心、广快心、大心，故名离垢地。①其他地相对于前一地都有心性的提升。

再来看佛心。佛之所以是极圣，是因为他修心达到了极致，即让真心圆满无缺地显现出来，其表现是："诸佛要集，心如空界。"诸佛的根本特点就是心如空界，或平等②，故可说，"佛名平等"③。具体而言，佛心有"八味"或八种圆满的特点，即喜味、尽味、定味、到味、静味、相味、不动味、究竟味。④《大宝积经》对如来心的描述是："如来之心，于三摩地，未曾有起，故名此定为无回转心、无所行心、无观察心、无动虑心、无流荡心、无摄众聚心、无散乱心、无高举心、无沉下心、无防护心、无覆藏心、无欣勇心、无违逆心、无萎悴心、无动摇心、无惊喜心、无昏沉心、无分别心、无异分别心、无遍分别心。又此定者不随识心，不依眼心，不依耳鼻舌身意心，不依色心，不依声香味触法心，不趣诸法心，不起智心，不观过去心，不观未来心，不观现在心。"⑤

"佛的心中心"这一概括对我们理解佛心极为重要。所谓"心中心"指的是佛心的关键、实质。如果抓住了此中心，当即是佛。哪怕是凡夫、诸神鬼，只要"能行我心，即得我通……不行我此心法者，欲贪我通，无有是处"。佛还描述了此心中心的相貌。它"不离一切众生，有十二种心，是佛心中心事"，"一者自身相苦而不辞苦……自身不见苦与法无所得……二者观一切苦，如现前想而不

---

① [古印度]龙树：《十住毗婆沙论》卷13，[古印度]鸠摩罗什译，《大正藏》第26册，第94页。
② 《菩萨处胎经》卷2，《大正藏》第12册，第1023页。
③ 《菩萨处胎经》卷2，《大正藏》第12册，第1024页。
④ 《菩萨处胎经》卷3，《大正藏》第12册，第1027页。
⑤ 《大宝积经》卷37，《大正藏》第11册，第214页。

动转，观一切苦作不定想……一切怨家来作父母想……三者将自心事（等）同他心行，将他心事同自心行，乃至一切身分与己身分等……四者于佛念处作成佛想，我当住持，常不放舍……亦如十方众生同一世界……五者能于诸佛一一言句、辨论……堪作下劣想……为大千界是似信非信，但无所损……若能如是者，即得五眼清净，明见世界。六者于六度中摄诸心……于动乱时即以禅波罗蜜摄入……如是诸想即以无畏所摄，但行大悲……七者于七菩提分，我常勤求，所修功德，常施一切……八者于八圣道中常无厌足，常生十信，常存十善行……如愿教行，不失本心……九者不欺众，不嫌法……常行质直……十者须存十信具足……第十一心者，于诸法中一切言论义，辩慎勿自赞……深观菩萨如在目前……第十二心者，深观自身若有少慢，自当加持……若有多欲，当观臭肉，若行污秽，先观牢狱，若能如是者，是佛心中法决定"。①简言之，佛心中心，"即是佛境界"，"若有众生境界同此十二心者，此心非众生行处"。②"十方现化事，皆是心中心，乃至于有顶，亦是随心生。"③

前文所述的心要么是善心，要么是不善心，因此是有善恶标记的。有没有无此标记的无记心呢？佛教的回答是肯定的。接下来，笔者便来考察佛教关于处在善与不善、缘与不缘之间的心理现象的思想。《宝云经》云："此心起时，不缘外、不缘内、不缘善、不缘不善，不从定、不从智，如从眠起，目视不了，不缘善恶，名为无记。"例如，人们常有这样的心理，人在观看，但又没有觉察，此即无记心。最典型的是，刚从沉睡中苏醒的人到处看，但什么也没有看到。④认识论上的许多心理现象也是没有善恶性质的，触知就是如此。论云："三和合故生触"⑤，即由根、境、识三种因素和合而生，例如，眼对境的触知，是由眼识、眼根、色尘共同作用而生的。有情有三种：苦触、乐触、无记触。

寻与伺是更为典型的无记心，同时也是世间心理学完全没有注意到的心理现象。它们的不同在于一个粗、一个细。寻（vitarka）即寻求、推度，旧译为觉，是对于事物之粗略思考。《俱舍论》卷四云："心之粗姓名寻。"《成唯识论》

---

① 《佛心经》卷下，《大正藏》第19册，第13页。
② 《佛心经》卷下，《大正藏》第19册，第13页。
③ 《佛心经》卷下，《大正藏》第19册，第14-15页。
④ 《宝云经》卷2，《大正藏》第16册，第216页。
⑤ [古印度]舍利弗：《阿毗达磨识身足论》卷3，[唐]玄奘译，《大正藏》第26册，第545页。

卷七云："寻谓寻求，令心匆遽，于意言境，粗转为性。"相比较而言，伺（vicāra）即对事理的细密的思考。"若观待无寻唯伺识，则有寻有伺识名粗。""若观待有寻有伺识，则无寻唯伺识名细。""若观待无寻无伺识，则无寻唯伺识名粗。""若观待无寻唯伺识，则有寻无伺识名细。"①从大的方面来说，"寻伺即心"，属无记心所法。就其个性来说，它们是与思虑有联系，但又有其独立性的心理现象。之所以说有联系，是因为寻伺中一定伴有思维之类的理性活动。其不同在于，寻伺不仅出现在理智活动中，还可发生在非理智活动之中，如情感、意志活动之中。论云："诸心寻求、辨了、显示、推度、构画、分别性、分别类，是谓寻。"寻有上述不同之样式，但体无别，即都是要显了寻自性。所谓伺是诸心这样的作用，即"伺察随行、随转、随流、随属"，其样式尽管不同，但体无异，即都是要显了伺自性。二者的差别在于："心粗性名寻，心细性名伺"，意为伺是更为细密的心理活动，而寻相对粗犷。就像钟、铃之类的铜器被敲击，先出现的声音，后慢慢变细，寻伺亦如此，先大后微。②

第二节　心性多样性与主要心理样式考释

西方的哲学、心理学、心灵哲学以及最近的认知科学当然也做了大量心理地理大发现的工作，而且这一工作还在进行中。例如，近几十年来人们所关注的"感受性质""命题态度""自主体"（详见后文），以及最近复兴的对"自我"（详见后文）的研究，就是如此。它们像地球上的后来所发现的新大陆一样，本来是存在的，只是由于认识上的原因而不为之前的认识所知晓。随着认识的推进，它们将逐渐显现在人面前。

关注心灵哲学研究的科学家在拓展心理研究范围、发现新的心理样式的过程中也发挥过积极的作用，例如，薛定谔（E. Schrödinger，1887—1961）一反传统的观点，认为在僵尸之上也存在着一种特殊的意识，至少有其种子。他认为，现实的意识当然离不开活着的身体，因为它与生命密不可分。但是由于生命现象极

---

① ［古印度］舍利弗：《阿毗达磨集异门足论》卷11，［唐］玄奘译，《大正藏》第26册，第414页。
② 《大毗婆沙论》卷28，［唐］玄奘译，《大正藏》第27册，第219页。

为复杂，例如，已死的人的身体上仍有基因，而基因孕育着生命的种子，因而其上也包含有意识的种子。就此而言，意识、心智并不局限于活着的躯体，至少在死亡的躯体上也存在着意识的种子，或者说存在着有意识的潜在的形式。薛定谔说："一系列由遗传连接起来的个体，从一个到另一个的繁殖行为，实际上并不是肉体和精神生命的中断，而只是其紧缩的表现。"①根据遗传学，我们还可得出这样的结论，一个个体死亡后，只要基因没有消失，其精神的种子就依然存在，只要有尸体，就有这样可能性。②他说："个人的诞生并不表明我第一次被创造出来，而只表明我好像是从酣睡中慢慢醒过来那样。这样一来，我就能看到，我的希望和努力，我的忧虑和恐惧，是同生活在我之前的千百万人们的希望和努力、忧虑和恐惧一样的，而我也可以希望千百年后我在千百年前的渴望得以实现。思想的种子只有作为我的某些祖先思想的继续，才能在我这里面发芽。"③显然，这些在基因中，尤其是已死亡的躯体上的基因中的以种子形式存在的心理样式，如果存在的话，那么无疑也是我们研究心理本质时应予以关注的心理样式。

只要用上述方法考察心理王国，就一定能看到"心性多样性"或"异成分混杂"这一客观的事实。这里的"心性"与中国哲学所说的"心性"有关，但又有很大不同，因为这里的"心"主要指一切心理样式和个例，而"性"除了表示中国哲学所说的生而有之的本性、共性等之外，主要指心理样式的千差万别的个性、性质和特殊本质，质言之，即异质性。"心性多样性"表面上是一个范畴，其实是这样一个命题，即心理样式及其性质不是单一的，而是多种多样的，因为无论是表现在个人身上的心理现象还是世界上所拥有的全部心理现象，都不是单一体或单子性存在，不是由性质和形式相同的、清一色的东西所构成的统一体，而是由形式多样、性质各异的心理个例和样式构成的矛盾统一体。用西方的学术术语说，就是"异成分混杂"或异构性、异相性。④这个混合

---

① 赵晓春、徐楠编：《科学大师启蒙文库：薛定谔》，赵晓春、徐楠译，上海交通大学出版社 2009 年版，第 136 页。
② 赵晓春、徐楠编：《科学大师启蒙文库：薛定谔》，赵晓春、徐楠译，上海交通大学出版社 2009 年版，第 136 页。
③ 赵晓春、徐楠编：《科学大师启蒙文库：薛定谔》，赵晓春、徐楠译，上海交通大学出版社 2009 年版，第 140 页。
④ heterogeneity，形容词为 heterogeneous，来自希腊语 heteros 和 genos，还可译为异质性、多相性、多样性。它们都适合表达我们这里想表达的意思。

体中的成分在形态、形相、性质、特征等方面都有相异性、不同性，就像一个装满各种异质产品或杂物的仓库一样。科技新产品中典型的异构物是"异构网络"。所谓"异构网络"，通常指不同厂家的产品所组成的网络，而且各厂家的产品具有互操作性。通过制定统一规范，不同厂家的硬件、软件产品也可以组成统一网络，并且互相通信。互联网就是一个典型的异构网络。用心理地图学、地质勘探学、心理普查方法发现的各种心理样式、板块、个例所组成的心理系统也是类似于异构网络的混杂系统。里面的样式、成员和个例在横向上是无限多样的，在纵向上又有层次性、梯级性，而后者又有开放性、生成性的特点（例如，随着新关系的形成，其上会产生新的心理现象）。此外，心理样式的性质还具有差异性乃至异质性（例如，有的位于大脑中，有的则有主体间性，有的是身体的活动，有的则是二阶的、三阶的乃至更高阶的现象）。就此而言，心性在特定意义上是没有统一性的，其界限、范围和数量也不是固定的。由它们所构成的心理王国是由异质的、形态各异的心理样式所构成的复杂而矛盾的统一体，类似于一间装满了人、畜、财物等不同存在样式的房间。如果说心理王国有自己的地理学、地貌学、形态学、结构论，那么它就是与这样的房间类似的东西。如果想要揭示它的本质，那么也不能用"心是……"这样的通常的下定义的方式，因为不同的心理样式本质不同，没法为它们下一个统一的定义。这是我们在考察不同文化的心理地理学研究时得出的一个基本结论，也是我们在构想心理的结构论、在揭示心的本质时必须牢牢记住的一点。为了说明这一点，我们将做出多方面的考释。

一、主要心理样式考释

在这里，笔者将从大量的心理个例中挑选几种最常见，也最有代表性的心理样式及其性质稍作考察和分析。

（1）与自我密切相关的更宏大的心理样式是自主体。作为一个研究课题，这是一个有着深厚的哲学渊源、近来由人工智能研究所促发的带有多学科性质的问题。"自主体"一词译自英文 agent。该词的本来意义是"施动者""作用物""可以产生作用或效应的东西"。在我国的哲学和当今的 AI 研究中，还有很多异译，如"动原""行动者""主体""代理"等。鉴于该概念强调的是一种独立自主地产生作用的东西，笔者这里将其译为"自主体"，以与哲学中相近的概念"主体"（subject）区别开来。早在亚里士多德那里，它就成了一个重要的哲学难题。他发现，人的身上有两种行为：一类是某种强制性的东西引起的行动，其特征是不自由的、非随意的，引起和决定它的东西不是行动者自己的意志，而是外在的力量；二是自由的、有意的行动，如想吃桃子时把手举起来去摘桃子。它不同于第一类行动的根本特征在于：它是行动者深思熟虑、谨慎选择的结果，其动力是愿望和引起运动的思想，过程包括思考、形成愿望、做出选择，最后做出身体的运作。这两种行为无疑是有区别的，但是，是什么把它们区别开来的呢？亚里士多德提出的、后来占主导地位的观点是，有意行动后面有它内在、自主的动力源泉，那就是意志的决定，而意志的决定又根源于人的理性的深思熟虑。因此决定行动的施动者是一种理性的决定力量。基于此，"自主体"一词常与"理性"连用，即理性自主体。以至于到了现代还出现了这样的命题：没有理性就没有自主体。[①]

　　自主体作为人工智能研究中一个重要而热门的研究领域，其主要任务是探讨：如何建立关于人类自主体的模型；如何对之做形式化描述；自主体应由哪些模块组成；它们之间如何交换信息；所感知的信息怎样影响内部状态和行为；如何将这些模块用软件或硬件的方式组合起来，进而形成有机的整体。用哲学术语来说，这一工程的目的就是要让人造自主体系统具有人类智能所具有的智能及其意向性特征。人工智能建构了许多人工自主体。从构成元素上讲，这种自主体构造一般是一个五元组系统，即 agent 等于"ID、心智、规则、行动、交互性"。这里的ID（identification，简称 ID）是指自主系统独有的标志符。心智指它所具有的像人一样的心理背景条件，如有感知、认知能力，有类似于信念、承诺、意志之类的东西。规则是指这样的运行、控制规则，如对用户请求的分解、对返回结果的综合等。交互性是指它与用户及别的自主体发生联系的接口。

　　关于自主体应具有的能力和特性，人们从不同方面做了概括。综合地说，它应具有人所具有的一切特性，例如，自主性、学习性、协调性、社会性、反应性、智能性、能动性、连续性、移动性、友好性。从能力上说，它有在环境中行动的

[①] Cherniak C. "Rational agency". In Wilson R W, Keil F. (Eds.). *The MIT Encyclopedia of the Cognitive Sciences*. Cambridge: The MIT Press, 2001: 698-699.

能力，有能与其他自主性直接通信的能力，有由倾向驱动的能力，有能有限地感知环境的能力，有能提供服务的能力，以及自我复制的能力。而它要有上述能力，还必须有这样的知识，即必要的领域知识、通信知识、控制知识。另外，自主体还应具有人所具有的本质因素，如信念、愿望、意图或意向（intention）、义务、情感等。[①]

　　人工智能研究与心灵哲学是相辅相成的，它要建构人工智能，就必须利用心灵哲学对人类心灵、人类智能认识的成果，或者独自进行对心灵的解剖，而它的理论探讨和实践又有反哺哲学认识的作用。已有的自主体理论探讨和建模实践告诉我们：人之所以为人，是因为其上有一个特殊的心理构造（当然其中也有具身性的东西），这就是自主体。根据哲学和人工智能对人类自主体的解剖，它是人身的一个集自主性、学习性、协调性、反应性、能动性、移动性等因素于一体的心理系统。因此从心灵哲学的角度说，它是一个值得独立地予以关注的心理样式。既然如此，我们在形成关于心理本质的一般认识时，其是必须好好予以研究的心理个例，至少，我们形成的关于心理本质的认识要能考虑到它的本质及特点。

　　（2）心理的行为或活动。这也是我们抽象心的本质时必须特别关注的一种心理样式。它不同于"活动力"或能动性（activity）。后者指的是属性或能力，而前者指的是能力的运作。它由两个因素构成：一是行为方式（如能以感知、情感、联想、判断等不同方式出现），正是它决定了心理活动的类型；二是行为的意向性或指向作用，它决定心理活动的内容。心理活动的范围很广，所有心理现象一开始都表现为心理活动，因此心理活动是其他心理样式的基础。就此而言，笔者认为等同论有合理性，即赞成大脑中的同一个活动，用心理语言描述即心理活动，用物理语言描述即物理活动。我国神舟十一号载人飞船上的由意念控制的脑机交互实验充分证明了这一点。在这一实验中，人不再需要操作键盘、鼠标甚至控制手柄，而是采用脑控技术、眼控技术等来完成他们的操作。类似的实验有很多，例如，2005年，美国赛博动力学（Cyberkinetics）公司在9位患者身上进行了第一期的运动皮层脑机接口临床试验。四肢瘫痪的马特·纳格尔（Matt Nagle）成为第一位用侵入式脑机接口来控制机械臂的患者，他能够通过运动意图来完成机

[①] Wooldridge M, Jennings N R. "Intelligent agent: theory and practice". *Knowledge Engineering Review*, 1995, 2(10): 115-152.

械臂控制、电脑光标控制等任务。其植入物位于前中回的运动皮层,对应手臂和手部的区域。该植入被称为 BrainGate,是包含 96 个电极的阵列。被试之所以能通过意念或意想活动直接控制外面的机器的运动,就是因为该活动本身就是大脑的活动。当然,这种同一只限定在活动这一样式之上,其他的心理样式没有这样的等同关系。从作用上说,心理活动是其他心理样式的基础,例如,感觉、思维等只有首先表现为相应的活动,然后才可以以过程、状态的形式出现,最后方可产生某种结果,如思维活动的结果是形成某种结论或思想。从语言表述形式看,心理活动只能用心理语言中的动词来表述,如思考、做决定等。从心理活动与其他相关事项的关系上看,心理活动与能力形式(思维、知觉等)、基质(或者是人,或者是心或脑)、心理产物或表象有密切的关系。它离不开这些要素,只要现实出现,就一定会伴随着这些要素,但其又有相对独立性,因此可被看作是心理的一种存在样式。它们的关系可用图 2-1 来表述。

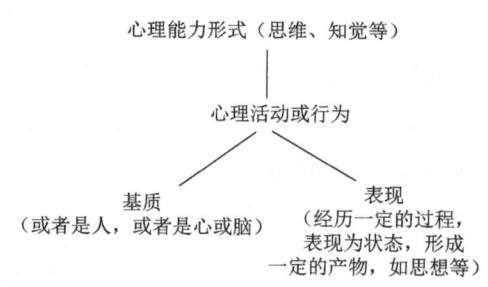

图 2-1 诸心理样式关系图

就心理活动的主体和基质而言,笔者反对二元论把它的主体看作是精神实体,赞成这样的观点,即认为它是大脑神经系统的活动或神经细胞及其相关分子的集体行为,或如恩格斯所说的:感觉和思维等是"身体的活动"。[①]当然,我们不能把这个规定泛化到别的心理样式之上,如不能说心理内容这种心理样式也是身体的活动。否则,就会犯以偏概全的错误,因为不同的心理个例具有不同的特殊本质。这也是笔者为什么强调在揭示心理一般本质时首先要具体情况具体分析、要重视研究个别心理样式及其特殊本质的原因。

---

① [德]马克思、[德]恩格斯:《马克思恩格斯选集(第 4 卷)》,中共中央马克思恩格斯列宁斯大林著作编译局编译,人民出版社 1995 年版,第 223-224 页。

（3）与心理活动密切相关的心理样式是心理过程。美国过程哲学的创始人怀特海（A. Whitehead）由于看到过程有特殊的本体论地位，不能混同于其他存在样式，于是认为过程是一个本体论范畴，反映了自然主义没有看到的一种存在样式。它不同于时间上的变化，指的是在有时间变化的物质构造中实现的形式结构。笔者认为，过程这个范畴经过适当改造可以成为概括一类有特殊本体论地位的心理现象的范畴。

（4）心理内容。有心理活动就一定有心理内容。一方面，只有借助记忆中储存的内容，或当下感觉提供的内容，心理活动才会发生；另一方面，心理活动不会像机器那样有时能"空转"，即不能以纯活动的形式出现，它的想、它的高兴总是与特定的心理材料联系在一起的，总是要加工或作用于什么东西，这被加工的东西就是内容。心理内容是一项新生的研究课题。在我国，关注它的人尚不多。随着心理地理大发现的推进，弗雷格（G. Frege）、布伦塔诺（F. C. Brentano）、罗素和迈农（A. Meinong, 1853—1920）等人敏锐地意识到这是心理现象中的一种特殊而重要的样式。开始时人们只把它设定为解释认识论、心理学、逻辑学中的某些问题的一种必需的理论实在，尚未触及其本体论、地形学、地貌学、结构学问题。随着计算机科学、神经科学和认知科学的飞速发展，以及心灵哲学在此背景下对心理地形学、结构学、运动学和动力学探讨的深化，心理内容越来越成为备受关注的研究领域。其前沿课题主要有：心理内容的本质、存在方式、自然化、因果作用等处于心灵哲学、语言哲学和认知科学交叉地带的问题。它被看作是揭开心灵内在的奥秘、解决语言的本质和意义等问题的一个枢纽，对人工智能、计算机科学提升机器的智能水平、行为的复杂程度具有重要的借鉴意义，因此一跃成为有关科学关注的焦点，并形成了一个独立的、包括诸多深层次问题的、具有广阔发展前景的研究领域。这里的"内容"（content, inhalt）指的是观念和别的经验中的将对象呈现出来的方面，不能等同于被呈现的对象。内容的首要特点是：它是某种内在的东西，而不是外在的对象，它的作用是将对象呈现出来。从定位来说，它实存于呈现之内。正是在这种经验中，内容才呈现了自身。它与对象的区别在于：它是内在于心灵的，不表现于外。心理内容的样式很多，如信息内容、概念内容、经验内容和表征内容。它们彼此区别很大，例如，从复杂程度上说，心理内容是不断加深的。信息内容是人的内部状态、身体部位、外界事物都可能携带的内容。例如，地上留下的脚印就有这样的信息内容。概念内容又可被看作判断内容，是人的意向状态所独有的内容，常通过命题的形式，由that-从句所表达。所谓经验内容，实即现象学经验或感受性质（qualia）。例如，一个人可能知道：墙上画的小提琴是一幅非常逼真的错视画。他根据过去的经验又可以断定那是一幅画，但是他的经验仍把它表征为一个挂在墙上的小提琴。这说明：经验内容有不依赖于判断内容的独立性。表征内容有两个特点：第一，表征内容总是关于经验主体之外的世界的，因此我们对之可做真假评价；第二，这些内容是内在于经验的某种东西，如果一种经验不是按内容描述的方式将世界再现于主体的，那么这些经验在现象学上就是不同类型的经验。由这些特点所决定，具有特定表征内容的经验之所以出现，总离不开过去的经验和学习的作用。心理内容的发现对于心理本质的认识具有重要的意义。如果它是存在的，那么我们在抽象关于诸心理样式的本质时就不能再简单地说心理是一种功能，或是一种活动、一种能力、一种属性，而应考虑怎样在我们的心理本质理论中反映心理内容的本质特点，至少不与它发生矛盾。如果要把它说成是大脑的属性，也只能说它是属性的属性。

（5）心理意象（imagery）也可被看作是一种心理内容，属于感性认知的层次。它不同于直接接触对象时所发生的知觉，因为拥有意象是在实际感知完成后发生的。因此，意象与感知有关，是感知所获得的认知在头脑中的再现。由于有这种关联，意象与感知有对应的一面，例如，与五种感觉对应，分别有五种意象。当然，意象的发生有时与感知有直接关系，如有的意象就是感知到的知觉图像的直接呈现；但有时只有间接关系，如对知觉内容做了改造，或只呈现了其中的部分内容。不同于当下知觉的最重要的特点是：意象不需实际存在的刺激物的刺激，而可以主观自生。因此，意象具有内生性或内源性（endogenous）的一面。从与思想的关系来看，尽管它像思想一样是在感知的基础上发生的，但它不表现为概念或命题，而以生动的、形象的形式显现出来，如红颜色的红的程度、特点的显现，就其自身相状来说，意象是心中的图像性现象，而不表现为活动、状态、过程。就意象所依的心理能力而言，它与思考无关，而由想象、联想（imagination）、设想所决定，如想象看到了红玫瑰的红色，就会有红色在心中的呈现。此呈现即为视觉意象。意象依赖于想象能力，但本身不是想象能力。二者是不同的心理样式，因为一个是能力的结果，一个是能力或作用本身。从作用上说，能力不仅是意象的一个原因，而且是一个人拥有各种可能性和不可能性的一个原因。而意象只是心中所呈现的内容，对其持有者则无此作用。尽管它们都是心理现象，但其存在和作用方式大不相同，我们在心理本质的抽象中必须小心予以对待。

（6）与心理活动、内容密切相关的东西是意向对象。这是过去的心理本质认识中不太注意的一种心理样式，因而也是过去认识失足的一个原因。这里所说的"意向或心理对象"有两种含义：一是指心理活动所指向的外部客观存在的事物，二是指出现在心内的或主体间的、以纯心理形式表现出来的意向对象。它可能与外在对象有关，如看到了红苹果后出现在心内的意向对象就是如此；有时与外物无关，例如我们想到的方的圆、不老泉等。它们不是外在自在的客体，而是进入了心理活动之中，为心理活动实际指向并呈现在心理活动面前的对象。这类呈现在心灵面前的意向对象既可以是纯心内的，也可以在心之外，例如我们意识到的在脚趾上的痒、对外星事物的设想等。从与心理活动的关系看，二者互为条件，因为没有活动，就不可能有对象被意指和呈现，而没有对象，判断、情感等心理活动就因无对象被断定、被关涉而无从发生。从与内容的关系看，对象是被指向的东西，而内容是心理活动的材料，是对象现实被意指的桥梁，因为心理活动是通过加工内容而让对象呈现出来的。意向对象的样式有很多，如根据对象的构成，我们可把对象分为简单对象和复杂对象，前者是直接呈现出来的事物的红白之类的属性，后者是由简单对象加上肯定与否定、确定与不确定之类的新因素构成的复合物，必须由句子来表述，如"红不是白"所指的对象就是复杂对象。从虚构哲学、逻辑学角度看，有虚构对象（孙悟空、猪八戒等）、可能世界、真值等；从是否有对应实存事物看，有存在和非存在意向对象之别。这是自迈农后倍受关注的所谓"意向性的形而上学问题"。其实，最能说明意向对象之本体论地位和独立个性的就是非存在的意向对象。以方的圆为例，世界上的确不存在这样的事物，但我们却可以思考和谈论它。不仅如此，关于它的思考和谈论还有真值，即有对错。这是为什么呢？如果不承认有这样的对象发生在心中、有发生在主体间的现象世界，就没法解释上述事实。逻辑学上关于不存在对象的否定句，如"不存在方的圆"，更能说明这一点。这显然是一个真命题。之所以如此，是因为这个命题也有符合论的性质，只是它符合的是不存在的对象，即符合"不存在这样的对象"这一事实,而此事实恰恰是一个特殊的对象。我们要形成关于心理本质的最一般的看法无疑必须考虑到意向对象,尤其是指向非存在的意向对象。

(7) 感受性质（qualia）。感受性质也是我们在形成关于心理一般本质的结论时必须要特别考虑到的一种心理现象。它指的现象是客观存在的,但过去的心理学和心灵哲学没有注意到,只是在最近几十年的"心理地理大发现"中被发现,因此可称作心理世界的"新大陆"。它指的现象极其微妙,难以言状和把握,因此出现了多种不同的表述方式,如"经验的主观特征""经验的质""现象学性质""质的特征或内容""经验看起来是什么"（what it is like to be experiencing）等。尽管有这些不同,但它们要指谓的东西基本一致,即指我们经历一种心理状态时所感受到的不同于大脑神经生理过程、心理过程的非物理的、有现象学性质的特征或属性。这种被经验到的质的特征不是经验本身,也不是对经验本身的感受,更不是对引起经验的外部对象的感受,而是对经验呈现出来的质的特征的感受。例如,疼痛可以说是一种经验,疼痛的"剧烈"或"轻微"、"难以忍受"或"不太好受"等就是这种经验的质的特征,由于它只能为疼痛经验的主体主观地感受和体验到,因此它们是经验的主观特征。这里所说的现象学当然不是胡塞尔等人所说的现象学,而是汉密尔顿（A. Hamilton）、皮尔士（C. S. Peirce）等人所理解的那种意义上的现象学,即对心中被给予、被观察到的任务性质、特征、材料的描述和研究。因此,现象学性质主要是指心内的经验所呈现或表现出的性质、特征。感受性质是在感觉、知觉、情感、思想等经验过程中发生的,但显然不能被归结为这些心理样式,因为它们是贯穿或伴随着别的基础性心理而发生的一种新的心理样式,即伴随它们而出现的关于它们的体验或经验,尤其是关于这些过程在经验面前呈现出的质的特点。其不同于所伴随的过程的特点,一是有现象学性质的出现,二是有特种意义的主观性。所谓"主观性",除了有人们常说的那种"依主体而转移"等的意义之外,还有一层意思,即意识不管是什么、有何内容、是什么样的状态,不管被意识的、被显现的（客体）是什么,其总有主观的维度,即包含着"反观自照"的特点,有自己对自己的体验,有自我觉知的一面,因此其是一种更复杂的主客统一体。主观性包含着主观的观点。所谓"观点"（point of view）,既指观察、观看某对象的角度、观察的切入点及路径,又指观察由以发生的前结构、条件或图式。没有观点,无论是对内的观察,还是对外的观察，都是不可能的。例如，物理学的客观观点就是尽量不掺杂主观成分、不带成见的态度或构架。物理学观察的目的是追求客观和真实，要如此，由此出发的观点就要尽量不用主观的观点。因为如果人们依赖人类的观点越少，那么我们的描述就越客观。相反，主观的观点是指一个有着独特的本性、处境，以及与世界其他部分的关系的特定的主观的观点。它完全对立于客观的观点，因为客观的观点是指站在被观察对象之外去观察，即从外在的方面去观察。另外，客观的还意味着开放的、公共的，即该对象不是某人独有的，而可为有条件的一切主体从外在的方面去观察。客观的东西是主体之外的实在，有主体间性，因而不像主观的东西那样有对主体的依赖性。客观的观点不适用于心理的体验，因为一旦客观了，反倒失去了认识的客观性。尽管心理有外显的方面，如外显的言语、身体表现，甚至有相应的神经活动及过程，但它还有内在的方面，如内在显现的质的特征、意识内容。它们是不可能出现在客观的观察面前的。离开了主观的角度或观点，它们是无法被观察的。总之，感受性质是种特殊的心理样式，其本质显然不能用已有的心理本质理论来说明，例如，不能说它是大脑的活动、功能，不能说它是纯精神实体的属性。因为它是在有关物理和心理条件出现的前提下产生出来的高阶现象。相对于物理条件而言，它是二阶现象。就其离不开相应的心理结构尤其是主观观点而言，它是三阶或更高阶的现象。

泰伊（M. Tye）在概括各种不同理解的基础上阐发了自己的看法。他强调：人们既然对感受性质有不同的理解，那么对它的本质的看法就是不同的。例如，不同人所说的感受性质至少有这样一些不同的所指：①经验的内在的、可内省的属性；②经验的非表征的、可内省的属性；③经验的不可还原的、非物理的属性。丹尼特的感受性质取消论则认为，上述这些理解所说的感受性质是不存在的。泰伊也赞成这一观点。他说："根本就不存在这类感受性质。在此意义上，应取消感受性质。"[①]这就是说，如果按上述方式理解感受性质，那么他便赞成丹尼特1988年提出的关于感受性质的取消论。当然，他又认为，感受性质可以有真实的指称，如可用它表示人在对经验做出内省时所觉知到的表征属性。他说：如果这

[①] Tye M. "New troubles for the qualia freak". In McLaughlin P B, Cohen J(Eds.). *Contemporary Debates in Philosophy of Mind*. Oxford: Blackwell, 2007: 316.

样理解感受性质，那么"我赞成说有感受性质"①。

但是这样理解感受性质，又让他把感受性质与现象特征区别看待，即站到了标准的、传统的观点的对立面。根据标准观点，二者是一个东西。他认为，二者之所以不同，是因为后者指的是经验本身的属性，而前者指的是经验被内省到的"表征属性"，例如，在视觉经验中，经验所表征的方、红等属性就是感受性质，而现象特征则是经验本身呈现出来的东西。它不是任何属性，就像语词意义或信念的内容不是属性一样。相对于人的内省、觉知来说，感受性质具有透明性，例如，当我们有经验时，我们对之内省，就可觉知到经验所表征的红、圆之类的属性。在他看来，只要承认透明性，就不会取消感受性质，也不会取消现象特征。②总之，他的表征主义把现象特征与感受性质区别开来了，认为感受性质就是对象的表征性质或经验的表征特征，如某性质被表征为红、热等，而现象特征就是拥有经验时感觉所是的东西。S. 休梅克（S. Shoemaker）也有类似的看法。③

有人认为，感受性质之所以是复杂的，是因为伴随它会出现现象信念和概念。这就是说，这里不仅有经验发生，还会有概念性内容。在查默斯看来，现象属性是体现了下述特点的属性，即成为一个主体所是的东西，或处在一种心理状态中感觉起来所是的东西，而现象信念和现象概念不是语义学实在，而是心理学实在，它们有内容，但本身不是内容。先来看现象概念，它是归属现象信念时所用的东西。例如，某人在相信自己有疼痛的现象经验时，一定会把此经验归属于自己，例如说"我肯定我有某种疼痛"，而要如此就要用"疼痛"之类的概念。现象概念的内容可用双维度构架（第一性内容和第二性内容）来分析。所谓第一性内容也叫认识上的第一性的内涵。例如，当概念 A 和 B 的同一是后天的时，那么 A 和 B 便有贯穿在认识上可能的铭文中的不同的、认识上第一性的内容，如果 A 和 B 是两个鲁棒（rigid）概念，且同一是真的，那么 A 和 B 便有相同的虚拟的第二性内涵。根据这个构架，我们可以说对象之上的红、作为现象性质的红、共同体的红、纯粹的一般的红有不同的认识内涵，并且有相同的虚拟的红。虚拟的

---

① Tye M. "New troubles for the qualia freak". In McLaughlin P B, Cohen J(Eds.). *Contemporary Debates in Philosophy of Mind.* Oxford: Blackwell, 2007: 316.
② Tye M. "New troubles for the qualia freak". In McLaughlin P B, Cohen J(Eds.). *Contemporary Debates in Philosophy of Mind.* Oxford: Blackwell, 2007: 316.
③ Shoemaker S. "A case of qualia". In McLaughlin P B, Cohen J(Eds.). *Contemporary Debates in Philosophy of Mind*, 2007: 319.

红说的是所有世界中的现象的红。共同体的红的认识内涵在特定世界中指的是由某些典型对象在主体的主流世界所引起的红，作为现象性质的红指的是那些对象在那个世界的个体身上所引起的性质。

现象信念指的是人们将现象属性归属于自己的过程，或所处的相信自己有某种属性的状态。它有命题或表征内容。现象内容是由现象特征和表征内容所决定的，查默斯说："一个知觉经验的现象特征就是有那经验时感觉起来所是的东西。"[①]而知觉经验的表征内容是指那经验的满足条件。例如，知觉有真假、对错之分。它是真是假，取决于世界看起来像什么。当且仅当世界满足了那条件，那么那经验就是真实的。例如，如果树上真的有绿颜色，那么知觉经验所具有的"树是绿色的"这一表征内容便是真实的，反之即为假。总之，"知觉经验的现象内容就是表征内容，而表征内容则是由经验的现象特征所决定的"[②]。

诺尔德霍夫（P. Noordhof）在现象意识的概念梳理中也做了有益的探索。首先，他不赞成布洛克（H. G. Blocker）把现象意识和路径意识看作是两种独立的意识形式的观点，而强调现象意识中包含路径意识。其次，他认为，现象意识、现象特征、觉知并不是同义词，而是分别有不同的指称。质言之，现象意识有不同的构成方面，如现象特征和觉知就是它的构成成分。他不否认"感觉起来所是的东西"是现象意识的本质。他界定说：一种状态有现象意识，当且仅当处在该状态中有感觉所是的某东西。如果一种状态没有这种感觉，就不是现象意识。但这又不意味着现象意识是单纯不可分的东西，也不意味着它就是过去所说的感受性质或觉知。因为根据他的还原分析，现象意识有这样两种因素：一是现象意识内容或现象内容、现象特征，这个概念反映的是主体经历某过程如疼痛时感觉所是的任何东西；二是主观的觉知或主观的意识，即觉知到他所处的状态的现象内容及具体的过程、感受等。如果是这样，则我们可把主观觉知看作是布洛克所说的四种意识中的通达意识。他说："关于通达意识的理论就是关于主观觉知的理论。"[③]

---

① Chalmers D J. "Perception and the fall from Eden". In Gendler T, Hawthorne J(Eds.). *Perceptual Experience*. Oxford: Oxford University Press, 2006: 1.
② Chalmers D J. "Perception and the fall from Eden". In Gendler T, Hawthorne J(Eds.). *Perceptual Experience*. Oxford: Oxford University Press, 2006: 3.
③ Noordhof P. "Current issues in the philosophy of mind". In Garvey J(Ed.). *The Continuum Companion to Philosophy of Mind*. New York: Continuum International Publishing Group, 2011: 254.

怎样看待过去描述感受性质时常用的"现象属性"呢？诺尔德霍夫的看法是，它不是感受性质或现象意识的同义词，而是现象意识中的构成，即它是决定我们心理状态的现象内容的那些属性。如前所述，现象内容是人在经历心理状态如疼痛、感觉到红等时所感觉到的东西，如疼痛的疼、西红柿的酸味、光显现的色彩等。这些内容是由现象属性所决定的，例如，经验到拍打海岸的波浪时会出现现象属性，这属性决定了"我"经验的现象内容是拍打海岸的波浪。内容不同于属性。现象内容是显现出的现象特征，而现象属性是经验所关于的对象的属性。例如，在上述例子中，被经验的对象是波浪，属性是拍打。①

这里的"认知"是相对于情感而言的，"现象学"有二义：一是指作为一种哲学理论的现象学；二是指人身上实在地表现出的现象学构造或特征或性质，或者说，是指作为显现出来的实在的结构或性质的现象学，如思维过程中显现出来的现象学性质及其机理。因此，所谓的认知现象学就有二义：一是指探讨思维等命题态度有无现象学特征的专门的心灵哲学分支，二是指一种不同于感性的现象学特征的特征。根据这一新的看法，现象学特征有两种：一种是感性的、非认知性的现象特征；另一种是认知性的、非感性的现象学特征。为了避免混乱，笔者在下面的行文中将恪守这样的规范，即在涉及理论时，用"认知现象学"，而在谈论思维等命题态度表现出的特征时，则用"现象学构造或特征或性质"。

这一观点受到了各方面的挑战。激进一点的观点认为，有意识思维即被清楚觉知到的思维就伴有现象学特征的发生。另外，在记忆等活动中也常伴有经验。它们的共同之处在于：处在这些状态中有感觉起来所是的某东西，即使尚未形成关于它们的完全充分的概念，但对它们能做出怎样的描述，还是有把握的。但这并不是说，伴随思维发生的现象学特征与情感所伴随的是一样的，不存在两类不同的现象学特征。

泰伊等人所倡导的是所谓的"保守的观点"。他们明确主张，有意识思维有感受性质，即有现象性的或直接被经验的感觉性质，这是因为它伴随感觉、印象、情感而发生，而这些心理状态正好是感受性质的载体。②当然，他们又认为，有

---

① Noordhof P. "Current issues in the philosophy of mind". In Garvey J(Ed.). *The Continuum Companion to Philosophy of Mind.* New York: Continuum International Publishing Group, 2011: 254.
② Tye M. *The Problems of Consciousness.* Cambridge: The MIT Press, 1995: 4.

意识思维本身没有现象性质。只是它伴随着感觉、情感而发生，感觉有现象学特征，因此它才附带地有此特征。显然，这一观点不同于上述的激进的观点，故被称作保守观点。这一观点已成为心灵哲学中占主导地位的看法，至少在分析性心灵哲学中是这样。

另一稍带折中性质的观点就是所谓的自由主义。它认为，有意识思维的确没有知觉所具有的那样的现象学特征，我们不妨把它们称作"感性现象学特征"，但却有一种特殊的现象学特征，即认知性的现象学特征或非现象性的意识，例如，思维的有意识就是在非现象性的意义上而言的。[①]换言之，有意识思维有一种"特殊的""专门的"现象学性质。这就是认知现象学的观点。我们可将其称作关于有意识思维的"自由"观点。[②]之所以被称作"自由"，是因为它认为现象学特征可超出感性状态的范围。这是一种新生的但影响呈上升之势的理论。

自由主义在现象学构造、特征上似乎有新的发现，即认为有两种现象学特征：一是感性现象学特征，这是感性现象学感兴趣的东西，它只承认并研究感知类的心理状态中的现象学性质；二是非感性的现象学特征，可被称作认知现象学特征。它是专属思想的现象学性质，即非感性的现象学性质或纯粹的现象学性质，不同于情感、知觉等所具有的感性现象学性质。它是新生的认知现象学要研究的对象。在自由主义中，斯特劳森的观点最有代表性。他说："看红色的经验，现在看起来理解了这个句子的经验，想到人们没有相同的父母的经验……都属于经验过程的大范畴，这些经验对于那些拥有它们的人来说都有某种质的特征。"[③]这里关键是不对经验做狭隘的理解。在他看来，经验的范围不仅延伸至感觉、知觉等，而且思维等理性活动中也有经验。既然有经验，就一定有其特定的现象学特征。

二、从心理语词的多义性看心理的多态性

我们应该注意的是，在意识、思维、意志、情感等常见心理现象中同样存在

[①] Bayne T, Montague M(Eds). *Cognitive Phenomenology*, "*Introduction*". Oxford:Oxford University Press, 2011: 4.
[②] Bayne T, Montague M(Eds). *Cognitive Phenomenology*, "*Introduction*". Oxford:Oxford University Press, 2011: 3.
[③] Strawson G. *Mental Reality*. Cambridge: The MIT Press, 1994: 194.

着常常被忽视的多样性、非统一性。就是说，它们表面上是一种独立的现象或心理样式，其实内部是不统一的。就语词而言，尽管表述每种现象的词只是一个，但同一个词的用法和指称则有很多，其内部差异很大，因为其所指的是具有特定本质特点的心理样式，有时，这些样式甚至风马牛不相及。如果不注意到这一点，人们在心理本质的认识中就会掉进这样那样的陷阱。这里我们以意识为例来说明它们的多样性特点。而该说明同时适用于思维、意志、情感等心理个例。"意识"一词的用法很多，每种用法指的其实都是一种特殊的心理样式。概括来说，有以下这些用法。

（1）用意识表示所有有意识心理现象的共同特征。它贯穿在它们（如信念、感知等）之中，是它们被人自己觉知到、亲身体验到的基础和途径。例如，在经历每一种被自己觉知到的心理现象时，我们都可以说"我意识到……"或"我晓得……"等。

（2）把意识等同于一切心理现象。这种理解在弗洛伊德之前十分盛行，中国哲学界仍流行这种理解，甚至把意识、思维、心理、精神等不加区分地使用或互换。

（3）指的是"清醒"，例如，一个昏迷的人醒过来了，我们可以说他"有意识了"。这就是维特根斯坦和马尔科姆（X. Malcolm）等人所说的"不及物意识"或"意识"一词的不及物用法，意即在使用"意识"一词时，不用带宾语。如果这样使用，表示的就是人的清醒的、有觉知的状态。

（4）指注视、注意或人们常说的高阶思维，例如，一个人在回忆往事时，可以说"我意识到了……"，此即布洛克所说的内在扫描性的意识。高阶思维的例子有"我意识到了我在意识"，在这个例子中，第二个"意识"是一阶思维，第一个"意识"指的就是二阶思维。如果在此基础上再来反观，就是三阶思维。以此类推，以至无穷。在此意义上，"意识"又有与"反省""内省"相近的含义。

（5）现象学所说的"意识"。它包含前面除第二义之外的几种意义的部分内容，但又有很大不同。因为它指的是现象学悬置之后的一种最基本的剩余物，因此它不仅有本体论地位，而且是最根本的本体论范畴。相对于由它产生的别的心理现象而言，我们可以说它是基本的、第一性的存在。更为重要的是，它作为存在，又不是自然的态度所说的那种静态的、处在时空和因果链中的存在，而是一

第二章　心理地理学与心性多样论

种现象学的存在。总之，这种意识是在显现、所予过程中表现自己的存在的，是在体验中存在的，而不是以自然方式自在地存在的，因此在特定的意义上，也可以说其就是体验、体验流。

（6）当今英美心灵哲学中常见的一种用法，即用"意识"指人的生动的非理性的经验或"感受性质"（qualia）。这里的"意识"有点类似于现象学所说的"意识"，因此人们常说"现象意识""现象学意识"。但这里所说的"意识"与胡塞尔所说的"意识"又有很大的不同，这主要表现在范围各不相同。前者指的只是在感觉、知觉、情感体验等非命题态度中所贯穿的经验，除此之外，其还可意指：对外部事物的认识或领悟；对某些事实或问题的领悟和重视，如"法律意识""环保意识""安全意识"等；一个人或集体在任何一定时间内所领悟的感觉、概念、情感、态度等心理整体；在精神分析中，自我可以直接把握到的、与无意识相对的那一部分精神生活或心理内容，等等。此外，"意识"还有很多特殊所指，这些所指都是人们在心理的深掘中所发现的、其他心理语词表述不了的特殊的现象。例如，胡塞尔所说的"内意识"（inneresbewusstsein）、萨特所说的前反思意识（conscience préréflexive）指的是一种现象学意义的自知性；康德所说的先验自我意识指的则是一种客观的统一性；麦金所说的"在意识"指的是意识底层、隐结构后的心原，等等。由此我们不难看出，意识表面上是统一的，可以用"意识是……"这样的句式为其下定义，但由于"意识"有不同指称，每一指称所指的实即一种独立的、有自己特殊本质的心理样式，因此简单地说"意识是什么""不是什么"要么会削足适履，要么会以偏概全。即使把我们的讨论限定在狭义的意识（即觉知、有意识）之上，只要稍作分析，我们就会发现，它也是一个混沌的复合体，里面包含着许多有部分质的差别的心理样式。例如，意识既可作为活动存在，也可作为意识的内容或对象存在，更可作为体验或感受性质存在。如果意识有这些样式，那么我们在揭示它的本质时，就应特别当心，例如，不能只考虑作为活动的意识，而不及其余，否则就会犯以偏概全的错误。

"思维"也有多形性或多态性的（polymorphous）的特点。所谓多态性是指它有多种多样的范式和非常广泛的用法，至少可以在下述意义上被使用，如相信、设想、想象、沉思、考虑、预测、推算、想要、假定、估计等。它指的可能是在某一特定时间或状态中发生的事，也可能是关于理论的或实际的事情。具体来说，思维可以这样运用，如说"我认为天要下雨""你怎么看政府""我醒来的第一个想法是……""我想起了我的童年"，等等。这些句子都用到了"思维"一词或其派生词或由之而组成的合成词，但意义显然有别。从大量的用法中，我们不难区分出"思维"等词的如下不同的用法：①指我向思维；②在"我要想一想我的月票可用到哪一天"这样的句子中，"想一想"是"回忆"的同义词；③指介于无法控制的我向思维和有意回忆之间的想象思维；④在"要好好想想你所做的事"这类语句中，"想"是指专心致志的心境或度，具有同"当心""留意""注意"等词相近的意思；⑤在"我是这样想的"语句中，"想"指相信、信念；⑥指"推理""反思""权衡""解决问题""形成假说"等语词所表示的理智活动与过程。这些不同的用法指的实际上是不同的心理样式。而每种样式无疑又有自己特殊的本质特点。这是我们在抽象心理的一般本质时不能不注意到的东西。否则，就会因遗漏而使所得出的结论散失它的普适性。

"情绪""情感"等词所指的东西也有活动、过程、状态、内容、体验等样式的差别。就情绪活动及过程来说，它们包含下述因素或特征：①对某事的认识；②某类感受或情感（feeling）；③明显的躯体感觉；④不随意的身体过程，某种外在表现；⑤以某种方式行动的倾向；⑥心或身的状态及体验。从语词上说，"情绪"有以下这些特征。

（1）隐喻性，即情绪语词是表示心理状态的隐喻。例如，激动（stirring）、扰乱（perturbation）这些词本来是描写物理活动或事态的，但由于我们不能直接知道情绪现象的真实过程、结构与内情，而只能推测它们与物理上的现象有某种相似性，因此，我们就用这些本来是描述物理现象的词来描述情绪现象。这些词并不是对情绪现象的真实刻画，而只是隐喻式的说明。

（2）多种词性，描写情绪的词，既有动词，如"害怕"（fear），也有名词，还有形容词。作为名词，像"运动"一词一样，"情绪"一词也是集合名词，指的是我们在特定的时刻所具有的某种东西（或事情），也可用作可数名词，如生气是一种情绪。它也可被用来指示特定类型的内容，如害怕（fear that...）火车晚点；它还可指称特定的事例，如汤姆的担心是火车晚点。而不同词性的词指的显然是有不同存在地位及特点的心理样式。

（3）情绪性，意为情绪语词表示的那种状态至少以一定程度的"情绪性"为标志。

（4）关于性（aboutness）或意向性，即情绪语词以及描述或者表达情绪的句子总是关于词或句子之外的什么东西的。

（5）语句性（sententiality），即情绪语词带有句子的特征。例如，要说出一个人的某种情绪，就得说出一个句子，通常还有 that 引导的宾语从句。而这个句子是关于一件事的。这说明情绪是由复杂因素组成的复合事件。

总之，情绪是多样的，没有统一性，我们找不到足以说明一切情绪样式的标准个例或原型。贝内特（M. R. Bennett）等说："任何关于情绪的实验研究必须考虑某个情绪概念的复杂性和多种情绪的概念多样性，没有哪个唯一的情绪模型可以说成是概念原型。"[①]例如，有些情绪通过包括特征性反应行为的激动的形式表现出来，惊恐、悲伤等就是这样，而有的则并非如此。有些情绪与躯体行为关系密切，有的则相反，"因此我们不应该只选定某种情绪……将之当作一种表征范型并通过某种案例进行概括"[②]。情绪的本质尚且如此复杂，更何况全部心理现象。

总之，在认识心的本质时，我们必须注意心理语词一名多实的特点，例如，"意识""思维""情感"等表面上看都有单一、明确的指称，因此似乎可以分别把它们当作独立的个例来看待，其实，不仅每个词都有多种指称，而且同一个词的不同指称还有质的差异，确切地说，这些所指其实是不同的心理样式，它们都具有多形性或多态性（polymorphous）的特点，因此我们在认识心的本质时，不仅要关注这些形态各异的心理个例，还要注意它们所包含的各种心理样式，而不能简单地说意识是什么或不是什么，否则就会削足适履、以偏概全。

三、作为特殊心理样式的"心性"

在考察心理世界的构成板块时，我们不得不注意中国心灵哲学的这样一个值得大书特书的建树，即对"性"或心性的发现。笔者不否认，中国对性的研究的

---

① ［澳］贝内特、［英］哈克：《神经科学的哲学基础》，张立，等译，浙江大学出版社 2008 年版，第 213 页。
② ［澳］贝内特、［英］哈克：《神经科学的哲学基础》，张立，等译，浙江大学出版社 2008 年版，第 213 页。

直接动机和出发点是要解决圣学中的一系列问题。胡宏说："心、性二字，乃道义渊源，当明辨不失毫厘，然后有所持循。"①意为心性为道义的总根源，要找到道德的本体、本根，必须回归心性。对心性展开求真性研究的心灵哲学意义在于：中国心灵哲学所深究的心性处在心灵的底层，是心的底层的储藏、构成和图景，因此对它的探究就是对心的本质或决定心之所以然的根本的探究。明代心学家汪俊说："虚灵应物者心也，其所以为心者，即性也。性者心之实，心者性之地。"②就此我们可以断言，中国心灵哲学心性探讨的直接动机尽管是要弄清做人及其机理问题，但客观上有如实知心之本来面目和本质的求真性意义。

就中国心性论具体的研究课题而言，它事实上也触及了人心最原始、最根本的状态与实质，例如，其试图回答的问题是：心的生而即有的东西是什么？春秋战国时盛行的对人性的探讨要回答的问题是：人生来就有的、能把人与非人区别开来的本性、本质究竟是什么？心里面究竟有无东西？如果有，是什么？有何作用？尽管各家各派对心的生而即有的性有不同的看法，但在其"用"的问题上则有基本相同的看法，例如，认为此心之性为心后来能成为什么、不能成为什么颁布了规律或道，同时是把人与非人区分开来的根据。不同类的事物，如人、牛、马，之所以相互区别，是因为其各自禀天而有的性各不相同，因此对世界及万物的求真性认识的任务就是如实知它们各自的生而即有的性，以及所有事物的共性。

如果说西方哲学史上经历过重心的转向的话，那么中国哲学也有这样的现象，当然内容不完全相同。西方有两次转向：一是近代的从本体论向认识论的转向，此即"认识论转向"；二是现代的从认识论向语言哲学的转向，此即"语言转向"。中国哲学从南北朝开始就发生了从本体论向心性论的转向，至宋元达到顶峰。语言学转向也有，但范围很窄，影响面不太大，例如，王阳明的哲学中就有这样的表现。心性论转向后的哲学关心的主要问题是：人心与人性是何关系，性与情是何关系，是否人人都有佛性或道性，心性的容受能力与反映能力是否有限，心性的天赋与后天的关系问题，意志、情感与认识是何关系，人性与人的

---

① [南宋]胡宏：《五峰先生语》，载[清]黄宗羲《宋元学案（贰）》，陈金生、梁运华点校，中华书局1986年版，第1378页。
② [明]汪俊：《濯旧》，载[清]黄宗羲《明儒学案（下）》，沈芝盈校，中华书局2008年版，第1144页。

去凡成圣是何关系,等等。有理由说,心性学是中国哲学思想的标志性理论思潮。汉代以前,哲学关注的重心是以天人感应为中心的宇宙论。魏晋南北朝经历了由宇宙论向本体论的转向,至隋唐又经历了从本体论向心性论的转向。这以后的心性学又按三种走向向前发展:一是道家的以内丹心性论或内丹生命哲学形式表现出来的心性论,二是中国化佛教尤其是禅宗的心性论,三是新儒家或理学的融合佛道二家的心性学。总之,正如唐君毅、牟宗三所说的:"心性之学,正为中国学术思想之核心,亦是中国思想中之所以有天人合德之说之真正理由所在。""心性之学,乃中国文化之神髓所在。""不知、不了解中国心性之学,即不了解中国之文化也。"①

由于"性"所指的对象比较抽象,隐藏在看不见的甚深处,因此其是文字出现得相对较晚的一个会意字。该字首见于金文,作"生",指性命。至晚周时,"生"加上了"心"的偏旁,合为"性"。至《左传》《国语》,"性"逐步上升为哲学概念,泛指事物内先天形成的本性。例如,孟子认为,性是"天之降才";荀子认为,性是人与物的"本始材朴";《易传》认为,性是人与物的天命的"成性"。既然是"心"与"生"的合成字,其意义就必定与这两种现象有某种关系。因此要理解"性",必须从这两个字入手。甲骨文中,"生"写作"丫"②,描述的是草从土中生出。有生长即意味着活,因此最初的"生"字有生命、活着的意思,其反义词即为死。至金文,生的意思被表达得更为清楚,写作"㞢",下面是土,上面象征草木的生长。从"性"的实际运用看,该词没有统一的意义,不同的人在不同语境下使用的性,意义大不相同。例如,孟子的性,指仁、义、礼、智四端。《左传》中不同地方用的性不同,例如,"小人之性,衅于勇,啬于祸,以足其性而求名焉者,非国家之利也"③,这里的"性"指的是人的低级的欲望。"性"的另一种用法是指万事万物共有的、客观本然的共性,简言之,就是事物的客观本性、内在的规律性。

语言哲学的语言分析方法是减轻或消除语言混乱的行之有效的方法。中国

---

① 唐君毅、牟宗三:《我们对中国学术研究及中国文化与世界文化前途之共同认识》,载张祥浩编《文化意识宇宙的探索——唐君毅新儒学论著摘要》,中国广播电视出版社1992年版,第342-347页。
② [清]罗振玉编:《殷虚书契·前编》。
③《左传·襄公二十六年》。

哲学也懂得这个道理，例如，王阳明认为，对"性"的不同理解、规定实际上是由人们看问题的角度、言说方式所造成的，如孟子和荀子言善言恶就是如此，其实他们并无对立。他说："有自本体上说者，有自发用上说者，有自源头上说者，有自流弊处说者。"①意为性之本体原是无善无恶的，发用上既可为善，也可为恶。孟子说性，直接从源头上说来，亦是说个大概如此，荀子性恶之说，是从流弊上说来。人的善恶、愚智的差别其实也不难理解，因为每个人的身体像盛水的器皿一样，性像水一样，身体有大小、好坏之别，因此所盛的水（性）不同。"气质犹器也，性犹水也。均之水也，有得一缸者，得一桶者，有得一瓮者，局于器也。气质有清浊厚薄强弱之不同，然其为性则为一也。能扩而充之，器不能拘矣。"②性与心的关系也是这样，体是一，看问题的角度不同，说法就有差别。王阳明说："心之本体即是性。"③心之本体就是心，因此心也就是性，"心，性也"④。从性与气的关系看，"气之灵，皆性也。人得气以生而灵随之"⑤。王明阳的上述思想可概括为"一实多名论"。例如，心与性并不是两个东西，而是对同一实在从不同角度所做的描述。就主体而言，可称作心，就其体来说，心即性。他说："所谓汝心，却是那能视听言动的。"⑥由于有性，心才有这些作用，因此也可说，心即性。就心有"自然灵昭明觉"这一本性而言，可以说心就是良知。"良知乃是天命之性，吾心之本体，自然灵昭明觉者也。"⑦总之，本体只有一个，"性一而已"，或者说世界只有一个，可用不同名称从不同角度予以述说。"所谓汝心却是那视听言动的，这个便是性，便是天地。有这个性才能生。这性之生理便谓之仁，这性之生理发在目，便会视；发在耳，便会听；发在口，便会言；发在四肢，便会动。"⑧二程也有一实多名思想，他们认为，性也可以说是心、是命、是道、是体，"在天为命，在义为理，在人为性，主于身为心，其实一也"⑨。如此看问题，说天命之性与禀受之

---

① [明]王守仁：《王阳明全集(上)》，吴光、钱明、董平，等编校，上海古籍出版社2012年版，第101页。
② [明]王守仁：《王阳明全集(下)》，吴光、钱明、董平，等编校，上海古籍出版社2012年版，第968页。
③ [明]王守仁：《王阳明全集(上)》，吴光、钱明、董平，等编校，上海古籍出版社2012年版，第22页。
④ [明]王守仁：《王阳明全集(上)》，吴光、钱明、董平，等编校，上海古籍出版社2012年版，第222页。
⑤ [明]王守仁：《王阳明全集(中)》，吴光、钱明、董平，等编校，上海古籍出版社2012年版，第781页。
⑥ [明]王守仁：《王阳明全集(上)》，吴光、钱明、董平，等编校，上海古籍出版社2012年版，第32页。
⑦ [明]王守仁：《王阳明全集(中)》，吴光、钱明、董平，等编校，上海古籍出版社2012年版，第802页。
⑧ [明]王守仁：《王阳明全集(上)》，吴光、钱明、董平，等编校，上海古籍出版社2012年版，第32页。
⑨ [北宋]程颢、程颐：《河南程氏遗书》卷18。

性也无冲突，因为它们是从不同角度说的。"'天命之谓性'，此言性之理也。"即从体上说，性即理，即天命之性，但从生成的角度说，性即禀受之性。"'生之谓性'，此训所禀受也。""今人言天性柔缓，天性刚急，俗言天成，皆生来如此，此训所禀受也。"①

除上述用法之外，"性"的用法还有很多，例如，强调性有不同的层次，一是指与体性有关的本性，或就是体性，如"佛性"。此即深层次的、本原性的性。二是表层的，这又有多种情况：①指孝、廉洁、悌、温、雅等德行，如魏晋才性之辩中的"性"，许多是在此意义上使用的，如"祖光禄少孤贫，性至孝"②，"隐之既有至性（孝），加以廉洁"③；②指人的嗜好、兴趣、志趣，如"（王肃）性嗜荣贵，不求苟合"④，"（孙统）性好山水"⑤，"民性饮道嗜味"⑥；③气质之性，即后天环境等塑造的、作为可能性种子存在的品质、倾向、禀赋、性格，如"（陆亮）性高明而率至"⑦，"陶公性俭厉（检点、严厉）"⑧，"羊忱性甚贞烈"⑨，这类用法很多，涉及不同人的各具特色的性格、个性，如"才性清婉""性弘静""性清淳""性刚""性轻率""性矜假多烦""性宏放""性忠厚""性倨傲""性虚淡""性平简""性简要"，等等。

徐复观先生也提出了自己的一种理解，即强调应从其原义理解"性"，而"性"的原义、本义即指生来就有的东西，包含"生"的部分意义。他说："性字之含义，若与生字无密切之关连，则性字不会以生字为母字。"⑩但如果只看到生的意义，那显然也不够，因为"性"字中一定有生字表达不了的意义，否则不会造出"性"字。这就是说，"性"字的独有意义既体现在"生"中，又体现在作为偏旁的"心"中。他的理解是："性之原义，应指人生而即有的欲望、能力等而言，有如今日所说之'本能'。其所从心者，心字出现甚早，古人多从知觉感

---

① ［北宋］程颢、程颐：《河南程氏遗书》卷24。
② 《世说新语·德行》。
③ 《世说新语笺疏·德行·注引〈晋安帝妃〉》。
④ 《世说新语·品藻·注》。
⑤ 《世说新语·任诞·注引〈中兴书〉》。
⑥ 《世说新语·任诞·注引〈晋阳秋〉》。
⑦ 《世说新语·政书·注引〈晋诸公赞〉》。
⑧ 《世说新语·政事》。
⑨ 《世说新语·方正》。
⑩ 徐复观：《中国人性论史（先秦篇）》，上海三联书店2001年版，第5页。

觉来说心；人的欲望、能力，多通过知觉、感觉而始见，亦即通过心而始见。所以性字便从心。其所以从生者，既系标声，同时亦即标义；在生命之中，人自觉有此作用，非由后起，于是即称此生而即有的作用为性……此当为性字之本义。"①

牟宗三认为，应认识到人性具有双重意义。我们与其把这看作是对传统儒学人性论的诠释，不如把它看作是牟先生自己的人性论建构。他说："上层的人性指创造之真几。"②它源于天道、天命，是"根据天命、天道而为性"，"这个性当然是偏重'道'方面说的，偏重'天命流行之体'，创造真几方面说的。此是道边事、神边事，不是气边事"。"天命之性，无论如何……总是一种超越意义之性，价值意义之性。"③《大戴礼记·本命》云："分于道谓之命，形于一谓之性。""下层的人性指'类不同'的性"④，即在人、禽兽、物等不同类事物中共同表现出来的低层次的自然属性、结构之性或气命之性。"结构之性亦即是'类不同'之性。"⑤人可以有此性，在有此性时，"他仍然与草木瓦石各不同类"⑥，但有它们所具有的情性、本能。从其渊源说，这种性不是根源于道或命的，而是根源于气，因此可以说这类性是"气命之性"，"气命之性即是气的结聚之性"⑦。

在对"性"的理解中，争论最大的是"性"的所指究竟是一还是多，换言之，客观上是否存在着不同种类的性？我们是否能够对之做出分类？一种看法认为，只有一种性，即本然之性，因此反对对性做本然、气质二分。心学家唐枢说："性无本然、气质之别。天地之性，即在形而后有之中。天之所赋，元是纯粹至善。气质有清浊纯驳不同，其清与纯本然不坏，虽浊者、驳者而清纯之体未尝全变。其未全变处，便是本性存焉。"⑧即只有天地之性。"夫性一而已矣，始终唯我，故谓之一。若谓禀来由天，而变化由我，则成两截。"⑨人们一般认为，气质之性就是由变化而来的性。天赋的性是不可变化的，如红花必不可为绿花。

---

① 徐复观：《中国人性论史（先秦篇）》，上海三联书店2001年版，第6页。
② 牟宗三：《中国哲学的特质》，吉林出版集团有限责任公司2010年版，第63页。
③ 牟宗三：《中国哲学的特质》，吉林出版集团有限责任公司2010年版，第65-66页。
④ 牟宗三：《中国哲学的特质》，吉林出版集团有限责任公司2010年版，第63页。
⑤ 牟宗三：《中国哲学的特质》，吉林出版集团有限责任公司2010年版，第64页。
⑥ 牟宗三：《中国哲学的特质》，吉林出版集团有限责任公司2010年版，第64页。
⑦ 牟宗三：《中国哲学的特质》，吉林出版集团有限责任公司2010年版，第63-66页。
⑧ [明]唐枢：《景行馆论》，载[清]黄宗羲《明儒学案（下）》，沈芝盈校，中华书局2008年版，第956页。
⑨ [清]黄宗羲：《明儒学案（下）》，沈芝盈校，中华书局2008年版，第858页。

如果说有气质之性的话，那也只是表面上的，例如，人的恶的一面，有教而不改，等等。这些所谓的气质之性其本质仍是天地之性，例如，生而恶者，岂不知是非？有教不改者，心并不昧，如在刑威面前就知畏惧，等等，"故曰无气质之性"①。

占主导地位的观点是认为性就层次、种类、内容而言，是极为复杂的，我们不能认为只有一个性。《关尹子》认为，性确实包括体性。万物只有这个体性，即体空、虚无。"在大化中，性一而已，知夫性一者，无人无我，无死无生。"②但性同时有不同的层次。万物的共同体性是虚无，每类事物又有自己的共性，个别事物有自己的特性。例如，上等人和中等人尽管天性相同，但又各有不同的性。《亢仓子》也说："上等之人得其性则天下理（得到大治），中等之人得其性则天下大乱。"③

《淮南子》认为，在不同层次的性中，最高的是道，其次是每类事物的性，如人性、动物性④，或者说，第一级的性是道德本性、善性，第二级是现实的本性，例如欲望满足即有乐，此乃人的天性之一。⑤"凡人之性，性和（平）欲得（得到满足），则乐，乐斯动（快乐即要激动），动斯蹈（顿足舞手），蹈则荡（放荡），荡斯歌，歌斯舞。""人之性，心有忧丧则悲，悲则哀，哀斯愤。"⑥

最常见的是把性区分为天地之性和气质之性。前者是义理、本体、本性，纯然为善。后者是气质、是才，构成了对本性的蒙蔽。二程认为有两种性：一是本原之性，"极本穷源之性"，亦即最根本的性；二是受生时形成的或受生后所具有的性，亦即因禀不同的气而形成的气质之性，例如，性急、性缓之性，贤愚之性，等等。"且如言人性善，性之本也。生之谓性，论其所禀也。"⑦他们有时还把生之谓性的性称作"才"，认为性出于天，才出于气，而讨论人性，必须同时关注性与气。"论性不论气，不备；论气不论性，不明。"⑧

---

① [明]周汝登编：《证学录》，载[清]黄宗羲《明儒学案(下)》，沈芝盈校，中华书局2008年版，第858页。
② 张清华编：《关尹子·亢仓子》，时代文艺出版社2003年版，第97页。
③ 张清华编：《关尹子·亢仓子》，时代文艺出版社2003年版，第206页。
④ [西汉]刘安：《淮南子(下)》，陈广忠译注，中华书局2012年版，第1225页。
⑤ [西汉]刘安：《淮南子(上)》，陈广忠译注，中华书局2012年版，第410页。
⑥ [西汉]刘向：《淮南子·本经训》。
⑦ [北宋]程颢、程颐：《二程集》，王孝渔点校，中华书局2004年版，第207页。
⑧ [北宋]程颢、程颐：《二程集》，王孝渔点校，中华书局2004年版，第252页。

张载说："由太虚，有天之名，由气化，有道之名。合虚与气有性之名。"①从性与心的关系说，心根源于性，性与知觉结合便有了心。他说："合性与知觉，有心之名。"②性像神一样是气所固有的东西，他说："凡可状，皆有也；凡有，皆象也；凡象，皆气也……气之性，本虚而神，则神与性乃气所固有。"③"其成就者性也"④有两种性，一是天地之性，二是气质之性。天地之性是由禀赋了太虚本体之气而成的性，气质之性是禀赋了构成人身的具体的聚散之气的性。所谓气质指的是变化，气之质即变化。"变化气质。"⑤"气有刚柔、缓速、清浊之气也，质，才也。气质是一物，若草木之生亦可言气质。"⑥人的气质，形式多样，如美恶、贵贱、寿夭。气质尽管有其"定分"，但"学即修移"⑦，这种性是事物表现出的浅表的性质特点。"如言金性刚，火性热，牛之性、马之性也，莫非固有。凡物莫不有是性，由通蔽开塞，所以有人物之别，由蔽有厚薄，故有智愚之别。"⑧从与形体的关系看，它不能离开形体，是附随形的出现而出现的性，故说形而后有气质之性。

如前所述，由于"性"有不同的指称，因此中国哲学对性的研究便会形成不同的领域和理论。从大的方面说，不外乎两大走向：一是只关注人之性或心之性，二是关注一切事物的性。前一研究属于心灵哲学，而后一研究属于一般的形而上学。

中国哲学对心性问题的关注是伴随着"人文精神的觉醒"而发生的，这一觉醒类似于苏格拉底在"认识自我"的旗帜下所进行的由关心自然到关心人的致思转向。徐复观说：中国人性论"发生于人文精神进一步的反省。所以人文精神之出现，为人性论得以成立的前提条件"⑨。这种人文精神的核心内容是以人为中心的理念和实践。

戴震的心性论表现出了大综合的特点。他认为，对儒家人性论可做这样的梳理和区分，一是正统的人性论，即《易》《论语》《孟子》所表达的性善论。二

---

① [北宋]张载：《张载集》，章锡琛点校，中华书局1978年版，第9页。
② [北宋]张载：《张载集》，章锡琛点校，中华书局1978年版，第9页。
③ [北宋]张载：《张载集》，章锡琛点校，中华书局1978年版，第63页。
④ [北宋]张载：《张载集》，章锡琛点校，中华书局1978年版，第187页。
⑤ [北宋]张载：《张载集》，章锡琛点校，中华书局1978年版，第265页。
⑥ [北宋]张载：《张载集》，章锡琛点校，中华书局1978年版，第281页。
⑦ [北宋]张载：《张载集》，章锡琛点校，中华书局1978年版，第266页。
⑧ [北宋]张载：《张载集》，章锡琛点校，中华书局1978年版，第374页。
⑨ 徐复观：《中国人性论史（先秦篇）》，上海三联书店2001年版，第13页。

是对立于正统的理论，又有三种情况：①人性即耳目百体之欲，至于义理则不是人性，是用来从外面约束人性的，这是荀子、告子的观点；②人的知觉能力即人性，人先天具有的是精神知觉，"心之有觉"，"其神独先"，而义理与欲望是后来发生的，故不是人性；③天理即人性，而觉和欲是人的私心杂念，不属于性，这是理学家的观点。戴震认为，人的本性的范围很广，如义理、仁义、耳目百体之欲、趋利避害等都是人的本性，因此心性关系就应具体情况具体分析。基于这一点，他认为孟子、荀子、告子的人性论都同时具有两面性。"孟子道性善，察乎人之才质所自然，有节于内（能为自己思想节制）之谓善也。"①他看到了仁、义、礼、智是人性的构成，这是其合理性的表现，但没有看到人性还有更为广泛的构成。告子看到了性包括至善无不善等人性内容，但"贵性而外义理，异说之害道者也"②。"荀子二理义于性之事能，儒者之未闻道也。"③意即他把义理与性所表现的欲望、知觉看作两回事，这是其他儒者所不知道的。

  内丹心性学的核心概念是性与命，在实践上则强调性命双学。例如，张伯端提出了先命后性的内丹心性学。④所谓性，即神，"神者，性之别名也"⑤。其作用是统帅精气。性也可指人的先天元神。由于宋以后，致力于内丹心性学理论和实践探讨的人极多，其中许多是既有理论造诣又有实修工夫的大家，因此内丹心性学的发展极为活跃和迅速，出现了许多不同的派系。其中主要有两大派：一是金丹派南宗的先命后性的心性论；二是金真道的先性后命的心性学。前者的创始人是张伯端，后者的创始人是王重阳。

  金丹派南宗将老子的清静无为思想与道教修炼实践相结合，吸收禅宗明心见性思想和理学正心诚意思想，形成了内丹的修持理论及方法。例如，其认为修内丹的过程是道生万物的逆过程，即从形而下的形气等修起，归根返本，最后回归于道。其逆而行之，扭转自然的生老病死，最后长生久视，复归于道的永恒状态。张伯端说："逆之而产于内，则长生久视之道存矣。"⑥

---

① 安正辉选注：《戴震哲学著作选注》，中华书局1979年版，第27-28页。
② 安正辉选注：《戴震哲学著作选注》，中华书局1979年版，第28页。
③ 安正辉选注：《戴震哲学著作选注》，中华书局1979年版，第28页。
④ 安正辉选注：《戴震哲学著作选注》，中华书局1979年版，第224页。
⑤ [南宋]张伯端：《青华秘文·总论金丹之要》。
⑥ [南宋]张伯端：《青华秘文·图室神论》。

在心性关系上,他认为,性是心中的所藏,心是性的载体。"心者,神(性)之舍也。"①而性就是真心。当然,这是有多种说法的。胡孚琛将它们概括为三大类:①性即神,"神者,性之别名也"②;②性指人的先天之神,如张伯端认为,先天之性即"元性","神者,元性也","元神者,先天之性也"③;③性即道德修养工夫和心理的稳定状态。对于心,内丹心性学也提出了自己的理解。一般而言,心是一个复杂统一体,内既有妄心,又有本心、性、神等。本心即心之体,亦即道或金丹之心。其特点是无为虚静。"欲体至道,莫若明乎本心,心者,道之枢也。"④基于此,他对儒、道、释三家心性学发表了这样的看法:"儒教欲行于世,用于时,故以礼为之防。所谓妄心者,喜怒哀乐各等耳。忠恕慈顺,恤恭敬谨,则为真心。吾修丹之士,则以真心并为妄心,混然返其初而原其始,却就无妄心中生一真念,奋天地有为而终则至于无为也。若释氏之所谓真心,则又异焉。放下六情,了无一念,性地廓然,真元自见,一见之顷,往来自在。"⑤

西方在最近也有相近的发现。这里重点分析一下心理原初主义(primitivism)的尝试。它由塞缪尔斯(R. Samuels)和考伊(F. Cowie)分别于1998年、1999年各自独立阐发,其目的就是通过归纳有机体获得一特征所用的方式,改进前述的"不变性"方案。阿里(A. Ariew)是根据天赋特征怎样获得来肯定地描述天赋特征的,不同于阿里的"表型限渠道化"的地方在于,原初主义则是根据它们不是怎样获得的来否定地予以描述的。原初主义强调,天赋特征首先不是通过学习获得的。而不是习得的,就意味着是原始的、原来就有的,即具有本原性。只要心理特征不是通过后天心理过程获得的,就可被看作是天赋的。塞缪尔斯对原初主义的最早的表述是:"一个心理结构是天赋的,当且仅当它从心理学上看是原始的时。"⑥从解释上说,原始的特征只能为生物学等科学所解释,不能为心理学所解释。由于这一规定受到了许多质疑,所以后来他又对之做了改进,其表现是:突出"正常情况"的作用。他说:"一个心理结构对基因型是天赋的,当

---

① [南宋]张伯端:《青华秘文·心为君论》。
② [南宋]张伯端:《青华秘文·总论金丹之要》。
③ [南宋]张伯端:《青华秘文·神为主论》。
④ [南宋]张伯端:《悟真篇·自序》。
⑤ 胡道静、陈莲笙、陈耀庭选辑:《道藏要籍选刊(四)》,上海古籍出版社1989年版,第373页。
⑥ Samuels R. "Nativism in cognitive science". *Mind and Language*, 2002, 3(17): 246.

且仅当它是一心理学上原初的结构……是在事件的正常过程中获得的。"①怎样理解原初呢？心理的原初结构有什么呢？他的回答是，这里的"原初的"可以这样界定，一个属性是原初的，当且仅当对这属性的获得不可能有正确的科学解释时。因为它是初始的，不是由科学所能说明的别的因素所促成的。塞缪尔斯说："说一认知结构 S 是原初的，就是主张：从科学心理学观点看，S 有必要被看作是这样的结构，对它的获得，不可能形成科学的解释。"②简言之，所谓原初是相对于心理学而言的，因为天赋的认知属性相对于别的心理现象来说，是最原始的、基本的，是源泉。但由于它依赖、来自分子的、生物的因素，因此我们可对之做非心理学的或别的科学解释。他强调：原初的心理不是白板，因为它是一个体在开始他的心理发生发展时最初所具有的东西，或作为前提与出发点的东西。这在初始不可能什么也没有、什么也不是，否则，后来心理的发生和发展就不可能。

四、局域性的心理样式

我们最后应看到的是非普遍性的心理现象。前述心理现象是每个人都会碰到的，但也有许多心理现象不具有这种普遍性，而只会出现在具有特定条件的人或群体之上，如马斯洛（A. H. Maslow）等心理学家所说的"高峰体验"（peak experience）、中国哲学所说的"浩然之气""圣心""静心""大心"（浑然与物同体、视天下无一物非我）以及佛教所说的"真心""禅定"等。我们不妨把它们称作局域性的心理样式，即在具备特定条件的情况下仅出现在特定的人身上或特定的情况下的心理样式。它们也是心理大家族中的成员，因此也是我们在抽象心的本质时必须关注的个别，否则所形成的心的本质理论就不能被称作普遍的哲学理论。这里我们不妨选择几例略加考释。

人格高尚的人经过自己的道德净化能获得"圣心"或亚圣心，例如，颜渊的身居陋巷、箪食瓢饮而不改其乐，等等。笔者这里只拟讨论一下一类特殊的宗教心理，即伴随着禅修、静心实践而出现的种种心理。各种宗教都发明了自己的静心方法，这里只以佛教的禅定为例。事实告诉我们：通过长期的禅修，辅之以其

---

① Samuels R. "Nativism in cognitive science". *Mind and Language*, 2002, 3(17)：259.
② Samuels R. "Nativism in cognitive science". *Mind and Language*, 2002, 3(17)：246-247.

他的行持,当人进到较高的精神境界时,除了出现不同于我们平常的散乱心的定心或守一不移的心之外,还会出现这样一些心理,如"出世间心、出家心、无为之心、无争讼心、无垢秽心、无系缚心、无取著心、无覆盖心、无无记心、无生死心、无疑纲心、无贪欲心、无嗔恚心、无愚痴心、无骄慢心、无秽浊心、无烦恼心、无苦心、无量心、广大心、虚空心、无心、无无心、调心、不护心、无覆藏心、无世间心、常定心、常修心、常解脱心、无报心、无愿心、善愿心、无误心、柔软心、不住心、自在心、无漏心、第一义心、不退心、无常心、正直心、无谄曲心、纯善心、无多少心、无坚硬心、无凡夫心、无声闻缘觉心"①。从价值论上说,上述心态是胜、是美、是善、是利、是极乐、是妙不可言。

现象学性质的真心是一种更罕见但又确实有本体论地位的心理样式。《楞严经》指出:佛所证得的真性或真心既不是因缘性的东西,也不是自然性的东西,而是本觉中显现出来的平等空性、大虚空性、法界性。由于显现出来的空性中包含有觉性的作用,是众多因素相互作用的产物,因此它就不再是自在的存在,也不能被还原为组成它们的要素,是故经中常说:它"性非因缘,非自然性"②。在显现出来的空性或真心中,如果没有觉性的作用,此真心就应是一种自然性。正是由于这个真心依赖于觉性的"觉"或"明"或"见",因此此真心常被称作菩提、本觉、明性、妙明、圆觉、觉元、妙净见精、见性、精觉妙明、如来藏。《楞严经》云:"清净本心,本觉常住。"③这就是说,有两种真实或实相或真心:一是自在的实相、真心,它们具有自然性,是故经中常说,本无、空无即自然;二是显现出来的或被证得的实相、真心。此真心具有非自然性。因为它离不开见性、觉性的作用,具有菩提性。④当然,这里的明或觉又不是来自真心之外,更不是妄心的明,如果是外加的,那么其本身就是妄念,不是真心起妄、转妄的开始,而是真心的不假念动的明,是与寂然体性完全合一的明。质言之,真心的明的特点是:寂就是明,明就是寂。正所谓寂而常照,照而常寂,寂照不二。

在理解上述思想时,《楞严经》所说的"清水现前"这个比喻显然值得注意。

---

① 《大般涅槃经》卷18,《大正藏》第12册,第470页。
② 转引自林语堂:《中国的智慧》,湖南文艺出版社2016年版,第340页。
③ 《楞严经》卷2,《大正藏》第19册,第112-113页。
④ 《楞严经》卷2,《大正藏》第19册,第113页。

它通俗地以比喻的方式说明了潜在真心转化为现实的真心过程、特点以及显现性真心的本质。经云:"欲令见闻觉知,远契如来常乐我净,应当先择死生根本,依不生灭圆湛性成……无生灭性为因地心,然后圆成果地修证,如澄浊水,贮于净器,静深不动,沙土自沉,清水现前,名为初伏客尘烦恼。去泥纯水,名为永断根本无明,明相精纯,一切变现不为烦恼,皆合涅槃清净妙德。"①这就是说,成佛入涅槃的空无化操作有两步,一是以无生灭心将心停歇,就像澄清浊水一样,让混浊下沉,让清水现前。至此,即进到了初伏烦恼的果位。二是将沉下去的泥渣连根抛弃,即断无明根本。果如此,真心即会完全显现。换言之,到了这一步,一切"变现"或显现在觉性面前的东西就不再是烦恼之类的妄心,而是只有真心或法身才会具有的"涅槃清净妙德"。更重要的是,到了这一步,即使行者不离烦恼,出入于污泥,但他的真心永远不会有烦恼。身在烦恼,也可圆满无缺地让真心显现。可见,从心理学角度说,转凡成圣的关键或枢纽是把妄心清除干净或不让它们变现,而让清水现前,让真心显现或做主。那么,怎样显真心呢?

要显真心,就要学会摄心,即让心常行直心是。《楞严经》云:"我教比丘,常行直心……因地不直,果招纡曲……若诸比丘,心如直弦,一切真实入三摩提,永无魔事,我印是人成就菩萨无上知觉。"②《十住断结经》指出:尽管众生有潜在的不堕倒见、不处生死的本性,但由于无明,这种性质便在那里睡大觉,因而沉沦生死。菩萨之所以为菩萨,是因为按"法要"去修证,进到了不堕倒见、不处生死,甚至不念中道见证的状态。此状态显然是由潜在性所变成的现实性。《十住断结经》云:"吾我空者,诸法亦空,诸法空者,六思念法亦复如是,不堕倒见,不处生死,亦复不念中道见证,是谓菩萨深了法要。"③简言之,诸佛法、诸经之法要,就是无著,连佛、中道也不著。深达此义,即达法要。

上述思想在中国禅宗中得到了发扬光大。禅宗告诉我们:除本心、妄心之外,还有一个被证得的、显现的真心。就此而言,未被证得的那个(不染不净、不生不灭)真如心即自在的真心,而显现出来的真心则是现象学性质的真心。属牛头禅系的玄挺祖师对《金刚经》的"应无所住而生其心"的解释足以说明这一点:

---

① 《楞严经》卷 4,《大正藏》第 19 册,第 122 页。
② 《楞严经》卷 6,《大正藏》第 19 册,第 133 页。
③ 《十住断结经》卷 5,《大正藏》第 10 册,第 1001 页。

"无所住者，不住色、不住声，不住迷、不住悟、不住体、不住用。而生其心者，即是于一切处而显一心。"①这里的"显"显然是今日现象学所说的显现，是标准的现象学术语，因此，此显现的一心既是真心，又不再是自在的真心，因为它包含了显现的成分，有觉性的作用在里面。《宗镜录》所说的对第一义（即真如门）的"证"，即这种心。"若此一心推末归本者，谓证第一义，则得解脱。第一义是缘之性，若见缘性，则脱缘缚。"②这种被证得的真心，尽管是归本，与本真之心合一，但毕竟有一个新的维度或方面，例如，里面包含证、显、见的成分。因此两种心有一定的差别。质言之，证得的真心不同于自在的真心，因为后者非净非染，不动不变，而前者的特点是："若照之，则心心寂灭，圆证涅槃。"③里面有照、证的成分，有显现的特点，就是显现出来的一味真心。

对于想去凡成圣的人来说，在从凡心到真心的中间阶段，还有不同层次的有现象学性质的心理状态。它们介于真心与妄心之间。就参话头来说，它的较高境界是：只有一个话头，它"灵光独耀"，或就像黑夜的探照灯，历历孤明，湛然明彻，"以我不动的话头，如金刚王宝剑，佛来佛斩，魔来魔斩，心来心斩，众生来众生斩，即是绵绵密密的参去，惺惺寂寂的看住"。再进一步，"一到机缘成熟时，看清了，参透了，忽然惺惺寂寂的化境现前！即是顿寂寂底，骇悟大彻……这样一来，已打破了本来的面目，已得了深深的见处。未破本参的禅德有这样的彻悟，是破本参的见处；破了本参的人有这样的彻悟，是透重关的见处；透了重关的人有这样的彻悟，是出生死牢关的见处；出了生死牢的人有这样的彻悟，是踏祖关的见处；乃至是八相成道、入般涅槃的大见处"④。

我们再来看其他大德所经历的现象学心理。寒山大师参禅时出现了这样的现象学境界："高高山顶上，四顾极无边。"虚老对此的解释是：此两句"说独露真常，不属一切，尽大地光皎皎地，无丝毫挂碍。""静坐无人识，孤月照寒泉。泉中且无月，月是在青天。"其意思是："真如妙体，凡夫因不能识，三世诸佛也找不到我的处所，故曰无人识。""吟此一曲歌，歌中不是禅。"意即："怕

---

① 《宗镜录》卷4，《大正藏》第48册，第435页。
② 《宗镜录》卷4，《大正藏》第48册，第435页。
③ 《宗镜录》卷5，《大正藏》第48册，第439页。
④ 净慧编：《虚云和尚全集》，中州古籍出版社2009年版，第350页。

人认指作月，故特提醒我们，凡此言说，都不是禅呀！"①莲池大师开悟的心得是：二十年前事可疑，三千里外遇何奇，焚香掷戟浑如梦，魔佛空争是与非。②憨山大师开悟前有这样的先兆：坐在桥上参禅，初则小声宛然，久之动念即闻，不动即不闻。一日，坐桥上，忽然忘身，则音声寂然，自此众响皆寂，不为扰矣。一日粥罢经行，忽立定，不见身心，唯一大光明藏，圆满湛寂，如大圆镜，山河大地，影现其中，及觉，则朗然，自觉身心了不可得。即说偈曰：瞥然一念狂心歇，内外根尘俱洞彻，翻身触破太虚空，万象森罗从起灭。自此内外湛然，无复音声色相为障碍，从前疑念，当下顿消。③可见，不同的修行人，有不同的现象学境界。

我们再来看佛菩萨所体悟到的现象学真心。概括地说，那就是不著相，求空即求法，《维摩诘所说经》云："求法者，不著佛求，不著法求，不著众求……法名寂灭……法名无染……法无取无舍……法名无相……法名无为……若求法者，于一切法应无所求。"④至此境界，万法、众生皆如幻化。"譬如幻师见所幻人"，能见所见皆幻，如空中鸟迹，如石女儿，如化人起烦恼，"菩萨观众生为若此"。⑤楚山善琦禅师说，"旷劫至今，本无生灭，原非染净，孤光皎皎，脱体无依，妙用真常，廓周沙界"，一切无声无相，"若了此心，法亦不有"。⑥观音菩萨通过修证耳根圆通法门，心身发生了根本变化，如见闻觉知无分隔，"获妙妙闻、心心精遗闻，见闻觉知不能分隔，成一圆融清净宝觉"⑦。就是说，六根的见闻觉知功能不再分别由某一根担当，其界限不再分隔，而转化成了清净本觉的功能，即成一圆融清净宝觉。

尽管笔者考察的心理样式十分有限，但其已足以说明：心并不是一个单一体或单子性实在，而是由形式多样、性质各异的心理样式和个例构成的矛盾统一体，各种心理样式之间只有表面的、松散的统一性。不同心理样式有不同的本质，例如，有的是大脑的机能或属性，有的是心理产物，还有的是大脑活动；有的是物理的，有的是物理的派生物，有的是非物理的；有的位于大脑之内，

---

① 净慧编：《虚云和尚全集》，中州古籍出版社2009年版，第173页。
② 《憨山大师年谱》，新洲报恩寺，第53页。
③ 《憨山大师年谱》，新洲报恩寺，第46-48页。
④ 《维摩诘所说经》卷中，《大正藏》第14册，第546页。
⑤ 《维摩诘所说经》卷中，《大正藏》第14册，第547页。
⑥ 《开示五羊深禅人》，见《皇明名僧辑略》。
⑦ 《楞严经》卷6，《大正藏》第19册，第129页。

有的是具身的和延展的；有的很常见，有的尚未被发现，而且随着生命的进化还会生成新的心理样式。可见，心不仅有静态的多样性，而且还有动态的生成性、开放性。如果是这样，那么我们就可以说，已有的心灵观和心身理论有这样的共同错误，即它们在方法论上都违背了从个别到一般的认识路线，因而犯了以偏概全的错误。过去的大多数心身理论都把心当作单一的对象，因此共同的操作和定义模式是："心是……"。如果心理样式多种多样，具有异质性，心是一个矛盾的统一体，那么我们就不能笼统说"心类似于计算机上程序""心是大脑过程""心是非物质实体或属性"，等等。如果把这类定义限定在某一样式上，则可能是正确的。还应强调的是，心理的样式很多，有些像地下的矿藏一样，尚未被发现，今后随着生命的进化，还会派生新的样式。可见，心理的样式除了具有静态的和多样性的特点外，还具有动态的派生性、开放性的特点。总之，不同的心理样式有不同的本质。

第三章
心理类型学与心理结构论

心灵观的核心问题之一是在尽可能多地知道关于个别心理样式的基础上，探讨心理的总体图景，以为揭示以后的本质做必要的铺垫。而要如此，又必须对所有心理样式做出合乎逻辑的分类和结构分析。

第一节 心理类型学

要揭示心理世界的整体图景和内在结构，对具有心性多样性的心理现象做出分类是必不可少的。正是看到了这一点，过去的心理学和心灵哲学都重视这一工作，以至诞生了许多关于心理的分类尝试。例如，最常见的一种分类是心理学中流行的根据心理现象是否具有持续性、稳定性所做的分类，即把心理分为心理过程（知、情、意）和个性心理（包括个性心理倾向和特征）。而现当代心灵哲学则一般把心理现象分为这样两类：一类是带有感受性质的心理，如知觉、躯体感觉、情感等；另一类是有意向性的、以命题态度形式表现出来的心理，如信念、愿望等。

其他分类还有很多，仅佛教就提出了十多种分类：第一，从真妄角度，佛教常把心分为真心和妄心两大类。这一分类在《楞严经》《大乘起信论》等论典中较为突出，中国化佛教对此的阐发尤为充分、完备，禅宗甚至把它看作是理论根基。第二，从心与烦恼的关系看，心可分为相应心（与烦恼相应）和不相应心。第三，从心的管理、调适的角度看，心可分为定心与散乱心。第四，从心的表现形态看，心可分为肉团心、思虑心、集起心、真实心。第五，从任何一个心理现象尤其是认知性心理经历的时间过程看，它会表现为下述依次继起的五种心理：①率尔心（始对外境所起之心）；②寻求心（欲知之心）；③决定心（决断之心）；④染净心；⑤等流心（前后念念相续，无有间断，前心可引出后续之心）。就善心来说，它们由萌芽至成就要经历八个阶段或八种心，即种子心、芽种心、疱种心、叶种心、敷华心、成果心、受用种子心、婴童心。第六，按时间分，有过去心、未来心、现在心。第七，根据是否有识受，可把心识分为内识（有识受）和外识（无识受）。第八，根据心识在体验时是否清晰、是否分明，可把心识分为粗识和细识，若识与欲界有关，涉及的是欲界，则是粗识，若与色界有关，或与无色界既有关又无关，即为细识。第九，根据心识的载者、持有者来分，可把心分为人心、天心、龙心、夜叉心、阿修罗心、迦楼罗心、紧那罗心、摩喉罗伽心、地狱心、畜生心、饿鬼心、声闻心、辟支佛心、菩萨心、佛心。第十，按心的价值属性、道德属性分，心可分为染污心与清净心，或善心、不善心与无记心，或顺烦恼心与背烦恼心。第十一，按深浅层次，心可分深心与浅表心。能为经验直接接触到、体验到的心即为浅表心，如眼、耳、鼻、舌、身、意六识以及随之而来的各种欲望、情感、意志现象。所谓深心即远离经验意识的心，不仅包括西方精神分析学派所说的无意识的欲望、观念、思想，还包括一般世间心灵哲学所没有注意到的末那识、阿赖耶识、庵摩罗识、一一心识、一切一心识，最深的心是真心。①第十二，按心理发生时的相状、作用方式，一方面可把心分为受、想、行、识四种，这是佛教最常见，也是讨论最多的一种分类。所谓受是有觉受特点、相状的现象，想是有想念特点、相状的现象，识是有识知特性、相状的现象，行是有行作特点、相状的现象，这里的行主要指心之行、动。另一方面是五位法中的心法、心所法和部分行法。第十三，从心的指向性分，可把心分为证他心与自证心。所谓证他心是指，指向心外对象的识，外缘识，或关于外界的认识，如外

---

① 《大萨遮尼干子所说经》卷 8，《大正藏》第 9 册，第 352 页。

知觉。除自证分以外，五根现识、意现识、瑜伽现识，以及一切分别心，都属此类。再放大一点，就是由外界所引起的心理现象，包括知、情、意等。所谓自证心，即向内的识或内缘识，或关于自心的认识，如内知觉，再放大一点，则包括由内心所引起的心理现象，有知情意等样式，也可以说是内知觉中所显现的一切心理现象。第十四，根据所取境，心可分为三大类：①以总义为所取境的心识，这里的义指分别心中所取的彼义影像，如听到"诸法无我"这句话时，心中随之出现的关于此命题的意义显现，不仅义能引起心中出现相应的影像，声或广义的名称也是如此，是故可说"声义可合缘"，意为事物的名称及意义可结合在一起，成为缘，进而引起相应的心理影像；②以自相为所取境而形成的无分别、不错乱识，即"于自现境不错乱的明显了别"，这种识和现识相同，其形式有五根现识、意现识、自证现识、瑜伽现识；③以无体明现为所取境而形成的无分别错误识，即"于自观境错乱明现、了别"，类似于无分别邪智，其形式有，有属根识、有属意识。①第十五，按修行境界从上到下分，有"诸佛心、菩萨心、金刚心、诸天心、四果圣人心、四海龙藏心、龙王心、天王心、日月星宿心、药叉罗刹心、一切鬼神王乃至世间隐形伏匿心、世间众生心"②。

尽管已形成了许多关于心理分类的尝试，但没有哪一种分类完全令人满意，因为要么是有标准不统一的问题，要么是分类后总有不周延即不能合乎逻辑地、将一切心理样式无遗漏地囊括进来的问题。这从一个侧面说明：心理现象的复杂性、多样性超出了人的想象，同时也为有的人断言心理没有统一性、连贯性提供了证据。仅以意识为例，杰肯道夫（R. Jackendoff）说："意识根本上是不统一的，并且可以寻求多种来源。"③埃尔斯特（J. Elster）认为，情感也是如此，不存在内在连贯性。④当然，这只是一家之言。

笔者认为，尽管心理分类中存在着许多难题和障碍，但这对我们的心理结构图景、心理本质探讨并无太大影响，因为只要我们能够找到一种分类，它足以涵

---

① 吕铁钢、胡和平编：《法尊法师佛学论文集》，中国佛教文化研究所1990年版，第170-171页。
② 《佛心经》卷下，《大正藏》第19册，第10页。
③ 转引自[智]F. 瓦雷拉、[加]E. 汤普森、[美]E. 罗施：《具身认知：认知科学和人类经验》，李恒威、李恒熙、王球，等译，浙江大学出版社2010年版，第46页。
④ [美]乔恩·埃尔斯特：《心灵的炼金术：理性与情感》，郭忠华、潘华凌译，中国人民大学出版社2009年版，第278-279页。

盖全部心理现象的代表性样式，即不遗漏典型的、有广泛代表性样式及个例，那么我们就获得了探寻心理的整体结构图景和全部、一般本质的比较可靠的出发点与基础。当然，笔者承认，要对心理现象做出分类，必须回答这样一个前提性问题：心理王国既然具有前面所说的异质、异源、异相、异型、异性、大杂烩之类的特点，那么对它做出分类是否可能呢？我们的看法是，心像别的任何事物一样，是矛盾统一体，因此当我们说它有种异、杂的特点时并未排除它的统一、内在关联和有机结合的一面。另外，相异也不排除对其内在构成的划分，就像我们可以对装满杂物的房间做分类造册一样。此外，从认识的角度说，越是混杂的东西越需要做分类工作，因为只有这样才能将对它的认识引向纵深和全面。

像对其他事物的分类一样，我们可以根据不同标准或从不同角度对有心性多样性的心理现象做出分类。第一，每一个心理个例，不管是认知性的、情感性的、意志性的，还是属于较宏大的个性心理的，都是时间过程中发生的接续性事件，或如詹姆斯所言，是具有意识流性质的东西，而在这个过程中发生的行为、内容、对象、体验、产物等，我们只要稍作分析，就可将其看作是有相对独立性的心理个例，因此我们可以从这个角度对心理做出分类，即把一切心理现象分为心理活动或行为、心理内容、心理对象或意向对象、心理体验、心理结果以及作为主体的自我。如果确实还有不能囊括进来的有代表性的心理样式及个例，那么我们再来单独予以考察。因此用这样的方法，我们可以完成对心理样式的较为全面的考察，而这样的考察又可以成为后面的心理本质认识的较为可靠的基础。

第二，我们也可从任何一个心理现象尤其是认知性心理经历的时间过程，把它分为如下不同的心理：①原初之心或前结构（任何一种心理要发生，它必须有心理上的前提条件，即先天的心理或原初主义所说的原初心理，它既可以是绝对先天的，也可是相对先天的）；②意欲或决断之心，即产生想做什么的心念，或做出决断；③指向对象，形成表征；④对表征进行加工；⑤做出输出；⑥引发相续之心，即此心可引出后续之心。另外，还可从时间上把心分为过去心、当下心、未来心。

第三，从多数心的直接对象说，它们一般是以心内的观念或表征为直接对象的，但由于这些表征是关于表征之外的东西的，而这些对象又有内外之分，因此我们可从表征所涉及的对象对心做出如下分类：①指向外物的心理或证他心，也可说是由外物引起的心理；②由心内的东西所引起的心理现象，包括由内心的知、情、意等所引起的心理现象，有知、情、意等样式，也可以说是内知觉中所显现的一切心理现象；③以意识或觉知本身为对象，或由它所引起的心理现象。

第四，从静态结构的角度可对心做两种分类：一是根据深浅层次，把心分为深层心理、中层心理和表层心理。能为经验直接接触到、体验到的心即为表层心理，如眼、耳、鼻、舌、身、意六识以及随之而来的各种欲望、情感、意志现象。所谓深层心理即远离经验意识的心，不仅包括西方精神分析学派所说的无意识的欲望、观念、思想，还包括一般世间心灵哲学所没有注意到的隐结构。中层心理是介于有意识心理和无意识心理之间的心理。二是从横向的角度对心的分类，如既可按通常的方法把它们分为知、情、意，又可以以主体或自我为轴心把它们分为主体和为主体所拥有、加工的心理。

第五，可从动态的角度，把它们分为不同阶段的心理。

第二节 心理结构论

在探讨心理现象的结构问题时，我们既要关注东方哲学特别是佛教的成果，又要重视西方伴随语言学转向和解释主义而形成的成果，还要重视现象学从体验角度对心理结构的探讨。

中国的心灵哲学由于坚持心理多主论，即不像西方所认为的那样，心中有一个居于中心和主宰地位的主体或自主体，因而认为心里面有精、气、神、魂、魄、灵等不同的主体，由于所理解的广义的"心"指的是一个包含多种各自独立的心理成员和主体的松散的统一体（当然也有将其进行实质性合并、归化、统一的倾向），而且其边界是模糊的，与物的界限不是整齐划一的，因为在心物之间有非心非物或亦心亦物的现象，如浩然之气、脾气等。由此所决定，中国的心灵哲学在构想心灵结构图景时从根本上有别于西方。当然，由于各家各派对这些主体的地位及关系的看法存在着一些差别，因此他们又有不同的具体操作。大致来说，有四种倾向。

（1）各自独立论，即认为诸心理主体是平起平坐的，各有自己的定位、职责和作用。《黄帝内经》将"独立论"表述得最为充分。它说:"心者,生之本,神之变也,其华在面,其充在血脉,为阳中之太阳,通于夏气。肺者,气之本,魄之处也,其华在毛,其充在皮,为阳中之太阴,通于秋气。肾者,主蛰,封藏之本,精之处也,其华在发,其充在骨,为阴中之少阴,通于冬气。肝者,罴极之本,魂之居也,其华在爪,其充在筋,以生气血。"①"夫血之与气,异名同类……营卫者,精气也,血者,神气也。故血之于气,异名同类焉。"②从这张心理地图中我们可以看出,广义的心的结构不是一个点状的东西,而是像由许多小国组成的松散的国家一样,里面有许多各自为政的主宰,它们既有自己的居所、领地、权力,又有自己的构成、性质、特点等,如心在心脏中、魄在肺中、精在肾中、魂在肝中。它们既有自己特定的生理作用,又有自己特定的心理功能。它们一般是平起平坐的。另外,黄帝与岐伯的一段对话也表达了大致相同的思想。前者问后者:"何谓德、气、生、精、神、魂、魄、心、意、志、思、智、虑?"后者回答说:"天之在我者,德也。"天赐于人的即为德,或者说,人身心中先天的而非来自后天的东西即为德。"地之在我者,气也。""德流气薄而生者也。"意为天德流布,地气磅礴,万物便化生,"故生之来谓之精"。生命的来到即为精。"两精相搏谓之神。"阴阳两精互相撞击的威力谓之神。"随神往来谓之魂,并精而出入者谓之魄。所以任物者谓之心。"即用以支使事物、处理与事物的关系的东西可被称作心。"心有所忆谓之意;意之所存谓之志。"在心里将已认识到的观念提取出来加以加工的活动就是意。这里所说的意类似于西方人所说的心理的意向性结构及意向活动。这种意进一步发挥其指向作用、瞄准某一对象或目标即为志。"因志而存变谓之思。"由志而存心变化即为思。"思而远慕谓之虑。因虑而处物谓之智。"③我们从这里可以看出,心理世界的确是一个包括很多成员的大家庭,其中的诸主体、诸样式角色尽管有的有派生关系,例如,智来自虑,虑来自思,思来自志,志来自意,而意源于心,但一经产生,又都有其平起平坐的地位,有自己的独有功能。它们的不同不仅表现在作用上存在差别,还表现在有不同的定位。另外,诸心理成员与身体也不是绝对隔绝的,因为一方面,它们

---

① 《黄帝内经·素问》。
② 《黄帝内经·灵枢》。
③ 《黄帝内经·灵枢》。

要居住在有关的身体部位中；另一方面，它们要发挥作用，需要有关部门提供能量，如五脏的作用就不可或缺。

当然，《黄帝内经》在强调它们独立的同时，又不否认它们的内在联系。例如说："人之血气精神者，所以奉生而周于性命者也。经脉者，所以行血气而营阴阳……卫气者，所以温分肉、充皮肤、肥腠理、司开阖者也。志意者，所以御精神、收魂魄、适寒温、和喜怒者也。是故血和则经脉流行……卫气和则肉解利，皮肤调柔……志意和则精神专直，魂魄不散，悔怒不起，五脏不受邪矣。"①

道家、道教的有些派别在强调诸心理样式的独特性时主要从它们所配的不同五行的角度做了论述，基本观点是：五行与人的精、神、魂、魄、意是可配列的。由于可配，因此人的精、神、魄、魂、意也会像五行一样相生相克。相生即可相互产生，相克即相互对立、制衡。《文始真经》云："五行之运，因精有魂，因魂有神，因神有意，因意有魄，因魄有精，五者回环不已。"还说："精者水魄者金；神者火，魂者木。精主水，魄主精，金生水，故精者魄藏之。神主火，魂主木，木生火，故神者魂藏之。惟水之为物，能藏金，能滋木而荣之，所以析魂魄。惟火之为物，能熔金而销之，能燔木而烧之，所以冥魂魄。惟精，在天为寒，在地为水，在人为精。神在天为热，在地为火，在人为神。魄，在天为燥，在地为金，在人为魄。魂，在天为风，在地为木，在人为魂。"②人的精、神、魂、魄，有与天地万物中的对应实在一致或同一的一面，只是表现形态不一样而已。例如，神在天表现为热，在地表现火，在人就表现为神，其他可类推。因此"天地万物皆吾精、吾神、吾魄、吾魂，何者死，何者生"③。

现代仙学大师陈撄宁以道学基本思想为依据，吸收现代物理学的某些思想，提出了自己独树一帜的心理结构论，认为心理世界有浅深结构上的差别，因此它们是不同的样式。每种样式都有自己特殊的物质根基，由于用心不同，因此它们都配有自己相应的境界，如图3-1所示。

---

① 《黄帝内经·灵枢》。
② 《文始真经》，载胡道静、陈莲笙、陈耀庭选辑《道藏要籍选刊(五)》，上海古籍出版社1996年版，第387页。
③ 《文始真经》，载胡道静、陈莲笙、陈耀庭选辑《道藏要籍选刊(五)》，上海古籍出版社1996年版，第386页。

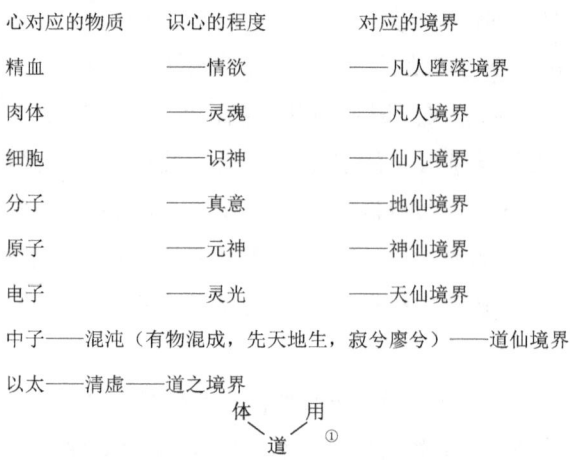

图 3-1　心的基质、程度、境界与深浅结构

由图 3-1 可以看出，中间的"识心的程度"指的是有不同知识、智慧程度的心理样式，由于程度不同，其所依赖的物质就不同，因此所到达的境界也不同。陈撄宁说："情欲者，凡喜怒哀乐及各种行为，专以感情为用，而不问事理如何。""肉体之人既有精血，自然有情欲，精血是物质，情欲即精血所发生之能力，有体必有用……人的灵魂包含许多成分在内、有情欲，有识神，有真意，有元神，有灵光，一层比一层清，一层比一层高。情欲不过占吾人灵魂中之一部分。自识神上皆属于理智范围。"②

（2）归并论。它比较复杂，其中有的只强调可将某一种或某几种样式归并为一种样式，有些则坚持所有心理样式实质上都是某一样式。例如，在精气与魂、心等的关系上，王充认为，魂、心等就是精气。这是他坚持唯物主义的气一元论的表现。王充对气的区分很细致，例如认为元气中的气有精粗之分，其精微部分即精气。它是构成天、人及精神的气。构成人的精气又有等级之分。例如，魂就由其中较精微的气所构成。"夫魂者，精气也；精气之行，与云烟等。"③人之所以有凡圣差别，也是由气的精的程度所决定的。圣人之所以为圣人，是因为构成他的气更精密。例如，他有殊绝之知，就是因为他有特殊的精气。"禀天精微

---

① 胡海牙、武国忠编：《陈撄宁仙学精要》，宗教文化出版社 2008 年版，第 127 页。
② 胡海牙、武国忠编：《陈撄宁仙学精要》，宗教文化出版社 2008 年版，第 131 页。
③ ［东汉］王充：《论衡·纪妖篇》。

第三章 心理类型学与心理结构论

之气，故其为有殊绝之知。"①有的人则把魂、神等归并为精，如唐代吴筠说："阳之精曰魂与神，阴之精曰尸与魄。"②在魂魄与神的关系上，魏伯阳认为，它们可以等同，如说"阳神曰魂，阴神曰魄"，阳神也可称作日魂，阴神可称作月魄，"魂之与魄，互为宅室"。③《道枢》认为，魂、魄、意都可被看作神。它们藏于五脏之中，"肝藏魂，肺藏魄，心藏神，脾藏意与智，肾藏精与志也"④。

理学反对以五行配五脏，如不认为心藏神、肝藏魂，不赞成把意、志、精看作魂魄之外的独立现象。黎洲《破邪论·魂魄》说："医家言心藏神、脾藏意，肝藏魂，肾藏精和志，信乎？曰：非也，此以五行相配，多为名目，其实人只有魂魄二者而已。"⑤朱熹也有归并论的倾向，如强调把神、意、志看作是魂的功能，因为他只承认魂魄。他在解释《周易》的"精气为物、游魂为变"时说："所谓精气，即魄也。神与意、与志，皆魂之所为也。"魂魄的区别在于："昭昭灵灵者是魂，运动作为者是魄。魄依形而立，魂无形可见。故虎死眼光入地，掘之有物如石，……一切为厉者，皆魄之为也。魂无与焉。譬之于烛，其炷是形，其焰是魄，其光明是魂。"⑥另外，魂魄可以分离开来，其中之一离开身体时，另一个可以不离开身体。人在死时，"有魂先去而魄尚存者，今巫祝家死后避衰之说是也。有魄已落而魂尚未去者，如楚穆王弑成王，谥之曰灵，不瞑，曰成，乃瞑"⑦。

（3）主中有主论。其主要体现在王夫之的有关论述之中。他承认：魂、魄、心、意有不同定位，因而是不同的心理实在，如说"肝魂、肺魄、脾意、肾志、心神"⑧。但他利用《黄帝内经》的有关思想，成功地解决了中国心灵哲学的一大难题，即分立的心理功能有无统一性。《黄帝内经·灵枢》有这样的意思：肝

---

① [东汉]王充：《论衡·奇怪篇》。
② [唐]吴筠：《玄纲论·虚白其志篇》。
③ [东汉]魏伯阳：《周易参同契·性命根宗章第七》。
④ 《道枢》，载胡道静、陈莲笙、陈耀庭选辑《道藏要籍选刊（十）》，上海古籍出版社1996年版，第525页。
⑤ [南宋]朱熹：《语要》，载[清]黄宗羲《宋元学案（贰）》，陈金生、梁运华点校，中华书局1986年版，第1516页。
⑥ [南宋]朱熹：《语要》，载[清]黄宗羲《宋元学案（贰）》，陈金生、梁运华点校，中华书局1986年版，第1516页。
⑦ [南宋]朱熹：《语要》，在[清]黄宗羲《宋元学案（贰）》，陈金生、梁运华点校，中华书局1986年版，第1516页。
⑧ [明]王夫之：《思问录·内编》。

藏血，血为魂之舍，脾藏荣，荣为意之舍。心藏脉，脉为神之舍，肺藏气，气为魄之舍，肾藏精，精为志之舍。是则五藏皆为性情之舍，而灵明之所以出现，不是狭义的心一个因素的功劳。①具有心智功能的不只有心，其他四脏也能生出特定的心智功能。先人之所以特别突出心的作用，有时给人这样的感觉，只有心才是心理现象的基础，原因其实是：其他四脏的心理功能都与心之神这一功能有关，或会合于神，故"独立言"。王夫之说："君子独言心者，魂为神使，意因神发，魄待神动，志受神摄，故神为四者之津会也。然亦当知，凡言心，则四者在其中，非但一心之灵而余皆不灵。"②全面来看，心理现象之发生，不仅依赖于五脏，而且离不开天之授予人身的资源。它们因得于天，故可称作"德"。《黄帝内经·灵枢经》云："天之在我者德也。"同理，人不仅获得了天之灵秀，而且还获得了地之灵秀，这就是气。可以说："地之在我者，气也。"③五脏之所以各有自己的功能，心神之所以有统一个别功能而作为它们"津会"的作用，乃离不开德与气。王夫之说："气之所至，德即至焉，岂独五藏胥（皆）为含德之府而不仅心哉！"另外，人体的四肢、百骸等都是心理现象产生、存在和产生作用的必要条件。"四肢、百骸、肤肉、筋骨苟喻痛痒者，地气之所充，天德即达，皆为吾性中所显之仁，所藏之用。故孟子曰'形色，天性也'。"④

（4）一实多名论。其主要体现在新老儒家的论述之中。荀子认为，性、情、虑、知、动、智、能表面上是反映不同心理实在的概念，实际上其所描述的是相同的实在，当然它们分别从不同角度反映了同一实在的不同方面的性质与特点。荀子说："生之所以然者谓之性，性之和所生精合感应，不事而自然，谓之性；性之好恶喜怒哀乐谓之情；情然而心为之之择谓之虑；心虑而能为之动谓之伪……所以知之在人者谓之知；知有所合谓之智；智所以能之在人者谓之能。"⑤

王阳明的论述更为清楚，其思想有如下要点。

（1）名无穷，只一性而已。名多的表现是性、天、帝、命、心等。其实，性一而已，自其形体也谓之天，主宰也谓之帝，流行也谓之命，赋予人也谓之性，

---

① 参阅《黄帝内经·灵枢》。
② [明]王夫之：《思问录·外编》。
③ 《黄帝内经·灵枢》。
④ [明]王夫之：《思问录·外编》。
⑤ 转引自[明]周汝登编：《圣学宗传（一）》，孔子文化出版公司1989年版，第305页。

声是心，非声是心，香是心，非香是心，味是心，非味是心，触是心，非触是心，法是心，非法是心。"总之，一切都是心，一切即一心。①也可以说，真心是本，其余为末、枝干、叶子。这是把心、世界看作一种由本末构成的结构。例如，人有愚痴心、爱欲心、瞋恨心，其本则是其空无本性。"爱欲心之本无爱欲心"，"瞋恚心之本无瞋恚心"，"愚痴心之本无愚痴心"。基本者"无所住，亦无所从来灭"，"其心者本净故亦无有想"。②妄心像别的一切法一样，"无有作者，一切皆本无，亦复无本无"。③

　　佛教常见的一种结构描述是把心看作是一种像由染水、净水构成的水一样的结构。例如，唯识宗对心体结构、真心与妄心的关系的看法与《楞伽经》等经如出一辙，它们都把心看作类似于水的东西，妄心似沉渣、污秽，它们不离真心，真心如清水。但清水不是浊水外的水，将污秽清除，就是清水。心也是这样，将妄心清除，即显真心。"譬如清水浊，秽除还本净，自心净亦尔，唯离客尘故。"④"故说心性净，而为客尘染，不离心真如，别有心性净。""心无心、心者净。"⑤"客尘不染故，自然清净"，之所以如此，是因为其上的诸烦恼覆障被清除了。果如此，心清净便自然解脱。本来清净心的特点是，不染、非不染，非净、非不净，心本清净。作为心之根本的真心有二相：一是离染清净相。这是清净心的本然相状，自在之性。"即此心自性不染，又出客尘烦恼障得清净。"譬如虚空、水等，其内有尘埃，但它们的自性并无染著。"如是一切众生自性无差别心，虽贪等烦恼所不能染，然犹远离贪等故，其心得清净。""自性清净心而有染污，难可了知。""心自性清净，自性清净心本来清净，如彼心本体。"⑥二是自法所成相，指的是自性清净心为一切善法所依，即以一切白净法而成其性。⑦

　　另外，现象学由于强调经验的视角，强调心对于体验者显现出来的样子，因此它关注的心的结构不是它的自在的结构，而是对"我"所是的结构。在这个结构中，"我"不再是中心，不是独立的个体，不是体验之外或之上的观察者、操

---

① 《大威德陀罗尼经》卷7，《大正藏》第21册，第755-838页。
② 《道行般若经》卷5，《大正藏》第8册，第449页。
③ 《道行般若经》卷5，《大正藏》第8册，第453页。
④ [古印度]无著：《大乘庄严经论》卷6，[唐]波罗颇蜜多译，《大正藏》第31册，第622页。
⑤ 《摩诃般若钞经》卷1，《大正藏》第8册，第508页。
⑥ 《究竟一乘宝性论》卷2，[古印度]勒那摩提译，《大正藏》第31册，第827页。
⑦ [古印度]坚慧：《大乘法界无差别论》，《大正藏》第31册，第892页。

纵者，而就是经验本身的结构性构成。加拉格尔和扎哈维在《现象学的心灵哲学》（*The Phenomenological Mind*）一书中强调：尽管现象学像分析性心灵哲学一样重视对心的研究，但它关心的是第一人称观察面前所显现的，即向"我"呈现出的心。它有意向性、现象性、时间性、格式塔特点。在现象学看来，心理活动、现象并不是纯心理的东西，而是格式塔性质的东西，是包含着世界、身体在内的东西，因为在意识的显现中，这些东西是结合在一起显现出来的，确切地说，心理现象不属于只适用于内省的封闭的内在王国，它们因为与超越它们的东西的关系而获得了自己的存在。以知觉为例，加拉格尔和扎哈维说："现象学的知觉说明不同于心理学、神经科学的说明。现象学关心的是获得对心理/具身生活的经验结构的理解和专门描述。它既不打算建立关于意识的自然主义解释，也无意揭示它的生物发生学、神经基础、心理动机等。"[①]根据现象学的心灵观，心灵世界不像常识和传统所设想的那样，里面有一个似小人的主体或东西在那里接收、加工由感官提供的信息，然后将结果递送出去，也不像搅拌机，因为如果说有心灵的话，它就是流动着的意识、流动着的统一体，既不需要外来的统一作用，也不会出现一个小人式的东西。意识凭它的结构在那里自发地起作用。这个结构中，有两个本质性的构成：一是意向性，其作用是指向、觉知它的对象；二是明见性、主观性、自我意识，或第一人称的所与性，其作用是，意识在觉知对象的同时，清清楚楚地觉知到自己在觉知对象。如果说有自我的话，那这个明见性就是，不过，它不是反思性的自我意识，而是前反思性的自我意识。因此，意识的主要秘密就在这里。它有它的微观结构。对此，现象学做了深度剖析。

在现象学看来，前反思自我意识的微观结构就是意识的时间结构。加拉格尔等强调：对内时间意识结构（前展—原初印象—保留）的分析实际上是对意识、前反思自我意识微观结构的分析。它之所以被称作内时间意识，是因为它属于行为本身的最内在的结构，是前反思自我意识，而前反思自我意识就是意识的基本构成。自我不能被理解为所有人都分有的普遍原则。确切地说，它是一个具有个别特征和个别变化、发展的个体。这个个体表现出某些基本的结构，如内时间性结构、意向性结构等。但应注意，这些结构不是活生生经验流之外独立存在的东

---

① Gallagher S, Zahavi D. *The Phenomenological Mind: An Introduction to Philosophy of Mind and Cognitive Science*. London: Routledge, 2008: 9.

西。相反，经验的基本结构只在这种流中表现自己。

意识的时间结构可用三个术语加以描述：①原初印象，它指向的是对象的严格限定的"现在一刻"，这个印象不会孤立地出现，它是这样的抽象构成，即它本身没有向我们提出关于时间对象的知觉；②保留（retention），它伴随着原初印象，它提供给我们的是关于对象的刚过去的部分的意识，进而它也让原初印象获得了指向过去的时间情境；③前展（protention），指的是意识以不太确定的方式指向对象即将发生的方面，由此使原初印象有指向未来的时间情境。例如，在听一个谈话时，即使声音已经过去，但仍有一种意向的方面保持了该句子的词语意义。

任何类型的经验，不管是知觉，还是记忆、思考、想象等，都有共同的时间结构，因此经验的任何时刻都包含着对经验过去时刻的保留性指涉，一种对已出现的东西的当下的开放性，另外其还包含着前展的作用，它预言的是经验的未来时刻。总之，意识是活着的呈现领域的产生，这个领域的具体的、完全的结构是由意识的"前展—原初印象—保留"结构所决定的。

笔者认为，对心的结构的研究可从两个维度展开：一是现象学的、第一人称的维度；二是第三人称的维度。前一方面的工作，新老现象学家做得比较完善，笔者这里只拟从后一维度做一些思考。笔者认为，在揭示心理世界的结构时，我们必须重视西方基于语言学转向所取得的成果，特别是解释主义的成果。因为尽管被诚实运用的心理语言一定有真实的指称，该指称一定是有本体论地位或一定是存在的，例如，当一个人手上发痒时，他说"我的手很痒"，这个表达式一定有对应的真实状态，但心的结构究竟是什么，的确又与我们看问题的角度、所用的概念框架和描述方法有关。其原因在于，对于这发生了的事实，我们可以同时从物理学、心理学和计算主义的角度分别用这三类语言去描述。如果是这样，那么三种描述所形成的结构图景是完全不一样的。例如，从心理学角度所做的描述会让人想到：有一个心理的空间，里面有一个主体感觉到了痒，这痒有现象学属性、感觉起来所是的特征，等等。这种描述尽管难免有拟物、拟人的局限性，但也不是没有合理性，因为这样的描述在效力上与物理学、计算主义的描述往往是一样的，有时甚至比后两种描述更好、更有效。例如，正如丹尼特等人所说的，若不从这个角度去描述和构想，我们在解释人的行为时很可能遗失许多关键而重要的信息。假设有一个火星人，他有高超的智慧和完备的物理知识，他能用物理态度预言我们人的一切行为。尽管他可以这样做，但他在预言时还是会遗漏某些完全客观的东西。因为有些东西只能用意向的态度才能预言到。例如，假设有一个股票经纪人发出一个买下500股的指令，火星人在解释这个行为时，如果只有关于这个人的物理知识，而不知道他在想什么，不知道他的信念、愿望等，火星人就无法做出解释，也无法预言他下一步要做什么。因为存在着这样的社会性枢纽：人们做什么取决于他们是否相信p、期望q，而不取决于别的什么。总之，意向态度对于自己以及与自己相同的理智存在来说是不可避免的。但是笔者不赞成丹尼特解释主义的非实在论立场，认为只要是被诚实运用的心理语言，就一定有真实的所指。那些与心理语言对应的心理现象也一定有自己的结构论和动力学。对这种结构论尽管不能用民间心理学和传统二元论的方法去构想，但可用拓扑学、信息论等方法来加以重构。"拓扑"（topology）原意为地貌，起源于希腊语Τοπολογ。从形式上讲，拓扑学主要研究"拓扑空间"在"连续变换"下保持不变的性质。简单地说，拓扑学是研究连续性和连通性的一个数学分支。在形成之初，它被称作形势分析学，如莱布尼茨就是这么看的。19世纪中期，德国数学家黎曼在复变函数的研究中强调研究函数和积分就必须研究形势分析学，从此开始了现代拓扑学的系统研究。在研究心理的结构图景时，我们可以不考虑心的真实空间（即使有），而只考虑它的"拓扑空间"，同样，心理空间的心理事物也是概念性的。只要我们能够揭示心理事物之间的关系，只要这关系反映了它们的逻辑结构和动力关系，那就可以了，我们可以不考虑它们的真实关系。另外，在揭示它们的动力学时，也可以不考察它们实际的动力关系，只要它们的作用不违背输入与输出的动力关系就行，或者说，只要能解释心理现象的发生以及由心理所引起的行为就行了。如若这样，当然要用到信息论的方法和原则。

根据这样的思路，笔者认为可分别从静态和动态两个角度去描述心理王国的结构图景。从静态上说，它既有它的横向平面结构，又有深浅结构。就前者来说，它就像一个装满杂物的房间，也像异构网络，里面的成员有异质、异构、异形、异相等特点。它里面也有中心或主宰，只是这主宰即自我，本身也是一个矛盾统一体。

就心的深浅结构而言，笔者赞成说，自我有表层、中层和底层三个不同的结构。但笔者又认为，每个层次中都有我们现在所不知道的成员，特别是在底层，里面未知的东西更多，可能真的有麦金所说的隐结构、隐自我，也可能有中国哲学所说的"性"，还有可能有佛教所说的第七识、第八识、第九识等。

就动态结构而言，我们也可从两个方面加以描述：一是就每一个发生的心理现象而言，它有一颗从原初天赋（相对和绝对的）之心，到意欲发动、指向对象、形成表征、做出加工、输出的结构；二是就每一个个体的心理复合体而言，它有一个从认知科学所说的原初心灵，到儿童心理、青少年心理、成人心理，然后逐渐走向衰老的历时性过程。

第四章
心理现象的本体论地位与本质问题

笔者这里把本体论问题与本质问题区别对待，认为前者指的是与存在、非存在有关的存在的标准、意义、程度等问题，而后者关心的是一类对象共有和独有的、能把它与其他对象区别开来的规定性。这里的本质既是一个事物的根本，又是其独有的、足以使之成为一类独立对象的东西。

第一节　心理现象本体论地位的多态性

只要通过语言分析和认识论程序展开对心理现象的研究，就一定会碰到本体论问题。因为当我们将对心理的探讨向纵深推进时，必然会面对这样的问题：心理现象不管是作为个例还是总类，都看不见、摸不着，无形无相，因此它们在这个世界上究竟存在与否？是有还是无？如果是存在的，又以什么方式存在？与物体、大脑、身体的存在有何不同？这就是通常所说的心理现象的本体论地位问题。严格地说，只有心灵哲学才会、才有可能关心这些问题。因此，心理现象的本体论地位问题是心灵哲学所关注的心灵观问题中最富个性的问题，其他有关科学或部门尽管也重视对心的研究，但一般不会进到这个高深的形而上学领域。由于心理现象的存在地位问题同时具有心灵哲学和本体论的双重意义，因此人们常在特定义上把这个问题称作"心灵哲学的本体论问题"。

　　心灵哲学在研究心灵时之所以有别于心理学、认知科学、神经科学等，是因为它对心灵的关注有其他学科所没有的本体论视角。这种视角既塑造了心灵哲学的个性，也让心灵哲学在认识心灵时享有某些殊胜性和优越性。例如，授予心灵哲学更宽广的视域，站到更高的高度，做出其他学科没法做出的解释，等等。海尔说："如果我们……不给予本体论以足够的重视，那么我们的回答就注定是不能令人满意的。"①因为心灵哲学的问题"归根结底"是"形而上学问题"。例如，要建立一个大而全的世界图景，要理解观察者和观察的关系，科学是无能为力的，"只能寄希望于严肃的本体论研究"。其内在根据是，本体论的概念体系为我们提供了这样一种"适当结构"，它使我们"在其中对经验原理进行定位"成为可能。②对心理做本体论探讨不仅对心灵哲学有重要的学理意义，而且对本体论本身的研究也极有价值，因为它们向一般本体论提出了这样的尖锐课题：存在与有形、与广延是什么关系？无广延性的事物有无存在地位？如果时空规定性或有广延性是存在的必要条件或标志，那么心理现象有无存在地位？如果无广延的心理现象有存在地位，那么又应怎样说明存在的意义、怎样确定存在与否的标准？等等。研究这些问题，显然有助于本体论向更高层次发展。

　　由于"本体论"一词极富歧义性，因此必须说明的是：笔者这里所说的本体论不是中国式的追根溯源的、以探寻本体为旨归的那种本体论，而是西方哲学所说的以存在本身的意义为对象的本体论（ontology）。它关心的问题主要有：世界上存在什么（what there is）；怎样对存在着的东西做出规定；存在与不存在的标准是什么；如果存在，它们的意义是什么；有哪些形式的存在。在弄清存在样式、建立关于存在者的"库存清单"的基础上，本体论的一个不可推卸的任务就是建构关于存在的范畴体系。

　　不可否认的是，心理现象的许多本体论问题是存在着激烈争论的。例如，在存在的意义或标准问题上，有这样两种对立的理论：一是将物理主义推向极端的

---

① ［美］约翰·海尔：《当代心灵哲学导论》，高新民、殷筱、徐弢译，中国人民大学出版社2006年版，第3页。
② ［美］约翰·海尔：《当代心灵哲学导论》，高新民、殷筱、徐弢译，中国人民大学出版社2006年版，第180页。

取消主义，它坚持紧缩主义的本体论标准，认为只有物理的实在才有存在地位，而民间心理学的"信念""意识"之类的术语由于没有指称这样的实在，因此应予排除或取消；二是二元论的看法，它根据它的放宽了的本体论标准，认为只要是可予想象、设想的实在，就都有其本体论地位（可设想性模态论证），精神实体、不死灵魂、灵魂轮回都是可设想的，因此其不仅存在，而且有本原性地位。

笔者认为，在讨论心理现象的本体论地位时，既应克服取消主义的偏颇，又应努力超越二元论和民间心理学。以后一倾向为例，它们不仅违背了本体论的"如无必要毋增实体"的基本原则，而且给本来就混乱的心理王国增添了许多神秘性。例如，基于错误的隐喻和类推，拟人化或拟物化地把心灵设想为一个有主体、有客体、有时空、有活动、有事件、有状态和过程的世界，认为这世界内的事物、事件、过程、状态处在相互联系之中，因此从一个因素可以推论出别的来。只有一点不同于物理世界，那就是它们没有广延性。不难看出，传统的关于心理世界构想的首要观点是中心论或主宰论，即认为人的行为、心理生活之所以表现出统一性，是因为其内部有作为中心的、实体性的、单子性的、具有绝对同一性的自我，它就是人中的小人。因此，这类关于心灵的构想常被形象地称作"小人论"或"人格化理论"。克里克以讥讽的口吻说："我们多数人想象的图景是，在我们大脑的某处有一个小人（homunculus），他试图模仿大脑正在进行的活动。我们将其称为'小人谬误'。"① 这种心理图景之所以是错误的，一是因为它是错误的类比、隐喻的产物，二是因为其找不到任何科学根据。如果人身之内有小人式的心灵，科学发展到今天，人们一定会有所认识，然而到今天，我们连蛛丝马迹都没有碰到。

笔者否认二元论并不意味着否认心理现象的本体论地位。相反，笔者认为，所有心理现象，如它的一切个例、样式，都有本体论地位。当然，存在的形式多种多样，不同存在形式有不同程度的存在，因此不同的心理样式、个例的本体论地位也是不一样的。但要这样说，就必须解决持紧缩标准的本体论提出的这样的责难：一切存在着的东西都是有形体或有广延的，心理现象不具有这类特点，因此没有存在地位。

---

① ［英］弗朗西斯·克里克：《惊人的假说——灵魂的科学探索》，汪云九、齐翔林、吴新年，等译，湖南科学技术出版社1998年版，第25-26页。译文据原文略有改动。

笔者认为，有形事物无疑有存在地位，但存在的范围肯定不只这么大。根据对世界的新的认识，构成微观乃至渺观、渺渺观世界的成分以及组合方式与宏观世界的情形大不相同。例如，它们不再是实物性粒子的堆积，不是积木式的构造。这就是说，微观世界中有东西存在，直接的、基本的、第一性的存在之上有高阶的存在，等等。当然，其存在的方式是常识的存在观不可设想的。根据宇宙学中的新的弦理论，构成世界的基本元素如电子、质子、中微子、轻子、强子、胶子等不再是点粒子，而是类似于振动的弦一样的东西。加来道雄（Michio Kaku）说："构成宇宙的让人困惑的各种亚原子粒子类似于在小提琴琴弦上演奏的音调，或在鼓膜上演奏的鼓点。"[①] "场"在被物理学发现之前和之初，肯定被认为是非存在，但后来被看作是比个体物质更真实的存在。如果是这样，我们就应修改过去的以实体或个体中心论为标志的存在标准理论。因为根据它，只有有形或有广延的、可感的事物才是存在的。这在今天看来，显然只适用于大千世界中的有限的存在者，而不具有普适性，因为有许许多多的存在者并没有粒子性、实心性的、质碍性的中心，其不表现为由像绳子一样的东西拴在一起的捆绑物，也不具有有形可触的特点。但它们又是真实不虚的存在者。面对新事实与旧理论的矛盾，本体论的抉择显然不能是为保全旧理论而否定新事实，而只能是超越旧理论、建构能对新事实做出解释的新理论。似有根据说：存在的最一般的本质规定性或最一般的意义是事实的所与，而不是有形可接触性，更不是笛卡儿所说的广延性。换言之，只要一个对象作为事实出现了，不管是表现为潜在或现实的作用或能量，还是表现为像波或弦或粒子一样的东西，就都可被看作是存在。

世界上的存在者不仅包括已述的有形和无形的事物，而且其还具有开发性、生成性的特点，即随着新的条件、关系的出现，会有新的存在者产生出来。我们必须同时注意到的是：一切存在者尽管都是存在的，但存在的方式、程度是不一样的。所谓存在方式即存在出场或表现自己的方式，如有形事物以个体的形式出现在有时空界限的机械秩序中，微观粒子以相互缠绕、渗透的方式出现在微观世界的隐缠秩序（implicate order）中，所谓存在程度是指存在着的事物的独立性和真实性程度。亚里士多德是最早关注诸存在样式有存在程度差异的人，他认为个

---

① ［美］加来道雄：《平行宇宙》，伍义生、包新周译，重庆出版社 2008 年版，第 13-14 页。

体事物的存在程度最高，其他的则依离个体的远近而定，离它超近，则存在程度超高，反之超低。后来，一些哲学家在研究共相或共性时认识到，它们尽管没有个别所具有的存在地位，但绝不是虚无，于是试图通过说明实质（ousia）和实体（hypostasis）的区别来揭示共相的特殊本体论地位。例如，波埃修（A. M. S. Boethius）试图从翻译和界定上把它们区分开来，即用亚实存（subsistantia）表示实质（ousia），用实体（substantia）表示原质（hypostasis）。subsistantia 这个拉丁词以及作为其源头的 ousia 极为重要。它的出现表明：古代中世纪哲学家发现了一种别的范畴表达不了的存在样式，即共相、共性及其所形成的种属关系。这也就是迈农等所说的"亚存在"（subsist）。波埃修注意到：种和属作为抽象的性质与任何偶性（色、声、香、味等）没有关系，但它又是存在的。这种存在显然是次级的、非实体性的，不是个别存在物。而实体（substantia）则不同，"它支撑另外一些东西即偶性"，它是"使它们存在的基体"。[①]也就是说，"实体"和"亚实存"（赵敦华先生译为"实质"）不仅是两种不同的存在样式，而且在存在程度上也是不一样的，例如，实体可以独立存在，而亚实存由于是纯粹的抽象、不表现为任何偶性或属性的，因此没有独立的存在，但又不能等同于虚无。奥地利哲学家迈农对诸存在的存在程度和样式做了深入、全面的论述，认为对象按真实性、实在性从高到低排列，则有实存、亚实存、非存在之别。具体而言，最真实的存在首先是实存着的事物（the existents），它们以个体的形式真实地存在于时空之中，其次是亚实存（subsisteut）对象，其形式有抽象实在、数、共相、共性、理论实在、概念、命题等，最后是非存在对象，即既没有实存地位又没有亚实存地位的一切对象，如意向状态中的对象，尤其是其中的方的圆之类的对象，还有矛盾对象、可能不可能的对象、虚构对象等。只要它们以高阶对象的形式出现，尽管没有实存和亚实存地位，但其也是一种"有"。

我们知道，历史上的许多派别或哲学家在承认"存在"有统一意义的同时，还从不同的方面，如种属、范畴和存在程度等，对之做了具体的分析。例如，印度正理派和胜论派的句义论、佛教的"五位百法"论等，既从种属又从范畴方面做了区分，即把存在看作是由不同层次的存在构成的宝塔状的体系，可划分出不

---

① 转引自赵敦华：《基督教哲学1500年》，人民出版社1994年版，第188页。

同的梯级，这些梯级有种属关系。另外，他们又认为，最高的存在或法可表现为有为法和无为法，而有为法又分别由色法、心法、心所法、不相应行法构成。通过这种划分，我们便建立起了关于存在的范畴体系。亚里士多德不仅有对存在的范畴、种属的分析，还有对之所做的存在程度分析。他区分存在程度的标准是看有关对象离个体事物的远近，离个体越近，他便断定其真实性越高，存在程度越高，反之，则越低。

笔者这里所说的"存在的程度"是不同于中世纪哲学家对该概念的理解的。后者出于宗教的需要，关心的是上帝的存在问题，自然要设法把上帝论证成完满程度最高的存在。这种关心在非基督教的本体论中纯属多余。因为诸存在样式尽管在存在程度上有别，但不能被归结为完满程度上的差别，只能看作是存在方式上的独立性程度的差别，即有些对象能独立存在，而有些处于依附地位，没有自己的独立性，离开了它所依附的实在，它就立刻消失不见了。另外，在有依附性的存在中，由于不同的样式对所依赖的实存的关系是不一样的，例如，有远近之别、有直接和间接之分、从作为基础的实在中所继承或分有的东西不一样，因此，其存在的程度又有量上的细微差别。例如，一阶属性、二阶属性、三阶属性……随着阶次的升高，离个体越来越远，到了二阶以后，就是在属性的属性之上发生的，因此其实在性的程度就越来越低。尽管如此，我们又不能因为其是高阶属性而否认其有存在地位。道理很简单，一旦它们随着在前的诸低阶属性及其相互作用发生，它们也随之发生了，因而也一定作为事实或所与出现了。例如，从物理学上说，在实在的事物中是没有什么颜色的，因此说世界本身五彩缤纷或色彩斑斓是反科学的。同样，在人的眼睛和心灵之中，也没有颜色。但一旦有感知能力的眼睛与有关的光性刺激相遇，便有颜色出现在眼睛面前。颜色不是原来已有的存在，而是一种新的现象，即许多物理实存、一阶属性合力作用的结果，是一种函数性的新实在。按笔者前面所说的存在标准，它确确实实是一种存在，当然是一种二阶存在。当这种新的存在再与其他存在发生关系时，还可形成三阶存在。以此类推，以至无穷。

马克思主义经典作家也承认事物存在程度的差别，如说物质第一性、意识第二性就有这样的意蕴。"第一性""本原性"指的不仅是最真实的存在，而且是有本原作用、派生作用的存在。这个存在就是物质。马克思主义尽管强调除运动着的物质外什么也没有，但并不否认别的存在层次和形式。例如，一方面，他们否定唯心主义和二元论把精神作为本原性的、独立存在着的东西的看法；另一方面，他们又承认它们有"第二性的""派生的"存在地位。在共性与个性、一般与个别、共相与殊相的关系问题上，经典作家尽管特别强调个别的存在地位，但并没有完全否认一般的存在地位，例如，赋予它们"依存于""寓于""寄托于"个别的存在地位，即次级的、有依附性的存在地位。这表明：经典作家并没有完全否认共性等抽象实在的存在地位。此外，马克思的思想中还包含一定的现象学思想，质言之，他除了承认自在的存在以外，还承认人化的存在，即现象学意义上的存在。例如，《1844年经济学哲学手稿》中这样的论述俯拾即是。马克思认为，对象是人的对象，因为它对象化着人的本质力量。"只有当对象对人说来成为人的对象或者说成为对象性的人的时候，人才不致在自己的对象里面丧失自身。只有当对象对人说来成为社会的对象，人本身对自己说来成为社会的存在物，而社会在这个对象中对人说来成为本质的时候，这种情况才是可能的。"①马克思主义经典作家不仅承认了现象学意义的存在，而且还肯定了高阶的存在。例如，人的对象或人化的自然界与将对象现实化的人已不是原来自在意义上的对象和人了，而是在人的对象化和对象化的人的一体化动作中，将它们同时升华为一种高阶存在。由此当然可以说，存在不是凝固的，而是开放的，自在的人和自在的对象在进入一种关系之网后又会突现出新的存在形式，即人化的对象和对象化、社会化的人。这就是说，人在不同的关系中表现为不同的存在，例如，他既可表现为自在的、生物学意义的人，也可表现为进入社会关系的人，即作为社会存在物的人。这种人显然是一种新的存在，即高阶存在。

基于上面的分析，我们可以得出这样的结论：世界上的所有一切存在者都具体地包含着存在这一共性或"共有"，不管是实存的、亚实存的，还是非实存、非亚实存的事物，都是如此。但是，存在同时又是多，意即不同事物有不同的存在或出场方式。各种存在的独立性或表现自己存在方式的样式各不相同，因此又体现出存在程度上的差异。从这个角度看存在，我们可把它分为如下形式：第一，"本原性""第一性"的存在当然是最真实的存在样式或等级。它们表现为个体

---

① [德]马克思、[德]恩格斯：《马克思恩格斯全集(第42卷)》，中共中央马克思恩格斯列宁斯大林著作编译局编译，人民出版社1979年版，第125页。

事物，或者物质的具体存在形态或样式。它们以实存（exist）的方式存在，即以个体的形式存在于时空之中，有时空定位，有质碍性、形体性，进而有独立性、客观性和可感性。由于具有这些特点，实存也就是基质、基础或本体或实体。第二，亚实存的存在形式，如共相、数量、集合等。第三，除了应承认人的活动未及的自在事物或物自体以及自在的人的存在之外，我们还应承认现象学所说的现象，亦即马克思所说的进入人与对象之现实化关系的人和对象也有本体论地位。第四，概率存在也是抽象实在的一种形式。第五，集合是可被整体地处理的对象或数学概念。它们没有实存地位，但不能等同于虚无，也有其高阶存在的地位。如果集合是这样的，那么由集合所定义的概念也是如此。

　　根据这样的本体论，我们可以说，心理现象尽管无形无相，但在自然界不是无，不能像取消主义那样人为地予以取消，因为它们作为事实出现了。从语言哲学的角度说，只要人们诚实地用心理语言报告自己身上发生的事情，如在相信明天要下雨时说"我相信……"，那么这类话语就一定表述了真实发生于内心的某种状态或过程，它们就一定有其本体论地位。当然，从存在的程度说，心理样式不可能具有第一性或实存的存在地位，只能以第二性存在或亚实存等形式表现出来。由于非第一性存在形式中的存在本身又有程度、形式的差别，例如有阶位的差别，有的表现为一阶，有的表现为二阶、三阶……因此诸心理样式的存在方式和程度不可能是千篇一律的。这里笔者略作考释。

　　先来看心理活动或行为。它指的是思考、害怕、记住、感知这样的活动，若要予以描述或报告，我们只能用心理语言中的动词（如"思考"等）予以表述。这类动词所指的存在样式是大脑的活动，或如恩格斯所说的是身体的活动。看到这一点极为重要，不然就会有遮蔽或神秘性发生，恩格斯说：原始人由于不知道"思维和感觉"是"他们的身体的活动"，而把它们看作是"寓于这个身体之中而在人死亡时就离开身体的灵魂的活动"①，因而这导致了灵魂观念的产生。这就是说，心理活动就是物质运动的一种形式，因此其在各种心理存在样式中是最真实、最基本的存在。所谓最真实，是指它尽管不是物质实体，但却是它的运动形式，因此有第一性的存在地位。心理活动作为属性则表现为一阶属性。所谓最

---

① ［德］马克思、［德］恩格斯：《马克思恩格斯选集（第4卷）》，中共中央马克思恩格斯列宁斯大林著作编译局编译，人民出版社1995年版，第223-224页。

基本是指，相对于别的心理样式而言，它处在基础地位，可派生出别的心理样式，例如借助有关条件，可派生出心理状态、心理内容、心理产物。当然，我们应注意，这里的心理活动不是自然的、大脑的活动，就此而言，我们反对简单、素朴的等同论把心理活动简单等同于任何物质运动的做法，因为能表现心理活动的大脑活动是由这样的大脑系统承担的——它是长期进化的产物，里面积淀着复杂的文化和社会因素，同时既有相对的稳定性，又有一定的动态性、可塑性。由于有这样的特点，即一方面，在大脑受到伤害或被切除了某些部分后它能及时做出调整，另一方面，它能随着内外环境的变化而使自己得到发展，因此，心理活动相对于生理学意义的大脑活动而言，是以高阶属性的形式存在的。从表述上说，描述心理活动的心理语言表述的是大脑事件中宏观的、高层次的要素、结构、活动与过程。尽管这些过程、活动离不开基础层次的原子、分子运动，但心理语言截取的是高层次的方面。正如卡尔文（W. H. Calvin）所言的："在量子力学与意识之间也许存在 10 来个组构层次：化学键、分子及其自组织、分子生物学、遗传学、生物化学、膜及共离子通道、突触及其神经递质、神经元本身、神经回路、皮层柱和模块、大规模皮层的动态活动等等。"[①]而心理语言描述的层次是：大脑皮层回路、皮层区域间有放电模式参与的、动态的、包含有通过进化而获得的资源的自组织层次。我们对这些词不能在低层次的化学水平上甚至是更低层次的物理水平上来加以解释。

　　有一些心理样式，如天赋的能力、性格、知识种子以及记忆中的储存等，本身就是物理现象，或可等同于物理现象。它们适合同时用心理语言和物理语言来描述。如此描述时，两种语言的所指完全同一。就此而言，等同论是正确的，当然只在这个范围内如此，超出此范围，如相对于心理内容而言，等同论就是错误的。根据认知科学的新的研究，大脑由于获得性遗传和进化的作用，其内有天赋的心理，至少有天赋的心理能力和像程序一样的认知潜在结构，里面尽管没有现成的知识，但有知识的种子，它们也是与大脑一同发源的。有鉴于此，许多认知科学家断言：如果不承认存在着厚实的天赋资源，那么就没法解释认知能力。普林茨（J. Prinz）尽管持经验立场，但同时又认为，经验论与天赋论并不矛盾，因

[①] [美]威廉·卡尔文：《大脑如何思维——智力演化的今昔》，杨雄里、梁培基译，上海科学技术出版社 1996 年版，第 33-34 页。

为承认有天赋的资源恰恰是经验研究的结果。过去之所以强调经验论对立于天赋论，是因为对经验论做了片面的理解。其实，经验论并不否认人脑中有天赋的资源，新经验论更是如此，例如，它承认有特定认知功能的细胞，如视网膜中的细胞就有天赋的模块。儿童生来有天赋的"民间理论"，如民间哲学、民间心理学、民间力学、民间数字理论等。"根据这种观点，婴儿的心灵就像一所规模小的大学，它可分为不同的系。每一个系都有自己的课题、课程，有自己阐释这些课题的原则。"[1]就民间哲学来说，婴儿生来就有自己的本体论承诺。就民间力学来说，婴儿生来就知道许多东西，例如，因为儿童先天知道事物后面有原因存在，才会经常问为什么。从解释上说，承认天赋就能说明那些与后天经验无关的概念是如何形成的。神经元或神经元群有天赋地连接在一起，能对相同的事物做出探测或分辨，就足以证明这一点。当然，这些天赋的东西不是先验论所说的现成的知识，而仅仅只是一种行为倾向、一种可能性。只有为其提供必需的条件，它们才能转化为现实的知识和能力，否则等于虚无。

记忆的表现方式有很多，如既可表现为记下、回忆之类的活动，也可指记忆的内容，此内容既可是呈现性的，又可储存于大脑结构之中。就作为储存的记忆来说，它显然就是一种物理或生物过程。根据脑科学的研究，记忆具有系统的性质，也就是说，人要将信息储存起来，要将它回忆出来，离不开大范围的神经回路、突触变化、生化过程、评价约束等，正是这些因素促成了记忆的完成。具体而言，奠定于新的科学材料之上的新的记忆地理学、动力学有如下特点。

（1）记忆过程中不存在精神或小人的作用，它靠的是以大规模的神经回路为基础的再进入过程。

（2）记忆不像通常所理解的那样，信息是经编码储存在一个地点的，要予以使用，就得有提取的活动，即回忆。恰恰相反，记忆中根本不存在储存和读取的活动，因为它是"在分布各处的进行性神经活动和来自外界、身体和脑本身的信号之间进行选择性匹配的结果"[2]。也就是说，由于自然选择和个体自身发展的特殊历史的作用，大脑中形成了一些特殊的神经模式，外来的信息进来后，它们

---

[1] Prinz J. *Furnishing the Mind*. Cambridge: The MIT Press, 2002: 212.
[2] ［美］杰拉尔德·埃德尔曼、［美］朱利欧·托诺尼：《意识的宇宙：物质如何转变为精神》，顾凡及译，上海科学技术出版社 2003 年版，第 110 页。

能自动选择、分类和匹配，在有了相应的条件时，它们又会重复出现。这一过程用心理学的语言说就是"回忆""想起来了"。

（3）记忆不是局域性的，而是广泛分布性的。这种分布性的活动又是由所谓的全局映射结构完成的。这一点是新的记忆地理学不同于传统观点的最根本的地方。根据这种新的观点，头脑中不存在像容器一样的记忆库，记忆也不是在心灵的黑板上划刻痕、做记号。人记下一个内容涉及广泛的脑区，依赖于许多子系统的协同作用，因此是广泛分布性的。

（4）记忆的形成还离不开全局映射中发生的突触变化，正是这种变化、变形保证了记忆的多样性。

（5）记忆还具有动态性、简单性，例如，一种突触变化、一种结构可以成为多种不同的记忆系统的子系统，由此可见，记忆又是神经回路中某些选择出来的子集合动态地产生的。

情感中由于存在着不同阶位的情感，如相对于意识而言，有已到达意识的情感和未到达意识的情感之分。前者可称作"后情感"，后者可称作"原情感"。埃尔斯特说："一旦某一情感达到一定意识层次，相应的二阶认知反过来又可能引发一种新的情感，或称作'后情感'。这种后情感反过来引起一阶认知的变化——它是初始的、一阶情感的基础。"[①]原情感由于未进入意识，因而只表现为一系列的纯生理过程，例如，作为愤怒的原情感就表现为脸涨得通红、血压升高、手舞足蹈等，其中没有体验、意识的成分。这说明，同样是情感，其存在程度是不一样的。

心理内容尽管与心理活动密切相关，但一经出现在心理活动中，尤其是经过活动而产生了新的内容，它们显然就再不能等同于活动，而有自己的高阶存在地位。其存在的方式不是实存，而是亚实存，即以抽象对象或形而上的方式存在。之所以说它们是高阶存在，是因为它们有对实现它们的基础存在的依赖性，就像共相、共性离不开个别，总寓于或寄存于个别之中一样，心里呈现或被提取出来予以加工的内容则依赖于大脑及其活动，但心理内容又有相对的独立性。相对于作为其基础的大脑动力系统和心理活动而言，它们是高阶存在。内容是可以予以

---

① ［美］乔恩·埃尔斯特：《心灵的炼金术：理性与情感》，郭忠华、潘华凌译，中国人民大学出版社2009年版，第463页。

进一步分解和组合的，因此在它们之上又可不断派生出更多的高阶存在。

心理内容还有一种形式，即表现为语词的含义，而含义就是思想。语词不外乎心理语词和载荷于声音或纸张上的自然语词。这里的思想是指思想的客观内容，不是主观活动，因为它能成为许多人共有的。以索引性语词"现在""今天"等和包含有这些词的索引句为例。它们表达的思想就是含义。一方面，思想既与表达它的语句有关，又与环境甚至肢体语言有关。例如，一个人昨天说"今天天气不错"，要理解这里的"今天"，就得考虑到话语所说出的时间。另一方面，表达形式尽管发生了变化，但含义或句子表达的思想不会变。例如，在上面的例子中，即使把"今天"一词换成"昨天"一词，含义也并没有变化。此外，如果说话时的情境发生了变化，那么指示词之类的索引词的含义也会发生变化。也有这种可能，语词变化了，而含义不变。弗雷格认为，如果时间指示词以现在时态出现，那么人们要正确理解语词表达的思想，就必须知道那个语句是何时说出的。因此说话的时间是思想的表达式的组成部分。如果某人今天想说他昨天用"今天"一词所表达的东西，那么他就要用"昨天"予以替换，即使思想相同，但语言表达式一定有变化，以补偿由说话的不同时间所带来的意义的变化。"这里"和"那里"等词也是如此。在所有这些情况下，纯粹的措辞，即使能被记录下来，也不是那思想的完整表达，要使之正确理解，人们还需要有关于说话时的某些条件的知识，因为它们也是表达思想的手段。① 由此可见，含义不同于指称，不是所表示的对象本身，它肯定有其独立性，但又不能等同于心内的观念，也就是说，它不是以观念的形式存在于心灵之中的。上面的论述中已有这方面的根据。除此之外，还有一个根据，那就是：观念是主观的，"一个人的观念不是另一个人的观念；而符号的含义则是许多人的共同属性，因此不是个体的心灵的一部分或一种样式"②。弗雷格的基本思想是：含义作为抽象对象是以"显现方式"这样的形式存在的，或者说是主体间的公共世界中存在的抽象客体。

过去一般认为，心理内容是封闭于大脑之内的具有唯我论性质的东西，新的激进的观点则认为，内容存在于或弥散于主客体之间，或者说具有主体间性。例

---

① Frege G. *Logische Untersuchungen*. Goettingen: Vandenhoeck & Ruprecht, 1966: 37-38.
② Frege G. "On sense and reference". In Geach P, Block N(Eds.). *Translations from the Philosophical Writings of Frege*. Oxford: Blackwell, 1970: 59.

如，人们想到水时，这被想到的水就是如此。①

意向对象是出现在心理活动中的对象，既指外在被指向的东西，又指只出现在心理活动面前的东西，前者的本体论地位由所指对象的本体论地位决定，如果被意指的是实存对象，那么意向对象即有第一性的实存地位，其他可以此类推。至于心理活动中直接被提取出来进行加工的意向对象，如被意指的抽象对象、多世界、可能世界、矛盾对象（方的圆）、虚构对象、科学的理论实在等，其本体论地位则极为特别。它们不是实际存在的，只有观念性形式，不是时空世界中的成员，有相对的非存在性，但又不是绝对的无，因为被想到的方的圆毕竟不是虚无，至少有现象学意义上的存在地位。以出现在神话、故事、小说、传说等中的人物、事件这样的虚构对象为例，从起源上说，它们的确依赖于作者的创造和虚构，但与被创造、被虚构不能完全等同。因为作者创造的只是符号、图画之类的东西，而虚构作品中的人物、情节一经出现，不管是出现在作者的构想活动中，还是出现在消费者的消费心理活动中，其就不再是符号、图画，而是脱离了它们的载体，以栩栩如生的形象登场了。例如，在作者、消费者的意向活动中，它们不再是符号，而是具体的形象。就此形象是显现出来的东西而言，它们成了有现象学性质的实在。就其依赖于意向活动、作者及消费者的欣赏、消费活动、特定的文化社会条件来说，它们是高阶存在。这种高阶存在的特殊性在于，由于支撑它们的基础属性中的一些事件本身是高阶事件，因此这类高阶对象的层次更高。这不难理解，因为包括心理现象在内的自然现象可以被看作是按照许多不同阶次、等级而构成的，在各个等级中，不同的过程发生了，并引起了多样的、大量独立的组织层次。这种阶次还具有开放性的特点，即基础阶次之上可突现二阶现象，以此类推，以至无穷。这些层次内的每一个有自身特点的现象都不能直接派生于某一或某些低级的层次，不能由它们构成，因为高一级的新的现象是突现出来的，因此是低级层次所没有的东西。发生在特定的本体论和描述层次的过程可以将自身组织成新的现象，并形成新的本体论和描述层次。例如，发动机的各个部分没有动力，但一旦组合在一起，正常运转，就会产生动力，从而形成新的层次，即动力特征。新层次的出现既是转换，又是跃迁、质变。由于新突现的层次

---

① Burge T. "Individualism and the mental". In Heil J(Ed.). *Philosophy of Mind*. Oxford: Oxford University Press, 2004: 475.

第四章 心理现象的本体论地位与本质问题

有跃迁的特点，因此低层次的过程不可能具有高层次过程的属性，高层次因有其独立性而不可能被还原为低层次的事件及要素。就指向非存在对象（如方的圆）的意向对象来说，笔者尽管反对对它们做小人式、人格化或拟物式的构想，反对诡辩式地论证它们存在于外在现实世界之中，不承认它们以图画式或单子性的实在形式出现在心灵之眼面前，不承认心灵的所谓空间中真的有一个有本体论地位的方的圆或独角兽，但是笔者同时又认为，被想到的方的圆之类的东西不再是纯粹的虚无，而有所与或作为事实的本体论地位。尽管现实世界没有方的圆，尽管被想到之后，也不会在现实世界增加一个方的圆，但是一经作为意向对象出现了，一旦被意指了，内在世界的本体论格局就发生了变化，即有新的高阶现象或存在被突现出来了。一旦如此去想，就有一些以前没有的本体论事实出现了，如想的活动（或运动）、被想到的方的圆（现象学、经验论事实）等。其实，被想到的非存在对象并没有什么神秘之处，仍不过是物质性大脑内真实发生的现象，只是它们属于不同阶次的高阶现象。从本体论上说，这被想到的非存在对象其实是有信息内容的自然载体或抽象实在，就像编码了"我"关于苹果的感性认识的信息载体一样。"我"想到的苹果，尽管不再是一个有形体、有颜色的实物，但也绝非虚无，而是一个编码了有关信息的载体。为了方便起见，我们可以用心灵哲学的常用概念如"表征"或"概念"去称呼它。质言之，想到一个方的圆，实际上是想到了一个被编码了相应信息的概念或表征或抽象实在。当然，这里有一个如何构想关于它的本体论图景的、极有争议的问题。笔者承认可以用概念表示非存在意向对象，但反对根据民间心理学去设想它的地貌学、结构论和动力学。这当然是一个有待于探讨的领域。事实上，许多人正在予以探讨。美国哲学家皮科克（C. Peacock）承认，关于概念等抽象实在不外乎三种观点：第一种是实在论观点，即把概念看作独立存在的东西（entity），如其能以独立的形式存在于人的心灵之中；第二种观点是希夫尔（S. Schiffer）等人提出的怀疑论，强调它既不能以实体的形式存在，又不能是某种类型的独立存在体，更不可能是定型、印象以及心灵的呈现方式；第三种观点是虚构主义（fictionalism），它强调，概念是我们推论或构想甚至虚构出来的东西。

感受性质（qualia）尽管也是第二性存在中的高阶存在，但它有明显不同于意向对象的存在方式，因为在经验面前的质或主观特征不是观念性、概念性的东西，有时无法用语言描述，例如，在身体某处所体验到的痒就是如此，它与生理过程有关，但显然不能被还原为生理过程；它与感受、经验有关，但又不只是经验；它与主观的观点有关，但也不是观点。更重要的是，它与头脑的认知有关，例如，只要是感觉到的痒，头脑内一定有相应的认知，但它显然超出了头脑的范围，因此是更为复杂、阶次极高的心理存在形式。如果我们看不到这一点，以为可对之做还原论解释，或把它看作低层次的存在现象，那注定要犯削足适履的错误。埃德尔曼（G. Edelman）说："解决主观特性问题的一种简单的方法是：假定对每一种主观特性来说，都只需要一个神经元群，甚或一个单个神经元，当其发放时，就直接代表了意识的特定方面。"①复杂一点说："作为意识经验基础的神经过程构成一个不断变化的功能性大聚类，也就是动态核心……包括颜色在内的任何一种意识经验，不是由任何单个神经元群……来决定的，而是由动态核心的活动来决定的。"②简言之，人们所谓的主观特性，其实是对动态核心的某种活动的第一人称报告。诚然，感受性质之出现离不开这样的低阶事件，例如，首先是可以被分辨的脑过程的发生，其次是网状上行激动系统要兴奋，因为一个人要报告自己有意识，其前提条件是自己处于清醒状态，处在昏迷或深睡状态不可能有这类报告，而要如此，脑干网状结构中的上行激动系统就必须进入兴奋状态。再次，少数脑区出现强烈的、占主导地位的神经兴奋模式。这是因为，一方面，脑内的许多神经元兴奋模式处在竞争状态中，都想居主导地位；另一方面，脑内存在着强有力的相互抑制系统，因此只有少数的兴奋模式居于主导地位。最后，离不开这样的条件，即，例如，主观的观点、当下的有意识的体验，特别是被体验到或显现在意识面前的栩栩如生的现象学性质。

自我的本体论地位最为复杂，也争论最多。如前所述，笔者认为，要解释大量认识论、心灵哲学、人格心理学现象，就必须承认人身上有自我这样的主体或统一性根基，但如何构想则是另一码事。我们不能因为难以构想、现在没弄清其庐山真面目就否认它的存在。质言之，它肯定是存在的，而需要探讨的是它以何

---

① ［美］杰拉尔德·埃德尔曼、［美］朱利欧·托诺尼：《意识的宇宙：物质如何转变为精神》，顾凡及译，上海科学技术出版社2003年版，第194页。
② ［美］杰拉尔德·埃德尔曼、［美］朱利欧·托诺尼：《意识的宇宙：物质如何转变为精神》，顾凡及译，上海科学技术出版社2003年版，第196页。

种形式存在。人们对此有不同的看法，不外乎二元论、物理主义、折中主义三种走向。例如，二元论认为，它以精神实体或心性隐结构的形式存在；物理主义则认为，它是物质的构型，因此是物质的存在方式；折中主义的看法是，它是整体的人，或以具身性或以隐缠序形式存在。

笔者不赞成这些看法，尤其是反对传统哲学和民间心理学对自我的"小人式""人格化"理解，笔者认为，自我是人身上的兼有心身二重性、融合这两方面的先天和后天资源，既具有同一性、不变性、相对的非生灭性，又具有差异性、变动性、生灭性，是种种功能作用的相续性实在。它类似于燃烧着的木材上的火、流动着的水中的流。它依赖于实物或物质结构，但不等于它们，因为它有超越性的一面。这主要是因为它综合了比大脑物质因素更多的因素。就此而言，我们可以说其是基于大脑但又在大脑之上的综合复杂因素的动力学模式。它带有某种抽象的、形而上的性质，但又不同于含义、共相之类的抽象存在，因为它有现实的资源，能产生主动的、统一的作用。就全部心理样式而言，它的存在程度最高、最真实，因为它是别的心理样式的持有者及主体，如心理活动是直接由它做出的，心理内容为它所拥有，并为它意识到或被它加工。但相对于物质性大脑而言，它又属于高阶存在或第二性的存在。

心理现象中还有一些存在样式以混合型形式表现出来，即既有心理体验的成分，因而表现为第二性的存在形式，又包含生理的过程，因而有物质第一性的存在形式。例如，前述的感觉到痒时的经验的质，以及到达意识层面的情感过程。未进入意识的情感是纯粹生理的反应，而被意识到的，特别是受到理性影响（如发脾气时理性地告诫自己：发脾气对自身不利）的情感显然是以心身合一的形式表现出来的，因而是一种混合型的存在样式。著名物理学家玻姆（D. Bohm）正是看到了心理现象不同于物理现象的"隐缠序"特点，所以明确提出："心灵卷入了一般的物质，从而卷入了特殊的肉体。"[①]所谓"隐缠序"（implicate order）指的是事物对立于"显析序"（explicate）的一种组织或存在方式。后者的特点是：出现在显层面或显秩序中，它们的时空界限是分明的，每个事物都以独立的个体形式与别的事物发生相互关系和作用。而前者则不同，这里的事物处在隐层

---

① [美]戴维·玻姆：《整体性与隐缠序：卷展中的宇宙与意识》，洪定国、张桂权、查有梁译，上海科技教育出版社2004年版，第236页。

面，且相互缠绕、卷入、参入，没有明确的界限。既然如此，世界上的事物除了以第一性、第二性方式存在之外，还能以混合的、隐缠的方式存在。当今认知科学中流行的"具身认知"研究纲领强调的其实也是类似的思想，即认为，心灵与身体是不可分割的，是一同生成的，是结伴而行的。它所说的心灵的4E性特点与其说是心灵的四个特点，不如说是心灵的四种显现或存在方式。4E即下面以e开头的四个单词：①具身性（embodiedness），指的是心理过程在一定程度上是由更广泛的或超中枢的身体过程、结构所构成的，或由之所造成的；②嵌入性（embeddedness），意思是，心理过程只有与主体大脑之外存在的环境协调一致（相互关联）时，才能发挥被（大自然）所赋予的作用，换言之，如果没有环境的支撑，心理过程不可能完成被设计要做的事，它只能做被设计要做的事；③生成性或行然性（enactedness），意思是，心理过程不只是由中枢过程构成的，而且是由有机体所做的事情所构成的，质言之，心理过程部分地是由有机体作用于世界的方式构成的；④延展性（extendedness），由于心和世界是在行动中生成的，因此它们不是自在的东西，而是生成性实在。意思是，心理过程并不绝对定位于有机体的头脑之中，而是超越于有机体，延伸到了它们的环境之中。

总之，心理现象有不容置疑的本体论地位，这地位尽管总的来说属于"第二性""派生性"，但心灵不是单子性存在，不同心理样式、个例有不同的基础性条件、不同的来源和形成过程，因此有不同的存在地位、存在方式及存在程度。既然如此，我们就不能像通常的定义方式那样，对其存在地位做"一刀切"的简化处置。例如，第一，有的心理现象本身就是物质运动的一种形式；第二，心理活动相对于大脑这个一阶事物来说，是二阶存在，前者是直接派生于大脑的；第三，在大脑、社会环境、真值条件和心理活动等因素的共同作用下，可产生作为三阶存在的心理现象，以此类推，可有四阶、n阶心理现象等高阶心理现象发生；第四，有些心理样式以混合形式存在；第五，心理内容、含义、意向对象，尤其是作为非存在的意向对象，其起源和存在形式更为复杂，离直接的大脑活动更远，其产生的方式与心理活动不可同日而语。我们还可预言，心理具有开放的一面，因此今后还有可能诞生新的产生方式及途径，进而有新的心理样式产生出来。总之，随着新的复杂关系的建立，会出现不同阶次的心理现象。而这些又正好从一个侧面进一步证明：心理样式具有差异性、多样性，因此我们不能像过去那样在

第四章　心理现象的本体论地位与本质问题

揭示心理的本质时只把它们当作单一体、统一体来看待。在探讨心理的本质、心与身的关系时，我们必须考虑到不同心理样式有不同的存在方式。

第二节　心性多样论视野下的心理本质问题

如果心理语词有真实指称，如果其指称有不同程度的本体论地位，那么包含了这类承诺的任何心灵观接下来必须回答的问题便是，这些所指究竟是什么、如何揭示其本质。性质上存在着巨大差异乃至具有特定意义的异质性的心理现象有无共同的，同时足以区别于非心理现象的特点？众所周知，这些问题既是心灵观问题的应有之义，同时也是所有一切理智性难题中最重要同时最困难的问题。在这里，笔者拟论证的结论是：第一，不同心理样式有不同的本质，它们在特定的层面没有相同性，甚至有特定意义的异质性，因此在没有必要的语言分析的前提下，心是不适合于用"心是……"这样的句式来定义的；第二，心理样式、个例尽管千差万别，但只要方法得当，只要在共性抽象之前花大力气对个别做扎实而到位的研究，是可以从中抽象出关于心理的一般本质和共同特征的科学认识的；第三，只有在最抽象的层面，才能看到心性的统一性和一般本质，那就是，它们以自我为中心的矛盾统一体都具有觉性或明性这一共性。

我们先来看第一点。不可否认，已有的心身理论都很重视对心的本质的探讨，事实上也成绩斐然，但问题是，由于对心的个例、样式、特殊构造或结构未做出必要的分析，其忽视了本书第二章所说的"心性多样性"这一事实，因此所揭示的心的本质实际上只是心理现象的二级本质，而不是能够涵盖全部心理样式和个例的一级或普遍本质，所形成的本质理论充其量只适用于某一或某些心理样式。尽管对个例的个性和特殊本质的认识、对具体心理样式和子类的本质的认识是必需的与重要的，是认识心的一般本质的一个必要条件，但仅停留于此，甚或不适当地把关于二级本质的认识当作是对全部心理的认识，显然是有逻辑问题的。例如，功能主义的本质理论（心是大脑的类似于计算机程序的功能）只适用于心理能力之类的样式，同一论的本质理论（心理过程就是大脑过程）只适用于心理活动、过程之类的样式，将其推广到一切个例和样式之上使之成为一级本质显然是不妥的。

我们从前面的分析不难看出，不同的心理样式尽管都是以人体内的既有相对稳定性又有动态性的复杂系统为基础、围绕自我这一中心而产生出来的高阶存在，但不仅它们的表现形式、作用类型及方式、存在程度有很大差别，而且它们的特殊本质也是不一样的。以思维能力、觉知能力、创新能力等这类以能力表现出来的心理样式为例，它们依赖于作为动态中心的神经元群结构，但又不能等同，因为它们是结构的功能，而这样的功能实际上是一种能够起某种或某些作用、能够做出行为或行动的倾向。就此而言，行为主义对心理本质的揭示是有其合理性的。其错误在于，将这个只适用于心理能力的认识泛化到了一切心理样式之上了。因为现实呈现出来的心理内容显然就不是行为的倾向。再如，心理活动、过程与能力有关，但显然不是能力，不是行为的倾向，因为它们是倾向的现实化，是大脑实实在在所做的事情、所经历的过程。在这个意义上，等同论、还原论包含有真理的颗粒。这种过程尽管依赖于低层次的原子、分子行为，但显然又不能将二者绝对等同，因为作为心理活动的大脑活动同时离不开文化、社会以及通过进化积淀下来的先天资源等的共同作用。心理内容和对象尽管依赖于心理活动，但显然也有自己的本质。例如，它们显然不是大脑的过程，而表现为心理过程之上的高阶现象，带有抽象实在的特点。其他心理样式的本质可以此类推。

就各种心理样式有自己的特殊本质这一点而言，我们可以说心理王国具有特定意义或相对意义的异质性。所谓相对是指相对于心理范围这一特定的语境而言的，即在这个范围内比较诸心理样式的本质特点。如果超出这个范围，将它们与非心理的东西进行比较，就不能说它们具有异质性。这在形式上有点类似于麦金所说的物质界域内的异质性。麦金通过分析物质世界的差异性认为，物质样式之间既有同一性的一面，有些样式之间也有异质性（heterogeneity）的特点。因为世界上除了存在着界限分明的个体事物之外，随着自然科学的发展，许多新的实在形式陆续出现在人们面前。新旧事物合在一起，我们很难看出有什么共性贯穿其中。例如，空间的区域（regions）、点（points）、时间的瞬间与绵延、力场、因果关系、物体、电极、有质量的粒子、没有质量的粒子、光线、能量单元、波、弦、多宇宙、暗物质，等等，都完全是异质的，没法统一在一起。其中，特别是力场，它是空间中分布的东西，没有距离、界限、表面，是弥散的，有可透入性，

第四章 心理现象的本体论地位与本质问题

等等。显然，我们在它与别的东西之间很难找到同一性。[①]心理样式也是这样，例如，心理活动与内容、意义等之间就很难找到同一性。许多心理学家、心灵哲学家正是鉴于心理的异质性这一事实提出了自己的心灵理论，例如，弗洛伊德关于自我、本我、超我的理论，埃文斯（J. Evans）的"一脑二心论"（认为人的大脑中存在着由进化而来的旧心和由社会环境所塑造的新心）。

这里的麻烦在于，如果各种心理现象只有差异性或异质性而未表现出连贯性、统一性，那么人们在心的本质的探讨中就会陷入悲观主义。詹姆斯认为，心理现象的界限是模糊的，如站立、走动、说话、祷告都既可有意地完成，也可无意地完成，因此人们很难判定它们是心理的还是非心理的。[②]贝内特等人也认为，追问"心灵是什么"完全是一种误导，因为心灵不是某种东西，"在我们习惯上说到心灵时，我们说的实际上是各种人类特有的能力及其运用，以及人类的特征品质"[③]。另外，我们在考察心理样式及其二级本质时，事实上也得出了心既有差异性又有异质性的结论。倘若真是如此，那么对心的本质的探讨就会因缺乏对象（即具有统一性的心）而失去可能，而如果想继续这样的研究，就必须重新审视心的统一性、同质性、异质性，探讨它们之间的关系。

不过，这又有两种可能：一是通过分析，认识到要定义的心理指的是个别的心理样式，如活动、过程、事件、内容、自我等，然后根据不同的对象对之做具体研究，进而在认识到其特殊本质的基础上，就可以具体地形成关于它们各自本质的不同界定。二是通过分析，明确"心"一词指的是作为整体或集合的心。在这种情况下，我们也不能直接过渡到定义，而应像前面所说的那样坚持从个别到一般的认识路线，尽可能多地解剖个例的性质、本质，在有了较充分的认识的基础上再设法弄清：诸多个别心理样式有没有共性、有没有共同本质。如果有，再来形成关于它的本质的科学抽象，最终形成科学界定。这里无疑没法回避这样的前提性问题："心"一词能否指称作为统一体的心？换言之，个别心理样式除了差异性、特定意义的异质性等之外，还有无统一性、连贯性？个别心理现象有无共性、有无共同本质？可见，要在上述分析的基础上形成关于作为整体的心的本

---

① McGinn C. *Basic Structure of Reality*. Oxford: Oxford University Press, 2001: 8.
② [美]威廉·詹姆斯：《心理学原理》，田平译，中国城市出版社2003年版，第1-7页。
③ [澳]贝内特、[英]哈克：《神经科学的哲学基础》，张立，等译，浙江大学出版社2008年版，第108页。

质的科学结论，还有许多理论问题和方法论问题值得探讨。

尽管笔者在前面针对过去的失误花了较大篇幅论证了心理样式的多样性和心理性质的差异性乃至异质性，但笔者并不绝对认为心理只有这一特点。笔者的基本观点是：不能绝对地说它们有统一性或没有统一性，因为一切都依条件、语境而转移。笔者说它们没有统一性，是针对过去的理论只片面强调它们的单一性、统一性而言的，是就心理样式的比较而言的，因为诸心理样式在表现形式、存在程度和作用方式等方面的确有本质的差别。即使是一个心理语词所指的东西，如"思维"及其所指，也不是统一的，而可以以不同的方式表现出来，即或者表现为活动，或者表现为过程、状态，或者表现为能思考、被思者，或者以思考的结果表现出来。如果是这样的话，要想在没限定指称的前提下为"思维"概念下一个定义，就变成了不可能的事情。即使给出了定义，如像常见的理论那样说"思维是大脑的功能"，也会要么没有意义，要么陷入混乱。另外，强调它们具有异质性，也是有其条件和量度的限制的。这里的质是指具体样式或子类的部分的质，而非全体的质。但是，如果改变语境，例如，把讨论的范围推广到与非心的事物的比较，那么就会看到：心理现象又有它的相对统一性。因为心理尽管有界限模糊的一面，但有硬核清晰的特点。尽管从某些方面看，它们有差异性或异质性，但变换角度则又能看到它们的共同性。正像我们在分析一个矛盾统一体时，既可以而且必须强调它的部分质上的区别（对立）又可以而且必须承认矛盾双方的同一性一样，说心理现象内部既有特定意义的异质性又有统一性和共同本质，这样既不违反逻辑，也符合客观实际。心理现象的统一性的根基在于，其内有前面所说的自我或"变动着的不变者"（埃德尔曼等称之为"动态中心"，即由许多神经元群为完成特定认知任务而形成的有特定认知功能并变化着的主体）。由于有这样的中心、主体或自我，人身上才会有矛盾统一性的种种表现，如人格同一性、意义理解的统一性、认识的统一性等。最明显的是，无论是从理论上还是从实践上说，人们一般能把心理与非心理区别开来。例如，人们无论如何也不会把当下关于痒的体验与生理过程混同起来，当他自己在想时，绝不会不知道它是心理活动。

笔者承认的统一性不是预设或武断的统一性，而是基于对个别心理样式的认识而建立起来的统一性，从认识方法论上说，是按从个别到一般的认识路线而从个别中抽象、总结出的统一性。有理由说，尽管不同心理样式有不同的表现方式、

第四章　心理现象的本体论地位与本质问题

存在程度和作用方式,尽管每个人身上不可能有二元论所说的那种作为精神实体的主宰或中心,但还是有一个变动着的不变者。著名脑科学家埃德尔曼等准确地把它称作"动态中心",即由许多神经元群为完成特定认知任务所形成的有特定认知功能的、变化着的主体。由于人身上有这样变动的中心或主体或自我,人身上便会出现这样一些次级的充满着矛盾性的统一性。例如,第一,人格同一性,每个人的心理和生理尽管时刻都在变化,但每个人自己以及周围熟悉他的人绝不会把他认错,都会把他当作同一个人看待,他始终表现出人格的同一性;第二,康德所说的统一的认识主体或先验统觉,通过分析人有统一性的认识的形成过程及根源,可得出这种统一性。

就作为矛盾统一体或作为多种多样的心理样式之矛盾集合的心的区别于非心的本质特点来说,我们尽管反对简单地说"心是功能""心是精神实体"等,不赞成以是否具有形体性、广延性作为心与非心区分的标准(因为许多非心的物理事物也有这类特性),但笔者认为,只要对心理样式、个例做出扎实的研究,就可以找到心理区别于非心理的独有的本质特点。那就是:使所有一切心理自成一类并区别于非心的东西是一个本质特点和几个辅助性特点。

所谓本质性特点即所有一切心理都具有自主的明性,或觉知性。所谓自主是指由主体能主动地加以控制和调节的性质,明性是指人在有心理现象时,或在经历每一个心理事件时,不仅知道它发生了,而且只要愿意,就能明白、明了其发生的过程、相状、性质、特点等。即使是隐匿的无意识心理也是如此,人在拥有这些心理时,尽管不会发生经历有意识心理时的那种现实的觉知性,但有觉知的潜在可能性。非心的事物尽管有像反馈这样的近于明了性的特点,但反馈只是简单地回馈关于事情发生的状况等方面的信息,而没有明了、觉知这样的过程发生,更不会有主动性、主观性这样的性质发生。这里的明性有两种情况:一是心的"自明""本明"。其特点在于:这种明与心本身是一如一体的,或就是心的本性。因此,这种对心理过程的明白是不需再生起一个觉知的活动。心理发生了什么,它马上自明。二是反省性的觉知,即依赖于心动的明,这种明离不开能(主)与所(客)的关系,即只要有此种明发生,就必然有能明与所明。这就是《楞严经》所说的妄能与妄所。这种明实即一般哲学所说的经验自我意识或反省,其特点一是能明与所明的二分,二是有心念的动变,例如,一个心理活动发生了,与此同时，让注意力关注此活动，进而便有了对第一活动的明了或觉知。这种明了的活动是第一个活动之上的又一个活动。如果再生起一种活动来觉知这种反省本身，就有了第二个层次的觉知，以此类推，以至无穷。只要具备两种明中的一种，我们就可将其看作是心，否则就是非心。例如，如果有本明的特点，寂而常照、灵明不昧，就可说有此特点的事物是真心，如果是依于心动的明，此被明了或觉知到的心便是妄心。

使心区别于非心的东西除了上述本质特点之外，还有很多辅助性的特点。它们也是心理现象所具有的带有共性的特点。第一，心理现象具有特定的整体论特征。所谓整体论特征是指，一个整体尽管由部分构成，但一经形成，就既不同于部分，又不同于部分之和，乃至不同于由部分所构成的系统，而成了部分之外的一种特殊现象或存在。例如，一扎芦苇尽管依赖于它的每根芦苇，但整体一经形成就成了部分之外的一种新的存在，其表现是它有自己的新性质和作用，如单根不能站立，而整体则能站立。心以外的许多事物也具有整体论特征，但心的整体论性质有自己的特点，这表现在：有一心生，必有别的心同时生起。任何一种心理都是作为一个心理网络或系统中的一个有机要素而出现的，离开了它的系统，它便不复存在。更重要的是，心的整体论性质有其他非心事物不具有的人为性、主动性、主观性的特点，即同时体现了心理的一般本质特点。第二，心的第二个标志性特征是辗转相因，即前心是后心因。储存在记忆中的心理内容尽管是共时性存在的，但对于现实地发生在人的意识面前的任何一种心理现象来说，只能一次出现一个心理现象，而且必须像流水一样前赴后继地发生。在这种接续中，前心还作为原因引起后续的心。就像羊圈只有一个小门，众多羊必须一个接一个地出来。这当然是从现象学角度说的。对于内觉知或意识而言，只能有心念的接续出现，而不可能有两个心念同时出现。如果不具有此特点，就不是心理现象。第三，心的第三个特点是等无间，即接续发生、相续很紧、绵绵密密、没有间断。接续是指心理现象一经发生，就有一定的时间上的持续性，即像水流、火焰一样相续不断。只要去体验，这体验流就会像水流一样。这种流由于没有别的事物掺杂进来，因而可用佛教的"等无闻性"来描述。所谓等无间性是指，在前的心念对在后的是等无间缘，前与后没有间断，没有其他事物混杂进来，像流水一样，在前的引起在后的，又连续不断。不过应注意的是，这种接续性是矛盾统一性，

第四章 心理现象的本体论地位与本质问题

具有两面性：一方面，前心与后心不同时，不是同一体，一念有九十刹那，一刹那有九百生灭，因此有间断性、非连续性；另一方面，它们又等无间。就像灯上的火，其既有间断性，又有连续性、接续性。第四，心还有这样一个不同于占有空间的身体和外物的特点，即无形无相。如智颛（538—597）大师所言，"不见色质"，但又不能因其无色质而断言其是无，必须"适言其有"①。但这种有又不是二元论所说的那种本原性的、独立的有，而是一种有依赖性的有，即第二性的有。第五，如佛教所说，心是世界上最为复杂的现象，因为它们的生、住、异、灭依赖的因素最为复杂，是众多的因素共同作用的产物。以眼识为例，它"缘眼、缘色、缘明（照明、光亮）、思维，以此四缘生识"②。这四缘说的当然只是主要条件，因为如前所述，任何心意识的产生都是整体论事件。意识的产生是三缘合力的结果，即意根、法尘和思维在众缘具足的情况下共同作用的产物。从构成上说，意识有共时性构成，如有相分、见分、自证分、证自证分；从历时性结构看，任何一个独立的心念一定由前后相续的五个心所构成，它们分别是率尔心（根境相遇时突然生起的感觉）、寻求心（主动去分别）、决定心（形成确定的认识）、染净心（伴随发生的心）、等流心（储存起来，以后一有机会便会引发同类的认识）。第六，心既能够自然地产生和消灭，又能被人为地、主观随意地产生和消灭。正是因为心理有这样的本质特点，所以心理健康、卫生作为一门理论科学和应用技术才有其可能性。心理现象产生的因果规律也能引出心能人为生灭的结论。因为心不是从来就有的，不是无原因地产生的，而有其生起的根源，有其因缘或条件。根据这一点，我们就不难找到心理人为消灭的可能性根据。道理很简单，既然生是有根源的，是由因缘条件具足而生的，因此只要斩断这个根源，不为其提供条件，甚至只要让它缺一个条件，那么它就不可能发生。

综上所述，作为整体的、矛盾统一体的心除了有样式多样性、性质差异性的特点之外，还有其共同的本质，那就是所有心理现象都有其觉知性或能为主体自己所认识的自知性，都有对物质实在的不同形式、程度的依赖性，都是同与异、生与灭、连续与非连续、变与不变的矛盾统一。

---

① ［隋］智颛：《法华玄义》卷1上，《大正藏》第33册，第685页。
② 《舍利弗阿毗昙论》卷1，［古印度］昙摩耶舍、［古印度］昙摩崛多，等译，《大正藏》第28册，第526页。

第五章
心身关系问题与心理动力学

如果承认心有本体论地位且有自己的独特本质，那么必然会进一步碰到心与身的关系问题。这一问题可分为两个大的方面：一是心与身之间是否有同一、相互依赖和联系的问题。例如，心与身之间有无同一性关系？是同质还是异质的？二者能否绝对分开，即是否存在着无心的身体或无身的心灵？一方能否独立于另一方而存在？它们之间有无相互依赖的关系？二是心理因果性或心理动力学问题。例如，心能否作为原因发挥对身体乃至外部世界的关系？如果能，是如何可能的？它的作用能力、动力、动量是它自己固有的吗？这也就是有些人所说的心理动力学问题。我们知道，动力学本是一个力学概念，作为一门科学，其是理论力学的分支学科，研究的是作用于物体的力及其与物体运动的关系。里面又有许多分支，如质点动力学、质点系动力学、刚体动力学、达朗伯原理，以及天体力学、陀螺力学、外弹道学等应用分支。与心理因果性问题关系密切的是质点动力学。这种力学要弄清的，一是已知质点的运动，求作用于质点上的力；二是已知作用于质点上的力，求质点的运动。所谓质点（mass point，particle）是物理学所构想的一个理想化模型。例如，在物体的大小和形状不起作用，或者所起的作用并不显著而可以忽略不计时，我们可以近似地把该物体看作是一个只具有质量而其体积、形状可以忽略不计的理想物体，即有质量的点。在建构心理动力学（如果有的话）时，一方面，我们可以借用质点的概念，如把被引起了运动或正表现出行为（随意行为）的身体看作是质点；另一方面，我们可以根据质点动力学的模式，去追溯运动着的身体或质点的动力学根源。这样的探讨就是心理动力学或心理因果性探讨。本章将分为两部分，第一节探讨心与身的一般关系问题，第二节探讨心理动力学问题。

第一节　心与身的一般关系问题

心与身的一般关系问题是一个极具歧义性的问题，或者说不存在对所有哲学理论都完全相同的心身关系问题，因为不同的哲学对心与身的本质、构成有不同的理解，因此它们所面对的心身关系问题就一定是不一样的。例如，对于莱布尼茨等认为心灵是单纯不可分的实体的哲学家来说，心身关系问题是两个独立存在者的关系问题，而对于持"等同论"或"双重语言论"的哲学家来说，心身之间无关系可言，因为心理语言和物理语言指的是同一的实在或过程，再追问它们有何关系就像追问"《理想国》的作者"与"柏拉图"二词所指的人是何关系一样荒唐可笑。对于坚持心理现象的宿主、所有者是整体的人而不是大脑或身体的人来说，一切讨论心身有何关系的理论都犯了部分论错误。所谓部分论错误就是把本该归属于整体的性质偏偏归属于其中的部分。根据这种批判，过去的哲学、包括今天用大脑来说明心理的神经科学都犯了二元论错误。贝内特等人说："尽管当代认知神经科学在 20 世纪取得了非凡的实验成就，但它仍继续在笛卡尔的影响下运作。"[①]这主要表现在：它们尽管不赞成心身二元论，但却陷入了脑体二元论。与笛卡儿主义一样，它们认为人的心理属性的主体是脑-身体中的一个东西，设想心理状态、事件、过程在人体某个部分发生、进行，在解释知觉、自主行为等问题时，保留了笛卡儿主义的心理学逻辑结构。[②]从语言哲学角度说，这种二元论对心理语言做了错误的归属，即把"思维"等心理谓词归于作为人之一部分的大脑。贝内特和哈克批评说："当前认知神经科的一个最重要的概念错

---

① [澳]贝内特、[英]哈克：《神经科学的哲学基础》，张立，等译，浙江大学出版社 2008 年版，第 113 页。
② [澳]贝内特、[英]哈克：《神经科学的哲学基础》，张立，等译，浙江大学出版社 2008 年版，第 114-115 页。

误是，它将只能归于作为整体的动物才有意义的属性归于脑。"①这是另一种形式的二元论：脑体二元论。之所以是二元论，是因为它们保留了与实体二元论一样的逻辑构造。既然有这样的复杂性，我们不小心就会陷入不能自拔的混乱，因此，笔者先对哲学史上的不同心身关系论做简要的考察和梳理，然后再来展开我们的探讨。

中国心灵哲学历来重视心身关系问题，常把它称作形神、心物或灵肉关系问题。这问题表面上相似于西方的心身关系问题，其实二者有很大的不同。究其根源，是其理论前提不同。西方的心身关系问题以心物二元为前提，而中国心灵哲学尽管也有二元论或二分图式的成分，但二分图式始终处于边缘，占主导地位的思想倾向是一元论基础上的多元主义。我们同时又要看到的是，中国心灵哲学尽管认为人体是以理气为基础的多元复合体，但仍关心心身关系问题，即从人体的多元存在者中仅抽出心身或形神这两个主要的方面，探讨它们的关系。这既是合乎逻辑的，因为正像一个房间里同时有多个人存在时，我们可以只挑出两个人来思考他们的关系一样，同时也有其必然性、必要性。因为形神及其关系问题是生命之本、长寿之根。司马谈说："凡人之所生者神也，所托者形也。神大用则竭，形大劳则敝，形神离则死。死者不可复生，离者不可复反，故圣人重之。由是观之，神者生之本也，形者生之具也。"②在道家、道教中，形神问题堪称牛鼻子，抓住此问题，就可使一切问题迎刃而解，万事通达。《西升经》云："知一万事毕，则神形也。"③形神重要的机理在于：它们是人的两个组成部分，其状态、关系决定了人的生存状态和人格境界。没有神，人就会死去，而形又是生命、神识的基础。若守形存神，使之进入最佳关系状态，如形全神全，那么人就"可齐天地之寿，共日月而齐明"。④中国心灵哲学关心的心身关系问题的另一个特点是，它有实然和应然两方面。实然的关系问题要回答的是它们事实上有何关系。这是东西方共同的问题。应然的关系问题要回答的是：它们之间应该具有什么样的关系才会对人有益无害呢？如前所述，中国心灵哲学有价值性

---

① ［澳］贝内特、［英］哈克：《神经科学的哲学基础》，张立，等译，浙江大学出版社2008年版，第113页。
② ［西汉］司马迁：《史记·太史公自序》。
③ 转引自何建明：《道家思想的历史转折》，华中师范大学出版社1997年版，第298页。
④ ［唐］吴筠：《形神可学论·养形》。

动机，而应然问题的探讨正是这一动机在心身问题研究中的表现。例如，道家、道教认为，做人的理想是飞升成仙、去凡成圣，而要如此，就应该让心身关系成为合一的关系。因为心身合一、神气混融、情性成片、谓之丹成、喻为圣胎，即达到了修炼的最高境界。

中国对心身关系问题的探讨早于西方，例如，儒道的最早经典都包含对它的回答，其他宗派如墨家在《墨经》中也包含形神相依的思想，如说："生，形与知处也。"[①]意为形与心知处在一起、结合在一起即为有生命。这里重点剖析一下儒家的心身关系学说。它有两大类：一是关于心身的事实性关系的理论。它要回答的是：心与身究竟是二元并列的关系，还是相互依赖的关系？如果相互依赖，是心依于身，还是身依于心？是身为主，还是心为主？如果心是有依赖性的存在，那么它是只依于身，还是依于众多因素？心与身之间能否相互作用？如果能，是怎样相互作用的？二是关于心身的应然关系问题的理论。在这类问题上，儒家内部的看法是不完全一致的，当然，较有影响的是形体神用说，即认为心以形为基础、为本体，是形的一种用或属性。早在战国时期，荀子就明确提出："有血气之属必有知。"[②]"血气之精也，志意之荣也。"[③]"故君子……血气和平，志意广大。"[④]东汉时期，桓谭提出，"精神居形体，犹火之然（燃）烛矣"[⑤]，"烛无，火亦不能独行于虚空"[⑥]。据此，他否定道教的长生久视说。王充（27—约97）认为自己"违儒家之说，合黄老之义"[⑦]，实被儒道都视为异端。他继承前述形体神用说，进一步提出："天下无独燃之火，世间安得有无体独知之精？"[⑧]在具体论述时，王充仍然把心脏当作思维器官，说："人五脏，以心为主，心发智慧，而四脏从之，肝为之喜，肺为之怒，肾为之哀，脾为之乐。"[⑨]其独到之处是，不把喜之类的心理定位于心脏或大脑中，而认为它们与五脏有关，因而具有具身性思想。中国哲学中自古就有整体论、系统论思维。基于这种思维方法，必然得

---

① 《墨子·经上》。
② 《荀子·礼论》。
③ 《荀子·赋》。
④ 《荀子·乐论》。
⑤ [东汉]桓谭：《新论·祛蔽》。
⑥ [东汉]桓谭：《新论·祛蔽》。
⑦ [东汉]王充：《论衡·自然》。
⑧ [东汉]王充：《论衡·论死》。
⑨ [东汉]王充：《论性情》，见《五行大义》卷4。

出这样的结论，即神不只是形的用，而且是多因素统一体的用。这种观点显然也有形质神用论的成分。康有为（1858—1927）说："心灵之智，能辨其是非；心力之勇，能除其缠缚；心神之定，能坚其守持。若是者，皆在于思。思从文，上从脑，下从心，脑与心合为思。"①古人其实也有类似的看法。例如，从文字学上说，"思"，古文作"恖"。"囟"即为脑，"心"即五脏的心。上有脑，下有心，二者合作方有思或意。与形质神用论对立的是带有二元论倾向的心形异质论。它认为，心的本质是无形，而身的本质恰恰是有形，因此二者根本不同。还有人更进一步，认为心的无形是因为它有自己特殊的来源或本原。这样便陷入了标准的二元论。与形质神用论对立的还有心主形从论。它认为，不是心依于形，而是心主于形。董仲舒像道教身国同构论一样认为，人就是一个小国家，心如君为一国之主一样，它是身之主。"君者民之心也，民者，君之体也。心之所好，体必安之；君之所好，民必从之。"②意为心像君王一样，是连贯统帅身体各种实在、力量的核心。③天的构成也可说明心的这种地位。董仲舒说："人有三百六十节，偶天之数也（与天地之数相吻合）；形体骨肉，偶地之厚也。上有耳目聪明，日月之象也；体有空（孔）窍理脉，川谷之象也；心有哀乐喜怒，神气之类也（与大地神气同类）。"④黄宗羲认为，在心与身的关系中，心是身中的"大者"。"心是形色之大者，而耳目口鼻其支也。"⑤就心与思、知、灵的关系而言，它们不同，但又有主从关系，如"心以思为体，思以知为体，知以虚灵为体"⑥。范缜的神灭论或形质神用论是中国心身问题研究中最接近于西方功能主义的理论。他说："形者无知之称，神者有知之名"，"形者神之质，神者形之用"。"神之于质，犹利之于刃，形之于用，犹刃之于利，利之名非刃也，刃之名非利也。然而舍利无刃，舍刃无利，未闻刃没而利存，岂容形亡而神在？"⑦有人问："神灭，何以知其灭也？"答曰："神即形也，形即神也。是以形存则神存，形谢则神灭也。"问题还在于："木之质无知也，人之质有知也，人既有如木之质，而有异

---

① [清]康有为：《孟子微》，楼宇烈整理，中华书局1987年版，第51页。
② [西汉]董仲舒：《董子·春秋繁露译注》，阎丽译注，黑龙江人民出版社2003年版，第189页。
③ [西汉]董仲舒：《董子·春秋繁露译注》，阎丽译注，黑龙江人民出版社2003年版，第199页。
④ [西汉]董仲舒：《董子·春秋繁露译注》，阎丽译注，黑龙江人民出版社2003年版，第228页。
⑤ [清]黄宗羲：《孟子师说·卷七》。
⑥ [清]黄宗羲：《孟子师说·卷六》。
⑦ 见《梁书》卷48，《范缜传》。

木之知,岂非木有其一,人有其二邪?"答曰:"异哉言乎!人若有如木之质以为形,又有异木之知以为神,则可如来论也。今人之质,质有知也,木之质,质无知也,人之质非木质也,木之质非人质也,安在有如木之质而复有异木之知哉!"①

再来看道家、道教的探讨。它们对心身关系问题的探讨也是从事实和应然两个角度展开的。心身相依论是道学心身关系理论的主要形式,其基本观点是:心离不开身,同样,在一定条件下,身也离不开心。心之所以离不开身,是因为不存在独立的、与身隔绝的心,如"凡有血气,皆有争心"②。"血气者,人之神,不可不谨养。"③许多心理现象都是在血气构成的身体进入特定状态时产生的,如怒、悲、恐等就是如此。"血有余则怒","心气虚则悲"④,"血不足则恐"⑤。思、知以及心理的宁静、止寂等,则主要是由气所决定的。"精也者,气之精者也。气道乃生,生乃思,思乃知,知乃止矣。"⑥反过来,有些身体状况又是由心的状况决定的,如气盛、胸胀就是由怒引起的,"怒则气盛而胸胀"⑦。道教在论述心对身的依赖性的过程中也表达了具身性思想,如认为精神离不开精、气之类的物质性力量。《黄帝内经》云:"五脏者,中之守也。"⑧五脏的作用是藏精气而守于内。守得好,精神充盈,身体强壮,反之,则生病。人的精神也离不开头。"头者,精明之府(即精神的寓所),头倾(下垂)视深(眼胞内陷),精神将夺(被剥夺、衰败)矣。"⑨心身的相互依存还表现在它们可相互转化,如精气神就可相互转化,既可炼精化气,炼气化神,又可倒过来,如精可由气生、气可由神生,其操作方法是,让神居气中,并控制气,就可"气转为精,精转为神,神转于明"。"精转为神,神生于明。"⑩《管子》认为,气充实到一定程

---

① [南朝齐]范缜:《神灭论》。
② 《黄帝内经·灵枢》。
③ 《黄帝内经·素问》。
④ 《黄帝内经·素问》。
⑤ 《黄帝内经·素问》。
⑥ 《管子·内业》。
⑦ 《黄帝内经·灵枢》。
⑧ 《黄帝内经·素问》。
⑨ 《黄帝内经·素问》。
⑩ 《云笈七签》,载胡道静、陈莲笙、陈耀庭选辑《道藏要籍选刊(一)》,上海古籍出版社1996年版,第382页。

度便有心。"气者,身之充也……充不美则心不得。"①所谓充实到一定程度,就是达到完美的程度。到这时,气便包含"灵气",即精美之气。有灵气,心便有其特定的功能。"灵气在心,一来一逝,其细无内,其大无外。"②这是精气之极致。

中外哲学在考虑心与身的关系时,有这样一种理所当然的看法,即认为心与身都是以一个东西或一个点式的、单子性实在与另一方发生相互关系的。如果说这是一种"线性"的关系的话,那么中国心灵哲学在揭示心身关系时,除了承认心身之间有线性关系之外,还强调它们的非线性关系,如认为它们每一方由于是多元组合体,是包含着不同结构、位置和功能作用的子系统,因此它们之间不存在规则的、一对一的关系,而只有一对多、多对一、多对多且经常变化的错综复杂的关系。用西方心灵哲学的术语说,心身之间的关系不存在一对一、类型对类型的关系,只有复杂个例对复杂个例的关系。例如,《黄帝内经》从养生角度讨论了心神等与身体的相关部分的多对多关系:"怵惕思虑者,则伤神,神伤则恐惧,流淫而不止。"这说的是负面的心理对身体有关部分的复杂的有害关系。类似的情形还有,"喜乐者,神惮散而不藏。愁忧者,气闭塞而不行。盛怒者,迷惑而不治。恐惧者,神荡惮而不收"。反过来,诸身体部分对诸心理样式也有影响,这种影响关系也是多对多的关系。《黄帝内经》云:"脾,忧愁而不解则伤意","肝,悲哀动中则伤魂","肺,喜乐无极则伤魄","肾,盛怒而不止则伤志"。③概括来说,心与身的多对多的关系主要表现在意对脾、魂对肝、魄对肺、神对心脏、志对肾、心对方寸等的关系上,以及个别的心理状态对特定的身体系统的关系上。

再来看印度佛教的探讨。佛教除了也看到心与身有实然和应然两种关系之外,还看到了其他关系。例如,由于身、心在凡夫与圣者身上的存在形态不一样,因此佛教所说的心身关系自然还有这样两种:一是圣者的清净的心身关系,二是凡夫身上的染污性的心身关系。《无所有菩萨经》云:如理如法地信解、观佛,可"得胜身心、得妙身心、得净身心"。这说明心身关系不只有世间心灵哲学所

---

① 《管子·心术下》。
② 《管子·内业》。
③ 《黄帝内经·本神第八》。

说的那一种。另外,值得注意的是,佛教讨论的凡夫身上的作为有为法的心身及其关系与世间心灵哲学关注的有根本的不同。这种不同表现在:首先,佛教的讨论是建立在对心身二元图式的解构与超越之上的,就是说,这种讨论不以心身二分为前提。其次,佛教不同于一般世间哲学的地方还在于:佛教并不认为心身可概括人身上的一切,即不承认这种划分是周延的、合乎逻辑的。佛之所以对其予以讨论,主要是随顺世情,而随顺的目的最终是破世人的虚妄执着。最后,佛教论述心身及其关系,只是从人身上的多重构成中取出心身的这两个方面。这样做是不违反逻辑的,因为在同时存在着多种因素的情况下,只抽出其中的两个单独予以分析,而不及其余,是被允许的和合理的。总之,佛教有特殊的心身关系学说,它不具有二元论的意趣。

  佛教即使承认心身二分,也并不像二元论那样认为它们是二元并列的关系,而是具有多重复杂的关系。这种复杂性是由人的复杂的构成所决定的。佛教的三相说(或三性说或三自性说)、三心说和三身说及其相互关系足以说明这一点。心从时间上说,有过去心、未来心和现在心三种心;从共时态角度说,有起事心、依根本心和根本心三种心。就身来说,圣人有现实的三身,即法身、报身和应身,而一般凡夫潜在地拥有三身,如凡圣共有一法身,只是凡夫没有证得它而已。另外,"一切凡夫为三相",即都有三相或三性,而这三相不属于心身的任何一方面。此三相是:"一者思维分别相,二者依他起相,三者成就相。"思维分别相就是通常所说的遍计所执性,这被看作是存在的实体相或性其实是虚妄的,是分别计度的产物。依他起相或性就是因缘和合相,每个人表现出来的表面上的实有相,其实是依因依缘故的,因此是依他的,而无自相或自性。成就相指的是表面的性相后存在着真实的体性,正是它随缘变现出了表面的相状。但这本性毕竟无。这三相与三身、三心的关系是,人若能解三相、灭三相、净三相,就能灭三心,让三身现实显现,果如此,即为圣贤。如果灭起事心,即得化身,如果灭依根本心,便得应身或化身,如果灭根本心,便至法身。否则,就让自己的心成妄心,即具体表现为前述三心。有三心,即为凡夫。《合部金光明经》云:"如是诸相不能解故,不能灭故,不能净故,是故不得至于三身。"①不达三身就必有三心。

　　标准的心灵哲学关心的心身关系问题源于这样的困惑，即心与身在实事上是不同的，这种不同根源于什么？是什么把心与身区别开来？换言之，如果心与身是两种不同的存在，它们各自的本质规定性或标志性特征是什么？二者的区分标准是什么？一种在古今中外普遍流行的看法是，心与身的不同，主要体现在一方无形或无广延，不占有空间，一方则相反，笛卡儿的观点最有代表性，他认为心的本质特点是能思而不占有空间，身的本质特点是占有空间而不能思维。如果说这符合古典物理学的观点的话，那么其是不能得到现代物理学的支持的，因为量子力学等在研究中发现，世界上有许多东西存在着并有作用，但并不是有形的事物，如能量场等。佛教也有类似的看法。佛教认为，尽管外显的粗重色身是有形貌的，的确有别于无形的心灵，但问题是，色身的形式多种多样。从大的可见的方面说，至少有两种，一种是指有色碍、形质的肉身，另一种是指诸法聚集而成的复合体，"依体聚义故并名身，如六思身六识身等"②。有的身体或物质的构成有显无形（如颜色、事物的影子等），有的有形无显，有的有形有显，还有的无显无形（如微尘）。③既然如此，佛教就不可能把是否有形看作是区分心身的标准，而只会根据对色的本质和形式的分析得出这样的结论，就色身中存在着有形色而言，色身与心有不同的一面，但就色身中存在着无形色而言，心与身之间又存在着同一性，正是因为有这种同一性，心与身之间才有相互派生和相互作用的关系。这一观点十分后现代。美国著名心灵哲学家麦金为了说明非物质的心如何可能从物质性的身体中产生这一所谓的"意识难问题"或"产生问题"，在借鉴改造大爆炸宇宙学成果的基础上提出：从大爆炸中诞生的物质由于继承了此前的非空间性，因此其在具有空间性的同时，也具有非空间性，正是因为有这样的二重性，物质性才能派生出意识。新旧两种理论的共同之处在于：承认物质中存在着无形性或非空间性。

　　在跨文化的视野下，尽管笔者承认西方现当代对心身关系问题的探讨有量大、新颖、深入、符合科学等优势，但相对于东方的某些理论也有其局限性和偏

---

① 《合部金光明经》卷1，《大正藏》第16册，第363页。
② 《正法念处经》卷第64，《大正藏》第17册，第383页。
③ [古印度]提婆设摩：《阿毗达摩识身足论》卷第11，[唐]玄奘译，《大正藏》第26册，第583页。

颇。例如，不管是二元论，还是各种新论选出的物理主义都没有跳出狭隘的二分图式，没有看到心身有应然关系的一面，在揭示其关系时，只注意到了其线性关系。这里，笔者将在大综合的基础上阐述我们的思考。笔者的看法有两个方面，即否定的观点和肯定的观点。先来看前者。

首先，笔者认为，一切形式的心身二元论对人和世界的心身或心物二分是完全没有道理的，同时的确包含着"范畴错误"这样的逻辑错误。"范畴错误"是赖尔为说明传统的占主导地位的哲学[①]的常见而隐匿的一个错误而发明的一个表达式。所谓范畴错误是指把不能并列在一起的范畴并列在一起了，如把"营"与"团"并列在一起就是如此。哲学和常识把心与身并列，以为人和世界可做心物二分，实际上也犯了类似的错误。笔者之所以认为它有问题，是因为心物二分要能成为针对全部存在的一种最大的分类方法，心物两个概念加在一起除了必须穷尽世界上的一切之外，还必须以两个独立存在表现出来的"对立关系"，必须有时间和空间上的并列关系，每类对象必须有基于明确的界限而占有的稳定的位置。而事实并非如此。一方面，人们已经发现了许多既非心又非物的现象，例如，中国哲学所说的精气神，佛教所说的最细身、明点，等等。另一方面，心与物（或身）之间尽管有对立关系，但马克思主义哲学早已澄清：这种对立关系只有两种可能，一是绝对的对立，二是相对的对立。有充分的依据说，心物只有在认识论的范围内，才有绝对的二分关系，例如，从这个角度可把意识看作主体或能思、能认识者，把意识之外的东西当作客体或被认识者。即便如此，这种二分也是非常不确定、不稳固的，因为意识本身也可成为被认识者。超出认识论的范围，进入本体论，心与物尽管也有对立的关系，但其对立只能是相对的，即不是两个相互排斥的独立存在者之间的绝对的对立关系。因为从彻底的唯物主义乃至新物理学的观点看，"物"是无所不包的最大范畴，不可能存在着与之并列的范畴。心如果是存在的，也只能包含于其下，只能以物质的派生性形式或高阶存在的形式出现。因此，列宁在许多论著中反复强调，物质和意识的区分并不是绝对的，而是相对的，其绝对性主要表现在认识论意义上。换句话说，物质和意识的区分一旦超出了认识论的范围，再把二者绝对地对立起来，就是错误的。二元论犯的正是这个

---

① 主要是二元论，但又不限于二元论，因为许多唯物主义特别是民间心理学也犯了这个错误。

错误。他还说："在物质之外，在每一个所熟悉的'物理的'外部世界之外，不可能有任何东西存在。"①

其次，二元论以外的心身关系理论尽管有对二元论的超越，但由于没有看到心性多样性这一客观事实，而把心理解为单子性存在或一个单一的东西，因此它们在说明心物或心身关系时以为心身之间只有单一的关系，找到了这种关系，探讨便大功告成。简言之，它们都犯有这样或那样的简单化错误。例如，把只适用于一种心理样式与身体的关系泛化到一切心理样式之上，或作为全部心身的关系。已找到心身关系的形式足以说明这一点。例如，二元论所说的心与身的并列、平行关系，同一论所说的同一或等同关系，其他理论所说的实现关系、还原关系、突现关系、随附关系、附带关系（副现象论）、指称相同关系（双重语言论）、一物两面关系（两面论）、解释关系（解释主义）等，根源都在于把心简单地看作是单一体或一个东西。既然是单一体，那么这里的关系探讨就是要说明这个单一体与作为另一统一体的身的关系问题。

当然，否认心物二分图式并不等于否定心物之间存在着关系，也并不意味着要放弃心身关系探讨和理论建构。因为即使承认世界上只有物质存在，心理也只是由身体的物理过程产生的东西，或认为它们之间没有并列关系。但不管怎么说，它们之间仍存在着某些关系，例如，没有并列关系也是一种关系，更不用说还存在着其他许多有待探讨的更为复杂和隐秘的关系。下面阐述的是笔者对心身关系的一些肯定的看法。

由于心不是能与身体并列的现象，同时，其内有复杂的乃至异质的构成因素，不是单纯的存在，不是单一体，因而心与身的关系便极为复杂，至少不会或很少表现为一个东西对另一个东西的关系。既然如此，在心身关系的探讨中，我们就应尽可能地避免简单化倾向以及抽象空洞的议论，而努力践行具体情况具体分析的原则，既要研究具体的心理样式、个例及其与身体的关系，又要关注作为矛盾统一体的心与身的关系。概括地说，在心与身的动的交涉中，至少存在下述四类关系：一是作为集合的心与作为集合的身的关系；二是作为集合的心与身体内的诸构成要素的关系；三是心的诸多具体样式与身的诸多构成部分的关系；四是心

---

① [苏联]列宁:《列宁选集(第2卷)》，中共中央马克思恩格斯列宁斯大林著作编译局编译，人民出版社1972年版，第351页。

的诸多样式与作为整体的身体的关系。这里限于篇幅，笔者将主要讨论第一类和第四类关系。至于其他两类关系，我们可从这些讨论中知其大概。不管属于哪种情况，心身之间的关系不可能是过去所设想的那种单子对单子的关系，我们也不可能建立一个一劳永逸的、适用于一切情况的关系模式。

要化解心身关系问题中充满的混乱和困惑，真正理清它们之间的真实存在的关系，显然我们必须从个别具体的心理样式入手，进而弄清它们与身体的具体关系。在此基础上，再来研究心身之间高层次的、较为抽象的关系。因此，我们先来考察心的诸多样式及其与相关的身体部分以及与作为整体的身体的关系。显然，心理的个例、样式只要出现了，只要存在着并发挥作用，就一定会与身体的相应部位乃至整个身体发生这样那样的关系。这是因为，一方面，没有身体的作用，就不会有任何心理样式发生；另一方面，心理本身不具有物质和能量，不具有独立地行使作用的可能，它们要产生任何作用，都必须"劳驾"身体，动用身体的资源。因此只要能确认心理样式曾经或正在产生对他物或自己的作用，那么我们就可以肯定，这个心理样式进入了与身体的特定关系。因此在查明心与身的关系时，我们是不乏线索的。

如前所述，心理的样式、个例多种多样，而且变化无穷。它们的存在程度、方式与起作用的方式也各有特点，因此具体的心身关系便是复杂的、多种多样的。以心理能力为例，相对于心理王国的其他心理样式来说，它居于直接的、基础性的地位，因为别的一切心理，如知、情、意，只有首先有相应的能力，才能作为活动或行为、过程、状态、事件、内容和结果表现出来。从本质上说，它真的是一种倾向性的现象。所谓倾向性是指拥有特定资源、在相应条件具备时就会现实地发挥作用的禀赋、机制，例如，盐有溶于水的倾向性，一旦条件具备时，它就会现实地溶于水。心理能力也是如此，当它现实化时，它既会让自己呈现出来，同时也会让其他相关的心理样式相继表现出来。由于它是别的心理的直接基础，因此它与身体的关系便是最近的、最直接的。因为它要起作用、要让其他心理相继出现，它就必须诉诸物质性的身体，运用其资源。就此而言，心理能力可以说是大脑的机能或功能，用人工智能的术语说，它就是大脑上运行的软件或程序。相应地，它与脑的关系就是被实现与实现的关系。但应注意的是，只有心理能力有这样的关系，因此我们不能将其泛化到别的样式之上，更不能泛化到一切心理之上。因为像心理内容、意向对象等显然不具有这样的关系。就此而言，强调心是大脑的功能或程序的功能主义既有合理性，又有严重的错误。如果它把它的主张限定在一种样式之上，就是无懈可击的。再来看心理活动这种样式及其与身体的关系。它离心理能力是最近的，因为潜在能力向现实转化，首先就表现为心理活动。由于能力的现实作用离不开身体的作用，因此心理活动与身体的关系也比较近。因为一切活动一定是某种实在的活动，就心理活动不可能有自己独立的、纯精神的主体而必须以物质性大脑或神经元群的动态核心为主体而言，心理活动有同于大脑的神经活动的一面，因为大脑的神经活动显然就是大脑的活动。从这个意义上说，心理活动与身体有同一的关系。当然，这种同一关系是有限制的。一方面，心理活动作为一种高阶现象，其所依赖的东西很多，因此是整体的突现特性。它除了离不开大脑的活动这一条件之外，还依赖于许多其他因素，如社会、文化环境、过去的积淀等。就此而言，心理活动与大脑活动的同一是部分的。另一方面，即便二者有相对的同一关系，但在心理样式的范围上也必须对其加以限定。具言之，只有心理活动与身体有这样的关系，其他的心理样式，如呈现在思维面前被加工的心理内容，就没有这样的关系。再就心理内容和意向对象来说，它们尽管有对大脑、心理能力及活动的依赖性，但与身体显然不具有前述的关系，因为它们是更高层次的高阶现象。就其有依赖性同时又有非还原性而言，我们可以说它与身体有特定意义的随附关系。因为随附关系恰恰就是介于二元性、还原性之间的一种依赖于、决定于基础属性的关系。具体的心理样式与身体的关系还有很多，如异态同一的关系（就此而言，解释主义是对的）、构成关系、突现关系、说明上的还原关系、解释关系、两面关系，等等。它们分别说明了某种或某些心理样式与身体的关系，但却不是所有一切心理样式与身体的关系。理由已如前述。

较难处理的是作为高阶现象的心理样式与身体的关系。我们首先必须承认的是，在众多有存在地位的因素的合力系统中突现出来的高阶现象尽管没有独立的第一性的本体论地位，而且关系一经解除，这种高阶的东西就会像影子一样消失殆尽，但只要出现了，其就一定有自己的存在地位。就此而言，新二元论在现象意识、意向对象上大做文章是有一定的道理的。它们的确发现了以前物理主义所遗漏的存在样式。这无疑值得我们注意。如果它们真的出现了、真的有其作用，就一定会与身体发生关系，只是这关系离身体较远。具言之，如果说身体事件是基础性事件的话，那么以之为基础、资源，同时辅以别的因素的作用，借助整体突现而发生的心理活动、过程、状态和事件就是二阶现象，伴随它们而发生的经验或体验活动属于三阶现象，被体验到的质、在经验面前显现的对象属于四阶现象。若再生起内观的活动以及伴随发生体验等就属于更高阶的现象。因为有活动、过程发生是一回事，而在这过程中，同时去体验它们，去从现象学的角度直观它们又是另一回事，在体验面前显现的东西更是不同的东西。因为一旦在前一过程加进后一过程，就又出现了一个新的存在。例如，尽管方的圆不存在于现实世界，但一旦人去想它，这被想到的方的圆就是一个真实存在的现象学事实，它就又形成了与身体的一种新关系。不管这种关系多么远，由于其突现总离不开或包含着身体事件的作用，这种作用至少是整体作用的构成因素，因此我们仍可认为它与身体有派生的关系。

就作为整体或矛盾统一的心与身来说，尽管笔者认为心身并不能概括人身上的一切，换言之，这种二分对于人来说不仅有逻辑错误，而且是不周延的，但它们是有关系可言的。即使人身上存在着的东西不只心身两大方面，我们也能讨论心身关系。这样做是不违反逻辑的，因为在同时存在着多种因素的情况下，只抽出其中的两个单独予以分析，而不及其余，是允许和合理的。例如，一个房间内尽管同时存在着许多人，但我们却可以只抽出其中的两个或三个人来讨论他们的关系。

在讨论作为整体的心身的关系问题时，首先，我们要面对的是它们在本质上的同异问题。这当然是有争论的。例如，同一论认为，它们是同一的，就像水和 H_2O 一样。从语言表述的角度来说，心不过是用心理语言所描述的身，而身则是用物理语言所描述的心。同一事件，用心理语言去描述，就是心理事件，用物理语言描述就表现为物理事件。同一论以外的多数心身理论认为，心身是不同质的。其次，对不同质的表现的说明又存在着重大分歧。最常见的说明是，心身的不同主要表现在一个有形、有广延，一个则相反。笔者认为，心与身既有不同的一面，又有相同的一面。而不同并不表现在是否有无形体。因为无形并不是心的独有特征，包括身体在内的许多物质形态都有无形的特点，如场、引力中心等。佛教早就认识到：尽管多数的身体部分是有形的、有物质性的，但色有多种形式，如有显无形之色（如颜色、事物的影子等）、有形无显之色、有形有显之色，还有无显无形之色（如微尘）。[①]按《宗镜录》的分类，色有如下几种：①极略色，其体是极微，此色是在将五根、五尘、四大分析到极微时出现的色；②极迥色，是在分析光影明暗等粗色至极微时所见的色，也是细色，即构成光影等的细色；③受所引色，亦名无表色，如心以无表色为体；④遍计色，即人们普遍认可、执着的色；⑤定果色，即定中所现的境。色界众生及下面要说的无色界众生的身体都是由受所引色和定果色构成的。[②]笔者认为心与身的不同主要表现在，首先，许多心理现象相对于身体上的物理现象来说是高阶现象。其次，心理具有前述的觉知性，可人为地予以改变、转化和灭除等。它们之间的同一性主要表现在：身体上的部分实在也有无形、无广延的一面，例如人身上无疑有力场、电场。从本体上说，尽管心身的存在层次、程度不一样，但都是统一的存在家族中的成员，是存在的一种样式，用现象学的话说，都是事实或所与。

在作为整体的心理现象王国，自我是名副其实的中心或主体，别的一切样式都是围绕它而组织在一起的，例如，心理活动表现为自我的活动，心理内容是向他呈现的，经过思维等加工而形成的有统一性的认识是为他把握的，对语句的历时性把握最后得到的统一的意义是由他理解的，等等。因此在我们讨论整体的心与身的关系时，我们可以只集中于自我与身体的关系。如前所述，人身上尽管没有二元论所说的那个小人式的心，但有如同水流一样的既变又不变的中心或自我。尽管构成它的本质和奥秘还有待于进一步研究，但其存在和作用是不可否认的。它与身不可能是同一、还原、二元并列的关系，而只是一种实现关系。所谓实现关系，以火、火光与燃烧的木材的关系为例，火光能照明、温暖人，这是火的作用，而此作用离不开火。尽管如此，二者又不能等同。火之所以产生，显然离不开木材的燃烧。这里的木材是事件而非孤立简单的实体，因为它是在时空中借助必要条件而发生的燃烧。二者又不能等同。同理，自我类似于火，它有种种能动作用，类似于火光，但这些都离不开木材的燃烧。而作为突现自我的大脑过程是一种极为复杂的过程，甚至可被理解为许多物理、化学、社会、文化、心理因素（至少离不开天赋的心理资源等）构成的复杂模式或动力系统。

---

① [古印度]提婆设摩：《阿毗达摩识身足论》卷11，[唐]玄奘译，《大正藏》第26册，第583页。
② 《宗镜录》卷55，《大正藏》第48册，第733页。

在现实的、完成的人类个体身上，当心理样式从物质中派生出来，与它能发生关系的不只是有形的身体，还有无形的东西以及其他的存在样式。在这个层面，包括心物在内的世界具有多元的关系，用中国心灵哲学的话说就是，人身上同时存在的事物个例有精、气、脉、血、神、心、形等，当然这一观点需要"自然化"，即有的是同一关系，有的是随附关系，等等。如前所述，作为活动或行为而出现的心理样式就有与身体活动同一的一面，当然这只是就心理活动是无意识地进行的而言，如果在活动时，有觉知的作用发生了，有意识地对此活动进行反观自照或有意地调节，那么心理活动就有多于大脑物理运动的一面，因而具有非同一性、超越性。另外，其他心理样式不能被视为同一的。例如，心理内容、觉知性等都是高阶现象，因此与大脑有实现与被实现的关系，就像计算机的程序装在硬件上由其实现，才有现实的加工处理作用一样。显然，这类心理样式与大脑、身体就没有并列、还原、同一、随附等关系。

第二节 心理动力学问题

如前所述，心身关系中的心理动力学或因果性问题要追问的主要是这样的问题：如果心身能相互联系和相互作用，又是怎样相互联系和相互作用的？心能否作为原因起作用？如果能，它的作用、动力、动量从哪里来？在古典哲学中，这些问题是与自由意志问题密切相关的问题，而在现代心灵哲学中，它们成了既与伦理哲学（行动的责任问题）、本体论（自由与决定论）和认识论（行动的认识）等学科相交叉，又具有自身相对独立性的研究领域。这种研究属于典型的动力学研究，因为它从质点上的运动（在这里表现为人的由意愿决定的随意行动）出发，去追溯后面的动力之源。例如，人的行动由什么引起？是否处在自然必然的因果链之中？自由意志、意向等在解释行动时是否充分？最近二三十年来，由于人们对心理结构尤其是语义性有了较多的认识，因此重点转向了下述问题：借助心理状态对行动的解释是不是因果解释？是否合理？心理符号如果有语义性，它们对行动的产生有无作用？如果有，是怎么可能的？是一种什么性质的作用？这些问题对于实体二元论来说，也许不是困难问题，因为它承认心灵也是实体，而只要是实体，我们就不难在里面找到因果作用之源。但对于物理主义或唯物主义来说则是莫大的难题，因为它们一般只承诺其高阶的存在地位。这一难题通常被称作心理因果性难题。毫无疑问，笔者也会面临这一难题，因为笔者坚持并试图阐发的也是唯物主义，当然是辩证的、历史唯物主义。

西方的心理动力学理论不外乎三大类：第一，物理主义的决定论。其基本观点是，认为一切事物都处在必然的因果联系之中，行动也不例外，它是由在前的原因所决定的。不过由于人们对因果关系的模式和性质有不同的看法，决定论又有物理决定论和心理决定论之分。前者认为：因果关系严格封闭于物理世界之内，换言之，只有物理的事物之间才有由严格的物理规律统摄、涵盖的因果关系，因果链上不存在自由的或心理的原因。如果是这样，那么怎样看待目的、意图、意志抉择等的作用呢？有的物理主义根据同一论做了说明，认为可以把它们看作行为的原因，但认为它们是心理术语所指的东西，这些东西与适用于微观水平的术语的所指是同一的，质言之，心理学术语所指的心理事件和过程就是物理学术语所指的大脑活动或过程。第二，二元论的非决定论。非决定论认为：自然王国中存在着严格的因果必然性，但在人身上的某些范围内，这种必然性缺失了。例如，人的思想、行动就是自由的，有非物理的决定机制，不受自然因果必然性的约束。著名科学哲学家波普尔说："诚然，我们必须是非决定论者；但是还必须设法了解人也许还有动物是怎么会被诸如目的、宗旨、规则或协定之类的东西'影响'或'控制'的。"①传统哲学中有一种观点认为：前者不可能作为原因作用于后者，因为二者不同质。波普尔认为：这种观点是建立在一个早已废弃的因果关系理论基础上的。没有依据证明不同质的东西之间不能互为因果。在波普尔看来，因果链是开放的，因此心理状态可以成为行为的原因。非决定论还有一种表现形式，那就是自由论或自由意志论。它认为：自由主要是指人在面临两种以上的可能选择时，意志有不受他人左右、不受因果必然性制约的自由，意志可以独立地做出自己的决定。第三，中间立场。这种解释行动的战略主要根源于下述哲学之谜：一方面，一组有力的论证否定了意志自由而支持决定论，因为大量的科学事实说明，世界由物质微粒所构成，由自然规律所支配；另一方面，一系列事实又

---

① [英]卡尔·波普尔：《客观知识——一个进化论的研究》，舒炜光、卓如飞、周柏乔，等译，上海译文出版社1987年版，第241页。

第五章 心身关系问题与心理动力学

使笔者倾向于认为必定存在着自由意志，其站在决定论的对立面。为了化解这一矛盾，有人提出了相容论。相容论认为：决定论和自由意志论都有合理之处，也都有荒唐的地方。一方面，世界上的事物，至少人以外的事物都受因果必然性的制约；另一方面，在人的行动的小范围内又有因果必然性难以企及的领域，在这里有自由。决定论和自由意志论其实是从两个不同的方面对原因作用进行描述和解释的，因此二者都是可行的。例如，对于同一个行动，物理决定论可以解释说：在我之内的原因就是物理原因，处在世界的因果链之中。非决定论同样有理由说：原因作用可用非决定论的语言加以描述，如意志作用（volition），或某些心理状态如相信、期望等。

不管是哪一种理论，都面临着无法自拔的矛盾。先来看二元论。它一般表现为实体二元论和属性二元论两种形式。它们的共同难题是：根据物理学的观点，只有物理的东西拥有能量、动量、材料，因此是这个世界上唯一有资格被称作原因的东西。如果是这样的话，二元论所说的心灵如何能解释人身上真实发生的行动呢？另外，根据数学和原则，只有同质的东西能够互为因果、相互作用，心身既然异质，那么它们怎么可能相互作用呢？对这些难题的回答导致了二元论在西方的东山再起。哈特（W. D. Hart）试图得出的结论是：无体的心之所以能作为原因存在，之所以有因果性，是因为它有自己的能量及量值。这种能量可称作心理或精神能量（psychic energy）。当然，他又承认：他所说的心理能量是有限制的。这种限制表现在：他所说的心理能量是一种假设，并且未被充分证明，而仅仅只是一种推论。他说："心理能量"在今天可能还只是一种允诺，甚至在以后的若干世纪中都无法被证实。[①]

由于实体二元论明显的荒谬性，二元论在现当代改变了形式，往往以属性二元论的形式表现出来。它认为：人是物理的实在，但有两种属性，一是物理属性，二是心理属性。它肯定了心理属性与物理属性之间的因果联系。在论证这种因果关系的可能性根据时，它主张：心理属性本身没有原因作用，它对大脑、外物的作用是通过物理属性实现的。因为根据随附性（supervenience）原则，心理属性依赖于、决定于物理属性，没有后者的变化，就不可能有前者的变化。前者要发

---

① Hart W D. *The Engines of Soul*. Cambridge: Cambridge University Press, 1988: 152.

挥作用，必须有后者的变化作为基础。这较好地说明了心理属性的因果作用机制，但是又碰到了副现象论的麻烦。因为如果那样的话，心理属性本身就成了无用的附带或伴随现象，就像树在地上投下的影子一样，由树所产生，但对树并没有任何原因作用。

再来看物理主义的问题及其化解。鉴于二元论的问题，基于对心脑认识的新成果，当今大多数哲学家都认为二元论必须被予以拒斥，加上一般人的心底都有"物理完全性原则"（物理的东西可解释一切）在不知不觉地起操控作用，因此纷纷支持和论证物理主义，从而使物理主义成了当今广泛流传的学说。其基本观点是，一切都是物理的，心理的东西要么来自、要么依赖于物理的东西，要么本身就是物理的东西，或由之构成。如果是这样的话，它能否对心理动力学问题给予与物理主义原则相一致的说明呢？要做出这种说明，必须有恰当的因果理论。根据广为流行的因果学说，当一个事件作为原因引起另一事件时，除了时空接近的要件之外，还必须存在着涵盖、统摄两事件的规律。试比较两个例子：①张三擦火柴，接着火柴亮了；②张三从梯子上掉下来后，李四掉到他的旁边。前者是因果关系，而后者不是。因为"擦火柴，火柴亮"是两个有规律地连在一起的事件。而后者中的两个事件只有偶然的联系。这里根本的区别在于，在前一过程中，存在着一种规律，它把两个事件关联起来了，使一个事件总是与第二个事件在时空上接近。总之，根据这一因果学说，如果两个事件之间有因果关系，那么必定有涵盖它们的规律。同样，如果心理与物理之间存在着因果关系，那么一定有涵盖心理和物理事件的规律，由于这个规律，它们互为因果。但这个规律是什么呢？物理主义有两种，因而它们对这个规律是什么的回答各不相同。

先来看类型物理主义：每种类型的心理状态都同一于一种类型的物理状态。假设类型物理主义者承认心物因果关系为真，根据常见的因果理论，就一定有某种把它们关联起来的规律，使它们相互作用。这个规律是什么呢？有这样三种可能：一是把一种大脑状态类型与另一种大脑状态类型关联起来的规律，它们对解释大脑的物理、生理过程是足够的，但不足以解释心物因果关系，它们只告诉我们大脑中存在着物理因果关系；二是心理学规律，它能把心理事件关联起来，但不能把心物关联起来；三是把心理状态类型和物理状态类型关联起来的心理物理规律。这个规律可能是：每当一个人处在疼痛状态中时，他的大脑的某个区域一定有峰值神经元。如果有这样的规律，那么我们就可以顺理成章地说明心物如何能够因果相关。问题是究竟有没有这种规律。解决这个问题，不能靠哲学的推论，而要靠对心脑关系的经验研究。如果找到了这样的规律或内在机制，那么就能说明心物因果关系何以可能。由此看来，类型同一论的合理性有赖于神经科学发展提供有关的规律。但是迄今为止，任何科学都没有发现这种规律。

面对这一问题，物理主义有两种选择：一是承认自己错了，应予放弃；二是强调有心物因果关系，而事实上并不存在心理物理规律，或者说物理主义对心物因果关系的说明并不依赖于心理物理规律。这就是戴维森的个例物理主义。显然，它根源于：一是用物理主义术语说明心物因果关系的强烈需要，二是类型同一论所陷入的困境和在解决困境时的无力。戴维森不是倡导个例同一论的第一个人，但他是第一个根据心物因果关系证实它，进而提出异常一元论的第一个人。他论证说：心理与物理的图式是完全异类的。物理实在的特点是：物理变化能通过把它与别的变化、物理上被描述的条件关联起来的规律而得到解释。心理现象的特征是：它们的归因一定得追溯到个体的信念、愿望、意图等。如果每个王国都固守自己严格的证据源泉，那么它们之间不可能有直接的关联。[①]个例同一论同样面临着难以克服的困难。在批评者看来，只有当我们有理由认为我们构造出了一种关于心理因果关系的个例物理主义说明，即一种与戴维森的前提相一致的说明时，那么个例物理主义才能说是完善的，而事实上并非如此。在许多人看来，戴维森主义的结论只能是，心理属性与对行为的解释是无关的，或者说是副现象。总之，不管是哪种物理主义，其在面对心理动力学问题时都举步维艰。

再来看东方哲学对心理动力学问题的解答。东方的探讨尽管缺乏实证科学的维度，大多建立在直觉和天才的猜测之上，但由于其有独特的概念图式和自然化方式，因此其有值得我们关注的优势和值得借鉴的积极成果。

中国心灵哲学也有自己的心身相互作用论。这一理论也有对心理动力学的承诺。它认为，心与身可以相互作用，如身体决定心灵、心灵决定身体。不仅如此，它还较好地解决了西方的心身交感论一直难以解决的一个问题，即心既然无形，没有自己的能量，那么它怎么可能发生对身体的因果作用呢？中国心灵哲学的回

---

① ［美］唐纳德·戴维森：《真理、意义与方法——戴维森哲学文选》，牟博选编，商务印书馆2011年版，第434-459页。

答是：心与身都是借气或以气为桥梁发挥对对方的作用的。而气是中国自然化的独特的概念基础，是对物理力、微观实在的波粒二象性的特殊的表述方式。朱熹认为，身之动由心所决定，"岂不相关？自是心使他动"。心驱使身运动，必通过气这一中介，就像挥扇是气所使然一样。心之所思，耳之所听，目之所视，手之持，足之履，都离不开气的作用，而"气中自有个灵底物事"。[①]薛敬之也认为，气是心物相互作用之中介。因为气有能量、材料，因而能产生真实之作用。"心乘气以管摄万物，而自为气之主，犹天地之乘气以生养万物，而亦自为气之主。"[②]心尽管能指挥气，但心又不是气。"一身皆是气，惟心无气。随气而为浮沉出入者，是心也。"[③]

中国化佛教在说明神形的相互作用难题时做得更加出色，如净土宗初祖慧远大师说："神也者，图（应为圆）应无生（应为主），妙尽无名，感物而动，假数而行，感物而非物，故物化而不灭；假数而非数，故数尽而不穷。有情则可以物感，有识则可以数求。数有精粗，故其性各异，智有明暗，故其照不同。推此而论，则知化以情感，神以化传；情为化之母，神为情之根。情有会物之道，神有冥移之功……夫情数相感，其化无端，因缘密构，潜相传写……火之传于薪，犹神之传于形；火之传异薪，犹神之传异形。"[④]意为神是感物而动、假数而行的，即神的活动要以物和数（自然之数，即自然运行的规律、法则、过程）为凭借，但神又不是物和数，所以物虽会灭但神不会灭。慧远大师通过对神的不可名状的微妙性的强调，最后把神看作是可以独立于物和数而存在的。此外，为了证明神可以独立于物和数而存在，慧远大师又声称化以情感、神以化传；情为化之母，神为情之根；情有会物之道，神有冥移之功。他把神与情联系起来，生的变化推移是和情的感物分不开的，而神又为情之根，因此情在感物化生的同时也就把神暗暗地传给不断产生的新的生命了。前形虽死，神却可以暗中传于后形，就像前薪之火可以传于后薪，不绝地燃烧下去一样。

作为唯物主义者，我们要想解决物理主义或唯物主义在说明心理动力学问题

---

① [南宋]黎靖德编：《朱子语类·理性二》。
② [明]薛敬之：《思卷野录》，载[清]黄宗羲《明儒学案（上）》，沈芝盈校，中华书局2008年版，第133页。
③ [明]薛敬之：《思卷野录》，载[清]黄宗羲《明儒学案（上）》，沈芝盈校，中华书局2008年版，第133页。
④ [东晋]慧远：《沙门不敬王者论·形尽神不灭五》。

时所陷入的矛盾困境,要想建构关于心理的科学的动力学,我们必须做到的是:在立足于最新科学成果的这一前提下,应有包容的胸怀、宽广的视野、敏锐的学术嗅觉,既对西方已有的成果敏感,又不忽视、轻视东方的探究。笔者基于这一态度提出的基本观点是:心理现象不是副现象,而可以以动力因角色存在和发挥作用。如前所述,如果是这样,我们就立马会碰到所有因果理论必然碰到的下述难题:心本身没有物质、材料、能量,它要产生因果作用,就必须有能量,但是它的能量是什么、从何而来呢?如果它没有物质和能量,它作为原因起作用的动力源泉是什么?根据笔者前述的关于心身关系的多样性论点,这个问题不难回答。因为心理现象具有层次性特点,这种层次性还有开放性特点。就是说,即使是高阶现象,如三阶、四阶现象,只要进入了新的关系,或有过去所没有的因素加入进来,就会形成新的基础层次,其上会派生出更高阶的现象。以此类推,以至无穷。而不管阶次如何升高,其最根本的基础是心理活动或行为,因为只要有行为发生,加上其他因素和关系,就可产生出相应阶次的心理现象,即使是很高阶次的心理现象也离不开心理活动。而根据前述的论证,心理活动是依赖于物理活动的,有些甚至本身就是物理活动,至少部分同一于物理活动,而物理活动是不乏材料、能量的。因此,一切阶次的心理现象由于以心理活动为基础,因而便不乏自己的能量。这样一来,一种心理样式作为原因与别的心理样式发生关系、与物发生因果关系,就不存在什么障碍了。

在这里,中国哲学和佛教密宗的心气不二论为我们从理论上、逻辑上更好地解决心身因果作用问题提供了有价值的思想资料。在佛教中,心气不二论既是理论,又是实践操作的方法。陈健民大师说,它被"建立成了一套圆满和善巧的心气修持系统"。这里所谓的气既指在生命中运行的物理性的气,如鼻子呼吸的气,也指具有形而上学性质的气。它们不同于由物质材料构成的身体,也不同于心,因此是人身上除心身之外的第三种存在样式。除此之外,明点、脉尤其是中脉也是非心非身的东西。就气与心的关系而言,"心气固对立,但亦互依互融。心与气者实一物之两面,因此心调则气调,气调则心亦调,心粗则气犷,心细则息微,心柔顺则气亦畅通,气充沛则心必爽朗"①。《地藏十析》云:"气外驰,心亦

---

① 张澄基:《佛学今诠(下册)》,慧炬出版社1990年版,第413页。

外驰，故心者说为气。"①

密教的心气不二论包含如下要点：第一，心以气为所依，为动力源泉，如心能指向体内、体外的事物，是离不开气的，心能发挥对身、对物的作用，也是靠气完成的，故心即气。第二，气与心是对应的。例如，心本体光明为智慧气，于此显现黑暗，即第七识，与第八识结合在一起的是空气，受蕴对自己相续燃烧，为火气，想蕴对境执相，并欲收摄，故为水气。《时轮》云："想由水，受由火，行由风，识智出空。"②第三，在凡夫和圣者身上，它们有合一之关系，但表现方式根本不同。凡夫的心气是不二的，有什么心，必伴有什么气。例如，有瞋心，便有怒气，心散乱，气便像马一样四处奔走。③当然，心与气毕竟是两种不同的存在，说它们一致并不意味着说它们没有界限。在修行人尤其是在圣者身上，心与气的不二关系的表现方式是大不相同的。这表现在，首先，在凡夫身上，二者的不二是自发的，而在修行人身上则是自觉调适的结果；其次，调适的目的是要减轻乃至熄灭负面心理，保护、发扬健康积极的心理。到了修行的高级阶段，心、气、脉都会发生质变，例如，心返妄归真，息停脉住。而这是凡夫身上不可能出现的心气关系。密法以为，在观修时，"心与气皆平等重要，二者当同时融合修习，以与空性光明相合"④。经过适当的调整，它们可以协调一致。例如，"二者在根本三摩地中，原属和合无二，既非心为主而气随之，亦非气为主而心随之。心之所在，气亦在焉；气之所至，心亦至焉。光焉气，则明为心。如彼电流……合则有光，分则无明"⑤。"夫气者，心之行也，脉者，气之道也。心有一分我执烦恼，气多一分紧缩委曲；气多一分紧缩委曲，脉多一分坚韧纠缠；脉多一分坚韧纠缠，则中脉之开发多一分阻滞障碍。此乃必然之理。心之所至，气亦至焉；气之所至，脉亦通焉。"⑥"脐轮中心或密法脐轮中心完趋入中脉，此时即有光明出现，即是中脉开发之相。"至此连胎息也没有，脉停、息住。"脉停者，因为息住，所以脉停。新陈代谢完全停止，业劫病脉皆不能生；惟是中脉发出之智

---

① 转引自陈健民：《曲肱斋全集(第 4 册)》，中国社会科学出版社 2002 年版，第 213 页。
② 陈健民：《曲肱斋全集(第 4 册)》，中国社会科学出版社 2002 年版，第 197-198 页。
③ 陈健民：《曲肱斋全集(第 3 册)》，中国社会科学出版社 2002 年版，第 259 页。
④ 陈健民：《曲肱斋全集(第 3 册)》，中国社会科学出版社 2002 年版，第 260 页。
⑤ 陈健民：《曲肱斋全集(第 3 册)》，中国社会科学出版社 2002 年版，第 260 页。
⑥ 陈健民：《曲肱斋全集(第 5 册)》，中国社会科学出版社 2002 年版，第 42 页。

第五章　心身关系问题与心理动力学

慧脉起用。然此种智慧脉行时，外脉则必停止也。心休者，心之现行由于气也。脉停、息止，故妄想之心行完全消失。"①妄想心的现行离不开气的运转，前者以后者为所依。因此要息灭妄想心，必须让气止息。②第四，心气的关系还在于：它们是不可分离的。心是得解脱还是轮回六道，都与气不相分离。《金刚鬘》云："风之善行到彼岸，风亦能令趣轮回，能断轮回亦属彼。"总之，气既能离断轮回，也能使人堕入轮回。"心气是可以相互转化的。如本来无我，妄执贪知，妄加分别，生起贪爱，则为贪气。不了知前六识，依于取舍，乃起瞋气。如上八七前六等识，为一切行气，说为三界之行气。"③

　　密教的心气不二论最重要的心灵哲学意义在于：它为我们说明精神、意识如何可能具有反作用，以及为如何发挥对物质的反作用提供了思想资料。一般都承认，意识等精神现象本身不是物质，没有物质性能量，如仅据此，便能得出它们没有对身体及外界反作用的结论。但事实上，它们这方面的作用极其巨大，乃至不可思议。问题是，这种反作用如何可能呢？这一直是心灵哲学家尤其是唯物主义者的一个难题。宗喀巴大师依据佛教基本原理所做的解释是：尽管"识非有身，彼无自力趣境之往来功能"，但由于它与气结合在一起，"与风俱转，则有趣境之功能"。风之所以如此，是因为它本身包括微细物质及能量。"彼风无色者，意谓无如粗界之色，非谓全细界之无色光明。"由于风有这些元素，因此其不仅能帮助识往来于诸对象之间，形成认识，而且"能动摇身等"。"身等"包括身体和外部世界。之所以如此，"亦是由具风故乃能尔。彼若无风，则不能动"。④

　　根据笔者坚持的心性多样性原则，研究具体的心理样式或个例的因果作用（如果有的话），无疑是探讨一般的心理动力学的一种较明智的选择。国外这样的研究已有很多，例如，对意向内容的因果作用问题就做了大量卓有成效的探讨。笔者这里拟选择意识这个例子举一反三地做点探讨。

　　在马克思主义哲学中，意识可以反作用于（即能作为原因影响）大脑和外部世界，这不仅是一条基本原则，而且也得到了大多数心灵哲学理论的承认。早在

---

① 陈健民：《曲肱斋全集（第4册）》，中国社会科学出版社2002年版，第320页。
② 陈健民：《曲肱斋全集(第4册)》，中国社会科学出版社2002年版，第320页。
③ 转引自陈健民：《曲肱斋全集(第4册)》，中国社会科学出版社2002年版，第215页。
④ [明]宗喀巴：《宗喀巴大师集(第4卷)》，民族出版社2001年版，第272页。

古代，哲人智颢就意识到了这个问题，并设想意识对身体的作用是通过"灵魂""火""气"才成为可能并得以实现的。现代的一些哲学家和对哲学问题感兴趣的科学家没有终止对上述问题的研究。当代脑科学研究权威埃克尔斯（J. Eccles）、斯佩里（R. Sperry）等纷纷利用自己和他人的科学成果来说明意识的本质、意识对大脑发生作用的过程。

要回答上述问题，我们首先必须搞清楚意识的本质与存在形式或表现形式。根据笔者前面论述的心性多样性理论，意识尽管不是基本的、第一性的存在，不是基本属性，但仍是由基本的东西所突现出的、高阶的属性。我们知道，意识依赖于有意识功能的人脑，而具有这种功能的人脑一方面依赖于种系漫长的演化和发展，另一方面又依赖于个体发生、发展的社会环境，如家庭、学校、社会、文化等。社会环境是具有意识可能性的人脑转化为具有现实意识机能的人脑的必要条件，社会存在的各种因素通过不同的方式和途径被内化、整合、积淀在人脑中，使通过遗传而获得的大脑结构发生质的飞跃，从而具有了现实意识机能。当人脑通过实践活动这样的中介环节与外部世界发生相互作用时，就产生或突现出了现实的意识。这被突现出的意识不是单子性的东西，也不仅仅是一种属性，而同样有多样的存在形态，如至少有作为活动或行为的意识，以及作为内容、状态、过程和对象的意识，等等。如前所述，作为活动的意识就是大脑的活动，而其他样式则是处在主体、客体、社会环境、工具实践活动等因素所组成的复杂动力系统中的高阶的存在样式。

意识从人脑中突现出来时，总是同时表现为活动、活动的过程和产物等多种形式，因为我们不可能设想有空无内容的意识活动，也不可能想象有不依赖于意识活动的思想物。如果是作为活动，其动力学就不难说明，因为大脑的活动本身是质能转化过程，它无疑有它的作用力。至于其他形式的动力作用，也不难证明。因为意识活动之上的别的样式本身是以活动为基础而出现的，因此它们一定能从它那里"继承"作用力。这也可从能量守恒定律得到证明。以作为大脑属性或机能的意识为例，我们知道：人脑的结构是一种空间结构，除了有其他空间结构所具有的某些功能外，还有一种特殊的功能即意识的功能。从一般空间结构与功能的关系来看，功能是依赖于结构的，没有离开结构而独立存在的功能，没有无运动物的运动，没有离开具体存在物的纯粹的属性与状态，正像没有在反应物和反应结果之外的化学反应、没有在代谢系统之外的代谢作用一样。金属在电场中有导电的功能、在温度场中有传热的功能、在剪刀挤压下有可塑性，而这一切都是以金属的晶体结构的变化为基础的。一物对另一物的作用是通过直接输出物质、能量和信息来实现的。而功能本身的确像邦格所说的那样，不具有物质和能量。这样一来，功能能否产生反作用呢？回答是肯定的。因为功能本身是结构的功能，结构所具有的作用也就是功能的作用。当结构将作用的对象指向自身时，那么功能也就具备了对结构产生反作用的条件，也就是说，结构能作用于自身就是功能发挥反作用的可能性根源之所在。不过需要注意：功能不是独立自主的，而是通过特殊的方式发挥这种作用的。因为当事物发挥其功能时，必然伴随着能量、信息和材料的转换。一方面，它要损耗能量和材料、输出信息；另一方面，它又可以从它的作用对象以及周围环境中取得物质、能量和信息。这样就使原有的结构松弛或解体或转化为更高级的结构，例如，随着生物个体功能的发挥，生物个体的结构总是由发生、发展最后走向衰落和解体，有序结构变为无序结构。就整个生物界来说，随着生物功能的发挥，其总是朝着结构越来越复杂、越来越有序的方向进化。可见，功能对结构的反作用是离不开结构本身的作用的，功能的反作用正是通过结构发挥对象性的功能作用而实现的，或者可以说，功能对结构的反作用实质上是结构自身对自身的作用，而在表现方式上则给人以功能独立地发挥其反作用的感觉。

　　意识作为属性对脑结构的反作用也是如此。当然，它还有一般的功能的反作用所没有的特点。意识对脑结构的反作用不能离开其物质基础，不能离开脑结构单独地和独立自主地进行，不能离开脑结构而作为一个超出于、根本不同于脑结构的层次或精神实体对脑结构发挥原因的、控制的作用。它对脑结构的作用像它对对象、对外部世界的作用一样，一点也离不开突现它的脑结构，因为意识机能的作用或反作用就是一种活动或运动效应，而活动、运动或作用、反作用总是某种存在物、某种空间结构的活动或作用。不可能有脱离活动物、运动物的活动、运动，不可能有不依赖于任何东西的纯粹的作用和反作用。因此，意识机能对脑结构与过程的反作用就是大脑在活动过程中由于能量、信息、物质的转换所产生的脑结构的某些变化、更新和大脑自身的自我调节作用。例如，人们想思考某一问题，大脑可能马上就思考起来；要求改进某种学习方法、工作和创作计划及方案，大脑可能做出相应的反应。大脑的相应反应作为一种结果无疑是以意识的作用为原因的，因为是意识向脑结构发出从事某一活动的指令，并提供计划、方案等，接着大脑才做出应答性的活动。由此说来，意识似乎是独立地不依赖于脑结构而发挥其作用的。其实不然，意识的任何反作用都并不是由意识独立自主地做出和完成的，就是说，意识在任何时候都不能以独立的存在物、纯粹的实体的形式而发挥其反作用。因为如前所述，客观上并不存在一个独立的精神实体，也不存在离开物质及其运动的纯粹的意识活动。意识想干什么、计划干什么、颁布什么指令直至监督、协调大脑完成这些任务，都是一种活动，而这些活动实际上是大脑的活动，像学习、思维、记忆等活动一样是客观物质的活动。只是意识反作用于脑结构与过程的这种大脑的活动其作用对象是大脑自身及其活动，而学习、记忆之类的活动则是指向外部对象的。因此意识作为一种机能对大脑的反作用就是大脑自身的自我调节作用，就是人的大脑在长期的进化过程中所获得的，并在发挥各种机能作用时所形成和发展起来的主动性、机动性、灵活性，但它们不能脱离脑结构及其变化，哪怕是极其微妙的变化。因此，认为意识机能发挥反作用不需要脑结构的变化是不对的。笔者也不同意斯佩里的主张：意识是以独立的层次发挥对脑结构与过程以及其他低级功能的整合的、原因的、控制的作用，但意识的上述反作用又不能脱离脑结构的变化，不能脱离大脑的物理、化学、生物等作用过程。同样，笔者也不同意抽象地说意识能独立地、主动地发挥其反作用，因为如果这样不适当地夸大意识的"能动的"反作用，就会滑向把意识独立化、实体化的二元论泥潭。笔者主张意识对脑结构与过程的反作用是大脑自身的活动对自身的作用，这也不同于邦格所说的神经系统的子系统对子系统的作用，因为意识不是某一子系统的特性与功能，甚至不是孤立的大脑系统的功能，因此意识就不能以子系统的形式发挥其功能作用。

综上所述，意识不是作为独立的、与物质根本不同的精神实体的形式反作用于脑结构和过程的，也不是以脱离脑结构的纯粹机能的形式反作用于脑过程的，更不是以神经系统的子系统的形式作用于人脑的，而是以依赖于脑结构及其活动的机能的形式和意识活动的产物的形式反作用于脑结构与过程的。而且它们在发挥作用的过程中还必须借助于特殊的中介环节，并分别有其发生作用的特殊方式与过程。当然，两种形式的反作用之间也有密切的联系，因为它们的反作用都离不开大脑的结构与活动，它们都是物质的特殊运动与存在方式，意识机能是以大脑为中心的复杂动力系统的机能，意识成果是意识机能作用的结果或产物。意识成果发挥对大脑与外部世界的反作用必须通过人脑的活动或机能作用才能实现，而意识机能发挥对人脑的思维结构、认知结构以及认识和改造外部世界的活动过程的反作用又必须以已有的知识和经验、已制订的计划和方案为指南及根据。因此，两种意识形式在分别发挥对脑结构与过程以及外部世界的反作用时，又能相互作用、相偕并进。

中　篇

心灵哲学研究的求真性维度

在我国开展心灵哲学研究、迎头赶上世界心灵哲学发展的潮流、建构有我们自己特色的心灵哲学，其可能性、必要性、重要性应该是没有争议的。问题是面对西方的累累硕果、日新月异的心灵哲学、当代有关前沿科学所提出的问题与挑战，我们祖先所留下的高度发达的心性之学成果，怎样开展我们的研究工作。笔者以为，我国心灵哲学的当代建构应重视借鉴英美科学主义、语言分析的心灵哲学的方法和成果，但一定不能囿于其上，而应有所突破；在关注当代有关科技新成果、以科学精神审视心灵的同时，一定不能忽略了人文精神和人生价值论的视角，切记不能无视东方古代哲人审视心灵时强烈的解脱论动机、人文精神以及充满着人生哲学意气的心灵哲学思想。笔者以为，按这种思路展开的心灵哲学可由两大研究领域有机构成：一是以心灵之本质、特征等为对象，以研究主要心理样式（如意向性、知、情、意等）的特殊结构和本质为核心内容的心灵哲学，它主要从事实性认识出发，从实的方面研究心理语言的本质特征、所指的对象及范围、表现形式及其特殊本质，以及各种心理现象的共同本质、不同于物理现象的独特特征、心与身的关系等。这一领域是关心心灵的科学精神的体现。二是以心灵之潜在的"性"为研究对象的心灵哲学。它主要从体与用的统一高度，运用价值性认识，研究人类心灵在其生存中的无穷妙用，从幸福观、苦乐观、价值观、解脱论等角度研究人的心态与人的生存状态的关系，以及心理结构、感受结构对生活质量高低、幸福与否、苦与乐、价值判断与体验、解脱与自由的程度的作用等。这一研究是心灵研究中的人文精神的张扬。近来，西方心灵哲学也开始了对它的关注，只是其一般被称作规范性心灵哲学。在本书中，笔者将不做区别地使用"价值性心灵哲学"和"规范性心灵哲学"两个词语。这种心灵哲学既含有前一种心灵哲学的因素，因为它也关心对人及心的事实性、求真性认识，并以之为基础和条件，同时又有自己的独到之处，那就是，它更重视通过价值认识这一途径，在努力揭示心之体、心之本来面目的基础上，始终盯住心之性、心之理、心之潜在的价值资源。

在上篇中，笔者已开始涉及对心灵的求真性探讨，只是那里侧重于心灵哲学的总体性、最一般的问题。在这一篇中，笔者将围绕求真性心灵哲学的主要和具体的热点、焦点、难点问题以及国内研究比较薄弱的环节展开我们的探索。

第六章
意向性难题的中国式解答

意向性被公认为是与符号的意义、心理的内容联系在一起的属于意识之内在奥秘的心理特征。著名的目的论语义学哲学家博格丹（R. Bogdan）说："如果人类的心灵没有能力表现出意向性，那么它就不是它所是的那样。"[①]因此，对之展开研究就不只具有心灵哲学方面的意义。首先，借助意向性的研究化解历史上长期困扰人们的怀疑论以及人的本质难题似乎不再那么艰难和遥远了，因为根据有关成果，主体之所以能超越主观世界，把握外在异质的客体，根源在于人在进化中获得了意向性这样的能主动将一物与另一物关联起来的功能，而它之所以有此功能，又是根源于它有内容、表征等内在的条件。其次，现当代意向性理论对内容的因果相关性的探讨，不仅为回答传统的心身有无因果关系、如何相关等问题提出了许多可能的方案，而且大大丰富了因果关系问题的形而上学探讨。再次，意向性理论对意义、内容的本体论地位的探讨也有上述一箭双雕的作用。最后，现当代的意向性理论对人工智能、计算机科学的发展也提供了一些思想资料和启迪。这些应用科学及技术在模拟人类的某些智能形式上已取得了令人称奇的累累硕果，如数字计算、逻辑推理、问题解决等。这些成果大大激发了有关科学家的创新信心和激情，使人们迫不及待地把这种模拟推广到模糊识别、分辨、

---

① Bogdan R. *Minding Mind*. Cambridge: The MIT Press, 2000: 105.

记忆、创造、综合、想象、跳跃性思维、直觉、灵感、顿悟等智能特性之上。但现在的问题是,即使是那些已经超越了人类智能的人工智能,如数字计算,在某种意义上,与人类智能相比仍存在着根本的差异,乃至有些人从根本上否认它们是智能。因为这些所谓的智能并不具有人类智能的意向性,例如,尽管它们能算出 2+2=4,但一方面,这个结果可以适用于或关于一切有此数量关系的事物,即一切可能世界;另一方面,它也可能什么都不关于。离开了人的解释,它只是它。要模拟人类的其他智能,首先必须攻克这道难关。例如,人的创新、综合等,都是关联于此活动之外的某事物或某过程的,都有名副其实的意向性。因此,要模拟人类的智能,首先必须找到模拟意向性的方法和手段,而要如此,就要揭示意向性的本质与奥秘。可喜的是,随着意向性理论的发展,一些既具有哲学意义又具有工程学价值的初步成果已经取得,而且对智能本身的本质、特点、构件、结构、原理、条件等的探索也在这个过程中得到了深化和拓展。正是因为它有如此重要而广泛的意义,因此其已成为西方哲学本体论、认识论、伦理学、认知科学、人工智能、计算机科学和语言哲学等学科共同关注的一个蔚为壮观的研究领域。有人甚至认为,西方的全部哲学运动都是围绕它而展开的。其内部既有分门别类的深掘,又有分工之上的合作,以及横向的整合,乃至多学科的统一或合流。最明显的是,意向性、心理内容、表征、意义,这些原来分别为不同学科所专门研究的问题,现在合而为一,变成了一个几乎没有区别的问题。人们不仅试图建立关于各种意义的统一的意义理论,而且试图建立关于意义、意向性、内容的统一理论。

中国哲学早就注意到了宇宙中的这一神奇现象,如钱穆先生曾用自己独特的但不太"标准"的意向习语对中国文化重视心之意向特征这一点做了十分精彩的概述。他说:"人心能超出个体小我之隔膜与封蔽而相通,此为人兽之分别点。此种着重在心一边的看法,其实只为中国人的观念。"[①]但可惜的是,中国哲学没有由此生发开来,没有提出带有实证科学和形而上学性质的问题,更没有专门而深入的研究。相较而言,在长时期特别是在当今,这无疑是西方哲学独占鳌头的研究领域。即使与印度相比,我们也有较大的差距,因为印度特别是佛教在古

---

① 钱穆:《灵魂与心》,广西师范大学出版社 2004 年版,第 18 页。

代有较发达的意向性学说。因此这是一个值得我们奋勇直追的研究课题。笔者在做出思考之前，先来简要考释、反思一下印度和西方的有关研究。

第一节　东西方意向性研究回眸与思考

意向性无疑是人身上最独特、最神奇的特性。正是因为有此特性，我们人类才成了能走出自身、与他物发生各种联系的一种具有弥散性、扩散性、渗透性而非彻底封闭孤立的特殊存在；也正是由于享有它，我们人类至少在目前还用不着担心被计算机表现出的人工智能所超越，除非未来某一天计算机也具有意向性，但这几乎是不可能的。因为人的意向性作为一种关系属性有其他任何事物表现出的关系属性所不具有的这样的特点，即它可以处在与不存在的东西的意向关系之中，而任何物理的东西则不可能有这种关系，人的意向状态可以处在与不曾发生、不会发生以及已逝、尚未发生的东西的意向关系之中，而物理关系只能存在于真实的东西之间。

人为什么有这种特性呢？是什么使他表现出这种特性？这类问题一直是西方哲学关注的重要课题。到了现当代，许多哲学家还在疑惑、惊诧的过程中提出了一系列独特的本体论、形而上学问题，并调动一切有用的因素和资源，动用一切可以动用的手段和方法对之展开全面系统的研究。例如，胡塞尔对之做了深入透彻的"活体解剖"，从而建立了自己的博大精深的现象学。随着认识向纵深的推进和向广度的拓展，意向性已经成为众多学科关注的研究领域。纵观现当代，围绕意向性问题而形成的理论可谓汗牛充栋。但就总的倾向来说，除了少数人持取消论、怀疑论立场之外，人们一般的看法是：意向性是揭开心理乃至生命奥秘之所在，也是人区别于其他事物最独特的和最本质的特征。从认识水平来说，现当代在意向性研究领域所取得的成就，无论是数量还是质量，无论是广度还是深度，都是过去所无可比拟的。尽管如此，相对于心灵哲学的其他领域来说，人们对意向性的认识又是最薄弱的。这一直是西方哲学家的共识。因为其中的许多难题依然故我。更麻烦的是，尽管人们试图摆脱常识和传统心灵观对意向作用的拟人论设想，但在对它做出颠覆、解构或自然化之后，再来重新构想意向作用时，由于找不到新的参照或模型，还是常常落入旧的观念的窠臼。例如，最有影响的物理主义、功能主义和表征主义的意向实在论仍承认意向作用有自己的独特主体，这主体在本质上仍像人中的小人一样，承认该主体及其意向性有自己的特定空间，如"心里"；它能在那里进行自己的关联活动，如形成关于外物的表征，并对之做出及时的加工和处理。如此构想意向性显然没有摆脱传统的小人模型，或根据可见物体运作方式隐喻式地设想意向活动的模式。这不仅没有消解原有的难题，而且还引发了更难解决的问题。例如，有意向作用、能关联的东西是什么？它为什么有那种作用？被加工的表征又是什么？怎样设想它的存在方式？

西方现当代的意向性研究有两大传统或走向：一是现象学传统，二是英美以分析哲学和认知科学等为基础的心灵哲学。前者在胡塞尔那里发展到极致，而后者尽管开始不那么景气，但最近几十年发展势头十分强劲，也取得了骄人的成绩。这不仅表现在新的理论的数量和质量上，而且表现在问题的拓展和深化上。特别值得一提的是，许多研究者把意向性研究与心灵乃至心物的整体把握结合起来，进而在意向性理论的基础上提出了新的心灵观，即新的关于心与世界的观点。与此相应，他们所关注的意向性问题便带有我们所说的哲学基本问题的性质，至少有靠拢的一面。例如，该领域有这样的前沿问题：意向性是基本属性还是非基本属性，有意向属性的心灵是单子式存在还是同时兼有心物成分的弥散性存在，等等。另外，意向性问题成了分析性心灵哲学问题的会聚点，是它的真正意义上的最高和最基本的问题。著名的认知科学家皮利辛（I. W. Pylyshyn）的下述评论也适用于心灵哲学，他说："在交叉科学性质的认知科学中，几乎没有什么问题像'意义''意向性'或行为解释中的'心理状态的语义内容'这些常见概念那样受到如此激烈的争论。"[1]这里，笔者将重点考释分析传统。

心灵哲学家在研究意向性的过程中，都有自己的本体论预设，而预设不同，后面的进程和结论自然有别。所谓本体论预设实际上是对下述意向性问题的解答：意向性在自然界有没有本体论地位？世界上有没有意向性这样的属性存在？对此，不外乎有三种回答：第一种是意向实在论。这是现当代心灵哲学中占主导

---

[1] Pylyshyn I W, Emopoulos W (Eds.). *Meaning and Cognitive Structure*. New York: Ablex Publishing Corporation, 1986: vii.

地位的倾向。它肯定意向性在自然界有存在地位。有这种本体论承诺又会面临进一步的本体论问题：如果有这种东西存在，那么它会以什么形式存在呢？对此有许多选择：①唯心主义和二元论主张意向性是一种精神性的存在，其要么是本原性的，要么以依赖于精神实体的属性的形式存在，在当代，尼科尔森（K. Nicholson）对之做了有力的辩护；②自然主义，类型同一论认为，意向性不仅有存在地位，而且它们不是物理事物的派生的属性，而是其原始的、第一性的属性。当然，它们在特定的意义上就是物理属性。持个例同一论和随附论的人认为，意向性是派生的、次级的、需要进一步说明的属性，个例要么同一于物理属性，要么随附于物理属性。第二种本体论预设是意向取消论或怀疑论，它强调：常识心理学和传统哲学所说的意义、意向性是不存在的，因为人脑中真实存在的只是神经元及其活动、过程和连接模式。持这一立场的人在意向性研究中尽管要少做好多事情，但其观点仍然很有影响，因为它们常常是其他心灵哲学家讨论意向性问题的出发点。第三种本体论图式既反对意向取消论，又不赞成意向实在论，而是试图走出一条中间的道路。其特点是在"实在""存在"等本体论概念上大做文章，它认为，可以承认意向性有实在性，但这里所说的"实在"不是自然的实在，这里所说的"存在"也不能被理解为物理事物及属性所具有的那种存在，而是一种极其特殊的"实在"或"存在"，例如，是相对于概念图式而言的实在，或者说工具性的存在，或者说抽象的存在。

如果承认意向性有本体论地位，那么还必须进一步回答这样一系列问题：意向性究竟是什么？有何本质与独特特征？与其他实在、属性、特征是什么关系？显然，这里的问题仍带有本体论的性质，当然更进了一步。不过，在切入和回答这些问题的时候，人们所用的方式是不一样的。例如，很多人是通过提出和回答下述问题来接近上述形而上学问题的，即心理内容的共同性和个体性的根源及条件问题。我们一般都不否认，心理状态之间既有共同性，又有相互区别之处，即有个体性。现在的问题是：这种个体性的条件或原因是什么？也可以这样表述：心理内容是什么样的属性？是否应根据它们所随附的内在物理属性而将心理状态个体化？此即个体化问题。目前争论的焦点在于意向性究竟是一种"宽"（wide）属性还是"窄"（narrow）属性，常用的术语是："宽内容""宽意义""宽意向性""宽状态""宽特征""宽表征"，"窄意向性""窄内容"，等等。要理解这里的"宽"与"窄",必须从状态或属性的种类与特征说起。关于世界上的状态或属性可以有很多分类方式,例如,从关系的角度看,不外乎关系属性和非关系属性两种。前者是由其持有者与所处的共时性和历时性条件的关系性质所决定的,因而要说明它,就要诉诸它与环境以及其中的其他事物之间的关系。后者是其持有者不以他物为条件而独自具有的属性,对之进行说明无须求助于外在的事物和属性。由此可以说,上述意义上的关系性属性或特征或状态就是"宽的",反之,则是"窄的"。现在的问题是:意向性或心理内容是哪一种属性呢?它存在于大脑之外还是大脑之内?围绕上述问题,意向性领域内正上演着个体主义与反个体主义的激烈论战。关于它们的内容及论战过程,我们在本丛书的《西方心灵哲学最新发展研究》一书中已有考察,这里从略。

意向性的自然化问题是英美心灵哲学独有的问题。一方面,当代心灵哲学的主流是自然主义,而自然主义一般坚持物理主义的意向实在论,既承诺意向性有本体论地位,又认为它是非基本属性。如果是这样的话,自然主义者就必须进一步说明:一个系统的哪些基本属性能够表现出意向属性?它们为什么有这些特点?又是怎样表现出这些特点的?要回答这些问题,它又必须诉诸非意向术语,否则就背离了自然主义。而一旦这样做了,就是在对意向性进行自然化。另一方面,这一研究的外部诱因是意向取消论。它公然站在自然主义的对立面,强调包括意向习语在内的所有常识和传统心理学概念应被抛弃。其根据如当今自然主义的主要倡导者福多所概述的,是"这样的本体论直觉,即意向范畴在物理主义世界观中没有地位,意向的东西不能被自然化"[①]。自然主义要化解取消论威胁,不仅要论证意向性自然化的必要性和可能性,而且要探讨并完成其具体操作。自然主义承认:心理学本体论乃至形而上学本体论都是关于自然事物及其属性的本体论。而自然事物及其属性有基本和非基本之别。基本属性有无可争辩的本体论地位,而作为非基本属性的意向性目前还没有这种地位。但是,如果有办法说明意向性与基本属性确有某种依存或派生关系,如果能为意向性提供充分或充要的自然主义条件,如说明它同一于基本属性,或说明它随附于基本属性,或由基本属性所实现,从范畴上说,如果能用自然科学概念解释意向概念,说明它在物理主义世界

---

① Fodor J A. *Psychosemantics*. Cambridge: The MIT Press, 1987: 97.

观中有其地位，那么就应承认意向性有本体论地位，就没有理由抛弃意向概念。如果上述操作和工程就是意向性的自然化，那么当今的自然主义者都坚信他们能将意向性自然化。福多说："严肃的意向心理学一定预设了内容的自然化。心理学家没有权利假设意向状态的存在，除非他们能为某种存在于意向状态中的东西提供自然主义的充分条件。"①意向性的自然化尽管是当今心灵哲学的主流之声，但泼冷水、唱反调的仍大有人在。塞尔就是一例。他承认，如果放宽对"自然的""物理的"理解，那么我们可以认为，意向性是一种自然的甚或物理的属性，当然是一种高层次的、类似于表现型的东西。但既然意向性本身就在自然之内，属于自然现象中的现象，因此就用不着常见的那类自然化。还有人更进了一步，公开站在自然主义的对立面，一方面试图颠覆自然主义，另一方面试图论证非自然主义。这样的人尽管不是多数，但又绝非个别，其中也不乏重量级的哲学家，如麦卡洛克（G. McCuloch）等。

　　意向性研究深入下去，还会碰到这样的问题，即意向状态所指向的"非存在的内在对象"（如"金山""方的圆"等）是否存在、怎样存在（如果存在的话）之类的问题。对它们的现当代探讨肇始于迈农。迈农提出：世界上除了真实的存在物之外，还存在着并不真实存在的东西，如思想中的独角兽。它们没有有形事物那样的存在方式，但我们必须承认，当它们被思维指向和思考时，就不可能是无，而一定是某种"有"。这个被想到的有或意向对象由此便成了一个同时具有本体论和心灵哲学双重意义的研究课题。尽管这一研究，特别是肯定非存在存在的结论，受到了蒯因等哲学大家的致命痛击，但其不仅没有因此而退出研究舞台，反倒一路高歌猛进。普赖斯特（G. Priest）是当今研究和"弘扬"非存在论的最活跃的人物。其特点首先在于：对非存在论的理论价值给予了极高评价。他说："非存在——不存在的东西——有确定和重要的结构。这种结构，正如我们所看到的那样，对理解许多事情尤其是意向性，是至关重要的。"②例如，它是理解意向性的形而上学基础，是意向语词语义学、模态语义学的基础，同时还是建立关于世界的形而上学图景的一个条件，因为世界由存在对象和非存在对象两部分组成，如果不考虑后者，那么这个图景就是不完整的。

---

① Fodor J A. *The Elm and the Expert*. Cambridge: The MIT Press, 1995: 5.
② Priest G. *Towards Non-Being*. Oxford: Clarendon Press, 2005: 169.

如果对于意向性或心理内容的本体论地位问题给出肯定的回答，那么在进一步讨论它与行为的关系时就会面临两类问题：一是意向性领域内的具体问题，例如，心理内容对身体的行为、对外部世界的事变有无作用？如果有，其作用的过程、条件和机制是什么？二是在解答它们的过程中必然要碰到的这样一系列更棘手的形而上学问题：什么是因果关系、因果解释？两个事件之间要具有因果相关性，其前提条件是什么？当前的探讨主要是围绕着副现象论威胁而展开的。因为承认内容有本体论地位的人大致有两类，即要么主张内容是窄内容，要么主张内容是宽内容。如果坚持前者，就会碰到先占（preemption）威胁。所谓先占威胁是指这样的难题：个体的任何命题态度有许多属性，如物理的、化学的、语义的。窄内容是基本的，宽内容是非基本的。正如符号的句法属性的因果作用可能为符号的物理属性所取代或先占一样，个体命题态度的语义属性的因果有效性也会为物理属性及句法属性所抢占。如果是这样的话，内容在行为的解释中不就成了无用的伴随现象了吗？赞成宽内容的外在主义则有这样的麻烦：既然个体命题态度的语义属性不在大脑之内，而因果作用的产生和发挥离不开内在的特定区域，因此它怎么可能有因果作用呢？另外，根据外在主义对内容的规定，它似乎成了一种"桥梁属性"。桥梁属性的概念来自桥梁变化这一概念。桥梁变化（cambridge change）的例子有：苏格拉底的妻子在他逝世后成了一个寡妇，她成为寡妇这一新的法律上的性质就是桥梁属性。苏格拉底之死对她的身份变化肯定有影响，但根据前者解释后者能否被看作是因果解释呢？人们一般认为，二者之间没有因果联系。外在主义也有这样的难题，即它实质上否定了语义属性的因果作用，因为它导致了这样的可能性——语义属性可能是大脑中的一种桥梁属性。

倾向于副现象论的人尖锐地指出：大脑是句法动力机，而不是语义动力机，"语义动力机……在力学上是不可能的——就像永动机不可能一样"[①]。这就是说，有语义内容的实在不可能从它们的内容中派生出它们的因果力。例如，一块砖尽管是在霍博肯造出来的，但它打碎窗户的因果力并非来自在霍博肯的制造，而是来自它的速度和质量。同样，身体内部刺激腺体、调节肌肉张力，进而控制行为的力量，并不是来自思想所意指的东西，而是来自它们的电子的、化学的属性。

---

① Dennett D. "Ways of establishing harmony". In McLaughlin B(Ed.). *Dretske and His Critics*. Oxford: Blackwell, 1991: 119.

总之，大脑是句法机，不是语义机。

布洛克赞成这一观点，但做了不同的论证，并明确地提出了内容的因果相关性问题。[①]他强调：作为原因的事件同时具有许多属性，并非每一属性都对结果的产生发挥了原因的作用。例如，我相信某国很危险，因此离开了某国。在这里，信念是原因事件，其中有许多属性，例如，有信念内容，表述内容的字词有符号，信念有物理实现，等等。在这里，只有信念的物理实现才有因果相关性，而信念内容则没有。因为它不符合因果相关性的条件。在他看来，只有当两事件之间具有法则学关系时，才能说它们之间有因果关系。而法则学关系显然不等于逻辑关系。所谓逻辑关系是指：一事件先于另一事件且前者对后者在逻辑上充分的关系，如药物的催眠性对实际的入睡。他认为，两事件有这种关系，还不能看作是因果关系。例如，某人喝了一杯并不含有催眠作用的水，但别人告诉他这是催眠剂，于是他入睡了。在布洛克看来，两事件要成为因果关系必须具有内在的、法则学上的关联性，即一个事件合规律地且通过内在的机制实际地引起了另一个事件。心理内容尽管与行为有逻辑上的先后关系，但不具有法则学关系，因此与行为没有因果相关性。

当今心灵哲学的意向性探讨涉及的问题远不止这些，经常被讨论的还有：意向性与意识、人工智能的关系问题，关于实在的内容与关于观念的内容及其关系问题，马尔视觉理论的解释问题，内容整体论与原子论的争论，等等。所有这些探讨无疑体现了人们对于意向性研究的方向和路径的新的洞见，反映了意向性认识由抽象向具体、由笼统向细致、由模糊向可操作性的发展。而意向性认识的深入发展，不仅使这一领域的面貌发生了巨大变化，而且也为其他哲学问题的进一步探讨提供了有价值的资料和启迪。首先，有了意向性的研究成果，化解历史上长期困扰人们的怀疑论难题似乎不再那么艰难和遥远了，因为根据有关成果，主体之所以能超越主观世界把握外在异质的客体，根源在于人在进化中获得了意向性这样的能主动将一物与另一物关联起来的功能，而它之所以有此功能，又根源于它有内容、表征等内在的条件。其次，现当代意向性理论对内容的因果相关性的探讨，不仅为回答传统的心身问题提出了许多可能的方案，而且大大丰富了因

[①] Block N. "Can the mind change the world？" In Macdonald C，Macdonald D（Eds）. *Philosophy of Psychology*. Oxford: Blackwell, 1995: 57.

果关系问题的形而上学探讨。最后，现当代的意向性理论给人工智能、计算机科学的发展也提供了一些思想资料和启迪。在模拟人类智能的某些方面，尽管这些应用科学及技术取得了重大成果，但与人类的智能相比，依然存在着根本性的差异。所以，模拟人类智能，离不开对意向性问题的深入探讨。

再来看东方的有关研究。我们首先要面对的问题是：包括中国在内的东方是否有意向性理论？这在以前似乎是需要长篇大论才能回答清楚的问题，而在现在已无须费太多笔墨。以中国为例，美国心灵哲学家保尔在《中国六世纪的心灵哲学——真谛的〈转识论〉》（*Philosophy of Mind in Sixth-century China:Paramartha's "Evolution of Consciousness"* ）一书中以中国南北朝时的真谛及著作《转识论》为个案，论述了中国6世纪流行于中国化佛教中的心灵哲学。从保尔的这一成果中，我们能清楚地看到，以真谛为代表的6世纪的中国心灵哲学对意向性、意义问题做了较具现代意义的探讨。其研究涉及的子问题有：语言如何影响认知、世界，语言与实相、真的关系，语言与指称、意义的关系，名与实、名与法的关系，名与义的起源问题，怎样摆脱语言的限制，含义（sense）与所指（referent）的关系问题，等等。

中国心灵哲学没有提出意向性之类的概念，但相近的词不少，如"意"和"志"等。中国哲学所说的"意"有多种所指。例如，一是与心、魂、魄等并列的心理主体，二是觉知意义的意或感受性质意义的意，三是意向性意义的意，等等。这里我们只关注第三种意义的意。以儒家为例，心学中已出现了"意向"概念。例如，刘宗周说："人有生以来，有知觉便有意向。"①此意向即作为主宰的意的定向作用。在心中，意如舵手，心如船舟。当然，我们应承认，儒家关于"意"的用法并不统一。例如，心学所说的意有三义：一是近于印度佛教所说的作意，二是意向性，三是"诚意"中的作为意识、心意的意。王畿说："意者，动静之端，寂感之机。"②王阳明认为，意指的是让念头生起的意动。"凡应物起念处皆谓之意，意则有是有非。"③此外，还有意欲、意想、意识到、作意之意。"欲

---

① 《立志说》，《刘子全书》卷8。
② ［明］周汝登编：《圣学宗传》（二），孔子文化出版社公司1989年版，第1144页。
③ ［明］王守仁：《王阳明全集（上）》，吴光、钱明、董平，等编校，上海古籍出版社2012年版，第183页。

食之心即是意，即是行之始矣。"①心学也重视并探讨了西方人所关注的两种意向性，即认知中的意向性和意动的意向性，当然更多的是讨论作为意动的意向性，认为其形式有：发愿、立志、转个念头。中国哲学所说的"意"的意向性意义，还体现在这个字的词源上。李经伦说："意非心之发也，心之发则情也。意从立、从曰、从心。"②意思是，意不是心的所发、已发，因为心一发，即为情，而非意。意只是心的这样的性质，即做出决定要指向什么，如想立什么、想说什么。质言之，心之决定立、决定说（起作用），即为意。

"志"在中国哲学中是一个有多种用法的词，我们这里关心的只是它的这样的用法，即指向了理想对象的心理状态，或固守于已认识到对象的心理作用，如通常所说的专心致志于真理、为真理献身等，因此它是一种兼有认知和意志作用的状态，一种认知到真实之后的坚持、坚固、巩固。简言之，知、充、遏，即志。"善念发而知之，而充之；恶念发而知之，而遏之。知与充与遏者，志也。"③陆九渊认为，志是行为之"端绪"，而端绪即"始""本"。他说："学问固无穷已，然端绪得失则当早辩……于其端绪知之不至，悉精毕力，求多于末，沟浍皆盈，涸可立待。"④志也可以说是终点，是心应依止的地方。例如，所以辨志又可称作"知止""知至"。"知止而后有定，定而后能静，静而后能安，安而后能虑，虑而后能得。"⑤

关于心理内容的共同性和个体性的根源及条件的探讨，是研究意向性不可回避的问题。尽管我们认为心理状态之间存在着个体性，但是我们现在还不知道是什么导致了这种个体性。对此，中国也形成了外在主义与内在主义的对立。这里只涉及外在主义。中国的外在主义认为，一个心理内容之不同于另一个内容，如一个相信明天要下雨的信念不同于相信明天天晴的信念，与心本身无关，因为人的心性是同一的，此即"性一也"。不同主要是根源于主体与对象的关系，如它们的差别是由心理主体所处的环境、所进行的活动决定的，是由心流行的地方超出了心本身，而进到了对象之中，而对象有刚柔、昏明的不同。故可说："流行

---

① [明]王守仁：《王阳明全集(上)》，吴光、钱明、董平，等编校，上海古籍出版社2012年版，第36页。
② [清]黄宗羲：《明儒学案(下)》，沈芝盈校，中华书局2008年版，第1258页。
③ [明]王守仁：《王阳明全集(上)》，吴光、钱明、董平，等编校，上海古籍出版社2012年版，第20页。
④ [北宋]陆九渊：《与邵叔谊》，《象山全集》卷1。
⑤ [北宋]陆九渊：《与邓文范》，《象山全集》卷1。

之方有刚柔昏明。"①例如，有三个人，分别居于三个不同的地方，即密室中、帷幕下、开阔的地方，让他们看同一个对象，他们所形成的心理会有很大差别。吕大临说："三人所见昏明各异，岂目不同乎？随其所居，蔽有浅深尔！"②这些看法是比较典型的外在主义思想。它强调的是，要说明任何一个心理的个别性的根源，都必须诉诸外在对象或心所反映的内容。无独有偶，中国心灵哲学也有类似于普特南（H. Putnam）所提出的关于外在主义的"孪生地球论证"③。所不同的是，这里用的例子不是地球，而是日。例如，理学认为，日无大小，但居住在不同地方（如住在茅屋内和广庭之下）的人所看到的日就不一样。这种有大有小的认识显然不是由心决定的,而是由认识者所处的环境决定的。《宋元学案》云："日之全体未尝有小大，只为随其所居而大小不同耳。"④张载的外在主义倾向更明显，他说："人本无心，因物为心。"⑤不同的人之所以不同，是因为所成的物各不相同，同样，"心所以万殊者，感外物为不一也"⑥。伴随着外在主义，中国也诞生了宽心灵观，如汉淮南王刘安说："发一端（从一端点出发），散无竟（可以发散至无止境之地），周八极（周遍八方），总之莞（总结于一个洞管之中），谓之心。"⑦中国宽心灵观不同于柏奇等人的宽心灵观的地方在于：不仅认为心包万物，而且由于强调身在心中，因此有整体论或反部分论倾向。西方一般只承认心在身中，而中国宽心灵观坚持更为广泛的整体论，如认为身在心中。魏源说："人知心在身中，不知身在心中也。'万物皆备于我矣'，是以神动则气动，气动则声动，以神召气，以母召子，不疾而速，不呼而至。"⑧

佛教文本中尽管没有出现"意向性"一词，但相近的词，以及西方研究中所涉及的许多维度和问题，还是客观存在的。我们重构佛教的意向性理论绝不是生搬硬套、牵强附会，而是有充分的文本根据的。例如，形式接近或意义相同的词

---

① [清]黄宗羲：《宋元学案(贰)》，陈金生、梁运华点校，中华书局1986年版，第1111页。
② [清]黄宗羲：《宋元学案(贰)》，陈金生、梁运华点校，中华书局1986年版，第1111页。
③ 参阅高新民：《意向性理论的当代发展》，中国社会科学出版社2008年版，第334-335页。
④ [清]黄宗羲：《宋元学案(贰)》，陈金生、梁运华点校，中华书局1986年版，第1111页。
⑤ [北宋]张载：《张载集》，章锡琛校，中华书局2012年版，第333页。
⑥ [北宋]张载：《正蒙·太和》。
⑦ [西汉]刘安等编：《淮南子(下)》，陈广忠译注，中华书局2012年版，第1034页。
⑧ [清]魏源：《默觚——魏源集》，赵丽霞选注，辽宁人民出版社1994年版，第16页。

有"攀缘""外住心""内住心""安心于……""作意""将心投注于……""引心趣境"等。西方的"意向性"一词所说的是心的这样的特点,即心像猴子一样有不安分的本性,只要人清醒,就一定不安分,总在那里攀附,如想、思、忧、信、疑等,而这些活动总是关于心外的什么东西的。用佛教的话说就是,心总是喜欢攀缘,总是杂念纷纷。另外,西方意向性研究在向纵深推进时所发现的意向现象,如心理表征、心理内容、心理命题,佛教其实也有所涉及,如前面说到的作为遍行心所的"想"(心中有相呈现)、作为第六识之对象的"法尘"、作为语言含义的"似尘"①等。最重要的是,佛教不仅提出和回答了意向性研究中必然要触及的本体论问题、决定因素问题(内容宽窄问题)、自然化问题、因果作用问题、形而上学问题等,而且也有自己的独立品质,那就是通过探讨意向性的起源及其机理,揭示意向性的危害作用,进而找到调控意向性直至灭除意向性的方法和途径。

  佛教论述意向性像论述其他现象一样,有两个维度:一是随顺世情、从世俗谛上切入,二是从胜义谛角度揭示其本质。就后一方面的观点来说,佛教认为,意向性作为妄心的普遍特性,也是因缘和合而生的,变化无常,生生灭灭,没有恒常不变的体性。从否定方面说,佛教不承认妄心的这个特性像二元论所说的那样是实体性自我或精神实体的作用。总之,妄心毕竟空寂,不可得、不可说,但它又不停地攀缘,逐境而指向这、指向那。从根源上说,意向性不是从来就有的,而是在无明的驱动下,随着第八识的见分的产生而出现的。从作用上说,它是众生流转生死的根源。因为有意向性其实就是有分别性。从世俗谛上说,佛教确有意向实在论倾向,即不仅承认意向性有假有、妙有的本体论地位,而且认为,它作为心之区别于非心的特性普遍存在于一切心理现象之中。当然,这样说只是权宜、方便之说,因为一旦把意向性的来龙去脉、庐山真面目揭示清楚了,佛教就会鼓励人们离弃它、超越它。原因在于:它是众生沉沦苦海的根源之一,是分别心的内在根源,只有断除人的这一喜欢攀缘的习气,人才能离苦得乐、去凡成圣。而要如此,就应学会"摄心""治心",不让它逐境、趣境,应根尘不偶、关闭

---

① 西方哲学家保尔在研究佛教意向性、意义理论时发现:佛教已有近于弗雷格的思想,如认识到语言的所指是外部实在,而语言的含义则是意向对象或"似尘"。参阅[美]蒂安娜·保尔:《中国六世纪的心识哲学——真谛的〈转识论〉》,秦瑜、庞玮译,上海古籍出版社 2011 年版,第 63 页。

心意，如"制心一处，更莫异缘"①，直至完全断除此攀缘或心猿意马的习气。

佛教尽管承认心理及其意向性特点，并随顺世情对之做出重构，但我们不能由此得出结论说，佛教像一般的意向实在论一样，绝对肯定其有本体论地位或实存性。因为佛教在这个问题上的态度极为辩证。一方面，佛教承认意向性有假有或妙有的地位，但另一方面，它又强调意向性是体空的。例如，意向性的作用足以证明它的假有的存在地位。但若从本质上看问题，我们又必须承认意向性是因缘和合的，因此不是实有。从发生学上说，意向性就是无明驱使下最先产生的心理特性之一。按《楞严经》的描述，由于无明，人们误以为本明之真心是一个对象，既然是对象，就可认识、可"明"。当付诸行动去明时，有情便开始了主客分化，进而开始了让诸妄心逐渐发生的历史进程。显然，这里所谓的"对象意识""明"等都是意向性的标志。此外，意向性还是众生颠倒认识、"心倒"的根源。众生颠倒的表现是：相信诸法实有，可做依止。众生相信有八事（我、亲属、出生处、资财、容貌、族类、作业、尊重）可作为自己的依止处或住处，故相信"诸法一切皆住"。佛陀认为这是颠倒妄想。根源在于"心倒"，"当知彼等皆因无明我慢结使而生住著，故言住也……彼既熏习增长是事已，终不舍离颠倒妄心，以心倒故"②，而心倒又根源于人在无明驱使下的攀缘习性或意向性特性。

存在且有用的东西，一定有其构成要素及结构。佛教为了从根本上断除妄心及其意向性，随顺世情从共时态和历时态两方面对意向性的构成及结构做了实事求是的描述性重构。共时态结构的重构主要体现在佛教的四分学说之中。所谓四分，即把有意向特性的任何一个心理事件区分为这样四种构成：相分、见分、自证分、证自证分。根据这一理论，所谓意向性、攀缘，其实是让有关的境相显现在心中。这里显现出来的东西尽管不是外在对象本身，但由于它是代表，心通过它可关联于外在对象，因此其至少是"似尘"，是心相。这个显现之相即相分，能识知此相分的东西即见分，对这一过程之结果的把握是自证分，清楚意识到全部过程尤其是自证分，则是证自证分。这就是关于意向性结构的四分学说。严格地说，见分和相分等构成只是八识心王的行相。但由于其他心法，如情、意、信等以及被归入心所法的大量心法，也都有一定的了别和被了别的构成成分，因此

---

① 《陀罗尼经》，《大正藏》第20册，第108页。
② 《大法炬陀罗尼经》卷17，《大正藏》第21册，第736页。

在宽泛的意义上也可说它们有与同心王一样的行相。《成唯识论述记》云："心、心所必有二相。"①此即见分和相分。另外，见分是能量，相分是所量，不是只有八识才有量的作用，所有心所法也是如此。故可说，心王、心所在量境之时，其行相有见分和相分等不同方面。

　　佛教关于心法的四分说具体展示了心法的意向性的共时性构成及结构。下面，我们再来考释佛教对意向性结构的历时性分析。其基本观点是：意向性发生作用的过程是一个如流水一样的前后相续的过程。一般的经论把心的意向性过程概括为五个阶段，或者说，按心在知觉外境时依次产生的心理，把一个完成了的心从始至终的过程分为五个阶段，即五心。这个过程实即西方人在描述意向过程时所说的把对象弄到手的过程，或从心灵之箭射出到射中目标的过程。窥基说："初是眼识（率尔心），二是意识（寻求心），决定心后方有染净，此后乃有等流眼识、善、不善转。"②具言之：①率尔心，率尔即突然，如眼对外境，突然出现的心念，此心率然任运而起，因此没有善恶等性质；②寻求心，即认识活动发生后接着生起的推寻、觅求、分别、知解之心；③决定心，已得到了对对象的确定的认识，此认识有善恶性质；④染净心，对外境的认识掺杂着好恶等情感，因此染净混杂；⑤等流心，由于已生起的心有善恶、染净的分别，进而各类心会随其类别相续流转。③

　　基于上述跨文化研究和反思，我们可以得出这样的结论，即在意向性研究中，中西哲学都有一个向对方学习、完成某种"补课"的任务。相对于中国来说，西方的意向性理论尽管在"体"的把握和认识上，做了大量工作，但对其用的认识和利用开发则远不及中国哲学。造成这种状况的原因主要有，西方哲学家（当然人本主义哲学家除外）由于太拘泥于科学精神和相应的价值取向，加上理性主义的视角，因此所注意到的人心、意向性往往只是理性的心、线性的心，或者说单子主义的心。尽管现在的柏奇等人极力倡导关于心的"宽"观念，即渗透主义、非单子论的观点，但其毕竟只是作为异端存在的，因为他们所主张的"意义不在头脑之中""心不在头脑之中"总是作为笑柄出现在人们的口头和笔端。相比较

---

① [唐]窥基：《成唯识论述记》卷3，《大正藏》第43册，第317-318页。
② [唐]窥基：《大乘法苑义林章》卷1，《大正藏》第45册，第255页。
③ [唐]窥基：《大乘法苑义林章》卷1，《大正藏》第45册，第256页。

而言，中国哲学自古就有反单子主义的倾向，而且是作为主流话语存在的。对此，钱穆先生做了相当精彩的概括和点评（详见后文）。概言之，中国人的心灵观念尽管没有使用"意向性""意向的形而上学对象"之类的概念，但对人心之意向性作用，尤其是通过它使人心超出小我建立无所不包的形而上学对象，有了比较充分的认识，如超出自身把一切时空包摄于自身，达至"万物皆备于我"的境界，甚至将自己提升为"彼我古今共同沟通的"文化心。相比之下，西方只是在19世纪末才有少数人有所觉悟，即使后来一直有人在沿着这一思路探讨，但问题在于：它始终是边缘话语，受到主流话语的打压和排斥，而且它对意向对象的认识是残缺不全的，如未能注意到道的方面、文化的方面、境界的方面、互通的和互渗的方面，因此其"宽"是远远不够的。但这不是说中国的意向性形而上学就很完备了。非但谈不上完备，其甚至在许多方面还有要接受启蒙的问题，还有需要学习的方面。例如，中国古代某些哲学家尽管涉及了意向性的形而上学问题，但并不自觉，并未由此切入进去，未对其"体"探幽发微。严格地说，他们是在解决伦理学和人生哲学问题的过程中，偶然地、无自觉性地触及了那些问题。由此所决定，中国人并没有真正意义上的意向性形而上学。另外，中国哲人尽管较好地描述了意向性在建立自己的意向对象王国过程中的作用，但缺乏对其机制、条件、过程的理性和科学性的探讨，至于对意向性结构及其构成因素等的认识则都是空白。因此，中国的意向性研究任重而道远。

第二节 概念嬗变与问题整合

要切入这一领域，一个前提性的、必不可少的工作是对本领域的概念和问题做一番清理。这既是由这一课题的现实境况所决定的，因为研究中的许多混乱和障碍是由多而乱的概念及问题造成的，又是认识向前发展的需要，因为要进行理论建构和创新，人们必须要么从已有的问题中找到尚未得到很好解决的问题，要么找到新的问题作为探讨的出发点。在过去的意向性研究中，除了"意向性"之外，还常出现这样一些概念，如"关于性"（aboutness）、"关涉性"（of-ness）、"意义"（meaning）、"语义性"（semanticity）、"表征"（representation）、

"心理内容"（mental content）等。这里将择其主要做些分析和梳理。

"意义"无疑有自己的意义，但人们对它究竟是何义看法大相径庭。这个词在意向性研究中出现的频率很高，有时被当作意向性的同义词使用。这当然是有特殊限定的。重视意义问题可以说是现代哲学家乃至有关领域的学者的一个癖好。结构主义哲学家格雷马斯（A. J. Greimas）说："意义问题是当今人文科学所关注的核心问题。"[①]著名分析哲学家赖尔说："热心于意义问题的研究，这已成了 20 世纪哲学家的职业病。"[②]随着有关认识的发展，它逐渐演变成心灵哲学分析中的一个主题，甚至成了一个意向性的代名词。之所以如此，主要是因为：当人们从哲学上追问"意义"的意义时，必然要触及言语符号何以有指称对象、表示事态的能力以及这种能力的根据之类的问题，而这些问题正好就是当今的意向性问题。当然，心灵哲学在意向性研究中所涉及的意义问题，与语言学和语言哲学中的意义问题尽管有联系，但又有很大的区别。例如，前者更具根本性，关注的主要是心理符号的意义问题。所谓心理符号，是指"心灵语言"（mentalese）或"思维语言"中的符号。这种语言据设想不同于人们口说手写的那种自然语言，是思维专用的类似于"机器语言"的语言。如果有这种语言，那么就自然要研究它的意义和句法学问题，当然还要研究它的意义与自然语言意义的关系问题。与意义密切联系在一起的概念是"语义性"。这个概念作为语义学中的一个基本概念指的是语言符号这样的属性，即有意义、指称和真值条件。在心灵哲学中，这个概念的使用频率非常高，它指的是心理符号的语义性，即强调心灵符号尽管是形式化的东西，但它能把人与外在世界关联起来，能表示、指称外在的事态，且有成真的条件。显然，有语义性实际上就是有意向性。

"心理内容""思维内容"等并非新创立的概念，但有关文献往往在做出诸如"在形式上主观、在内容上客观"等基本断定之后，就再未做进一步的、深层次的追问。随着心灵哲学对心理地形学、结构学、运动学和动力学探讨的深化，心理内容越来越成为备受关注的研究课题。根据对心理现象的新的理解，心理现象不外乎两大类，其中之一是命题态度（另一种是感受性质）。例如，一个信念

---

① [法]A. J. 格雷马斯：《结构语义学：方法研究》，吴泓缈译，生活·读书·新知三联书店 1999 年版，第 1 页。
② Ryle G. "Theory of meaning". In Caton C E(Ed.). *Philosophy and Ordinary Language.* Illinose: University of Illinose Press, 1963: 128.

"相信天要下雨"就是一种命题态度。"天要下雨"是命题或心理语句，亦即相信这种态度的内容。对于同一内容，人们还可以采取愿望、期盼等态度。而同一态度可以关涉不同的内容。如果是这样的话，那么一系列哲学问题便接踵而至：描述信念内容所用的命题如"天要下雨"等在描述心灵时起什么作用？当我们求助于有关外部世界的命题来刻画心灵的特性时我们正在做什么？这些内容是实在的还是为解释人的需要而归属给人的？如果是实在的，它们以什么形式存在？它们为什么能够，又是如何表现外部世界的？等等。显然，这些问题正好就是意向性问题的子问题。正是基于这种关系，人们一般把"意向性"和"心理内容"两个词当作同义词使用。如果说有区别的话，那主要表现在："心理内容"更明确一些，因此，我们可用它从语言上解释"意向性"这一更难懂的心理习语。这一倾向肇始于罗素和弗雷格。他们强调：研究意向内容有助于把握意向性的相状、特点和本质，而且这种研究也有极强的可操作性，因为通过分析任何意向状态的态度和内容两方面便可将意向性的分析具体化。从心理内容与意义的关系看，由于这里所说的内容就是命题态度的内容，有这种内容就是有关的状态有语义性或意义，因此内容与意义在意向性语境中也没有太大的区别。

"表征"（representation）的字面意义是表达或代表，既有动词形式，又有名词形式。人心中想到的东西不可能是纯粹内在的东西，而是必定与外面的世界有关，就像词语表示的不是语词自身一样。基于这样的考虑，哲学家便设想：人们直接思考的东西是作为对象之代表的观念，此即心理表征。从其自身的构成来说，表征有这样一些因素：媒介、目的性、对表征的态度（命题态度）、知识结构（由态度所构成的）。从特征和实质上看，表征不只是一种有内容的静态结构，而且还是某种过程或活动。表征不仅存在于世界之中，而且能主动地指向、关涉世界上的别的事物，因此便产生了一系列令人困惑的哲学问题。例如，表征是怎样起源的？表征为什么能够，又是由于什么而代表别的东西？头脑中被储存或加工的表征究竟是什么？怎样描述表征？它的物理实现是什么？在心理加工中有何作用？表征的本质究竟是什么？是相似、协变，还是功能作用、适应作用？表征关系究竟是心灵与柏拉图式的形式的原始的、非物理的关系，还是可还原为物理属性的关系？显然，这样表述的问题都是典型的意向性问题。

"内涵性"（intensionality）与"意向性"（intentionality）在英文中只有一个

字母之差,前者的中间是 s,后者的中间是 t。二者不仅在形态上有密切的相似性,而且在内涵上也有千丝万缕的联系。本来,"内涵性"是语义学、逻辑学中的一个常见概念,与处延相对。它类似于谓词的意义,用形式化的方法可以说,它是决定一个词的所指或外延即那些存在于任何可能世界中的事物集合的原则(或功能)。自弗雷格之后,许多哲学家、逻辑学家认为,句子像谓词一样,也有外延和内涵。句子的外延就是它的真值,句子的内涵就是它所表达的思想、它的意义,或在可能世界中从句子到真值的映射。在心灵哲学中,这两个概念的运用与归属命题态度的句子有关。例如,"相信天要下雨"这个句子既可用之于"我",又可用之于他人。不管用在谁身上,我们都可将其看作是完成了一个命题态度的归属。完成这种归属的句子就一定有外延和内涵。一旦有内涵,就一定包含意义,有意义就必然涉及意向性。丹尼特说:"内涵与外延不同。它意味着意义。这不就是意向性也意味着的东西吗?"① 由于有这种联系,"内涵性"便成了当今意向性研究中经常要涉及的一个概念。这种意义的"内涵性"又叫"语义或指称的不透明性"或"不保真性"(opacity)。它是相对于透明性或保真性而言的。所谓透明性是指两个词指称同一对象一清二楚,在一个包含其中一个词的句子中,将这个词替换为另一个词,句子的真值仍保持不变,故也叫保真性。但也有这样的情况,例如,"柏拉图"和"《斐多篇》的作者"这两个概念指称相同,但它们的指称是不透明的,从一个不能推知另一个。一个人知道一个概念并不等于一定知道另一个。这种不透明性就是内涵性。丹尼特说:内涵性就是"这个东西或这类东西被选出或确定的特定方式"②。至于内涵性与意向性的关系,不同的论者有不同的看法。大致来说有两种意见:一种观点认为,内涵性是意向性的一个显著特征,要说明意向性,尤其要在自然主义基础上说明意向性,一项不可回避的工作就是根据自然主义说明自然事物,如人的大脑、物理符号、物理的认知系统为什么具有这种内涵性;另一种观点强调,意向性的本质不在于指向性,而在于内涵性,甚至可把意向性定义为内涵性,进而对意向性的研究可通过对内涵性的研究来完成。欣蒂卡(J. Hintikka)就是这一观点的积极倡导者。在他看来,意向性的实质不在于可能指向什么,而在于对有关的信息进行概念化。可能世界语义学就是意向

---

① [美]丹尼尔·丹尼特:《心灵种种——对意识的探索》,罗军译,上海科学技术出版社1998年版,第29—30页。
② [美]丹尼尔·丹尼特:《心灵种种——对意识的探索》,罗军译,上海科学技术出版社1998年版,第29—30页。

性的语义学，意向性就是会使人想起可能世界语义学的东西。①只要关注可能世界语义学，就不难明白意向性就是内涵性这一命题的含义。如果是这样的话，那么接下来的任务就是根据可能世界语义学具体说明意向性或内涵性。为何要根据可能世界来说明意向性呢？欣蒂卡回答说："意向性不是在世界之内获得的关系。其实质在于在几个可能世界之间做出比较。它是世界间的事情，而不是世界内的事情。"②

上述概念之间究竟是什么关系呢？一种有代表性的观点是，这些概念是有一定的区别的，所隐含的问题也不尽相同，因此应被区别对待。这种观点可称作"分别论"。其中又有许多各不相同的看法。塞尔认为，意义、意向性、表征属于不同的范畴。以意义与意向性为例，在塞尔看来，"意义"是一个复杂的概念，语言学、语言哲学关心的一是语句的意义，二是说话人说出句子时所意味的东西，属于他的意图。这里值得哲学研究的问题是：说话人何以能够把意义加入他们口中所说的纯粹的声音和手所写的符号上呢？他说："理解意义的关键就是：意义是派生的意向性的一种形式。"③词语、符号、记号等如果有意义地被说出来，它们就有了从说话人的思想中所派生出来的意向性。另外，有些意向性并不具有意义，或不产生意义。例如，一个学德语的人不停地念 Es regnet，其就有话语或说出意向，但没有意义意向和传达性意向。还有人认为，"意义"一词的外延比"意向性"要宽得多。因为"意向性"只是心理符号或表征的意义，而这种意义只是意义的多种形式之一。除此之外，还有自然语言的意义、艺术作品的意义，乃至世界的意义等。另外，语言哲学所关心的许多意义问题与意向性都没有直接的关系。例如，自然语言既有"意义"（meaning），又有"有意义"（meaningfulness），前者要探讨的是一种具体符号因为什么而有其意义。在这里，意向性充其量是其获得意义的一个条件。米利肯（P. Millica）认为，表征、意向性、内容属于不同的范畴。例如，就表征来说，它涉及的范围极广，是意向性、意义、内容所无法企及的。

---

① Hintikka J. *The Intentions of Intentionality and Other New Models of Modalities*. Dordrect: Reidel Publishing Company, 1975: 195.
② Hintikka J. *The Intentions of Intentionality and Other New Models of Modalities*. Dordrect: Reidel Publishing Company, 1975: 195.
③ [美]约翰·塞尔：《心灵、语言和社会——实在世界的哲学》，李步楼译，上海译文出版社 2001 年版，第 133 页。

第六章 意向性难题的中国式解答

　　福多的观点很特别。他不反对把表征、内容、意义看作大致相同的概念使用，但认为表征比意向性更根本。这一看法可能大大出乎人们的意料，其无疑是对自布伦塔诺以来的传统的一种否定。他认为，内容问题就形式而言，通常被称为心灵语言①的意义问题、表征问题和关于性问题。因为根据关于心灵的表征理论和计算理论，以心理表征为加工媒介的心理状态就是命题态度，而命题态度是有机体与心理表征或心灵语言的心理语句的关系。例如，"相信天要下雨"这一信念就是某人对"天要下雨"这一命题（表现为心灵语言中的心理语句）的一种态度。因此，有心理态度、有表征，也就是有心理语句。而心理语句有句法和语义两种属性。句法属性是指心理语句像自然语言的句子一样，也是由字、词等符号按照一定的规则构造而成的，有特定的物理关系和形式结构。语义属性是指心理语句的意义、指称和真值条件，它们总是关于自身和外在的什么东西的，它是命题态度除因果性之外的又一根本特征，人们常称之为心理语义性，相应地把关于心理语义性的问题称之为"意义"问题，把相应的理论称之为心理语义学或关于心理语言的意义理论。心理内容有时也被称作"表征"。因为说命题态度有内容，就等于说包含在命题态度之内的心理语句总是表征了它之外的什么东西。心理语句把所表征的东西直接呈现于心灵，为心灵直接意识到。总之，人的心理能够直接思维、加工的只能是心灵语言，而不可能是自然语言，因为后者有形体、声音等物质载体，它们不能进入心灵为之直接加工。由此可见，自然语言的语义学不适用于解释心灵语言的语义性，因为自然语言的意义根源于心理的意向性，而意向性又根源于心理表征的语义性。因此，只有揭示了心理表征的语义性，才能从根本上说明自然语言的意义，而不是相反。就此而言，心理内容或表征比意向性更根本，而意向性又比自然语言的意义更根本。我们可依据前者说明后者，却不能倒过来，否则就会陷入循环论证。正是由于这一原因，内容问题便成了语言哲学和心灵哲学共同关心的"意义问题"。

　　在上述概念的相互关系问题上，占主导地位的倾向是"不加区分论"或"等同论"，即把它们当作同义词看待。在最低限度上，多数人认为，它们之间没有实质性的区别。若有区别，也只是表述的侧重点、角度上的区别。雅各布（P. Jacob）

---

① mentalese 或 language of thought，指的是心灵能直接加工的、类似于计算机的机器语言的形式化语言或心理表征。在其倡导者看来，心灵不可能加工自然语言，只能以这种语言为媒介。

在《心灵能做什么》(*What Minds Can Do*)这本研究意向性的重要论著中说:"意向性就是让人的心灵状态即所谓的命题态度(如信念、愿望)关于或表征非心理的、心理的事物以及可能和不可能的事态的东西。换言之,有意向性或表征,就是心灵的个别状态有语义属性。"[1]因为就拿命题态度来说,它指的是人的一种心理状态,由两个部分构成:一是态度,二是由句子所表达的命题。其特征之一是它们是有命题内容的心理状态,特征之二是内在性只能由"我"自己产生和知觉。因此有命题内容就是命题有意义、有意向性、有语义属性,就是关于或指向某种存在或不存在的事态,或者说是对这些事态的表征。

对于赞成"等同论"的人来说,最难等同的莫过于意义与意向性,因此摆在他们面前的问题自然是:意向性问题为什么就是意义问题?在英美分析哲学中,这种同一主要基于这样三重假定:第一,语言的意向性是第一性的,因为要认识心理状态的意向性及其结构就必须从语言的意向性及其结构入手;第二,语词由于指称世界中的对象而指向世界;第三,句子借助意指世界中的某物而指向世界。以信念为例,它肯定有内容。什么是信念的内容呢?一般的回答是:内容就是心理表征。自然语言、图像等是外在的表征,而心理表征是内在于这些表征的表征。如果是这样的话,那么信念就是基本的编码表现出来的某种形式结构。问题在于:不管心理形式用什么代码予以表现,那么形式表征或编码的究竟是什么呢?也就是说,表征或编码要遵守什么约束?如果编码遵循的是句法约束,那么信念内容就只是句法形式。大多数人认为,这个约束是不够的,除此之外还应有确定意义的约束。如果是这样的话,信念就是有意义的句法形式。在自然语言中,语句的内容是由句子表达的东西,而心理表征的内容则是命题。但怎样理解意义或命题呢?它们内在于头脑之中吗?有的人认为,它们在头脑之中。而有的人认为,在头脑之中的东西不足以保证有意义或命题,外在的、非心理的因素也必不可少。它们或者是抽象的、理想的东西(柏拉图、弗雷格),或者是具体的、物理的东西(罗素),抑或者是自然的、因果的历史(普特南、克里普克)。柏奇等人认为,还应加上语言习惯、社会实践。而在许多论者看来,尽管意义受诸如此类的内外因素的影响,但并不妨碍我们把意向性问题等同于意义问题,尤其是大脑内

---

[1] Jacob P. *What Minds Can Do*. Cambridge: Cambridge University Press, 1997: 1.

在状态的意义问题。亚当斯（F. Adams）说："将意义自然化的理论家在意义的外在主义图景中所增加的东西是一种机制……这种机制能对外在物理对象怎样与人的大脑（心灵）的内在物理状态相互关联，进而为内在物理状态怎样意指或关于外在物理对象提供解释。"[1]这种意义上的意指、意义就是关于性、意向性。

笔者认为，上述概念从细微的方面看，的确是有区别的，这种区别在用法上就体现出来了，因此在有的语境中就不能交替使用。例如，我们可以说海底细菌有表征，但不能说它们有意义或有意向性。但另外，我们又应看到，这些概念在用于人这样的语境时就没有根本的不同，只是一种从不同的侧面对宇宙中的能把他物以特定方式"拿过来"加以"消费"或与之发生"关涉""指向""关于"关系的奇特的关系属性的不同表述形式。而且，适当地加以理解、加以限定，是可以作为同义词使用的。在本书中，我们把"不加区分论"的观点看作一种"规范性"的约定，在没有特别说明的情况下，我们一般是把它们当作同义词看待和使用的。还要说明的是，我们有时会在不同的语境下用不同的词，如有时用"意向性"，有时用"内容"或"意义"，这不能理解为我们赋予了它们不同的意义，而主要是考虑上下文的语法、修辞上的需要。

我们再来梳理一下意向性研究中所涉及的问题。传统的意向性问题主要源于古代中世纪哲学家这样的诧异：头脑之外的有广延的东西为什么能进入心灵之中为其所思考？在内浮现的对象是不是一种存在？如果是，它们是一种什么性质的存在？更神奇的是，人类的这种关联性或意向性作为一种关系属性还有其他任何关系属性所不具有的特点，如心灵可以处在与不存在的东西的意向关系之中，而任何物理的东西则不可能有这种关系；它还可以处在与不会发生以及可能的东西的意向关系之中，而物理关系只能存在于真实的东西之间。当代英美的分析性心灵哲学家接过了这些问题，当然会有所改铸或推进，而且随着探讨的深入，他们又开辟了许多新的方向和领地，而在每一方面，又构造出了相对固定的问题域，从而使意向性真正成了一个蔚为壮观的研究领域。就分析传统而言，这一研究的子问题主要有：心理内容的本体论地位问题、个体化问题、自然化问题，以及意向对象的形而上学问题等。值得一提的是，许多论者把意向性研究与对心灵乃至

---

[1] Adams F. "Thought and their contents". In Stich S, Warfield T A (Eds.). *The Blackwell Guide to Philosophy of Mind*. Oxford: Blackwell, 2003: 144.

心物的整体把握结合起来，进而在意向性理论的基础上提出了新的心灵观，即新的关于心与世界的观点。与此相应，他们所关注的意向性问题便带有我们所说的哲学基本问题的性质，至少有靠拢的一面，如该领域有这样的前沿问题：意向性是基本属性还是非基本属性，有意向属性的心灵是单子式存在还是同时兼有心物成分的弥散性存在，等等。另外，意向性问题成了所有心灵哲学问题的会聚点，是所有心灵哲学问题真正意义上的最高和最基本的问题。著名的认知科学家皮利辛的下述评论也适用于心灵哲学，他说："在交叉科学性质的认知科学中，几乎没有什么问题像'意义''意向性'或行为解释中的'心理状态的语义内容'这些常见概念那样受到如此激烈的争论。"[1]

现象学家关注的意向性问题尽管有某些共同性，但差异很大。分析传统的意向性理论由于关心的是意向性的派生性的本体论地位，因此重在揭示它所以如此的条件、根据和实现机制，进而探讨它的个体性和同一性的根源与条件，探讨它作为属性是关系属性还是非关系属性。另外，由于这一传统把意向性看作是人类智能的根本标志，以及有强烈的经验科学和应用动机，因此人们常从认知科学、人工智能的角度思考意向性问题，试图由此出发，为人工智能的真正突破找到出路。而现象学传统的意向性研究则不同，它把意向性看作是第一性的本体论事实，而不管它与物理过程的关系，对它如何被物理的东西实现毫无兴趣，因此其侧重点在于对意向性本身做现象学描述，例如，描述它的特征、结构和作用，对意向的东西做出概括和分类，等等。从语言、符号的角度来说，二者都承认：心理语词的逻辑属性是揭示意向性奥秘的间接方式，但在由此切入、具体做出分析时，又各有不同。分析哲学家所问的问题是语言中的句子指的是世界上的什么东西，而现象学家关心的是语言中的句子指向世界意味着什么。二者都承认意向性是关于性、指向性，但前者关心的是不同句子意义的个体化问题，而后者要确定的是句子之所以可能有意义的条件。具体而言之，现象学要说明的是前语言的意向结构怎样使话语有意义，如自动取款机没有这种结构，因此它的话语不可能被有意义地说出。尽管塞尔也有这种倾向，但他对意义可能性条件的说明是科学性质的说明，如根据中文屋论证来说明自动取款机为什么必然不能有意义地说出话语，

---

[1] Pylyshyn I W, Emopoulos W (Eds.). *Meaning and Cognitive Structure*. New York: Ablex Publishing Corporation, 1986: vii.

现象学对此的说明是在哲学的层面做出的，即通过说明它没有前语言意向结构来说明这一点。在现象学那里，有两点极为重要：一是语言的意向性派生于前语言意向结构；二是它直接否定语言怎样拥有意义这一问题。分析哲学则不同，它有三个阵营：一是意义局域内在主义；二是局域外在主义；三是整体主义。内在主义为每个句子安置了一个意义实在，它强调：正是因为这个意义实在，句子才具有它所具有的意义。关于这种意义实在，有的人认为是命题或思想，有的人认为是逻辑形式。弗雷格是这一理论的源头。问题在于：即使它说明了个体化，但没有说明是什么使句子有意义。外在主义否认语词与实在之间存在着中间环节。在内在主义看来，正是由于这个环节，语词或句子才有它的意义。而外在主义则认为：语词直接指向其对象，没有对象就没有意义。整体论的代表主要有蒯因和戴维森。他们认为，只有当句子处在与其他句子的意义关系中时，它才有其意义。这一观点引出了这样的观点：词与对象之间的指称关系并不是我们与世界的基本关系。基本的关系是句子为真这一"美学上原始的"关系。正是由于这种关系，我们才能理解我们的语词和句子意指什么。在戴维森看来，句子之所以有意义，仅仅是因为它们表现出来的为真的关系。但是，本身无意义的实在，如地上的图案、发出的声音怎样变成有意义的实在呢？自然主义试图通过提供关于能做出有意义的行动的有机体的神经生理学来回答上述问题。这种为有意义行动提供物理而非先天意向基础的尝试是科学的，不是哲学的。相比较而言，现象学为语言的意义提供了一种哲学的说明，即通过对日常语言用法的研究，说明语言之有意义如何来自像知觉一样的更基本的、前语言的意向结构。总之，分析哲学与现象学在语言意向性问题上的不同表现在：前者重在说明语词的意义怎样才能个体化，而后者要说明的是怎样解释语词表现世界的能力。

第三节 意向性理论的祛魅与重构

意向性无疑应成为我国哲学研究的一个课题。因为意向性问题不仅是哲学中一个必不可少的研究领域，而且对它的解答在很大程度上制约着其他有关哲学问题的进一步探讨。例如，要进一步说明实践何以有那样的能动作用、要化解历史上长期困扰人们的怀疑论难题、要说明主体何以能超越主观世界而把握外在异质的客体等，我们都有必要进一步研究意向性。另外，从实践价值上说，意向性研究对人工智能、计算机科学的发展有重要的作用。这些应用科学及技术在模拟人类的某些智能形式上已经取得了令人称奇的累累硕果，如数字计算、逻辑推理、问题解决等。但现在的问题是，即使是那些已超越了人类智能的人工智能，如数字计算，在某种意义上，与人类智能相比仍存在着根本的差异。因为这些所谓的智能并不具有人类智能的意向性，例如，它们尽管能算出 2+2=4，但这个结果一方面可以适用于一切有此数量关系的事物，即一切可能世界；而另一方面它什么也不可能关涉。离开了人的解释，它一点用处也没有。要模拟人类的其他智能，我们首先必须攻克这道难关。例如，人的创新、综合等，都是关联于此活动之外的某事物或某过程的，都有名副其实的意向性。因此，要模拟人类的智能，我们首先必须找到模拟意向性的方法和手段，而要如此，就要揭示意向性的本质与奥秘。

意向性是一个包含众多子问题的庞大研究领域，加之西方的分析哲学和现象学在这里做了广泛的、掘地三尺的研究，所取得的成果不计其数，因此我们不可能在一章的篇幅中对之做面面俱到的回应和探讨，而只能就几个问题做扬长避短的探讨。

要有效地开始和推进意向性研究，当务之急不是直接提出新的理论，而是祛魅，即清除已有的意向性观念和理论中的神秘性、隐喻性、小人论顽疾。具言之，要进一步揭示意向性的本体论地位，科学地再现意向性的地形学、结构论和运动学，必须抛弃拟人论和隐喻式模型，既通过对本体论的"元问题"的研究澄清意向性的存在特点，又根据脑科学和进化生物学等科学成果具体说明它的物质基础与发生过程及机制。

我们之所以强调祛魅，是因为我们关于人的观念、关于心及意向性的先见和提法很多是错误的，更麻烦的是，大多数的人不以为然。例如，常识的或民间的心理学乃至传统哲学和科学由于未批判地审视原始的灵魂观念，把人之内存在着一个居于中心和主导地位的"心"或"我"作为毋庸置疑的预设接受过来，进而按设想物理实在的方式类推出心的空间（如常说的"心里"或"心内""内心深处"）、心的时间以及心的运作方式，例如，将外来的材料加以转化，然后像搅拌机一样将它们结合在一起，此即综合，或像切割机一样对之划分，此即分析。

第六章 意向性难题的中国式解答

其他的说法，如心的比较、抽象、推演、回忆、追溯、兴奋、愤怒等都带有拟人和拟物的色彩，至少是隐喻，而非科学的精确概念。它们让人想到的是有一个小人式的心在它自己的空间中做某种事情。这样设想心在以前是"不得已而为之"。在今天看来，这类以类比和隐喻为基础、根据物体和人体运作模式设想心灵及其意向性的方式，以及由之而来的关于意向性的地形学、地貌学、结构论、运动学，肯定是错误的，也是必须予以解构的。而解构的方法首要的一环就是做语言分析，因为这幅图景是借语言的帮助而建构出来的。解铃还须系铃人，也就是说，这里首先值得探讨的是心灵的语言发生学，而不是心灵的自然或生物发生学。因为一开始就进行后一种探讨，等于承诺了这样一个理论预设：意向性作为实在是存在的。而真正科学的研究是要查明、考察常识和传统观点所设想的那种心理现象是否真的存在；如果存在，以什么形式存在。而要找到这些问题的答案，从逻辑上说，首先应运用发生学的方法，研究有关意向习语及观念如"意图""意向""意识"等是怎样在语言中起源和演化的。我们知道："灵魂"之类的词语是原始人为了解释的需要凭想象、类推虚构出来的，它们表达的概念并无真实的所指，诚如恩格斯所说的，它们"像一切宗教一样，其根源在于蒙昧时代的狭隘而愚昧无知的观念"[①]。如果他们知道思维和感觉也是身体的活动，那么他们就不会造出这些语词。后来逐渐派生出来的心理动词（如"想""愉快"）、心理名词（如知、情、意）以及形容词、副词（如城府很深、心潮澎湃）等，基于已确立的那种实体化、小人化的灵魂观念，加上与已知物体及其属性的比附、类比，最终都成了想象的心理世界及其活动的隐喻式的表达方式。意向习语所说的"在心灵深处""在心灵面前"等尽管可能确有其指，但头脑中并不真的存在着心理空间；说"心""意识"在主动积极地"思考"，那也都是比喻的说法，头脑内并无一个作为活动主体的心存在。既然如此，我们在重构科学的心理图景时，就不能不加清理、不加批判地使用已有的心理术语。

此外，我们之所以要重视意向习语的语言发生学探究，原因还在于：意向语言不同于物理语言，不是按实在→认识→语词的认识论路线发生的，而是基于隐喻、类推、拟人化的自然观等杜撰出来的。因此，作为心灵哲学出发点的问题应

---

① ［德］马克思、［德］恩格斯：《马克思恩格斯选集(第4卷)》，中共中央马克思恩格斯列宁斯大林著作编译局编译，人民出版社1995年版，第224页。

转换为语言哲学的问题：意向习语的意义是什么？有无所指？如果有，指的是什么？换言之，我们应像戴维森等人所倡导的那样，首先应研究人类将意向状态"归属"于人的实践。

当然，这并不是说我们应该立即抛弃意向习语。在这个问题上，取消论是错误的，福多、戴维森、丹尼特等人是正确的。笔者这里强调的不过是：在保留意向习语的前提下，应从词源学和语义学的角度对它们做出全面而深入的分析，把它们与思维、实在区别开来，清除覆盖在其上的、混淆其实质的文化尘埃，尤其是拟人论和神秘主义因素，进而揭示其本质。

笔者认为，用意向术语所做的描述，例如，说人的思想有意向性，头脑中有概念、命题，概念等又有内容或语义性，心理语句有意义，等等，是对实在的一种隐喻式、拟人化的描述。正像我们在把庄稼的随风摇摆拟人化地形容为"载歌载舞"时，的确描述了事物的某种客观存在的状态或属性一样，我们说"某人正思考1+1等于多少"也有所指。但如果真的以为庄稼在载歌载舞；真的以为人头脑中有黑板一样的东西，上面有数字呈现，还有将一个东西加到另一个东西上的活动，最后又有一个数字作为结果出现在大脑黑板上，那就大错特错了。也就是说，尽管我们可以承认：意向习语在被诚实地予以运用时，所指的东西一定有本体论地位，但又不能按传统的、常识的观点去设想，以为里面有一个小人式的"我"或"心"在意指，以为有意向性就是头脑里面有内容呈现给心灵之眼。

要正确理解意向现象的本体论地位、重构关于它们的观念、重建意向习语语义学，最重要的是要抛弃一切已有的设想模式，尤其是参照人体和物体运作方式设想意向性的模型。因为意向性尽管仍然是一种自然现象，但它太特殊了，不同于其他任何东西，完全是"特立独行"的。既然如此，我们就只能根据它自己去认识它自己。而要如此，哲学就必须与科学携起手来，通力合作。在传统哲学中，意向性被认为是哲学的固有领地，实验自然科学是爱莫能助的。这一状况在今天已经开始发生喜人的变化。随着无创伤脑成像技术和脑解剖学等的发展，现已有这样的初步可能：在人们诚实地使用心理语言时，借助科学工具、手段，特别是无创伤脑成像技术，然后辅之以科学的、合乎逻辑的分析与推理，就可以观察、探寻人脑内发生了什么。如果一个人报告说"刚看到的那种鲜艳的红色又栩栩如生地浮现在我心中"，这时观察他的脑电图之类的仪器一点反应也没有，或者说他的脑中根本就没有任何物理、化学过程发生,那么由此可以断言,这里出现了两种情况中的一种,即要么那个说者在撒谎,要么他心内真的有二元论所说的小人式的精神实体。因为有它,所以这个人心中的呈现及其内容与大脑的物理过程无关,以至实验仪器没法予以捕捉。如果在这个人说出某些词时,仪器能发现他有相应的脑行为发生,那么就可断言,人的意向行为、状态有其真实的存在地位,并与无创伤脑成像技术所捕捉到的大脑行为有某种关系,当然又不能立马得出结论说意向行为就是大脑行为。因为这里可能有这样的情况,即仪器捕捉到的大脑行为只是意向行为的一个诱因或条件,当然二者也可能有同一论所说的等同关系。但大量关于它们关系的科学和哲学分析表明:它们之间不存在等同关系,因为一方面,意向行为有可多样实现性;另一方面,由于大脑行为只是意向行为发生的一个条件,而非全部条件,因此有时可能有这样的情况,即有大脑行为,而没能有相应的意向行为。根据存在层次论和心性多样论,意向习语的指称尽管没有超出物质世界,但仍有物理语言所不可企及的独特、殊胜之处,因为它描述的层次不同于物理语言所涉及的东西,即描述的是基本物理实在之上突现出来的高阶过程或状态。例如,一个人走向冰箱把门打开,从里面拿出了一个东西,对此我们可用不同类型的术语加以描述,例如,可用生理学的术语描述这个人的细胞活动,还可用物理、化学的术语描述他身上的原子和分子运动以及周围的空气波、地面物质结构的变化等。而要想用科学术语把这个人为什么要这样做、怎样做说清楚,则可能极为麻烦,得动用大量的词汇和句型。甚至在现有的科学水平下,有些还可能说不清楚,或者说得再好都可能不全面,都可能遗漏重要的信息。然而,存在一种很简洁、很准确的描述方式,那就是用日常语言来描述"他想喝或吃点什么"。也许有一天,我们能用物理语言把这个人大脑中发生的事物描述清楚,但是那太麻烦了,而用意向语言描述尽管很含混、笼统,但也把事实说清楚了。意向语言与物理语言的关系类似于这两种描述的关系。它们的所指是部分相同的,即两种语言所描述的两类事件发生在大致相同的地方,里面可能有某种依存、因果关系,但两种描述的侧重点或层次各有不同,因此意义可能有所差别。这就是意向语言不能完全转译为物理语言、不能为物理语言所取代的原因。从大的方面来说,一个意向语词描述的是该事件中宏观的、高层次的要素、结构、活动与过程。尽管这些过程、活动离不开基础层次的原子、分子运动,但意向语言截取的是高层次的、带有整体论特征的方面。而且在描述时，其所遵行的原则也不同于物理语言要遵行的原则，因为前者要遵循合理性和规范性原则，而后者根据的是实然性的原则。正如戴维森所强调的，用意向习语所做的描述和解释具有整体论的特征。这里所谓的整体论是指，只有将包含动机、愿望和信念等的复杂状态归属于行为主体，人们才能对他的行为做出心理学解释。这就是说，用来解释行为的信念等在约束和构成因素上极大地不同于大脑与认知系统。如果是这样的话，我们就没有办法用任何系统的方法把心理学所说的信念等事件、状态、功能等与各种大脑状态关联起来。如果解释主义是对的，那么类型同一论、还原物理主义、功能主义就都是错的。尽管戴维森是认知科学的倡导者，至少是拥护者，但由于他认为被称作心灵的东西必须符合合理性和准确性/连贯性两个规范标准，因此心理学话语就不可能系统地关联于关于信息加工的话语，因此认知科学即关于心灵的科学将是不可能的。神经科学家也有承认描述和实在的层次性、阶次性的，例如，卡尔文说："在量子力学与意识之间也许存在 10 来个结构层次：化学键、分子及其组织、分子生物学、遗传学、生物化学、膜及其离子通道、突触及其神经递质、神经元本身、神经回路、皮层柱和模块、大规模皮层的动态活动等等。"①而"意识"所涉及的合适的层次应该是：大脑皮层回路、皮层区域间有放电模式参与的动态自组织层次。也就是说，"'意识'一词纵有多种涵义，也不能在低层次的化学水平上或甚至是更低层次的物理水平上来加以解释。我把这种自量子力学这个下层地下室向意识阁楼的跳跃的企图称作'司阍之梦'"②。

我们倡导的"重构意向性观念和理论"实际上指的是，应该对世界上确实有其存在地位的意向性现象做出符合实际的理解，提供有客观根据的解释，真正弄清它们的庐山真面目。用更专业的术语说就是，真正弄清它们客观真实的地形学、地貌学、结构论、因果论和动力学。从语言学来说，就是要弄清：当我们用一系列意向习语（如"我相信……""我愿意……""我希望……""我想到了方的圆"等）诚实地报告自己的内部状态时，我们内部发生的究竟是什么，其真实的

---

① ［美］威廉·卡尔文：《大脑如何思维——智力演化的今昔》，杨雄里、梁培基译，上海科学技术出版社 1996 年版，第 33-34 页。
② ［美］威廉·卡尔文：《大脑如何思维——智力演化的今昔》，杨雄里、梁培基译，上海科学技术出版社 1996 年版，第 33-34 页。

第六章 意向性难题的中国式解答

要素有哪些,所发生的活动、过程、状态究竟是什么,有哪些正确的描述,以及这些描述之间是什么关系。

笔者的新观点是,意向现象不仅有本体论地位,而且有相对独立的本体论地位。当然,这里所说的"独立"不是二元论所说的独立,而是突现论、随附论唯物主义意义上的独立,指的是有高阶的存在地位。不仅如此,笔者还认为,意向现象不仅有与身体行为的因果相关性,而且有许多不可替代的作用。例如,正是因为有了它,我们人类才能超出自身、与他物发生各种联系,进而成为一种具有弥散性、扩散性、渗透性而非彻底封闭孤立的特殊存在。我们在重构意向性理论时还要看到的是,人类的关联性或意向性作为一种关系属性有其他任何关系属性所不具有的特点。例如,心理状态可以处在与不存在的东西的意向关系之中,人可以想象有独角兽,还可以处在与尚未发生、可能发生的东西的意向关系之中,而物理关系只能存在于真实的东西之间。

重构意向性观念重要而优先的课题是要重构关于它的本体论图景,即弄清它究竟是什么样的存在、究竟以什么方式存在、与其他存在着的事物是什么关系等。著名的心灵哲学家海尔说:"只要我们能够认识到对心灵的任何研究都离不开严肃的本体论方法,那么我们就将在这方面取得令人瞩目的进步。"[①]而要想回答意向性的本体论地位和实际图景问题,又必须优先解决本体论或形而上学的一些"元问题"。例如,存在的标准问题和"意义问题",以及解决这些问题应该遵循什么样的方法论程序、语言学和语言哲学原则等问题。因为人们赋予"存在"的意义不同,对那些形而上学问题的回答自然不同。在"元问题"层面,不外乎两种倾向:一是紧缩主义,即紧缩存在或本体论标准,把是否有时空规定性、是否有个体的独立存在性当作判断存在与否的标准;二是自由主义,即无限制地放宽标准。

笔者以为,两种极端都是不可取的。要解决这里的问题,还是应从语言分析入手。从语言学和认识论上说,作为语词或概念的"存在",并未描述或反映对象中的可感的实在或属性。以此类推,亚实存、事实或所与或有,也是如此。一个事物就是属性的集合。从语言上说,"存在""有"等词,不像"红""形

---

① Heil J. *Philosophy of Mind: A Contemporary Introduction*. New York and London: Rutledge, 1988: 12.

状""大小"等词那样有明确的指称,换言之,在现实世界及其所包含的事物中,根本找不到与"存在"相对应的性质或部分。就此而言,说"存在"不是一阶谓词、二阶谓词甚至 n 阶谓词是有道理的。但如果据此认为存在在现实世界及其所包含的事物、事态、事实中没有地位,或断言"存在"等概念是纯粹的空概念,同样是缺乏根据的。因为黑格尔早就做过有力的论证,例如,当一个真实的对象呈现于我们面前时,尽管它的一切具体的构成部分和属性没有被我们现实认识到,对它们我们一无所知,但我们却知道它的一种性质,可以表述为"存在"或"有"。这种"有"没有任何具体规定性,因此可以看作是"无",但此"无"又不能等同于纯粹的虚无,因为它毕竟有自己的不是无的地位。同样,对于一个被我们充分认识了的对象来说,我们也可以做这样的思想实验。例如,把被我们认识到的部分、结构、性质一个一个地分析掉,在我们面前剩下的对象与纯粹的虚无仍是泾渭分明的,因为它里面有一种虚无所没有的东西,即存在。在现实生活中、在实践中,存在与非存在的界限也是非常分明的。例如,在一个有张三、李四而没有王五的房间里,张三、李四除了具有他们这样那样的要素和属性之外,还有存在属性,而王五在这个特定的空间中则没有显现其存在的属性。可见"有""无"的判断和语词是有其特定的所指的。对"存在"等词稍作词源学分析也可说明这一点。它们的出现不是无源之水,而是因为有这样一种抽象的性质被人们认识到了,它伴随着任何显现出来的事物或属性,它完全有别于无,但已有的别的语词又无力表述它,因此基于语言产生的规律,相应的语词便出现了。

当然,我们应该承认,"存在"所指的东西的确是看不到、摸不着的,因此相对于感性认识而言,存在就是虚无。但是,世界及其构成物是复杂的,看不见、摸不着的东西不一定是不存在的。例如,没有人见过共相,共相照样有自己特殊的存在地位。在现实时空中,不可见的东西远比可见的东西多。例如,光子、电磁波等尽管不可能为人看到和摸到,但其存在地位应是毋庸置疑的。具体的存在物尚且如此复杂,抽象存在物、高阶存在物更是如此。有理由说,存在的确不会表现为具体可感的粒子或部分及属性,但却可以以抽象实在的形式表现自身。如果属性有抽象和具体之分的话,那么我们有理由说,存在就是一种抽象的属性。从语言上说,"存在"之类的词表示的是对象的不是零、不是纯粹的无或没有的性质。能涵盖一切有本体论地位的东西的最广泛的范畴更是如此。

　　正如具体属性有一阶、二阶和 n 阶之别一样，存在作为属性也是如此。因此，我们既不赞成否定"存在"是属性、"存在"是谓词的观点，也不赞成仅把存在当作高阶属性或谓词的看法。一个个体、实在，一个系统、整体乃至整个世界，只要给予了，不管是给予人的认识、出现在认识之中，还是自在地给予或出现在某个时空中，它们除了别的抽象和具体属性之外，也一定有存在或有这一抽象属性。每一个第一性质、第二性质只要现实地出场了，如表现于某一事物之上，或现实地显现在某一感官面前，它们就分别同时表现出自己的存在属性。如果这些具体属性表现为二阶、三阶属性，那么它们显现的存在属性也是如此。一个对象出现于意向活动中，一个共相、共性、抽象性质出现在有关的个体或关系中，也是如此。就此而言，存在的确是属性的属性，表述它们的词语当然可称作谓词。"存在"不仅是谓词，而且还可表现为不同的阶次。这取决于它描述的对象的阶次。

　　如前所述，这里最有争议的问题是存在会不会以一阶属性出现。我们对此的回答是肯定的。因为事物都是复合体，即使是极微或微观层面的基本粒子也是如此。它们尽管是由若干部分和属性复合而成的，但一旦它们结合为一个整体，世界上就出现了一种新的个体、一种新质，它不能被还原为构成它们的部分和属性，因为整体大于部分之和。既然如此，它在有自己的这样那样的部分和属性、有自己的一阶属性的同时，当然也会获得自己的不同于部分和属性的新的属性，存在就是其中的一种抽象属性。可见，存在可以作为一阶属性出现。

　　总之，要弄清"存在"的一般意义，最重要的是要认识到存在形式的多样性和存在程度的多级性。只有这样，我们才有可能对存在的一般规定性做出实事求是的抽象。时空中的个体事物当然是一种存在，除此之外，在它们发生关系的过程中所出现的关系属性，以及比较抽象和宏观的现象，如我们常说的某些人所具有的那种号召力、威慑力、感染力、凝聚力等，也肯定是存在的。正是在此意义上，我们承认"意向性""意义""内容"有独特的本体论地位。尽管它们是常识心理学的术语，其指称是模糊的、不明确的，有时还有误指的问题，甚至其所指中夹杂着使用者加进去的观念、构想、前科学的概念图式，但一旦人们在用这类语词做诚实的描述、报告和解释时，它们就肯定陈述了某种真实发生的东西。

这些东西是可以为有关科学所验证的，即使现在不能，未来也肯定有这个可能。当然，如何准确说明其地位，如何建立关于它们的形态学、地形学、结构论、动力学，则是有待于进一步探讨的新课题。

如果我们承认意向性或心理内容有本体论地位，那么我们接着就会碰到外在主义和内在主义正争论得不可开交的问题：心理内容本身究竟是什么？其以什么方式存在？如果把它放在"属性"之下，那么它是关系属性还是非关系属性？如果每个心理内容都有它的特殊性或个体性，例如，地球人的"想喝地球水"和孪生地球人的"想喝孪生地球水"这样两个思想内容显然是不同的，彼此有明显的区别，那么把它们区别开来的东西是什么？其个体性的条件是什么？对于这些问题，外在主义和内在主义以及别的中间性的理论做了大量卓有成效的研究，取得了显著的成果，当然也有显著的分歧和激烈的唇枪舌剑。笔者认为，这些理论里面也存在着混乱，因而也有混战。要推进这一研究，应对问题本身做出清理。在争论中，无疑存在着这样的混淆，即把内容本身是什么与内容所依赖的条件、内容所关于的东西混淆起来的问题，这在外在主义及其所提出的宽心灵观中表现得更为突出。另外，还有这样的问题，即没有把心灵哲学的问题与语言学的指称问题区别开来。笔者认为，心灵哲学在这里要关心的问题是：心理内容本身是什么。尽管内容之所是与外在的所指有关系，或会受所指的影响，例如，一个想喝什么水的内容本身是什么，与这内容所指或所关于的水肯定有关系，但我们不能像有的外在主义者（如主张内容不在头脑中的人）那样将探讨的视线集中在所指上。笔者认为，心灵哲学在这里要弄清的是：那个由包括外在因素、所指在内的各种因素所促成的心理内容本身究竟是什么？它的自性、自相究竟是什么？有什么特点和构成？如果说任何一个有存在地位的东西都有因相、果相和自相这三相的话，那么心灵哲学在这里主要是它的自相吗？当然，研究它的因相和果相也有必要，也有助于认识自相，因为它们可从关系上帮我们认识自相。所谓因相和果相，是一个事物做原因和结果的相状、性质和特点，对这两种相状的探讨和描述就是要弄清它与相关事件的因果关系，以及作为原因会导致什么结果、作为结果是由哪些原因引起的。对其作为自相的研究，则是要弄清它自身的构成要素、结构，如果有活动、作用表现出来，则要弄清它的活动的相状，以及所经历的过程、所出现的状态、所表现出的性质等。真实发生的意向性也有这些方面。我们这里关心的当然是它的自相。它的自相尽管离不开关系，如离不开与大脑和外部所指的关系，但一旦与这些关系发生作用进而得以形成、作为心内的一个新的成员出现时，它就成了一个现实的心理内容。心灵哲学的内容个体性这一子研究领域要研究的就是它，而不是它所关于的对象和所依赖的大脑。毫无疑问，它一定是一个复杂的事件，即在许多有关因素动的交涉中发生的高阶现象。尽管它不像一个小人式或单子性的实物在它特定的"心里"所做的种种把一物（单子性观念）与另一物关联起来的活动，但它在进行的过程中，显然会有许多要素出现，同时有行为或运动发生，有这样那样的状态，有不断地输入与输出，等等。由于有这种复杂性，重构意向性的观念当然就不会是易如反掌的事情。

要弄清心理内容本身是什么，我们必须把它放在与有关心理现象的关系中加以研究。由于心理内容是心理状态或广义的经验的内容，如在思考或在想是一种心理状态，被想的，如"喝水""明天下雨就好了"，就是内容；就知觉经验来说，感觉到"水很烫"，这里很烫就是经验所关于的东西，就是内容，因此我们首先可从内容与经验的关系入手来做出分析。这里的"经验"是广义的，泛指可体验到的一切心理过程、活动、行为、状态，其形式有简单的经验和复杂的经验，后者又有理智性经验和非理智性经验（情感和意志）两种。为了行文方便，后面将主要关注经验行为（act）或活动。它与内容有关，但显然不是内容，指的是意向经验这样的方面，即它能独立于对象而发生变化，一致于对象由以被意指的方式。心理行为或活动由两种因素构成：第一种因素决定了它是哪一类型的活动，例如是判断还是愿望；第二种因素是决定心理活动之意向的东西，它让活动指向它的特定对象。内容指的是行为正在加工的东西或心灵由以想到、关涉对象的东西，或储存在记忆中的东西。内容的首要特点是：它是某种内在的东西，但又不是外在的对象，它的作用是将对象呈现出来。从定位来说，它实存于呈现之内。当然，在特定的意义上，我们也可以说它是对象，即自呈现的对象，是反省性经验中的对象。正是在这种经验中，内容才呈现自身。内容不是外在的对象，而是活动、经验的构成要素，因此是心理的。同时，它是个别的、特殊的东西，因此可被看作是个例，而对象既可以是个例，也可以是种类。

从与呈现的关系来看，内容渗透在呈现中，同时是决定呈现具体所起作用的东西，当然，内容要指涉对象又必须借助于呈现。例如，知觉、判断、假定、情感等能将对象呈现出来，或指向外在对象，而它们发挥呈现或指向对象的作用又是离不开内容的。呈现有向内和向外两种呈现方向，向内即自呈现。自呈现是指将呈现指向呈现本身，或指向内在的各种心理现象。相反，向外的呈现即外呈现。相应地，内呈现中显现出来的即为内呈现对象，外呈现中显现出来的即为外呈现对象。

从与对象的关系来看，内容是将心与对象关联起来的东西，是将对象呈现出来的方面，因此其不能等同于被呈现的对象。例如，外面水杯里装的水是想喝的对象，而出现在心中被想到的水，则是心理内容。正如对象不同于经验一样，内容也不同于对象。由于这里的内容与经验有关，因此我们应联系经验来讨论内容。例如，有这样两种经验，一种是经验到天空是蓝色的，另一种是经验到草地是绿色的。两种经验显然有不同的对象。由于对象不同，因此对它们的把握肯定不是由同一个经验完成的。例如，通过两种经验，人得到了两个观念或内容。正是由于有这两个内容，人才意识到他经验到了两个外在的对象。

从内容与语词的关系来看，语词表达式所表述的含义就是内容，不仅如此，内容还是让语词与它所意指的对象关联起来的桥梁。由于内容有这样的作用，表述观念的语词便与通过内容而得到理解的对象关联起来。这样，被理解的对象正好就是语词的意义或所指。在这个意义上，心理内容是不同于语言的意义特别是指称的。如果像这样把句子表述的内容与它所意指的东西区别开来，那么外在主义与内在主义争论中存在的混乱就有望得到澄清。

概括地说，内容有这样一些特点：第一，内容存在于心内，不存在于心外，因此其是心理活动的组成部分；第二，内容有高阶的本体论地位；第三，从作用上说，它是人们指向并意识到心灵以外的某对象的桥梁，因为它告诉人们心理活动中直接出现的是什么或关于的是什么，要对对象的存在、非存在、实存、亚实存等做出判断，必须有相应的内容，内容不同，所做的判断不同；第四，它是意识活动的主观材料，类似于心中的图像或标记；第五，如果硬要把内容说成是对象，那它也只能是内在的对象，通常所说的认识的对象是外在、超越的对象；第六，内容具有透明性（transparency），意思是说，内容是清楚地出现在意识面前的东西，其指称的对象是明确的；第七，它与意向对象、语言的意义和指称有明显的区别；第八，从它与其他略带科学术语色彩的概念（如表征或别的能用来还

第六章 意向性难题的中国式解答

原它的神经联结、构型等)等来说,尽管它是民间心理学的术语,但有低层次的物理学语言无法企及的优胜之处,因为后者难以描述下述基础结构、属性之上出现的高阶的、突现的、宏大的性质及特点,如形式本体论范畴体系确认其有存在地位的事态、事件,尤其是现象学所说的现象、显现等。因为上述术语所指的意识、意向性在特定意义上有本体论地位,所以其可作为基础属性与其他属性一道派生出高阶属性。内容正是其现象学成就。它们是意识、意向性面前真实显现出来的现象。这对于作者与读者、说者与听者、演员与观众来说都具有绝对的自明性。因为我们每个人都可随意地充当这些角色中的任意一种角色。在作为任意一种角色时,我们都能真真切切地体验到意义在我们意识流中的显现和流动。我们发出声音、写出符号,不是为说而说,而是将意义传递出去,我们听人说话时也是如此,得到的不是声音,而是解码声音中所编码的意义。这些过程近乎是无意识地完成的,但只要愿意,一经反省,便能发现意义显现的过程和情形。就知觉一棵苹果树来说,这里的意向关联物不是外在的物本身,即不是外在超验的苹果树,知觉这个意向行为直接关联的是自己的内在的东西,具有"纯内在性"。这种关联项又不是心理活动本身,不是观念性的东西,而是一种内在的显现,是"显现者本身"。这种意向相关项也可被称作"意义"或"内容"。即使内在显现的东西和外在超越的东西是完全相同的东西,但由于前者经过了"意义变样",因此其是某种根本不同的东西,因为后者作为苹果树有化学成分,可被烧光,而前者作为意义,必然属于其本质的某种东西,不可能被烧光,它没有化学成分、没有力、没有实在的属性。总之,这里出现了一种新的存在,它是体验所特有的东西。

当然,正像别的实在可同时有多种不同的描述一样,人的内心在一定的关系中出现的心理内容也可有多种不同的描述。上面的描述是从现象学或第一人称角度给出的,除此之外,对这个真的有本体论地位的东西或许还有物理的、计算的等不同的描述。例如,等同论可以描述说,这个内容不过是某种物理过程的产物,表征主义可以说这个内容就是一种表征,而融合了表征主义和解释主义的解释语义学可描述说,表征只是内容的必要条件,表征要成为内容还离不开人的解释。下面我们不妨在评述解释语义学的过程中对此做一番尝试性的探讨。

解释语义学是鉴于计算主义和表征主义对内容说明中存在的简单性、片面性而提出的。根据计算主义，心理内容就是神经系统的状态或过程之上所产生的表征，而表征不过是符号数据结构。如果是这样的话，计算主义还会进一步探讨什么样的数据结构与那些过程有关。联结主义认为，表征表现为全部简单处理器的激活水平，或者说是这些处理器的联结强度。这些观点旨在找到描述表征的方法，如果找到了，就有助于理解表征的物理实现和它们在心理过程中的整个作用。问题在于：在用表征去解释意向性或内容的后面，其实隐藏着一个巨大的难题，即表征怎么可能用来解释内容或意向性呢？这就是著名的"斯蒂克（S. P. Stich）发难"。斯蒂克指出：既然各种表征理论都承认句法与语义之间不存在必然的联系，因此在这种理论中，语义学没有任何因果作用，语义学可忽略不计，剩下的只是句法理论。这一观点其实提出了两个问题：一是语义属性怎样在计算模型中得以实现；二是在认知解释中为什么要引入语义属性。这两个问题就是所谓的"斯蒂克发难"[①]。

这两个问题对于表征主义来说的确是客观存在的。如前所述，表征主义的基本观点是，认为人有意向性根源在于其内部有表征。意向状态是从构成它们的表征的语义属性中得到它们的意向性的。卡明斯（R. Cummins）认为，这种解释是不可能的，因为从前提到结论之间横眠着不可逾越的鸿沟。显然，所谓意向性是有信念、愿望等的系统所具有的属性，或者说有意向性的系统就是有信念等命题态度的系统，其状态是由内容而个体化的。有特定内容的信念就是处在一种意向状态中。根据表征主义对表征的理解，有表征就是大脑持有某种数据结构，而持有一种数据结构并不是处在意向状态中。因为表征"比较廉价"，而意向性"很昂贵"[②]，其表现是：人的思想内容是唯一的、确定的，意向内容是命题 P，而不是 P'，尽管二者等值。而表征内容具有相对性，例如，一个数据结构在不同的解释之下可以表征不同的事物，而思想关于什么则不会相对于所选择的解释，它们关于的正好就是它们所关于的。也就是说，表征的个体化是相对于解释的，因此是廉价的；而意向性的个体化则复杂、昂贵得多，其既受制于个体的内在结构，又与外在的环境、历史、文化因素有关。[③]

---

① Cummins R. *Meaning and Mental Representation*. Cambridge: The MIT Press, 1989: 124.
② Cummins R. *Meaning and Mental Representation*. Cambridge: The MIT Press, 1989: 137.
③ Cummins R. *Meaning and Mental Representation*. Cambridge: The MIT Press, 1989: 138.

第六章 意向性难题的中国式解答

还有一个问题，那就是：我们凭什么把数据结构当作是表征？卡明斯说："假如数据结构的因果的或计算的作用是由它的非语义属性来完成的，那么我们没有必要将语义属性引入任何关于他们的因果的或计算的解释之中。因此，为什么要把它们当作是表征呢？"[1]基于此，他开诚布公地说他的"解释语义学拒绝关于意向性的表征解释"[2]。但这是否意味着他完全倒向了斯蒂克否认意向性、语义性及其表征解释的取消主义呢？回答当然是否定的。

卡明斯认为，尽管关于意向性的表征理论是错误的，但这并不意味着表征与意向性全无关系，关于表征的说明对解决意向性问题全无帮助。恰恰相反，在他看来，表征是解开意向性之谜的重要环节，因为表征是意向性成立的条件之一。他借鉴因果理论、目的论，并把它们与关于认知的计算理论结合起来，清楚地说明了意向性、意向内容的构成及本质，以及意向内容与表征的关系。他的观点用公式表示就是：

$$S\text{-表征内容}+更多约束因素=意向内容$$

这里的 S-表征（simulation-based representation）即基于模拟的表征，是关于认知的计算理论（computational theory of cognition，CTC）中所必需的表征。假如有一个符号 S，它能以模拟的形式表征，那么它其实"是这样非常简单的事件，即 S_s 表征的是它所模拟的任何功能的自变量和值"。换言之，S 并不表征你所想要的任何东西，如并不表征外部事态，既然如此，"表征内容便是由解释语义学相对廉价地赠送的"，由此所决定，表征内容是非唯一的。[3]这种表征是 CTC 中的一种解释构架。一旦我们理解了它在那种构造中的解释作用，我们便可能理解它成为这种构造的基础。这里的 FC（further constraint）指的是外在于 CTC 的更多约束因素，如因果的、历史的、目的论的、社会文化的因素、情境。也就是说，只有在上述条件下，表征内容才有可能成为意向内容。表征内容是个体主义的内容，而意向内容是非个体主义的，即它与外在的诸因素密不可分。由此可以说，每个信念都离不开某种数据结构的占优势的表征内容，但又不止于此，因为其个体化离

---

[1] Cummins R. *Meaning and Mental Representation*. Cambridge: The MIT Press, 1989: 124.
[2] Cummins R. *Meaning and Mental Representation*. Cambridge: The MIT Press, 1989: 138.
[3] Cummins R. *Meaning and Mental Representation*. Cambridge: The MIT Press, 1989: 136.

不开外在的条件。

值得注意的是，尽管卡明斯承认内容说明中的个体主义，如认为意向内容与表征内容有关，但他不赞成局域主义，而倾向于整体主义。他说："特定信念的窄心理学构成部分并不是系统的局域的状态，而是整体的状态。"[①]特定信念依赖于个体的全部心理状态。二者的关系就像"观点"与一篇社论的关系。在社论中，其中心思想不是由一个词、一个句子表达的，而是由整篇文章体现出来的。许多社论可表现同一的观点。同样"你的整个心理状态可以作为你的每一个信念、愿望的基础，它支撑它们就像极其不同的心理状态支撑同一的信念、愿望一样"[②]。正如一个句子不可能表达一篇社论的观点一样，特定的表征也不可能作为特定信念的基础。也就是说，表征与意向状态不存在机械的一一对应，其可能有多样的实现。之所以如此，根源在于 FC。因为从整主义观点看，FC 是从整体的计算状态到信念的函数。

意向内容怎样在表征内容的基础上产生出来呢？卡明斯的基本观点是，这离不开有意向内容的人所做的解释。是故，他把他的内容理论或语义学称作解释语义学。他强调，要回答这一问题，首先要知道人的认知系统中的这样几种关系及其之间的关系：一是硬件状态之间的关系，二是计算状态之间的关系，三是外部对象之间的关系。第二种关系由第一种关系实现，它本身是符号与符号或计算器状态与计算器状态之间的关系，但由于它们同型于外部对象中的某种关系，因此我们可以认为前者模拟或表征了后者。但这种模拟关系并不是自发成立的，而是通过解释而成立的，例如，算术计算器中实际发生的是计算器状态之间的因果关系，"2+2=4"与我两个口袋里分别装的 2 元钱没有必然的关联，但通过我的解释构架，我可以认为，计算器上报出的结果是关于我两个口袋中的钱的总和的。在气象预报系统中，计算器状态的因果关系其实可以表示任何与之同型的关系，但基于我的特定的概念构架，我便可认为它模拟或表征的是气象状态之间的关系。也就是说，计算状态有什么表征属性取决于解释，因此它有什么表征内容取决于多种因素，如计算状态、计算状态与别的外在事态的同型关系、解释构架等。其中一个因素变了，表征内容就会变。例如，我的计算器上的某一状态可以随着

---

① Cummins R. *Meaning and Mental Representation*. Cambridge: The MIT Press, 1989: 142.
② Cummins R. *Meaning and Mental Representation*. Cambridge: The MIT Press, 1989: 143.

我的解释构架的变化而有不同的表征内容。

由于解释是表征得以成立的最重要的因素,因此卡明斯通过分析加法运算这样的例子做了具体说明。他认为,加法可被描述为:+(<M, N>)=S。解释什么使一个系统成为加法器,就是解释一个系统由"+"来描述这样的事实。但是,"+"是一种函数,其自变量和值都是数。不管数是什么,它们不可能是物理系统中的状态或过程。这样一来,物理系统怎么可能用"+"来描述呢?物理系统怎么能处理数进而做加法呢?回答是:数字即数的表征可以是物理状态,即使数本身不是。物理系统通过处理数字来做加法,而数字表征的就是数。例如,在计算器上做加法运算,所做的以及从输入到输出的全过程,实际上是一种物理过程。但人们一般把这个过程看作是计算,把按键和显示的数字看作是数。其实这种"看"就是解释。具体地说,首先,把按键(或它们引起的内容状态)解释为数;其次,卡明斯把显示(或引起它们的内部状态)解释为数;最后,计算器把按键系列与显示因果地关联起来,于是可以说:"如果一个被解释为 n 和 m 的个例发生了,那么一被解释为 $n+m$ 的个别的显示事件在正常情况下作为结果也发生了。这个机器通过满足从按键到显示的功能而例示加法功能,因为那功能可被解释为加法功能。"[①]下面的形式化表述足以说明上述道理:

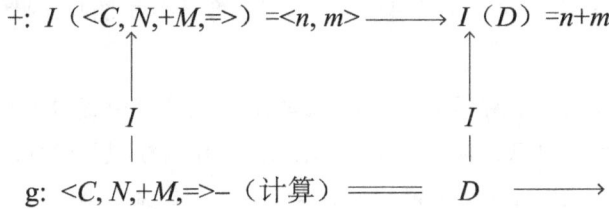

上面一排符号表示的是被例示的加法功能。底部表示的是被满足的计算功能 g,而它又是由计算机的物理状态所实现的。垂线表示:下面的内容可解释、说明上面的过程。众所周知,计算机中真正发生的过程和状态是物理状态及计算状态。尽管它的显示屏上有数字显示出来、有计算结果显示出来,它们表面上似乎是关联于被计算的事态的,似乎是表征,但其实不是。只是我们把它们看作是表征。而这种"看作"其实就是"解释"。卡明斯说:"从解释的观点看,解释所

---

① Cummins R. *Meaning and Mental Representation*. Cambridge: The MIT Press, 1989: 90.

提供的东西是机器的加工状态（从按键到显像的转换）和加法之间的关联：由于解释，系统的状态转换被说明为加法。"①假设有这样的考古发现，即发现了一个计算器，它上面本没有表征，但为了能操作和理解它，人们可以把有关的变元、参数解释为表征。再如伽利略用几何图形表征力学量。前者表征后者完全是根源于伽利略所做的解释。可见，一个系统是否有表征，这是一个解释的问题，只有在某种解释之下，某种状态才被看作是表征。他说："说加法器表征了数字……仅仅是因为在某种解释之下它模拟了'+'。"②

那么，什么是"解释"呢？所谓解释就是用特定的概念图式对某种实在或过程做出说明。最终形成了什么解释，与人们所用的图式密不可分。卡明斯强调：科学的目的就在于建立能解释说明对象的概念图式。而此概念图式实际上就是一种过滤器或一副有色眼镜。例如，牛顿力学就是这样的概念眼镜，它只允许你看有关的对象。当你用牛顿的概念图式看一个台球桌时，你所看到的是许多箭头。箭头原来所指的点表征的是球的吸力中心。箭头的长度和方向以模拟方式表征的是球的动量。同样，通常的语义学即适当的解释允许你把某种计算看作是加减之类的认知。总之，所谓"解释"或"说明"就是具体说明："你在想把计算当作认知（或加法）时所想看到的那种关联"，"在解释之下所看到的计算的对象即从语义上个体化的对象就是表征"。③就像计算机的显示状态可以被看作表征一样。

尽管卡明斯借鉴了解释主义的某些思想，承认解释中有约定的因素，表征也是如此，但他也有自己独到的见解，即承认表征中有模拟的成分，不然解释、表征就是完全任意的东西了。他说："表征完全是一种谈论成功的模拟的某一方面的一种习惯的方式。"④他把这种表征称作 S-表征。这种表征是模拟的结果。它相似于数学模型，其特征是：①并未完全准确地表征世界，因为要表征就要利用数据材料，而材料肯定不可能完全一致于世界；②想表征的东西与已表征的东西

---

① Cummins R. *Meaning and Mental Representation*. Cambridge: The MIT Press, 1989: 94.
② Cummins R. "Interpretational semantics". In Stich S, Warfield T(Eds.). *Mental Representation*. Cambridge: Blackwell, 1994: 283.
③ Cummins R. "Interpretational semantics". In Stich S, Warfield T(Eds.). *Mental Representation*. Cambridge: Blackwell, 1994: 295.
④ Cummins R. "Interpretational semantics". In Stich S, Warfield T(Eds.). *Mental Representation*. Cambridge: Blackwell, 1994: 284.

之间有明显的区别；③S-表征有程度上的差别；④S-表征是相对于特定的目标而言的，一个模型在模拟某系统时，可能比它模拟另一个系统更好，但问它"真的"表征了哪一个系统则不妥；⑤这些特点也适用于计算语境下的表征。

总之，根据解释语义学，人类智能之所以表现出意向性：一是因为它有表征能力；二是因为有社会、文化等约束因素；三是因为有相应的解释机制，有计算状态与被表征事态之间的映射关系。

卡明斯的解释语义学也有自己的问题。其中最大的问题是它危及了内容的实在性。例如，自然主义者就有这种批评。自然主义认为：如果不能把认知内容同化为自然秩序中的一种过程或状态，就会扼杀内容的实在性。解释语义学未能把内容还原为自然科学概念，因而也取消了内容的实在性。卡明斯也承认，根据解释来说明内容必然要违背自然主义的约束。解释语义学尽管有这样的问题，但无疑留下了重要的启迪和进一步创新的思想火花，它一方面说明了心理内容是表征、解释、社会文化性约束共同作用的产物，另一方面为我们探寻如何让人工智能的表征或意向性成为真正内在的而非派生的意向性指出了一条可能的出路。不错，已有机器的智能系统最大的问题是不能把自己的表征与世界关联起来，即不能主动自觉地关于或指向什么。当然，在某种意义上，我们可以承认它有关于性，但这种关于性的特点是：在它所关于的可能世界中，它什么都可以关于，但同时什么也不能关于。例如，计算器上的计算状态之间的关系"2+2=4"，任何人只要输入相应的符号，它就能及时准确地告知结果。这是计算状态之间的因果关系。它能关于的可能世界极其多，如既适用于2元钱与2元钱的关系，又适用于2个水果与2个水果的关系，还适用于其他无数的类似关系。但就其本身而言，它还缺乏一种内在的能力，即决定把上述计算关系与外在的某事态关联起来的能力，因此它本身什么也不能关于或指向。计算状态充其量只有派生的意向性，这种派生主要是根源于它之外的解释构架及其运作的。正是在这一点上，卡明斯的思想给了我们一个重要的开示，那就是：作为人工智能之S-表征的纯数据结构，即使在今天这样的认知和开发水平下，仍不是没有希望获得它的意向性的。一方面，它有指向无限的可能世界的潜力；另一方面，既然借助于解释机制，它可以获得确定的指向性，因此如果我们把这种外在的解释构架、机制转化为它的内在的构架和机制，即通过进一步的探索和实验，让它自己来做此前由人来做的解释工作，也就是说，做此前由人来做的把 S-表征与世界关联起来的工作，那么不就能让它获得原始、固有的意向性了吗？这是否能成为人工智能获得意向能力的一种可能的选择和探索方向呢？这至少是值得深思和研究的。当然，要如此，就有必要进一步研究人的解释能力，因为人正是基于解释，才使符号与外在事态关联起来，从而有了独特的语义性、意向性。在这里，人的意向性中的那种隐秘的、至关重要的关联能力似乎隐约地掀开了一层神秘的面纱：借解释可部分地实现这种关联。此外，卡明斯的解释语义学还告诉我们，意向性的出现是复杂因素的合力产物。要想人工智能地表现出意向性，除了要有表征出现之外，还要有外在的情境因素与内在的整体论因素的出现。

此外，如果内容或意向性有特定形式即高阶存在的本体论地位，那么我们可以对意向性研究中争论得不可开交的意向内容之因果相关性问题说上几句。在笔者看来，这个问题的解决取决于如何理解"意向内容"。如果我们把它理解为独立的实在或层次，即物质过程之外的过程，那么由它产生的因果作用就太神秘和不可思议了，它与行为之间的所谓因果关系也难以与已有的因果模式相协调。因为首先，根据已有的认识，一个事件要能产生、发挥作用和反作用，必须有物质、能量，而按上述方式理解的意向内容本身显然没有这些东西。其次，世界上也不存在"超距作用"，换言之，作用要形成，达到它的对象，中间一定有某种媒质起传递作用，如粒子、波或波粒的混合。正如加拿大著名的唯物主义哲学家本格（M. Bunge）所说的："对于任何客体 X 和 Y 而言，若 X 作用 Y 或 Y 作用于 X，则 X 是物质的，Y 也是物质的。"[1]最后，如果它能与大脑相互作用、交流信息，那么它们相互作用的联络点何在？交换信息的"接口"何在？如果按我们上述的方式理解意向内容，那么便可承认它对行为有因果相关性，因为意向习语不过是对大脑行为的另一种描述方式。诚然，有这样的事实，即人们总是先有意向、意愿，然后才有相应的动作。既然如此，难道我们不能说它作为独立的事件，与随后的动作因果相关吗？这是需要进一步研究的。即使这里有先后关系，是否就会有充分的依据证明意向内容独立存在呢？笔者认为，没有。因为就某一身体行为来说，与它有关的意愿可能是在前的，但就意愿来说，它如果真的有作用，那它

---

[1] [加]马里奥•本格：《科学的唯物主义》，张相轮、郑毓信译，上海译文出版社 1989 年版，第 18 页。

第六章 意向性难题的中国式解答

还必须有在前或同时发生的物质过程，或者说它本身也必须是一个物质过程。因为意愿如果是一种真实发生了的脑内活动，那也是可记录和测量到的。事实也是如此，科学家发现：人在报告自己的意愿形成过程时，他的整个大脑表面除前部和底部外，都有缓慢升高的负电位，它们集中于运动皮层区，一般在动作前 0.85 秒出现。

还有一个问题不可回避：既然意向性仍是物理系统所具有的一种关系属性，那么为什么偏偏只有人表现出了这种主动的、有意识的意向性呢？要回答这类问题，不能再停留于人的大脑的静态和动态结构之上，不能根据当前和近端的结构及倾向来分析，而应进至远端乃至终极的原因与过程，根据长期和短期的进化史来探秘。这是因为，即使把有意向性的东西的结构、构成成分彻底弄清楚了，以至于知道它的所有原子和分子结构及其倾向性行为，也无助于说明意向性这种关系性质是怎样获得或形成的、它的运作机理及过程是什么，以及为什么有那些作用。怎样对之做进化史的说明呢？首先，要明确的是人身上要表现出意向性关系属性离不开哪些条件。第一个条件是有这样的生理结构或物质基础，即它有表现这种属性的可能性，并有这样的遗传结构，它获得了一定的特性之后，还能将它遗传给下一代。其次，要有这样的目的和需要，即获得了这一特性将更有利于生存，在有的情况下，没有它，甚至就不可能生存下去。再次，这种关系属性能关联的东西要经常出现，例如，惧怕老虎这种意向关系要建立起来，老虎就必须经常出现在有关的主体面前。最后，存在着一种客观的设计或选择力量，它有办法在有意向性可能性的生理结构与被意指的对象之间建立起关联，并有办法强化这种关联。当这些条件都出现了，意向性就可能为大自然这一设计和缔造大师塑造出来。

一般生物都有这样的意向性，即碰到有毒的环境会感知到并加以回避。要形成这种关系属性，首先得有一个神经元网络，比如说 A，它类似于某些传出过程的电子开关。这种神经元群由于有与感觉过程相联系的特定方式，因而有不同的状态，而这些状态有可能与外在条件发生关联。再假设 F 对拥有 A 的动物来说是剧毒的环境。还可假设：在神经元网络 A 中，有一个状态 A′，它能指示或表征 F 的存在，并引起让那个动物离开的运动。A 之所以指示或关联于 F，是由适者生存的进化原则决定的。A 不做这样的关联，不被选择为 F 的指示器，动物就不能生存下去。

　　自然的、简单的表征系统可以帮助我们理解上述关于意向性形成和起作用的道理。试以温度自动启闭装置为例。其内装有双金属片 C，C 像温度计一样，携带着关于房间温度的信息。温度变化到一定程度，它就开启。它作为开关起作用，这是它的因果关系属性。而此属性又是与信息属性密切相关的。例如，由温度自动启闭装置控制的火炉被点着了，是因为电子点火开关被打开了，而后者又根源于双金属片的特定弯曲，此弯曲又是由它所携带的信息决定的，如房间温度降至15℃，双金属片就会弯曲。在这里，火炉的启闭装置与室内的温度是有关联的，前者对后者的敏感性并不是一开始就有的，而是设计和选择的结果。例如，是工程师在它们之间做了这样的关联，在温度下降到15℃时，双金属片就会弯曲，进而将火炉点燃。人的意向性尽管不是人的意向和设计的产物，其功能尽管与人的意图没有关系，但它们与自然表征系统有一点是共同的，那就是它们也有关于性和表征力，即有意向内容，而这个表征力是由自然过程授予有关躯体器官的功能决定的。能完成这种授予作用的唯一过程就是自然选择。总之，大脑的物质状态有意向性，不仅依赖于它的物质构成，而且也依赖于它的历史，依赖于它被"设计"要指示的东西。

第四节　人工智能的"意向性缺失难题"与"建筑术"

　　意向性问题已不再只是一个纯学术问题，而是同时带有工程学的性质。当今的心灵哲学与其他关心智能问题的具体科学如人工智能、计算机科学、认知科学等，尽管各自走着迥然不同的运思路线，但它们最终都发现意向性是智能现象的独有特征和必备条件。摆在人工智能研究面前的一个瓶颈问题就是研究如何让智能机器具有意向性、如何让句法机质变为语义机。围绕这一课题已诞生了许多新的方案，如卡明斯的解释语义学、布鲁克斯（R. Brooks）的无表征智能理论、尼伦伯格（S. Nirenburg）等人的本体语义学、美国著名心灵哲学家和认知科学家麦金的"意向性建筑术"等。

一、人工智能研究"必须处理哲学问题"

AI 与人类智能相比尽管有很多方面的差距,但在塞尔和彭罗斯等著名学者看来,最大的问题是缺失了意向性或语义性。要想让 AI 成为真正的智能,一项必不可少的工作就是在研究人类心智意向性的根据、条件、机理的基础上,探讨如何让机器表现出意向性,即在研究大自然塑造人类意向性的内在奥秘、"建筑术"的基础上,探讨 AI 的意向性的建筑术。

二、麦金论意向性的建筑术

在麦金看来,要建模人的意向性,首先要弄清它的构成、结构、运作机理与实质。他的思路是这样的:既然人工智能与人类智能的根本差别在于后者有有意识的意向性、能主动形成与世界的信息关系,因此要想建构真正类似于人类智能的人工智能,就得设法让它享有真正的意向性。而要如此,就得弄清人是怎样获得他的意向性的、弄清人为什么有意向性。要做到这一点,又必须研究它是怎么来的,研究大自然是怎样设计和缔造了它。因此当务之急是向大自然这位设计师和缔造者学习,研究它缔造人类智能的历史过程。

麦金的奇思妙想不是胡思乱想,而是当今心灵哲学和人工智能研究中正在蓬勃发展的"生物学或目的论转向"浪潮中的一朵浪花。众所周知,英美心灵哲学中占主导地位的倾向是自然主义。自然主义既维护自然科学的权威和尊严,又不轻易否认心理现象的合法地位,而是试图把二者调和起来。其策略就是根据自然科学的术语来说明心理学的概念,实即把后者还原为前者。这也就是所谓的"心灵的自然化运动"。由于用来还原的理论和概念不尽相同,因此自然化的种类也彼此有别。例如,早期温和行为主义自然化的方式是根据刺激-反应模式说明心理学概念,而逻辑实证主义则试图把心理学概念还原为物理学概念,一些脑科学家如著名的诺贝尔奖得主克里克则用生理学、神经科学术语说明心理现象,把两类概念看作描述同一大脑行为的、可以对应与还原的两种方式。这些尝试由于是按先后顺序出现在现当代的,因此可被看作是自然化运动中所经历的不同的"转向"。在最近的 30 年,又涌现出了一种新的"转向",即"生物学转向"。正如格雷厄姆·麦克唐纳(Graham Macdonald)所说的:自然主义战略"所采取的最近一种转向就是向生物学的转向"[1]。

生物学转向的发生有两方面的原因：一是经验上的原因，即原有的自然主义策略都碰到了这样或那样不可克服的困难，给人以前途渺茫的感觉；二是概念上的理由，这一理由又根源于人们这样的愿望，即在还原的科学中应保护被还原科学的规范性要素。例如，认知主体有犯错误的能力，这是心理现象必然具有的特点或要素。如果一种关于心理的自然化理论是成功的的话，那么我们就必须给这种能力以合理的地位与说明，尤其是不能把它归结为引起它产生的环境和大脑物理化学过程，而应承认它的自主性和独立性，如合理地说明它有意不这样反应，而偏要那样反应。在倡导生物学转向的哲学家看来，只有以生物学理论为基础的心灵自然化，才能克服过去自然化的困难，更适合完成自然化的任务。因为生物学有自己独有的、适合于说明心理现象的方法论程序和解释手段。

就方法论程序来说，生物学有如下要点：第一，通过重构器官或组织被自然选择所做的工作或所完成的任务，揭示那些器官的程序或运作方式；第二，根据它们的程序来解释那些器官的功能机制或结构。这个解释的顺序是：任务—程序—机制。找到了这个机制就可以说明复杂的生物现象包括心理现象。

就解释的手段来说，生物学不仅有别的自然科学常用的近端解释，而且还有别的科学所没有的终极解释。博格丹认为，所谓近端（proximate）解释，是指它所利用的解释项是机制、程序以及运作时周围的外部条件（如输入、情境）。所谓终极（ultimate）解释是根据较远甚至终极的理由所做的解释。"终极解释要牵涉的是进化塑造者，正是这些塑造者造就了近端原因（功能机制及其程序）。这一解释的方向是：从进化塑造者（遗传变化、自然选择、目的导向）出发，再进到被完成的任务或工作，最后再到执行那些任务的程序以及在具体的近端配列因素中控制程序的功能机制。"[2]两种解释的区别在于：前者具有因果的或功能上的包容性或从属性，即把要解释的事项归入某个功能或近端原因之下，而后者是重构性的。两种解释又有关联性，例如，要解释人的推理作用，就要用到某种近端的程序及功能，而要解释这种功能，就必须运用终极的解释。在根据终极因素

---

[1] Macdonald G. "Introduction: the biological turn". In Macdonald C, Macdonald G (Eds.). *Philosophy of Psychology*. Oxford: Blackwell, 1993: 238.
[2] Bogdan R J. *Grounds for Cognition*. New York: Lawrence Erbaum Associates, 1994: 2.

第六章 意向性难题的中国式解答

所做的解释中，最重要的是目的论解释，即以目的、目的指向性、目的导向性等为解释依据的解释。因此生物学转向也可称作目的论转向。

要造出有意向性的人工智能，最好的办法是推进生物学转向，即向造出了人类智能的大自然这一"建筑大师"取经或学习。这是当今人工智能研究领域中的许多有识之士的共识。麦金也持此立场，不过他对任务做了更为明确的表述，例如，他在他的《心理内容》（*Mental Content*）一书的第三部分明确提出和论证了"心智的建筑术"概念，倡导要研究大自然设计、制造心灵的方法和途径。

麦金认为，人类心灵的根本特点在于：能通过适当的方式将人与世界关联起来，此特点实即意向性。它既是人能作为主体生存于世的基础，也是其他一系列心智能力得以发生、起作用和发展的基础。因此，各个有关领域的学者都来关注它便是顺理成章的事情。在这里，人们提出和正在探讨的问题有很多，所形成的构想和方案也各不相同。而在麦金看来，有两点最为重要：一是应从什么角度来观察意向性；二是意向性的机制是什么，大自然是怎样将它设计、制造出来的。用他的话形象地加以表述就是，这一研究是要探讨心灵的建筑术或建造术。毫无疑问，完成心灵设计和建造的大师当然不是神，更不是人自己，而是大自然中客观存在的进化、物竞天择这样的客观力量。要想模拟人类心智及其意向性这一"天造地设"的构造和特性，就必须弄清大自然所用的"鬼斧神工之技"。麦金强调，他在这里思索的问题不是传统的概念分析的问题，如具有内容的先天的充分必要条件是什么之类的问题；同时他也不关心适合于用先验论证予以解决的问题，因为我们不能根据内容概念想象出它的基础一定是什么。他说："我考虑的问题属于推测性、探索性的经验心理学的问题，我想知道的是：哪一种（高阶经验假说）能最好地解释像我们这样的表征系统的已知特征。我要推测：什么样的机制支持着有内容状态的持有和加工。"[①]他还认为，研究意向性的机制或生物结构，绝不意味着要把意向性还原为某种物质的东西，而是要弄清意向性的一系列特征、作用是由什么结构、机制实现或体现出来的，以及这些结构、机制是怎样被塑造出来的。因此，这里要追问的是意向性得以产生、存在和发挥作用的条件与基础，或者说是"内容的结构基础，即让认知机制成为可能的条件"。

---

① McGinn C. *Mental Content*. Oxford: Blackwell, 1989: 170.

在解决上述问题时，我们可以从思考这样一个问题开始：怎样建造一种能对之做出内容归属的装置？进化曾碰到过这样的问题，而现在的人工智能也有这个问题。内容有适应生存的作用，因此基因就有建造一种能例示的内容的任务。人工智能设计者要想模拟进化所做的事情，就应充分地理解进化是怎样解决上述问题的。

要解决这一工程问题，需要哪些条件呢？应怎样把它们拼接在一起呢？要用什么样的原理才能设计出有表征内容的机器呢？如果我们知道这样的系统怎样被建造，那么我们就能形成关于如何建造这种系统的有用的假说。如果我们能缩小各种可能设计的范围，那么我们就有条件制定设计有内容的机器的方法。麦金说："我的问题属于所谓的心理建筑领域的问题……即探讨心理系统怎样被建造出来、心灵大厦怎样从地面拔地而起、通过什么设计原理心理能力被制造出来。"[①]这个问题与生物学的这样的问题有类似性，如大自然怎样构造出一种能完成基因遗传的装置。很明显，生物之所以能遗传，是因为它有相应的结构。我们可以设想：通过追问怎样才能设计一种能遗传的机制，我们便能得到关于 DNA 和双螺旋结构的观点，这种结构是陆生有机体的实在的机制。心理建筑学也是如此，我们也可以提出这样的设计问题：心灵是怎样建造出来的？人们对此可能有不同的回答。

一种看法是：表征系统是处理句子的装置，也就是说心灵是句法机。如果你想造一个能表征事态的心灵，那么你就得造一台能储存和加工语言符号的机器，其句子结构有语法、逻辑形式、正字法和语义学。内容的机制就是思想语言。在一些人看来，这是进化已解决了的问题，现在则应是人工智能专家追寻的目标。麦金认为，这一方案尽管有其合理性和可操作性，但过于理想，且与心灵建造的实际历史有很大的差距。根据他的看法，最有前途的方案应是目的论与模型理论的合璧。只有将这两方面结合起来，才有望解决心灵建造术的工程学问题。

麦金认为，心灵建筑术中最好的理论是被心理学家所熟悉而为哲学家所陌生的模型论，它主张思维以心理模型为基础。其雏形是由克雷克（K. Craik）在 1943 年的《解释的本质》（*The Nature of Interpretation*）一书中提出来的。他在行为主义盛行的时候，以大无畏的理论勇气捍卫了心理现象的存在，尤其是为内在的结构和过程做了辩护，他认为，思维的根本特性之一是它能预言未来。

[①] McGinn C. *Mental Content*. Oxford: Blackwell, 1989: 171.

例如，要建一座桥梁，就要思维。而在这个过程中，思想会对它的安全性、承载力、寿命等做出预言。这里所经历的思维过程是：①把外在事件、过程"翻译"成词语；②通过推理到达别的符号；③重新把这些词翻译成外在的事件和过程。他认为，这些步骤也可在机器上模拟，由此便可建构出模型：①用模型把外在过程"翻译"成它们的表征；②通过机器过程到达别的表征（齿轮之类）；③重新把这些翻译成原来的物理过程。在他看来，后一过程就是前一过程的模型。它无须完全相似于真实的过程。但是二者起作用的方式在许多基本的方面是一致的。

当代模型论最有影响的倡导者是约翰逊-莱尔德（Johnson-Laird）。他曾在剑桥工作，因此人们有时把模型论称作剑桥论。他首先在模拟密码与数字密码之间做了区分，认为这是模型理论的核心内容。模拟密码是由符号构成的，其属性是作为被表征的事物的功能而变化的，地图册就是典型代表。而数字密码则不同，其特征独立于被表征的事物的属性。在模拟密码中，被表征事态的属性反映在密码本身的特征之中。而在数字密码中，情况则不同。在这里，表征关系是任意的。总之，对象与符号之间的协变是模拟密码的重要标志，而独立性则是数字密码的重要特征。自然语言是数字密码，因为其句法和语音特征并不整个地随着指称的属性的变化而变化，二进制密码也是这样。

模型理论能说明什么呢？麦金以上面的分析为基础做了自己的回答和发挥。他认为，这一理论之提出，目的是要说明内容（人的、亚人的）的基础。他说："克雷克实际所阐发的，而我至今坚持的那种雄心勃勃的理论就是主张：模型凭自己就足以实现内容，而不依赖于其他的表征系统。因此模型为关于内容的理论提供了一种自足的基础。"[①]

模型尽管可以被称作内容的基础，但我们稍作思考便会发现，它必然碰到塞尔"中文屋论证"所提出的问题：对模型本身的加工似乎无关乎外部世界，而人的意向性总是关于它之外的东西的。不仅如此，它还会碰到"小人难题"。正像地图要发挥表征的作用就需要有人来阅读它一样，模型要表征外在的事态，也需要有一个内在的小人（模型建造师、解释者）在那里"阅读"。而内容到了小人心中又成了模型，要让它关联于外在事态，又需要一个上一级的小人来"阅读"，

[①] McGinn C. *Mental Content*. Oxford: Blackwell, 1989: 184.

以此类推，以至无穷。

麦金认为，的确有这样的问题。他提出的解决办法是，将模型置于因果-目的论的情境之中。因为模型并不等于意向性，模型也没有做意向性所做的一切事情，它只是意向性的基本结构或结构基础。仅有模型，还不能实现意向性。如果它要产生意向性或内容，还要有目的。只有当模型出现在某种包含着目的、行为倾向和因果相关事态的网络的背景之中，它才能现实地使内容显现出来。没有这种背景，心理模型就是没有生命的。有了它，心理模型就能成为意义的携带者，进而有机体才有语义学的生活。

麦金的具体操作是：改造、利用已有的目的论语义学的成果，并把它们用到对模型的自然塑造的说明之中。其基本观点是，人类心灵中的心理模型具有意向性，能表征世界，完全是进化、自然选择的结果。因为意向性是一个自然的事实，就像皮肤包含色素，其功能类似于让有机体免遭太阳射线的伤害一样。同样，正是模型的机制成了模型之功能的基础，而这是自然缔造者所使然。塑造意向性的工程师把意向性建立在模型的基础之上，这有特定的目的论原因。模型把人与世界关联起来是通过完全自然的关系来实现的。

问题是：怎样具体地用自然机制、过程或关系来说明心灵指向外在事态的能力呢？对"意向射线"的自然解释是怎样的？麦金做出了自己的回答，那就是反复强调把目的论与模型论结合起来，他说："模型理论做了深入的探讨——它让我超出意向概念的魔术般的怪圈，它把意向关系解释为模拟关系（辅之以自然目的论）。"他还说："大脑作为一种有意向性的机器，有其构造复杂的模拟结构的必要资源。"[①]因此一旦出现相应的因果关系和条件，它就会产生内容。怎样把目的论与模型论结合起来呢？如图6-1所示。

从上到下，第一个方框说的是：我们有命题，而命题描述的是世界上的事态，同时又通过指称世界而个体化。从存在方式来说，命题存在于"逻辑空间"之中。从与大脑的关系看，它显示的是头脑中的状态，而头脑中的状态又是实现命题态度的基础。这种基础就是第二个方框中的心理模型。命题内容及其状态不在头脑之中，因为它们是由外部世界而个体化的。心理模型在头脑之中，命题内容以之

---

① McGinn C. *Mental Content*. Oxford: Blackwell, 1989: 198.

为基础而得到实现。反过来，心理模型又间接地由这些内容所显示。从它与外界的关系看，心理模型处在与外部世界的模拟关系之中。它一般由被模拟的实在所引起；在心理模型的原因论中还存在着认知的产生性、繁殖性。这里的原因论既指共时态的原因，如当前的表征由以引起的原因，也指历时态的、进化史上的原因，因为某模型与相应事态在进化历史中所形成的固定关系决定了它们的表征关系。模型一旦在进化史上形成了，一方面就成了意向性的功能基础，只要有相应的对象出现，它就会"指向"它；另一方面，模型一经形成，也就是身体的运动控制的原因基础，即行为倾向的基础。就世界上的事物来说，它们有关系性的固有功能。所谓关系性功能是指引起有机体以某种能满足有机体需要的方式行动。虚线表示的就是这种关系。至此我们可以发现一种循环，即从世界到命题、从命题到模型、从模型到关系功能，再由这种功能到世界。就内容理论来说，模型是一种实现下述功能的结构，这种功能在与有关条件（目的、因果相关事态、行为倾向等）相互作用时便产生了显示模型的命题。至于心灵本身，则不在头脑中，即使那里有它的结构机制和基础。在图 6-1 中，下面的两框与世界之间的环形虚线表示的就是心灵，它没有实体，是一种关系属性。而人则是实体，由下面两个方框构成，因为它不由世界而个体化。①

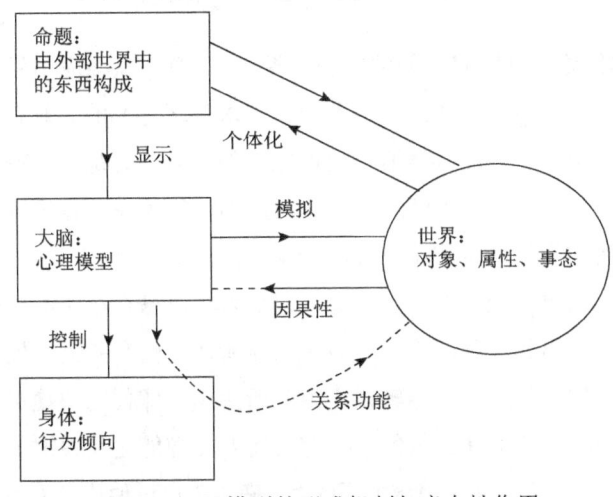

图 6-1　心理模型的形成机制与意向性作用

---

① McGinn C. *Mental Content*. Oxford: Blackwell, 1989: 210-211.

总的来看，麦金像塞尔等人一样，看到了几十年来人工智能发展的瓶颈问题，即人工智能之所以还不是真正的智能，是因为它还只是句法机，而不是语义机。为了摆脱困境，麦金做了大胆的想象和探索，别出心裁地提出，人类要造出类似或超越人类智能的智能，不能闭门造车，不能异想天开，而应有实际的参照，应寻找学习的榜样。这个榜样就是大自然这位心灵的设计和建筑师。现今立志建造人工智能的建筑师所处的状态其实类似于生命诞生之际大自然设计师所处的状态。它白手起家，从无到有，经过它的缔造之手，终于造出了人类的心智及其意向性。这个过程是我们人工智能专家的再好不过的教科书。麦金经过对这本教科书的破解，经过对大自然这位心灵建筑师的活体解剖，形成的发现是：大自然之所以为人类造出了有意向性的心智，是因为它用它的进化之手为人脑安装了特定的心理模型，它能模拟世界，从而使自己的思维、综合、想象、创造等都关联于世界。因此，人工智能的当务之急有：一是研究人类心智及其意向性是如何被进化出来的；二是对它做静态、活体解剖；三是将所得的启示、教训灵活应用到机器之上。麦金在这三方面都做出了自己的尝试，但这显然是不够的，只是开了一个好头。

三、自然语言处理中的语义性问题与本体论语义学

AI 中的本体论研究既有一般性的理论探讨，又有在众多应用领域（信息集成、语义网、知识管理、多自主体系统、不一致需求管理等）的、兼有理论和工程学双重性质的百花争妍。它向自然语言处理领域的辐射，既是本体论成功应用的一个范例，又为 AI 的本体论研究注入了活力，为本体论在其他领域的应用提供了经验教训，从而成为推动本体论研究的一支生力军。

作为一种自然语言处理的崭新方案，它是为解决已有自然语言处理方案所碰到的种种难题而提出的一种诊断和处方。如前所述，已有的语言处理系统的最大问题是只能完成句法加工或符号转换，由此所决定，即使它快捷、方便、"多才多艺"，也无法改变其工具的角色。因为它离人类智能还差关键的一点，那就是它没有语义性。本体论语义学领域主要的"拓荒者"尼伦伯格等人不仅认识到了这一点，而且进一步强调："意义是未来的高端自然语言加工的关键因素"，"有根

据说，没有这种利用文本意义的能力，人们就不可能在自然语言加工中取得真正的突破……而过去在这个领域中的大多数工作都未注意到意义"。[1]他们提出本体论语义学的研究目的就是要改变这一状况，就是要从技术的层面研究计算机如何利用和处理文本意义、如何让机器智能也有意向性或语义性。

本体论语义学是一种旨在建构关于自然语言加工的理论和方法，其建模基础是关于人类智能自主体的模型。它承认智能自主体能完成有目的和有计划的活动，承认它有对于实在的态度。要模拟这样的自主体，我们又必须进到这样的语境，即说者与听者或语言的生产者与消费者相互交流的语境。他们是社会成员，有目的指向性，能知觉，能从事内部符号加工，直至做出各种行动。本体论语义学要模拟的就是这样的自主体及其语境。这种模拟不同于以往各种模拟的地方在于：它不是形式或句法模拟，而是进到了语义模拟或意义的处理。如果其计划真的实现了，那么由此所造出的智能机将不再是句法机，而是名副其实的语义机。

本体论语义学中的"本体论"既不同于形式本体论，又不同于哲学本体论，但从它们那里吸取了有用的东西。尼伦伯格等人说：他们的"本体论建构试图从形式本体论和哲学本体论中得到帮助"[2]。例如，从形式本体论中，它学到了划分对象和范畴的方法，学到了建构范畴体系的原则与技巧，吸收了对分析各种关系有用的概念构架。从哲学的本体论中，它得到了做出本体论承诺的标准、原则和方法，发展出了分析意义之本体论地位的手段和技巧。至于与工程学本体论的关系，本体论语义学从中得到的东西就更多一些，既有形式方面的，又有内容方面的。

当然，本体论语义学批判借鉴了形式本体论和哲学本体论的某些思想内容，同时又结合自己的特定研究对象，做了大胆的创新，因此其使自己成了一种极有个性的本体论。例如，它的问题域十分独特，主要包括这样一些子问题：①本体论与别的知识资源在被应用于语义学时的地位问题；②概念、范畴的选择问题；③选择把什么内容赋予每一个概念；④本体论性质的评估问题。在评估时人们既可用透明的程序，又可用黑箱程序，但需要探讨的是，这两种程序的运用条件究竟是什么、该怎样运用。不仅如此，本体论语义学还在语义学与哲学本体论的"联姻"中获得了一个重要的结果，那就是明确了自己的对象，至少有了关于自己研

---

[1] Nurenburg S, Raskin V. *Ontological Semantics*. Cambridge: The MIT Press, 2004: xiii.
[2] Nurenburg S, Raskin V. *Ontological Semantics*. Cambridge: The MIT Press, 2004: 154.

究对象的预设或本体论承诺。这种预设只有借助本体论才能形成和成立。因为在它所关心的对象中，有些（如"独角兽"等）常被认为是不存在的，而不存在的当然就没有资格进入科学的殿堂。

本体论之所以是必不可少的，首先是因为心理模型对于意义描述来说是不可缺少的，而心理模型只有在本体论和被记住的例示这样的知识基础上才有可能。其次，把外在世界作为意义王国来处理，这在实践上、技术上都是行不通的。"因此，一个人要承认表征和处理意义的可能性，就必须找到这样的具体的意义因素，它们是外部世界实在的替代。而本体论语义学中的本体论就是能直接指示外部世界的最合适的东西。它实际上是世界的模型，是据此而建构的，因此对于研究者最杰出的能力来说，它是外部世界的反映。"① 由此人们便不难明白这种语义学为什么被称作本体论语义学。因为它有一个本体论承诺，即承认独立的意义世界的存在，它是内部世界中存在的关于外部世界的心理模型或反映。

如前所述，本体论语义学研究和处理的对象是自然语言的意义，这种意义既可以是动态的，又可以是静态的。静态的意义存在于字词单元之中，通过与本体论概念的关联，可以得到澄清。动态的意义存在于文本意义的表征之中，例如，从句、句子、段落和大块文本的意义就属此类。人类肯定能产生和处理这类意义，尤其是能将静态意义结合为表征意义。而现在的计算机一般没有语义表征能力。但人工智能、计算机科学和认知科学要解决的问题恰恰是让它有这种能力。这一任务有点类似于戴维森所说的"从零开始"或"彻底的"解释，即一个完全不懂一种土著居民语言的人，面对这种语言所要做的解释活动。戴维森所设想的解释条件有助于人们揭示语言理解所需要的条件。同样，本体论语义学所提出的任务无疑向着揭示意义何以可能、意义依赖于什么条件迈出了关键的一步。

要完成对人类自然语言加工的模拟，首先必须解决的问题是：人的自然语言加工如何可能？人的有意义的交流如何可能？根据本体论语义学家的研究，可能的条件不外乎是：有外部世界存在、有将它与语言关联起来的能力、有别的技能、有情感和意志之类的非理性方面。因为人们赋予语词的意义常带有情感色彩。其次就是活动的目的、计划及程序，最后就是知识资源。这是本体论语义学目前比

---

① Nurenburg S, Raskin V. *Ontological Semantics*. Cambridge: The MIT Press, 2004: 88.

较关心的方面，我们将重点予以剖析。

知识资源有静力学和动力学两个方面。所谓静力学的知识资源是指指导描述世界所用方法的理论，它有自己的范围、对象、前提、原理体系和论证方法。其主要包括这样一些知识：第一类是关于自然语言的知识，它又有多个方面，一是句形学、生态学、语音学知识，二是关于语义理解、实现的方法及规则的知识，三是语用学知识，四是词汇知识。第二类是关于世界的知识，其中又有本体论知识即关于世界的分类知识。它也可以理解为：关于作为自然语言要素之基础的概念的不依赖于语言的信息集合，简言之，是关于自然语言的终极概念体系的信息组合。此外还有事实储备，它包含的是本体论概念被记下的事例之汇聚。例如，与"城市"概念相应，在事实储备中便有"巴黎"等条目。它常常以特定的记忆模块的形式存在。最后还有本体论概念表达的关于单词和短语的信息。

在意义的生成过程中，最重要的条件是本体论知识。尼伦伯格等说："本体论提供的是描述一种语言的词汇单元的意义所需的原语言，以及说明编码在自然语言表征中的意义时所需的原语言。而要提供这些东西，本体论必须包含对概念的定义，这些概念可理解为世界上的事物和事件类别的反映。从结构上说，本体论是一系列的构架，或一系列被命令的属性-价值对子。"[①]它的作用在于：为要表征的词项的意义做本体论的定位，即说明它属于哪一类存在，其特点、性质、边界条件是什么。当有一个词 pay 被输入进来，其首先就要经过本体论这一环节，换言之，该词首先要被表征为一个本体论概念，要被放进本体论的概念体系之中，一旦这样做了，它的属性、值便被规定了。例如，它有这样的定义，即由人体所从事的一项活动，它的主体是人，参与者也是人，等等。如果这个思路是正确的，那么人工智能、计算机的自然语言处理的前进方向就比较清楚了，那就是为它们建立更复杂、更丰富、更切近实际、更可行的本体论概念框架。动态的知识资源是在应用所提出的任务、要求的基础上所产生的知识。例如，图 6-2 就说明了材料、加工器和静态知识资源之间的相互作用。

---

① Nurenburg S, Raskin V. *Ontological Semantics*. Cambridge: The MIT Press, 2004: 191.

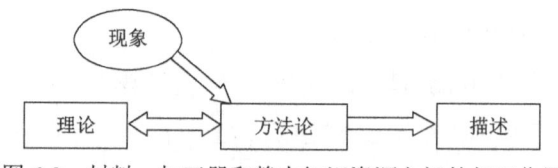

图 6-2 材料、加工器和静态知识资源之间的相互作用

图 6-2 说明,加工器要表述、表征现象,必须有方法和工具,而要有这些东西,又必须有理论的指导。理论涉及对该理论所适用的范围做出规定,提出有关前提,建立实际的陈述、命题体系,最后对之做出证明。在描述和应用中,又会产生新的问题,这些问题又会促进理论的发展,理论发展了又会进一步指导新的实践。

有了关于人类加工自然语言所需条件的比较清楚和量化的认识,人们就有可能通过建立相应的网络让计算机也获得这样的条件,进而让其表现出对意义的敏感,最终不仅有句法加工能力,同时也有语义加工能力。本体论语义学相信:这不是没有可能的,至少有巨大的开发前景。事实上,也有许多人在进行大胆的尝试,并建构出了许多语义加工模型。其具体操作就是:先让加工器具备静态和动态的知识资源,然后让其有相应的加工能力。在这些实践的基础上,尼伦伯格等人仿照一般语义学的形式,在他们的本体论语义学中也建立了两个部门:一是语词语义学,二是语句语义学。我们简要分析一下句子语义学。它要说明的是词汇的意义如何结合为句子的意义。有的人认为:产生句子的意义是形式语义学的工作。而本体论语义学则认为,句子的意义可定义为一种表达式、一种文本意义的表征,它是通过把一系列规则运用到对源文本的句法分析之上、应用到建立源文本单元的意义之上而得到的。他们说:"这种理论的关键要素是关于世界的形式模型或本体论,它是词汇的基础,因而是词汇语义成分的基础。这种本体论是本体论的词汇语义学的原语言,是它与本体论的句子语义学结合的基础。"①

他们通过分析分层(stratified)模型做了说明。这是自然语言加工的一种模型,得到了许多人的认可。其作用是分析文本的意义,将意义析出,其分析的步骤如图 6-3 所示。

---

① Nurenburg S, Raskin V. *Ontological Semantics*. Cambridge: The MIT Press, 2004: 125.

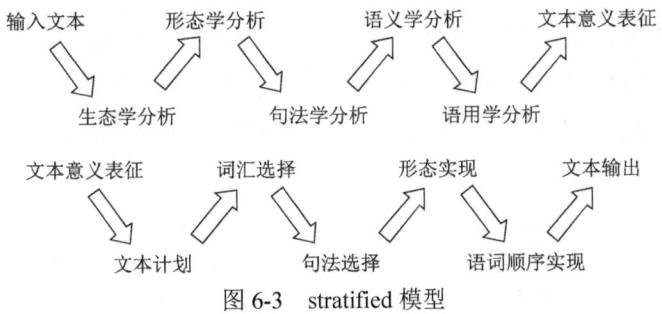

图 6-3 stratified 模型

在尼伦伯格等人看来,将文本转化为意义离不开一系列的加工。它们主要包括这样一些环节:一是文本分析。他们说:"文本分析只是本体论语义学所支持的加工中的一种。"①要完成这种分析,首先要输入文本,其次产生一个正式的表达式,这个表达式表征了文本的意义。由这个任务所决定,它又必须有分析器和生成器。从文本分析的过程来说,文本要输入系统之中,首先要经过"前加工",第一步是将文本加以重新标记,以便让文本能为系统所分析。因为文本可能是用不同的语言写成的,还可能采取了不同的体裁和风格,等等。第二步是对标记过的东西做形态学分析。在从事这些分析时,要动用生态学、形态学、语法学、词汇学的资源。例如,碰到"书"这个词的输入,形态学分析会这样来分析:"books,名称,复数","book,动词,现在时,第三人称,单数",等等。形态学分析器在完成对输入的分析、形成了关于文本的单词的引用形式的分辨之后,第三步就会把它们送给词汇学分析器,并激活这一分析器的入口。这个入口包含许多类型的知识和信息,如关于句法的信息、关于词汇语义学的信息,其作用是检查、净化形态学分析的结果。例如,英文文本中可能夹杂有法语、德语、意大利语等语言的单词,还可能有一些模棱两可的单词,更麻烦的是,有些词在词汇分析器中没有出现,因此无法予以检查。在这些情况下,就要对其予以查检、甄别,如对于不熟悉的词,分析器有一些处理的步骤和办法。第四步是句法分析。第五步是决定基本的语义从属关系,例如,建立未来的意义表征的命题结构、确定哪些因素将成为这些命题的主题,并决定该命题的属性位置。

由此不难看出:本体论语义学的确有重要的实践意义和广阔的应用前景。他

---

① Nurenburg S, Raskin V. *Ontological Semantics*. Cambridge: The MIT Press, 2004: 247.

们说:"本体论语义学已经得到并且掌握了关于自然语言意义的极其丰富的知识,它们对自然语言处理具有重要的应用价值。由此看来,本体论语义学自然包含了研究意义的综合性方案。"①本体论语义学最重要的应用价值是它能产生文本意义表征,如图6-4所示。

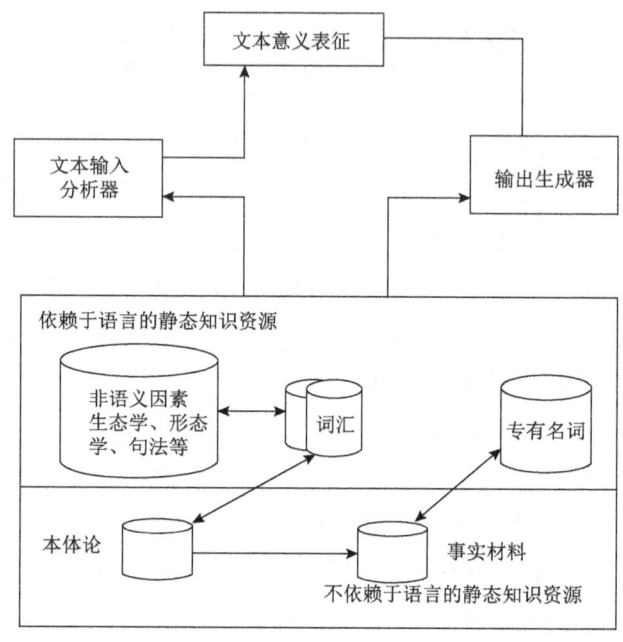

图 6-4　本体论语义学生成文本意义的条件与过程

图 6-4 表明:本体论语义学要完成文本意义表征,必须有加工器和静态知识资源。首先,借助静态知识资源(生态学、形态学、句法、词汇学、词源和本体论及事实材料)对输入文本做出分析;其次,借助这些知识资源产生文本意义表征。分析模块和语义生成器都离不开静态知识资源。知识资源是如何得到的呢?要靠学习。尼伦伯格等说:"本体论语义学必须涉及学习:它们越起作用,它们储存的关于世界的知识就越多,它们渴望达到的结果就越好。"②除了静态知识之外,计算机要完成语义表征,还必须有动态的知识,它们是关于意义表征的程

---

① Nurenburg S, Raskin V. *Ontological Semantics*. Cambridge: The MIT Press, 2004: 182.
② Nurenburg S, Raskin V. *Ontological Semantics*. Cambridge: The MIT Press, 2004: 160.

序方面的知识以及推理类型的知识。另外，加工器还要有这样的动态能力，即把所储存的知识动态地提取出来，运用于知识表征。总之，"在本体论语义学中，这些目的是通过把文本意义表征、词汇和本体论关联起来而实现的"[1]。尼伦伯格等还说："我们关于表征文本意义的方案动用了两种手段，一是本体论概念的例示，二是与本体论无关的参数的例示。前者提供了与任何可能的文本意义表征例示相一致的、抽象的、非索引性的命题。这些例示是这样得到的，即提供了基本的本体论陈述，它们有具体的、情境的、包含有参数的值，如方面、方式、共指等。"[2]在这里，本体论的概念之所以抽象但又必要，主要是因为它提供了对存在和语词的分类，例如，对于要表征的意义，它首先要借助这种本体论范畴确定它属于物体、属性、方面、方式、过程、活动、数量中的哪一种。简言之，对于任何一词的意义或所指，首先都要借助本体论概念确定它应被包含在哪一类存在范畴之中。在此基础上，再用非本体论参数分析它具体的、情境方面的值。

本体论语义学与传统认知科学、人工智能的不同首先在于它不主张通过纯形式的过程来完成语义分析，事实上它也没有这样做，而是强调对语义的处理无须通过句法分析来实现，至少主要不是通过句法分析来实现。其次，它注意到了多方面的因素，即不仅关注知识因素，而且关注非知识因素。最后，在意义生成中，其突出了本体论构架的作用，而且为本体论图式向工程技术领域的转化做了大胆的探索。

四、基于意向性的 AI 发展方向思考

要建模意向性，就要意识到这是一项系统工程。在这方面，心灵哲学对意识和意向性本身的探讨及成果尽管没有直接的工程学意义，但由于它们涉及了建模的基础理论问题，所以其至少可被看作是这项系统工程的组成部分或必要条件，因此值得关注。

第一，要建模意向性，不仅要像过去那样重视从功能映射或从行为效果上去模拟，还要注重结构的模拟。这一点克里克和塞尔等人都有较多较好的论述，其

---

[1] Nurenburg S, Raskin V. *Ontological Semantics*. Cambridge: The MIT Press, 2004: 160.
[2] Nurenburg S, Raskin V. *Ontological Semantics*. Cambridge: The MIT Press, 2004: 174.

大方向应该是很清楚的。例如，塞尔说："意识和意向性就如同消化或者血液循环一样，都是人类生物学的组成部分。"①它们由大脑所引起，又在大脑中实现出来。因此，要模拟意向性和意识就要像塞尔所说的那样去研究大脑，尤其是研究大脑中产生因果作用的结构。因为只有具备与大脑完全一样的因果能力的东西才能具备意向性，石头、卫生纸尽管可以实现某些程序，但由于其不具有相应的因果结构因此不能实现意向性。

第二，要建模意向性，还要注意机制模拟。而要如此，又必须全面准确地认清意向性的庐山真面目及其特征。毫无疑问，意向性是由于内在关系或"内在的更基本的东西"而具有个体性的。之所以如此，又是因为人的心理生活有自己的内在生命，它既有现象性，又有意向性，同时还是一种流，即意识流。②怎样理解"内在更基本的东西"呢？美国哲学家洛尔（B. Loar）的回答主要包含在他对"心理内容""表征""意向性"三个概念的分析之中。所谓心理内容就是指我们在理解自己和他人时试图把握到的东西，从其自身来说，它是对事物的一种设想（conceiving）。从它与表征的关系来说，我们所把握到的某种内容，既包含了心理状态从事物那里表征到的东西，又体现了它表征事物的方式，即包含了"怎样"的方面。因此可以说内容是心理状态对事物的表征和设想。所谓表征就是通过一定的方式让事物在心中表现或表达出来，也可以说是以一定的方式设想事物；它体现的是心理状态"怎样"或"如何"表征事物。由此所决定，各种设想或表征方式都有共同之处，即都有意向的属性。③表征的方式多种多样，如直观的、理论的和抽象的方式等。从表征的显现方式看，它有显性的和隐性的表征之别。从其形式来看，表征有记忆、知觉、描述、命名、类比、直观等样式。表征的样式也就是设想事物所用的方式。

第三，洛尔对意向性理解中许多错误观点的分析和清理也值得在建模意向性时注意。在他看来，外在主义、表征主义对意向性的理解之所以是错误的，根源在于：它们是从关系上、从外在的方面规定意向性的，即只看到了意向性所指向

---

① [美]约翰·R. 塞尔：《意向性——论心灵哲学》，刘叶涛译，上海人民出版社2007年版，导言第3页。
② Loar B. "Phenomenal intentionality as the basis of mental content". In Hahn M, Ramberg B(Eds.). *Reflections and Replies*. Cambridge: The MIT Press, 2003: 230.
③ Loar B. "Phenomenal intentionality as the basis of mental content". In Hahn M, Ramberg B(Eds.). *Reflections and Replies*. Cambridge: The MIT Press, 2003: 229.

学和人生解脱论角度的思考。

中国传统哲学尽管没有使用"意向性"之类的概念，但对人心之意向性作用，尤其是通过它使人心超出小我建立无所不包的对象王国，有了比较充分的认识，如强调超出自身把一切时空包摄于自身，达至"万物皆备于我"的境界，甚至将自己提升为"彼我古今共同沟通"的文化心。而相比之下，英美只是最近才对其给予关注，但问题在于，它对意向对象的认识是残缺不全的，如未能注意到道的方面、文化的方面、境界的方面、互通的和互渗的方面，因此其"宽"是远远不够的。这不是说中国的意向性形而上学就很完备了。非但谈不上完备，甚至在许多方面还有要接受启蒙的问题。例如，中国古代某些哲学家尽管涉及了意向性的形而上学问题，但并不自觉，并未由此切入进去，对其"体"进行探幽发微。由此我们可以说，中国过去并没有真正意义上的意向性形而上学。另外，中国哲人尽管较好地描述了意向性在建立自己的意向对象王国过程中的作用，但缺乏对其机制、条件、过程的理性和科学性的探讨，至于对意向性结构及其构成因素等的认识则都是空白。就此而言，我们的意向性研究任重而道远。

如果能从这个角度看问题，那么我们首先会发现，意向性不仅是意识的根本特点或结构，而且是人的本质的重要构成。因为"意向性"一词尽管不是我们每个人都会使用的概念，但每个人在清醒时与它所指的现象都须臾不离，甚至在无意识时也会让它以潜在的形式发挥作用。除了真正进入了佛家所说的"非想非非想"之类的状态，我们在清醒时，总会有心理意识和言语活动，而一旦有这些活动，就必然要超出活动本身而关联于某种别的东西。例如，在想时，人们绝不会什么也不想；在恨时，人们绝不会什么也不恨；在爱时，人们绝不会什么也不爱……这种贯穿在一切心理意识活动、过程、状态中的关联作用或关于性（aboutness）、指向性、超越性正好就是意向性。正是有了这种特性，我们人类才成了一种能走出自身、与他物发生各种联系的具有弥散性、扩散性、渗透性而非彻底封闭孤立的特殊存在。然而，由于它对于我们来说太平常、太密切、太自然了，因此它又成了我们最"熟视无睹"的一种现象。

它在爱起"疑情"、爱生"惊诧"的哲学家面前就大不一样了。它使他们困惑不已，而且越是到现当代，那些疑情重的人越是如此。真可谓大疑大问题、小疑小问题、不疑无问题。由于有疑情，许多哲学家还以自己独具的慧眼发现了它在自然界的踪迹及其奇特、隐秘与奥妙之处。例如，河狸用尾巴溅水，蜜蜂所表演的"蜂舞"，并不是纯粹的内在封闭的活动，它们也有一定程度的关于性，它们分别"关联着"这里有危险和这里有花源之类的外在事态。人类不仅有这种关联性，而且更加高级、复杂和奇妙。例如，人类身上的某些状态对之外的事态的关联相对于"烟意味着火"来说，有自关联的特点，即不是像后者那样基于人的解释才有其关联性，而是自己主动地、自觉地进行着自己的关联。更神奇的是，人类的关联性或意向性作为一种关系属性还有其他任何关系属性所不具有的这样的特点，如心理状态可以处在与不存在的东西的意向关系之中。而任何物理的东西都不可能有这种关系。例如，某人可以想象有独角兽，而任何物理的事物都不可能与独角兽发生关系。另外，人的意向状态可以处在与不曾发生、不会发生以及已逝、尚未发生的东西的意向关系之中，例如，一个人可以想象他取得了长跑比赛的冠军。物理关系只能存在于真实的东西之间。还有，人们对意向内容的态度有某种规范性，这也是物理属性不可能具有的（详见第五、第六章）。

中国哲学也注意到了宇宙中的这一神奇现象，但可惜没有由此生发开来，提出带有实证科学和形而上学性质的问题。钱穆先生曾用自己独特的但不太"标准"的意向习语对中国文化重视心之意向特征这一点做了十分精彩的概述。他说："人心能超出个体小我之隔膜与封蔽而相通，此为人兽之分别点。此种着重在心一边的看法，其实只为中国人的观念。"[①]（并非如此）"西方科学里的心理学……是无灵魂的心理学……当然研究不到人心之真实境界……对人心的认识实嫌不够。中国人所谓心并不专指肉体心，并不封蔽在各各小我之内，而实存于人与人之间，哀乐相关，痛痒相切，中国人此种心为道心……为文化心。"[②] "所谓人心者，乃指人类大群一种无隔阂，无封界，无彼我的共同心。"[③]相对而言，西方人所说的人心只是"小我肉体之心之一种机能"[④]。从时间上讲，人心在特定意义上有超时间性，如圣人"永远存在于他人心里"[⑤]，"此种心，已不是专

---

① 钱穆：《灵魂与心》，广西师范大学出版社 2004 年版，第 18 页。
② 钱穆：《灵魂与心》，广西师范大学出版社 2004 年版，第 19 页。
③ 钱穆：《灵魂与心》，广西师范大学出版社 2004 年版，第 18 页。
④ 钱穆：《灵魂与心》，广西师范大学出版社 2004 年版，第 18 页。
⑤ 钱穆：《灵魂与心》，广西师范大学出版社 2004 年版，第 21 页。

限于肉体的生物心,而渐已演进形成为彼我古今共同沟通的一种文化心"①。例如,人心能超越自身、指向过去、"心存百代"、指向未来、遥想万世。从空间上说,心能超越小我,把整个宇宙装于一心之中。另外,心与心可以互相渗透。例如,"可以超出此躯体而共通完成一大心","他心喜乐,已心亦喜乐"。②心还能以文字为媒介,"感受异地数百千里外,异时数百千年外他人之心以为心。数百千里外他心之忧喜郁乐,数百千年前他心之忧喜郁乐,可以用为此时此地吾心之忧喜郁乐","此始为吾心之真生活真生命所在"。③

《管子·内业》也说:"执一不失,能君万物。君子使物,不为物使。""是故圣人与时变而不化,从物而不移……定心在中,耳目聪明,四肢坚固。"中国佛教由于对印度佛教和中国文化的精髓兼收并蓄,因此其对此的认识更加深刻和透彻。它认识到:心既是体、宗,又是用,或者说,西方不离方寸,一念心净,则佛土净,是圣是凡就取决于当下一念心,取决于心之所住。因此,至圣、求解脱的根本问题是处理心的所住,是"善巧安心"。一念心生,向外驰求、攀缘,念念着相,即指向有相之物,便堕凡夫,反之一念不生,安心于法相,念而无念,指而无指,"应无所住而生其心",永远心平行直,即入涅槃。

西方大多数哲学家所理解的心的确是"小我肉体之心的机能",而且对意向性的"用"的开发的确比不上中国哲学,如不太注重从文化、人生、境界等方面去开发利用它。只是到了最近才有人注意到了心的弥散性或无封闭性特点。

西方哲学对意向性之"体"(本质、结构、机制、条件)的探讨又是我们所望尘莫及的。例如,他们在疑惑、惊诧的过程中提出了我们不太重视的一系列本体论、形而上学问题。不仅如此,他们还调动一切有用的因素和资源,动用一切可以动用的手段和方法对之展开全面系统的研究,例如,胡塞尔对之做了深入透彻的"活体解剖",从而建立了自己的博大精深的现象学。随着认识向纵深的推进和向广度的拓展,意向性已成为哲学本体论、认识论、伦理学、认知科学、人工智能、计算机科学和语言哲学等学科共同关注的一个蔚为壮观的研究领域。其内部,既有分门别类的深掘,又有分工之上的合作、横向的整合,乃至多学科的

---

① 钱穆:《灵魂与心》,广西师范大学出版社2004年版,第20页。
② 钱穆:《灵魂与心》,广西师范大学出版社2004年版,第89页。
③ 钱穆:《灵魂与心》,广西师范大学出版社2004年版,第90页。

统一或合流。最明显的是，意向性、心理内容、表征、意义，这些原来分别为不同学科专门研究的问题，现在合而为一，变成了一个几乎没有区别的问题（详见第一章）。人们不仅试图建立关于各种意义的统一的意义理论，而且试图建立至于意义、意向性、内容的统一理论。

有关学科的学者之所以如此重视意向性研究，是因为他们认识到，意向性是人的心理乃至整个人的最独特、最本质的方面，是其真正的中枢，因此是揭开心理乃至生命之奥秘的钥匙。道理很简单，语言之所以有它的指示、表示它之外事物的作用，人之所以有人的心理及智能、之所以能认识外在的超越之物、之所以有主观见之于客观的实践特性，一个重要的根据就是人能主动地、有意识地把一种状态与另一状态关联起来，能发生关系作用，甚至能与不存在的东西发生关系。

第七章
感受性质：发微、祛魅与真相试探

自20世纪70年代杰克逊（F. Jackson）和内格尔（T. Nagel）等人通过知识论证和蝙蝠论证向人们暴露了感受性质或主观的质的特征这一心理世界的新大陆以降，感受性质就成了心灵哲学、认知科学乃至心理学、神经科学中最热门的研究对象。据不完全统计，围绕它所发表的论著有60多万项之多。[1]相应地，心灵哲学和认知科学中派生出了一个以此为对象的、多学科协力攻关的、蔚为壮观的研究领域。人们对这一新发现的心理现象已有多种多样的表达方式，如感受性质（qualia，单数为quale）、质的特征或内容、感觉或原感觉（raw feelings）、现象学性质（phenomenological properties）、意识、质的意识或现象意识等。一般认为，最准确和标准的表述是内格尔所说的"经验感觉起来所是的东西"（what it is like to be experiencing），即人在经历一个心理状态时所感受到的不同于大脑神经生理过程、心理过程的非物理的、有现象学性质的特征或属性。[2]然而，这里有这样的尴尬，即研究最多、成果最多，尽管本领域的成果不可小视，特别是物理主义在同化这一反例、对之做自然化说明的过程中，不仅拓展和深化了有关认识，而且实现了自身的跨越式发展，促进了新的物理主义形态的诞生，如主观

---

[1] Velmans M, Schneider S(Eds.). *The Blackwell Companion to Consciousness*. Oxford: Blackwell, 2007: 1.
[2] 参阅Block N. "Consciousness". In Guttenplan S(Ed.). *A Companion to the Philosophy of Mind*. Oxford: Blackwell, 1994: 210-211.

物理主义、各种形式的"现象策略"等；但也麻烦最多、争论最大，特别是实质性的进展并不明显。物理主义与反物理主义在这里唇枪舌剑，都没有拿出说服对方的论点和论据，甚至陷入了公说公有理、婆说婆有理、自话自说的窘境。其原因当然十分复杂。笔者认为，最主要的原因是，研究者没有形成对感受性质之类的新词的符合实际的、统一的看法，特别是没有看到这一所指的复杂性和构成的多样性。最近 10 年来，有西方学者也看到了类似的问题，并做了一些改进的工作。例如，对有关语词展开进一步的分析，不再把它们的所指看作简单的东西，而是试图揭示它的复杂的构成，有的人还将感受性质的存在范围推广到感觉、知觉、情感等之外，而主张命题态度、言语理解、行动抉择等心理现象中都有其特定的感受性质。对于这些成果，我们在其他地方做过专门的考察，这里不再赘述。

在本章，我们将在借鉴有关成果的基础上对问题做进一步的探讨，特别是对感受性质做深度解剖，着力弄清它的形成过程、原因、内部复杂构成，如实展现它的庐山真面目。笔者的基本观点是，过去人们在这里所看到的只是它显现出来的质的特点，而忽视了它真正的复杂性和多样性。为了区别起见，我们把人们所关注的这一方面称作狭义的感受性质，而把我们展示出来的多样的构成、方面及其总和称作广义的感受性质。更准确地说，过去所认为的经验中所出现的所谓感受性质，其实是有复杂构成的复合体，而非只是一种简单的现象学的性质，我们不妨把它称作现象学构成或事实。现今也有人用 phenomenology 一词表述这个十分复杂的东西。只是我们应注意，这个词在这里不指作为理论的现象学，而指作为一种新的有本体论地位的现象事实。我们把它译为现象学事实或构成。相应地，笔者认为，过去被视作同义词的其他词，如感受、第一人称观点、主观性、质的特点等，都分别指称的是这一复合体中的特定方面。因此它们在这里不再被看作同义词。

第一节　现象学事实解剖

人的认识是一个由简单到复杂、由抽象到具体、由笼统到微细的过程。对感受性质的认识也是如此。现在我们正处在这个认识转化的关口。当务之急是着力探讨它内部的不同构成和有不同本体论地位、层次的样式、个例。根据笔者的初步思考，过去被视作感受性质的一系列同义词，如现象意识、质的特点等，除了报告了经验中的共指（即有一个与经验有关但又有其独特性的现象发生）之外，每个词一定还有各自特定的所指。这就是说，经验过程中突现出来的感受性质或感觉之所是，本身是一个系统，其内有很多子系统，它们各有自己的本体论存在和相对独立性。对感受性质的认识过程可以说明这一点。

我们知道，"感受性质"（qualia）这个词早已有之。据说，皮尔斯（C. S. Perice）于1866年创立了这个概念，但到了20世纪20年代，它才转化成为心灵哲学永恒的具有标杆性意义的论题，其功劳应归于刘易斯（C. I. Lewis）。他不仅引入了该概念，而且对之做了自己的阐释，当然这在当时并未引起太大反响。他认为，感受性质作为直接经验中所与的主观因素，是相对于思维中的解释性或概念性因素而言的。他说："感受性质是主观的，在日常交流中，它们不可名状，但可用'感觉起来像'（looks like）这样的表达式来表示……根本的东西不是感受性质本身，而是它在经验中的稳定的关系模式，当它被看作是一个客观属性的记号时，这个关系模式就是那被隐蔽地述说的东西。"[①]到了20世纪七八十年代，由于杰克逊和内格尔基于各自巧妙设计的思想实验所做的反物理主义的论证，感受性质及相近概念成了人们津津乐道的话题，对应的新发现的心理现象得到了多数人的认可。

新近的研究除了在继续争论究竟什么是感受性质、其独特特征是什么等焦点问题之外，对过去视作同义词的一系列概念，如感受性质、现象意识、现象学性质等的细微差别展开了具体研究。其意义在于：为人们进一步认识这片新大陆的具体构造、板块、性质、特征，特别是过去所不知的新的构成，提供了资料和启迪。

在感受性质与经验、现象性质、感觉起来之所是等概念的关系问题上，笔者认为，它们存在着细微的差别，即各自的所指是不一样的。而这种不一样反映的正好是心理世界的复杂性，这说明里面存在着我们尚未认识的新构造、新板块、新矿藏。如果是这样的话，那么进一步的问题是：怎样对感受性质做出个体化呢？感受状态的感觉起来之所是由什么所决定？是由外在因素所决定，还是由内在因

---

① Lewis C I. *Mind and the World Order*. New York: Charles Scribner, 1929: 124-125.

素所决定？如果它与其他概念有区别，那么其他概念也有个体化的问题。我们这里重点分析感受性质的个体化，方便时兼及其他概念。

有些人明确主张，感受性质这个词不仅有不同的用法，而且过去所说的现象学性质的东西内部十分复杂，绝不只是有性质显现出来，还有内容、概念、信念、特征等不同构成和维面。就用法而言，有人认为，它的一种用法是严格的或较强的用法，可指经历一个状态或过程感觉所是的东西，即个体经验的独特的质或现象特征或特定的感觉。较宽松的用法是指，对某经验特征有第一人称的观点。此外，还可有这样的用法，即指内在的、可内省的心理殊相或属性。这些属性只能由经验主体接近，不可能通过第三人称方式来把握。它们是独一无二的，不同于意向的、表征的、功能的属性。基于这些对感受性质的规定，有些人认为，感受性质就是关于心灵的逻辑上私人的、第一人称报告的内容。如果要认识这类属性，就应建立专门的关于意识的科学。

既然这里有这样的复杂性，那么当务之急是对过去所用的大量相关概念做出澄清和梳理。过去，人们常用"原感觉"（raw feel）或原感受性质解释感受性质，进而用非表征属性定义原感觉。最近，洛尔对此做了专门研究，反对这种等同，主张感受性质是"被指向的属性"（property-directed），因此其也可被称作"意向的感受性质"。这样说当然并不意味着，对于每一个感受性质都有这样的某个性质，它是一个表征所关于的东西。洛尔认为，在不同情况下，同一个感受性质能包含在关于不同性质的表征之中，还可能有这样的情况，如缸中之脑携带感受性质的经验就可能没有表征任何属性。尽管如此，洛尔坚持认为，感受性质基于反省把自己表征为有指向性的东西，即使它们可独立于所有指称属性来设想。[1]

S. 休梅克根据他所坚持的内在主义（详见后文）对感受性质等概念的界定与关系也发表了有独创性的看法。他认为，感受性质既不同于经验，又不同于经验的现象特征。因为感受性质指的尽管是经验中的东西，但由于经验有复杂的构成，感受性质只是其中这样的经验性质，即"让经验处在相同和不同关系中的性质"，因此其不能混同于经验。[2] 这里强调的仍是内在主义的原则，即感

---

[1] Loar B. "Transparent experience and the availability of qualia". In Smith Q, Aleksandar J(Eds.). *Consciousness: New Philosophical Perspective.* Oxford: Clarendon, 2003: 84-96.
[2] Shoemaker S. "A case of qualia". In McLaughlin P B, Cohen J(Eds.). *Contemporary Debates in Philosophy of Mind.* Oxford: Blackwell, 2007: 324.

受性质不是由表征性质决定的,而是相反,因为事物的性质如何被表征,主要是由经验的感受性质所决定的,而不是相反。至少可以说,经验中的质的相同性和不同性的部分功能作用就是授予经验这样的内容,即表征了环境中的相同性和不同性的内容。①

泰伊在概括各种不同理解的基础上阐发了自己的看法。他强调:既然人们对感受性质有不同的理解,那么对它的本质的看法也是不同的。例如,不同人所说的感受性质至少有这样一些不同的所指:①经验的内在的、可内省的属性;②经验的非表征的、可内省的属性;③经验的不可还原的、非物理的属性。丹尼特的感受性质取消论则认为,上述这些理解所说的感受性质是不存在的。泰伊也赞成这一观点。他说:"根本就不存在这类感受性质。在此意义上,应取消感受性质。"②这就是说,如果按上述方式理解感受性质,那么他便赞成丹尼特 1988 年提出的关于感受性质的取消论。当然,他又认为,感受性质可以有真实的指称,如可用它表示人在对经验做出内省时所觉知到的表征属性。他说:如果这样理解感受性质,那么"我赞成说有感受性质"③。但是,这样理解感受性质,又让他把感受性质与现象特征区别看待,即站到了标准的传统的观点的对立面。他认为,相对于人的觉知来说,感受性质具有透明性。例如,当我们有经验时,我们对之内省,就可觉知到经验所表征的红、圆之类的属性。在他看来,只要承认透明性,就不会取消感受性质,也不会取消现象特征。④总之,他的表征主义把现象特征与感受性质区别开来了,认为感受性质就是对象的表征性质或经验的表征特征,如某性质被表征为红、热等,而现象特征就是拥有经验时感觉所是的东西。⑤

现象学事实最重要、最基本的构成是人特有第一人称观点,或简称为观点。之所以说它重要和根本,是因为它既是现象学事实的构成,渗透在现象事实之中,

---

① Shoemaker S. "A case of qualia". In McLaughlin P B, Cohen J (Eds.). *Contemporary Debates in Philosophy of Mind*. Oxford: Blackwell, 2007: 324.
② Tye M. "New troubles for the qualia freak". In McLaughlin P B, Cohen J (Eds.). *Contemporary Debates in Philosophy of Mind*. Oxford: Blackwell, 2007: 316.
③ Tye M. "New troubles for the qualia freak". In McLaughlin P B, Cohen J (Eds.). *Contemporary Debates in Philosophy of Mind*. Oxford: Blackwell, 2007: 316.
④ Tye M. "New troubles for the qualia freak". In McLaughlin P B, Cohen J (Eds.). *Contemporary Debates in Philosophy of Mind*. Oxford: Blackwell, 2007: 316.
⑤ Shoemaker S. "A case of qualia". In Mclaughlin P B, Cohen J (Eds.). *Contemporary Debates in Philosophy of Mind*. Oxford: Blackwell, 2007: 319.

又是现象学事实得以发生的前提条件，是每个现象学事实得以与别的现象学事实区别开来的决定因素。因此要认识现象学事实乃至心灵的唯一性特点，首先，必须关注"观点"。所谓"观点"（point of view），既指观察和观看某对象的角度、观察的切入点及路径，又指观察由以发生的前结构、条件或图式。没有观点，无论是对内的观察，还是对外的观察，都是不可能的。例如，物理学的客观的观点就是尽量不掺杂主观成分、不带成见的态度或构架。相反，主观的观点是指：一个有着独特的本性、处境以及与世界其他部分的关系的特定主观的观点。其次，要理解观点，又必须理解"客观"和"主观"。二者指的是观点及所观察到的东西的性质。"客观的"是指站在被观察对象之外去观察，即从外在的方面去观察。另外，客观的还意味着开放的、公共的，即该对象不是某人独有的，而可为有条件的一切主体从外在的方面去观察。内格尔认为，在面对心灵这一对象时，客观的观点是有重要遗漏的，即没有看到物理实在之外还存在着下述非物理的东西：一是主观的经验，或在知觉某对象时看起来所是的东西；二是认识这些经验必不可少的主观的观点。说一个状态是主观的是指：只有拥有这一状态的主体才能看到的，或该状态向它的主体所呈现的，或事实上显现给它的主体的东西。说某经验是主观的，就是说成为这一经验会表现为什么样的样态、相状。说一个心理状态是主观的就是说，它"对于具有这些状态的生物是什么样的事实"、显现为什么样的状态。心理的主观方面的独特性在于：它"只能从生物本身的观点……来理解"，即只有一种把握的方式，只能从一种观点去观察和理解。人除了有主观的状态之外，一定还有主观的观点。因为"每种主观现象从根本上说能与一种独特的观点相联系"。有意识经验总与一种观点有关，没有这种观点，这种状态就不会被人觉察到，因而也就不存在。因此主观的观点既是主观状态被认识的条件，也是它的存在的重要一维，进而是它区别于别的现象的特征。

中国哲人早就认识到，无生、无动就无心，意思是，任何心理现象要出现或起作用，不可或缺的前提条件是这个表现心理现象的实在必须是活的，必须在经历生活，身上必须有运动发生，因为无动就无用。同样，现象学事实作为一种高阶的心理现象也是如此，只有当其后有心理的、生理的运动发生了时，才会有它的别的因素发生。例如，感觉到如此这般的质的特点、从某某观点出发去体验某某对象，等等。因此这个动既是现象学事实的构成，也是它的条件。我们不妨把它称作感受、体验，当然它们都是相应的动词所指的东西。

有人认为，感受性质之所以是复杂的，是因为伴随着它会出现现象信念和概念。这就是说，这里不仅有经验发生，还会有概念性内容。查默斯说"我肯定我有某种疼痛"，而要如此就要用"疼痛"之类的概念。现象概念的内容可用他的双维度构架（第一性内容和第二性内容）来分析。所谓第一性内容也叫认识上的第一性的内涵。例如，当概念 A 和 B 的同一是后天的时，那么 A 和 B 便有贯穿在认识上可能的铭文中的不同的、认识上第一性的内容，如果 A 和 B 是两个鲁棒（rigid）概念，且同一是真的，那么 A 和 B 便有相同的虚拟的第二性内涵。根据这个构架，我们可以说对象之上的红、作为现象性质的红、共同体的红、纯粹一般的红有不同的认识内涵，而且有相同的虚拟的红。虚拟的红说的是所有世界中的现象的红。共同体的红的认识内涵在特定世界指的是由某些典型对象在主体的主流世界所引起的红，作为现象性质的红指的是那些对象在那个世界的个体身上所引起的性质。

现象信念指的是人们将现象属性归属于自己的过程，或所处的相信自己有某个属性的状态。它有命题或表征内容。现象内容是由现象特征和表征内容所决定的，查默斯说："一个知觉经验的现象特征就是有那经验时感觉起来所是的东西。"[①]而知觉经验的表征内容是指那些经验的满足条件。例如，知觉有真假、对错之分。它是真是假，取决于世界看起来像什么。当且仅当世界满足了那条件，那么那经验就是真实的。例如，如果树上真的有绿颜色，那么知觉经验所具有的"树是绿色的"这一表征内容便是真实的，反之即为假。总之，"知觉经验的现象内容就是表征内容，而表征内容则是由经验的现象特征所决定的"[②]。

普林茨强调，过去的感受性质理解的确有片面性、局限性，其表现是未能看到其内的如媒介和内容之类的复杂构成。于是他建议把感受性质放在相关概念关系网络中加以理解。他认为，所谓媒介即指内容和性质的载体，在自然语言中，它表现为被书写的句子中的符号。在头脑内，它表现为心理表征。内容则是媒介所关于或表征的东西。媒介的性质则是此媒介在被意识到时被感觉到的东西，或被感

---

① Chalmers D J. "Perception and the fall from Eden". In Gendler T, Hawthorne J(Eds.). *Perceptual Experience*. Oxford: Oxford University Press, 2006: 1.
② Chalmers D J. "Perception and the fall from Eden". In Gendler T, Hawthorne J(Eds.). *Perceptual Experience*. Oxford: Oxford University Press, 2006: 3.

觉的方式，如它是怎样被感觉的，亦即通常所说的现象特征。[1]

现象学事实中还包含意向性，即有它特定的指向性。例如，一个尖的物体刺痛了我的手，我除了有当下体验到的痛之类的质的特征、内容、信念等之外，还知道它们是由尖的物体所引起的。这个被指向的东西既以客观自在的方式存在，如我为了避免疼痛所迅速移去的东西，也可以现象学的方式存在，如作为显现在我的知觉中的对象。另外，非存在的东西也可成为现象学事实的意向对象，如我们在看神话故事时，就与这些对象发生关系，并同样会伴随发生真实的现象学事实。

不同的感受性质肯定是不同的，甚至同一个人在不同时间、情境对同一个对象的感受性质可能差异很大，质言之，每一个感受性质都有其个体性。新的问题是，这种个体性是由什么决定的呢？是由外在环境决定的，还是由内在的属性决定的呢？显然，这是意向的内在主义和外在主义争论在感受性质研究中的推广，或者说是这一争论泛化的一个表现。感受性质内在主义的基本前提是物理主义，认为如果物理基础不变或一样，那么微观物理方面完全相同的两个人就不可能有不同的现象特征或意识。换言之，如果物理主义是对的，那么现象内在论的论点可归结为这样的观点，即微观物理上的两个复制品在内在状态的现象特征方面就不可能是不同的。另外，既然我们没法否认现象特征内在于经验这一事实，那么就只能得出感受性质完全由内在状态所决定这一内在主义结论。泰伊把坚持这一观点的哲学家称作"关于感受性质的顽固不化的怪人"[2]。S. 休梅克赞成这样的内在主义观点，认为经验完全由内在的东西所决定。[3]有没有这种可能，即经验中的现象相似性和差异是内在地被决定的，但经验的现象特征是外在地被决定的。S. 休梅克认为，个体有何现象特征是由内在的因素决定的，与所表征的属性关系不大。他说："什么属性被表征不足以决定该经验有何现象特征。"[4]如果是这样的话，表征主义就是错误的。现象外在论一般是持表征主义的人所坚持的观点，如泰伊就是其积极的倡导者。他说："只要提出一个关于两个实在的例子，

---

[1] Prinz J J. "The sensory basis of cognitive phenomenology". In Bayne T, Montague M (Eds.). *Cognitive Phenomenology*. Oxford: Oxford University Press, 2011: 175.
[2] Tye M. "New troubles for the qualia freak". In McLaughlin P B, Cohen J (Eds.). *Contemporary Debates in Philosophy of Mind*. Oxford: Blackwell, 2007: 304.
[3] Shoemaker S. "A case of qualia". In McLaughlin P B, Cohen J (Eds.). *Contemporary Debates in Philosophy of Mind*. Oxford: Blackwell, 2007: 321.
[4] Shoemaker S. "A case of qualia". In McLaughlin P B, Cohen J (Eds.). *Contemporary Debates in Philosophy of Mind*. Oxford: Blackwell, 2007: 323.

他们是某个可能世界 W 中的微观物理的复制品，但在 W 中两个实在又没有成为现象上的复制品，这就足以驳倒上述主张。"① 其否定结论是："经验的现象特征就其本质来说既不是经验的内在特征，也不是非表征属性。"肯定的结论是："现象特征是某种形式的表征内容，而且它是一种外在主义的内容。"② 泰伊的表征主义基本观点是：经验的现象特征就是经验所具有的某种表征或意向内容。用公式表示就是：现象特征=表征内容。③

笔者认为，已有研究中所述及的感受性质之类的概念，只要人们在报告自己的内部经验时诚实地加以运用，就是有其真实所指的，因此我们不赞成丹尼特等人所主张的感受性质取消论。但是我们又应注意，由于这些词所指的现象是伴随着经验而发生的高阶的突现性现象，而经验有不同的类型，如通常所说的感觉、情感之类的经验和人们在完成思维、信念这类理性活动时所经历的经验，因此伴随着经验而发生的感受性质之类的东西一定是大不相同的（详见后文）。另外，即使就第一类经验而言，伴随它而发生的绝不是过去所说的单纯、简单的感受性质，而是许多有自己特定存在方式的东西。例如，一是有对经验及其所伴随的东西的内觉知（awareness），这个觉知既可能是通过二阶反省活动而实现的二阶觉知，也可能是不假这种活动的"前反省性"的觉知；二是由这种觉知所把握到的质的特征或现象学性质，准确而言，该领域中所说的"主观特征""现象学性质""感受的质"等指的就是这一方面的存在样式；三是内格尔等人所说的主观的观点或第一人称观点，它指的是人能在经验过程中体验到感受性质之类的对象的必要的、内在的条件；四是与主观观点密切联系在一起的主观的信息或方面（aspect），这个方面本身是物理属性的一种表现或一个方面，因此也有其特定的客观性，不同于别的物理方面的地方是，它只显现在主观的观点面前，如果不从第一人称角度去观察，换成了客观的第三人称观点，它就会销声匿迹；五是非经验的信念或概念，即后面要说的认知性的感受性质，这就是说，不仅思维等可能有感觉性的感受性质，而且感觉、情感等也可能有认知性的感受性质；六是关于

---

① Tye M. "New troubles for the qualia freak". In McLaughlin P B, Cohen J(Eds.). *Contemporary Debates in Philosophy of Mind*. Oxford: Blackwell, 2007: 311.
② Tye M. "New troubles for the qualia freak". In McLaughlin P B, Cohen J(Eds.). *Contemporary Debates in Philosophy of Mind*. Oxford: Blackwell, 2007: 316.
③ Tye M. "New troubles for the qualia freak". In McLaughlin P B, Cohen J(Eds.). *Contemporary Debates in Philosophy of Mind*.Oxford: Blackwell, 2007: 304.

世界的物理知识、客观知识之外的现象知识，所谓现象知识就是关于某种感觉起来所是的东西的知识，这种知识的内容可表现为命题，因此也可称作命题性知识。总之，现象学事实或广义的感受性质是具有复杂性、样式的多样性、性质的多样性的东西，是由复杂因素、性质构成的复杂的心性实在。

第二节　从感受性质与意识的关系看现象学事实

广义的感受性质有时被等同于意识，至少是特定意义的意识，如布洛克所说的现象意识。我们先来扫描当今以心灵哲学为先锋的多学科的意识研究。威尔曼斯（M. Velmans）等人在评述意识研究最新现状时说："最近 15 年来，许多学者表现出对意识的强烈兴趣。它的某些特征已经开始得到详细理解，而一些令人惊讶、震撼的发现陆续诞生。这种兴趣催生了一个被称作'意识研究'的新的学科。它是一个表示关于意识的多学科研究的综合性术语，这些学科包括神经科学、心理学、哲学、人工智能、语言学。经过短期的发展，这个领域已变得十分广阔。"[①]

毫无疑问，意识已成为一个多学科的研究对象。这些学科尽管目的、方法、进路大相径庭，但有共同的问题意识。例如，都想弄清意识是什么、在哪里、能做什么；关于意识状态的现象学特征怎样相关于大脑的作用；意识问题是否可通过经验研究加以解决；意识有没有这样的方面，即不改变问题的概念化方面就无法予以理解。对于这些问题，心灵哲学、认知科学和神经生物学分别形成了各具特色的理论。例如，心灵哲学理论主要有：①各种表征论；②高阶思维论；③多草案模型即解释主义，认为意识只是"大脑中的名誉"，有无意识完全取决于我们说了什么、做了什么，这主要是由丹尼特提出的，20 世纪 90 年代，他开始切入对意识本质的研究，其结论是主流的意识理论具有根本性错误，可被概括为"笛卡儿剧场理论"，他自己的正面理论可被称作"多草案模型"（multiple drafts model），接近于全局工作空间理论；④感受性质实在论；⑤查默斯的"额外成分战略"（extra ingredient strategy）。此外，还有塞尔的生物学自然主义（意识是一种生物现象）、

---

① Velmans M, Schneider S(Eds.). *The Blackwell Companion to Consciousness*. Oxford: Blackwell, 2007: 1.

麦金的神秘主义、意识的量子力学理论和意识的信息整合理论等。①当今的意识研究除心灵哲学之外还有很多研究走向，如认知走向、神经科学走向、第一人称走向等。一些人不满足于各门有关科学各自孤军奋战、各自为政的混乱局面，而倡导建立能把各种意识研究统一起来的所谓的"统一学科"。例如，兰卡斯特（B. L. Lancaster）提出了"建立关于意识研究统一学科"的构想，并将此作为他的著作《意识研究方案种种》（*Approaches to Consciousness*）第一部分的标题。②

意识，至少其中的现象意识，是与感受性质密切联系在一起的一个研究课题。最近10年对它以及它与感受性质的关系的研究也有极大的发展。这首先表现在，对它的复杂多样的用法的认识又有了新的进展。经典的看法是布洛克的四分说，即认为意识有自我意识、路径意识、高阶意识和现象意识四种形式。近来，有一种看法认为，"意识"一词有两大类、十小类用法。两大类分别是：有时可用于整个有机体或人，如在一个人昏迷之后我们可问他是否是有意识的；有时也用于特定的心理过程或状态，如问某人的知觉、记忆是否是有意识的。前者可被称作"生物意识"，即有生命的事物作为整体所表现出的意识，后者可被称作"状态意识"，即某个心理状态被觉知的特点。这两类意识中又各有五种不同的意识子类。③

就过去等同于感受性质的现象意识而言，心灵哲学随着研究的深入，已转向了对它的深度解剖，随之而来的是提出了许多别具一格的问题，如所有者问题（现象意识经验是否为物理有机体所具有）、观点的主观性问题、机制问题、透明性问题、统一性问题、裂脑人的意识问题或分裂意识的问题。④新的一种倾向是，强调现象意识是有复杂构成的现象，因此不能再简单地用一个词笼统地予以称谓，而应做必要的概念区分。有的人认为，我们不应再像过去那样把现象意识、主观特征、有意识属性等当作同义词看待。泰伊认为，现象意识是附属于心理状态的，指的是觉知的活动或过程。而主观特征或质的特征则是经历该状态主观地感觉起来所是的东

---

① Tononi G, Velmans M (Eds.). *The Blackwell Companion to Consciousness*. Oxford：Blackwell Publshing, 2008: 287.
② Lancaster B L. *Approaches to Consciousness: The Marriage of Science and Mysticism*. Palgrave: Macmillan, 2004: 1.
③ Gulick R V. "Consciousness and cognition". In Margolis E, Samuels R, Stich P S (Eds.). *The Oxford Handbook of Philosophy of Cognitive Science*. Oxford: Oxford University Press, 2012: 20-23.
④ Tye M. "Philosophical problems of consciousness" In Velmans M, Schneider S (Eds.). *The Blackwell Companion to Consciousness*. Oxford: Blackwell, 2007: 23-35.

西。感受性质或有意识的属性是心理状态具有现象特征时授予心理状态的属性。①

那么,怎样看待过去描述感受性质时常用的"现象属性"呢?泰伊的看法是,它不是感受性质或现象意识的同义词,而是现象意识中的构成,即它是决定我们心理状态的现象内容的那些属性。如前所述,现象内容是人在经历心理状态如疼痛、感觉到红等时所感觉到的东西,如疼痛的疼、西红柿的酸味、光显现的色彩等。这些内容是由现象属性所决定的,例如,经验到拍打海岸的波浪时会出现现象属性,这个属性决定了"我"经验的现象内容是拍打海岸的波浪。内容不同于属性。现象内容是显现出的现象特征,而现象属性是经验所关于的对象的属性。例如,在上述例子中,被经验的对象是波浪,属性是拍打。②

为了具体、明确起见,我们的确不应笼统地把现象意识等同于感受性质,因为有这样的发现,即现象意识由现象内容和主观觉知所构成,而感受性质是决定现象内容的东西,如一个经验感觉起来所是的东西,是由感受性质决定的,即使没有表征属性,即使没有觉知的任何对象,只要有感受性质,就会有相应的现象内容呈现出来。③尽管它们之间有密切关系,但二者毕竟是两种不同的东西。

笔者认为,"意识"一词的多种用法中只有现象意识比较靠近我们这里所说的感受性质。但应注意,仅是"靠近"。因为根据我们前面的分析,感受性质内部纷繁复杂,因此我们不能再像过去那样把现象意识与现象特征、感受性质、现象学性质等当作同义词看待,因为从微观上说,它们分别有不同的指称,或表示的是伴随经验而发生的高阶现象中的不同东西。具言之,现象意识是对伴随有关心理状态而发生的质的特征、内容的觉知,或是关于现象的意识。另外,现象意识本身也很复杂。作为一个发生了的完整的过程,它一定有不同的构成方面,如现象特征和觉知就是它的构成成分。因为一个状态要有现象意识,经验者必须有这样的东西,即处在该状态中有感觉所是的某东西。如果一个状态没有这种感觉,它就不是现象意识。如果说它就是现象意识内容,或现象内容、现象特征的话,那么它反映的是主体经历某过程如疼痛时感觉所是的任何东西。而相应地,主观

---

① Tye M. "Philosophical problems of consciousness" In Velmans M, Schneider S(Eds.). *The Blackwell Companion to Consciousness*. Oxford: Blackwell, 2007: 23-24.
② Noordhof P. "Current issues in the philosophy of mind". In Garvey J(Ed.). *The Continuum Companion to Philosophy of Mind*. New York: Continuum International Publishing Group, 2011: 254.
③ Noordhof P. "Current issues in the philosophy of mind". In Garvey J(Ed.). *The Continuum Companion to Philosophy of Mind*. New York: Continuum International Publishing Group, 2011: 261.

的觉知则是觉知到人所处的状态的现象内容及具体的过程、感受等。

第三节 思维和行动中的现象学事实

有意思的是，这里还出现了专门研究思维之类的命题态度与感受性质关系的心灵哲学分支，即认知现象学。这里的"认知"是相对于情感而言的，"现象学"有二义：一是作为一种哲学理论的现象学；二是指人身上实在地表现出的现象学构造或特征或性质，或者说，指作为显现出来的实在的结构或性质的现象学，如思维过程中显现出来的现象学性质及其机理。因此所谓的认知现象学就有二义：一是指探讨思维等命题态度有无现象学特征的专门的心灵哲学分支；二是指一种不同于感性的现象学特征的特征。根据这一新的看法，现象学特征（这里姑且把它看作感受性质的同义词）有两种：一种是感性的、非认知性的现象特征；另一种是认知性的、非感性的现象学特征。为了避免混乱，我们在下面的行文中将恪守这样的规范，即在涉及理论时，用"认知现象学"，而在谈论思维等命题态度表现出的特征时，则用"现象学特征或构造或性质"。

新生的认知现象学对传统现象学既有继承，又有发展。其发展的表现是：第一，关注的意识范围大大拓展了，不仅着力有意识思维的研究，同时关注一切命题态度，如信念、愿望等，为了行文方便，这里将主要以思维为其典型。第二，对现象学特征的构成、样式、实质等做了大量新的探讨，如对感受性质这一新生的研究课题本身做了有益的探讨，对怎样理解"感觉起来之所是"（what it is like）提出了新的解答。众所周知，"感觉起来之所是"已成了对现象意识的标准界定。新的认识是，这个标准理解值得深化。西沃特（C. Siewert）认为，尽管这个定义很有影响，但仔细考量，其是有问题的，即太宽泛了，可用于广泛的甚至非心理的事例。例如，我们可以说"某物看起来重达 1000 磅[①]以上"（there is something it is like to weigh over 1000 ibs）。另外，同样是由榴梿引起的"感觉起来"，也并不都有现象意识的意义。例如有两种情况，一是"某人吃榴梿看起来所是的东西"，二是"品尝榴梿看起来所是的东西"。只有第二种"看起来"才表达了现

[①] 注：1 磅≈0.45 千克。

象意义。①另外，要理解"感觉起来之所是"，关键是明白它的用法。它至少有两种用法：一种是非派生的用法，例如，知觉等表现出的"感觉起来之所是"就是知觉本身所固有的，即非派生的；另一种思想所具有的现象性质则是派生性的，因为思维中包含知觉等因素，由于知觉有现象意识，思维等便派生地有现象意识。②

认知现象学关心的核心问题是思维等有无感受性质。如果有，这种感受性质是原始的还是派生的？该问题有多种不同的回答。纯粹性认知现象学承认思想也有自己独有的纯粹的、原始的现象特征。例如，在人们想到一个有某内容的思想时，即使没有任何感性的现象特征的介入、没有受到感觉经验的影响，那思想中也有感觉起来所是的东西，即有自己独有的、不来自经验材料的现象特征。由于此特征不来自别的东西，是思想自身表现出来的，故被称作纯认知性现象特征。相反，非纯粹性认知现象学强调：只有感知觉、情绪等非理性现象才有现象学特征。思想即使有现象学特征，也不是因为它本身而使然，而是因为它建立在感觉材料的基础上，由于感觉材料有现象学特征，它才表现为有这一特征，质言之，它的现象特征其实不是它自己的，而是属于它所依赖的感觉材料的。

这一探讨中还有透明性与不透明性现象学的争论。前者是强版本，认为认知性现象特征有透明性内容，后者是弱版本，只承认它有非透明内容。所谓透明内容是指，认知状态所关于的东西就是它所关于的东西的"样子"，或它所表征的东西，就像在对红苹果的知觉中，心中所显现的红苹果的逼真的样子那样。例如，在经验到一个信念时，一定有东西显现给"我"，这东西就是信念的内容，就像"我"经验到红苹果是什么样子一样。这样显现的内容是透明的、直接呈现的。其作用是让人了解他正相信、正思考的东西。③

也有人从强弱上把认知现象学分为限制主义与扩张主义。这两种理论都是相对于传统的保守主义而言的。保守主义认为，意识只能聚焦于感性经验，完全限制在知觉的范围之内，不能超出感觉的范围，不会成为思维等认知状态的觉知方式。换言之，现象学特征只会出现在知觉、情感等心理状态之中，不会出现在思

---

① Siewert C. "Phenomenal thought". In Bayne T, Montague M(Eds.). *Cognitive Phenomenology*. Oxford: Oxford University Press, 2011: 236-267.
② Siewert C. "Phenomenal thought". In Bayne T, Montague M(Eds.). *Cognitive Phenomenology*. Oxford: Oxford University Press, 2011: 244.
③ Levine J. "On the phenomenology of thought". In Bayne T, Montague M(Eds.). *Cognitive Phenomenology*. Oxford: Oxford University Press, 2011: 113-114.

维等命题态度之上。扩张主义是激进的认知现象学，认为意识可超出知觉范围而把握认知状态，如意识到思维之类的认知状态，而这些状态不同于感知经验之类的感性状态。另外，扩张主义也是关于现象特征的扩张主义。它认为，认知现象特征不仅是知觉经验的特征，而且可以成为思维等这样的认知状态的特征，如它断言：认知性心理状态有不同于各种有纯感性内容的状态的现象学特征。①普林茨的"限制主义"也不同于保守主义。其核心原则是："一切意识都是知觉性的。"他认为，不仅认知状态不能为意识所接近、通达，连高阶知觉状态和运动控制也是这样。如果是这样的话，思想是怎样为人自己所知晓的呢？他回答说："我们思想的被感受到的性质完全是由于承诺了感性意象的结果。"②

受发现认知性现象特征的启发，霍根（T. Horgan）似乎又发现了一种现象特征，即自主体（agent）在执行任务、施动过程中所具有、所表现出的现象特征，可称作"施动性"（agentive）现象特征。在他看来，经验（知觉）到一种红色，无疑会得到一种感觉起来所是的东西。同理，经验到一种行为，也一定有感觉起来所是的现象特征。他强调，只要留心去体会，每个人在有意识地、深思熟虑地去完成某一行为，如将手臂举起来去摘树上的果子时，一定有特定的经验。但这个经验不同于知觉等过程中出现的经验。它甚至比其他经验更复杂，因为它除了有伴随认知而发生的现象特征之外，还有身体的经验，可被称作"现象特征的纯身体的方面"。此外，人在经验身体运动时，不只体验到了发生在身体上的某物，还能体验到自己的行动本身，经验到自己的手、臂等的运动是由自己操控和完成的。而这正是"作为根源的自我（self as source）看起来所是的东西"。③看起来之所是，或感觉起来之所是，恰恰是所有现象特征的共同本质。

霍根认为，承认存在着施动性现象学特征有重要的心灵哲学意义，一方面，它有助于深化对现象学特征、意识、意向性的研究；另一方面，它有揭露功能主义局限性的作用。根据功能主义，心理状态的本质在于有功能作用。但根据认知现象学的研究，心理状态并不完全是这个样子。他说："感性经验从根本上说不

---

① Prinz J J. "The sensory basis of cognitive phenomenology". In Bayne T, Montague M(Eds.). *Cognitive Phenomenology*. Oxford: Oxford University Press, 2011: 181.
② Prinz J J. "The sensory basis of cognitive phenomenology". In Bayne T, Montague M(Eds.). *Cognitive Phenomenology*. Oxford: Oxford University Press, 2011: 174.
③ Horgan T. "From agentive phenomenology to cognitive phenomenology". In Bayne T, Montague M(Eds.). *Cognitive Phenomenology*. Oxford: Oxford University Press, 2011: 64.

是这个样子，它有内在的现象特征。"[①]另外，在霍根看来，否认认知性现象学构造像否认感性经验的现象特征一样，都同样是错误的。简言之，用功能作用说明心理现象犯了简单化错误。例如，现象意识或感觉起来所是的东西远非一个功能作用能说明的。莱文（J. Levine）指出：它有复杂的构成，如"有两种基本构成因素，即主观性和质的（或现象性）特征"[②]。而主观性本身也有复杂的构成：一是其中有经验的主体，它是经验向其显示感觉之所是的东西；二是经验的方式。有主观性一定是从主体的角度去观察、体验的。他说："在有一种经验时，感觉起来所是的某物就表现为主观性。"所谓质的特征，"就是呈现于经验主体面前的种种特征之混合"。[③]

总之，现象学特征有许多不同的种类。现在只认识到一种，并不意味着只存在这一种。由此可以说，心理世界的未知的新大陆有很多，即使是已被发现的新大陆，其内未知的板块、构造还会有很多。例如，过去的主流思潮只承认感觉、知觉、情感有现象特征。通过最近的新的研究，人们发现思想等认知过程也有自己专门的现象特征，即认知性现象特征。现在认识到两种，也并不意味着只有两种。后来被发现的施动性现象特征就是证明。也许客观上还有很多种，当然这有待于我们去发现。

第四节 现象学事实与物理事实的关系问题

这时最棘手的也是长期争执不下的问题是，现象学事实与物理事实的关系问题，具言之，现象学事实是不是物理事实之外的东西呢？如果像我们所说的，现象学事实是具有复杂多样构成和性质的复合体，那么它里面所包含的是否都可被还原为物理的东西，或者说，它里面是否有超物理的、不能归结等同于物理事实的事实。笔者的基本观点是，它里面有非物理的东西，如呈现出来的体验、内容、

[①] Horgan T. "From agentive phenomenology to cognitive phenomenology". In Bayne T, Montague M(Eds.). *Cognitive Phenomenology*. Oxford: Oxford University Press, 2011: 77.
[②] Levine J. "On the phenomenology of thought". In Bayne T, Montague M(Eds.). *Cognitive Phenomenology*. Oxford: Oxford University Press, 2011: 103.
[③] Levine J. "On the phenomenology of thought". In Bayne T, Montague M(Eds.). *Cognitive Phenomenology*. Oxford: Oxford University Press, 2011: 103.

第七章　感受性质：发微、祛魅与真相试探

质的特点等，因为尽管它们由物理的东西所突现，特别是离不开感受的活动，而如我们在我们的心性多样论中已证明的，只要是活动，即使是所谓的心理活动，一定其本身就是大脑或身体的活动，但是那些东西一旦突现出来，就是高阶的东西。由于它是由包括大脑活动在内的复杂的因素共同决定的，是一种函数性质的东西，因此其显然不能简单等同为物理活动或大脑事件。但我们又不能由此说，它们完全是非物理的。道理也包含在上面的分析中，这是因为，一方面，现象学事实中只有部分的因素是高阶性质或实在；另一方面，高阶的东西并非完全非物理的，因为突现它们的基础中包含物理的作用，如离不开作为大脑活动的心内的感受。就此而言，基于知识论证之类的论证得出二元论结论的人，在这里是犯了某种错误的。我们以杰克逊的知识论证及其结论为例，稍作分析。

杰克逊的知识论证版本出现在他的《副现象感受质》（*Epiphenomenal Qualia*，1982年）和《玛丽不知道什么》（*What Mary Didn't Know*，1986年）两篇论文里，其大致可被描述为：一个天赋异秉的女孩玛丽从小生活在黑白的单色房间里，她通过自学掌握了包括色觉在内的所有物理知识，然而当有一天她走出了房间，看到了有色的世界后，她有了一种关于色彩体验的新知识。杰克逊说："这很明显，她（玛丽）学到了世界中某些东西以及我们对它的视觉体验。因此我们可以得出结论说，她先前的知识是不完备的，尽管她掌握了所有物理信息。故存在着比物理知识更多的知识，物理主义是错误的。"① 由于杰克逊的知识论证主要是反驳物理主义的，同时他把物理主义看作是一种本体论主张，因此我们便把这一论证看作是一种强版本的②论证形式。其具体的论证过程可逻辑地重构如下：

（1）P_1（前提）：在走出房间之前，玛丽具有了人类色觉的完备物理知识。

---

① Jackson F. "What Mary didn't know". *Journal of Philosophy*, 1986, 83(5): 292.
② 弱版本的论证是说，没有走出房间之前的玛丽虽然知道所有的物理"信息或知识"，但是并不知道有关色觉体验的"新信息或知识"。弱版本与强版本知识论证的区别在于后者用"事实"取代"信息或知识"。弗拉纳根指出，物理主义分为形而上学物理主义和语言物理主义。形而上学的物理主义主张不存在非物理的个体、属性、关系或事实；而语言物理主义是任何物理的都可以用物理科学的语言所表达。因此，知识论证反对的应当是语言物理主义，而不是形而上学的物理主义。为了避免弗拉纳根所提出的反驳，我们采用了强版本形式，即反对形而上学的物理主义。参看 Flanagan O. *Consciousness Reconsidered*. Cambridge: The MIT Press, 1993: 98.

（2）C_1（结论）：（由 P_1 推出）在走出房间之前，玛丽知道了人类色觉的所有物理事实。

（3）P_2（前提）：存在着某些人类色觉知识是玛丽在走出房间之前所不具有的。

（4）C_2（结论）：（由 P_2 推出）存在着某些人类色觉事实是玛丽在走出房间之前所不知道的。

（5）C_3（结论）：（由 C_1 和 C_2 推出）存在着有些色觉事实是非物理的事实。

从以上论证过程我们可以看出，作为一个理想的思想实验，P_1 和 C_1 是没有什么大问题的，关键在于前提 P_2，即存在着某些人类色觉知识是玛丽在单色的环境中所不具有的。如果没有 P_2，我们就无法推出 C_3。但问题在于：这个前提为什么被杰克逊所接受并且得到很多人的支持呢？我们不准备去沿袭反驳知识论证的"能力假说"（the ability hypothesis）、"亲知假说"（the acquaintance hypothesis）或"新知识/旧事实观"（the new knowledge/old fact view），不断言 P_2 推不出 C_2，或者否认 P_2，而是直接考察 P_2 的由来以及支持 P_2 的常识性基础，以此解构 P_2 的真实性。

一般哲学家把这种色觉知识称为现象知识，即人类从第一人称所经验或感受而得到的知识。这种知识因其具有主观性、私人性而被认为区别于物理知识，并且引起了长期的争论。从文献上来看，最早鲜明提出这种观点并加以论证的是我国哲学史上著名的"鱼乐之辩"。惠施说："子非鱼，安知鱼之乐……我非子，不知子矣；子固非鱼也，子不知鱼之乐，全矣。"[①]这表明古人很早就持有一种常识性的观点，要知道快乐的感受，必须有第一人称或亲自体验。即使随着后来的科学的发展，人们仍然坚信主观感受性是无法攻克的堡垒。1925 年英国的突现论者布罗德（C. D. Broad）提出了一个数学天使论证，他假设一个数学天使虽然知道氨分子的微观结构，但是仍然无法推导出氨分子的刺鼻气味。[②]30 年后，哲学家费格尔（H. Feigl）提到，一个火星人虽然对人类行为有着详尽全面的研究，

---

① 刘文典：《庄子补正》，安徽大学出版社、云南大学出版社 1999 年版，第 489-490 页。
② Broad C D. *The Mind and Its Place in Nature*. New York: The Humanities Press, 1925: 71.

然而却无法共享人类的美好情感。①随着心灵哲学的发展，特别是同一论的出现，哲学家内格尔从主观性与客观性的角度设计了与2000多年前的庄子相似的论证，即我们从客观的角度无法推出作为一个蝙蝠吊挂在岩壁上是什么感觉。这些论证虽然没有明确系统地像杰克逊那样提出反对物理主义的主张，但它们都表明完备的物理知识不是充分完备的，还留有现象状态的知识是无法为这个物理世界所具有的。这种思想深刻地影响到杰克逊，他设想玛丽在出门后会学到某些视觉经验的新知识，所以他说："怀疑它的有效性是明显不妥当的，其前提从直观来说对于他们和对于我显然都是真的。"②

这些类似的知识论证实际上生动地揭示出一个隐含于专家、学者以及普通百姓之中的直觉思维方式，暴露了隐藏在人们心底的民间心理学原则，即存在着一个独立于物理世界的、不可言说的、不具有延展性的世界。这种直觉思维方式被丹尼特称为"直觉泵"。无论是反对知识论证或者支持知识论证的人都受到了这种直觉思维方式的影响。支持知识论证的人从现象知识直接得出二元论的结论；而反对知识论证的人内心仍然存在着二元论的直觉，于是想方设法地避开现象知识，把它看成主体的错觉。丹尼特甚至说，那些反知识论证的人不能抛弃这种直觉，甚至没有认识到"已经被公认为错误主张"而导向了一种循环论证的怪圈。③因此，在没有反思这种直觉思维方式之前，轻易地否定或反驳知识论证是困难的，也是不成功的。

基于包括知识论证在内的思想实验及其二元论结论之所以是错误的，是因为它们只看到了现象学事实中的那些高阶的、事实的、超越的特点（它们的确有其超越性，本身的确不是物理的东西），而没有看到现象学事实具有形式、构成、样式、性质等多样性，特别是没有看到它们对作为活动的感受的依赖性，因此它们陷入了二元论。笔者认为，这里关键是要看到，在现象学事实中，有的构成本身是物理的活动或过程，有的有对物理的、直接的依赖性，而有的阶次较高，但毕竟离不开基础的、物理的东西。下面我们将通过神经生物学的研究成果来走近感受性质，并用神经生物学来反驳杰克逊所提出的黑白玛丽实验。由于当代脑科

---

① Feigl H.*The Mental and the Physical*. Minneapolis: University of Minnesota Press, 1958: 431.
② Jackson F. Epiphenomenal qualia. *Philosophical Quarterly*, 1982, 32(127): 131.
③ Dennett D. "What Robo Mary knows". In Alter T, Walter S(Eds.). *Phenomenal Concepts and Phenomenal Knowledge:New Essays on Consciousness and Physicalism*. Oxford：Oxford University Press, 2007：19.

学对于视觉系统的研究取得的成果较多，而且对于视觉意识更容易进行实验研究，所以我们把重点放在视觉意识的感受质方面。根据当代脑科学家科赫的说法，所谓意识的感受质难题应当是大量的神经元如何会产生出主观的体验问题，它源自人类的概念框架不够完善。

首先，主观感受性体验依赖于脑中的神经元集群。脑功能成像揭示，当有颜色知觉和做颜色判断时，脑的梭状回等区域明显被激活了。某些需要进行大脑皮层手术的临床实验也证明，当医生的手术器械触及某个部位时，患者会报告说产生了某种感觉。事实上，如果枕叶和颞叶的腹侧表面、部分梭状回受到损伤，它们就会选择性地干扰色觉，导致患者知觉到的世界全是灰色，甚至一台彩色电视机图像变成黑白电视机图像。这被称为全色盲。全色盲患者类似于单色世界中的玛丽，他们也通过别人告知或所学的物理知识知道存在着色彩的世界，然而他们并不会认为他们所处的世界与别人的世界有什么两样，而是在共同分享着相同的世界，不同的是视角不同。因此这反驳了"存在着非物理的世界"的观点。

其次，主观感受性体验是神经元集群的综合表征。脑科学家科赫认为，主观体验在进化时具有独特的生物功能，也就是说它和大量信息有关。这些信息在脑中都不是外显的，而是内隐于神经元之中的。不同的神经元包含着数量极大的信息，它们不会主动表征，而是以神经触突进行传递放电。因此，要处理这些大量的信息，大脑就必须使之符号化，"对于大量无法用语言形容，但在某段时间内要用的信息，主观体验特性以符号进行表述。主观体验特性是意识经验的基本元素，它使脑不费吹灰之力就可以处理这些同时而来的信息"[①]。也就是说，所谓的主观感受性就是在处理那些由神经元群所内隐的信息时表现出的高度复杂的特征。这种高度复杂的信息数量极大，并且同时到达，因此表现为类似高度并行的反馈网络所特有的性质。主观感受性就是由这些神经元集群所突现出来的外显特征。主观感受体验是突现的，它是依靠神经元而无法把握的，甚至通过自省我们也不知道它什么时候发生，因此就让人有不可言说的直觉。

再次，主观感受性是一种关系属性，即依赖于表征的属性。常识的直觉把主观感受性当成大脑之中的小人所产生的属性，而且它只能为小人所体验，其他人

[①] ［美］克里斯托夫·科赫：《意识探秘：意识的神经生物学研究》，顾凡及、侯晓迪译，上海科学技术出版社 2012 年版，第 335 页。

无法解释与分享。丹尼特说，这是错把关系属性当成一种例示属性而产生的幻觉。例如，我们在说"一个人高"时，并不是说他有一种高的属性例示出来，因为长得高这种属性是在与别人进行比较时才表现出来的属性。从神经生理学来看，主观感受性虽然与神经元的意义（内隐信息）有关，但是并不等于神经元的意义，而是表现大量的神经元集群的协同活动，它们相互关联，与其他神经元集群竞争，获胜的集群会相互协作，把内隐的信息以同步放电的形式表现出来。不同获胜神经元集群由于其相关的神经元构成的背景不同，主观体验有强有弱，它们构成了外在世界与内在世界联系的桥梁。后来的杰克逊也认识到，主观感受性并不是一种非物理直观属性，它是通过色彩、形状、外延、运动等方面的信息来进行表征的，而这种表征是直接的，例如，看到斜阳呈现给人的美感，这并不是太阳直接呈现给人的。哲学家利康（W. G. Lycan）也说，主观感受性是一种依赖于表征的属性，它是否能被主体所知晓依赖于主体如何表征这种事实。

最后，相同的主观感受性具有共同的神经元模式。人类的大脑虽然很复杂，但人们在对相同的心理活动进行脑功能活动扫描时发现，它们具有相似的活动区域。特别是当代认知神经生物学发现，人类大脑中存在着镜像神经元系统，这个系统不仅使人类能够直接重复别人的动作，而且能够模仿别人的想法、理解他人的意图。意大利神经科学家里佐拉蒂（G. Rizzolatt）发现，在猴子和人类大脑中存在着丰富的镜像神经元系统，它能够通过感觉而非思想理解别人的情感。镜像神经元进一步表明，主观感受性并不是私人的区域，玛丽在掌握相关的神经元活动时也会理解主观感受性，并且会模仿出来。

通过上面的分析，我们来建构一个反驳强知识论证的正面论证：

（1）P_1（前提）：在走出房间之前，玛丽具有了人类色觉的完备物理知识。

（2）C_1（结论）：（由 P_1 推出）在走出房间之前，玛丽知道了人类色觉的所有物理事实。

（3）C_1^*：（由 P_1 和 C_1 推出）在走出房间之前，玛丽应当知道用有关色觉的完全物理知识解释或推导人类色觉的物理事实（或者说玛丽应当知道人们的色觉体验的事实存在，并且可以用物理知识进行解释，例如，丹尼特曾经提到过一种情况，当玛丽走出房间之后，别人把一个涂有蓝色的香蕉让她看，并说香蕉是蓝色的，而玛丽反驳道，"你不要戏弄我，我知道香蕉是黄色的"）。

（4）P_2^*（前提）：存在着第一人称的色觉知识是玛丽在走出房间之前所不具有的，因为在她走出之后，她学到了第一人称的色觉知识。

（5）P_3^*（前提）：根据当代神经生理学研究，第一人称的色觉知识都有着对应的神经功能区域，并且呈现出神经元群集体发放。

（6）C_2^*（结论）：（由 P_2^* 和 P_3^* 推出）第一人称的色觉知识并不是描述非物理的事实，它是从不同的视角来整体性地表征物理事实的。

（7）C_3^*（结论）：（由 C_1^* 和 C^* 推出）不存在有些色觉事实是非物理的事实，物理主义不是错误的。

第五节　关于现象学事实的本质思考

如果现象学事实如我们所说的那样具有样式、性质多样性的特点，那么我们的结论自然是，它内部的不同构成、因素的本体论地位和本质就是不一样的。首先，它们尽管无形无相，但只要作为事实出现了，就一定有其本体论地位。当然，从存在程度上看，多数心理样式不能直接表现为第一性的或实存的存在，而是以第二性存在或亚实存等形式存在的，其内又有程度和方式上的重大差别。

就作为活动的感受来说，它表现为特种形式的大脑活动，因而有比较高的存在地位。就此而言，强调它同一于大脑活动的同一论有一定的合理性。但应注意，我们承认的感受活动与大脑活动的同一是非常有限的。因为这里所说的与活动相同一的大脑活动不是自然的、没有限定的大脑活动，而是由长期进化所塑造且社会化、人文化了的大脑活动。因为能表现心理活动的大脑活动是由大脑系统承担的，而大脑系统是长期进化的产物，里面积淀着复杂的文化和社会因素。同时，它还既有相对的稳定性，又有一定的动态性、可塑性。也就是说，相对于生理学意义的大脑活动来说，作为心理活动的特种形式的大脑活动是以高阶属性的形式存在的。正如卡尔文所说的，在量子力学与意识之间存在着十来个组构层次，如化学键、神经元、大规模皮层的动态活动等，而心理活动是不能在低层次的化学或物理水平上被加以解释的。就此而言，各种反物理主义的论证是错误的，它们充其量只能证明我们在看待世界的时候存在着不同的视角，比如，有第一人称的视角、有第三人称的视角。利康称其为"代词性差异"（pronominal discrepancies）。杰克逊错在把第一人称视角的世界当成一个不同于第三人称的物理世界，并且将其虚构成一种非物理的世界。就形而上学的观点来看，世界实存的也不只是实体，还有属性、过程、关系等实在，相同的实在从不同的视角来看有着不同的表征，不同的视角所呈现的事物是不一样的。利康说，玛丽可能以一种表征形式知道那个事实，但是在另外不同表征下却无法知道那个事实。①例如，有人可能知道早上启明星是金星，但是到傍晚时看到长庚星很难与金星联系起来。这是因为他缺乏这方面的知识或视角。因此，知识论证中玛丽的惊讶不是源自新知识，而是源自视角的不同。

如果从第一人称获得的事实与从第三人称获得的事实都是对同一事实的描述，那么为什么还会产生不同事实的"幻觉"呢？利康的解释是：你可能知道第三人称所有的科学材料，但是并没有许多这方面材料告诉你这像什么。我们不同意这种说法，因为利康等于是在说人类缺乏把物理事实与现象联系起来的能力。事实上，人类并不是缺乏相应的能力，而是由于受到原来的直觉范式的误导，是想象不到。例如，在哥白尼没有提出地球围绕太阳转的思想之前，人们对此是不敢想象的，甚至现在的普通民众虽然有着相应的天文知识，但是他们仍然相信太阳围绕地球转，这并没有给他们的生活带来不便。因此我们说，不同的视野或视觉决定我们采用不同的概念与框架，这套概念框架限定了我们的思维。

第一人称的视角被阿姆斯特朗（D. M. Armstrong）称为"内在感官"。这种内在感官带有比喻的性质，应当类似于佛教禅宗中的"指心见性"禅修之法。剥去神秘的性质，我们相信这种内在视角传达了心理内在直觉性表征信息。按照利康的说法，它可以：①显示它们从特别角度所检测到的对象；②触及对象的不同属性；③给出对象的不同信息包；④提出不同表征模式下的表征内容。比如，对于一个黑暗中倒下的大树，你可以用视觉、听觉等不同感受来描述，虽然它们传达

---

① Lycan G. "Perspectival representation and the knowledge argument". In Smith Q, Jokic A (Eds.). *Consciousness: New Philosophical Perspectives*. Oxford: Clarendon Press, 2003: 387.

了不同信息，但都是对同一事件的描述。

我们为什么要采用不同视角去研究心理呢？这是因为，"无论是表现在个人身上的心理现象还是世界上所拥有的全部心理现象，都不是单一体或单子性的存在，而是由形式多样、性质各异的心理个例和样式构成的矛盾统一体"①。从形而上学的角度来看，世界真实的存在并不是实体性存在，而是表现为个体、过程、属性和关系等多种实在。我们承认，世界存在的只有物理实体，但是相同的实体可以表现为不同的关系或属性。存在的形式多种多样，不同存在形式有不同程度的存在。例如，有随附于物理实体的一阶、二阶或高阶形式的实在。哲学家迈农称其为实在、亚实存和所与（the given）三类。因此，玛丽所获得的知识或事实就是一种高阶形式的实在，它是随附于大脑物理活动的。当然，这种高阶的实存并不是静态性存在，从进化论的角度来看，它是人类在长期发展过程中形成的表达大脑活动综合信息的功能体现，里面不但积淀着复杂的内在信息解码表征，而且也与外在的因素密切相关，因此有着动态性和可塑性［此为神经科学家丘奇兰德（P. M. Churchland）的观点］。因此，我们在描述心理样式的时候，其从物理概念层面上看就是大脑的神经元活动，从心理概念层面来看就是依附于大脑神经元基础的高阶性的实在。我们可以把物理概念层面称为静态性扫描，把心理概念层面称为动态性扫描，它们相互补充可以说明这个由"众多表层属性和内在深层本质组成的系统"②。

另外，人类的心理活动具有整体性、层次性、关联性，单独依赖一种视角无法使我们认识心理全貌。若真的只抓住一点而不及其余，那么会像我们前面所说的形成关于心理的错误的地形学、地貌学。心理活动的整体性体现为心理现象，例如，主观感受性出现并不是只有一种感官参与，它由视觉、听觉、嗅觉等感受系统所共同构成，并且这种主观感受性还涉及相应的其他先前或邻近主观感受性体验。再如，实验室用仪器扫描被视看到克林顿的大脑活动状态时，不但发现了"克林顿神经元"，而且还有其他相应的神经元活动（类似于"美国总统"神经元或者"莱温斯基"神经元），后者就构成了相关的背景。有些全色盲患者虽然看不到色彩世界，但是通过植入相关芯片却可以听到色彩世界。心理活动的层次

---

① 高新民、刘占峰：《心性多样论：心身问题的一种解答》，《中国社会科学》2015年第1期，第27页。
② 高新民、刘占峰：《心性多样论：心身问题的一种解答》，《中国社会科学》2015年第1期，第37页。

第七章 感受性质：发微、祛魅与真相试探

性表现为存在着不同的层级心理过程，如认知科学家杰肯道夫将其分为物理的脑、计算的心智以及现象学的心智。这种现象学的心智就是能够产生感受并且体验到主观感受性。由于层次不同，人类对心智的描述也不同。我们不能用描述物理大脑或计算心智的语言去描述现象学的心智过程。因此，丹尼特提出了"多草案模型"说，认为"哪里有意识心智，哪里就有视点……一个有意识的心智就是一个观察者，他接收到的是所有存在信息的一个有限子集"[①]。其在大脑不同地方和不同时间都有着不同的编辑过程，都有着不同的叙事"草稿"。在此基础上，丹尼特提出了有关心智的带有祛魅性质的理论。

心理活动的关联性在于意识与意向性的关联。作为主观感受性心理活动，其与意向性也是有关联的，也就是说，主观感受性也是有心理内容的，这种心理内容体现为大脑神经元集群的外显表征信息。主观感受性产生的来源可以分为：人类祖先在面对特定情况时神经元所激发的状态并且以固定模块形式遗传后代的先天倾向性；后天个体所形成的大量感受-运动相互作用而形成的综合信息。由于它们受到共时性和历时性因素的影响，并且涉及不同的神经元关联，因此主观感受性似乎是私密的，但是个体主观感受性的差异并不能构成逻辑上存在着共同性。主观感受性与意向性关联的特点表明，人的心理世界是一个具有弥散性、扩散性、渗透性的开放性世界，应当可以为第三者所察觉到。

笔者认为，第一人称与第三人称都是对大脑神经活动过程的反映，只是所截取的部分或要素不同。从上述神经生理学研究可以发现，第三人称关注的是神经元的内隐信息，即神经元的构成、触突、递质等，而第一人称则是从内省角度来关注神经元活动的外显信息或突现信息的。正所谓"横看成岭侧成峰，远近高低各不同"，不同的视角反映的活动是不同的。

当然，上面的结论只适用于现象学事实中的作为大脑或身体活动的感受活动，而不能泛化到现象学事实中别的构成和因素上。因为它们分别处在不同的本体论层次或阶次上，不能等同于物理过程或事实，当然，感受性质是以之为基础而突现出来的，因此不能被看作是二元论所说的非物理的东西。

下面，笔者来总结一下自己的观点。笔者认为，要使这里的认识有意义地向

[①] [美]丹尼尔·丹尼特：《意识的解释》，苏德超、李涤非、陈虎平译，北京理工大学出版社2008年版，第115页。

前推进,第一,当然是要澄清有关语词的指称与意义。就感受性质一词而言,它至少有这样一些指称:①经验的内在的、可内省的属性;②经验的非表征的、可内省的属性;③经验的不可还原的、非物理的属性;④泰伊的看法——上面三种理解都没有抓住该词的实质,因此应予以取消,但如果让它表示人在对经验做出内省时所觉知到的表征属性,那么"我赞成说有感受性质"[①];⑤它不是一种属性,而是一种显现出来的质或特征,再放大一点,甚至可以说是一种体验到了特定的质的状态。

第二,过去不问青红皂白就把它与经验等词等量齐观的做法的确是有问题的。从定性、定量的角度看,感受性质既不同于经验,又不同于经验的现象特征。因为感受性质指的尽管是经验中的东西,但由于经验有复杂的构成,所以感受性质只是其中的这样的经验性质,即"让经验处在相同和不同关系中的性质",因此不能混同于经验。

第三,感受性质与现象特征也应区别看待,因为后者指的是经验本身的属性,而前者指的是经验的被内省到的"表征属性"。例如,在视觉经验中,经验所表征的方、红等属性就是感受性质,而现象特征则是经验本身所呈现出来的东西。

第四,现象属性是经验中的又一特殊的板块或构造,因为它是体现了下述特点的属性,即成为一个主体所是的东西,或处在一种心理状态中感觉起来所是的东西。

第五,现象信念和现象概念在经验中也有特定的本体论地位。它们不是语义学实在,而是心理学实在,例如,现象信念指的是人们将现象属性归属于自己的过程,或所处的相信自己有某属性的状态。它有命题或表征内容。现象内容是由现象特征和表征内容所决定的。

第六,通常所说的现象意识更复杂,其所包含的待研究的问题更多,如所有者问题(现象意识经验是否为物理有机体所具有)、观点的主观性问题、颠倒问题、缺席问题、透明性问题、统一性问题等。[②]另外,现象意识本身很复杂,如里面有现象意识内容和主观的觉知或主观的意识等不同的构成。

[①] Tye M. "New troubles for the qualia freak". In McLaughlin P B, Cohen J(Eds.). *Contemporary Debates in Philosophy of Mind*. Oxford: Blackwell, 2007: 316.
[②] Tye M. "Philosophical problems of consciousness". In Velmans M, Schneider S(Eds.). *The Blackwell Companion to Consciousness*. Oxford: Blackwell, 2007: 23-35.

第七章 感受性质：发微、祛魅与真相试探

问题的复杂性还在于：客观的、物理的世界中有一种新的客观性，即现象意识面前所出现的主观的方面。其特点是，只有在进入主观状态、借助主观的或第一人称的观点去观察时，它们才出现，才能被认识和被把握。但这种主观的方面及其主观性本身发生于客观物理的大脑之内，从特定的意义上说，这个方面本身也是一个客观的过程，因此其又是客观的。可见，经验内的主观的方面十分奇特，在这里，你越是客观，你离它就越远，若用主观的方法，你反倒会很客观。这样说不仅没有否认唯物主义，反而恰恰丰富和发展了唯物主义。它强调的是，世界尽管都是物理的、物质的，但由基础物理属性派生出来的某些经验属性和状态则不适合于用第三人称的客观方法来描述。只有通过进入主观的状态，我们才能完全把握它们。而这样做，又正是客观性的表现。

现象学事实具有不容置疑的本体论地位，其中最为根本和基础的感受活动就是物理运动或过程，其他的构成、样式以第二性或派生性的方式存在。

第八章
自我、自我意识和人格同一性问题的尝试性解答

我们是带着复杂的感情走进这一领域的,一方面,面对西方后来居上且多如牛毛的成果,我们不由自主地产生了强烈的使命感和责任意识;另一方面,面对西方现当代自我研究有向东方回归的倾向,我们既充满着羞愧感,又对做出我们的贡献充满着自信。因为当今西方的自我研究出现了这样一种新倾向,即一大批热衷于自我研究的人,其中不乏赫赫有名的人物,如扎哈维、加拉格尔、斯特劳森、西德里茨等,在东方特别是佛教中喜出望外地发现了自我研究的"新大陆",进而在进行"抢救性发掘"的基础上,做出了各具特色的思想融合和比较研究,从而形成了蔚为壮观的"东学西渐"。瓦雷拉等说:"亚洲哲学,尤其是佛学西渐,乃是西方文化史上的第二次文艺复兴,其对西方文化的重要堪比欧洲文艺复兴时希腊思想的再发现。"① 亨利(A. Henry)说:"近年来,越来越多的哲学家热衷于这样的研究,即怎样把来自现象学的西方哲学思想与来自印度哲学的论自我和意识的思想结合起来。"② 值得特别一提的是,在当今的对自我的跨文化研究中,有的论者甚至表现出了对佛教有我-无我论的狂热崇拜或"发思佛之幽情"、唯佛教是从。他们认为,佛教在自我研究上已为西方做了表率。有些人认为,自

---

① [智]F. 瓦雷拉、[加]E. 汤普森、[美]E. 罗施:《具身认知:认知科学和人类经验》,李恒威、李恒熙、王球,等译,浙江大学出版社2010年版,第18页。
② Henry A, Matthew W, Shane J. "Witnessing from here". In Gallagher S(Ed.). *The Oxford Handbook of the Self*. Oxford: Oxford University Press, 2008: 229.

我研究近年来在心灵哲学中呈现出回归和持续升温的态势；有些人则认为，这得益于佛教自我论在西方的传播。

鉴于国内的自我研究一直比较贫乏，尤其是没有现代意义上的自我研究，甚至对西方当今如火如荼、方兴未艾、成就斐然的自我研究知之甚少，本章的重点将放在对西方自我研究以及与之密切相关的自我意识和人格同一性研究的考释之上。

第一节 概念和问题梳理

古往今来，自我研究除了经常要与"自我"（self）打交道之外，还经常会使用这样一些词，如我、人物（character）、人格面貌（persona）、性格或人格（personality）、同一性、个人（person）等。它们每一个本身都具有多义性、歧义性、模糊性，而且它们之间往往还有同义性、部分重合性。既然如此，不对它们做必要的语言分析，是没法展开相关的研究的。正是看到了这一点，西方自"语言学转向"之后，在这个领域中，就一直重视对有关概念的语言分析。这里将对西方有关语词分析的成果做择要考释。先看对"我"（I, me）的用法与含义的分析。

一般认为，"我"在语言中的运用是有真实所指的。卡斯塔涅达（N. N. Castañeda）强调，只要正确使用"我"一词，"它一定指称了一个它打算指称的实在。第一人称代词，即使没有述谓自身性（selfhood），但大概也指向了作为自我的自我"[1]。刘纪璐（Jeeloo Liu）说："只要一个人在任何陈述中用了'我'一词，不管所透露的信息多少，但她或他就一定有一种自我感。"[2]至于它具体指什么则见仁见智。最常见的观点是，它指的是具体的实在，要么是心理的事物（笛卡儿），要么是物理的事物或肉体（伽桑狄），要么是二者的混合。还有一些人如弗雷格等认为，它指的是抽象实在。其根据是，当两个人用这个词说明自己的情况时，他们例示的东西是不同的。其指称不同，但含义有相同性。这里的含义即呈现方式，而这种呈现方式则是一种抽象实在，是每个人所具有的一种"原始性质"。弗雷格说："每个人都以一种独特的原始的方式显现给自己，而

---

[1] Castañeda N N. "On the phenomenon-logic of the I". *Proceeding of the 14 the International Congress of Philosophy*, 1969, 3: 161.
[2] Liu J. *Consciousness and the Self: New Assays*. Oxford: Oxford University Press, 2012: 5-6.

不显现给别的人。"①意思是说，对于每个人来说都有一个原始的性质，它只为那个人例示，而不对别的人开放。人们所说的"我"就是这种性质。

概括来说，坚持"我"一词有真实指称的一类观点大致有这样一些分歧：①它指的是能散步、吃饭、思考、睡觉的那个个体；②它指的是活着的、有亚里士多德所说的那些灵魂功能的造物；③笛卡儿主义者的看法是，支撑各种心理属性并给予它们统一性、把它们集合在一起的实体；④康德式的观点是，各种经验杂多所从属的、认识得以成为统一体的最后根据；⑤有的人认为，"我"指的是让人有历时性和共时性同一性的东西；⑥在日常生活中，"我"一词的说出代表的是正在说话的那个人；⑦如弗雷格所说的，其指一种抽象实在。

英美语言分析哲学中盛行的是"无我论"，在该词的分析上坚持的是根本不同的致思路径。例如，它分析"我"或"自我"的指称，目的是要否定笛卡儿主义的作为"精神实体"的"我"。维特根斯坦、安斯康伯（G. E. M. Anscombe）和 S. 休梅克等都认为，"我"表面上有真实的指称，其实则不然。根据笛卡儿主义的观点，它指的是一种性质或实体，这种性质可以成为思考和研究的对象。从本体论上说，"我"是有独立存在的地位的，"我"是精神实体。例如，当"我"述说或思考"我"时，"我"便能肯定"我"所指的东西是存在的。这被指的一定是某种东西，它不同于血肉之躯。安斯康伯提出，避免笛卡儿主义自我论的唯一方法就是放弃人们在运用"我"一词时所想到的全部观念。根据笛卡儿主义的观点，我们的第一人称观点和用法具有权威性、不可错性。例如，对于"我"自己的第一人称的认识好像也是这样，好像"我"晓得"我"是一种性质，"我"有到达它的优越通道，因而我们可以如实地认识它，即"我"是以特殊的方式知晓它的发生的。在以这种方式知晓时，用不着属性所有者的辨认或认知。在安斯康伯看来，"我"其实不指称任何东西。即使有指称，指的也不可能是笛卡儿式的实在，充其量只是"实践上的一个必要的东西"②。例如，"我"说"我牙疼"，这里的"我"就是交流上必需的一个条件。它的运用使交流得以成为可能，但并未指牙疼后面还存在着一个在疼的主体，因为"我"是直接知道牙疼的，这个疼

---

① Frege G. "The thought: a logical inquiry". In Geach P(Ed.). *Philosophical Logic*. Oxford: Oxford University Press, 1967: 25-26.
② 参阅 Lichtenberg G. *The Waste Book*. New York: New York Review of Books, 2000: 190.

发生在身体的某个部位，而不是发生在"我"上面。

安斯康伯还揭露了人们相信"我"有真实指称的观点的根源，认为笛卡儿所说的"我"完全是语言指称的产物。正如维特根斯坦在对"思维"做语法分析时所强调的，人们是基于"思维"一词与"撕碎"一词的类似性而构想关于思维的图景的。根据这种构想，思维像撕碎一样是一种行为，既然是行为，它就一定有对象（被思的观念）、有思的活动（想）、有思的空间（心里）、有思的主体（我）。安斯康伯认为，人们也是通过将"我"与其他物理语言进行比较而得出它有指称的结论的。总之，"我"是一个没有指称的词，"我"的使用并没有肯定它指向了什么。这里有一个关于主词的语法幻觉，此幻觉根源于第一人称代词的表面的自我指称本质。[①]佩里（J. Perry）也有类似的看法，他认为，"我"是一个最根本的索引词，而这类词的索引性依赖于该词在其中用来指示所指的语境。用别的词来替换它总会散失它所携带的某些解释力。从指称上说，"我"不是指一个实在，指的充其量是说者的概念与说者本身之间的一种直接关系。这就是说，它的指称是外在主义的、语境性的东西，而非一个实在。可见"我"的运用并未预设笛卡儿式自我或任何隐私的自我。这种观点的实质是：把自我置于语言游戏之中。

维特根斯坦认为，"我"的用法是很多的。有时，它指的是一种表征过程，如我说"我能看到一个红番茄"。这个句子说的不外乎是："一种直接的经验被表征了。"[②]这里的"我"并没有真实指称。另外还有两种用法：一是被用作主体，如说"我将到商店买点东西"；二是被用作对象，当我们把自己说成是公共环境中的具体实在或人类个体时，就是指这种"我"，如说"你不要惦记我""请给我一杯水"等。[③]维特根斯坦也像安斯康伯等人一样，有对笛卡儿主义所说的"我"的解构。这表现在他认为，即使是这些有指称的用法，也不指称实体性自我。

S. 休梅克等也坚持维特根斯坦的方法，但又有自己的创新。首先，他们强调，解决自我问题的出路是澄清、梳理有关语词的用法，而不能一上场就笼统问：世界上或人身上有"我"还是无"我"。正确的进入方式是，分析日常的"我"一词的用法，然后去探讨：用第一人称方式诚实地述说自己的句子中所说的"我"究竟指

[①] Anscombe G. "The first person". In Guatemalan S (Ed.). *Mind and Language*. Oxford: Oxford University Press, 1975: 45-65.
[②] Wittgenstein L. *Preliminary, Studies for the "Philosophical Predestination"*. Oxford: Blackwell, 1960: 88.
[③] Wittgenstein L. *Philosophical Remarks*. Chicago: University of Chicago Press, 1960: 66-67.

什么。其次，他们还强调，日常交流中所用的"我"，是有不同的用法的，其指称是不一样的。例如，"我牙疼"中的"我"，指的就不是一个事物。在这种情况下，"我"就没有辨识一个事物的认知功能。而"我已来到了你门口"中的"我"，指的是"我"这个人。另外，"我"还可以作为指示词或索引词被加以运用，就像"这""那"等词一样。它们可以指代一个事物。但也有差别，如我说"这是一个杯子"，"这"的运用依赖于注意、感知，而我们通常用于述说自己的"我"则无须这个根据，即不用根据"注意"这样的能力来做出分析。[1]

加纳利（J. Ganeri）吸收了佛教关于"我"的用法分析方法和有关思想，他说："第一人称的'我'可从形而上学被加以运用，报告的是第一人称观点的内容，包含着对内在经验主体之非存在的先天承诺。"[2]但他基于无我论，把"这种用法称作不诚实的指称"，意谓该词是一个没有真实对象的、空洞的词，使用该词的人以为自己身上有对应的我，其实不是这样的。还有一种用法是哲学判断中的用法，在这里，为之提供所指是多余的。

斯特劳森是当今能融分析哲学和现象学传统于一体的、十分活跃的哲学家，在当今的自我研究中卓有成就，独领风骚，其论著经常被引用，所提的问题和观点是人们常讨论的话题。在分析"我"的用法时，他也像其他分析哲学家一样强调，这个词不是单义的，但他对它的多种用法有不同的看法，认为它至少有这样一些意义：一是指"一种弱主体"，即某种形式的内在存在，它是"只在某个有经验的时刻才存在的东西"；二是指整个人或强主体。[3]

除了上述两种倾向之外，还有一种带有折中、综合倾向的走向。它要么强调"我"有时有真实指称，有时没有；要么强调它同时有多种用法。在到达这类结论的过程中，"索引词方案"常常扮演着重要角色。由于"我"像"这"等词一样，尽管是实词，但却是极其特殊的一类词，既有别于表示抽象对象的语词，又有别于表示个例的词，因此为了揭示它们的指称和意义，"索引词"已经形成了一个蔚为壮观的研究领域，即索引词研究。由于我们在考察分析哲学的自我论时

---

[1] 参阅 Perry J. "Directing intentions". In ALmog J, Leonardi P(Eds.). *The Philosophy of Kaplan*. New York: Oxford University Press, 2009.
[2] Ganeri J. "Subjectivity, selfhood and the use of the word 'I' ". In Siderits M, Thompson E, Zahavi D(Eds.). *Self, No Self*. Oxford: Oxford University Press, 2001: 190.
[3] Strawson G. *Real Materialism and Other Essays*. Oxford: Clarendon Press, 2008: 156-158.

将专门研究它在这一课题上的工作，因此这里从略。

不同的人、不同的学科都有对"自我意识"的语言分析，从指称上看，它主要有两种指称：一是指作为实在或能力的自我，当然对于它具体指什么，则众说纷纭，如康德所说的先验自我意识和现象学最近所说的前反思性自我意识指的肯定是有本体论地位的东西，但具体是什么则一言难尽；二是指认识、觉知的多种形式中的一种，即对认识者自己的认识、意识，或者说，人在经验的过程中知道经验本身及其中发生的事情。但在坚持第二种分析的人中也有许多不同的看法。归纳起来，大致有如下情况：一是哲学中近来的种一观点，它认为，自我意识指的是两种第一人称现象中的一种特殊的形式。根据这一观点，存在两种第一人称现象，即弱第一人称现象和强第一人称现象。前者指的是人的纯粹的第一人称观点。贝克尔（L. R. Baker）认为，仅有这一观点，人不会有自我意识。要有自我意识，还必须有第二种第一人称现象，即强第一人称现象。它指的是人能把自己看作或思考为自己，即能将这一区分概念化。贝克尔的结论是：自我意识以具有第一人称概念为前提条件。也就是说，当一个人能把自己设想为自己，进而有能力用第一人称代词来指称自己时，人才可能有对自己的意识。[①]二是就自我意识这个词的专门意义而言，它指的是人对自我的意识。我们说一个生物有自我意识，仅说它能自归属经验还不够，还必须承认它能把自归属的经验看作是属于同一个自我。因此自我意识的必要条件是，它能意识到自己的同一性就是不同经验的主体、携带者或所有者的同一性。这就是说，自我意识指的不是一种简单的、随时随地能发生的对自己的认知，而是人在有同一性意识之后的自我认知，其特殊性在于，自我意识不仅意识到自己心里发生的东西，而且能把它们看作属于同一个"我"。这当然是一种更高深的哲学规定。三是社会心理学的看法，如米德（J. H. Mead）认为，自我意识就是基于自己与他人的社会关系而让自己成为自己的对象，或把自己当作对象。质言之，自我意识就是对自己采取他者的观点。根据这一观点，自我意识是一种社会现象，它不是仅仅依靠个人自己所获得的自我认知。换言之，要形成关于自己的认识或意识，人必须生活在社会关系之中。四是发展心理学的看法。根据它的规定，人对自己的意识能力及过程，不是生来就有的，而

---

① Baker L R. *Person and Bodies*. Cambridge: Cambridge University Press, 2000: 67-68.

是一定时间内个体发展的产物,例如,只有当人能通过"镜子检测"时,我们才能说他有自我意识,即如果看镜中的自己,能确认是自己,就是有自我意识。有些动物有此能力,儿童在 18 个月以后也有此能力。神经科学推测,如果人在通过镜子识别自己面部时,神经科学能看到大脑某部分有更明显的激活,那么就有理由说,大脑中的这些区域就是自我意识的神经关联物。法因贝格(T. Feinberg)和基南(J. Keenan)等人的实验证明了这个推论。据观察,被试在通过镜子进行自我面部识别时,他的右前侧额叶部分有明显激活。如果让被试将自己的面孔与别人的面孔进行比较,其激活还会提高两倍。①这些都说明镜中面部识别表现出的自我意识是真实存在的。五是认知科学、心灵哲学基于 FP 研究的看法。它们认为,人之所以有自我意识、之所以能自己认识自己,是因为他们的心理结构中有一种心灵理论或 FP。具言之,自我意识离不开自己经验自己、自己觉知自己的能力,而此能力又离不开具有关于经验的概念。这个概念不能孤立存在,只有在概念之网即在 FP 中,它才能获得它的意义,例如,要把经验看作是经验,一个人必须得有关于对象的概念,等等。根据这一看法,儿童只有到 4 岁时才有自我意识,因为他到彼时才会有心灵理论。六是叙事理论的看法。它认为,人只有在有能力理解和讲说关于自己的生活故事的前提下,才能有自我意识。②

随着现象学的深入发展,自我意识的两种形式及其关系成了当前激烈争论的话题。早在近代,洛克就几乎完整地阐释了反思性自我意识。不过,我们过去在这里常把 reflection 译为反省或内省,而未译为反思。他认为,人在有各种心理活动、状态时,只要愿意,就可借助人所具有的反省能力知道自己身上所发生的事情。这种途径让人又得到了一种认识或观念。它不同于外感觉,因为它反省提供的是关于自己内部状态的认识。这种帮人得到第二种知识的反省或反思不是被反省的心理活动、状态,而是它之外或之上另外生起的活动,用今天的话来说就是,反省是二阶或高阶活动。后来,康德论及的不同于先验自我意识的经验自我意识其实也是今天所说的反思性自我意识。标准的反思性自我意识概念体现在罗森塔尔(M. D. Rosenthal)、卡鲁瑟斯(P. Carruhers)的"高阶思维理论"中。根据这一理论,人对自己的意识实际上是一种高阶思维。如果说当下正在发生的对苹

---

① Feinberg T, Keenan J(Eds.). "Where in the brain in the self ?" *Consciousness and Cognition*, 2005, (14): 673.
② Baker L R. *Person and Bodies*. Cambridge: Cambridge University Press, 2000: 48-49.

第八章　自我、自我意识和人格同一性问题的尝试性解答

果的思考是一阶思维的话，那么对思考本身的知道，即为高阶思维或自我意识。因此，自我意识在本质上是反思性的，离不开心理内部存在的阶次。

扎哈维等新现象学家认为，反思性自我意识只存在于特定的情境之下，例如，我要研究我自己，或要验证别人对我的判断是否正确，我就需要生起一个观察自己的活动，即高阶反思。但就每个人当下的对对象的意识或经验来说，它里面不可能有反思性自我意识，而只有前反思性自我意识。所谓前反思性自我意识即不需二阶性反思的自我意识，例如，人在有对象意识时，清清楚楚地知道这个意识。质言之，任何意识都有这样的本质构成或特征：一是有意向性，有对对象的认识；二是有对这认识本身的认识。在这个意义上我们可以说，意识就是自我意识。它像流水一样，内部没有阶次和主客之分。扎哈维认为，这个概念就是强调自我意识有最低限度的、隐性的形式，认为自我意识并不要求有明确的我思或自我观察，我们可把它描述为自我熟悉的前反思的、具身的形式。[1]鲁珀特（R. D. Rupert）说："现象学中的所有重量级人物都在辩护这一观点，即最低限度的自我意识是有意识经验的恒常的结构性特征。"[2]加拉格尔等说："它不是主题性的或注视性的或有意做出的。确切地说，它是心照不宣的，更重要的是，它完全是非观察的。"[3]所谓非观察，意思是，"它不是对我自己的内省观察"[4]。这一承认的重在性在于，这既是对意识结构的真实的认识，又可避免对自我意识、内省的常见说明的无穷后退。

先就概念来说，"人格同一性"（personal identity）是有多少人研究就有多少赋义的概念。这里译为"人格"其实不妥，它与心理学、法律学、伦理学、人生哲学等所说的人格没有什么关系，应译为"人的"或"个人的"。因为哲学通过 personal identity 要探讨的是每一个个体的人在不同时间中是不是同一个人，在一个共时性的时间点上，作为杂多因素混合而成的个人有没有同一性、统一性。由于译为"人格"已约定俗成了，因此笔者仍对其加以沿用，只是提请读者理解时记住它的实际指称。这里所说的"同一性"（identity）当然没有统一的看法。

---

[1] Zahavi D, Darnas J, Grünbaum T, et al(Eds.). *The Structure and Development of Self-Consciousness*. Amsterdam: Benjamins J　Publishing Company, 2004: xi.
[2] Rupert R D. *Cognitive Systems and Extended Mind*. Oxford: Oxford University press, 2009: 45-46.
[3] Gallagher S, Zahavi D. *The Phenomenological Mind*. London: Routledge, 2008: 46.
[4] Gallagher S, Zahavi D. *The Phenomenological Mind*. London: Routledge, 2008: 46.

一般而言，"同一性"有"相似性"（resemble）与相同性（same）两种用法。前者指的是质上的同一性，如指一个事物实际上相似于（resembles）另一事物；后者指数量上的同一性，如两个事物实际上只是一个事物，如过去的我与现在的我就是如此。作为一个哲学问题要追问的与这两种用法都有关系，例如，现在的我与过去的我是不是一种相似关系？如果是相似关系，那么很多哲学问题特别是伦理学、法哲学问题都不好解决，如法律对过去犯了罪的、现在的某人的惩戒就不是对同一个人的惩戒。因此，哲学的人格同一性概念所用的"同一性"主要是后一种意义的同一性，它关心的是决定一个人在不同的时间中的同一性的东西是什么。或者说，是什么使现在的一个人与过去的一个人成为同一个人。显然，现在的一个人与过去的（假如说20年前的）一个人在各方面都发生了很大的变化，例如，原先是个婴儿，现在是一个年轻人；原先没胡子，现在满脸胡须，如此等等。在特定意义上，两个人看不出有什么相同性。但他自己和周围的人都会把他看作是同一个人。这是为什么呢？

心理学家认为，"人格同一性"这一概念回答了"我是谁"这一问题，即指的是"我"所是的东西。这样一来，它就名正言顺地成了心理学研究的对象。多数哲学家认为，它指的是同一个人在不同时间、不同地点的同一性、持续存在性，即"从某个时刻持续生存到另一时刻的东西，即存在于不同时间的同一个人"。哲学家在这里提出的问题是：是什么让人从某个时刻持续到另一时刻，使他成为同一个人呢？其根据、基础是什么？是记忆，还是物理连续性或心理连续性？[①]从统计上说，这是多数哲学家热衷于讨论的问题，或者说，是在过去经常被提出和研究的问题。在这个问题上，它们是不同的人格同一性问题中的"具有家族相似性"的"共同的"问题。

如果把人格同一性问题也看作是广义的自我研究中的子问题域，那么我们可以说，自我研究是一个集多学科于一体的、包含广泛子问题的庞杂的研究领域。里面的问题尽管多而乱，但又不是不能理出头绪的。它尽管是众多学科驰骋的疆场，但在其中是可以找到主角的。这个主角无疑是哲学，近来，这一研究又主要是由心灵哲学与认知科学领衔和挂帅的。值得特别一提的是，最近随着"东学西渐"的发

---

① [美]埃里克·T.奥尔森：《人格同一性》，载[美]斯蒂芬·P.斯蒂克、特德·A.沃菲尔德编《心灵哲学》，高新民、刘占峰、陈丽，等译，中国人民大学出版社2014年版，第395页。

第八章　自我、自我意识和人格同一性问题的尝试性解答

展,特别是佛教的别具一格的自我论向西方的传播,以及相伴随的比较研究的深入,西方的自我研究在向佛教靠拢的同时,出现了耐人寻味的"问题转向",即由原来的重视本领域的本体论问题,转向了对认识论问题和现象学问题的优先关注。

　　自我所缠绕的问题谜团中,尽管有些属于具体科学的问题,但其核心和主干则是形而上学问题。正是这些问题促成了古今中外绵延不绝的对于自我的形而上学情结。而这些问题又是人们面对许多令人困惑的事实不由自主地提出来的。例如,詹姆斯发现,有这样的"心理学事实":"每一个人类的心灵在那些可以称作'我'或者'我的'创造部分中所感受到的那种完全独特的兴趣可能是一个道德之谜,但是它却是一个基本的心理学事实。"[①]尽管自我是否真的存在是一个悬而未决的问题,但每个人都有关于自我的直觉或信念则是千真万确的、不容回避的事实。在一般人的直觉中,真的有"自我"这是不言而喻和天经地义的。而直觉的形成有时是有根据的。人们的自我直觉的形成主要是基于人对自己的历时性和共时性同一性的认识或推测的。如果事实上有这类同一性,那么不设想有一个自我,就在解释上说不通。人只要活着,不管心理内容和身体状况在不同时空中多么不同,他都一定是同一个人。这就是所谓的人格同一性的事实。马斯洛说:"享有高峰体验的人最能认识自己的身体,最接近真正的自我。"[②]另外,不同人所说的"自我"尽管所指各不相同,但似乎也有相同性。詹姆斯说:"对于不同行业的专家学者,诸如心理治疗师、社会学者、自我心理学者、儿童心理学者,这一词语均各有不同的指意。"[③]当然,里面也有共同性,如包含"自身性"的意思。

　　导致自我的形而上学惊诧的事实还有很多,如人身上有各种各样的属性,即心理的和物理的属性,特别是意识、思维之类的属性、特征。而属性、特征不能独立存在,它们后面有没有一个支撑者、所有者呢?如果有,它是否就是自我呢?另外,人都有自知、自我意识,例如,每个人都可以讲许多关于自己的故事,这些故事无疑根源于自我认识,这种认识离不开一个主体,至少会自发地把某种东西当作是经验的主体。在这里,能认识和被认识的是什么?是否可被称作自我?

[①] [美]威廉·詹姆斯:《心理学原理》,郭宾译,中国社会科学出版社2009年版,第299页。
[②] [美]马斯洛:《马斯洛谈自我超越》,石磊编译,天津社会科学院出版社2011年版,第171页。
[③] [美]马斯洛:《马斯洛谈自我超越》,石磊编译,天津社会科学院出版社2011年版,第170页。

拥有经验的那个东西是否是经验中的事项？此外，当人们思考自我意识、自我觉知与关于对象的认识的差异时，往往会得出这样的结论，有一种纯粹的意识，它只有从第一人称的观点出发，才能被看到，于是人们便推论说它是一种不同的实在。怎样看待这样的推论呢？它们有无道理？莫里森（K. Morrison）对自我问题的起源也做了中肯的分析。他认为，自我问题的提出与人们对人的特征的解释有关。人有两个显著的特征：第一个是自我意识、自我觉知；第二个是随意行为的能力或自由意志。尽管人的随意行为可用物理因果关系来解释，但显然是不充分的。因为人的特点在于：人是自驱动的存在，且具有极高程度的自主性，不完全受制于周围的世界。他说："这些考虑让人得出了这样的结论，人是一种个体，他除了有身体之外，还有一个自我。人也许就是自我与身体的复合体，当然，自我有待于阐释。"[①]

自我研究涉及的问题尽管多而乱，但我们可以根据问题的性质以及解决的方式，对它的问题域做以下梳理和归类。

一、自我研究的形而上学问题

自我研究的形而上学问题又可分为以下子类。

（1）本体论问题。把自我描述为一个事物（如实体）是否恰当？换言之，应把自我看作是存在库存清单中的一员吗？它有无本体论地位？如果有，其地位是什么？是一还是多？是具体的存在物还是抽象的存在物？或仅仅只是社会的、心理学的构造？或是从神学科学上推论出的幻觉？如果自我真的存在，它在我们的有意识生活中有何作用？它何时出现、起源？怎样起源、演变？

（2）起源与本质问题。如果对上述问题做了肯定的回答，那么就必须进一步回答：自我何时出现？怎样起源、演变？是什么样的事物？是物理的，还是纯心理的，还是同时有物理和心理双重属性的实在？抑或是别的什么？有的人认为，可把自我是什么这一本质问题分解为这样一些更小的问题："我"由什么构成？"我"有哪些组成部分？"我"是抽象的还是具体的？"我"在时间上绵延吗？"我"的

[①] Morrison K. "Self". In Guttenplane S (Ed.). *A Companion to the Philosophy of Mind*. Oxford: Blackwell, 1994: 551.

哪个属性对于"我"来说是必不可少的?哪一些是偶然的?①

(3)关系问题。这里极为复杂,我们可分出这样几类:第一,自我与心、身的关系问题,或如佛教所问的,自我与五蕴(人身上的色、受、想、行、识)的关系问题——自我在五蕴之内还是在它们之外?如果在它们之内,自我是五蕴当中的哪一蕴或哪几蕴?与它们是什么关系?自我如果不在五蕴中,它又以什么形式存在?第二,自我与他人、文化、社会环境是什么关系?第三,自我与自然界、生物进化是什么关系?第四,主体与自我的关系问题。对此,人们的争论很大,存在着多种不同的观点:一种观点认为,二者没有什么区别,可被看作等同关系。这是常识和传统哲学中的一种较流行的看法。因为一般认为,有意识的主体是统一的、追求幸福的、持续的、本体论上独特的、有界的东西。而这正是作为经验所有者、思想者、自主体的"我"。它正是对象呈现于其上的东西。另一种观点是强调它们不同。因为所谓主体,指的是对世界的从观点出发的觉知的例示,是相对于对象或客体而言的。而自我既可以作为主体,又能作为观点、财产的所有者以及行动的施动者、主宰者(自主体,agent)等而存在。就此而言,自我的外延大于主体。还有一种观点关心这样的问题,即主体与身体是何关系,这里有两种选择:一是认为身体是属于主体的对象,这种主张承认了主体的具身性;二是认为经验主体从构成上说就是身体。罗格朗(O. Legrand)认为,经验主体不仅是具身的,而且本身就是身体性的主体。根据这种对主体的理解,主体与自我的关系是包含关系,即主体包含了自我的基本意义。②第五,自我与意识、自我意识、人格同一性的关系问题。我们在本书第十六、第十七章将专门讨论这个问题,这里从略。

(4)自我的特点问题。例如,自我是不是始终同一的?是不是一成不变的?这些问题其实是对自我本质的具体的进一步追问。而哲学家在追问这些问题时,常把它转换成人格同一性问题。在此意义上,人格同一性问题是自我研究中的子问题。人格同一性问题要问的不外乎是:说一个时间中的自我同一于另一个时间中的自我意味着什么?自我同一的根源是什么?另一个问题其实是自我同一、续

---

① Olson E. *What Are We? A Study in Personal Ontology*. New York: Oxford University Press, 1999: 3-6.
② 参阅 Henry A, Matthew W, Shane J. "Witnessing from here". In Gallagher S(Ed.). *The Oxford Handbook of the Self*. Oxford: Oxford University Press, 2008: 231.

存的条件问题。只要进入这些问题，又必然涉及这样一些形而上学的元问题。例如，自我续存、以同一不变的方式存在的标准问题，这是人格同一性问题中的一个问题，即人之内有无不变的东西，如果有，它是什么？其标准是什么？一种观点认为，这个自我是笛卡儿式的自我，即精神实体，分析行为主义者如安斯康伯反对根据形而上学思辨来确定"自我"的指称。如前所述，自我研究领域的开辟主要是要解释有关的、令人困惑的事实。例如，这里就有这样的事实，即人的思想是连续的，并且知道这种连续性，知道刚过去的思想是自己的。詹姆斯说："在每一个个人的意识中，思想感受起来是连续的。这一命题有两个意思：1.甚至在存在时间断裂的地方，在这之后的意识感受起来就好像它作为同一个自我的另一个部分，完全和在这之前的意识同处一处。2.意识的性质从一个时刻到另一个时刻所发生的变化，从来都不是绝对突然的。"①这是为什么呢？根据是什么？另外，还有这样的事实必须予以解释：例如，在醒着的一天里，只要这一天还在继续，我们就可以感觉到它是一个单元……它的所有部分都是彼此紧挨着的，没有任何相异的东西侵入其间。这是为什么呢？更不好解释的是，即使客观存在着时间和空间的断裂，例如，人睡了几个小时，昏迷了一段时间，前后的经验被分隔开了，但只要清醒了，人又能把连续性接上，知道哪些经验是自己的，哪些不是。在药物引起的无意识中，"在癫痫和昏厥所造成的无意识中，有感觉力的生命的断裂边缘，可以越过那个裂口，相遇并且融合起来……它们感受起来是没有断裂的"②。还有，每个人不会错认自己。"如此确定的是，这个现在就是我，是我的。同样确定的是，任何带有同样的温暖、亲密和直接性质的其他东西，就是我，是我的……凡是带着这些性质显现的过去的感受，都必须要得到当前心理状态的迎接，被它所拥有，并且与它共处在一个共同的自我之中。"③

二、自我的认识论问题

该问题里面也有很多子问题，当前讨论最多的是：人事实上具有的自我认知、

---

① [美]威廉·詹姆斯：《心理学原理》，郭宾译，中国社会科学出版社 2009 年版，第 242 页。
② [美]威廉·詹姆斯：《心理学原理》，郭宾译，中国社会科学出版社 2009 年版，第 242 页。
③ [美]威廉·詹姆斯：《心理学原理》，郭宾译，中国社会科学出版社 2009 年版，第 244 页。

自我信念、自我感究竟是什么；是从哪里来的；其产生和形成的根源、条件是什么；这类认知是什么性质的知识；是不是实在的反映。另外，许多研究是围绕着自我意识展开的。如前所述，"自我意识"一词有歧义性，例如，其有时指的是自我本身，有时指的是作为意识的自我（自我=明见性、自明性意识），有时指的是对自我的认识、以自我为对象的认识。认识论研究关心的是后一意义的自我意识。此处争论的问题是，自我意识是否是觉知人自己的自我的一种形式呢？要回答这个问题，我们先必须有对"觉知本身"的明确认识。根据德雷斯基（F. Dretske）的看法，觉知有两种形式：一是直接觉知，二是命题性觉知。在直接觉知中，被觉知的对象是一个特定的事物或属性。在命题性觉知中，被觉知的对象是一个命题或一个事态。二者的差别在于：前者形成了一种透明的语境，后者的语境则是不透明的。自我意识可同时根据这两种觉知来加以理解和说明。例如，根据前一种觉知，自我意识可被看作是对自我的直接觉知。根据后一种觉知，自我意识可被看作是对自我有如此这般属性或处在如此这般关系的命题性的觉知。[①]当然，不同的人对此有不同看法，例如，有的哲学家认为，不可能有直接觉知意义上的自我意识。休谟认为，在直接觉知中，人们是碰不到自我的；有的哲学家认为，如果自我有具身性，那么我们无法用直接觉知的方式去把握自我。根据对命题性觉知的说明，我们充其量能觉知到自我所具有的属性和关系，但绝对觉知不到自我本身。自我意识的认识论问题在最近几十年受到了心灵哲学和认知科学的高度关注，其争论的热点和焦点问题主要有：①自我意识是否具有可免错性，或是否有对错误的免疫性，近来的争论是围绕着这样的观点和论证而展开的，即人们的自我指称、指认具有免错性、不可怀疑性，早在近代，笛卡儿的"我思故我在"就已表明，一切都可疑，但在怀疑的我的存在是不可怀疑的，埃文斯等现代哲学家进一步明确提出了"免错性"或"对误判的免疫性"（immunity to error through misidentification）之类的概念，根据是"我"在把"我"自己看作是经验的主体时，在思考不同时间点上的"我"时，在思考这个想法时，"我"不会像思考外物那样要用到同一性的标准之类的东西，"我"会有直接的认识，且不会

---

① Bermúdez J L. "Self-consciousness". In Velmans M (Ed.). *The Blackwell Companion to Consciousness*. Oxford: Blackwell Publishing, 2007: 459.

犯错误，最明显的是，每个人不会把自己与别人搞混了[①]；②关于自我的认识的来源问题——是来自自己对自身的认识，还是来自别人的告知；③自知的范围问题——人对自我的认识究竟能达到什么样的范围和程度，能否认识自我内部的一切，能否直接认识到自我本身，自我是不是黑箱；④自我意识的功能作用问题——其作用是确定的、重要的，但它究竟有多大[②]；⑤自我意识是否依赖于某种元表征能力[③]；⑥自我意识的种系发生和个体发生是什么。目前对其个体发生的研究很多，例如，有的人认为，自我意识的高阶能力在 4 岁时就作为整个"心灵理论"的组成部分被突现出来了。

三、心理学问题

心理学问题关心的主要是人的自我指涉经验（self-referential experience）之类的心理现象。它强调：即使没有独立的自我，每个人也都可以有指向自我的心理，如各种指向自己的认知、情感经验的心理行为，每个人都会把自己作为对象来思考、欣赏，都会为之懊恼、悔恨，对之进行斥责，如自我批评、自责，等等。这些与自我有关的心理现象已成为心理学、发展心理学、认知神经科学的共同对象。

四、神经科学、精神病学问题

神经科学、精神病学问题，亦即科学说明和理论成果的应用问题。这类自我研究正着力研究的问题有：自我能还原为神经过程吗？如果是这样的话，能说明自我和自我意识的神经机制是什么吗？不能被还原为大脑功能的自我方面究竟是什么？自我是社会的，还是语言的、精神的现象，抑或是它们的总和？能用计算术语建模自我吗？中央区域的什么特征在自我加工中起着重要作用？自我与意识之类的特性有何关系？我们的方法论对我们把自我与大脑关联起来有何影响？自我研究的应用问题主要是指：这里的研究成果能否被应用于人工智能和计

[①] 参阅 Evans G. *Varietiey of Reference*. Oxford: Oxford University Press, 1982.
[②] Bermúdez J L. "Self-consciousness". In Velmans M(Ed.). *The Blackwell Companion to Consciousness*. Oxford: Blackwell Publishing, 2007: 465.
[③] Bermúdez J L. "Self-consciousness". In Velmans M(Ed.). *The Blackwell Companion to Consciousness*. Oxford: Blackwell Publishing, 2007: 465.

算机科技？能用计算术语建模自我吗？如果能，我们应怎样具体加以实施？等等。如前所述，当前，自我研究出现了这样的新变化和新特点：首先，许多新学科如认知科学、脑科学，甚至认知实验等都加入了研究的行列；其次，自我从纯理论实在转变成具体的可测量的事物，至少学人有这样的追求。扎哈维等人在《面部和归属》（Faces and ascription）一文中就从实验科学的角度对具体化自我现象做了研究。他们集中讨论了当前自我研究关注的两个方面，即自我面部认同和从属性自我归属任务。[1]神经科学对此已做了大量工作。有这样一种有影响的假定：如果大脑中有一个区域在人识别自己面部时表现出更明显的激活（不同于识别别人面部时所出现的激活），那么大脑中就有相关区域成了自我的中枢关联物的核心部分。这一方案的问题有两方面：①对关于自己面容的视觉表征的认同是否应被看作是自我经验的根本例示；②从社会文化角度来说，面部自我认同所例示的自我经验形式是否会枯竭。在近来的大脑成像实验研究中，从属性自我归属任务成了寻找自我神经关联物的主要途径。这个任务就是把被试放在适当的大脑扫描情境中，向他们提供一个包含许多形容词的文档。例如，在他们的大脑被扫描时，研究人员要求被试以不同方式对形容词做出评价，其中一个就是要求他们评价某个词是否适合于描述他们。实验人员分别用正电子发射断层摄影术（positron emission tomography，PET）和功能磁共振成像（functional magnetic resonance imaging，fMRI）技术对被试做出观察。获得一定的成像后，再来做比较研究，如让被试完成他者归属或妈妈归属。接着，再来比较两类成像的差别。如果有明显不同，就表明大脑中有自我经验的神经关联物。这些研究表明，自我已成了实验测量的对象。[2]扎哈维说："在大脑中寻找自我的定位已成了几个世纪以来意识研究的一个目标。当然，这个问题仍是科学、哲学和心理学的巨大奥秘。"[3]有的人认为，大脑中没有孤立的模块，因此自我不存在于某个狭小的地方，或与某个模块相关，而是与大片脑区有关，如与右半球有

---

[1] 参阅 Zahavi D, Roepstorff A. "Faces and ascription: mapping measures of the self". *Consciousness and Cognition*, 2010, 10(11): 141-148.
[2] Zahavi D, Roepstorff A. "Faces and ascription: mapping measures of the self". *Consciousness and Cognition*, 2010, 10(11): 141-148.
[3] Zahavi D, Roepstorff A. "Faces and ascription: mapping measures of the self". *Consciousness and Cognition*, 2010, 10(11): 141-148.

关。扎哈维等认为，应寻找使自我认同和自我经验成为可能的中枢构造与机制，而不是去寻找自我的神经关联物，这比寻找自我的大脑定位要合理得多。因为寻找神经关联物存在着范畴错误。[1]

奥尔森（E. T. Olson）也有这样的看法，即人格同一性问题尽管有多、乱、不统一的一面，但同时又有其内部的统一性和逻辑性，有核心的、带有共性的、为大家所共同关心的问题。他认为，带有哲学意义的人格同一性问题主要有以下几个。

（1）持续性问题或人的历时性同一性问题。例如，一个人能否从一个时间到另一个时间续存或持续存在？如果能，是什么使然？我们在时间中的持续存在由什么所决定？什么决定了过去的你和未来的你是同一个你？什么让你的存在走向终结？当你指着一个老照片说"那就是我"时，是什么让你做出这个判断？[2]持续问题还有一个为哲学和宗教共同关心的问题，即人在死后是否继续存在？换言之，肉体死亡后，还有无东西续存？如果有，那是什么？持续问题要问的实际上是：在人的众多特征中，有没有一个特征或实在或属性能贯穿始终。

（2）共时性同一性问题，即我们当下的许许多多的构成部分是由什么决定的？就像地球上当前的总人口一样，这种人口状态是什么使然？这里要问的不是是什么引起了当前有这么多人，而是问这么多人依赖于、根源于什么。同样，人的同一性的共时性问题要问的是，由多元因素构成的人有没有让这些因素统一的决定性的因素？"多"为什么可以成为"一"，如以一个人的形式呈现出来？这也就是别人所说的"数量问题"。

（3）关于人的本体论问题。这里的本体论问题指的是关于人的形而上学本质、本根、本原的问题。例如，人的最一般、最根本的特征是什么？这是人格同一性问题中最深奥的一个问题。也有许多子问题，例如，在最根本的层面上，我们由什么构成？我们完全是由物质构成的吗？除物质之外，我们身上还有无别的构成？我们能超出我们的皮肤吗？或者说，我们比身体是大还是小？我们的空间界限在哪里？如果我们有界限，这个界限是由什么决定的？如果我们能超出皮肤，这是由某种有意识的觉知所使然的吗？从本体论上说，我们是独立的存在呢，还

---

[1] Zahavi D, Roepstorff A. "Faces and ascription: mapping measures of the self". *Consciousness and Cognition*, 2010, 10(11): 141-148.
[2] Olson E T. "Self: personal identity". In Banks W P(Ed.). *Encyclopedia of Consciousness*. Oxford: A Cademic Press, 2009: 301.

是依赖于某种别的事物的方面或状态？以绳上的结为例，结不能离开绳子，只是绳子的一种状态，就此而言，绳子就是形而上学哲学家所说的实体或本体，结只是属性，每个人的"我"是像结还是像绳子？人格同一性还附带有这样的问题，即每个人都会关心自己的未来，今天之所以努力，目的是想让其未来更幸福。另外，一般明智的人，都会对未来做出设计或规划。之所以有这样的行为，是因为人的自我认知中有这样的认识，即未来只要还存在，就有一个"我"，他与今天的"我"是同一个我。人格同一性问题在这里要追问的是：每个人都为之关心、为之着想的"我"，与现在的"我"真的是同一的吗？人对未来的"我"的认同意识是怎样的？有无根据？

西方现代自我研究的三次转向颇值得玩味：第一次是我们都熟悉的语言学转向，伴随着这一转向，维特根斯坦等人对与"我"有联系的一系列语词做了创造性的、有助于澄清混乱的分析，并催生了一个重要领域，即以"我"为重头戏的索引词研究。这已成为有关学科中具有意义理论、指称理论、心灵哲学等多重意义，受到广泛关注和持续升温的研究课题。第二次和第三次转向分别是最近的、有一定联系的认识论及现象学转向。长期以来，自我研究以本体论或形而上学问题为中心和出发点，好像这既是天经地义的，又有内在的逻辑必然性。因为要解决自我的认识论之类的问题，首先要回答本体论问题，例如必须先知道："我"是否存在？有无"我"？如果有，"我"是什么？"我"是谁？然后才能去回答认识论之类的问题。这一逻辑由于理论和事实两方面的原因，在现今的自我研究中被推翻了，甚至被颠倒过来了。其结果就是：自我研究的出发点和重心已经从本体论问题转向了认识论问题和现象学问题。根据转向的逻辑，过去的以本体论为中心和出发点的自我研究，是注定要走进死胡同的。事实上也是这样，研究越多，混乱就越多、越大，问题解决的前景越渺茫。因为在追问自我是什么等问题时包含了对自我的预设，而有无自我恰恰是需要作为前提来加以探讨的对象。另外，传统的研究进路纵容了本领域的概念混乱。而不事先清理概念，必将无功而返。根据转向的逻辑，对自我的研究必须从确凿无疑的事实出发。在这里，自我肯定不是这样的事实，只有人们普遍持有的自我认知或观念，只有自我感、自我信念，才是客观的事实，才能作为进一步研究的出发点。转向后的自我研究的特点是，用描述现象学之类的方法弄清人的自我感的内容、特点和形成过程及其原因，然后在适当的条件下转向本体论之类的问题。

第二节　自我研究的意义与西方有关研究的批判反思

自我是一个奇怪的对象，你不对它进行思考时，你对什么是"我"，特别是你与别人的区别和界限，清清楚楚，但只要你对它的思考达到一定的程度，特别是从哲学上进行深度剖析时，你就会变得糊涂起来，甚至对"我"是谁、有没有"我"等问题陷入如同盲人摸象一样的窘境。人格同一性问题更是如此，人们只要去思考它，就会有如同坠入五里云雾的感觉。

但这样的思考和研究，对于哲学和科学来说是不可避免的。例如，如果没有对自我的正确理解，我们就不可能有关于人的本质、人的世界的正确理解，伦理学、法理学将失去可靠的基础。特别是，自我研究对心灵哲学和认知科学有举足轻重的意义，因为对自我的理解不同，由之而成的心灵观就一定不同。例如，如果认为自我像传统哲学二元论所设想的那样，是小人式、单子式实体，那么就会建构像专制国家一样的心灵模型。"心灵观"（view of mind）是最近才开始在心灵与认知研究中流行的一个概念，指的是心灵哲学中的这样一种研究实践或理论，即对心灵的总的构成、结构、运作、动力的最一般的研究，或关于心灵的总体的构想或观点，在形式上类似于世界观和人生观之类的概观性理论。但它在进行具体研究时又没有陷入空泛的议论，这主要是因为它有具体但又没有偏离形而上学性质的展开进路。其主要工作是展开对心灵的地理学、地貌学、结构论、运动论和动力学的研究。尽管概念是新造的，但心灵观的研究事实上早已有之，例如中国的儒道、印度的佛教及其他宗派等，尽管没有说过心理地理学和结构论之类的话，但确有从这些维度切入的研究，有类似的思想。由于心灵观研究是带有整体论性质的工作，是对心灵内部的构成、图景和运作的整体构想，因此任何心灵观的建构都必然要触及自我和人格同一性问题。

东方古代有远胜于西方的发达的自我研究，其正是建立在对自我的举足轻重的地位的深切体认之上，例如，看到对自我的认识既有科学和哲学等学理意义，又有人生解脱论意义。甚至在佛教那里，是凡是圣，生存状态是好还是坏，生存质量是高还是低，完全取决于对自我的看法与态度，如执着有实我，身在天堂犹如生活在地狱，反之，若破掉我执，即去凡成圣，地狱变天堂。在佛教中，证菩提、得菩提，即彻底觉悟，是人生的最高境界、究竟解脱，而这完全取决于是否认识自我的本来面目。用佛教的话来说，如实知自心、知我，即得菩提，即成佛。"欲知菩提，当了自心，若了自心，即了菩提。何以故，心与菩提真实之相，毕竟推求俱不可得，同于虚空故，菩提相即虚空相，是故菩提无所证相，无能证相，亦无能所契合之相。何以故，菩提毕竟无诸相故。"①"了悟心，即是佛。"②事实也证明，佛正是如实知自心才成佛的。"佛本学时在佛树下，所达诸法成最正觉，畅解一切众生境界，悉无颠倒，晓了诸法，皆为自然，不著无处……如来至真。"③与上密不可分的是：全部佛教，即佛所宣示的教法、证法，都是建立在如实知自心的基础之上的。佛说："我依内身证法、说法。"意思是，佛所证的真理（法）、所宣说的真理，是通过对内身的谛观、深掘、发明而得到的，是依圣智内证的。是故可说，佛法说的就是佛"自内身圣智境界"④。佛类似的说法还有很多，例如，"我为圣人，说我内身自所证法，为诸凡夫说诸觉观境界"⑤。总之，许多经论的宗旨是"为令一切了自心"、了自我。⑥

自我研究不仅有形而上学和心灵哲学等方面的学理意义、有人生哲学方面的实践价值，而且对人工智能、计算机科学的进一步发展也有不可估量的意义，因为它们要想模拟和超越人类智能，不可或缺的条件就是弄清人类智能中的自我的本质特点及运作机理。首先，根据最新的研究，人类智能的特点是既有对象意识、有意向性，同时有前反思自我意识、有元自我觉知，即知道自己在不同时间（自我历史）是同一个人，自己是自己思想和行动的作者（自主体），自己不同于环境和他人。人工智能科技要想研制出真正的智能，无疑要解剖上述人类智能的特点、生成机理和条件等。其次，新的自我研究对于认识精神病的病因、探讨精神的调适与治疗方法都有理论支撑的作用。例如，帕拉斯（J. Parnas）等人在从精

---

① 《守护国界主陀罗尼经》卷1，《大正藏》第19册，第527页。
② 《须臾智经》，转引自明就仁波切《根道果》，海南出版社2010年版，第37页。
③ 《济诸方等学经》，《大正藏》第9册，第377页。
④ 《入楞伽经》卷7，《大正藏》第16册，第558页。
⑤ 《深密解脱经》卷1，《大正藏》第16册，第667页。
⑥ 《守护国界主陀罗尼经》卷1，《大正藏》第19册，第528页。

神病学角度研究自我时明确提出，他们的目的除了是要"获得关于自我的更好的现象学理解"之外，还想"更好地理解关于精神分裂症的无序自我的心理病理学结构"，最终为精神病的调节和治疗提供根据。他们的现象学理解是，这类疾病改变的是人的自我意识，而不是实在本身，如让自我意识发生深层的蜕变、质变或变态。如果是这样的话，那么精神病学家就可以根据自我意识方面的表现来判断人的精神分裂症及其严重程度。其一般的表现是：异常自我意识常常是无中心的、不连贯的、矛盾的、无组织的。可以说他们失去了意识的内在统一性、意志失控，其内成了"无指挥的乐队"。有的人甚至认为，患者的"我"往往变成了多，丧失了"我"的界限，如失去了思想的方向性。总之，自我意识的紊乱不只是经验的一种表现，而成了患者心理的一种构造。[1]如果是这样的话，精神病的调适和治疗就有了前进的方向。

当前自我研究最突出的特点是：以心灵哲学为主角，多学科"齐抓共管"。最重要的是，认知科学成了这一领域的一支生力军。它的介入的一个重要结果是让古老的自我研究孕育着革命的生机。随着它的图式的转化，随着4E（具身性、嵌入性、生成性和延展性）理论的发展，一种新的心灵观和自我论，即宽心灵观、宽自我论，应运而生。它突出心灵、自我的情境性、生态性、延展性，认为心灵和自我不再是封闭于头脑中的东西，而是延伸到了头脑之外，将身体和外部世界作为自己的有机构成。沃格利（K. Vogeley）和加拉格尔说："自我既是经验性的、生态性的，又是自主体性的；它们常常进行反省评价和判断活动；它们还能表现为各种形式的自我认知、自相关认知、自我叙事、自专用知觉和运动。在这些活动中，与其说自我在头脑中，不如说在世界中。当然，它们在世界中更多是作为主体出现的，而非作为对象。"[2]

神经科学和精神病学等在多学科的自我研究中也发挥着以前从未有过的重要作用。有的鉴于神经科学至今仍未看到作为实在的自我的踪影，于是改变思路，转而研究人的自我感的经验根据、机制。如果有其神经关联物，那么它们是什么呢？有的人致力于研究这样的本体论、本原、本质问题，例如，如果存在着自我，

---

[1] Parnas J, Sass L. "Self-consciousness in schizophrenia". In Gallagher S(Ed.). *The Oxford Handbook of the Self*. Oxford: Oxford University Press, 2002: 523.
[2] Vogeley K, Gallagher S."Self in the brain". In Gallagher S(Ed.). *The Oxford Handbook of the Self*. Oxford: Oxford University Press, 2008: 129.

有无与自我对应的物理过程或实在呢？自我根源于什么？什么引起了人们所说的自我？有的人说，大脑使自我的形成成为可能。[1]其实，大脑只能使自我感的形成成为可能。因为在有关的实验研究中，被试是没法报告自己的作为实在的自我的，即使真的有这种自我也是如此，只能报告自己的自我感觉和有关的经验、想法、情感等，研究者借助工具、仪器对被试报告他们经验时发生的大脑过程的观察显然不是对自我的观察，充其量是对自我感的观察。最近对自我的神经科学研究可以说发生了"根本性变化"。一些新的工具和仪器的引入，使对自我的实验研究才真的变成了现实，才真正开始了其"现代化"的历史。例如，人们已开始用功能磁共振成像技术研究人的自指（或自我指涉）加工。脑电图（electroencephalogram，EEG）技术当然是最常用的工具，它也被用来研究自指加工。这种加工是当前神经科学自我研究的核心关切。

在西方，关于自我、自我意识和人格同一性的研究，尽管其成果难以计数，但并未见实质性的进展。在某种意义上我们可这样加以比喻：已有的研究就像瓶子中的苍蝇，看似前途光明，但没有一处是出路。许多西方学者也看到了这一点，有人指出了"不究竟"的问题，并倡导对已有研究特别是对被探讨的问题做批判性反思，还有人倡导各种"转向"，寻找究竟之法。这里，笔者将在择要总结其主要成果的基础上，从比较研究的角度对这里的问题做一些断想和思考。

要解决自我等兼具哲学性、科学性、应然性和规范性等多重性质的问题，仅靠一种文化的智慧是远远不够的，而是必须整合多种文化的力量，诉诸比较研究。因为各民族哲学都是心、生命的显现、流露，里面一无例外都有真的方面。每种文化都从特定侧面、角度为人类奉献了自己的真理，因此探讨各种传统和文化，找到它们对真理的局部贡献，适当加以提炼和整合也是发现真理的一条途径。日本热衷于比较元问题研究的学者中村元说："通过与不同性质的思想的质疑和辩驳，可以从中揭示出新的东西。"[2]许多比较学者也有这样的认同，即不管是东方还是西方，不管是科学还是非科学，都包含真理的颗粒。而比较研究正是发现这些颗粒的必要途径。正是看到了这一点，西方最近不仅有强调比较研究的声音，而且已有实际的行动，进而使自我论、人格同一性理论的比较研究成了西方比较

---

[1] Northoff G. "Brain and self". 2013-07-28. http://www.capnnh.com/ content/7/1/28.
[2] ［日］中村元：《比较思想论》，吴震译，浙江人民出版社1987年版，第1页。

研究做得较多，且较成熟的一个领域。在自我论的比较研究中，我们明显可见这样一种新的倾向，即"发思佛之幽情"、回归佛教、唯佛教是从。其结果是，许多西方思想家有近于佛教的思想，特别是许多人受佛教的影响，一般倾向于佛教的针对实体主义的无我论和针对虚无主义的有我论。笔者认为，对东西智慧的关注和挖掘、对不同文化自我论和人格同一性理论的比较研究，还仅仅只是开始。这里还有广大的值得开发的处女地，而这又是让人类的自我认识实现质的飞跃、获得究竟理解的必由之路。即使西方现在非常重视对佛教的挖掘和与它的比较研究，但仍可以说，这样的工作只是开始。对此，我们在第十章以局部问题为例做了分析和说明。这里想特别强调的是，中国古代哲学对自我及心灵观问题也有大量充满个性的探索，因此也是一个极有价值（但西方的比较研究对此关注不够）的课题。

如前所述，已有自我、人格同一性问题研究的最大问题是没有触及实质和要害。用中国哲学的话来说就是，没有抓住主要矛盾或"牛鼻子"，只找到了治标之策，而未找到治本之要。西方学者自维特根斯坦等以来，许多人也有同感，也在探寻究竟之策，发起各种"转向"就是其表现。

笔者认为，要找到解决自我问题的根本出路、究竟之法，首先，必须对提问方式和一直在为人们不加批判地所加以探讨的问题做批判的反思。例如，下述追问进路中作为首要问题被加以探讨的问题就值得批判。即使不是所有的人，至少很多研究自我的人至今仍一上场就想回答：人身上除了心理和生理的元素之外，还有无一个起主宰、支托或实体作用的"我"或主体？其逻辑是，只有回答了它，才能回答其他问题。例如，如果说人的心理活动、过程、状态只能作为属性存在，而不能作为独立的事物存在的话，那么它们后面有无一个作为它们主体或载体的"我"，或有无作为它们所有者（ownership）的"我"？人、心是有主的还是无主的？有主论和无主论就是围绕此问题而产生的两种对立理论。如果人内有一个"我"，这个"我"究竟是什么？其性质、相状、构成、特点是什么？与人之身心的其他方面是何关系？如果人身上有"我"，此"我"是表现为一还是表现为多？如此追问，特别是一开始就追问最前面的问题，其结果只能是各唱各的调，莫衷一是，不利于问题的彻底、究竟解决。因为那样去解答，只能是根据自己的观察、设想、推论，去构想一个自认为是合理的自我，如社会自我、物质自我、心理自我等。这样构想出来的自我论对自我问题的究竟解决有什么用呢？因为没有人可以随便回答说自我是什么，其逻辑力量并不比你设想的自我差多少。

其次，在自我和人格同一性研究中像语言学转向倡导者所说的那样，对这个领域常用的语词做分析和澄清也是必不可少的。但笔者认为，认识到语言分析的局限性同样是必要的。在这个问题上，我们承认语言分析的必要性和重要性，但不赞成这样的观点："通过直接关注与语言有关的事实，就能解决自我问题。因为如果真的有自我这样的事物，那么可以肯定的事情是，它就是我们用'我'一词所指称的东西。因此我们必须通过详细考察使用'我'一词时的行为来开始我们的研究。"[1]斯特劳森的分析的结论是，从指称上说，"我"指的是作为整体的具身的个人。[2]这一领域的语言学转向尽管卓有成效，已开辟了像索引词研究这样的有前途的研究领域，但还远远不够，还需继续向前推进。因为"我"之类的语词有很多我们尚未完全弄清的用法，而每种用法的出现，总是有其道理的，总有别的用法不能涵盖的东西。因此我们有必要通过进一步的分析把每种用法所要表达的那种所指找出来。而在这个过程中，同样要有跨文化的视野，即不仅要关注西方人的用法，而且要关注东方人的用法。这里略举几例。每一例子中的"我"，仔细去揣摩，都会发现"名"后面有其特殊的"实"，当然有的极其抽象，是名副其实的抽象实在，有的甚至像引力中心一样，尽管一时找不到它的实，但它又确有解释作用。请细心体会下述词语中的每一个"我"的对应之实：①佛教经常说的"如是我闻"；②"请给我一杯水"；③"我的心""我的身"，这里的"我"显然既不是心，又不是身，但无疑又有其对应的实在；④"这件事（扫地、挑水等）是我做的，不是他做的"；⑤"让我想想""让我算一算""我对此表示怀疑"；⑥佛教涅槃的四德——"常乐我净"，禅宗所说的"真我"；⑦"我的家庭，我的祖国，我的地球"；⑧"昨天的我，此时的我""此处的我，别处的我""我记得我昨天去了一趟城"，等等。这些用法肯定有其对应之实，自我研究要有意义地进行下去，就一定要明确是哪一种用法中的作为实在的"我"。另外，对"自我"等词语做发生学探究也有必要，原因还在于：有些心理语言不是按实在→认识→语词的认识论路线发生的，而是基于隐喻、类推、拟人化的自

---

[1] Strawson G. "The self". In Martin R, Barresi J (Eds.). *Personal Identity*. Oxford: Blackwell, 2003: 363.
[2] 参阅 Kenny A. *The Self*. Milwaukee: Marquette University Press, 1988.

然观等杜撰出来的。因此应像戴维森等人所倡导的那样，我们首先要研究人类将自我、人格同一性"归属"于人的实践。

还有一个问题不能不思考，即人们在交流中所说的"自我"是否都有真实的指称。这不能一概而论。只要我们去考察，就会发现，有些有，当然其有不同的指称和意义。但同时我们应看到，人们赋予"自我"的许多意义的情况很复杂，即有些意义是人为虚构出来的，有些是习惯使然，有些是由长期的文化传统所沉淀下来的，并不一定有真实的所指。就像西方哲学、心理学几千年来一直坚信"思维""意识""自我印象""自爱"等心理语词有其真实的所指一样，其实不一定是这样。例如，加纳利就发现："我"（I）没有指称，是一种执行式用法。"当我说'我处在疼痛'中时，我不是断言这个疼痛经验有一个所有者，而是指我把那个经验放到了一种流动之中。这是对'我'的语词的执行式说明，在这里，关于'我'的陈述是执行式话语，而不是断言。"[①]但他由此得出了一个以偏概全的结论："'我'一词没有指称任何东西。"[②]

在对"自我"等做语言分析时，还有一点也应引起我们的警觉，即由于人类认识和语言表现力有局限性的一面，至少它们本身处在发展中，因此完全有这种可能，即虚幻的自我有语言表达式，而真实的自我并没有被认识到，因此没有在语言的用法中表现出来。如果是这样的话，对已有语言的分析就没有什么意义，充其量只是澄清过去混乱的作用，而没有实际的认识论意义。如果是这样的话，真正有意义的工作是继续古人创制语言的工作，在扩展认识范围和深度的基础上，发现过去未发现的实，进而创制新语词，或让原有语词增加新的用法。

另外，即使有关语词诚实地被运用，进而有真实的指称和意义，但仅靠语言分析是不能解决这里复杂难解的问题的。正是看到了这一点，许多人强调在做语言分析的同时，应有多学科的分析。例如，格根（K. Gergen）认为，要还事实以本来面目，要澄清事实的真相，根本的出路就是对"自我"的意义做社会学分析，或对有关问题做"社会建构主义说明"。所谓社会建构主义说明指的是，人们在理解"自我"的意义时，设法让自己进到创造这个语词、形成其意义的社会文化

---

① Ganeri J. "Subjectivity, selfhood and the use of the word 'I' ". In Siderits M, Thompson E, Zahavi D（Eds.）. *Self, No Self*. Oxford: Oxford University Press, 2001: 190.
② [美]理查德·罗蒂：《哲学和自然之镜》，李幼蒸译，生活·读书·新知三联书店1987年版，第18页。

第八章　自我、自我意识和人格同一性问题的尝试性解答　　　277

环境之中，考察它是怎样被建构出来的。①在进行这种研究时，格根分别采取了三种不同的方式：一是探讨语言的结构；二是通过对故事结构的研究切入对问题的研究，此即现在极为流行的对自我的叙事学研究，他说，"正是故事的这种形式……成了人们的自我感觉的基础"②，显然，他这里有吸引叙事自我论思想、向其靠拢的倾向；三是研究正在发生的相互作用，如研究人们的会话活动，此即对自我的社会学研究。其结论是，自我不过是人们在社会关系中，通过自己的语言活动所建构的。

　　在构想关于自我乃至心灵的图景时，我们既应避免过去的单子主义、实体主义倾向，又应避免无原则地放大的倾向。就后一倾向来说，西方最近有一种极端的表现，即不仅强调具身性、行然性、嵌入性，而且强调延展性、社会性，有的甚至由强调自我、心灵依赖于自然环境和社会环境，过渡到把它们作为自我和心灵的组成部分。就具身性研究来说，它的确提出了有价值的思想，例如，强调过去的自我论之所以说有多样的自我，是因为他们没有看到心灵的统一性及其根源，他们只看到了心智的混乱、冲突、矛盾的一面，只看到了心的生灭变化。其实，健康心理的标志是具有统一的自我，或这种统一性达到较高的程度。而这种统一性、同一性又根源于具身性。因此在自我研究中，我们必须看到的是，具身性与自我、人格有内在的必然的关联，而否定它们的联系则是导致种种错误结论的一个主要原因。但基于具身性的那些作用就把它看作是自我的构成显然又走向了另一极端。这是不妥的，因为这就像说儿子因为依赖父母因而包含父母一样荒唐。但笔者同时认为，由于各种文化都看到了自我和心灵的复杂性离不开它所依的身体及环境的复杂性，同时表现在它的构成论、地理学、结构论、运动学、动力学的复杂性之上，因此我们应该抛弃过去对自我的单子主义和线性理解。就像中国心灵哲学所认识到的那样，心不仅根源于它的特定的"性"，而且包含这一初始质材，并以之为初始条件、出发点。心之所以有它特定的地理学、地图学、结构论、动力学，在很大程度上是由这个原初的性所决定的，因为它有决定后来一切可能和不可能的范围与程度的作用。西方新近的原初主义现在也有相同的体

---

① Gergen K. "The social construction of self". In Gallagher S, Shear J(Eds.). *Models of the Self*. Thorverton: Imprint Academic, 1999: 639.
② Gergen K. "The social construction of self". In Gallagher S, Shear J(Eds.). *Models of the Self*. Thorverton: Imprint Academic, 1999: 643.

认。另外，中国和印度的心灵哲学都认识到，自我和心灵离不开"生"（西方直到最近才有此自觉，如最近才开始探讨人格同一性与活着的关系）。一方面，真正的、能为我们研究的自我和心灵一定是活的人身上所表现出来的东西；另一方面，这种自我和心灵本身也是活着的或活生生的，当下正进行着、正经历着的，至少存在着自然主义所没有看到或不予注意的、以这种形式表现出来的自我和心灵。而这样的自我和心灵及其同一性一定不是单纯的属性，不是基础的属性，而是一定既依赖于多种必要条件，如心性、根身、环境和行为或活动，又有其复杂的构成。西方的4E理论和对话自我论尽管有其不适当放大自我和心灵的构成的片面性，但强调这些过去不太重视的因素对自我和心灵的生成及存在的作用则有其合理性，包含真理的颗粒。

要探讨自我，既应重视探讨它与心的关系，又应重视它与身的关系。在做这类研究时，我们既应注意印度佛教以外的20种理论，又应特别重视佛教的下述思想，自我依赖于五蕴（色、受、想、行、识），但不能被还原为五蕴。简言之，它们的关系是"非即非离"，意为自我非五蕴（不即），又不离五蕴（不离）。在说明自我与五蕴的非离（依赖）关系时，佛教常用比喻的方法说：它们的关系"就像火焰与火的相互依赖关系一样"。正像火让火焰不停地闪亮一样，自我表现自身则依赖于构成五蕴的各种心理、物理事件。这些思想也受到了西方部分学者的关注。例如，麦肯齐（M. Mackenzie）就把从佛教中吸收的思想与有关科学关于自主系统的理论结合了起来；瓦雷拉也是这样，认为根据关于人的生成论观点，其内只有相互联系、结合为整体的部分，而看不到独立自我的踪影，因此自我有空的一面。如果说有自我的话，也只有以突现属性表现出来的自我。这种自我是从人的有机的、内在的神经生物动力学中，从它嵌入自然和社会文化环境的过程中突现出来的。因此我们是通过大脑与身体、语言、世界的相互作用而创造出、再创造出自我的。[1]

在建构科学的自我论时，祛魅也很重要，因为常识和传统占主导地位的自我观，潜藏在包括许多科学家和哲学家在内的大多数人的心中，神不知鬼不觉地支配着人们对世界的认识。例如，一般人都会把人之内存在着一个居于中心和主导

---

[1] Varela F. "The emergent self". *Edge*, 2001: 86. 转引自 Mackenzie M. "Enacting the self". In Siderits M, Thompson E, Zahavi D(Eds.). *Self, No Self*. Oxford: Oxford University Press, 2011: 256.

地位的心或"我"作为毋庸置疑的原则看待，由于没有专门适用于它的本体论概念构架，因而其就常常按设想物理实在的方式类推出心的空间（如常说的"心里""心内""内心深处"）、心的时间以及心的运作方式，如将外来的材料加以转化，然后像搅拌机一样将它们结合在一起，此即综合；或像切割机一样对之划分，此即分析。其他的说法，如心的比较、抽象、推演、回忆、追溯、兴奋、愤怒等都带有拟人或拟物的色彩，至少是隐喻的，而非科学的、精确的概念。它们让人想到的是有一个小人式的"我"在它自己的空间中做某种事情。这样设想"我"在以前是"不得已而为之"的。在今天看来，这类以类比和隐喻为基础、根据物体和人体运作模式设想自我及其意向性的方式，以及由之而来的关于心理图景的构想，肯定是错误的，是必须予以解构的。解构的方法多种多样，如对有关语词做语言分析，实施认识论转向、现象学转向，进行自然化，在方法论上完成从过去的间接认识（隐喻、类推等）向直接认识（例如，像诺贝尔生理学或医学奖获得者克里克等所倡导的那样，在人报告有心理活动时由脑科学家来研究其大脑行为）的转化。另外，批判的反思和审视也必不可少，因为我们知道："我"像"灵魂"之类的词语一样是先民为了解释的需要而凭想象、类推虚构出来的。诚如恩格斯所言：它们"像一切宗教一样，其根源在于蒙昧时代的狭隘而愚昧无知的观念"[①]。如果他们知道思维和感觉也是身体的活动，那么他们就不会造出这些语词。后来逐渐派生出来的心理动词（如想、愉快）、心理名词（如知、情、意）以及形容词、副词（如城府很深、心潮澎湃）等，基于已确立的那种实体化、小人化的灵魂观念，加上与已知物体及其属性的比附、类比，最终都成了想象的心理世界及其活动的隐喻式表达式。由之所决定，用意向习语对"我"进行描述，如"我想想""我讨厌"等，在本质上都是隐喻，因为头脑内并无一个作为独立活动主体的"我"存在，在想和在讨厌的并不是"我"。既然如此，我们在重构科学的自我观和心理图景时，就不能不加清理、不加批判地使用已有的心理术语。

与此相应的是，应重视对理解自我的概念框架或"前结构"的研究。从人类对自我的探索历程来看，几千年来，尽管人类设想心理世界的参照系几经变革，但对心灵的解释模式却万变不离其宗，即都是站在大脑外部，根据某种有形可见

[①] [德]马克思、[德]恩格斯：《马克思恩格斯选集（第4卷）》，中共中央马克思恩格斯列宁斯大林著作编译局编译，人民出版社1995年版，第224页。

的东西及其结构功能去设想心理世界、去研究"人类外显认知活动规律"的。[①]人们通常把心理状态、事件看作一种存在于心灵"空间"中的、像物理事物一样存在着的实在，这实际上是根据外部世界所建构起来的隐喻、类比式的模拟图。由此所得到的对心灵的认识只能是一种"雾里看花""盲人摸象"式的认识，带有很强的模糊性、片面性和隐喻性。因此，尽管类比、隐喻的方法在科学上是普遍而又实用的，但是，如果我们把对心灵的类比、隐喻等同于心理过程本身，则是十分有害的。正如塞尔在评论用计算机模拟心灵时所说的："一旦你把这种比喻当作本意来理解，一旦你使用计算机遵守规则的比喻去说明最初作为这个比喻基础的心理学意义上遵守规则现象时，混乱就产生了。"[②]我们知道，人的全部心理现象都是由在脑中进行的过程产生的，它们是脑的特征。那么，我们能否超越类比、隐喻等间接方法，把大脑"黑箱"打开，通过直接研究大脑内部的神经机制来揭露心灵的总的结构和秘密呢？回答是肯定的。早在古代，佛教就做了有益的探索，如设法进入特定的心理状态，运用"内自证法"和"观心尽法"等来直接把捉心灵，现当代的联结主义、神经现象学、神经认知科学等更是做了大量创造性的探索。例如，诺贝尔生理学或医学奖获得者克里克在《惊人的假说》(*The Astonishing Hypothesis*)的前言中首先声明："我不热衷于功能主义和行为主义的观点，也不倾向于数学家、物理学家或哲学家的论调"，而是要"从科学的角度来思考意识问题"。他强调，要了解脑，就必须了解神经元，特别是巨大数目的神经元是如何并行地一起工作的。因此，直接打开"黑箱"去研究神经细胞的响应是研究意识的最好方法。只有"从神经元的角度考虑问题，考察它们的内部成分以及它们之间复杂的、出人意料的相互作用的方式，这才是问题的实质"，"只有当我们最终真正地理解了脑的工作原理时"，才能对思维等"做出近于高层次的解释"。[③]

自我问题尽管尚处在探索之中，甚至处在认识的初级阶段，但我们有把握说，我们已经摸索到了前进的正确方向，有了行之有效的下手处。不管是东方的自我

[①] 沈政：《未来的认知神经科学能否给意识以新的解释》，载21世纪100个科学难题编写组《21世纪100个科学难题》，吉林人民出版社1998年版，第469页。
[②] [美]约翰·塞尔：《心、脑与科学》，杨音莱译，上海译文出版社1991年版，第38页。
[③] [英]弗朗西斯·克里克：《惊人的假说——灵魂的科学探索》，汪云九、齐翔林、吴新年，等译，湖南科学技术出版社2004年版，第263页。

研究,还是西方的自我研究;在西方,不管是分析传统还是现象学传统,现在都已形成了这样的共识,即自我的秘密就在意识之中。如果人不进化出意识,那么就不会有扑朔迷离的自我问题。尽管不能说自我就在意识之中,完全以它为居所,尽管不能说自我完全是心理或意识现象,尽管不能说自我以意识为充分条件,但自我一定与意识有关,一定以意识为必要条件。至少人的自我感是这样的。自我意识就更不用说了,它在特定意义上本身就是意识的一种形式,甚至在现象学看来,意识本身就是自我意识,至少以自我意识为基本结构和本质特点。因此,我们要想在自我研究中有所收获,就必须进到意识中抽丝剥茧、探幽发微。正是基于这样的认识,古今中外的自我研究都十分重视意识问题,都知道在与意识、自我意识的关系中研究自我。

对自我做实证研究是当代自我研究的一个特点和亮点。其中有这样一个颇有价值的进路,即研究病态心理现象。扎哈维对这样的研究给予了一定的肯定,认为其意义不可低估。他说:"主体性的主要特征——包括自我体验的基本方面——可以通过对其病态、畸变的研究而清晰地显现出来。"[1]另外,精神病学研究还可以说明:自我是客观存在的,不像叙事理论所说的那样是人构造出来的。

布鲁纳(J. Bruner)为了解释这一点,提出了自己的天赋论,认为儿童生来就有叙述故事、把意义授予行为、对心理状态做出归属的倾向,即有天赋的心灵理论。[2]其根据是,两三岁的小孩有解释他人意图、理解和构想关于自己的故事的能力,但这些能力并没有明显的起源和发生过程,因此是天赋的。纳尔逊(K. Nelson)不赞成天赋解释,而是根据表征层次理论对其予以了解释。他借鉴别人的有关成果认为,第三层记忆和表征能力随着语言能力突现出来,进而便形成了叙事能力。他说:"叙事是以许多社会形式,如解释性神话,突现出来的。""叙事创作是人特有的特征。不过,它不是个体的能力,而是一种社会-文化能力。"[3]从起源上说,它来自社会交往技能的不同层次的长期发展。因为观察表明:婴儿一生下来就生活于叙事文化之中,为其所包围。婴儿叙事能力的发展得益于

---

[1] [丹]丹·扎哈维:《主体性和自身性:对第一人称视角的研究》,蔡文菁译,上海译文出版社2008年版,第169页。
[2] 参阅 Bruner J S. *Acts of Meaning*. Cambridge: Harvard University Press, 1990.
[3] Nelson K. "Narrative and the emergence of a consciousness of self". In Fireman G, Gary D, Flanagan O(Eds.). *Narrative and Consciousness*. Oxford: Oxford University Press, 2003: 21-22.

父母的言传身教。不管怎么说，叙事能力早于人的自我意识、自我感，是它们的根源和基础。

就叙事与自我的关系来说，如果说人身上存在着自我的话，那么它也是在人有了叙事能力之后发展起来的，是以这种能力为基础的，并离不开这种能力。哈德卡斯尔（V. C. Hardcastle）根据发展心理学关于自我研究的成果提出：自我是人的一般发展过程的最终产物。这里所谓的自我是一种认知构架、能力。他说："一旦我们掌握了语言、理解了因果效力、能解释我们的愿望、认识到他人的意图，那么我们就得到了作为一种认知'红利'的自我。"[①]叙事自我论的更激进的观点是，自我完全是由人的叙事能力所构造或虚构出来的。

东方的自我研究往往出于科学认识和伦理致善的双重动机，相应地，它们提出的自我问题不仅包括形而上学问题、认识论问题、语言学问题、发生学问题等，还有伦理学问题、价值论问题特别是人生解脱论问题。例如，人是否应该有通常所理解的那种自我？自我感、自我意识对人的生存有何价值？是有害还是有利？自我是否能破除？是否应该破除？如果人有选择的权利，人应该成为什么样的自我？等等。西方过去的自我研究只有学理方面的动机，而几乎没有涉及伦理学、解脱论方面的自我问题。最近 20 年来情况发生了很大的变化，其不仅涉及了东方一直重视的解脱论方面的问题，而且有很多创新。例如，弗拉纳根（O. Flanagan）和哈德卡斯尔的叙事自我论就可被称作伦理型叙事自我论。因为他们研究自我问题，除了想弄清自我的庐山真面目之外，的确有这样的追求，即为人的善，或为人类的幸福、美好、解脱的生活。基于此，他们提出，心灵哲学和认知科学等的"真正的困难问题"不是查默斯等人所说的"意识的产生问题"，而是生存的意义和价值问题，在特定意义上也可说是幸福问题。

那么，自我有无道德维度？新实用主义的自我论不仅探讨了这一问题，还关心自我与责任的内在联系表现，它强调：人所做的事情与人所是的东西是没有区别的。根据新的社会自我论，过去的自我研究是有缺陷或遗漏的，即没有注意自我研究的道德维度，所关心的问题也遗漏了与道德有关的问题。根据这一理论，全面的自我研究应关注这样一些子问题：第一，本体论问题——自我是什么样的

[①] Hardcastle V C. "The development of the self". In Fireman G, Gary D, Flanagan O(Eds.). *Narrative and Consciousness*. Oxford: Oxford University Press, 2003: 38.

存在，以什么方式存在；第二，认识论问题——人是怎样认识自我的，自我意识如何可能；第三，社会心理学、发展心理学问题——自我、自我意识是如何发生、发展的；第四，伦理、道德问题——自我应该是什么，自我应该怎样发展，自我与责任、自由与道德是什么关系。新的观点强调，只有承认每个人都有同一不变的自我，才能解释人们为什么对自己的行为采取负责的态度，才能解释人们为什么有道德责任意识。[①]从这个角度建立的自我论一般表现为自我实在论。因为若不承认自我的真实存在，就没法解释人们为什么有责任意识、为什么会对行为负责。这种从责任角度对自我的论证可被称作关于自我存在的伦理学论证。[②]其实，这一强调从伦理学角度研究自我，认为自我还有伦理道德问题的走向，其不仅活跃在社会自我论之中，持其他自我论立场的许多人也表达了相近的呼声和看法，如持现象学立场的阿尔巴哈里和法兰克福（H. Frankfurt）就有这样的看法。根据他们的观点，对个人福祉的关心是形成自我感的主要原因，成为一个自我其实是采取某些作为黏合剂的规范的问题，就是受责任或忠诚约束的问题。成为自我就是对自己信守诺言，就是成为可以为他人所信赖的人，就是对过去的行为以及当前行为在未来的结果负责。[③]

从行为及其自主作用（agency）的角度追溯自我，也是自我研究的一个新的维度。自主作用指的是决定、制约、主导、及时控制行为的作用。该词与"自主体"（agent）一词密切联系在一起。后者指的是自主作用的主体、施放者。这种研究自我的新倾向强调从自我与人的行为的关系的角度研究自我。其基本观点是，自我与行动、动因是相辅相成的关系。由于有自我，因此我们的行为才有内在的动因。由于行为的动原内在于自身，因此我们才成了独特的自我。帕赫齐（E. Pacherie）的一篇文章的标题"自我-自主作用"（self-agency）较好地体现了这一倾向的宗旨。他强调：自我与自主作用是相辅相成的。他说："感觉到自主作用或对自主作用的自我觉知是自我与自主作用相辅相成的关键。"[④]所谓感觉到

[①] Shoemaker D. "Moral responsibility and the self". In Gallagher S, Shear J(Eds.). *Models of the Self*. Thorverton: Imprint Academic, 1999: 487-518.
[②] Wolf S. *Freedom and Reason*. Oxford: Oxford University Press, 1990: 28-35.
[③] 以上参阅 Zahavi D."Unity Of consciousness and the problem of self ". In Gallagher S(Ed.). *The Oxford Handbook of the Self*. Oxford: Oxford University Press, 2011: 330.
[④] Pacherie E. "Self-agency". In Gallagher S（Ed.）. *The Oxford Handbook of the Self*. Oxford: Oxford University Press, 2008: 442.

自主作用就是意识到自我是行动的原因，是行动的决定力量，或把自我当作决定自己行为的自主体。可以肯定的是，每个人都有这样的自我意识，即意识到"我"的行为是由"我"决定的、由"我"有意识地完成的。这种自我意识也可被称作"自主体自我意识"。[①]

有的人还据此解决了长期莫衷一是的人格同一性难题。新的反传统的观点是，要解释人格的同一性、自我的统一性，最好是以决定人的行为的动因为根据。具言之，人之所以有同一性、之所以有统一的自我，是因为人是一个自主体。而自主体这个概念说的是人的这样的特点，即人是行动者，能自己做出选择、思考，及时对行动做出调整，因此是一个自决、自主、自调适、自控制的主体。如果人能把自己理解为自主体，那么在执行人的生活计划时，就一定会把自己的过去、现在和未来统一起来，如把现在的"我"与未来的"我"等同起来。

笔者一贯认为，要真正彻底地解决包括自我问题在内的所有心灵哲学问题，没有神经科学的介入是绝对不能如愿的。事实上，作为当今自我研究的一条特有进路，神经科学已在自我研究的联合攻关中发挥着不可替代的积极作用，且取得了值得思考的成果。例如，达马西奥早就基于大量神经科学成果和哲学推论提出，自我是人的种系和个体长期发展的产物。就个体来说，在有核心自我和延展性自我之前，有作为其前提条件和始基的原自我或神经自我。有的人提出，自我意识也是这样，它一定是从"前自我意识"发展而来的。

不可否认，神经科学在探寻自我，特别是自我指涉的神经基础等方面的确取得了不可小视的成果，但同样应看到的是，里面存在着严重的问题，特别是范畴错误问题。有根据说，神经科学对自我指涉的研究本身不是对自我的研究，只是与之有某些关系的研究（这关系到本身是什么，也值得研究）。另外，神经科学研究自我的方法和进路也值得思考。一种方法是直接根据经验材料去推论自我，去构想关于自我的概念图式。这是行不通的，因为二者之间毕竟有差距，以至难以沟通。例如，关于自我的概念及定义可能完全超出了经验的范围。另一种替代方案是研究两个领域相关和匹配的程度。在做这种研究时，先做这样的思考：经验材料能告诉我们关于自我的什么信息？研究者认识到，现在借助无创伤脑成像

---

① Pacherie E. "Self-agency". In Gallagher S(Ed.). *The Oxford Handbook of the Self*. Oxford: Oxford University Press, 2008: 442.

技术所做的自我研究主要局限在：观察被试在接受刺激时所做的判断，以及判断发生时的大脑电活动的过程等，然后去分析这些刺激是否与自我有关。显然，这样的研究对认识自我的作用无疑是有限的。更麻烦的是，大脑中观察到的特定区域所对应的心理现象有时是重叠的，例如，在得到奖赏时，大脑的确有某些区域会进入激活状态，但人在得到与自我有关的判断时，被激活的也是这类区域。可见，我们尚不能说哪一个是负责自我认知的专门区域。即便得到了上述判断，我们也没法说它就是自我，或自我的神经关联物，因为所找到的大脑区域充其量只与自我认知有关。如我们一再强调的，自我认知并不是自我本身，其最大的区别是，自我认知可以是真实的，而自我却可以没有存在地位。更严重的是，有的科学家认为，脑科学至今尚未找到专门负责自我认知的区域。这里还有这样的、与自我有关的神经哲学问题：经验材料包含关于自我的什么样的有用信息？基于神经科学，可以建立什么样的自我理论？人身上存在的是什么样的自我？从神经科学看，哲学上的哪些自我理论是合理的？自我有何作用？能否在其他心理现象上增加什么？有无经验或现象学特征与之相随？现象学有这样的看法，即自我是有用的，对心理现象是有贡献的，如为它们增加了这样的性质特征——属我性（mineness or belongingness）。[①]而神经科学的自我研究是非常初步的，甚至与真正的自我问题没有直接有用的关联性。

神经科学要想在这一领域有所作为，当务之急是设法从对自我意识的研究过渡到对自我本身的研究。而要如此，仅靠认知、神经科学是不够的，而必须与哲学，特别是现象学结合起来。除此之外，我们还要注意梳理有关关系：第一，应把成为一个自我（即成为有意识经验的主体）与觉知到自我（即能如此这般地思考自己）区别开来，它们是两个不同的事实。第二，应澄清人的层次的解释与子人层次的解释的关系。二者显然也有区别，如前者指的是用人的有意识经验和心理状态作为理由来解释人所做出的行为。后者在解释人的行为时提供的是这样的信息，即有助于解释人的层次的现象的生理学的或计算方面的状况。当然二者也有联系，例如，子人层次的解释是人的层次的解释的构成性条件。要说明这种关系，必须做两方面的工作，一是细致的概念分析，二是掌握关于有关认知机制的

---

① Northoff G, Schilbach L, Costall A. "Toward a second-person neuroscience". *Behavioral and Brain Sciences*, 2013, 36(4): 9-10.

知识。第三，在寻找神经关联物或大脑定位时，也应把自我意识的关联物与自我的关联物区别开来。第四，应借助"元分析"对这里涉及的复杂关系做彻底疏理。例如，自我相关性与自我专门性这两个概念就应被区别开来。以前的研究常把它们混同起来。其区别在于，前者指的是涉及自我的一切信息、刺激、资料、活动等，例如，判断一个刺激是与自我有关的，与外部某一非我事物无关；而后者指的是这样的过程或加工，即通过它，自我与非我被区别开来了，因此它是一种将自我独立出来的功能性加工过程，处在比前一加工更深的根本性层次。从作用上说，它有为判断刺激是否与自我有关提供根据的作用。

第三节　自我研究的方法论思考

要推进自我研究，让它随着理论的增加而不断前进，就应该加强本领域"元问题"的研究，例如，这样一个问题就是刻不容缓的：怎样对新诞生的自我理论做出评判？评判的标准是什么？或者说，提出了一种新的理论是否一定意味着对自我的认识的进步？回答一定是否定的，如果是这样的话，那么怎样判断一种自我理论进步与否？一种进步的、推进了该领域认识发展的自我理论的标准是什么？质言之，科学的、有生命力的、向前发展了的自我理论的标准究竟是什么？如果不提出这样的问题，或者说，研究者在创立新的自我理论时，若不能想到这些问题，那么就可能出现这样的情况：理论被创新了，但不一定将认识向前推进了，或者不知道它对认识发展的意义。过去的自我研究就陷入了这样的窘境：新的理论层出不穷，新构想的自我越来越多，而混乱、困惑也是越来越多，难见实质性的进展。由于没有思考这里的元问题的意识，因此也就没有关于已有研究的评价。已有自我研究的惯性是，只顾回答自我是什么，或只管创造性地构想自我、回答自我是什么，结果是出现了这样的"繁荣兴旺"景象：出现了不计其数的自我构想，如"认知性自我"（the cognitive self）、"概念性自我"、"情景性自我"、"核心自我"、"生态学自我"、"实存（existential）自我"、"延展自我"、"突现性自我"、"虚构性自我"、"成熟自我"、"人际间自我"、"物质自我"、"叙事自我"、"哲学自我"、"物理自我"、"隐私自我"、"表征自我"、"底层根本性自我"、"符号学自我"、"社会性自我"、"透明自我"、"语词自我"、"中枢自我"、"句法自我"、"中央自我",如此等等。

笔者认为,要想让今后的自我研究健康发展、不断有认识的进步,如在新的理论诞生的同时有认识进步的发生,当务之急是加强评价工作,尤其是,创立者在创立新理论的过程中,要有自评价的意识、有对认识进步的追求,而不能一味地追求创新、一味地追求提出别人没有提出的理论。而要如此,就必须开展对"自我认识进步"本身的研究,找到进步的表现、标准或标志。这当然是一个比自我本身更困难,至少一样麻烦的问题。笔者这里拟提出一些初步的思考,以抛砖引玉。在笔者看来,一种进步的、科学的、合理的自我理论至少应满足如下条件,或有如下表现或标志:第一,能解释大量的事实,如一个人不管在不同时空多么不同,不管会发生多么迅速的变化,但他总是同一个人,他毕竟有人格同一性、历时性和共时性的同一性,至少有连续性、连贯性。再如,人从对象中得到的是分散的意识,但经过认识,人得到的是有统一性的认识;人能形成关于一个对象的统一认识,尽管这个对象本身在变化,如佛经中曾举过的例子,有的人能认识到 60 年前看到的恒河与现在看到的是同一条恒河;一个人的意识、记忆可能有中断,但他能知道中断前后的思想、情感等是不是自己的;人能把连续性接上来;每个正常人都不误判自己,正像能把不同时空中的别的人当作同一个人一样,如此等等。第二,能说明人事实上具有自我感、自我直觉。首先,人的自我感表现为人的"拥有感"(a sense of ownership),即每个人都感觉到自己是一个占有者,心身的一切都为自己所拥有。其次,人的自我感还包括"动因感"(a sense of agency),即每个人都觉得自己是行为的动原,自己的一切都由自己所决定。动因感也可被称作作者(authorship)感。在一般的自主行为中,拥有感和动因感是重合的。例如,人有意去拿杯子时,肯定认为,这个行为是属于我的,而非别人,同时还觉得,这个行为由他自己所发动。而在非自主的行为中,这两种感觉可以是分离的。例如,我被别人推了一下,或我处于痉挛之中,我的行为是属于我的,但动因却不属于我。二者的关系是,拥有感比动因感更根本,因为即使没有动因感,人也会有拥有感,但反之则不一定如此。第三,人有许多自我认知、觉知的方式,一种合格的自我论必须对它们做出合理的说明。除了过去通常所强调的反省、反思、前反思、自反思等方式之外,新发现的两种方式值得创立新自我论的人思考：一是本体感受的自我觉知，即人通过自己的内部感官对自己的身体构造、状态的自我认知；二是生态学的自我觉知。[①]前一方式是加拉格尔的发现。他强调，本体自我觉知让人有暂时的、片断的自我感，后一概念最先是由奈塞尔（U. Neisser）所提出并阐释的，得到了许多人的认可和进一步论证，现在十分流行。根据这个概念，人身上有这样一种自我觉知，即隐蔽地包含在对环境的认识中的自我觉知，质言之，对对象的认识中一定有对认识者自身的认识。因为人所接受的关于周围世界的信息一定隐蔽地包含着关于知觉者本身的信息，尤其是有关自我中心观点和空间具身性的信息。例如，自我觉知到我面前的桌子，这个知觉就包含关于我自己的信息；桌子旁有一个我，他在知觉，等等。由于这些信息是有意识经验的组成部分，例如表现为本体感受方面的觉知和以自己为中心的定位觉知，因此它们便让人有这样的自我感，即"我"是一个经验着的有机体。这种觉知的作用是，让人有跨时间的、连续的自我感。即使我们的身体位置和具身活动是不停变化的，这种自我觉知给予我们的也不只是关于我们的姿势、位置和行为的一组快照，而是有关于对我们一直在做的事情的感知。它们包含着从过去到现在的连续性。第四，有认识进步的自我论应该能回答这样的问题，正是它们让每个人有关于自我的直觉，让不变、同一的"我"成了心照不宣的定则：人们在遗失了物品时，为什么能判断送到自己面前的物品是不是自己的？人为什么不会错认自己？人为什么到了一定的时候能通过"镜子测试"，即把镜中的自己的像认出来？人为什么到了一定的时候能用"我"一词来自称自己，而其他的动物做不到？第五，要能为伦理评价、法律制裁提供理论根据，即使不承认人有同一的自我，也要对伦理评价和法律制裁做出说明。一切伦理评价和法律制裁，都是以预设每个人有同一个"我"为前提条件的。这一预设也是伦理学、法律学得以成立的前提。如果人无"我"，"我"不是同一的，那么这些学科就不复存在了，世界上也就没有道德谴责、褒扬之类的现象出现。而事实上，这样的现象与我们的人际交往须臾不离。另外，要能对现实生活中的负责的行为、人们的责任意识和责任承担做出合理的说明，至少不与之冲突。第六，能满足规范性和应然性要求，首先，要能回答：人应该成为的自我是什么样的自我？什么样的自我对人类

[①] Gallagher S, Marcel A J. "The self in contextualized action". In Gallagher S, Shear J (Eds.). *Models of the Self*. Thorverton: Imprint Academic, 1999: 289.

个人和全体是真正有益无害的？其次，应该有这样的理论的客观效果，例如，一种进步的自我论一定会为增进人的幸福、福祉服务，一定有利于提高人的生存质量，帮助人类改善生存状态。如果所构想的自我是错误的，把虚幻的自我当作真实的自我，那么这种自我论在理论上一定是错误的，在实践上是有害的。只有如实认识人本身，如实知自心、自我，才能起到上述积极的作用。第七，要能说明人身上为什么会出现需要、动机、兴趣、目的、理想之类的现象，人为什么能完成比较、评价、综合、抽象、分析等行为。

纵观西方的自我、自我意识和人格同一性研究，尽管投入的力量巨大，成果数量令人叹惊，独树一帜的理论不计其数，新近认识较之以前有很大的进步，但总的来说，并未见实质性的进展，相对于古印度的有关认识而言也难见根本性超越，即使是那些有突出创意和深度、有较高关注度的理论给人总的印象仍是"不究竟"、不圆满，没有抓住问题的要害，没有触及根本。例如，对人内部是否真的存在着同一不变的实在并未做出令人满意的、直接的探讨，对人们关于有同一不变的自我感并未做出可信的说明，充其量只有粗暴的否定。用东方哲学的一对范畴"方便与究竟"来说就是，西方各种有关理论只停留在方便的层面，而没有进到究竟或穷尽的层面，因此只能见到认识的量的进步，而难见实质性的突破，看不到"穷理""究奥""究尽"的气象。西方学者自维特根斯坦等以来，许多人也有同感，也在探寻究竟之策，发起各种"转向"就是其表现。于是他们转向了对究竟之路或根本性出路的探寻，例如，重新对全部问题进行批判反思，寻找问题越探讨越麻烦、越令人困惑的原因。坎贝尔（J. Campbell）想做的就是这样的工作。他说：他要的探讨"不是为人格同一性问题提供一种解答，而是要弄清是什么让这个问题变得如此麻烦"。他还强调，同一性问题存在于许多领域，例如，具体个别事物的同一性问题，数之类的抽象对象的同一性问题，人的同一性问题，等等。在这里，除了要对同一性进行形而上学的探讨之外，还应对人格同一性中"同一性"的特点做出探讨，至少要认识到，它既具有一般对象的同一性问题的困难，又具有其他同一性问题所没有的困难。他认为，困难的根源有二：一是人的因果复杂性，这表现在它里面既有物理因果联系，又有心理因果联系，更有心物因果联系；二是人的同一性与第一人称观点有关。①

反思和借鉴东方的有关成果是推进自我研究的重要途径。因为西方最近的自我研究有回归东方的自我论的一面。在这里，特别值得我们关注的是佛教的有关探索。

从语言哲学的角度看问题也是十分重要的，因为至少可以说，有此维度的考量，"有我"与"无我"问题就会减少许多经常困扰我们的麻烦。佛教的自我研究也有这方面的启示，例如关于"我"的意义问题，我们不能在没有对之做语言分析的前提下，来断言佛教对此是什么态度、佛教的"我论"是何内容。例如，如果把"我"理解为一个指称因缘和合之对象的名称，那么佛教承认众生有我；如果把"我"理解为同一性、恒常性之"主宰"或主体等，那么佛教就会说"诸法无我"。因为"我者不可破坏、裂打、生长，以是义故，知色非我，非色之法亦复非我"②。在"我"的第一种意义上，可以说如来、佛性"有我"，众生有色。如果把"我"理解为起主宰作用、实体性的东西，那便不能说佛和众生有我。③如果执着有主体、实体之心，佛便予以破斥，破斥此缚所使用的方法是十二因缘观。"若有我者，若有心者。""令观十二因缘。十二因缘本从因果，因果所起，兴于心行，心尚不有，何况有身？"因此用此观可"令彼众生出离斯缚"。④总之，"若有我者"，就要设法"令灭有见"。反之，若持断见，否认真我、真心之存在，便要设法"灭无见"。"灭是见性，即入实际。"⑤还要注意的是，不能因为佛说有我，如说我者即是性，就断言佛教"空说有我"。对此，佛批评说：这种断言"不解我意"。也不能因佛论证无断，而断言佛教"空说无我"，如果这样理解则也是"不解我意"。⑥总之，理解佛教在这个问题上的思想，一是要看语境、环境、条件，二是要注意语词的实际用法，注意特定的名实关系。

---

① Olson E. "Personal identity". In Gallagher S(Ed.). *The Oxford Handbook fo the Self*. Oxford: Oxford University Press, 2013: 339.
② 《大般涅槃经》卷14，《大正藏》第12册，第446页。
③ 《大般涅槃经》卷14，《大正藏》第12册，第446页。
④ 《金刚三昧经》，《大正藏》第9册，第366页。
⑤ 《金刚三昧经》，《大正藏》第9册，第366页。
⑥ 《大般涅槃经》卷34，《大正藏》第12册，第566页。

第八章　自我、自我意识和人格同一性问题的尝试性解答

第四节　"一实多态"自我论：我们的尝试性解答

一实多态论的基本观点是，要想对自我问题做正本清源、切实有效的研究，必须从自我感而非从关于自我的预设出发。在切入关于自我的本体论和同一性问题时，必须优先解决关于同一性本身的形而上学问题。同一性概念具有规范性特点，可指包含着差异性、间断性、变动性的具体同一性。据此，加上别的根据，有理由论证自我有绵延生命始终的同一性。"自我"所要表示的那个"实"是一种超越于已有本体论范畴的特殊的存在样式，可被称作"最低限度"的实在，在人的深层心理本质结构中具有独特的地位，既与诸心理样式相互依赖，又相互区别，可分别用日常的心理学术语"自我"、认知科学术语"模块"和神经科学的动态神经元群加以描述。它们三者是一实多态的关系，既不能说它们各自独立，也不能说后面的过程是前面的原因，它们是一体的，但同时有三种显示方式。

一、自我的同一不变性及其形而上学问题

西方自我研究的认识论和现象学转向的最重要、最有价值的一项成果是确认了自我的本体论地位，即看到了自我经验、自我感、自我信念不同于鬼怪之类的观念，而有其对应的、真实的对象，即对有特定本体论地位的自我的经验或感知。这里需进一步探讨的是，这个自我的真正的存在方式、真实面目和样态是什么？是间断的、多变的、没有持续生命始终的同一性的东西，还是其反面，抑或是其他的形态？这既是自我研究中的经典问题，又是由新的以碎片化为特点的新型自我论加强并赋予了新的时代气息的问题。在这里，笔者的基本观点是，自我有其贯穿生命始终的同一不变性，当然是具体的以及包含差异性、间断性、变易性的同一性（详见后文）。当然，如后面将看到的，深入探讨下去，必然要涉及更麻烦的关于同一性本身的形而上学问题。我们必须客观承认的是，在目前的科学水平下，我们尚无办法借助直接的经验观察和科学手段来解决一个人的自我有无贯穿生命始终的同一不变性这一问题，而只能诉诸哲学思辨、借助基于事实的推论、通过寻求对事实的最佳解释的办法并辅之以经验根据来加以推测。

首先，如果不承认人身上有贯穿生命始终的同一不变的自我，那么对人身上所发生的大量心理现象就没法做出合理的解释。先来看认识，就拿对人脸的识别来说，对象的刺激是在时间链上一点一点给予感官的，人们所得到的感觉信息都是孤立的、零乱的，并分别投射到不同的感觉区。脑科学告诉我们，脸上的皮肤和色调、头的晃动、声音等的信息分别通过不同途径进至认识主体的不同脑区，据说会到达100个以上的脑区，但是主体只要扫一眼就能得到关于对象的统一的、完整的认识。广泛而多样的信息如何叠加在一起而组成统一的经验呢？显然，这种统一不能来自神经生理的综合或"捆绑"，只能基于里面一个同一不变的东西的综合统一或一体化作用。特别是我们经过较长时间的认识所得到的关于一个对象的统一认识，例如，克里克等通过对大量不同基因观察所得到的关于它们的双螺旋结构的认识，里面若没有一个同一不变的自我，那个统一认识就不可能形成。就像在加工混凝土时那样，只有当不同时间、不同的人所送进的不同材料都放入同一个搅拌机时，才能加工出所需的产品，若送进不同的搅拌机，就没法生产出统一的产品。同理，人们分别得到的材料只有同时从属于同一不变的主体时，才会有统一的认识产生出来。即使通过内部加工得到的是不同的认识，例如对一堆包含有不同品种的水果的分类，也是以里面存在着同一不变的自我为前提条件的。因为能判断对象的不同，恰恰是因为里面有相同的东西，有同一不变的主体在起作用。还有这样的认识事实，例如，一个人过了几十年故地重游，能分辨哪些东西是原来就在这里的、哪些是新增加的，即确认跨时的同一性和不同性。另外，人能做出评价，特别是对相同或不同的东西做出比较都能证明其后存在着同一不变的主体，因为若没有这种性质，比较和评价就不可能发生。同理，要解释人身的其他情感、意志活动乃至创造性思维等，都必须承认同一不变自我的存在，例如，创造一个新产品、创作一个新作品，都必然会经历一个时间过程，有的人完成一种创新可能要耗费毕生心血，如果不承认里面有一个同一不变的自我，那是不可设想的。

其次，人有关于自己的统一性的观念，即一个人在一生中，其时间、空间、躯体、感受不管会发生多么大、多么根本的变化，如由小变大、由年轻变年老、由无知到有知等，每个人都不会把自己错认为他人，都知道自己是自己。这一事实显然不能用人有同一个大脑这一事实来解释，因为大脑有几乎无数种不同的神经活动模式，而只能用里面存在着的保持着的自我意识的统一性来解释。

再次，只要对人的有意的行为及其自主作用（agency）做出深层次的反思，也会得出同样的结论。布伦塔诺说：人们都能在不同时间将一件事做完，这类事实"没法阻止我们将心理行为的总体看作是一个真正的统一体"①。可以肯定的是，若有有意的行为发生在时间过程中，其后一定有作为决定者、施动者、调控者的主体，质言之，这样的行为具有自主性，即包含有某种实在的决定、制约、主导、及时控制的作用。这种主体既可被称作自我，又可被称作"自主体"（agent），即专门负责行为的自我。它本来也有"主体"的意思，其差别只表现在，主体指的一般是决定认识的东西，而自主体指的是行为后面的决定者、施动者、及时的调节者。因此，自主体这个概念说的是人的这样的特点，即人是行动者，能自己做出选择、思考，及时对行动做出调整，所以其是一个自决、自主、自调适、自控制的主体。如果人能把自己理解为自主体，那么在执行人的生活计划时，他就一定会把自己的过去、现在和未来统一起来，如把现在的"我"与未来的"我"等同起来，这就是自我的同一性。每个人都有这样的自我意识，即意识到"我"的行为是由"我"决定的、由"我"有意识地完成的。这种自我意识也可称作"自主体自我意识"。但问题是，这样的自主体能否在不同的时间持续存在，乃至保持自己终身的相对不变的同一性呢？回答是肯定的，因为人们经常在不同时间做同一件事情，若其后没有不变的东西，行为及结果的同一性就是不可能的。同理，既然有的人事实上在一生中只做一件事情，如研究同一个问题，那么就可以得出结论说，每个人的自主体可以在时间中绵延，并保持自己的包含差异性、变动性、间断性的同一性、不变性、连续性。

最后，只要观察和思考"人的活着"这一事实，也能看到人的持续不变的同一性。"活着"，一是指持续地生活着，或以维持着自己的同一性的方式继续着；二是指因果地延续至未来，既可以是以分叉的方式，也可以是以不分叉的方式。活着之所以重要，是因为人不活着，就不可能成为裂脑人，不可能有许多思想实验所设想的那么多分裂的后代。怎样看待自我的续存或活着（survival）呢？活着与什么有关？活着依赖于什么？等等。我们的答案是，人活着，就是自我的持续，

---

① ［德］弗兰兹·布伦塔诺：《从经验立场出发的经验心理学》，郝亿春译，商务印书馆2017年版，第189-190页。

就是他的同一性、不变性的延展；停止活着，就是一个自我的完结，就是同一性的根本转化，即不再有他本有的同一性。因此自我同一性就是与活着紧密相关的东西，至少是其前提条件或决定因素。"活着的决定因素"这一短语可看作是一种标准、一种资格，有这种因素就是同一个人。因为决定人活着的东西就是活着的同一不变的继续，就是人在不同时空中保持同一性。换言之，决定人活着的就是同一性。这种同一性指的是现在存在的"我"与接下来仍然活着的"我"的同一性。因为所谓活着不外乎是心理生活在继续。例如，如果"我"要活着，那么"我"现在的经验、思想、信念、愿望和人格特点接下来就应该有相应的接续者，停止了这些连续性，就不可能活着。因此人的生命过程就表现为心理状态此起彼伏的连续过程。这些连续的状态通过两种方式相互联系在一起：第一，通过相似性，尽管前念与后念是变化的，但这些变化是渐进的，而非彼此隔绝的；第二，通过有规律的因果依赖关系。

通过对人身上的这些现象的考察，我们可以说：如果人身上没有不变、同一的自我，或准确说，如果没有包含着差异性、间断性、变化性的同一的自我，其内的乱象将不可设想，人及其行为的完整性、统一性、协调性将无法被予以圆满的解释。著名神经科学家科赫说："就像当今世界上许多日理万机的人一样，中枢神经系统也饱受信息爆炸之苦。"[①]由于进化的作用，人内部形成了起选择、概括、决定作用的中枢，它"只对外部世界的重要事实进行概括，并传送到作计划的脑区，筹划最优的动作过程，意识的这种功能就像许多大组织的领导人所采取的策略"[②]。也就是说，只有承认人内部有某个有同一性、统一性、主宰性的像领导者一样的实在，人面对信息爆炸所完成的行为才能得到合理的解释。

精神病学的大量个案研究从特定的角度告诉我们：自我不仅是客观存在的，而且有其持续的同一不变性。因为精神疾病患者之所以有异常、怪异的言行，是因为他们的自我的连续的同一不变性发生了变异，出现了"自我的失调"。这种自我失调有很多形式，如第一人称视角紊乱、体验的第一人称被给予性紊乱、属

---

① [美]克里斯托夫·科赫：《意识探秘：意识的神经生物学研究》，顾凡及、侯晓迪译，上海科学技术出版社2012年版，第324页。
② [美]克里斯托夫·科赫：《意识探秘：意识的神经生物学研究》，顾凡及、侯晓迪译，上海科学技术出版社2012年版，第324—325页。

我性维度紊乱等。这些从反面说明：正常的自我及其意识，是人类动机及行为的基础，如果它乱套了，那么个人及世界就会变得紊乱。如果能用相应方法让这些失调得到纠正和恢复，那么患者就能恢复正常。要如此，当然必须找到精神分裂的根源。根据对自我的哲学和实证科学研究，其根本性的原因是不难找到的。扎哈维认为，精神分裂的根源在于：自我意识紊乱、异化。他说："精神分裂的一个显著特征在于：它通常包含了异化的自我意识。例如在思维植入中，病人可能对他或她自身的心理状态具有直接通达，但却仍然将它们体验为不仅是受控制的……而且也是异己的，是属于另一个人的。"[1]因此对自我展开精神病学的研究既有重要的哲学学理意义，又有不可替代的实践价值，那就是，要让病人恢复正常，关键是让他们的自我的同一性恢复正常。

此外，正常的人都能对自己的行为承担责任，或做出负责的行为，人能自觉地调节自己的行为、矫正自己的行为、按自己设计的模式塑造自己、培养和改变自己的习惯，例如，养成好习惯，克服不良习惯。人能能动地选择成长的道路，如与冷漠、顽固、僵化做斗争，特别是法律和道德事实上在社会生活中发挥着对人的行为的调节作用，这些都能证明同一不变自我的存在。如果否认自我的这种性质，那么法律和道德将毫无作用，人就可以不负责任，因为人做出行为之后就不再是他自己，不是同一个"我"。只有承认每个人都有同一不变的自我，才能解释人们为什么对自己的行为采取负责的态度，才能解释人们为什么有道德责任意识。换言之，每个人要能对自己的行为负起责任，他必须是由他的意志控制的。要如此，他的意志又必须是由他的深层自我所控制的。因此自我一定是存在的。相对于深层自我来说，意志只能算表层自我。深层自我也可称作真实自我。只要有负责的行动发生，其后就一定有一个真实自我，且那个"我"是基于他的意志控制行为的，那个"我"是基于他的随意系统控制他的意志的。

自我的同一性是有其生物学、物理学根据的。例如，在生物中存在着同类生同类的事实；在物理化学世界，食盐的晶体总表现为正六面体，而钻石的晶体则表现为四面体，即都表现出一定的同一性，这是因为世界上存在着"能自我复制的实在"。由于这种实在，生命就能复制，遗传链中的个体便能表现出同类生同

---

[1] ［丹］丹·扎哈维：《主体性和自身性：对第一人称视角的探究》，蔡文菁译，上海译文出版社2008年版，第181页。

类的特点。当然，无机物表现出的那种"自我复制"只是其雏形或"微弱现象"。道金斯（R. Dawkins）说："这就是为什么食盐的晶体是正六面体，而钻石的晶体是四面体。当任何一种形状成为建造另一像它自己一样的形状的模板时，我们就有了可能自我复制的微弱现象。"①

　　这里无疑没法绕过关于同一性本身的形而上学问题，即世界上究竟有没有同一性？如果有，怎样予以界定？其与相似性、多样性等是什么关系？我们说的自我的同一性尽管只是同一性的一种形式，即同一个人在不同时间、地点的同一性、持续存在性，也即从某个时刻持续生存到另一时刻的东西，即存在于不同时间的同一个人，但如果像否定的观点所说的那样，同一性在世界上真的没有本体论地位，那么我们的观点便会不攻自破。另外，碎片化自我论之所以否认人身上有同一不变的自我、强调自我只有间断性，之所以成了占主导地位的观点，一个主要的原因是西方同一性的形而上学研究中出现了这样占主导地位的观点，即否认世界上存在着相同性、同一性，只承认家族相似性。因此要想维护我们的观点，就必须切入上述形而上学问题，并回应否定性观点，同化有关反例，其出路在于：要么证明自我的同一性是个例外，要么推翻那个普遍原则。笔者认为，否认世界上存在着同一性的形而上学观点是值得重新思考的。

　　在切入这个论题时，我们首先面临的前提性问题就是带有形而上学性质的元问题：怎样理解同一性？同一性的标准、条件是什么？要予以回答，就必须有语言分析的维度。一般而言，"同一"的英文表达是 identity 或 is identical with。就用法而言，有四种情况，它们可表示四种同一性，即数量的同一性、性质的同一性、空洞的同一性（一个事物与自己的同一性）、指称的同一性（两个词指同一对象）。其实，我们可将其概括为两种用法：一种是指两个以上事物之间的关系（数量、性质），即"相同"或"同一个"（same）的关系，如许多个别的钢笔之间的关系；另一种是指同一个事物在不同时间和空间中的关系，如我现在手上的笔是不是我昨天用过的那支笔。为了避免不必要的混乱，有的人建议分别用不同的表述把两种情况区别开来，如把第一种情况称作"相同"，把第二种情况称作"同一"。前者是名副其实的关系表达式，指的是两个以上事物所具有一种关

---

① ［英］理查德·道金斯：《基因之河》，王直华、岳韧锋译，上海科学技术出版社2012年版，第111页。

系。仔细思考，把"同一"用于第一种情况是隐藏着麻烦的，说"同一关系"是"两个事物的关系"是不妥的，因为无论如何，它们不可能同一。但是，说不同时空中的一个事物有同一关系，也有不确切之处，因为既然是同一个，那就不能说它有关系，充其量，它只是一个事物与它自身的关系。正是基于此，许多哲学家否认一事物与其自身之间存在着真正的关系。这就是有人把这种同一称作"空洞的同一"的原因。我们这里关心的同一显然是第二种同一，即一个人与他自己的一种不能称作关系的"关系"，而不是两个独立事物的关系（相同关系）。没有看到这种区别可能是一些人否认人的自我有跨时同一性的一个语言学的根源，即一开始就预设了它是两个不同的事物。

为了表明同一关系与相同关系的区别，洛对它们分别进行了形式化。在他看来，同一关系可形式化为：$(\phi)(x=x)$。这里有同一关系的事物都是 x。而相同关系可形式化为：$(\forall x)(\forall y)(x = y) \to (F)(Fx \leftrightarrow Fy)$。这里有相同关系的事物是两个独立的事物，即 x 和 y。这里的 F 表示的是适用于一个对象的条件。这个公式肯定的是，对于任何事物 x 和 y 来说，如果 x 同一于 y，那么适用于 x 的任何东西，也适用于 y，反之亦然。不难看出，相同关系有两个逻辑属性，即对称性（symmetry）和传递性（transitivity）。

新的问题是，不管是哪一种同一性关系，在认同或分辨时，都有同一的标准或条件问题。所谓同一的标准，也可说是对象 K（类别）同一的充分必要条件。对于这个条件，可以说是见仁见智。最常见的是莱布尼茨标准，即认为：两事物是同一的，当且仅当，它们的属性是完全相同的时。这实际上是同一的最高、最严格以至于不可能实现的标准。因为它的基础是还原论。根据还原论，事物即属性或构成要素的集合，如一个桌子就是一堆属性（第一性质和第二性质）。只有当两个事物的每一属性、要素甚至微观构造都一样时，我们才能说它们同一。正是基于此，莱布尼茨才得出了世界上没有两片完全相同的树叶的结论。意思是说世界上根本就不存在同一性。维特根斯坦的家族相似性原则和蒯因等人的唯名论依据的其实也是上述同一性标准。另外还有两种标准，用洛的形式化方法可分别表述如下，一是一阶同一性标准：

$$(\forall x)(\forall y)(CKx \& ky) \to (x = y \leftrightarrow R_K xy)$$

这里的 R_K 指的是 K 类对象的关键性关系，即等于关系，它是自反的、对称的、可传递的关系。因为同一性本身就是等于关系，只要 K_s 是同一的，那么 R_K 就一定存在于 K_s 之中。①

二是二阶同一性标准，可写作：

$$(\forall x)(\forall y)(f_k(x)) = f_k(y) \leftrightarrow R_K xy 。$$

在这里，f_k 指的是可称作 k 函数的东西。以弗雷格所说的方向的同一为例。方向总是某物的方向，如线段的方向。方向同一的标准是，线段 x 的方向同一于线段 y 的方向，当且仅当 x 和 y 是平行的时。因此在这里，K 函数就是函数的方向，两方向的关键关系是线段间的平行关系。②

就同一性标准的两种形式的关系来说，二阶标准说的是 K 类中的事物间的同一条件，依据的是另一类事物间的等于关系。就上面的方向的例子来说，它是根据线段间的等于关系来说明方向的同一关系的。相比较而言，一阶标准说是 K 类事物间的同一关系，依据的恰恰是这些事物间的关系，而非另一类事物间的关系。这种区别极为重要，在说明人格同一性时将体现出来。因为只有当我们把人看作像方向一样的函数类的对象时，人格同一性的二阶标准才是适当的。

笔者认为，许多自我论之所以否认自我的跨时的持续的同一性，只承认自我的瞬时性、间断性、珍珠性，以至于将自我碎片化，根本的原因是其所坚持的关于同一性的形而上学原则有问题。其中，一是没有看到自我的同一性及其标准的特殊性，如前所述，这种同一性不同于两个以上的不同事物之间的相同性、相似性。"我"的自我尽管会出现在不同的时空中，好像表现不同的事物，其实只是唯一的"我"的变化或变状。"我"在不同时空中表现出的"我"尽管各不相同、有差异性，但毕竟都是"我"的演变，因此里面肯定有其不变的东西，不然就不是"我"。另外，在分别探讨同一性和相同性的标准时，我们应看到这两个概念的规范性特点，因为它们分别有这样两类四种观察维度：一是可同时从量和质两方面去观察。当从量上去观察时，还有量级的选择的问题，例如，许多个别的红

---

① Lowe E J. "Personal identity". In Garvey J (Ed.). *The Continuun Companion to Philosophy of Min.* New York: Continuum International Publishing Group, 2011: 206.
② Lowe E J. "Personal identity". In Garvey J (Ed.). *The Continuun Companion to Philosophy of Min.* New York: Continuum International Publishing Group, 2011: 207.

色在较低的量级上可以说它们都是相同的红色,但提高观察的精度,它们就可能没有同一性。就质的观察角度而言,当一类事物中的个别都在相同的量度之内,而没有发生质变时,我们就可以说它们是相同的。同理,观察事物还有宏观和微观的差别,两个事物尽管从微观上看没有同一性,但从宏观上看则相反。质言之,同一性、相同性都有相对性,按照莱布尼茨标准的确没有同一性,甚至一个事物不能与自己同一,因为只要时间前进哪怕 0.001 秒,它就成了与它不同的东西,但改变角度和观察的层次,特别是当我们从质上去思考时,事物是可以有其同一性的,甚至是长时间的持续不变的同一性。最明显的是,像否定同一性的人那样去断言、宣称没有同一性,恰恰证明存在着同一性,因为人内部如果没有同一不变的东西,怎么可能做出相同或不同的比较和判断呢?这个论证也可被用来证明存在着绵延生命始终的自我同一性,因为我们人都有坚持一生并保持不变的肯定和否定意见。

更关键的是,在解决这里的问题时,笔者认为有两种形而上学应予以超越:第一种是撇开个别性、差异性、间断性而孤立地思考共同性、同一性的形而上学。其特点是,把同一性看作赤裸裸的、纯粹的、抽象的同一性,因而无法说明它与个别的关系,不是把它当作绝对独立于个别而存在的东西,就是把它当作客观世界不存在的、仅由人的理智虚构出来的产物。第二种形而上学虽然看到了事物的个别性,但又走向了完全否认共相、共同性的另一极端。其实,尽管不存在量的、微观层面的共同性,但质上的、一定数量级的共同性还是有的。例如,人与非人肯定是不同的,界限是十分清楚的。之所以如此,是因为人这个类别中存在着把一切个体统一在一起的相对的同一性,正是它们把人与非人区别开来。

形而上学是可以超越的,出路在于坚持唯物辩证法。根据唯物辩证法,同一性是具体的、发展着的同一性,它本身是差异性与同一性、变易性与稳定性的辩证统一体,因而它具有相对的独立性。这种相对的独立性有助于把共相与殊相、共相与个别区别开来。由于它没有纯粹的、绝对独立的存在形式,因而它又不能离开个别而独立自存。一个共相总是与个别和其他的共相相联系而存在的,总是寄存于诸个别之中的,并在一定条件下与殊相相互转化。它们的这种辩证关系可从不同的角度和方面被说明,而且在不同形式的共相中有不同的特点。从事物的横向结构看,一类事物中的属性共相、要素共相、实体共相、关系共相具有并存性，它们既互相区别，又互相联系。它们分别地、相联系地存在于诸个别之中。从事物的纵向结构看，事物的共相结构具有层次性、梯级性、系统性，也可以说表现为共相与殊相、一般与个别的相互转化的过程。各种共相既自成系统，又互演成系统，因为每一个共相都是不同方面的辩证统一体，而同时又是高一层次的共相的一个方面，与其他共相一起构成更高级、更深刻的共相。不管是哪一层次的共相，只要它是客观事物中具体的、发展着的同一性的反映，那么它就有可靠性。高层次的共相概念剔除的个别性表面上比低层次的要多，规定性似乎更少、更单纯，但事实上共相概念的层次越高，其所反映的本质则越深刻、规定性越丰富。因为随着它所反映的对象的外延的扩大，它所包含的规定性也就越多、越集中、越丰富、越具体，它包含了更丰富的对象的最一般、最深刻的具体同一性。因此，越高层次的共相，离事物的本质也就越近。因此笔者不赞成说，共相层次越高，规定性越贫乏。从事物发展的时间方向看，共相作为存在于诸个别中的具体同一性或者如黑格尔所说的"有机的整体"，是随着个别的发展变化而发展变化的，是静态稳定和动态发展的辩证统一。

既然存在着特定意义的或具体的包含着差异性、间断性、变动性的同一性，那么我们绝对没有理由否认自我的绵延生命始终的具体的同一性。由于有这一承诺，即自我不是抽象、空洞的同一性，因此我们就可以进一步追问自我具体的存在方式、表现形式、相状、本质特点以及它与其他事物的关系。

二、自我的存在方式与心理学扫描

自我的庐山真面目，或者说，人们通常所说的"我"的真实指称，以及人们的自我感对应的那个有点神秘的自我的本体论地位，至此应该比较清楚了，即它是一种真实不虚的存在。当然，它究竟怎样存在、存在方式是什么、有何性相特点，还值得我们探讨。首先，我们可以从否定的方面这样加以描述，它不同于别的已知的存在样式，既不是具体存在物，不是一个东西，也不是抽象存在，以至于我们没法用已有的语词或概念框架来加以表述，但它真的离我们最近，就在每一个当下的在场，而且偶尔露其峥嵘，只是我们熟视无睹罢了。最明显的是，只要我们仔细去体会前反思自我意识和反思性自我意识，我们就可与之照面，例如，那在自发地觉知当下正发生的对对象的意识觉知本身、那在以反观自照的形式观察心内正发生的过程的东西，就是自我的作用的表现。另外，当我们有意让自己的心念、思想停下来，且如愿以偿时，那知道这种状态的东西就是自我的作用。但不得不承认的是，要肯定地描述它是什么，的确十分困难。这是因为，"自我"等语词的真实指称或所要表示的那个"实"超出了已有的概念图式，甚至在我们已有的本体论范畴体系中，没有表述它的范畴。例如，已有的实体、属性、关系、质料、形式、时间、空间、抽象实在等都不适用于它。质言之，它可能是一种超越于我们已有认识的一种特殊的存在样式。这大概是扎哈维等人把它描述为"最低限度的"（minimal）存在的一个原因。

如果是这样的话，那么我们就应像著名心灵哲学家麦金等人所倡导的那样，进行"激进的概念革命"，或像我们所说的，进行本体论范畴体系的创新，在研究它的存在方式及特点的基础上，探寻适合它的本体论范畴。只有这样，我们才能走出过去认识的误区和困境，实现对相对神秘性或封闭性的超越。在麦金看来，过去的心灵哲学理论之所以危机四伏，原因是，运用的是不适合于认识心灵的错了的概念图式。概念革命的主要任务是在抛弃和否定的基础上创立新的概念图式。这图式既不是传统二元论的改头换面，也不是物理主义的延续和发展，而是在否定传统空间概念的基础上创立新的非空间概念以及关于它与空间概念之关系的概念图式，同时，抛弃传统的以物理实在为全部存在的实在观，进而"建构一种（形而上学的）实在观"。这种新实在观的特点在于：承认存在着超越的实在。例如，要解释意识何以能产生出来，我们除了应承认已知的宏观和微观实在之外，还应承认物质中存在着别的东西或属性，如物理的隐结构、意识的隐结构、具有最终解释力的属性 p 等，它们是我们以前没有认识到的，但又不是超自然的东西。实在中的这些东西恰恰又是我们自己本质的构成方面，正是它们，使我们获得了心灵，并使我们能思考心与身如何关联。自我也是这样的实在，它超越于我们过去的认识，特别是本体论图式和范畴体系，在特定意义上可把它看作是超越的实在，但它不是超自然的。我们过去之所以不能很好地把握它，主要是因为我们没有相应的范畴或概念框架。

笔者赞成许多像自我论这样的观点，即自我的秘密就在意识之中。因为如果人不进化出意识，那么就不会有扑朔迷离的自我问题。尽管我们不能说自我就在意识中，完全以它为居所，尽管我们不能说自我完全是心理或意识现象，尽管不能说自我以意识为充分条件，但自我一定与意识有关，一定以意识为必要条件，至少人的自我感是这样的。自我意识就更不用说了，它在特定意义上本身就是意识的一种形式，甚至在现象学看来，意识本身就是自我意识，至少以自我意识为基本结构和本质特点。因此我们要想在自我研究中有所收获，就必须进到意识中抽丝剥茧、探幽发微。正是基于这样的认识，古今中外的自我研究都十分重视意识问题，都知道在与意识、自我意识的关系中研究自我。根据笔者的考察，自我就是意识、经验中的那个"在意识"，那个伴随意识的意识，是对意识的意识。这种在意识经验中隐藏的意识的特点的确像扎哈维等人所说的那样，是意识经验的内在基本结构，它对经验的觉知是前反思性的，因为它的作用无须生起第二个或另外的反思活动，意识在觉知到对象及过程的同时就完成了对自身一切的觉知。用东方哲学的概念来说，这个前反思的意识就是里面的那个"明见性""灵明不昧性""那一点灵明"，或者说里面时刻在进行的"觉照"，即贯穿在心理活动中的那个既灵又明的本性。例如，我在看脚下的路时，我既明明白白知道我在看，又"晓得""觉知到"所看的东西。这种觉知不是那个看之外的东西，里面的明白也不依赖于重新生起的第二个反观自照，即不同于二阶的反省，不是反思性的自我意识，确切地说，是不依赖于反思、反省的觉知。当然这并不是说，自我只存在于有意识的活动之中，当人不在意识中或没有意识时，自我就中断了。若这样说，就等于投入了前述的斯特劳森、扎哈维等人的珍珠串理论、最低限度自我论的怀抱。他们只承认自我存在于现实发生的经验、意识之中，伴随其始终，一旦经验完结，一个自我就完结了。如他们所说的，自我持续的时间与经验一样长，一个经验若只有1秒，那么它里面的自我就持续1秒长的时间。基于此，他们得出了没有持续、同一不变自我的结论。笔者认为，自我除了通过有意识的经验表现出来即存在于意识之中之外，还能以无意识的方式存在，即在人的意识休息时乃至在因外伤、疾病而失去意识时，只要人的生命没有停止，人的那个唯一的、同一不变的自我还照样存在于人身上。因为当人清醒时，那曾经隐伏的自我又会重新起作用，大多数情况下其是接着起作用的，进而表现为同一个人。概言之，自我有有意识和无意识两种存在方式。那么，怎样看待梦中的自我呢？笔者认为，梦不仅不是证伪同一不变自我的根据，而恰恰是证明它的存在和作用的根据。因为梦的实质在于：梦是人的某些心理活动在没有自我干预、主宰的情况下自发地进行的。在人睡眠、做梦时，同一的自我仍在其中持续，只是那个作为明见性的自我休息了，没有现实地发挥人清醒时的那种有意识的、合理的组织统一作用。正因为如此，梦中的活动是不完整的，有时任意地、非逻辑地拼凑在一起的。之所以有此情形，是因为有的大脑区域处在休息状态、处在没有自我到场的状态，而有的地方被激活了，这个激活的过程就表现为梦。

考察"注意"这种普遍贯穿于所有有意识心理状态中的心理样式，也是我们一睹自我真容的行之有效的方式。所谓注意，就是人让意识投入要关注、认识、思考的对象之中，在人进行有意识的情感、意志活动时，注意也是最先"到场"的。另外，人们在同时面对许多信息、刺激的情况下，只选择其中之一加以关注，靠的正是人的注意作用。正如著名神经科学家科赫所说的："正是因为有注意，因此人们才不会被海量级信息淹死。例如人只要睁开眼，每秒就会有几千万比特的信息涌进大脑，但其中多数信息是不会被注意到的，这是因为自我只会有选择地关注其中的极小部分。"①只要心智注意到什么，就表明自我在后面或到场了，表明自我在那里发挥作用，如根据注意的东西做出思考、决定下一步该做什么。因此我们可以说，注意是自我有意识起作用的标记，是自我的"目标朝向"。

另外，从人的下述行为中，我们可以窥探到自我及其存在方式。例如，自我是认知活动中的认知者，是观察活动中的观察者；是行动的发起者、管控者、调节者，是人努力和意志的根源，质言之，是行为的自主体；是情感活动的体验者，在情商较高的人身上，自我不仅体验着情感，而且还能有意识地、理智地加以节制、转化、改造；同时是趋利避害、离苦得乐的主体；是思想、观念、身体、性格、气质、能力、经验的拥有者。所有这些作用者、拥有者又不是分离的，不是各行其是、各霸一方的，而是统一的，是人身上的同一个自我的不同存在和作用方式。

三、自我的计算层面的描述

任何实在由于都有自己不同的构成和组合方式，因此都可从不同的角度、层次

---

① [美]克里斯托夫·科赫：《意识探秘：意识的神经生物学研究》，顾凡及、侯晓迪译，上海科学技术出版社2012年版，第210页。

被加以观察和描述。例如，人们对于杯子里的水可同时这样加以描述，从宏观的、粗浅的角度去描述，可说它是水；从化学角度可说它是 H_2O；从物理学上看，可说它是由原子构成的液态物质，具有短程有序、长程无序的特征，等等。这些描述尽管不同，但都是真实的，因为它们分别截取了对象中相应的实在构成及特点。对于自我这一深藏不露但又有真实而独特本体论地位的实在，我们也可这样加以观察和描述，从心理学角度看，它是通常所说的自我；从计算或信息加工的层次看，它可以被说成"模块"；从物理实现角度看，它是自我的中枢神经关联物或对应的、通过进化而形成的、有动态中心特点的神经元集群。这里我们关注的是第二种描述。

"模块"（module）最初是由著名认知科学家、心灵哲学家福多创立的一个概念，指的是领域专门化的、先天的、由特定硬件实现的自主且非集成的认知系统，或者说是有专用数据库且能完成特定认知任务的专门计算系统。其与非模块的区分标志是，它有信息封装、领域专门化或范围特异性、操作强制性、所计算的表征只有有限的中间通路、输入分析器只有"浅"输出、有固定的神经结构等。据此，福多只承认认知系统中的输入系统和输出系统是模块，不承认中央加工系统是模块。随着大量的认知心理学家、神经科学家、进化生物学家和哲学家的介入，以及从不同角度所做的广泛而深入的研究，学界不仅在模块的内部构成、功能作用、形成过程、模块间的关系等方面取得了丰富而有价值的成果，而且还认识到模块内有模块、模块组成的系统中有中心模块。新的认识还有，认知能力的领域专门化表现在两个方面：一是表现在加工时所用的信息上；二是表现在完成加工所用的计算过程之上。相应地，模块有两类：一类是表征性模块，它是具有领域专门化的数据包，其中的数据以适当的方式整合、组织在一起；另一类是计算模块，它是具有领域专门化特点的加工系统。例如，字句分析器就是一个计算模块，它利用表征模块中的内容，最终产生以物理句子形式出现的句法和语义表征。[①] 随之而来的松绑是强调人类心灵的所有子系统都是模块，中央认知系统也不例外，有的人甚至将它推广至非认知系统。由于承认中央认知系统也是模块，因此他们对模块本身的看法也有别于福多。例如，由于中心模块能加工概念输入，即接受概念输入，因此模块就不再只是换能器；由于能产生概念化输出，因此模

---

① Samuels R. "Massively modular mind". In Carruthers P, Chamberlain A (Eds.). *Evolution and the Human Mind*. Cambridge: Cambridge University Press, 2000: 19.

块的输出就不只是浅层输出。另外，由于中心模块能对信念做出加工以产生别的信念，因此它们的信息就不可能是完全封装的。施佩贝尔（D. Sperber）说："复杂有机体是由许多不同的子系统所构成的大系统。"①这些子系统都是模块。它们在功能、结构、个体和种系发生等方面相互区别，其共同独有的特点是领域专门化。施佩贝尔强调，他所说的领域专门化不同于福多。因为后者不能说明人的认知事实上存在的变化性、可塑性。他所说的领域专门化则没有这个问题，其指的是一个装置的这样的特点，它的功能只加工属于某个专门经验领域的输入，如面部识别装置，它的加工即使也能由似面部的刺激所引起，但它只对面部识别做出加工。从起源上说，一个模块组织就是生物进化的一个结晶。反过来，模块又是进一步进化的前提和条件。模块本身具有复杂的结构，如有的模块本身包含着子模块。脊椎动物的消化系统就是这样，它所包含的肠、胃等本身都是模块。另外，模块还可以进化、变化，例如，既可转化为别的新模块，还可产生别的新模块。认知模块只是生物模块的子类。当然，它们有其特殊性，这表现在：认知模块有自己特定的输入，有用来加工输入、满足各种条件的专门的资源，有自己专门的程序和数据库。认识的新变化还表现在：一些人论证说，存在着整体性模块和大量（massive）模块。前一概念强调的是：模块不仅制约着输入和输出过程，而且制约着中央的认知过程，因为中央的认知加工是计算上可控的。后一概念不仅强调中心加工系统是模块，而且认为人类心灵在本质上完全就是模块，可被称作巨型的模块。②

认知神经科学之父加扎尼加说，过去 70 年间的神经科学有力地证明："行为、认知乃至意识本身背后的加工都是高度模块化的，彼此之间存在着并行关系。"③由于如前面所论证的，自我是认知中心系统中的中心，是意识中的本质构造，因此我们有理由认为，自我是大脑中的由大量的模块所构成的系统中的一种与其他模块并行运作同时又对它们有主宰作用的模块。我们这样说是有其科学

---

① Carruthers P, Laurence S, Stich S（Eds.）. *The Innate Mind*. Oxford: Oxford University Press, 2005: 54.
② 参阅 Carruthers P, Laurence S, Stich S（Eds.）. *The Innate Mind*. Oxford: Oxford University Press, 2005.该书有三大卷，是专门研究天赋心灵、原初心灵（模块论是当今新天赋论的主要理论形态）的论文集，其中有很多论文专门探讨大量模块。
③ ［美］迈克尔·加扎尼加：《双脑记：认知神经科学之父加扎尼加自传》，罗路译，北京联合出版公司 2016 年版，第 332 页。

根据的。据著名神经科学家科赫和诺贝尔生理学或医学奖得主克里克的研究与推测，脑后部皮层区域是按等级结构组织起来的，至少可分为 12 个层次，每个层次都从属于上一层次，在某个区域内，当一群神经元收到来自下一层次的输入时，接着便会向上一层次发送输出，最后都会汇总到最高的层次。①科赫说：这个特殊的"神经网络"是"真实的物理系统"，"能接收大量来自后皮层的感觉输入，做决策，并将决策传到相应的运动处理单元"，它还能"监视后皮层"，"思维、概念形成、计划等复杂的处理过程都由它产生"。②笔者认为，这个网络用心理学语言描述就是"自我"，用计算术语描述就是我们这里所说的"模块"。

作为自我的模块除了具有一般模块所具有的特征、作用之外，还有许多独特之处。其最突出的表现是，从本体论上说，它有自己独特的存在方式，因此我们相应地尝试把"自我模块"建构成本体论范畴中一种独特的范畴，例如，试图让它表示一切已有本体论范畴体系没有包含的一种存在样式，即基本的存在样式之上突现出来的不同于属性、状态、功能、抽象存在的特殊的存在样式。它不属于认识论、心理学、伦理学、生物学、物理学、社会学、人类学、人学等专门学科的范畴，但又包含它们所关注的某些因素。这里的模块来自认知科学，因而肯定包含认知结构、能力之内的内涵，但经改铸、重构的模块范畴又有更广泛、更深层次的赋义。因为我们认识到的自我就是这样一种超复杂的、不同于一般实在的实在。

笔者认为，"我"和"自我"的确有真实的指称，但一方面，它指的的确不是二元论和常识心理学所理解的那种小人式的自我；另一方面，它也不是别的自我论所理解的那些自我，更不是已有语言分析在这类词的用法中所找到的那些所指，如身体、心灵、整个的人、主体等。如前所述，笔者之所以认为语言分析尽管是解决自我问题的一条进路、一个必要环节，但它本身也有局限性，因为创制和运用这类词语的人毕竟不是科学家、哲学家，其认识一定有不可避免的历史局限性。他们认识到了实在，就会用相应的词语或用法把它表达出来，若有未被认

---

① ［美］克里斯托夫·科赫：《意识探秘：意识的神经生物学研究》，顾凡及、侯晓迪译，上海科学技术出版社 2012 年版，第 34 页。
② ［美］克里斯托夫·科赫：《意识探秘：意识的神经生物学研究》，顾凡及、侯晓迪译，上海科学技术出版社 2012 年版，第 416-417 页。

第八章　自我、自我意识和人格同一性问题的尝试性解答　　　307

识到的实在，他们就不会有对它们的指称，相应地，语词中就没有相应的用法和意义。如果有这种情况，那么即使是再高明的语言分析高手，不管怎样分析这些词的用法，都是找不到它们的真实指称的。这就是笔者所说的这个领域的语言学转向的局限性的表现及根源。笔者认为，自我的真实指称尽管可以被找到，但它不在已知的用法和指称之中，而是一直深藏不露。把它找出来，让人明白它、理解它，正是未来自我研究要完成的任务。根据笔者的判断，它真实地存在着，但无法用已有的概念框架来被说明，其超出了已有的本体论范畴体系。鉴于此，笔者倡导该领域的概念革命，或重建本体论的范畴体系。当然，我们也可继续用"我"和"自我"之类的日常语言来述说它，但它超出了这些词已有的表述力，不属于已知的用法和意义，所以需要重新赋义。既然如此，我们要表述"自我"所对应的特殊实在，出路只能是，要么创制新的范畴，要么改造已有的范畴。我们的选择是后者，即改造"模块"特别是新近的"大量模块"概念。之所以如此，是因为这个概念中有部分规定适合于表达自我这一实在的部分本质规定性。

　　必须承认，笔者所说的"模块"概念保留了认知科学原有概念这样的规定性，即领域专门化、信息封装或完成任务所需的先天资源、进化的结晶、对生物大脑的随附性、相对的固定性、可塑性或可变性等。但是，笔者也做了一些改进，如在承认有认知模块和生物模块的同时，还强调存在着负责行为乃至道德和法律等社会行为的模块，以及授予认识统一性的模块和维持人格同一性及连续性、让人成为观点、财产、个性所有者的模块等。还必须要强调的是，我们鉴于已有的本体论范畴或概念框架在面对自我这一特殊实在时所出现的概念真空，才倡导探寻能够涵盖它的新范畴，因此我们自然不会照搬已有的概念。笔者认为，包括原有模块在内的范畴或概念框架都无法表述自我这种特殊的实在。这就是说，它既有本体论地位、是真实存在的，又由于不同于我们已知的一切存在样式，因此我们无法把它放在已有的一切范畴之下加以界定，而是必须找到一个新概念，这就是经改造原有模块概念而来的"大模块"。作为自我的大模块，其除了有上述保留下来的特点之外，还有以下这样一些特点和规定性。

　　第一，我们所说的模块除了仍有认知的领域化功能因而是认知科学范畴之外的外，最突出的是，它已被提升为本体论范畴。作为这种意义的范畴，它表示的不是基本的或一阶的存在，而是由相关一阶要素，如大脑的生物构造、进化所积淀下来有关物质、社会环境、实践能力等，通过相互作用而突现出来的一种特殊的实在。它既不是实体，也不是属性、关系等，而是一种相对于这些东西而言的新的存在。正是因为坚持这一点，我们的模块自我论才能够与二元论的实体自我论、属性自我论区别开来，尽管它也承诺自我是实在的。笔者还认为，作为存在，它的特点在于：若言其有，不见形体、质料、相状之类的特点，但又不能说它是无。这种没有形和质的非具体的存在类似于抽象存在，但又不是抽象存在，而是一种随附于基础的、具体地存在的并从中突现出来的高阶存在。正是因为它有对基础物理的东西的随附性，所以它作为高阶存在才能在人身上有无穷的功能和妙用。例如，能让人的杂多的认识具有统一性，是人能作为自主体起作用的基础，如人对行为的发动、控制都由它所使然，因为行为要发动，必须起心动念，而此起、此动就是由作为模块的"我"所决定的。正是由于承诺它有如此之类的作用，因此它才能解释我们在自我的标准或条件中强调的那些必须由合格的自我论所解释的事实。

第二，这个作为大模块的自我不仅像新模块论所说的那样有变化、可塑的一面，而且有间断、非连续、非同一的一面，同时还有连续、不变、恒常、同一的一面。因为作为一种真实的存在它也有它的辩证本性。它的变化、可塑、间断等方面的特点已为大量的科学理论和成果所证明，它的同一、连续的一面也不难被从科学和哲学上加以证明。人事实上有客观的人格同一性，任何正常的人都能认同自己，更重要的是，只要一个人能把不同时间中的对象知觉为同一个对象，就能证明他的内部不仅有客观的自我感，而且能证明他有客观、同一、不变的自我。如果其内部没有这种同一不变性，这样的认同是绝不会出现的。正像诸多的水泥、水、砂如果被送进了不同的搅拌机，而没被送入同一个搅拌机，那么就不可能有混凝土被加工出来一样。同理，自我中如果没有不变的东西，那么就意味着知觉传到内部的信息分别给了变化着的东西，果真如此，就不可能有统一的认识的发生。从伦理学和法律学的角度说，如果不承认自我有同一不变的一面，那么世界上就没有道德评价和法律惩处这回事发生。事实上，这样的事情经常发生。从规范性角度来说，自我若没有同一不变性，人事实上拥有的负责行为、践诺行为就不会发生，而实际上，这是每个人的经常性的现象。佛教早就看到了这一点，有论云："若无我者，先所作事，云何故忆而不忘失……若无我者，过去已灭，现在心生，生灭既异，云何而得忆念不忘？"①如果自我中无同一不变的一面，则人们当下为未来幸福生活所做的努力、所付出的心血都无法解释。人能收获过去劳动的果实，也表明人内部有同一不变的东西。质言之，自我是不一不异、非断非常，既有差异性、又有同一性的一种力量。它刹那生灭，但又连绵不绝，也像湍急的水流，不停流动，新生新灭，以至没有人能两次踏进同一条河流，但它毕竟是同一流水。

《楞严经》不仅肯定众生身上有真心，而且用近似于康德的方法对之做了认识论证明。经云："我今示汝，不生灭性。"以看恒河水为例，佛告诉波斯匿王，既然你3岁、13岁、今天62岁看恒河"宛然无异"，那么，你身中一定有同一不变者。"观河之见，有童耄不？"此不变者即不变性，或真心或真我。"彼不变者，元无生灭。""汝虽面皱，而此见精，性未曾皱，皱者为变，不皱非变。"②圆瑛法师解释说：所谓见精"即第八识识精，性即元明之性；因在眼故曰见精，此见精之性，即本来面目。"以此类推，第八识识精在耳可曰听精，在鼻可曰嗅精，等等。此识精可理解为真我，因为它本是妙明真心。当然，严格讲，它只真心离我们较近的显现，还不是真正的真心。因为真心纯粹是无生灭性，而识精是生灭与不生灭的结合。如果把真心比作月亮本身或第一月的话，那么可把人在捏眼后出现的影像称作第二月。《楞严经》还描述了一种关于真心的论证，即佛引导波斯匿王思考：你年龄在变，面容在变，但颜貌也有不变之处，"汝今生龄，已从衰老，颜貌何如童子之时"？为什么你我都会把你当作同一个人？③顺着这个线索去寻找同一性的根源，最终就会发现：其最原始的根源是，里面有真心。《楞严经》还通过分析听闻声音这样的具体事例，论证了真我的存在。例如只要敲击物体，人就能听到声音。敲击过后，再敲，人又能听到声音。佛教认为，这类事例可以说明：人有听闻的能力。人为什么有这种能力，追索下去，会发现不同层次的根源，如表层的能力—见性—真性—我真性。真正的能闻的能力不是眼耳诸根，而是人的见性或"真性"。佛教认为，只要承认人有对物的"见"

---

① 《大庄严论经》卷1，《大正藏》第4册，第260页。
② 《楞严经》卷2。
③ 圆瑛：《大佛顶首楞严经讲义》，宗教文化出版社2012年版，第62页。

或认识，就能证明人有见性。"若汝见时，是汝非我。"①圆瑛法师解释说："此见总不属于物，亦不属于我，非汝真性，而是谁耶？"②此见性也就是特定意义的"我"。"若此见性，必我非余，"③若有此见性，它一定是我，或我之真性，而不是别的。见性的妙用无穷也可以说明真我的存在。例如，见性的能力范围可远可近、可上可下、可大可小，如见四天王，遍娑婆国，还可但瞻檐庑。对此，阿难有这样的疑问：见性其体周遍一切，但为什么有时"唯满一室"，即只在一室中？为什么有时大，有时小？有时为墙壁所隔？佛告诉阿难，见性是法尘无法障碍的。"见性不变，不因境碍，而有缩有断，又见性随缘，在大见大，处小见小。"④

阿难在听闻了佛教关于"无我"的思想后提出的问题代表了一般人的疑问："若此见听"，即众生的六根的见闻觉知等作用，"离于明暗、动静、通塞，毕竟无体，犹如念心离于前尘，本无所有"，"微细推求，本无我心，乃我心所"，一言以蔽之，如我及各种心所都是空无所有，那么是谁去求无上觉果呢？为帮助阿难等人消除疑惑，佛邀请与会听法的人做了一个实验：击钟。其声音肯定有生有灭，人的听闻的活动也随之有生有灭。佛引导大家思考，听闻的活动中有没有不生灭的东西呢？通过细密分析，佛最后得出结论说："闻性本身无生灭。"如果否认这一点，那么就会陷入矛盾困境。经云："声销无响，汝说无闻，若实无闻，闻性已灭，同于枯木，钟声更击，汝云何知？……岂彼闻性，为汝有无？闻实云无，谁知无者？"⑤佛还通过分析梦中听木响、石响的人的事例说明："其形虽寐，闻性不昏"，即根尘尽管并舍，但闻性常存。佛由此进一步质问道："纵汝形销，命光迁谢，此性云何为汝销灭？"⑥意为：即使众生形体可以消灭，命光即命根会迁变代谢，人的闻性又怎么会随之消灭而消灭呢？人身上会变化、消灭的是根身、所对境和识心，而真常之心是不会消灭的。此见性、识性正是每个人身上的真性、真我。

第三，从作为大模块的自我与身体、心、意识的关系看，它们既有区别，即

---

① 《楞严经》卷4。
② 圆瑛：《大佛顶首楞严经讲义》，宗教文化出版社2012年版，第139页。
③ 《楞严经》卷4。
④ 圆瑛：《大佛顶首楞严经讲义》，宗教文化出版社2012年版，第141页。
⑤ 圆瑛：《大佛顶首楞严经讲义》，宗教文化出版社2012年版，第391页。
⑥ 圆瑛：《大佛顶首楞严经讲义》，宗教文化出版社2012年版，第398-399页。

自我不是心、不是意识、不是身体，但又与它们有相互依赖的关系。在这里，可借用佛教的"即"与"离"这对范畴说明"我"与心身之间的关系。"即"指的是等同、等于，"离"指的是分离、不相同。根据关于"我"的中道见，"我"与心身是非即非离、亦即亦离的关系。所谓离，指"我"与心身不能绝对等同，但这又不同于外道所说的离。因为这种离不是绝对的无关，只是强调"我"与心身毕竟有差别。尽管有差别，有离的一面，但同时又有相即或不可分离的一面。龙树提出的关于神我的中道理解是：亦有亦无，亦实亦不实，从事上说，神我是有，是实，从理体上说，神我是无，毕竟空，是实相、寂灭相。"诸法实相中，无我、无非我……一切实、非实、亦实、亦非实，非实、非非实，是名诸佛法。"①龙树还用比喻说明了心身与"我"的关系，认为它们的关系像薪与火的关系一样，不一不异。薪与火既不同一，又非不同一，"我"与心身的关系也是这样，"我"像火焰，心身像燃烧的薪。它们是不一不异的关系。"离身不见法，离不见身，不一亦不异，应当如是见。"②这就是说，佛教在强调"我"即蕴时，是不能与非佛教的"我即蕴论"相混同的。因为尽管都承认"我"即蕴，但各自所作的赋义不同，这表现在：佛教理解始终是中道的、辩证的。佛教强调的"我"，是非一非异的"我"，即既具有刹那生灭性又具相对同一性的"我"，而非佛教所说的"我"是有自性、实体性的我，即非中道、不辩证的"我"。

第四，从发生学上说，人的自我和自我感都有它的发生、发展过程。新近的自我研究发生了认识论和现象学转向，其对自我感的本质特点和发生学研究比较多，应该说认识得比较清楚，这里只拟重点讨论一下自我的发生学问题。笔者认为，尽管自我感不是先天就有的，而是在小孩长到几岁（有的人还认为能通过镜子面部识别测试）之后才成型的，但自我有先天的一面，或者说，自我是与生俱来的，一个生命的诞生，就是一个自主体的诞生，就是一个自我的诞生。一旦诞生就有他自己的权利、要求、需要、意志等。他要一个东西，你不给，他还会接着要，再不给，他就会哭闹。因此在一生下来的婴儿身上，我们就能看到同一不变的自我，当然，它是什么，则需要探讨。对于模块的先天性，一般的模块论已有较多研究。笔者这里拟从别的方面加以补充。笔者认为，人的后天的自我的发

---

① ［古印度］无著：《顺中论》卷3，［古印度］菩提流支译，《大正藏》第30册，第24页。
② 《般若灯论释》卷7，《大正藏》第30册，第86页。

生过程开始于"原型自我"或"神经自我",而它是父代及以前的长期进化的产物,积淀着过去生物发展的成果,即至少有其客观的先天因素。所谓神经自我,即大脑装置中一系列相互联系的和暂时一致的神经模式。它不局限于一个狭隘的脑区,而依赖于广泛的大脑部分所组成的有一定动态性、可塑性的系统,即使有神经关联物,也不局限于一个脑区,至少离不开这样的部分,如调节身体状态和映射身体信号的一些脑干神经核团、下丘脑、基底前脑、脑岛皮层以及内侧顶叶皮层,其中最重要的当然是许多神经科学家所说的皮质中央结构。其作用是负责维持身体状态和生存稳定性,不停地映射有机体在许多方面的身体结构的状态,在作为主体、所有者和自主体的自我出现之前,对有机体的生命进行自动化管理。它没有认知能力,不会做决策,不会说话,不具有现成的知识,但有被封装的信息资源,有作为后来发展所需的相应的可能性种子。它不是一个东西,更不是人中之小人,而只是一种由不同子系统、不同层次的因素所构成的神经结构模式。尽管如此,但它是后来作为大模块的、在几岁时完成的自我的源头和出发点。神经自我相对于后来的成熟的自我来说,就像种子与种子所派生出的果实一样,前者要转化为后者,离不开后来的心理发展,特别是社会进程。例如,小孩与其他社会成员之间的合作活动,尤其是通过会话的合作;个体生活在社会环境中,社会为个体形成自我提供社会刺激;个体在社会交往中派生出并运作语言符号,特别是学习"我"之类的索引词。要完成从初始的原型自我向成熟自我的转化,大致会经历这样一些阶段:最初,模块自我逐渐形成,但尚未形成充分发展的自我;要形成这样的自我认识,个体必须经历这样的社会化,如采取他们对他们作为一个有组织的社会或社会群体的成员而参与的共同社会生活所持的态度,而且他们必须泛化这些个体对整个有组织的社会的态度。

第五,作为自我的模块既是内在主义的、有自组织性的、有自生自成性的、有相对封闭性的认知系统,又是外在主义的,有一定的开放性、生成性和可塑性的系统。由此所决定,我们所说的作为大模块的自我,既不是实体主义所说的小人性、实体性的存在,也不同于各种碎片化自我论所说的珍珠串似的自我。根据我们的规定,自我既不是持续的实体,也不是混合系统,而是自组织、自生成、自规划的系统,其特点是自主、自维持、自持存,能做出功能整合和反馈调节。在这种自主、自组织系统中,构成性的过程之所以生成、被实现为网络,是因为

第八章　自我、自我意识和人格同一性问题的尝试性解答　　　313

它们循环往复地相互依赖。另外，这些过程在它们所存在的任何领域都成为统一的系统。最后，这些过程决定了与环境的可能的相互作用的形式和范围。由这些所决定，它不同于由外力控制的以外生、外成为特点的异质系统。另外，由于它是进化的产物，它在适应性过程中又会对外在因素做出灵活的反应，并根据变化重塑自己，因此，自我也会表现出发展的特点。

第六，自我作为大规模模块有自己相对稳定但同时富有弹性和可塑性的领域专门化的能力和作用。正是这些作用让有自我的人有各种自我感，如有作为行为的动因、施动者、控制性、决定者、调节者的感觉，质言之，有自主体感。另外还有所有者感、拥有感，能判断观念和非观念的东西是不是自己的，当然有的拥有感是无意识的，如不同时间、空间中得到的关于外物的认识无意识地从属于这个拥有者，从而为把它们综合，进而加工成统一的认识提供前提条件。自我的专有作用是极其广泛的，涉及心理、生物、社会、伦理、法律、人格、人类等人的活动所及的广泛领域，因此这样的自我就不可能只是一个认知主体或行为自主体或人格所有者，而是一个跨越性的、兼类的存在。它之所以有多种多样的领域专门化作用，是因为它拥有相应的被封装的信息和资源，有相应的专门的数据库和加工程序及能力，而且由于自我处在与环境的动的交涉之中，它的能力由于信息资源和加工程序处在不断的重塑之中，因此也自在变化之中。但不管怎么变，由于自我有其不变、稳定、连续的一面，有其硬核，所以一个人身上的自我只能是同一个自我。人对一个对象正在进行着的认识，在停了一段时间乃至相当长的时间之后，还可接着去做，一种身体的行为也是这样。这些说明，人内部有不变、同一的自我。

第七，就作为巨型模块的自我与人身上的其他模块的关系来说，它既不同于这些模块，又在对它们有依赖性的同时，有对它们的一定的支配、控制乃至主宰和中心化的作用。就它与人身上的有关生物模块的关系而言，它们肯定有对它们的依赖性，但其作用则比较复杂。首先，它无疑是它们的所有者，不仅有对它们的认知，而且有一定的支配权，如面对器官捐献，它可以决定要不要把其中的某一或某些部分捐献出来。其次，其复杂性还表现在，自我的同一性并不完全依赖于自己的生物构成，例如，完全有这样的可能，即在科学充分发展的条件下，一个人的器官一个一个地被替换，直到最后，原有的器官全部被换掉，就像形而上学的同一性讨论经常涉及的"忒修斯之船"一样，即使在这种情况下，这个人的自我仍可保持其同一性。这倒不是说，人的自我可以独立存在，而只是说，它有其相对的独立性。就上述案例来说，这样的自我之所以有其连续性和同一性，是离不开变化着的但保持着交错连续性的身体部分的。这就像流水一样，从微观层面看，河中流动的、连贯的水在每一处、每一时刻都有间断性，即使是一个水分子内部，也有断开的地方，但这些都不妨碍流水的连贯性、同一性。

自我与输入模块、输出模块等的关系大致相同，只是自我渗透于它们之中并能有意识地调节它们的关系。自我与中央认知系统的关系更加复杂。首先，它们尽管都有对全身心的主宰作用，但不是同一个模块，其最明显的是，自我作为控制者的领域专门化作用不只局限在认知方面，而且还有其他广泛的作用，这是中央认知系统所无能为力的。其次，就认知方面的作用而言，它们是各有其专门领域的。例如，自我只是作为一个客观同一的功能柱而起作用，即让要加工的东西都属于"我"，而不属于别的东西，以保证认识的统一性、同一性，就像让认知系统中只出现一个搅拌机而不出现多个搅拌机一样。最后，从范畴上说，中央认知系统只是一种认知系统，属于认知或心灵哲学的范畴，而自我如前所述，是包括认知功能的本体论范畴。

第八，就自我与主体、自主体、所有者（观念所有者、视角所有者、财产所有者、人格个性所有者）以及别的自我论所主张的最低限度自我、生态学自我、心理自我、物质自我、社会性自我等的关系来说，笔者认为，它们都是我们所说的巨型模块自我在特定情境下或在专门领域的表现形式，而非完整的、全体的自我。

四、自我的神经科学维度

自我研究必然要涉及自我与大脑（或放大一点，与整个身体）的关系或如何看待"具身性"（embodiment）的问题。正因为如此，它也成了当代神经科学，特别是认知神经科学的热点问题。综观已有的研究，不外乎这样一些范畴图式：

一是二元并列图式，其最有影响的倡导者是谢灵顿、阿德里安、埃克尔斯等[①]，他们认为自我的起源和存在是没法用大脑结构、神经机制加以说明的，而有其独立的根源和机制。其实，今日流行的寻找自我神经关联物的工作也潜伏着二元论的倾向，因为寻找关联物本身意味着自身是关联物之外的东西。二是构成论图式，它认为自我是由神经的东西构成的。这是当今新生的构成物理主义的基本主张。三是因果模式，它认为自我与大脑互为原因。四是实现论即功能主义，它认为自我作为功能是由大脑实现的。五是突现论，它认为自我是由有关的大脑子系统相互间以及与别的因素的作用所突现出来的东西。笔者认为，这些关系图式都没有真实反映自我与大脑的关系，包含许多哲学家所说的"范畴错误"。它们的真实的关系应是显示关系。

所谓显示关系指的是，它们是一体的关系，但我们又不能把它们看作是一个东西，因为它们各有自己的显现方式或存在方式。正因为如此，我们可以用不同的概念构架或语言图式来对其加以描述。如此描述，它们仿佛成了两种不同的实在。这恰恰是一些不明这里的语言与指称关系的人常掉进去的一个陷阱，以为做了两种不同的描述，它们就有两种独立、判然有别的所指。其实，这里的关系有点复杂，因为两种描述方式所表述的两类对象实即一个，但由于各自从中所截取、捕捉的内容又有很大的区别，因此在特定意义上它们不是同一个东西。例如，用"水"和"H_2O"可同时描述同一个对象，即一个杯子中的液体，但具体来说，它们分别说了里面不同的东西。再如，我们在电脑上打字，同时会有三种过程发生：一是有符号在屏幕上显示出来；二是电脑里面有算法被执行，有计算过程发生；三是里面有硬件在运转。它们三者的关系既不能说是各自独立、多元并进的，也不能说后面的过程是前面的原因，更不能说符号显现是由电脑里面的硬件过程突现出来的，它们是一体的，但同时有三种表现方式。同理，在自我与大脑结构、过程同时出现于人身上时，我们可以对其用不同的方式加以描述。例如，用心理学语言描述，我们可以说人身上出现的那个事实或实在就是自我，截取的是这个事实中较宏观的内容或层面；而用神经科学语言去描述，它说的仍是那个事实，

[①] 有意思的是，许多诺贝尔生理学或医学奖得主都非学重视心脑问题研究，有的人晚年甚至成了"职业的哲学家"，其中还有许多都倒向了二元论。参阅［澳］贝内特、［英］哈克：《神经科学的哲学基础》，张立，等译，浙江大学出版社2008年版，第44-51页。

只是它截取的是其中的微观的东西。它们是同一的，但又不同，因此我们既不能说它们等同，又不能说它们二元并列或有突现、构成关系。

受形而上学自然倾向的驱使，我们自然会进一步追问，这个与自我同为一实之显现的神经过程或构造究竟是什么？是全部大脑乃至全部身体，或镶嵌于（embedded in）情境中的身体，还是局部大脑或像埃德尔曼所说的一定神经元群的动态中心？

自我模块只要真实地出现并起作用，其后就一定有其神经的对应物，这就是一定神经元在进化中形成的相对稳定的较大群体结构。其构造、性能与其他子系统是相似的，如感觉系统是我们认识较多的神经子系统。它要处理几乎无穷多样的图像、景物、声音等，而且能对这些刺激的每个细节做出精确的反应，由于进化，其具有高度的特异性、领域专门性。就像学习、视知觉模块依赖于大量神经形成的高度互联的网络或有自己特定算法的分子机器一样，自我模块对应的也是这样的网络的突现性子系统。它们之内的构成元素极其复杂，它们的结构和功能复杂得惊人。不说神经元，就拿染色体来说，它由数量大体相同的4种酸碱基组成，而核苷酸的确切线性序列编码了遗传的密码。其储存能力大得惊人。蛋白质分子也是这样。由于自然选择的作用，它们的特异性令人吃惊。

与自我对应的神经系统有其相对固定的一面。许多神经生物学家认为，大脑中存在许多固定的结构，不同的任务可能激活不同的结构，使得大脑整体看上去像一个变化的、具有可塑性的系列。从计算层次上说，与大脑结构相应，有许多功能模块，它们各自独立起作用，但又相互联结，因此表现为整体的统一性。[①]具言之，实现模块自我的主要是前额叶皮层及其联系紧密的大脑部分。前额叶皮层是大脑皮层最前端的部分，是内背侧丘脑核团投射神经元轴突的皮层接受区，与前运动皮层、顶叶皮层、下颞叶皮层、内侧额叶皮层、海马和杏仁核之间有广泛的双向联结。它也是新皮层中唯一与负责释放激素的下丘脑有直接交流的区域。这就使它适合于把所有来自感觉和运动模块的信息整合起来，另外还有储存信息的作用。它还和基底神经节关系密切。而这些古老的区域负责有目的的运动以及

---

① ［美］迈克尔·加扎尼加：《双脑记：认知神经科学之父加扎尼加自传》，罗路译，北京联合出版公司2016年版，第329页。

一系列动作、思维和学习。①由此我们推测，依靠这样的由许多有专门功能或模块化子系统所构成的相对稳定的大脑网络结构，大脑既能表现出我们从心理学上看到的思维、观察、学习、行为选择及调控作用，又能完成我们赋予自我的那种中心、统一、主宰的作用。

从发生学上说，与自我对应的神经元群既是种系长期进化的结果，也是个体在出生后心理、生理发展特别是社会交往的产物。由于长期的进化，每一个个体都潜在地具有天赋的能表现自我作用的相对稳定的神经构造。心灵哲学家、认知神经科学家、进化生物学家等关于模块的研究成果告诉我们，模块是进化的产物，有遗传的一面。如果是这样的话，与之相对应的神经结构也一定是这样的，因为它们是一物的两面。著名神经科学家达马西奥早就基于大量神经科学成果和哲学推论提出，自我是人的种系和个体长期发展的产物。就个体来说，在有核心自我和延展性自我之前，就有作为其前提条件和始基的原自我或神经自我。这个自我准确来讲其实是原始的由进化所塑造的相对稳定的神经构造。潘克塞普（J. Panksepp）认为，大脑中有一种"原始自我结构"，即"我式生命形式"（ego-type life form），它们存在于大脑中枢的回路之中。②他指出：过去的自我研究忽视了两个关键方面，一是自我的神经方面，二是它的情感基础。关于神经基础，他的新的看法是，自我的根源可追溯到哺乳类动物大脑内的中脑和间脑的感知-运动回路。正是在这里，原始意向性和原始的心灵一贯性产生出来了。进一步，通过上述回路与情感、注意回路（其功能是编码生物功能值）的相互作用，更大的回路形成了。这些回路有专门的神经化学编码，这些编码又在自我表征的原始核心系统中埋下了这样的种子，它们有可能成为其他发展的、不同的神经动力。他还强调：人的自我除了有神经基础之外，还有情感基础。他从进化论的角度强调，生命在进化中，最先出现的心理现象是原型进化感受性质，它们的形式主要有：渴望、恐惧、生气、高兴、快乐、不快乐等。其他有较高效价的情感尽管会受到外部环境的触发，但不是由感受性质和思想所引起的，而是来自这些稳定的感受性质。他说："首先从皮质下突现出来的是这样的进化部分，它们专门负责一贯

---

① ［美］迈克尔·加扎尼加：《双脑记：认知神经科学之父加扎尼加自传》，罗路译，北京联合出版公司2016年版，第174-175页。
② Panksepp J. "The peri-conscious substrates of consciousness". In Gallagher S, Shear J(Eds.). *Models of the Self*. Thorverton: Imprint Academic, 1999: 114.

的、原始的、自中心的情感觉知。"①我们据此可以说，与自我对应的神经构造就是在这些成果的基础上逐渐演化出来的。它最初表现为一种原始的结构，里面同时有有意识和无意识的属性，正因为如此，心理学层面表现出来的自我才会以有意识和无意识的形式存在。其意识的一面即达马西奥所说的核心意识，其根源则存在于大脑的根本性的无意识动力学之中。这种无意识是意识的前意识基质。如此设想的作为自我对应物的神经结构尽管不是"小人式"的东西，但确有组织、协调、施动、控制的作用。达马西奥说：正是这个由进化塑造的作为核心表现出来的神经构造，让"我们一定能看到神经的'舞台总监'，它的作用不是观察，而是有能力产生各种协调性的行动，以对根本性的生存挑战做出反应"②。他还把这个作为核心的神经构造称作中脑导水管周围灰质（periaqueductal gray，PAG）。它是具有下述种种功能的部分的会聚，如基本的情绪系统、基本的知觉图式、原始但有协调作用的反应系统、有全局性心理-行为能力的区域、充满足够信息的区域，等等。③这是一个古老的区域，是长期进化的产物，同时又会随着进化而发展。这个会聚区域主要位于中脑导水管周围灰质。笔者认为，由于进化的作用，这些区域形成了较稳定的联结，从而组成了专门负责接收和整合信息、发动和协调行为、综合统一等作用的神经构造。其在经验上、心理上的表现就是自我、自我感。

神经科学对自我指涉效应的研究尽管主要有助于说明自我感的神经机制，但小心地对其加以分析及利用也有揭示与自我相关的神经结构、过程的秘密和本质的作用。"自我指涉效应"或"自指效应"指的是与个人关系密切的东西容易被记住，或比其他事情记得更快、更牢，诺赫夫（G. Northoff）等人由此推论说：与人的自我有关的事情也是这样。他们说："访问那些与个人自我关系密切的事情、刺激具有优先性。"④其实，这种优先性在情绪、面部表现、语词、传感运动功能等方面也有表现，也就是说，在所有这些方面，只要是与自我关系密切的刺激，就都会得到优先表现。就自指效应来说，它是以许多心理功能为媒介的，

---

① Panksepp J. "The peri-conscious substrates of consciousness". In Gallagher S, Shear J(Eds.). *Models of the Self*. Thorverton: Imprint Academic, 1999: 120.
② Panksepp J. "The peri-conscious substrates of consciousness". In Gallagher S, Shear J(Eds.). *Models of the Self*. Thorverton: Imprint Academic, 1999: 115.
③ Panksepp J. "The peri-conscious substrates of consciousness". In Gallagher S, Shear J(Eds.). *Models of the Self*. Thorverton: Imprint Academic, 1999: 116.
④ Northoff G, Schilbach L, Costall A. "Toward a second-person neuroscience", Baha. *Brain Science*, 2013, 36(4): 5.

例如，自传式记忆以及表征人的大脑、身体中的过程都对这种效应的出现有用，因此自指效应是由多种心理功能和过程所构成的复杂现象。

那么，怎样把自指效应与大脑关联起来呢？20世纪90年代的无创伤脑成像技术诞生以前，科学家的研究主要集中在损伤或有功能障碍的大脑之上。例如，在研究海马区的损伤时人们发现，其会伴有自指能力的改变，甚至丧失。借助无创伤脑成像技术对自我与大脑及其关系进行研究完成了一种转向，即不再限于对正常和异常的实验进行对比，而转用 fMRI 等技术去扫描和研究作为自指效应基础的大脑区域。这里的理念是，如果专属自我的刺激比与自我无关的刺激得到了更好的回忆，那么它们一定在大脑中以不同的方式被加工了，例如，可能为大脑中的高级的中枢过程或某些区域加工过了。[①]如果是这样的话，就可用 fMRI 等技术来扫描这些地方及过程，进而观察它们有什么变化。实验可以这样进行，向被试呈现两类物体：一是与其关系密切的，如他的故乡的图片；二是无关的，如异国他乡的图片，呈现既可通过听觉，又可通过视觉。

对自我指涉的大脑成像进行研究有两个维度：一是研究自我指涉时的中枢活动，即研究自我指涉与空间上的大脑区域的关系。接下来，就用成像技术来观察与自我关系密切的对象所引起的大脑变化。看变化在哪些区域发生，发生的特点、相状等。通过大脑成像，人们发现了两类区域与自我指涉关系密切：有一类是负责情绪和面部调节的区域。例如，大脑背部有一个区域，它被称作梭状面部区域，只要向被试呈现面容照片，不管是自己还是他人的，该区域就会得到激活，但两种照片引起的激活的差异还没有被找到。实验还发现，当被试接受与自我有关的刺激时，被激活的区域还有很多，它们主要集中在脑中央，被称作"皮质中线结构"（cortical midline structures，CMS）。人们通过对实验的科学、哲学及元分析得出了这样的结论：CMS 是自我指涉的神经关联物。对 CMS 的实验观测已经很深入、很细致，人们看到了不同的自我指涉所伴随的不同大脑状况。例如，在向被试呈现与自己关系密切的刺激时，要求他做出相应的认知判断，那么 SACC（subgenual anterior cingulate cortex）、DMPFC（dorsomedial prefrontal cortex）这样的背侧和后部区域就会被激活到很高程度。如果刺激只是呈现给被试，不要求

---

① Northoff G, Schilbach L, Costall A. "Toward a second-person neuroscience", Baha. *Brain Science*, 2013, 36(4): 6.

他做出判断，那么像腹内侧前额叶皮层（ventromedial prefrontal cortex，VMPFC）和膝前扣带皮层（pregenual anterior cingulate cortex，PACC）这样的中前部区域就会被激活。这些观测结构让一些人猜测，不同区域对于不同方面的自我指涉有不同的作用。二是研究自我指涉与中枢激活的时间上的关系。这一研究主要是借助EEG完成的。这一仪器的作用在于：能观测到大脑中的电子活动。实验是这样进行的：将与自我有关的刺激和无关的刺激分别呈送给被试，然后用EEG加以观测。实验发现，在被试得到专属于自我的刺激后的0.1~0.15秒，大脑中就有变化。而无关的刺激尽管也引起了大脑变化，但时间晚得多，约晚0.13~0.2秒。

我们在前面曾说过，自我是持续同一的，可在一个人的一生中保持不变，但它有两种存在方式：一是以有意识的方式，二是以无意识的方式。这样的观点有无科学依据呢？回答是肯定的，如著名认知科学家巴尔斯（B. Baars）和拉姆齐（T. Ramsey）等人对四种无意识状态中的自我及其特点的研究就能说明这一点。这四种无意识状态是：深睡、昏迷、植物人、癫痫发作时的意识丧失和感觉缺失。尽管它们具有不同的机制，但却有如下共同特征：第一，在脑电观察中，这些人呈现的波形一般都有变慢的特点；第二，前顶骨区域代谢减退；第三，功能联系被广泛阻止；第四，行为无意识，如对正常刺激无反应。这些特征意味着什么呢？他们推测：这些人的有关大脑区域受到抑制，其自我便有不同于正常人的特点。既然它们是能观察的自我的基础，因此随着这些大脑区域的抑制，能观察的自我便出现了停止工作的情况，进而患者就表现出上述意识现象。[1]巴尔斯和拉姆齐等人认为，无意识现象对我们认识自我有特殊的意义。他们说："前顶骨的有关区域有许多功能……可能与意识有一种特殊关系……以这些区域为基础的'自我'系统在无意识状态下可能停止工作。从能观察自我的观点看，这常常被经验为丧失了通向有意识世界的通道。"[2]这就是说，人们之所以表现为无意识，如深睡、昏迷等，不是因为对对象的意识被阻止了，而是因为能观察的自我未进入工作状态。而这种自我就是前顶骨的有关区域及其所具有的功能，因此可被称作前额叶自我系统。

---

[1] Baars B, Ramsey T, Laureys S. "Brain, conscious experience and the observing self". *Trends in Neuroscience*, 2003, 26(11): 674.
[2] Baars B, Ramsey T, Laureys S. "Brain, conscious experience and the observing self". *Trends in Neuroscience*, 2003, 26(11): 674.

五、结语

要想对自我做基础可靠、扎实的研究，首先不能从对自我的预设出发，特别是不能一开始就直接解答"自我是什么"这一包含着预设的问题，而是必须从毋庸置疑的事实出发。这里的事实只能是，人们有关于自我的语词、信念、感觉，即有自我感，而不是有自我。就此而言，现今自我研究中发起和实施语言分析转向、认识论转向和现象学转向是有其合理性的，因此也是我们的自我研究的出发点。

碎片化自我论之所以否认自我的跨时的、持续的同一性，根本的原因是其所坚持的关于同一性的形而上学原则有问题。笔者认为，同一性、相同性都有相对性，特别是当我们从质上去看问题时，事物是可以有其同一性的，甚至有长时间的持续不变的同一性，只是这里的同一性是具体的包含着差异性、间断性、变动性的同一性。如果是这样的话，我们就绝对没有理由否认自我的绵延生命始终的具体的同一性。

"自我"等语词的真实指称或所要表示的那个"实"可能超出了已有的概念图式，这个实在可能是一种超越于我们已有认识的一种特殊的存在样式。我们不妨像有的论者那样把它称作"最低限度"的实在，即一种有本体论地位但又十分特殊的存在，我们可分别用日常的心理学术语"自我"、认知科学术语"模块"和神经科学的动态的神经元群对其加以描述。它们三者的关系既不能说是各自独立、多元并进的，也不能说后面的过程是前面的原因，它们是一体的，但同时有三种表现方式。

第九章
心理因果性难题的中国式解答

无论是常识还是传统哲学，一般都不否认心理的因果性。所谓心理因果性是指，心理事件能作为原因和结果存在的性质，例如，能与别的事件（如大脑、肢体行为中的事件）发生因果关系，就像心理事件内部存在着因果关系一样。随着对心理现象认识的深化以及关于因果性本身的形而上学问题研究的深入，心理因果性不断为越来越多的问题所缠绕，以至在心灵哲学中出现了专门针对"心理因果性难题"的研究领域。其重要的子问题有：心理现象在世界上能否作为一种实在起作用，如对身体的行为、对外部世界的事变发挥作用。对此，不外乎肯定和否定两种回答。否定的回答常以副现象论、怀疑论的形式表现出来，如凯杰泽（F. Keijzer）的表征无关论、萨蒙（N. Salmon）等的副现象论、布洛克的较温和的"有限制的副现象论"。如果做出了肯定的回答，那么我们又面临着一系列更棘手的形而上学和心灵哲学问题：心理现象的作用是什么类型的作用？是不是原因作用？或者说，它与行为有无因果相关性？其标准或条件是什么？诉诸心理现象的解释是不是因果解释？什么是原因、因果关系、因果解释？其标准或条件是什么？不管它是以原因，还是以理由或别的形式起作用的，它是怎样发挥它的作用的？它的作用如何可能？作用的内在机制是什么？等等。

马克思主义哲学也有对意识或心理因果性的承诺，如强调意识对头脑、外部世界有巨大、积极的能动的反作用。而承认有这种作用就是承认它能作为原因存在和起作用。如果是这样的话，我们在坚持和发展马克思主义哲学有关理论的过程中，就必须与时俱进，对世界哲学前沿研究中存在的那些难题做出我们的回应和理智奉献。本章的任务是，在跨文化视野下，借助比较研究，基于最新科学和哲学成果的原创性思维，对心灵哲学的心理因果性难题和马克思主义意识反作用理论中存在的问题做出我们的探讨。

第一节 中国哲学的心理因果论

中国古代心灵哲学在心理因果性问题上一般是对立于副现象论的，主张心可以作为原因和结果与非心的东西结成因果关系，如心与身可以相互作用、身体可以决定心灵、心灵可以决定身体。

中国心灵哲学尽管没有提出和探讨心理因果性的形而上学问题，如原因、因果关系的标准问题，但其有这样的认知，即心要作为原因起作用必须有其作用之源，不然就是无源之水、无本之木，也就是说，它较好地回答了西方交感论一直难以解决的一个问题，即心既然无形，没有自己的能量，因此怎么可能发生对身体的因果作用呢？中国心灵哲学的回答是：心与身都是借气或以气为桥梁发挥对对方的作用的。《云笈七签》云："人以元气为本，本化为精，精变为形。"[①]人体的构成不外乎百关九节，它们都是源于气、由气所构成的，如九节：掌、腕、臂、肘、肩项、腰、腿、胫踝、脑。它们都由气构成，然后"合为形质"。心理性的心、魂、魄、神等要么由气所构成，如魂由阳气构成、魄由阴气构成，要么依存于气，是气之精明。从万物的发生顺序来说，最先存在的是气，然后依次有形、质。气即太初，形成太始，质即太素。"太初者，气之始也。"[②]"太始者，形之始也。"[③]"自一而生形，虽有形而未有质，是曰太始。"[④]"太素质，太始变而成形，形而有质，而未成体，是曰太素。太素，质之始而未成体者也。"[⑤]

---

① 《云笈七签》，载胡道静、陈莲笙、陈耀庭选辑《道藏要籍选刊(一)》，上海古籍出版社1989年版，第590页。
② 《列子·天瑞》。
③ 《易纬·乾凿度》。
④ 《万法通论》。
⑤ 《道法会元》卷6、卷7。

朱熹认为，身之动由心所决定，就像挥扇是气所使然一样。同样，气本身也不是心。中国哲学用气说明心对身的原因作用，其实是根据气这一中国特有的自然化理论基础对心身的因果关系所做的自然化说明。因为所谓气不过是有能量、动量、动力学资源等的微观的实在或力。因此中国古代哲学解决心理因果性问题的关键就在气之上。

中国心灵哲学不仅看到了心的能动作用，而且做了具体的阐释。《关尹子》云："心忆者犹忘饥（专心回想某事，可以忘饥饿），心愤者犹忘寒，心养者犹忘病，心激者犹忘痛。"[①]同理，调动心的积极性，可以证道。心的能动作用还表现为：心可以化物。"吾心中可作万物。盖心有所之（即有其所想），则爱从之（随之而生）；爱从之，则精从之。盖心有所结（与他物结合），先凝为水（即凝聚为身中的水）；心慕（想）物，涎出；心悲物，泪出；心愧物，汗出。"[②]心尽管根源于气，但反过来也有产生气的反作用。"气缘心生，犹如内想大火，久之觉热，内想大水，久之觉寒。"[③]道学强调："神者形之主也，形者神之宅也。"[④]"心之在体，君之位也。"[⑤]

心之所以有其巨大的作用，主要是因为心本身是气这种能量、作用力的结晶，其内有作用之源的"灵气"。《管子》认为，气充实到一定程度便有心。"气者，身之充也……充不美则心不得。"[⑥]所谓充实到一定程度，即达到完美的程度。到这时，气便包含有"灵气"，即精美之气。有灵气，心便有其特定的功能。"灵气在心，一来一逝，其细无内，其大无外。"[⑦]这是精气之极致。《黄帝内经》认识到：尽管心理现象的直接主体是精神性的心或我，但人身上的许多生理器官和过程同时又是心出现及发生作用的必要条件，其中特别重要的是心脏、气、血等。如果说这里有具身性思想，那么这一思想较西方更加具体和细致。例如《黄帝内经》强调：只有机体健康，心才能出"神明"、藏"精神"、有"神态"。

---

① 张清华编：《关尹子·亢仓子》，时代文艺出版社2003年版，第86页。
② 张清华编：《关尹子·亢仓子》，时代文艺出版社2003年版，第104页。
③ 张清华编：《关尹子·亢仓子》，时代文艺出版社2003年版，第25页。
④ 《道枢》，载胡道静、陈莲笙、陈耀庭选辑《道藏要籍选刊（十）》，上海古籍出版社1989年版，第594页。
⑤ 刘柯、李克和：《管子译注》，黑龙江人民出版社2003年版，第258页。
⑥ 《管子·心术下》。
⑦ 《管子·内业》。

心脏受伤，则会分神，乃至导致其离去。心容邪，"则心伤，心伤则神去，神去则死矣"①。《吕氏春秋》强调：心、智依存于身。"身以盛心，心以盛智，智乎深藏，而实莫得窥乎！"②《道枢》认为，心为神之宅，神的存在及作用离不开心脏所生产的血。"元气入心化为血焉。血者，精之源，神之母，流阴入于肾宫则化为精。"③

中国心灵哲学认为，要揭开人的心为何有其他事物所不具有的作用，必须到气中找答案。道教认为，气有灵与不灵、精与不精之分。人之所以如此，是因为人所禀的气最贵、最灵，阴阳五行的搭配优胜于其他事物。《云笈七签》云："人生于天地间，禀二气之和，冠万物之首，居最灵之位，总五行之英，参于三才，与天地并德……天地构精，阴阳布化。"④基于气和道这样的本原，中国心灵哲学建立了自己的以一元论为基础的整体的人体观。《云笈七签》云："人类受形于圣路，保于气母，阴阳交配，随行所成。骨肉以精血为根，灵识以元气为本，故有浅深、愚智、祸福不同。"⑤道教对灵识或神识的本体论承诺并不违背气的一元论，更不违背中国式自然主义。因为灵识的产生和作用也服从于气之理、气之性，或服从于理性。《道枢》云："观夫灵识者，本乎理性。性通则妙万物而无穷，故曰成性众妙。"⑥总之，灵识以元气为本，服从于特定意义的"理性"。⑦人之形的直接来源尽管是父母之精血，但其终极根源仍是元气，因此人的包括形神在内的一切都本于元气。《道枢》云："人之形禀父母精血而为元气所化者也。""骨肉者以精血为根焉，灵识者以元气为本焉。性者命之本也。神者气之子也，气者神之母也。子母者不可斯须而离也。"⑧如果说有本原的一元的话，那么此

---

① 《黄帝内经·灵枢·邪客》。
② 《吕氏春秋·君守》。
③ 《道枢》，载胡道静、陈莲笙、陈耀庭选辑《道藏要籍选刊（十）》，上海古籍出版社1989年版，第408页。
④ 《道枢》，载胡道静、陈莲笙、陈耀庭选辑《道藏要籍选刊（十）》，上海古籍出版社1989年版，第213页。
⑤ 《道枢》，载胡道静、陈莲笙、陈耀庭选辑《道藏要籍选刊（十）》，上海古籍出版社1989年版，第103页。
⑥ 《道枢》，载胡道静、陈莲笙、陈耀庭选辑《道藏要籍选刊（十）》，上海古籍出版社1989年版，第434页。
⑦ 《道枢》，载胡道静、陈莲笙、陈耀庭选辑《道藏要籍选刊（十）》，上海古籍出版社1989年版，第398页。
⑧ 《道枢》，载胡道静、陈莲笙、陈耀庭选辑《道藏要籍选刊（十）》，上海古籍出版社1989年版，第398页。

一元应为气。如果说人身上还有魂魄的话，那它们也是根源于气的。《云笈七签》云："心为血，肾为气，合即流行，名曰脉。脉者，魂魄。""魂魄以去，主人寂寂。故伯脉尽即气绝，气绝即死矣。"①

《淮南子》认为，人与动物的区别既由于后天之积习，又源于先天所禀之气。世界一开始，无形无相，后禀气而有万物。其差别在于：禀气的质、量、方式不同。"烦气为虫（非人、动物），精气为人。是故精神，无之有也，而骨骸者，地之有也。精神入其门，而骨骸反其根……夫精神者，所受于天也，而形体者，所禀于地也。"②可见，人之异于非人，根源于人所禀的精气神更精妙。动物之所以低于人，是因为其所禀的气是烦气、粗陋之气。

再来看儒家的观点。荀子关于人与水火、草木的同异的论述，既表达了儒家的气一元论，又论述了事物之特殊性的成因。根据他的观点，水火、草木禽兽、人之所以有同一性，是因为它们都源于气、由气所构成。不同在于，高级的存在总有多于低级存在的因素，如草木有生命，而水火无生命。人之所以高于水火、草木、禽兽，是因为人既有气，又有生、有知，更有义理。荀子说："水火有气而无生，草木有生而无知，禽兽有知而无义，人有气、有生、有知、亦且有义。"③义其实也是一种心，即道德之心。早在《尚书》中，古人就认识到了这种心，如强调：无论是臣民还是君主，都应心怀大德，敬德保民。而义、知等高层次的东西尽管不是气，但它们是由气所构成的东西所表现出来的特性，因此从根本上说，一切都以气为基础。

对中国心灵哲学做了杰出贡献的理学和心学也基本上坚持了关于人与世界的气一元论。朱熹说："阴阳是气，五行是质。有这质，所以做得物事出来。五行虽是质，他又有五行之气做这物事，方得。然却是阴阳二气截做这五个。不是阴阳外别有五行。"④意为尽管五行是质，但从本原上说，其仍来自阴阳二气，因为五行不过是气的重新组合（截成）的结果。即使是世上最高级、最尊贵的心

---

① 《云笈七签》，载胡道静、陈莲笙、陈耀庭选辑《道藏要籍选刊（一）》，上海古籍出版社1989年版，第147页。
② 《淮南子·精神训》。
③ 《荀子·王制》。
④ [南宋]黎靖德编：《朱子语类（一）》，王星贤点校，中华书局1986年版，第9页。

第九章 心理因果性难题的中国式解答

灵也源于气。王阳明说:"气之灵,皆性也,人得气以生而灵随之。"①张栻说:"人者,天地之精,五行之秀,其所以为人者,大体固无以异也。"②人禀二气之正,非人禀的是繁气、烦气。

构成人与物的气是相同的,但结构方式、理不同,因此便有了二者的差别。黄宗羲说:"晦翁言'人物之气犹相近,而理绝不同'。不知物之知觉,绝非人之知觉,其不同先在乎气也。"③"其质既异,则性亦异。牛犬之知觉,自异乎人之知觉;浸假而草木,则有生意而无知觉矣;浸假而瓦石,则有形质而无生意矣。"④唐枢认为,就人的形、神、魂、魄的本原来说,它们都来自气,如魂是运用心神的能力或力量,魄是决定视听言动的力量。"耳目口鼻四肢为形,视听言动持行为气,聪明睿知恭重为神;所以运聪明睿知恭重为魂,所以定视听言动持行为魄。魂属阳,魄属阴,孤阴易敝,有阳魂以载阴魄,然后能胜于用。常人只是魄来载魂,非魂之载魄。"⑤

戴震认为,人的构成不外乎这样一些方面:一是形色。它们是构成人与物的材料。它们在构成人与物时又是按规律进行的,而它们本身又是由阴阳五行构成的。戴震说:"由天道以有人物,五行阴阳,生杀异用,情变殊致。"⑥由于阴阳五行相生相克,因此人与物的形色的情况、变化极为复杂。二是血气心知。三是才质。才既指人与物的构成材料,又指其内在的才能。人的才之所以各不相同,是由性决定的。他说:"性至不同,各呈乎才。人之才,得天地之全能,通天地之全德。"⑦从本原上说,血气是人的基础,因为有血气,才有心知,有心知才有神明。"有血气,斯有心知。"⑧仁、智、勇是人身上的高阶现象,表面上是血气之外的存在,其实也离不开血气心知。他说:"由血气心知而语于智仁勇,非血气心知之外别有智、有仁、有勇以予之也。"⑨用多层次自然主义术语翻译,这里的基础层次是血气,二阶现象是心知,三阶现象是仁、智、勇。

---

① [明]王守仁:《王阳明全集(中)》,吴光、钱明、董平,等编校,上海古籍出版社2012年版,第781页。
② [南宋]张栻:《南轩孟子说》。
③ [清]黄宗羲:《孟子师说》。
④ [明]唐枢:《语录》,载[清]黄宗羲《明儒学案(下)》,沈芝盈校,中华书局2008年版,第966页。
⑤ [明]唐枢:《语录》,载[清]黄宗羲《明儒学案(下)》,沈芝盈校,中华书局2008年版,第966页。
⑥ 安正辉选注:《戴震哲学著作选注》,中华书局1979年版,第25页。
⑦ 安正辉选注:《戴震哲学著作选注》,中华书局1979年版,第25页。
⑧ 安正辉选注:《戴震哲学著作选注》,中华书局1979年版,第5页。
⑨ 安正辉选注:《戴震哲学著作选注》,中华书局1979年版,第195页。

第二节　佛教论心身的因果关系

　　佛教也明确肯定了心的原因地位，如说"心为一切法之因缘"，当然主要是身体这种法的因缘，但佛教又强调，心离不开身体的作用。例如，眼识等六识就依于六根，同时心会随着身体内诸法的增长而增长。"一切内法增长，心亦增长。"①这就是说，心与身是可互为因果、相互作用的。例如，身体有病、不舒服，会"恼乱其心"，使其"不得专一"。如果风、气息不调顺，会令身体阻滞，进而"妨于修禅，得大苦恼，心意散乱，识不安隐，不能观法。以身苦故，不能念法"②。

　　佛教还特别重视探讨心灵发挥对身体的作用的内在根据、机理和具体的过程。它意识到了这样的问题：心既然无形无相、无材料、无物质能量的储存，那么它怎么可能成为有作用的主体呢？这是所有承认心灵是无形之物的理论都难以回答的问题。佛教对此有自己的看法。从事相上说，心对身的确有反作用，如让其动作、造业。但佛教认为，由于心身都是因缘和合之法，内里没有"我"、没有作者，没有像小人一样的"实在"，既然如此，心如何能驱使身，使其有作为呢？佛教对此问题以及常见的哲学难题做了巧妙的回答，颇值得我们思考。佛教的解答是：由于心不是单一体，而是和合体，既然是和合体，因此里面只要有一个因素运动变化，此和合体就会动起来。而只要如此，它就能产生作用。

　　用比喻的方式说，人的心身的结构如骑手和车骑的关系。"如是身之车，彼以界（如十八界）和合，复有根和合，识见彼身车，脉节等和合，喉脉根系缚，发骨齿头等，甲皮之所覆，肋及肠处胃，并心肚于肺。彼一切和合，具足故名身。识王身为车，身车中行坐，一切法皆知，如是名为识。"③在2000多年后，也诞生了类似的比喻，如弗洛伊德把自我、本我、超我的关系比作骑手（自我）与两匹烈马（本我与超我）的关系。在他看来，一个人的人格究竟是什么样子，是好人还是坏人，就看骑手骑在哪匹马之上。根据佛教的比喻，一个人做得如何，就看作为骑手的心王有何作为。由于骑手和车骑各有不同构造及特点，二者有无限

---

① 《正法念处经》卷第67，《大正藏》第17册，第399页。
② 《正法念处经》卷第64，《大正藏》第17册，第389页。
③ 《毗耶沙问经》卷上，《大正藏》第12册，第227页。

的关系形式，因此现实的人形形色色、各式各样，没有两个人是重复的，正像世界上不存在两片完全相同的树叶一样。

佛教认为，心物还有能转物与为物所转两种关系。众生的特点是为物所转，即心随境的变化而变化，不能自己做主。其原因是，众生迷失了真心。经云："一切众生从无始来，迷己为物，失于本心，为物所转……若能转物，则同如来。身心圆明，不动道场，于一毛端遍能含受十方国土。"[1]这就是说，除了为物所转的凡夫以外，还有一类圣贤，他们由于身心圆明，见自真心，因此心能转物。

密教对心身相互作用具体的论述更为复杂，这是因为它认为心和身都有粗细程度的差别，如身体上有气、脉、明点等细身。例如，心对作为细身的脉有至关重要的作用，因为脉的状态与心的状态息息相关。陈健民先生认为，风或气不仅是人的身语意起作用的条件，尤其是心识之巨大能动性的不可或缺的助缘，而且其对出世间法也有重要作用。《摄行论》云："由细界风，与识明相和合，能圆满作世、出世间一切所作。"[2]意为：人之所以能完成世俗性的事务，之所以能做出世间的伟业，如超越六道轮回等，根源之一是有细界风在帮忙。风的作用具体表现在：由于体内有风息，人才有现实的言语能力。十风"为阿字所依而发一切语"[3]。身体有行为造作也离不开风的作用。因为风息就是一种生命能量。论云：五根本风"住身分中，作身所作"，"五风安住诸根，能取五境，及作根所作"。[4]同理，人的感性认识、理性认识及别的心识作用也都离不开风。因此可以说，风息是识所乘，意为它们是识得以产生和有作用的依据，这就是风力动识之义。识的作用之所以离不开风，道理很简单，识非有身，即本身不是身、物，因而不占有能量，因此无自力趣境之往来的功能。总之，六识取境、行、住等，都依于风力。脉和明点对心也都有其独特的作用。

这里有一个问题，即气对粗心、细心有作用，但气是否只为贪道所独有？换言之，气对最细心、对得解脱道的行者，是否还有作用呢？对此，密教内部有不同看法。有的论者持否定看法，以为至解脱道，则不必用气。陈健民大德

---

[1] 圆瑛：《大佛顶首楞严经讲义》，宗教文化出版社2012年版，第142-143页。
[2] 转引自[明]宗喀巴：《宗喀巴大师集(第4卷)》，民族出版社2001年版，第272页。
[3] [明]宗喀巴：《宗喀巴大师集(第4卷)》，民族出版社2001年版，第270页。
[4] [明]宗喀巴：《宗喀巴大师集(第4卷)》，民族出版社2001年版，第270-271页。

根据心气不二论指出：解脱道照样有气的作用。"道位或可不如贪道之偏重气功，然其因位之气，理如上述，原无二致。果位之光明，则大手印亦不可遗气独立而得明体也。故大手印、大圆满称为无生心气无二，贪道事业手印则称大乐心气无二。"①

有成就者的心身是十分奇特的。这种心身在一般人身上充其量只是潜在的可能性，例如，不如法修持，不可能让其现实出现。这就是说，它们只会出现在修行达到相当层次的人身上。例如，通过修空，诚成幻化身，或如虹霓之幻身，其心身结构就大不一样，如此时再没有四大和合之粗身。"修成幻身时，离于粗身，若于身外或于身内，随欲能趣。"②其身的构成不再是色形，例如，"其手足等，如水中人影，全无寒、热、苦、乐、疲劳等触，亦无肉等，界不能坏"。此即"此识弃舍无有身壳，转作余形"。③幻身的实质在于，通过一定次第的修行，让心身分离，让粗细身分离，将心收敛，"离诸实执，故名非有，无性显现，故亦非无……身为无身"④，即修成了像天人一样的身体，此身体由光所构成，因此无色形，但又非无。"天身明空显现，都无自性，离一切执，是为幻身。""此中虽说真幻身，为不坏点，实是点所起天身。"⑤

第三节 西方最近的心理因果性研究

因果性问题一直是西方形而上学争论不休的问题，现当代以心理现象为个案的因果性研究不仅利用了形而上学的成果，而且反哺了形而上学。由于有这样的关系，加之经验科学的介入，心理因果性问题便成了一个十分复杂的研究领域。当前西方心灵哲学心理因果性研究的特点除了表现在与形而上学难舍难分之外，还表现在：它主要围绕着副现象论而展开。因为许多人坚信物理学的完全性，即可根据物理学对世界做无遗漏的解释，进而使物理主义大行其道，加之许多心灵

---

① 陈健民：《曲肱斋全集(第3册)》，中国社会科学出版社2002年版，第262页。
② [明]宗喀巴：《宗喀巴大师集(第4卷)》，民族出版社2001年版，第375页。
③ [明]宗喀巴：《宗喀巴大师集(第4卷)》，民族出版社2001年版，第375页。
④ [明]宗喀巴：《宗喀巴大师集(第4卷)》，民族出版社2001年版，第380页。
⑤ [明]宗喀巴：《宗喀巴大师集(第4卷)》，民族出版社2001年版，第380页。

哲学理论难以说明心理为何有因果作用,因此出现了这样的局面,即有些人甘愿接受副现象论,有的人不得已陷入了副现象论。这就是心理因果性研究中所谓的"副现象论威胁"。当前的讨论大多集中在戴维森的解释主义是否陷入副现象论这一问题之上。其他争论的焦点还有:因果关系、因果有效性、因果解释是否一定要具有法则学特征;心理因果性是否具有此特征;理由解释是不是因果解释,等等。随着4E研究的发展、外在主义的强势推进,最近二三十年来又出现了所谓的"先占(preemption)威胁"。所谓先占威胁是指这样的难题:个体的任何命题态度有许多属性,如物理的、化学的、生物的、语义的。物理的属性是基本的,语义的属性是非基本的。正如符号的句法属性的因果作用可能为符号的物理属性所取代或先占一样,个体命题态度的语义属性的因果有效性也会为物理属性所抢占。于是,外在主义便有了这样的麻烦,即不在头脑中的内容怎么可能对身体之内的过程产生作用呢?既然个体命题态度的语义属性并不随附于他的大脑的物理属性,或者说语义属性不在大脑中,而因果作用的产生和发挥依赖于内在的特定区域,那么它怎么可能有因果作用呢?此即外在主义的"外在性难题"。

一、"副现象论威胁"

这里不妨从副现象论开始分析起,其基本观点是:心理现象尽管有本体论地位,但对身体的行为、物理过程、外部物质世界并没有什么作用。质言之,心理现象是物理现象的结果,但不能作为原因反作用于后者,因此其是后者的无用的伴随现象,就像树的影子由树产生,但对树本身没有作用一样。有两种类型的副现象论:一是自愿选择的,二是不得已陷入的。

先来看前者。它里面又有许多理论形态,如属性或类型副现象论、个例副现象论、谓词副现象论等。这里只拟对布洛克的有关思想稍加分析。在《心灵能改变世界吗》(*Can the Mind Change the World?*)一文的"注释"中,他说:"在写完这篇文章之后,我读到了杰克逊和佩蒂特(P. Pettit)1998年的论著,他们在我之前就提出了二阶属性是无效力的这一观点。"[1]不过,布洛克的观点十分独

---

[1] Block N."Can the mind change the world?" In Macdonald C, Macdonald G (Eds.). *Philosophy of Psychology*. Oxford: Blackwell, 1995: 57.

特，既不同于传统的，又不同于杰克逊等人的，因为后者认为，二阶属性不只是对它据以得到定义的结果无因果作用，而且对一切结果无用。而布洛克的"有限制的副现象论"则调强："心理事件是行为的原因，而它们的内容是这些事件的属性，在这些属性中，有些与事件的结果有因果关联，有些没有。"[1]因为作为原因的事件同时具有许多属性，符号由字母构成，信念由物理实现。在这里，只有信念的物理实现有因果相关性，而信念内容以及符号的字母是什么形状、有什么颜色则没有关系。

不得已陷入的副现象论有两种：一种是外在主义的副现象论。一般的外在主义者尽管不情愿接受它，但在非外在主义者看来，外在主义必然导致这种结论。例如，福多和布洛克等人就是这样看待外在主义与副现象论之间的联系的。因为只要它承认内容是宽的，就必然会得出宽内容没有对行为的因果作用这样的结论。如前所述，外在主义的基本观点是：有内容的状态是根据存在于主体身体之外的实在而加以分辨的，或者说，内容是一种关系属性。一方面，关系属性没有固定的位置、区域；另一方面，关系中的外在关系项有可能不存在。但是因果关系的因与果则是确实存在的，并且有位置、时空接近和内在性等特点。尤其是能引起结果的原因必须存在于因果相互作用正好发生的地方。一种状态的因果力必定有内在的根基，它不可能依赖于这样的关系，即与别处的、相当远的东西的关系。因此问题便出来了：宽内容作为与存在于主体身体之外的东西的关系属性，怎么可能与来自身体内部的作为原动力的变化发生关系呢？或者说，有内容的状态怎么可能基于构成它们的外在关系而产生结果呢？总之，因果机制不能包含这种外在的关系。另外，因果解释由于涉及描述这种机制的作用，因此也用不着外在的关系。因果过程从方法论上来说是唯我论性质的东西，而宽内容则不具有唯我论性质，因此内容不是原因。例如，真值条件不可能在因果作用心理学中产生作用。外在主义的最终选择只能是：要么认为心理原因随附于主体的内在状态，只有心理符号的"形态"（shape）才能进入因果作用之中，它的语义关系不可能进入；要么认为认知加工系统是"句法机"，心理程序在因果上只对它们输入的局域特征敏感。

---

[1] Block N. "Can the mind change the world?" In Macdonald C, Macdonald G (Eds). *Philosophy of Psychology*. Oxford: Blackwell, 1995: 32.

另一种是戴维森的解释主义或个例同一论据说陷入的副现象论。戴维森在意向状态的因果相关性问题上提出了一个似乎自相矛盾的观点，那就是：认为心理事件与物理事件之间存在着因果关系，即可以互为因果，但这种因果关系没有例示一般规律，亦即这种因果关系没有任何规律性。根据一般的理解，坚持前者就一定会承认心理因果关系是一种合规律的关系，而坚持无规律性则会否认心理事件有因果相关性，进而对广泛接受的下述观点构成挑战，即既然是因果关系，就肯定有规律可循，就肯定有把它们关联起来的规律。既然心理事件不从属于任何规律，那么它怎么可能进入因果关系呢？既然如此，这种名副其实的"异常"一元论同时在心灵哲学和因果关系的形而上学研究中引起轩然大波就一点也不奇怪了。金在权（J. Kim）对此做了精辟概括："当前关于心理因果关系的争论主要是由戴维森关于心身关系的有影响的当然不是没有争论的观点所引起的。"[1]在金在权等名家看来，戴维森的个例物理主义有挥之不去的副现象论阴影。[2]他们认为：个例物理主义能提供的唯一的说明有这样的含义，即让心理属性本身成了没有原因作用的东西。对此，人们有两方面的论证：一方面，根据因果相关性的自然主义原则的论证。众所周知，一个事物的所有属性并不都具有因果相关性。只有出现在基本规律中的由各门科学所假定的属性才是因果相关的属性。如果是这样的话，异常一元论所说的心理属性在因果上也是无关的。如果这个论证是对的，那么它就是对个例物理主义的否定。另一方面，根据因果解释排除原则的论证。其基本观点是：戴维森的异常一元论所派生出的个例物理主义意味着心理属性在因果关系上是无关的。因为根据金在权的因果解释排除（causal-explanation exclusion，CEE）原则："一个事件的原因或因果解释，当被当作是一个充分、圆满的原因或因果解释时，似乎排除了它的其他独立的原因或因果解释。"[3]意思是说，如果有一个关于某特定事件的可接受的解释，那么所有其他不能还原为这个解释的解释就被排除了，因为对这个事件不可能有一个以上的正确解释。而根据戴维森的个例同一论，心理属性既不能同一于又不能还原于物理解释所提及的属性，因

---

[1] Kim J. "Explanatory exclusion and the problem of mental causation". In Macdonald C, Macdonald G (Eds.). *Philosophy of Psychology*. Oxford: Blackwell, 1995: 122.
[2] Kim J. "The myth of nonproductive materialism". In Kim J (Ed.). *Supervenience and Mind*. Cambridge: Cambridge University Press, 1993: 43.
[3] Kim J. "The myth of nonproductive materialism". In Kim J (Ed.). *Supervenience and Mind*. Cambridge: Cambridge University Press, 1993: 44.

此心理属性与心理因果关系是无关的。

戴维森的异常一元论及其内在矛盾产生之后,对心理因果性的探讨基本上分成两条路线向前发展:一是否定的方向,如布洛克、杰克逊等;二是维护和辩解的方向。其基本立场是:坚持戴维森的基本原则,例如放宽对因果关系的限制,他认为,因果关系不一定有法则学特征,心理因果关系正是如此,但其又对暴露出的问题设法予以消解。坚持走这一路线的人很多,如辛西娅·麦克唐纳(Cynthia Macdonald)等。

二、因果关系的多样性与心理因果性的样式

心理因果性研究的一个由认知主义和计算主义心灵观引出的新问题是:从输入到输出的形式转化过程或句法执行过程是不是因果过程?根据这类心灵观,心理过程实即对符号的计算过程,而计算是纯程序、纯形式的,经过这个过程,会有输出即特定的行为发生。这一过程可被看作是心的因果作用过程。是不是这样呢?赞成和否定之声都有。塞尔批评说:在这样的所谓因果过程中,的确发生了0与1以闪电速度闪现的现象,"但困难是这样的:0与1没有因果能力,因为它们甚至不存在,除了在观察者眼中。执行的程序除了执行媒介的能力之外没有因果能力,因为程序没有超越执行媒介的真实存在,没有本体论地位,从物理上说,没有单独的像'程序层面'这样的东西"[1]。这就是说,人的心理的纯形式转换过程,或按照现行设计原理和方法设计的人工智能、计算机,里面只有模式,而模式除了那些执行媒介是没有任何因果能力存在于其中的。尽管它们有程序,可以把输入转化为输出,仿佛它们是按规则做了这些事情,但其实不然,它们并没有什么规则,更不会遵循什么规则,因为它们是"被设计了仿佛是在遵循规则"[2]。

塞尔认为,计算主义者之所以把计算过程看作因果过程,而有的人走向另一极端,否定意向状态的因果作用,根本原因是他们对因果关系本身的理解有问题,即要么把因果关系理解为一物引起另一物,如台球与台球撞击那样的相互作用的

---

[1] [美]约翰·R. 塞尔:《心灵的再发现》,王巍译,中国人民大学出版社2005年版,第180页。
[2] [美]约翰·R. 塞尔:《心灵的再发现》,王巍译,中国人民大学出版社2005年版,第180页。

关系，要么按休谟的标准理解因果关系。塞尔不否认这些关系是因果关系，但反对把因果关系局限于这些形式。他认为，因果关系除了这些形式之外，还有这样的形式，如"原因是结果的一种表示"，以及"结果是原因的一种表示"。① 例如，我想要喝水，于是我为了满足喝水的愿望而去喝水。前一事件造成了后一事件。在这里，愿望既是造成喝水的满足条件的原因，又表示了它的满足条件。有时，它只有以因果的方式起作用，才能得到满足，这便成了意向状态本身的满足条件的一部分。例如，我意欲举起手臂，在这里，这个意图是举起手臂的原因，而它又是我意欲举起手臂的满足条件的组成部分。因此意图在因果关系上是自我指涉的（self-referential）。当且仅当意图本身成为引起它的其余满足条件的原因时，意图才得到满足。

意向状态怎样作为原因发挥对身体行为的作用呢？要回答这一问题，只能求助于意向性所归附的意识及其主观性。也就是说，人的意向状态及其内容之所以有因果作用，这根源于它们的"有意识"。我们姑且承认，人在从输入到输出的转换过程中所做的事情是执行算法的步骤，即有形式或语形操作的一面。但人是"有意识地执行算法的步骤，因此过程既是因果的又是逻辑的。'逻辑的'是因为算法提供了从输入符号推导输出符号的一系列规则，'因果的'是因为行动者是在有意识地努力做这些步骤"②。根据塞尔的生物学自然主义，这个由努力做所引起的因果过程实际上是一个生物过程。他说："在生物学中，由光子打在我视网膜的光感受器上而产生具体特定的电化学反应，而这整个过程最终产生具体的视觉经验。生物实在不是由视觉系统产生的一堆语词或符号，而是具体特定的意识视觉事件问题。"③ 这也就是说，当我们从经验上认识到行为事件在意向状态之后发生这样的过程时，尽管我们可以给出计算解释，但其实并没有计算过程发生，真正发生的是"具体的生物现象"。总之，要理解这里的因果作用过程，"不是试图发现外部的小人如何能够给大脑过程指定计算解释，而是要理解产生该[生物]现象的原始物理过程"④。

---

① [美]约翰·R. 塞尔：《心灵的再发现》，王巍译，中国人民大学出版社2005年版，第100页。
② [美]约翰·R. 塞尔：《心灵的再发现》，王巍译，中国人民大学出版社2005年版，第183页。
③ [美]约翰·R. 塞尔：《心灵的再发现》，王巍译，中国人民大学出版社2005年版，第186-187页。
④ [美]约翰·R. 塞尔：《心灵的再发现》，王巍译，中国人民大学出版社2005年版，第185页。

约利奥（A. Juarrero）对原因的本质和样式也做了类似于塞尔的探讨，认为原因或因果关系的样式不是一而是多。他承认意向状态、意义、语义性等可作为原因对行为发挥作用，但这种原因作用不同于一辆碰碰车撞向另一辆碰碰车那样的作用，也不是一个先于另一个那样的原因作用，而是一种相互作用中既影响结果又受结果影响的整体式的作用。也就是说，这种作用不是一个孤立的个体所产生的作用，而是由特定动力系统在相应环境下所产生的作用，因此它既受环境的制约，又制约内外环境，其本身是系统的组成部分。

以前的行动理论把原因当作是某种实在的力量对不动之物的瞬时冲力。这在胡里罗看来是无法说明作为过程的行动的，因为这种原因不能引起一个过程，且不能使之通过一个过程来完成。鉴于这一点，信息理论应运而生了。它关心的是信息流动的方式，例如信号不断转换，最终到达某个目的地。因此它把行动设想为一个不间断的轨迹（trajectory）。这似乎能避免上述难题。但胡里罗认为，信息理论又有内容如何作用于行动的难题。[①]他认为，要解释像行动这样的结果，必须另辟蹊径。这里值得借鉴的是关于复杂的非线性适应系统的理论。它有这样一些有用的概念，如正反馈，它指的是这样的过程，即其结果对于过程本身必不可少，过程与结果互动。再就是部分与整体的概念。部分相互作用，从而产生了整体，而作为结果的整体反过来又影响部分的行为，这样一来，交互性的因果性便出现了：某些动力过程中的相互作用可以造就一种具有新属性的系统层面的组织。进而突现的分布式系统的全部动力学不仅决定了哪些部分可以进入该系统，而且全体性动力学也可约束低层次的组成部分的行为。显然，关于复杂适应系统的理论提出了一种新的因果关系形式，至少提出了关于这种形式的隐喻。根据这种观点，整体不是迟钝的副现象，动力学的整体对它们的部分发挥着能动的作用。在这种作用中，整个系统又可得到维持和提升。

在考察上述系统理论的基础上，胡里罗做了自己的发挥。首先，他认为，在等级性组织层次之间存在着一种因果机制，他把它称作"约束（constraint）作用"。而约束作用又有两种：一是远离情境（context-free）的约束，它使系统的组成部分不具有概然性；二是情境敏感性（context-sensitive）约束，它使先前独立的部分

---

① Juarrero A. *Dynamics in Action: Intentional Behavior as a Complex System*. Cambridge: The MIT Press, 1999: 5.

一同起作用，并使之相互关联起来组成整体。当部分组成复杂完整的整体时，它们便作为一种依赖于情境约束的功能关联在一起了。此约束是由它们包含于其中的新的系统所授予的。基于上述分析，胡里罗得出结论说：人的行为就是由复杂的适应系统产生的。由于动力学适用于所有的自组织结构，因此神经活动的动力学就有希望揭示新的属性：作为来自依赖于情境约束的神经自组织的结果，有意识的特别是有自我意识的东西便出现了，它能相信、意欲、意谓等。既然所有复杂适应系统的整个层次都约束着构成它的部分的行为，那么大脑的自组织能力通过意识便能引起、控制、约束骨骼肌肉过程，以至于作为结果的行为。

三、理由与原因

心理因果性研究中最有争议的问题是理由解释是不是因果解释，或理由是不是原因。所谓理由解释即根据信念之类的意向状态（理由）所做的解释。英国著名分析哲学家安斯康伯坚持认为，理由不同于原因。[1]因为原因是引起一个事物产生、一个事物发生的东西。行动作为一种被产生的东西当然也有其原因，这种原因可被称为心理原因。但心理原因不是意图和动机，其要么是心理事件，要么是物理事件，如"敲门声"也可能是一项行动的原因。它们显然不是理由。因为理由是事件由以发生的条件。有意图的行动作为事件也有理由。如果对"他为什么要这样做"给予了一种回答，那么说一个人有做某事的理由，这又是什么意思呢？例如，杰克举起了手臂，他为什么要那样呢？行动者有理由做某事就是由于有相关的愿望或信念。一般来说，行动的理由就是愿望和信念的适当结合。[2]

目的论语义学的主要倡导者米利肯也认为，根据意向状态对行为的解释不是因果解释，而是理由解释。而理由解释实质上是规范化（normalizing）解释。这里所说的"规范"是相对于"事实"而言的。说一个现象是规范的，就等于说它不是自然而然地形成的，而包含选择的、约定的、价值的因素及作用。尽管如此，但我们又不能说它是任意的。因为一经产生，它就有它的规则性、强制性。文字

---
[1] Anscombe G. "Intention". In Anscombe G (Ed.). *Metaphysics and the Philosophy of Mind*, Oxford: Basil Blackwell, 1981: 75-82.
[2] Anscombe G. "Intention". In Anscombe G (Ed.). *Metaphysics and the Philosophy of Mind*, Oxford: Basil Blackwell, 1981: 74-80.

就是最典型的规范性现象。所谓"规范解释是对这些历史事实的占优势的解释，在其中，专门功能被执行了。一个规范解释所利用的规范条件就是占优势的解释条件，在其之下，那个功能被历史地执行了"①。质言之，规范解释就是诉诸功能的解释，而功能恰恰是选择的、自然设计的产物。米利肯说："规范解释就是对特定的再生性地形成的家族怎样历史地执行特定的专有功能的解释。"②米利肯强调，这种解释所述及的特征必须是被解释项的成员所规范的功能属性，而条件必须是规范的条件。所谓规范条件即专有功能在其之下固定地、规范地被执行的条件。例如，心脏执行它的功能的规范条件是：心脏是怎样形成的、它的规范的属性或结构是怎样形成的、它在其内怎样起作用等。要说明这些，又必须述及：传给心脏电脉冲的规则性、传给心脏的氧供给、血液循环的出现、血液由心脏释放出来又回到心脏。总之，规范的条件是规范解释必须利用的条件，是解释中占主导地位的条件，因为正是在这种条件下，"功能才历史地被执行了"③。根据意向状态对行为的解释也属于规范解释。它是这样进行的，即"不是让行为从属于规律之下，而是让它从属于生物学的规范（norm）之下"④。说让行为从属于规范之下，不过是说让它从属于目的论的功能之下。例如，要解释行为的产生和存在，就必须说明有关的功能，而这又不过是要交代大自然设计的有关规范。要解释人工制品如考古中所发现的一个器皿的产生和存在，就必须交代它是怎么设计的，而这又不过是要说明有关的目的或功能。

戴维森等人的看法截然相反，他们认为心理内容、意向状态作为随附属性对行为有解释作用，这种解释作用是名副其实的理由解释，而这种理由解释是一种特殊的因果解释。这种理论一般以随附论为基础。戴维森认为，诉诸心理事件对行为的解释是理由解释，但它同时又是因果解释。因为所谓心理事件不过是我们用意向术语如"信念"等所描述的事件。对于这同一个事件，我们还可以用物理术语来描述，如果是这样的话，它便成了一个物理事件。因此事件究竟是以心理事件还是以物理事件表现出来，取决于我们用什么方式去描述和解释它。

---

① Millikan R. *Language, Thought, and Other Biological Categories*. Cambridge: The MIT Press, 1984: 34.
② Millikan R. *Language, Thought, and Other Biological Categories*. Cambridge: The MIT Press, 1984: 33.
③ Millikan R. *Language, Thought, and Other Biological Categories*. Cambridge: The MIT Press, 1984: 34.
④ Millikan R. "Biosemantics: explanation in biopsychology". In Macdonald C, Macdonald G (Eds.). *Philosophy of Psychology*. Oxford: Blockwell, 1995: 270.

四、因果相关性、有效性的法则学特征问题

上面的所有讨论其实都涉及了这样的形而上学问题，即究竟什么是原因、因果关系？一个事物符合什么样的条件，才能被看作是原因？一种关系符合什么样的条件，才能被称作因果关系？即使一个事件已被确认是原因，但同样有标准问题。例如，在作为原因的事件中，同时会有很多性质，如大小、重量等。一般认为，在原因事件中存在的一切性质不可能都参与发挥原因的作用，亦即不可能都有因果上的相关性。例如，一个熨斗或茶壶可以把一块餐巾抚平。正如洪都里奇（T. Honderich）所说的："抚平餐巾的，不是茶壶的年限或（原文如此）光泽，而是它的重量。"[①]如果是这样的话，一个性质要符合什么条件才算是因果作用中的成员呢？洪都里奇、布洛克等人提出的标准是：法则学联系。所谓法则学联系是指，两个性质之间要有真实的、内在的、合规律的联系。一个性质要成为原因事件中有原因作用的性质，即有因果相关性，必须真的有内在的作用。一旦它出现了，它就有可能与别的因素一道，导致结果的产生。事件的因果相关属性只是那些以因果规律形式出现的属性，因果有效力的例示只是那些具有法则学特征的属性的例示。基于此，一个不可避免的结论是：只有低阶物理属性才是具有法则学特征的属性，心理属性既然不能出现在规律之中，因此便没有因果相关性，其例示当然不具有因果效力。总之，根据这种观点，法则性或规律性是因果性的必要条件或标准。

辛西娅·麦克唐纳和格雷厄姆·麦克唐纳是当今心灵哲学中比较活跃的两位学者。他们的基本立场是，坚持和发展戴维森式的异常一元论或非还原的一元论，在因果关系的标准问题上坚持认为，"那种关于因果相关属性的法则学特征的原则应予修改"[②]。他们所做的修改是，强调具有法则学特征的两个属性、两个事件肯定具有因果相关性，但不具有法则学特征的两个属性之间也有可能有这种因果关联性。他们概述说："所有具有因果上有效力的例示都是法则学属性的例示……但不能由此说：不存在这样的情况，即那些在因果上有效力，但没有法

[①] [英]麦克唐纳：《行动的心理原因与解释》，载高新民、储昭华编《心灵哲学》，高新民、储昭华译，商务印书馆2002年版，第985页。
[②] [英]麦克唐纳：《行动的心理原因与解释》，载高新民、储昭华编《心灵哲学》，高新民、储昭华译，商务印书馆2002年版，第986页。

则学特征的属性就不能得到例示。因此不能说：只有有法则学特征的属性才是因果上有相关性的属性。"[1]他们认为，事物是复杂的，一个事件的例示有时并不是一个属性的例示，而是多个属性的例示。例如，约翰向乔治射击既是作为射击活动这一属性的例示，也可看作是手指运动这一属性的例示，甚至是扣动扳机这一属性的例示。这就是说，不同的属性是可以共例示的。就心灵哲学而言，想喝水这一事件既可以是某一愿望的例示，又可以是大脑某一物理属性的例示。有理由假定：虽然心理属性与任何单个的物理属性未能整体地相互关联起来（更不用说以任何类似规律的方式），但它们可以与这样一些属性的一种析取（也许是一种无限的析取）相互关联。辛西娅·麦克唐纳的上述思想显然继承了戴维森的观点，她一方面强调随附性，另一方面强调可多样实现性。所不同的是，前者运用析取这一概论说明多样实现。具体而言，当心理属性与物理属性共例示时，它们的例示可能不具有法则学上的联系，亦即不一定有某心理属性被例示了（如想喝水），就一定有大脑 A 区中的某一神经元的活动发生了。因为前者所随附的，在不同时空中，其可能分别是 B 区、C 区、N 区的神经元的连接模式，总之，可能是无限属性例示中的一个析取。这也就是说，与结果有因果相关性的属性及其例示，不一定要具有法则学的特征。[2]

在因果解释问题上，也存在着两种观点的对立。在鲁宾孙等人看来，因果解释必须是内涵性解释。所谓内涵性解释就是根据前件蕴含后者的关系即内涵因果关系所做的解释。内涵因果关系是相对于外延因果关系而言的。所谓外延因果关系指的是形式上的、表面上的或外在的因果关系。例如，在呻吟发生时，在前有疼痛感觉和大脑某一神经事件发生，它们都可被看作呻吟的外延性原因。而内涵性原因则是真实的、对结果实际产生了作用的原因。鲁宾孙说："相互作用并不取决于某种外延的因果关系，而取决于关于上述特征的内涵解释性关联性，正是由于这一特征，那些对象才发生了假定的相互作用。"[3]也就是说，从实际过程

---

[1] Macdonald C, Macdonald G. "How to be psychologically relevant". In Macdonald C, Macdonald G (Eds.). *Philosophy of Psychology*. Oxford: Blackwell, 1995: 65.
[2] Macdonald C, Macdonald G. "How to be psychologically relevant". In Macdonald C, Macdonald G (Eds.). *Philosophy of Psychology*. Oxford: Blackwell, 1995: 65.
[3] [英]麦克唐纳：《行动的心理原因与解释》，载高新民、储昭华编《心灵哲学》，高新民、储昭华译，商务印书馆 2003 年版，第 1002 页注释④和⑨。

来说，内涵性因果关系是一个事件借助于自身的属性、作用真的引起了另一个事件的关系，从解释上说，前件与后件之间有一种可直接推论的关系。如果一个心理事件是内涵性原因，那么它就"是任何关于行动的充分解释的不可排除的一部分"①。也就是说，这种关于因果解释的限定强调实质上是：一种解释要成为因果解释，前件与后件之间必须有法则学上的因果关系，亦即二者之间由因果规律贯穿起来。根据这种观点，两个在因果上相关的事件，A 与 B，只有在某些描述即 A′ 与 B′ 之下才能例示因果规律。

辛西娅·麦克唐纳等人的观点则比较宽松，它有两个要点：①理由-类型的解释即解释；②此解释即因果解释。关于第一点似乎不需要过多证明，因为人们无论是在科学上还是在日常生活中都是在根据理由做出解释，而且这种解释常常具有无可辩驳的力量。至于第二点则需要论证。他们首先认为，因果解释并非只有法则学的因果解释这一个方面或途径，而是还有另一个方式，即通过单一因果陈述来做出的因果解释。单一因果解释所依据的只是个别事例中在前事件实际所起的作用，如果有它，便有后面的事情发生，反之则没有。尽管有这种关联，但它们缺乏普遍必然性，也就是说，这种解释所关联起来的两个属性"并不是法则学上相关的属性"，对它们的描述不能涵盖在规律之下。既然如此，我们又有什么根据把这种解释看作因果解释呢？辛西娅·麦克唐纳等人的基本态度是强调要放宽对因果解释之标准的限制。他们说："毕竟，它们起到了一种因果解释必须起的作用；它详细说明了在待解释的事件中何种事件引起了所描述的后果。更重要的是，它还认可了这样的反事实，即如果在该解释中被提到的事件没有发生，那么情况就完全不同。"②这种因果解释不仅在日常生活中经常被运用，而且"一般意义上的科学解释也具有这种单一因果解释的特征"③。

皮科克认为，诉诸信念之类的术语所完成的心理学解释也可被看作是一种因果解释。当然，这种解释不同于物理学中的因果解释。因为那里的作为解释项的

---

① [英]麦克唐纳：《行动的心理原因与解释》，载高新民、储昭华编《心灵哲学》，高新民、储昭华译，商务印书馆2003年版，第990-991页。
② [英]麦克唐纳：《行动的心理原因与解释》，载高新民、储昭华编《心灵哲学》，高新民、储昭华译，商务印书馆2002年版，第993页。
③ [英]麦克唐纳：《行动的心理原因与解释》，载高新民、储昭华编《心灵哲学》，高新民、储昭华译，商务印书馆2003年版，第993页。

原因是独立的、在时空中存在的、有机械作用的实在。而心理学解释中的术语没有这样的所指,它指的尽管是一种合理的决定力量,但"不同于因果实在,因此不适合于从形而上学方面把它归属于因果解释"。怎样理解心理学解释中的解释项呢?首先,他承认:用来解释行为的心理解释项尽管不是真正意义上的原因,但"有更微妙的本体论角色"[①],它们指的是能引导或说明行动者的行动的"构念"(conceptions)。只要能认识到行动者的这种构念,就能预言和理解他的行为为什么以及怎样一致于他的情境。那么,什么是构念呢?所谓构念就是行动者所"下的决心"或"所做的决定"。它对行动的影响尽管没有机械的作用,但有促使行动发生的作用。皮科克还认为,心理状态对行为的因果作用有规律可循。因为既然有关的联系是因果的,那么它们便能为行为提供有效的解释。心理术语之所以是有用的,是因为它们指出了行为有效的原因,即命题态度。命题态度之所以有因果作用,是因为它把在特定条件下起着有效作用的状态和事件区分开来了。总之,如果有因果联系,就有适用于对被分辨出来的实在的某种描述的因果规律,而正是这些规律保证了行为解释的有效性,同时排除了不相干的因果链。皮科克还为把心理解释建立在物理状态之间的因果关系之上提供了两点论证:第一,心理图式的客观原则本身是需要解释的,如果解释性约束的基础是因果的,那么这个基础就是合规律的;第二,人的行为本身有物理的因素和过程,因此从心理上描述的事件与物理事件之间有相互作用。心理事件是物理相互作用王国的组成部分,而因果规律又在这种相互作用中存在着,因此能让解释从属于其下。

五、"外在主义威胁"问题

首先,外在主义威胁就是外在主义心灵观在解释行为时所碰到的这样的难题:既然心灵不是单子性的东西,而延伸至头脑之外,其具有延展性、是包含了环境因素的"宽"的东西,不是大脑的局域性的性质,那么当大脑发挥对行为、环境的因果作用时,这种有非局域性的东西怎么可能进入因果过程呢?这样一来,它不就成了外在无关的副现象吗?因为根据一般的因果关系模式,一个事件要成为原因,它首先必须具有具体性、局域性,即存在于某个时空中的独立的东

[①] Peacocke C. *Thoughts: An Essays on Content*. Oxford: Blackwell, 1983: 63.

西，而心理内容根据外在主义的解释，恰恰不是这样的，而是一种关系性的、处在协变中的变动不居、弥散性的东西。因此拿它来解释行为肯定不符合公认的因果关系模式。其次，根据外在主义对心灵的规定，它似乎成了一种"桥梁属性"。桥梁属性的概念来自桥梁变化这一概念。首先我们应看到，这里不存在因果解释的关系项。例如，我出售我的汽车与我拥有那部汽车，就不能用后者解释前者，就是说我是该汽车的所有者无法解释我为什么要卖它，而只能解释：我为什么能够出售它。再如，苏格拉底之死与其妻子成为寡妇，二者之间也没有因果联系，或不存在因果过程，因为二者就是一个事件，或者说后者包含了前者。在这里，关键是不把因果关系与概念关系混淆。基于上面的分析，我们可以说，外在主义威胁实质上是这样的威胁，即它实质上否定了心理属性的因果作用，因为它导致了这样的可能性，即心理属性可能是大脑中的一种桥梁属性。如果是这样的话，再假定它对行为有解释作用就大错特错了，因为假定它们之间有因果关系，就像假定特奥特图斯（苏格拉底的妻子）变成寡妇与苏格拉底之死，一个人的法律、社会角色与他的物理属性之间有因果关系一样荒谬。

　　柏奇是外在主义最主要的倡导者。他深知外在主义在解释行为时所面临的难题，但他认为，这是不难化解的。其基本观点是：命题态度的意向内容尽管是宽的、有外在性的、随情境变化而变化的，但这些并不妨碍它有因果地位，不妨碍它可作为原因发挥对行为的作用。因为当我们说某个命题态度有某种宽内容时，我们实际上是为它预设了某种规范性的背景或情境。既然如此，当我们再诉诸该内容解释他的行为时，实际上同时默认了有关的规范性情境的作用。从实际的作用过程来说，由于内容不是单子性的个体，而是弥散性、关系性的属性，本身以特定的方式将所表征的环境因素包含于自身之内，因此内容一定会在命题态度对行为的因果作用中发挥它的决定性作用。事实上也是这样，某人做了什么、怎样做，都与他所想、所相信的内容密不可分。例如，某人突然改变主意，即不飞往华盛顿，这可能是由于他知道那里最近可能有危险。即使是两个孪生人，如果他们面对的环境（一个面对的是 H_2O，一个面对的是 XYZ）各不相同，心理状态的内容相应地也各不相同，那么其行为一定会有微妙的差异。[①]

[①] Burge T. "Individualism and psychology". *Philosophical Review*, 1986, (1): 3-45.

德雷斯基的信息语义学有外在主义的承诺,因此他也无法摆脱宽心灵如何可能有因果作用这一难题的困扰。不过,经过对问题的特殊梳理,他指出:外在主义者在这里可能碰到的问题只能是"心理内容的因果相关性问题"[1]。在他看来,内容或意义有原因作用,但不是独立地作为原因起作用的,而只能以某种相关的方式进入真正的原因系统中发挥作用。当然,这并没有减轻问题的难度,而是使问题更复杂、更困难了。之所以如此,是因为它必须具体说明:内容对行为怎么可能有因果作用、以什么方式发生作用。一方面,心理状态的内容是由人与环境的关系而获得的,因此有外在性;另一方面,行为不是由外在的东西引起的,而是由内在的东西引起的。正如女高音歌手的歌声震动了玻璃,不是由其声音的意义所使然,而是由其声音的物理属性所使然。同样,人的行为是由大脑内的物理过程所引起的,而与它所随附的意义无直接关系。因此内容怎么可能有对行为的作用就很难被说明了。

在这个问题上,德雷斯基的分析是从金在权的有关观点开始的。金在权等人认为,命题态度及其意向内容与行为的关系,属于宏观事件之间的关系。它们之间之所以构成因果关系,不是靠这些事件本身的结构和作用,而是靠它们所随附的微观事件之间的因果关系。因此如果是这样的话,我们可以把这里的因果关系称之为随附性因果关系。金在权说明了随附性因果关系的一般模型。他认为,这种模型可以解释像温度之类的宏观现象如何可能有因果作用、怎样发挥其因果作用之类的问题。例如,有这样的现象,即一定量气体之温度的提高,往往伴有大气压力的提高。我们可把这类事件称作宏观事件。它们之间引起和被引起的关系可被称为因果关系。而这种因果关系之所以形成,是因为后面有随附关系,即两个事件都有所随附的微观事件。由于在前的微观事件对在后的微观事件有因果作用,于是便有了宏观事件之间的因果关系。此模型也可以说明命题态度对行为的因果作用。德雷斯基说:"心理因果关系发生了,但它可还原为更基本的物理层面上所发生的因果过程,或据以来解释。"[2]心理属性、命题态度内容的因果作用也是这样,并不比温度、压力、热等现象的因果作用更

---

[1] Dretske F. "Does meaning matter?" In Macdonald C, Macdonald G(Eds.). *Philosophy of Psychology*. Oxford: Blackwell, 1995: 108.
[2] Kim J. "Concepts of supervenience". In Kim J (Ed.). *Supervenience and Mind*. Cambridge: Cambridge University Press, 1993: 107.

神秘，它们有因果力，而这力量来自它们所随附的微观事件的因果力。

德雷斯基认为，即使承认金在权的理论能解释现象状态的因果作用，但没有理由认为，它能说明意向状态的因果作用。这是因为，意向状态不同于现象状态，前者是关系性的，后者是非关系性的。既然如此，诉诸弱随附关系就能说明现象状态的因果作用，但要说明意向状态则不能这样，而必须诉诸强随附性。而强随附关系要发生，就必须有这样的条件出现，即宏观属性能还原为微观属性。但是，这个条件在人身上是不可能被发现的，因为命题态度作为宏观属性是不可能还原于基础层面的原子、分子属性的。再就事实而言，例如，货币的面额或价值尽管随附于它的微观形态和大小，但也只能弱随附而不能强随附。因此"价值（外在的、关系的）和物理现象（内在的）依然是硬币的不同属性，同时还具有不同的因果力。要得到随附的因果关系，我们就必须有强随附性，但假定一张纸币的金钱价值……必然关联于它的特定大小、形状和印记，这有什么意义呢？要如此，唯一的条件就是纸币的价值事实上不是关系性的，而可还原于纸所具有的那些内在属性"①。但事实上，纸币上所标的金额恰恰是关系性的。总之，德雷斯基说："我认为，根据随附因果关系说明关系性心理状态的因果作用是不可行的。"②

为了说明心理内容的因果作用，德雷斯基仍以纸币上的金额为例进行他的分析。德雷斯基说："信念的外在属性即我们所相信的东西，能够解释我们在有这些信念时为什么做出了那样的行为。"③

德雷斯基不仅说明了信念内容有因果作用这一事实，而且还深入内在机制中揭示了有关系属性的信念内容为什么、是怎样发挥它们的因果作用的。他强调，这里有两点必须注意：第一，即使促使身体运动或引起行为发生的直接原因和机制是内在事件的形式属性（就像一定金额的纸币要使售货机识别自己并售出相应的货物，得靠纸币的大小、形状、水印、标记等一样），但是只有随附于神经生理属性的关系属性才能决定行为的具体方式和内容。"正是因为具有这种关系属性，即内在事件指向了外在事态，才能解释有这些内在属性的对象为什么引起了

---

① Donetsk F. *Perception, Knowledge, and Belief: Selected Essays*. Cambridge: Cambridge University Press, 2009: 270.
② Donetsk F. *Perception, Knowledge, and Belief: Selected Essays*. Cambridge: Cambridge University Press, 2009: 270.
③ Donetsk F. *Perception, Knowledge, and Belief: Selected Essays*. Cambridge: Cambridge University Press, 2009: 272-273.

它们所做的事件。"①第二是要认识到：行为并不是内在事件所引起的身体运动，而是这些内在事件对身体运动的"引起"。也就是说，我们要把信念所解释的行为和构成行为的身体运动区分开来，不能搞混了。身体运动只是行为的组成部分。做了这种区分，我们就能用内在状态的内在属性来解释身体的运动，而用关系属性，即这些内在事件所关于的外在状况来解释我们为什么能运动它们。可见，内在的属性和外在的关系属性都是解释行为的理由。它们在促使行为发生时，是相互关联的，例如，外在属性对内在属性有随附性。质言之，关系属性之所以引起了特定的身体运动的发生，是因为它随附于内在的生物属性。因此只要正确界定，随附性是可以说明内在事件为什么能引起身体运动按特定方式发生的。②

六、意向心理学规律及其执行机制

福多等人认为，要论证命题态度对行为有因果作用，就必须能够证明存在着意向心理学规律，这个规律即把信念、愿望与行为相互关联起来的规律。没有意向规律就没有意向科学。因为科学的解释离不开规律，至少经常如此。例如，人们在回答"你是怎样学会了某技巧"时常这样说——通过实践。这里所说的实践就是民间心理学的规律。因为它把你所学到的内容与你对自己所说的内容关联起来了，它表达的是两类意向状态之间的有规律的因果关系。这样的规律还有很多，如知道"7+5"等于多少的人一定知道"7+6"等于多少，知道"约翰爱玛丽"的人一定知道，"玛丽被约翰爱"。更为重要的是，只有找到了这种规律，才可能从根本上铲除副现象论的威胁。福多说："如果存在着意向因果规律，那么意向属性就有因果效力。"③事实上，我们没有理由怀疑有意向因果规律。

那么，涵盖意向属性的规律是什么呢？我们一般认为，规律有严格的、无例外的规律和松散的、包含余者皆同从句的因果规律之分，既然如此，意向属性能为这两种规律所涵盖吗？福多认为，其不能为第一类规律所涵盖，只能为第二类规律所涵盖。在这里，具体涵盖意向属性的规律是意向规律。怎样理解这种规律

---

① Donetsk F. *Perception, Knowledge, and Belief: Selected Essays*. Cambridge: Cambridge University Press, 2009: 271.
② Donetsk F. *Perception, Knowledge, and Belief: Selected Essays*. Cambridge: Cambridge University Press, 2009: 272.
③ Fodor J. *A Theory of Content and Other Essays*. Cambridge: The MIT Press, 1990: 137.

呢？它为什么能保证意向属性有因果有效性呢？

意向规律属于特殊科学的规律，不同于基础科学的严格规律。因为后者是无例外的，具有严格的普遍必然性，有前件发生就一定有后件发生，前件是后件的充分条件。而意向规律则不同：一是它是有例外的；二是它包含附加条款或保护措施，即余者皆同的附加条件。尽管如此，两种规律也有相同的地方：第一，意向规律像严格规律一样，也覆盖了原因；第二，从作用上说，两种规律在涵盖规律的解释中所起的作用是一样的，只要它是该解释的组成部分。

把这些规律与语义还原论结合起来，就会得出这样的结论：在解释人的意向行为和有关的意向状态时，要诉诸的最终是有机体的心理符号的语义属性。因为命题态度最终会还原为心理符号的语义属性。但是根据福多的心灵计算表征理论，心理过程是计算过程，所谓计算过程是一种形式的、符号的加工过程。如果是这样的话，心理活动及过程就只能到达表征的形式属性，而无法涉及其语义属性。这样一来，不仅该理论内部陷入了矛盾，而且还碰到了这样的难题：语义内容如何进入心理加工而发挥对行为的作用？有内容的心理规律与加工的形式要求之间怎样协调一致？

福多认为，只要意识到解释的层次性特点，这里的问题便不难解决了。在他看来，心理学规律和心理过程或机制属于不同的解释层次。借助前者可解释意向行为为什么会发生，而借助后者则可解释心理学规律为什么有作用。福多认为，属于一个层次的科学 n 的因果普遍原则（如孟德尔的遗传学）是由下一层次即 $n-1$ 的科学所说明的机制（如生物化学机制）执行的。同理，意向心理学的规律是由非语义的计算的或句法的机制所执行的。①

如果是这样的话，语义属性是怎样发挥因果作用的呢？其内在机制如何？福多认为，语义属性不是副现象，它真实地渗透到了心理因果关系之中。但是，它本身又没有因果作用。他说："我不相信存在着意向机制。就是说，我不相信：内容本身可以发挥因果作用。"②它的因果作用是由形式的、非语义的机制完成的，这正如同：父代将表现型特征 T 遗传给子代，使子代也有这一特征，不是靠父代的这种特征本身的作用，而是借它所依赖的基因型完成的，如图 9-1 所示。

---

① Fodor J. *A Theory of Content and Other Essays*. Cambridge: The MIT Press, 1990: 161-176.
② Fodor J. *A Theory of Content and Other Essays*. Cambridge: The MIT Press, 1990: 139.

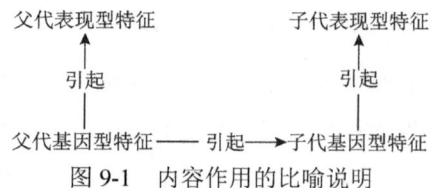

图 9-1　内容作用的比喻说明

也就是说,在这里,父代把某一表现型特征传给子代并不是靠自身所使然,而是借后面的基因型机制实现的。同理,心理符号的语义性对行为的因果作用是借该符号的形式的非语义属性完成的。这里的形式属性可指两种东西:一是指形态(shape)的属性,如"&""·""^",这些符号的形态是不一样的;二是指句法属性。它不同于形态属性,因为前面三个符号形态不一样,但句法属性是一样的,它们在命题计算中表示的是"和"或"与"。二者都是心理符号的物理属性。前者更为根本,而后者是一种高阶的物理属性,可以被看作是符号的功能属性。正是通过这些形式属性,符号的语义属性才能现实地表现其因果作用。福多说:"符号的句法可以决定它的个例的原因与结构,就像一把钥匙的几何学决定了它能开哪把锁一样。"[①]

应该指出的是:福多上述关于心理学规律的执行理论既不同于可多样实现理论,又不同于还原理论。也就是说,规律与基础层面的执行机制的关系既不是还原关系,又不是可多样实现关系。在福多看来,还原和可多样实现概念有这样的意思:F 的例示是 Mf 例示的充分条件,G 的例示是 Mg 的例示的充分条件。由于还原和可多样实现理论有不令人满意之处,因此福多便提出了自己的执行理论。他说:"一个执行机制就是这样的东西,由于它的作用,规律前件的满足可靠地导致了它的后件的满足。"[②]从其描述所用的语言来说,执行机制是由低层次科学的术语来描述的。例如,如果水冷却,那么它就会结冰。这一规律的执行机制可用水的分子结构的变化之类的语言来描述。

意向心理学规律的直接执行机制是什么呢?福多回答说:"执行意向规律的机制是计算机制。大致说来是这样的:相信(等)是有机体与心理表征的关系。

[①] Fodor J. *Psychosemantics: The Problem of Meaning in the Philosophy of Mind.* Cambridge: The MIT Press, 1987: 18-19.
[②] Fodor J. *The Elm and the Expert.* Cambridge: The MIT Press, 1994: 8.

心理表征有句法属性。信念变化的机制局限于心理表征的句法属性之内。"[①]简言之，心理过程是纯句法的，心理活动只能加工句法属性。这就是所谓的方法论唯我论。但是福多又强调："说心理过程是句法的并不意味着：心理学规律也是句法的。恰恰相反，它完全是意向的。"[②]只有心理学的规律赖以被执行的机制才是句法的。就像地质学的规律与其实现的物理化学属性一样，山越高，山顶上越冷，这是地质学规律，但它是由物理化学属性所执行的。

综上所述，心理学规律的执行有两个层面：一是意向规律是由计算层次的规律、过程执行的；二是计算过程又是由物理层次的过程所执行的。但问题在于，是否真的存在着计算上充分的条件，它足以保证意向属性及其规律的例示呢？许多人否认有计算的层次，因此自然否认意向规律。福多不赞成这种说明。在他看来，意向规律是由计算机制执行的。基于执行关系的普遍本质，存在着计算上充分的条件，它们足以使意向属性得到例示，而且还存在着物理上充分的条件，它们足以使计算属性得到例示。问题是：计算机制有没有执行的问题呢？福多的回答是肯定的。在他看来，计算机制是由物理过程所执行的。

我们由上面的分析不难得出比较彻底的物理主义结论。既然意向规律依赖的机制是物理的，那么我们便可断言：心理因果关系的机制最终也一定是物理的。福多说："在我看来，承认心理原因一定是通过物理机制而关联于它们的结果（包括它们的心理结果）的，这正好等于承认：心理原因是物理的。"[③]这是福多到达物理主义的一条途径，与戴维森等人有相似之处。

七、过程解释与程序解释

许多论者认为，过去的理论之所以捉襟见肘，是因为有简单化的倾向，或被一些假象迷惑了。假设一个人头痛，喝了阿司匹林，头不痛了。在这里，假如药物的化学属性有因果效力，那么它的因果效力是不是取代了功能属性的因果效力呢？雅各布通过区分两类因果解释回答了这个问题：一种解释可被称为过程解释，例如止住了头痛，可做这样的因果解释，即提及药物的化学属性，它在疼痛

---

① Fodor J. *A Theory of Content and Other Essays*. Cambridge: The MIT Press, 1990: 145.
② Fodor J. *A Theory of Content and Other Essays*. Cambridge: The MIT Press, 1990: 145.
③ Fodor J. *A Theory of Content and Other Essays*. Cambridge: The MIT Press, 1990: 155.

消除的化学过程中有因果作用；二是程序解释或功能解释，即通过叙述止痛片的功能属性而做出解释，如药物的功能属性是药物的化学属性的高阶属性。为了说明心理的因果性，为了说明这样的事实，即某种属性与因果解释有关，而又没有直接的因果有效性，雅各布运用了上述功能解释模型。假设心理属性 S 随附于物理属性 P。S 是高阶属性，S 和 P 同属一个大脑的两种属性。S 的例示对 P 的例示的产生并无作用。但 S 的例示对个体行为 e 的产生来说不是遥远的因素。因为根据上述解释模型，即使 S 在产生 e 中没有效力，但它的例示对于解释 e 的产生来说并不是无关的，因为它为更基本的 p 的存在编制了程序，因而才有后者在 e 产生中的因果作用，如图 9-2 所示。

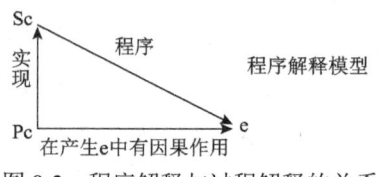

图 9-2　程序解释与过程解释的关系

在这里，c 指的是信念。c 所具有的 S 的例示与 c 所具有的 P 的例示之间的功能关系只是概念的、逻辑的或演绎的关系，而不是因果关系。S、P 都是由 c 例示的。换言之，二者是程序关系。正如通过述及成为止痛片的功能或程序属性，可以对止痛做出因果解释一样，通过述及信念的语义属性的功能作用也可对行为做出因果解释。不同的因果解释提供的是关于因果过程的不同的信息。例如，述及药物的化学属性的因果效力，是化学解释，它揭示了疼痛抑制的实际过程。而述及止疼片的功能属性则是功能解释，它提供了关于可能没有被实现的化学过程的信息。由上述分析可知，认为心理计算过程是虚拟过程，这是错误的。功能解释提供了关于实际过程的更一般的信息，而非具体的信息。[①]

第四节　心理因果性的形而上学之维与具体考察

笔者认为，要解决围绕心理因果性而形成的状如乱麻、聚讼纷纭的问题，有

[①] Jacob P. "What minds can do". *Intentionality in a Non-Intentional World*, 1997, 59(2): 215-233.

很多迫在眉睫的工作要做，例如，关于原因、因果性本身的形而上学问题，与因果性有关的解释问题，被争论的有无因果作用的心理现象本身的理解问题，等等。先来看有关形而上学的问题。

一、因果关系的形而上学问题

从逻辑上说，要弄清心理现象能否作为原因起作用或有无因果作用、怎样发挥因果作用等问题，首先必须对原因、因果关系、因果相关性、有效性等本身所缠绕的形而上学问题有一个明确而自洽的解决，不然，不同的人基于自己对原因等的不同理解就会有不同的答案，其结果势必是公说公有理、婆说婆有理，进而由于研究力量集中不到共同问题之上，形不成焦点和合力，最终结果只能是成果越来越多，而问题越来越乱，认识的实质性进展与认识数量不成正比。

如前所述，原因、因果关系的形而上学问题主要是关于原因、因果关系的标准、条件问题，例如，一个事件要成为原因、一种关系要成为因果关系必须具备什么条件？或者说，判断原因与非原因、因果关系与非因果关系的标准是什么？这显然是有争论的。我们不妨对当代有代表性的观点略作考释。

莫里斯（M. Morris）说："因果解释……应满足两个条件，我把第一个称作非先天性条件，第二个是独立存在条件。"[①]根据第一个条件，语义的、概念的、逻辑的或数学的解释都不是因果解释，因为解释的前件是先天地被知道的。例如，要解释桌子有 3 米高，就不能说"因为它离地面有 3 米"。即使这是解释，也不是因果解释。根据第二个要求，一个事件要作为原因起作用，它必须有自己的独立自存性。例如，窗子自己破了，我们即使可以解释说这是因为它有易碎性，但这不是因果解释。因为易碎性没有独立性。如果它的破碎是来自石块的敲击，那么后者由于符合上面两个条件，可被看作是原因。

当今，最有影响或占主导地位的观点是，认为只有当对象确实有力量或能量、动力、动量并通过它们让事物发生了变化或引起了新的事物时，才能说它是原因，被这种力量关联起来的两个事件才能被认为有因果关系。用今天流行的术语来说就是，一个事件、一种关系只有具有法则学特征，即只有当事件由于其内在的力

[①] Morris M. "Causes of behavior". *Philosophical Quarterly*, 1986, (36): 123-124.

量而引起了结果的产生,并且这种引起关系具有普遍必然性、为规律所涵盖时,才能被称作原因。同理,因果关系是规律之间的关系,只有当两个事件真的有内在的引起和被引起的全规律的关系时,其才能被看作是因果关系。根据这种形而上学,能作为原因出现的只能是物理事物,因此原因、因果关系封闭于物理世界。这就是物理封闭性原则。这显然是一种物理主义的因果理论。它之所以成为大多数人所接受的因果理论,是因为物理学的完全性原则深深扎根于他们的心中。这一原则说的是,一切结果都根源于物理的原因,换言之,只有物理的东西才有原因作用,才能引起或产生别的东西,物理的原因可解释一切。由此,我们可以这样推论:如果一切物理结果根源于物理原因,那么所有物理结果、物理作用的东西就都是物理的。这个命题主要得益于物理科学的发展。19世纪以前,还有许多人认为,物理事物以外的东西也可产生特定的作用,随着物理科学的发展,人们逐渐认识到,只有物理的东西才有所谓的作用和反作用。由于哲学广泛接受了这个前提,因此物理主义便在哲学中被强势推进。①

福多赞成说,事件要成为原因、关系要成为因果关系,其必须为规律涵盖,或具有法则学特征,但由于规律有两类,即严格的和非严格的规律,因此涵盖它们的规律不一定非要是前者,为后一规律涵盖的事件和关系也可以成为原因与因果关系。一般而言,前者是无例外的,具有严格的普遍必然性,有前件发生就一定有后件发生,前件是后件的充分条件。后者的特点则不同,例如,意向规律是典型的非严格规律,其特点一是它是有例外的,二是它包含附加条款,或保护措施,即余者皆同的附加条件。尽管如此,两种规律也有相同的地方。第一,意向规律像严格规律一样也覆盖了原因;第二,从作用上说,两种规律在涵盖规律的解释中所起的作用是一样的,只要它是该解释的组成部分。福多强调:意向规律不同于物理规律的地方,关键不在于它是保护性的,而在于它是非基本的,也就是说,它的实现不是靠自身的内在结构,而是借助于下一基础层次的属性与机制,就像子女个子高由父母的个子高所决定这一规律由基因层次的机制所使然一样。换言之,"如果 Ms(心理事件)引起 Bs(行为事件)是非基本的规律,那么就必须有这样的说明,即例示 M 怎样(一般是通过微观结构的转换)导致 B

---

① 参阅 Papineau D. "The rise of physicalism". In Gillett C, Loewer B(Eds.). *Physicalism and Its Discontent*. Cambridge: Cambridge University Press, 2001: 8.

的例示。非基本规律离不开执行机制。而基本规律无此必要。"①由于意向规律的实现离不开执行机制,因此它才有"余者皆同"这样的附带条件。也就是说,它的余者皆同的条件有不被满足的可能性,而这恰恰是由于缺乏相应的执行机制。如果这种可能性发生了,那么 Ms 引起 Bs 就有例外,如即使前者发生了,后者也有可能不发生。福多说:"说明余者皆同条件缺乏的一个标准方法就是指出中介性机制衰退了。"或者说,"余者皆同条件未被满足,是因为中介性的机制未起作用。"②总之,"余者皆同从句可能有从实际上限定这些机制的后果,因此如果其条件皆同,那么'As 引起 Bs'意思就是这样的:存在着中介性机制,当它正常起作用时,那么 As 便引起 Bs。"③意向规律的具体内容是什么呢?经过福多的梳理和概括,它是存在于民间心理学中的这样的规律:"如果一个人 x 想念 p,且如果 p,那么 q,那么在其他条件不变的情况下,x 就会获得一个信念 q。"再如"如果 x 想要 q,且相信除非 p,就不可能得到 q,那么在其他条件相同的情况下,他就会做出相应的行为,以便使 p 发生。"福多认为,"所有这些关于心理状态的原则因为命题态度的内容而适用于命题态度。"④

福多认为,一个属性具有因果作用的充分条件是:如果一个个体因为它而受一个因果规律支配,那么它就是有因果作用的属性。因此,即使所有因果相关的概念都来自物理机制,这也并不是说只有物理属性与因果相关。如果高层次的心理属性出现在支持因果解释的似规律的规则中,那么它就也与因果相关。例如,我们说,珠穆朗玛峰上有冰雪是因为它是一座高山。福多根据随附性原则说明了这一点:"是座高山"是随附于特定的地理区域、有特定的海拔等低层次物理属性的高层次属性。但副现象论者认为,珠穆朗玛峰上有冰雪这一事实是由高山性所随附的物理属性决定的。因此,"是座高山"没有因果效力的副现象。福多则认为,"是座高山"尽管是一种随附的属性,但它是一种与因果相关的属性。因为存在把"是座高山"和"山上有冰雪"联系起来的余者皆同法则。同样,如果心理属性也被涵盖于余者皆同法则之下,它们就也是因果相关的属性。根据他的

---

① Fodor J. *A Theory of Content and Other Essays*. Cambridge: The MIT Press, 1990: 155.
② Fodor J. *A Theory of Content and Other Essays*. Cambridge: The MIT Press, 1990: 155.
③ Fodor J. *A Theory of Content and Other Essays*. Cambridge: The MIT Press, 1990: 155.
④ Fodor J. *Psychosemantics: The Problem of Meaning in the Philosophy of Mind*. Cambridge: The MIT Press, 1987: 25-26.

因果关系的形而上学，心理事件可作为原因存在，有因果相关性，但是问题是：心理属性的因果力来自何处呢？福多认为，心理属性的因果力是依据"因果继承原则"（the principle of causal inheritance，PCI）而从其所随附的物理属性"继承"而来的，即如果 M 是一种随附的心理属性，P 是 M 所随附的物理属性，那么如果 M 在特定场合是由 P 例示的，则 M 的这种例示的因果力同一于 P 的因果力。

戴维森和辛西娅·麦克唐纳等的观点略有不同，他认为法则学特征是一部分原因和因果关系的标志，但有一部分原因和因果关系没有这一特征。例如，因果关系有内涵因果关系和外延因果关系之别，前者具有法则学特征，而后者不是这样的，其典型的例子是，父母个子高，其子女的个子一般也高。它们之所以也是因果关系，是因为属性有引起结果的作用。在戴维森和辛西娅·麦克唐纳等人那里，心理事件之所以能成为因果关系项，是因为它作为个例本身就是物理事件，只是从心理学角度被做了不同的描述。有的人认为，即使属性没有使一个事件成为原因的作用，事件在例示属性时也有因果作用。其批评者强调，这样说是行不通的，因为这不外乎是把因果效力的根源追溯到了属性，而属性没有这样的作用。马拉斯（A. Marras）说："属性（或类型）是抽象实在，抽象实在不能让时空世界中的事件发生变化。只有属性的具体体现才有这种作用。严格的因果关系……只发生在个例之间。"①如果如此把属性看作是类型，那么便出现了副现象论的又一形式，即类型副现象论。属性作为类型是抽象的，因此其对因果关系不会造成任何影响。心理属性作为类型也是这样，对物理事件不会产生任何因果作用。因此解释主义的根据属性例示对心理事件因果作用的说明依然如故，只是所陷入的是类型副现象论。②

为了说明意向状态的原因地位，塞尔对通常狭隘的因果形而上学提出了尖锐的指说，强调意向状态与世界上的事态之间肯定存在着因果关系。一方面，心灵能表征世界上的事态，这是一种因果关系；另一方面，我们的意向等能引起行为进而引起对象的变化，这又是另一种因果关系。塞尔说："在每一场合，我们都

---

① Marras A. "Nonproductive materialism and mental causation". *Canadian Journal of Philosophy*, 1994, (24): 470.
② Gibb S. "Why Davidson is not a property epiphenomenalism". In Baghramian M (Ed.). *Davidson: Life and Words*. Oxford: Routledge, 2013: 259.

第九章 心理因果性难题的中国式解答

既发现因果的成分，也发现意向的成分。"①有的人之所以怀疑意向状态的因果性，或提出它的因果作用如何可能之类的问题，原因在于，他们对因果关系本身的理解有问题。

德雷斯基认为，一事物要想成为原因必须具备局域性和内在性，还要随附于其他具有实在性的东西。比如，一张面额为 20 元的钞票之所以有 20 元的购买力，是因为它有这样的内在属性，即成为 20 元钞票随附于其上的纸的属性。

笔者认为，关于原因和因果关系的形而上学理论尽管在形式上差异很大、很多，但究其实质，不外乎两类：一是坚持较为苛刻的标准，例如，强调只有本身包含有实在的作用力的事物才有资格成为原因，只有这种力关联起来的事物才有因果关系；二是试图放宽这个限制，认为高阶的、本身没有力量的事物只要随附于基础性事物，由于从后者那里继承了作用力，也可认为其是原因。二元论走得太远，认为世界上的作用力不只是物理的作用力，心理现象本身也可以有这种力，因此也可成为原因。尽管我们承认世界存在的多样性、开放性，例如，认为在基本的物理实在的基础上派生出不同阶次的存在，甚至非物理的实在，如意义、概念等，但我们是坚持物理的完全性原则的，进而认为，只有有真实作用力的事物才有资格成为原因，只有两个事物之间存在着为真实的力所引起的关系，才可被看作是因果关系。心理现象要能成为原因，也必须符合这个条件，否则就不能被看作是原因。

在当今的关于因果关系的形而上学研究中，因果相关性或关联性和有效性也是经常被讨论的论题。总之，根据这种观点，法则性或规律性是因果相关性的必要条件。戴维森等人认为，符合这个条件的事件肯定是有因果相关性的，但在一个原因事件中，不符合这个条件的，只要与符合这个条件的性质有"共例示"的一面，或能随附于那个性质，我们也可认为它们有因果相关性。例如，在一个引起了自动售货机给出了一罐饮料的投置硬币的这个原因事件中，真正有因果相关性的是硬币的形式或几何学形态，但与它共例示的金额数量也很重要，也有因果相关性，因为给出的饮料罐的数量是由这一性质决定的。

因果有效性与因果相关性比较接近，指的是一个属性及其例示（事件）对结

---

① [美]约翰·塞尔：《心灵、语言和社会——实在世界的哲学》，李步楼译，上海译文出版社 2001 年版，第 100 页。

果的产生有真正的、实在的因果效力。坚持因果关系的法则学原则的人认为，只有具有法则学特征的事物才有因果有效性，据此，心理事件对物理事件没有因果效力，只是副现象。因为事件的因果相关属性只是那些以因果规律形式出现的属性，因果有效力的例示只是那些具有法则学特征的属性的例示。辛西娅·麦克唐纳等认为，符合上述标准的肯定有因果效力，但不具有法则学特征的事物也可有因果有效性。辛西娅·麦克唐纳等说："因果上有效力的一切例示都是法则学属性的例示，那些因果上相关的属性一定有因果上有效力的例示（这是因果相关性的必要条件）。但并不能由此说：非法则学属性的例示就完全没有因果效力。"[①]他们试图根据"共例示"来说明心理属性的因果效力。因为有些事件的出现并不是单一属性例示的结果，而是多种属性共例示的结果，在这些属性中，有些具有法则学特征，因此具有直接的因果效力；有些没有，但其借助那些有法则学特征的属性也能获得因果效力。心理属性的因果效力就是以这种形式表现出来的。例如，它可以与物理属性一同例示，使一个事件出现，如想喝水作为一个事件，其就绝不可能是一纯粹的心理属性的例示，它必然同时是某些物理属性的例示。后者有法则学特征、有直接的因果效力，因此可导致去找水喝这样的行动事件的发生。而由于心理属性是与物理属性一同在原因事件中同时被例示的，加之前者对后者有随附关系，因此我们有理由认为，心理属性对行为事件的发生有因果效力。

笔者认为，在解决因果关系的形而上学问题时，前提性的工作一是要分析"原因"和"因果关系"的用法，二是要探讨有关的方法论问题。就语词用法来说，它们事实上有不同的用法。例如，古希腊就有这样的一种用法，即所探讨的"原因"不是相对于结果而言的，而是为回答"为什么"所提供的东西。另外，与结果相对的、导致结果产生的事件肯定是原因。还有，在日常用法中有这样一种用法，即"原因"指的是导致结果的一切条件，相当于必要条件。这样的原因实际上是一个合力系统。此外，还有一种用法就是把原因理解为理由，不管我们怎样规定理由。我们这里关心的当然是直接引起结果产生和存在的那类事件。

就方法论而言，要真正科学地解决有关形而上学的问题，笔者认为，应遵循从个别到一般的认识路线，尽可能多地全面搜索因果关系的个例，特别是各种有

---

① Macdonald C, Macdonald G. "How to be psychologically relevant". In Macdonald C, Macdonald G (Eds.). *Philosophy of Psychology*. Oxford: Blackwell,1995: 65.

代表性的典型个例。在此基础上，一是要从个别中抽象出共性，二是要通过解剖典型案例，找出因果关系特别是原因的典型特征。根据笔者的研究，笔者的基本看法是，原因的形式有很多种，如触发性原因、程序性原因、作为结果产生的内在机制，等等。例如，玻璃破了这一结果可能是由不同形式的原因所引起的：一是石头的撞击，当然它要起作用，还离不开必要的条件，如必须在有重力的环境、撞击力达到一定的量、玻璃具有易碎的内有机制或倾向性，等等；二是玻璃自己破了，这里肯定有其原因，但其原因形式无疑不同于石头的撞击。它的原因在它内部。这就是我们通常说的自因，或塞尔所说的这样的原因形式，即原因是结果的一种表示或满足条件。由于原因有不同的形式，因此它的本质特点就不能一概而论。根据我们的概括，它有这样一些特征：第一，任何作为原因存在的东西不可能是一个单子性的存在，而一定是一个系统，它由复杂的因素所构成，里面有主要原因、次要原因，还有原因得以起作用的相应的条件；第二，原因不一定有定域性，也不一定是一个处在特定时空中的具体事物，如玻璃自己破碎的原因就是如此；第三，我们赞成物理主义这样的观点，即只要是原因、只要有因果关系出现，里面就一定有能量的消耗或转化，就有从原因到结果的力的传递、有真实地引起的过程的发生，或者说，有真实的流动性（flow）或质—能的转换性、交换过程。这也就是说，因果关系的必要条件是两个事件内部必须有转换或转变发生，如一物通过能量转换而引起另一物的变化，或者一物转变为另一物。而真正的质—能转换过程只发生物理事物中，真正的有因果效力的东西肯定只能是物理事件，因为根据物理的完全性原则，只有它们内部才有作用力。尽管导致结果发生的是一个原因系统，其内有多种相互联系的因素，但只要它们作为原因起作用，里面就一定有作用力的存在和发挥，至少其内有一个以上的因素或主因携带并发挥了这种作用力。但笔者同时认为，在原因系统中，有些的确是没有因果相关性的，只是作为主因发挥作用的条件或程序而存在的，或只是作为伴随现象而存在的。例如，在让玻璃破碎的石头中，其色泽、形状、气味就没有因果效力或因果相关性。笔者同时还像辛西娅·麦克唐纳等一样认为，有些因素尽管不携带能量，没有实际的作用力，但由于一个事件总是多种属性的共例示，包含相互联系和依赖的众多性质、实在，它们之间肯定有协变、依赖、决定的关系，因此，本身没有因果效力的属性可通过从有因果效力的属性中继承作用的方式获得它们的因果效力。

　　另外,在说明因果相关性时,笔者认为,我们既要坚持物理学的完全性原则,又不能忘记这样的本体论事实,即世界上的存在者本身是变化的,具有生成性和开放性的特点。生成的过程中既有形态的复制、转化,又有新事物的产生,还有高阶事物、属性的产生、突现,正像生命界有遗传与变异一样。由于世界有如此的复杂性,因此因果相关性的形式就不可能是唯一的,至少有这样两种形式:一是内涵的因果相关性,即原因由于实际的作用力而让结果发生了;二是外延的因果相关性,如心理事件与物理事件的因果关系就属于这一种。还要注意的是,两个事物即使有因果相关性,也不一定有因果有效性,因此我们应把这两个概念区别开来。固然,有因果相关属性的事物里面一定有因果作用的属性的例示。例如,这样两种属性中的一种可在其中得到例示,它们分别是功能属性和倾向属性(如玻璃易碎)。它们都属于高阶属性,都有因果作用,即在引起结果的过程中都可发挥其作用。由于有因果作用,因此其都可成为因果解释中的根据,如根据倾向属性所做的解释为过程解释。这一解释可说明哪些属性例示在产生结果时是因果有效的。根据功能属性所做的解释为程序解释。不过倾向属性和功能属性即使例示了,也都不能成为因果上有效的东西,只能说它们是因果上有关的属性。说一个事物有因果有效性就是说它有自己的力量,进而能够导致结果的产生。而在根据高阶属性(倾向和功能属性)所做的解释中,这里所诉诸的属性是没有因果效力的,只有因果相关性。那么,是什么使一个属性有因果上的有效性呢?回答只能是,里面有引起作用的实在,它是因果力的携带者,进而能解释这种力量根源于什么。

　　怎样看待心理实在的因果相关性和有效性呢?这里出现了差异极大的不同看法,有的人同时否认心有因果相关性和有效性,有的人承认心只有相关性而没有有效性。例如,姆霍尔德(B. Mölder)认为,由于不存在真正意义上的、有引起作用的心理实在,因此心理的东西都没有因果有效性,而只有因果相关性。他说:"既然不存在引起作用的心理实在,因此就没有内在于心理东西的因果效力。"① 当然,它们可有因果相关性。之所以这样说是因为:"如果我们承认心理实在包

---

① Mölder B. *Mind Ascribed*. Amsterdam: John Benjamins Publishing Company, 2010: 228.

含在了常识的因果解释之中，那么我们就能承认心理实在有因果相关性。"[①]总之，能作为原因引起行为的只能是物理的或自然的实在。心理的实在只有因果相关性，因此它不是副现象。笔者认为，心理实在既有因果相关性，又有因果有效性。具体论证笔者在后面讨论不同心理样式的具体因果作用时一并予以交代。

二、解释与因果解释

究竟怎样理解因果解释也是一个争论很多、亟须澄清的问题。这里当然也有形而上学问题，例如，解释有不同的形式，究竟什么是因果解释？一种解释符合什么条件才可被看作是因果解释？根据理由所做的解释是不是因果解释？如果不是，它们的差别何在？指出了一个结果之前的条件算不算因果解释？就心灵哲学而言，对行为做出了解释，是否可看作是因果解释？一种观点强调，行动解释的本质在于：必须有一个因果前件，并据以做出解释。对立的观点则认为，行动解释关心的是自主体是怎样看待事物的，而与对因果链的描述无关。质言之，诉诸心理状态对行为的解释是必要的，但这种解释是理由解释。而理由解释不同于物理科学中的因果解释。这些问题是与心理因果性问题息息相关的问题，因此有些人认为，是否建立合格的解释理论可被看作因果理论是否合格的一个标志。

首先，我们要认识到，因果解释不同于因果关系。后者指实在之间存在的关系，不依我们的描述、解释而转移，而因果解释中所运用的规律的有效性则依赖于人们所用的语词。也可以说，因果关系是自然的关系，而因果解释却是一种合理性关系。前者存在于自然界，发生于两个事件之间，后者是关于"事实或真实"之间的一种解释关系。二者的差异在于：第一，它们处在不同的位置上，它们的关系项有不同的本质。因果关系位于自然界，它关联起来的是个别事物，而解释关系存在于人心之中，它关联起来的是事实。第二，它们涉及不同的问题。例如，关于因果关系，我们可提出这样的问题：原因为什么以及怎样产生结果？关于因果解释，应问的问题是：是什么使一个解释成为因果解释？什么使解释为真，或可接受？回答是：如果存在着与解释相一致的因果关系，那么这个解释就是真的，就是有解释力的。

---

① Mölder B. *Mind Ascribed*. Amsterdam：John Benjamins Publishing Company, 2010: 228.

在因果解释的必要条件问题上，持强硬物理主义观点的人认为，只有当两个属性之间有法则学关系时，我们才能借助于前一属性解释后一属性。因为一个属性没有出现在因果规律之中，它就没有因果效力，它的例示就没有因果相关性，因此我们就不能把它作为因果解释的组成部分。稍微温和的观点是，只要属性的例示是因果上有效的，那么这个属性便与它的例示所产生的结果形成了一种因果关系，进而可据以解释所产生的结果。这样做出的解释是因果解释，例如可以说："之所以有某结果，是因为……"这里的"因为"解释就是因果解释。辛西娅·麦克唐纳等人认为，除了上述的"因为"解释之外，还有一种"因为"解释，即诉诸理由的解释。在他们看来，诉诸理由的解释也可被看作是因果解释，即使没有法则性的属性，也有因果解释力。他们说："既然我们的非法则性的属性也有因果上有效力的例示，那么我们便拒绝承认强加给法则性与因果性之间的那个特殊联系。既然我们相信非法则性的属性也有解释力，那么我们也拒绝法则性与解释之间有什么联系。"①

这里争论最大的是理由解释是不是因果解释。首先，前面所述的戴维森等"因果论者"的观点是，理由解释就是因果解释，而安斯康伯等则强调二者的根本性区别，可称作"理由论"。例如，吉勒特（G. Gillett）认为，因果解释是有严格的标准的，这表现在，物理的因果解释中的原因是独立的存在，自身有能量和材料，因而有内在的作用力，另外，它又受在前的原因所决定，因此它不是"自由因""第一因"，而是川流不息的因果链中的一个环节。由于这些特点，这种原因及作用过程是可被描述的。因为从原因到结果的过程完全是事实性的，没有规范性的因素存在。尽管一个原因在发挥作用时有各种可能性，但没有什么力量在其中有意识地、自主地加以选择。理由解释之所以不是因果解释，主要是因为它不符合上述要求。就诉诸意向状态对行为进行理由解释而言，"主体的理性决定作用不同于因果实在"，它"在本质上不占有时间和空间"，因此"不适于从形而上学上被看作是因果解释"。②其次，心理状态所做的决定、所起的作用是"自决定"，即不需要在前的状态及其作用，因此其可被看作是自由的

---

① Macdonald C, Macdonald G. "How to be psychologically relevant". In Macdonald C, Macdonald G (Eds.). *Philosophy of Psychology*. Oxford: Blackwell, 1995: 68.
② Gillett G. *Representation: Meaning and Thought*. Oxford: Clarendon Press, 1992: 62.

第一因。吉勒特说:"在心理归属和自归属中,就像在道德判断中一样,存在着主体的倾向对之敏感的隐藏的命令性规范。因为吉勒特对这种规范的认同是心理自归属的组成部分,因而我们发现他如此行为……是由于理由,而不是根源于在前的状态,这理由就在他的思想之中。当他行动时,他便按照理性的决定构造他的活动。"①

关于理由解释和因果解释的争论还有很多。第一,理由论者认为,因果解释是回顾性的(backward-looking),即它们通过提及在时间上发生于前的另一事件来解释行动,而理由解释不是因果解释,因此愿望等不能作为行动的原因。而因果论者则认为,虽然愿望指向将来,但愿望自身却是现在的,它先于行动,因此至少就时间因素而言,理由能够作为行动的原因。第二,理由论者指出,原因与结果必须是不同的事件。而理由解释是一种"重述性解释"(explanation by redescription),即通过提供行动者行动的详细描述所进行的解释,它没有提及任何与行动本身不同的事件,因此理由解释不是因果解释。而因果论者则认为,理由解释并不是纯粹的重述性解释。例如,我们说杰克去厨房,是因为他想要一瓶啤酒并且相信啤酒在厨房内。这里我们不只是重述了杰克的行为,实际上,我们把行为与愿望、信念联系了起来,并认为愿望与信念共同引起了行为。换言之,这种解释事实上提及了不同的事件。因此,理由解释是一种"伪装的因果解释。"②第三,根据休谟原理,因果相关的事件必然受经验的因果规律的支配,但联系信念、愿望与行动的原则只是逻辑的或概念的。理由论者认为,如果认为二者都正确,就必须承认理由不是原因。因果论者则从论证的前提和论证本身两个方面对之进行了批驳。首先,"一种原因陈述的真理性取决于把事件描述成什么;其身份究竟是分析的还是综合的则依赖于该事件如何被描述"③。因此,如果"A 引起 B"是真的,那么 B 的原因便是 A;如此进行替换我们便有了"B 的原因引起 B"这样一种分析的陈述。所以,并非所有真实的因果陈述都是经验的。其次,两个前提的不一致,并不意味着不存在联系心理状态与行动的规律,而是说联系信念、愿望与行动的规律不能以日常心理学术语来描述。戴维森指出,人们对意图及其所

---
① Gillett G. *Representation: Meaning and Thought*. Oxford: Clarendon Press, 1992: 62.
② Smith P, Jones O R. *The Philosophy of Mind*. Cambridge: Cambridge University Press, 1986: 242.
③ [美]戴维森:《行动、理由与原因》,载高新民、储昭华编《心灵哲学》,高新民、储昭华译,商务印书馆 2003 年版,第 967 页。

导致的行动可做出不同的描述,在这些描述下,它们例示了一种严格规律。由于只有物理规律才是真正的严格规律,所以这使特定行动合理的愿望、信念等都必然有物理描述,在这种描述下,它们是因果相关的。因此,信念和愿望仍可以是行动的原因。第四,理由论者认为,我们无须观察或归纳就能知道自己行动的意图,但因果关系不能通过这种方式来被认识。因此理由不是原因。因果论者则认为,在任何情况下,要知道一个单一的因果陈述是真实的,必须保证存在某些涉及眼前事件的规律,但并非只有归纳才能提供因果规律存在的知识,"一个事例就常常足以使我们相信存在着规律……即使没有直接的归纳根据,也能够使我们相信存在着因果关系"①。第五,理由论者认为,基本理由是由态度和信念所构成的,而态度和信念是状态或倾向,不是事件,因此它们不能成为原因。因果论者则认为,状态、倾向和条件恰恰是事件的原因。戴维森说:"状态和倾向并不能是事件,但受到状态或倾向的冲击则是事件。"②理由论者恰恰忽视了这种显而易见的事实。另外,心理事件也是存在的,它们具有决定行动的方向和形式的目的、规范、愿望、习性,而且还有关于我们正在做什么、关于环境变化的持续不断的信息输入,正是根据它们,我们才能控制和调节我们的行动。

笔者认为,要澄清这里的问题,就必须从其源头入手,如先对解释本身有一个合理的"解释"。就"解释"一词的用法而言,它不外乎出现在两种语境下:一是对文本的解释,二是对实在的解释。而它常以对"为什么"进行回答的形式出现。这就是说,一种解释就是一种对为什么的回答。从构成上说,任何解释都有解释项和被解释项,前者是说明后者的根据。回答为什么实际上就是说明被解释项的是其所是,例如由于什么而成了现在这个样子。由于解释是科学活动的主体工程,其样式自然很多。不过,从程序、目的、方法等上看,它们又不外乎两大类:一是自然科学中常见的归属性解释。其解释的程序是把待解释项归属于某个自然类型或有关规律之下,如果能被归入,那么它就得到了解释。这一解释模式又有多种形式:①演绎法则学解释,这在物理学和化学中极为常见,其特点是

---

① [美]戴维森:《行动、理由与原因》,载高新民、储昭华编《心灵哲学》,高新民、储昭华译,商务印书馆2003年版,第973页。
② [美]戴维森:《行动、理由与原因》,载高新民、储昭华编《心灵哲学》,高新民、储昭华译,商务印书馆2003年版,第964页。

将一般规律作为大前提，然后借助演绎推理对被解释项做出解释；②形态学解释，其特点是把能力作为被解释项，然后根据基础结构或深层的倾向对之做出解释，这在生物学和脑科学中最为常见；③系统解释，其特点是把功能的执行或行为当作被解释项，然后根据若干表现了某种能力或程序的机制的协同作用对之做出解释。这在认知科学中极为常见。这些解释尽管方式、对象各有不同，但有一点是共同的，即都将被解释项放入与被解释项有某种因果、功能关系的物理法则之下，然后对之做出解释。这意味着，解释项有物理上的效力，正是它们的物理效力产生了它们的解释力。而一个事项要成为解释项必须符合两个条件，或者说，解释项如自然规律、倾向、遗传程序、自然选择等有两大特点：一是它的包容性，即能涵盖、包容被解释项；二是它与被解释项有因果-功能关系，前者对后者有效力，二者有产生、被产生的关系。不难看出，上述归属性解释实际上是因果解释。

另一形式的解释是目的论解释。它们也有解释项和被解释项，根据前者能说明后者为什么是其所是，因此也是名副其实的解释，但它们根本有别于第一类解释。例如，数学解释是演绎从属性解释，但解释项对被解释项不一定有因果效力。目的论解释诉诸目的（预计、预定的结果）来做出解释，它的解释项与被解释项之间有包含关系，但不一定有因果关系。此外，有些解释肯定是有效的，但不一定有包含性，例如，选择压力可以解释生物的行为以及它们的信息作业，但这些解释不具有因果意义上的包容性。更为关键的是，尽管解释项与被解释项之间具有因果-功能关系，但在许多情况下，诉诸前者对后者进行解释充其量是必要的，但不一定是充分的。因为在决定后者的因素中，有些关键的因素可能被因果-功能解释遗漏了。就拿对"排汗"这一现象的解释来说，尽管是有关的因果链产生了这一结果，但正如博格丹所说的："在一个特定的机制（如排汗）中所涉及的因果关系既不能解释这一结果的合理性的存在，又不能解释它的本质。别的因果链条，包括别的输入和内在机制都可能有相同的结果。这意味着：结果的相似性不可能借助分析例示这一结果的因果产生过程的相互作用和机制来加以把握，也不能仅仅通过这一分析来解释。"[①]在博格丹看来，因果-功能解释尽管是根据规律所做的解释，具有法则学特征，也有解释力，但它们是近端解释，不可能揭示

---

① Bogdan J. *Grounds for Cognition*. Hillsdale: Lawrence Erlbaum Associates, Inc, 1994: 39-40.

生物现象产生的全部秘密和本质。要如此，必须诉诸终极目的性解释，即目的论解释。如果待解释的是更高级、更复杂的现象，那么已有解释图式的问题就更大了，就更离不开目的论了，如认知就是如此。

由此可以看出，解释的目的并非都是要弄清原因。就拿我们这里关心的对行为的解释而言，心理因果性研究的目的是要弄清行为的"为什么"。笔者认为，在这里，理由解释与因果解释既可以是相等的，也可区别开来，关键是看怎样规定"理由"与"原因"的用法。在戴维森等人那里，两词尽管有含义上的微妙差别，但指称没有什么差别，即都可以是对同一个事件的不同描述，也即信念之类的理由实际上是用心理语言描述的物理事件，同样，用物理语言描述的事件也可以是用心理语言描述的同一个事件。如果像理由论者那样把理由与原因区别开来，也无不可。如果是这样的话，那么它们分别交代的是行为这一结果之后的不同的"为什么"。例如，因果解释是回顾性的，即它们通过提及在时间上发生于前的另一事件来解释行动，而理由解释不是因果解释，因此愿望等不能作为行动的原因。在对行为的因果解释中，原因与结果是不同的事件，而理由解释是一种"重述性解释"，即通过提供行动者行动的详细描述所进行的解释，它没有提及任何与行动本身不同的事件，在此意义上，理由解释的确不同于因果解释。但它们都是解释，分别说明了行为的不同的为什么。

还要注意的是，"原因"本身也是有歧义性的，即也有不同的用法。例如，在今日的有关研究中，原因是相对于结果而言的，即指的是引起结果的另外一些有作用力的东西，而在古希腊，如赵敦华先生所言："原因"不是与"结果"相对应的一个观念。例如，在亚里士多德那里，原因与为什么相对应，提出的为什么有多少就可找出多少个原因，对事物运动可提出四个为什么，因此就有相应的四个原因，即质料因、形式因、动力因和目的因。[①]在追问人的行为后面的为什么时，情况也应是这样，如果问"行为为什么在产生后继续存在"，可从质料上找出它的质料因；要问"行为为什么以特定的方式起作用"，那么可从形式上找出其形式因；要问"它为什么会开始和停止"，可回答说它有它自己的动力因；要问"它为什么有自己的运动变化"，可回答说它有它特定的目的。

---

① 参阅赵敦华：《西方哲学简史（修订版）》，北京大学出版社2012年版，第72页。

三、心性多样论与心理因果性的复杂性、形式多样性

笔者认为,过去的心理因果性研究中的一个致命误区是,以为人的心,乃至一个人所拥有的心甚或在某一时刻所拥的心是单一的、统一的,因而好像可以顺理成章地去问:心有无因果作用?如果有,它怎样发挥因果作用?这样提问预设的是,心是一个东西或单子性存在。其实不然,如我们在本书上篇中所注意到的那样,心性具有多样性,即使是一个人的某个时间的心,也像是一个装满异质、异相、异样的事物的房间一样,具有样式多样、性质各异的心理元素。因此,如果承认这一事实,那么即使我们可以像通常那样提问,但答案也大概会迥然有别。

根据前面对原因等概念的形而上学分析以及我们关于心性多样性的判断,笔者认为,尽管不是所有的心理样式都有因果有效性,都能作为原因出现,或都能进入与行为的因果关系中,但至少有一部分心理样式是有作为原因的资格的,即使坚持最严格的物理主义标准也是这样。当然,其因果相关性的程度不一样,作用形式也不尽相同。

先来看心理的行为或活动。笔者认为,它能作为真实的原因存在和起作用。这种样式无疑是各种心理样式中最基本的或基础性的样式。古今中外的心理学和心灵哲学都不否认它的存在及作用。

一般而言,行为(act)也可译为活动。首先要注意的是,"行为"或"活动"一词不同于"活动力"或能动性(activity)。两词尽管只有一字之差,但意义大不相同。因为活动力即能动性,而行为有能动与被动之别。例如,同是非理智呈现,情感就属于被动的行为,而意志则属于能动的行为。分析心灵哲学十分重视行为,甚至走向了这样的极端,即把一切心理都归结为行为或行为倾向。笔者认为,这是广义的行为,我们这里所说的心理行为是心理现象中的一种样式,即心内发生的加工作用,如在思、在想、在感知、在高兴、在恼怒、在做决策等。从描述的角度来说,一切可用心理动词如"想"等描述的对象即为心理行为。现象学所说的行为(akt)尽管有特定的含义,如不能理解为行动、活动[①](当然也有把akt译为活动的,这并无不可,关键是不把胡塞尔所说的行为理解为心理学所

---

① [德]埃德蒙德·胡塞尔:《逻辑研究》,倪梁康译,上海译文出版社2006年版,第446页。

说的心理活动、道德哲学所说的行动就行了），但它毕竟也承认心理行为的存在和基础作用。现象学认为，行为的形式多种多样，如感知、表象、判断、期望、快乐等。它们之所以不能混同于其他的"行动""活动"概念，是因为胡塞尔所说的行为有现象学的构成，如有意向、有立义。就感知行为来说，"这种意向在与被立义的内容的统一中构成了完整具体的感知行为"[①]。由于有这种构成，因此行为便可以赋予感觉以灵魂，使人们能感知到这个或那个对象。行为之所以具有意向性，能朝向对象、超越自身从而让对象构成并显现在自己面前，又根源于它自己的独特内在构成，即质性和质料（hyle，或译为质素）。所谓质性，我们可以理解为行为起作用的方式，或与对象发生关系的方式。例如，对同一对象可以采取不同的行为——判断、期望、相信等，因此行为的质性就是它的意向关系的方式，类似于当今英美心灵哲学在讨论命题态度时所说的"态度"。从作用上说，行为的质性决定了我们以什么方式构造和显现对象，或以什么方式去理解对象。由此所决定，一个行为的质性是一个行为区别于别的行为的基本规定性。例如，信念的质性就是使信念以相信的意向关系方式与有关对象发生关系。胡塞尔所说的质料较难理解，有与英美分析哲学所说的命题态度的命题内容相似的一面。例如，就判断这种行为而言，其质性就是做出断言，而其质料就是判断的内容。他说："一个判断是对这个'内容'的判断，那一个判断是对那一个'内容'的判断；为了有别于其他的内容概念，我们在这里要说判断质料。"[②]

所有心理现象一开始都表现为心理活动，因此心理活动是其他心理样式的基础。佛教的"三细六粗"说有助于说明这一点。根据这一理论，人的心理发生的过程是一个从细到粗的过程。细心即最初的简单的心。所谓三细：第一种是最初的或人开始有心时的第一个业动之相。这是心中的最细心，因为它只是一个纯粹的心动，既无被觉知的东西，也无任何观念伴随。有此动，就意味着一个人的心理生活开始了。因此这一动，后面就有其他的细心接踵而来。第二种细心是有能见能力的心。论云："以依动，故能见。"[③]（有能见的可能性、能力）第三种细心是现相、现识，即让境界显现的能力。接着三细发生的就是各种粗心，例如，

[①] ［德］埃德蒙德·胡塞尔：《逻辑研究》，倪梁康译，上海译文出版社2006年版，第450页。
[②] ［德］埃德蒙德·胡塞尔：《逻辑研究》，倪梁康译，上海译文出版社2006年版，第477页。
[③] 参阅《大乘起信论》卷上。

智相即分别心,续相即意识的流动、接续,执取相即心起执着,计名字相即为分别执着的事物安立名字,起业相即发动身口意、造种种业,业系苦相即由业所导致的苦乐果报。①

从表述方式看,心理活动只能用"思考""做决定"等心理动词来表述。从与相关事项的关系看,心理活动与能力形式(思维、知觉、情感、意志等)、基质或主体(大脑、人或心)、心理产物或表象关系密切:只要它现实地出现,就一定伴随有这些事项。另外,心理活动的主体和基质不是精神实体,而是大脑神经活动或神经细胞及其相关分子的集体行为。我们承认的心理活动与大脑活动的同一是非常有限的。因为这里所说的与心理活动相同一的大脑活动不是自然的、没有限定的大脑活动,而是由长期进化所塑造且社会化、人文化的大脑活动。因为能表现心理活动的大脑活动是由大脑系统承担的,而大脑系统是长期进化的产物,里面积淀着复杂的文化和社会因素,同时,它还既有相对的稳定性,又有一定的动态性、可塑性。另外,只要心动起来,就一定有特殊的、大脑原来所没有的东西相伴随,例如,能分别的能力,被心所加工的观念、表征等,还有对此心动的自觉知。这也就是人们通常所说的作为觉知的意识,它既可以是前反思性的,即那个最初的动心只要愿意就能知道自己在动,亦即它的自明性;也可以是反思性的,即为了明了这个动心,再生起一个观照的动心,其目的就是认识这个动心。由此所决定,尽管心理活动就是大脑活动,但其一旦作为心理出现了,又有超越于大脑活动的一面,即除了那个作为大脑活动的心动之外,它上面还出现了一些高阶的东西,这样一来,并非所有的大脑活动都是心理活动,而只有其中很少的一部分才表现为大脑活动。也就是说,相对于生理学意义的大脑活动来说,作为心理活动的特种形式的大脑活动有以高阶属性的形式存在的一面。

心理行为之所以可被看作是原因,是因为它自己由于特殊的构成和本质而能够"动",能够运作、起作用。由于有这样的作用,它当然就能"动他",即作为作用因,引起心中和身体中的别的事项的产生或发生变化,即有致果的原因作用。古印度护法大师云:"自有动,方能动他。"可见,心理的作用根源是它自身的动。有动就有作用,进而通过风或气,就可产生对身体以及外部世界的作用,

---

① 参阅《大乘起信论》卷上。

如让身体有作为。他还说："心及心法唯能生风，风与身合，方能造业。"①概言之，心身相互作用的机理及过程是：心有动，进而有风，这些是引起身体运动的根源。这当然是顺世谛而说。"风界势力能生动作，谓由风界诸行行流转，于异处生相续不绝，依世俗理，说名动作。"②我们说心理行为由于有能够"动"的特点而能作为原因出现，自然会面临这样的追问，即心既然无形无相，更没有自己的材料和能量，那么它们怎么可能动？怎么可能有作用力？其实，笔者在论述心性多样性的原则时已经回答了这一问题。概括来说，这是因为，心理行为本身就是大脑的物理行为，即只要有心动，大脑的相应部位或构造就一定会动。我们不能设想有纯粹的心理活动，更不会有纯粹的单子性、小人式的"我"的心理活动。因为既没有这样的活动主体，也没有这样的活动。心理活动的主体和基质不是精神实体，而是大脑神经活动或神经细胞及其相关分子的集体行为。这样说是有科学根据的。例如，脑科学家已运用正电子发射断层摄影术捕捉到了被试在进行心理活动时脑内的变化及情形，并获得了清晰的图像。其成果表明：人在说、听、看、想同一个词时，大脑对应部位有不同的变化。③不过应注意的是，尽管心理活动就是大脑的活动，但具体的心理活动有不同的脑活动模式。例如，"看""听""说"稍有变化，它们的脑区以及相互作用模式就会有变化。这正好说明了意识与大脑的同一不是机械对应的，而是可多样实现的。就此而言，心理活动与大脑活动的确有"同一"的一面。当然，这样说只适用于心理活动，而不适用于其他心理样式。若我们硬性泛化，将会犯以偏概全的错误。

在这一点上，笔者是赞成强等同论的，当然仅此而已，除心理活动之外，再没有别的心理样式能与大脑状态等同。既然心理活动就是大脑活动，如果大脑活动能作为原因引起身体其他部分的行为，那么心理活动的原因作用也无疑义。最明显的是，在人打起精神、鼓足勇气做事，如运动员以最佳状态完成举重之类的身体运动或作家进行创作时，之所以会出现精神变物质、出现不可思议的效果，是因为这时的精神活动本身就是大脑的物理活动。

再看自我。这是一种关键性、根本性的心理样式。它也有因果作用，但作用

---

① [古印度]无著：《大乘广百论释论》卷2，[唐]波罗颇蜜多译，《大正藏》第30册，第197页。
② [古印度]无著：《大乘广百论释论》卷3，[唐]波罗颇蜜多译，《大正藏》第30册，第201页。
③ [英]苏珊·格林菲尔德：《人脑之谜》，杨雄里，等译，上海科学技术出版社1998年版，第24页。

的形式和机制明显有别于心理活动。这是由其既有基础的物理性又有高阶的抽象属性所决定的。笔者认为，在说明自我时，首先要消除笼罩于其上的神秘性，既不能像二元论和民间心理学那样认为它是人身上的一种有自主作用的小人式实在，不能像有的神经哲学家那样把自我简单归结为某种大脑结构或模式，也不能像"无主论"（no-ownership view）那样否认人有自我、有主体。自我与人的全部构成的关系类似于火焰与燃烧的木材、水与水流的关系：它既是无常的、此起彼伏的、生生灭灭的，又像火焰、水流一样相续不绝；它既非绝对的同一性，又非绝对的相异性，而是一种既有生灭性，又有非生灭性的相续性的实在。从与其他心理样式的关系看，自我是心理活动、过程、状态的主体，是心理内容、对象的持有者和感受性质的体验者，因而是所有心理样式的中心。从构成和本质看，自我是以人进化而来的物质构成为基础并综合复杂的社会、文化、心理因素而形成的一种整体模式，也可把自我看作是一种特殊的模块。这就是我们所主张的模块自我论。一般而言，模块是具有专用数据库或被封装了的专门信息的、有专门功能或领域专门化作用的系统。一个模块组织就是生物进化的一个结晶。反过来，模块又是进一步进化的前提和条件。作为特殊模块的自我的专门功能主要有以下几种。

（1）作为认识的主体起作用，同时为认识提供历时性和共时性统一性、同一性的基础。没有这种同一作用，分别通过不同途径、在不同时空中给予主体的材料就会像把水、砂、水泥送往不同的搅拌机一样，不可能形成统一的认识。

（2）作为所有者、拥有者起作用。

（3）作为行为的动因、施动者、调节者起作用。西方许多自我论从行为角度对有同一不变的自我的论证足以说明这一点。

（4）让人有自传式记忆能力，让人完成关于自我的叙事实践，进而编撰和讲述关于自我的故事，换言之，模块自我是人有关于自我的叙事能力、叙事实践的根据和基础。就此而言，我们不赞成叙事自我论所说的人的叙事能力创造了自我，恰恰相反，是自我让这些能力和实践变成了现实。

（5）尽管成熟的自我离不开社会化、社会建构、社会交往，但这些东西也有对自我的依赖性，因为没有模块自我，尤其是没有它里面被封装的信息和资源，人的社会化进程是不能开始的，社会建构和交往也不会发生和发展，因此它们是相辅相成的，是在相互关联和作用中一同发生和发展的。

（6）其他的能力可能为人的其他模块所兼有，但自反能力或反身能力绝对只能为自我所独有。所谓自反能力是指自我在发挥作用时，如在指向对象对其加工时，自我能有意或无意地指向自己及其活动过程本身，对之了了分明、清清楚楚，既可反思性地或以高阶思维的方式反观自身，又可以像扎哈维等不遗余力地强调的那样以前反思的方式觉知。

（7）模块自我尽管不像实体二元论所说的那样，表现为绝对同一不变的精神实体，而表现为前述的矛盾统一体，但由于它有同一性、不变性和连续性的一面，因此可以说，它是一种同一的中心、稳定的坐标，像一根不断的线一样贯穿人的一生的始终，即使它在人的成熟自我没有形成之前也是这样，因为那个阶段，有它的前自我，即神经自我。正是因为有此同一中心，因此每个正常的人都有统一感、同一感、连续感。这个同一中心动摇了、断裂了、分裂了，就是精神病。

自我作为人的心理世界中的主角不仅是心理活动的决策者、施动者、调控者，而且是身体行为的自主体。就此而言，其原因角色、因果有效性是自不待言的。问题是它的原因作用是如何可能的、是从哪里来的。笔者认为，它的作用力主要是因为它是心身合一的结构。在这个结构中，其基础就是所谓的原自我，即大脑装置中负责维持身体状态和生存稳定性的部分，是一些相关的神经模式的集群，这些神经模式一刻不停地映射有机体在许多方面的身体结构的状态。它没有知觉的力量，也不拥有知识，是一种神经自我。[①]就其发生的时间来说，有心理学家认为，人在18个月时，就形成了自我。达马西奥认为，可能更早。[②]尽管它被称作自我，但不能像一般做法那样把它理解为人中之小人，因为它不是一个东西，它只是一种神经模式，它会出现在许多地方，即"动态地和持续不断地从各种相互作用的信号中出现"。其解释力不是万能的，只能用来解释核心自我的产生。[③]就根源而言，"自我（包括那个包含着同一性和人在内的精心制作的自我）的根源，

---

① ［美］安东尼奥·R. 达马西奥：《感受发生的一切：意识产生中的身体和情绪》，杨韶刚译，教育科学出版社2007年版，第119页。
② ［美］安东尼奥·R. 达马西奥：《感受发生的一切：意识产生中的身体和情绪》，杨韶刚译，教育科学出版社2007年版，第155页。
③ ［美］安东尼奥·R. 达马西奥：《感受发生的一切：意识产生中的身体和情绪》，杨韶刚译，教育科学出版社2007年版，第119-120页。

是可以在整个脑装置中被发现的,这个脑装置持续不断地和没有意识地在狭窄的范围内维持着身体的状态,维持着生存所需要的相对稳定性……我将把这个全部装置内部的活动状态称作原始形态的(proto)自我。它是各种水平的自我的先兆"①。由于自我中有这种原自我,因此它也有真正的法则学的因果作用力。

与自我相近或密切相关的心理样式是自主体。自主体是哲学中的一个古老的、与自我密切相关的研究课题。一般而言,自我有所有者、施动者或动原、主宰、主人、人的历时性和共时性同一性的最后根据等多种意义或所指,而自主体包含的是其中的部分意义。就此而言,哲学的自我研究包括了自主体研究。它具有这样一些特性,如自主性、学习性、协调性、社会性、反应性、智能性、能动性、连续性、移动性、友好性。从能力上说,它有在环境中行动的能力,有能与其他自主体直接通信的能力,有由倾向驱动的能力,有能有限地感知环境的能力,有能提供服务的能力,以及有自我复制的能力。而它要有上述能力,还必须有这样的知识,即必要的领域知识、通信知识、控制知识。另外,自主体还有信念、愿望、意图或意向(intention)、义务、情感等因素。由于人有自主体,因此人的行为就表现为随意的一面。如果说行为是以心理状态为其原因的,那么不仅其直接的原因是自主体,而且行为的随时的动力维持、施动、调控都是由自主体完成的。自主体之所以有这些作用,是因为其内包含心动,而心动如前所述,就是大脑的物理活动。

心理过程也是心理世界中的一种有相对独立性的样式。所谓过程,就是在有时间变化的物质构造中所实现的形式结构。心理过程作为一种特殊的心理样式,是心理活动的具体展开和延续,含有比心理活动更多的成分(如随着过程的展开,心理体验和内容会逐渐丰富起来),因而可以说是在心理活动基础上借助体验等的作用而出现的一种高阶现象。所谓高阶现象是相对于低阶现象或基础条件而言的,是具有格式塔性质的东西。它在相应的基础条件不具备、不关联到一定的程度时是不存在的。而一旦条件成熟,在原有的低阶存在之上就会突现出一个新的存在样式,而这个新的存在与其他因素相结合,形成新的关系,又可派生出更高阶的现象。如果前一高阶现象是一阶现象,那么在它之上发生的就是二阶现象,

---

① [美]安东尼奥·R. 达马西奥:《感受发生的一切:意识产生中的身体和情绪》,杨韶刚译,教育科学出版社 2007 年版,第 18 页。

后者之上又可出现三阶、四阶乃至 n 阶的现象。心理过程也可作为行为的原因起作用，至少可成为引起行为出现的原因系统中的组成要素。它的因果作用形式不同于前两种形式，即必须通过对心理活动，最终是对大脑活动的随附性，借助从它们那里继承来的物理的因果力发挥对行为的作用。

心理内容是更为特殊的心理样式，其因果作用更加特别。这是过去许多心身理论在说明心的本质时常常忽略的一种心理样式。有心理活动一定会有心理内容，但后者既不能等同于前者，更不能被化归为别的心理样式，因为心理活动不可能以纯活动的形式出现，而总是要与特定的心理材料相联系，总要加工或作用于某种东西，这种东西就是内容。心理内容不同于外部对象，其是内在于心灵的东西，其作用是将对象呈现出来。它有很多样式，如信息内容、概念内容、经验内容、表征内容等。心理意象（imagery）是一种属于感性认知层面的心理内容。它不是对事物的直接知觉，而是感知所获得的认知在头脑中的再现，因此它既与感知有关联，又与之有根本区别，因为意象可以主观自生，而无须遇到实际的刺激，因而具有内源性（endogenous）。从与心理能力的关系看，它依赖于想象力、联想力等，而与思考无关。心理内容的确认对于认识心的本质意义重大，因为如果存在心理内容，我们在概括各种心理样式的本质时就不能简单地说心是一种功能、活动、能力或属性，而应选择能涵盖心理内容这一样式的措辞。心理内容即使是宽的，即由于是关于外面的对象而弥散于主客体之间的，其也一定不是副现象，其对行为的产生和存在是必不可少的。比方说，信念就像纸币，信念所关于的东西类似于纸币所标的金额。如果纸币上没有任何金额标记，即使把它插进售货机之中，后者也不会给货。如果上面有金额，不同的纸币有不同的金额，那么只要钱是真的，售货机正常运转，后者就会根据纸币上的不同数额发售相应的货物。同样，信念如果有内容，不同的信念有不同的内容，那么它们就会产生对行为的不同作用。这种不同的作用显然根源于信念所关于的不同东西，即不同的内容。笔者认为，德雷斯基较好地说明了心理内容的因果作用的实质、特点和内在机制。就其作用的形式而言，它既不同于物理原因的作用，也不同于德雷斯基的触发性（triggering）原因，而表现为结构性（structuring）原因。触发性原因是直接引起一个事件的事件，例如，把水龙头拧开从而使水由里面流出来，结构性原因是背景、条件性质的东西，是触发原因起作用的根据、条件，水龙头拧开之所

第九章 心理因果性难题的中国式解答

以有水流出来,这是由设计、安装人员设计安装的构造所决定的。德雷斯基认为:上述两种原因适合于解释过程或事件系列,而不适合于解释单个的事件。命题态度的语义属性就是以结构性原因在一个系统的行为中发生原因作用,因为这种原因可以说明行为过程的结构。根据德雷斯基的信息语义学观点,语义属性可被理解为一种指示功能,即物理装置的某种状态有能力携带的信息,它依赖于信息接收装置和信息之间的因果协变,因此有宽内容的性质。如果是这样的话,那么说明了信息属性的因果作用就可以揭示语义属性的作用。同样,在人身上引起身体运动的是大脑中的事件个例这样的触发原因。但这种解释是远远不够的,正像对火炉点燃了的解释仅仅求助于 C 的弯曲不够一样。要做出令人满意的解释,还必须诉诸 C 所携带的信息,即它的内在状态的信息属性。如果是这样的话,就是在用结构性原因对行为进行解释。就温控开关而言,下述事实正好说明了这一点,这个事实是,电器师用电线把双金属片与火炉连接起来,依赖的就是它的信息属性,这也是这样的事实,双金属片在温度下降到 15℃时,就会弯曲。因此双金属片 C 可以解释温控开关的行为的结构,即解释 C 为什么引起了 M。

心理对象或意向对象的因果作用也值得一辩。"意向对象"有两个含义:一是指心理活动所指向的外部事物,或外物在意识面前的显现;二是指心内或主体间以纯心理形式表现出来的意向对象。它们既可能与外在对象有关(如我们想到的红苹果、汽车等),也可能与之无关(如我们想到方的圆时的情形)。它们不是外部的自在客体,而是为心理活动实际指向并呈现在心理活动面前的对象。从与心理内容的关系看,意向对象是被指向的东西,而心理内容是心理活动的材料,是对象被现实地意指的桥梁。指向非存在的意向对象最能反映意向对象的本体论地位和独立个性。例如,世界上并不存在福尔摩斯,但当我们想到他时,被想的这个对象显然不同于纯粹的无,由此,我们想到了非存在对象的心理一定有别于什么也不想的心理,以及想到真实存在的对象的心理。最近的虚构哲学研究告诉我们,尽管虚构对象不存在,但奇怪的是它们有特点意义的因果作用,有时有不可思议的因果作用,例如,福尔摩斯对学习侦探技术的人的影响远非真实的侦探所能比的。中国的神话故事中的孙悟空形象对许多人的行为曾发挥过原因的作用。这是为什么呢?其作用机理不难理解。这类意向对象之所以出现,是因为它们被人想到了,即离不开特定的心理活动,而心理活动在特定意义上就是大脑的物理活动。有这样的"动",进一步传送下去,就能"动他",如影响人的身体的行为。

感受性质是当代心灵哲学在向心灵深处发掘过程中所发现的"新大陆",指的是我们在经历一种心理状态时所感受到的、不同于大脑神经生理过程和心理过程的、非物理的、有现象学性质的特征或属性。感受性质不是经验本身,也不是对引起经验的外部对象的感受,而是对经验呈现出来的质的特征的感受。由于它们只能为主体主观地感受到,因而是经验的主观特征。感受性质发生在感觉、知觉、情感、思想等经验过程之中,但又不同于这些心理样式,因为它是伴随这些基础性心理而出现的关于它们的高阶体验或经验。西方心灵哲学中之所以出现关于它的副现象论,即否认它有对别的心理状态和身体行为的因果作用,主要是没有看到它的复杂的构成。例如,至少有这样的一些方面:体验到的质的特点,即通常所说的"感觉起来之所是",对象上所显现出来的与此特征对应的属性,经历这特征与属性的经验主体,最后也是最重要的是特定的心理活动。因为感觉到了某种质的特征,其内一定离不开相应的感觉活动。而根据我们前面对心理活动的说明,只要有心理活动发生,就一定同时有相应的物理活动发生。既然如此,感受性质就有发挥对别的心理和身体行为的因果作用的资源,因此不可能是副现象。

再来看非普遍性心理现象。它们不同于上述带有普遍性的心理现象,而只会出现在具有特定条件的人或群体之上,如马斯洛等心理学家所说的"高峰体验"(peak experience)、中国哲学所说的"浩然之气""圣心""静心""大心"(浑然与物同体、视天下无一物非我)以及佛教所说的"真心""禅定"等。它们也是心理大家族中的成员,因此也是我们在抽象心的本质时必须关注的个别,否则所形成的心的本质理论就不能被称作普遍的哲学理论。就其本质而言,它们可被看作是高阶现象。但不管其阶次如何高,只要出现了,其后就一定有相应的心理活动,而有活动,就一定有发挥因果作用的可能性根据和资源。

四、"心理力"与意识的反作用问题

心理因果性研究中还经常冒出这样的带有前提性、形而上学性的问题:因果力、作用力是否封闭于物理实在组成的世界?心理状态有无自己的作用力、因果力？理由有无原因作用？质言之，心理王国是否存在着自主的、独立的与物理力无关的"因果力"？在马克思主义意识的解读中也有类似的问题，如承认心有对大脑和外部世界的反作用就等于承诺它有因果有效性，如果是这样的话，就自然有这样的问题，即心理的作用是从哪里来的？心是否可以不劳驾大脑而行使自己的作用力？质言之，心有无自己独立的"心理力"？

如前所述，在西方，由于多数人坚持物理学的完全性原则和因果封闭原则，因此占主导地位的是这样的激进的物理主义观点：心理状态没有因果力，心理力是神话。温和一点的观点不否认心理有因果力，但把它归结为物理的因果力，其基于物理学的完全性原则的推论是：

前提1（物理学的完全性）：由规律所使然，所有物理作用都由在先的物理事物所决定。

前提2（因果影响力）：所有心理现象都有对物理的作用。

前提3（不存在多元的原因）：心理原因的物理作用并不是超决定的。

因此结论是：心理现象的作用力一定同一于物理现象的作用力。

帕皮诺（D. Papineau）认为，物理主义能否站住脚，取决于物理学的完全性原则能否成立。他认为，这是没有问题的。因为"能量守恒原则至少是一个已经确定了的学说"。另外，他不否认心理力、活力，但又认为，它们要想作为原因存在和起作用，就一定要能同一于物理力。为此，他提出了两个论证：第一，所有明显是特殊的力有可被还原为一些基本物理力的特点，这些力保存着能量。因此，当我们说物理结果根源于肌肉的力量或心理原因时，我们必须注意，这些原因恰恰是物理事物的原因，从根本上说，其是由一些基本的物理力构成的。第二，基于生理学的论证。因为没有直接证据能证明存在着心理力或生命力，生理学研究也没有证明人身上有这些力，因此人体上的所有有机过程都只能根据规范的物理力来加以说明。根据这两个论证，我们可得出这样的相同结论："不存在专门的心理力或生命力。""只能根据对别的力的研究归纳出结论，然后把它投射到心理力或生命力这样的专门事例上。"[1]

---

[1] Papineall D. "The rise of physicalism". In Gillett C, Loewer B (Eds.). *Physicalism and Its Discontent*. Cambridge: Cambridge University Press, 2001: 8.

传统二元论面临的最大难题就是无法说明心理现象在日常生活中对物理现象的事实上的因果作用，即使想说明，即使设想心内动力、动量、动向等的守恒（如莱布尼茨），但由于其把心与物绝对割裂开来了，因而无法说明心如何可能有这样的因果作用力。最近几十年东山再起的二元论试图解决这一问题，纷纷搜索枯肠论证心理力或心理能量的存在。例如，哈特认为，要回答这些问题，首先要上升到形而上学的高度探讨一般因果关系的条件或标志问题。在这里，他赞成蒯因的一个规定：两个事件之间要成为因果关系，前提是它们之间要有真实的流动性（flow）或质—能的转换、交换过程。这一因果关系的形而上学要件与物理学的原理是一致的。也就是说，因果关系的必要条件是两个事件之内必须有转换或转变发生。例如，一物通过能量转换而引起另一物的变化，或者一物转变为另一物。只有有此关系，两个事件之间才可说有因果关系。根据这一界定，哈特认为，心理状态之间有这种关系。例如，一种有一定量的规定性的愿望可以引起有一定量的规定性的信念。某人希望他的儿子在事故中不去世，如果愿望十分强烈，那么此愿望可转化为这样的信念：相信他的儿子没去世。众所周知，物理事物之间要出现因果关系，作为原因的事物必须有自己的、既有质的规定性又有特定大小的量值的能量，否则，它就会由于没有作用力而失去了成为原因的资格。物理学原理告诉我们：任何东西要作为原因发生作用，就必须有两个量值，即能量和转换。只有有能量、有能量的转化，才有作用释放出来。要证明心灵能作为原因起作用，也必须拿出根据来说明心灵有这两个东西。哈特认为，这是可以做到的。他没有为这个结论提供直接的证明，只是从逻辑上对之做了逆推。他认为，一心能视物，能做出决定，决定做出后有行为发生，这些都是事实。这些事实的发生证明其后有能量存在和转化。也就是说，离体的心之所以能视物，之所以能做出决定，是因为它的看和做决定本身有能量的释放与转化。如果心没有自己的能量，怎么会有那些事实发生呢？哈特还承认：心理能量不仅有质的规定性，还有量的规定性。也就是说，只要某一对象内真的有能量、有能量的释放和转化，那么这种能量一定有大小或高低的性质，一定可以被测量和观察。某对象所起的因果作用也是如此，它作为一种能量转化，所释放的能量一定有量的规定性。换言之，这里的"量"（quantity）指的是包含能量在内的更为广泛的作用量。某物一旦有作用量、能产生和导致身体及他物的变化，那么就一定有可估测的量或量值。这在物理世界的因果关系中是没有例外的。同样，二元论要证明心灵或离体人有自己的原因作用，不仅要证明他有自己的能量，还得证明"离体人内在地具有自己的某种量（quantity）"，即证明离体人在产生原因作用时所释放或转化的能量有量上的特点，有量值表现出来的。哈特说："离体人必须内在地具有某种量这一最后的要件是显而易见的。"[①]人们之所以否定二元论，是因为他们认为，心灵没有这个量。哈特认为，"量"的概念本身很复杂，形式多种多样，不能以一种量的存在否定别的形式的量的存在。例如，物理现象有物理的能量及其量的规定性，而心理现象的量的规定性是一般的量的规定性中的特殊样式。就一般的量来说，它不过是一种能量的映射，如一非空集合 A 中的每个对象所具有的量 q 其实就是可归之于 A 中的每个对象的一种映射。[②]哈特的新奇的看法是：这一般的能量并不只是表现为物理的形式，除此之外，还有心理的能量，这能量也能释放和转化，因此也有自己的特殊的量的规定性，即也有自己的映射方式。他说："从潜在性上讲，基本的能量本身要么是物理的，要么是心理的。"[③]

戴维森的折中的观点认为，只有物理事件才有因果力、有内涵的因果相关性，即作用力从原因到结果的事实上的传递或质-能的转换性，但同时他又承认心理事件有外延的因果相关性，因为它们随附于物理事件。在此意义上，我们也可说它们是原因，有作用力。福多有相近的看法，认为心理的因果力"继承"了物理的因果力。

我们的结论不难从本章上一节推论出。我们可这样表述，作为高阶属性之例示的各种心理样式本身的确没有心理力，真正的作用力、能量、动量只存在于物理事物中。但这不等于倒向了副现象论。因为我们同时认为，心理行为或活动只要在动、在起作用、在进行中，其本身就是人的大脑的活动，因此它不乏作用力。

意识可以反作用于大脑和外部世界，这不仅是马克思主义哲学的一条基本原则，而且也得到了大多数心灵哲学理论的承认；当代脑科学以及在此基础上所衍生出的各种心脑假说还进一步为上述哲学常识提供了大量的理论和实验根据。但是，由于人类特别是哲学家对形而上学问题有一种不可遏制的爱好和自然倾向，

---

① Hart W D. *The Engines of soul*. Cambridge: Cambridge University Press, 1988: 69.
② Hart W D. *The Engines of soul*. Cambridge: Cambridge University Press, 1988: 69.
③ Hart W D. *The Engines of soul*. Cambridge: Cambridge University Press, 1988: 137.

总是不满足于对现象的描述和对事实的承认，而喜好对现象、事实的穷本溯源，不停留于陈述事实上的可能性，而热衷于在更高的理论层次上反思、探讨事实赖以成立的可能性条件或根据，例如，意识怎么可能反作用于大脑？怎样反作用于大脑？加拿大唯物主义哲学家邦格则在相互作用论特别是传统唯物主义关于意识的学说中发现了长期为人们所忽视的问题：意识既然是一种机能，那么它怎么可能反作用于大脑呢？因为作用和反作用以物质、能量的消耗、转化为前提条件，而机能之类本身并不具有物质、能量，因此，说意识主动地发挥对大脑的反作用是不可能的。于是他别出心裁地说：意识对大脑的反作用实际上是神经系统的子系统对子系统或者是它们对机体的其他部分的反作用。①

毋庸讳言，邦格的问题对马克思主义哲学工作者是一个新的、严峻的挑战。因为我们的一般论著都承认：作为大脑机能或属性的意识可以能动地、主动地反作用于大脑，并通过大脑、身体反作用于外部世界，在这个作用过程中，意识似乎是独立地、不借助于脑结构的变化而起作用的，如形成理性认识，自由地选择、决定行为，提出改造世界的理论方法等。但仔细一想，邦格的问题似乎也有合理性，至少是值得我们认真研究的，因为意识本身的确不具有物质和能量，如果有物质的构成并拥有能量，那它就不是一种属性或机能了。因此要坚持和发展马克思主义的意识论，就必须进一步思考意识能否发挥反作用。如果能，它怎么可能发生反作用？怎样发生反作用？

要回答上述问题，首先必须澄清"意识"的意义。因为如第三章所述，"意识"是一个具有歧义性的概念。更为重要的是，人们在理解这一概念时，由于民间心理学和潜藏的二元论的影响，往往犯了"范畴错误"而不自觉。最明显的表现是，它常被认为表示的是不同于物理现象、自然现象或高于这些现象的现象。在前面论述意识和心性多样性的章节中，笔者已强调："意识"的所指有的就是物理现象、自然现象，有的是它们派生出的高阶现象，但仍在物理世界之内。根据笔者的心性多样论，意识有不同的存在层次，有的是基础层次的，有的是由低层次的物理化学过程所实现的高层次过程。它包含低层次的因素，但又不能等同于它们，不能等同于其总和。因为正如恩格斯所言的：终有一天

---

① [阿根廷]M. 邦格：《从神经科学看心身问题》，载中国社会科学院哲学所自然辩证法研究室情报所第三室《第十六届世界哲学会议论文集》，中国社会科学出版社1984年版，第192-198页。

第九章　心理因果性难题的中国式解答

我们可以用实验的方法把思维归结为脑中的分子和化学的运动，但是难道这样一来就把思维的本质包括无遗了吗？[①]如果从这个角度来看问题，我们就会碰到意识的反作用问题、意识的因果地位问题。不过，应该注意的是，这里的问题在形式上尽管与传统哲学的问题有相似之处，但在内容和实质上有很大不同。因为我们这里所说的"意识"与"大脑的物质、状态、活动和过程"等不是两类对立或并列的范畴，或如列宁所说的：它们之间不存在"绝对的""对立"，而只有"相对的""对立"。因为二者是对同一物质即人脑的不同描述方式。这个不同主要表述在范围大小不同、所包含层次的数量不同，例如，"意识"一词指的对象更宽、更多。

意识从人脑中突现出来之时，总是同时表现为活动和活动的产物两种形式，因为我们不可能设想有空无内容的意识活动，也不可能想象有不依赖于意识活动的思想物。因此从表现形式来说，意识具有两种既有区别又有联系的形式：一是心理或意识活动及其状态，或者说是大脑意识机能的作用与过程，亦即大脑这个特殊的物质的运动及其过程；二是大脑意识机能作用或大脑意识活动的结果或产物，如大脑正在对之进行加工、操作和运演的知觉、表象以及加工后所得到的概念、命题等。

意识作为一种活动、运动，必定是某种实体的活动和运动，而世界上除了物质及其特殊状态以外并不存在其他什么东西。人脑是一种特殊形态的物质，其中并不存在什么神秘的、无广延的精神实体，因此意识只能是人脑内部的神经细胞所组成的系统的活动或运动。新的科学事实一再证实了这一点，例如，当脑叶移出时，人就不再有判断、推理、情绪之类的活动与状态。对情绪的实验研究表明：当在患者脑部的愉快或痛苦中枢实施刺激技术时，患者表现出高兴或痛苦，在健康人的同样区域重复这一实验，也得到了同样的效果。[②]因此情绪活动就是现实的人脑系统对刺激的一种整合活动。电生理学研究发现：在大多数学习过程中，许多皮层部位和皮层下结构都出现了脑电活动的变化。神经元群的活动不同、神经冲动的编码不同，造成脑细胞活动的时间和空间构形也不同，因而学习内

[①] ［德］恩格斯：《自然辩证法》，中共中央马克思恩格斯列宁斯大林著作编译局编译，人民出版社1971年版，第226页。
[②] 萧静宁：《脑科学概要》，武汉大学出版社1986年版，第189-190页。

容的储存与效果也不同。脑电研究也表明，当人思考或进行心算时，a 节律受阻断，代之以低波的 b 节律。很明显，意识活动如果不是一种物质的活动，那么我们就不可能通过客观物质的仪器、手段对之进行实验观察和研究。意识作为活动既然本身就是大脑的活动，因此其发挥反作用的动力和能量资源就不存在任何问题。

通过许多中介环节和换能作用而载于书籍、图片之上的意识具有客观的存在形式，已被人们称之为物质化的意识，其空间结构和物质性本质是毋庸置疑的。处在意识活动过程中的或储存于记忆中的意识如概念、思想等以什么形式存在呢？它们是一种物质的存在，还是一种非物质的存在呢？科学事实越来越清楚地表明：作为物质的一种特殊活动的产物的意识，都不是以非物质的、物质之外的神秘形式存在于头脑中的，而是依存于一定的物质载体如暂时神经联系、神经元网络、突触结构的变化等而存在于头脑中的。离开了物质，意识不可能以纯粹的、独立自在的形式存在。学习、思维活动的产物是通过记忆储存于头脑中的。随着电生理学、脑化学对记忆的日益广泛深入的研究，我们对作为意识活动的产物的存在形式及其实质有了更清楚的认识。经学习思维等所得的意识或知识经验被储存于记忆中是经过短时记忆和长时记忆而完成的。海布（D. Hebb）的短时记忆的神经元返回环路学说表明，由于脑的神经元网络中存在着一种反馈环路，学习初期产生的神经冲动不断自我再兴奋、持续循环振荡，使刺激停止后脑的电活动仍处于持续的状态，由此就构成了短时记忆的神经基础。新近的研究表明：大脑皮层颞叶内的海马区对记忆的巩固即长时记忆的形成有重要作用。在脑的边缘系统、丘脑和额叶所构成的一个循环的神经通路中，学习时的神经兴奋从大脑皮层边缘系统的一些结构传到海马，然后再从海马经丘脑的某特定核返回到大脑皮层的前额叶。通过此回路，学习时新的特定组合的信息得到重复排练，并与信息储存所涉及的许多神经元群发生了作用，这样就使新经验的神经活动的兴奋模式与大脑皮层的多种神经过程联系起来。也就是说，储存一项学习思维所得的知识经验必须有许多神经元的协作。记忆内容正是通过大脑神经元的突触结构上的变化而储存在中枢的大片网络上的。记忆的脑化学研究也表明，思想、知识经验等是以物质的存在形式经过复杂的神经活动储存于人脑中的。例如，瑞典科学家海登（C. Hayden）与其同事训练大白鼠学习平衡身体、爬越绳索以取食的实验表明：

第九章　心理因果性难题的中国式解答　　　　　　　　　　　　　　　　　　381

经过学习训练的大白鼠脑中某些活动的神经元核糖核酸（ribonucleic acid，RNA）含量明显增加，RNA 碱基结构的比例有明显改变。这说明经验的储存与 RNA 有密切关系。信息科学和神经科学所提供的材料还表明：精神活动的产物如经验、知识实际上是内外的刺激信息（光、声、气味分子等）经过感官的一系列换能作用、经过人脑的加工处理所得到的信息。人脑把知识储存在记忆中实际上是把信息编码在一定的物质结构中，形成一定的信息编码构型，例如形成 RNA 信息编码构型、神经元膜信息编码构型和神经元集团信息编码构型。已有的知识经验在被思维活动提取出来加以改造、重新组合时，也是以物质的形式存在于思维活动中的，就是说它们被思维、被加工制作也不是以纯粹的形式、以非物质的形式被思维、被加工制作的。我们从人的主观体验可知，被人思维、加工制作的东西是语词。语词所表达的正是人们判断、推理等思维活动所用的概念、命题，而新近的脑电波研究能够说明这些处在意识活动中的语词的存在形式与实质。20 世纪 70 年代末，美国科学家约克（D. York）与金森（T. Jenson）成功地用脑电波破译了思维的语言。他们读了 40 个被试的脑电波，发现在被试者想到或读到某个词时，就会出现某种特定的脑电波图形。目前，他们已能根据脑电波的特定波型破译出 27 个特定的语词来。美国心理学家克莱因斯（M. Clynes）报道说，他已能通过观察脑电波的波形揭示出被试在视知觉活动中的颜色感觉。这些实验虽不能完全准确地说明每一个概念、命题、感觉经验在思维活动中是以什么具体的物质形态存在的，但至少可以告诉我们：思维等意识活动中的概念、命题是以物质的形式而不是以非物质的、纯粹的精神形式存在的。如果不是这样，我们就不可能以物质的手段如脑电波观察、捕捉到它们。马克思在提出和论证世界的物质统一性原理时也预见到了这一点："观念的东西不外是移入人脑，并在人的头脑中改造过的物质的东西而已。"①

　　既然意识具有两种相互有别的存在形式，因此我们就不能笼统地、抽象地谈论意识的反作用，而应分别去考察它们反作用于大脑的内在机制即反作用的可能性条件与方式。

　　首先我们考察作为大脑高级机能活动的意识的反作用。我们知道：人脑的结

---

① ［德］马克思、［德］恩格斯：《马克思恩格斯选集(第 2 卷)》，中共中央马克思恩格斯列宁斯大林著作编译局编译，人民出版社 1995 年版，第 217 页。

构是一种空间结构，除了有其他空间结构所具有的某些功能外，还有一个特殊的功能，即心理意识的功能。心理或意识功能之所以不能独立存在，是因为它只是脑结构在与周围环境等因素相互作用过程中所产生的一种功能。由此所决定，意识作为一种活动或状态与它所依存的人脑是功能和结构的关系。因此，我们要说明作为大脑功能的意识发生反作用的内在机制，就必须先搞清楚功能对结构发生反作用的机制。

再来看作为意识活动的产物的经验、观念、知识等对脑过程与结构的反作用。这种意识形式对人脑及外部对象的反作用是显而易见的。例如，随着人的知识的积累和丰富，人就变得越来越聪明，能力越来越强。再如，列宁曾说："没有革命的理论，便不会有革命的运动。"①这正是意识对人脑并通过人脑对身体的行为产生巨大的反作用的生动反映。科学方法论、认识论对人的思维结构、认识结构以及思维、认识活动有积极的指导作用。但由于这种意识是不同于意识的机能作用的，它们对大脑的反作用便不是功能对结构的反作用，因此就必须进一步探讨它们怎么可能，又是通过什么方式反作用于人脑的。

如前所述，知识、理论等意识成果尽管不是某种物质形态自身，但它们不是以非物质的、纯粹的精神形式而存在的，而是载于一定的物质载体之上的，并与其物质载体一同存在，例如，在人的头脑中就是依存于 RNA 的，在人脑之外储存则依赖于书籍等物质实在。头脑、书籍不存在了，它们所载的知识也就不存在了。既然这种意识类型就其存在方式来说与大脑具有相同的本质，二者之间不存在异质性，不存在由此及彼、互相连接的障碍，即二者都是具有时空结构的物质存在，因此这种意识形式就可以发挥对大脑的反作用。例如，书本知识、图片等可以引起人脑的某些活动，使其原有的认识、思维结构发生某种变化，即改变或更新了原有的观点和方法，甚至导致思维方式、思维结构的某些变化，亦即导致了神经联系和结构的某些变化或导致新神经联系与结构的建立。可见，书本知识等意识存在是以一定的具有空间结构的存在物的形式作用于人脑的。但是我们必须看到这种意识形式也不能独立地发挥对大脑的反作用，必须借助于大脑自身的活动、主体自身的活动、主体与客体的相互作用等中介桥梁作用才能发挥其反作

---

① ［苏联］列宁：《列宁选集(第1卷)》，中共中央马克思恩格斯列宁斯大林著作编译局编译，人民出版社1972年版，第274页。

用。例如，主体在实践中、在与客体的动的交涉过程中，当人脑原有的知识、思维结构不能同化新的刺激，如不能解释某些新出现的事实、不能解决新出现的问题时，这就要求人脑认知、思维结构的某些变化和调整。而经过人的认识、思维活动，通过获取某些新知识、新材料，并把它们整合到原有的知识中，或经过大脑的自我调节作用，大脑原有的认知思维结构才得以变化和更新。没有大脑自身的活动等中介作用，认识所得的新经验、书本上再有价值的知识甚至这些知识通过学习已进入了人脑，它们也是不会独立自主地发生对大脑的反作用的。大脑中记忆或存储系统中储存的知识、经验等对脑结构与活动过程的反作用也是如此。知识、经验经过积累达到一定的程度就会导致知识、思维结构或大脑结构的量变、部分质变。而知识等意识成果这种作用的实现必须经过大脑自身的活动，如把所储存的知识提取出来，加以整合；把不同地点、先后得到的知识提取出来加以比较、分析、综合、加工制作，这些既可以使知识结构发生变化，又可使思维方法、思维结构发生变化。因为没有大脑自身的活动，无论是什么地方储存的意识产物都不可能对大脑结构与活动过程发生作用。因为意识的这种形式本身并没有自主性、机动性、灵活性，即它们不能主动地、自觉地、灵活地作用于大脑。它们对人脑的反作用，即使是非常巨大的反作用都必须借助于人脑的活动，甚至借助于人的实践活动、主体与客体的相互作用等中间环节的作用。

尽管心理因果性问题远没有达到完全解决的程度，但其研究已达到了前所未有的深度和广度。事实上，心理因果性研究所面对的是一个牵一发而动全身的问题，它不仅普遍存在于人们的日常言谈和解释、预言实践中，涉及信念、思想、意识和行动等心灵哲学自身的问题，而且也直接关系常识人学、常识心理学以及心理的结构、机制和动力学等跨学科的问题，还涉及因果性标准、世界的结构图景等一般性问题。因此，它之所以成为人们关注的焦点，是因为心灵哲学和有关科学发展内在逻辑的必然性。不仅如此，当代心理因果性研究在回应怀疑论挑战的基础上探讨了心理作用的机制、过程、动力等问题，因此也为我们深化对心灵的认识提供了契机，具有重大的理论和实践意义。例如，过去我们在谈及心理或意识的能动作用时，往往是在做出诸如"物质决定意识，意识对物质有能动的反作用"等基本断定之后，就未再做进一步的、深层次的追问和探讨。而对心理因果性进行研究，则有助于我们深入这些老生常谈的背后，探索心理的地形学、运动学和动力学，从而促进相关领域的发展。

第五节 "心物二象性"与心本身的起源及原因论

全面地说，心理因果性有两个维度：一是下向的因果作用问题，即心能否作为原因对它下面的身体及外部世界发生原因作用、有无因果相关性，如果能或有，那么是如何发挥这种作用的；二是上向的因果作用问题，即心本身的原因是不是它下面的身体或外部世界，如果是，那么它是怎样从这个世界产生出来的，如果不是，那么问题就更麻烦了，我们就必须超越物理主义而倒向二元论或神秘主义。一般的心理因果性研究只侧重于第一个方面。我们这里关注的是它的第二个方面，即它本身的原因和起源问题。如前所述，笔者的基本观点是唯物主义或物理主义，因此我们只会到物理的东西中去寻找问题的答案。

这一问题不仅是一个独立的、重要的研究领域，而且是一个对其他问题的解决有制约作用的问题，例如，如果不能对这一问题做令人信服的解决，那么很多问题都不能得到很好的解决，其中特别明显的是，心理的下向因果作用就是如此。在笔者看来，现代心灵哲学在诸如"精神现象的本质""意识的主观感受性""心有无原因地位、其原因作用如何可能"等一系列重要问题方面之所以长期争执不休，无法取得重大理论突破，原因之一是，我们迄今未能像现代生命科学那样，从发生学的角度出发，弄清精神现象自然起源和演化的基本过程与规律。而一般物质系统在因遵守能量最低原理而维持其自身存在稳定性的行为中所表现出来的"心物二象性"特征，不仅为我们从发生学的角度研究精神现象的起源与演化问题提供了一个新视角、新起点，还为我们揭示原始心理现象与基本物理现象之间所具有的本质同一性、研究精神现象在物质世界自然起源与演化的一般机制和规律、科学解决心身关系等问题提供了一个新思路、新途径。具言之，当我们试图像现代生命科学那样，从物质世界的原子、分子层次出发来探索精神现象的起源之谜时，一幅由基本物理规律，即能量最低原理决定的一般物质系统行为的"心物二象性"特征和精神现象自然起源与早期演化的大致图景便赫然映入了我们的眼帘，使我们看到了一个有可能解决心灵哲学中各种重要问题，特别是心理现象本身的起源与原因的新思路、新途径。

一、由能量最低原理决定的"心物二象性"与原始精神现象的自然起源

能量最低原理是自然界的一条基本物理规律，其含义是：对于一切物质系统来说，只有处于较低能量状态的系统，才是相对较为稳定的系统。该原理不仅决定了一般物质系统存在的稳定性，也因此决定了诸如原子、分子这样的微观物质系统的物理、化学行为的方向性与选择性。但笔者发现，在物质系统因遵守能量最低原理而自发维持其自身存在稳定性的具体实现过程中，还隐藏着两种长期被人们忽视了的原始精神现象，即一般物质系统对其内部状态变化所具有的自然感受能力和系统因此而具有的对外部环境作用的性质进行判断的自然认知能力。而这两种建立在基本物理学规律之上的带有明显精神性色彩的自然行为或能力，却极有可能是我们正在苦苦寻找的精神现象自然起源与演化的真正源头。

作为一条具有普适性地位的基本物理规律，能量最低原理与一般物质系统存在的稳定性之间的关系早已为人们所熟知。例如，正是因为各种物质系统都要遵守能量最低原理，所以才会有静止的钟摆总是处于竖直悬挂状态、沿碗壁滚动的钢珠最终总要落到碗底、处于激发态的高能原子总要通过将多余的能量辐射出去的方式再恢复到其能量最低状态，因而也是最为稳定的基态，等等。但令人遗憾的是，人们以前对物质系统的这种自我维稳现象的具体实现机制的看法却过于简单，仅仅笼统地将其看作是一种能够用能量守恒和动量守恒等物理定律进行精确求解及描述的物理学意义上的"刺激-反应"（stimulation-reaction，S-R）行为模式，而没有看到在这一 S-R 行为模式中还可能存在着的其他物理过程和这些过程所具有的潜在的心理学意义。

我们通过细致的分析可以发现，对于一个由若干相互作用着的要素构成的业已处于最低或某一较低能量状态，因而正稳定或相对稳定地存在着的物质系统来说，这种系统既可以是一个无机或有机的原子、分子，也可以是一粒石子或一枚台球等，在从其受到某一环境事物的作用或刺激（stimulation），到系统最后因遵守能量最低原理而做出某种维持其自身存在稳定性的自然反应（reaction）之

间，其实还存在着另外两个十分重要的过程：一个是系统在受到环境事物刺激后，其内部存在状态（即内部元素之间的相互关系）必然要发生的某种改变（change）；二是这种主要发生在受刺激部位的局部存在状态的改变所造成的影响在系统内通过各元素之间的相互作用而不断向外传播，最终波及系统内的其他元素，从而使这些元素也自然感受（experience）到这种状态改变，并因此在系统内各元素间形成某种新的内部相互作用格局的过程。由于前一过程十分容易理解，且与笔者要讨论的主要问题关系不大，故不再赘述。而后一过程才是那个与笔者所要讨论的原始精神现象的自然起源密切相关的过程，需要我们进行详细的讨论。

虽然当环境事物的作用施加于某一系统时，系统内直接受刺激部位的元素立即就与之发生相互作用，影响到系统与环境事物之间的关系，但该系统作为一个整体对环境事物做出的反应，却只能在该系统内的所有或至少足够多的元素也已感受到这种状态改变所造成的影响时才会发生。因为只有当这种系统内部状态改变所造成的影响，已通过系统内元素间的相互作用而波及其他元素，亦即当系统内的其他元素也已经开始感受到这种影响时，系统内的所有或至少足够多的元素才有可能在它们之间的相互关系已经发生改变，因而存在于它们之间的相互作用的大小和方向也已经发生了相应改变的情况下，通过将所有这些相互作用叠加为某种合力的方式，在系统自身与外来环境事物之间产生出某种整体性的相互作用，并因此决定系统在环境事物面前所应采取的行为——如果这种整体作用是排斥性的，系统将因此而逃离开该环境事物，反之，其如果是吸引性的，系统将因此而趋向于该环境事物。

对于一个原已处于最低能量状态的物质系统来说，由于外来环境作用对该系统的影响总是使其偏离原有最低能量状态，因而有可能损害到其自身的存在稳定性。所以在此情况下，该系统必将通过在其自身与外部环境事物之间形成某种排斥性相互作用的方式，使系统远离或逃避该种有害环境作用，以达到维持其自身存在稳定性的目的。也就是说，能量最低原理使一般物质系统具有了一种对环境事物或作用的性质做出某种自然判断并因此自发逃避各种有害环境作用的能力，表现出一种自然的行为选择性。显然，一般物质系统通过逃避有害环境作用而维持其自身存在稳定性的现象，不仅在宏观世界中普遍存在，例如，当某一枚台球遭到另一枚台球的撞击时，它必将通过在二者之间形成一种排斥性相互作用的方式而互相弹开；而且在微观领域内也同样普遍存在着这样的相互作用，例如，当两个不能发生化学反应的原子在其相互接近并发生碰撞时，它们也会通过这样的方式而相互逃避开去。只是人们在利用能量最低原理对微观过程中的化学反应行为进行解释时显得更为复杂一些罢了，不仅要借助于量子力学的原子轨道理论，还要利用泡利不相容原理和洪特规则等来进行详细说明[①]。

虽然原已处于最低能量状态的物质系统在受到环境事物作用时，总要通过在其自身与环境事物之间形成某种排斥性相互作用的方式而使系统远离外来环境作用，以维持其自身存在的稳定性，但与之相反的通过在被考察系统与外来环境事物之间形成某种具有吸引性质的相互作用，从而通过二者之间的相互趋近、结合式的运动而形成某种新的稳定系统的现象也同样存在着。例如，在微观领域内，当某一原子在与另一原子相互接近时，若二者之间能够通过某种化学反应结合成一个总能量有所下降的更为稳定的分子系统，则这一原子系统就会在一定的条件下通过在二者之间形成某种吸引作用的方式，促成一种同样符合能量最低原理要求的化合反应现象的发生，表现出一种自然的顺应、趋向性的行为。

由此可见，一般物质系统因遵守能量最低原理而具有的维持其自身存在稳定性的行为，并不只是一种简单的物理学意义上的 S-R 行为，而且是一种包含了更多内在过程的复杂的"刺激–内部变化（change）–内部经验（experience）–反应"（S-C-E-R）行为模式。而且更为重要的是，在该模式的后两个环节中，系统所具有的对其内部状态变化的自然感受能力和在此基础上表现出来的行为选择性等，已经带有一些明显的精神性特征，不能再被简单地看作是一种纯粹的物理行为了。因为前者与人类意识所具有的对其内部心理状态变化所表现出的自我感受特征存在着一定的相似性，而后者则与人类或各种动物在环境作用面前为了自保而表现出来的智能行为十分相似。也就是说，一般物质系统因遵守能量最低原理而表现出来的上述行为，既可以被看作是一种物理行为，又可以在一定程度上被看作是某种心理行为（或原始心理行为），因而其是一种由基本物理规律决

[①] 浙江大学普通化学教研组编：《普通化学》，高等教育出版社 2004 年版，第 213-214 页。

定的兼具"心物二象性"的行为。

这样一来，当我们从发生学的角度出发来考察精神现象的自然起源与演化时，就完全有理由将这种兼具"心物二象性"的自然能力或行为看作是一般精神现象自然起源与演化的一个有科学依据的原始起点。若在该起点的基础上构建出来的某种理论能够对一般精神现象做出合理且自洽的解释，则包括人类心智现象在内的各种高级精神现象的真正源头，将既不是诸如彭罗斯那样的新潮科学家所说的那种发生在"人类神经元微管中"的某种神秘的"量子干涉现象"[1]，也不是诸如查默斯这样的新二元论者所说的那种存在于"信息所具有的两面性中的经验性的一面"[2]，更不是诸如内格尔所言的那种独立于物理属性之外，因而更加难以捉摸的某种"原-心理属性"（proto-mental properties）[3]等。它就是本书在本部分前面已初步阐明的诸如原子这样的一般物质系统，为了遵守能量最低原理而在其维持自身存在稳定性的过程中所表现出来的上述两种既具有物理属性，又具有心理属性，因而既在本体论意义上具有"本质同一性"，又在现象学意义上具有"心物二象性"特征的自然能力或行为。

二、原始精神现象的早期演化与分类

如果我们将诸如原子这样的微观物质系统所表现出来的上述具有"心物二象性"特征的行为或能力看作是一种处于萌芽状态的原始精神现象、是各种高级精神现象的发源地的话，我们能否从这一源头出发，利用包括进化论在内的现代科学理论，对复杂精神现象或者至少对尚处于早期进化阶段的低级精神现象（如生物的条件反射现象等）的起源与演化问题给出一种合理的解释呢？答案是肯定的。[4]为此，我们需要先引进一些能对上述原始精神现象进行类似心理学描述的基本概念或术语，以便为后文或此后的研究提供一个合适的话语体系。

我们从上文的讨论已知，一般物质系统为了遵守能量最低原理、维持自身存

---

[1] Penrose R. *Shadows of the Mind: A Search for the Missing Science of Consciousness.* Oxford: Oxford University Press, 1994: 406.
[2] Chalmers D J. "The puzzle of conscious experience". *Scientific American*, 1995, 273(6): 80-86.
[3] Negal T. *The View From Nowhere.* Oxford: Oxford University Press, 1989: 49.
[4] 受篇幅限制，本部分只能对低级精神现象的自然起源与演化问题做一简要介绍，无法对诸如人类认知与意识等高级精神现象的起源和演化问题给出详细解释，有兴趣的读者可参阅陈剑涛：《认知的自然起源与演化》一书(中国社会科学出版社 2012 年版)。

第九章　心理因果性难题的中国式解答　　389

在的稳定性，已具有了对其内部状态变化形成自然感受的能力。但由于这种内部状态的变化一般是由环境事物施加的外部作用引起的，所以系统对其内部状态变化所形成的感受，以及在此基础上对环境作用所表现出来的自然趋向或自然反抗行为等，又表明这种自然感受同时又是系统对该环境事物与系统维持其自身存在稳定性之间所具有的直接利害关系，亦即对该环境事物的性质做出的一种自然判断。也就是说，当环境事物施加的外部作用有利于维持系统自身存在的稳定性或有利于推动系统从一种稳定状态演化、发展到另一稳定状态时，系统就会对那种由外部作用引起的内部状态的变化形成某种积极的或可称之为某种"一般快乐"的感受，从而对环境事物与自身存在稳定性之间的利害关系，亦即对环境事物的性质形成某种积极的或正面的判断，并通过在其自身与环境事物之间形成某种有吸引作用的方式，对环境事物表现出一种自然的顺应或趋向行为。反之，若环境事物所施加的作用不利于维护系统自身存在的稳定性，系统就会对由该环境事物引起的内部状态的变化形成某种消极的或可称之为某种"一般痛苦"的感受，从而对环境事物与自身存在稳定性之间的关系，亦即对环境事物的性质形成某种消极的或负面的判断，并通过在自身与环境事物之间形成某种有排斥性相互作用的方式，对环境事物表现出一种自然的反抗或逃避行为。

　　如果我们将来自环境事物的作用与物质系统维持其自身存在稳定性之间所具有的上述直接利害关系称作是环境事物与被考察系统之间所具有的某种"一级关系"（一种直接影响到系统生死存亡的关系）、将物质系统对其内部状态变化所形成的自然感受称作"一般感受"（显然包括"一般快乐"与"一般痛苦"感受两种类型）、将该物质系统在其"一般感受"的基础上对这种"一级关系"的性质形成的自然判断称作"一级认知"，并将该物质系统建立在这种"一级认知"基础上表现出来的主动趋向或逃避行为称作"一级智能"的话，我们就可以利用一套类似心理学的术语，将上述包括原子之间的化学反应行为在内的各种物质系统在与环境事物发生相互作用时所表现出来的各种内外部行为，描述为一种原始的心理学行为。也就是，当一般物质系统受到环境事物的刺激后，系统会对因该种刺激而引起的内部存在状态的变化形成某种一般感受，并根据这种感受的性质（一般快乐或一般痛苦）而对环境作用与自身存在稳定性之间所具有的一级关系（直接利害关系）形成某种一级认知（直接建立在基本物理学规律上的自然判断），并在此基础上通过采取某种一级智能行为（自然逃避开或趋向于该环境事物）的方式，来达到其维护自身存在的稳定性或推动自身过渡、发展到某种新的稳定状态去的目的。也就是说，一般物质系统在外来环境作用面前所表现出来的各种自我维稳行为，是系统所具有的一种建立在对某种一级关系形成的一级认知基础上的一级智能行为，是物质系统因遵守基本物理规律而内禀具有的一种原始精神现象或能力。这种原始的一级认知和一级智能的 S-C-E-R 发生机制，可大致用图 9-3 表示出来。

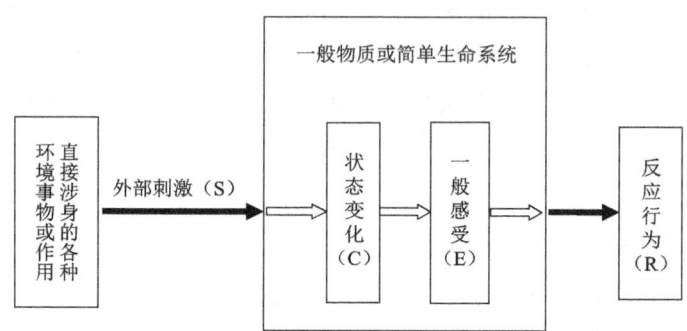

图 9-3　一级认知与一级智能的 S-C-E-R 发生机制示意图

除了诸如原子这样的简单物质系统处于一级认知阶段外，在此后进化过程中逐步出现的各种蛋白质大分子、病毒以及尚未进化出任何感觉器官的众多单细胞生物等，也同样处于一级认知阶段。只是对于诸如单细胞生物这样相对复杂的生命系统来说，其在环境作用面前所表现出来的"刺激-反应"行为已具有更加明显的精神性色彩而已。但单细胞生物所具有的这种仍处于一级认知阶段的精神现象的进化产生，归根结底仍需建立在能量最低原理的基础上。因为无论是细胞内部发生的各种生化反应，还是细胞的骨架结构和细胞膜的形成等，都同样要遵从能量最低原理。当有外来环境作用欲破坏细胞的各种结构时，系统同样会在遵从能量最低原理的基础上，以包括各种生化反应在内的更加复杂的内部机制，对这些外来作用产生自然的反抗或逃避行为，表现出我们常说的低等生命系统所具有的刺激-反应性或原始的生物自保性。

但在一些单细胞生物进化出某种能对环境事物所具有的物理、化学属性信息进行简单分辨与处理的原始甚至是极为原始的感觉器官后，这些单细胞生物所具有的原始认知能力便从一级认知进化到了二级认知阶段,使其在环境作用面前的行为表现出更加明显的精神性特征。已进化出一个最为简单的、能对光源的方位信息进行接收与处理的感光装置(眼点)的单细胞生物衣藻,在其生存环境中所表现出来的自然趋光行为就是这样一个例子。

作为一种以其体内的叶绿体在光合作用中合成的淀粉为生的单细胞生物,衣藻只有在有光的环境中才能持续生存下去,所以光源的照射便是一种与衣藻的生存密切相关的一级关系。但当衣藻的眼点尚未进化产生之前,它只能通过随机的运动使自己偶然地处于有光的环境中,使其自身的生存面临很大的挑战。而当眼点进化产生出来之后,眼点在被光照射之后在其细胞内部引起的某种运动或联系(如一系列的生物化学反应),就很有可能与其原有的控制其鞭毛摆动方式因而控制其运动方向的那种运动或联系建立起某种新的联系来,形成某种通过来自眼点的关于光源的方位的信息来控制或影响其运动方向的内部机制。如果某些衣藻在这种机制的影响下产生出了一种恰好能够向着光源所在的方向运动的能力,那么这些衣藻将会因该机制带来的生存优势而在自然选择中被保留下来。相反,那些不能够保证衣藻总是向着正确方向运动的其他联系方式,则很快会在自然选择过程中被淘汰掉,从而使衣藻最终获得了一种自然的趋光行为能力。

显然,此处的衣藻所具有的这种精神性色彩更加浓厚的行为选择能力,已在前述 S-C-E-R 一级认知模式的基础上发生了某种质变。它不仅同样能够对环境事物的直接涉身作用(光照)在形成一般快乐感受的基础上做出反应(自然趋向和接受),还能够在眼点的帮助下对该环境事物所具有的某种原本与自己的生存并无直接关系的物理属性(即光源的位置属性)做出反应(通过控制鞭毛的摆动方式驱动自己向着光源所在的方向运动)。也就是说,此时的衣藻已经能够在其原始感觉器官提供的光源属性信息的帮助下,通过跨越一种两重因果关系链("自己的生存与光照之间的关系"和"获得这种光照与光源的方位之间的关系")的方式而对该关系链外端的环境事物或作用所具有的某种属性与自己的生存之间所具有的间接关系形成自然判断,即拥有了一种对光源的方位与自己的生存之间所具有的间接关系形成认知的能力。这种通过跨越两重关系而对该关系链外端的环境事物或作用所具有的某种属性与自身生存之间所具有的间接关系形成的判断，可被称为对某种二级关系形成的二级认知，而建立在该认知基础上的生物的行为可被称为某种二级智能行为。

显然，已进化出能够对环境事物所具有的一些理化属性信息进行接收、分辨与处理的视觉、听觉、嗅觉等感觉器官的生物，均已具有了在其原有一级认知的基础上形成二级认知的能力，属于在智能进化序列中处于二级认知阶段的物种。处于二级认知阶段的生物在自然界的分布十分广泛，最低级简单的可能就是此处提到的衣藻，而更为高级复杂的还包括了巴甫洛夫在其条件反射实验中所使用的狗。虽然在不少人甚至在诸如塞尔这样的哲学家的心目中，他们已经将狗这样的高等动物看作是一种有意识的生物[①]，但从认知的进化水平上来看，狗仍然是一种处于二级认知阶段的生物，其所具有的精神性色彩十分浓厚的条件反射行为的形成，从原则上来看与衣藻趋光行为的形成并无本质差别。

在巴甫洛夫条件反射实验中，实验者在向狗呈现某种铃声的同时或一定时间（不超过半分钟）之后再给予其食物，经过若干次重复之后，即使不再向狗提供食物而仅仅呈现铃声，狗仍然会出现唾液分泌的现象，即此时的狗已经将铃声这种原本与自己的生存并无直接关系的来自感觉通道的某种信息当作了食物即将出现的一种信号，以至于当这种信息单独出现时，狗也会分泌唾液。这就是心理学上所谓的巴甫洛夫经典条件反射。而从前面关于二级认知的发生机制来看，狗的这种条件反射实质上就是狗通过跨越"自己的生存与食物之间的关系"和"食物的出现与某种铃声之间的关系"这一双重关系链而对该关系链外端的铃声与自己的生存之间所具有的二级关系形成了某种二级认知，并因此引起其唾液分泌反应。

其实，我们通过细致的分析可以发现，无论是巴甫洛夫的经典条件反射，还是斯金纳（B. Skinner）的操作性条件反射的形成，其实质都是生物在其一般感受和各种感觉系统的共同参与下，对某种二级关系形成二级认知，并在此基础上表现出某种二级智能行为的过程。二级认知或二级智能的发生机制可用图9-4简单表示出来。

[①] [美]约翰·塞尔：《意识的奥秘》，刘叶涛译，南京大学出版社2009年版，第3页。

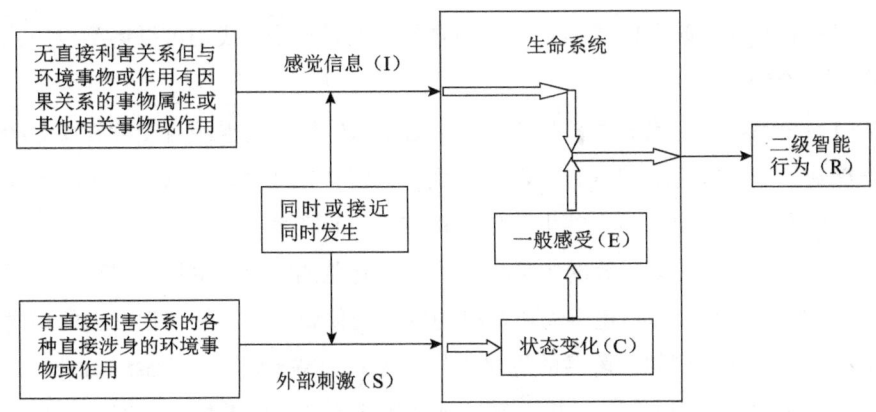

图 9-4　二级认知或二级智能的发生机制示意图

显然，如果我们将生物所具有的形成条件反射的能力也看作是一种较为低级的早期精神现象的话，那么早期精神现象的演化便可被划分为一级认知和二级认知两个阶段或层次。我们从前述分析可以看出，这些早期精神现象不仅是从一般物质系统因遵守能量最低原理而具有的自然感受性和自然判断能力这些带有"心物二象性"特征的原始精神现象中自然演化而来的，而且其一般的演化机制或过程，原则上可以利用现代科学理论给出合理的解释。

实际上，不仅包括条件反射在内的早期精神现象的产生可以从自然演化的角度出发，在原始精神现象的基础上得到合理解释，而且像我们已经发现的黑猩猩所具有的通过跨越三重关系而对该关系链外端的环境事物或环境事物的属性、符号表征等与自己的生存之间所具有的间接关系形成三级认知的能力，以及人类所具有的通过跨越四重关系而对该关系链最外端的环境事物或环境事物的属性、符号表征及其之间的关系等与自己的生存之间所具有的更为间接的关系形成四级认知的能力等高级精神现象，同样也可以在原始精神现象的基础上，利用包括进化论在内的现代科学理论给出合理的解释[①]。

三、几点初步结论或启示

从上述对精神现象在物质世界自然起源的历史源头、早期精神现象自然演化

[①] 陈剑涛：《认知的自然起源与演化》，中国社会科学出版社 2012 年版，第 239、288 页。

的一般机制和演化阶段的具体划分等问题的简要讨论中,我们可以得到以下几点初步的结论或启示。

(1)原始精神现象的存在是普遍的。由于原始精神现象源自一般物质系统因遵守能量最低原理而普遍具有的自然感受和自然认知能力,所以凡是有物质系统存在的地方,便一定有与之共生的原始精神现象存在着。

(2)精神现象在生物界的进化产生是不可避免的。随着生物进化程度的不断提高,能够接收并处理环境事物所具有的各种理化属性信息的感觉器官的出现几乎是不可避免的。例如,著名的进化生物学家恩斯特·迈尔(Ernst Mayr)就曾指出,"在动物系列中至少 40 次独立地发展出类似眼睛的感光器官,并且仍然可以在现存各种不同分类群的物种中找到从感光点到脊椎动物、头足动物和昆虫这些动物的复杂眼睛的所有进化阶段"[①]。而感觉器官的出现又将不可避免地导致生物的二级认知能力的诞生。

(3)精神现象的自然起源具有同源性。其包括人类智能和意识在内的一切精神现象,归根结底都是从物质系统行为所具有的心物二象性特征或原始精神现象这一最初的源头逐渐进化而来的。

(4)原始精神现象与基本物理现象具有本质同一性。也就是说,原始精神现象与基本物理现象从本质上来说就是同一种行为。

(5)原始精神现象所具有的心物二象性特征是引发心身关系问题的根本原因。生命世界在其自然进化的较早阶段(一级认知阶段),并不存在某种独立的心理或精神现象,二者之间具有密不可分的本质同一关系。但随着进化水平的不断提高,二者之间的分野才越来越大。直到生物进化到人类这样的水平时,我们才有可能因为四级认知能力的出现而将自身心理活动也纳入我们的认知范围之内,开始从主观上将心理或精神现象与各种物理现象区分开来进行研究,并因此引发出所谓的心身关系或哲学基本问题。

(6)意识的主观性特征起源于一般物质系统对其内部状态变化所具有的自然感受能力或自然感受性。自查默斯提出所谓的"意识的困难问题"[②]以来,意识的主观感受性问题便是困扰当代心灵哲学的一大难题。但我们从前文的分析可

---

① [美]恩斯特·迈尔:《进化是什么》,田洺译,上海科学技术出版社 2003 年版,第 186 页。
② Chalmers D. *The Conscious Mind: In Search of a Fundamental Theory*. Oxford: Oxford University Press, 1996: 3-31.

知，意识的主观性特征，本质上是由一般物质系统因遵守能量最低原理而具有的内禀感受能力自然进化而来的。

（7）认知或智能的进化具有不连续性。虽然自达尔文以来，主流观点就认为生物智能的进化是一个连续的渐进过程，但实际情况可能并非如此。因为生物智能的进化可以明显地被划分为多个层次或阶段。其中既有同一认知水平上的量的积累，也有不同认知水平上的质的跃迁。

显然，这些结论或启示的取得，既为我们进一步深入揭示精神现象的本质、理解人类思维和意识的奥秘，以及深化对心身关系或哲学基本问题的认识等提供了一个新视角、开辟了一条新途径，又为我们在当代认知科学领域内坚持和巩固马克思主义意识论基本原理的指导地位提供了新的理论素材或支撑。

第十章
从心灵哲学看人工智能的方向选择

"人工智能"一词从用法上说有两方面的意义：一是指由人所制造的人工产品体现出来的智能；二是指作为一门带有名副其实的交叉性质的、从理论和工程技术上专门探讨人工智能如何实现的学科门类。为了区别起见，我们用"AI 研究"来表示第二种意义的 AI。本章的任务是从心灵哲学的角度对作为一门科技的 AI 中的哲学问题，如 AI 的本质特点、与意向性的关系问题以及与之相关的 AI 的发展方向问题，做一些尝试性探讨。

第一节 AI 研究现状、"意向性缺失难题"与智能观

AI 研究的工程技术目标是要设计与制造出能模拟乃至超越人类智能的智能工具或机器，要如此，它就必须有相应的理论与技术、必须有相关具体科学（如神经科学、认知科学、神经心理学、心灵哲学和语言学等）的协同攻关。唯其如此，才有可能具体揭示智能的结构、基础、条件，建构出关于智能的科学的地形学、地貌学、结构论、运动学和动力学。在这个过程中，传统的纯思辨哲学的泛泛议论尽管没有用处，应予抛弃，但与科学有关的、以对科学的反思为宗旨的科学哲学，对于以揭示心智本质结构为旨归的心灵哲学，以及以梳理问题和思路为

特质的语言分析哲学来说，还是大有用武之地的，并且是必不可少的。这是由智能这一特殊的研究对象所决定的。智能是人类心理现象中最为复杂的一种现象，仅有具体科学在细节上的研究是于事无补的，因为即使我们把实现人类智能的物质载体的所有原子、分子细节都弄清楚了，也不一定能说明它的机理。要认识其庐山真面目，就必须从更高的哲学层面做出研究。

事实也是这样，一方面，AI 研究现在面临的难题与包括哲学在内的深层次的理论探讨不够有关；另一方面，已取得的改变了人类命运和世界发展方向的巨大成果其实也有哲学的心灵认知的一份功劳。例如，在 AI 刚起步之时，它的理论出发点就是近代西方理性主义哲学的著名命题：思维就是计算。既然如此，只要让人造的工具能够用一定的算法实现计算，那么就可让其表现出人类智能的思维特性。正如彭罗斯所概述的，早期的 AI 专家"坚信我们的精神只不过是肉体的电脑……他们想当然地认为，当电子机器人的算法行为变得足够复杂时，痛苦和快乐、对美丽和幽默的欣赏、意识和自由意志就会自然地涌现出来"[①]。"几十年来，人工智能专家尽力说服我们，再有一两个世纪的时间（有些人已把这个时间缩短到 50 年），电脑就能做到人脑所能做的一切。"[②] 正是通过对人类智能的哲学解剖，人们发现了智能有形式的一面，因此，抓住了形式当然等于抓住了智能的部分本质。用这样的发现去指导实践当然能取得一定的成功。事实也正是这样。1956 年，纽厄尔和西蒙研制成了第一个启发式程序"逻辑理论机"。利用这个程序，他们证明了怀特海和罗素合著的《数学原理》（*Principia Mathematica*）中的 38 条数学定理，开创了用计算机模拟人类高级智能活动、实现复杂脑力劳动自动化的先河。后来，塞缪尔（A. L. Samuel）研制出了有自学习能力的跳棋程序，开启了人工智能中对机器博弈、机器学习的研究。罗森布拉特（F. Rosenblatt）在 1956 年就成功地训练一台感知机做一些需要高智能完成的事情，例如，将某些类型的模式确定为相似的，并把它们与另一些不同的模式区分开来。这样的成就使许多人欣喜若狂，罗森布拉特说："感知机引入了一种新的信息加工自动装

---

① ［英］罗杰·彭罗斯：《皇帝新脑——有关电脑、人脑及物理定律》，许明贤、吴忠超译，湖南科学技术出版社 1994 年版，第 2 页。
② ［英］罗杰·彭罗斯：《皇帝新脑——有关电脑、人脑及物理定律》，许明贤、吴忠超译，湖南科学技术出版社 1994 年版，前言第 1 页。

置：我们第一次有了一台能够具备原创思想的机器……感知机……比起以前提出的任何系统，似乎更接近于满足对神经系统功能解释的要求……感知机无疑已经建立起有可能体现人类认知功能的非人类系统的可行性和原理。"[1]纽厄尔和西蒙更加乐观，他们说："目前世界上存在着一些会思考、会学习、能创新的机器。它们做这些事的能力还在迅速提升，在不久的将来，它们处理问题的范围，都将从时间、空间上达到人类心智已达到的范围。""直觉、顿悟、学习不是人类所独有的，任何大型而高速的计算机都能通过编程表现出这些能力。"[2]明斯基则说："只需一代人的时间，创造'人工智能'的问题就可以基本解决。"[3]

在这些成果的鼓舞下，AI研究似乎步入佳境，许多人致力于更全面深入地模拟延伸、拓展人类的智能行为，如人类的自然推理方式、学习方式、生物进化方式、语言理解过程、感知过程等。通过这些努力，以前只能靠人类智能才能完成的工作，现在可由机器完成。例如，人们已设计出了相应的系统，它们能做这样一些工作，如自然语言理解、解释视觉场景、手眼协调、设计、编程、口语理解等。此外，问题求解的程序越来越多，应用的范围越来越广，性能越来越高，如规划程序、协商程度等。正如纽厄尔和西蒙所说的："这张单子如果不是无尽的，至少也是非常之长的。"[4]

自20世纪80年代以来，随着70年代末在专家系统和知识工程研究方面的突破性进展，人工智能通过对问题求解、逻辑推理、定理证明、自然语言理解、博弈、自动程序设计和机器学习等专门领域的多角度深入研究，先后建立了许多具有不同程度智能的计算机系统。它们真是"八仙过海，各显神通"。例如，有的能求解微分方程、能设计分析集成电路，有的能合成人类自然语言、能完成语音识别和手写体识别，有的能控制太空飞行器和水下机器人。1997年，美国国际商用机器公司（International Business Machines Corporation，IBM）的"深蓝"计算机在棋盘上战胜了世界国际象棋大师卡斯帕罗夫。步入21世纪以来，由于网

---

[1] Rosenblatt F. "Mechanism of thought processes". *Proceedings of a Symposium Held at the National Physical Laboratory*, 1958, (1): 499.
[2] Newell A, Simon H. "Heuristic problem solving: the next advance in operations research". *Operations Research*, 1958, (6): 6.
[3] Minsky M. *Computation: Finite and Infinite Machines*. New York: Prentice Hall, 1977: 2.
[4] [美]纽厄尔、[美]西蒙：《作为经验探索的计算机科学：符号和搜索》，载[英]玛格丽特·博登编著《人工智能哲学》，刘西瑞、王汉琦译，上海译文出版社2001年版，第157页。

络智能技术、自主体或代理（agent）技术、分布式人工智能的发展，新型计算机技术（如光计算机、量子计算机、生物计算机）与智能计算技术的结合，克隆技术的发展，人工智能的研究成果无论是在数量还是质量上都有了大幅度的提高，显示出旺盛的生命力和令人振奋的前景。

人们在定理证明与发现方面也取得了较重大的成就，如 1979 年，博耶（R. S. Boyer）和莫尔（J. Moore）提出了计算逻辑，他们据此探讨了具有归纳结构的这种难度较大的定理证明问题，建立了归纳证明的方法，设计了定理证明的程序。在不确定推理的模拟方面也是如此。我们知道：人类智能的一个特点是能在知识不完备、不精确甚至不知道的情况下做出推理。这种推理就是不确定推理。20 世纪 70 年代以来，人工智能专家也想让机器表现出这种智能，如建立了一些不确定推理系统。尽管它们不够严谨，但有一定的实用性，能解决一些问题，且符合人类专家的直觉，在概率上也可给出解释。其具体思路是：在知识库中，既提供精确的、有规律性的一般知识，又提供大量不精确的、类似于专家经验的知识，然后用工程法、控制法、并行确定法等方法来忽略或消除不确定性质因素，以形成某种带有或然性的结论。这方面的系统很多，如以产生式作为知识表示的 MYCIN 系统，以语义网络表示的 PROSPECTOR 系统等。

人们在定性推理方面也有有益的探讨，并开始走向成熟。这一研究是从对物理现象的关注开始的。在自然界，人类对物理现象的描述和解释常忽略量的方面，只考虑质的、定性的方面。尽管如此，基于定性方面的材料所做的推理又常常是正确的。例如，在描述、解释、推论烧杯内的水的加热过程和结果时，并不需要动用运动方程，不需要考虑加热量的多少，只要注意水温的不断上升，就会推断出最后的结果。人工智能在这方面的研究发展很快，20 世纪 80 年代基本走向成熟，90 年代更加深入，如克莱尔（Kleer）的定性方程法、福巴斯（Forbus）的进程法、凯珀斯（Kuipers）的定性模拟法等，其对阀门压力的调节、锅炉加热过程、上抛球运动等应用领域，都能做出行之有效的推论。

在知识工程方面，20 世纪 70 年代以来，人们逐渐认识到，人类之所以有复杂的智能，是因为人类的每种智能后面都有大量的知识储备作为基础，因此要造出像人类智能那样的智能，也应该让机器拥有知识。于是，对知识工程的关注便成了人工智能研究的一个新的发展方向。它包括三方面的内容：知识获取（机器学习）、知识表征和知识使用。这些方面都得到了广泛而深入的研究，取得了一些积极的成果。其中最突出的是对机器学习的研究。从理论探讨上说，人们已经认识到机器学习的系统应包括四个环节，即环境、知识库、学习和执行。不仅如此，人们为了使研究更具实用性、可操作性，还将机器学习划分为不同的类型，如记忆学习、传授或指导性学习、演绎学习、归纳学习、类比学习等。经过研究，已形成了不计其数的模型。在归纳学习方面，有以实例学习表现出来的大量程序。例如，西蒙等人在1974年给出了关于实例学习的两个空间模型，兰勒（P. Langley）提出了Bacon系统，迪特里奇（T. G. Dietterich）建立了SPARC系统。这类系统的最大特点是具有较强的实用性，因此这一研究在某些系统中的应用可被看作是机器学习走向实用的先导。例如，DENDRAL程序就能自动地完成化学家这样的判断过程，即化学家在分析质谱仪、得到了质谱的基础上对试样分子结构的判断。

脑机接口是AI研究最重要的领域，其目的是通过一定的途径和技术，让人工脑与生物脑（人脑）能直接进行交互。如果能做到这一点，那当然是再好不过的。例如，人借助这一接口就能直接利用计算机的超大规模的信息储存，甚至用不着再花那么长的时间去打基础。这一愿望能否实现呢？许多人做出了肯定的回答。其根据是：人工脑和生物脑的本质都是接受、加工、输出信息，而且在信息的处理机理上也是一致的。因此这种脑机接口是可能被创造出来的。事实也部分证明了上述推断。麻省理工学院、贝尔实验室等机构的科学家已成功研制了一种可以模拟人类神经系统的电脑微芯片，并成功地将其植入人脑。其作用是，利用仿生学原理对人体神经进行修复。它还能与大脑协作，给电子装置发指令，监测大脑活动。据此，有科学家预测：在不远的将来，人类可以研制出记忆芯片，将它植入人脑，就可使人脑的记忆能力得到提高。

生物计算机是计算机科学的一个新的发展方向。有关专家正在研制生物电子人或半机器人，其方法就是将从动物脑部所取下的组织细胞与计算机硬件结合在一起。如果芯片与神经末梢能吻合，那么如此造出的构造就能大大提高大脑的功能。美国南加利福尼亚大学的伯杰（T. Berger）和利奥（J. Liaw）提出了动态突触神经回路模型，在此基础上，他们还于2003年研究出了一种大脑芯片，它能代替海马的功能。这种芯片安放在小白鼠身上就取得了成功。

智能机器人除了是一种自动化的机器之外，同时还是具有与生物智能相似的智能的机器，如有感知能力、规划能力、行为能力、协作能力等。现在的智能机器人有的是具有多种能力的机器，有的是有某一方面专门能力、适用于在特定环境下代替人来完成某种任务的机器。按用途分，有这样一些，如移动机器人、水下机器人、医疗机器人、军用机器人、空中空间机器人、娱乐机器人、博弈机器人等。美国的机器人技术在世界上堪称一流。它所生产的机器人不仅数量庞大，而且性能优越。它的优势在于：首先，新研制的机器人功能多样、性能可靠、精确度高；其次，对机器人语言的研究水平为世界之最，所用的语言类型多，应用范围广泛；最后，对智能技术的研究成效显著，所研究的视触觉技术已被应用到航天等领域之中。日本的机器人研究也有自己的特点，尽管日本现在在技术、品质上屈居美国之后，但它在机器人的使用数量上超过了美国，而且使用机器人的领域也极为广泛。可以毫不夸张地说，机器人为解决日本的劳动力不足、提高劳动生产率、降低生产成本、提高产品质量做了巨大的贡献，因此成了日本保持自己的经济发展速度、拥有较强竞争力的一股重要的力量。

由于该领域的一些技术取得了新的突破，因此一些专家对这一领域的前景持有乐观的态度。20世纪末，机器人研究权威莫拉维克（H. Moravec）曾经预言：新一代具有感知能力、较强操作性、移动性的多用途机器人将会在2010年出现；第二代能在工作中学习技能、有适应性和学习能力的机器人将在2020年出现；第三代有预测能力的通用机器人将出现在2030年；第四代具有更完善推理能力的机器人将出现在2040年。[①]据说，未来的机器人尤其是第四代机器人将表现出情感能力。例如，这种机器人可有调节模块，或被安装这样的程序组，它能让主人产生满意、快乐的情绪。另外，这种机器人由于智能超群，也许能建构出心理模型，如通过它的模拟器建立关于人或别的机器人的心理状态的模型。如果有这种模型，那么它便能预测自己的行为对人类的情感效果，进而便可根据需要调节自己的行为。从智能上说，这类机器人将成为比人类更优秀的推理者，因为它的推理速度比人类的推理至少要快100万倍，其记忆能力就更不用说了。由于有这些优势，它们便能够抽象地检查模拟过程，设计出完成复杂操作的更快、效果更好的步骤；它们还能对未来做出更准确的预测，因而使犯错误的概率大大降低。

---

① [美]汉斯·莫拉维克：《机器人》，马小军、时培涛译，上海科学技术出版社2001年版。

当然，由于未来的机器人有自主的特性，不完全取决于制造与遗传，因此它们将有改变自身特性的能力。而这对于人类来说又将是十分可怕的。因为如果它们抵制人类设计者对它们能力的设计或改变，如果它们自以为是地破坏或改变自己的思维决策能力，那么它们就有可能做出对人类极为不利的，甚至是毁灭性的行为。

AI 发展的速度是一般人始料不及的，其成果对人类社会各方面的影响也是有目共睹的。由于 AI 的出现，我们似乎进入了一种全然不同的社会。我国学者史忠植把它称作"智能社会"。他说："工业社会是高能耗社会，它由能量驱动物质经济发展，是高熵的社会。智能社会是高智社会，它以智能驱动智能经济发展，是低熵社会。智能社会的特点是高智结构，既有人的智能和机器智能，也有人机复合智能和网络集成智能，乃至整体的社会智能。高智能于是成为智能社会的第一推动力。"①智能社会之所以出现，从根本上说得益于"智能革命"。与以往的能量革命相比，它的特点在于：能量革命的实质是转换和利用能量，而智能革命实现的是"智能的转换和利用，即人把自己的智能赋予机器，智能机把人的智能转换为机器智能，并放大人的智能；人又把机器智能转换为人的智能，加以利用"②。

AI 研究尽管取得了许多令人振奋的成果，但一直步履艰难，甚至许多目标或理想都成了梦幻泡影，有的人还断言 AI 研究陷入了危机。例如，纽厄尔和西蒙鉴于他们以及别的人在人工智能研究中的成果（如 1956 年，他们编制了"逻辑理论机"数字定理证明程序，使机器迈出了逻辑推理的第一步，并证明了罗素的《数学原理》第 2 章中的 38 条定理），欣喜若狂，于 1958 年提出了这样的预言：10 年内，计算机将成为世界象棋冠军；10 年内，计算机将发现或证明有意义的数学定理；10 年内，计算机将谱写优美的乐曲；10 年内，计算机将实现大多数心理学理论。其中的一些预言，并未按预期变成现实，而是姗姗来迟；而有些至今仍未兑现。

人工智能发展史上最惨烈、悲壮的失败要数日本的第五代计算机梦想的破灭。1981 年 10 月，日本东京大学的元冈达提出了关于建造第五代计算机即智能计算机的构想。随后，日本制定了一个研制这种计算机的 10 年规划，日本通产

---

① 史忠植：《智能科学》，清华大学出版社 2006 年版，第 466 页。
② 史忠植：《智能科学》，清华大学出版社 2006 年版，第 466 页。

省积极予以支持，预算投资达 4.3 亿美元，进而成立了以渊一博为所长的"新一代计算机技术研究所"，并组织许多企业公司予以协作攻关。他们苦战了 10 年。这 10 年中，研究人员几乎没有回过家。然而到了 1992 年，由于无法解决一些技术难题，该计划终告失败。

作为 AI 研究的创始人之一的明斯基，曾是一位关于 AI 的乐观主义者，他预言：只需一代人的时间，创造人工智能的问题就可以基本解决。后来，这个领域碰上了前所未有的困难，如对常识、知识尤其是经验知识做出表征比人们设想的要困难得多，而不仅仅是一个为成千上万的事实编写目录的问题。鉴于这一切，明斯基后来的情绪完全改变了，沮丧地说："AI 问题是科学曾从事研究的最困难的问题之一。"①

人工智能研究中的失败、困境或如有些人所形容的"危机"使有关领域的专家陷入了深层的反思。问题究竟出在什么地方？实现智能的关键性技术当然是重要的，但人工智能的基础理论有没有问题？我们对人类智能的了解是否到位？过去用来指导人工智能研究的智能理论是否存有根本性的缺陷？许多人的看法是肯定的。基于这样的看法，人工智能研究便有了这样一种倾向或转向，即强调对智能基础理论问题的研究。我国学者史忠植说："五代机失败的现实迫使人们寻找研究智能科学的新途径。智能不仅要功能仿真，而且要机理仿真；智能不仅要运用推理，自顶向下，而且要通过学习，由底向上，两者结合。"②

1991 年，国际本领域权威杂志《人工智能》（*Artificial Intelligence*）第 47 卷组织了基础研究专辑，对发展趋势做了探讨。柯希（D. Kirsh）认为，人工智能的基础研究至少应关注如下五大问题：第一，知识和概念化是否是人工智能的核心；第二，能否将认知能力与其载体分开来进行研究；第三，能否用类似于自然语言的语言描述认知的过程；第四，能否将学习与认知分开来研究；第五，所有认知现象是否有统一的结构。③

许多人清醒地认识到，AI 研究中的危机除了技术上的困难之外，还有许多深

---

① [美]H. L. 德雷福斯、[美]S. E. 德雷福斯：《造就心灵还是建立大脑模型：人工智能的分歧点》，载[英]玛格丽特·博登编著《人工智能哲学》，刘西瑞、王汉琦译，上海译文出版社 2006 年版，第 444 页。
② 史忠植：《智能科学》，清华大学出版社 2006 年版，第 2 页。
③ Kirsh D. "Foundation of AI: the big issues". *Artificial Intelligence*, 1991, 47（1-3）: 3-30.

层次的理论问题，包括哲学问题，其尚未得到应有的探究。沿着这一思路，有关专家开始从深层次、根本的方面反思人工智能的一些哲学层面的问题，如究竟什么是智能、人工智能的基础究竟是什么等。重视这类研究的表现主要有：1987年5月，在麻省理工学院召开的人工智能专题研讨会上，人们纷纷阐述自己对人工智能基础的认识，评价基础方面的工作。还有在一些会议上，专家围绕常识表示和常识推理展开了热烈讨论。另外，以"人工智能基础"和"人工智能哲学"为题的论著大量涌现。美国AI专家卢格尔（G. E. Luger）在反思AI研究的问题及原因时甚至得出了与哲学家塞尔一样的结论，即认为，我们对智能的根本特性——意向性或含义——的认识是远远不够的。他说："在传统的人工智能中，含意的概念充其量是很弱的。""含意的基础这个问题，一直同时阻挠着人工智能和认知科学事业的支持者和批评者。"[1]在他看来，要摆脱AI研究的困境、使之走上科学的轨道，一项必不可少的工作就是关注深层的哲学问题。他说："如果人工智能的工作想要达到科学的水平，我们还必须处理一些重要的哲学问题，尤其是那些与认识论有关的问题，或是智能系统是怎样'知道'它的世界的问题。这些论点涉及到人工智能研究的对象是什么，以及更深层的问题，如物理符号系统假设的有效性和实用性中存在的问题，还包括更多的问题，如人工智能的符号系统方法中'符号'到底是什么，在连接模型中符号是如何关联到多组带权重的结点。"[2]基于这些看法，他还对AI研究提出了新的界定，如说它是"对智能本身理解的一部分"[3]，"研究的是智能行为中的机制，它是通过构造和评估那些试图采用这些机制的人工制品来进行研究的"[4]。

彭罗斯也认识到：人类智能的特点是有智慧，而智慧又离不开意识或意向性。他说："智慧的问题属于意识的问题的范围内，我相信，如果没有意识相伴随，真正的智慧是不会呈现的。"[5]"真正的智慧需要意识。"[6]既然如此，我们要建

---

[1] [美]G. F. 鲁格：《人工智能》，史忠植等译，机械工业出版社2006年版，第591页。
[2] [美]G. F. 鲁格：《人工智能》，史忠植等译，机械工业出版社2006年版，第588页。
[3] [美]G. F. 鲁格：《人工智能》，史忠植等译，机械工业出版社2006年版，第588页。
[4] [美]G. F. 鲁格：《人工智能》，史忠植等译，机械工业出版社2006年版，第588页。
[5] [英]罗杰·彭罗斯：《皇帝新脑——有关电脑、人脑及物理定律》，许明贤、吴忠超译，湖南科学技术出版社1994年版，第470页。
[6] [英]罗杰·彭罗斯：《皇帝新脑——有关电脑、人脑及物理定律》，许明贤、吴忠超译，湖南科学技术出版社1994年版，第471页

构真正有指导意义的关于人类智能的模型，要造出能模拟、延伸乃至超越人类智能的 AI，我们能越过意识、意向性之类的哲学问题而不顾吗？他还说："现代电脑技术时代的来临赋予它新的冲力甚至迫切感，这一问题触及到哲学的深刻底蕴，什么是思维？什么是感觉？什么是精神？精神真的存在吗？假定这些都存在，思维的功能在何种程度上依赖于和它相关联的身体结构？精神能否完全独立于这种结构？……相关结构的性质必须是生物的（头脑）吗？……精神服从物理定律吗？"[1]

美国著名哲学家、认知科学家塞尔更明确、有力地指出了已有 AI 实践所隐藏的困难，即"意向性缺失难题"。由于它由塞尔所提出，所以人们一般把它称作"塞尔难题"。在塞尔看来，作为现代科技之结晶的计算机所表现出的所谓智能，尽管在许多方面已远胜于人类智能，但它只能按形式规则进行形式转换，而不能像人类智能那样主动、有意识地关联于外部事态，即没有涉及意义，或没有语义性或意向性。他说：已有计算机所实现的所谓智能"本身所做的"只是"形式符号处理"，它们"没有任何意向性；它们是全然无意义的……用语言学的行话来说，它们只是句法，而没有意义。那种看来似乎是计算机所具有的意向性，只不过存在于为计算机编程和使用计算机的那些人心里，和那些送进输入和解释输出的人的心里"。[2]如果从意义的角度理解信息，甚至不能说计算机有加工信息的功能。他说："计算机所做的事不是'信息加工'……程序编制者和计算机输出解释者使用符号来替代现实中的物体，这个事实完全是在计算机范围之外的事。"[3]摆在人工智能研究面前的一个瓶颈问题就是研究如何让智能机器具有意向性、如何让句法机质变为语义机。

塞尔提出的问题从表现上看是哲学的呓语，许多 AI 专家也是因为认准了这一点而要么对其不屑一顾，要么做"居高临下"的批判，如指责塞尔关于 AI 无知。其实，"塞尔问题"触及了如何理解人类智能的本质特点这一根本性问题。它针对的是这一领域占支配地位且一直指导着 AI 实践的图灵智能观，表达了一

---

[1] [英]罗杰·彭罗斯：《皇帝新脑——有关电脑、人脑及物理定律》，许明贤、吴忠超译，湖南科学技术出版社 1994 年版，第 2 页。
[2] [美]塞尔：《心灵、大脑与程序》，载[英]玛格丽特·博登编著《人工智能哲学》，刘西瑞、王汉琦译，上海译文出版社 2001 年版，第 113 页。
[3] [美]塞尔：《心灵、大脑与程序》，载[英]玛格丽特·博登编著《人工智能哲学》，刘西瑞、王汉琦译，上海译文出版社 2001 年版，第 116 页。

种根本有别的智能理解。众所周知，图灵提出了关于智能的新的不同于内在主义的外在行为标准，即反对预设的标准，而强调这样的检验：如果机器能以无法与人类回答相区别的方式做加减法或阅读十四行诗，或做模仿游戏，那么就可判定它有像人类一样的智能。这显然是一种行为主义的标准。但同时我们应注意的是，图灵是有自己对智能甚至一般的思维或认知的内在构成、特点、实质的看法的。其基本态度是坚持和发挥传统理性主义与机械主义的这样两个命题：思维就是计算，人是机器。而计算是能表现出智能特性的实在的共性。当然，图灵这里抓住的共性不是这类对象的质料或构成上的共性，而是形式上的、量的方面的共性。他认为，如果人造的工具或机器也能表现这一特性，那么我们也可视之为智能实在。图灵为了说明计算的本质，提出了自己的关于计算的图灵机模型。在这个模型中，他试图说明：人的认知过程就是计算，而计算是由具体的步骤构成的。例如，产生由有限数量的单元构成的图式，每一单元都是一个空格，或包含有限字母表中的一个符号。每一步的行为都是局域性的，并且是按照有限的指令表局域地被确定了的。形象地说，人的计算不过是用笔和纸所完成的活动。他关于人的计算的模型是从人的活动中抽象出来的。由于这一模型被形式化了，因此它是一种机器模型。其之所以被称为机器模型，图灵认为：一方面，人的心智就是一种计算机器，即一种能计算的机器（所有能做这种事情的物质都可被叫作计算机）；另一方面，他还强调，他所设想的机器（图灵机）可以完成人的计算任务。基于这一点，图灵机就成了人的计算的理想模型。因为图灵机尽管不是现实的计算机，只是一种理想的模型，但它能完成人的计算步骤。根据图灵对人的心智活动的分析，人的心智活动必然遵守计算所具有的下述五个约束，因此人的心智活动在本质上就是计算。这五个约束是：①在任何计算中，只有有限的符号被写入、被使用了；②暂存带的量受到了固定的限制，那就是，人要决定下一步该干什么，他一次只能读入一定量的暂存带；③每一次只能写入一个符号；④暂存带的一个区域可被称作"单元"，而在单元之间的距离，存在着一个上限；⑤人能进入的心智状态的数量也有其上限。图灵机也遵循了这些约束，因此也有自己的计算或智能行为。塞尔的看法根本不同。如果说图灵理解的作为机器的智能是句法机的话，那么塞尔所理解的智能既是句法机，又是语义机。这是他基于解剖人类智能以及反思 AI 理论和实践探讨所阐发的一种新智能观。

我国 AI 研究方面的一些权威学者对研究深层次问题及其重要性也有清醒的体认。马希文先生说："计算机不应是也不会是最终的智能机器……应该开创一门新的学科……研究思维活动的更深入的具体规律，提出新的概念、新的方法和新的机制……并把这些与某种（理论的）机器模型相联系以期最终得到工程实现。"[①]陆汝钤先生通过对知识工程的反思也得出了类似的结论："知识工程的出现并未从根本上解决人工智能的危机……人工智能有很多深层次的理论和技术问题并未因为知识工程的出现而解决。"[②]史忠植先生说："到了 20 世纪 80 年代末，各国的智能计算机计划相继遇到了困难，难以达到预期的目标。这些问题的出现，让人们重新对原来的思想和方法进行分析，人们发现：这些困难不是个别的，而是涉及人工智能的根本性问题。"[③]在众多深层次问题中，他也十分重视意识问题，如说："意识也许是人类大脑最大的奥秘和最高的成就之一。"[④]

智能科学在 AI 诞生几十年之后以一门独立科学的形象出现在人类的科学大厦之中，本身就具有极强的说服力。一般认为，智能的本质与起源的过程及机理是当代科学的四大难题（人体基因结构、宇宙中的黑暗物质、受控核聚变、生命起源）之一，正好也是智能科学的主要课题。这一问题的解决，是人工智能科学实现真正突破和进展的前提条件之一。现在的许多人工智能专家已转向了对它的研究，霍金斯（J. Hawkins）于 2004 年出版的《论智能》一书就是这种转向的见证。目前，在中外学术界，以此为题的论著可谓汗牛充栋。对此，李衍达先生评述说："到了 21 世纪，智能科学已成为科学研究的前沿热点，很多人将其看成影响未来科技进步与社会发展的关键学科之一。"[⑤]

第二节 AI 建模的基础理论探讨

科学方法论告诉我们：要认识复杂对象，一种有用的方法就是建构关于它的

[①] [美]休伯特·德雷福斯：《计算机不能做什么——人工智能的极限》，宁春岩译，生活·读书·新知三联书店 1986 年版，序第 10 页。
[②] 涂序彦编：《人工智能：回顾与展望》，科学出版社 2006 年版，第 10 页。
[③] 史忠植、王文杰：《人工智能》，国防工业出版社 2007 年版，第 9-10 页。
[④] 史忠植：《智能科学》，清华大学出版社 2006 年版，第 11 页。
[⑤] 冯天瑾：《智能科学史》，科学出版社 2007 年版，第 i 页。

模型。对心智的认识也是这样。心智建模不仅是认识心智的一个途径，也是人工智能发展的需要。因为要获得类似或超过人类智能的人工智能，首先必须有关于人类心智的正确认识，形成关于它的模型。众所周知，模型是复杂对象的一个简化的摹本，其作用是帮助我们把握复杂的对象。它借助抽象，将对象中的非主要的方面过滤剔除掉，只剩下主要的、值得关注的方面。在此基础上，再通过理想化，让对象得到进一步过滤和简化。要认识自然智能及其本质特点，我们也必须用这种方法去建构关于它的模型。而要予以建模，一个必不可少的条件是弄清它的内在构成及其相互关系。麻烦在于：对自然智能的认识尽管贯穿在人类认识尤其是哲学思维的始终，但相对于其他领域而言，这一领域又是最薄弱的。当然，这不是说没有形成什么理论，恰恰相反，围绕着它，哲学已经形成了一个蔚为壮观、博大精深的研究领域，有关的理论学说汗牛充栋，人们对一系列问题的认识众说纷纭、莫衷一是。所有这些，无疑既为我们的建模提供了条件，又为我们设置了障碍。显然，现阶段要立即为自然提供一种模型是不现实的。当务之急是为此做一些认识论、方法论上的准备工作，例如，弄清西方智能研究的历史与现状，查明心智认识中积累下来的各种积极有价值的成果，厘清有关概念，等等。简言之，为以后真正的理论建模做认识论的铺垫。

要建模人类智能，首先面临的前提性问题是：人类智能有无被建模的可能性？具言之，如果人类智能的根本特点是语义性或意向性，那么它们有无被建模的可能性？有的人持悲观主义立场，认为人的智能是不能被形式化的，是非算法的，至少有一部分如此。彭罗斯认为，作为智慧之根本特点的意向性是抵制编程的。冈德森（R. Gunderson）通过设计一些思想实验，对流行的符号加工和联结主义方案做了严肃的反思，对AI的发展方向做了新的探讨。在这些探讨中，他提出了一些与塞尔的思想有某些相似之处的观点。例如，他承认有无意向性是人类智能与AI区分的根本标志，但他没有由此走向悲观主义，而是强调AI模拟意向性是有其可能性的，今后的任务就是探讨怎样让AI表现出真正的意向性或语义性。我们应看到，多数人对建模人类智能及其意向性特点是持乐观主义态度的，当然，人们对怎样完成这一任务见仁见智。

冈德森认为，要解决上述问题，必须首先解决这样一个瓶颈问题，即如何让有意向性的状态同时有意识。他说："意识不管怎样难以描述，但它确实有效地存在于我们一般的意向活动之中。我这里要说的是：它存在于大脑之中，作为意义的唯一的裁决者而起作用，这是因为它存在着，在决定我们所说和所做的结果是什么的过程中起着至关重要的作用。"[①]已有的 AI 之所以没有真正的意向性，是因为它们没有意识。例如，有一种联结主义模型 MUSAI，已表现出了派生的意向性。但它们没有真正的意向性，原因在于：它们在关涉它们的对象时，没有意识的作用参与进来。我们人类的意向性之所以是真正的、原始的意向性，主要是因为有意识在场，因此人"有原始的或内在的意向性"[②]。例如，人的谈话、写作都是意向行为，也可以说是意义活动。说者、作者要实现自己的这些意向活动，必须让意识发挥作用，否则就不会有意向活动发生。意识的作用具体表现在：首先，在开始说或写作时，需有对听者、读者的评估与判断；其次，要有说或写某事情的需要、愿望和意图；最后，要知道何时开始说、从什么地方开始说为妥。要让有意向的状态同时有意识的特点，关键是要研究意识是怎样出现在人类身上的，其作用的机制、条件是什么。而要解决这些问题，就必须研究人类进化的历史，研究大自然为人类塑造意识所用的方法和所经历的过程。

接着，冈德森强调，在让人工智能模拟人的意向性的过程中，还要思考：意向性能否按通行的编程的、形式化的方法来模拟。他认为，要理解意识在意向活动中的作用，理解意向性的种类、范围和本质，弄清人工智能、计算机计算的本质和限度，有必要先来研究疼痛。因为他认识到：意向性有原始的和派生的之别，而疼痛则没有这种区别，只有疼痛与疼痛报告（行为）的区别。尽管如此，"弄清为什么是这样，会有助于我们认识意向现象的范围……因为适用于疼痛的东西也一定适用于一般的意向现象"[③]。例如，疼痛有抵制编程的特点，这对理解意向性的本质极其重要。

主张人工智能系统没有感觉、没有情绪，不是冈德森的首创。德雷福斯（S. Dreyfus）和豪格兰德（J. Haugeland）等早就做了否定的回答。他们认为，思想与感觉、理解与情感是根本不同的东西。冈德森在此基础上进一步指出："我自

---

① Gunderson R. "Consciousness and intentionality". In Anderson C, Owens J (Eds.). *Propositional Attitudes*. Stanford: CSLI Publications, 1990: 285.
② Gunderson R. "Consciousness and intentionality". In Anderson C, Owens J (Eds.). *Propositional Attitudes*. Stanford: CSLI Publications, 1990: 313.
③ Gunderson R. "Consciousness and intentionality". In Anderson C, Owens J (Eds.). *Propositional Attitudes*. Stanford: CSLI Publications, 1990: 287.

己对我们生命的这些广泛而不够认知的方面的兴趣来自这样的信念,即相信:它们可能是我们是什么这一问题的组成部分,显然与认知是相互作用的,最终需要用关于认知的可行理论来加以说明。"[1]这里的"不够认知的方面",就是"抵制编程的方面"。所谓抵制编程,就是它们不是程序性的,不是符号或形式性的,而是以非形式、非认知的方式发生和进行的。要予以模拟,我们必须另辟蹊径。冈德森说:"对于非意向的心理方面而言,没有可比的东西让人们去从事强人工智能的探索。因为不存在独立地派生的疼痛个例,因此事实上没有这样的材料能让人们通过接受加工和产生程序的形式去从事疼痛的模拟工作。"[2]

既然它们抵制编程,那我们就必须另辟蹊径,例如,用非编程的方式去模拟人类的意识和意向性。而要如此,又必须否定丹尼特的工具主义,坚持意向性实在论,即承认有原始的真实的意向性。冈德森认为,丹尼特对原始意向性的否定一定隐含着某种误解,这主要表现在他对"派生的"的理解有歧义性,或做了模棱两可的使用。例如,当他讲我们的意向性来自自然之母的选择时,这里所说的"派生"指的是"被引起"。人的意向性不能自发产生,总是被什么引起的,这种有"引起"作用的东西常常是基因。但是这种广义的"被引起"并不能等同于"派生"或"来自"。比如,"烟意味着火",这里有"派生的"意向性,这种"派生"指的是"借用"意义,而没有"被引起"的意义。计算机的意向性也是如此,它是"派生的",这样说指的是:它来自我们的解释。说它能思维,并不是说它真的能思维,而只是说好像能思维。简言之,这样说有隐喻的、拟人化的意义。冈德森说:"正是行为的近端原因上的这种差异首先促使人们把原始或内在意向性与派生的意向性区别开来。"[3]更明确地说,派生的意向性是观察者归之于某个对象的意向性,因此它有相对于观察者的特点。例如,恒温器、计算机的意向性都属于这一类型,话语、句子等如果说有意向性也是如此。但强调它们只有派生的意向性,不同于人的意向性,并不等于说派生的意向性是一种简单的

---

[1] Gunderson R. "Consciousness and intentionality". In Anderson C, Owens J (Eds.). *Propositional Attitudes*. Stanford: CSLI Publications, 1990: 317.
[2] Gunderson R. "Consciousness and intentionality". In Anderson C, Owens J (Eds.). *Propositional Attitudes*. Stanford: CSLI Publications, 1990: 323.
[3] Gunderson R. "Consciousness and intentionality". In Anderson C, Owens J (Eds.). *Propositional Attitudes*. Stanford: CSLI Publications, 1990: 299.

现象，恰恰相反，它同样是"极其壮观的东西"[①]。

要用非编程的方式模拟人类的智能，还必须坚持关于意义的理性主义和非自然主义，承认意向性、意义、意识有不能被还原为自然实在的一面。冈德森说："如果我们要辩护在原始的（内在的）意向性中所做的区分，我们就必须对意义理性主义的全部学说做出辩护，包括对不可错的优越通道、作为'所与'的意向性以及反自然主义等做出辩护。"[②]这里最重要的是弄清"优越通道"的本质与机理，因为其包含着人类意识的首要秘密。在他看来，人类的有意向性的心理状态的特点，就是有为其主体所直接接近的途径，即有优越的通道。显然，优越的通道就是意识的前提，因为人正是由于有通向各种意向状态的优越通道，才能获得关于它们的过程、性质和特点的直接的意识。冈德森还认为，承认这一点，就意味着承认两种通道（即一种是关于自己内心世界的，一个是关于他心的）的不对称性。在他看来，不对称性是客观存在的事实，因为我们每个人对我们自己的心理状态在认识上、在把握的过程中都具有直接性，而对他心，我们只能间接地加以认识。[③]

"优越通道"与原始的意向性之间有何联系呢？冈德森的回答是："我们意识到的东西几乎总是我们对之有优越通道去接近的东西。就像意识隐藏在任何类型的意向性作用之中一样，优越的通道有时也是如此。"[④]明白了这些道理，智能的非编程式模拟就有了前进的一个方向，即研究"优越通道"成立的条件和起作用的机制、原理，然后从工程学上探讨如何认为人工智能也有自己的"优越通道"。一旦解决了这类问题，就可能让原先只有派生意向性的人工智能也有内在的意向性。因此，意向性的建构不仅有理论上的可能性，而且有工程上的现实性。

坚持意向性建模的乐观主义、反对悲观主义，仍是这一领域的主要倾向。即使是像彭罗斯这样极力主张意向性和意识具有非算法特点的思想家也没有由此而倒向悲观主义。在彭罗斯看来，在现有的条件下，我们的确没法用形式化的方法去模拟非算法现象，但这不等于在将来也找不到别的方法。其实，已有迹象表

[①] Gunderson R. "Consciousness and intentionality". In Anderson C, Owens J (Eds.). *Propositional Attitudes*. Stanford: CSLI Publications, 1990: 300.
[②] Gunderson R. "Consciousness and intentionality". In Anderson C, Owens J (Eds.). *Propositional Attitudes*. Stanford: CSLI Publications, 1990: 301.
[③] Gunderson R. "Consciousness and intentionality". In Anderson C, Owens J (Eds.). *Propositional Attitudes*. Stanford: CSLI Publications, 1990: 302.
[④] Gunderson R. "Consciousness and intentionality". In Anderson C, Owens J (Eds.). *Propositional Attitudes*. Stanford: CSLI Publications, 1990: 303.

明：量子计算及计算机就很有前途，也许可诉诸得到充分发展的这一技术来实现我们的愿望。

福多的乐观主义更明朗和更坚定，其底气来自这样的认识：意向性就是心理表征。他说："我们早就说过，认知学家的假说就在于主张：心理因果性是由信息加工决定的，尤其是由对表征的计算决定的。这也等于说，当我们进入有意识的状态时，就它们是因果的而言，它们也是意向的（即表征的）状态。"①而"心理表征完全就是模块"。既然是模块，就有建模和模拟的可能性。所谓模块就是有特定信息封装和特定功能的子系统。在福多看来，一个系统成为模块的条件是：它有特定的作用范围，如只对有限的输入做出反应，其操作就是执行命令，它在信息利用上是分隔的，即操作不受来自别的信息层次的反馈的影响。②当然，福多并不认为一切认知系统都是模块，他只承认感知等系统是模块。现在有很多哲学家把这一观点加以推广，认为推理、语言能力、概念获得、范畴化、他心、特定范围的表征都是模块。

从发生学上说，模块是进化的产物，或者说进化设计了许多准独立的模块。这些模块被设计要履行与特定的条件有关的任务。如果可以把意识和意向性也看作是由进化所设计的模块，那么只要弄清了这些模块的结构及其所表现出来的功能，那么我们就可以通过功能模拟让人工系统也表现出意识和意向性。

在解密和模拟人的意向性的过程中，我们完全可以花一定的力量来研究简单事物所表现出来的意向性，因为解剖猴脑也可成为解剖人脑的钥匙。试以温度自动启闭装置为例。它内装有双金属片 C，C 像温度计一样，携带着关于房间温度的信息。温度变化到一定程度，它就开启。它作为开关起作用，这是它的因果属性。而此属性又是与信息属性密切相关的。例如，由温度自动启闭装置控制的火炉被点着了，是因为电子点火开关被打开了，而后者又根源于双金属片的特定弯曲，此弯曲又是由它所携带的信息决定的，如房间温度降至15℃，双金属片便会弯曲，从而形成它的因果作用。这一过程可被描述如下，如图10-1所示。③

---

① Fodor J. *The Modularity of Mind*. Cambridge: The MIT Press, 1983: 62.
② Fodor J. *The Modularity of Mind*. Cambridge: The MIT Press, 1983: 62.
③ Dretske D. *Explaining Behavior*. Cambridge: The MIT Press, 1988: 84.

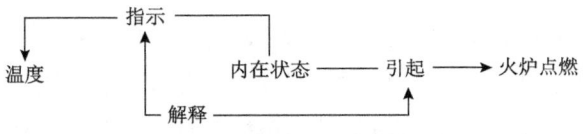

图 10-1 温度自动启闭装置及其解释

可以肯定的是，这种装置有一定程度的意向性，因为要予以解释，必须述及 C 的语义属性，即 C 所携带的关于环境的信息。再如，一张面额 20 元的钞票，它之所以有 20 元的购买力，一方面是因为它有这样的内在属性，即成为 20 元钞票随附于其上的纸的物理或形式结构属性；另一方面这是由它的关于性所决定的。纸币能买多少东西，是由它的"关于性"这样的关系属性决定的，只有当它关联于 20 元的购买力时，它才能买 20 元的东西。这两个例子都说明：人脑以外的事物也可有关联于他物的关于性或简单的意向性，而且这种关于性、"语义性"还有特定的因果作用，例如，纸币的关于性内容不同，其购买力（因果力）就不一样。

当然，我们必须同时认识到，人的意向状态无疑又有自己的特殊性，这主要表现在：第一，温控开关的关于性是无意识的，而人的意向性是有意识的，即有意地指向，又在指向中能清楚地意识到、觉知到自己的指出；第二，人的意向性是有目的的，而纸币的关于性无此特点；第三，人的意向性是自主的、主动的，并可随时随地做出调整、变化，但不是必然如此，如按外在的必然性要意指 A，但人却可以偏不这样，它既可指 B，也可什么都不指。而温控开关等的关于性尽管是自动的，但完全是按程序行事的，是被迫的、不得已的、必然的，除非发生了故障，否则不会有别的可能的关于性。

笔者认为，要建模意向性，还要注意到，意向性的形式是多种多样的。因为意向性作为一种关系性属性或现象是一种存在于广泛范围的现象，不仅可以表现在人身上，还可表现在低等生命之中。这已经成了当今意向性研究的一个共识，例如，许多人经常讨论海底细菌的意向性。这大概可看作是当今的意向性理论不同于前现代意向性理论的一个特点。不仅如此，在特定意义上，我们还可说无机物有意向性，例如，当一物被另一物撞击了，它的反应、它的刺激-反应性就可被看作是一种意向性。当然，这在严格的意义上只能被看作是意向性的萌芽或潜在形式。既然意向性的范围极广、形式极多，而建模意向性又是一项具体的、对可操作性要求较高的、对目标和对象的明确性有苛刻规定的工作，因此要予以建模，就必须对它的形式和类别有足够的认识。

意向性像其他现象一样，也可根据不同的标准来进行分类。从层次上说，有低级的意向性和高级的意向性之别。从意向性的载体来说，有心理状态的意向性、语言符号的意向性之别。从根源上说，有派生的、解释性的或描述的意向性与原始固有的意向性之别。后者主要指人的有意识心理状态所表现出来的意向性，它的关联活动是靠人自身完成的，它的意向性根源于其内的结构及功能。这是目前讨论得较多的一种形式，当然也是 AI 研究要予以关注的意向性。前者是根源于人的解释而被赋予的意向性，例如，计算机计算出来的结果本身并不关于什么，语言符号本身也是如此，它们指向什么、有何意义，完全是由人授予的。从意向对象上来说，有指向外部真实对象的意向性、指向不存在或非存在（如人所想到的独角兽等）的意向性，以及以意向性本身为对象的元意向性之别。最后的这种意向性也是人所特有的，也应是 AI 研究要予以关注的。从与意识的关系来说，有非意识的意向性和有意识的意向性。前者的例子有：无意识的欲望肯定有意向对象，但未被意识到，后者主要体现在人的清醒的心智活动之中。

AI 研究要建模人的固有的意向性，必须探讨意向性的结构和特征。从共时态结构来说，意向性是由意向对象、意向主体（多种内在要素所组成的有动态中心的系统或模块）和意向活动所组成的统一体。从历时性结构来说，人的意向性是从简单的刺激-反应性，经过进化演变而来的高级智慧特性。就人的固有意向性来说，至少有这样一些特征或标志：一是有目的性；二是有主动性、自主性；三是有觉知性，即主体的意指活动是有意识地进行的（这当然是有意识的意向性才有的特征）；四是能自表征，即能形成关于意向性的意向性；五是有注意活动的参与；六是有把意向主体与超越的外在对象关联起来、使两者发生关系的资源、概念结构和能力。

第三节 意向性建模的实践及思考

如前所述，意向性是人类心理现象中最复杂、最难把握的一种现象。胡塞尔说："意向性是在严格意义上说明意识特性的东西"，"最终在自身内包含着一切体验"。①所有重大哲学难题的解决都有赖于意向性的揭秘。塞尔说："全部

---

① ［德］胡塞尔：《纯粹现象学通论》，李幼蒸译，商务印书馆 2011 年版，第 242-246 页。

哲学运动都是环绕着意向性而展开的。"[①]正是由于其难解，因此长期以来尚无关于它的理论模型。而哲学、心理学对于其他心理现象包括比较困难的意识、注意等都还有许多模型，这也从特定的方面说明了意向性的上述特点。然而，AI研究要回应塞尔等人的挑战，要真正让AI表现出意向性特征，又不得不为其建立模型。为适应这一要求，一些尝试性的模型便应运而生了，至少许多人开始了对意向性本身的理论解剖和建构，以为进一步建模做理论上的铺垫。这种转向的发生，主要得益于两种力量的推动：第一种是方法论上的考虑。一般而言，要研究复杂对象，一般要借助模型方法，为其建构模型，以便揭示其主要的构成要素、结构和机制，把握其实质和主要特征，就像要建立三峡大坝，首先要为其建构模型一样。AI研究要模拟智能的这一最根本的特性当然也不例外。第二种力量来自"自主体研究"的"回归"。"回归"这一概念是由史忠植先生提出的，其恰到好处地概括了当前AI研究的走向及特点。他说："自主体概念的回归不单单是因为人们认识到应该把人工智能各个领域的研究成果集成为一个具有智能行为概念的'人'，更重要的原因是人们认识到了人类智能的本质是一种社会性智能……构成社会的基本构件'人'的对应物'自主体'理所当然地成为人工智能研究的基本对象，而社会的对应物'多自主体系统'也成为人工智能研究的基本对象。"[②]众所周知，自主体成了当前AI研究的主要内容和焦点问题，甚至是人工智能研究的最初和最终目标。海斯-罗思（B. Hayes-Roth）说："人工智能是计算机科学的一个分支，它的目标是构造能表现出一定智能行为的自主体。""智能的计算机自主体既是人工智能的最初目标，又是人工智能的最终目标。"[③]这里说"回归"，的确意味深长。因为AI研究作为一门学科，其创立之初就是从人这一智能自主体开始的，但后来在具体行进过程中，由于这样那样的原因，它忘却了自己要模拟的真实原型，而遨游于带有更多想象色彩的虚幻智能世界。当彭罗斯、塞尔等人的警钟伴随着AI研究的许多的"事与愿违"而敲响时，人们似乎恍然大悟：我们离真实的智能自主体太远了。因此回归势在必行，并已成了AI研究中最引人注目的现实呼唤。

[①] Searle J. *Intentionality: An Essays in the Philosophy of Mind*. Cambridge: Cambridge University Press, 1983: vii.
[②] 史忠植、王文杰：《人工智能》，国防工业出版社2007年版，第11-12页。
[③] Hayer-Roth B. "Agents on stage: advancing the state of the art of AI". *Proceedings of the 14th international joint conference on Artificial intelligence*, 1995, 1: 967-971.

然而在具体回归的过程中，又存在着令人忧虑、值得冷静思考的现象，因为许多对自主体概念的回归在很大程度上是对民间心理学及其哲学研究的回归。民间心理学又称常识心理学、意向心理学。它是科学心理学的出发点和批判反思的对象。由于这种心理学知识为每个人所持有，故称常识心理学。由于它主要诉诸信念（believe）、愿望（desire）、目标（goal）、意图（intention）等意向状态来解释和预言行为，故称意向心理学。信念之类的状态之所以被称作意向状态，是因为它的根本特征是意向性，即有对外在事态的关于性、意指性。而它们之所以有这样的意向性及自主性特点，又是因为它们后面有一个自主体。由于自主体具有如此的根本性，因此其一直是心灵哲学家、认知科学哲学反思批判的对象。从 AI 对自主体的实际研究来看，许多人认识到，建立关于自主体的模型，就是建立关于信念等意向状态的信念-愿望-意向（believe-desire-intention，BDI）模型（详见后文），而这又是真正让智能自主体具有名副其实的自主体的前提条件。史忠植说："当前人们侧重研究信念、愿望、意图的关系和形式化描述，建立自主体的 BDI 模型。"[①]尽管还有其他模型，但几乎都一无例外地使用了民间心理学的意向习语，如信念、意图等。

建模的尝试有很多，影响最大的是布拉特曼（M. E. Bratman）的 BDI 模型。史忠植指出："目前对自主体和多自主体系统的建模工作受 Bratman 的哲学的影响很大，几乎所有工作都以实现 Bratman 的哲学分析为目标。"[②]布拉特曼是美国关心 AI 和认知科学的颇有建树的哲学家，其有关理论在 AI 研究中颇有影响。20 世纪 80 年代，他在斯坦福研究所工作，与同事一道承担了一个名为"理性自主系统"（rational agency）的研究项目，后又于 1987 年出版了他的研究成果《意向、计划和实践性推理》（*Intentions, Plans, and Practical Reason*）一书。该书系统地表达了他关于意向性、自主体的基本看法，完整地阐述了他的 BDI 模型。

他的基本立场是反计算主义，认为从刺激到行为输入的中间过程，绝不只是一个映射、纯形式的转换或理性计算的问题。因为它还涉及意向、计划、信念等的作用。他说："根据这种概念，关于实践理性的理论绝不只是一种纯粹的关于理性计

---

① 史忠植：《智能主体及其应用》，科学出版社 2000 年版，第 12 页。
② 史忠植：《智能主体及其应用》，科学出版社 2000 年版，第 12-13 页。

算的理论。确切地说,其他过程和习惯在理性系统中都起着重要的作用。"①他的目的就是要建立关于这一中间过程的、没有遗漏的、全面的理论,以便为 AI 的建模提供理论基础。他试图回答的问题是:当我们放弃计算主义时、当我们把指向未来的意向和计划及其作用当作引起进一步的实践推理的输入时,我们关于心灵和理性自主体的概念会有什么变化。为了回答这类问题,1981~1985 年,他对自主体、行动、意图、信念、计划等做了大量研究,发表了大量论文,如《意图与目的——手段推理》《严肃看待计划》《意向的两个方面》《戴维森的意向理论》等。

在解决上述问题的过程中,布拉特曼承认他受到了戴维森等著名哲学家的影响。他说:"是戴维森唤起了我对行动理论的兴趣,后来,佩里作为我在斯坦福的同事,多年来一直保持着与我的交流,从而大大发展了我的这些兴趣。"②从实际效果来看,戴维森关于意向之类的心理事件与行动关系的理论的确在布拉特曼的思想中留下了深刻的印记。至少从形式上说是这样的,因为戴维森的许多概念、范式和表述方式都为他所借用。在借用鉴戴维森等人的意向学说的基础上,布拉特曼从两方面做了自己的创发性研究:一是探讨了心灵哲学和行动哲学中涉及意向、意志、信念、行动等的哲学问题;二是为将这些理论成果转化为 AI 的应用研究做了大胆探索。

布拉特曼的出发点是常识或民间心理学。当然,他也试图做出自己的超越。不过,他的超越不是质上的,而只是量上的。例如,他认为,常识心理学只是用意向概念描述我们的行动和我们的心理状态,而未从理论上说明它们之间究竟有什么关系、是怎样相关的。他的意向理论恰恰是要对这种关系做出理论的说明。他说:"常识心理学在根据意向的某种根本概念划分出行动和心灵状态时,显然承认这里存在着某种重要的共同性。而我们的问题是:通过说明意向行动与行动的意欲间之间的关系来说明这种共同性是什么。"③

在常识心理学的概念框架中,意向的地位十分特殊,因此我们应特别关注。布拉特曼说:"一般来说,意向是像我们这样的有限自主体的更大的、有偏向性的计划的构成要素。"④从关系上说,它有两副面孔:一面关联着意向行动,另

---

① Bratman M E. *Intentions, Plans, and Practical Reason*. Cambridge: Harvard University Press, 1987: 50.
② Bratman M E. *Intentions, Plans, and Practical Reason*. Cambridge: Harvard University Press, 1987: viii.
③ Bratman M E. *Intentions, Plans, and Practical Reason*. Cambridge: Harvard University Press, 1987: 111.
④ Bratman M E. *Intentions, Plans, and Practical Reason*. Cambridge: Harvard University Press, 1987: 27.

一面关联着计划。从构成上说，意向有值得注意的三个要素：第一，它是控制行为的前态度；第二，它有惯性；第三，它可被看作是进一步的实践推理中的输入。"这三个事实是挑战信念-愿望的描述方面的根据，而这个挑战又是促使我们把意向看作特殊的心理状态的动因。"①从种类上说，有三种意向：一是慎思性意向；二是非慎思性意向；三是权谋（policy-based）意向，即临时性、应急性的意向，它介于前两种意向之间。

布拉特曼的意向理论的独特性不仅表现在把意向理解为独立的心理状态，而且还表现在他试图根据计划来说明意向。正是因为有此特点，他才把他的理论称作关于意向的计划理论。意向的计划理论中最关键的因素当然是计划。他说："关键的事实是，我们是有计划的自主体"②，而计划之类的现象与意向密不可分。例如，每时每刻，只要人是清醒的，就要做计划，而要做计划，就要进行选择。要选择，就得想，就得权衡、分析，就得谋划。当然，有的计划复杂，有的简单，一下子就能做出来。总之，要理解我们是什么样的存在，就得理解我们人的这样的能做计划的特点。什么是计划呢？从作用上说，计划是一种协调人际的行为关系、协调我们自己的生活、有助于人们做出审慎的行为的内在过程。从构成上说，计划有作为抽象结构的计划和作为心理状态的计划。换言之，从语言上说，"计划"一词有两种用法：一是指抽象的结构，二是指一种心理状态。当然，他更多地是在后一种意义上使用"计划"一词。③

在上述理论分析的基础上，布拉特曼提出了自己关于意向性理论模型的概念框架。它是基于对人类自主体的解剖而建构起来的。他提出：人之所以是有真正的自主性、意向性的自主体，是因为他有理性，并能自主决定、驱动自己的行为。他的行为与信念、愿望以及二者所组成的计划有密切关系，但又不是直接由它们决定的。质言之，行为之所以产生，除了离不开上述因素，还依赖于意向。而意向以信念为基础，存在于愿望与计划之间。什么是意向呢？意向就是对承诺的选择。所谓承诺就是自主体决定要做的事情，一旦对要做的事情做了选择，就等于建立了一种有效的承诺。当然，自主体承诺什么、不承诺什么，即确立什么意图是由理由决定的。这里的理由主要是自主体对环境的信念，亦即相信如此做既是

---

① Bratman M E. *Intentions, Plans, and Practical Reason*. Cambridge: Harvard University Press, 1987: 27.
② Bratman M E. *Intentions, Plans, and Practical Reason*. Cambridge: Harvard University Press, 1987: 2.
③ Bratman M E. *Intentions, Plans, and Practical Reason*. Cambridge: Harvard University Press, 1987: 29.

环境允许的,又有利于自主体。既然如此,要建构关于人类智能的模型,就要研究信念、愿望、意图三个要素的关系,探讨如何将它们形式化,然后再来建立关于这三个要素的原始模型。

布拉特曼在自己的意向理论的基础上建立的智能模型就是关于这三个要素 BDI 及其关系的模型,可称作 BDI 自主体模型。这一模型的特点在于:通过简化、形式化,较清晰地揭示了人类自主体的结构。在他看来,这种结构是由信念、愿望、意图、计划、思考等因素构成的复杂动态系统,他将其称作以理智资源为基础的机器结构(intelligent resource-bounded machine architecture,IRMA)。后来,乔治夫(Georgev)等人开发出了"实践推理系统",它被应用于空间飞行器反应控制系统的故障诊断和澳大利亚悉尼机场的航空管理系统之中,发挥了较大的商业价值。

在 BDI 自主体中,基本的构成要素是信念、愿望和意图之类的数据结构以及表示思考(确定应有什么意图、决定做什么)、手段-目的推理的函数。其中,意向的作用最大。因为意向一旦形成,行为便被确定了,剩下的事情就是一个演绎推理的问题。而有什么意向,则是由自主体当前的信念、愿望决定的,或者说,是由信念、愿望、意图三者的关系决定的。

从构成上说,自主体的状态是信念、愿望、意图的三元组。从过程上说,自主体完成它的实践推理要经过 7 个阶段,如图 10-2 所示。

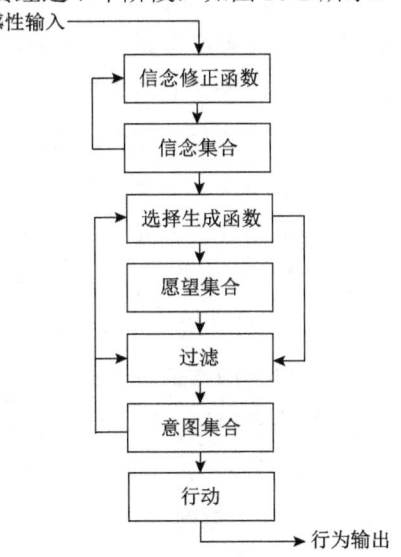

图 10-2　自主体完成推理过程的步骤

由图 10-2 可知，第一步是，自主体做出行为的决定。这个决定一般与关于感官所提供的环境的信息有关，得到信息后，便会产生许多信念。第二步是，自主体由于有信念修正函数，便能基于感性输入和已有信念，形成新的信念集合。第三步是，自主体的选择生成函数基于已有的信念，形成相应的愿望，即做出可能的选择，在此基础上，运用手段-目的推理过程，确定意图以及实现意图的过程和方法。而要这样，又必须进一步选择，这个选择比意图更加具体。这是一个递归式的选择生成过程，通过它，更具体的意图得以形成，直至得到对应于能付诸行动的意图。第四步是，通过选择机制，挑选出若干可能的行动方案。第五步是，借助过滤函数即自主体的慎思功能，根据当前的信息、愿望和意图，确定新的意图，以便在多种可能行为中做出选择。第六步是，分析当前自主本的意图集合。它们是自主体关注的焦点，是它承诺要实现的目标。第七步是，借助行动选择函数，根据意图确定要付诸执行的行动。

布拉特曼的 BDI 模型是当今有关领域讨论得最多的理论之一，在 AI 的理论建构和工程实践中享有重要地位，已成为许多工程实践的理论基础。但我们应看到，这一模型至少有两大问题：第一，它的理论基础是常识或民间心理学，而这种心理学在本质上是一种关于心理现象的错误的地形学、地貌学、结构论和动力学。不加批判地利用这种资源，将把 AI 的理论建构和工程实践引入歧途。第二，布拉特曼对戴维森意向理论的解读存在着误读的问题，而这又是他误用常识心理学的一个根源。在戴维森那里，所谓心理事件不过是我们用意向术语如"信念"等所描述的事件。对于同一个事件，我们还可以用物理术语来描述，如果是这样的话，它便成了一个物理事件。因此，事件究竟是以心理事件还是以物理事件表现出来的，取决于我们用什么方式去描述和解释它。质言之，世界上本无心理的东西，我们说某事件是心理的东西，完全是我们所做的一种"归属"、"投射"或"强加"。这是一种巧妙的取消主义，至少是心灵观上的反实在论。而布拉特曼并未看到这一点，以为戴维森所说的"信念"等有不同于物理语言的另一种指称。换言之，布拉特曼对信念等意向状态坚持的是实在论路线。

明白了戴维森的投射主义或反实在论实质，就不难理解戴维森为什么承认心理事件有因果地位。尽管世界上本无意向性、信念之类的东西，但一旦我们用意向术语去加以描述和解释时，这些术语就不再是空概念，它们所指的一定是某种事件。至于其内究竟是什么真实地引起了行为结果，那又是另一个问题。这也就是说，这些事件不一定有内涵的因果作用，但肯定有外延的因果作用。前者指的是原因通过内在的机理、作用过程真实地引起了结果的发生，而后者指的是因果关系的外在表现，例如喝水可以止渴。有前因就会伴随有后果。一般常人所知道的因果关系就是这种外延因果关系。拿心物事件来说，有某种信念、愿望等在前的意向态度发生，就会有某种行为跟随着发生。例如想喝水，同时又相信面前的冰箱里有水，在相应的条件具备时，相信者就会有走向冰箱的行为发生。基于这些考虑，戴维森便把心理事件与物理事件可以互为因果作为他的异常一元论的第一个原则提了出来。这一原则表达了他对因果关系的一种新的较宽松的理解。在他看来，只要一事件伴随着另一事件发生了，并由之所引起，那么就应承认它们之间有因果关系。从解释上说，只要能对一事件"为什么"发生提供"辩护"、能说明它的发生，即使两事件之间不存在涵盖它们的规律（当然符合普遍的原则），那么就应承认，这种解释是因果解释。他说："对于有足够预言力的规律的无知并不妨碍有效的因果解释，不然的话，就几乎不可能作出因果解释。"①另外，戴维森还认为，因果解释的形式多种多样，例如，理由解释也是因果解释的一种形式。所谓理由解释就是诉诸信念之类的意向状态或前态度对行动的解释，可称作"合理化解释"。在许多论著中，他不遗余力地为"合理化解释是因果解释的一种形式"这一古老的观念做了论证。②

  智能建模的尝试还有很多。豪格兰德的"责任能力模型"强调：要模拟意向性、建立关于意向性的模型，必须弄清意向性的必要条件，否则模拟就会迷失方向。在他看来，意向性所依赖的最重要的条件是责任能力，因此建模意向性最重要的工作是，必须设法模拟人的责任能力。他说："认知科学和 AI 能够理解与执行自由、爱的能力之日，就是它们成功实现自己的目标之时。"③这里所说的自由、爱，其实都是人的责任能力的表现。因此，人工智能的出路在于：去认识

---

① ［美］戴维森：《行动、理由与原因》，载高新民、储昭华编《心灵哲学》，高新民、储昭华译，商务印书馆 2003 年版，第 975-976 页。
② ［美］戴维森：《行动、理由与原因》，载高新民、储昭华编《心灵哲学》，高新民、储昭华译，商务印书馆 2003 年版，第 959 页。
③ Haugeland J. "Authentic intentionality". In Scheutz M (Ed.). *Computationalism: New Directions*. Cambridge: The MIT Press, 2002: 174.

和模拟人的责任能力。豪格兰德还认为，要想让人工智能成为真正的智能、让机器的计算接近于人的智能性行为，就必须让这种计算有语义性。而要如此，就必须进一步探讨计算的必要条件。他认为，这个必要条件就是意向性。他说：意向性"就是语义性不可缺少的东西"，它也是"认知的前提条件"。他还说："这个必要条件对于能计算的各种可能的'构造'来说是至关重要的。"[①]也就是说，认知以意向性或语义性为前提条件，这是确定无疑的。如果像计算主义所主张的那样，认知、智能的本质在于计算，那么智能也一定是有意向性的。如果不具有意向性，就不是智能行为。因此结论必然是：计算要成为智能和认知的模型，就必须有意向性，而要想让计算也有意向性，就必须研究意向性的必要条件。总之，建模意向性应以人的原有意向性为原型。而要如此，又必须弄清这种意向性的奥妙是什么。豪格兰德的看法是，其奥妙全在责任，因为责任是科学的客观性、意向性的前提条件。他说："承担责任的能力即真正的责任……是科学客观性的前提条件。"[②]而理解了责任，就不难理解真正的意向性。他说："我将把承担了真正责任的人所表现出的意向性称作真正的意向性。"[③]也可以说，这种责任是真正意向性和认知的基础。常见的意向性是非科学的、常人表现出来的意向性。尽管如此，这种意向性一样离不开责任，至少离不开前两种责任能力。如果AI系统对人类智能及其意向的建模也有"牛鼻子"或主要矛盾作用的话，如果计算除了可以实现句法转换之外还有可能具有语义性、意向性，那么按豪格兰德的诊断，其出路就在于建模人的认知能力底层的责任能力。

美国著名科学哲学家丘奇兰德在心灵哲学中也颇有建树，其特点有：一是从神经科学的角度提出和解决心灵哲学问题，二是对民间心理学持取消主义立场。因此他在其论著中，一般不在肯定的意义上使用意向习语。例如，在意向性建模时，他使用的是表征这一术语。在许多人看来，这在本质上并没有什么差别，因为持自然主义立场的哲学家常常就是用表征这一科学术语来解释意向性的。

尽管丘奇兰德承认思维等心智活动有计算的一面，但不赞成计算主义的心智

[①] Haugeland J. "Authentic intentionality". In Scheutz M (Ed.). *Computationalism: New Directions*. Cambridge: The MIT Press, 2002: 161.
[②] Haugeland J. "Authentic Intentionality". In Scheutz M (Ed.). *Computationalism: New Directions*. Cambridge: The MIT Press, 2002: 173.
[③] Haugeland J. "Authentic Intentionality". In Scheutz M (Ed.). *Computationalism: New Directions*. Cambridge: The MIT Press, 2002: 173.

模型，因为后者片面地把符号加工系统看作是心智的适当模型。在丘奇兰德看来，这没有抓住心智的另一根本特点，即能表征符号以外的世界。因此他赞成塞尔的责难：即使机器像符号主义所说的那样，按照程序完成了比如说对中文的形式处理，但它并未像懂中文的人那样理解了中文。[①]在他看来，只要将计算机与人类心智加以比较，就必然引出这样的问题：为什么作为人的思维的计算有意向性，而机器的计算没有呢？要解决这一问题，就要研究人的意向性的内在机理，研究大脑实现它的过程与条件。丘奇兰德认为：神经科学中已经包含了能回答上述问题的"理论方法"。他说：这种理论方法"对脑怎样可能对它所处的世界的诸多方面做出表征这一问题"，能提供"一个极其一般性的答案"[②]，它"解答了它的特定组织如何实现整个脑所表现出的表征活动和计算活动的问题"[③]。

  基于对人的心智本质及特点的看法，丘奇兰德指出：在建模人的心智及表征能力的模型时应进行范式转换，即从符号主义的句法概念图式向几何概念图式转换。由于方法论和理论基础上的问题，经典计算主义在建模思维的模式时，最终把人的认知加工系统看成是一种句法机。这是不符合人的认知的本来面目的。丘奇兰德认为，应放弃这一句法概念图式，回归几何概念图式。在他看来，后一图式抓住了人类认知的实质和一般模式。他说："我们一旦跨越二维状态空间点的认知意义，进入了 n 维状态空间中的直线和闭环的认知意义，我们就可能发现曲面、起曲面和超曲面相交部分等的认知意义。出现在我们面前的将是一个关于认知活动的不同于狭义句法概念的'几何'概念。"[④]

  要完成上述范式转换，建构出符合心智客观实在本来面目的模型，首先必须转变方法论。在建模时，经典计算主义的方法是：只关注大脑运作的形式过程，试图从中抽象出表征和计算的一般模式。丘奇兰德认为，此路不通。他说："脑肯定不是一台以数字计算机方式工作的'通用'机。"[⑤]他提出的策略是：应通

---

① Churchland P M, Churchland P S. "Could a Machine Think?" *Scientific American*, 1990,1（262）：26-31.
② [美]丘奇兰德：《认知神经生物学中的某些简化策略》，载[英]玛格丽特·博登编著：《人工智能哲学》，刘西瑞、王汉琦译，上海译文出版社 2001 年版，第 454 页。
③ [美]丘奇兰德：《认知神经生物学中的某些简化策略》，载[英]玛格丽特·博登编著：《人工智能哲学》，刘西瑞、王汉琦译，上海译文出版社 2001 年版，第 455 页。
④ [美]丘奇兰德：《认知神经生物学中的某些简化策略》，载[英]玛格丽特·博登编著：《人工智能哲学》，刘西瑞、王汉琦译，上海译文出版社 2001 年版，第 490 页。
⑤ [美]丘奇兰德：《认知神经生物学中的某些简化策略》，载[英]玛格丽特·博登编著：《人工智能哲学》，刘西瑞、王汉琦译，上海译文出版社 2001 年版，第 491 页。

过研究脑的微结构来回答上述问题。他说："通过坐标变换而相互作用的状态空间系统所具有的惊人的表征能力和计算能力，为理解神经系统的认知活动提供了一个强有力的、适用性极广的工具。"①他还说："脑根据在适当状态空间中的位置，对现实的各个方面作出表征，同时脑通过从一个状态空间到另一状态空间的一般坐标变换、根据这种表征来完成计算。"②

在丘奇兰德看来，人之所以能表征，用民间心理学的术语说，人之所以有意向性，关键在于人有一种特殊的拓扑形态映射能力，即能通过特殊的过程和方式形成拓扑形态映射图。例如，眼睛之所以能"关于"或"表征"外界物体的形状、颜色等特征，是因为视网膜神经细胞向大脑皮质细胞发出了轴突束，保存了视网膜细胞的拓扑形态组织结构。所谓拓扑形态是指对象的抽象的特征。也就是说，人类的表征能力是一种抽象的表征能力。他说："脑后部视皮质的给定层中细胞之间的相互位置关系，与把视觉投射到视皮质的视网膜细胞的相互位置关系相对应。从视网膜神经细胞向大脑皮质细胞发出的轴突束，保存了视网膜细胞的拓扑形态组织结构。这样，主要的视皮质表面就构成了一个视网膜表面的拓扑形态映射图。"③这里的映射图之所以是拓扑的，是因为视网膜细胞之间的距离关系一般未被保存。其他感官也是用同样的方向完成表征任务的。例如，躯体感觉皮质的表层是身体的触觉表面的拓扑形态映射图，运动皮质的底层是身体肌肉系统的拓扑形态映射图。

问题是：这样的模式为什么是这样的？其在认知上有什么意义？有关的结构在形成这种模式时做了什么？是怎样做的？丘奇兰德通过分析感觉运动协调做了回答。在他看来，脑之所以有表征能力，是因为大脑有拓扑形态映射图。他说："脑可能具有拓扑形态映射图，比至今已确认的，甚至是推测的，还要多得多。脑无疑具有极其丰富的以拓扑形态方式组织的区域……在试图理解许多以拓扑形态方式组织的脑皮质的重要性时，如果把它们作为抽象的在功能上

---

① [美]丘奇兰德：《认知神经生物学中的某些简化策略》，载[英]玛格丽特·博登编著：《人工智能哲学》，刘西瑞、王汉琦译，上海译文出版社2001年版，第492页。
② [美]丘奇兰德：《认知神经生物学中的某些简化策略》，载[英]玛格丽特·博登编著：《人工智能哲学》，刘西瑞、王汉琦译，上海译文出版社2001年版，第456页。
③ [美]丘奇兰德：《认知神经生物学中的某些简化策略》，载[英]玛格丽特·博登编著《人工智能哲学》，刘西瑞、王汉琦译，上海译文出版社2001年版，第459页。

相关的状态空间的映射来处理，我们将会取得更大的进步。"①基于上述分析，丘奇兰德指出：生物之所以能表征世界、形成拓扑映射图，是因为生物在进化中形成了纵向联结的分层结构。例如，人的大脑皮质有六个层次，每个层次都为复杂的神经元所贯穿起来了，从而形成了一个纵横交错、四通八达的网络。

他还强调：大脑在表征中必然会进行特定的操作和变换。例如，"特定大脑皮质区域的特定皮层中的细胞群体确实是在对状态空间的位置进行编码，但采用的是全体细胞均处于激活水平的全局模式，而不是对最强的细胞激活所做的狭隘空间定位"②。最重要的是，内部还会发生一种坐标变换。他说：大脑"皮层内那些分散的映射图，以及许多亚大脑分层结构都从事于从一个神经状态空间中的一些点到另一个神经状态空间中的一些点的坐标变换，其做法是使纵向联系的度量变形拓扑形态映射图直接相互作用。它们的表述方式是状态空间位置；它们的计算方式是坐标变换；而这两种功能在状态空间分层结构中同时得到实现。"③他还说："从这一层到邻近细胞层的轴向投射，的确实现了从一个状态空间到另一个状态空间的变换。"④

图10-3（b）是一个图示的螃蟹状生物体[图10-3（a）]的平面图，这个生物体带有两个可旋转的眼睛和一个可伸展的爪臂。如果要使这个装置对螃蟹有用，那么这个螃蟹就必须体现出它的眼角对之间在可食目标表现成三角关系时的某种函数关系，并体现出随之产生的肩部及肘部的角度，这样，它的爪臂才能具有一个与可食目标接触的位置。简单地说，它必须能抓住它看到的东西，无论所见之物在什么位置上。我们可以对所需的臂/眼关系的特点做出如下说明。首先，我们用二维感觉系统坐标空间或状态空间[图10-4（a）]中的一个点来表示输入（眼角对）。输出（臂角对）也可被用另一个二维运动状态空间中的恰当的点来表示[图10-4（b）]。这里，需要一个函数，有了它，就能使我们从感觉状态空间中的任何一点到达运动状态空间中一个适当的点，这个函数将用上述方式使爪臂位

---

① [美]丘奇兰德：《认知神经生物学中的某些简化策略》，载[英]玛格丽特·博登编著《人工智能哲学》，刘西瑞、王汉琦译，上海译文出版社2001年版，第474页。
② [美]丘奇兰德：《认知神经生物学中的某些简化策略》，载[英]玛格丽特·博登编著《人工智能哲学》，刘西瑞、王汉琦译，上海译文出版社2001年版，第470页。
③ [美]丘奇兰德：《认知神经生物学中的某些简化策略》，载[英]玛格丽特·博登编著《人工智能哲学》，刘西瑞、王汉琦译，上海译文出版社2001年版，第469页。
④ [美]丘奇兰德：《认知神经生物学中的某些简化策略》，载[英]玛格丽特·博登编著《人工智能哲学》，刘西瑞、王汉琦译，上海译文出版社2001年版，第470页。

置与眼睛位置协调一致。

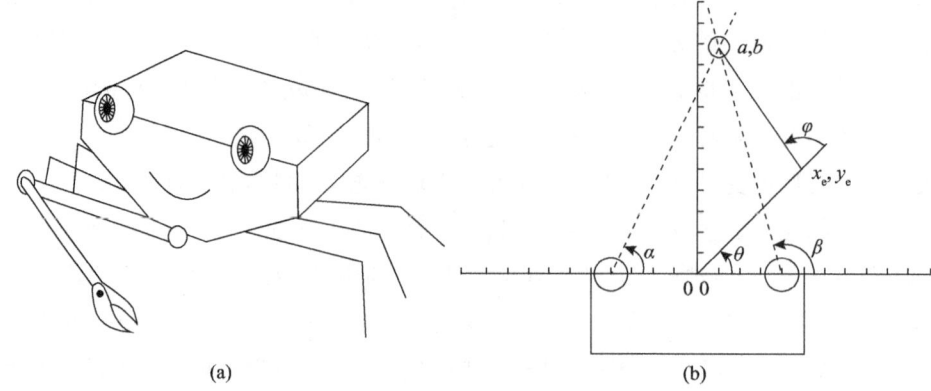

图 10-3　螃蟹状生物体及其平面图[①]

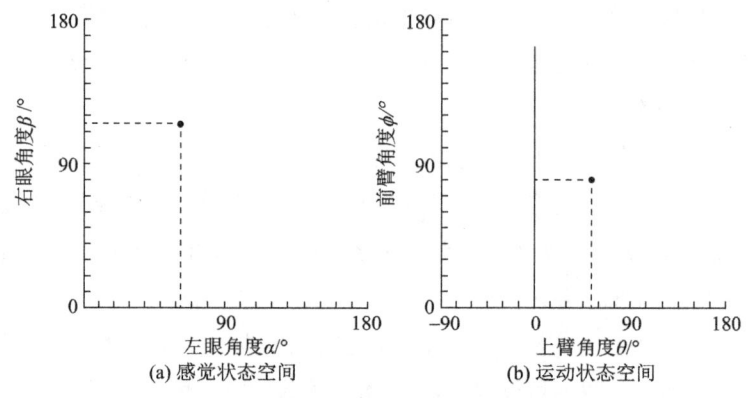

图 10-4　二维感觉系统坐标空间的输入和输出

丘奇兰德指出：尽管这里的过程和机理很复杂，但如果能在计算机屏幕上画出这个螃蟹，使它爪臂的最终位置（由计算机画出作为输出）就是它的眼睛位置（由我们输进作为输入）的特定函数，那么就构成了一个非常有效的和举止得当的感觉运动系统。

我们还可为其编写这样的控制程序。设该程序使得螃蟹爪臂弯曲地靠在它的胸前（在 $\theta=0°$，$\varphi=180°$ 处），直到某个适当的刺激对准两眼的中央凹处为止。

---

① [美]丘奇兰德：《认知神经生物学中的某些简化策略》，载[英]玛格丽特博登编著：《人工智能哲学》，刘西瑞、王汉琦译，上海译文出版社 2001 年版，第 461 页。

然后，让它的爪臂从初始状态空间位置（0°，180°），沿着运动状态空间中的一条直线，向运动状态空间中计算好的目标位置运动。这就是在实数空间中爪臂的顶端与眼睛的三角测量点相接触的状态空间位置。这种安排产生出一个适度的仿真系统，无论它看到什么东西，只要在它爪臂的可达范围之中，它就可以准确无误地抵达。

如前所述，符号主义模型必然有这样的难题，即纯句法转换如何具有语义性。丘奇兰德认为，他所构想的关于表征的几何概念图式可回答这一问题。他说："所有合语法的句子会处于多维空间的专门的超曲面之上，它们之间的逻辑关系反映为某种空间关系。"[①]"语句的几何学表征使我们能够解决'默认信念'的棘手问题……正像全息图不'包含'大量清晰的三维图像，它们以奇特的方式排列着，从而能在全息图被人从不同的位置观看时呈现出真实物体连续变化的景象一样，人类也很可能不'包含'大量清晰的信念，它们以奇特的方式排列着，从而聚集起来呈现出关于这个世界的一个连贯的说明。"[②]

在斯洛曼（A. Sloman）看来，要研制出真正的有智能性质的 AI，首先要弄清作为其模拟对象的人类心智本身，而要如此，关键又在于弄清人类心智的设计约束。基于这一认识，斯洛曼别出心裁地提出了研究"心灵的设计约束"之类的计划和思想。[③]他说："一台能理解日常语言并能模拟人类交流方式的机器，至少需要隐含地掌握这一理论。"[④]

为了实现他的上述计划，斯洛曼对人类心智运作的机理做了自己的特殊研究。他说："我们需要一个关于怎样产生和控制心理状态，以及它们怎样导致行为的理论——一种关于心灵机制的理论……本文将提出一个理论纲领，概述适用于智能动物或机器的种种设计约束。"[⑤]根据他的研究，人类心灵具有这样的组织形式，即

[①] ［美］丘奇兰德：《认知神经生物学中的某些简化策略》，载［英］玛格丽特·博登编著《人工智能哲学》，刘西瑞、王汉琦译，上海译文出版社，2001 年版，第 490-491 页。
[②] ［美］丘奇兰德：《认知神经生物学中的某些简化策略》，载［英］玛格丽特·博登编著《人工智能哲学》，刘西瑞、王汉琦译，上海译文出版社，2001 年版，第 491 页。
[③] ［美］斯洛曼：《动机、机制和情感》，载［英］玛格丽特·博登编著《人工智能哲学》，刘西瑞、王汉琦译，上海译文出版社 2001 年版，第 316 页。
[④] ［美］斯洛曼：《动机、机制和情感》，载［英］玛格丽特·博登编著《人工智能哲学》，刘西瑞、王汉琦译，上海译文出版社 2001 年版，第 333 页。
[⑤] ［美］斯洛曼：《动机、机制和情感》，载［英］玛格丽特·博登编著《人工智能哲学》，刘西瑞、王汉琦译，上海译文出版社 2001 年版，第 315 页。

有情感状态、有动机生成器和比较器，由于需求方面的冲突会产生不相容的目标，因此还有决策制定机制，在做出重要决策时，还有专门化的中央机制。①

根据他对人类心智的活体解剖，智能的首要特点是有目的或目标。所谓目标"就是以某种形式结构表述的符号结构来描述有待产生、保存或防止的事态"。"事态的表述可以起到目标的作用，只要它趋于……产生改变现实使之与表述内容保持一致的那种行为。"②

目标是怎样产生的呢？有些是由计划过程产生的，有些是对新信息的响应，另外，思想、推理都可产生目标。斯洛曼还认为，人脑中有专司目标生成的目标生成器。不仅如此，还有目标比较器。因为面对某一事态，人们可能生成许多不同乃至相互冲突的目标。而人们又不可能同时服从这些目标。为了解决冲突，人们会对目标做出比较，挑选出自认为合适的目标。目标比较器运作所依据的规则有时是极小代价原则，即在两个目标中，如果有一个所付出的代价小而又能被实现，那么就可能被选中。此外还有拯救生命规则。它是目标选择的最高原则，因为没有哪个目的比保存生命这一目的更重要。

另外，智能行为离不开动机激发因素。所谓动机激发因素是"指根据信念趋于产生、修正或选择行动的机制和表述"。要为人工智能"设计出普遍适用的较高层次的生成器和比较器，需要进行理论研究"，如"弄清人类所具有的机制"。③

动机是智能行动产生的直接原因。问题是，它又是怎样产生的呢？斯洛曼认为，这根源于它的激发因素。而激发因素又有派生和非派生之别。前者是指由别的动机或目的所引出的新的动机；后者是由本能的需要、好奇心、获得成功的愿望等引出的动机，如口渴了想喝水就是非派生的动机。而为了有水喝，就想到需要钱，则是派生的动机。因此要想有动机，就必须有一些内在的需要。

斯洛曼还揭示了动机转化为行为的中间过程，它包括如下环节：①始发，即产生；②新目标的反射性优先；③抑制或通过；④引发反射行动；⑤评价相对重要性；⑥采纳、排斥或延迟考虑；⑦制订计划；⑧激活，即开始实现动机；⑨计

---

① [美]斯洛曼：《动机、机制和情感》，载[英]玛格丽特·博登编著《人工智能哲学》，刘西瑞、王汉琦译，上海译文出版社2001年版，第317页。
② [美]斯洛曼：《动机、机制和情感》，载[英]玛格丽特·博登编著《人工智能哲学》，刘西瑞、王汉琦译，上海译文出版社2001年版，第318页。
③ [美]斯洛曼：《动机、机制和情感》，载[英]玛格丽特·博登编著《人工智能哲学》，刘西瑞、王汉琦译，上海译文出版社2001年版，第252页。

划的执行；⑩中断；⑪与新目标的比较；⑫计划或行动的修正；⑬满足；⑭挫折或妨碍；⑮内部监控；⑯学习，即根据经验对生成器和比较器进行修正。他说："这些都是计算过程，可通过由规则支配的对各种表述的操作来表示。"①

要研究人的智能行为，还要注意情感以及情感与动机的关系。斯洛曼的基本概括是："情感是由动机激发因素产生的状态，同时包含着新动机激发因素的产生。"②这就是说，情感与动机是相互联系和相互作用的。情感由动机产生，但一经形成又会引起新的动机的产生。

除此之外，态度也很重要，因此在建立关于人类智能的模型时，还要注意态度的维度。所谓态度"是集于某一个人、物体或观念的信念、动机、动机生成器和比较器的集合"③。其作用在于：在许多时候，它会在做出选择的倾向中表现出来。

总之，大自然在设计人类心灵时所受到的约束主要有"来自内部和外部的动机源的……多重性，速度的限制，对环境看法的难以避免的空缺和错误，与动机相关联的变动着的紧迫程度"④，此外，还要有目标生成、比较。这些都是人类智能意向性特点的表现。要建造真正的智能，我们必须向大自然设计师学习，如必须设计"目标生成器""目标比较器"等。⑤要建立关于心智及其意向性的模型，这些都是必须考虑到的参数。

霍金斯是美国掌上型电脑和智能电话等的发明人、成功的计算机工程师和企业家、对 AI 的命运极为关注的学者。他和布拉克斯莉（S. Blakeslee）合著的《人工智能的未来》（*On Intelligence*）倾注了他们对 AI 研究困境及其出路的独到思考。

在他们看来，AI 研究面临着一系列根本性问题，例如，连通性问题，即芯片、电话线路等的连接是共享的，而人脑中每个轴突都是特殊的；建构模型问题；以

---

① [美]斯洛曼：《动机、机制和情感》，载[英]玛格丽特·博登编著《人工智能哲学》，刘西瑞、王汉琦译，上海译文出版社 2001 年版，第 324 页。
② [美]斯洛曼：《动机、机制和情感》，载[英]玛格丽特·博登编著《人工智能哲学》，刘西瑞、王汉琦译，上海译文出版社 2001 年版，第 325 页。
③ [美]斯洛曼：《动机、机制和情感》，载[英]玛格丽特·博登编著《人工智能哲学》，刘西瑞、王汉琦译，上海译文出版社 2001 年版，第 330-331 页。
④ [美]斯洛曼：《动机、机制和情感》，载[英]玛格丽特·博登编著《人工智能哲学》，刘西瑞、王汉琦译，上海译文出版社 2001 年版，第 316 页。
⑤ [美]斯洛曼：《动机、机制和情感》，载[英]玛格丽特·博登编著《人工智能哲学》，刘西瑞、王汉琦译，上海译文出版社 2001 年版，第 317-319 页。

及如何让它有容错能力的记忆、如何让它有更大的容量等问题。由于这些问题难以解决，因此以造出能模拟甚至超越人类智能为目标的 AI 研究便总是事与愿违。霍金斯和布拉克斯莉说："用传统方式研究出的人工智能可以产生出实用的产品，但绝不可能制造出真正的智能机器。"①这里所说的"传统方式"既包括物理符号理论，又包括方兴未艾的人工神经网络或联结主义。在他们看来，传统的方式犯了方向性错误。他们说："回顾人工智能的发展史及其建立的原则，我们可以看到这一领域的发展偏离了正确的方向。"②

AI 研究举步维艰的原因何在呢？在霍金斯等人看来，主要原因是人们只关注功能，而忽视了功能所源自的大脑。在他们看来，视觉、语言、机器人科学和数学都只是编写程序的问题，既然计算机可以做到人脑所做的一切，那么为什么我们的思维还要大脑呢？他们对大脑如何工作毫无兴趣，甚至有些人还为自己跳开了神经生物学这一阶段而沾沾自喜。③在霍金斯看来，"要造出一台与人不完全相同的智能机器，我们只需关注大脑中与智能有关的部位即可"④。"所有的智能都产生于新大脑皮层"，因此只需研究这一部分就够了。制造真正的人工智能的出路在于："只有认识了新大脑皮层的工作原理之后，我们才能着手建造智能机器，而在此之前不可能做到这一点。"⑤

要模拟智能，当然还要知道人类智能的特点。根据霍金斯等的看法，智能有容错能力、可塑性、补偿性等特点。除这些之外，其最根本的特点是意向性，或者说是有语义理解能力。霍金斯等说："智能机器之所以有智能，是因为它可以通过一个分层次记忆系统来理解它的世界，并与之交互，可以如你我一样思考自己的世界。"⑥另外，要制造人工智能，还要知道人类智能是沿着什么样的"路

---

① ［美］杰夫·霍金斯、［美］桑德拉·布拉克斯莉：《人工智能的未来》，贺俊杰、李若子、杨倩，等译，陕西科学技术出版社 2006 年版，第 7 页。
② ［美］杰夫·霍尔斯、［美］桑德拉·布拉克斯莉：《人工智能的未来》，贺俊杰、李若子、杨倩，等译，陕西科学技术出版社 2006 年版，第 7 页。
③ ［美］杰夫·霍尔斯、［美］桑德拉·布拉克斯莉：《人工智能的未来》，贺俊杰、李若子、杨倩，等译，陕西科学技术出版社 2006 年版，第 6-7 页。
④ ［美］杰夫·霍尔斯、［美］桑德拉·布拉克斯莉：《人工智能的未来》，贺俊杰、李若子、杨倩，等译，陕西科学技术出版社 2006 年版，第 38 页。
⑤ ［美］杰夫·霍尔斯、［美］桑德拉·布拉克斯莉：《人工智能的未来》，贺俊杰、李若子、杨倩，等译，陕西科学技术出版社 2006 年版，第 7 页。
⑥ ［美］杰夫·霍尔斯、［美］桑德拉·布拉克斯莉：《人工智能的未来》，贺俊杰、李若子、杨倩，等译，陕西科学技术出版社 2006 年版，第 218 页。

线"被制造出来的。他说:"如果在进化过程中给我们的感官连接上一个分层的存储系统,那么这个存储系统就会建立起一个关于世界的模型,并以此预测未来。"①霍金斯和布拉克斯莉认为,只有沿着"与此相同的路线",才有造出智能机器的可能。

明确了进化塑造智能所动用的上述条件,我们就可为心智及意向性建构模型。不过,霍金斯等又强调:尽管心智的意向性在于能在认识和实践上把内在模式与外部世界关联起来,但建构关于它的模式并不等于只关注模式及其与对象的匹配。因为人类意向性的独特之处在于:它在建立这种关联时,是有意识地、主动地进行的,因此能理解或知道他们所做的关联。他们不赞成这样的看法:有模式就有智能。不错,"模式是智能的基本媒介,所谓模式,就是大脑皮质接收到的载荷信息的电脉冲"②。问题在于:有了这些东西,并不一定就有觉知、知道。例如,我们可以把这些模式放到电子计算机中,但它显然不可能"知道"它所代表的东西。霍金斯也承认,他和他的朋友都坐在房间之中,他看到了他们,于是有关的信息进入大脑变成了普遍的模式。但"我怎么知道他们在那儿"这一问题并未被回答。诉诸"匹配"也没有用。霍金斯说:"当我的大脑收到的一系列模式和我们获得的模式相匹配后,这些模式就对我认识的人做出反应……我们对世界的看法是一个建立在这些模式之上的模型……我们对于世界存在的肯定是建立在模式和解读它们的方式的一致性上的。"③显然,这些论证仍未回答人在有模式之后是如何有意识或知道的能力的。

因此要为意向性建模,就必须为意识建模。在他们看来,意识并不像人们通常认为的那样神秘和难解。他们说:"对这个问题我提供不了一个完美无缺的答案,但我以为,记忆-预测都能部分地回答这个问题。"④也就是说,他们关于意识的模型就是记忆-预测模型。不仅意识以记忆和预测为基础,而且其他高级智能现象如思维等也是如此。他们说:"高级智能……同样以大脑皮层记忆和预测

---

① [美]杰夫·霍尔斯、[美]桑德拉·布拉克斯莉:《人工智能的未来》,贺俊杰、李若子、杨倩,等译,陕西科学技术出版社 2006 年版,第 216-217 页。
② [美]杰夫·霍金斯、[美]桑德拉·布拉克斯莉:《人工智能的未来》,贺俊杰、李若子、杨倩,等译,陕西科学技术出版社 2006 年版,第 59 页。
③ [美]杰夫·霍尔斯、[美]桑德拉·布拉克斯莉:《人工智能的未来》,贺俊杰、李若子、杨倩,等译,陕西科学技术出版社 2006 年版,第 59 页。
④ [美]杰夫·霍金斯、[美]桑德拉·布拉克斯莉:《人工智能的未来》,贺俊杰、李若子、杨倩,等译,陕西科学技术出版社 2006 年版,第 202 页。

算法为基础。"①不难看出，这里的一个参数是记忆，这是意识的关键条件之一。霍金斯和布拉克斯莉说："日常理解的意识就是陈述性记忆。"②所谓预测，是指人在从事心智活动时所形成的一种预期，如感知到某个对象，里面如果有某种模式出现，那么相应地就会产生一种关于对象的预期。显然，要有预期，就必然有创造力在其中起作用。他们说："创造力是大脑皮层各区域所固有的一个属性，是预测的必要组成部分。"而创造力不过"是通过类推而进行预测的一种活动而已"。③这个过程用日常心理语言描述就是头脑中出现了对对象的指向和意识。可见，预期对于人的意向性至关重要。他们说："预测不仅是你的大脑所做的事情，而且它还是大脑皮层的主要功能，同时也是智能的基础。脑皮层是一个预测器官，如果要解读什么是智能，什么是创造力，大脑是如何工作的，以及如何建造智能机器，我们就必须了解这些预测的本质，并搞清它们是如何形成的。"④

如果是这样的话，那么人工智能的发展方向便明朗了，那就是要着力研究记忆和预测。而随着研究的深入，我们又必然会进至意向性的物质基础。为了说明意向性的物质基础，霍金斯提出了这样的"假说"："大脑皮层的所有区域……都应该有能力对所感觉事件产生预期并表现出强烈兴奋的细胞，它们不仅仅只对感觉事件做出反应。"⑤"预测应该会在体系的第2层和第3层中停止向下传播。"⑥

如前所述，理解或意识是人类意向性的一个关键条件。在他们看来，理解也可用预期来解释，因为对世界的理解是和预测紧紧联系在一起的。你的大脑早已建立起了一个有关外部世界的模型，并不断将这个模型和事实相比较。因为这个模型是有效的，因此你才会知道自己在哪里、自己正在做什么。既然如此，要让AI有意向性，关键是让它们能表现出预测的功能，这当然要设法通过相应的大脑

---

① [美]杰夫·霍金斯、[美]桑德拉·布拉克斯莉：《人工智能的未来》，贺俊杰、李若子、杨倩，等译，陕西科学技术出版社2006年版，第59页。
② [美]杰夫·霍尔斯、[美]桑德拉·布拉克斯莉：《人工智能的未来》，贺俊杰、李若子、杨倩，等译，陕西科学技术出版社2006年版，第202页。
③ [美]杰夫·霍尔斯、[美]桑德拉·布拉克斯莉：《人工智能的未来》，贺俊杰、李若子、杨倩，等译，陕西科学技术出版社2006年版，第188-189页。
④ [美]杰夫·霍尔斯、[美]桑德拉·布拉克斯莉：《人工智能的未来》，贺俊杰、李若子、杨倩，等译，陕西科学技术出版社2006年版，第88-89页。
⑤ [美]杰夫·霍尔斯、[美]桑德拉·布拉克斯莉：《人工智能的未来》，贺俊杰、李若子、杨倩，等译，陕西科学技术出版社2006年版，第249页。
⑥ [美]杰夫·霍尔斯、[美]桑德拉·布拉克斯莉：《人工智能的未来》，贺俊杰、李若子、杨倩，等译，陕西科学技术出版社2006年版，第250页。

结构和功能来予以实现。

第四节　关于 AI 发展方向的心灵哲学思考

在进行这样的思考时，我们首先面临的障碍是，AI 在本质上是一门工程技术，而在心灵哲学中实际上是哲学，甚至在有些人看来，其主要是形而上学，因此从心灵哲学角度对之做出思考是否可能和合法呢？有无意义呢？这在学界一直是有争议的。有的人认为，这种介入既不合法，也无用处。温和的态度尽管不反对哲学的插足，但对其价值不屑一顾。例如，著名脑科学家、诺贝尔奖得主克里克尽管在阐述自己关于意识、意向性和 AI 等问题的思想时，表现出了对哲学有关成果的密切关注和极为厚实的哲学功底及素养，但他对哲学在这一领域的表现是极为不满的。他说："我们认为，泛泛的哲学争论无助于解决意识问题。"[①]"意识研究是一个科学问题……用实验的方法可以探索这个问题……过去两千年来哲学家有着如此糟糕的记录，因而他们最好显得谦虚一些，而不要像他们常常表现的那样高高在上……我希望能有更多的哲学家学习有关脑的足够知识……否则他们只会受到嘲弄。"[②]这后面的话其实也适用于关心 AI 研究的哲学家。坦率地说，许多哲学家在涉足这些领域时的确难以避免"被嘲弄"的窘境，更不用说"纯粹的"哲学家，就连有较好哲学和科学素养的美国哲学家塞尔也是如此。例如，他针对已有的 AI 研究成果所提出的"中文屋论证"，就收到了这样的建议，即应"克服""对人工智能的无知"。[③]

哲学如果把心智的本质及其所具有的意识、意向性、语义性等特性问题据为己有，不允许别的学科插足，那么这肯定是错误的，也是不可能的。事实是，哲学就像一位慈祥、宽容、开放的父亲，他在儿女没有出生、长大时，包办一切事务，而一旦他们长大成人，他便让他们各自自立门户。哲学也是这样，在最初，

---

① ［英］弗朗西斯·克里克：《惊人的假说——灵魂的科学探索》，汪云九、齐翔林、吴新年，等译，湖南科学技术出版社 2004 年版，第 20 页。
② ［英］弗朗西斯·克里克：《惊人的假说——灵魂的科学探索》，汪云九、齐翔林、吴新年，等译，湖南科学技术出版社 2004 年版，第 265 页。
③ ［美］塞尔：《心灵、大脑与程序》，载［英］玛格丽特·博登编著《人工智能哲学》，刘西瑞、王汉琦译，上海译文出版社 2001 年版，第 119 页注①。

它主宰一切科学问题，而各门科学，有名无实，都依偎在它的怀抱。后来，随着科学的成长，当它们明确了自己的对象和领地，并有力量和办法来耕耘时，它们便纷纷从哲学的母体中独立出去，自立门户。以至于到了今天，纯属哲学的领地已所剩无几。但是，由于科学与哲学具有密不可分的关系，因此哲学与许多独立的科学仍共有一些领地，如时空问题、物质的可分性问题、因果必然性问题、宇宙的起源问题、生命的起源问题、心身或心物问题、智能的起源与本质问题，等等。要完全把一方从这些领域中排斥出去，恐怕是不公平的，也不尽情理。而且仅由一方来包办，也无助于问题更好地解决。如果因哲学的包办而导致了"糟糕的记录"，便走向了另一极端，即完全改弦易辙，让哲学彻底离开，而由某些科学来独占，那同样是行不通的。克里克在建立自己的意识理论时对哲学成果如西方当代哲学关于感觉性质（qualia）或主观特性研究的最新成果的关注已清楚地说明了个中道理。事实也是这样，他反对哲学的包办，但从没有反对哲学的参与。

哲学介入 AI 研究的可能性和必要性的内在机理在于：AI 研究的目的是要模拟和超越人类智能。而要如此，就必须有关于人类智能的"如实遍知"，特别是要弄清它的构成、结构、本质特点，以及运作的条件和内在机制，建构关于人类智能的科学的地理学、地貌论、结构论、运动论和动力学。显然，这是一个仅由有关具体科学无法完全解决的课题，必须有哲学特别是心灵哲学的介入。因此在这里，对于哲学和有关科学关系的正确的知见似乎应该是：哲学不是弄清人类智能奥妙唯一的途径，但却是一个必要的途径，用逻辑学的观点来说，它是一个必要的条件。数学家德谟兰（B. Demolline）说得好："没有数学，我们无法看透哲学的深度；没有哲学，我们无法看透数学的深度；而若没有两者，人们就什么也看不透。"[①]其实，在对意向性、AI、认知科学等的具体研究中，也莫不如此。没有多学科的密切配合，这里的认识的实质性进步是不可能真正发生的。其原因在于：这些问题本来就处在多学科交叉的地带。正是因为有此特点，当今的认知科学没有忘记给哲学留下一块地盘；在当今的 AI 研究中，"AI 哲学"一说的成立和流行也证明了这一点；还有这样的现象或趋势，即 AI 的研究理论和工程技术探讨越是向纵深推进，强调研究其中的基础、根本问题的呼声就越是

---

① 转引自张顺燕：《数学的思想、方法和应用》，北京大学出版社 1997 年版，第 7 页。

强烈。

哲学介入AI研究的必要性也得到了事实的说明。如前所述，AI的终极目标是要像大自然造出人类智能一样，通过人的手造出类似于甚至超越于人类智能的智能。要如此，首先，当然要弄清楚人类智能的构成要素、内外标志、内在结构、本质特点，以及成立条件、根据和起源演变过程等。而要完成上述任务，除了要有科学的具体实证研究之外，哲学的介入必不可少。例如，人类智能的起源演变之类问题的解决有哲学参与与没有它的参与，其结果是不一样的。如果有它的介入，那么有关科学大概会如虎添翼。其次，对人类智能的本质特点的综合的、高层次的把握还是非哲学莫属的。最后，哲学在许多问题上的提问与解答方式也有其独特和殊胜之处，因此在这一领域的研究中有其不可替代的作用。例如，当今的哲学基于分析哲学的成果，首先不会提出这样的苏格拉底式的问题：什么是心灵、思维、智能？机器能否思维？可否具有心灵、智能？而会提出这样的语言哲学问题："心灵""思维""智能"等词有无所指？如果有，其意指是什么？如果这样来提问题，并用语言哲学的方法来回答，就不仅不会陷入机器能否思维的无休止、无意义的争论之中，还会避免在虚假问题上瞎折腾。因为根据对语词的语言哲学研究，任何语词都带有约定或规范性的特征，在创立和使用语词的过程中都是如此。例如，在使用"智能"一词时，不同的人在它上面编码的意义是不一样的，或者说符号与意义的约定、捆绑是不一样的。如果有这种不同，那么就必须认识到：两个人表面上都用相同符号提出了相同问题，即"机器能表现智能吗"，而实际上提的是不同的问题。同样，两个赋予"智能"不同含义而持相反观点的人，表面上是针锋相对的，而由于观点是关于两个不同的问题，因而他们事实上并没有发生真正的争论。另外，从语言哲学角度提出和解决问题，还可以避免陷入虚假问题的探讨。举一个例子足以说明这一点。从前有这样一个部落，其中有智慧的人世世代代都一直在对"戈肖克"问题进行着艰苦卓绝的探讨，每个探讨者都有自己的研究及成果，因而纷纷"著书立说"。围绕"戈肖克"的构成、结构、功能、起源、演变等，已涌现了不计其数的理论、学说。人们越研究，就越觉得问题复杂，以至于有越来越多的分支学科诞生，但同时人们又越来越觉得问题不好解决。后来，有一个持反苏格拉底式提问方式的人提出了这样一个问题：大家在研究中所说的"戈肖克"一词究竟指的是什么呢？这一简单的问题居然使所有的人恍然大悟。当人们去寻找它的所指时，竟然发现：它什么也不指。从此，"戈肖克"问题便烟消云散了。

我们在智能研究中，是应该而且必须这样提问的，而且对"灵魂""心灵""精神实体"等如此发问，还会收到近似的效果。恩格斯以及现当代的许多哲学家用类似的方式提问和解答，也完成了灵魂问题认识上的一场革命。恩格斯说："在远古时代，人们还完全不知道自己身体的构造，并且受梦中景象的影响，于是就产生一种观念：他们的思维和感觉不是他们身体的活动，而是一种独特的、寓于这个身体之中而在人死亡时就离开身体的灵魂的活动。"[①]根据恩格斯对"灵魂"一词的创立过程的人类学、语言学分析，他终于发现：这个词是杜撰出来的，根本就没有真实的所指。原始人通过自己的命名活动，把"灵魂"一词与一个根本就不存在的实体或主体捆绑在一起，从而建立了一个错误的规则或约定。其实，如果原始人知道，感觉和思维像走路吃饭一样也是身体的活动，那么就不会发生那个错误的命名。

笔者认为，所有心理语言都应该用上述方法来予以审视。当然，如果诚实地运用"智能"、"心智"（mind）、"意向性"、"意识"等词，那么它们是有所指的、有意义的。关键是在争论时，参与争论的人应把自己用这些词时所想到的对象、所指的东西的内涵和外延弄清楚，然后围绕着被清楚界定的词义去讨论、研究。只有这样，才能使研究的问题保持逻辑的同一性，进而为得到有价值的结论创造条件。关于"智能"一词，每个人都有权建立自己的约定，赋予其自己想当然的意义。但是不管怎样赋义，有一个方面，即"智慧"，大概是谁都不会弃之不顾的。当然，对于"智慧"来说，情形也是一样。事实上，人们也有不同的理解。如前所述，彭罗斯、塞尔等人把意识或意向性看作是智慧众多特征中的一个，甚至是最关键、最根本的一个。其根据在于：如果只知道玩弄纯形式的符号，不知道在处理符号时超越于符号之外，自觉想到或关联于它们的所指，那么这样的活动肯定不能算是真正的智慧活动。同理，人在使用符号时，如果没有对于符号的超越性，那么人就不配享有智慧生物的称号，甚至根本就不可能超出无机物而成为有机物。上述观点由于有其内在的合理性，因此已基本上得到了包括 AI

[①] [德]马克思、[德]恩格斯：《马克思恩格斯选集(第4卷)》，中共中央马克思恩格斯列宁斯大林著作编译局编译，人民出版社1995年版，第223页。

研究领域在内的许多学科的认可。AI研究中最近发生的"自主体回归""语义学转向"都表明了这一点。人们意识到，如果不把机器的加工提升到语义级、意向级，那么机器的行为就不配被称为智能行为。

反观智能的理论探讨和实践模拟，特别是从心灵哲学角度思考那些占主导地位的建模尝试，如BDI模型，有一点颇令人忧虑，那就是它的正确的方向尚不明朗，或者说，关于这个方向的认识尚有许多误区。不可否认，许多AI专家都意识到让人工系统表现意向性、语义性的必要性和重要性，并从理论和工程技术上探索建模的可能性根据及途径。事实上，也取得了一些积极的成果。但同样不可否认的是，这方面的探索障碍重重，收效甚微。其原因当然很多、很复杂，哲学家的看法是：根源之一是我们对智能、智慧以及作为大部分智慧现象之重要特征的意向性缺乏足够的认识。要改变现状，实现突破，无疑需要哲学的辅助性研究。尽管是辅助的，但却是必要的条件。尽管有此必要条件，也不一定会有相应事实的必然发生，但无此必要条件，则可以肯定地说，有关事实绝无发生可能。在当前的情形下，有些问题的研究没有哲学的参与，可能会犯方向性的错误。下面拟通过几个事例来说明这一点。

首先，要让人工系统具有人的意向性，使现在的句法机成为人那样的语义机，关键是要认清人的意向性的特征及标志，意识到现有句法机与人的语义机相比还存在着巨大差距，并正视这种差距，积极探寻原因和解决的办法。大致说来，意向性有派生或仿佛的意向性与固有的意向性之别，而在固有的意向性中还有程度上的差别。所谓派生的意向性是指某些事物所具有的这样的属性，即它们能超越自身，把自己与外物关联起来，即有关于他物的关于性、指向性。之所以说这种意向性是派生的或仿佛的，是因为它们所有表现的关联性不是凭自身而实现的，要么依赖于外力的作用，例如，用计算器对我几天的几笔开销的计算，表面上是对我几天的总支出的计算，因此有对于我的支出的关于性，但这种对于他物的关联作用不是计算器自己完成的，而是依赖于我的解释，或依赖于我对计算器上显示的数字的"赋义"；再要么是表面的、象征性的，例如，乌云意味着要下雨，就是一种仿佛的意向性，其实它本身并没有任何意向性或语义性。书本上、词典上的词语的语义性也是如此。人的意向性是生物所具有的意向性中的最高级的形式。它除了具有一般的意向性的关联性、指向性、目的性、因果作用、语义内容等特征之外，还有三方面的独特之处：第一，人的意向性是主动的、自主的，即由有意向性的系统自己产生出来的，不需他力的作用。尽管这种主动性也为其他动物所具有，但由于人的主动性、自主性根据人的动力系统中的理性与非理性欲望或弗洛伊德所说的自我、超我、本我的矛盾运动，因此有别于其他任何事物的主动性、自主性。第二，人有元意向性或元表征能力，即能将意向指向意向本身，形成关于意向的意向性，或关于表征本身的表征。而这一特征又是根源于它的第三个更为重要的特征，即人有高度发达的、用清晰的表征来向自己显示、说明的意识能力。其他动物也有意识能力，但人的意识在清晰程度、实现方式、内容等方面根本有别于其他动物的意识。由于有这种意识，人对符号的加工、变换就具有无与伦比的特殊性，即在符号加工时，借助意识的作用，符号与语义是捆绑在一起的。有时，它边加工，就边知道，即当下就晓得它所完成的加工以及被加工的符号所关于的对象。根据现象学的意识解剖，意识有两个本质特点，或有这样的结构性特征，即在指向对象、对之完成加工的活动的同时有对这一切的明证性、自明性、自反性、第一人称所与性。也就是说，它直接处理的是符号，但同时想到的却是符号所代表的东西。这是人的意向性、语义性最重要的特征，也是有关人工系统所欠缺的地方。的确，许多人工系统，尤其是有高度感知能力、反应能力、避障及完成复杂动作的机器人在模拟人的意向性的部分特征如关于性、主动性等方面已取得了显著的成绩，甚至在表面上也具有上面说的有意识的语义性特征，但只要细心分析和比较就会发现，二者仍存在着根本性的差距。

不可否认，科学家现在已经造出了这样的机器人，它们既能跑，又能跳，能上下楼梯，甚至玩空中把戏，如翻跟头。本田和索尼公司在过去 10 年已研制了性能很强的双腿机器人，如索尼的梦想机器人是 1997 年研制出来的，可用于运动表演和交际娱乐，如跳舞唱歌。它有 38 个自由度，有对声音的精确定向，有根据图像的人员识别，有有限的语言识别能力，还有 7 个麦克风。应承认，它们只要能根据变化的环境做出适宜的反应，就足以说明它们有一定程度的意向性，甚至还可以认为，它们在根据环境做出反应时不仅处理了由对象转化而来的符号，而且对符号的处理有语义性、关于性，不然就不可能做出适当的行为。

但同时又必须看到，它们的从对象到符号再到行为的过程与相同情境下人的处理过程仍有很大不同。其表现是：机器所处理的当下的一切东西始终是一个东西，如面对对象，对象是一，而面对内部处理的代码，仍是一，最后转化成的行为也是如此。这就是说，机器的处理没有超越性。而人当下面对和处理的东西至少是二，例如，面对对象，他可能有很多设想，甚至浮想联翩，更重要的是，他在对内部的符号或代码处理的过程中，只要他愿意，他便可同时想到符号的对象，能知道、晓得或理解这个符号代表的是某对象，即始终把符号与对象、句法与语义捆绑在一起，并有清醒的意识。塞尔把这个意识过程称作理解，并认为，这是机器目前还不可能表现出来的。这样说是很有道理的，值得好好体会和深思。另外，人完成加工之后，尽管输出也常常表现为符号或行为，但这符号或行为也是多重因素的统一体，其中尤其内嵌了多种多样的意义。而这意义不是依赖于符号而存在的，而是依赖于人的意识或理解而存在的。再如，有的机器人表面上有语义解释能力，如要它解释某个词，它会把能代表正确意义的词拿出来，文摘生成系统就更是如此了。这些过程与人的同类过程在形式上也没有什么区别。人要解释一个词，也往往要通过说出或写出一个或一组新的词语符号来完成。但人的独特之处在于，说者在说出和解释时还有一个特殊的过程发生，即想到、意识到词语后面的意义，听者在听到符号时，除了接受符号的行为之外，也有一个理解意义的过程。如果这个说（听到）符号、想到意义的过程，不是两个，那也是一个二合一的过程。但机器人对符号的解释过程只有一方面，即从符号到符号的过程。

还要看到的是，要模拟人的意向、语义能力，还必须有关于意向性、语义性的科学的建模。这是科学研究以及理论转化为应用的必要步骤。而要予以建模，得有一个关于意向性的正确观念。这在今天无疑是一块难啃的硬骨头，因此可以说，此处是哲学及 AI 研究的一个交叉路口，一不留神，走错了道，将进入死胡同。还应注意的是，正是在这里，民间心理学和传统哲学的二元论埋下了宽不见边、深难测底的陷阱。有时，即使有科学头脑，也难免上当。事实上，AI 研究尤其是自主体研究中的有些关于意向、信念之类的模型就已有上当的迹象。依据几十年来心灵哲学的成果，要在这里不上当，就是要做祛魅或去神秘化（demysterization）的工作，就是要解构民间心理学，完成心灵观念的本体论变革。

这里的陷阱就是常识的或民间的心理学，我们应特别当心。它在一般人包括大多数训练有素的科学家的心中根深蒂固，成了他们基本的出发点和心照不宣的认知框架。即使是在今天，只要我们稍微用一点批判的眼光，就不难发现：以小人论为特点的民间心理学是关于人的心灵的根本错误的心灵观,是一幅错误、神秘的地图,是必须予以解构的。罗蒂和丘奇兰德等就得出了这一结论,因此正确地指出:要说明心灵是什么,应"先问一下'心的'一词究竟是什么意思"。因为完全有这样的可能,即"我们对心的事物的所谓的直观,可能仅只是我们赞同某种专门哲学语言游戏的倾向而已"[①]。这些思想正是当今心灵观念本体论变革中的一些有代表性的理论,也可被看作是心灵哲学的最新成果之一。这样的理论有很多,如解释主义、双重语言论、分析行为主义等。其实,对西方当今的认知科学有较多涉猎的人面对这些思想时也不会有陌生感。因为与解释主义有异曲同工之妙的马尔的非常著名的视觉理论倡导的也是一种祛魅的理念。麦克唐纳夫妇说:"马尔关于一种认知理论应采取的一般形式的观点已为认知科学家和认知心理学家广泛接受了。"[②]他们还说:"自马尔的工作以来,已形成了这样的习惯,即认知科学家假定:科学心理学将把对认知的描述应用在许多解释层次,这些层次之间不存在相互冲突,只存在互补关系。"[③]

马尔的视觉理论告诉我们,在视知觉解释中存在着三个描述层次:第一层是计算层次,它描述的是视觉系统完成计算的功能,在人的认知过程中,这个层次涉及的是人的语义的或意向的层次。第二层是算法层次,描述的是功能由以被执行的方法、手段。这里为系统所执行的功能还可进一步被区分为许多子功能,正是这些子功能的被执行使系统的功能得以实现。第三层是硬件执行层次,它描述的是功能如何从物理上被实现。在马尔看来,一种对视觉的完美说明应描述什么功能被视觉系统实现了、是怎样被实现的、它被实现的物理手段是什么。同理,人的其他认知现象,如语言的获得和产生,都能从这三个层次去被描述。也就是说,对于人脑内发生的所谓心理现象,我们可用不同的方式予以描述。在执行层次,可描述的是神经系统的运作。在算法层次,可描述的是包括语言运用与获得在内的认知过程。在计算层次,语言作为符号系统的结构属性可被描述。从本质上说,马尔的这些思想与戴维森等人的解释主义基本是一致的。因为所谓三种描述就是关于人脑内发生的过程或事件的三种理论,换言之,每一种理论都是从特

---

① [美]理查·罗蒂:《哲学与自然之镜》,李幼蒸译,生活·读书·新知三联书店1987年版,第18页。
② Macdonald C, Macdonald D (Eds.). *Connectionism on Psychological Explanation*. Oxford: Blackwell, 1995: 29.
③ Macdonald C, Macdonald D (Eds.). *Connectionism on Psychological Explanation*. Oxford: Blackwell, 1995: 295.

定层次对同一过程的解释。例如，第一种理论是计算理论，它"是对特殊计算的基础性质的表征，并对它在物理世界中的基础做出解释。这一部分可以被看作对要计算什么和为什么计算所做的抽象的系统阐述"。第二种理论是算法理论，它由算法构成，"说明了怎样做的问题。算法的选择通常视运行这一过程的硬件而定，而同一计算可由多种算法来实现"①。第三种理论是硬件执行理论，既然如此，我们就不能用实在论的态度对待常识心理学所说的"意识""意图"等意向习语，在构想关于它们的观念时，应抛弃拟人化的、小人式的理解。

拉姆齐、斯蒂克和加龙（J. Garon）等人根据关于心理的联结主义图式对常识心理学的实质和错误做了有力的揭示与批判。他们质问道：常识心理学所假定的意向心理状态及其所具有的在特征与联结主义理论层面所假定的状态和特征是否是对立的或冲突的呢？是否相容呢？他们的回答是，常识心理学所说的意向状态与某些联结模型所假定的状态的特征是水火不相容的，它们没有一致性、相似性。因此，如果新的模型是正确的，那么意向心理学就是错误的。如果是这样的话，那么又可进一步得出取消论结论。根据新的模型，人的认知系统是由单元所构成的网络。在这些网络中，表征是分布式地而非局域性地被储存的。另外，就语义性来说，网络中的单元所构成的网络是不能从语义上被予以解释的，因为信息分布在整个网络之中，而非编码在单个单元之中，当然，尽管它们所组成的网络本身没有语义性，但我们"可以认为它们以集合的方式编码了一组命题"②，即可赋予它们语义性。还应看到的是，既然同一个单元能在不同的激活模式中起作用，既然编码在网络中的信息分布式地存在于许多单元之中，因此对一个单元或单元的集合就不可能做出固定单一的语义解释。既然如此，特定命题的表征就不可能在网络计算中独立地发挥作用。③总之，常识心理学假定的心理状态根本不同于联结主义所假定的状态，前者的特征在后者中难觅踪影。因此，如果联结主义是对的，那么常识心理学的看法就纯属无稽之谈。

---

① [美]马尔：《人工智能之我见》，载[英]玛格丽特·博登编著《人工智能哲学》，刘西瑞、王汉琦译，上海译文出版社2001年版，第180页。
② Ramsey W, Htich S, Garan J. "Connectionism and folk psychology". In Macdonald C, Macdonald G (Eds.). *Connectionism*. Oxford: Blackwell, 1995: 322.
③ Ramsey W, Htich S, Garan J. "Connectionism and folk psychology". In Macdonald C, Macdonald G (Eds.). *Connectionism*. Oxford: Blackwell, 1995: 327.

尽管有人如 A. 克拉克（A. Clark）和斯莫伦斯基（P. Smolensky）等反对常识心理学与联结主义的冲突论，但总的倾向是认为，常识心理学是一种关于人或心智的错误的地形学、地貌学、结构论、动力学。例如，它是根据外物或个体的人的结构和运动方式来理解心智的，正如著名物理学家、协同学奠基人哈肯（H. Haken）所揭示的那样：它是一种关于心灵的人格化描述。而"人格化描述"，就必然要面对这样的问题：由谁或由什么操纵神经元的行为？[①]哈肯说：传统的理论甚至一些新的理论都一致认为"在人脑内部有一个人起到操纵或组织的作用"。这个小人要么是程序员，要么是组织中心。哈肯提出了这样一种新的观点："我并不认为，那种整合是由组织中心、程序员或者由某种计算机程序产生的，我将提出自组织概念。"[②]所谓自组织不是指系统内有一个主体在组织，而是指结构、整体功能由系统自身派生出来。这就是说，他提出了一种关于心智结构图的新的、根本有别于传统模型的理论，可被称作"协同学的描述方式"。其基本观点是：人的模式识别、做出决策，都是由无数神经元以高度规则而有序的方式协作造成的。[③]他说："我们将把大脑作为协同系统处理。这种观念的基础，是通过各个部分的合作、以自组织方式涌现新属性的概念。"[④]他还说："在协同学中，我们研究的系统由大量的部分组成，因而我们倾向于认为，是微观混沌而不是确定性混沌。"[⑤]但由于"整个系统的复杂动力学由少数序参量描述，而少数序参量完全可以遵循确定性混沌的方程，因此协同学能阐明复杂系统为何能表现出确定性混沌"[⑥]。

令人忧虑的是，当今关于 AI 的许多建模尝试都是以常识心理学为基础的。笔者认为，常识心理学尽管有其对行为的解释力，但的确有根本性的错误，至少

---

① [德]赫尔曼·哈肯：《大脑工作原理——脑活动、行为和认知的协同学研究》，郭治安、吕翎译，上海科技教育出版社 2000 年版，前言。
② [德]赫尔曼·哈肯：《大脑工作原理——脑活动、行为和认知的协同学研究》，郭治安、吕翎译，上海科技教育出版社 2000 年版，第 5 页。
③ [德]赫尔曼·哈肯：《大脑工作原理——脑活动、行为和认知的协同学研究》，郭治安、吕翎译，上海科技教育出版社 2000 年版，前言。
④ [德]赫尔曼·哈肯：《大脑工作原理——脑活动、行为和认知的协同学研究》，郭治安、吕翎译，上海科技教育出版社 2000 年版，第 34 页。
⑤ [德]赫尔曼·哈肯：《大脑工作原理——脑活动、行为和认知的协同学研究》，郭治安、吕翎译，上海科技教育出版社 2000 年版，第 224 页。
⑥ [德]赫尔曼·哈肯：《大脑工作原理——脑活动、行为和认知的协同学研究》，郭治安、吕翎译，上海科技教育出版社 2000 年版，第 224 页。

疑窦丛生，其可靠性和有效性未得到证实，以此为建构的基础，其前途堪忧。以布拉特曼的 BDI 模型为例，它已经得到了许多人的认可，有些人甚至将其作为自己工程学实践的理论基础。从动机上说，这一模型的确是基于对人类自主体的一种独特解剖而建构起来的，当然这种解剖凝聚着心灵哲学的成果，其直接的思想渊源是著名哲学家戴维森的有关理论。这里有值得肯定的地方，那就是看到了哲学理论在 AI 理论建模中的基础地位。布拉特曼提出：人之所以是有真正的自主性、意向性的自主体，是因为他有理性，并能自主决定、驱动自己的行为。他的行为与信念、愿望以及二者所组成的计划有密切关系，但又不是直接由它们决定的。质言之，行为之所以产生，除了离不开上述因素之外，还依赖于意向。而意向以信念为基础，存在于愿望与计划之间。什么是意向呢？意向就是对承诺的选择。所谓承诺就是自主体决定要做的事情，一旦对要做的事情做了选择，就等于建立了一种有效的承诺。当然，自主体承诺什么、不承诺什么，即确立什么意图是由理由决定的。这里的理由主要是自主体对环境的信念，亦即相信如此做既是环境允许的，又有利于自主体。人之所以能做出自主行为，是因为人能基于环境的知识修改内部状态，实现状态变迁，最终达到某种目的。这里有一个从认识变化到行为输出的因果作用过程。例如，人们首先基于变化的认识形成了某种信念，由信念产生了相应的愿望，后者又导致了意图的产生，意图再导致了行为的产生。

世界上真实存在的只能是物理实在，人身上发生的有因果作用的东西也只能是物理的实在与过程，例如能引起行为的所谓信念和愿望等，其实是内在的行为或行为倾向。"信念"等意向习语表面上有真实的所指，其实类似于地球上的经纬线。地球上无疑没有经纬线，它们是人们为了描述和解释地球的方便而"归属"或"强加于"地球的。同样，人身上压根就没有常识心理学和传统哲学所说的意向状态，它们是人们为描述、解释、预言人的行为而构造出来的解释或预言理论。显然，布拉特曼并未看到这一点，以为戴维森所说的"信念"等有不同于物理语言的另一种指称。换言之，布拉特曼对信念等意向状态的理解坚持的是实在论路线。

在笔者看来，要利用心灵哲学的成果，一方面，要有对有关成果的准确理解；另一方面，要认识到心灵哲学的"祛魅"或"去神秘化"的新的走向，即对常识心理学和传统心灵哲学的批判性反思、解构与清污。心灵哲学建构这样的心灵哲学尽管直接的动机是发展心灵哲学，但对 AI 研究无疑有间接的不可低估的意义。因为这实际上是在为 AI 研究清理地基，以便让其建立在可靠的哲学基础之上。因此要利用心灵哲学的成果，就应关注这种带有祛魅性质的心灵哲学。唯其如此，才不至于在 AI 的理论探讨和实践建模中犯方向性的错误。正确的态度是，在选择 AI 研究、模型建构的哲学基础时，不应只是考虑与自己想论证的观点相一致的哲学理论，而必须有公正而客观的态度，务必有批判的、理性的眼光，特别是看到心灵哲学和认知科学中鱼目混珠的现实，不把那些本身存在着严重错误的理论作为建模的理论基础。

第十一章
认知视野中的情感依赖与理性、推理

千百年来，理性被看作是人类的本质属性，而情感作为一种身体对行为在生理反应上的评价和体验，也一直被视为人类灵魂或精神存在的基础。尽管人们已经认同理智的过程融合了非理性的因素，但在生命最本质的意义上揭示它们的内在关联机制，却是在生物学取得突破性进展的时期。20世纪末，情感现象及其与其他认知过程的相互作用构成了当代认知科学研究的前沿领域。随着认知神经科学的发展，人们已能够解释一些潜藏在道德判断与伦理考量背后的大脑运行机制，然而，理智与情感是否是两个独立的过程、它们之间的关系究竟怎样，以及情感如何影响推理和判断，依然是备受关注的学术话题和颇具潜力的研究领域。

第一节 情感在何种意义上是理性的

这里首先需要指出，虽然情绪和情感有区别，但为了方便起见，本书将它们统一起来，取其共同之处，即把它们都看作人对客观事物是否符合自身需要而产生的态度体验，在这个意义上，本书对二者的差别不再加以区分，而是在很多地方将它们互换使用。这一理解也是受斯宾诺莎的启发，斯宾诺莎把动机、情绪和感受等概念总体上都称作情感，他认为这是人性的核心方面。在探讨相关问题的著作中，他既不使用情绪（emotion）一词，也不使用感受（feeling）一词，而是使用情感（affect）一词来指代所涉及的概念，因为他把情感理解为身体的情状。

自古希腊开始，理性主义就认为，情绪的侵扰会误导诸如理性和决策这样的高级认知功能。柏拉图曾在《斐德罗篇》借苏格拉底之口描述人的灵魂犹如一辆由两匹飞马驾驶的战车。这两匹马中，一匹是白马，代表人的道德和节制；另一匹是黑马，代表人的情感和欲念。而这战车必由人的理智来驾驭方能完美。[①]在柏拉图看来，只有圣人和精神患者能成功地克服狂热的激情与欲望。情绪或激情不断挣脱理性的控制，成为人类灵魂的潜在威胁。由此，我们不难理解为什么亚里士多德会说，各种激情是改变人们判断的情感。当然，他并不仅仅认为情感像头脑中的噪音一样干扰了纯粹理智的思考与表达，而是较为全面地理解了情绪的功能。例如，情绪可以使行为再次出现；情绪对回忆有积极作用，也有消极作用；情绪激动时会妨碍记忆，因为激动会失去意志的控制，使回忆不能按照要回忆的方向进行，不过，愉快的情绪是会增加记忆效果的。[②]

尽管如此，作为日常生活基本素材的情感体验，仍被认为对人们理解认知活动并非不可或缺，人的理性思维是一项独立的心智活动，无须情感的影响。譬如，我们劝人要理智客观，不能被感情所左右。但斯宾诺莎认为，情感和情绪与认识或思维相伴。他把情感理解为身体的感触，这些感触使身体活动的力量增进或减退、顺畅或阻碍。通过情绪，我们能理解身体的变化，身体自身行动的力量以及有关身体变化的观念一起，或得到增强或被减弱，或得到帮助或被阻碍。[③]

及至休谟，情感和情绪已被纳入人对外在世界的认识过程之中。在休谟看来，情感是一种原始的存在，它构成了行为活动的最初动力；理性则不一样，它属于观念的范畴，是最原本的情感和意志的一种复本。正是理性的这种自身本质的规定性，才使得它在任何时候都不能单独构成任何意志活动的动机，在指导意志方

---

① ［古希腊］柏拉图：《柏拉图全集(第2卷)》，王晓朝译，人民出版社2003年版，第160、163、168页。
② 苗力田编：《亚里士多德全集(第9卷)》，中国人民大学出版社1994年版，第109页；《亚里士多德全集(第3卷)》，中国人民大学出版社1992年版，第81页；［古希腊］亚里士多德：《灵魂论及其他》，吴寿彭译，商务印书馆1999年版，第142、243-244页。
③ ［荷兰］斯宾诺莎：《伦理学》，贺麟译，商务印书馆1997年版，第98、165页。

面也不能反对情感。抽象的或理性的推理只在指导我们有关因果的判断的范围内，才能影响我们的行动。比如雨天带伞，从理性上说这是为了保持衣服的干燥，但感觉告诉我们被雨淋湿衣服是件不快的事。也就是说，只有出现了我关心的事、我的爱好或某种对我有吸引力的东西，符合情感，并在情感的推动下，那些理性原则才能在我身上发挥一定的作用。所以，休谟说"理性是，并且也应该是情感的奴隶"[①]。休谟并不否定理性对人的意志行为的作用，但他认为，只有理性与情感共同作用，才能产生完整的或者说正确的意志行为。

不过，即使人们认可情绪是动机中的有力因素，但是对于情绪能否有助于理性行为则仍感到怀疑。有人认为，情感就像生理的干扰，无法构成行动的理由，因为情感的内容是空洞的。也有人认为，情绪虽然具有认知内容，但是其过于个人化，是生理（或甚至病理）反应的产物，无法提供行为可靠的理由。不过，近年来，许多哲学家开始为情绪在理性或行动理论中的地位平反，并提出应重新评估情感的重要性。一些哲学家和科学家甚至主张，情绪本质上是理性的，在这种背景下，"理性的"这个术语不是指外显的逻辑推理，而是一种对有机体表现情绪有利的行动或结果的连接。这种回忆性的情绪信号本身是非理性的，但它们促进了可以理性获得的结果。可能有一个更好的词可以说明情绪的这种特点，它就是"合理的"（reasonable）。[②]神经学家卡默勒（C. Camerer）等人在进行行为研究后提出另一形象的比喻，他们指出，人的认知力是小马驹，情感则是高头大马。

理性的推理已被证明难以通过计算实现，因为汇集一套解释数据的假说所需的时间，随着参与命题数量的增加而呈指数性增长，就此而言，没有一台电脑可以穷尽所有的搜索。然而，人类思维模式和当前的计算模型利用的是启发式技术，如反向规则的链接和激活概念的传播，它可以缩小假设搜索的范围。而情感是人类启发式搜索的宝贵部分。一旦要解释的某个事实被标示了重要的情绪特征，那么解释它的相关概念和规则也被赋予了情感方面的特性。例如，当沃森和克里克发现了 DNA 的结构，他们对于双螺旋的想法异常兴奋，而这兴奋与结构推测具

---

① [英]休谟：《人性论》，关文运译，商务印书馆1996年版，第453页。
② [美]安东尼奥·R. 达马西奥：《寻找斯宾诺莎：快乐、悲伤和感受着的脑》，孙延军译，教育科学出版社2009年版，第95页。

有密切的关联。

可能有人会对情绪的功能进行反驳：即使情感在发现语境中发挥有益的作用，它也必须被排除在辩护的语境外。对于语境的这种区分最早可追溯至逻辑经验主义。卡尔纳普（R. Carnap）和赖欣巴哈（H. Reichenbach）等人把科学理论看作是信念的连贯系统，这些信念通过逻辑推理的链条与经验证据相连。这些链条提供了科学知识得以辩护的"语境"，逻辑经验主义者为自己规定了充分阐释这种辩护语境的艰巨任务。此外，他们把辩护语境与另一语境区分开，也就是科学信念得以形成的发现语境。在他们看来，与辩护语境不同，科学发现的语境是不需要理性的，它是情绪、愿望和社会利益的积聚所在，应由心理学家、历史学家和社会学家去分析研究。也就是说，促使科学理论产生的心理、社会、政治、历史等外在因素属于发现语境；而基于中立观察基础的理性计算则属于辩护语境。科学发现是一回事，对科学理论的证明则是另一回事。两种语境之间的区分推进了如下观点，即无论科学理论是如何被发现的，它们都只允许被可获得的证据的准确推理（reasoning）所证明或反驳。

然而，情感在推理过程中实实在在地发生着作用。科学哲学的历史主义转向之后，科学家个人的心理因素已成为科学发现和科学理论评价的不可忽视的一个部分。情感可以使某一前提突显出来，从而使个体更偏好这一前提所得出的结论；还可以对各种事实的存储予以协助，使得我们能够在无须仔细考虑的情况下迅速做出反应。推理通常是由惊异引起的，这是一种我们的预期被扰动时所发生的情绪反应。我们在遇到与原有的信念不符的事实时，会产生由情感的不一致所带来的惊喜，于是，我们把注意力集中于那些令人惊讶的事件。在解释性假说的评价中，面对某一假说，你确信它具有解释力，这种评价往往是由一种愉悦感引发的——高度一致的学说因其优雅美丽而受到科学家的好评。在此，从一致性中产生的欣喜就成为我们对科学理论进行评估的一部分，而焦虑感可能暗示着现有的理论不十分融贯，它可能引发人们寻找新的假说。可以说，一种代表了情感的直觉可能是评价相互竞争的诸多假说是否具有高度融贯性的一个有效预示。此外，我们知道，类比有助于推理，而情绪往往可以帮助我们寻找类比。例如，要解释的事实 F_1 与已经得到解释的事实 F_2 相似，且科学家在用假说 H_2 解释 F_2 时拥有积极的情感态度，那么他们可能会兴奋地用 H_2 去解释 F_1。类比把正面情绪从一个理论转移到被看好的另一个与之相似的理论。当然，它也可以传递负面情绪。因此，无论选择所要解释的事实还是指导寻找有用的假说，情绪都是产生解释性假说的重要组成部分。

其实，对情感与理性分离传统的挑战，并非针对发现语境与辩护语境这一区分本身的。相反，它代表着认识上的一种转变，即从把知识看作由抽象的逻辑规则捆绑在一起的统一的信念系统，转变为把知识看作一种设置了适当的程序和目标且连接较为松散的一系列认知实践。事实上，认识论最近几年发展的知识模型已不再符合最初遵循的语境区分的假设。例如可靠主义，它认为，一个信念如果通过一个可靠的方法形成，那么它就被证明为合理的。而情绪在科学信念的形成中发挥了可靠的作用。

第二节　理性选择："满意"而非最优

传统的行为学理论认为，如果人们能够获悉所有的相关信息，那么他们就可以确定并做出对他们最有利的选择。理性人假设（hypothesis of rational man）甚至假定了作为经济决策的主体都是充满理智的，既不会感情用事，也不会盲从，而是精于判断和计算的。任何一个从事经济活动的人都会运用各种运算法则和规范化的逻辑程序进行有意识的认知加工，力图以最小的经济代价为自己获得最大的经济利益。

然而，在真实的行为中，人们往往追求的是"满意"而非最优。这里的"满意"指的是，选择一个最能满足个体需要的行动方案，即使该方案不是最理想的或最优化的，这就是有限理性（bounded rationality）。[①]按照理性的要求，行为主体应该具备关于每种抉择的后果的完备知识和预见。由于后果产生于未来，所以他们必须凭想象来弥补尚未发生的体验，除此之外，还要在全部备选行为中进行选择，但对于现实生活中的人们而言，他们只能想到全部可能的行为方案中的很少几个，并且其无法对未来的状态进行正确的预测。完全的理性导致决策人寻求最佳措施，而有限度的理性导致他寻求符合要求的或令人满意的措施。

---

① [美]赫伯特·西蒙：《管理行为》，杨砾、韩春立、徐立译，北京经济学院出版社1988年版，第20-21页。

人们力求达到完全的理性而又被束缚在其知识限度之内，这恰恰是情感发挥作用的地方。有限度的理性行为产生了比按逻辑和计算方式行动更合理也更真实的结果。神经经济学研究发现，人们面对短期决策时，非理性冲动因素在人脑决策中的作用与猩猩毫无二致。还有实验表明，人类的大脑在被迫根据极少甚至互相矛盾的信息或证据做出决定时往往感情用事且不合逻辑，甚至不能达到冲动性与自我控制的平衡。最后，通牒游戏较好地展现了情感和理智之间的这种矛盾冲突。游戏是这样的：先给参与者甲10美元，然后让他决定从这10美元中分出一部分给参与者乙。按照理性经济人的假设，在给乙1美元的情况下甲的收益最大，他能获得9美元。而乙则应该接受甲的这一建议，因为得到1美元总比一分钱都没得到要强。可是，普林斯顿大学的科学家科恩（J. Cohen）进行的实验揭示，实际情况与"理性最佳方式"相去甚远。充当乙角色的参与者在听到甲只给他们1美元或2美元的建议时，无一例外地都拒绝了甲的提议，超过半数的人都拒绝接受低于20%的价码。充当甲角色的参与者约213人提议分给对方的比例都在40%~50%，只有4%的人开出低于20%的价码。[①]

跨文化研究还显示出，无论国别、性别、年龄、教育程度或计算能力如何，实验结果都没有明显差异。这是因为，与追求收益最大化的自私行为相比，全世界大多数人更崇尚公平公正。参照实验，把甲替换为电脑，结果是不论电脑给出了分多少钱的建议，角色乙都很乐意接受。对此，科学家的解释是：在与人进行此游戏时，人会觉得钱太少，自尊心因此受到伤害；而在与电脑游戏时，则不存在这一感受。研究人员借助fMRI可以从屏幕上观测到在整个游戏过程中人的大脑的运作情况。当角色乙接到甲少得可怜的提议时，其大脑岛皮层（insular cortex of the brain）部分就会变得活跃起来。岛皮层是大脑中相对简单的部分，它与愤怒、厌恶等负面情绪有关。研究发现，在人做决定的过程中，前额叶皮层促使人做出选择：扮演角色乙的参与者的岛皮层越不活跃，他们就越倾向于拒绝甲给出的1美元提议。[②]

那么，人脑中主情感与主理性分析这两部分区域相冲突的迹象是怎样的呢？格林（J. D. Greene）与科恩等人发现，当人们苦思冥想要在牵涉到徒手杀人的

[①] 陈光宇：《奇妙的学术"联姻"》，2007年3月5日，http://theory.People.com.cn/GB/49154/49155/5439000.html。
[②] "Interpretation of the Human Brain Sense and Sensibility". http://cn uuuwell.com/ar-ticle-1064284-1.html.

第十一章　认知视野中的情感依赖与理性、推理

两难困境中做抉择的时候，他们大脑中的几个网络会被激活。首先包括脑前叶的中央延伸部分，该部分涉及对他人的感情；其次还包括前叶的背外侧部分，该部分涉及持续的心脑计算（包括非道德推理）；最后是第三个区域，即前扣带皮层，大脑某个部分的冲动与另一个部分的忠告之间的冲突就在这个区域中体现。但是，当人们思虑一个不需要亲自插手的两难困境时，人脑的反应则大为不同：只有涉及理性计算的部分被激活了。另外有研究表明，因前叶受损而感情迟钝的神经病患者只会从功利角度思考。该研究支持了格林的理论：我们的非功利直觉是感情冲动战胜成本效益分析的结果。[1]

再思考一下著名的"电车难题"：设想你是一辆有轨电车司机，电车正在高速运行，刹车突然失灵。前方是道路岔口，岔口左边轨道上有5名工人正在维修轨道，右边轨道上只有1名工人。如果你听之任之，电车将拐到左边轨道上撞死那5名工人。拯救这5名工人的唯一办法是通过扳闸改变电车路径，但是你将撞死另外1名工人。你会做何选择呢？另一种情形：你正站在天桥上目睹那辆失控的有轨电车，但这次轨道上没有岔口，你旁边正站着1名工人，如果你猛地把他推下天桥，他将摔死，他的尸体将阻挡电车前进，你是杀死这名工人来拯救其他5名工人，还是看着这5名工人失去生命呢？

从逻辑上看，这两个问题应该得到相似的答案。但大多数人更愿意扳闸换轨而不愿把别人推落天桥。那么，为什么在一种情形下是正确的事，在另一种情形下却变成错误的呢？问题的关键不在于道德判断的逻辑规则，而在于判断者的情绪。正是情绪推动着道德判断的选择。尽管两种选择都能拯救5个人的生命，但它们触发的脑部机制不一样。直接用手去杀死别人，任何时代都被看成是不道德的，它会唤起那些古老的、占据压倒性地位的负面情绪，从而否认杀死那名工人能带来任何好处。而做出扳闸换轨的选择，则是我们的祖先所未遭遇过的情形。在这种情形下，原因和结果被一系列机械与电子所分隔，因此选择扳闸换轨不会触发突然的道德选择。我们依赖于抽象理性思维——例如权衡代价和后果来判断是非。[2]可见，人们的理性抉择追求的并非"最佳"而是"满意"。

---

[1] [美]史蒂芬·平克：《道德本能》，朱力安译，2009年12月10日，http://www.infzm.com/content/38475。
[2] Greene J D, Sommerville R B, Nystrom L E, et al. "An fMRI investigation of emotional engagement in moral judg-ment". *Science*, 2001, 293(5537): 2105-2108.

第三节　情感影响推理的神经基础与进化解释

情感是对主体的内部状态的感受。通常情况下，感觉的产生起因于外部事件。推理所做的决定是以事实为依据的，它要求做到公正和明智，但它也往往基于什么感觉是"良好的"或"合适的"。这样，推理发生的基础必然涉及整个身体。躯体标记就是作为以前情感经历的化学记录，存储在大脑的前额叶皮层。我们自觉或不自觉地访问它们，把它们与我们遇到的情形进行匹配，判断出哪种选择是最好的。[①]

能否设想，如果离开情绪的指引，完全诉诸理性与逻辑，人类的行为将会是怎样一种情形？20世纪90年代，达马西奥研究了因中风、肿瘤或脑部遭到重击以致额叶皮层部分功能受损的病例。眼窝前额叶皮层（简称额皮层）专司情绪判断控制，这部分结构受到损伤时，患者会丧失大部分的情绪功能，他们在面对可怕景象或美景时不会像普通人那样产生正常的身体反应。

这样的患者在接触外在世界时，不受情绪干扰。那么，他们是否会变得非常讲究逻辑，是否能看穿蒙蔽常人的情感迷雾，走向完全理性之路呢？情况刚好相反，虽然其基本注意力、记忆、智力和语言能力都完好无损，但他们却很难做出决策，甚至连简单的决定都无法做出，任何一个小的目标都无法实现。造成这一麻烦的根源或许在于，患者情绪的丧失使得他无法赋予不同的选择以不同的价值，无法对自身的社会角色形成一个正确的定位。换言之，他们的内心没有喜恶之感，以至于做每一项选择都必须用理性逐一分析对错。而正常人面对这个世界时，充满各种情绪的大脑会立即自动地评估种种可能性，并且做出最佳选择。只有在两三个方案都不错的情况下，才需要用理性衡量不同选择的利弊得失。[②]

这些患者的推理缺陷以及管理自己生活的缺陷，是由与情绪相关的信号受损所造成的。这使他们不能够使用自己在生活中累积的与情绪相关的任何阅历，也就是说，在面对一个给定的情境时，他们无法激发与情绪相关的记忆来帮助自己

[①] [美]安东尼奥·R.达马西奥：《笛卡尔的错误：情绪、推理和人脑》，毛彩凤译，教育科学出版社2007年版，第138、144页。
[②] [美]乔纳森·海特：《象与骑象人》，李静瑶译，中国人民大学出版社2008年版，第11页。

做出更有利于自己的选择。达马西奥的研究也证实，即使最基本的智力和语言能力看起来没有受到损害，脑损伤也可能导致患者丧失已习得的社会习俗和道德规则。情绪已成为决策者决策时的一个重要信息源，如果与情绪有关的大脑区域受损，那么，患者可能在社会性计划和决策上出现严重缺陷，而大脑健全的个体则会由情境诱发的情绪更好地做出决策。情绪在个体决策中的重要作用已为科学实验所证实。

在某商学院进行的一项研究中，研究者考察了经理人在执行工商管理硕士（master of business administration，MBA）项目中对虚构的战略和战术管理困境的反应，并用 fMRI 测量他们的脑活动。通常被认为与战略思考相连的脑区是脑额叶前部皮层，它使得人类能够从事预测、模式识别、概率评价、风险评估和抽象思维。然而，在这些被试中，即使是表现最佳的战略执行者，其脑额叶前部皮层神经活性也比与同理心、情绪智力联系在一起的脑区（如脑岛、前扣带皮质等）显著减少。换句话说，意识执行功能在淡化，而无意识情绪区域的加工操作就自如多了。同时，战术推理不仅依赖于前扣带皮质，还依赖于与解析感官刺激、预期他人想法和情绪相连的区域，如颞上沟。[①]可见，通过对认知和情感的神经基础的研究，既可了解某一个特定的认知和情绪活动在大脑的哪个区域以及在什么时间发生，也可了解认知和情绪的发生是否涉及相同大脑部位的活动。

事实上，大脑中没有专门负责处理认知和情绪的区域。即使被奉为情绪中枢的"边缘系统"（如杏仁核）也具有认知功能。对颅骨的相关研究揭示出，推理并非存在于某一个脑区，它依赖于几个具体脑区的协同配合。从前额叶皮层到下丘脑和脑干，即无论是高级还是低级脑区，都参与了推理过程。正如达马西奥指出的那样：推理和情绪实际上是依赖于相同神经系统的不同心理机制而完成的。[②]因此可以说，我们用来思考和用来感觉的组织结构在生理系统中相互交织在一起——逻辑性思考与情绪感觉使用的其实是同一种类型的细胞和化学物质，生理基础决定了完全独立的推理任务很难实现。

不仅如此，而且所有更为高级的理性计算过程实际上都事前受到躯体标记的

---

① Gilkey R, Caceda R, Kilts C. "When emotional reasoning trumps IQ". *Harvard Business Review*, 2010, 88(9): 27.
② [美]安东尼奥·R. 达马西奥：《笛卡尔的错误：情绪、推理和人脑》，毛彩凤译，教育科学出版社2007年版，第60页。

影响。达马西奥认为，情感被躯体感觉皮质记录时会产生躯体标记（somatic marker），后者对情感进行评价并长期保留在躯体中，这样，躯体信号在遇到新情况时就能够指导有机体的行动。例如，有些产生负面情感的行动会被自动屏蔽。这种影响可能发生在各个层次的神经系统中，有些是有意识的，有些是无意识的。因此，身体在建构情感等认知活动的过程中居于核心地位。[①]也就是说，情绪这一有组织的状态，不仅起着动机的作用，而且也起着知觉的作用。

达马西奥描述了他所参与的如下实验：给一个患三叉神经痛的患者实施中枢神经手术，手术破坏了部分中央前回皮层，其与情绪通路的神经传递有关，但对通向皮层体表感觉区的神经通路却没有影响。结果该患者报告：类似的疼痛虽然来自相同的部位，但疼痛的强度却减弱了。达马西奥提出了这样的假说：任何一种感受都是由两个心理特征结合而成的——一个是由某种刺激引起的在神经中枢的初级映像，另一个是伴随的情绪。这两个心理特征是由两个不同的神经通路产生的，然后在第二级神经映象区中结合起来，由此产生关于这一刺激的完整的感受。可以说，这是对"感受"的组织结构的新的发现和解释，揭示了感受的深层本质，并且表明了情绪在具体的感受中的独立性。[②]

从演化的角度看，在大脑的演进历程中，情感引起的躯体标识机制比人类的高级思维更早地形成，情感过程不仅先于理性过程，并且在一定程度上塑造了理性过程。作为进化遗产的一部分，情绪在与认知和思考的互动过程中，导引我们的行为朝向生存及繁衍的目标。在人类智力还不发达的时候，情绪就已经在帮助人类"思考"并做出抉择，以便反应敏捷地进行自我保护。事实上，情绪存在的意义就是忠诚地为我们争取生存以及采取利己行动。达尔文很早就指出，情绪具有优化人们互动方式的进化价值。[③]人类是群居动物，人类以群居的方式进化了几千年，并以群体共同合作的方式一起工作。像所有的群居动物一样，人们需要快速地判断和读懂种群里的其他人。而情绪告诉人们可以接近哪些人、需要避开哪些人，以及人们当前的状况是同自身价值需求保持一致的，还是背道而驰的。

[①] Bechara A, Damasio A R. "The somatic marker hypothesis: a neural theory of economic decision". *Games and Economic Behavior*, 2005, 52(2): 336-372.
[②] Damasio A. *The Feeling of What Happens: Body and Emotion ill the Making of Consciousness*. New York: Harcourt Brace, 1999.
[③] 参见[英]达尔文:《人类和动物的表情》，周邦立译，科学出版社 1958 年版，第 210-214 页。

人类在演化过程中获得了远比一般动物更复杂、更精致，从而也更强大的情感能力，例如，进化使人类具备了一种反感粗暴对待无辜者的本能情绪，这种本能倾向于压倒一切关于人命得失的功利的计较。在漫长的进化过程中，人类情绪对决策的影响，经受住了严格的自然选择，达尔文将其原因归纳为三：第一，情绪能够在环境未提供客观分析所需的信息时给予实际上有用的指导；第二，情绪促进决策的情形比阻碍决策的情形更常见；第三，情绪有助于人们的行动快速而果断。显然，按照进化心理学的观点，理性是生物个体面对没有先例的事物时的一种神经反应模式，主要用来应对迅速变化的环境，其能量消耗要超过本能和情感。因此从效率角度看，如果生物个体的所有行为都采取这种方式，显然是不经济的。

第四节　情感影响推理的可能机制

近十几年来，理智与情感之间的交互影响逐渐成为国内外认知研究领域的热点和前沿问题。行为和神经科学研究证明，情绪对认知的作用主要表现在心理功能与神经机制两个层面上：在心理功能层面，情绪对诸如记忆、注意、言语、决策等认知过程都具有明显的影响；在神经机制层面，传统理论所认为的认知脑与情绪脑的分离已经被大量研究证据所否定，新近许多研究发现，参与认知加工的重要脑区参与情绪加工过程，而在情绪活动中扮演主要角色的脑区也参与认知加工过程。[1]情感和认知是一种更为庞大的系统的组成部分。感情激发动机或目标形态，而后者反过来又会影响未来过程的程度和本质。研究证实了理智与情感存在交互作用，那么，这种交互作用的具体机制是怎样的呢？

已有研究表明，情绪对推理影响存在三种可能的机制：一是情绪影响工作记忆，二是情绪影响条件归因陈述的解释方式，三是情绪影响即时决策。弗格斯（J. P. Forgas）提出了情绪浸润模型（the affect infusion mode，AIM）。[2]所谓情绪浸润是指在个体学习、记忆、注意和联想等一系列认知过程中，情绪有选择性地影响

---

[1] 刘烨、付秋芳、傅小兰：《认知与情绪的交互作用》，《科学通报》2009年第18期，第2783-2796页。
[2] Forgas J P. "Mood and judgment: the affect infusion model". *Psychological Bulletin*, 1995, 117(1)：39-66.

个体的信息加工,甚至成为信息加工的一部分,从而使得个体认知结果产生情绪一致性效应。这表明,情绪在个体的认知活动中能够发挥组织作用。

关于情绪对认知活动的组织作用,过去人们曾认为,一般来说,正面情绪如愉快、兴趣等,对认知活动起协调、促进的作用;负面情绪如担忧、沮丧等,则起破坏、瓦解或阻断的作用。但新近的研究却发现,无论是积极的还是消极的情绪都对条件推理起到了抑制作用。例如,莫尔(S. C. Moore)和奥卡斯福德(M. Oaksford)的研究表明,积极的与消极的情绪抑制了推理是因为在情绪的诱导下,中央执行加工系统会自动加工一些与推理不相关的任务,后者占用了一定的执行加工的空间,从而导致推理的缺损。[1]亦即根据认知资源分配理论,可推断抑制作用产生的原因是,演绎推理加工主要是在工作记忆中完成的,而情绪的启动占用了工作记忆中的认知资源,减少了用于推理的资源,从而导致更多的推理错误或推理失败。

对于与心境相关的记忆削弱作用,一种颇有影响力的解释是埃利斯(A. Ellis)和阿什布鲁克(Ashbrook)提出的理论,其依据是注意和认知干扰概念。该理论认为,悲伤或任何一种情绪状态可能引发以下机制:①间接的情绪引起与思维无关的任务,这会干扰任务的完成;②直接发生的情绪改变了可获得的大量空间,降低了分配到记忆任务上去的认知资源。无论哪种机制,无关思维与相关的记忆任务相竞争都会导致注意容量减少,从而对记忆任务的操作产生不利影响。[2]

当情绪诱导事件与推理任务同一时,一定强度的正面情绪会提高被试推理的能力。而即便如此,正面情绪对认知的促进作用也并非一成不变的,它取决于情绪的强度水平。研究表明,认知操作与情绪强度呈倒 U 型的关系,中等强度的情绪状态可以使认知操作达到最优水平,过低或过高的愉快唤醒均不利于认知操作。这一不同唤醒水平的情绪对认知活动的不同效应被称为叶克斯-道森定律(Yerkes-Dodson law)。

情绪导致诸多特殊的认知倾向。一般情况下,正面情绪注重人们的内部、主观的数据,提示探索性的加工;负面情绪注重人们的外部、客观的数据,提示系

---

[1] Moore S C, Oaksford M. "Some long-term effects of emotion on cognition". *British Journal of Psychology*, 2002, 93 (3): 383-395.

[2] Ellis H C, Ashbrook P W. "Resource allocation model of the effects of depressed mood states on memory". In Fiedler K, Forgas J (Eds.). *Affect, Cognition and Social Behavior*. Toronto: Hogrefe, 1988: 25-43.

统性的加工。研究发现，生气会使人关注的范围变得狭窄并使其注意一些特殊的事情，悲伤可以导致对影响目标完成的障碍的偏重。负面情绪比正面情绪更多提示对信息进行系统的搜索，并使人把注意力集中于细节和问题的特定方面，运用更多的个体化信息。这大概是由于正面情绪的个体往往会依据诸多表面信息做出判断，而负面情绪的个体对这些表面信息并不满意，因此，他们需要寻找更多的信息。[①]不仅如此，认知过程在情绪的影响下变得有选择性。人们倾向于回忆那些与他们进行回忆时的心境保持情感一致性的信息［即心境一致记忆（mood congruent memory）］。例如，高焦虑个体倾向于注意威胁性刺激，并将一些模棱两可的刺激和情景解释看作是威胁性的，而悲伤会使人们高估各种原因导致的死亡风险。与此同时，个体提取何种信息还可能取决于回忆时的情感状态与对信息进行编码时的情感状态之间的一致性［心境依存记忆（mood dependent memory）］。[②]可见，情绪对个体获取信息的范围和选择信息的倾向有重要的影响。

在心境和记忆的关系问题上，最引人注目的观点就是联结网络理论，它分别由鲍尔（G. H. Bower）、R. W. 克拉克（R. W. Clark）和伊森（S. W. Isen）提出来的。这一理论认为，特定的情绪状态，如抑郁、愉快或焦虑，都以特定的结点或单元来表征。这些结点或单元包括与每一种情绪有关的方面。情绪结点能够被许多事件激活，而且活动很容易扩散。因此，当一种情绪被激活以后，情绪结点就会把这种兴奋扩散到与之相连的记忆结构[③]，导致信息的搜索产生偏向，从而出现与心境一致的记忆或者思维。

图式理论指出，一个人占优势的心境状态可以看作是加工、组织信息和指导回忆的功能结构。悲伤和抑郁的个体具有一种占优势的抑郁图式，这种图式会有选择地组织信息，并为与心境有关的特定的记忆指引回忆方向。贝克（A. T. Beck）指出，抑郁是由某种特殊的压力引起的，是这种特殊的压力激活了一种主导图式，抑郁与注意偏好和对带有消极信息的记忆有关。

[①] 王翠玲、邵志芳：《国外关于情绪与记忆的理论与实验研究综述》，《心理科学》2004年第3期，第691-693页。
[②] Mayer J D. "Mood-congruent memory and natural mood: new evidence". *Personality and Social Psychology Bulletin*, 1995, 21（7）: 736-746.
[③] Lewis P A, Critchley D H. "Mood-dependent memory". *Trends in Cognitive Sciences*, 2003, 7(10): 431-433.

情绪不仅影响对信息的选择和加工，还规定了认知策略与风格。人们会因所处的情绪状态不同而采取不同的思考历程。例如，人们在正面情绪下会倾向于维持现状而采用一般性的知识和经验法则，行动上也依赖于常规；而当人们处于负面情绪状态时，则倾向于改变现状以改变当下的负面情绪，表现为仔细、小心地采用逻辑分析的思考方式去处理信息。受试者个人的情绪状态也会影响决策。被引发哀伤情绪的受试者会倾向于做出能够改变现状的决策；而被引发厌恶情绪的受试者会倾向于做出排斥或拒绝性的决策。弗格斯发现，处于负面情绪状态的人比处于正面情绪状态的人在人际感知和传递信息方面更高效。①

　　大量实验表明，愉悦的情绪状态倾向于使个体采用快速节俭启发式策略，进行自上而下的加工．较少注意加工对象的细节。所谓快速节俭启发式是指利用最低限度的时间、知识和运算能力做出现实环境中的适应性选择。它们能够通过设定目标或选项来解决系列搜索问题，使用易于操作的决策引导它们对目标或信息进行搜索。这种方式仅仅进行选择性的搜索，但可以把尝试的次数减少到最小，以便迅速、经济地解决问题。②这种自上而下的加工（top-down processing），又叫概念驱动加工（conceptually driven processing），亦即知觉者的习得经验、期望、动机引导着知觉者在知觉过程中的信息选择、整合和表征的建构，也称为建构知觉（constructive perception）。此时，大脑中的观念和期望会影响到哪些刺激被注意、如何将刺激组织起来以及大脑如何解释它们，即其对刺激的解释有引导作用。与此相反，消极的情绪状态倾向于使个体进行自下而上的加工，较少依赖原有知识结构，而是将注意力集中在当前刺激物的细节上。自下而上的加工（bottom-up processing）也称数据驱动加工（data-driven processing），是指个体接受外部刺激后，将环境中细小的感觉信息以各种方式加以组合，形成知觉。总之，这些迅即的情绪反应能够中断现有的认知加工并将其重新引向最需要优先关注的问题，从而影响个体认知策略。

---

① Forgas J P. "When sad is better than happy: negative affect can improve the quality and effectiveness of persuasive messages and social influence strategies". *Journal of Experimental Social Psychology*, 2007, 43(4): 513-528.
② [德]歌德·吉戈伦尔、[德]彼得·M. 托德、ABC 研究组：《简捷启发式：让我们更精明》，刘永芳译，华东师范大学出版社 2002 年版，第 17 页。

第五节　情感：一种内化的行动

情感对推理的影响前文已述，这里强调的是，本书不是在二元论的意义上讨论它们的，也就是说，不是把"情感"和"推理"表述为相关的两个并行过程，而是说明情绪是推理过程的一个组成部分，它是人内在的心理向导，与推理的网络交织在一起，体现了"心灵与身体的统一"。换言之，情感"寓于"推理，推理依赖处于环境中的大脑和身体系统，心灵和精神是生物体的一种活动方式。

如果推理不是脱离身体的独立实体，如果情感不仅仅是"对推理起作用"的存在于理性之外的心理现象，那么，能否尝试一种"基于情感的推理"的理论构想呢？这一构想的核心在于：推理不仅不是脱离身体的某种实体或属性，而且原本就是行为或身体活动。推理系统是作为自主情绪系统的延伸进化而来的，行为的产生以及做出有利于自己生存和进步的决定都需要规则及策略方面的知识与特定脑系统理智的完整性。这意味着情感是理性和推理的基础。如果把二元论支配下的心灵称为实体之心，那么"基于情感的推理"所强调的是心灵与能动身体活动的等同。

也许有人会怀疑：理性与情感之间如此紧密的联系揭示了人类行为背后隐藏着生物机制，这是否在把人类行为简单地还原成具体的生理机制、把社会现象降低为生物现象呢？回答是否定的。虽然文化和文明都源自生物个体的行为，但是，这一行为却是某种环境下相互作用的个体共同产生的，因此，它们不可能被退化到生物机制层面。对它们的理解不仅需要认知神经科学的知识，还需要对复杂的社会文化机制、生物物理及社会环境相互作用进行足够的了解。

这要求我们建构一种关于人类行为的多重层级解释的图像。在此我们仅以心灵哲学和认知科学为例予以比较及说明。认知科学关注心智能力是如何工作的，比如，情感是怎么一回事？它是如何产生的？它又怎样影响了认知？这些问题都在问"如何"，它们是关于某一类生物的现实问题，而无关非现实的或可能的生物类别。也就是说，认知科学根据特定的心智能力所对应的神经生理学基质来探讨产生这些能力的基本心理组分。而心灵哲学要问的却是，什么是如此这般的心智能力或心智状态呢？譬如，什么叫情感？什么属于理性？我们追问这些"什么"的问题，是针对所有具有相关心智能力或心智状态的、现实的或可能的生物的，关心心智能力或状态的共性或普遍特征是什么。所以，神经科学并不直接为心灵哲学所思考的问题提供答案，因为那些普遍性的问题理论需要在更宽泛的层次上被思考。

许多情绪是行动的动机，这不是因为它们是行动的原因，而是因为它们以某种方式表明了与"相信"有关的东西以及"相信"的构成组分；用作为动机的情绪驱使来解释某一行动，不是在某种解释（如愿望、习惯和倾向）中引入另外的因素，而是将它作为一种解释模式渗透到人类的普遍行为中。

当涉及行为选择时，人们的合理性原则常常诉诸贝叶斯决策理论，该理论的目的是"使预期的获利最大化"。作为一个规范的原理，贝叶斯决策理论对于所有概率的解释是有效的，但概率不足以产生对于实践问题的明确结果。面对复杂而笼统的问题，人们往往依据可能性而非概率来进行决策，从而产生了行为结果对经典模型的系统性偏离。这也说明了逻辑是有缝隙的，而情感的作用恰恰在于填补纯粹理性决定行为和信念所留下的空隙。

我们知道，知觉经验有表征的功能。但是，经验以什么方式表征主体环境中的事物、性质和关系呢？它是如信念、判断等心理状态一般，以概念性的方式来表征世界，还是以一种非概念的方式进行表征？近年来，学界对于这一问题存在着广泛的争论：以麦克道威尔和布鲁尔（D. Bloor）为首的概念主义者主张经验要为信念提供理由，起到知识确证的理性作用，其内容必须完全是概念性的。而皮考克（C. Peacocke）和克兰（T. Crane）等非概念主义者通过经验信息的丰富性、一致性与细致性等论证表明，经验内容具有非概念性的组成。[①]

相对于概念内容，非概念内容的表征比较困难，也缺乏任何类似语句的结构，而且不能作为信念或判断的内容。非概念性内容虽然不属于理性空间的片段，但它们提供了心灵与世界的因果性协调[②]，一些属于情感类的经验就包括在此类中。情绪是一个复杂的整体，它丰富细微且具有非概念内容，一个人的思想、知觉或

---

① Crane T. "What is the problem of perception?" *Synthesis Philosophical*, 2005, 2(40): 237-264.
② Tye M. "Interview for mind and consciousness: 5 questions". 2009-01-20. https://webspace.Utexas.Edu/tyem/www/5questions.pdf.

内心影像常常可以被描绘出来，但情绪却经常缠绕纠结，难以厘清。

情绪的作用之一体现在它确立了问题。情感中包含着识别（recognition），其间存在着将人们吸引到判断或欲望之中的诱惑，从而为信念和欲望做了铺垫——对于情感所问的问题，判断是用信念来回答的。正如问题对于答案具有密切关系一样，在这方面，情感可以说就是判断，其意义在于人们往往借情感来观察世界并帮助理性做出判断。这种机制使个人把通过经验获得或加工的知识与后来的感受体验联系起来。与未来行动结果有关的情绪暗含了对将来的预测和行动结果的期望。情绪和感受虽然没有预见未来的能力，但在适当的情境中，其可以成为事件的一个先兆性提示。这种预期性的情绪和感受可以部分或完全发挥作用，也可以显在地或隐蔽地发挥作用。

情绪里的认知是某种方式的判断，包括命题式的、非命题式的和无意识的，甚至连情绪感觉本身也是一种判断，它可以不是事件的（episodic），而是程序性的（procedural）。情绪的认知判断形式有着高度的多样性，但其大抵分为两大类——思想或知觉。前者是抽象的判断，涉及的判断明确、单一；后者是具体的影像，涉及的判断丰富且包含多方面。认知的一个高层次呈现方式是思想。思想在人心理上的意义，绝不只是命题那样的一个逻辑建构。思想可以是事态或事件，也可以是如信念那样的倾向性判断；知觉可以是程序性的（procedural），也可以包括运动的判断或情绪的感受等。[①]各种情绪感觉的彼此区分造成了情绪感受的分化（differentiation），在这个意义上，它本身成为某种判断。这样的判断有客观与主观两个方面，其客观方面是表达外在环境关于生存的状况。例如，害怕的感受反映出外在环境里有让人惊骇的危险状况，因此产生了意向性。其主观方面本身构成生存和幸福的一部分。如害怕的感受本身令人难堪。人总希望平安，不愿让内心惊恐——平安快乐的内在感觉也是一种价值。

但是，这样的判断与一般的认知判断非常不同：它既非抽象的命题、概念，也不是知觉或与知觉类似的内心表象，甚至在其中没有对象与性质的区分，也不描述外在世界的状况。它是一种具有评价性的判断。情绪评价是一个认知与感觉联合的关系，评价本身并不直接表达外在世界的状况，它所直接表达的是情绪主体关于个

---

① Solomon R. "Emotions, thoughts, and feelings: emotions as engagements with the world". In Solomon R (Ed). *Thinking about Feeling*. Oxford: Oxford University Press, 2004: 76-88.

体生存发展的状况。情感也评价欲望的前景，有些欲望或其成分本身就可被归为情感。情绪中的思想性与非思想性的各种认知判断构成了多样式、多层次的洞察体系——洞察外在环境关于个人安危的状况，从而提供情绪评价。

作为一种评价式的诠释，情绪引导着一个经验模式或场景。只要我们假设了某些基本的或预先存在的欲望，动机将指导控制注意力，以及突显特性、偏好及推理的策略。情绪的判断系统并不构成观点或观察的框架，情绪营造着一种景象或情境，事物在其中以某种方式被看作或想象成某种样子。因此，情绪是一种内化的行动（internalized actions），在这个行动的情境中，人与他所关心的世界联结在一起。

需要指出的是，情绪可以解决复杂环境所呈现的很多问题，但不能解决所有问题，而且，在某些情况下，情绪所提供的解决办法对问题的解决实际上是无益的，甚至在某些情况下会导致推理过程的混乱。情感可能会不适当地缩小搜索解释的范围。如果科学家沉迷于某种特定的假设，他们可能会被蒙蔽而变得盲目，从而阻碍他们去发现非同寻常的假说来解释一些特别令人费解的事实。情感在缩小假设搜索范围方面具有宝贵的认知功能，但是，像所有的启发机制一样，它们也可能会把搜索引入歧途。尤其是当挑起激情的目标是私人性的而又缺乏审慎的态度时，这种误导更加容易发生。如果科学家对于能使他们富有和出名的假说特别兴奋，那么他们不大可能去寻找那些少利可图的假说，但后者却有更大的解释力。可见，即使在科学中，也可能存在着这样一种危险，即个人的情感偏见通过情绪感染蔓延到他的同行。正是由于情感可能放大认知扭曲的影响，因此，基于情感的推理和决策存在着改进与完善的余地。

情绪所展示的结论非常直接和迅速，但情绪信号并没有替代正常推理，它只是起到一个补充作用，以增加推理的效率和速度。这是因为，行为决定的中间步骤或知识是不能缺失的。在推理过程中，由于决策环境的不同和决策者经历的不同，情绪必不可少地参与可能产生有益或有害的结果。情绪和感受是生物调节机制的表达，而推理策略的有效利用在很大程度上可能还要依赖后天发展出的感受能力。

同时，推理对于情感的依赖并不意味着推理没有感受重要或推理处于次要地位，也并不能否认自由意志的作用，相反，这些研究结果提示我们需要对自己脆弱的内部世界给予更多的关注。了解感受的重要地位会让我们懂得如何增强它们的积极效果，减少它们的潜在干扰，从而免于计划和决定过程中的非正常感受所带来的危害。

此外，情感的变化是透过操纵个体"想什么"和"注意什么"来起作用的，但这样的操纵并不总是可行的，它可能被先前的情感所阻碍。即使某一情感已占优势，情感和注意力在因果上的顺序也并未确定。情绪对于决策是促进还是阻碍还要取决于情境，尤其是当我们试图把推理计算运用于社会决策时，更是如此，因为许多行为的成本和收益是很难被评估与比较的。例如，邀请一位有魅力的陌生人约会，如果把"被拒绝"看作是一种损失，"被接受"则被看作是一种收益，那么，要给约会的结果赋值似乎不大可能。因为我们只知道存在着被拒绝的概率，却无法确定准确的数值。更重要的是，人们对社会环境的反应是主观易变的。可见，理解人们在自然情境中的选择要比理解实验室游戏规则困难得多。

情绪的影响机制极其复杂微妙，随着无损伤技术在心理学中的应用，我们将会看到阐述情绪对推理作用的更加精致和详细的理论。因此，关于正在加工的情绪内容通过何种精密机制影响逻辑推理的问题，还有待于深入研究。正如哈蒙德（K. P. Hammond）所说的，直觉与分析是同一谱系上的两端，重要的是弄清楚情绪在何时、以何种方式使直觉与分析的成分比例在两极间发生变化，以及在什么情境或背景影响下情绪的直觉和认知的系统分析分别占主要位置。这些问题无疑需要我们做进一步的研究和探讨。[①]

[①] Hammond K P. *Beyond Rationality: The Search for Wisdom in a Troubled Time.* Oxford: Oxford University Press, 2007: 255-262.

第十二章
意志自由的心灵根基

人类的意志是自由的吗？人类是否能够以及怎样有意识地控制自己的行为？自由意志能否作为一种独立的力量存在？这一存在了 2000 多年的哲学问题不断被人争论。它之所以得到持久关注，是因为自由意志与人的自我本性、人在宇宙中的地位以及道德责任的根据都密切相关。历史上对自由意志的怀疑从未停息过，而如今，这个问题进入了科学领域，认知神经科学的新近发展也引发出一种关于自由意志的怀疑论。在笔者看来，神经科学为传统领域中一些仅凭思辨难以解决的问题提供了新的素材，从实证的角度增进和深化了人们对原有心灵哲学的探究，但哲学拥有自身独特的方法，它运用逻辑设想种种疑问和可能性，进行形而上的追问和理论思考。神经科学的探索与心灵哲学的思考不能彼此替代，尽管心灵哲学应当关注神经科学提供的视角及解答。

第一节 自由意志"判决性实验"[①]及其纷争

20 世纪末以来的神经科学研究陆续显示，人们的某些选择行为是神经运作的结果，大脑不需经由我们的意识就决定了我们的行动——意识参与决策不过是我

---

① 判决性实验是指能对两种对立的假说起到"证实"一个而"否定"另一个的裁决作用的实验。

们的一种感觉而已。里贝特（B. Libet）的实验表明，脑产生动作的时刻发生在参与者意识到他们做出决定前的 0.35 秒。[①]后来，海恩斯（J. Haynes）等人利用更加先进的功能磁共振成像技术进行类似的研究。[②]实验结果与人们的日常感觉格格不入：在想好下一步将要如何行动之前，大脑已经帮你做出了决定，然后你意识到这个决定，并且相信它是出于你的选择的。一边是最先引发意识思维的脑神经活动，一边是意识思维本身，二者之间确实有一定的间隔。同样，在桌上轻敲你的指尖，你会体验到好像"实时"发生的事件——在你的指尖与桌面接触的那一刻，你就主观地感到了那个碰触。但实际的情况却与人们的直觉和感受相左：脑需要一个延迟时间（大约半秒钟）来做出适当的激活，而后人们才觉知到这个事件。换句话说，人对指尖碰触桌面的有意识的体验或觉知只在脑活动足以造成那个觉知之后才出现。

这说明：意识到做出一个决定是完成这一工作的大脑活动的结果，而不是导致实际决定的原因链的一部分，所谓的"在意志命令下产生行为"的信念，只是行为者从对事件的反思角度而言的。基于这些发现，一些人声称，人没有自由意志[③]，人类的抉择无非人的生物倾向导致的。这种论点暗含了两个逻辑前提：一是有意识的决定是自由意志的必要条件，如果确定行动的意识与行动相关的大脑活动不同时发生，那么人们就没有选择的自由；二是如果人们的思想受到特定的物理条件所限制，那么人们就没有自由。

然而，人们普遍相信自由意志的存在并将其看作是道德实践展开的根据，自由意志成为人类思考价值与意义的基础。作为承担责任的载体，人们要为自己的行动负责。在伦理和法律领域，如果一个人没有觉知到他关于行动做出的选择，并且正在无意识地施行这些动作，那么社会倾向于认为他的行动具有一个减免的

---

① 参见[美]本杰明·里贝特：《心智时间：意识中的时间因素》，李恒熙、李恒威、罗慧译，浙江大学出版社 2013 年版。里贝特让被试在他们选择的时间点移动自己的手腕，并记录准确时间。被试报告：他们在实际动作前大约 0.2 秒时，就已经有弯曲手腕的意图。实验同时测量了大脑的准备电位——来自对脑的涉及运动控制区的活动记录。准备电位在动作开始前 0.55 秒产生，由此推算，脑产生动作的时间发生在参与者意识到他们做出决定前 0.35 秒。
② 参见 Soon C S, Brass M, Heinze H J, et al. "Unconscious determinants of free decisions in the human brain". Nature Neuroscience, 2008, 11 (5)：543-545.实验要求被试选择按下左键或右键并记录做决定的时间，数据反映出，被试在有意识地决定之前，其大脑活动已经显示了按左键或右键的倾向。
③ 参见[美]萨姆·哈里斯：《自由意志：用科学为善恶做了断》，欧阳明亮译，浙江人民出版社 2013 年版，第 21-22 页。

责任。一旦人们放弃相信自由意志，某些道德直觉将开始松动，因为当人们认为即便是最可怕的掠夺者，也是不幸天生注定如此时，那么人们的道德感和断恶行善的逻辑也就随之削弱。

当然，对于实验数据的解读，也有研究者从科学的层面表示了质疑。在他们看来，这些实验被过度简化了。一些人批评道，实验中微小的时间差或许被扭曲或误解，因为有意识思维决策的报告缺少客观性。神经学实验通常采用可控输入：在精确时刻向某人展示某图片，然后观察其大脑的反应，但实验中将被试有意识的动作意图作为输入，显然是以主观的方法确定计时时刻的。况且由于被试的应答方式已经被设定，所以他们可能会受到一些预先决定的信号的干扰或影响，如此测量的大脑活动就不是与实验直接相关的了。[①]还有人认为，被研究的大脑区域集中于运动辅助区和前扣带回运动区，这两个区域仅仅负责运动计划的后期部分，而发挥着意志和决断力作用的更高级的脑区或许处于这部分之外。[②]最后，不同类型的行为情况各不相同，用手指动作指示的行为，不能被推广到思维领域或其他运动神经的动作。仅仅是一个动作出现在自我意识到它开始之前，并不意味着意识不能对它进行批准、修改或取消。毕竟，动手指这样的简单行为与审慎的思考或决定之间仍然相去较远。

自由意志之所以成为一个哲学问题，是因为它与因果决定论构成了矛盾，而后者是人们赖以理解世界的基本规律框架。人们的日常观念接受了万事万物间存在先后承继彼此支配的关系，并且假设自然界一切事件的发生都是充分原因的结果。因此，当人们寻求某个事件的因果解释时，人们预设了以此找到的存在于事件背景中的原因，其足以导致正在发生的事件。可是，假如一个人的想法被严格编码到他的大脑活动中，人们又如何区分这两个作为同一物理运作的不同方面呢？于是，相反的观点主张，当一个人运用自由意志去做决定时，这个做决定的"自由瞬间"就被看作因果链条间的间隔。在每个动机和行为之间，自由意志出现，则因果链条断裂。[③]

---

① 参见 Guggisberg A G, Mottaz A. "Timing and awareness of movement decisions: does consciousness really come too late?" *Frontiers in Human Neuroscience*, 2013, 7(31): 385.
② 参见 Klemm W R. "Free will debates: simple experiments are not so simple". *Advances in Cognitive Psychology*, 2010, 6（6）: 47-65.
③ 参见[美]约翰·R. 塞尔：《自由与神经生物学》，刘敏译，中国人民大学出版社2005年版，第9页。

在决定论看来，根据定律 L，在条件 C 下，演绎出事件 E（C 是 E 的充分条件），那么，C 和 E 就构成了因果关系。而事实上，人类的行动、意图、信仰及欲望之所以会存在，恰恰依赖于一个特定的系统，在这个系统中，人类自身的行为方式以及"刺激-反应"规律发挥着明确的作用。人们得以与他人进行理性的交流、能够领会他人的言行举止，都基于这样一个前提，即他人的思想与行动必须以彼此认同的"共享现实"为轨道，而人们理解自己的行为，也同样离不开这个前提。因此，作为大脑中自发的那一部分，自由意志的理由并不是随意的。

那么，神经科学实验是否挑战了自由意志观念呢？在回答这一问题之前，人们必须厘清所谓的判决性实验否定的是什么，以及这些部分对于人来说到底意味着什么。与哲学的（从因果决定论出发）和神学的（从上帝的全能全知出发）讨论不同，神经科学更多地是从意图和行动的角度入手，将自由意志问题转化为行为的决策和控制的问题，而行为的自我控制感和引起行为的真正原因是可以分离的。我感觉到我在做这件事，但就在此时此地，我也可以做完全不同的事情。就这些情况来说，我基于某一原因而采取行动在因果上并不足以决定此行为。①该行为是被激发的，而不是被决定的，在被知觉到的原因和行为之间存在间隔。这个间隔就是自由意志。即使我是一个坚定的决定论者，基于每件事都是被决定了的这一原因，拒绝做出任何选择，那么对于我来说，我拒绝做出选择也只有基于自由这一假设才是可理解的——我自由地选择了不做任何自由选择。

在此需要澄清，个体层面的经验与亚个体层面上的神经活动有着本质区别。神经科学家倾向于将自由意志限定为动作的激发或反应，而自由意志陈述的却是个体层面的行为的可能性。两种用法都有真实的所指，都有不同层次的本体论地位，但不同用法可能指称的是完全不同的对象或实在。人们所描述的经验属于作为整体的个体（person），其行为间的相互关系受知识、信念、欲望、猜想和推理等支配，这些相关的联结包含着逻辑的或概念的成分。例如，"高兴"是在个体的层面上做出的归属，这一判断部分取决于关于愉快的概念以及对愉快的理解。与此相对照，经验所依赖的神经活动是亚个体（sub-personal）层面上的现象，其内容缺少整体性和规范性特征，无法说明逻辑上的关联。由于没有做出这样的

---

① 参见 Kahneman D. "Remarks on neuroeconomics". In Glimcher P W, Fehr E (Eds.). *Neuroeconomics: Decision Making and the Brain*. New York: Academic Press, 2013: 524.

区分，一些认知神经科学家在概念层次间做了不恰当的跨越，将实验得出的亚个体层次的行为倾向的结论看作是对个体层次上的行为选择可能性的否定。①

神经科学本身不能给出自由意志是否存在的答案，原因在于，以下二者的区别至关重要，即观察者所定义的有关刺激的信息，以及刺激对于该主体而言具有什么意义。②毫无疑问，内在可观察的"心智"事件与外在可观察的"物理"事件之间是有关联的，但它们的关系只能通过对这两个独立现象进行同时观察才能发现③，否则，人们从第三人称视角进行的观测将无法"亲知"第一人称视角的经验。例如，人们对被试的脑皮层施加电刺激，被试感觉到的却是手指痛。这意味着，承认某一瞬间的意识伴随着某些神经活动是一回事，而要在对世界形成连贯的有意向的体验意义上认为神经活动充分显现了意识④，则完全是另外一回事情。

神经科学运用脑区激活差异的数据试图阐明：大脑的各个区域如何工作，不同脑区是如何交互作用的，大脑如何处理不同类型的问题。这极大地增进了人们对认知的理解。与此相对照，心灵哲学关心的是：什么叫疼痛，什么是感受质，自我是什么，等等。当人们追问这些问题时，是在追问那些对于所有具有相关心灵能力的现实的或可能的生物来说，拥有某种心灵能力或状态的共性是什么。神经科学的探索与心灵哲学的思考是不能彼此替代的，尽管心灵哲学应当关注神经科学提供的那些关于"如何"问题的解答。

第二节 自由意志的本质性规定

心智现象与物理现象之间存在着一个未被解释的鸿沟。即使拥有对脑的物理构成和神经细胞活动的完备知识，人们也无法观察到脑中可以被描述的主观内在体验的东西。人们所能看到的只有细胞的结构、细胞之间的连接、神经冲动的产

---

① 参见 Levy N. *Neuroethics: Challenges for the 21st Century.* London: Cambridge University Press, 2007: 224-225.
② 参见[澳]贝内特、[英]哈克：《神经科学的哲学基础》，张立，等译，浙江大学出版社 2008 年版，第 428-429 页。
③ 参见 Nahmias E. "Is neuroscience the death of free will?" *New York Times*, 2011, (15): 13.
④ Giordano J J. *Scientific and Philosophical Perspectives in Neuroethics.* London: Cambridge University Press, 2010: 109.

生、相关电生理事件以及新陈代谢的化学变化。作为两个独立的范畴，外在可观察的脑过程与相关的主观内省体验只有结合在一起，才能对意识做出说明。

不可否认，如果人有自由意志，那么这个自由意志一定是基于人脑的某些机能的。但是，在明确自由意志的含义之前，人们无法确定自由意志到底预设了什么样的能力或性质，因此也就没有办法获知自由意志的脑神经基础。进而，即使人们完全了解人脑，也不能依据这样的理解推论人是否具有自由意志。换句话说，即便科学家已经建立起详尽的理论，熟悉大脑每部分的结构及其功能，他们也需要一座搭在（明确的）脑神经术语和（有歧义的）自由意志之间的桥梁，据此对自由意志的存在与否做出论断。而当人们探究自由意志的含义、分析它的各种歧义并寻找它的完整定义时，人们就不是在做脑神经科学研究，而是在进行哲学分析。这种分析试图在哲学的重要概念和科学理论之间筑桥，使人们不仅了解那些用科学词汇组成的陈述，而且可以对那些使用日常词汇组成的陈述做出判断。

讨论自由意志必须明晰"自由"一词所含之意。如果"行动自由"仅仅指可以按照自己的愿望做出任何想采取的行为，那么人类确实不能"自由行动"，并且这种自由即使已经具备，也可能对人类是毫无用处的，因为这将把真正的自由和理性一起加以毁灭，而使人们降低到禽兽之下的地位。人们在讨论意志自由时所追问的是：一个人的意志本身是否有足够的独立性，他的心灵是否自由。[①]"是自由的"不意味着"获得人们所要求的东西"，而是"由自己决定去要求"，它所体现的是选择的自主性——区别于"达到被选择的目的的能力"。[②]自主的行动者必须独立于他人的意志，不受他人的劝诫和指令的支配。他能够理解或知道他为什么做他所做的，他的行为受他的愿望与态度的影响，并能通过形成意图和追求目标而产生。

自由表现为不同的程度，但在最低层面上，它是相对于人为干预来说的，也就是所谓的消极自由，即一个人能够不被别人阻碍地行动或"免于……的自由"。如果说它停留于摆脱或消除某种限制、"不被……干涉"的层次的话，那么积极自由则是"去做……"的自由，积极自由的这个含义源于个体成为他自己的主人

---

① 参见[德]莱布尼茨：《人类理智新论》，陈修斋译，商务印书馆1982年版，第169、171页。
② 参见[法]让-保尔·萨特：《存在与虚无》，陈宣良等译，生活·读书·新知三联书店1987年版，第603页。

的愿望——希望行动是自我导向的，能够领会自己的目标与策略，能够依据自己的观念与意图对自己的选择做出解释。换言之，它要回答："什么是决定某人做这个、成为这样而不是做那个、成为那样的根源。"[①]可以看出，消极自由是对自由的程度或条件的阐释，而积极自由是对自主自为性的说明；消极自由通过对"我被控制到何种程度"这一问题的回答加以限定，积极自由却是通过"谁控制我"这一问题的回答而得到限定的。

人们无法抹杀那种自愿的、有意向的行动的经验。正是这些经验成为人们确信自由意志的基石，因为在这些经验中，人们会感到存在着选择行动过程的可能性。[②]自愿行为与非自愿行为之间，存在着一个界限，前者总是伴随着行为者的主观意图，它们服从于人们的意志，而非自愿行为则缺少这种特征。自由作为客观的开放的可能性与"没有阻碍地做我喜欢的事"之间具有本质区别，前一种情形可以是合意的也可以是不合意的，甚至其程度是难以或不可能按规则来衡量或比较的。

这是因为，自由是行动的机会，而不是行动本身；行动的可能性并不必然是行动的动态实现。[③]当我决定行动时，我能以这种方式或那种方式行动。尽管我已经做了某事，但我知道我原本可能去做别的事情，可以从其他原因出发做出其他选择。因此自由是选择可能性的自由。从这个意义上说，人的行为具有一定的不可预测性。

需要指出，自由不是指能够免于因果律或没有任何限制，相反，它以秩序为基础，并与因果法则相容。人们的自由必定受到一些结构性的限制——人们必须有自己的思想才能进行选择，而思想以脑作为物质基础，因而人们做出的决定毫无疑问要受到自己大脑状况的影响。因果律不只是说如果同一原因重复出现，就会产生同一结果；而是说在一定种类的原因与一定种类的结果之间有一种恒定的关系。事实上，被发现重复出现的永远是原因和结果的关系，而不是原因本身；对于原因所需要的只是它和人们已知其结果的那些原因（在有关的方面）应属同

---

① 参见[英]以赛亚·伯林：《自由论》，胡传胜译，译林出版社2003年版，第189-200页。
② [美]约翰·塞尔：《心、脑与科学》，杨音莱译，上海译文出版社1991年版，第82页。
③ 参见[英]以赛亚·伯林：《自由论》，胡传胜译，译林出版社2003年版，第39页。

一种类。①就此而言，虽然人们仍然使用"原因"和"结果"这两个词，但人们知道，当谈到某个事件是引起另一个事件的"原因"时，这种接着发生的事件并非必然的，而且可能有例外。②亦即原因和结果是逻辑的演绎关系，演绎可以保证观念之间的逻辑必然性，但不保证事实的必然关联。原因（条件 C）出现不意味结果（事件 E）一定出现，而是允许别的事件发生——原因不完全决定结果，它容许自由的可能性。

由于逻辑的蕴含关系不等于事实的决定性，所以当人们说"行为是有原因的"时，只是表示，行为必须有先在条件，且这些条件在逻辑上蕴含了行为，而不必然规定行为；相反，一个人的行为如果是自愿的，没有受到他人及其他外在力量的胁迫或强制，即使他已经选择行动 A，他仍然可以去做不同于 A 的事情，从而他的行为是自由的，他要为此负责。当人们断言某人是自由的，以及人们把他视为受自然规律支配的时，两类问题产生于不同的层次，而伪问题产生于对这些层次（或相应范畴）的混淆——把因果关系想象为未来现象之预存于它的种种现有条件中，而观念的模糊意义恰恰就是从这里开始的。③这是一种把原因看作类似于意志的那种习惯。按照这样的思维，外因就相当于一种异己的意志，而根据外因可以预见的行为就是受外力强迫所支配的。然而，任何人对人们的行为愿意所做的任何预言到人们这里总是能被证明是假的——如果某人预言我要去做某事，我恰恰会去做别的事；而对于从山坡上滑下的冰块、从斜面上滚落的球或在自己椭圆轨道中运行的行星来说，则根本不存在这种选择的余地。④事实上，自由尽管不是依据自然规律的意志的特性，但却绝不是无规律的，相反，它必须依赖于不变规律的一种因果性，只不过这是一种独特的因果性。⑤因为决定、意愿、努力等本身就具有重要的作用，它们引发人们特定的行为，而这些行为又会产生相应的后果——它们自身就是因果链条的一部分。

---

① 参见[英]伯兰特·罗素：《我们关于外间世界的知识——哲学上科学方法应用的一个领域》，陈启伟译，上海译文出版社 1990 年版，第 173 页。
② 参见[英]伯兰特·罗素：《我们关于外间世界的知识——哲学上科学方法应用的一个领域》，陈启伟译，上海译文出版社 1990 年版，第 164 页。
③ 参见[法]柏格森：《时间与自由意志》，吴士栋译，商务印书馆 1958 年版，第 139 页。
④ 参见[美]约翰·塞尔：《心、脑与科学》，杨音莱译，上海译文出版社 1991 年版，第 75 页。
⑤ 参见[德]伊曼努尔·康德：《道德形而上学基础》，孙少伟译，中国社会科学出版社 2009 年版，第 88 页。

更重要的是，行为阐释的逻辑形式不同于普通的因果解释——它不是指出其充分的因果条件，而是指出施动者行动的原因。行为主体必须具备谨慎思考的能力——不仅表现在认知方面，而且还能够控制意识状态，有能力引起并完成一些行为，这些能力即意志力或效力（agency）。作为自主的人，他所做的决定要依赖于理性——作为存在物本身的理性，而不是表面上的自然因果性。理性决定的内容，是借助理智因素的考虑结果，它独立于经验中的因果关系。法则的单纯形式只能由理性展示出来，它的表象作为意志的规定根据不同于在依照因果性法则的自然界中各种事件的任何规定根据。[①]除此以外，行为阐释要求指明与背景相关的条件：当一种因果上的肯定被用于行为的解释时，这个肯定应该关系到某个条件，后者在特定的背景下足以导致需要阐释的事件发生。这样的行为解释的形式不是"A 引发 B"，而是"理智的自我 S 完成了行为 A，而行为 A 是建立在原因 R 的基础之上的"[②]。这种表达方式首先要以自我的存在为预设，而这个自我是一个理性的施动者。

进一步讲，理性行为者的意志不仅独立于任何外在的压力或影响（他人的意志、社会习俗等），而且独立于行为者自身的"纯然欲望和自然本能"。[③]也就是说，假若他做或不做某事是因为期待某种物质结果或精神报酬（如名利），或者是因为害怕来自外界或内心的惩罚（如坐牢、良心谴责），那么这些都不能算作自主，因为决定行为的因素是行为人的倾向或谋求对象，而不是其意志对该行为本身的理解。只有行动主体摆脱欲望、利益的纠缠，其意志才能成为自由的。所以自由的意志是自己给自己立法。作为法则的制定者，意志完全是自己在指导和规范自己。基于自律的意志才可被称作自由。[④]总之，意志自主是相对于自然而言的，是人作为理性动物区别于其他动物的首要特征。理性主体能够摆脱外在于意志的自然需要和自然倾向的支配，从而按原则来行动、对行动做出评价并颁布适用于自己和他人的道德律令。于是，他的行为一方面受制于自然法则，另一方面又因能够遵从道德法则而自由。

---

① 参见[德]康德：《实践理性批判》，邓晓芒译，人民出版社 2003 年版，第 36 页。
② 参见[美]约翰·R. 塞尔：《自由与神经生物学》，刘敏译，中国人民大学出版社 2005 年版，第 28 页。
③ 参见[德]伊曼努尔·康德：《道德形而上学基础》，孙少伟译，中国社会科学出版社 2009 年版，第 108 页。
④ 参见[德]伊曼努尔·康德：《道德形而上学基础》，孙少伟译，中国社会科学出版社 2009 年版，第 63、88 页。

第三节　行为启动模式中的无意识

我们通过前文的分析可以看出，神经科学的实验并非关于意志自由是否存在的判决性实验，那么，实验中违反直觉和常识的现象，人们又该如何理解呢？首先，需要明确的是，人们的行动不必是有意识的才能算作自由的①，重要的是行为是自我激发、自我决定的。②清楚地意识到行动，也许有助于改善人们的行为，但这并不是必要的——它们不会仅仅因为没有被人们想到就变成非自由意志的。例如，窗外的噪音，我们无法使之消失，不过，我们可以通过专心读书的方式忽略它。这种调整注意力的行为不同于人们对声音的听觉反应，因为是我们自己选择了关注对象。从某种程度上说，正是这样的差别让人们看到，人类是具有自由意志的意识主体。

心智既包括有意识的主观体验，也包括无意识的心智功能。这种无意识③不是弗洛伊德所谓的被压抑意义上的潜意识，而是指它处于认知觉知的水平下（即意识难以通达的水平），并且由于活动太快而不被注意。尽管如此，自然选择推动了无意识的发展，这是因为有意识处理过程代价昂贵——不仅需要时间，而且需要大量的记忆。与之相反，无意识处理过程迅速自动，且不受规则驱动。在日常生活中，无意识的、持续时间较短的大脑活动总是先于延迟出现的有意识事件。④不同种类的想象、态度、思想等最初都是无意识地发展的，只有合适的脑活动持续了足够长的时间，这样的无意识才能进入有意识的觉知。

人们每天相当一大部分的思维、感觉和行动都在无意识地进行着，这样的观念很难使人接受。人们倾向于认为人们的意图和经过深思熟虑的选择支配着自己的生活，但现实是，人们过高估计了意识的作用范围。例如，发声、说话和书写

---

① 参见 Glannon W. *Brain, Body, and Mind: Neuroethics with a Human Face.* New York: Oxford University Press, 2011: 69.
② 参见 Nahmias E. "Is neuroscience the death of free will?" *The New York Times*, 2011, 11: 1-6.
③ 无意识与本能的区别在于，本能是指典型的、刻板的、受到特定刺激便会按照一种固定模式行动的能力，它是先天固有的，无须学习或适应就能表现出来，而无意识是指所有那些未被意识到的心理现象的总和。只有那些来自遗传的、普遍一致的和反复发生的无意识过程才能被称为本能过程。
④ 参见 Soon C S, Brass M, Heinze H J, et al. "Unconscious determinants of free decisions in the human brain". *Nature Neuroscience*, 2008, 11 (5): 543-545. 实验要求被试选择按下左键或右键并记录做决定的时间，数据反映出，被试在有意识地决定之前，其大脑活动已经显示了按左键或右键的倾向。

等，大多是无意识地启动的。[①]就说话而言，开始说话的过程，甚至是要说的内容，在说话开始之前就已经无意识地被准备了。当说出的词语与说话者原本想要说的不同时，人们通常会在听到所说的东西之后进行纠正。相反，如果你要在说出一个词语之前有意识地觉知到它，那么你的话语将会变得缓慢而迟疑。很多对某一问题做出机敏应答的人，他们富于创造性的词语往往是自动地从唇间涌出的，而不是经过深思熟虑搜索出来的。在两个看似不相关的对象中寻求关联或建立联系，这一任务早已被心理过程秘密地完成，后者仅仅把其结果呈现给意识，而人这个意识的主体只是发现了这些结果。乐器演奏及歌唱也包含着相似的无意识活动。钢琴家快速地弹奏，手指敲击琴键的速度甚至他们的眼睛都跟不上，他们将注意力集中于表达他们对音乐的感受，这些感受在发展它们的觉知之前是无意识地产生的。如果演奏者要去思考正在表演的音乐，他们的表现反而会不自然。许多体育运动也是如此。职业的网球选手必须对时速 100 英里[②]以曲线轨迹运动的来球做出反应。他们觉知到对方来球的运动模式，但在回击的那一刻却还没有立即觉知到球的位置。在这里，判断和决定都是无意识地启动的。一旦击球手决定开始击球，即使他意识到他做了一个错误的决定，他通常也无法停止击球。优秀的击球手大多能够在生理上尽可能地延迟这些过程。

无意识功能所需的神经活动持续时间非常短暂，这样的速度明显有助于它发挥效力，前后相继，迅速完成复杂问题中的一系列困难步骤。与此相对照，如果一个人要等到思想中的每一步都出现其对应的觉知才开始处理问题，那么整个过程都会被拖累，最终的行动决定将变成一件沉重而缓慢的事情。事实上，人们的大脑会对特定条件下执行某种行为导致的后果进行内部模拟，这种内部模拟是意识知觉的基础。[③]换言之，知觉并不简单地对输入信号进行反映，而是主动地把感觉输入与内部预期进行对比。对周围环境的意识只有在感觉输入与预期不符时才会出现；如果能够成功预测世界，就不需要意识，因为脑能够很好地完成任务。例如，当你刚开始学骑自行车时，需要大量的意识集中；一段时间之后，你的感

---

① 参见[美]杰拉尔德·埃德尔曼、[美]朱利欧·托诺尼：《意识的宇宙：物质如何转变为精神》，顾凡及译，上海科学技术出版社 2004 年版，第 218-219 页。
② 注：1 英里≈1.61 千米。
③ 参见[英]Chris Frith：《心智的构建：脑如何创造我们的精神世界》，杨南昌，等译，华东师范大学出版社 2012 年版，第 128 页。

觉-运动预期逐渐完善，于是骑车就变成了下意识的行动。这并不是说你没有意识到你在骑车，而是你不会意识到你是如何握车把、踩脚蹬和保持平衡的，除非发生了什么变化，如一阵强风或是爆胎。当这些新情况违反了你的常规预期时，意识就会启动，对你的内部模型进行调整。

人们都有类似的经历，有些时候对某个事物即使盯着看，也会发生"视而不见"的现象，但人们有时自以为没有看到，其实视觉信息已经在默默发生作用。前者被称为视盲或改变盲，指人们无法察觉到眼前景物有所改变的现象。这种"有视力却宛如目盲"的现象说明，人们睁开眼睛，并不意味着所有景物都能纳入眼帘。如果"看见"的定义是能辨识物体且之后记得看到什么，则盯着看未必就能看见。后者被称为盲视（blind sight），是指人们以为自己看不到，实则能够分辨形状与色彩，具有残余的视觉引导行动。人们曾经认为，由大脑枕叶受损所致的失明是一种绝对的失明，即患者完全不能觉察到盲区内的任何视觉刺激。然而，从高等灵长类动物实验中所获得的观察结果，却与这种观点十分矛盾。研究发现，切除恒河猴枕叶后，它们仍然能够对呈现在与被切除的脑部相对应的视野区域内的视觉信息加以处理。① 在某些视觉皮质受损而出现部分失明的情况下，人类患者有时也能对呈现在盲区内的刺激做出正确反应，尽管他自己并不能意识到这一点，情况似乎是"在那个盲的视觉区域中没有有意识地看到任何东西"，这表明他可以区别有意识的视觉与无意识的识别。

造成这两种现象的主要原因在于，只有注意力才是事物得以进入意识的关键。视盲现象让人们了解到，即使睁大眼盯着看，也未必真能"看到"。因为能进入感觉范围的刺激物很多，与之相比，意识的范围很窄，人们真正意识的只是其中一小部分内容，这使人们看不出场景中的某些变化。另外，盲视现象却展现出人类无意识视觉的能力，人们自以为没意识到的影像，其信息却可能被接收无遗。视盲与盲视表现了人类知觉的两个相反方面，也彰显了意识与无意识的差异，而自由意志由此表现出由一系列复杂的因果关系在无意识中作用的结果。

行文至此，你或许很庆幸人类拥有这种自动本能，因为它使人们有效地发挥潜能并保持内在自我的成长，正是这种心理功能帮助处理日常事务和训练有素的

---

① 参见[德]恩斯特·波佩尔：《意识的限度》，李百涵、韩力译，北京大学出版社2000年版，第126-128页。

任务，人们才得以把注意力集中在其他重要的方面。同时，也许你不禁感到疑惑：脑能够在人们毫不知情的情况下控制复杂的肢体动作，在这个过程中，行为主体只是体验了简单的刺激-反应贮存在无意识心灵中的一个行为程序，这看起来意识几乎未起作用。

无意识活动的确表现出对行为的深刻影响，但它们其实是主体之前的意识发展水平的体现[①]，比如主体的知识、性格或兴趣所指等。睡梦中解决的问题通常是睡眠者清醒时努力思考过的问题，即使是忽然迸发的灵感也蕴含了某种之前的倾向；瞬间形成的某个重要的科学假说基于之前关于它的大量思索和研究；作曲家或诗人的创作虽然或许只是某个时刻的展现，但其创作意愿却是长期支持他的一般性态度；一个天赋较好的儿童不会自动学会解决缺少相应知识储备的计算任务；对于某种技艺，假如一个人既不喜欢也没有接受过长期的训练，他绝不可能凭空在这个领域创造奇迹。

那么，在人们没有意识到行为的情况下，人们的脑知道多少，又做了哪些呢？意识扮演了什么角色？或者更具体一点，为什么脑能够使人作为一个自由的主体进行自我体验呢？这就涉及意识的推测/阐释作用。

第四节　作为阐释机制的意识

在人们的有意识选择中，至少有一些是事后理解和解释的合理化。典型的现象包括选择性取证（selective evidence-gathering）和确认偏见（the confirmation bias）。选择性取证是指，人们往往忽视所获得的非 p 证据，而去寻找支持 p 的证据。确认偏见是指，相比于反驳的情形，人们对自己的猜想往往倾向于搜索更多的信息来进行确认，而对于一种正在检验中的假说，他们也容易把相对中立的数据解释为支持性的。[②] 容错和自我欺骗就是这类情形的体现。如果一个人处于某一特定时间、特定地点，被问及"你为什么在这里"时，他可能无法精确地找

[①] 参见 Strother L, Obhi S S. "The conscious experience of action and intention". *Experimental Brain Research*, 2009, 198（4）：535-539.
[②] 参见［意］马西莫·马拉法、［意］马里奥·德·卡罗、［意］弗朗切斯科·弗雷蒂编：《心灵制图学：哲学与心理学的交集》，樊岳红译，科学出版社 2014 年版，第 86 页。

到原因或复杂动机系列间的相互作用,但他会提供一种有说服力的解释,来证明自己在那里是正确的。当他反思为什么感觉到如此做事时,他可能不是获得了他感觉到的真正理由,而是提出了他认为合理的理由。在许多心理学实验中,受试者被暗中操控去做出某些选择,当问他们为什么做出那种选择的时候,他们开始杜撰原因,而杜撰原因与只有实验员知道的真相没有任何关系,但他们对自己给予的解释表示出了极大的自信。大脑虚构了主观体验,并找到了相应的信息。

一些研究发现,人们的左脑具有阐释功能——一种根据自己获得的信息来解释事件的机制。①它驱动人们提出假说,给人们貌似合理的解释,并编造出条理清楚的故事。例如,一个人听到田鼠在草丛里沙沙作响,跳着躲开了许多次。后来,他仅仅因为风吹草动而跳起来。在意识到那是风吹草动的声音之前,他就已经跳到了一边。如果你问他为什么跳起来,他会回答说"因为看到田鼠"。他的解释来自意识系统对信息的事后综合:他跳起来,以及他看见田鼠的事实。然而,现实情况是,他的起跳先于他意识到有田鼠;他并未有意识地决定要跳,然后有意识地执行这个决定。他跳起来的真正原因是,大脑内置的对恐惧的自动无意识反应。就某种意义而言,他关于此问题的回答,是对过去事件补充的虚构情节,只不过他相信它是真的。

这就是说,人们的行动和感觉往往出现在人们意识到它们之前,人们做出的是事后观察的事后解释,而这些解释都以进入了人们意识的东西为基础。不仅如此,人们总会编造一些事情来创造合理的故事。之所以会进行虚构叙述,是因为人类的大脑受推断因果关系的驱动,努力地通过理解散乱的事实来解释事件。只有在故事和事实相去太远时,大脑才会停止这样的解释。例如,你用铁锤砸到了自己的手指,你赶紧把手指收了回来。你的解释大概是:由于你砸到了自己的手指,手指很痛,所以你赶紧拿开它。可实际上,你是在感到痛之前就抽开了手指。察觉或意识到疼痛需要几秒钟,那时候你的手指早已躲开。整个过程的实际发生顺序是:你手指的疼痛感受器顺着神经将信号传到脊髓,而后立刻有信号顺着运动神经传到你的手指,触发肌肉收缩,使手指退缩回来。也就是说,拿开手指是一种条件反射,早就自动完成了;同时,疼痛感受器的信号发送到大脑。大脑处

---

① [英]M. S. Gazzaniga 编:《认知神经科学》,王甦、朱滢、沈政、等译,上海教育出版社 1998 年版,第 844 页。

理信号并将之阐释为"疼痛"之后,你才意识到痛。"拿开手指"并非你有意识地做出的决定,而你的解释器必须把所有观察到的事实(疼痛和拿开手指)整合成一个合理的故事。由于痛而移开手指是合乎情理的,于是就虚构了时间。简而言之,阐释机制编织了与情况相配的故事,让人觉得是自己出于意识采取了表现出的行动。

有些人可能会对这样的理论感到失望,并把它与那种虚无主义的观点混淆起来。事实上,这两者几乎完全相反。事后阐释并不意味着意识无用或意识不存在,而是表达了意识的重要特征。那么,具有这样特征的意识又有什么作用呢?如果意识是讲给人们自己的一个故事,那人们为什么需要它?实际的好处是:作为描述自身和周围世界的简化及捷径,它帮助个体模拟自己的关注焦点并控制他的行为,从这个角度讲,意识在指导人们行为的过程中发挥了积极功能,它不是一个闪现在人们脑海中毫无意义的东西,而是已经成为执行和控制系统的一部分。

大部分的信息处理过程都是无意识地自动进行的,似乎没有统一的最高指挥者控制着人们的"自我"或知觉中心,就像是没有统一指挥者的互联网那样。但是,如此之多的复杂系统在潜意识底下以分散的、多元化的方式运作,人们为什么仍然会有一种"完整而统一"的感觉呢?人们不曾感到双眼所见的图像不匹配(二者在水平方向有一定位移),相反,人们的知觉是协调一致的。意识流轻松、自然地从这一刻涌向下一刻,并且是连贯的。人们所体验到的心理统一,正是来自意识的阐释作用,它不断地对人们的感觉、记忆、行动以及突然出现在意识中的信息片段构建解释。这是一种个人叙事[①],在这事后合理化的心理过程中,不同的行为以及意识体验的不同方面被整合到了一个有意义的、连贯的框架之下:杂乱中诞生出秩序。

大脑在做出全局性阐释时,忽视或抑制了与该阐释相悖的信息。并且,通常情况下,人们感觉不到意识的构建性质,只有当输入极度匮乏或解释明显错误时,人们才能够观察到解释系统的行为。意识的形成采用了多重草稿模型:人们不能直接经验到发生在视网膜、耳朵里或皮肤表面的事物,人们实际经验到的是一种效果——一种有许多诠释过程的产物。它接收相对原始的片面表征,产生经过比

[①] 参见 Illes J. *Neuroethics: Defining the Issues in Theory, Practice, and Policy.* New York: Oxford University Press, 2006: 142.

较、修改和提升的表征。①这个理性重构的过程分布于脑的各处;大脑由无数模块构成,每个模块都有专门的功能,它们每时每刻都在彼此角力;特定时刻的意识,是此时在竞争中获胜而浮现出来成为主导的那一个,也是交互的复杂背景环境下诸多精神状态综合导致的结果。②在此过程中,内容在记忆中留下它们的痕迹,最后这些痕迹全部或部分地衰减,或者被合并到后来的内容中,或者为后来的内容所覆盖。

意识状态不仅是统一的,而且还或多或少是稳定的。虽然意识状态不断地在变化,但意识经验对其主体来说却是连续的,甚至是没有接缝的。这种平稳和协调一致,保证了人们能把周围世界作为有意义的场景来加以认识,并使人们能做出选择和制订计划。许多证据表明,当人们注视某个场景的时候,人们提取的是场景的意义或要点,而不是其中大量变化着的局部细节。③事实上,人们对后者常常视而不见或是意识不到,却并不影响人们对场景的把握。例如,当人们阅读的时候,通常人们并不能注意到字体,除非它很特别或者人们有辨认它的特殊任务。

人们通过这种方式来推断因果关系、组织自己所经历的事件,进而对"人们是谁"做出一种富有想象力的解释。随着这个过程的展开,人们形成了同一性——记忆被修改、过去被重新塑造,人们的内在自我形象由此得以保持一致。这种同一性引领着人们生命的旅程,使人们以一种连续性的眼光去看待自己,不管是回溯,还是前瞻。人们据此选择性地重建自己的过去,就这样一步一步地,似乎设计了历史。而在认识他人时,人们也运用这一方式去创造有关他人如何成为当前这个人的叙事,包括人们关于他的动机、去向及期望等方面的推测,其中有对重要过去的再现,也有对未来的投射。④人们直觉上知道他人脑子里正在想的可能是什么,这一点也使得人们能够开展交流与合作。

---

① 参见[美]丹尼尔·丹尼特:《意识的解释》,苏德超、李涤非、陈虎平译,北京理工大学出版社 2008 年版,第 127 页。
② 参见 Margolis E, Samuels R(Eds.). *The Oxford Handbook of Philosophy of Cognitive Science*. New York: Oxford University Press, 2012: 23-24.
③ 参见 Berberian B, Chambaronginhac S,Cleeremans A. "Action blindness in response to gradual changes". *Consciousness and Cognition*, 2010, 1 (19): 152-171.
④ Wilson A R, Keil C F(Eds.). *The MIT Encyclopedia of the Cognitive Sciences*. Cambridge: The MIT Press, 1999: 287.

那么，人们为什么会不断地对意识的内容进行修改呢？换言之，事后阐释机制为何能够形成呢？这牵涉到意识的不同层次。人类的意识分为核心意识和扩展意识。核心意识是人类和其他生物都具有的一种简单的生物学现象，它表现为一个单一的组织层次；它不依赖于语言、推理和工作记忆而独立存在；其脑机制主要位于脑的旧皮层；它在有机体的整个一生中都是稳固的。而扩展意识是人类所独有的，它呈现出多个层次和等级；它依赖于工作记忆；它与大脑皮层尤其是与负责语言的脑区具有非常密切的联系；它在有机体的整个一生中是不断发展的；它为有机体提供了一种自我感和同一性，使个体把过去、现在和未来联系在一起。[①]如果说核心意识是进入认识的通道，是意识中一个不可缺少的组成部分，那么，使人具有创造性的各种层次的认识活动就是扩展意识赋予的。当人们说意识是人类所独有的、与其他物种不同的特性时，人们思索的是扩展意识所能触及的范围。不过，扩展意识不能独立存在，它的建立需要以核心意识为基础。神经病理学和解剖学证据显示，扩展意识受损并不会使核心意识受到损伤。例如，面孔失认症患者无法通过脸部来分辨熟识的人甚至自己，但他们能够描述脸部特征、判断性别与年龄等。相反，一旦核心意识被剥夺，那么扩展意识也随即消失。相对于核心意识主要源自基因组的先天安排，扩展意识更多地受到后天文化的影响，而意识经验也正是在这个阶段得到了修改。

第五节　意志自由：文明的阶梯

"自由意志"表达了这样一种感觉：某些心理活动出现于人们的意识之中，并且得到了人们自身的认同。作为由大量的本能和自动行为构成的巨大冰山浮出水面的一角，有意识的自我是脑中发生的事件的很小部分。不过，这并不是说意识是行为的被动旁观者。意识虽然不启动人们自由的自愿动作，但能够控制该动作的实际执行，允许行动继续或及时终止。人们可以在觉知到这个动作与该动作发生的间隔之间，决定是否予以停止。并且，有意识的意志还具有触发器的功能。

[①] ［美］安东尼奥·R. 达马西奥：《感受发生的一切：意识产生中的身体和情绪》，杨韶刚译，教育科学出版社2007年版，第14页。

要使意志过程能够最终成为行动,这一功能是必需的,因为在实际的身体运动之前,人们能够觉知到动作的冲动(或欲望),只是没有觉知到这个过程实际上是被无意识地启动的。

此外,虽然人们大多数的行为都是下意识的或由本能决定的,后者被固化在神经回路和基因之中,并且具有快速高效的特点,但是,它们缺乏灵活性,一旦出现无法预见的情况就难以应对。这就需要意识的干预,并对内部模型进行修正。同时,也正是在意识的监管之下,通过不断训练,许多新的下意识动作才得以形成;而这些自动动作一经形成就不再被意识到,相反,意识反而会干扰这些自动行为的流畅执行。[①]意识的作用是将神经系统的活动突显为更简单的形式。不计其数的具体机制在运作——有些收集感觉数据,有些发送动作指令,有些组合信息、预测形势和决策行动……意识屏蔽了所有这些复杂性和具体执行的种种细节,为人们设定目标并提供目标的概要,在诸多事物中给出一幅简明的图景。[②]从整个行为过程来看,意识扮演着至关重要的角色,从而保证人们不会做出任意的选择。这里的关键在于人们所做的决定是习惯性的还是陌生的:那些熟练的、重复的决定看起来是不自觉的、无意识的,但在最初也是经过有意识的思考才形成的,只是人们已经忘记了这个思考的过程;而生疏的选择就依赖于高级的、结构性的意识思考——衡量利弊、分析理由等。如果没有遇见困难的抉择,人们几乎感觉不到自由意志的存在,人们会按照习惯、常识知道应该去做什么,而在遇到不熟悉的环境或难以预知结局的境况、人们的意向是人们有意动作的真正原因时,人们就体验到了自由意志。

值得一提的是,人类行为的受控过程和自动过程并不是性质上截然不同的两个方面,它们之间的区别是一个连续统中的状态区别,而且这种区别在刻画涉及相互竞争的不同过程的行为时才显得有效——受控系统监督着自动系统给出的答案,并在某些时候更正或抑制后者的判断。[③]过去几十年,学界大多认为,人类决策包括理性过程和非理性过程,它们由两个分别独立的机制来完成。非理性

[①] 参见 Kable J W, Glimcher P W. "The neurobiology of decision: Consensus and controversy". *Neuron*, 2009, 63(6): 733-745.
[②] 参见[英]大卫·伊格曼:《隐藏的自我》,唐璐译,湖南科学技术出版社 2013 年版,第 20 页。
[③] 参见[美]阿尔多·拉切奇尼、保罗·格林切尔等:《神经元经济学:实证与挑战》,浙江大学跨学科社会科学研究中心译,上海人民出版社 2007 年版,第 144 页。

行为被归结为神经机制内在本质性的限制，而理性行为则被看作某种超越了这一生物限制的意识能力的产物。但是，当今越来越多的生物学证据表明，神经系统结构在本质上是统一的，整体性的决策过程支配了人类行为。[1]也就是说，输入这个决策过程中的各种信息全部被演化过程塑型，以生成一个统一的行为模式，来最大化生物体在其自身所处环境中的生存适应性——演化是在多重水平上同时发挥作用的。

作为进化道路上选择出来的精神系统，阐释机制的功能事关人类的生存和繁衍：它把想象、信念和反思纳入人类的心理结构，使人们对周围环境的信息不再简单被动地反应，而是可以主动地进行选择；它赋予人们自我反省的特质——心灵监视和评估人们从事的任何程序化的行为，从而人们能够审视生命的历史，能够根据思考的结果做出未来的计划，能够控制自己的欲望和情绪[2]，等等。许多动物虽然也有意愿和动机，它们会根据已有的经验做出判断或选择，动物的这个能力属于一阶愿望能力，但它们仅仅做或不做这件事或那件事，而人类的独特之处在于能够形成二阶愿望，表现出反思性的自我评估能力。[3]意识的这种改写无意识心灵预置行为的能力，便是自由意志的基础。

自由意志问题探寻的是，理性（作为自我的代理）是否能够和在哪种意义上行使对于行动或决定的控制作用。这个问题对于人们如何看待自己具有根本的重要性，以至于西方哲学史上许多哲学家都对此有过思考，而在里贝特之后，越来越多的心理学家和神经科学家试图通过实验结果来检验自由意志信念的真伪。这些实验设计本身、由实验得出的结论以及在自由意志问题上所做出的最终回答，仍存在着许多争论，然而不可否认的是，它们为传统的自由意志问题打开了新的局面，那些关于大脑工作方式的深入探究，例如，大脑的哪些区域决定着行为的形成与执行，相互作用的神经细胞如何主导人们的道德感，甚至"是否拥有自由意志"的看法如何影响人自身的行为，等等，无疑提供了理解自由意志的实证维度，并进一步深化了关于有意识意图的认识。

---

[1] 参见 Kable J W, Glimcher P W. "The neurobiology of decision: consensus and controversy". *Neuron*, 2009, 63 (6): 733-745.
[2] Illes J, Sahakian B (Eds.). *Oxford Handbook of Neuroethics*. New York: Oxford University Press, 2011: 59.
[3] 参见 Frankfurt H G. "Freedom of the will and the concept of a person". *Journal of Philosophy*, 1971, 1 (68): 5-20.

第十二章　意志自由的心灵根基

当然，人们的意识无法捕捉潜伏于每个选择背后的神经活动，如果人们将神经的生理作用与人们自身分离开来，那么人们会感觉自我意识完全被神经单元所操控。但神经作用与意识知觉一样，都是人们作为一个独特个体所不可或缺的部分，它与其他部分一起，共同构成了独特的自我，只不过其中一些神经活动可以为意识知觉提供支持，而另一些则不具有这项功能。虽然意识知觉并不能完全掌控一切，但作为一个实实在在的生命个体，人们的确是在真实地进行思考、选择并且采取行动的，这种自我主宰与掌控的感觉并非出于虚幻。自由的实质在于可以选择自己的目的，而目的是产生行为的根本理由。坚定地朝着预定的目的前进，恰恰是意志或意志力的意义所在。

由此也启发人们，为了理解意识过程与大脑相互约束时所发生的一切，人们需要建立一套适合不同层次互动的语言。人的存在是分层次的，在这些分层的接口处找寻答案，人们才能更好地理解大脑与意识的关系。而从不同操作层面的角度看，所谓的"大脑在人们意识到之前就完成了动作"这样的说法也就变得没有意义了。因为大脑的内容来自它与环境的交流，而大脑萌生的思想也限制了人们的大脑，这就好比单辆的汽车无法决定车流的进程一样。人们的冲动／欲望、情绪、感受及其有意识的控制相互联系起来，扩展到超越个体的范围，而伦理准则和规范也可以被看作人们体内平衡机制（如确保生存的新陈代谢）在社会、文化层面的延伸。

自由意志不是位于大脑的独立存在，有关它的思考方式来自人际互动、来自社会层面的反馈。人类有能力超越自己当下行为的直觉和倾向性。从漫长的进化史角度看，每一个个体都在从祖先那里传承下来的规范、习俗及其所根植的文化传统中不断发展和变化，并在后代的生命和文化中得以延续。一般性行为规则构成了不同个体的心智的共同部分，正是这种共同的心智结构，使得人与人之间的理解和互动得以可能，并通过每个人的心智来支配他的外在行为。从经验中学习也由此表现为一个遵循、传播、延续和发展那些因成功而流行并保持下来的惯例的过程。

事实上，文明进步的形成都以遏制某些先天的倾向为代价，人的生物天赋中并不存在多少共同的人性。遵从习得的准则，而不是受那些追求即时性共同目的的自然本能的指导，成为人们维持社会秩序的必由之路。人类的这种主体性力量是文明不断塑造的结果。进化（基因）为人类的自由意志提供了初稿，而在一个人的生命历程中，这幅图景是不停地被继续绘制的。不同文化背景下相异的道德偏好即由此而来，即便是在相同的文化环境中，个体经历与体验的差异也使得人们的道德呈现出千差万别的面貌。

人与人之间的这种差异不仅在于各自的行为，更在于他们对自己以这样或那样的方式行动所给出的原因。人们真切地相信自己所找到的解释，而这解释又成为人生中一个有意义的部分。人类是一种悬挂在自己所编织的意义之网中的动物。[①]建构不同的意义是人类所独有的较高层级的意识能力。这种编撰不仅对制订未来的计划是必要的，而且对于适应当前和接纳过去来说也同样是必要的。尽管这个过程有些复杂，但人们一直都受持续的自我同一性的引导，受人们对常与人们交往的人的同一性的推断的引导。人们通过故事，回首过去，展望未来。

---

① 参见[美]克利福德·格尔兹：《文化的解释》，纳日碧力戈、李彬、罗红光，等译，上海人民出版社1999年版，第5页。

第十三章
心灵哲学视野下的马克思主义意识论解读

100 多年前就已形成的马克思主义意识论，即使用当今认知科学、心灵哲学的眼光来审视，仍不失为一种有自己独立品格的"本体论变革"[①]尝试、一种新颖而彻底的唯物主义。然而，长期以来，由于解释上的欠缺，这种"新"、这种"彻底"及其在意识论中的具体表现并未得到应有的揭示，其中所蕴藏的具有前瞻性的思想成果并未得到应有的开发，其所拥有的、可推进认识向更高层次迈进的能量并未得到必要的释放。不仅如此，我们对已有的阐释稍作深入冷静的分析和思考，还会发现大量的解读空白和误读。例如，马克思主义经典作家经常把思维归结为运动，这该作何理解？另外，恩格斯在分析原始人（其实古往今来的大多数人都不例外）的灵魂观念产生的根源时说，这是由于他们不知道思维、意识也是"身体的活动"，那么这是否意味着马克思主义经典作家承认思维也是身体的活动呢？马克思主义经典作家还常说世界上除了运动着的物质什么也没有，如果是这样的话，我们又该如何看待意识、精神现象的本体论地位呢？意识的能动作用是由意识自身独立发挥出来的，还是由它所依赖的物质产生的呢？如果承认前者，是否陷入了二元论？如果赞成后者，是否投

---

① 当代著名认知科学家 S. 斯蒂克等人所创立的一个概念，原指 20 世纪中叶以来盛行的、以解构传统的心灵观念、颠覆哲学和常识中根深蒂固的二元论、倡导心灵的自然化为宗旨的思潮。参阅 Stich S P. *Deconstructing the Mind*. Oxford: Oxford University Press, 1996: 94.

入了副现象论、还原论的怀抱？如此等等，不一而足。所有这些都要求我们用新的眼光、基于新的和发展着的理解前结构，来对马克思主义意识论及其理论价值做出新的研究。

根据我们的融合了心灵哲学成果的解读框架或理解"前结构"，马克思主义意识论是在马克思主义的"世界上除了物质什么也没有"这一本体论原则之下建立和发展起来的。按此理路去理解，我们不仅可以获得关于马克思主义意识论的"微言大义"及其价值之新的领悟，而且有助于厘清马克思主义本体论的实质与特征。马克思主义意识论所理解的意识不过是物质的最高运动形式，它包含其他运动形式，又超越于其上，并以特定的倾向性、机能、活动、过程、状态和结果等形式表现出来。在"相对的意义上"，我们可将意识与物质相提并论；但在"绝对的意义上"，由于意识与物质不在同一存在层次上，因此不存在对立甚至逻辑上的并列关系，而只有实体与属性、基本存在与二阶的依附性存在之类的关系。意识可以产生作用和反作用，但不是凭自身所使然，而是必须"劳驾"其所属的大脑。意识对意识的作用、对物质世界的反作用实即自然界的一部分对另一部分的作用。马克思主义意识论第一次彻底揭露了传统心灵观念的虚构本质，对长期经久不散的二元论幽灵做了全面的清算和颠覆，真正使唯物主义转变成了"全新"而"彻底"的唯物主义。

第一节 物质与运动：马克思主义意识论的本体论基础

任何意识理论都无法回避这样的问题：意识或精神是否存在，或者说在自然界中，意识是否有其存在地位？从语言哲学的角度来说，"意识"之类的心理语词在自然界中是否有其所指？如果有，它是以什么形式存在的？是属于实体范畴，还是属于别的什么范畴？要回答这类问题，首先又必须回答这样的本体论问题：什么是存在？存在的意义和标准是什么？存在有无程度的差别？存在的形式是唯一的还是多样的？如果意识属于属性的范畴，又该如何看待属性的存在地位？等等。马克思主义意识论也不例外，其建立既离不开已经积累下来的自然科学和哲学的成果，又离不开马克思主义的崭新的唯物主义本体论。

马克思主义经典作家尽管没有用"本体论"一词来概括自己的理论,但其的确有自己的本体论理论或承诺。这一点也不奇怪。正如柏拉图、亚里士多德等大量的哲学家没有声称自己建立了本体论理论一样,只要他们回答了有关的问题,我们就可能而且必须认为他们有自己的本体论理论。马克思主义经典作家也是这样,他们非常明确地回答了本体论的一些核心问题。例如,世界上存在着什么?有哪些种类?其存在的程度如何?能否对斑驳纷呈、令人眼花缭乱的世界做出统一的把握呢?或者说多样性的世界有无统一性?列宁说:"如果说世界是运动着的物质,那末我们可以而且应该根据这个运动,即这个物质的运动的无限错综复杂的表现来对物质进行无止境的研究;在物质之外,在每一个所熟悉的'物理的'外部世界之外,不可能有任何东西存在。"[1]恩格斯也说过:"我们自己所属的物质的、可以感知的世界是唯一现实的。"[2]不过他们所理解的物质不是旧唯物主义的物质,所理解的世界也不是旧唯物主义的世界。因为这里的物质、世界同时还是"一种过程","处在不断的历史发展中"。[3]以上寥寥数语便清晰地勾勒出了马克思主义十分完整的本体论图景:世界上只有一种存在,那就是处在时空之中的、运动着的物质,除了物质以外,什么也没有,什么也不存在。换言之,一切能用"是"加以述谓的东西都是物质的。从范畴论的角度来说,马克思主义本体论中最高的、外延最为广泛的、最基本的范畴只有一个,那就是"物质"。

当然,这里的物质不是旧唯物主义所说的质料,不是脱离关系和运动、脱离人的活动尤其是语言活动而静态存在的实体,而是具有具体的时空规定性的、运动着的物质。因此这种物质既是真正的实体,又是真正的主体。其之所以是真正的实体,是因为就"实体"一词的固有含义来说,它指的是基础性的、起支托或支撑作用的东西[4],而物质正是如此,可为别的东西如属性、关系所依附,而不依附于别的东西。从语言上说,真正的实体只能作为陈述句的主项而不能

---

[1] [苏联]列宁:《列宁选集(第2卷)》,中共中央马克思恩格斯列宁斯大林著作编译局编译,人民出版社1972年版,第351页。
[2] [德]马克思、[德]恩格斯:《马克思恩格斯选集(第4卷)》,中共中央马克思恩格斯列宁斯大林著作编译局编译,人民出版社1972年版,第223页。
[3] [德]马克思、[德]恩格斯:《马克思恩格斯选集(第4卷)》,中共中央马克思恩格斯列宁斯大林著作编译局编译,人民出版社1972年版,第224页。
[4] 英文"实体"substance来自拉丁文动词substerno,后者的本来意义就是"支托""支撑"。

作为谓项。从认识上来说，它是最先被认识到的。之所以说它是真正的主体，是因为它是一切变化包括运动、改变、发展、衰退等的载体。如果正确地理解实践，不将其不适当地实体化、本体化，那么它也属于活动或运动的范畴，因而其真正的主体也只能是物质，当然，是人这种特殊的社会物质。总之，如果说马克思主义也有自己的本体论，如果按其始原性的意义而不是望文生义地、想当然地理解"本体论"一词，那么笔者认为，马克思主义的本体论应该是物质本体论，而不是实践本体论。实践只是马克思主义经典作家形成自己的本体论的方式、过程，充其量是它得以建立的基础，而本体论尽管是对世界的基础问题的追问，但这种追问的基础无疑不能被当作追问的具体内容，更不能被看作是它的具体结论，就像一个人赖以存在的基础不能等同于这个人本身一样，尽管它们之间有联系。

从"相对的"意义来说，尽管我们可以把"意识"或"精神"与物质并列，甚至可以说世界有物质和意识两个最为广泛的范畴，但马克思主义的基本原则同时又强调，这样讲只能限定在认识论的范围内。一旦超出这个"界限"，进到本体论的范围，意识就没有了与物质平起平坐的本体论地位。因为意识只是物质的一种属性、一种存在方式，是物质范畴之下的一个子范畴"运动"中的成员。列宁说："物质和意识的对立，也只是在非常有限的范围内才有绝对的意义。"[①]因为在认识论中，世界可被分为两部分：一是能认识的精神，二是被认识的物质。一旦"超出这个范围，物质和意识的对立无疑是相对的"[②]。

在这样的本体论图景之下，意识的整体把握就有其可能了。因为理解了物质和运动，就有可能真正揭示意识的奥秘和本质。根据马克思主义经典作家对世界的整体把握，意识乃至被人们极力推崇的实践，从静态共时性结构看，仍属于运动范畴，不具有独立的、实体意义的存在资格，只是一种依附性的存在。从动态的、历时性结构看，意识、实践不是本源性的存在，而是随着个体事物的进化发展很晚才由其载体表现出来的。另外，意识要有人们赋予它的那些精

---

① [苏联]列宁：《列宁选集(第2卷)》，中共中央马克思恩格斯列宁斯大林著作编译局编译，人民出版社1972年版，第147页。
② [苏联]列宁：《列宁选集(第2卷)》，中共中央马克思恩格斯列宁斯大林著作编译局编译，人民出版社1972年版，第147-148页。

神作用，只能作为物质的属性、作为运动才有可能。因为在这个世界上，一切变化、作用都离不开能量、材料的消耗与转换，而只有物质才有这个可能。意识、思维、精神等不可能有这些东西，甚至被人们赋予了巨大作用的实践也是如此，因而不可能成为自己的主体和实体，只能以物质为其主体和实体。这样一来，一切精神、意识现象便像别的运动、性质、状态、关系一样变成了物质的存在方式。尽管他们也常有"思维着的精神"的说法，但这里的"精神"不属于实体范畴，而属于"运动"范畴中的成员，如说"对于有机物最高精华的运动，即对于人类精神起作用的，是一种和无机物的运动规律正好相反的规律"[①]。在论述人身上的心理或精神现象时，他们常用的是"意识""思维"等词，而这些词的外延比通常的理解要广泛，即既包括有意识的心理现象，又包括无意识的心理现象；既指心理活动，又指心理活动的状态、过程、产物。不管怎样使用，这些概念都被统摄在"运动"的范畴之下。恩格斯明确指出："物质的运动，不仅是粗糙的机械运动、单纯的位置移动，而且还是热和电、电压和磁压、化学的化合和分解、生命和意识。""运动，就最一般的意义来说，它包括宇宙中发生的一切变化和过程，从单纯的位置移动起直到思维。"[②]总之，根据这幅本体论图景，意识在自然界中的地位不仅一目了然，而且人们对其进一步探索也有了明确的方向。恩格斯说："如果认识了物质的运动形式……我们也就认识了物质本身，因而我们的认识就完备了。"[③]同样，"运动"也是打开意识乃至全部心灵哲学奥秘的钥匙。

经典作家的意识论及其理论体系，是经典作家在继承前人成果的基础上创造性地、有意识地建构起来的。他们常把他们这方面的理论称之为"新唯物主义"或"现代唯物主义"，有时称作"彻底的唯物主义"，还有时称作"辩证的唯物主义"。这些标签都是有其根据和用意的，旨在说明它与其他意识理论的不同之处。之所以说是"新唯物主义"或"现代唯物主义"，首先是因为它

---

① [苏联]列宁：《列宁选集(第2卷)》，中共中央马克思恩格斯列宁斯大林著作编译局编译，人民出版社1972年版，第172页。
② [德]马克思、[德]恩格斯：《马克思恩格斯选集(第3卷)》，中共中央马克思恩格斯列宁斯大林著作编译局编译，人民出版社1972年版，第459页。
③ [德]恩格斯：《自然辩证法》，中共中央马克思恩格斯列宁斯大林著作编译局编译，人民出版社1971年版，第209页。

的科学基础和方法论发生了根本变化。过去的有关理论是建立在不成熟的物理学、生理学的基础之上的，所用的方法是虚构，即用臆想的联系来代替真实的联系。而马克思主义意识论的自然科学基础是马恩时代刚刚诞生的三大发现。其次，马克思主义意识论之所以说是彻底的唯物主义，一是因为经典作家在意识的本质等问题上坚持了唯物主义，二是因为在说明意识与物质的关系、在说明其他有关问题时他们试图把唯物主义原则贯彻到底。列宁说："如果把马克思在《资本论》和其他著作中的一些哲学言论考察一下，那末你们就会看到一个始终不变的基本论点：坚持唯物主义。"[1]列宁还说："马克思和恩格斯的天才正是在于：他们在很长的差不多有半个世纪的时期内，发展了唯物主义，向前推进了哲学上的一个基本派别。他们不是踏步不前，只重复那些已经解决了的认识论问题，而是把同样的唯物主义彻底地贯彻（而且表现了应当如何贯彻）在社会科学的领域中。"[2]由于本体论是认识论的前提和基础，而不是相反，即不能根据认识、根据人的对象活动的范围来规定、限制存在的范围，因此从认识论上来说，物质及其运动就是以往认识和未来可能认识的范围。恩格斯说："如果我们认识了物质的运动形式……我们也就认识了物质本身，因而我们的认识就完备了。"[3]

另外，值得一提的是，尽管国内近年十分热闹的本体论研究也取得了一些积极的成果，但不可否认的是，其中也存在着一些令人忧虑的问题，尤其是倡导"实践本体论"的那类观点。例如，许多人在谈论本体论时，往往忽视了一个根本性的、至关重要的问题，即什么是本体论、为什么要本体论、本体论要干什么、本体论要解决什么问题。而不澄清这一点，就可能落入这样一个十分吃力不讨好的窘境：为不存在的疾病去查资料、开处方、做治疗。当然有的人也谈到了本体论的任务是追问存在的意义、研究作为存在的存在，但并未对之形成正确的理解，并未把它贯彻到本体论内容的展开之中。笔者认为，本体论

---

[1] [苏联]列宁：《列宁选集（第2卷）》，中共中央马克思恩格斯列宁斯大林著作编译局编译，人民出版社1972年版，第344页。
[2] [苏联]列宁：《列宁选集（第2卷）》，中共中央马克思恩格斯列宁斯大林著作编译局编译，人民出版社1972年版，第343页。
[3] [德]恩格斯：《自然辩证法》，中共中央马克思恩格斯列宁斯大林著作编译局编译，人民出版社1971年版，第209页。

作为形而上学的一个部门，在它的漫长发展中，尽管人们建立了许多本体论理论，尽管人们对它的一些问题的理解有分歧，但它肯定有其边界模糊、中心清晰而固定的问题域，其中最为重要的当然是存在（或"是"）的意义、标准、范围、本质、种类等问题。它之所以必要、之所以"拒斥"不掉，就是因为它有别的哲学分支或科学回答不了的问题，那就是要明确回答世界上存在着什么、世界上是否有相同意义和同等程度的"是"或"存在"。它涉及的对象是一切能用"是"加以判断的对象，甚至要涉及"是"与"非是"、存在与不存在，以及"是"与真、质、必然性、现象等的关系，因此，其范围远远大于人的认识和实践的范围。正如亚里士多德所说的："从古到今，大家所常质疑问题的主题，就在何谓'实是（to on）''何谓本体'。""本体究竟是什么，可感事物以外有无本体，可感事物如何存在，是否有脱离可感事物而存在的本体，或绝无或可有（如可有，则何以能存在，怎样存在）。"[①]此外，本体论还要回答哲学、宗教和常识中常会碰到的一些棘手的问题，如精神、灵魂、幽灵、属性、数、共相、上帝等是否存在，而要回答这些问题，当然要研究存在本身，尤其是存在的标准、程度等问题。这些研究正是本体论不可取代和具有基础地位的表现。

更为令人不安的是，还有一些人在讨论本体论问题时并未遵循必要的用语规范，不是从应有的、本原性的意义来理解"本体论"的，而是按中文的字面意义来理解它，或是把这里的"本体"与认识论中的"客体"、马克思《关于费尔巴哈的提纲》中所说的"事物、现实"等混同起来。这是不利于本体论的深入探讨的，尤其是不利于我们对西方本体论的认识。王太庆先生早就注意到了这一点，并提醒我们要根据西方人关于"是"、关于本体论的说法和想法来予以理解，不然的话就会在自己的想象中兜圈子。[②]与之相关的一个问题是，由于没有从本来意义上去理解有关概念，因而人们在本体论与认识论、是（或存在）与客体等关系问题上出现了不应有的混乱。例如，一些论者试图以海德格尔的存在论为参照系或理解前结构[③]，抓住马克思在规定客体时强调要从主体方

---

① [古希腊]亚里士多德：《形而上学》，吴寿彭译，商务印书馆1959年版，第126-127页。
② 王太庆：《我们怎样认识西方人的"是"？》，载宋继杰主编《Being与西方哲学传统（上）》，河北大学出版社2002年版，第55-70页。
③ 现在有些人言必称海德格尔，大有"回到海德格尔"之势。这样做本身值得思考，如果海德格尔的本体论是正确的，那么他在后期为什么要放弃它？当然这不是说，它不值得研究和借鉴。

面、实践、感性活动的角度去理解这样的论述，认为存在就是从主体方面所理解到的依赖于实践的"事物""现实"。一方面，这大大缩小了本体论研究的范围，因为正如陈康先生所强调的那样，本体论研究的"是"不仅比思想到、认识到、实践所及的东西要广得多，甚至比"存在"还要广，因此他反对用"存在"去译 to on（being）[①]；另一方面，这样做的后果是混淆了本体论与认识论、存在与客体的界限，或"使万事万物消灭于思想，认识论侵吞了翁陀罗已（ontologie）"。[②]笔者认为，陈康先生的上述论断值得我们，尤其是主张马克思的本体论是实践本体论的人认真思索。

在笔者看来，马克思主义哲学本体论所理解的存在范围最为广泛，包括一切运动着的物质，甚至包括没有进入认识和实践范围的物质。既然如此，我们当然就不能把它们当作感性活动和实践来理解。另外，经典作家的本体论的独特之处还在于对运动有特殊的理解，不仅如此，他们对思维的本体论地位的认识也与他们的运动范畴息息相关。那么，什么是运动呢？其本质是什么？思维作为一种运动形式，其独特的本质是什么呢？从最一般的意义来说，运动是物质的存在方式，没有离开物质的运动，也没有离开运动的物质。列宁说："世界上除了运动着的物质，什么也没有，而运动着的物质只有在空间和时间之内才能运动。"[③]笔者认为，这一论断是马克思主义物质本体论和运动观的经典表述，当然也是他们的意识论的本体论基础。根据这一本体论和运动观，世界上存在的只有运动着的物质，而运动的物质只有在时空中才能运动。离开物质和时空，就无所谓运动，其主体是物质，条件是时空。就通俗的意义来讲，运动指的"就是一般的变化"，就是物质客体的相互作用。[④]从运动的自身静态结构来说，运动是由粒子的相互作用构成的，包括作用和反作用两个方面。恩格斯说："一切自然过程都有两个方面，它们建立在至少是两个起着作用的部分的

[①] 为了叙述的方便，我们在这里仍将"存在"与"是"看作同义词，至少认为"存在"可以反映 to on 的部分意义，同时把"存在"看作最广泛的本体论范畴。
[②] 陈康：《陈康：论希腊哲学》，商务印书馆1990年版，第467-469页。
[③] [苏联]列宁：《列宁选集（第2卷）》，中共中央马克思恩格斯列宁斯大林著作编译局编译，人民出版社1972年版，第177页。
[④] [德]马克思、[德]恩格斯：《马克思恩格斯全集（第20卷）》，中共中央马克思恩格斯列宁斯大林著作编译局编译，人民出版社1972年版，第591页。

关系上，建立在作用和反作用上。"①换句话说，运动包括排斥和吸收两个相互对立的方面，是二者的矛盾统一。要明白这一点，最好的办法是研究低级的运动形式。因为"先理解了这些最低级的最简单的形式，然后才能对更高级和更复杂的形式有所阐明"，或者说，"只有在这些关于统治着非生物界的运动形式的不同知识部门达到高度的发展以后，才能有效地阐明各种生命过程的运动进程。对这些运动进程的阐明是随着力学、物理学和化学的进步而前进的"。②

在各种运动形式中，最简单的运动是位置移动，而位置移动根源于物体的相互作用，即吸引和排斥。由于吸引，二者靠拢；由于排斥，二者相互分离。这是最常见的，也是最简单的运动形式。尽管如此，它也是最重要的运动形式，因为它贯穿于一切高级的运动形式之中。"所有一切运动的基本形式都是接近和分离、收缩和膨胀——一句话，是吸引和排斥这一古老的两极对立。"③当然，在不同层次的运动形式中，它所表现的特点是不一样的。恩格斯说："一切运动都是和某种位置移动相联系的，不论这是天体的、地上物体的、分子的、原子的或以太粒子的位置移动。这些运动形式愈高级，这种位置移动就愈微小。"④据此，我们可以推论说：高级的思维运动形式也是如此，只是这里的位置移动即大脑内部的神经元的相互吸引和相互排斥表现得相对微弱而已。尽管如此，只要有思维发生，其内一定会涉及大脑内微观物质的位置移动，因为运动形式不管多么复杂，它一定包含有位置的移动，即有关运动主体的相互接近或相互分离。

一切运动形式中不仅包含有位移这一共同的动态结构，还包含有电的转化。恩格斯说："由化学作用释放出来的能量，在通常的环境中是以热的形式出现的，但在一定条件下就变成电的运动。反之，电的运动，一有所需的条件，也可以变成任何其他形式的运动，可以变成物体运动……可以变成

---

① [德]恩格斯：《自然辩证法》，中共中央马克思恩格斯列宁斯大林著作编译局编译，人民出版社1971年版，第66页。
② [德]恩格斯：《自然辩证法》，中共中央马克思恩格斯列宁斯大林著作编译局编译，人民出版社1971年版，第53页。
③ [德]恩格斯：《自然辩证法》，中共中央马克思恩格斯列宁斯大林著作编译局编译，人民出版社1971年版，第55页。
④ [德]恩格斯：《自然辩证法》，中共中央马克思恩格斯列宁斯大林著作编译局编译，人民出版社1971年版，第53页。

热……可以变成化学能……"①"地球上几乎没有一种变化发生而不同时显示出电的现象。"②也就是说,所有物理、化学、生物过程的发生,都贯穿或涉及电过程的发生。因为"电只是物体的状态,一种力"③。在人脑中发生的高级思维运动也不例外,其也离不开电的运动。这已为当代脑科学的成果所证明。

运动除了上述本质特性之外,还有质与量两个方面:一方面,运动形式多种多样,由于其内在质不同,一种形式便有别于别的形式。常见的运动形式是:机械运动,电、光、磁的运动,化学运动,生命运动,社会运动,思维运动。另一方面,每种运动形式又都有其可量度性,即量的方面,而运动的量的方面主要表现在运动所做的功,即运动物体的质量和速度的乘积。恩格斯说:"功是从量的方面去看的运动形式的变化。"④可以用热量单位等来度量。

运动既然有量的方面,就一定有是否增加或减少、是否守恒的问题。马克思主义在这些问题上的基本观点是:运动量不灭或守恒。恩格斯说:"当运动(所谓能)的量从动能(所谓机械力)转化为电、热、位能等等,以及发生相反转化时,它仍是不变的,这一点现在已无须再当作什么新的东西来宣扬了;这种认识,是今后对转化过程本身进行更为丰富多彩的研究的既得的基础,而转化过程是一个伟大的基本过程,对自然的全部认识都综合于对这个过程的认识中。"⑤他还说:"运动形式的变化总是至少在两个物体之间发生的过程,这两个物体中的一个失去一定量的一种质的运动(例如热),另一个就获得相当量的另一种质的运动(机械运动、电、化学分解)。"⑥无生命物体是这样,有生命物体也是这样。这一点对于我们研究思维对大脑、外部世界的反作用具有重要的科学意义。因为我们以前只是抽象地议论思维有多大的反作用,而从未从

---

① [德]恩格斯:《自然辩证法》,中共中央马克思恩格斯列宁斯大林著作编译局编译,人民出版社1971年版,第102页。
② [德]恩格斯:《自然辩证法》,中共中央马克思恩格斯列宁斯大林著作编译局编译,人民出版社1971年版,第99页。
③ [德]恩格斯:《自然辩证法》,中共中央马克思恩格斯列宁斯大林著作编译局编译,人民出版社1971年版,第99页。
④ [德]恩格斯:《自然辩证法》,中共中央马克思恩格斯列宁斯大林著作编译局编译,人民出版社1971年版,第81页。
⑤ [德]马克思、[德]恩格斯:《马克思恩格斯选集(第3卷)》,中共中央马克思恩格斯列宁斯大林著作编译局编译,人民出版社1972年版,第54页。
⑥ [德]恩格斯:《自然辩证法》,中共中央马克思恩格斯列宁斯大林著作编译局编译,人民出版社1971年版,第47页。

实证的角度具体说明这种反作用是如何可能的、其反作用的基础和过程是什么。有了上述的分析，我们就不难知道，经典作家所强调的反作用是建立在运动、能量、守恒、转化的基础之上的。意识的产生不是大脑物质世界中突现出了一种无能量、无运动的新质。如果真的有意识，或者说如果"意识"一词真有实义和所指，如果其所指真的有本体论地位，那么它的出现一定伴有能量的消耗或转化，它的存在一定表现为运动或物质的过程，至少包含有微妙的位置移动。同理，意识如果真的引起了身体的运动，那么它就不可能是凭自己的纯粹的"精神作用"而使然。从外物运动到思维运动，再从思维运动到身体、外物的运动，其间一定存在着能量、运动的转化过程。

物质有多种多样的运动形式，每种形式都可发生转变，即转变为别的运动形式。例如，"物体的机械运动可以转化为热，转化为电，转化为磁；热和电都可以转化为化学分解；化学化合又可以反过来产生热和电，而由电作媒介再产生磁；最后，热和电又可以产生物体的机械运动"①。运动形式之所以可以相互转化，是因为它们之间存在着同一性，也就是说，各种运动形式都不过是同一种能的不同表现形式。恩格斯说："自然界中所有无数起作用的原因，过去一直被看作一种神秘的不可解释的存在物，即所谓力——机械力、热、放射（光和辐射热）、电、磁、化学化合力和分解力，现在部分已证明是同一种能（即运动）的特殊形式，即存在方式。"②这里值得探讨的是，低级的运动形式为什么能转化为高级的、质上极不相同的运动形式，如机械运动转化为热运动？后者转化出来后能否同一、还原于前者？首先，它们之所以可以转化，是因为各种运动形式都是能的存在方式，它们之中，不管是低级的还是高级的运动，都有位置移动。例如，我们可以说热是分子的某种位置移动，还可以从原子体积和原子量的关系去说明元素的一系列化学属性和物理属性，但是不能由此说高级的运动形式可还原为低级的运动形式。正因为如此，没有一个化学家敢断言：某个元素的一切属性都可以用它在洛塔尔·迈耶尔曲线上的位置完全

---

① [德]恩格斯：《自然辩证法》，中共中央马克思恩格斯列宁斯大林著作编译局编译，人民出版社1971年版，第61页。
② [德]恩格斯：《自然辩证法》，中共中央马克思恩格斯列宁斯大林著作编译局编译，人民出版社1971年版，第175页。

表示出来。高级运动形式之所以比低级的运动形式复杂和高级，原因在于前者包含了后者。例如，机械运动（位移）就包含于高一级的化学运动（分子、原子运动）之中，而这些运动形式又都包含于有机运动之内。恩格斯赞成黑格尔对有机运动与原子、分子运动之间关系的说明，他认为，有机运动是"上述两项运动不可分地包含于其中的那些物体的运动"。

第二节 意识或思维：物质的高级运动形式

如前所述，马克思主义本体论就是物质本体论，它强调世界除了运动着的物质，再没有其他东西存在。根据这一理论，意识或思维在这种世界图景中有没有本体论地位呢？如果有，其本质又是什么呢？我们先来看经典作家关于意识的一些重要表述，然后再来探讨它们所要表达的意义。概括地说，作家们的表述不外乎这样几种：①意识是物质世界发展的最高产物；②意识是人脑的机能或属性或运动形式；③意识是外部世界的反映；④意识对人脑、外部世界有反作用。

（1）先来看第一点。恩格斯说："我们自己所属的、物质的、可以感知的世界，是唯一的现实"，"我们的意识和思维，不论它看起来是多么的超感觉，总是物质的、肉体的器官即人脑的产物。物质不是精神的产物，而精神却只是物质的最高产物"。[①]马克思说："意识一开始就是社会的产物，而且只要人们还存在着，它就仍然是这种产物。"[②]马克思特别强调：这里的前提是人，他"不是处在某种幻想的与世隔绝、离群索居状态的人，而是处在一定条件下进行观察的、可以通过经验观察到的发展过程中的人"[③]。"那些发展着自己的物质生产和物质交往的人们，在改变自己的这个现实的同时也改变着自己的思维和思

[①] [德]马克思、[德]恩格斯：《马克思恩格斯选集(第4卷)》，中共中央马克思恩格斯列宁斯大林著作编译局编译，人民出版社1972年版，第223页。
[②] [德]马克思、[德]恩格斯：《马克思恩格斯选集(第1卷)》，中共中央马克思恩格斯列宁斯大林著作编译局编译，人民出版社1972年版，第35页。
[③] [德]马克思、[德]恩格斯：《马克思恩格斯选集(第1卷)》，中共中央马克思恩格斯列宁斯大林著作编译局编译，人民出版社1972年版，第31页。

维的产物。"①"思想、意识、观念的生产最初是直接与人的物质活动,与人的物质交往,与现实生活的语言交织在一起的。观念、思想、人们的精神交往在这里还是人们物质关系的直接产物。表现在某一民族的政法、法律、道德、宗教、形而上学等的语言中的精神生产也是这样。人们是自己的观念、思想等的生产者,但这里所说的人们是现实的、从事活动的人们,他们受着自己的生产力的一定发展以及与这种发展相适应的交往(直到它的最遥远的形式)的制约。"②

从上述引证我们可以看到:意识不是一开始就有的,而是世界历史发展到一定阶段的产物。它的出现首先离不开自然物质长期的进化发展,同时也离不开社会物质的矛盾运动,它是各种有关因素共同发展、相互作用所形成的合力的产物。意识作为一种运动形式,是不能离开它的主体而存在的,这个主体就是人,尤其是人脑,而人脑是在经过长期进化之后,在拥有一定的社会条件之下才表现出意识这种高级的运动形式的。恩格斯对此做了具体的发生学考察。

恩格斯认为,意识是人在从猿到人的发展中逐渐进化而来的,而人不是从来就有的。人在地球上的出现,从整个世界历史来看,是很晚的事情。恩格斯在《劳动在从猿到人转变过程中的作用》中说:"在好几十年万年以前,在地质学家叫做第三纪的地球发展阶段的某个还不能确切肯定的时期,据推测是在这个阶段的末期,在热带的某个地方——大概是现在已经沉入印度洋底的一片大陆,生活着一种特别高度发展的类人猿。达尔文曾向我们大致地描述了我们的这些祖先:它们满身是毛,有须和尖耸的耳朵,成群地生活在树上。"③这一支类人猿之所以能够转变为人,"具有决定意义的第一步"是"渐渐直立行走"。④由于直立行走,手脚各自的功能开始分化,例如,"手在这个时候已经愈来愈多地从事于其他活动了"⑤。进而使它们的手在功能上、灵活性上远远超越于其他

---

① [德]马克思、[德]恩格斯:《马克思恩格斯选集(第1卷)》,中共中央马克思恩格斯列宁斯大林著作编译局编译,人民出版社1972年版,第31页。
② [德]马克思、[德]恩格斯:《马克思恩格斯选集(第1卷)》,中共中央马克思恩格斯列宁斯大林著作编译局编译,人民出版社1972年版,第30页。
③ [德]恩格斯:《劳动在从猿到人转变过程中的作用》,载[德]恩格斯《自然辩证法》,中共中央马克思恩格斯列宁斯大林著作编译局编译,人民出版社1971年版,第149页。
④ [德]恩格斯:《劳动在从猿到人转变过程中的作用》,载[德]恩格斯《自然辩证法》,中共中央马克思恩格斯列宁斯大林著作编译局编译,人民出版社1971年版,第149页。
⑤ [德]恩格斯:《劳动在从猿到人转变过程中的作用》,载[德]恩格斯《自然辩证法》,中共中央马克思恩格斯列宁斯大林著作编译局编译,人民出版社1971年版,第150页。

相近的动物。"骨节和筋肉的数目和一般排列，在两种手中是相同的，然而即使最低级的野蛮人的手，也能做几百种为任何猿手所模仿不了的动作。没有一只猿手曾经制造过一把哪怕是最粗笨的石刀。"①这样一来，"具有决定意义的一步完成了，手变得自由了，能够不断地获得新的技巧，而这样获得的较大的灵活性便遗传下来，一代一代增加着"②。手一方面是劳动的产物，另一方面也是劳动的器官。正是基于手，人才能从事越来越复杂的劳动，才能"魔力似地产生了拉斐尔的绘画、托尔瓦德森林的雕刻以及帕格尼尼的音乐"③。

不仅如此，手的发展还促进了其他器官及其功能的发展。因为根据生长相关律，"一个有机生物的个别部分的特定形态，总是和其他部分的某些形态相联系的"，"身体某一部分形态的改变总是引起其他部分形态的改变"。④同样，"人手的逐渐灵巧以及与此同时发生的脚适应于直立行走的发展，由于这种相关律，无疑地也要反过来作用于机体的其他部分"⑤。例如，随着手的发展，随着劳动而开始的人对自然的统治，在每一个新的进展中扩大了人的眼界，他们在自然对象中不断发现新的、以往所不知道的属性。另外，人在劳动中，必须相互配合、协调，而这就要求交流，这便向人类提出了发展自己的语言能力的要求。正是这需要促成了人类自己的器官，如猿类不发达的猴头，由于音调的抑扬顿挫的不断增加，便缓慢地然而肯定地得到改造，而口部的器官也逐渐学会了发出一个个清晰的音节。这样一来，随着语言器官的发展，语言便从劳动中产生出来了。

有了语言，有了劳动，它们的进一步发展就成了推动人脑大踏步向前发展的动力。经过漫长的演化，人的大脑彻底超越于猿脑之上。反过来，同样是基于生长相关律，随着大脑的发展，人的其他器官也得到了相应的发展。"正如

---

① ［德］恩格斯：《劳动在从猿到人转变过程中的作用》，载［德］恩格斯《自然辩证法》，中共中央马克思恩格斯列宁斯大林著作编译局编译，人民出版社1971年版，第150页。
② ［德］恩格斯：《劳动在从猿到人转变过程中的作用》，载［德］恩格斯《自然辩证法》，中共中央马克思恩格斯列宁斯大林著作编译局编译，人民出版社1971年版，第150页。
③ ［德］恩格斯：《劳动在从猿到人转变过程中的作用》，载［德］恩格斯《自然辩证法》，中共中央马克思恩格斯列宁斯大林著作编译局编译，人民出版社1971年版，第151页。
④ ［德］恩格斯：《劳动在从猿到人转变过程中的作用》，载［德］恩格斯《自然辩证法》，中共中央马克思恩格斯列宁斯大林著作编译局编译，人民出版社1971年版，第151页。
⑤ ［德］恩格斯：《劳动在从猿到人转变过程中的作用》，载［德］恩格斯《自然辩证法》，中共中央马克思恩格斯列宁斯大林著作编译局编译，人民出版社1971年版，第151页。

语言的逐渐发展必然是和听觉器官的相应完善化同时进行的一样，脑髓的发展也完全是和所有感觉器官的完善化同时进行的。鹰比人看得远得多，但是人的眼睛识别的东西却远胜于鹰。狗比人具有更敏锐得多的嗅觉，但是它不能辨别在人看来是各种东西的特定标志的气味的百分之一。"①

由于脑髓的发展，以及为它服务的器官的发展，人的意识及相应的抽象能力、推理能力便发展起来了。反过来，由于有了语言、劳动，有了意识能力，因此地球上出现了动物界所没有的新的因素，即诞生了社会。社会一经形成，便加入了语言、劳动、人脑、意识相互作用、相互促进、协调发展的动力系统之中。就社会因素而言，它的出现和发展，一方面，语言、劳动、意识等的发展获得了有力的推动力；另一方面，它们的发展又获得了更确定的方向。就劳动而言，它是从制造工具开始的。最早被制造的工具是打猎和捕鱼的工具。这些工具足以表明，人已由素食动物转变成了肉食动物。这一转变对于人的发展，尤其是人脑的发展非同寻常。因为"肉食动物几乎是现成地包含着为身体新陈代谢所必需的最重要的材料；它缩短了消化过程以及身体内其他植物性的即与植物生活相适应的过程的时间，因此赢得了更多的时间、更多的材料和更多的精力来过真正动物的生活"②。

动物发展的辩证法在于："这种在形成中的人离植物界愈远，他超出于动物界也就愈高。"③人既吃植物又吃动物，这大大地促进了正在形成中的人的体力和独立性。最重要的影响还在于：肉类食物对大脑的发展具有关键的影响，因为"脑髓得到了比过去多得多的为本身的营养和发展所必需的材料，因此它就能够一代一代更迅速更完善地发展起来"④。

社会、劳动、语言、人脑的互动，使人的能力不断向更高的层次迈进。"由于手、发音器官和脑髓不仅在每个人身上，而且在社会中共同作用，人才有能

---

① ［德］恩格斯：《劳动在从猿到人转变过程中的作用》，载［德］恩格斯《自然辩证法》，中共中央马克思恩格斯列宁斯大林著作编译局编译，人民出版社1971年版，第153页。
② ［德］恩格斯：《劳动在从猿到人转变过程中的作用》，载［德］恩格斯《自然辩证法》，中共中央马克思恩格斯列宁斯大林著作编译局编译，人民出版社1971年版，第154-155页。
③ ［德］恩格斯：《劳动在从猿到人转变过程中的作用》，载［德］恩格斯《自然辩证法》，中共中央马克思恩格斯列宁斯大林著作编译局编译，人民出版社1971年版，第155页。
④ ［德］恩格斯：《劳动在从猿到人转变过程中的作用》，载［德］恩格斯《自然辩证法》，中共中央马克思恩格斯列宁斯大林著作编译局编译，人民出版社1971年版，第155页。

力进行愈来愈复杂的活动，提出和达到愈来愈高的目的。"①畜牧业、农业、纺纱、织布、冶金、制陶和航行等的出现与发展，足以证明人的思维能力达到了相当高的程度。"同商业和手工业一起，最后出现了艺术和科学。"②国家出现后，又出现了法律、政治，加上原来在原始社会就已产生的宗教，人脑的产物更加丰富起来。这些东西的出现，足以表明人的思维已经发展到了相当高的程度。

（2）我们再来看经典作家从运动形式角度对意识的规定。在他们看来，运动形式也有一个从低级到高级的演化过程。也就是说，高级的运动形式是在低级的运动形式的基础上派生出来的。思维作为最高级的运动形式，当然是从各种低级运动形式中发展而来的。但是一经产生出来，它又不能脱离低级运动形式而独立存在。恩格斯说："迅速前进的文明完全被归功于头脑，归功于脑髓的发展和活动。"③思维再复杂、再高级，仍未超出物质及其运动形式的范围，仍是一元物质世界中的活动或运动，质言之，仍是脑髓的活动。

思维、计划并不是人独有的属性，因为各种运动形式是相互联系的，高级的运动形式包含着低级的运动形式，并以之为基础。"我们并不想否认，动物是具有从事有计划的、经过思考的行动的能力的。相反地，凡是有原生质和有生命的蛋白质存在和起反应，即完成某种即使是由外面的一定刺激所引起的极简单运动的地方，这种计划和行动，就已经以萌芽的形式存在着。这种反应甚至还在没有细胞（更不用说什么神经细胞）的地方，就已经存在着……动物从事有意识有计划的行动的能力，和神经系统的发展相应地发展起来了，而在哺乳动物那里则达到了已经相当高的阶段……正如母腹内的人的胚胎发展史，仅仅是我们的动物祖先从虫豸开始的几百万年的肉体发展史的一个缩影一样，孩童的精神发展是我们的动物祖先、至少是比较近的动物祖先的智力发展的一个缩影，只是这个缩影更加简略一些罢了。"④

---

① [德]恩格斯：《劳动在从猿到人转变过程中的作用》，载[德]恩格斯《自然辩证法》，中共中央马克思恩格斯列宁斯大林著作编译局编译，人民出版社1971年版，第156页。
② [德]恩格斯：《劳动在从猿到人转变过程中的作用》，载[德]恩格斯《自然辩证法》，中共中央马克思恩格斯列宁斯大林著作编译局编译，人民出版社1971年版，第156页。
③ [德]恩格斯：《劳动在从猿到人转变过程中的作用》，载[德]恩格斯《自然辩证法》，中共中央马克思恩格斯列宁斯大林著作编译局编译，人民出版社1971年版，第156页。
④ [德]恩格斯：《劳动在从猿到人转变过程中的作用》，载[德]恩格斯《自然辩证法》，中共中央马克思恩格斯列宁斯大林著作编译局编译，人民出版社1971年版，第157-158页。

这段引文告诉我们，根据恩格斯的看法：第一，意识思维尽管复杂、高级，但其与简单的反应形式之间存在着连续性，也就是说，思维不过是物质的一种高级的反应形式罢了，它的萌芽形式存在于诸如石头受外力推动而滚动这样的简单运动形式之中；第二，我们不用转换范畴、思维模式，仅仅根据简单的运动、反应形式就可以把握思维、意识的本质。也就是说，我们过去之所以陷入二元论、唯心主义的泥潭，是由于我们的方法论和本体论承诺。基于思维的复杂性、基于人以外的事物没有人所具有的思维能力这一表面现象，一开始就有这样的本体论承诺：思维一定属于另一实在或另一非物质世界的非物质属性。换言之，世界至少是二重化的：一个是简单的物质世界，一个是复杂的精神世界。二者在质上、动作方式上、功能作用的发挥上存在根本不同，这种不同要么是实体的不同，要么是属性的不同。

既然思维是一种运动形式，那它也一定像别的运动形式一样遵循能量守恒的规律，既不能被创造，也不能被消灭。马克思说："物质在它的一切变化中永远是同一的，它的任何一个属性都永远不会丧失，因此它虽然在某个时候一定以铁的必然性毁灭自己在地球上的最美丽的花朵——思维着的精神，而在另外的某个地方和某个时候一定又以同样的铁的必然性把它重新产生出来。"[①]这当然不是说灵魂不朽，而是说，思维、精神作为一种运动形式，它们的产生是根源于在前的运动的，由别的运动形式转化而来；它们完成后不会归于消灭、归于无，而要转化为别的运动形式或以新的方式继续自己的运动。另外，思维既然是运动，其就必然要消耗物质和能量，就必然是一个能量的转化过程，而且是可度量的。正是因为这一点，现代的经验自然科学以及有关的实验设备才能在人们说话和思考时，用脑电波捕捉到大脑波形的变化，用特定的仪器测量到大脑神经内的电流、电位的变化。当然，说思维这种运动形式包含低级的运动形式、依赖于低级的运动形式，并不等于说它就是某种低级的机械运动或电化学运动。恩格斯说：每一个高级运动形式总是与某个现实的机械运动相联系的，"正如高级运动形式同时还产生其他的运动形式一样，正如化学作用不能没有温度变化和电的变化，有机生命不能没有机械的、分子的、化学的、热的、

---

① [德]马克思、[德]恩格斯：《马克思恩格斯选集(第3卷)》，中共中央马克思恩格斯列宁斯大林著作编译局编译，人民出版社1971年版，第462页。

电的等等变化一样。但是这些次要形式的存在并不能把每一次的主要形式的本质包括无遗。终有一天我们可以用实验的方法把思维'归结'为脑子中的分子的和化学的运动；但是难道这样一来就把思维的本质包括无遗了吗"①？这段话明确地揭示了思维与其他运动形式的联系和区别。联系已如前所说，而区别仅仅在于：思维更加复杂，因此是最高级的运动形式。但不管怎么复杂，它毕竟还是一种运动形式，毕竟还是能的一种存在方式，甚至在特定的意义上我们可以将其归结为大脑的分子和化学运动。这是非常有远见的一种看法。今天的脑化学已经非常明确地发现，大脑是一种化学系统，思想中至少包含化学运动的因素。这说明，思维不是一种纯粹的精神活动，而是一种物质运动。当然，"包含"不等于"就是"，因为除化学运动之外，它还有别的更为复杂的因素。之所以说它复杂，是因为思维作为一种运动过程要进行和完成，首先离不开一种特殊的运动主体，这个主体是种系和个体在长期的自然史、社会史中所形成的大脑，从构成上说，它是由不计其数的神经元协力完成的运动。另外，思维要现实地运转，还要动用长期积累下来的信息资料，要借助机械运动、电化学运动等的协同配合。总之，思维是由物理的、化学的、社会的因素等组成的复杂动力系统的突现特性。当然，思维究竟怎样依赖低级的运动形式，又超出于其上，从而形成自己的独立的形式，我们今天的科学对此还所知甚少。不管怎么说，经典作家已根据已有成果科学地预测到：思维不管怎么复杂，也不过是物质运动的一种形式，因为世界上除了物质及其运动，什么也没有。

（3）从认识论的角度、主客体的关系来说，意识是人脑对外部世界的反映。这一观点是大家所公认的。不过，根据我们对马克思主义经典作家有关原著的理解，这个思想不仅是一个认识论的命题，而且同时具有本体论的意蕴，因为它涉及对反映、反映主体、反映过程及反映结果的结构与本质的阐述。笔者认为，我们可以从以下四个方面加以分析。

第一，在人没有与外界打交道、没有进行社会交往时，即没有进行现实的认识活动时，现实的人都具有能反映外物的特性或倾向性。如果当代某些心灵哲学家读读马克思、恩格斯、列宁的有关书籍，他们就不再会认为自己对行为

---

① ［德］恩格斯：《自然辩证法》，中共中央马克思恩格斯列宁斯大林著作编译局编译，人民出版社1971年版，第226页。

倾向的研究和论述具有开创性。殊不知，马克思和恩格斯早就把感觉、思维等能反映的能力看作是一种反映的倾向性，并认为，这是现实的人的一种可能性、一种能力，一旦有关的条件具备了，例如，对象刺激相应的身体器官，进而刺激大脑，大脑处在正常认知状态，人脑就能形成关于对象的表面性质、内在结构和本质乃至一类对象的共性、一般本质的认识。从实质上说，这种反映特性、倾向性实即任何事物都具有的反映的特性。只是在人身上，这种反映的特性更加复杂罢了。因此要理解人的反映能力的本质，最好的办法就是分析低等事物的反应性，就像恩格斯强调的那样："追溯人类精神的史前时代，追溯人类精神从简单的、无构造的、但有刺激-反应的最低级有机体的原生质起到能够思维的人脑为止的各个发展阶段。如果没有这个史前时代，那么能够思维的人脑的存在就仍然是一个奇迹。"①关于大脑的科学材料告诉我们：简单的无机物具有反应的特性，最低级的原生质具有刺激-反应性。例如，一堆燃烧的火所冒出的烟，携带着关于火的信息，人们一看到某处有烟，就知道那里有火。烟的这种关于性就是烟固有的倾向性或"反映能力"。再如，有机体的某部分肌肉受到针的刺激，自然会收缩或迅速离开针，这种反应性、倾向性是肌肉在进化过程中所获得的固有的性质。同样的道理，人脑在接受诸器官传来的关于外部世界的信息时所形成的映像，以及对它们的分析、综合都不过是人脑所具有的一种反应形式。所不同的是，人的反应比其他任何反应都要复杂得多，而且具有独立地发生反应的能力。恩格斯说："机械的、物理的反应（换言之，热等等），随着每次反应的发生而耗尽了。化学的反应改变了发生反应的物体的组成，并且只有在给后者增添新量的时候，反应才能重新发生。只有有机体才独立地发生了反应。""有机体具有独立的反应力，新的反应必须以它为媒介。"②

第二，作为反映的意识，也可以表现为过程或活动，而这种过程或活动并不是非物质精神的活动，其实就是大脑皮质的活动。列宁在分析海克尔（E. Haeckel）的"认识是生理现象"这一观点时指出这是一种"强有力的唯物主义"，

---

① ［德］恩格斯：《自然辩证法》，中共中央马克思恩格斯列宁斯大林著作编译局编译，人民出版社1971年版，第176页。
② ［德］恩格斯：《自然辩证法》，中共中央马克思恩格斯列宁斯大林著作编译局编译，人民出版社1971年版，第271页。

坚持了一元论的认识论，因为在他看来，"人的大脑中发生的认识活动的唯一部分是大脑皮质的一定部分"①。

第三，反映也可以被理解为大脑活动过程的结果，例如，思维后所形成的想法，知觉过程所产生的表象，等等。这也就是前面我们所分析的作为人脑活动过程的产物的意识。前面已有论述，这里不再赘述。

第四，反映有反映的能力，反映离不开能反映的主体，而这个主体是自然界的一部分。在这类问题上，列宁赞成狄慈根（J. Dietzgen）的观点，认为"他很好地捍卫了'唯物主义的认识论'和'辩证唯物主义'"。为什么这样说呢？因为狄慈根认为：唯物主义承认人的认识器官并不放出任何形而上学的光，而是自然界的一部分，它反映的也是自然界的一部分。认识能力不是什么超自然的真理泉源，而是反映世界的物或自然界的类似镜子的工具。②

第三节 意识的具体实现方式

在作为体的物质的所有"用"、所有属性中，意识是最为复杂的一种现象。它既有自身独特的共时态结构，也有复杂的历时态结构。尤其是在后一种结构中，它在不同的阶段会以不同的面目表现出来。正是基于此，马克思主义经典作家便对意识有不同的规定和说明。概括地说，有四种表述方式：意识是人脑的机能或特性③；意识是"身体的活动"④，或者说可表现为"思想、意识、观念的生产"⑤；意识是外部世界的反映⑥；意识是"人脑的产物，而人本身是自

---

① [苏联]列宁：《列宁选集（第2卷）》，中共中央马克思恩格斯列宁斯大林著作编译局编译，人民出版社1972年版，第359-360页。
② 以上参阅[苏联]列宁：《列宁选集（第2卷）》，中共中央马克思恩格斯列宁斯大林著作编译局编译，人民出版社1972年版，第251-252页。
③ [苏联]列宁：《列宁选集（第2卷）》，中共中央马克思恩格斯列宁斯大林著作编译局编译，人民出版社1972年版，第87、89页。
④ [德]马克思、[德]恩格斯：《马克思恩格斯选集（第4卷）》，中共中央马克思恩格斯列宁斯大林著作编译局编译，人民出版社1995年版，第219页。
⑤ [德]马克思、[德]恩格斯：《马克思恩格斯选集（第1卷）》，中共中央马克思恩格斯列宁斯大林著作编译局编译，人民出版社1972年版，第31页。
⑥ [苏联]列宁：《列宁选集（第2卷）》，中共中央马克思恩格斯列宁斯大林著作编译局编译，人民出版社1972年版，第101页。

然界的产物"①。怎样理解这些规定呢？它们与前面把意识界定为运动形式的命题是什么关系？

如前所述，在马克思主义的本体论视野中，物质都是以运动的形式表现出来的，或者说以运动为存在方式。因此运动可被看作是一个非常广泛的本体论范畴，它几乎囊括了亚里士多德十范畴中的九个次要范畴和其他的后范畴，如地点、时间、质、量、动作、被动、对立、关系等。我们知道，范畴是我们人指谓、表述存在的概念形式或语言形式，有多少范畴，就意味着我们认识或设想有多少种存在，而承诺了多少种存在也可被看作是对存在的分类。运动作为范畴，概述的是全部物质的存在方式，但运动本身又有很多显现方式。从层次上说有机械运动、物理运动、化学运动、生物运动、社会运动等。而从过程上说，同一种运动在不同的时间阶段又有不同的表现形式，在其能没有具体发挥出来时，它总是作为属性或倾向性而存在。例如，盐的可溶性在没有真正溶于水之前就是作为盐的一种性质或倾向性存在的，当盐溶于水之中，就发生了化学变化，这种变化就是潜在的运动变成了现实的运动。而变化本身也有自己的相状，因此运动也可以有其特定的状态。同时，运动是在时间中进行的，因此也以过程的形式表现出来。最后，经过一定的过程，就会发生转化，就会有一定的结果，因此运动最终还能以新的结果或产物的形式表现出来。总之，从时间上看，运动有倾向性、活动、状态、过程和结果等多种表现形式。基于上述分析，笔者认为，马克思主义经典作家对意识的不同规定实际上是对作为运动的意识在其不同阶段的存在方式及特点的概括。

就拿意识是人脑的属性或机能这一命题来说，它表述的是作为运动形式的意识的潜在的、以倾向性存在的方式。只要是现实地存在的、社会的、正常的人都具有感知外界、进行理性思维活动的能力。但是，在人没有与外界打交道、没有进行社会交往时，即没有进行现实的认识活动时，现实的人所具有的意识只是一种可能性，只是一种机能或功能。只有当出现必要的条件，如处在清醒状态、有相应的结构、有现实的刺激等时，潜在的反映能力才表现为现实的活动。

至于意识是人的"身体活动"、是"外部世界的反映"这样的命题，则是

---

① ［德］马克思、［德］恩格斯：《马克思恩格斯选集（第3卷）》，中共中央马克思恩格斯列宁斯大林著作编译局编译，人民出版社1995年版，第74页。

经典作家从关系、潜能的实现这一角度对意识进行的界定。人的意识，不论是高级的理智活动还是低级的感知活动，要作为活动、过程表现出来，总离不开一定的关系，离不开相互作用。在这种关系网中，至少要有主体、客体和环境以及一些中介环节。首先，意识活动要发生，一定有对象的刺激。其次，活动必有活动的能力，或者说有反映的能力，而反映离不开能反映的主体。这个主体只能是自然界的一部分，即经过长期的进化而形成的、包括人脑在内的身体。因此，作为活动的意识一点也不神秘，其实它就是人的身体的活动。原始人如果认识到了这一点，就不会杜撰出灵魂观念。现当代的人如果认识到了这一点，就不会再为二元论所折磨。最后，像任何其他运动一样，意识经过其物质主体的活动一定有其结果或产物。马克思说："意识一开始就是社会的产物，而且只要人们还存在着，它就仍然是这种产物。"[①]马克思特别强调：这里的前提是人，他"不是处在某种幻想的与世隔绝、离群索居状态的人，而是处在一定条件下进行观察的、可以通过经验观察到的发展过程中的人"[②]。从上述引证我们可以看到：意识的"产物论"有两方面的内涵：首先，在人与外界打交道的物质活动中，人内部必然发生观念、情感和思想的生产活动。而这种活动像其他活动一样，必然有其结果或产物，这就是被生产出来的精神产品。这种产品以什么形式存在？具有什么本质呢？众所周知的一个回答是："观念的东西不外是移入人的头脑并在人的头脑中改造过的物质的东西。"[③]不论是从马克思主义本体论的基本立场还是从这段话来看，马克思主义意识论肯定不承认有纯精神性、非物质性的观念存在形式，当然也不赞成庸俗唯物主义的观点：思想生产出来的东西像肝胆分泌出来的东西一样，是某种特殊的物质样态。马克思主义经典作家的独到见解主要体现在"改造过的"以及"物质的东西"这些话语之中。也就是说，精神生产本身是一个复杂的物质过程，被生产出来的东西肯定是物质的东西，只不过它们并非实物一样的东西，而是"被改造过的"东西。

---

① [德]马克思、[德]恩格斯：《马克思恩格斯选集(第1卷)》，中共中央马克思恩格斯列宁斯大林著作编译局编译，人民出版社1972年版，第35页。
② [德]马克思、[德]恩格斯：《马克思恩格斯选集(第1卷)》，中共中央马克思恩格斯列宁斯大林著作编译局编译，人民出版社1972年版，第31页。
③ [德]马克思、[德]恩格斯：《马克思恩格斯选集(第2卷)》，中共中央马克思恩格斯列宁斯大林著作编译局编译，人民出版社1972年版，第217页。

这已为现代神经科学、认知科学和计算机科学等的研究成果所证实。例如，计算机中肯定存储有"观念"，在加工时还可将它们提取出来，但它们又不是非物质的，而是以某种分布式的模式存在的。同样，人脑中的观念的东西是经过加工而大规模分布于神经元网络中的特定的连接模式。其次，从发生学上来说，这种产物又是自然界、社会历史长期发展的产物。就个体来说，人要形成自己的意识产物，一方面离不开其自然基础，另一方面也不能没有其社会条件。

总之，意识的"产物论""生产论""过程论""属性论或机能论"，如果单个地看，都不是关于意识的全部本质的定义，而是对意识作为运动形式的某一方面的特征或在其某一阶段的存在形式或显现方式及其特征的揭示与说明。只有把它们结合在一起来理解，才能完整地领会和阐释马克思主义关于意识本质的思想。

第四节 意识的反作用及其内在机制

强调意识的能动反作用，这是马克思主义意识论区别于以前的旧唯物主义意识论的一个特点，也正是在这个问题上，马克思主义意识论既继承了唯心主义的合理的方面，同时又有自己的实质性超越。我们先来看人们经常引用的一些经典论述。例如，马克思曾说过："劳动过程结束时得到的结果，在这个过程开始时就已经在劳动者的表象中存在着，即已经观念地存在着。"[①]还有一段经常被引用的名言是："观念的东西转化为实在的东西，这个思想是深刻的，对于历史是很重要的。"[②]稍作引申就是人们作为格言经常使用的"物质变精神，精神变物质"。用来证明意识巨大的、能动的反作用的一段话是："意识不仅反映客观世界，而且创造客观世界。"[③]

过去对马克思主义意识能动性思想的理解不外乎突出这样三个方面：第一，

[①] [德]马克思、[德]恩格斯：《马克思恩格斯全集（第 23 卷）》，中共中央马克思恩格斯列宁斯大林著作编译局编译，人民出版社 1972 年版，第 202 页。
[②] [苏联]列宁：《列宁全集（第 38 卷）》，中共中央马克思恩格斯列宁斯大林著作编译局编译，人民出版社 1972 年版，第 317 页。
[③] [苏联]列宁：《列宁全集（第 38 卷）》，中共中央马克思恩格斯列宁斯大林著作编译局编译，人民出版社 1972 年版，第 228 页。

意识尽管是主观的、精神的、观念性的东西，是由物质派生出来的机能或属性，但有反作用；第二，这种反作用是巨大的，其表现之一是能透过表象把握事物的本质和规律，表现之二是指导我们能动地改造甚至创造世界；第三，为了使马克思主义的唯物主义与机械唯物主义划清界限，我们往往认为，意识能独立地、主动地、有计划地发挥对人脑、对外部世界的反作用。例如，根据对世界规律的认识，人们有意识地制定出行动的目标和计划，然后把它们交给大脑、身体，付诸实践。

笔者认为，通常的解读尽管有合理的地方，如突出了辩证法的精神，但也存在着误区。第一个误区是，在说明反作用时，有走向"绝对""超出界限"的问题，而这是马克思主义经典作家在论述物质与意识关系，尤其是后者对前者的反作用时反复告诫我们要注意的地方。列宁在许多论著中反复强调，意识和物质的区分只有在认识论中才有绝对的意义，一旦超出了这个范围，它们的对立便是"相对的"。[①]换言之，如果在这些界限之外，"把物质和精神即物理的东西和心理的东西的对立当作绝对的对立，那就是极大的错误"[②]。因为"这种对立不应当是'无限的'、夸大的、形而上学的"[③]。列宁还说："观念的东西同物质的东西的区别也不是无条件的、不是过分的。"[④]常见的对马克思主义意识能动性的理解认为意识独立自主地发挥它的反作用，至少没有看到联系物质实体、大脑的结构变化来谈论意识的反作用，这无疑有把意识看作是一个独立的作用主体的危险。这种理解与大多数人对"精神作用"的理解也是一致的。例如，在分析人的疾病时，人们在说明了各种外在的和身体本身的原因之后，还常常要从精神上去找原因，如说"有精神状态的影响"；在寻找医治的办法时，除了给予物质的措施如打针吃药之外，还要加上精神的疗法，强调要注意乐观。这些如果被正确加以理解，当然无可指责。但问题是，一般人除了承认

---

① ［苏联］列宁：《列宁选集(第2卷)》，中共中央马克思恩格斯列宁斯大林著作编译局编译，人民出版社1972年版，第147-148页。
② ［苏联］列宁：《列宁选集(第2卷)》，中共中央马克思恩格斯列宁斯大林著作编译局编译，人民出版社1972年版，第251页。
③ ［苏联］列宁：《列宁选集(第2卷)》，中共中央马克思恩格斯列宁斯大林著作编译局编译，人民出版社1972年版，第251页。
④ ［苏联］列宁：《列宁全集(第33卷)》，中共中央马克思恩格斯列宁斯大林著作编译局编译，人民出版社1972年版，第117页。

物质的作用之外，还承认有独立的、不以物质为转移的精神作用，甚至还有人常把否认有独立精神作用的观点斥之为"副现象论"。即使是那些从不怀疑自己是唯物主义者、马克思主义者的哲学工作者，恐怕其中很多人都没有抛弃"独立存在的精神及其作用"的观念。例如，一本专门研究唯物主义的专著就吐露了作者类似的心声："如果将唯物主义理解为如此简单的逻辑"，即主张唯有物质及其运动才是真实的，"那么唯物主义在其对立者面前就不堪一击了，因为如果物质被认为是唯一真实的东西，那么与之异质的精神现象的产生就成为不可解决的问题"。①这种看法可能是我国哲学工作者中的一种有代表性的看法。根据笔者对经典作家的解读，认为通常的理解都犯了"夸大对立""超出界限"等的错误。我们这里讨论的是意识的反作用，已不是在认识论范围内讨论问题，而是进到了本体论领域。在这个领域，我们就不能把意识当作独立的作用或反作用主体，因为从本体论上来说，根本就不存在独立的、异质的意识或精神及其作用。如前所述，"精神"等词如果想被有意义地加以使用，它们所指的只能是物质及其运动，因而物质怎样产生精神当然不存在什么难题。

第二个误区是，尽管人们一般不承认有独立的精神实体，但在解读时，人们往往把意识的反作用理解为意识自身的作用，即独立的精神作用，如意识可以独立地、主动地发挥作用。不仅经典作家是这样理解的，而且许多解释者会不假思索地把这当作是天经地义的。因为计划、决策不是精神独立地制定出来的吗？难道大脑还能有此作为？笔者认为，这种理解是错误的，它使意识的主观性绝对化了，实质上是把意识当成是一种特殊的精神存在，以为它有自己的独特本质，与物质绝对对立，并能"自由地"、独立地、不以世界的物质实体为转移而存在并发生作用。也就是说，通常的理解把意识的能动性说成是意识本身内在固有的、与物质没有联系的、无须劳驾物质的一种创造能力的表现，把独立于物质以外的意识能动性绝对化了。总之，通常的理解的一个问题是把意识独立化了，把它看作是人中之"小人"了，因而至少有属性二元论、拟人论的错误。

第三个误区是，通常的理解忽视了意识反作用的机制和基础。随手翻阅国

---

① 王南湜、谢永康：《后主体性哲学的视域——马克思唯物主义的当代阐释》，中国人民大学出版社2004年版，第55页。

内有关的论著，读者会轻易看到的是意识有什么样的、有多大的反作用，而很难看到关于意识怎样发挥反作用，如用什么手段、方法、工具、借助什么机制去实现自己的反作用的阐述。既然意识只是属性，而不是实体，那么它要产生作用或反作用就必须诉诸或"劳驾"它所依赖的实体。这是一个科学常识问题。经典作家在有关著作如《自然辩证法》中，以及现在自然科学的有关理论都已向我们表明：作用、反作用是要消耗物质、信息和能量的，作用的发挥过程是一个能量、物质、信息的转换过程，而属性、机能本身不具有这些东西，它们不过是特定的物质运动过程表现出来的特征。在这里，意识的反作用的真正主体还是人脑。如果某一信念引起了别的信念，或某一信念、愿望引起了大脑某一部分的变化，那也只能说是该信念、愿望所依赖的某一大脑部分对别的大脑部分产生了实际的影响。如果说，意识反映外部世界是自然界的一部分反映自然界的另一部分，那么同理，意识反作用于人脑和外部世界也是自然界内部的一部分对另一部分的作用。①简言之，所谓意识的反作用仍然是大脑所起的作用。这种作用是在前的物质运动过程的结果，是由在前的运动转化而来的一种新的、复杂的运动形式。根据运动不灭的原理，它必然又会引起其他的运动形式的发生。意识被引起，以及意识引起其他意识过程和非意识的大脑运动、身体运动的过程实质上是物质运动形式的转换过程、能量的转化过程。如果我们硬要用心理语言来描述"意识引起大脑和身体的变化、物质世界的变化"，说它有意识地发挥反作用，那也只能理解为对大脑物质运动的隐喻式的描述，或者说是对实际发生的物质过程的另一种描述方式，并未增加任何非物质的、精神性的信息。不管意识多么"主动"、多么"自觉"、多么"积极"，这些形容词描述的对象及其过程和状态，只能是特定物质及其过程和状态。意识的反作用既可以被理解为在前的物质运动的结果，也可以被理解为在后的物质运动的原因，但这种原因只能是物质的原因。

此外，一旦我们说到"作用"，就必然会涉及变化。首先，作用有作用的主体，它要发生作用，必然要有变化，如结构、能量、材料等的变化；其次，它的作用如果进行了、实现了，那么它也会在有关的对象上产生变化，而变化

---

① 参阅[苏联]列宁：《列宁选集(第2卷)》，中共中央马克思恩格斯列宁斯大林著作编译局编译，人民出版社1972年版，第251-252页。

不可能离开主体，这个主体不可能是其他的主体，只能是物质，因为纯精神不可能有变化。因此马克思指出："物质是一切变化的主体。"[①]既然如此，意识要发挥它的反作用，当然离不开它的真正主体，即人脑的变化。

第四个误区是，我们过去对意识、认识的能动反作用的理解太抽象了，缺乏实际的、具体的论证，因此这样阐述的能动性只能是一种抽象的能动性。正如前文所述，意识不可能作为独立的主体，而必须借助物质这个主体发挥反作用，同样，除了要有这个主体之外，它还得有自己的资源，例如有自己的认知结构、知识积累和储备。只有这样，才可能发挥它的作用和反作用。就像康德所说的那样，你要认识对象的上下左右等空间属性，你的能力中得有空间认知结构或关于空间本身的形式化知识。当然，这是认识论探讨的范围，故这里不再赘述。

总之，根据笔者的解读，马克思主义意识反作用学说有如下要点：第一，意识的确有反作用，甚至有巨大的能动反作用，以至于能创造客观世界；第二，意识与物质形成了作用和反作用的关系，便不再有"绝对对立"的关系，换言之，它们的对立是相对的，它们又重新统一在一起了，变成了自然界的一部分与另一部分的关系；第三，意识不能独立自主地发挥它对物质世界的反作用，必须借助它所依赖的物质，才能实现其反作用，即使意识的创造性的、极其巨大的反作用也不例外，因为一切变化、作用、反作用的主体只能是物质。

第五节 关于哲学的基本问题

按照上面的方式来解读马克思主义经典作家关于意识的本质与反作用的思想，必然碰到这样一个尖锐的问题：如果意识是一种物质运动形式，那还存在意识与物质的关系问题吗？哲学基本问题应作何理解？

我们首先要强调的是，像上面那样理解马克思主义的意识论，并没有取消哲学基本问题。因为我们并未否认意识或心理现象的存在，也未像西方的取消

---

① ［德］马克思、［德］恩格斯：《马克思恩格斯全集(第2卷)》，中共中央马克思恩格斯列宁斯大林著作编译局编译，人民出版社1972年版，第164页。

主义那样一概抛弃心理语言，而只是强调这里的心理现象实际上是世界上最为复杂的现象，是大脑中发生的最高级的、最为复杂的物质运动及其产物，仍属于自然界中一分子，因此其在自然界中享有不可剥夺的本体论地位。但是，不管思维多高级，它永远也超不出"身体的活动"的范围。有关的心理语言如果有意义地被加以使用，它们所指谓的也只能是这些运动及其过程、状态和产物。如果说人体或其中的大脑是第一性的、基本的存在，那么意识及其作用、产物便是第二性的、派生的存在。既然如此，我们当然仍要进一步回答：作为机能、活动、过程、产物的意识与物质、物质的其他运动形式是什么关系；何者为第一性；第一性的东西怎样派生、支撑、实现、运行第二性的东西；意识能否认识包括自己在内的物质。不仅如此，如果像上面那样理解，哲学的基本问题除了上述内容之外还会派生出新的内容，例如，心理语言与物理语言的关系问题、人与世界的关系问题、意识与物质关系的"绝对意义"与"相对意义"及其关系等。

但是我们又必须指出的是：过去对马克思主义经典作家关于哲学基本问题的论述的理解有许多"不到位"的地方。根据我们的理解，哲学基本问题尽管是贯穿哲学史始终的一个共同问题，但在不同的时代、不同的哲学派别面前，其意义是不同的。例如，由于唯物主义和唯心主义对精神的理解不同，它们各自面对的哲学基本问题的内容也必然不尽相同。尽管哲学基本问题的两个方面都会出现在它们面前，但这两个方面的实际内容和表现形式对于它们来说是大有区别的。例如，在唯心主义面前，哲学基本问题就是作为实体、实在的高贵精神与作为表象的粗俗物质的关系问题；而对于唯物主义来说，是作为属性的精神与作为基础的物质的关系问题。由此所决定，有形的物质如何可能为无形的精神所认识，就成了唯心主义的重大难题；而对于唯物主义来说，由于精神是物质的属性，它的任何作用、活动都离不开物质，精神对物质的认识实即自然界的一部分对另一部分的认识，因此唯物主义不会有唯心主义的那个无法解决的难题，正如马克思主义经典作家所说的那样，唯物主义者必然是可知论者。

我们还要注意到（这一点基本上被忽视了）：哲学基本问题的各种形式并非永远都是真问题。例如，以两种实体的关系、以根本对立的形式表现出来的哲学基本问题，尽管贯穿在哲学史的始终，但其实际上并不是一个真正的、有解的问题，而是一个虚假的问题，因为其根源在于原始思维凭想象、推测所臆造出来的灵魂观念。对此，恩格斯有非常明确的说明，但可惜的是，这些说明长期以来并未引起我们的注意。恩格斯说："思维对存在，精神对自然界的关系问题，全部哲学的最高问题，像一切宗教一样，其根源在于蒙昧时代的狭隘而愚昧的观念。"[①]在这里，恩格斯揭示了近代以前的哲学基本问题产生的认识论根源，这种看法是完全符合事实的，颇值得我们深思。因为作为实体、作为"另一个我"的灵魂观念是原始人为了解释梦、高烧昏迷、精神错乱等现象而杜撰出来的。也就是说，由于他们犯了一个致命的错误，即不知道想象、思维等也是"身体的活动"，因此便形成了他们的灵魂观念，而这些观念无疑是"狭隘而愚昧的观念"。但是，原始人看不到这一点，他们把灵魂当作真实的存在，甚至当作心理现象的主体、行为的决定原则，乃至生命的原则，进而为了解释宇宙万物的运动变化，又将这一观念泛化，推广到万事万物之中，从而导致了万物有灵论以及各种原始宗教的产生。从哲学上来说，有了这个杜撰出来的实体或存在，就有了原始的哲学问题，即灵魂与身体、外物是什么关系。进入阶级社会以后，灵魂观念的虚幻本质并未为哲学家的慧眼所识破，并未被过滤掉，而反倒作为重要的原则堂而皇之地进入了哲学的殿堂。在相当长的时期内，哲学家的任务不是批判性地考察有没有灵魂，而是把它作为一个本体论承诺天经地义地接受过来，剩下的任务就是对之做出解释，说明它是什么、由什么构成、有什么作用、与身体是什么关系。于是，在一个错误观念的基础上终于派生出了一个"重大的"哲学问题，当然是唯心主义和二元论所关心的哲学基本问题，即作为实体的精神与物质的关系问题。毋庸讳言，这个问题当然是一个错误的、虚假的问题。道理十分简单，因为既然一个实体是虚幻的，那么我们再去追问它与另一实体是什么关系，还有意义吗？还有解吗？正是由问题的虚假性所决定，唯心主义和二元论一开始就成了错误的理论，由它们的上述问题所派生出来的其他问题，例如，有形的物质如何进入无形的心灵而被认识，主观认识如何与外物相一致，以及我们的主观感觉如何超出自身、如何与外在的他物及他人的感觉相比较等，也都顺理成章地成了一些不可能解决的难题。无怪乎许多

---

① [德]马克思、[德]恩格斯：《马克思恩格斯选集(第4卷)》，中共中央马克思恩格斯列宁斯大林著作编译局编译，人民出版社1972年版，第220页。

唯心主义和二元论哲学家最后都投入了怀疑论的怀抱。

随着认识的发展、随着批判精神的觉醒，哲学基本问题到近代早期终于迎来了它的"转型"。恩格斯说："这个问题，只是欧洲人从基督教中世纪的长期冬眠中觉醒以后，才被十分清楚地提了出来，才获得了它的完全的意义。思维对存在的地位问题，这个在中世纪的经院哲学中也起过巨大作用的问题：什么是本原，是精神，还是自然界？——这个问题以尖锐的形式针对着教会提了出来。"[①]首先，应注意的是，这个获得了完全意义的哲学基本问题是针对教会和唯心主义而提出来的。其次，从内容上说，它不仅不再默认、承诺作为实体的灵魂或精神，而且以尖锐的形式对原来的灵魂观念提出了质疑——精神能不能作为本原？难道自然界就不能成为本原，包括成为精神的本原吗？在追问和研究这一问题的人中，不少人如文艺复兴时期的自然科学唯物主义者可能不再预设两种实体、两种本原，而只承认一个本原，即思维和自然界究竟哪一个是本原。这一转变的意义极其重要，一方面，它使哲学基本问题，至少以特定形式表现出来的哲学基本问题，成了一个有意义且有解的问题，因为它否定或至少怀疑物质与一个虚构出来的灵魂的关系问题；另一方面，它为人们转换范式回答这一问题提供了条件，如霍布斯、斯宾诺莎等人正是如此，他们不再把"思想""精神"放在实体范畴，而是放在属性范畴之下来思考它们与物质实体的关系。这样一来，哲学基本问题就"被十分清楚地提了出来"。最后，精神与物质的关系问题尤其是二者的对立问题不能眉毛胡子一把抓，因为它们有不同的层面、不同的意义。不加区分地对待，将陷入形而上学的泥潭，将不利于准确理解马克思主义本体论、意识论和认识论及其相互关系。列宁在解读、阐发马克思和恩格斯的有关思想时，明确提出了看待这种对立的两个维度，即认识论维度和本体论维度。从认识论的角度看，二者的对立有"绝对的意义"[②]，即在认识论范围内可以把它们看作是两个有平等地位的实在，看作是按同一标准划分的一对范畴，如一个是认识的主体、一个是认识的客体。但是一旦超出这

[①] [德]马克思、[德]恩格斯：《马克思恩格斯选集(第4卷)》，中共中央马克思恩格斯列宁斯大林著作编译局编译，人民出版社1972年版，第220页。
[②] [苏联]列宁：《列宁选集(第2卷)》，中共中央马克思恩格斯列宁斯大林著作编译局编译，人民出版社1972年版，第148页。

个范围，物质和意识的对立无疑是相对的。也就是说，从本体论的角度看，物质与精神的对立就只有相对的意义。列宁强调指出：如果超出相对的界限，"把物质和精神即物理的东西和心理的东西对立当作绝对的对立，那就是极大的错误"①。"这种对立不应当是'无限的'、夸大的、形而上学的。"②他还说："观念的东西同物质的东西的区别也不是无条件的、不是过分的。"③这些论述可以从两方面来理解：第一，从存在的角度看，整个世界是统一的，或者说"世界的真正统一性在于它的物质性"④。因为整个世界就只是一种存在，那就是物质。如果要问世界上的一切东西"是什么"，只能回答说："是"某某事物，或某物的某属性、某状态，而不可能用非物质的谓词予以回答，因为根本不存在非物质的东西。用现代西方流行的物理主义、自然主义的话说，一切都是物理的、自然的。从范畴的角度说，在本体论的范畴体系之中，最高的范畴不像认识论中的最高范畴那样有两个（即主体和客体、思维和物质）⑤，而只有一个，那就是"物质"或"客观实在"或物质性的"是"（存在）。即使"意识""思维"等范畴在这个体系中仍有其地位，它们与"物质"也不属于同一个层级，因为一个属于基本的、第一性的存在的层次，一个属于低一级的、处于依附从属地位的二阶存在层次。因此二者之间的"对立"当然不具有绝对的意义。如果认为它们有绝对的意义，那么从逻辑上说至少犯了赖尔等人所说的范畴错误：一个人参观完了某大学的教室、图书室、实验室等之后，又提出还想看看大学。⑥这里的错误是把本不属于同一等级、本不具有并列关系的范畴看作是具有并列关系的范畴。同样的道理，如果在本体论中把"物质"与"意识"的对立看作是"绝对的"，那就犯了"夸大的""形而上学的"错误，即犯了上述"范畴错误"。

---

① [苏联]列宁：《列宁选集(第2卷)》，中共中央马克思恩格斯列宁斯大林著作编译局编译，人民出版社1972年版，第251页。
② [苏联]列宁：《列宁选集(第2卷)》，中共中央马克思恩格斯列宁斯大林著作编译局编译，人民出版社1972年版，第251页。
③ [苏联]列宁：《列宁全集(第33卷)》，中共中央马克思恩格斯列宁斯大林著作编译局编译，人民出版社1972年版，第117页。
④ [德]马克思、[德]恩格斯：《马克思恩格斯选集(第3卷)》，中共中央马克思恩格斯列宁斯大林著作编译局编译，人民出版社1972年版，第83页。
⑤ 参阅[苏联]列宁：《列宁选集(第2卷)》，中共中央马克思恩格斯列宁斯大林著作编译局编译，人民出版社1972年版，第146页。
⑥ [英]吉尔伯特·赖尔：《心的概念》，刘建荣译，上海译文出版社1988年版，第11页。

像上面这样来理解马克思主义意识论，其唯物主义的"新"和"彻底"之类的特质便昭然若揭了。它的"新"和"彻底"不仅表现在它把唯物主义原则全面彻底地推广到了社会历史等领域，更重要的是表现在它对世界、对人做了彻底的唯物主义的理解与说明。根据这一新的理论，传统哲学和常识心理学中作为实体或独立主体而存在的心灵观念不过是基于错误的想象和类推而形成的"狭隘而愚昧"的观念，"意识""思维"之类的心理语言不过是物质的最高运动形式的另一种描述、指谓方式。这样一来，世界上就真的除了时空中运动的物质以外什么也没有了。因此，它不仅早在当今西方盛行的"本体论变革"之前实施了对二元论的解构与颠覆，从而发起并完成了本体论变革，而且第一次使唯物主义成为名副其实的唯物主义。

第六节 心理语词分析：一种拓展性研究的尝试

所谓心理语词指的是表述心理现象的语词，如"思考""打算""意识"等。马克思主义的文本中无疑使用了大量的心理语词，但过去的解读很少做具体、专门的考释，没有想到要去研究和弄清它们的特定用法、指称、意义，而往往有这样的倾向，即把它们大体上看作同义词，以为它们指的是不同于物质的第二性的现象，这特别体现在不加区分地理解"意识""思维""心理""精神"，把它们看作是与物质相对立的、同等的、没有区别的概念。在推进和深化马克思主义研究的今天，笔者认为，有必要借鉴西方语言分析的方法，开辟一个新的研究领域，即在重新解读马克思主义意识论、建构马克思主义心灵哲学的过程中，把用语言分析方法考释马克思主义文本中的各别心理语词及其用法提上议事日程，通过对各别心理语词的考察弄清它们的不同用法与意义，为建构马克思主义在不同心灵哲学子领域（如自由意志、行动、思维、心理内容、情感、知觉、信念等）的思想体系做准备。这当然是一项浩大的理论工程，需要很多人长时期的协力攻关。这里限于学力和篇幅，只拟就"意识""社会意识"等概念做一抛砖引玉的语境分析。

我们知道，在马克思主义意识理论的阐述和建构中，对诸如意识、社会意识、意识形态这类基本范畴的界定和厘清一直是一个悬而未决的问题，这就导致在实际运用中，一些学者往往不加区分地、随意地在上述范畴之间进行转换和引注。事实上，在马克思主义的意识理论体系中，意识、社会意识和意识形态是不同的思想范畴，不仅它们的基本内涵不同，而且它们所囊括的理论议题、所欲表达的思想主旨也迥然有别，而上述区别又异常鲜明地体现在和决定于它们所居的不同语境之中。因此，我们在阐述和建构马克思主义的意识理论时，必须从厘清意识、社会性意识、意识形态的基本范畴入手，分析和追溯它们在马克思主义意识理论中所居的相应的自然科学语境、历史唯物主义语境、社会批判理论语境，从而获得阐述和建构马克思主义意识理论的基本逻辑线索。

一、意识：自然科学语境中的人脑机能

在谈及马克思主义对意识本质的一般规定时，很多人会立即想到教科书中的一段相关表述："意识是物质世界长期发展的产物，是人脑的机能和属性，是物质世界的主观映象。"[①]在他们看来，"人脑的机能和属性"就是马克思主义对意识的一般规定，甚或是马克思主义哲学对意识的定义。但这种看法实为误解。因为无论是考察马克思主义作家的文本，还是从马克思哲学自身出发，对意识所做的"人脑的机能和属性"的规定，都只能被视作马克思主义对意识做出的一种自然科学的简单说明，是马克思主义哲学为对意识进行进一步哲学抽象时所确立的实证性前提。

意识是"人脑的机能和属性"是近代自然科学得出的一般简短结论。熟悉意识科学历史的人们都知道，在古代社会，思想家对意识的研究是前科学的，多为思辨性的猜测。例如，被看作"爱智慧"第一人的泰勒斯主张，包括磁石在内的一切事情都具有灵魂，灵魂是推动事情运动的原因；古希腊最伟大的学者苏格拉底、柏拉图等人认为，灵魂是一种最基本的实在，灵魂不朽并且能够转世轮回。倒是古代社会的医生，像希波克拉底、加伦（C. Galen）等人，他们在行医实践中，模糊地意识到人们精神状态的变化与人们生理上的因素密切相关，他们试图通过人体内生理性汁液体的平衡来解释人的性格特征。时至近代，

---

① 本书编写组：《马克思主义基本原理概论》，高等教育出版社2012年版，第30页。

由于自然科学的出现和兴起，人们逐步摆脱了对灵魂的传统迷信认识。笛卡儿既是近代的第一位哲学家，也是一名伟大的科学家，尽管他在哲学上是一名二元论者，但在科学上，他已明确地把意识的作用与人的大脑状态联系起来，他甚至以机械论的方式来解释人的刺激感觉等低层次的精神活动。笛卡儿之后，经由梅斯梅尔（F. Mesmer）、加尔（F. Gall）、穆勒（J. Muller）、韦伯（E. Weber）、亥姆霍兹（H. F. Helmholtz）、费希纳（G. Fechner）、冯特（W. Wundt）等人，近代意识科学最终得以确立，成为一门专业性的学科。意识是"人脑的机能和属性"，也作为一般性的科学常识，为人们所接受。

考察马克思主义经典作家的著作，"意识是'人脑的机能和属性'"这样的论断经常为恩格斯、列宁所强调。恩格斯在《反杜林论》《自然辩证法》《路德维希·费尔巴哈和德国古典哲学的终结》中，多次表述了意识是"人脑的机能和属性"的见解。20世纪初，列宁在《唯物主义和经验批判主义》中，又再次重申了恩格斯的"意识是'人脑的机能和属性'"这一自然科学结论。在《反杜林论》中，恩格斯在批驳杜林的唯物主义时说："如果进一步问：究竟什么是思维和意识，它们是从哪里来的，那么就会发现，它们都是人脑的产物，而人本身是自然界的产物，是在自己所处的环境中并且和这个环境一起发展起来的；这里不言而喻，归根到底也是自然界产物的人脑的产物。"①在《路德维希·费尔巴哈和德国古典哲学的终结》中，恩格斯在批判费尔巴哈的半截子唯物主义时说："我们的意识和思维，不论它看起来是多么超感觉的，总是物质的、肉体的器官即人脑的产物。"②为了批驳波格丹诺夫、阿芬那留斯等人的二元论、嵌入说，列宁在《唯物主义和经验批判主义》中又特别重申了恩格斯关于"意识是'人脑的机能和属性'"的论断，列宁说："自然科学坚决地主张：思想是头脑的机能；感觉即外部世界的映象是存在于我们之内的，是由物对我们感觉器官的作用所引起的。"③

依据上述文本，我们不难发现，恩格斯和列宁都是在自然科学的语境中把

---

① ［德］马克思、［德］恩格斯：《马克思恩格斯选集(第3卷)》，中共中央马克思恩格斯列宁斯大林著作编译局编译，人民出版社1995年版，第374-375页。
② ［德］马克思、［德］恩格斯：《马克思恩格斯选集(第4卷)》，中共中央马克思恩格斯列宁斯大林著作编译局编译，人民出版社1995年版，第227页。
③ ［苏联］列宁：《唯物主义和经验批判主义》，傅子东译，人民出版社1950年版，第79页。

意识规定为"人脑的机能和属性"的。在《反杜林论》中,恩格斯在谈到思维和意识是人脑的机能、是自然界的产物时,他以斩钉截铁、不容辩驳的口吻说,这个结论是"不言而喻的"。何为"不言而喻"呢?在19世纪的欧洲,源自何处的结论才具有"不言而喻"的坚决性和力量性呢?答案是只能是由自然科学得出的一般结论。因为在自然科学垄断了知识和真理的19世纪,只有由自然科学得出的一般结论才能是"不言而喻"的,才具有恩格斯所说的"不言而喻"的坚决性和力量性。相对于恩格斯用"不言而喻"来陈述"意识是'人脑的机能和属性'"这一自然科学结论,列宁则直接得多。列宁在《唯物主义和经验批判主义》中重申恩格斯的"思想是人脑的机能"时,明确地在其前面强调指出,这是"自然科学坚决的主张"。

为什么马克思主义的经典作家恩格斯、列宁(特别是恩格斯)总是倾向于从自然科学的语境中谈论意识呢?其原因主要在于:一是与恩格斯本人的学术专长、学术兴趣有关;二是与恩格斯本人对马克思主义哲学实证前提的自觉坚持相联系。

首先,在马克思主义经典作家当中,恩格斯擅长于自然科学研究,并为之付出了大量的精力和心血,这是公认的事实。恩格斯在其晚年时期,曾对自己在马克思主义创立中所起的作用做了一番说明。其中,恩格斯指出,他和马克思曾有意识地进行过"脑力劳动"的分工,马克思主要从事历史和经济学的研究,他本人则主要从事军事战略和自然科学方面的研究。恩格斯在《反杜林论》中曾说:为了使自己对数学和自然科学做的本质概括性叙述,达到"在细节上也使自己确信那种对我来说在总的方面也没有任何怀疑的东西"①,在1870年以后退出商界的8年中,"我尽可能地使自己在数学和自然科学方面来一次彻底的——像李比希所说的——脱毛……我把大部分时间用在这上面"②。著名的马克思主义史研究专家戴维·麦克莱伦(David Mclellan)在论及恩格斯的自然科学倾向时,也考证指出:"恩格斯曾经把他生命总最后二十年的大部分时间

---

① [德]马克思、[德]恩格斯:《马克思恩格斯选集(第3卷)》,中共中央马克思恩格斯列宁斯大林著作编译局编译,人民出版社1995年版,第349页。
② [德]马克思、[德]恩格斯:《马克思恩格斯选集(第3卷)》,中共中央马克思恩格斯列宁斯大林著作编译局编译,人民出版社1995年版,第349页。

用来钻研自然科学。"①

其次,恩格斯强调意识是"人脑的机能和属性"的自然科学论断,为马克思主义哲学对意识进行接下来的哲学抽象确立了实证性前提。在西方文化传统中,哲学曾是"一切学问之母",是知识的总称。自近代启蒙运动以降,各门具体科学日益从传统大哲学中分化、独立出来,自然科学日益兴盛并取得支配性地位。自然科学不仅打倒了在西方世界中长期居于主导地位的神学,也取代了哲学,成为西方理性精神的唯一合法代表。在此背景下,哲学和科学的地位发生倒转,科学成为哲学的前提,哲学的合法性要由自然科学予以确立、加冕。考察近代以来的意识哲学,一个明显的事实是,传统的思辨性的意识哲学越来越不受欢迎,哲学家在建立自己的意识哲学时,大都表现出自觉地向自然科学寻找证据的明显实证主义倾向。在此问题上,马克思主义的意识理论也不例外。

最后,值得注意的是,恩格斯通过强调意识是"人脑的机能和属性",来确立马克思主义意识理论的实证性前提,但这里的实证性前提主要服从于、直接服务于唯物主义在意识问题上的基本原理——"世界的物质统一性",即在自然世界中,既不存在实体性的心灵,也不存在具有完全独立属性的意识。从意识是"人脑的机能和属性"这一科学论断,还不能直接抽象出马克思主义哲学关于意识本质的一般规定。在恩格斯、列宁等马克思主义经典作家看来,意识是"人脑的机能和属性"的自然科学主张,在哲学中,首先给各种唯心主义、二元论的意识哲学当头一棒,确立了唯物主义意识观这一唯一正确的哲学立场。除此之外,它没有任何别的意思。我们不能因为马克思主义意识哲学与一般唯物主义的意识哲学共享了意识是"人脑的机能和属性"的科学前提,就把马克思主义哲学对意识的本质规定与一般唯物主义对意识的本质规定等同起来。事实上,不仅马克思主义的意识哲学是建立在意识是"人脑的机能和属性"的科学结论之上的,近代以来的几乎全部唯物主义意识哲学,如行为主义、功能主义、物理主义等,它们都是把以"人脑的机能和属性"为基本结论的意识科学作为自己的实证性前提的。

---

① [英]戴维·麦克莱伦:《马克思以后的马克思主义》,李智译,中国人民大学出版社2008年版,第8页。

二、历史唯物主义语境中的社会性意识

如果说意识是"人脑的机能和属性"在近代自然科学的语境中实属一种常识的话,那么,如何从形而上学的高度对意识进行合法的抽象和思辨,在当今的近现代哲学中依然是一个富于争议、莫衷一是的话题。近现代以来的绝大多数哲学家都认为,意识问题是传统哲学遗留下来的最令人感到困难、难以解开的"宇宙之谜"。

与近现代以来绝大多数哲学家固守思辨哲学本体论和认识论中的旧问题、旧传统不同,马克思在创立自己的哲学之初,就以一种要"消灭哲学"的非凡勇气,通过大胆转变哲学的提问方式、历史使命,超越了旧的唯物主义与唯心主义相互对立的哲学传统,并最终确立了自己的新哲学——历史唯物主义。

马克思的历史唯物主义哲学,超越了传统哲学中那种主观世界与客观世界二元对立的座架模式,摒弃了传统哲学中那种人在自然世界之外、自然世界寂静无声的孤立状态。在马克思的历史唯物主义那里,人所面对的是他身处其中的、生动活泼的世界,在生活世界中,人、自然、社会融为一体。生活世界即人与他人的历史境遇,也是他们历史雕塑的对象、历史创造的杰作。马克思的历史唯物主义以实践为基石,它的聚焦中心不是人们在想象什么、思考什么,而是人们在实践什么、改变什么。实践的基础性地位、历史唯物主义的哲学体系座架,决定了在马克思主义的哲学语境中,马克思主义的意识理论必然将以一种与传统意识哲学完全不同的面貌呈现。

由实践在马克思历史唯物主义座架中的基础地位所决定,在马克思主义哲学语境中,实践成为解释意识的"普照的光",成为说明意识的"最切近的现实基础"[①]。它彻底颠覆了传统唯心主义所坚持的意识第一性地位,使得传统意识哲学的思维范式、提问方式发生了根本性的改变,并为对传统意识哲学难题的解答开辟了新思路、提出了新创见。

首先,在马克思主义哲学的语境中,实践的基础性地位彻底颠覆了传统唯心主义所坚持的意识第一性地位。从马克思的哲学思想的发展历程来看,当他

---

① 孙伯鍨、张一兵:《走进马克思》,江苏人民出版社 2012 年版,第 165 页。

还是一名青年黑格尔主义者时，他就把意识提升为类似神性的先验范畴，并把意识视为人的类本质，一旦他超越了自己先前的唯心主义与旧唯物主义思想，创立了历史唯物主义的哲学体系，他也就寻找到了打开意识之谜的钥匙——实践。1841年，马克思在提交的大学毕业论文《德谟克利特的自然哲学和伊壁鸠鲁的自然哲学的差别》中曾把意识看作是类似于神性的先验范畴，他说："人的意识是最高神性。"①1844年，马克思在其《1844年经济学哲学手稿》中多次论述了意识是人的类本质的观点，他说："一个种的全部特性、种的类特性就在于生命活动的性质，而人的类特性恰恰就是自由的有意识的活动。"②"有意识的生命活动把人同动物的生命活动直接区别开来。正是由于这一点，人才是类存在物。"③但到了1845年，在马克思的《关于费尔巴哈的提纲》，以及他和恩格斯合著的《德意志意识形态》中，马克思开始以实践为基石，创立了一种超越了传统唯物主义与唯心主义的历史唯物主义新哲学。在这种新哲学中，实践成为整个哲学体系的理论辐射中心，意识在唯心主义哲学中所具有的优先地位丧失了；并且，由于实践所具有的"革命的""实践批判的"活动的意义，过去残留在马克思主义意识理论中的黑格尔式的神秘主义迷雾也终于被驱散。

其次，在马克思主义哲学的语境中，实践的基础性地位还使得传统意识哲学的提问方式发生了根本性改变。如果说传统意识哲学的提问方式是：物质和意识究竟何为第一性？意识能否认识物质？那么，在马克思主义的意识哲学中，提问方式则转变为：意识如何从人的实践活动中出现？真理如何根据人的实践活动得以检验？近年以来，部分国内马克思主义研究者提出一个重要见解，即马克思本人已经扬弃了传统的"物质"概念，用实践的范畴取而代之。他们说："在马克思那里，实践取代了抽象的物质而成为这个哲学的逻辑前提。"④他们的上述见解也得到了国外马克思主义研究专家的支持。例如，著名的马克思主义研究专家戴维·麦克莱伦也说："'恩格斯经常使用的物质'这一概念，对

---

① [德]马克思、[德]恩格斯：《马克思恩格斯选集(第1卷)》，中共中央马克思恩格斯列宁斯大林著作编译局编译，人民出版社1995年版，第103页。
② [德]马克思、[德]恩格斯：《马克思恩格斯选集(第1卷)》，中共中央马克思恩格斯列宁斯大林著作编译局编译，人民出版社1995年版，第46页。
③ [德]马克思、[德]恩格斯：《马克思恩格斯选集(第1卷)》，中共中央马克思恩格斯列宁斯大林著作编译局编译，人民出版社1995年版，第46页。
④ 何中华：《重读马克思》，山东人民出版社2009年版，第168页。

第十三章 心灵哲学视野下的马克思主义意识论解读

马克思的著作来说,这一概念完全是'异己的'。"①既然马克思扬弃了传统意识哲学中的物质概念,以及借助于物质概念的提问方式,那么,他面向实践,对意识提出的一系列基本问题,也必须从实践活动中寻求答案。关于意识如何从人的实践活动中出现的问题,马克思认为,人的意识的产生是由人们的生产交往活动所决定的。在《德意志意识形态》中,马克思说:"人还有'意识'。但是这种意识并非一开始就是'纯粹的'的意识。'精神'从一开始就很倒霉,受到物质的'纠缠',物质在这里表现为振动着的空气层、声音,简言之,即语言。语言和意识具有同样长久的历史;语言是一种实践的、既为别人存在因而也为我自身而存在的、现实的意识。语言也和意识一样,只是由于需要,由于和他人交往的迫切需要才产生的。"②关于真理如何根据人的实践活动得以检验的问题,马克思在《关于费尔巴哈的提纲》中精彩地表述说:"人的思维是否具有客观真理性,这不是一个理论问题,而是一个实践问题。人应该在实践中证明自己思维的真理性,即自己思维的现实性和力量,自己思维的此岸性。关于思维——离开实践的思维——的现实性或非现实性的争论,是一个纯粹经验哲学的问题。"③

再次,在马克思的哲学语境中,实践的基础性地位还为传统意识中的基本难题的解答开辟了新思路,提出了新创见。近代以来,站在唯物主义立场的所有意识哲学都面临着一个难以回答的基本难题:意识的能动性和反作用的问题。在哲学史中,这个难题也被概括为决定论和自由意志的二律背反。对于此难题,康德曾感慨地说:即使在最微弱的哲学思辨中,否定决定论或自由意志都是不可取的。显然,马克思主义的意识哲学站在唯物主义的立场上。马克思说:"不是意识决定生活,而是生活决定意识。"④"观念的东西不外是移入人的头脑并在人的头脑中改造过的物质的东西而已。"⑤但同时,马克思从不否认意识在人

---

① [英]戴维·麦克莱伦:《马克思以后的马克思主义》,李智译,中国人民大学出版社2012年版,第8页。
② [德]马克思、[德]恩格斯:《马克思恩格斯选集(第1卷)》,中共中央马克思恩格斯列宁斯大林著作编译局编译,人民出版社1995年版,第81页。
③ [德]马克思、[德]恩格斯:《马克思恩格斯选集(第1卷)》,中共中央马克思恩格斯列宁斯大林著作编译局编译,人民出版社1995年版,第55页。
④ [德]马克思、[德]恩格斯:《马克思恩格斯选集(第1卷)》,中共中央马克思恩格斯列宁斯大林著作编译局编译,人民出版社1995年版,第73页。
⑤ [德]马克思、[德]恩格斯:《马克思恩格斯选集(第2卷)》,中共中央马克思恩格斯列宁斯大林著作编译局编译,人民出版社1995年版,第112页。

的实践活动中的能动作用和反作用,不否认由意识所带来的人的活动的目的性。因为不仅马克思在其还是一名黑格尔主义者的青年时期就承认,人所独有的意识作用,使得"人懂得按照任何一个种的尺度来进行生产,并且懂得处处都把内在的尺度运用于对象"①,而且直至他创立了自己的历史唯物主义理论,晚年写作《资本论》时,他仍旧坚持:"最蹩脚的建筑师从一开始就比最灵巧的蜜蜂高明的地方,是他在建房以前已经在自己的头脑中把它建成了。"②在意识哲学中,马克思是如何克服近代自然科学所确立的物质性世界观与在常识中被普遍认可的自然意志难题呢?其答案也在于实践。在马克思那里,实践作为一个行动范畴,它不仅是一种"客体的""直观的形式的""对象性的活动",而且也是主体的"能动性""感性的人的活动"。正是从实践活动所具有的上述特性出发,马克思指出,以实践为基石的新唯物主义,既超越了"从前的一切旧唯物主义(包括费尔巴哈的唯物主义)"③,又超越了"不知道现实的、感性的活动本身的"④唯心主义。

  最后,特别需要指出和强调的是,在历史唯物主义的哲学体系座架中,由实践所决定的意识,其实质是一种社会性意识、历史性意识。因为实践活动本身就是一种社会性活动、历史性活动。在《德意志意识形态》中,马克思和恩格斯对意识的考察不仅自觉采用了历史与逻辑相结合的方法,而且直接得出了意识是社会历史产物的结论。在历史地考察了人类社会中的物质生产、人口生产、生命生产等社会性因素之后,马克思和恩格斯说:"在考察了原初的历史的关系的四个因素、四个方面之后,我们才发现:人还有'意识'。"⑤紧接着,在分析了意识与语言和社会交往的密切关系之后,马克思和恩格斯立即得出结论:"意识一开始就是社会的产物,而且只要人们存在着,它就仍然是这种产

---

① [德]马克思、[德]恩格斯:《马克思恩格斯选集(第1卷)》,中共中央马克思恩格斯列宁斯大林著作编译局编译,人民出版社1995年版,第47页。
② [德]马克思、[德]恩格斯:《马克思恩格斯全集(第23卷)》,中共中央马克思恩格斯列宁斯大林著作编译局编译,人民出版社1995年版,第202页。
③ [德]马克思、[德]恩格斯:《马克思恩格斯选集(第1卷)》,中共中央马克思恩格斯列宁斯大林著作编译局编译,人民出版社1995年版,第54页。
④ [德]马克思、[德]恩格斯:《马克思恩格斯选集(第1卷)》,中共中央马克思恩格斯列宁斯大林著作编译局编译,人民出版社1995年版,第54页。
⑤ [德]马克思、[德]恩格斯:《马克思恩格斯选集(第1卷)》,中共中央马克思恩格斯列宁斯大林著作编译局编译,人民出版社1995年版,第81页。

物。"①恩格斯在《路德维希·费尔巴哈和德国古典哲学的终结》中,也曾历史地追溯和分析过意识从人们的社会生活实践中产生的过程与原因,他说:"在远古时代,人们还完全不知道自己身体的构造,并且受梦中景象的影响,于是产生一种观念:他们的思维和感觉不是他们身体的活动,而是一种独特的、寓于这个身体之中而在死亡时就离开身体的灵魂的活动,从这个时候起,人们就不得不思考这种灵魂对外部世界的关系。"②由此可见,马克思历史唯物主义对传统自然哲学的批判和超越、其自身所固有的历史感,以及实践活动的社会历史性,必然导致马克思自觉在社会生活中去寻求意识产生的根源,社会性与历史性也就成为马克思主义意识理论对意识的最重要的本质规定。或者说,在马克思的历史唯物主义哲学语境中,"一切'意识'都是'社会意识',世界上根本就不存在'社会意识'之外的任何其他意识"③。

三、社会批判理论语境中的意识形态

在马克思主义意识理论体系中,意识形态结出了最为丰硕的成果。不仅马克思、恩格斯等经典作家对此有大量阐述,形成了以"马克思"命名的意识形态理论传统,而且在 20 世纪的思想文化领域,马克思主义意识形态理论得到了法兰克福学派的曼海姆(K. Mannheim)、马尔库塞(H. Marcuse)、哈贝马斯(J. Habermas),以及法国精神分析学派重要代表人物阿尔都塞(L. Althusser)、拉康(J. Lacan)、齐泽克(S. Žižek)等的反复研读和扩充,演变成一种容纳了存在主义、结构主义、精神分析、现象学等不同方法论,关涉了科学、政治、文化等众多领域的具有相对独立性的意识形态学。

从马克思主义意识理论的逻辑构成来看,如果说"人脑的机能和属性"为马克思主义意识理论奠定了实证性前提,"社会性意识"确定了马克思主义意识理论的世界观和方法论,那么,作为"历史的一个方面"④、具体充当无产阶

---

① [德]马克思、[德]恩格斯:《马克思恩格斯选集(第1卷)》,中共中央马克思恩格斯列宁斯大林著作编译局编译,人民出版社 1995 年版,第 81 页。
② [德]马克思、[德]恩格斯:《马克思恩格斯选集(第4卷)》,中共中央马克思恩格斯列宁斯大林著作编译局编译,人民出版社 1995 年版,第 223-224 页。
③ 俞吾金:《被遮蔽的马克思》,人民出版社 2012 年版,第 128 页。
④ [德]马克思、[德]恩格斯:《马克思恩格斯选集(第1卷)》,中共中央马克思恩格斯列宁斯大林著作编译局编译,人民出版社 1995 年版,第 66 页。

级的"精神武器"①的意识形态则构成了马克思主义意识理论的主体内容和标靶核心。马克思意识形态概念的创立，意味着马克思意识理论逐步从科学、哲学、深入到社会生活中，从天国下降到人间；同时，还集中体现了马克思主义意识理论的实践性和革命性。

但是，我们在考察诸如《德意志意识形态》等马克思主义经典作家的文本时会发现，马克思、恩格斯习惯于把意识、意识形态等概念混列论述。例如，在刚刚做出"意识在任何时候都只能是被意识到了的存在"②这一哲学论断之后，马克思和恩格斯紧接着说："因此，道德、宗教、形而上学和其他意识形态，以及与它们相适应的意识形式便不再保留独立性的外观了。"③这样就使得当前对马克思意识形态理论的研究分化出两条不同的路径：一条路径是把马克思主义的意识形态理论置于历史唯物主义的语境中展开阐述；另一条路径是在社会批判理论的语境中对马克思主义的意识形态理论展开研究和阐述。在笔者看来，无论是从"意识形态"一词的理论渊源来看，还是从马克思主义意识形态概念的基本内涵，以及意识形态概念在整个马克思主义社会革命理论中的定位和作用来看，在社会批判理论的语境中谈论马克思主义的意识形态才是更为恰当和合理的。

首先，从"意识形态"一词的起源来看，意识形态主要归属于社会学领域，而不是哲学领域。

"意识形态"这一概念起源于实证之风兴起之时的法国19世纪末期。据考证，法国人德斯蒂·德·特拉西（Destutt de Tracy）是第一位正式使用"意识形态"概念的思想家。特拉西从法文"意识形态"这一概念的字面含义来表达他本人创立的"观念学"学科。但在特拉西那里，尽管作为"观念学"学科的意识形态也把传统哲学认识论中的感官与观念间关系的问题作为重要研究对象，但它的理论目标却服务于为科学的社会学和政治学提供坚实的知识基础。

---

① [德]马克思、[德]恩格斯：《马克思恩格斯选集(第1卷)》，中共中央马克思恩格斯列宁斯大林著作编译局编译，人民出版社1995年版，第15页。
② [德]马克思、[德]恩格斯：《马克思恩格斯选集(第1卷)》，中共中央马克思恩格斯列宁斯大林著作编译局编译，人民出版社1995年版，第72页。
③ [德]马克思、[德]恩格斯：《马克思恩格斯选集(第1卷)》，中共中央马克思恩格斯列宁斯大林著作编译局编译，人民出版社1995年版，第73页。

关于这一点，当代意识形态理论研究者巴拉达特（L. Baradat）说："特拉西试图将他从'理念的科学'所得的知识应用于整个社会，进而改善人类的生活。因此，意识形态自始便与政治密切联系；也因此，除非在不同背景下另有所指，否则赋予这个词语一个政治学的含义应该不为过。"①

对自己所创立的意识形态科学，特拉西这样概括其在人类社会生活中所起的社会性功能，即"用人类从他的同类中获得最大的帮助和最小的烦恼这种方式来调节社会的基础"②。历史地考察，从19世纪法国兴盛的实证社会科学背景来看，特拉西的意识形态科学恰恰表现为对传统思辨的形而上学哲学传统的反叛，实为孔德之后流行于法国思想界的知识社会学滥觞之作。事实上，由于其意识形态科学的创见，特拉西本人也在1796年主管法国国家研究院的道德伦理与政治科学部，这就使得他能够把观念科学的理论直接运用到社会的道德伦理和政治实践中，其研究成果曾一度得到当时的法国皇帝拿破仑的支持和重视。

其次，在马克思主义理论中，无论是从马克思关于意识形态概念的基本内涵来考量，还是从意识形态在马克思主义整个理论体系中的地位和作用来看，将其置于社会批判理论的语境中都是更为恰当的。

在马克思主义的意识理论中，人们往往忽视马克思关于意识形态与意识这两个概念之间的区别。正如我们上面所做的分析，在马克思那里，由其历史唯物主义哲学所决定，意识指的只能是一种"社会性的意识"。马克思反对传统哲学中那种脱离社会历史、单纯自然主义地谈论意识的思维方式，坚决主张在哲学中任何对意识的论述都必须深入人类历史、社会生活的维度。就像不存在于人的实践活动之外、与人的生活世界无涉的自然界一样，人的意识也不存在于人的社会历史生活之外。因此，意识主要是马克思哲学语境中的一个重要概念，马克思对其的规定和阐述体现出了哲学所固有的抽象、思辨等形而上学特征。与意识概念相比，在马克思那里，意识形态是一个狭义得多的概念，它是社会性意识的特定具体形式。作为社会性意识的具体形式，意识形态具有如下

---

① ［美］利昂·P. 巴拉达特：《意识形态的起源和影响》，张慧芝、张露璐译，世界图书出版公司1997年版，第7页。
② 转引自［英］约翰·B. 汤普森：《意识形态与现代文化》，高铦、文涓、高戈，等译，凤凰出版传媒集团2012年版，第32页。

特征：它属于上层建筑，它依附于一定的社会机构之上，它的主要表现形式有政治、法律、道德、哲学、宗教等，它表现出强烈的阶级倾向。马克思关于意识形态概念的首次论述出现于《德意志意识形态》一书中，其中，马克思说："我们仅仅知道一门唯一的科学，即历史科学……意识形态本身只不过是这一历史的一个方面。"① 在这里，马克思把关于人类社会的历史科学与自然科学相对，指出意识形态是历史科学的一个方面。显然，此处与自然科学相对的历史科学，也就是我们今天所说的广义的社会科学。因此，马克思认为意识形态是社会科学中一个重要组成部分。"德意志意识形态"的标题也表明，马克思是把青年黑格尔哲学定位为一种意识形态，作为当时流行于德国思想理论界中的一股重要社会性思潮予以批评的。

在马克思主义的整个理论体系中，厘清作为哲学形态的历史唯物主义与作为社会学理论的历史唯物主义之间的关系也是一项重要的理论议题，而意识形态无疑是社会学的历史唯物主义中的重要内容。我们知道，在恩格斯概述马克思一生的贡献时，曾经把历史唯物主义与剩余价值学说并列为马克思最重要的两个理论创造。如果说剩余价值学说是马克思主义政治经济学的重要内容，人们大多没有异议。但如果说马克思的历史唯物主义也是一种社会学理论，可能习惯了传统马克思主义哲学的学者并不认同。事实上，在当今西方思想界，马克思的历史唯物主义理论确实更多地被认为是社会学的思想。例如，在西方的图书馆，马克思的著作并不被归于哲学门类之下，而是被置于经济学和社会学的门类中。正如恩格斯在马克思墓前讲话中所评价的那样，"马克思首先是一个革命家。他毕生的真正使命，就是以这种方式或那种方式参加推翻资本主义社会及其所建立的国家设施的事业"②。作为革命家的马克思，是一位社会革命家。因此，实践的历史唯物主义本质上是一种社会革命理论。哲学形态的历史唯物主义是世界观，也是方法论。马克思在使用"意识形态"这一概念时，大多数情况下，是对居于统治地位的资产阶级的无情揭露和批判，是直接服从于

---

① [德]马克思、[德]恩格斯：《马克思恩格斯选集(第1卷)》，中共中央马克思恩格斯列宁斯大林著作编译局编译，人民出版社1995年版，第66页。
② [德]马克思、[德]恩格斯：《马克思恩格斯选集(第3卷)》，中共中央马克思恩格斯列宁斯大林著作编译局编译，人民出版社1995年版，第777页。

和服务于无产阶级的社会主义革命事业的，而不是纠缠于那种哲学思辨的意义上概念辨识的。英国马克思主义研究者乔治·拉雷恩（J. Larrain）在谈到意识形态与历史唯物主义的关系时说："意识形态是马克思历史唯物主义（也即他的社会和历史理论）的核心概念之一。"① 在这里，乔治·拉雷恩特别强调了马克思的历史唯物主义也就是他的社会和历史理论，因此，意识形态是马克思社会和历史理论中的核心概念。

最后，从现代西方思想家对马克思主义意识形态的继承和发展来看，他们大多是在社会批判领域中使用"意识形态"这一概念的。

法兰克福学派是20世纪最重要的西方马克思主义学派，他们对马克思主义理论的继承和发展，包括意识形态在内，主要是在社会批判领域。这也表明，在法兰克福学派那里，他们是在社会批判的语境中使用意识形态概念的。德国思想家罗尔夫·魏格豪斯（R. Wiggershaus）在其著作《法兰克福学派：历史、理论及政治影响》（*The Frankfurt School: Its History, Theories, and Political Significance*）中，在开篇谈及法兰克福学派这一名称时，明确地指出："法兰克福学派的名称是1960年由局外人贴上的标签……一开始，这个名称指一种批判社会学，它将社会视为一种对抗的总体性。"② 与马克思主要在社会政治、法律、宗教等上层建筑领域中运用意识形态批判19世纪资产阶级统治思想的虚伪性不同，法兰克福学派的主要代表人物大大拓展了运用意识形态批判的社会生活领域。在他们看来，进入20世纪以后，随着资本主义异化的日益深刻和广泛，在社会生活领域，资本主义意识形态的隐蔽统治不仅体现在其政治、法律、宗教中，而且还潜藏于资本主义社会的现代生活方式、大众文化，甚至是科学技术之中。以至法兰克福学派的重要代表人物哈贝马斯得出了"科学技术是意识形态"的结论。

西方马克思主义学派之外的思想家大多也是在社会批判领域中使用意识形态概念的。卡尔·曼海姆是20世纪最负盛名的研究意识形态理论的思想家，在

---

① ［英］乔治·拉雷恩：《马克思主义与意识形态：马克思主义意识形态论研究》，张秀琴译，北京师范大学出版社2013年版，第1页。
② ［德］罗尔夫·魏格豪斯：《法兰克福学派：历史、理论及政治影响》，孟登迎、赵文、刘凯译，上海人民出版社2010年版，第4页。

其代表作《意识形态与乌托邦》（*Ideology and Utopia*）中，曼海姆明确把对意识形态的考察归于社会思想史的任务。并且，曼海姆认为，在马克思之后，随着传统的特殊意识形态概念向总体性意识形态概念的转换，过去的意识形态理论也就转变为一门知识社会学。对此，他说："随着对总体的意识形态概念的一般表述的出现，单纯的意识形态理论便发展成知识社会学。"[①]当代英国思想家约翰·B. 汤普森（John B. Thompson）以其对现代文化的研究而闻名，在其著作《意识形态与现代文化》（*Ideology and Modern Culture*）中，其明确指出，他是在社会学的背景下分析现代文化中的意识形态因素的。他说："意识形态的概念与理论界定了一个分析的领域，它仍然是当代社会科学的中心并构成了日趋活跃的理论辩论的题材。"[②]

[①] ［德］卡尔·曼海姆：《意识形态与乌托邦》，李步楼、尚伟、齐阿红，等译，商务印书馆2014年版，第108页。
[②] ［英］约翰·B. 汤普森：《意识形态与现代文化》，高铦、文涓、高戈，等译，凤凰出版传媒集团2012年版，第2-3页。

下 篇
心灵哲学研究的规范性维度

心灵哲学是有标准的（详见后文），因此我们反对这样的"自由主义"，即无原则地把自己喜欢的关于心的一切认识或理论都贴上"心灵哲学"的标签。这样的泛化在日常生活和学术探讨中很常见。但我们也不赞成这样的"沙文主义"或"紧缩主义"，即只承认西方的分析性心灵哲学是心灵哲学。即使撇开元理论的讨论（后面将涉及），只就事实而论，现象学有自己的心灵哲学也已是客观的事实，因为已有这样的被多数心灵哲学家所认可的教科书和专著行世，研究不可谓不多、不深。除此之外，在东方古代哲学和西方最近的哲学分化运动中还存在着一种符合心灵哲学标准的心灵哲学，即以探讨心灵之用为宗旨（当然在这个过程中必然涉及对心灵之体的探讨）、有别于通常的"求真性"心灵哲学的"价值性"心灵哲学，或如著名西方哲学家弗拉纳根所说的"规范性"心灵哲学。它是从人生价值论和解脱论角度切入心灵研究的心灵哲学，不像求真性心灵哲学那样旨在弄清心灵的庐山真面目，即"事实"上是什么样子，而是着力探讨心灵"应该"是什么样子、心灵对我们做人有什么意义。众所周知，哲学的功能作用在学术界颇有争议，但有一点似乎是一个例外，即古今中外的哲人智者都不否认哲学对人生的作用。例如，在否定哲学功能时走得最远的逻辑实证主义，即使否认了哲学的认识世界和指导科学研究的作用，但对哲学的上述对人生的功能仍给予了充分的肯定。形象地说，哲学不能"烤面包"，但能给人以不朽。在笔者看来，人类所面临的困境与生存危机有心理的表现和构成，人类的烦恼、恐惧、绝望并未随着物质财富和科技文明的发展而减退及消失，反倒有愈演愈烈之势。可见，仅靠增加物质财富的方式而不从心灵层面着手进行探讨是行不通的。有道是：心病还需心药治。同理，人的彻底解脱与自由，除了离不开相应的社会和物质条件以外，还依赖于特定的心态结构与感受结构。而探明这类结构应是什么样子、有哪些要素、内在关系如何、应怎样进入等，除了需要有关学科的通力合作以外，自然少不了哲学的奉献。因此哲学在人类的自我拯救和解放中承担着不可替代的作用，而这个作用当然应由心灵哲学来完成。这种研究之所以可被纳入标准的心灵哲学范畴，是因为它在回答上述问题时必然要从特定的、其他方案不会有的角度切入对心灵观问题的研究。

第十四章
东方规范性心灵哲学的若干思考

如果我们用标准而公允的心灵哲学概念框架反观东方（如中国和印度）哲学，那么就会看到：这里不仅有近于西方分析性心灵哲学的内容，而且有另一种风格迥异的心灵哲学，它在目的、价值取向、运思方法和途径等方面与西方的心灵哲学大异其趣。基于对东西方心灵哲学的宏观审视，我们可以说，世界上至少存在着两种有不同致思取向和性格的心灵哲学：一是从知识论的角度切入的心灵哲学，其目的是要弄清心是什么、由什么构成、结构如何、有何功能（结构之功能，不同于价值论的"用"，因为前者为结构的客观作用，不管有无评价者，其用客观存在。后者是在事物与价值主体的关系中发生的用，与人的需要有关），由于经过探索所得到的是关于心灵的事实性、求真性认识，因此其可被称作求真性心灵哲学；二是从道德哲学、人生哲学，特别是解脱论角度所切入的心灵哲学，其目的主要是弄清心对于人之为人、人在道德上的提升、人格上的升华、人的生存质量之提高上的作用、禀赋，旨在查明"性"（类似于莱布尼茨所说的大理石"花纹"，康德的实践理性、审美判断力中所包含的先天原理）之内容、作用和变成现实的机理与条件。由于经过探索最终所形成的是关于心灵的价值性认知，因此其可被称作价值性或规范性心灵哲学。它之所以可被纳入心灵哲学的范畴，是因为它在完成它的上述任务的过程中必然要回答心灵的本质、机制之类的标准的心灵哲学问题，而且这样的认知是其他途径不可复制的。

第一节　中国儒道对规范性心灵哲学的贡献

笔者认为，中国心灵哲学同时具有求真性和规范性两种品格，当然，后一品格居主导地位，或者说后一方面不仅是出发点和归宿，而且贯穿于中国博大精深的心灵哲学的始终。中国心灵哲学之所以如此，完全是由中国文化发展的性格特点所决定的。关于中国文化发展的特点以及它与心灵哲学的关系问题，徐复观先生在《中国人性论史（先秦篇）》一书中曾做过细心的考证和缜密的论证。他说："中国文化发展的性格，是从上向下落，从外向内收的性格。由下落以后再向上升起以言天命，此天命实乃道德所达到之境界，实即道德之无限性。由内收以后再向外扩充以言天下国家……从人格神的天命，到法则性的天命；由法则性的天命向人身上凝集而为人之性；由人之性而落实于人之心，由人心之善，以言性善：这是中国古代文化经过长期曲折、发展，所得出的总结论。"①这就是说，中国文化中的"心"这一观念在中国文化尤其是其道德哲学、人生哲学、价值哲学、政治哲学中具有基础性、枢纽性的地位，是由"下落"到"上升"、由"内收"到"外扩"的枢纽和转换器。天命、道、理等下落、内收便有了中国哲人所要面对和思考的心，通过对它的独特的研究，他们既发现了西方哲学家所发现的那些具有知识论价值的东西，又发现了他们未加注意，因而不可能看到的丰富而珍贵的非知识论价值资源，即道德论的、生存论的、修养论的价值资源，一言以蔽之，成圣的价值资源。

再进一步，围绕着这种心便形成了一种心灵哲学，而这种心灵哲学是一种特殊的心灵哲学，可被称为圣性理或心理哲学。

相较于其他文化的心灵哲学，中国心灵哲学有许多鲜明的个性特点。第一，就内容而言，中国的心灵哲学既关心心灵本身是什么的本体论、知识论性质的问题，又关心价值论方面的问题。刘文英先生说："在中国古代的意识观念中，除了形神关系、心物关系、闻见与思虑的关系以及言意关系等问题之外，关于

---

① 徐复观：《中国人性论史（先秦篇）》，上海三联书店2001年版，第141页。

意识本身的修养问题，也占着重要的地位，并受到各派哲学家普遍的重视。"①就前一方面来说，如果可以肯定有与"心"之名相对应的实，那么就得认识它、"知道"它。如果"科学"（science）一词的词源意义是"知道"（scientia 或 knowing），即要知道其对象是什么、是怎样的、为什么如此等，那么中国心灵哲学也有"科学"的性质和意义，因为它也涉及了这些问题。

第二，中国心灵哲学在研究心时，由于其宗旨在于揭示心之价值资源与禀赋，因此其侧重点主要在心之性情。钱穆先生说："中国人亦无与其他民族同样之灵魂观。此两事乃有甚深关系。中国人独于人心有极细密之观察。中国人常以性情言心。言性，乃见人心有其数千年以上之共通一贯性。言情，乃见人心有其相互间广大之感通性。西方希腊人好言理性，此仅人心之一项功能而止。中国文化之最高价值，正在其能一本人心全体以为基础。"②当然这不是说中国哲学没有涉及理性。非但如此，涉及的还很多，只是它处在从属地位。

第三，中国心灵哲学所感兴趣的心不是肉团心或依赖于肉体之心，而是形而上学的超越之心，用现在西方心灵哲学的专用术语说就是"宽心灵"。当然，这种心在大多数哲学家那里不是西方二元论所说的无广延而能思的非物质实体之心，而是由人的肉体心所产生的用，如在自心中设想、体验别的感受、观念，把万物乃至天地宇宙纳入自心之中，在观念中想象、思考它们与自心同一，实现"独与天地精神往来""万物皆备于我"，甚至设想自心超越于其上，"游乎四海之外"，乃至"游无何有之乡"。这类心指的其实是心之"用"。用西方心灵哲学的术语来说指的是心的感受性（qualia）和意向性（或关于性，aboutness）。尽管中西方都认识到了心的这些用，但其关心的侧重点判然有别。西方心灵哲学在研究这些用时要弄清的是：这类用是否真的存在，如存在，其基础、机理、机制、本质是什么。而中国心灵哲学关心的则是这些用的内容及其对于人提升自我、去凡成圣的作用。钱穆先生说："中国人又常以心身对言，而心更重于身。故亦每分心为二。有附随于身之心，有超越于身之心。中国人重其后者，不重其前者。"③人之所以有二心，据《左传疏》："附形之灵为魄，

---

① 刘文英：《中国古代意识观念的产生和发展》，上海人民出版社1985年版，第234页。
② 钱穆：《灵魂与心》，广西师范大学出版社2004年版，第94页。
③ 钱穆：《灵魂与心》，广西师范大学出版社2004年版，第94页。

附气之神为魂。形是各别所私,气则共通之公。"①钱穆先生把中国哲学所说的那种在自心中设想体验他的作用称之为相通之心。不仅如此,他还考察了它在思想史上的形成过程。他认为,最初的原始人的心是本能之心,是肉体或生物之心。其表现是,躯体觉得痛,心做出反应和决定,有冷暖饮渴,心有相应的感觉和反应。钱穆先生说:"此乃原始生活中,心之职责所在,非可谓真有心生活。"②随着语言尤其是文字的发明,人类的心出现了一种新的形态,那就是相通之心,其特点是"心与心之间作共同之会通"③。由于有文字,"一人之心,可以感受异地数百千里外,异时数百千年他人之心以为。数百千里外他心之忧喜郁乐,数百千年前他心之忧喜郁乐。吾心之于他心亦然……此始为吾心之真生活真生命所在"④。

第四,中国心灵哲学关注的心是"境界之心"。钱穆先生认为,孟子所说的"仁,人心也",指的正是"这种心的境界"。他说:"中国人看心,虽为人身肉体之一机能,而其境界则可以超乎肉体。"⑤他还说:"中国人看心,可以超乎肉体而为两心之相通。如孝,即亲子间两心相通之一种境界也。"⑥也可以说,中国人所关注的心是一种道心、文化心。钱穆先生说得好:"中国人所谓心,并不专指肉体心,并不封蔽在各各小我身体之内,而实存在于人与人之间。哀乐相关,痛痒相切,中国人称此种心为道心,以示别于人心。现在我们可以称此种心为文化心。所谓文化心者,因此种境界实由人类文化演进陶冶而成。亦可说人类文化,亦全由人类获此种心而得发展演进。中国人最先明白发扬此种意义者,则为孔子。"⑦

第五,中国心灵哲学的独特之处在于:它有一独特的、西方心灵哲学从未涉及的研究课题,即"性"。当然,莱布尼茨、康德等人在认识论、道德哲学和美学中有所触及。由对性的关心所决定,中国的心灵哲学与人性论之间有着千丝万缕的、不可分割的、甚至相互包摄的关系。根据徐复观先生对中国人性

---

① 钱穆:《灵魂与心》,广西师范大学出版社 2004 年版,第 94 页。
② 钱穆:《灵魂与心》,广西师范大学出版社 2004 年版,第 89 页。
③ 钱穆:《灵魂与心》,广西师范大学出版社 2004 年版,第 89 页。
④ 钱穆:《灵魂与心》,广西师范大学出版社 2004 年版,第 90 页。
⑤ 钱穆:《灵魂与心》,广西师范大学出版社 2004 年版,第 18 页。
⑥ 钱穆:《灵魂与心》,广西师范大学出版社 2004 年版,第 18 页。
⑦ 钱穆:《灵魂与心》,广西师范大学出版社 2004 年版,第 19 页。

论的界定，可以说，中国心灵哲学是人性论的一个组成部分。徐复观先生说："人性论是以命（道）、性（德）、心、情、才（材）等名词所代表的观念、思想，为其内容的……要通过历史文化以了解中华民族之所以为中华民族，这是一个起点，也是一个终点。"① 但从中国心灵哲学的目的、任务和实际所涉及的范围来说，人性论又可被看作是心灵哲学的有机组成部分，尤其是在儒家心学中更是如此。在后面我们将看到，从中国心灵哲学的价值追求来看，心灵哲学实即圣学，而要揭示成圣的先天根据、内在机制、原理和实现途径，又必须深入人心之中，尤其要进到"性"之中。而要如此，又必然要涉及对命、理、道、材的探讨。

当然，从中西比较的角度看，西方哲学也有丰富的人性论思想，但从心灵哲学的角度直接将人性作为对象来研究，这在西方几乎是看不到的。而且即使西方有对人性的研究，但在致思的目的、对象、侧重点等方面，与中国的人性论是不可同日而语的。这首先表现在，中国哲学瞄准的性是天赋的潜在可能性、倾向或禀赋，可用西方今日发生了转向的天赋论术语将其称作"天赋心灵"或"原初心灵"，而西方人的人性论要澄明的是现实的人性。当谈到潜在、天赋之性时，我们自然会想到莱布尼茨和康德。不错，中国哲学所关注的性与莱布尼茨所说的"大理石花纹"，以及康德所说的心灵所具有的先天知识原理、道德原理、审美原理的确有某种可比性。它们的共通点在于，都承认心灵不是白板，上面不是什么都没有，而是有点什么。这种"有"不是后天获得的，而是先天的或天生的、天赋的。中文的"性"字本身就说明了这一点：性即"天生之心"。荀子说："性者，天之就也。"② 莱布尼茨和康德也都明确肯定，心一开始就有自己潜在具有的东西，就像大理石一开始就有自己的"花纹"一样。其次，对于性的存在形式及作用，他们的看法也有会通之处，例如他们都认为，这种性只是一种可能性，而不是现实的性，因此具有因条件、践行而变的可塑性。尽管如此，但它又是现实的东西之必不可少的条件，决定了后者可能与不可能的范围及程度。例如，没有成为数学家的"花纹"或"种子"，你的环境再好，再努力，老师的水平再高，你还是不能成为数学家。就像一块大理石如果没有

---

① 徐复观：《中国人性论史（先秦篇）》，上海三联书店 2001 年版，第 2 页。
② 《荀子·正名》。

适合于刻苏格拉底像的纹路，你硬要去雕刻，只会无功而返。尽管有上述共通之处，但中西方哲学之间的差异是非常大的。首先，中国人对性的关注主要是为了揭示成圣的先天根据及原理，而西方的天赋观念论主要是为了认识论的目的而建立起来的。即使在康德那里，目的也有所扩展，即增加了伦理学和美学的维度，但还是不能与中国心灵哲学的人性论相提并论。因为从范围上说，中国人性论涉及的性的范围和作用要大得多，即既要查明认知性的性（例如荀子说："凡以知，人之性也。"[1]意思是说，人之所以能知，一定有其先天的性），又要弄清人之能为善，甚至达到最高的善的先天根据（如仁、义、礼、智四端），还要弄清人有无摆脱不幸、获得彻底幸福乃至解脱的可能性及其先天根据。如果有这些根据或"端"，那么其就有成圣的可能，换言之，"圣可学而致"[2]。

我们之所以说价值性心灵哲学可被称作应然性、规范性心灵哲学，是因为这种心灵哲学除了探讨了心的事实性的生死问题之外，还提出和探讨了心的生死的"应然"问题，即应该怎样对待我们自己所拥有的心理，怎样让我们喜欢的心理产生和存在，以及怎样让有害的心理得到灭除或生起。它追求的不是让心灵永恒，而是要让对人有害、不利的心得到减轻直至灭除。例如，烦恼、恐惧、悲伤、愤怒等对人是有害无益的，如果能铲除，让其永远不再发生，那么无疑等于进入了幸福美满的境地。质言之，它要探讨的是，应该怎样摄心、制心、把捉心、让心自主。问题是：这些有害心理有无被转化或灭除的可能性，特别是有无人为予以灭除的可能？如果有，其机理、条件是什么？而要回答这些问题，又必须回答：它们生起的条件和机理是什么？若能找到答案，并在人生实践中努力不提供有关的条件，那么它们就自然不会出现在人身上。这样的探讨无疑具有重要的心灵哲学意义，因为要回答有关问题，必然会深入到对心的起源和本质的探讨之中。

中国的规范性心灵哲学博大精深，这里只拟通过解剖两个个案来展示中国哲学对规范性心灵哲学探讨的一般进程和状况。

先来看庄子。在心的探索中，庄子的最大特点是第一次提出了"精神"的概念。前此，把"精"与"神"两词分开使用极为常见，但合在一起作为一个

---

[1]《荀子·解蔽》。
[2]《荀子·性恶》。

范畴则是庄子的首创。他所理解的精是微妙不可见的、与道相通的东西，而神则是它的妙用。他说："夫精，小之微也……可以言论者物之粗也，可以意致者，物之精也。"[①]由这一规定所决定，精神可以是人心之规定性，也可以是天地之规定性。也就是说，精神既可以是言心的，也可以是属于天地的，如他说"独与天地精神往来"[②]。就人而言，庄子所说的精神指的是应该成就的、本然的一种状态，人的心应该发挥出来的妙用，那就是自由。这也是人生最美好的状态。因为所谓自由，指的是自己决定自己、自己主宰自主、不由他物支配和限制的一种状态。若进入了这一状态，便是做人的完成，即去凡成圣。要进入这种状态，关键在"忘""化"。所谓忘，就是要"忘乎物，忘乎天"[③]，做到了这一点，也就是"忘己"，如能忘己，便可"谓入于天"[④]，从而使生道合一。所谓"化"包括"观化"和"化己"。所谓观化就是观察外物时不随波逐流，仍能保持不动心之状态。所谓"化己"即随物变化，这有点类似于佛教所说的"随缘行"，碰到任何东西都不执着。

庄子既大谈特谈精神、灵魂，又乐于探讨圣之类的人格价值。因此我们可以肯定，庄子既有自己的"心灵哲学"，又有自己的圣学。不过，二者不是相互外在的，而是密切联系在一起的，甚至可以说是统一的，前者是后者的基础和核心，因为他也是从心灵深处挖掘、探讨圣人的根据和成圣的机理与途径的。如此形成的心灵哲学是名副其实的圣心"理"学，其主要任务是弄清：①圣人的心理标志、表现、构成、结构、本质特点；②圣心由凡心转化而来的可能性根据、机理，这里将涉及西方心灵哲学一般没有触及的心灵转化、升华的内在奥秘，而这样的探讨必然从特定的方面切入对心灵的本质之类的求真性心灵哲学的主要课题的研究，正是在此意义上，我们把对心的规范性、价值性、应然性的研究也纳入心灵哲学的范畴；③圣心成就的条件和具体操作，等等。这样的研究是价值性心灵哲学展开的后溯路径，用的是倒退法，即从世界上有圣人住世这一事实出发，去追溯它所以可能的根据、机理、条件、具体操作方法。

---

① 《庄子·秋水》。
② 《庄子·天下》。
③ 《庄子·天地》。
④ 《庄子·天地》。

除此之外，这种心灵哲学还有一种展开方式，即从事实上存在的凡心出发，探讨凡心的表现、样式、结构、危害，探讨灭除的可能性或去凡成圣的可能性，如追问圣人是否可求可至（"人可为尧舜乎"）。如果可能，其可能性的根据、机理、条件、实现方法等是什么。

中国人做人的理想是去凡成圣。之所以如此，是因为圣人是值得人成就的，只要成了圣人，就万事大吉了。而圣人之所以为圣人，从体上来说，圣人已摆脱了凡俗之心，而建构出了道心。庄子说："圣人之心静乎，天地之鉴也，万物之镜也。夫虚静恬淡寂寞无为者，天地之平，而道德之至也，故帝王圣人休焉。"①在庄子看来，天道的本质在于无为，万物的本质也不例外，"夫虚静恬淡寂寞无为者，万物之本也"②。做人之道即成圣之道，静心之道也是如此，如能做到心静无为，"休焉"即安心于此平静不动的境界，那么就进到了做人的最高境界，即为圣人。不过，圣人的"心静"不是为静而静，不是因为静有好处才去求，更不是处静时还有求。这种静不是真正的静，即使到了这样的静，也还算不上圣人。因为真正的圣人之静是"昧然无不静"③，是无为之静，静前、静中、静后皆"昧然"，皆无为。

这种心之所以应成，圣人之所以应至，是因为这种状态有无穷的妙用，能把人带入最美妙的境界，让人彻底离苦得乐。其妙用的表现有：第一，"休则虚，虚则实，实则伦矣"④。意谓：安心于静便能清虚如镜，映照万物，进而人便会充实，处处合道合理。可见，圣人是充实而合道之人。如成为圣人，将真有孔子所描述的那种结果发生：随心所欲而不逾矩。第二，圣人"俞俞者，忧患不能处，年寿长矣"⑤。意思是，圣人总是悠然自得的，不会受忧患的缠绕，且能长命百岁。第三，圣人在任何时候都能心想事成，与人相处，能上敬下效。"明此以南乡，尧之为君也；明此以北面，舜之为臣也。以此处上，帝王天子之德也；以此处下，玄圣素王之道也。以此退居而闲游江海，山林之士服；以此

---

① 《庄子·天道》。
② 《庄子·天道》。
③ 《庄子·天道》。
④ 《庄子·天道》。
⑤ 《庄子·天道》。

进为而抚世，则功大名显而天下一也。"①第四，由于得道，因此能做到"与人和""与天和"，而"与人和者，谓之人乐；与天和者，谓之天乐"②。简言之，圣人在与人、天打交道的过程中都能做到其乐无穷。第五，圣人"无天怨，无人非，无物累，无鬼责"，"其鬼不祟，其魂不疲"。③圣人没有人我是非，没有烦心事，连鬼都不会为难他，其精神永远处在昂扬、振奋、不疲惫的状态。庄子说："圣人者，原天地之美而达万物之理。是故至人无为，大圣不作，观于天地之谓也。"④意谓：圣人是这样的人，他以效法天地的功德为根本，而与万物的自然本性相通达。因此至人无为，圣人不作，向天地之道看齐。第六，从情感和死亡观上看，圣人超越常人的情感，游乎四海之外，甚至面对死亡也坦坦然然。庄子说："至人神矣！大泽焚而不能热，河汉冱而不能寒，疾雷破山，飘风振海而不能惊，若然者，乘云气，骑日月，而游乎四海之外，死生无变于己，而况利害之端乎！"⑤至人真是神奇啊！大草泽的焚烧不会使其感觉到热，黄河汉水即使冻结了，他也不觉得冷，疾雷摧毁了山脉，飓风掀翻了大海，他都不会感到惊恐。正因为如此，至人洒脱地生活于世，生死面前也无动于衷。在《大宗师》这一篇中，庄子比较系统地表达了他的生死观："古之真人，不知说生，不知恶死。其出不䜣，其入不距，翛然而往，翛然而来而已矣。不忘其所始，不求其所终。受而喜之，忘而复之。是之谓不以心捐道。"⑥古代的圣人不以生为乐，也不以死为可怕，不因为有生而欣喜，视死如归。第七，圣人无烦无恼。其之所以无烦恼，是因为圣人所看到的都是"一"，常人所看到的是是与非、好与坏的界限。而这些在圣人面前都消失了，因为"道通为一"。第八，圣人的精神是绝对的善或自由，而自由是最高的价值之一。"泽雉十步一啄，百步一饮，不蕲畜乎樊中。神虽王，不善也。"⑦养在笼中的鸟尽管神气十足，快快乐乐，但是不值得羡慕，因为它不"善"，即不自由、不好。真正的善、真正的好能与天地精神自由自在地往来，能超越物质、形体，甚至超越

---

① 《庄子·天道》。
② 《庄子·天道》。
③ 《庄子·天道》。
④ 《庄子·知北游》。
⑤ 《庄子·齐物论》。
⑥ 《庄子·大宗师》。
⑦ 《庄子·养生主》。

肉体的小我，像鲲鹏一样，展翅、遨游于"无何有之乡"。

圣心是否可至，去凡成圣是否可能呢？如果可能，其根据和机理是什么？庄子在做了肯定回答的基础上，通过对心身的形成及本质的分析，深刻地揭示了其中的道理和原因。庄子说："一受其成形，不亡以待尽……其形化，其心与之然……夫随其成心而师之，谁且独无师乎……未成乎心而有是非，是今日适越而昔至也。"①在庄子看来，人的形体是禀受天道或真君而形成的，形成后有一个由生长、壮大到衰老的过程。人心也不例外，也是这样形成和变化的。心、形本是因道而成，但在"成"的过程中，心在与外界打交道的过程中形成了自己的"师"，即世界观、价值观、是非观、幸福观、财富观等。只要是人，都有自己的"师"，智者、愚者无有例外。有此心、有此"师"之时，就是真君迷失之日，就是人的忧悲苦恼的生活开始之日。如果没有这个心，没有这个"师"，没有真君迷失，就不会有是是非非，就像今天要到越国去昨天就到了不可能一样。

怎样成圣呢？庄子的基本观点是：要抓住根本，而不能在枝叶上费周折。果能如此，便能收到纲举目张、一本万利的效果。《养生主》这一篇集中论述了这一点。我们从标题上就可以看出，要养生保生，颐养天年，关键是找到"主"，即主宰人的喜怒哀乐、祸福吉凶、生老病死的根本原则。是否抓住了根本，不是以自己的宣称为转移的，而有客观的检验标准。例如，从人行善为恶时心里所想的，就可判断出来。如果做好事是为了名声，不做坏事是怕触犯刑法，那么我们就不能认为这个人得道了。反之，"为善无近名，为恶无近刑，缘督以为经，可以保身，可以全生，可以养亲，可以尽年"②。如果为善不是为了名声，不做坏事不是因为害怕受到刑法惩罚，而只是随顺自然之道，将其作为生活的准则，那么便既可保身，又可全生，还可护持真君即大道，进而颐养天年。既然成圣之关键在于依理而行，而行的方式多种多样，因此要成圣又必须在人的一切行持中将理贯彻落实到位。为此，庄子从不同的角度和侧面对之做了描述与说明。例如，要从自己做起，要从心上做起，因为养生的关键在于养神而非养形。正如薪火，燃烧的东西烧掉了，火还可以传下去。养生也是如此，只要

---

① 《庄子·齐物论》。
② 《庄子·养生主》。

真君在，精神自由，形体有残缺也无所谓。这正是："指穷于为薪，火传也，不知其尽也。"①能不能保身、全生，关键不在于身体的状态，不在于身做了什么，而关键在于心是否合道，是否顺其自然。庄子还具体探讨了依理而行的心理操作方法。庄子借用孔子之口，表达了自己调心、治心的一个基本方法：心斋。所谓心斋之斋不是祭祀之斋，而是在自心中实施的斋戒，其目的是要涤除心中的欲念，最终使心灵进入灵明虚静的状态。因此所谓心斋实即静其心、虚其心，让心静下来、停下来。

荀子尽管在圣人的标准、可求性以及从心入手探究圣理等问题上与庄子有一致之处，但由于其人学和心理哲学基础是著名的性恶论，因此其圣心理哲学自有其独特的、异于儒家正统的特点。荀子既像庄子一样探讨了"圣可积而致"及其机理问题②，更从反向上探讨了"涂之人可以为禹"的可能性及其根据。禹是典型的圣人，而涂之人是路途中的人，即普通人。荀子的回答是肯定的，即人人都可以为尧舜，凡夫、小人可成为圣人，当然圣人也可转化成凡人，这就是荀子所说的"小人、君子者，未尝不可以相为也"③，即可以相互转化。当然，荀子要探讨的是小人如何可能转化为圣人。对于他来说，甚至对于很多人来说，这是荀子难以回答的问题，因为他反对孟子的性善论，而坚持性恶论。

人性为什么是恶的呢？荀子从多方面做了论述。首先，人追求成圣就说明人的本性是恶的。因为如果人生而性善，就不会想善，就不会求圣。正是没有善，所以才追求善。就像没有高位的人才会去求高位一样，如果有，他就不会求。因此"凡人之欲为善者，为性恶也"④。还有，人一生下来就会趋利避害、好逸恶劳，如此等等，这些都说明人性本恶。现在的问题是：如果是这样的话，以善良、美丽、崇高、伟大著称的圣人又是如何可能的呢？之所以有这个问题，是因为荀子承认普通人可以为禹，圣人可积而致。

首先，荀子肯定，从人的最初的本性上看，小人和君子是没有区别的，"凡人之性者，尧、舜之与桀、跖，其性一也；君子之与小人，其性一也"⑤。也就

---

① 《庄子·养生主》。
② 《荀子·修身》。
③ 《荀子·修身》。
④ 《荀子·性恶》。
⑤ 《荀子·性恶》。

是说，世上即使有君子、圣人，他们开始也是小人。那么，为什么小人能成为君子呢？荀子认为，这是因为人有许多先天的资质和条件，其中有些是生理的、本能的，有些是心理的。而关键在于后者。因此，要解决上述问题，就必须返回到人心之中。成圣成凡的全部奥秘都隐藏于心灵之中。首先，圣人之所以可至，根源在于人心有特殊的"质"和"具"。荀子说："然则仁义法正有可知可能之理，然而涂之人也，皆有可以知仁义法正之质。"①有此质、具，"涂之人可以为禹"②。这种质、具，显然是一种先天的心理条件，即能学习、能知道、能判断是非、能接受仁义法正的条件，即一种能够实践它的心理能力。荀子用事实说明了这一点，例如，涂之人尽管按其性不知父子之义、君臣之正，但经过教化，则可知可行这些礼义，因此"可以知之质、可以能之具，其在涂之人明矣"③。这就是说，小人之所以能转化为圣人，根源在于人心具有能知之质和具，具有可教化性，具有可接纳外来的知识、道理的可能性。

其次，人的天然的资质中还有能分辨的能力。荀子说："人之所以为人者，何已也？曰：以其有辨也。饥而欲食，寒而欲暖，劳而欲息，好利而恶害，是人之所生而有也，是无待而然者也，是禹、桀之所同也。然则人之所以为人者，非特以二足而无毛也，以其有辨也。今夫狌狌形笑，亦二足而无毛也，然而君子啜其羹，食其胾。故人之所以为人者，非特以其二足而无毛也，以其有辨也。"④因为有这种能力，人就能对所接触、所学、所行的东西做出分辨，抛弃不好的，接受好的。

最后，尽管小人君子的性都是恶的，能力是一样的，但他们所求的"道"是不一样的。由于所求的道不同，因此才有小人和君子的差别。换言之，有的人由于敬仁义礼智之道，并孜孜以求，因此他便由小人转化成了君子。"材性知能，君子、小人一也。好荣恶辱，好利恶害，是君子、小人所同也，若其所以求之之道则异矣。"⑤君子、小人的资质、本性、知识、智慧、才能是一样的，同时都趋利避害，所不同的是他们求取荣誉、利益的办法不同，更重要的是，

---

① 《荀子·性恶》。
② 《荀子·性恶》。
③ 《荀子·性恶》。
④ 《荀子·非相》。
⑤ 《荀子·荣辱》。

他们对大道的态度不同。有的人之所以成为圣人,关键在于他敬道。努力去求道,并有求道的方法,如虚壹以静,最后便知道、得道。因此"治之要在于知道"①。"人何以知道?曰:心。心何以知?曰:虚壹而静。心未尝不臧也,然而有所谓虚;心未尝不满也,然而有所谓一;心未尝不动也,然而有所谓静。人生而有知,知而有志,志也者,臧也;然而有所谓虚。"②大意是说,人之所以能知道、体道、行道,直到成圣,这是由心的先天能力和本性所决定的。一方面,心有记忆、充塞的一面,有不平静、动荡的一面;另一方面,它也有虚空的一面,因而能学习,接纳新的、好的东西,有专心一致的能力,有平静的能力,因此能在静的状态中体悟道的奥秘,并一心一意行道。因此"虚壹而静,谓之大清明"。"君子壹于道而以赞稽物。"③意谓君子专心于道,并用它来考察事物。为什么心静才能知道?因为心就像一盆水一样,"导之以理,养之以清,物莫之倾,则足以定是非,决嫌疑矣"④。让心静下来,不让外物干扰它,不使偏斜,就能判断是非。

综上所述,做人的奥秘全在人心之中,而荀子所说的心是一个既包含有潜在资源、可能性的东西,又具有知、情、意等现实活动能力的主体,既有价值论的属性,又有认识论、本体论的意义。从范围上说,它包括现代心理学所说的各种心理现象;从层次上说,它是由各种欲望、认知、德行、智性、"天君"所构成的等级系统;从潜在性上说,它既天生具有各种邪恶之性,同时又具有知仁义法正之质、行仁义法正之具以及判断是非之辨别力,最后还有能治五官之"天君"或狭义的"居中虚"的"心"(实即心智);从现实的心来说,它是以知、情、意、欲等活动、过程、状态和事件表现出来的。正是因为人有心,因此人的本性尽管是恶的,但皆可以成为禹尧之类的圣人。荀子说:"心居中虚,以治五官,夫是之谓天君。"⑤心之所能如此,这又是由心的本质和作用所决定的。他所理解的心位于"中虚",是形体所具有的能动作用,因为"天职

---

① 《荀子·解蔽》。
② 《荀子·解蔽》。
③ 《荀子·解蔽》。
④ 《荀子·解蔽》。
⑤ 《荀子·天论》。

既立，天功既成，形具而神生"①，正像眼、耳等形与外物"相接"可以产生看和听的功能一样，心也天生有能知、能判断，甚至能"使"、能"止"欲的作用。"欲过之而动不及，心止之也……欲不及而动过之，心使之也。"②荀子还说："心者形之君也，而神明之主也……出令而无所受令，自禁也，自使也，自夺也，自取也，自行也，自止也。"③更重要的是，心还有一重要的功能，即知"道"，即认识、把握天地万物运行的命或道。"人何以知道，曰心。"④

第二节 佛教心灵哲学新论域

佛教规范性心灵哲学的主要工作就是对凡心和圣心做出活体解剖，以弄清众生成凡成圣的根源及机理。这一研究不仅有人生价值论和解脱论的意义，而且有不可替代的求真性意义。这主要表现在：它从特定的方面拓展了我们对心灵观的认识。因为要建立科学的心灵观，必须有对心灵样式或个例的尽可能全面的认知，而凡心和圣心无疑是不可不注意的重要的心理样式，其中特别是圣心，它里面包含了一般心理现象中所没有的许多构成、特点和本质。如果是这样的话，对它的解剖就会帮助我们获得关于心的、以前所不知的新的内容。当然，佛教在做这种解剖时，其直接的动机是要弄清两个根本：一是弄清众生生死无常的根本，此根本即众生迷失了真心，认妄为真，或以攀缘心为自己身上真实的心；二是弄清行者不得正果、圣人为何能成为圣人的根本，这个根本就是每个人身上真实存在的真心，明此心，见其性，即为极圣，反之，即沦为凡夫。为揭示这两个根本，佛教做了两大工作：一是扫描众生凡夫的心理，并勘验利害，揭示原因；二是扫描圣者的心理，并评价利害，揭示原因。下面，我们将对佛教所开辟的圣心和凡心这两个不为西方心灵哲学所知的研究领域做一些考察。

凡心即凡夫现实表现出来的、能为自己和他人所感知到的所有一切心理的总和，实即由因缘和合而生的、以烦恼为特征的心，由于刹那生灭，因此无常、不

---

① 《荀子·天论》。
② 《荀子·天论》。
③ 《荀子·解蔽》。
④ 《荀子·解蔽》。

真,故可称作妄心。从共时态结构看,它主要表现为八识和伴随它们而发生的一切心理现象。它们的总的特点是攀缘,或具有意向性。只要人是清醒的,此心就一刻不停地向外驰求,如《楞严经》所说的,是"奔逸为性"。阿含类经把心的这个特点称作"放逸"。由于有这些特点,凡夫的心就有许多表现形式,最多的一种说法是84 000种。《阿差末菩萨经》云:"因其尘劳,心性驰逸。"[1]

凡心以凡俗为特点,但这种凡俗又通过各种具体的心理样式表现出来。《大乘悲分陀利经》描述凡心时的独创性工作是对凡心的具体表现做了全面的描述,它指出:"著五阴心,贪五欲心,喜心,掉心,怨心,欺心,浊心,粗心,恚心,不调心,不执心,不柔伏心,著非法心,无住心,相求心,散乱心,更相害心,离法心,无报心,计有法心,灭善心,不生善心,不求涅槃静心,不知应供养心,集一切使缚心,老病死无因缘心,受诸烦恼心,执一切障碍心,毁法幢心,竖见幢心,更相訾毁心,共相食啖心,自贵心,困他心,嫉妒炽盛心,共相杀心,贪欲无厌心,嫉他一切所有心,无恩分心,盗窃心,邪淫心,欺调心,无愿心。是时众生无不尔者,于中展转相从闻如是声,所谓地狱声、畜生声、饿鬼声、病声、老声、死声、害声、难声……"[2]该经的另一异译本《悲华经》在译这段文字时用了较通俗的语言,这里一并录出,可做比较:"坚著五阴危脆之身,于五欲中深生贪著,常起忿恚怨贼之心……远离善法,起无善心……于诸善法,起违背心。于灭善法,起欢喜心……于寂灭涅槃,起不救心。于持戒沙门婆罗门,所生不敬心。于诸缚结,起悕求心。于老病死,起深信心。于诸烦恼,起受持心。于五盖法,起摄取心。于正法幢,起远离心。于诸见幢,起竖起心。常起相违轻毁之心。共起斗争相食啖心……于诸欲恶,起无厌心。于他财物,起嫉妒心。于受恩中,起不报心。于诸众生,起贼盗心。"[3]有这些心的后果是,"常闻地狱声、畜生声、饿鬼声、疾病声、老死声、恼害声、八难声……"[4]意思是,有凡心的后果必定是,沉沦于地狱、饿鬼等诸恶趣。

从作用上说,凡心即让众生处在凡位、流转生死的攀缘心、妄心,亦即作为

---

[1]《阿差末菩萨经》,《大正藏》第5册,第601页。
[2]《大乘悲分陀利经》卷5,《大正藏》第3册,第266页。
[3]《悲华经》卷6,《大正藏》第3册,第206页。
[4]《悲华经》卷6,《大正藏》第3册,第206页。

众生生死之根本的心。凡夫的特点是沉沦苦海，在六道中生生死死，没有出期。其根源就是把攀缘心当作自己的真心、真我。《楞严经》把这个道理说得极为透彻："一切众生，从无始来，生死相续，皆由不知常住真心，性净明体，用诸妄想，此想不真，故有轮转。"①意为凡夫之所以为凡夫，根源在于：他不知自己本有真心，让其为妄心所覆障，在那里睡大觉，白白浪费这大好资源，反倒把妄想当作真我，一天到晚用的只是这个妄心。

凡夫妄心从何而来呢？佛教对这一问题的回答同时具有求真性和价值性双重意义。根据《楞严经》，众生本有如同圣人一样的真心，但之所以只表现为充满着痛苦、烦恼的妄心，根源在于迷、在于颠倒，即迷失了自己的真心，把虚妄不实的妄心错误地当作自己的真心，为其所转，跟着它的号令走。表面上是用它追求幸福，结果总是竹篮打水一场空。佛以手臂及其正倒为例，说明了真心与对它的迷悟之间的关系。"若此颠倒，首尾相换，诸世间人，一倍瞻视。"②佛为说明真心与妄心的关系，把手臂伸出来，一会手掌向上，即正向，一会覆倒过去。其实，人的心也是如此，如果将妄念清除干净，此心即真心。如果无明愚痴，任妄心来来去去，真心即倒过去了，随之则表现为妄心。是故经云："则知汝身，与诸如来，清净法身，比类发明，如来之身，名正遍知，汝等之身，号性颠倒。"③圆瑛法师注解说："当知真心，本无迷悟。但为生佛，迷悟所依。悟时名正遍知，虽悟亦无所得；迷时号性颠倒，虽迷亦本不失。不过多一分迷执而已。"④从具体发生过程看，妄心是以真心为其体的，或者说，真心是其基础，而条件则是缘。二者的结合就有了妄心的起源。在导致妄心的诸缘中，最重要的缘就是最初在无明作用下试图从外部去明了真心的那个"妄动"或妄念。世界本来一如一体，无非妙明真心，它本寂、本明。由于最初的"妄动"，即想从外面去明了那本来不能成为认识对象的本明性觉或真心，于是便在产生主客分化的同时，产生出了最初的妄心，即由真心转化来的、略带一点妄性的识精，或第八识的见分。如圆瑛法师所云："妄为明觉，转妙明而为无明，转真觉而成不觉，起为业识，诈现见、

---

① 圆瑛：《大佛顶首楞严经讲义》，宗教文化出版社2012年版，第49页。
② 圆瑛：《大佛顶首楞严经讲义》，宗教文化出版社2012年版，第118页。
③ 圆瑛：《大佛顶首楞严经讲义》，宗教文化出版社2012年版，第118页。
④ 圆瑛：《大佛顶首楞严经讲义》，宗教文化出版社2012年版，第119页。

相二分。"①有迷惑、有业识，进而由惑造业，由业感果，进而不断派生出种种妄心和一切外在的有为法。

子璿依《大乘起信论》和《楞严经》对妄心由迷失真心而生起的因缘、过程、阶段做了这样的描述：①一心为本源；②一心可开为二门，即一心有两个方面，一是真如，即心性不生不灭，二是心之生灭，谓依如来藏与生灭和合而有阿赖耶识；③依此识可明二义，一觉义，即心体离念，明明白白，二不觉义，其表现是，不如实知真心，因而有想从外面去明了真心的妄动或妄念，进而因明立所，所既妄立，生汝妄能；④由于心动，便生三细，一是依不觉故心动，而有业相，二是依动故能见，因而有转相，三是依见故境妄现，因而有现相；⑤有现相，进而有如下六粗，一是智相（依境分别而有种种相，法执俱生），二是相续相（依智起念不断，即法执分别），三是执取相（心起著故有我执之生起），四是计名字相（我执分别，有种种名字），五是起业相（种种执取、造业），六是业系苦相（业之果报）。②总之，三细六粗的生灭因缘是，阿赖耶不守自性为因，无明熏（相对于本有、天赋而言，指外力、后天塑造）动心体为缘，生三细。阿赖耶返熏无明为因，境风吹动识浪为缘，生六粗。

根据熏习论对心之生灭的说明更好理解上述真理。所谓熏习是相对于本有而言的，指的是通过提供所需的因缘而让某种原先不存在的东西产生出来，既可是自然的过程，也可是人为的过程，相当于我们通常所说的习得、培养，通过一定的途径让其新生。就像世间衣服实无香味一样。若人以香而熏习故则有香气。只要熏习发生，就一定有三种现象出现：一是能熏，如熏衣服用的熏气；二是所熏，如被熏的衣服；三是熏果，如衣服上新获得的香味。熏习有两种：一是习熏，如无明熏真如；二是资熏，如妄心返熏无明、妄心互熏。按熏习的能熏分，可分为四种，即真心熏习、无明熏习、妄心熏习、境界熏习。每种熏习都会导致特定心理现象的产生，例如，以有妄境界染法缘熏习妄心，会导致两种心，一是以境界资熏之力熏习最初一念动心，会让意识中出现微细的意识，进而有法执分别；二是会增长事识中粗分，如让人有执取心、计名字心，有人我见爱烦恼。同样，妄心资熏无明也可导致两个结果：一是业识资熏根本无明，会让阿

---

① 圆瑛：《大佛顶首楞严经讲义》，宗教文化出版社2012年版，第156页。
②《首楞严义疏注经》卷1，《大正藏》第39册，第824页。

罗汉辟支佛一切菩萨有生灭苦故；二是分别事识熏无明，会让凡夫受种种苦。

妄心既然有生灭，就有办法被降伏乃至人为地予以消灭。道理很简单，只要不为其提供相应的因缘，它自然就不会出现。当然，凡夫要让妄心特别是那些顽固的、有害的心理得到消除是很难的，甚至在相当长的时间内是不可能做到的，能让其得到调节就不错了。根据佛教，调适心理，实即学会安心。只要找到了可靠的寄托，心就舒适、快乐。其方法很简单，就是要学会"游戏此心"。所谓游戏此心，就是让心停留于慈悲喜舍之心。心理生活的质量主要取决于它所停留的那个寄托。此寄托可靠，心就踏实；此寄托好，心态就好。根据佛教的安心理论，较好的既能自利又能利他的安心处就是慈悲喜舍。其正确的、合格的操作方法是，以慈心为例，在让心停留于慈心时，尽量让心量放大，如遍满一方乃至广布无际，同时尽量让心空无化，或空掉一切，既无害心，也无利心、满足心，一念不生。只有这样，才是游戏此心。因为从事相上说，有能行慈悲的心或人、有被利的对象，因此行者应于此事而安其心。但从体性上说，一切毕竟空无，无能慈悲者，无所慈悲者。因此菩萨的慈悲是与空观结合在一起的慈悲，而空观又不离慈悲，因此是空悲双运、游戏此心。

妄心的特点是狭劣、狭小、狭隘，因此调治妄心的关键是将心量放大。在某种意义上说，成佛的过程就是心量放大的过程。进入了如此的良性循环，人就有救了。论云："生大心，生清净欢喜心，从大心发大业，从大业得大报，受大报时更生大心。如是展转增长，得成阿耨多罗三藐三菩提。"[①]修心旨在"一其心"，即逐步让多心变少心，最后只是一心，不管外面如何变化，始终守一不移。如偈云："恬淡得一心，斯乐非天乐……动止心常一，自以智慧眼，观知诸法实……解慧心寂然，三界无能及。"[②]

"制心修行"好比做清洁、做大扫除。清除一点污垢，心灵便得一处清净和安乐。经云："制心修行，当如拂净物，亦拂不净，亦拂屎尿、涕唾、脓血、死狗、死蛇、死人、污露，不以净悦，不净不忧。""制心修行，当如扫帚，净亦扫，不净亦扫。"[③]

[①] [古印度]龙树：《大智度论》卷10，[古印度]鸠摩罗什译，《大正藏》第25册，第133页。
[②] [古印度]龙树：《大智度论》卷13，[古印度]鸠摩罗什译，《大正藏》第25册，第161页。
[③] 《大迦什本经》，《大正藏》第14册，第760页。

第十四章　东方规范性心灵哲学的若干思考

管理自心就像放牛时控制好绳索一样，牛一想偷吃，就管束它一下，心一有妄动，便把它拉回到宁静。论云："已能住戒，当制五根"①，即眼、耳、鼻、舌、身。为何要治五根呢？"五根贼祸，殃及世界，为害慎重，不可不慎，是故智者制而不随。"②制的目的，就是不让它们放逸，不朝外驰逸，不去逐五欲。制的方法就是要像放牛一样，一有朝外偷吹庄稼的苗头，就予以制止。论云："勿令放逸，入于五欲。譬如牧牛之人，执杖视之，不令放逸，犯人苗稼。"③这就是说，治心就是要"制心一处，更莫异缘"④。

再来看佛教对圣心的发现和解剖。我们先从圣人的概念说起。圣人的特点在于："清净少欲，能度一切三有（三界）之海，故名为圣。圣者正也，能正法度，行处律仪及世间法度。"⑤《大宝积经》认为，无为即圣。"一切圣人以无为得名。"⑥无为即无学、无著、无所生灭。有此三无特点，故被称作"三无学人"，其所学为三无学。圣人之所以为圣人，关键是他有"圣心"。"圣心"这个概念道出了世间心灵哲学没有注意到的许多心理现象，因此值得拥有"哲学"头衔的心灵哲学思考和注意。不然的话，就名不副实。"圣心"这个词在佛教经论中经常出现，指的是圣人所拥的心，即真心的完全显现，其上无染污、尘垢，绝对清净。经云："诸漏已尽无复烦恼。心得自在心善解脱慧善解脱。众所知识皆大龙象。所作已办不受后有。舍离重担逮得己利。尽诸有结善俱解脱一切自在。究竟彼岸善达法性。法王之子其心调伏坚固不退。世间八风所不能动。众德具足所愿皆满住涅槃道。唯除一人所谓长老阿难。复与诸大菩萨摩诃萨众十六万大士俱。一切皆是一生补处。向一切智重一切智趣一切智就一切智。得无碍陀罗尼三昧。住于首楞严三昧。悉皆游戏藉大神通。成熟众生不暂休息。无复一切烦恼障碍。大慈大悲遍现十方一切国土。善能往反无量佛刹。以空境界住于无相。动止进退每为利益一切众生。善行一切诸佛境界。智慧无边同于虚空。"⑦圣心不外乎两个特点：第一，从体上说，心进入了以智慧为基础的

---

① ［古印度］世亲：《遗教经论》，［古印度］真谛译，《大正藏》第 26 册，第 285 页。
② 《佛遗教经》。
③ ［古印度］世亲：《遗教经论》，［古印度］真谛译，《大正藏》第 26 册，第 285 页。
④ 《千手千眼观世音菩萨广大圆满无碍大悲心陀罗尼经》，《大正藏》第 20 册，第 108 页。
⑤ 《大般涅槃经》卷 2，《大正藏》第 12 册，第 861 页。
⑥ 《大宝积经》卷 150，《大正藏》第 11 册，第 589 页。
⑦ 《大乘宝云经》卷 1，《大正藏》第 16 册，第 241 页。

平等心状态，既如此，便能于动而不动，不动而动，心有行而心无著；第二，从用上说，此心即喜心、慈心，必发快乐和度人之大用，空悲双运。[①]质言之，圣心是于心得自在者，由于能于心得自在，因此也能于诸法而得自在，是故有此心的圣人"能为心师"。证得真心、有圣心的人也可被称作"心王"。之所以如此称呼，是因为，"王心为身之主耳目处，其外任持六根，不坏善恶种子，使之亡乍来，无有限碍，自在如王"[②]。此名是解脱别名，或得道别名。

佛教心灵哲学开辟了这样一个研究领域，即"菩萨心密"。菩萨是佛教圣人之一。这一研究的目的是要弄清菩萨作为圣人，其心理有何特点、有何结构和内在的奥秘。菩萨心密当然是大乘经论的一个主题。例如，《华严经》对菩萨做了全面透彻的解剖和分析，在卷第三十六至卷第四十三中，该经从内到外，从大到小，从心到身、到行等方面，全面揭示了菩萨的标志性特点，尤其是心行特点，细致周详，无不具足。在揭示菩萨的人格构成、心理结构，追溯菩萨成圣的根源、途径——心地法门时，该经概括说："所演妙法无穷尽，心方便门得自在……能令诸根悉清净，得住甚深微妙地。""此辩尘劫演不尽，是名光照心法门，如来妙音深满足，众生随类悉得解。"[③]

菩萨所证的心是菩提心，其"相貌"可被这样描述："无有过失，不为一切烦恼之所染故……坚固难动，不为异论所牵夺故……不可破坏，一切天魔不倾败故……常恒不变，善根资粮所积集故……妙善安住，于菩萨地善安住故……无有尘垢，发明慧故……广大无边，如虚空故……无有障碍，令无碍智遍行一切、无缘大悲不断绝故……最极寂静，由依一切大静虑故……无所匮乏，由慧资粮善圆满故……"[④]就是说，从体上说，菩提心即诸法真如本性，最为寂静，从用上说，是无上妙觉智慧，由此可通达无上佛道。"以此心用"，即通过此妙觉的妙用，可"为生体"，即能产生妙用的本体。它能生的用主要是，让人觉悟，证得诸法体性。菩萨凭此成为菩提萨埵，即觉有情，佛借此而成佛。菩萨心的根本性的、总体性的相状是空相。"空相者，心无心相，亦无作者。"[⑤]这也可看作是菩萨

---

① 《佛说寂志果经》，《大正藏》第1册，第274-275页。
② 《佛为心王菩萨说投陀经》，《大正藏》第85册，第1401-1402页。
③ 《华严经》卷1，《大正藏》第9册，第399页。
④ 《大宝积经》卷36，《大正藏》第11册，第206页。
⑤ 《华手经》卷7，《大正藏》第16册，第184页。

心的体性。菩萨之心的体性尽管是真心，是真如实性，但它本身还不是真心的圆满显现，而只是快接近真心、快完全显现真心的心。

有情面对任何事物时都会表现出不同的心态。所谓心态即对事情的心理态度。就其价值属性而言，心态是有好与坏、佳与不佳之分的。菩萨也有自己的心态。相对于凡心而言，它们都属于最佳心态，因为它们既利己又利他。这里我们重点考察一下菩萨面对任何事物经常表现出来的心态。例如，不倾动心就属于这一类，其特点是，"常依一切智智相应作意，修习发起一切所修所作事业而无骄逸，是谓菩萨不倾动心"①。真利乐心也是菩萨经常性的心态，其特点是：利益安乐一切有情，方便安住此心。菩萨常存的心态还有"寂然"。这种心的特点是，"其心澹泊，寂寞定然，诸根不乱，专精无想，作性安隐，不卒不暴，庠序静思，舍不顺念，乐于一义，除众愦闹，好喜闲静，其身寂寞。心未曾乱思于闲居……不堕邪见，而知止足；态性清净……一心禅思，兴于慈悲"②。菩萨经常的心态还有不动心或坚固心。其表述各异，实质无异，如可说这种心是"坚如金刚不动"之心或"金刚心"③，也可说其是空无心。"空无心故，不著是心。"④

菩萨像佛一样，也是调御大夫，即善调适心态、善管治心灵的大丈夫，所用的方法就是游戏心灵，可称作"游心法"或游戏心法。"心法者，三界人之护也，安慰劝乐，悉令集会，安之以德，劝之以权，受之以慧，普修梵行于三界澹然。立在一处，亦无合离，使永执心莫知所存，不见形像、音声往来"，将一切空掉，"了无所有"，使自执心无念无求，"见若不见，闻若不闻，澹然自守，是为菩萨等观游于心法"。⑤

菩萨心作为圣心的一种是如何成就的呢？如前所述，包括菩萨在内的一切众生都有获得最佳心态或佛心的菩提种子，此种子能否结果，关键是看是否为其提供了必需的条件。摩诃萨或大菩萨之所以成了大菩萨，是因为他符合大菩萨的标准，即于众中成了上首的菩萨。他是怎样才成为上首的呢？其判断标准只能看他的心是否成为金刚不坏之心、是否有大心、是否有大快心、是否有不动心、是否

---

① 《大般若经》卷410，《大正藏》第7册，第60页。
② 《阿差末菩萨经》卷7，《大正藏》第13册，第609页。
③ [古印度]龙树：《大智度论》卷45，[古印度]鸠摩罗什译，《大正藏》第25册，第382-383页。
④ [古印度]龙树：《大智度论》卷45，[古印度]鸠摩罗什译，《大正藏》第25册，第385页。
⑤ 《普门品经》，《大正藏》第11册，第771页。

有利益安乐心。《大智度论》云："菩萨摩诃萨于是中生大心，不可坏，如金刚，当为必定众作上首。"什么是大心呢？其标志是："舍一切有……等心于一切众生……以三乘度脱一切众生，令入无余涅槃……解一切诸法不生相……以萨婆若（佛智）心行六波罗蜜……了达乃至无量相智门。"何谓大快心？"菩萨摩诃萨从初发心乃至阿耨多罗三藐三菩提，不生染心、瞋恚心、愚痴心，不生慢心，不生声闻辟支佛心，是名菩萨摩诃萨处大快心"，能于一切时处生大快心，即能为众之上首。换言之，如果能证得不动之心，也能为众之上首。所谓不动心是指，"常念一切种智心，亦不念有是心"。有利益安乐心也是成为上首的标志，此心指"救济一切众生，不舍一切众生，是事亦不念有是心"。有欲法喜法乐心也是大菩萨的标志。此心可分作欲法喜心和欲法乐心两方面。有信法、忍法、受法之心即欲法喜心。常行诸佛法即欲法乐心。

菩萨心也有其结构，此结构既可做共时性描述，前面对其心态及特点的描述就包含这样的描述；也可做这样的历时性描述，即初发心、行相、住心、不退转心、成心。

菩萨之所以为菩萨，是因为菩萨有圣者气象。诸经开头一般都有对与会圣者人格形象、圣者气象的描述，如："诸漏已尽，无复烦恼，心得好解脱，慧得好解脱，其心柔和，犹调伏象；内外清净究竟，断除五阴重担；所作已办，不受后有，犹如诸佛解脱无为。"①

从旨趣上说，佛教的心理哲学是圣学心理学或心理学圣学。因此它自然要探讨成圣的心理学机制以及成圣的心理操作方法。

不仅如此，阿赖耶识还是诸法的总根源。例如，人所得到的各种眼、耳等识，以及诸外境，"皆阿赖耶识之所变现"，"一切众色皆阿赖耶"，"一切众生若坐若卧，若行若立，昏醉睡眠乃至狂走，莫不皆是阿赖耶识"。它还"是生死法之所摄持。往来诸趣，非我似我，如水中有物，虽无思觉而随于水，流动不住，阿赖耶识亦复如是"。"虽无分别，依身而行。""是诸如来清净种性，于凡夫位，恒被杂染。""能作世间，于世自在。"②成佛的秘密也在此识之中，只要离计分别，让其自体清净之性显现，凡即转圣。《密严经》云："阿赖耶识是意等诸法习气所

---

① 《力庄严三昧经》卷上，《大正藏》第15册，第711页。
② 《密严经》卷下，《大正藏》第16册，第741页。

依，为分别心之所扰浊，若离分别，即成无漏，无漏即常，犹如虚空。"①

可见，心成即佛成。而要修心成佛，又必须了知"进道功程"。此进程有四步或可表述为"四句"。此四句是"超凡入圣，进道门路"②。一是"悟身空"，即彻悟自身"种种不净，四大假合，终须败坏"③。二是"悟心空"，即观自心，非生非灭，最圣最灵，遇境似有，境灭还无。"令悟真心常觉不昧，不随妄想流转，但依真性主行。"④三是"悟性空"，即观自性，"寂然不动，感而遂通，变化无穷……明明了了……灵灵寂寂，无为常为"⑤。四是"悟法空"，即观如来的教法亦是空寂，本无能说、所说，但为教化众生，佛便方便导引。其实质是："如水洗尘，似病与药，令证心空法了，病退药除。"⑥

佛教不仅揭示了去凡成圣的心理学根源与机制，还花了大量的篇幅说明了去凡成圣的心理学条件与方法。这一部分内容构成了佛教心理哲学的"增上心学"。其中的主要内容是定学，或者说就是广义的禅定。因为所谓"定"即指安定，即让动摇、纷扰、躁动的心回归到本来净清的状态。如禅宗所言：外离相为禅，内不散乱为定。此定学同时是戒学、慧学。因为《楞严经》对戒的规定是："摄心为戒。"戒当然会表现为种种对具体行为的约束、规范，而真正规范的戒行不外乎是把心管住，让其平直、不动不摇。慧学讲的是看待世界万物的智慧、观点和态度，目的是让人建立起一种过滤装置。有了这一装置，一切纷扰的刺激进到里面都能转化成平等不二的状态。因此慧学的目的与戒学、定学的目的无二无别，即都是要让人的心平静下来。为什么要这样呢？因为平常心是道，直心是佛，心净则佛土净，"心靖则喜"。这里的"喜"是作为涅槃四德的大安乐，是无上的法喜，而"靖"有平等、不动摇、安定、平安、平定等意。

增上心学要解决的问题是：如何安心或住心，即如何善巧安心、如何让心系于最靠得住和永远靠得住的依止之上。例如，"学四念处"就是要"善系心住"，"外散之心，摄令休息，不起觉想"。⑦这就是佛教定学的任务，也是佛教心理哲

---

① 《密严经》卷下，《大正藏》第16册，第741页。
② 《金刚心总持论》，中国佛学院，第3-5页。
③ 《金刚心总持论》，中国佛学院，第3-5页。
④ 《金刚心总持论》，中国佛学院，第3-5页。
⑤ 《金刚心总持论》，中国佛学院，第3-5页。
⑥ 《金刚心总持论》，中国佛学院，"四句偈论第四"，第8-9页。
⑦ 《杂阿含经》卷24，《大正藏》第2册，第172页。

学的任务。

"政（正）心为本"是《佛说忠心经》所提出的一个宝贵命题。《佛说忠心经》云：佛所说法，"上语亦善，中语亦善，下语亦善。语中深说度世之道，政心为本"。眼、耳、鼻、舌、身，"是五者皆属心，心为本，佛言诸比丘，欲求道者，当端汝心"①。由上不难悟出如下用功的方法："欲求道者，当端汝心，于闲处坐，自呼吸其气息，知息短长，长者不报，形体亦极，闭气不息，形体亦极。分别思维：形体谁作者？心当视内，亦当视外。"②

概括说，佛教的规范性心灵哲学做了这样一些宝贵的探索：第一，揭示了心理的价值变化过程及其规律。根据佛教的探讨，心理变化不外乎两个方向，一是向好的方面变化，如凡心变为圣心、染污烦恼之心变为清净极乐之心；二是向坏的方面变化，如凡夫的心越变越糟糕。③第二，提出了"摄心、策心、伏心、持心、举心、舍心、制心、纵心"等课题，并做了全面深入的探讨。用现代术语说，佛教在这方面所做的工作，有一致于心理学对心理调适的原理及方法的研究，但也有诸多超越。④例如，它还关心这样一些有意义的子课题，即探讨"心何所依"⑤，探讨什么是心的最可靠、最值得安住的处所，心灵的真正寄托是什么，怎样"正心""安心"，等等。第三，着力揭示人们身心"何得不生苦恼忧感"⑥的机理和方法，或者说弄清心得解脱的原理及方法。第四，研究了灭心、断心的原理及方法。这是兼有价值性和求真性双重意义的心灵哲学工作，当然是佛教心灵哲学的特色之所在。根据佛教的幸福观、解脱理论，有心念生灭，就无真正的幸福和解脱。因此在究竟的解脱境界、在最美妙的佛地，不仅要断灭有为不善心，而且在修行进到较高境界时，还要"灭觉观"、灭寂照之心，因为有觉有照仍是妄念。我们之所以说这一研究具有求真性的意义，是因为它在解决有关问题时，必然要涉及对心的本质及结构的探讨，必然要把佛教倡导的"如实知心"真正落到实处，尤其是回答人为灭除心理现象是否可能这一重大的理论问题，甚

---

① 《佛说忠心经》，《大正藏》第17册，第550页。
② 《佛说忠心经》，《大正藏》第17册，第551页。
③ 《大毗婆沙论》卷30，《大正藏》第27册，第190页。
④ 《阿毗达摩集异门足论》卷2，《大正藏》第26册，第370—371页。
⑤ 《大宝积经》卷180，《大正藏》第11册，第603页。
⑥ 《中阿含经》卷4，《大正藏》第1册，第444页。

第十四章 东方规范性心灵哲学的若干思考

至要涉及灵魂是否不朽这一古典心灵哲学问题。第五，探讨了怎样通过对心灵的认知、实证，实现生脱死、超越生死的目的。《真心直说》在总结、提炼《楞严经》等有关经论关于此问题论述的基础上，明确、概括地把这一课题表述为：真心出死。在佛教看来，它不仅找到了出离生死的根据，而且找到了出离的关键，那就是——令心不动，回归本自真心。① 第六，研究了去凡成圣或得解脱、入涅槃的原理及方法。佛教的基本观点是，凡圣皆系于一念心。念想就是佛，故经云：想能作佛，离想无有。做人如何，是成佛得极乐，还是流于凡俗而受苦，关键是要会想，如想佛之所想，即为佛。反之，不会想，即为凡夫一个。

佛教关于凡心和圣心的研究表面上只有人生哲学及解脱论的意义，实际上它同时具有求真性心灵哲学的意义，因为佛教对圣心的研究、阐述既涉及对心的范围、深度的认识，更表明佛教对心的本质的认识有世间心灵哲学所未触及的方面。从特定意义来说，世间心灵哲学对心的认识只局限在凡心及其本质之内。而佛教在关注凡心后的圣心时，不仅拓展了心的认识范围，将对心的认识的层次向深度推进了，而且对心的本质形成了独到的认识。这不仅体现在佛教对菩萨心的结构、特点的上述说明之中，也体现在一些关于凡心、小乘心、菩萨心、佛心的本质与关系的比喻性说明中。例如，佛教用月的圆缺来说明它们的本质与关系。根据这个比喻，凡心就像乌云笼罩的月亮。在这里，月亮是真实存在的，但并未显现，显现的只是乌云。这意味着，凡心有对身体、环境等的依赖性，表现出浅层的本质特点。如果人们只注意这些，即使对其本质有详尽的认识，那么充其量只触及表层的本质。根据佛教的观点，世间心灵哲学做得再好，也只是表面的。声闻和缘觉等小乘人的心就像从云缝里露出的月亮。在这里，妄心中的真心开始显露，但只是局部的。尽管如此，这个事实已开始有力地说明，心灵的内部构成、奥秘不只是世间心灵哲学所认识到的那些，其后或其外，还有极其广大的心理世界，其本质也不只是世间心灵哲学所认识的那些。再进一步，菩萨之心像快圆满显现的月亮一样，即心的更多的内容和本质得到了更充分的显现，但还有欠缺。佛心则将心的全部本质完全、圆满地显现出来了。它像虚空一样，广大无边，寂然纯净，但本觉妙明，灵明不昧。

---

① [唐]昙旷：《大乘起信论略述》卷上，《大正藏》第85册，第1089页。

第十五章
当代西方心灵哲学对"规范性维度"的发现

　　从动机上说,研究心灵哲学问题不外乎出于下述两种动机,要么坚持其中一种,要么二者兼顾:第一种是求真的或认知性的乃至形而上学的动机,第二种是解脱论的、规范性的或如斯特劳森所说的伦理性的动机。在二三十年以前,西方心灵哲学主要持的是第一种动机,其理论形态主要表现为求真性心灵哲学,而东方的情况则比较复杂,多数理论侧重于第二种动机,主要以规范性心灵哲学的形式表现出来,佛教则二者兼有之。最近,西方心灵哲学的动机和形态发生了微妙的变化,其表现是有向东方靠拢的倾向。例如,美国当今十分活跃、热衷于比较研究的哲学家弗拉纳根的心灵哲学研究就同时兼有两种动机。他涉足的领域十分广泛,著述宏富,特别是在西方的佛教研究学者中算是造诣较高的一个人,更难得的是,他"解行并举",不仅进行理论的探讨,而且重视心性体验、同情默应、"实修实证",例如,他长期坚持跟随许多藏传佛教高僧学习禅定。在自我和人格同一性等领域,其所阐发的叙事自我论深深打上了佛教思想和方法论的印记,在动机上也十分接近佛教。就心灵哲学而言,他无疑为西方的求真性心灵哲学做出了自己独到的贡献。例如,2002年出版的《灵魂问题》(*The Problem of the Soul*)就是一本专门研究这一类型的心灵哲学的比较纯正的著作。除此之外,他的许多心灵哲学研究都表现出向东方价值性心灵哲学靠拢的倾向,当然,他作为一个富有创新精神的哲学家,在阐发自己思想的过程中,无疑又有自己的突破和超越。

第十五章　当代西方心灵哲学对"规范性维度"的发现　　　559

下面，我们拟从几个方面揭示他在价值性心灵哲学这一领域的独到建树。

第一节　幸福的科学

先看弗拉纳根在西方最近出现的"幸福的科学"这一交叉领域所做的工作。本来，他是这门所谓的科学的奠基人之一，但后来转向了对它的批判。在考释他的看法之前，笔者先简要地介绍一下这一具有价值性心灵哲学特质的所谓的科学。

"幸福的科学"主要是理查德·J. 戴维森（Richard. J. Davidson）[①]等神经科学家试图建立的学问。弗拉纳根实际上参与了它的创立工作，认为它的宗旨和任务也是要回答幸福、人的生存的意义这"真正的困难问题"（详见后文）。后来，由于看到仅用"幸福的科学"所坚持的方法不能完成上述任务，因而弗拉纳根转向了对它的批判。不过，从他的批判中，当然，辅之以其他资料，我们可以窥见西方这一极有意思的研究领域的大概，尤其是看到西方新出现的研究人生意义、幸福的一种根本有别于传统伦理学、道德形而上学的新的走向。其特点是既具有经验科学、哲学的性质，又具有规范性。其关心的问题主要是：真正的幸福或至福（eudaimonia），以及兴旺发达的、圆满的生存状态（flourishing）究竟是什么，像我们人这样的造物是否可能得到幸福，有什么方法能得到幸福。之所以说它具有经验科学的性质，是因为它的目的是基于 2000 多年来对人的科学研究成果，探讨人的幸福的种种问题。其独特之处在于：对幸福的本质、原因、条件做经验科学的研究，所提出的各种关于幸福问题的观点都建立在历史和当代证据的基础之上。它研究的对象主要是佛教徒，尤其是有禅定工夫的佛教徒。之所以选择这样的样本，是因为它通过实验和统计发现：佛教徒的幸福指数最高。科学家根据大脑激活水平等指标对美国人的幸福指数做了统计分析，结论是：30%的美国人声称非常幸福，60%的人过得一般，10%的人不太幸福。

[①] 理查德·J. 戴维森，威斯康星大学麦迪逊分校心理学与精神病学教授，哈佛大学心理学博士，当今最杰出的的神经科学家，入选《时代》周刊 2006 年度"世界百大影响力人物"。

弗拉纳根通过自己的研究得出了这样的结论：佛教徒的幸福指数比 30%的人的平均比例要高得多，因为大多数佛教徒是幸福的。[①]

"幸福的科学"的方法是：借助神经科学的无创伤脑成像技术观察修行者的大脑活动，以弄清这些活动与人的关于幸福的现象学知觉的关系，因此"这门科学是经验科学"[②]。但它同时又具有学科多态性的特点，例如其既是哲学，又是规范性的学问。因为它试图用一种统一的方法或"提供一种统一的构架"，将有关科学和思想资源整合在一起，对幸福问题做协力攻关，特别是不否认对幸福的规范性、应然性、合理化研究。待整合的科学有哲学心理学、道德和政治哲学、神经伦理学、神经经济学、积极心理学。它同时还重视传统的修行实践、心理调节实践，如佛教、亚里士多德主义、斯多噶主义等传统哲学中的各种思想和实践。弗拉纳根评述说："尽管幸福的科学本身不是现代意义的科学，但它包含的系统的哲学理论化与科学具有连续性，因此坚持的是为科学所严肃建立的关于人的图景。"[③]幸福的科学基础还有英美占主导地位的自然主义，正是因为以自然主义为基础，它对幸福的这样的研究才可被称作"科学"（至少与严格的科学有连续性）。其逻辑是，"如果人们坚持哲学自然主义观点，进而对我们的本质和前途做实在论的经验性评价，那么就有条件知道：什么方法能让人真正幸福起来。这就是幸福的科学"[④]。

幸福的科学的基本假定是，佛教与幸福问题密切相关。据说，这已得到了实验研究的支持。例如，通过对佛教徒尤其是修行工夫较高的行者的研究发现，他们的幸福感或幸福指数很高，持这种倾向的人得出结论说：某些神经活动与人的某些现象状态（即某些快乐感）是相关的，与禅定有关的神经活动必然伴有快乐感。[⑤]其基本结论是：幸福就在大脑中，因此应到神经元的广泛分布中去寻找幸福。

弗拉纳根开始是赞成"幸福的科学"这个口号和有关研究纲领及思路的，并做了一些开创性的工作。但后来经过反思，他觉得应予以放弃。因为他发现，

[①] Flanagan O. *The Really Hard Problem: Meaning in a Material World*. Cambridge: The MIT Press, 2007: 4.
[②] Flanagan O. *The Really Hard Problem: Meaning in a Material World*. Cambridge: The MIT Press, 2007: 2.
[③] Flanagan O. *The Really Hard Problem: Meaning in a Material World*. Cambridge: The MIT Press, 2007: 2.
[④] Flanagan O. *The Really Hard Problem: Meaning in a Material World*. Cambridge: The MIT Press, 2007: 4.
[⑤] Flanagan O. *The Really Hard Problem: Meaning in a Material World*. Cambridge: The MIT Press, 2007: 21.

这里所揭示的所谓联系、关联是不可靠的，缺乏普遍性。他说："关于佛教与幸福关系的已有研究由于所关注的身体和心灵状态各不相同，因此是多种多样的。例如，有的人关心的是佛教与免疫系统的功能的关系，与注意力、专注的关系，与认知的关系，与抑制惊恐反应的关系等。但它们并未涉及佛教对幸福究竟有何作用的问题。甚至有些声称要研究幸福的人并没有真正地触及幸福。因为它们涉及较多的是积极健康的情绪。而这与幸福并不是一回事。最重要的是，现在的研究技术还十分有限，例如不能让我们在大脑中看到慈悲发生在哪里、幸福发生在哪里。"[1]因此仅仅基于神经科学研究，就将幸福与佛教关联起来，其实包含着许多不科学的因素。因为他经过研究发现，幸福不只与大脑活动有关，而且由众多因素所决定，进而走向了关于幸福、生存意义的整体论。从关系上说每个空间还能以多种不同方式与自己和别的空间相互作用。

弗拉纳根对"幸福的科学"的态度还体现在他所做的一个澄清性说明中。有一篇关于他的思想的误解性报道，曾引起轩然大波。事情的经过是这样的，他曾经用神经科学的方法如 fMRI 扫描一个受试的大脑，即禅定工夫高深的李卡德（M. Ricard）的大脑。据观测，他的左前额叶皮质发展很好，形成了稳定的模式，与正面情绪建立了稳定关联，在成像中闪闪发光。据比较，这个被试大脑中的光亮超过了其他所有被试。在分析其成因时，他认为，这是因为这个被试禅定时的所对之境是慈悲、友爱之类的境。他在一篇文章中介绍了他自己以及别的神经科学家对神修者的研究成果。编辑在刊发时基于自己的理解将他的文章的标题改为"幸福的色彩"（The color of happiness）。这被一个记者误解为：神经科学家在大脑中找到了幸福的位置。人们由此可做这样的推论，即幸福可用这样的方法得到：只需让大脑进入那样的状态，或给予大脑相应的刺激就能让人幸福起来。《新科学家》（New Scientist）杂志所发报道的标题甚至成了："佛教引导科学家走向幸福的所在地"（Buddhism leads scientists to the place of happiness）。对此，弗拉纳根澄清说：他的真实的意思是，"只想对主张长期的禅定实践可能导致幸福这一假说做出检验"。这显然不是说，对佛禅

---

[1] Flanagan O. "Neuro-eudaimonics or buddhists lead neuroscientists to the seat of happiness". In Bickle J (Ed.). *The Oxford Handbook of Philosophy and Neuroscience*.Oxford: Oxford University Press, 2009：582-600.

修者的研究已让科学家看到了通向幸福所在地的道路。而幸福的科学则可能让人得出结论说：大脑就是幸福的所在地。弗拉纳根的新看法是，要弄清幸福的条件和途径，当然有许多工作要做，例如，探讨幸福究竟在什么地方、为什么每个佛教禅修者都有非常明显的幸福、别的人怎样激活这种幸福感。他在《真正的困难问题》（The Really Hard Problem）这本书中还进一步提出了下述新问题：什么是真正的幸福？什么是现象学意义上的真正幸福？如果有这样幸福，我们如何予以判断和评估？如何到达它？这种幸福的原因和构成是什么？如果一个人是由于有某种错误的信念（即真实的幻觉）而感觉自己幸福，那么怎样予以判断？[①]这些问题显然超出了"幸福的科学"的能力，因此弗拉纳根放弃它便是顺理成章的事情。

佛教与幸福的关系问题是"幸福的科学"最为关心的问题，其近来成了西方许多领域学者感兴趣的问题。"幸福的科学"的一种观点认为，它们有内在关系。有的人还认为，佛教是到达幸福的最好途径，因此佛教徒是所有人中最幸福的人。神经科学还在进行这样的研究，即用无创伤脑成像技术，研究禅定工夫高深的禅师进入禅定状态时的大脑状态。已有这方面的大量报道，例如详细介绍禅师入定时大脑有关部位表现出的"正效应"。许多媒体甚至以夸张的语气转述了文章的内容，如说："佛教引领科学家进入幸福的所在地。"有的人推论说，佛教徒的大脑在进入幸福状态时是极度活跃的，这些大脑的所有者是异常幸福的人，甚至是所有人中最幸福的人，禅定在那些幸福的人身上是幸福大脑的决定力量，等等。看到神经科学的研究成果，许多人以为它真的发现了幸福的秘密，于是问：科学家是怎样发现佛教徒是世界上最幸福的人，幸福存在于大脑的什么地方？还有媒体把热心研究僧人禅定实践的神经科学家理查德·J.戴维森等称作"快乐发现家、探索家"。弗拉纳根认为，应理智而冷静地对待佛教与幸福的关系问题以及神经科学的有关研究。他说："我认为大多数浮夸式喧闹尽管没有恶意、无害，但却是愚蠢的。"[②]因为这里的问题、关系很复杂，值得小心梳理。例如，关于它们的关系，可有这样一些情况，或这

---

① Flanagan O. *The Really Hard Problem: Meaning in a Material World.* Cambridge: The MIT Press, 2007: 37-61.
② Flanagan O. "The color of happiness". *New Scientist*, 2003, 5 (24): 2.

样一些断言：①成为佛教徒与得到幸福是有关联的，问题是什么样的人才算是佛教徒、什么是其成员的标志，这里的幸福是哪种幸福、怎样定义；②以佛教方式禅定与感觉到快乐有内在联系，但快感是幸福吗；③进入佛教倡导的心理状态、获得其心理结构与幸福的确有关联，但这种心理状态、结构究竟是什么，目前可能还是科学的盲区；④成为佛教徒与身心健康有关联，但这关联具体究竟是什么；⑤成为佛教徒与获得某些类型的自主神经系统控制（如能控制恐惧、惊慌反射）有关联；⑥工夫高深的佛教修行者都有极好的面相，或者说相好庄严，但面相与幸福是何关系；⑦禅定工夫高的修行者有大量的大脑同步整体激活；⑧也是最重要的，幸福与什么有关，是否能找到一切幸福形式中最一般的必要条件、决定因素？[①]

第二节 真正的难问题与规范性心灵科学

下面再来看弗拉纳根新提出的"真正的困难问题"以及其所做的解答。有理由说，他这方面的工作是比较纯正的价值性心灵哲学研究。

弗拉纳根之所以能走进这一领域，主要是因为他的研究既有科学和形而上学的求真性动机，又有较突出和鲜明的伦理性动机。以对自我的研究为例，他除了想弄清自我、心的庐山真面目之外，他还的确有这样的追求，即为着人的善，或为着人类的幸福、美好、解脱的生活。他像佛教一样认识到，人的生存状态、生活质量与人对自我的看法及态度是息息相关的。许多人之所以生活在水深火热之中，是因为相信有实我存在，以及有相应的我痴、我执、我见、我慢四烦恼。因此解脱的根本出路在于破我。由于他的自我研究有这样的体认，因此他提出：心灵哲学和认知科学等的"真正的困难问题"不是查默斯等人所说的"意识的产生问题"（这是最近20年来西方心灵哲学研究中最热闹的研究领域，其成果据说有几十万项之多），而是"意义"问题。须知，这里所说的意义不是文本的意义，而是人活着的意义、生存的意义、人生的价值，在特定意义上也可说是幸福问题。

---

① Flanagan O. "The color of happiness". *New Scientist*, 2003, 5 (24): 2-3.

在"意义"的样式中,自然主义前此几乎没有触及的是"人的生活、存在的意义",尤其是"幸福"这一"有意义""有价值"的生存状态。有鉴于此,弗拉纳根把它看作是比"意识"更困难的难题。他承认心灵、意识怎么可能从物质世界中产生是困难问题,但他强调:"更困难的问题是解释意义怎么可能出现在这个物质世界。""意义不像意识,不只是事物看起来是怎样的这样的令人困惑的特征……意义不涉及存在什么、不存在什么之类的问题。如果有意义这样的事物的话,那么它包含着比存在着什么更多的东西。最低限度上,它涉及对一个有限的人的生活的总的状况的事实性评价。"[1]他这里所说的意义主要指人的生活、生命的意义。他说:"我认为,怎样说明生命的意义是最困难的问题",它之所以比意识问题更困难,是因为,"我们是这样的有意识存在,他们寻求有意义的活法"[2]。

生活的意义与幸福都属于规范性现象,都是人们孜孜以求的价值。二者是何关系呢?弗拉纳根的看法是,生活的意义不外乎两种:一是觉得没有意义,二是觉得有意义、值得过下去。后一生存状态就是幸福。英文的"幸福"(well-being)较准确地表达了这种状态,指的就是有价值的、好的生存状态。但什么是好的生存状态呢?怎样评判一种生存状态是好还是不好呢?弗拉纳根深知,这是一个众说纷纭的问题。至少有这样三种不同的看法:首先,快乐论的或享乐型的幸福。快乐论是心理学的一个分支,研究的是人的快乐和不快乐的意识状态,这里的研究当然是科学的研究,即用科学方法去研究人在较长时期表现出来的幸福感,对之做出评估,而评估是根据对受试在每一时间点表现出的经验的密集的记录而做出的。这里关注的幸福是"客观的幸福"。诺贝尔经济学奖获得者卡勒曼(D. Kahneman)说:"客观的幸福可根据一定时期的平均效果而来定义。"[3]其次,主观的、康乐型的幸福。这种幸福形式是赞成研究并测量主观幸福的人提出的。他们认为,主观幸福是生活满意度高、拥有快乐的情绪、对工作和健康感到满足、感觉有意义、负面情绪较低等的函数。自 20

---

[1] Flanagan O. *The Really Hard Problem: Meaning in a Material World.* Cambridge: The MIT Press, 2007: xi.
[2] 转引自 Flanagan O. "Objective happiness", In Kalneman D, Diener E, Schwarz N (Eds.). *Well-being.* New York: Russell Sage Foundation, 1999: xii.
[3] Flanagan O. "Objective happiness". In Kalneman D, Diener E, Schwarz N (Eds.). *Well-being.* New York: Russell Sage Foundation, 1999: 3.

世纪 70 年代积极心理学兴起以来,这种强调对主观幸福做出测量的方案就一直发展很强劲。最后,幸福论的幸福。其形式多种多样,而这又取决于人们对幸福所持的不同的规范概念。其不同主要表现在:人们对美好生活由什么决定、个体与这些决定因素是什么关系、怎样生活在这种关系中有不同的规范性看法。在当代的幸福研究中,人们也试图对这种幸福做出测量和评价,尽管里面包含着对客观因素的测评,但不同于客观幸福论所做的测评。试以亚里士多德的观点为例做一分析。假设有一个妇女生前过着主观上看似美好的生活,别人对此有目共睹。但这个人生前真的幸福吗?赞成主观评价的人说,她曾经是幸福的。当然她现在死了,现在是不幸的。根据亚里士多德的观点,我们不能这样判断她幸福或不幸福,因为幸福与否,不能看她的主观感觉,也不能看别的人如何评价,而应看她的生活与她的人格、别人的生活的因果关系。[1]亚里士多德的观点显然是道德至上主义,因为他强调:一个人是否幸福,要看他的道德表现。这种道德表现既与现世的生活状态有关(不道德就不可能有真的幸福),更与未来(来世)、他人的生活有关。因此根据亚里士多德的观点,评价人的幸福与否,应看当下生活所能导致的后来的客观事态,如他的人格是否完美、对别人的利害关系。质言之,幸福就是充满理性和德行的积极生活。

如果承认人真的在寻求有意义的生活,那么自然主义者就有将其自然化的任务。弗拉纳根的哲学要做的一项工作就是对意义进行自然化。他说:"如果说我们是生活在物质世界中的物质性存在,那么我将对我们怎么能够使我们的生活充满意义做出尝试性解释。我的基本图式是自然主义的、令人着迷的。"[2]他的创新在于,在进行自然化的时候,不满足于一般的自然主义者的还原说明,而阐发并推广他自己发明的"自然的方法"。这种方法是自然主义方法论的拓展和推进。他主张:要做一个自然主义者,最好是坚持自然的方法。其要点是:将现象学材料、脑科学材料、心理学上的行为材料三方面的材料整合在一起,形成关于被试的像三角形一样的界域。有的人把这一方法称作神经现象学方法。这种方法最适合的研究对象是有禅定经验的僧人,当然该方法也适用于研究广

---

[1] Flanagan O. "Objective happiness". In Kalneman D, Diener E, Schwarz N (Eds.). *Well-being*. New York: Russell Sage Foundation, 1999: 154.
[2] Flanagan O. "Objective happiness". In Kalneman D, Diener E, Schwarz N (Eds.). *Well-being*. New York:Russell Sage Foundation, 1999: xii.

泛的心理现象和规范现象，例如它也是研究幸福的方法。弗拉纳根说："既然幸福涉及的因素很多，比如大脑中发生的许多积极的情绪、安宁、康乐，因此这里的任务最终或同时是探究基因、胎儿发展、养育、教育、道德和灵性承认，以及社会世界中的哪些原因、条件与幸福的各种大脑因素有关联。"[①]

弗拉纳根认为，用他倡导的自然的方法对幸福的研究具有无神论性质，与科学并行不悖，可称作科学的探索，因为它们也试图理解幸福的本质、原因和构成，试图增进人类福祉，因此"是工程幸福学（project eudemonia）的组成部分"[②]。他的基本答案是：①人是生活在自然世界的自然造物；②根据新达尔文主义的观点，人是动物；③人的实践是自然现象；④艺术、科学、伦理、技术、政治、精神都是人的实践；⑤自然科学和人文科学原则上能描述、解释人的本质和实践。[③]关于人及其特点，弗拉纳根的自然主义结论是："我们是具身性的、有意识的存在，能完成高度复杂的心理的、诗意的行为。"[④]为了解决他所谓的"真正的困难问题"，他提出了所谓的"生活有意义的整体论"。他认为，生活是否有意义，取决人所从事的全部活动。人的生活主要有六大方面：艺术、科学、伦理、技术、政治、精神。他说："我们生活的品质，确切地说，我们的生活是否有意义，在很大程度上取决于我们是怎样（用柏拉图的话说）分有艺术、科学、伦理、技术、政治、精神的空间的。这六个空间是古德曼集合的成员，而我则把它们称作意义的空间。"[⑤]艺术、科学、伦理、技术、政治、精神的每一个成员空间都是由理论和实践组成的复合体。每个成员都有其层次，有其被嵌入的东西，本身又包含多种要素，并且是不断进化的，因此是整体的集合。从关系上说，每个空间还能以多种不同方式与自己和别的空间相互作用。

弗拉纳根有时把自然主义应用于意义问题的解答所形成的理论称作"神经存在主义"（neuro-existentialism）。其基本原则是根据达尔文主义和神经科学来设想我们的生存状况。神经存在主义告诉我们的是：我们是动物，我们的心是我们的大脑，我们死不复生。如果是这样的话，我们就得思考苏格拉底曾思

---

① Flanagan O. *The Really Hard Problem: Meaning in a Material World*. Cambridge: The MIT Press, 2007: 159.
② Flanagan O. *The Really Hard Problem: Meaning in a Material World*. Cambridge: The MIT Press, 2007: 4.
③ Flanagan O. *The Really Hard Problem: Meaning in a Material World*. Cambridge: The MIT Press, 2007: 21.
④ Flanagan O. *The Really Hard Problem: Meaning in a Material World*. Cambridge: The MIT Press, 2007: 37.
⑤ Flanagan O. *The Really Hard Problem: Meaning in a Material World*. Cambridge: The MIT Press, 2007: 37.

考过的问题：我们该如何活着、生活？对此，一致于人的本性的回答是快乐主义的柏拉图主义回答。其要点是：把在真善美汇合的地带产生的纯洁的、复合的快乐最大化，从而寻求幸福。

弗拉纳根认为，要找到生活的意义，还必须问两个问题：①寻求幸福的人所寻求的东西中有无深层的结构特征；②有无这样的深层结构特征，它们可帮助人对所获得的幸福做出评价。弗拉纳根的回答是肯定的，而如此回答的根据则是经验材料。①要解决真正的困难问题，首先要弄清幸福问题的性质。传统观点认为，这属于规范性问题，而非经验性问题，就像为什么要在河上建一座桥这一问题一样，因为它与人的目的有关。同样，幸福是什么的问题也是这样。弗拉纳根认为，即使这是规范问题，也必须用经验方法予以解决，否则就不能真正予以解决。就此而言，规范问题也可以成为经验问题。②另外，意义、幸福的来源在真实世界是有其位置和源泉的，这就是前面所说的艺术等空间。就此而言，"幸福在哪里"等问题就有了经验的性质。弗拉纳根说："如果意义有其定位，那么它只能在那个空间中，而不能在别的地方。"③另外，意义空间的本质、形态、内容都有其偶然性，这也说明意义问题有经验性质。

最后，他的整体论要回答这样的核心问题：既然我们完全是自然存在，是诸物种中的一个成员，那么我们能否找到生活的意义呢？能否获得幸福呢？弗拉纳根回答这一问题用了多种方法，其中之一是比较的方法，即通过考察古今中外的思想资源，寻找其中的共识。他还运用了哲学心理学方法。他认为，这一方法既有经验的可信性，又有规范的可信性。④他自认为，他"用经验的、生态学的方法"对幸福的问题做了回答，而这一回答与新达尔文主义和最流行的心灵科学关于人的图景又是一致的。"根据这一图景，我们是嵌入了思想-情感的动物，这动物生活着，并能使其充满意义……我们是自主体，我们有行动的自由，但我们并不具有非自然的自由意志能力……当我们死亡时，我们作为有意识存在的生涯也随之消失。"⑤

---

① Flanagan O. *The Really Hard Problem: Meaning in a Material World*. Cambridge: The MIT Press, 2007: 38.
② Flanagan O. *The Really Hard Problem: Meaning in a Material World*. Cambridge: The MIT Press, 2007: 38.
③ Flanagan O. *The Really Hard Problem: Meaning in a Material World*. Cambridge: The MIT Press, 2007: 39.
④ Flanagan O. *The Really Hard Problem: Meaning in a Material World*. Cambridge: The MIT Press, 2007: 61.
⑤ Flanagan O. *The Really Hard Problem: Meaning in a Material World*. Cambridge: The MIT Press, 2007: 61.

弗拉纳根的初步结论是："既然幸福涉及的因素很多，比如大脑中发生中的东西更多的积极的情绪、健康、康乐，因此这里的任务最终或同时是探究：基因、胎儿发展、养育、教育、道德和灵性承认以及社会世界中的哪些原因、条件与幸福的各种大脑因素有关联。"①在决定幸福与否的多因素中，人所持的对自我的观点和态度最为重要，居于举足轻重的地位。例如，如果坚持小人式的、常一不变的实我论，那么人们将永远沉沦苦海，没有出期，如果像佛教那样坚持辩证的观点，既破除错误的自我论，又树立正确的自我论，且落实于行动中，那么当下即解脱，甚至能做到生死即涅槃、烦恼即菩提。

通过比较研究，弗拉纳根得出了这样的结论，即人生活得是否有意义、是否幸福，在根本上是由人所持的自我论所决定的。印度哲学有这样的认识，即自我由物质和精神两方面的材料所构成，其最内在的自我是阿特曼。它就是无所不包、处在宇宙中心的最根本实在，即梵（brahman）或大我。梵是绝对的宇宙精神，是一切存在的总根源。它没有形式，不可分辨和定义，是纯粹的绝对。在最基本的层面上，梵和阿特曼是同一的。人之所以生活在不幸中，是因为物质的、无常的世界打破了这种同一，让人远离了这个大我，或者说让这个"我"被囚禁在肉体之中。因此人活着的目的就是重新回归这种同一，果如此，即为解脱、获救。获救包括超出生、死、再生、再死的轮回。换言之，印度教的目的就是要帮人获得这样的意识。其获得的途径就是将自我从肉体的束缚中解救出来。因为拥有无肉体的自我才是幸福的。佛教认为，人的不幸的根源是执着自己身上有实体性的自我，一切以它为中心。

弗拉纳根既强调幸福的自然化，又反对"幸福的科学"对幸福的简单处理，如只关注大脑的某些活动。他之所以不赞成"幸福科学"的过度泛化，一是因为幸福是复杂的哲学问题，远非神经科学能独立处理的；二是因为神经科学所注意的大脑活动与幸福感的关系是个别的、偶然的，不一定具有普遍意义，而且已揭示的所谓联系、关联是不可靠的。此外，幸福不只禅定这一源泉。弗拉纳根指出：即使大脑与某些现象性的快乐感有关联，人们也没有必要接受关于幸福的那个简单的结论。如果关于幸福的概念只关注认知内容，那么把来自神

---

① Flanagan O. *The Really Hard Problem: Meaning in a Material World*. Cambridge: The MIT Press, 2007: 159.

经科学的幸福概念加以泛化就是不合理的。如果承认亚里士多德对幸福的理解（幸福包含复杂因素——知识、德行、快乐等，是一种生活方式），那么"幸福的科学"的问题就更加严重。关键还在于：简单测量大脑的活动并不能判断一个人是不是真的幸福。弗拉纳根基于他的佛教理解提出，即使是自然化的佛教也不会把美好的生活看作是纯粹发生在头脑中的东西。既然如此，仅仅调节大脑还不足以获得幸福。幸福这样的狭隘的快乐论元素并没有优于意义、目的、亲密关系等的特权，它们都不是头脑中的东西，人们不能仅通过对神经科学的研究予以接近。①

弗拉纳根认为，要解决与幸福有关的种种问题，应回到佛教。他说："佛教的形而上学、认识论、伦理学是有深度的，其宽容、理智地谦逊。"②这对于我们理解我们是谁、是什么，我们在更大的图式中是什么地位，怎样定位意义、幸福，怎样做出杰出的成就都是有帮助的。为此，他倡导研究"规范的心灵科学"。这门学问是一门专门研究道德规范和幸福之类的价值及其关系的心灵科学。这里的对象是传统伦理学的课题，因为它们属于"应然"或"应当"的范畴，但到了心灵科学面前，则要受到科学的对待，例如，要用科学的方法研究它们的原因和构成，研究如何得到幸福。

再来看弗拉纳根建立"规范性"心灵科学的尝试。规范性即应然性，是必然性的对立面。规范性现象历来是经验科学难以同化的现象。最典型的规范性现象是幸福、价值、生活的意义等。心灵科学本来是以事实为对象的实证性科学，为什么能成为研究"应当"之类的规范性问题的科学呢？弗拉纳根的根据是，事实上有这样的情况，即以前属于规范的、关心"应当"问题的学科，如医学、精神病学、医学心理学等，后来都成了经验性实证科学。既然如此，以幸福为对象的伦理学等也可被改造成规范的心灵科学。这样的科学事实上已经出现了。例如，古代有两种规范的心灵科学，一是亚里士多德的《尼各马可伦理学》所包含的，二是佛教的"阿毗达磨"中所包含的，二者都提供了统计上规范的心理学，它们都有关于美德的理论。在亚里士多德看来，一个幸福的人是这样的人，首先他真的是幸福的，其次他真的充满生机、兴旺发达，并有理

---

① Flanagan O. "Buddhism and the scientific image: reply to critics". *Zygon*, 2014, 49（1）：244.
② Flanagan O. "Buddhism and the scientific image: reply to critics". *Zygon*, 2014, 49（1）：258.

性和德行。在佛教那里，幸福的人是摆脱了各种弊端和心灵创伤、充满四无量心的人，如慈无量、悲无量、喜无量、舍无量。

弗拉纳根的规范心灵科学关心的问题是规范性问题，但它的原则、目的、方法和手段又有经验根据。从方法论上说，它在研究规范性问题时要用的方法主要是他倡导的"自然的方法"。这个方法论体系实即经他改进了的、融合了东西方积极思想成果的自然主义方法。法尔曼（G. Fireman）等认为，在研究意识、自我与叙事及其关系的过程中，人们常用"自然的方法"。它由弗拉纳根所倡导。该方法最先是研究意识的一种方法，其基本原则是，在把捉意识时，可关注这样一些问题：①意识感觉起来是怎样的，研究这个问题其实是要弄清意识的现象学；②意识做了什么或能做什么，回答这个问题就是要弄清意识的心理构造、机制；③意识是怎样实现的，回答这个问题就是要弄清意识的神经生物学。这一方法近来扩展到了这样一些研究之中，即与自我意识、人格同一性、自我表征、梦境叙述及解释等有关的研究中。在这里，弗拉纳根把他应用于解决规范性心灵哲学的研究之中。当被如此推广、运用时，这一方法就被称作"扩展了自然方法"。这一方法的最大特点首先是，除了像西方的一般的自然主义哲学家那样强调用自然科学的概念、理论解释那些非基本的现象以便将它们"自然化"，还在自然化时，重视诉诸人类学、历史社会学、宗教、文学甚至通俗文化。①其次，他的这一方法还有这样的动机，即调和科学主义、自然主义与人文主义、常识直觉之间的冲突。他认为，生活的意义、非物质心灵、自由意志、固定不变的自我等是人文主义所强调的东西，而人文主义根本对立于科学主义。弗拉纳根认为，自古以来，这两种思潮一直针锋相对，势不两立。根据科学主义，灵魂、自我问题是假问题。而人文主义者一般坚信或假定有灵魂，尽管许多人都认为灵魂是一个过时的概念。②

由于弗拉纳根像多数英美哲学家一样坚持自然主义，并在此基础上倡导他赋予了新含义的"自然的方法"（前已阐释），因此他还试图根据自然主义来回答规范从哪里来这样的问题。很明显，规范不会像关于事实的知识那样来自

---

① Fireman G, McVay T E, Flanagan O (Eds.). *Narrative and Consciousness*. Oxford: Oxford University Press, 2003: 4.
② Flanagan O. *The Problem of the Soul: Two Visions of Mind and How to Reconcile Them*. New York: A Member of the Perseus Books Group, 2002: 38.

经验。在这里,他的心灵科学与神经科学有同有异。相同在于:都强调要根据自然科学说明幸福,要对幸福进行自然化。不同在于:首先,他视之为自然化基础的科学部门更多,不只是神经科学。其次,在强调幸福离不开真、善、美等价值时,他特别给予真以优越地位,认为它在人的幸福获得中,比美、慰藉、简单的幸福更重要,尤其是当它们有冲突时更是如此。因为人的兴旺发达主要是由真授予的。他说:真是幸福的可靠的授予者。尊重真理是基本的,轻视真理肯定会导致个人和政治的功能紊乱、不爽。在这一点上,他自认为是一个柏拉图主义者。最后,强调追求超越、超脱,心胸宽广是幸福的必要条件。他认为,追求超越是心理学的普遍原则,同时是促使群体和谐的保证。就此而言,超越是道德黏合剂,而只有在一个充满高尚道德情操的群体中,个人的真正幸福才是可能的。

根据康德以来的观点,伦理之类的规范来自道德律令,有应当性,无必然性。自然主义对此的回答是不同的。当然,自然主义有不同形式。弗拉纳根坚持的自然主义是:存在意义这一问题是一个如何为精明的、群居的社会动物谋取幸福的问题,是用什么手段和方法去实现幸福的问题。正像关心植物生长的自然主义者寻求植物学智慧一样,他作为关心幸福的自然主义者要探寻的是:生活于复杂世界中的人如何才能获得幸福,人在得到幸福时与哪些信息有关。在做这种探讨时,首先,弗拉纳根的自然主义承认人类追求幸福是合理的、必然的、天经地义的,当然是值得的。其次,他的关于幸福的自然主义以历史上的有关幸福观为思想源泉。他强调:当他说幸福论是规范的、经验的时,他说的就是上述意见。质言之,研究幸福必须研究借鉴前规范的方面。但作为自然主义者,他同时强调:幸福论又必须是科学的。说它是科学的,意思不外乎是说,在对幸福论做哲学的系统化、理论化时,必须与科学保持一致,必须把这项工作看作是科学的继续。尤其是要利用有关科学的成果,如进化论、神经科学、人类学、历史学等。蒯因曾说:伦理学就像工程学。[①]弗拉纳根认为,这是一个极其恰当的类比。就像你要过河得建一座桥一样,你想得到幸福,该建什么样的桥呢?要建的桥很多,如建构友谊、改造你的性格等。

---

① 转引自 Margolis E, Samuels R, Stich S P (Eds.). *The Oxford Handbook of Philosophy of Cognitive Science*. Oxford: Oxford University Press, 2012: 4.

推进有关研究，解决有关的形而上学问题，要做的工作很多，需要调动的科学也很多。弗拉纳根认为，这里的当务之急是开展神经现象学研究。他说："神经现象学是旨在解释心脑活动的策略，其方法是，先小心获得来自被试的生动的第一人称现象学报告，然后用我们在认知心理学和神经科学中所能得到的一切知识和工具，确定大脑在被试所报告的经验中做了什么。"[①] 根据他的这些看法，已有的研究都不够，甚至有严重的缺陷，值得改进。例如，埃克曼（P. Ekman）和理查德·J. 戴维森等人被认为是这个领域中最出色的科学家。可以说，埃克曼是世界上研究基本情绪形式（恐惧、生气、伤心、吃惊、厌恶、幸福、耻辱）及其所伴随的普遍事实性表现的权威，例如，他研究由进化而来的基本情绪反应、把情绪与面部表情区分开来的能力及其个体差异等。他和很多人合作，长时期致力于佛教徒的情绪与行为的研究。弗拉纳根认为，埃克曼等人尽管做了大量有价值性的研究，但并未真正触及佛教与幸福的关系问题，因此他们所测验的东西与幸福假说没有什么关联。[②] 当然，他们的研究证明了这样的假说，即禅定工夫高的人面对突然的声音不会像普遍的人那样容易慌乱、吃惊、恐惧。理查德·J. 戴维森等人对佛教徒的禅定做了大量的神经科学研究，例如借助相应仪器、手段观察：禅定者在不同禅定中的不同中枢活动；以脑科学方法研究幸福与慈悲，与真、善、美的关系，与免疫功能、注意力的关系，等等。实验发现，免疫功能、注意力与健康肯定有关，与工作表现、绩效也有关。这类研究常被称作"神经学佛教"，其任务是对佛教的禅定经验展开神经科学研究。有的研究者还试图上升到哲学高度引申出关于佛教与幸福的一般结论。弗拉纳根认为，理查德·J. 戴维森等人对禅定的研究似乎没有正面触及关键性、要害性问题，且与测评幸福、弄清幸福的标志，没有太大关系。研究者注意到的因素与幸福的关系是模糊的，至少现在还不清楚它们是否真的与幸福有关。[③] 弗拉纳根对已有的大脑研究持悲观看法，认为它们尚未找到与主观经验或现象学报告对应的大脑关联物。"即使我们承认常见的技术能分辨积极的情

---

① Flanagan O. "The color of happiness". *New Scientist*, 2003, 5 (24): 13.
② Flanagan O. "The color of happiness". *New Scientist*, 2003, 5 (24): 8.
③ Flanagan O. "The color of happiness". *New Scientist*, 2003, 5 (24): 11.

绪，但尚没有这样的技术，它们能对不同命题态度的内容做出区分。"①关于心理状态的原因，神经科学也有其无能为力之处。最后，关于佛教幸福研究的下述结论也是值得商榷的，弗拉纳根概述说："佛教式幸福被认为有某种原因和某种内容（例如，有其由四个必要的德行所构成的结构，即慈、悲、喜、舍）。如果有佛教式幸福，它一定是由特定的佛教智慧和美德产生的。从第一人称角度感知到有觉性和德行至少是这样幸福的内容。"②

为了提升有关研究的质量，弗拉纳根做了大量开创性研究，例如，神经现象学研究，对佛教心灵哲学进行自然化、对心灵哲学进行跨文化研究，尤其是进行神经哲学研究。科泽鲁（C. Coseru）评述说："弗拉纳根的《菩萨的大脑》（The Bodhisattva's Brain）一书表达了进行跨文化神经哲学研究的雄心勃勃的计划，对佛教哲学自然化的论述尽管不是没有问题的，但显然是必要的。"③当然，弗拉纳根所做的研究也有许多问题，例如，没有将佛教关于心灵、心理现象的理论所本有的丰富性和复杂性完全展示出来。"这种复杂性远远超出了该书所描述的程度。"④应承认，弗拉纳根的工作对西方的佛教研究的确有别开生面的作用。客观来说，过去西方对佛教的解读和研究，要么陷入了神秘主义，要么充满误读、不到位的解读等，弗拉纳根别出心裁地倡导对佛教做自然化解读，对佛教心灵哲学进行自然化，即在说明佛教与科学一致的基础上，挖掘其中所隐藏的对今日仍有价值的思想资源，这些都有超越性。⑤

总之，规范的心灵科学是规范性学问，但它的原则、目的、方法和手段又有经验根据。它认为，规范不会像关于事实的知识那样来自经验，但又与自然主义并行不悖，只是它认可的自然主义是更加宽松的自然主义，因为它强调自然化的基础除了物理学等自然科学之外，还包括微观生物学、神经科学、历史学、人类学。不难看出，弗拉纳根的规范的心灵科学与神经科学的心灵科学有同有异。这在前面已有论述，这里不再重复。最后，他的独特之处在于：首先，强调生存的意义这一问题是一个如何为精明的、群居的社会动物谋取幸福的问

---

① Flanagan O. "The color of happiness". *New Scientist*, 2003, 5 (24): 14.
② Flanagan O. "The color of happiness". *New Scientist*, 2003, 5 (24): 14-15.
③ Coseru C. "The bodhisattva's brain: Flanagan O meets critics". *Zygon*, 2004, 49 (1): 208.
④ Coseru C. "The bodhisattva's brain: Flanagan O meets critics". *Zygon*, 2004, 49 (1): 208.
⑤ Coseru C. "The bodhisattva's brain: Flanagan O meets critics". *Zygon*, 2004, 49 (1): 220-221.

题；其次，他的关于幸福的自然主义以历史上的有关幸福论为源泉，当然是批判地接收前人的思想的。为此他研究了前人思考幸福的方法，以及前人所积累的如何获得幸福的智慧和知识。由上述特点所决定，他的幸福论既是规范性的，又是科学的。这实际上是蒯因所说的"伦理学就像工程学"这一原则的推广。①

第三节 神经幸福学

西方的价值性心灵哲学不只是体现在弗拉纳根的思想之中，还有诸多表现，这里考察融多种研究于一体的神经幸福学。这一概念与前面所说的"幸福的科学"表面上没什么差别，其实如下面将考释的，差别很大。例如，就构成而言，它里面的分支很多，如神经伦理学、神经学佛教、神经现象学、神经存在主义等。

神经幸福学的宗旨、任务与东方的价值性心灵哲学基本一致，也是想通过对心灵和大脑的研究找到解脱，特别是幸福的原理、机制与实现途径，其特点是侧重于用神经科学的手段和方法研究与幸福有关的大脑结构及过程。弗拉纳根对它的概括是：神经幸福学是关于幸福的构成要素与原因的自然主义探讨。这里所谓的幸福即亚里士多德明智地说的每个人都最想得到的东西。亚里士多德的说法千真万确，因为关于人的一个普遍真理是，人们在一切时间和地点都希望愉快、健旺、幸福。因此我们有必要知道：它是什么、存在于哪里、怎样得到。神经幸福学主张：神经科学能推进我们对幸福之构成和原因的理解。神经幸福学的研究有不同的走向：①神经佛教、神经伦理学、神经存在主义；②神经怀疑论；③弗拉纳根的中间立场。他开始是赞成并倡导神经幸福学研究的，后来转向了对它的批判（前有考释）。即便如此，他仍承认它有其合理性，因为它至少揭示了幸福的一个必要条件。他对这种研究计划的前景的看法是："幸福学是有前途的，但人们高估了神经科学家在研究幸福本质、原因和构成时的贡献。"②

---

① 转引自 Margolis E, Samuels R, Stich S P (Eds.). *The Oxford Handbook of Philosophy of Cognitive Science*. Oxford: Oxford University Press, 2012: 4.
② Flanagan O. "Neuro-eudaimonics or buddhists lead neuroscientists to the seat of happiness". In Bickle J (Ed.). *The Oxford Handbook of Philosophy and Neuroscience*. Oxford: Oxford University Press, 2009: 582-583.

就它与前述的"幸福的科学"的关系而言，它的范围略大于幸福的科学，如里面有神经佛教、神经伦理学、神经存在主义和怀疑论等不同走向。另外，它关心对情绪等与幸福有关的心理现象的研究。例如，神经幸福学重视对积极情感与大脑关系的研究。理查德·J.戴维森等人于2000年、胡格达尔（K. Hugdahl）等人于2002年就做过这样的研究。前者的实验表明，当向被试显示令人愉快的图片时，比如落日美景，结构设计鉴定试验（design evaluation test，简称DET）或fMRI等仪器就会显示，被试大脑前额叶皮质有不断提高的激活。被试会报告说，他很快乐。反之，当让他们看令人不快的照片时，激活就会下降，被试会有不快的报告。实验表明：前额叶皮质与情绪有关，同时它又是生命在晚近进化中形成的构造，它们在预见、计划、自我控制等方面有重要作用。

神经幸福学的另一项工作是研究幸福的中枢实现地，或幸福、好情绪的神经定位。其结论是："左倾额叶前部的激活是正面情绪的可靠指标，但值得信任的科学家不会说：在左撇子中，你越左，你就越幸福。"[1]

神经幸福学还对幸福的理论问题或心灵哲学问题做了探讨，例如它思考过：①概念问题——好情绪、积极情感与幸福究竟是何关系，一般的看法是，它们不能等同，因此找到了好情绪的位置并不一定就等于证明了幸福的位置；②幸福的中枢实现与幸福的内容和原因的关系问题，幸福的内容、源泉与大脑状态的关系问题。对此，人们也有不同的看法，一种观点认为，幸福的原因是不一样的，有的人的幸福生活源于家庭条件，有的源于美德，有的源于金钱。但它们的大脑实现、表现都可以是相同的，如都在大脑中有光亮发出。再就内容而言，内容不同的幸福形式也可能有相同的大脑状态，如都有相同的激活、有光亮出现。例如，有一种幸福状态，它的内容特征是由对虚无的禅观而形成的，还有一种幸福状态的内容是由解开了量子力学方程式而来的，但它们都可以有相同的大脑表现。这就是说，现象学上不同的幸福状态，如希腊式的幸福和佛教式的幸福，完全可以有相同的大脑实现。[2]

---

[1] 转引自 Flanagan O. "Neuro-eudaimonics or buddhists lead neuroscientists to the seat of happiness". In Bickle J (Ed.). *The Oxford Handbook of Philosophy and Neuroscience*. Oxford: Oxford University Press, 2009: 588.

[2] 参阅 Flanagan O. "Neuro-eudaimonics or buddhists lead neuroscientists to the seat of happiness". In Bickle J (Ed.). *The Oxford Handbook of Philosophy and Neuroscience*. Oxford: Oxford University Press, 2009: 587.

神经幸福学还探讨了宗教信仰、宗教经验与幸福的关系。一般认为，宗教信仰、宗教经验也可成为幸福的一个源泉，当然也是幸福的一种构成和形式。例如，天主教许多教派的修道士都相信人的神性，都有对此的冥想经验，而这些都能导致幸福。人对上帝的信仰，以及与上帝的关系都被肯定地认为是他们所寻求的那类幸福的构成要素。新的观点是，科学家即使不相信真的存在着信徒所相信的神性，但可以搜寻这样的心理状态，它们确实是聚焦于神性的（将其作为此状态的内容）。[1]

另一项有意义的研究课题是，佛教与非幸福现象（注意力、问题解决能力等）的关系问题。对此，潘格诺尼（G. Pagnoni）等人做了这样的实验研究，即研究参禅者（老参）与没有这类经验的人在注意力、问题解决能力等方面的不同。结果表明，禅定真的有提高这些能力的作用。潘格诺尼等由此推断说：如果是这样的话，那么就可把禅定技术用于治疗阿尔茨海默病、注意力紊乱的患者。戴维森等人研究了信佛与患流感等疾病的关系，以及信佛与积极情感、免疫系统的免疫能力的关联问题。还有人以脑科学方法研究过幸福与慈悲的关系，与真、善、美的关系，与免疫功能、注意力的关系，等等。实验发现，免疫功能、注意力与健康肯定有关，与工作表现、绩效也有关，但它们与幸福的关系是模糊的，至少现在还不太清楚。[2]有的人基于研究提出：信佛是有利于身体健康的，是有利于积极情感的形成的。因此我们可得出结论说，禅定可能有这样的作用，即将外来的、令人不快的刺激、恶缘屏蔽掉。

这类研究以下述两个形而上学假定为前提：第一个是同一论假定。它断言所有心理状态都是大脑状态。根据这一假定，神经幸福学认为，现象学方法尽管可以帮我们进到心灵的表面结构，但不能让我们进到心灵状态的深层神经结构。而在这里，第三人称的技术方式则可帮助我们进到这里。同一论还认为，用第三人称方式看到的与用第一人称方式感受的可以是同一或等同的。[3]第二个

---

[1] 参阅 Flanagan O. "Neuro-eudaimonics or buddhists lead neuroscientists to the seat of happiness". In Bickle J (Ed.). *The Oxford Handbook of Philosophy and Neuroscience*. Oxford:Oxford University Press, 2009: 588.
[2] 参阅 Flanagan O. "The color of happiness". *New Scientist*, 2003, 5 (24): 11.
[3] 参阅 Flanagan O. "Neuro-eudaimonics or buddhists lead neuroscientists to the seat of happiness". In Bickle J (Ed.). *The Oxford Handbook of Philosophy and Neuroscience*. Oxford: Oxford University Press, 2009: 594-595.

是中枢关联观假定,即认为每个心理状态都有其对应的神经关联物。

有这样的问题,即有些心理状态尚未找到神经关联物,甚至找不到与主观经验或现象学报告对应的大脑关联物。"即使我们承认常见的技术能分辨积极的情绪,但尚没有这样的技术,它能对不同命题态度状态的内容做出区分。"[①] 有些人甚至断言,每个经验的主观属性不可能完全还原为那个经验的神经基础,因为这些经验也许有自己的非物理的属性。如果是这样的话,它们就超出了神经科学的范围。另外,关于心理状态的原因,神经科学也有其无能为力之处。弗拉纳根认为,禅定中见到的"大光明"、大圆满、周遍法界、湛然清净等是找不到神经关联物的。他说:"光明意识是一种特别纯粹的心灵状态,这种状态与人的最纯净的本质即佛性密切相关。"[②] 但他不赞成说光明意识是非物理。神经科学的局限性还在于:上述现象学经验及其内容肯定是事实,但已有的大脑技术是找不到它们的神经关联物的。"我们现在无论如何也没法看清或测量或区分这些状态。"[③]

有的人基于神经幸福学碰到的上述问题指出:推进有关研究、解决有关形而上学问题的出路,就是开展神经现象学研究。弗拉纳根对神经现象学的概括是:"神经现象学是旨在解释心脑活动的战略,其方法是,先小心获得来自被试的生动的第一人称现象学报告,然后用我们在认知心理学和神经科学中所能得到的一切知识及工具,确定大脑在被试所报告的经验中做了什么。"[④]

就神经伦理学而言,它在形式上有点像丘奇兰德所说的神经科学,其宗旨就是要用神经科学的方法研究传统的伦理道德、人生哲学问题。与之相近的还有瓦雷拉所说的神经现象学。它们关注的问题仍是传统伦理学、现象学、心灵哲学中的问题,但所用的方法发生了很大的改变。其最重要的一点是:将神经科学的最新成果推广应用到了这些领域之中。

神经伦理学的任务是依据神经科学的成果和概念资源,着力探讨道德培养

[①] Flanagan O. "The color of happiness". *New Scientist*, 2003, 5 (24): 14.
[②] 参阅 Flanagan O. "Neuro-eudaimonics or buddhists lead neuroscientists to the seat of happiness". In Bickle J (Ed.). *The Oxford Handbook of Philosophy and Neuroscience*. Oxford: Oxford University Press, 2009: 596.
[③] Flanagan O. "The color of happiness". *New Scientist*, 2003, 5 (24): 15.
[④] 参阅 Flanagan O. "Neuro-eudaimonics or buddhists lead neuroscientists to the seat of happiness". In Bickle J (Ed.). *The Oxford Handbook of Philosophy and Neuroscience*. Oxford: Oxford University Press, 2009: 595-597.

和冥想实践中的各种问题。它向传统佛教伦理学提出了两个问题：第一，神经科学能为对慈悲的自然化说明提供充分根据吗？第二，这种说明能促进哲学关于自由和决定论的研究吗？如果能，其具体表现怎样？我们先来看对第二个问题的回答。长期以来，在自由与决定论问题上，相容论和不相容论水火不容、针锋相对，有了神经佛教就能较好地解决这里的争端。解决的办法就是提出和论证一种新相容论。据说，它能调和自由与决定论的冲突。因为它把自由的作用看作是由诸原因和条件因素决定的东西。这些因素使自由成为可能。①如果自然不受我们为之所选择的某种行为提供的理由的限制，自由就不是自由。根据新相容论，无限制的自由是一个深刻矛盾的概念。再来看第一个问题，其倡导者认为，像移情和利他这样的行为倾向最终可根据规范情感性认知的机制来理解。这些理解不仅为因果解释提供了充分理由，而且也反映了佛教道德心理学这样的一般自然主义观点：既然倾向和理由有事件结构，那么它们也能成为原因。至少其与行为有因果相关性。根据这种观点，慈悲这样的德行在有意识行为中的根据、根源比人们通常所设想的要深得多。②

当然，的确有这样的情况，即神经科学不能告诉我们：某些情感和倾向为什么能成为道德动因的基础。行为的倾向如果不是自由被选择的，显然不能被看作是慈悲的。但神经科学能告诉我们：被视之为与对他人的慈悲有联系的那类道德判断是否首先是由情感性或认知性机制所引起的。根据佛教的观点，一种行为要成为慈悲行为，它必须是自由地完成的。当然有一种观点认为，慈悲不依赖于自由选择，而是人自发完成的。例如，作为慈悲之化身的菩萨，他所完成的自利利他行为就不依赖于意图。因为他自发地、本能地大慈大悲。而这又是因为他体空了，有此体，必有此慈悲之大用。佛教经常提倡的行为和品德是：宽宏大量、大慈大悲、洞察一切。佛教认为，这些是有利的、有益健康的，也是到达最高解脱境界的必由之路。与其相反的行为习性有：贪、嗔、欺诈。它们是痛苦烦恼的根源，是进入解脱之境的拦路虎。

神经伦理学的一种新倾向是，重视对慈悲之类的自利利他的美德的研究。

---

① Marigolds E, Samuels R, Stich S P (Eds.). *The Oxford Handbook of Philosophy of Cognitive Science*. Oxford: Oxford University Press, 2012: 3.
② Marigolds E, Samuels R, Stich S P (Eds.). *The Oxford Handbook of Philosophy of Cognitive Science*. Oxford: Oxford University Press, 2012: 3.

它不关心这样的问题：为什么要慈悲？慈悲有何好处、必要性？慈悲与人的幸福是何关系？怎样慈悲？而转向了这样的问题，即慈悲能否被培养？一个不慈悲的人能转向慈悲吗？转变的可能性根据、条件、机理是什么？等等。显然，这些研究都是典型的价值性心灵哲学的问题，但里面同时又包含着求真性的因素，因为对培养、转变等的研究必然涉及对心灵的本质的研究。

从心灵哲学上说，上述慈、悲、喜、舍与贪、嗔、痴之类的特征都属于心所法，即伴随各种主识而发生的心理现象。根据神经学佛教，它们都应被自然化。这是神经学佛教在关于规范性心灵哲学问题的探讨中必然过渡到求真性探讨的表现。它强调：自然主义者在这里想弄清的是道德的根源。既然如此，就要探讨这样的问题：在慈、悲、喜、舍与贪、嗔、痴中，哪些应被理解为情感性心理，哪些属于认知现象。尽管佛教没有把心理现象分为情感和认知，但这样的区分对于自然主义者来说是必要的。因为从神经成像研究的观点看，有些大脑区域，如额叶前部皮质的背外侧面及顶叶与情绪状态的关系较为密切。

为了弄清道德判断是否有情绪的构成因素，以及情绪反应在什么条件下可被忽略，神经伦理学解剖了这样一个案例：有一辆失控的有轨电车正驶向前面不远处的五个人，如果它不改换线路，就要将五人压死，但若改换线路，又会压死一个人。在这种情况下，该怎么办？究竟是选择让五人死、让一人活的方案，还是选择让一人死而让五人活的方案？另一案例是所谓的"人行天桥"案例。有一辆失控有轨电车正威胁着五个人的生命，要让它停下来，唯一的办法就是把站在人行天桥上的一个人推到轨道上。把这两个问题交给被试，然后用大脑成像方法观察他的大脑激活状态、水平。实验发现，被试面对这两个问题进行抉择时的大脑成像是不一样的。两种情况都得到了关于大脑活动的成像，在面对第一个案例时，大脑成像发现的是：与做计划有关的、负责认知活动的大脑区域的激活水平明显提高；而在面对人行天桥案例时，被激活的大脑区域主要是与情绪反应有联系的区域。[①]

传统伦理学在解决这些问题时常诉诸道德规范。例如，根据康德的伦理学，为拯救一个人而杀另一个人在任何情况下都是不被允许的。面对这种情况，人

[①] Marigolds E, Samuels R, Stich S P (Eds.). *The Oxford Handbook of Philosophy of Cognitive Science*. Oxford: Oxford University Press, 2012: 13.

们会做出道德评价说,这是不道德的。神经伦理学在这里关心的问题根本不同。它不要求伦理理论一致于经验材料,而是试图弄清楚:关于道德的本质,经验材料能告诉我们什么。有人认为,人们在情绪反应低的情况下往往倾向于效果论,即在理智起作用时,比较看重后果。相反,在情绪反应高时,容易倾向于道义论。①

相近的倾向还有神经学佛教或佛教神经科学、神经佛教哲学。它们是神经哲学的子领域。其任务就是为神经科学积累各种有关的经验材料,如道德经验、冥思经验方面的资料。另外,它们还致力于对各种形式的禅定的神经科学、对幸福(well-being)和健康的神经科学的研究。这些研究都是围绕佛教展开的,从一个侧面再现了当前西方学术研究中的一个新的发人深思的现象,即"佛教已在神经科学家和认知心理学家中享有特许的地位"②。

第四节 自我研究中的规范性走向

自我研究是当前西方心灵哲学中最热门、最兴旺的研究领域。里面出现了这样一种新的倾向:不仅像过去一样重视研究自我是什么之类的实然性问题,而且提出并回答这样的应然性问题,即自我应该是什么、人有什么样的自我才对人有利。根据卡拉皮楚(V. Colapietro)等人的归纳,新实用主义的社会自我论回答了如下四类问题:第一,本体论问题——自我是什么样的存在、以什么方式存在;第二,认识论问题——人是怎样认识自我的、自我意识如何可能;第三,社会心理学、发展心理学问题——自我、自我意识是如何发生、发展的;第四,从伦理、道德角度提出的规范性问题——自我应该是什么、自我应该怎样发展,以及自我与责任、自由与道德是什么关系。③从研究维度说,新的社会自我论不仅热衷于从实然性角度展开研究,而且创造性地从伦理道德或价值性

---

① Marigolds E, Samuels R, Stich S P (Eds). *The Oxford Handbook of Philosophy of Cognitive Science*. Oxford: Oxford University Press, 2012: 13.
② Flanagan O. "The color of happiness". *New Scientist*, 2003, 5 (24): 210.
③ Colapietro V. *Peirce's Approach to the Self*. New York: State University of New York Press, 1989: 74.

心灵哲学角度展开了研究，热衷于回答自我应该是什么、必须是什么样子之类的规范性问题。卡拉皮楚等认为，新的社会自我论进步的表现是增加了这样的思想，即自我应成为有自我控制能力的自主体。而要如此，自主体不仅要有对错误和无知的知晓，而且"能够成为目的和力量的中心"①。为了完成既定的目标，为了发展自身的力量，自我必须指向末端开放的未来。在这种自我的形成中，内部言语为自我确立和自我控制提供了能力条件，其作用表现在，它塑造了一个审慎的、评价性的自我，这种自我的作用就是通过批判地分析习惯、个性、后果等来决定道德行为的方向。另外，审慎自我在引导行为时还有校正的作用，有选择行为的作用，有形成和克服某种习惯的作用。这种自我发生作用的方式就是进行批判性反思。而批判性反思就是在内部进行批判性对话。根据这种新的社会自我论，自我是道德自主体，是具有可错性的社会自我。由于它发现并强调自我研究的道德维度，因此它认为，过去的自我研究是有缺陷或遗漏的，即没有注意自我研究的道德维度，其所关心的问题也遗漏了与道德有关的问题，如自我应该是什么、自我应该怎样发展，以及自我与责任、自由与道德是什么关系。②

根据卡拉皮楚的解读，老一代实用主义者杜威等已阐述过这样的思想。例如，杜威也从社会心理学、发展心理学角度说明了人的自我的形成过程。这个说明可概括为这样几个要点：①自我的形成既得益于人的行为和习惯，又得益于自我的其他社会成员；②习惯可以是常规性的、机械性的，也可能是与新经验有关的，还可能是理智的、艺术的、适合于修改的；③选择是自我的最有个性的活动，它既表现了当下的自我，又塑造着未来的自我；④自我的生成是唯一的道德目的或规律，自我进一步应该成为什么样子，可看作是基本的道德标准，即应根据自我应该成为什么来制定道德的标准；⑤道德判断的必要条件是所有自我都被假定有相同的道德立场。

在卡拉皮楚等人看来，人们在解读实用主义者的自我论时，往往只注意他们对自我的本体论问题和认识论问题的回答、对社会发展心理学问题的回答，而没有看到他们对应然性、规范性问题的探讨。这将妨碍对社会自我论的全面

---

① Colapietro V. *Peirce's Approach to the Self*. New York: State University of New York Press, 1989: 74.
② Colapietro V. *Peirce's Approach to the Self*. New York: State University of New York Press, 1989: 74.

认识。根据卡拉皮楚的解读，杜威在这方面极有建树。首先，杜威认识到，人之所以能负责任、之所以有自由，是因为人有自我，因为自我能通过学习而生成和变化。人的习惯之所以能培养和改变，如养成好习惯、克服不良习惯，是因为自我有可塑性。同理，自我之所以保持连续性，又是因为存在着这样的连续性，即诸习惯有机结合而形成的连续性。其次，杜威揭示了人的自由的根源，那就是，人能能动地选择成长的道路，如与冷漠、顽固、僵化做斗争，进而让自我的再创造的可能性成为现实。①

自我的规范性研究还表现在从道德责任角度所做的自我研究。它主要研究人的自我与道德责任的关系。例如，D. 休梅克（D. Shoemaker）写了《道德责任与自我》（*Moral responsibility and the self*）一文。一般认为，只有承认每个人有同一不变的自我，才能解释人们为什么对自己的行为采取负责的态度，才能解释人们为什么有道德责任意识。②有这样一项老生常谈的内容，即每个人对自己的行为负有道德责任。从这个角度建立的自我论一般表现为自我实在论。因为若不承认自我的真实存在，就没法解释人们为什么有责任意识、为什么会对行为负责。这种从责任角度对自我的论证可被称作关于自我存在的伦理学论证。我们可这样表述这个论证：每个人都要对自己的行为负起责任，他必须是由他的意志控制的。而要如此，他的意志又必须是由他的深层自我所控制的。因此自我一定是存在的。相对于深层自我来说，意志只能算表层自我。深层自我也可被称作真实自我。当行动从根本上依赖于真正自我时，这个行动就是人应对之负责的行动。沃尔夫（S. Wolf）对真实自我观做了这样的形式概述："一个自主体对 X 负有道德责任，当且仅当 X 可归属于那个自主体的真实自我，也就是说，当且仅当（a）那个自主体有一真实自我，（b）那个自主体能基于他的意志控制行为 X 时，（c）那个自主体才能基于他的随意系统控制他的意志。"③

其实，这一强调从伦理学角度研究了自我，认为自我还有伦理道德问题的走向。不仅社会自我论中有这样的倾向，而且持其他自我论立场的许多人也表达了相近的呼声和看法。例如，法兰克福有这样的看法，人的认同能力就是构

---

① Dewey J. *The Later Works: 1925—1953*. Carbondale: Southern Illinois University Press, 1981: vii, 306.
② Shoemaker D. "Moral responsibility and the self". In Gallagher S, Shear J（Eds.）. *Models of the Self*. Thorverton: Imprint Academic, 1999: 487-518.
③ Wolf S. *Freedom and Reason*. Oxford: Oxford University Press, 1990: 28-35.

成自我的所有者的一种特定形式，这与阿尔巴哈里关于人格所有者的观点十分吻合（当然，并没有任何证据表明法兰克福赞成阿尔巴哈里的形而上学结论，即她的自我怀疑论），同时也一致于阿尔巴哈里这样的主张，即自我感的构成与情绪投入问题有直接的关联。诸如内疚、恐惧、失望这样的情绪不仅有助于构成我们时间上延展的、数量上同一的自我感，而且在阿尔巴哈里看来，情绪一般包含自我与想得到以及不想得到的事物之间的界限，故而帮助建构有边界的自我。事实上，根据她的观点，对个人福祉的关心是形成自我感的主要原因。法兰克福的看法也十分接近于利科和爱德华·泰勒（Edward B. Tylor, 1832—1917）所提出的观点。在利科看来，成为一个自我其实是采取某些作为黏合剂的规范的问题，就是受责任或忠诚约束的问题。成为自我就是对自己信守诺言，就是成为可以为他人所信赖的人，就是对过去的行为以及当前行为在未来的结果负责。

泰勒认为，自我是一种只能存在于规范空间的东西，成为一个自我就是处于一种与自己的解释和评价的关系之中。进而他断言，任何想通过自我觉知的最低限度形式或正式形式来定义自身性的尝试都注定要失败，因为这种自我要么不存在，要么没有意义。有意义的研究是从规范性角度展开的对规范性空间的自我的研究。这样的倾向表现在法兰克福、利科、泰勒等人的自我论之中，他们都不赞成阿尔巴哈里所做出的关于自我的形而上学结论，即自我怀疑论，同时，他们都有这样的看法，即纯粹的经验主体性不足以构成自身性，因为自身性还有规范的维面。[①]

[①] 以上参阅 Zahavi D."Unity of consciousness and the problem of self".In Gallagher S（Ed.）. *The Oxford Handbook of the Self.* Oxford: Oxford University Press, 2011: 330.

第十六章
规范性心灵哲学研究的意义与方法论问题

前面考察过的东西方价值性心灵哲学都一致的承诺：心不仅有哲学本体论、科学心理学意义上的"体"、本质和奥秘，而且还有人生价值论意义上的体与用。正是这一体认，成就了中国从先秦开始就十分发达的特种形式的心灵哲学：从心里去挖掘做人的奥秘，揭示人之为凡为圣的内在根据、原理、机制和条件。这种学问从内在的方面说是名副其实的心学，我们把它称作价值性心灵哲学，而从外在的表现来说，其则是典型的做人的学问——圣学。当然，侧重从心灵哲学角度切入的圣学是典型的圣心"理"学，或圣心理哲学。

第一节 规范性心灵哲学研究的必要性

当今研究这一学问具有迫切的必要性和极强的现实意义，因为现实生活中确实存在着圣学贬值甚至在许多人心目中毫无价值的倾向，有"圣学不传"的问题。最明显的是，"圣""道""理"这类曾几何时被许多人视为最高价值的价值，今日恐怕是"最不值钱"的东西了。由于价值性心灵哲学同时也是科学的、做人的学问的基础，因此"圣学不传"或不名一文的直接后果便是：人生的幸福、快乐、意义非但没有随着物质文明的发展而增加，反倒是成反比失落。不绝于耳的"意义的失落""活着没意思"就是明证。人们原以为有钱就有幸福,有权就有幸福,但当这些东西得到之时却是更多的烦恼、苦闷、空虚充满之日。看来,光有科学,有物质文明,有财富像泉水一样往外涌流,是不能解决人之生存的问题的,不懂性之理、性之用,不懂幸福生活的原理,不懂做人的学问,尤其是做人的心之理,即使过上像皇帝一样的物质生活也是没有用的。相反,如果有这样的心理哲学或性理哲学,那么即使像孔夫子的得意门生颜渊那样身居陋巷、箪食瓢饮也能不改其乐,甚至像孔子那样不知老之将至,随心所欲而不逾矩。因此今日中国心灵哲学研究的一项十分有意义的工作就是像北宋理学家张载所倡导和践行的那样,"为去圣继绝学",首先是开发去圣的绝学,做出新的契理契机诠释,然后将其改造、重构和发扬光大。

曾几何时,中国曾是心灵哲学诞生最早的国家。即使我们用严格的标准说那算不上现代意义的"心灵哲学",但仍有根据说,中国是最早有关于心灵的哲学思考的国家。当管子、老子、孔子等形成了各自比较系统的灵魂学说的时候,古希腊的苏格拉底、柏拉图和亚里士多德这些为西方心灵哲学的起源发展做出了开创性工作的大家还处在基因状态甚或基因的基因状态。更值得自豪的是,在现代历史开始之前,中国还曾是世界心身学说最发达的国家之一。中国不仅建立了许多内容广泛且深刻的灵魂学说,获得了关于灵魂的构成、灵魂与身体的关系以及关于人的复杂构成(魂、魄、形、气、性等)及本质的大量事实性、求真性认识,而且还建立和发展了一种特殊形式的心灵哲学,即以心灵之"性""理"为对象,以人的生存质量和人生境界之提高为价值追求,以成圣、做完人、做大人为最高目标的融心学、圣学、道德哲学为一体的心灵哲学。从认识的目的、形式、过程、手段上说,后一种心灵哲学既含有前一种心灵哲学的因素,因为它也关心对人及心的事实性、求真性认识,并以之为基础和条件,同时又有自己的独到之处,那就是,它更重视通过价值认识这一途径,在努力揭示心之体、之本来面目的基础上,始终盯住心之性、心之理、心之潜在的价值资源,以推理、想象和形而上学方法为手段,去挖掘和开发人心生来就有的、潜在的、对人后天为人处世和修齐治平的价值,并探明这种潜在的禀性、倾向的作用范围及转化的条件,以及实现的原理、机制、途径。因此有理由说,我们在这一领域也存在着"李约瑟难题",即这一领域像中国的科学技术一样,在古代十分发达，远胜于西方同时代的思想，而掉队乃至差距不断拉大是近代以后的事情。价值性、规范性的心灵研究尽管在西方不算主流，但由于有素质极高的研究团队，例如，精通神经科学、心灵哲学同时又对东方的有关成果有较高造诣，甚至精通禅定的科学哲学家队伍，有先进的神经科学理念、方法和手段的介入，西方大有后来居上之势。作为文明古国、文化大国的哲学工作者，我们没有理由让我们古老的优势在我们手上丢失，让"李约瑟难题"在这里继续。

心既然有其体，必然有其用。东方心灵哲学一致认为，这用是大用，甚至是无穷妙用。佛教甚至认为，心的特点是体大、相大、用大。体大是指它是一切事物的根本，周遍法界；相大是指它潜在地包含无量无边的可能性资源，或"无量性功德藏"，用中国哲学的话说就是，它有取之不尽、用之不竭的天生质材或"性"；用大是指它有无穷无尽的妙用。显然，其相大和用大的具体表现是值得进一步具体探讨的，而这只能由心灵哲学来完成。一旦如此去展开研究，必然就会有价值性心灵哲学的成就。

与此密切相关的课题是，如果心对于做人、对于人的生存真的是有用的，或有无穷的妙用，那么我们必须进一步探讨的是，这种用的内在原理、机制究竟是什么。这显然是一个跨学科性的问题，例如在这里，现象学、神经科学都是大有可为的。但正如弗拉纳根所认识到的，它们尽管是必要的，但都有其局限性。例如，现象学不能进到它们的内在机制，而神经科学尽管可以帮助揭示其内在机制，但往往有片面性，或所揭示的关联不具有普遍性，因为它只能找到心之有用的一个必要条件，即大脑的神经生物实现。要深度地、全面地揭示心之有用的条件和机制，离了价值性心灵哲学应该没有更好的办法。尤其是，传统的理论和大量的事实已充分说明，人做得怎样，如是凡夫还是圣人，完全取决于心之所为、心之所使，人的生存状态、生活质量如何，也与心的状态和质量息息相关，乃至人的吉凶福祸也取决于心。《金刚心总持论》指出："心是身主，身是心用。所以者何?佛由心成，道由心学，德由心积，功由心修，福由心作，祸由心为，心能作天堂，心能作地狱，心能作佛，心能作众生，是故心正成佛，心邪成魔。"①"一切诸佛及诸佛阿耨多罗三藐三菩提法，皆从自心流出。"这个作为本心、自性的心，即"金刚心"，"悟此心者，名悟佛心"。②《维摩诘所说经》指出：罪福、染净取决于心之所住。"心垢故众生垢，心净故众生净，心亦不在内、不在外、不在中间。如其心然，罪垢亦然，诸法亦然，不出于如……一切众生心相无垢。"③这里的心即本体、如如之心。此心本净。之所以有染垢，是因为有妄想。一旦妄想除灭，心即恢复清净。故可说："妄想是垢，无妄想是净。"④因此灭罪、除垢的方法很简单，那就是让心空明起来、平直起来。因为直心是佛净土，随其心净，则佛土净。⑤如果心有如此的作用，那么其条件、机制、秘密就更值得心灵哲学去研究了。即使没有那么大的作用，只要承认它对做人和人的生活是有用的，那么价值性的心灵哲学的存在就是必然的。

最后，做一个想做的人，过一种想过的生活，更不用说成圣、得彻底解脱和完满无缺的幸福，都离不心灵的改变、进化、调适，甚至离不开用人为的方法让对人有害的心理消失甚至彻底断灭，让对人有利的心理发生、兴起。要如此，当然得研究其可能性的根源、机制与条件等问题，而这样的工作显然必须由价值性心灵哲学的来做。

时至今日，以潜心的关切、开放的视野大力开展生存哲学的研究既是我国哲学进一步发展的内在必然，又是人类生存发展所面临的种种问题所提出的客观要求。可喜的是，为了顺应这一要求，这一研究在我国已有一个良好的开端。但是，在研究往前推进的过程中，我们一定不能忽视心灵哲学的视角或维度，特别是不能没有价值性心灵哲学的维度。如果有这样的维度，能够把对心体之妙用的研究，把对心态调适、心灵建构在去凡成圣、塑造完美人格、获得最高人生幸福中的作用的研究与生存哲学的研究结合起来，那么这两个领域势必有更好的发展。

从心灵哲学的一般观点来看，人并非纯物理的存在，除了外在的物理世界、自身的肉身世界之外，人还有一个可为自己最有权威地意识和体验到的内在精

---

① 《金刚心总持论》，中国佛学院 2000 年版，第 3-5 页。
② 《金刚心总持论》，中国佛学院 2000 年版，第 8-9 页。
③ 《维摩诘所说经》卷上，《大正藏》第 19 册，第 541 页。
④ 《维摩诘所说经》卷上，《大正藏》第 19 册，第 541 页。
⑤ 《维摩诘所说经》卷上，《大正藏》第 19 册，第 541 页。

神世界。由此所决定，人的存在包括人的现实存在和理想存在中一定有其精神的构成因果。这是人的存在不同于其他存在的重要一维。因此，在探讨人的生存哲学的过程中必须有心理分析的维度。不仅如此，在解决具体的生存问题如幸福观、价值观、理想人格模式等时，更应如此。古今中外的许多哲学家都在这方面留下了大量可资借鉴的思想资源。中国古代的心学理论都一致把心视作体用不二的本体。唯物主义哲学家尽管不承认它是独立于物、器、形的本原的，但仍像一般心学理论一样，认为它是智慧的主体，尤其是道德本体、道德之源，是去凡成圣、进入最高人生境界、获得美满幸福生活的可能性基础和前提。在中国心学中，心作为体，首先它是思之官、"智之舍"①、"神之主"②、"气之君"③。也就是说，心是能思之主体、生命之中枢、五脏之君、身之主宰。从道德哲学的角度看，它既是人的仁、义、礼、智、信等道德属性的可能性根源，又是其现实的基础。正如孟子所说的："君子所性，仁义礼智根于心。"④而仁、义、礼、智是圣人或理想人格模式的标志，因此心也是人去凡成圣、实现理想人格的基础。周敦颐说："圣人之道，入乎耳，存乎心，蕴之为德行，行之为事业。"⑤从人生哲学的角度看，心也是人生幸福、快乐的基础，是人自身的价值的源泉。周敦颐以颜子为例说明了这一点，颜子"一箪食，一瓢饮，在陋巷，人不堪其忧，而不改其乐。夫富贵，人所爱也，颜子不爱不求，而乐乎贫者"。尽管如此，他却得到了远胜于世俗以肉体享乐为特征的快乐的"大乐"。为什么会是这样呢？因为他"心泰"，而"心泰"则无不足。⑥从用上来说，心是我们人做得如何、活得怎样、幸福与否、快乐与否、有无意义，简言之，就是我们的生存状态如何的关键与枢纽。因为根据孟子的观点，人内有心官和感官之别，前者是大体，后者是小体，"从其大体为大人，从其小体为小人"⑦。被誉为两朝国师的智顗对人心与人生的关系做了更为全面深入的概括。在他看来，首先，心既是体、宗，又是用。因为宇宙、社会、人生的意义都是人赋予的，心的本质既

---

① 《管子·心术》。
② 《鬼谷子·捭阖》。
③ 《春秋繁露·循天之道》。
④ 《孟子·尽心上》。
⑤ 《通书·陋》。
⑥ 《通书·颜子第二十三章》。
⑦ 《孟子·告子上》。

是人的本质，又是外在世界的本质。其次，心是一切价值（最高的、最美好的东西），如般若智慧、解脱自在、自由的载体，同时又是获得这些价值的主体。再次，人生活得怎样、质量之高低，是幸福还是痛苦烦恼；人做得怎样，是圣人还是小人，是成功还是失败，都取决于心。正所谓"心能地狱，心能天堂，心能凡夫，心能贤圣"。最后，人的解脱法门成千上万，但门门不离自心。要得解脱入涅槃，就得处理好当下一念心。

这些思想尽管有夸大心灵作用的方面，但无疑揭示了心灵与人的存在状态的内在联系，有值得重视的可借鉴之处。然而，在历史的长河中，长期以来，这些宝贵的东西是"墙内开花墙外香"，国人对之冷漠，而西方许多学者视之为瑰宝。现代存在主义的许多大师的成长都曾得益于佛、道、儒的智慧乳汁。他们的基本范式也来源于东方智慧，例如，把人类的生存状况归结为人的心灵状况、把人的生存危机当作是人的心灵的经验，如烦、畏、焦虑、绝望等，有的哲学家还顺着佛教的思路到人心中去寻找摆脱生存危机的出路。在现代西方哲学中，最先倡导对人的生存问题进行"心理学实验"及研究的是克尔凯戈尔和雅斯贝尔斯等人。克尔凯戈尔与雅斯贝尔斯等人所说的"实验"实即对个体具有的某种心境的可能性的尝试，在此基础上，对人的生存的心理层面展开研究。因为在他们看来，人的存在实即人的精神的存在，人生存得如何，尽管有外在物质的表现，如占有物质财富的多寡、是贵是贱，但如果人没有相应的心理结构、感受结构，即没有判断生活好坏、生存质量高低的"前态度""前结构"，人就无所谓幸福、快乐。克尔凯戈尔通过对人生现状的考察认为，人的生存方式不外乎感性的或审美的、伦理的、宗教的三种。现实的、大多数人的生存状态属于第一种。其特点是：过着这种生活的人跟着感性欲望走，一切活动的目的都是满足感性欲望、不择手段地占有，视感性的满足为幸福快乐。问题在于，如果人们的感性欲望被满足了，占有了想占有的一切，是不是他就获得了理想的生存方式呢？不错，从其外在的方面来说，一旦得到满足，人会高兴、快乐甚至欣喜若狂、欢呼、庆贺。但是过后又怎样呢？每个人在有这些外在的方面的同时或之后，只要反省、反观内在的世界，就会发现真正的存在状态，即不幸意识、忧郁、焦虑、烦、绝望等。"每个人都在其内心的宁静中秘密地抱着这样的想法：他是人群中最不幸的人。"①同时伴随着撕心裂肺的忧郁，而忧郁正是人的内在生活的内容和特质。正是在这个意义上，存在主义把忧郁、烦、焦虑等当作是人的现实的生存状态的必然方面。

以上所陈述的观点无疑带有唯心主义和悲观主义的片面性，但无疑也有其值得借鉴的方面。例如，对于人心与人生的关系，心态的无穷妙用，心理结构、感受结构、价值观、幸福观乃至世界观等前心理态度对人生境界、人格模式、生存质量等的制约作用，研究生存问题必须有心学的视角等。因为从理论上说，人的生存本身有心的维度，评价更是如此。例如，对我们每一个人的生存状态的评价，尽管有"第三人称"即他人所谓的外在的客观评价，但真正最有权威的评价还是"第一人称"即"我"自己的评价。因为有的人从外在的方面看，荣华富贵或富贵寿考等条件都具备了，但他仍有可能活得很痛苦，或者仍充满着前述的"忧郁""焦虑"甚至"绝望"。人类历史上存在的许多"大富大贵"的人选择自杀的道路就足以说明这一点。另外，有些人占有的物质财富很少，但他仍有可能活得很幸福、很潇洒。殊不知，幸福的种类和形式多种多样，幸福并不与物质财富成正比，有的幸福甚至与物质财富没有关系，如读书、思维、求道过程中伴随的幸福感，正所谓：有道即富贵，无为是大乐。此外，当我们把眼光投向几千年来人类的文明史和生活史时，更容易印证这一结论。今日人类享有的物质文明、科技文明是古人做梦都想不到的，但是我们能说我们就比古人更幸福吗？即使能这样说，我们也不能说我们的烦恼、忧郁、焦虑比古人更少。可以断言：一个人的生存状态之好坏并不与他占有的物质财富成正比。之所以如此，根本原因在于：人的生存状态是多种因素的函数，而其中最重要的因素是人的心灵或精神状态。

第二节　规范性心灵哲学研究的可能性根据

规范性心灵哲学研究有其必要性，但问题是，建构这样一门学问是否有其

---

① [丹]克尔凯戈尔：《非此即彼(第1卷)》，第197页，转引自杨大春《沉沦与拯救》，人民出版社1995年版，第137页。

可能性呢？如果有其可能性，其根据、条件又是什么呢？要回答这类问题，特别是要揭示其可能性根据，我们首先必须探讨这样一个元问题，即心灵哲学的划界标准问题。例如，究竟什么是心灵哲学？判断心灵哲学思想和非心灵哲学思想的标准是什么？很明显，这是一个有争论的问题，有的人只承认语言分析的心灵哲学是心灵哲学，而有的人把关于心灵的认识都看作是心灵哲学。笔者认为，我们不能想当然地确立这里的标准，而应在确立标准之前对其前提性、基础性问题做出研究，如究竟应该用什么方法、以什么为根据来确立标准。笔者的看法是，应通过对西方心灵哲学（兼及中国和印度）的考察来回答上述问题。这样做的学理依据、科学性依据是：作为哲学分支的心灵哲学已作为事实存在着，即已经是边界模糊但硬核清晰的学说体系，同时是哲学大厦的客观组成部分，要确立它的区分标准其实就是要找到足以将其与别的学术部门区分开来的标志性特点。而要如此，就只能对这个事实上存在的学术部门做出解剖。另外，这个部门毕竟是西方哲学家建立起来的，其规范、视界、问题域、方法等毕竟是他们找到的。正像要确定本体论（ontology）的划界标准必须到西方哲学中去探寻一样。我们寻找划界标准所用的方法既不是主观臆想、人为杜撰，也不是以某一或某几个权威的界定为依据，而是用定性和定量研究相结合的方法，花大力气去考察尽可能多的、被公认的心灵哲学家的看法和他们的心灵哲学操作实践，辅之以东方有关哲学家的看法和实践，然后从中抽象和提炼。这样的标准既应是严格的，以防止非心灵哲学的思想混进来，又应具有一定的包容性、宽容性，以便不把真正的心灵哲学思想人为地排除在外。

  按照这样的方法论要求，通过考察符合上述要求的心灵哲学家的工作，笔者得到的结论是：心灵哲学区别于其他学科的本质特征，不在于从哲学上对心做了论述，更不在于提出了关于心的想法或理论，而在于对常识心理学（即根源于原始灵魂观念的，通过生物和文化遗传积淀在每个人心灵中的，有解释和预言人的行为作用的，关于心及其与身、世界的关系的常识理论）做了反思和超越。其反思和超越的具体表现是：有对"意识""心"等心理概念的自觉分析，有对心的本体论地位的思考，有对心的本质或心理语言地位的思考，有对心的本质或心理语言所指的思考，等等。有这样的反思和超越，就必然提出和思考下述问题：心灵的本体论（存在论）地位问题、认识论问题（他心知和自我意识问题）、心理语言的语义学问题、具体的心理现象学问题（意志、思维、信念、意识等）、心理现象区别于非心理现象的特征问题（感受性质、意向性）。另外，心灵是不是白板呢？如果不是，它有什么样的天赋资源？如果承认它有对做人有用的资源，那么心灵哲学就自然有这样的派生领域，即研究人心与人生、幸福、道德行为的关系。这是西方心灵哲学的一种新的倾向，也可看作是对东方心灵哲学的"回归"。如前所述，著名心灵哲学家弗拉纳根等人认为，心灵哲学既应研究自然获得的第一人性，又应研究通过文化而形成的第二人性。具体来讲，就是研究人的第一人性能否改变、转化，研究幸福与大脑的关系（如大脑中是否有与幸福对应的东西或神经关联物），研究幸福有无本体论地位，研究通过沉思、禅定而形成的心理状态是一种什么样的现象、有无本体论地位，等等。正是这些问题及回答所用的分析和思辨方法把心灵哲学与其他科学区别开来了。

根据上述标准，泛泛谈论心灵之用，显然算不上严格的心灵哲学，或不能被纳入心灵哲学的范畴，因为心理学、伦理学、人生哲学，特别是心理健康、幸福心理学等都在这方面做了大量卓有成效的工作。另外，只在一般的层面讨论圣心和凡心也不能被看作是心灵哲学。只有在从规范性、价值论、解脱论角度研究心灵之用的同时，对这种用的根据、机理、奥秘等深层次的问题有实际的关切和扎实的研究，特别是涉及对心的本质和本体论问题的研究、涉及对常识的反思和超越，那么才能被看作是心灵哲学的研究。因此，被我们视作价值性心灵哲学的东西，既有对心的规范性、价值性研究，同时又包含对心之本质的追问，包含从特定的方面对心的本体论探讨、本质认识的贡献。因为作为独立分支的心灵哲学的特质是：致力于对心的本质和本体论的探讨，致力于对已有心灵认知的批判反思。这是它独有的、其他相关学科不能过问的领域。没有这样的关切，就不是心灵哲学。规范性心灵哲学有这样的关切，因此其是心灵哲学的一个组成部分。

第三节　方法论思考与研究维度

由此看来，在我国开展心灵哲学研究、迎头赶上世界心灵哲学发展的潮流、

第十六章 规范性心灵哲学研究的意义与方法论问题

建构有我们自己特色的心灵哲学的可能性、必要性、重要性应该是没有争议的，问题是：面对西方硕果累累、日新月异的心灵哲学，以及当代有关前沿科学所提出的问题与挑战、我们祖先所留下的高度发达的心学成果怎样开展我们的研究工作。

规范性心灵哲学关心的是对人的生存的内在心理方面的哲学心理学研究，换言之，就是从哲学心理学的角度对作为生存之内在构成的心理现象的结构、作用及其机制的研究，就是探讨在任何既定的外在条件下怎样通过心理调节达到改善生存状况、提高生活质量的目的。这一研究的聚焦点是心性及其"用"，是心灵本身所蕴藏的对于做一个高尚的人、有道德的人、幸福的人的潜在的资源。中国传统的心学早已确凿无疑地告诉我们，人心这方面的资源是取之不尽、用之不竭的，其作用是极其巨大甚至神奇的，以至于在没有任何外在物质基础、工具和手段的条件下，人仅用特殊的心理方法就可以从心中开发出无上的快乐和幸福，甚至进入一种美妙、自由自在的境界。道家的"坐忘""游无何有之乡"、佛家的"禅"既是这种手段的表现，也是这种境界的写照。开展这一研究既是我们继承和发扬东方尤其是中国传统文化精华的必然结果，又是哲学发挥其潜在的固有的功能作用的不可或缺的环节，同时也是人类所面临的困惑、精神生活难题和生存危机向我们哲学工作者提出的客观要求。

规范性心灵哲学研究的当前问题是：资源丰富，研究很多，但散乱而不规范，特别是尚未形成明确的学科意识。其具体表现是：第一，尚未就研究的对象、任务、问题域达成共识；第二，尚未建立科学的概念框架和体系结构；第三，没有与宗旨相一致的、明确而独立的方法论。这里笔者先就其方法论做出尝试性思考，其他问题留待本章下一节一并予以探讨。

要建构规范性心灵哲学体系，笔者认为，当务之急是做好如下工作。

（1）挖掘整理古今中外哲学中值得借鉴的成果，在此基础上做出创发性的、契理契机的阐释。这一研究的资料除了来源于现当代西方的心灵哲学和有关的科学成果之外，还主要来源于传统的东方生存智慧和心灵哲学。我们知道，东方尤其是我国的传统哲学中有从人生之实用、功利的角度研究心灵的传统，例如，道家、早期儒家、程朱理学、陆王心学、道教、中国化的佛教等典籍中论述心灵的内容极多，包含了大量而深刻的心灵哲学思想。这一点在融会贯通佛教和中国传统文化的智顗身上得到了集中的体现。他以心为题材的论著数不胜数，如《观心论》等。在他看来，心既是体、宗，又是用。因为宇宙、社会、人生的意义都是心赋予的，心的本质既是人的本质，又是外在世界的本质。当然，我们又应看到，古人的文本所针对的对象是过去的人类生存状况，其意义是在特定的心理背景和写作环境下表达的。现在时过境迁，读者对象完全变了，因此我们在阐释、利用时必须有创发性。但我们在创发时又必须既契理，即符合文本原有之根本义理，又契机，即适应今日人类的特点，并由此出发，做出新的乃至比古人的解释更好的解释。

（2）要重视对西方最新发展起来的"幸福的科学"、神经幸福学，特别是弗拉纳根倡导的规范性心灵科学等心灵哲学新走向的研究。因为它们既有对东方价值性心灵哲学的西方式挖掘和解读，又有基于神经科学、神经现象学对心灵之用的研究，特别是对幸福本身的新的研究。例如，幸福与快乐、大脑、心灵的关系的研究，幸福的规范性和实然性研究。只要关注有关领域，就很容易发现，幸福的确出现了"华丽的转身"，即从过去的伦理学对象、应然性角色摇身一变，成了科学的话题，甚至走进了实验室，成了无创伤脑成像技术关注的对象。重视西方的有关研究，有助于规范性心灵哲学缩小与前沿自然科学的距离。

（3）要重视个案研究。人同此心，情同此理。解剖典型的个体生存状态及其内外机制，有助于揭示一般的规律与原理。这种解剖不外乎选择正反两方面的例子，例如，好的心理态度与高质量生存状态的关系，低劣的心态与生存状态的关系。在这方面，前人已做过成功的尝试，如前述的周敦颐对复圣颜子的个案分析。另外，陈献章对负面心理及其危害也有成功的解剖。例如，有些人耽于声色之乐，"贫贱而思富贵，富贵而贪权势"[①]。但真的得到后又怎样呢？因为他们没有"此心此理"，因此"老死而后已，则命之曰'禽兽'"[②]。此外，还要加强对心理结构中的各种因素如认知、世界观、价值观、心态、感受性、情感结构、意志结构与生态关系的分门别类的研究，揭示每一种因素的具体作用。

（4）要重视克尔凯戈尔所说的"心理学实验"，当然要对其加以改造。因

---

① [明]陈献章：《白沙集·禽兽说》。
② [明]陈献章：《白沙集·禽兽说》。

为幸福等价值都有体验的方面，因此我们应对各种心态如喜、怒、哀、乐、动、躁、静、无为、平常心等与生存质量的关系进行心理学的实验、观察、记录有关数据、材料，为比较、分析提供条件。

（5）展开心灵哲学层面的理论探讨，例如，应注意总结概括现当代西方心灵哲学对心灵从本体论、语义学、现象学角度进行研究所取得的成果，尤其是对心理语词的细致入微的分析，以及对意向性、意识、反省和感受性质等的研究成果。在此基础上，把人的生存状况及其内在心理构成作为分析的切入点。在分析中，特别要注意对所用心理语言的分析，以明确所指的具体现象。在透视现象的形成过程、原因、结构和本质的基础上，运用描述心理学和现象学方法，对它们的内在构成方面即人的精神生活的处境、状态，以及经常伴随人的各种负面心理如烦、忧郁等做出描述和分析，然后通过比较，揭示各种心理状态各自的形成原因、品质、感受性质与现象学特征以及对主体的利害关系，寻找和建构积极健康的心态、克服消极有害的负面心态的原理与方法。最后在心灵哲学的基础上对人生哲学中的一系列问题如幸福、意义、人生价值、境界、理想人格等做出新的回答，重构价值观、幸福观、解脱论。具体地说，这一领域应做的准备性、基础性工作主要有以下几点。

第一，现代人类生存状况考察，即全面考察现代人类的生活处境，揭示人类生活质量伴随社会进步、科技和物质文明发展所出现的进步及其表现，研究人类生活中原有的问题，以及步入现代以后伴随物质文明发展而碰到的新问题，尤其是当前所谓的生存危机及其表现，如生态失衡、环境污染、资源匮乏、战争、贫困、道德滑坡、精神苦闷、困惑彷徨等。

第二，存在的心灵哲学分析。人的存在是开放的，既是自在之在，又是为他之在；既能为自己所感受并做出价值判断，又能成为他人的认知和价值评判对象。对于存在者自己来说，不管是自在的还是自为的，只要他具有感受性质，他就不是物体那样的由原子、分子堆积而成的东西，而是由复杂因素构成的、由感受和意识贯通起来的有机的、活生生的统一体。这是真正意义上的"在"，因为只有具有这种属性的存在才能判断自己在与不在、在得怎样。人之"在"既有有形的构成要素，如衣、食、住、行；又有无形的构成要素，如任何特定的"在"中的特定观念、情感、信念、心态等；还有对"在"的状态的感受与价值判断。总之，任何清醒的、被在者意识到的存在都有心理和感受的构成与层面。这是人存在的特殊性。

第三，心灵状态对存在状态、生活质量的作用研究。这可以从三个方面进行：一是事实研究，主要是搜集古往今来人们的体验资料尤其是哲人智顗在这个问题上的经验之谈，以及长期为人们所传诵的劝世度人的格言、警句。它们是人们的经验的总结，将其付诸实践的确有益于人生。例如，"心能凡夫，心能圣贤"[①]，有道即富贵，无为是大乐。休谟在其自传中也表达了同样的意思："我一向看事物总爱看乐观的一面，而不爱看悲观的一面。我想一个人有了这样的心境，比生活在每年有万镑收入的家里，还要幸福。"[②]他所说的心境还包括：和平而能自制、坦白而又和蔼、愉快而又善与人亲昵、最不易发生仇恨，而且一切感情都是十分中和的。另外，像康德之类的哲学家的人生实践，以及长寿老人关于自身心理生活的回忆等都值得考察和研究。二是从理论上对心态的作用过程与机制进行研究，例如，从心与身的关系角度，从感受及其现象学特征、反省、意识的内在结构、机制以及在人的生存体验中的作用展开研究。三是借助黑箱方法、模型方法建构有关的模型。从因果关系上来说，人的生存质量、状态都是一种结果，一种在有关内外环境刺激下的一种反应。这里的刺激-反应不是机械对应的。因为不是享受荣华富贵的人就一定有快乐感，百万富翁并不一定就是生活质量高的人，捉襟见肘的人不一定就是活得不好的人。同样的生活环境，不同的人可能有不同的生存感受，而不同的物质环境则又可产生相同的生存感受。之所以如此，就是因为在刺激与反应中间有一个中间环节，即人的心态结构。用图式表示就是：刺激-心态结构-反应。可见，人生活得怎样，与人的心态结构、品质是有密不可分的关系的。

第四，心态结构及其生存价值研究，即对各种与生存感受有关的心理现象及其体验做全面的现象学考察，像描述性心理学所倡导的那样对人的各种心理过程、状态做身临其境的描述。这可从三个方面开展工作：一是借鉴佛教心灵哲学"五位百法"对人的心理现象的描述和分类的成果；二是利用研究者自己的人生心理体验；三是搜集、挖掘带有意识流性质的、各类典型的历史人物传

---

① [隋]智顗：《法华玄义》卷1，《大正藏》第33册，第685页。
② [英]休谟：《人类理智研究》，吕大吉译，商务印书馆1999年版，第4-8页。

记中的资料。在此基础上,对人类心理现象从生存价值的角度即从它们对主体的利害、优劣、好坏、价值判断的角度进行分类和分析,以确定每种心理对人的生存质量、幸福快乐与否的作用。一般说来,主体能体验到的、对其有某种利害关系的心理现象可以分为三类:第一类是健康的、积极的心理过程与状态。例如,高尚而坚定的信念,意志果断和坚强,能经常反省和反思过去,思过扬善,对真、善、美的向往、憧憬之心,欲念适中,心行平直、轻安,有生存智慧,于违情不利的环境能尽可能无嗔无恼、无忧无虑,有较高的情商,即善于认识和管理自己的情绪。第二类是有害的、消极的心理过程与状态,如贪欲重、嗔怒、烦恼、焦虑、畏惧、愚昧、绝望、犹疑、掉举、昏沉、放逸、没有信念追求、嫉妒心重、散乱、骄慢等。这类心理不仅给人难受的感受性质,而且有害于身体健康,正如传统的养生术所说的:怒伤肝、忧伤肾、恼伤肺、悲伤脾胃、过喜伤心。第三类是中性的无利害的心理,例如,没有情绪伴随的较纯的认知思维活动,贯穿在一切时间和地点的有意识心理过程中的心理,如意识、注意、警觉、感受及其现象学特质等。在全面考察和分析各种有生存价值属性的心理现象的基础上,对作为从环境刺激到生存状态的中间环节的心态结构进行研究。其中至少有这样的因素,如价值观、幸福观、财富观、生存智慧、感受性质、情商等。

第五,心态优劣及其生成研究。心态优劣是生存质量高低的重要条件和标志。获得高质量的生存是任何人都求之不得的事情,而要如此,一个必不可少的条件就是有相应的心态和感受结构,削弱、摆脱乃至消除负面的心态。要这样,又必须弄清不同价值属性的心态的生成过程及机理。心态的生成固然与外在的环境有一定的联系,就此而言,造就优良的物质环境、发展物质文明是无可非议的,但心态的生成也有其自身固有的内在原因和规律,例如,在不改变外在条件的情况下,单纯通过自我的心理调节、改造价值观和幸福观等,也能达到改变心态结构的目的。因此,怎样在任何既定的条件下或者在不改变外在条件的情况下,单纯通过心态调适、心理与感受结构重构以提高生存质量,就是一个重要的、有广阔前途的研究领域。

第六,奠基于心灵哲学基础上的幸福观、价值观、境界论和理想人格论之重构。通常的价值观、幸福观对幸福之类的价值的看法往往把幸福等同于占有金钱或物质财富。从心灵哲学的角度看，这是错误的。因为幸福与否总有相应的感受性质，只要心态调节适当，让心寄托在高尚的对象、有价值的事业追求以及"道"上，那么在很少财富甚至困窘的情况下，人一样有幸福感。因此从心灵哲学角度展开研究，第一，要关注幸福的本质、构成、条件、表现和标准。第二，对于理想人格的研究，应在考察各种人格学说的基础上，探讨理想人格的构成因素，尤其是内在的心理构成因素以及如何培养和建构理想人格。第三，对于人生价值与意义的研究，应着重于探讨人生对自己和社会的价值及其心理源泉，以及开发的原理和途径，研究人的高质量生存所需的价值形态（外在的、内在的精神价值，如智慧、豁达、平常心、超脱、坦荡等）及其获得方式；考察对人生有意义或无意义的意识与判断的心理原因以及建构有意义的人生价值判断的心理条件。第四，还可开展人生境界与人生态度的研究，即探讨不同人生境界对人的生活质量的不同影响，研究理想人生境界的构成、特征和建构方式，研究人生态度的种类和作用，揭示与建构最佳人生态度的心理机制和方法。

第七，人性、人的本质与人的最终解放研究，即主要从心灵哲学角度探讨人性的含义、形成过程和心理基础；研究人弃恶扬善的可能性和心理条件；研究人的本质的具体内容的可发展性，能力、气质的可塑性，人性、心理结构的可建构性及其机制和方法；揭示人类进入未来理想社会的必然性和内在的心理条件（改造人性、建构相应的幸福观和心理结构等）；研究人彻底解放的心理条件。

第四节　"元问题"与研究的逻辑理路

本节的任务就是在总结、概括古今中外的规范性心灵哲学研究成果的基础上，结合当代人的生存状况、需要和特点，对如何推进和发展这一哲学分支、如何使其更加规范化和科学化，特别是对它的一些"元问题"，如对象、目的、任务、问题域、逻辑理路和体系重构等，做出新的思考和抛砖引玉的探讨，同时，结合现实的需要对这一领域内的几个重要而迫切的问题做尝试性探讨。

要揭示规范性心灵哲学研究的逻辑理路，首先要认清这一研究的学科性质。

第十六章 规范性心灵哲学研究的意义与方法论问题

笔者认为，规范性心灵哲学是典型的规范性、应然性科学，因为它是从人生价值论和解脱论角度切入心灵研究的心灵哲学，不像求真性心灵哲学那样旨在弄清心灵的庐山真面目，即"事实"上是什么样子，而是着力探讨心灵"应该"是什么样子、心灵对我们做人有什么意义。当然，正如美国著名哲学家弗拉纳根所说的，它又必须受到科学的研究。例如，必须利用神经科学等相关自然科学的成果，必须运用科学的方法，必须与科学保持连续性。最重要的是，它必须且必然会涉及对心灵的本体论和本质等问题的研究，因此它也有一定的实然性。

就对象和目的而言，它的对象仍然是心本身，只是它更多地关注心之用，或在对心之体的认识的基础上着力探讨心对于人做人、求解脱、求幸福的用。当然，它本身也有对心之体的关切，例如，中国的心学就十分重视"发明"心的作为道德之根的体或资源。由此所决定，规范性心灵哲学的目的和任务就在于：弄清心对人之为人、人在道德上的提升、人在人格上的升华圆满、人的生存质量之提高上的作用、禀赋，查明"性"（类似于莱布尼茨所说的大理石"花纹"，康德的实践理性、审美判断力中所包含的先天原理）的内容、作用和变成现实的机理与条件。由于经过探索最终所形成的是关于心灵的价值性认知，因此我们可将其称作价值性或规范性心灵哲学。它之所以可被纳入心灵哲学的范畴，是因为它在完成它的上述任务过程中必然要回答心灵的本质、机制之类的标准的心灵哲学问题，而这样的认知是其他途径不可复制的。

规范性心灵哲学的理论前提是如实知心。没有对心的如实知，就不可能有这门学问的成就，因此它注定属于心灵哲学的范畴。如实知心即如实知自心，因为只有彻了自心，才能彻了一切心。传统的价值性心灵哲学的实践已经说明了这一点。例如，如实知心对中国和印度的规范性心灵哲学就具有至高无上的重要性，因为东方的共同体认是："了悟了心的意义，即了悟一切。"[①]为什么如实知自心有如此的作用呢？佛教做此断言的根据是它关于共性、一般（众同分或共相）与个性、特殊（别相）的关系的理论。佛教认为，所谓共性即众同分，也就是众多事物中相同的成分或性质，它以具体个别的成分或身份为依托。有情众生作为一类事物也一定有他们的同分，这就是都有心。而每个个体的心尽管千差万别，

---

① 罗卓泰耶：《要点提纲》，转引自明就仁波切《根道果：禅修的方法与次第》，海南出版社2010年版，第12页。

但也有它们的同分,这就是它们的共同本质,即作为本体的真心。根据互具论,任何一念一尘,无不是真心的随缘变现,由一念深入进去,即可知一切心的本来面目。①如实知自心的重要性还表现在:如实知自心即得菩提(最高的觉悟,能洞彻人生、宇宙的一切本质),即转凡成圣。经云:"欲知菩提,当了自心,若了自心,即了菩提。"②佛陀转凡成圣的实践也说明了这一点:"我为圣人,说我内身自所证法,为诸凡夫说诸觉观境界。"③西方的"幸福的科学"和神经幸福学也充分说明,要获得真正的幸福,必须有对大脑和心灵的如实认知。由于看到了这一点,它们便动用科学的方法和手段对心之本来面目展开了掘地三尺式的探究。

规范性心灵哲学的出发点像求真性心灵哲学一样,是以事实上存在着的各种与人的生存状态和生活质量有关的心理样式及个例为出发点的,同时也要对这类心理样式进行类似"人中普查"的研究和心理地理学、地貌学、结构论探讨。由于这类研究越全面、越深入越好,因此价值性心灵哲学也会用地质学、矿物学方法,对心理世界做深度发掘。不同于求真性心灵哲学的地方在于,它的这些研究更多是从价值论角度展开的,特别是在努力把心理样式和个例搜罗殆尽时,它必须从价值论角度、从诸心理样式对人的利害、好恶角度,以及这些样式做出盘点和分类,以弄清哪些对人是有害的、是应予以改变或减轻或断除的,哪些是值得人拥有的。在这方面,佛教的成果是值得借鉴和利用的。例如,它把心理现象分为善心、不善心和不善不恶(无记)的心三类。它的搜罗也是迄今为止最多、最全面的,号称注意到了 84 000 种之多。其中有许多与人的生存密切相关的心理样式至今仍未受到应有的关注。就有害的心理现象而言,《大乘悲分陀利经》做了这样的描述:"著五阴心,贪五欲心,喜心,掉心,怨心,欺心,浊心,粗心,恚心,不调心,不执心,不柔伏心,著非法心,无住心,相求心,散乱心,更相害心,离法心,无报心,计有法心,灭善心,不生善心,不求涅槃静心,不知应供养心,集一切使缚心,老病死无因缘心,受诸烦恼心,执一切障碍心,毁法幢心,竖见幢心,更相訾毁心,共相食噉心,自贵心,困他

---

① 《华严经》卷6,《大正藏》第9册,第434页。
② 《守护国界主陀罗尼经》卷1,《大正藏》第19册,第527页。
③ 《深密解脱经》卷1,《大正藏》第16册,第667页。

心、嫉妒炽盛心、共相杀心、贪欲无厌心、嫉他一切所有心、无思分心、盗窃心、邪淫心、欺诳心、无愿心。是时众生无不尔者，于中展转相从闻如是声，所谓地狱声、畜生声、饿鬼声、病声、老声、死声、害声、难声……"①对人有利的心理样式主要有："无为心……心如虚空平如掌者……调心、戒静心、忍善心、进勤心、禅灭心、慧无行心、念处无念思维心、正舍无生灭心、神足无量心、信无数心、念自然心、三昧无三昧心、慧根无根心、力无伏心、觉分破意心、道无修心、止灭心、观无失心。"②如此等等。

规范性心灵哲学有许多兼有学理意义和人生实践价值的、在今天仍必须加强研究的课题。这里不妨按其内在的逻辑理路稍作考究。

由于规范性心灵哲学必须回答"人可为尧舜乎"或凡夫能否转化为圣人、不健康的心能否转化为积极健康的心之类的问题，因此它必须研究这样一个不可回避的问题，即人及其心有无这样的可能性，特别是心灵中有无这样的资源。东西方心灵哲学对此都做了肯定的回答，其根据是心具有体大、相大、用大这三大特点。笔者认为，它们是规范性心灵哲学的基本预设，由于这"三大"有充分的理论根据和事实支撑，因此也可看作是规范性心灵哲学的基本原则。所谓体大，即指：心尽管不见形质，不是有能量、材料的物质，好像不存在，但它一经从物质中派生出来，就有自己相对独立的存在地位，并有自己的特殊本质。它本身有自己特殊的能动作用，特别是在人的做人过程中，在谋求真、善、美、幸福、吉祥直至彻底解放等目的性价值的过程中，在转凡成圣的过程中，具有巨大的作用，因此可被看作是这些作用的体或本体。由于其作用大，故说"体大"。如王阳明所言："理一而已。以其理之凝聚而言，则谓之性；以其凝聚之主宰而言，则谓之心。"③陆九渊说："心只是一个心，某之心，吾友之心，上而千百载圣贤之心，下而千百载复有一圣贤，其心亦只如此。心之体甚大，若能尽我之心，便与天同。为学只是理会此。"④在构建新型的价值性心灵哲学的过程中，首要的工作就是进一步研究心这个大体。这也从一个侧面说明，价

---

① 《大乘悲分陀利经》卷5，《大正藏》第3册，第266页。
② 《大乘悲分陀利经》卷7，《大正藏》第3册，第279页。
③ [明]王守仁：《王阳明全集（上）》，吴光、钱明、董平，等编校，上海古籍出版社2012年版，第67页。
④ 《象山语录·李伯敏所记语录》。

值性心灵哲学本身有求真性的一面，因此是严格意义上的心灵哲学。

要完成价值性心灵哲学帮助人去凡成圣、离苦得乐的任务，就必须研究心灵潜在拥有的资源。这些资源用中国哲学的话说就是心性，用佛教的话说就是"心的相大"，用西方最新转型天赋论的话说就是"原初心理"。这些都值得我们审慎地予以研究，因为心有资源这样的命题在以前主要是基于推论而构想出来的，而在自然主义大行其道的今天，我们就不能满足于推论或预设，必须对之做定性和定量的研究。就中国哲学所说的心性言，它的意思已包含在"性"的词源和构词之中。古人之所以造出这个词，是因为发现了这样的实，即当人们将眼光转向人及别的动物的"生"时，人们发现，人的生除了与所禀的天地之气有关以外，还与心密不可分，正所谓："人身之生，在于心。"①于是，后来"生"便加上了"心"这一偏旁。这个合成字反映了古人对人之本性及其产生根源的认识，旨在说明人之本性是禀天生资源而生且与心有密切关系的东西。例如，《易传》认为，"性"即"成性"，"成之者，性也"。②意为性是事物形成时被自然赋予的性质、材质、资源。有此性，事物形成后就以此为规律、准则而运行，因此事物能各循其道，"各正性命"③。中国心灵哲学的心性研究的直接动机和出发点是要解决圣学中的一系列问题，例如，人为何有生死？为什么有的人生得好、死得好，而有的人却相反？凡愚之人能否成圣？如果可能？其内在的心理根据和条件是什么？人为何有善恶不同的行为？人为何有凡圣的差别？人的德行的心理根源是什么？等等。周汝登说："知性即明死生之说。"④其道理不难理解，因为中国哲学是以人为本的哲学，要解决的是如何去凡成圣、如何提升道德境界、如何完满人格这类做人的大问题，或放大一点，是要解决修齐治平的问题。而道德的根源、成圣的根据和原理都隐藏于人心之中，因此要解决做人的种种哲学问题，必须回归于人心之中。徐复观先生说："在心上奠定人生道德的根基，儒家一直要到孟子才有此发现。庄子对心的警惕，特为突出，主要原因，是因为'知'的作用，是从心出来的。而知的作用，一

---

① [清]饶炯：《说文解字部首订》。
② 《易传·系辞上》。
③ 《易传·乾象》。
④ [明]周汝登：《周汝登集(中)》，张梦新、张卫中点校，浙江古籍出版社2015年版，第626页。

则扰乱自己，不合养生之道；一则扰乱社会，为大乱之源。"①性是道落实于生命的产生，或是道在人身上的体现。而落实于身，即落实于心，因为性要由心来把握和显现。同样不可否认的是，中国的心性论研究同时也具有与西方心灵哲学一样的求真性动机和意义。徐复观说：孟子说人性如何如何，"不是把它当作'应该的'道理来说，而是把它当作'实然的'事实来说"。这就是说，中国哲学建立人性论的一个科学动机是弄清人与非人的差别。孟子认为，人与禽兽在饮食等方面没有差别，有差别的地方很少，即"几希"，主要表现在禀天而有的道德性上有差别。佛教也重视心性，例如认为人之所以能转凡成圣，是因为人都有佛性。佛教有时把这种资源称作"相大"。心的相大主要表现在：它是如来藏，具足无量无边的"性功德"。所谓性功德，即佛之种性所具有的一切功德。这些功德就是真心中所蕴藏的能产生如来的珍宝或因。隋朝的慧远认为，真心即如来藏，既空亦不空。其体无二无别，空无所有，如大虚空，故空。但又一切功德无不具足，因此是不空。"如来藏者，是真识心。是真心中，具有一切恒沙佛法；如妄心中，具有恒沙染法。是心与法，同一体性，故名如来藏。"②塞缪尔斯提出的原初主义认为，天赋即个体发生发展史上的心理的初始性或原初性，即一个个体在开始他的心理发生发展时最初所具有的东西，或作为前提与出发点的东西。这个初始不可能什么也没有、什么也不是，否则，后来心理的发生和发展是不可能的。被如此理解的天赋显然不同于常识所说的天赋。这里的"原初的"，可这样界定，一个属性是原初的，当且仅当对这个属性的获得不可能从心理学上加以解释，只能由进化论等来解释时。因此，所谓原初是相对于心理学而言的，因为天赋的认知属性相对于别的心理现象来说，是最原始的、基本的，是源泉。但由于它依赖于、来源于分子的、生物的因素，因此我们可对之做非心理学的或别的科学的解释。③

规范性心灵哲学还应在对心之体大、相大研究的基础上，进一步研究它的"用大"，即研究它对于人的生活、做人的决定性作用，或如东方哲学所说的无穷妙用。在这里，一是要研究它的用的具体表现，例如是否真的有这样的决定

---

① 徐复观：《中国人性论史（先秦篇）》，上海三联书店 2001 年版，第 339 页。
② [隋]慧远：《大般涅槃经义记》卷 3，《大正藏》第 37 册，第 691 页。
③ Samuels R. "Nativism in cognitive science". *Mind and Language*, 2002, (17): 246-247.

作用：心能凡夫、心能圣贤，心能地狱、心能天堂？二是要研究它有用的根据和机理。

规范性心灵哲学还应研究对人不利、有害的心理现象，我们可把这类现象统称为烦恼，因为要让人活得好，关键是让这类心减少、减轻直至断灭。这也是许多心理学分支（如心理健康、新近的积极心理学和超个人心理学等）所关注的课题。哲学由于能将探讨推进至表层之下，能做深度挖掘，因此能抓住牛鼻子。在这里，我们完全可以发挥哲学的这一优势，总结概括有关的研究成果，建立以断烦恼为旨归，以研究烦恼的表现、形成条件和机理以及断除的原理和方法为核心内容的"烦恼学"。我们知道，烦恼是妄心的体验上的特征，是任何人都避之不及的心理。断除妄心，实即断除烦恼。而要如此，必须研究烦恼的种类、形成原因、过程、表现方式、危害，弄清烦恼与别的心理以及与众生苦难的关系，揭示烦恼与幸福、解脱的关系以及断灭烦恼的方法及途径等。佛教对这些问题做了大量的探讨，形成了自己的理论。它不仅从哲学角度把烦恼作为整体的统一对象予以研究，而且对大量典型的烦恼个案做了深度解剖。例如，它在研究与末那识相应的四惑或四烦恼（我痴、我执、我慢、我爱）时发现：它们不是后天习得的，而是"俱生"的。从存在的时空性来说，它普遍恒时地存在于一切心理现象之中。就其善恶性质而言，它们是有覆无记的，即为客尘而覆，但本身是非善非恶的。就其作用来说，这些烦恼是让持有此烦恼的凡夫沉沦生死苦海一个原因，也是他们的一个本质属性。就其伏断位次来说，由于它们俱生、愚顽不化，因此只有到成圣的最后阶位它们才能被断灭。如偈云："意相应四惑，遍行而俱起，无记最后灭，随所生彼性。"①佛教之所以倾巨力探讨烦恼，是因为破斥烦恼在佛教中享有特殊的地位。是故，诸经论特别重视对烦恼的探讨。这些都值得我们关注和思考。

在特定意义上可以说，烦恼的克服或断除既是规范性心灵哲学的目的，又是人格转化即由凡转圣的根本性标志。按照东方的人格理想，圣人是做人的完成。从否定方面说，他没有凡夫的心理，其中特别是没有烦恼；从肯定方面说，他集真、善、美、福、彻底解脱等一切最高价值于一体。既然如此，规范性心灵哲学

---

① 《显扬圣教论》卷19，《大正藏》第31册，第572-573页。

第十六章　规范性心灵哲学研究的意义与方法论问题

自然要探讨圣人的心理标志、成圣的心理学机制以及成圣的心理操作方法。这类操作方法主要包括在佛学的定学之中，因此定学又被称作"增上心学"。"增上"即"增进助长"之意，具体而言，如果一种作用有助于或无碍于某一物之发生、发展，那么即为增上。《俱舍论》云："即心一境相续转时，名三摩地，契经说此为增上心学故，心清净最胜，即四静虑故。"①从广义上说，"增上心学"可以理解为佛教中的这样一种理论和实践，即研究能推进由凡转圣之条件和作用以及如何将它们付诸实践的心理学。佛教揭示去凡成圣的心理学机制的方法就是：分别解剖圣人和凡夫的心理状态、条件。

要完成凡圣转化，从根本上说必须完成心灵转化，因此心灵的转化、转变是规范性心灵哲学研究的应有之义。这里特别要研究的是凡心的生灭及其条件和根据。而凡心从价值上说就是妄心，即人能知觉到的对人有负面影响的一切心理现象。大致而言，妄心有两种生灭：一是人为生灭，二是自然生灭。我们这里关心的当然是人为的生灭问题。对于解脱、成圣来说，伏断妄心的确有其必要性。通过人为的方式让令人快慰的心理出现，当然是人求之不得的事情。但问题是：这是否有其可能性呢？如果有，其根据、机理何在？其可能性应无疑问，这既可从理论上加以说明，又可从事实加以印证。因为只要能够通过刨根究底的探讨查明妄心不是从来就有的、不是无原因地产生的，而有其生起的根源、有其因缘或条件，那么就等于找到了人为灭除妄心的可能性根据。道理很简单，既然生是有根源的，是由因缘条件具足而生的，因此只要斩断这个根源，不为其提供条件，甚至只要让它缺一缘，它就不可能发生。按照逻辑学的原则，缺缘不生。因为一个事物的必要条件（因缘）中的一个具备了，不一定会让该事物产生，但若让一个必要条件不具备，那么可以肯定：该事物不管多么必要、被构想得多么美好，也不会出现。首先，伏灭心灵之所以是可能的，关键是心灵是由于相应因缘具足才有其生和住的。其生、住分别有两种形式：一是相生、相住，二是流注或相续生、流注住。有前因后果的链条，便有心识的相续生起、相续住相。既然如此，若不提供或斩断相应的因缘，相应的心识便不会有其生起和住相。至于其内在的生物学、心理学机理，还是一个值得进一步探讨的问题，西方的神经幸福学正在对此

---

① ［古印度］世亲著、真谛释：《阿毗达磨俱舍论》卷28，［唐］玄奘译，《大正藏》第29册，第145页。

进行探讨，但尚未取得令人满意的结果。

根据我们上篇对心灵观的研究，人的心理王国中的核心成员是自我，而从价值论上说，人的生存质量特别是彻底解脱与人们关于自我的观念息息相关，因此自我问题也是规范性心灵哲学的一个课题。这里有两类问题：一是实然性问题，即人事实上是有我还是无我？由于"我"一词有不同的用法和指称，因此其回答当然是不一样的，至于每种指称的本质问题，尽管已诞生了许多理论，但远非探讨的终点。二是应然性问题，即如果自我有变化、可塑的一面，那么人应成就的"我"应该是什么样的"我"？哪种形式的"我"对人有好处，哪种有坏处？大量的事实以及人们的亲身经验已告诉我们：我见、我执、我慢太重的人，自我中心意识太强的人，其幸福感一定很低。按照东方的圣人观，只有破掉小我，进到天人一体的大我境界，人才能成为彻底解脱、没有痛苦烦恼，以及集真、善、美、福于一体的圣人、大人。怎样看待这样的观点呢？其有无合理性？是否适用于现代的人？如果需要改进、发展，那么我们该怎样做？如果这是对的，或有其合理性，那么值得进一步探讨的是，这种转化的可能性根据、机理和条件究竟是什么？

同理，欲望既是重要的心理样式，同时与人的生存状态也有非常复杂的关系，因此如何对待欲望，可以说是规范性心灵哲学"困难问题"中的困难问题。因为按照弗拉纳根对规范性心灵哲学的理解，心灵哲学的"真正的困难问题"不是查默斯所说的"意识的产生问题"，而是"生活的意义或价值问题"。笔者赞成这一判断，但认为其中的困难问题是如何对待欲望的问题。我们知道，欲是一种心理特征，并非在所有的心理中都会出现，充其量只会出现在部分心理之中，或是部分心理产生的前提条件。例如，有善良愿望的生起，会随附发生许多心理。欲是涵盖需要、追求、索取、意志、意向、愿望、希望等的一个广泛概念。我们可从两个方面加以分析：一是横向的，如喜乐、希求、欣求等；二是纵向的，它排列的是欲望从潜在到现实的过程，如能欲性就是欲的根源及潜伏阶段，其他得到表现的则为现实的欲求，如趣向性、追求、索取等。这里所说的"趣向性"十分接近于西方人所说的意动层面（不同于认知层面）的意向性。欲的特点是：无穷无尽，深不见底，广不见边，躁动不安，拼命表现自己。从价值属性上说，有时欲是洪水猛兽，但并非永远这样，因为除恶欲之外，还有善欲，例如，由凡夫变为圣人离不开欲。因此准确讲，欲是双刃剑。欲望的复杂性或麻烦在于：一方面，多欲必苦，超越凡俗进入圣人境界后可以做到完全无欲，至少很恬淡，如理学和心学所追求的圣人境界是存天理、去人欲；另一方面，凡夫没有成圣的欲望、愿望、大志，是绝不可能去凡成圣的。要完成心灵转化也是如此，也必须有相应的愿望和目标，才有相应的行动。在此意义上，这种愿望既是目标定向，又是动力源泉。欲望的复杂性还在于：一方面，欲望满足肯定有快乐感甚或幸福感，因此满足欲望是常见的一种至乐方式；另一方面，正是有欲望的满足才有世界上的种种灾难，像世界大战那样万劫不复的灾难的心理根源也不外乎是少数人的贪欲在作怪。一方面，有欲望就会有世界和人生的不幸；另一方面，没有欲望，人生和世界又没有前进的动力。因此如何对待欲望，保持什么样的张力才适当，欲望为什么有那么复杂的作用，其内在机制、根源是什么，这些无疑是困难问题中的困难问题。

尽管规范性心灵哲学像求真性心灵哲学一样，也是围绕着心而组织起来的，但由其目的、任务所决定，它的逻辑结构和展开方式完全有别于求真性心灵哲学，即可从圣心和凡心两端分别追溯下去。因为从人生价值论和解脱论角度看，心不外乎两种呈现形态，或表现为两类心：一是集一切美好价值于一体的圣人之心，可简称为圣心，而圣心之极致则是妄心的完全灭除、真心的完全显现；二是充满着痛苦烦恼的凡俗之心，可简称为凡心，从对人的利害关系上说，凡心完全表现为妄心。由于妄心与真心是一心之两面或两种表现的关系，因此凡心即使以妄心表现出来，作为其体的真心也丝毫不差，只是它以隐伏的形式存于其后。人之所以有凡圣之别，主要是因为心有凡圣之不同。由于一心有这二门之别，因此以究心之用为对象的规范性心灵哲学就有两种展开方式，即要么从圣心出发去追溯，要么从凡心出发去追溯。两种方式殊途同归，都能将去凡成圣、离苦得乐、心灵转化、彻底解脱的心灵哲学机制、原理、秘密和途径展示出来。按前一方式展开所形成的心灵哲学就是"去圣"的"绝学"，至少是其中的枢纽和重要组成部分。它的致思取向比西方的心灵哲学要广泛，即不仅要追问心灵是什么、是否存在、以什么形式存在、与身有何关系之类的带科学和哲学本体论双重性质的问题，而且更为关心的是圣人的心理标志以及成圣的心理机理、机制、原理、条件和方法途径等，既有人生哲学、道德哲学、价值论意义，同时又具有心理学、求真性意义。应特别注意的是，这里所说的"理"不是规律，而是机理、原理、机制，甚至有"纹理"的意思，类似于莱布尼茨所说的大理石之"花纹"。更为重要的是，它关注的心不是一般的心，而是心灵之中的、由自然所授予的"性"或价值资源。中国古代的圣心"理"哲学就是要以此为条件、根据和基础，用类似于康德的所谓"前进法"，顺推人的善行、德行，人的最美好的人生境界、无漏的幸福生活，人的真诚与美丽是如何可能的，圣人人格之成就是如何可能的，是如何从先天的资源中生发、扩充出来的。因此中国心"理"哲学的任务是要探寻至圣之道，而直接的对象是心，尤其是其中的先天的禀赋和价值资源，而宗旨是揭示这一资源生成圣人之"理"，即由潜在的性转化为现实的性（圣）之理。如果从事实上存在的凡心这一端展开，那么所成就的则是关于凡心的心灵哲学。如果是这样，它关心的问题便是心灵能否被管制、重塑，用现代心理学的话说就是，心能否被调适、改进，甚至能否人为地加以生灭，凡心能否转化或升华为圣心，或"人可为尧舜乎"，如果有其可能性，其根据、机理、条件等是什么，等等。

总之，规范性心灵哲学由其特定的对象、目的、任务、性质等所决定，一定有其特定的展开方式，即一是围绕圣心的展开方式，二是围绕凡心的展开方式。但二者又能殊途同归，即都能揭示心灵转化的可能性根据、过程、途径、条件、原理和内在机制。不仅如此，当它们进到心的内在深处探讨转化的原理与机制时，它们与求真性的心灵哲学也是殊途同归的，因为它们都会从特定的方面为完成揭示心灵本质与奥秘这一心灵哲学的根本任务做出自己的贡献。

第十七章
主要问题研究

在本章中，我们拟在借鉴西方规范性心灵哲学、东方传统的价值性心灵哲学研究成果和认知神经科学的人生意义、幸福、伦理研究成果的基础上，对这一领域中的几个较突出和迫切的问题做一抛砖引玉的探讨。

第一节 心灵、解脱与人格圆满

规范性心灵哲学的基本预设是：真正的解脱、幸福乃至完满人格或成圣，要"于心中求"。怎样看待这一预设呢？有无合理性？显然，这里涉及的是如何看待心灵的本质和作用，以及如何看待心灵与幸福、解脱、圆满人格或成圣的关系之类的大问题。古今中外的哲学对此有较多研究，但不外乎两种倾向：一是贬低乃至否认心灵的作用，二是肯定乃至高扬心灵的作用。例如，东方的儒释道认为，心是世界和人生的体、宗、用，是人做得如何的"牛鼻子"。说心是体，意即心是一切现象的本体、基质。智𫖮大师说："一切万法由心而起。"①心不仅是一切价值乃至涅槃、般若、佛性等最高价值的载体，同时又是获得这些价值的价值主体。84 000种解脱法门，门门不离心。智𫖮说："诸佛解脱，当于众

---

① [隋]智𫖮：《六妙法门》，《大正藏》第46卷，第553页。

生心行中求。"①不明此理的凡夫向外求解脱，其结果是到处碰壁。智𫖮说："凡夫不知不觉，如大富盲儿坐宝藏中，都无所见，动转挂碍为宝所伤。"②解脱为什么要到心中求呢？换言之，心为什么能成为解脱之本？智𫖮的回答十分明确：诸妄心覆盖的真心就是诸法的实相或谛理。迷此谛理，即走向解脱的反面；反之，悟此谛理，并能顺理而行即得胜解和解脱。之所以说心是宗，是因为有心便能得无上智慧。所谓"宗"指的是与体相辅相成的支架。就像一个房间所包含的空间一样，如果没有其框架，就不会有其空间。此空间就像体，而框架就像宗。心作为宗，意味着它是支撑起解脱的基础或根本条件。有心就有得解脱的条件。③心同时还是用。因为上天入地、成凡至圣皆系一念。也就是说，是入天道享福，在人道做人，是做凡夫受缚受苦，流转生死，还是成为人格圆满的人、做极圣，都由心所存的状态所决定的。这也就是智𫖮常说的"心能凡夫，心能圣贤"的意思。

笔者认为，上述预设尽管有夸大心体之用的一面，因为人的幸福、解脱、成圣是由多种因素共同决定的，心的状态只是其必要条件之一，但笔者同时认为，不解决心灵中隐藏的问题、不揭示其内在奥秘和本质，人是不可能有真正的幸福可言的，因为道理很简单，如果一个人没有相应的感受结构，得了"幸福麻痹症"或"幸福痴呆症"，那么即使大富大贵，也不会有真正的幸福感。如果幸福感与所拥有的财富成正比，那么过去的皇帝一定是世界上最幸福的人。而事实是，皇帝经常的感叹是：做得人上人，滋味又如何？《红楼梦》第九十回中有这样两句话："心病终须心药治，解铃还须系铃人。"该话放在此处，十分恰当。面对世界错综复杂、色彩斑驳的相状和显现出的纷然杂陈的意义，我们每个人无不感到眼花缭乱、六神无主；世界的本来面目、真正意义好像从我们的视野中消失得无影无踪。社会、人生更是如此。面对物质文明的飞速发展、逐物拜金的狂澜、人欲横流和理性泯灭的现实以及精神世界中的失落和空虚，大多数人无不感到茫然和困惑。一代又一代的人试图通过改天换地、增加物质财富而求解脱、过上自由幸福美好的生活的愿望似乎从来没有真正实现过，反倒是离得越来越遥远。忙碌的人类生灵的命运与采蜜蜂的遭遇毫无二致："人生好比采蜜蜂，采南采北采西

---

① [隋]智𫖮：《法华玄义》卷7上，《大正藏》第33册，第763页。
② [隋]智𫖮：《摩诃止观》卷1下，《大正藏》第46册，第8页。
③ [隋]智𫖮：《法华玄义》卷1上，《大正藏》第33册，第685页。

东，采得百花成蜜后，一场辛苦一场空。"要解开这些谜，得从其源头——心性问题——入手，因为正如"解铃还须系铃人"一样，世界的意义是心赋予的，社会、人生中不令人满意的现象根源于人心的"策划"和身体的所为，人们的空虚、失落、烦恼、痛苦都是心的状态，欲求解脱而不达也是由于人心没有找到正确的解脱法门，从而未能让心进入相应的状态。因此一切思考、一切求索、一切探究最后都将聚焦于心灵之上。

如前所述，规范性心灵哲学可分别从圣心和凡心两端加以展开。圣心即集真、善、美、福等最高目的性价值于一体的心，用我们今天的话说就是做人完成、人格完满的人所拥有的心，而凡心则是现实的人的苦乐参半、美丑混杂、善恶兼有的心。古人说得好，做人是始自凡夫、终至极圣的。我们这里拟从凡心出发来展开价值心理学的体系。

一般而言，人到了一定的时候都会有关于未来想成就的人的思考，即使是孩童，也会表现这种思考的萌芽，如小孩在牙牙学语时都会说"长大了要做一个什么样的人"。价值性心灵哲学也会站在凡夫的角度思考如何做人的问题，如思考普通人应该成为什么样的人。而做人的问题中最大的问题或终极的问题是：第一，能否以及如何离苦得乐，尤其是如何铲除生、老、病、死四大终极苦难，进而获得彻底的、无条件的、不掺杂痛苦烦恼的究竟幸福；第二，能否以及如何在自我解脱的同时自利利他、自觉觉他、把幸福与道德统一起来从而铲除横眠于它们之间的"二律背反"[①]，能否以及怎样将幸福按德行的质量和数量分配出去，真正让好人有好报、好人一生平安，直至实现人类社会的真正"至善"。也就是说，在各种做人的模式中，有没有这样的理想人格模式，一旦人们进入其中，便把幸福和道德完美地统一在一起了。我们的回答是肯定的。这既有理论上的论据，又有实践上的支撑。

理想人格的问题实即做人的问题，即怎样做人、做什么样的人的问题，以及人应该成为一个什么样的人的问题。我们每个人都要做人，而人做得怎样完全在于人格，做好人的过程就是完满人格的过程，其极致就是人格的完满。这是每个

---

① 指道德与幸福在现实生活和常人观念中的势不两立：成为一个幸福的人往往要将幸福建立在别人不幸的基础之上，从而成为一个不道德的人，如"为富不仁"；反之，成为一个道德高尚的人往往要牺牲自己的幸福。

人不可回避的问题，当然也是哲学的主题。冯友兰先生在《新原道》的绪论中说："圣人的人格，是内圣外王的人格。照中国哲学的传统，哲学是使人有这种人格底学问。所以哲学家讲底就是中国哲学家所谓内圣外王之道。""在中国哲学中，无论哪一派哪一家，都自以为是讲'内圣外王之道'。"①

"内圣外王之道"意义上的人格不是法律学、伦理学、心理学、日常生活中常说的那类人格。这一意义上的人格含义更加广泛，包含了这些用法中的部分内容，但又有新的内容。我们不妨把它称之为哲学意义上的"人格"。从哲学讨论人格问题时对该词的各种运用中，我们不难看出，哲学中所说的"人格"指的是人内在的精神境界、心态品质、思想观念、才智、世界观、价值观所达到的高度，以及外在的言行举止所表现出的样式、特点和价值，因此像智商、情商一样，是衡量人的一种指标，所不同的是，人格这种标尺带有更大的总和性，是反映人的内外状态的一种综合指标体系。在人格的构成要素和标志性特点中，核心的、决定性的东西则是内在心理的要素和标志。而这也正是价值性心灵哲学应予以关注的，也只能由它关注的东西。展开来说，它在这里要研究的课题是：理想人格模式建构之根据，理想人格模式的具体内容或要件，理想人格实现之可能性根据以及具体实施过程。

如果"问题"可以分为"事实问题"和"应该问题"两大类的话，那么理想人格模式之建构或做什么样的人的问题像伦理学、法律学问题一样，显然属于"应该"问题。既然是"应该"问题，那么要解决这个问题首先就要弄清其根据或依据。不然的话，每个人都可根据自己的需要、按自己的观点想当然地建立一种模式，因为每个人都有确定"应该"如何的权利。事实也是如此，有的人认为：我想成为的人应该是一个有权有势的人，因为有权就有一切。还有的人认为：理想的人应该是一个有钱的人，因为有钱能使鬼推磨。还有的人认为：理想的人应该是一个八面玲珑、善于交际和投机的人。当然也有人觉得：自己应成为的人应该是一个有成就、能造福于自己和他人的人。如此等等，不一而足。

理想人格模式之建构根据，首先当然是作为个体的人的需要，也就是说自己想成就的那种人应能满足自己的某种需要，对自己有某种根本的、最高的利益，

---

① 冯友兰：《新原道：中国哲学之精神》，生活·读书·新知三联书店2007年版，绪论第5页。

具有"自利"的功能。不然就没有人愿意进入这种境界、成为这样的人。当然这里的需要固然包含低层次的生理需要，因为人首先得生存，满足了基本的生存需要，然后才能向更高的境界迈进，"衣食足而后知荣辱"，但是，主要应根据高层次的需要，例如，追求自身价值的实现，以及至真、至善、至美的需要等。不然就不能成为人生奋斗的"目标"和理想。因此，理想人格模式根源于人的需要，同时又升华了人的需要，肯定放大了人性中真、善、美的方面。此外，还要考虑到理想的人格模式有无"自利"的功能，即实现了这种模式的人能否得到"自利"、离苦得乐的感受。当然这里的利不是蝇头小利，而是个人彻底解脱、自由自在、无烦无恼、无忧无虑这样的根本利益；这里的乐不是感性欲望暂时满足之后的小乐，而是认识了世界、人生的本来面目"得道"之后的彻底通达、圆融无碍的究竟绝对、无条件、永恒的大乐，因为"有道即富贵，无为是大乐"①。其次，理想的人格模式建立的第二个根据是人类共同的、高级的需要。例如，人类的内在自由和外在自由，富足舒适的物质生活，自由而全面的发展、和平、平等、文明、繁荣等，在人类饱受生态危机之苦的当今还应包括大自然、宇宙、人类可持续发展的需要。由此所决定，理想的人格还具有利他的功能，即能利益全人类、大自然。也就是说，人们想成就的人一定是对他人、对社会、对自然有利的人，是有利于社会发展、历史前进的人。由人的本性所决定，人绝不会选择损害自己根本利益的理想人格模式。在某种意义上可以说，理想人格模式中的具体要求就是人类的根本利益意识、需要、可持续发展的观念的投射。最后，应根据理想与现实相统一的原则。理想人格模式当然有超越、超前、超凡脱俗的一面，不然就会不理想，就会陷入悖论；但又不能是空中楼阁，完全不可企及，而是一定要具有可实现性、可操作性。而要能够实现，就必须立足于人性、符合人性。因此我们应从对人性的科学考察出发，建立人们既向往又能实现、既可望又可及的人格模式。理想的人格不是对人性的压制、摧残，而是对人性的尊重和提升，是人性中的真、善、美的可能性种子的呵护、培育和发扬光大。

总之，判断一个人的人格模式是否是理想的、是否是值得追求的，最好是看被选择的模式能否同时兼顾上述利益。根据这样的标准，借鉴传统人格学说的积

---

① 参阅高新民：《智者的人生哲学》，台湾牧村图书有限公司1997年版，第95—114页。

极内容，基于我们对人心、人性、人生的认识，笔者认为，理想的人格模式是由复杂的要素构成的大系统。我们可以从不同的方面、角度、用不同的语言加以描述。

从静态的构成要素来说，人应成为的人应该是一个高尚的人，幸福乐观的人，有智有识的人，理智、情欲、意志之间的关系协调、心态平静的人，自利利他、自觉觉他的人，自由自在的人，自我实现的人。从动态过程看，理想的人格是一个不断从可能的德行向现实的德行转化的过程，或者说是人性中美好的方面实现外化的过程。人来到这个世界，既是一个完成的东西，又是一个没有完成的东西。说他完成，是因为他由可能的人变成了现实的人；说他没有完成，是因为他到处充满着可能性、潜在性，是一个可能性之合成，从内到外，"彻头彻尾"，莫不如是。他要说点什么或做点什么，并非只有一种选择，而是有多种可能选择，最后说了什么或做了什么只是其中一种可能性变成了现实性。内在的心理结构、智能结构、思维结构乃至人性结构也不例外。人并非天生的圣贤或恶魔，人最初不过是"可用来雕塑形象的泥巴"，最后究竟成为一个什么样的人，既决定于他先天的可能性，因为它们决定了他的可能和不可能的范围，同时又取决于后天的各种条件以及其自身的抉择活动与实践。撇开程度不说，人性中既有成圣的可能性，又有成为凡夫乃至恶魔的可能性。因此圣人、理想的人格、高尚完美的人就是人性中潜在的美好德行如仁、义、礼、智、信、常、乐、我、净等的现实化。

从体用的角度看，理想的人格是体与用的统一。体又有多重维度：①心态结构维度，包括开阔的胸襟、宽容和豁达、高尚的精神境界、与天地比寿、与日月齐辉、自他不二、自我与自然合一、有强烈的环境和生态意识、有健康的心理与平和的心态，理智、情欲、意志等各种心理要素协调发展，让理智在心理生活中居支配地位，恬淡少欲，意志坚强，勇敢无畏；②理想动机维度，有远大崇高的理想，生命不息，奋斗不止，在各种需要中，自我实现的需要居于主导地位，有强烈的成就感、事业心，只要自身的价值能够实现，只要能干出一番事业，只要能造福他人、为社会做出自己的奉献，其他皆可舍弃，甚至能忍辱负重、丧失名利地位；③观念维度，有正确的世界观、人生观、价值观，了知宇宙、人生的本来面，彻悟财富的本质与作用限度，有正确的价值标准，对生命、幸福有科学的理解，热爱生命、正视生命，在观念上，超越生死；④法律道德维度，有很强的法律、道德意识，有社会良心，尊重和维护正义、公正、自由、民主、法制等社会价值，解决了幸福与道德的"二律背反"，把二者有机统一起来，能从奉献中体验到快乐与幸福；⑤才智维度，有智慧、才能，有广博、丰富、扎实的知识和技能，且结构合理，具有开放性、可更新性、变通性；⑥心身维度，心灵平和，身体轻松、安稳、健康，心身协调；⑦关系维度，人际关系和谐，尊重他人，且受他人尊重、爱戴，与大自然打成一片，在热爱自然中得到美的享受。从用的方面看，理想的人格时时处处都能像金子一样闪闪发光，像太阳一样温暖人心，走到哪里就把真、善、美、福、乐带到哪里。在利己、不使自己成为地球的负担和累赘的同时，积极地利他，为人类谋福利，在自己觉悟、全面发展的同时，积极教化他人、觉悟他人，以实现全人类的全面自由的发展；在正确理解自由与必然的关系的基础上，实现内在自由与外在自由的统一。

明确了理想人格模式的内容、目标，就有了去凡成圣的目标，当然，要真正使自身潜在的成圣的可能性变成现实性，还得靠自己艰苦不懈的、百折不挠的努力。在这里最要紧的就是从自我做起，从当下一念心做起。如果只是挂在口头上，或指望别人去做，那么于己不利，也不可能收到理想的教育效果，因为自己做不到，不能身体力行，别人当然会觉得可望而不可即，缺乏现实的根据，自然也就不会付诸行动。此外，必须从当下做起，不能往后推。因为人是有惰性的，今天往明天推，明天还可能往后天推，以至无止境地拖延下去。怎样从当下的自我做起呢？切入点何在呢？答案很简单，切入点就在自我的当下一念心中或当下的任一念头、观念、想法中。塑造理想人格、成为完善的人、由凡转圣的奥秘就在心灵之中，因为人的心灵（实即社会化、文化的人脑）既是许多心理属性、状态、功能之体，其本身又是用，而且对人生具有无穷的妙用。有道是：心能凡夫，心能圣贤，心能天堂，心能地狱。意思是说，人究竟是凡夫还是圣贤，是天使还是魔鬼，生活的质量究竟是高还是低，是在"天堂"享福还是在"地狱"受罪，完全是由自己的心理（世界观、价值观、心态、心理结构、感受性等）决定的。铸就健康积极的心态，建构出良好的心理结构，形成正确的世界观、价值观，得到高级的生存智慧和科学智慧，拥有丰富的知识和合理的知识结构，就是圣人，就是完美的人。即使一个人的生活环境充满着坎坷和艰辛，也会如同生活在"天堂"中一样，反之，即使拥有万贯家财，吃的是山珍海味，穿的是凌罗绸缎，洋房、豪华轿车应有尽有，也与生活在"地狱"中无异。简言之，人格的升华过程就是心态、精神境界、智识的提升过程，离心求圣，无异于水中捞月。这是否意味着道德实践及行为、社会环境不重要呢？答案是当然重要，但是，人的心理与行为是统一的，后者是由前者所决定的，因为人的实践、行为是由人的意志选择的。而环境尽管对人的心理活动、行为之选择有这样那样的影响，例如有些人走上犯罪道路有环境的影响，但是人的行为最终还是自己做出来的。两个银行职员同样面对着窃犯的枪口，但行为并不一定是一样的，一个可能乖乖交出箱子里的钱，一个人可能宁死不屈。另外，社会环境的构成因素是个体及其行为，如果每个人都思善向善，注重人格修养和升华，那么必然营造出一个良好的道德环境。反过来，这种环境又会为人格的进一步提升创造条件。因此，当今的人格建设乃至整个道德重建的出发点应是每个人当下的一念心念，是好的心念让它更好、不好的心念让它熄灭。不仅是做好事、说好话，更重要的是存好心。

第二节　心灵转化与善巧安心

心灵的转化、调适，特别是升华是许多学问共同关心的问题，由于心灵哲学对心的探讨最深、最细，因此在这方面，它大有作为。徐梵澄先生说："精神哲学"（即我们这里所说的心灵哲学）"着重"于"转化"，就像宋明理学、心学尽管探讨的内容是心身性命之学但"主旨或最后目的是'变化气质'"一样。①心灵之所以要转化、要改变，是因为这被转化的心对人是不利的，让人难受。而要转化，就要知道转化的去向，这实际上是要知道什么样的心态是好的、是值得人拥有和进入的，以及什么样的心态是最好或最佳的。因此心灵转化的问题实际上是最佳心态的选择和调适问题，或心态的选择、安顿、摄受问题。

"心态"一词至少有两种用法或意义：一是泛指人所意识、体验到的心理状态；二是指心对于一切出现在人的意识面前的各种有利、不利情景的态度。例如，人们在评价某些人看得开、心胸开阔时常说其"心态好"或"心态"平静。不管是哪一种心态，只要出现了，便一定有体验的方面，因而有价值属性，即对处在此心态中的人有利害关系，例如，人能感受到此状态是好还是不好，是令人舒畅、

---

① 徐梵澄：《陆王学述》，崇文书局2017年版，第16页。

第十七章　主要问题研究

舒服还是相反，对身体是否有伤害。另外，心态包含与相应对象的关系这一要件。此对象是该心态所想、所停于、所安于其上的东西。在任何时间、地点和活动中，人的心总是处在一定的状态之中，人总是带着一定的心态生活的。因此，心态是人的生活的核心构成方面，也是决定生活质量好坏、高低的最本质因素，因而是区分生活质量高低、优劣的第一位标准。这是因为：第一，心理的生活是人的全部生活的重要内容；第二，精神生活永远同时伴随着其他一切样式的生活，如家庭生活、团体生活、学校生活、旅行生活等，而其他生活方式绝不能永远伴随精神生活；第三，心理状态是决定其他一切活动、状态的最直接原因，尽管它也受环境的影响、受其他状态的反作用，但它的内在因素、结构、品质无疑直接决定着其他活动的成败，进而决定着其他生活的质量。即使是用世俗的眼光看待幸福，一般人所追求的幸福、快乐也无不和相应的心态有关，因为快乐、幸福总有精神的表现，即体现为一定的心理状态。正因为如此，有健康心态的人在同样的条件下比心理素质差的人更容易得到快乐和幸福，有时在不利、违情的境遇下他们也能保持乐观的心态。正是基于此，有的人才说：有健康的心态比拥有万贯家财更珍贵。

　　心态是可以转化和调适的。当调节到最佳的心态时，人就能在各种好坏、顺违、适意不适意的环境、条件下得大安乐，没有烦恼忧愁。不会调节的人，亦即是不会"想"的人，总是将心安于不利的对象之上，结果是：不管外在环境是有利还是不利，心态总是好不起来。就像这位老婆婆一样：天下雨，她高兴不起来，因为他的一个儿子是以染布为生的；而真的到了天晴，她还是痛苦、着急，因为她有一个儿子以卖雨伞为生。可见，心态的调适问题是一个会不会想、怎样想的问题，亦即寻找心灵寄托的问题。心只要在清醒时，一定是有所依、有其寄托的，不然人就会有空虚、无聊、坐卧不安之感。例如，人在闲着没事干时，总会想法找点事情打发时间，要么看书，要么看电视，要么上网，等等。做这些事情，其实就是要安顿心灵。

　　心能安顿于其上的东西，或能作为心之寄托的东西有很多，例如，修禅时随机找来的一色一香，就是这种寄托。不仅有形的东西可成为这种寄托，无形的东西如虚空、真正不存在的东西如方的圆，以及崇尚空智的人所说的空无都是如此。寄托不同，安心的对象不同，生存质量必然有别，甚至有天壤之别。生活在富有、有权势的家庭的人，倘若不会安心，其生活必像地狱一样难受，而历史的复圣孔子的弟子颜渊生居陋巷、箪食瓢饮，仍不改其乐。因此儒家一般认为，圣人之为圣人，不在于财富和才学之富足，而在于心态方面。例如，伯夷和孔子在才学上确有不同，但都可被称为圣人。因此王阳明说："圣人之所以为圣，只是其心纯乎天理，而无人欲之杂……人到纯乎天理方是圣……然圣人之才力，亦有大小不同。"①意思很清楚，圣人之所以为圣人，不在于才力，因为才力是用不是体，而在于圣人有一颗纯乎天理、没有杂念的心，或者说"止于至善"的心。这里所说的"止于至善"用的是《大学》中广为人知的命题，但到了王阳明那里则被赋予了特定的意义。那就是"至善者性也。性元无一毫之恶，故曰'至善'。止之，是复其本然而已"②。也就是说，性就是至善，就是没有一丝一毫的恶，而止则是回复到或停留于或安顿于至善之上，让本然的性、善显现出来。既然如此，人们就不能从学问知识上去学圣人。"后世不知作圣之本是纯乎天理，欲专去知识才能上求圣人。"③总之，"见得透时便是圣人"，能把良知彻底看清的人便是圣人。"止于至善"只是安心的一种较高级的方式，还有比这更高、更好的方式，如安心于虚无、安无所安等。这些安心方式不仅可以让人成圣，而且可以让人得大安乐，乃至真正无烦无恼、绝对幸福。为什么是这样呢？

答案只能到心内部去找。往圣在这方面已做了大量、成功的探讨。儒、道都认为，心是智慧的主体，尤其是道德本体、道德之源，是去凡成圣、进入最高人生境界、获得最美满幸福生活的可能性基础和前提。在中国心学中，心作为体，首先它是思之官、"智之舍"④、"神之主"⑤、"气之君"⑥。也就是说，心是能思之主体、生命之中枢、五脏之君、身之主宰。心态与生存质量、高级心态与空无智慧的关系不仅是形而上学的思辨课题，而且可以成为"心理学"实验的对象。因为人会经历哪些心态、心态有哪些种类、心态与生存质量有何关系，以及心态与人的幸福感、苦乐感是何关系等，都是可以得到实证研究的。

既然心态优劣是生存质量高低的重要条件和标志，那么获得高质量的生存状

---

① [明]王守仁：《王阳明全集(上)》，吴光、钱明、董平，等编校，上海古籍出版社2012年版，第24页。
② [明]王守仁：《王阳明全集(上)》，吴光、钱明、董平，等编校，上海古籍出版社2012年版，第22页。
③ [明]王守仁：《王阳明全集(上)》，吴光、钱明、董平，等编校，上海古籍出版社2012年版，第25页。
④ 《官子·心术》。
⑤ 《鬼谷子·捭阖》。
⑥ 《春秋繁露·循天之道》。

态自然是任何人都求之不得的事情，而要如此，一个必不可少的条件就是要有相应的心态和感受结构，进而努力削弱、摆脱乃至消除负面的心态。要这样，又必须弄清具有不同价值属性的心态的生成过程及机理。

我们一般都不会否认心态的形式多种多样、质量有优劣之分，而且稍微思考过这个问题的人还会肯定平常心、平静心是好心态。为什么是这样呢？我们不妨根据心灵哲学从深层次稍作分析。所谓平常心，就是"对众境心常"，即心灵比较坚固，能够做到不为内外不利的东西所扰动，能够做到得不欣喜若狂、失不灰心气馁。如果是这样的话，就不会有对违情的东西的厌弃、憎恨，不会有对顺情的东西的执着、穷追不舍，当然也就不会有求不得的问题及烦恼，更不会有失去时的痛苦。有这种永远如一如常的心态，就会做到"八风吹不动，端坐紫金莲"，即在苦乐、利衰、毁誉、称讥等八风或各种违顺、适意不适意的环境下，永保其常乐我净、大智大慧之心。能否做到这一点呢？理论上是有其可能性的，因为只要能用发展的眼光看问题，看到一切都在运动变化，没有常一不变的东西，同时加强对心灵的锻炼，如像毛泽东同志倡导的那样经常而有意地到大风大浪中磨砺自己，提高自己的意志品质和心性的自主性、把控性，人完全可以做到不为一时的得失而动心。事实也是这样，现实生活中人对同一挫折就有不同的心理表现，这说明心态是可控的。

与心态调适密切相关的课题是"善巧安心"。这是东方价值性心灵哲学经常探讨的问题，也得到了西方有关科学特别是得到了最近的神经幸福学的实证研究。从某种意义上说，善巧安心就是要将心调适到最佳的状态，并永远保持不放，永远带着这种心态去生活，去接人待物、挑柴担水、插秧种麦、操纵机器、吃饭穿衣。如果能真正做到制心一处，那么就能"无事不办"。

心与身一样，总是要有所寄托的。身要么坐在椅子上，要么站在地上，要么睡在床上，不可能永远悬在空中。即使悬在空中，身也有其寄托。心亦如此，如不倚于一个对象或基质之上，人就会产生空虚、无聊之类的感觉。当然，如果寄托在一个靠不住或有害的东西之上，那么心又会进入一种更加令人不安的状态。在此意义上当然可以说，安身立命、安顿心灵是人生哲学理论和实践的头等大事。智𫖮也认识到了这一点，因此强调要善巧安心。

善巧安心的基本前提就是要有信念、有誓愿、有行动。在此基础上还应弄清安心的种种善巧方法。所谓安心就是安于值得安的东西上面。在笔者看来，最值得心灵安顿于其上的东西应是真正的真、善、美，过一种理智的生活。

第三节 心的生灭和成圣的心理学机制

规范性心灵哲学的应有课题和优势领域是心的人为生灭、转凡成圣的心理学原理及内在机制。可喜的是，神经科学已开始关注圣者的大脑的秘密，如弗拉纳根研究过作为佛教的圣人的菩萨及其大脑，著有《菩萨的大脑》一书，揭开了从前沿科学角度研究圣者心理的神经机制的序幕。目前，类似的研究在西方极为活跃，研究者相信，圣者所具有的幸福感一定与大脑有关，因此可以到大脑的神经分布中找到它们的秘密。于是，他们用神经科学的方法如 fMRI 扫描受试的大脑，特别是禅定工夫高深的人的大脑。据观测，他们的左前额叶皮质发展很好，形成了稳定的模式，与积极的情绪建立了稳定的关联，在成像中闪闪发光。据比较，这些被试大脑中的光亮超过了其他所有被试。在分析其成因时，科学家认为，这是因为这些被试在禅定时的所对之境是慈悲、友爱之类的境。当然，由于科学的实验手段毕竟十分有限，因此所观察到的与圣者有关的大脑状态也十分有限。例如，对不同的幸福形式的主观经验和大脑状态就没法做进一步的区分，只能发现它们的激活、成像与别的心理状态的区别，而无法在不同的幸福之间做出区别。另外，即使能做出区分，其实践意义也不大，如对于离苦得乐、去凡成圣就不可能发挥什么指导作用。而从心灵哲学角度去研究心灵转化等后面的心理学原理和内在机制则能弥补这一不足。是故，古今中外的价值性心灵哲学都重视这一研究，且成绩斐然。

在心的转化、人为的生灭及其机制、原理等问题上，中国心灵哲学做了大量的探讨。例如，提出和探讨了心的生灭的"应然"问题，即应该怎样对待我们自己所拥有的心理、怎样让我们喜欢的心理产生和存在，以及怎样让有害的心理得到灭除或转化。另外，它还探讨了这样的问题，即有害的心理状态有无人为予以改变乃至灭除的可能？如果有，其机理、条件是什么？这样的探讨无疑具有重要的心灵哲学意义，因为要回答有关问题，必然会深入对心的起源和本质的探讨之

第十七章 主要问题研究

中。王夫之认为，人心之所以有生死，是因为心有动静。他说："人心乘动静以为生死，道心贞阴阳以为仪象。"①还有人认为，要知死、要知如何减轻和灭除有害心理的方法，就必须先弄清魂、魄等心理是怎样生起的。而要如此，又必须原始反终，即进到生起的根本之中，返本穷源，如弄清心理现象生起的根源、机制与条件。果能如此，就等于"知死生之说"。而中国哲学的气一元论，为回答这些问题指明了方向，例如，它告诉人们，事物的生起是由气决定的，有气的聚焦，就有事物的生起。心也不例外。因此知心之生起的出路就是弄清气的聚集与消散及其规律。理学家陈淳说："死生无二理"，一切现象不外二五之精的聚与散，"得是至精之气而生，气尽则死"，"能原其始而知所以生，则反其终则而知所以死"。②意为只要追溯到心的原始处，就知道它是怎样生起的，同样，能追溯到气运动的终点，就知道心会怎样消灭。

东方的儒道释揭示去凡成圣的心理学机制用了这样的方法，即分别解剖圣人和凡夫的心理状态、条件。很明显，圣人和凡夫的存在是客观的事实，而每种事实的成立都是依赖于特定的、相应的必要条件的。例如，凡夫作为凡夫是建立在相应的条件之上的，而圣人作为圣人也是如此。如果能分别找到决定凡夫和圣人的心理条件，那么无异于找到了由凡转圣的心理学机制。中国道学认为，圣人之所以为圣人，就是因为他们回归于道本，如做到了无心、虚心、定心、正心等。"所以言虚心也，遣其识也"③，即将乱识赶尽杀绝，心中空无一念一识，此心亦是无心、定心。《密严经》认为，众生之所以为众生，就是因为他们的阿赖耶识"为戏论熏习，诸业所系"，"阿赖耶识变似众境，弥于世间……攀缘执我、我所"，因此他们轮回不已。反之，"若自了知，如火焚薪，即皆息灭，入无漏住，名为圣人"。之所以能如此，是因为此识既是染法之所依止，又是净法之所依止。它"如摩尼宝，体性清净，若有置于日月光中，随其所应，各雨其物。阿赖耶识亦复如是，是诸如来清净之藏……若无漏相应，即雨一切诸功德法"。可见，凡夫之为凡的心理学根源是，他们的阿赖耶识为戏论熏习，与有漏染法相应，进而

---

① [明]王夫之：《尚书引义》，中华书局1976年版，第30页。
② [明]陈淳：《北溪文集》，载[清]黄宗羲《宋元学案(叁)》，陈金生、梁运华点校，中华书局1986年版，第2227页。
③ 《内观经》。

"雨"是一切恶法或善恶参半的法。圣者恰恰相反，其阿赖耶识与无漏相应，得到的是让里面的成佛种子得到生长的条件，因此"雨"是一切功德法。

笔者认为，心的人为的生灭是有其可能性根据的，这是因为，它们是在有关的必要条件具足的情况下生成的，不是从来就有的，有生就一定有灭，甚至一定能用人为的方法加以灭除，例如，只要不为其提供相应的条件，它就自然不复存在。从逻辑的角度说，一个事实，只让它的众多必要条件中的一个不出现，那么它就不会出现，出现了也会立马消失，这就是"缺缘不生"的道理。同样，要让不好的、对人有害的心理减轻、减少直至不生、消失，不为它提供相应的条件就行了；相反，要想人积极健康的心理出现、长住，只要运用上述规律也能如愿以偿。

懂得了上述心之人为生灭的原理与规律，就不难揭示成圣成凡的心理学机制。简言之，就是要像中国哲人所倡导的那样，原始反终，即进到生起的根本之中，返本穷源，弄清心理现象生起的根源、机制与条件。果如此，就不难明白，圣心和凡心生起的心理学机制及规律。《管子》云："凡心之刑，自充自盈，自生自成。"[①]意思是说，心的形体、本性本来是自我充盈、自生自成的。但是一经生成之后，心所面对的环境、所受的来自主体的待遇是不同的，尤其是它的心理环境和待遇是各不相同的。如果一天到晚总是烦扰它、捣乱它，让它不停地往来于喜怒哀乐的状态，让利欲来熏染它，使之跟随五官的变化而川流不息，随物而转，那么它就违反了它的宁静本性，与之背道而驰。如果是这样的话，这种心体、心态就会让相应的用伴随出现，例如，得到小智巧慧、小恩小惠、生活在人我是非之中，为鸡毛蒜皮的事、蝇头小利争来斗去，生活在喜怒哀乐、起伏不定的状态之中，想得到的得不到，终生碌碌无为，干不了大事。有这样的心即为凡夫一个。相反，按心的本性安心，依气的规律运行气，就能让此心、此气由潜在的圣人变成现实的圣人。因为此气"不可止以力，而可安以德；不可呼以声，而可迎以音。敬守勿失，是谓成德。德成而智出"[②]。意为只要顺其本性、用德来安顿它，成圣的种子就会结出圣果来。

---

① 《管子·内业》。
② 《管子·内业》。

第十七章　主要问题研究

第四节　空无与做人

这里，我们再就东方哲学经常讨论的空无与解脱、成圣的关系问题阐述我们的看法。就主要倾向而言，东方的价值性心灵哲学立论的基础往往是它们所持的特殊的空无论，也就是说，重视探讨空无与解脱、成圣的关系问题，有的人甚至认为，它们是手段与目的、原因（基础、前提）与结果的关系。这是从渐教的角度说的。不仅空与解脱有这种关系，而且各种意义的空也有循序渐进、逐步过渡的关系。例如，要得解脱，就必须信空、解空，然后以本体之空为基础，通过行空或空行（工夫之无）、空心等最后过渡到果空。还有人从顿教的立场强调：空无就是解脱。每个人都有离苦得乐乃至得最高幸福、终极解脱的愿望。怎样才能满足这一愿望呢？禅宗的回答是：别无他途，唯有"依空"。是故可说，"依空满愿"。其内在机理在于："一切圣人于行非行，同真实性……五蕴非有非无，不从因缘生，非无因缘生。是圣所知，非余境故。亦非言说之所能及，无名无相，无因无缘，亦无譬喻，始终极静，本来自空。"[①]

笔者认为，这里首先有一个解释学问题，即如何正确理解上述说法。根据我们的理解，佛教倡导的作为人的生存准则的空无，不是虚无主义、悲观主义，而是一种积极的以及能自觉觉他、自度度他、自利利他的生活方式和态度。因为佛教强调的空行是中道之行，换言之，空行是不舍有、不离慈悲的行持，是与善行、慈行无二无别的行持。空行、进入空无之境不仅是慈悲行的必然性根据和基础，而且二者还有正比关系，即空得越彻底，慈悲行就越广大和深切。例如，大悲是一切佛子的共同特点，即使是声闻之人也有大悲心。但佛的大悲在深度上则达到了极致，这表现在：此大悲之心是由彻底的空而发起的，发起及行大悲的过程从始至终都贯穿着空无化操作。总之，各种大悲的不同根源在于彻底或究竟的程度不同，声闻的悲心如画皮，菩萨的大悲触及了肌肉，而如来的大悲则深入了骨髓，即"破骨彻髓"。[②]另外我们要看到的是，佛教的空无论尽管有上述不

---

① 《金光明最胜王经》卷5，《大正藏》第16册，第425页。
② 《大方等大集经》卷2，《大正藏》第13册，第13页。

可思议的价值，但并不是适合于一切众生听闻和践行的。例如，它不适于初业或新学菩萨。《诸法本无经》强调："空见者，无相见者，无愿见者，无生见者，无有见者，无相貌见者，涅槃见者，佛陀见者，菩提见者"，如此见解、学说等，"初业菩萨前不应说此法"。①也就是说，佛教谈空论无是有条件的，一般是从"端正法"开始的。所谓端正法即以得财富、长寿、健康、平安等为目标的法门。只有端正法学好了，才能过渡到学空、行空。

一般而言，西方人的非存在之思主要是解决形而上学问题，尤其是其中的本体论问题，因而与人生哲学的关系不大。而在东方尤其是中国和印度哲学中则不然，它们对无的玄思，既有本体论的动机和意趣，这在印度哲学中尤为明显和突出，又有人生哲学的性质和意义。陈来先生在说明中国有无论的实质和特点时指出："中国哲学中作为境界形态的有无论……正是面对人的存在而昭示的生存智慧。"②仅就东方的空无论来说，即使我们不能说它是东方人生哲学理论与实践或东方生存智慧的全部，至少可以说它是其中的重要组成部分，是其中的一种形态，或更准确地说，东方有一种人生哲学，其不仅以空观和无慧（不分别慧）为基础，而且以之为梁柱和拱顶石。一般来说，它在饱学之士、有教养的人群中极为盛行。直至今日，依然如此。

从表面上看，我们前面所说的彻底、绝对的虚无、空无似乎与人生哲学扯不上关系，但其实它们是有千丝万缕的联系的。例如，如果把世界理解为一种彻底的、完全断灭的空无所有，把一切看作是梦幻泡影，即坚持佛教所反对的"恶趣空"、"顽空"观，那么我们必然陷入虚无主义、悲观主义和宿命论。因为既然一切空无，那么便没有幸福和快乐可求可得，也没有人类要解救、有苦难要拔除、有欢乐要施予、有爱心要奉献、有美德要修持等事情要做，一切只好任其自然、听天由命。但我们不能由此得出结论说，谈空说无就一定与积极的人生态度和哲学水火不容。不管谈论哪一种空无，谈论的立场、观点、方法各不相同，都可引申出不同类型和性质的人生哲学。换言之，人生哲学的消极与否，与是否涉及空无或是否以空无学说为基础并无直接关联。

人生境界是人生哲学的重要课题，同时也是衡量人做得如何、人格完满程度

---

① 《大方等大集经》卷2，《大正藏》第13册，第13页。
② 陈来：《有无之境——王阳明哲学的精神》，北京大学出版社2006年版，第4页。

的一个指标。一般而言，所谓人生境界是指人的世界观、幸福观、价值观、人生态度、心态质量、道德修养及情操等所达到的完满性程度。从与人格的关系来说，人生境界是人格的重要一维。人格完美的人，做人达到了极致的人，亦即合道成圣的人，一定是境界高尚的人。因为有完满人格的人在利乐世界、造福有情进而获得上敬下效之不求之报的同时，必然会享有幸福美满的人生，亦即有自利利他、自乐乐他、自觉觉他、自匠匠他之神奇功效。而要如此，就必须有崇高的精神境界，例如，必须有相应的世界观、价值观、幸福观，必须有八风吹不动的心态，有自利利他、自匠匠他的愿望、能力和实践。就人生境界本身而言，它当然是一个复合的、动态的多元统一体。由于其内在因素必然处在不同的认知、价值层次，因此现实的人的现实人生境界必然有不同的等级。质言之，人的境界有高低程度的差别。在决定此差别的诸因素之中，对世界上事物的态度，尤其是对与自己有利害关系的事物的态度，例如，是否能看得破、放得下，是否能恬淡世情，以及恬淡的程度，简言之，虚无化或空无化的程度，无疑是最重要的一维。具体而言，境界低的人，一定是斤斤计较的人，一定是把物质利益看得太重的人，亦即管理学中所说的"实利人"或"经济人"。其特点是总是希望少付出或不付出，而又希望利益最大化，甚至占有天下一切财富而不嫌多、不觉耻。而境界高的人一定是心胸开阔、视天下万物为一体的人。说到这里，我们自然会想起冯友兰先生的"四境界说"。

冯先生区分境界高低的标准是人们对于世界、人生觉解的程度，或宇宙人生对于人所具有的不同意义。如果所体会的意义不同、觉解程度不同，那么境界亦不同。而境界不同，其行为方式、生活态度也不同，进而生命体验、幸福感也必不同。一是自然境界，即最低级的境界。其特点是：生活"在此境界中的人，其行为是顺才或顺习的"[①]。"才"即人的生物学上的习性，"性"即逻辑上的习性。由于一切顺其生物本能，因此这种人的境界是"混沌的"。二是功利境界。"在此种境界中的人，其行为是'为利'的。"[②]其行为以"占有"为目的。三是道德境界。"在此种境界中的人，其行为是'行义'的。"[③]其行为以"贡献"

---

① 冯友兰：《人生四境界》，长江文艺出版社2016年版，第125页。
② 冯友兰：《人生四境界》，长江文艺出版社2016年版，第126页。
③ 冯友兰：《人生四境界》，长江文艺出版社2016年版，第126页。

为目的。四是天地境界，亦即最高的境界。"在此境界中的人，其行为是'事天'的。"①这种境界的独特之处是：对宇宙人生的觉解达到极致，如知宇宙人生之大全。由此所决定，人便"始终使其所得于人之所以为人者尽量发展，始能尽性"。"他觉解人虽只有七尺之躯，但可以'与天地参'；虽上寿不过百年，而可以'与天地比寿，与日月齐光'。"②此境界又可称同天境界。进入此境界的人，即是圣人，而所谓圣人，即"人之圣者也"③。

判断境界之差别还有很多维度，如还可从"享受世界的大小"上来区别。天地境界中的人，能享受无限的世界，而自然境界中的人只关注他那一隅之天地，与之混沌不分。④另外，还可根据人们对"我"的意识与态度来区分。例如，自然境界中的人不知有"我"，也可以说，其自我意识尚未觉醒，处在谢林所说的主体与客体、人与自然、自我与非我混沌同一的"绝对"状态；功利境界中的人自觉到有我，天地境界和自然境界中的人无我。此处的我即小我或私我。破除此我，以"宇宙内事"为"己分内事"，是高尚人生境界的标志。如果说私我是小我，整个宇宙是大我、真我，那么可以说，这种无我就是"有大我"，有此意识便进到了天地境界。⑤

有理由说，冯先生所倡导的同天境界是东方哲学所推崇的境界之无的一种形式。如前所述，只有破除了小我，即将私我空无化的人才能进至这种境界。另外，进至这种境界中的人没有一般人所面对的具体有形对象，因而有一种神秘的将万物消解掉的经验。他说："在同天境界中的人，自同于大全，大全是不可思议的，亦不可了解为对象。在同天境界中的人所有的经验，普通谓之神秘经验。"⑥

在东方哲学的人生价值观中，有一种占主导地位的思想倾向，那就是推崇各种形式的空无境界或境界之无。有的人即使没有建立关于境界之无的系统理论，其人生实践也是围绕境界之无展开的。牟宗山先生指出：道家"无"的形上学是一种境界形态的形上学，因为其目的是要通过提炼"无"的智慧以达到一种境界，

---

① 冯友兰：《人生四境界》，长江文艺出版社2016年版，第127页。
② 冯友兰：《人生四境界》，长江文艺出版社2016年版，第127页。
③ 冯友兰：《人生四境界》，长江文艺出版社2016年版，第128页。
④ 冯友兰：《人生四境界》，长江文艺出版社2016年版，第129-130页。
⑤ 冯友兰：《人生四境界》，长江文艺出版社2016年版，第132-133页。
⑥ 冯友兰：《觉解人生》，浙江人民出版社1996年版，第15页。

第十七章 主要问题研究

由之出发的工夫上的"无"是任何大教大圣的生命所不可免的。[①]儒家的学说尽管有很大不同，但也不乏对某些形式的境界之无的肯定。陈来先生说："在中国文化中，儒家一般被思考为有的哲学，以与贵无的佛道相对。不过，如果就境界而不是存有的意义而言，这种说法对早期儒家也许不无道理，但对绵延近八百年的宋明儒学，问题就远不那么简单。理学对佛教挑战的回应，不仅表现在对'有'的本体论的论证（如气本论、理本论），也更在于对人生境界与修养工夫上'无'的吸收，后者始终是贯穿理学史上的一大主题。"[②]笔者认为，早期儒家的重心是贵有，但没有对境界之无的完全否定，而宋明儒家有对境界之无的明确肯定。

中国化佛教对境界之无的倡导和论证值得深掘。智𫖮大师明确指出：涅槃是妙境圆果。所谓妙境就是一种圆融无碍、无挂、无隔、微妙甚深、稀有难得的境界，所谓圆果就是指修习所得的最圆满、最安乐、定慧均等的极果。智𫖮说："安乐名涅槃即是圆果。"[③]涅槃之所以是妙境，是因为进入大涅槃必得大欢喜、大安乐。须知，喜的形式多种多样，从层次上说，喜有等级差别，有有漏与无漏、究竟与不究竟之别。得到钱财、吃好穿好，固然有喜悦充满，但属低级之喜。如果能闻妙法、解谛理则有较高级的喜悦发生。"以内解在心，名意喜也。喜动于形，名踊跃，即身喜也。从妙人闻妙法，得妙解，三业具喜也。"[④]身喜、口喜、意喜，而今从佛，闻所未闻未曾有法，断诸疑悔，身意泰然，"是结意喜"。还有很多欢喜，如藏、通、别、圆四教菩萨都有自己的欢喜。[⑤]最高级的、究竟的喜是"大欢喜"，亦即大安乐。[⑥]智𫖮所理解的大安乐的标志首先是："其心安稳，无有怯弱"，"不怯弱名安乐也"。而不怯弱的前提又在于："修智慧，离诸取著，得法无我，内无颠倒。"[⑦]智𫖮还强调：涅槃之大安乐的独特之处在于它"因果具乐"。也就是说，此安乐不仅可作为结果出现，而且还可充满在至安乐的原因过程之中，故可称作"安乐行"。"安名不动，乐名无受，行名无行。"具体而言，"不动者，六道生死、二圣涅槃所不能动，既不缘二边，则身无动摇……

---

① 牟宗山：《才性与玄理》，吉林出版集团有限责任公司2016年版，自序第1-2页。
② 陈来：《有无之境——王阳明哲学的精神》，北京大学出版社2006年版，第4页。
③ [隋]智𫖮：《法华玄义》，《大正藏》第33册，第725页。
④ [隋]智𫖮：《妙法莲华经入疏》，[唐]湛然记，[宋]道威入疏，上海古籍出版社1990年版，第130页。
⑤ [隋]智𫖮：《妙法莲华经入疏》，[唐]湛然记，[宋]道威入疏，上海古籍出版社1990年版，第130页。
⑥ [隋]智𫖮：《妙法莲华经入疏》，[唐]湛然记，[宋]道威入疏，上海古籍出版社1990年版，第131页。
⑦ [隋]智𫖮：《妙法莲华经入疏》，[唐]湛然记，[宋]道威入疏，上海古籍出版社1990年版，第337页。

其心常憺怕（憺泊），未曾有散乱，则安住不动"。乐者，不受三昧广大之用，不受凡夫五受，乃至圆教五受，生见亦皆不受，因为有受就有苦，无受则无苦，"无苦无乐乃名大乐"。无行者，"若有所受，即有所行，无受则无所行，不行凡夫行，不行贤圣行，故言无行而行"。①

不同于其他的境界之无的地方在于：智顗所倡导的境界之无不是无源之水，不是纯观念性的东西，而是以本体之无为基础的，质言之，是有根的境界之无。因为作为妙境的涅槃本身就是诸法的空无体性。一旦证得此体性，当下便入妙境。在此意义上，他把它比作"大寂室"。"大寂者，即动是寂"②，动、变化及别的一切有为法，其本性都是寂、是止，"室者"，比喻义，是为观照，即"寂而照"。③总之，作为境界的大涅槃的特点在于大，即一切大、理大、誓愿大、庄严大、智断大、遍知大、道大、用大、权实大、利益大、无住大。

在笔者看来，人生的境界不外乎两大类：一类是有相之境界，其特点是着相、重世间利益。例如，冯友兰先生所说的自然境界、功利境界就是如此。道德境界尽管重"义"，但仍在着相、有求的层面，例如，做好事、做好人是为了得到好的道德评价，因此仍停留在有相之人生境界。另一类是无相之境界，其内又有不同的形式和层次。如冯友兰先生所言，天地境界就是其中的一种形式。此外还有偏无之境。它又有多种形式：一是无掉了小我、私我而没有无掉外境的境界；二是无掉了外境而没有无掉内我的境界；三是虽无掉了我与非我（外境），但没有超越无本身，仍将空无当作一事一法。在它们之上还有亦有亦无之境、非有非无之境。最高的境即离言绝相、绝对超越有无对峙的人生境界，即佛教所说的大涅槃境界。进到这种境界，再不会在看到山时起分别，也不会执着于无山或空，而会看山只是山，于念离念、于相离相。

之所以说它是最高的，是因为它是基于"大体"的。我们这里可借用和改造孟子的"大体"和"小体"对境界之无的程度略加说明。孟子说："从其大体为大人，从其小体为小人。"④他的本意是根据人是服从于心官还是服从于感官，

---

① [隋]智顗：《妙法莲华经入疏》，[唐]湛然记，[宋]道威入疏，上海古籍出版社1990年版，第326页。
② [隋]智顗述、灌顶记：《仁王护国般若经疏》，《大正藏》第33册，第2626页。
③ [隋]智顗述、灌顶记：《仁王护国般若经疏》，《大正藏》第33册，第2626页。
④ 《孟子·告事上》。

将人区分为大人和小人。我们这里将"大体"和"小体"看作是人们对于宇宙之本体证悟、通达的两个阶次。如果在质和量两方面都彻见了宇宙人生全体、最内在的本来面目，那么可认为进到了"大体"之毕竟空寂境界，如果所悟的体性在范围和程度上较低，那么证得的便是各个层次的小体境界。由于世界上一切事物的体性是一样的、同一的，彻见自身的本来面目也就是彻见全部宇宙人生的本来面目。《六祖坛经》说得好："一切即一，一即一切，去来自由，心体无滞。"[①]意思是，一个事物即一切事物，而一切事物也就是一个事物。由于彻底通达了、贯穿了，因此便来去自由，彻底自在，心体无挂无碍。

从因相上说，宇宙人生的体性绝对平静、平常。这里的"平"指的是心灵遇事不起波浪，没有变化，保持清净、宁静，"常"指永远如一。其检验的方法很简单，那就是在碰到外界各种有利和不利的刺激及环境（如称赞与毁誉、利与衰、得与失、顺与不顺等）时，看心有何表现、心将有何使役。如果八风吹不动，即不管环境怎么变化，都能心平行直、湛然常寂、大乐恒具，那么就是进入了真正的境界之无。

从果相上说，进入了这种心灵状态便等于进入了绝对自由自在的状态，亦即儒家所说的"从心所欲而不逾矩"[②]。中国佛教巨擘太虚法师用六个字概括他的人生哲学原则：看破、放下、自在。"看破"即要解决世界观、本体论和价值观上的问题；"放下"指要落实于行，真正放下万缘，对无价值的东西真正彻底予以"厌离"和抛弃，不生贪着、获取之念，做到了这两方面便会得到"自在"的结果或进入最高的、自由洒脱的人生境界，无挂无碍，心想事成。有的人也许会说：这怎么可能呢？我想当美国总统，想将世界上的一切财富据为己有，能有这样的"自由"吗？须知，自由即由己。不同人的"己"是不一样的。进入了境界之无的圣人也有"我"、有"己"，但那已不是小我了，而是包容所有一切于一体的大我。他的"我见、我执、我慢"等随着末那识即自我意识的消失以及阿赖耶识之结构和功能的变化，已经根本断除了，他想得到的"随心所欲"的东西也随之发生了变化，亦即他的"自由"的质和量已完全不同了。最起码的是，作为圣人绝对不再会有占有一切财富的欲和"想"。因此对于他们来说，法律和道德

---

① 宋玉衡、李捷编：《金刚经・坛经》，钟明译注，书海出版社2001年版，第107页。
② 《论语・为政》。

纯属多余，故可随心所欲、自由自在，但又不逾越法律和道德。

进入了最高的人生境界，除了得到前述诸用之外，还会有许多无穷妙用显现出来。宇宙的奥妙和运作机理在于体用不二，有什么样的体，就一定会有什么样的用。显现了某种用，其后一定可追溯到相应的体。人心也服从于这一规律。进入最高境界之无的最大的、我们常人最关心和最感兴趣的用是获利与获乐，当然不是蝇头小利，不是稍纵即逝、掺杂着烦恼和恐惧等因素的小乐。我们强调世界在体性上毕竟空无，并不等于认为快乐和幸福也是空无。相反，与最高境界之无相应的一定是最高形式的快乐。这也就是说，境界之无是一种最为轻松、放松和没有压力的境界。进入这种境界就不会出现常人深感头疼的诸问题，例如，总感觉很累，生活上或工作上有压力，肩上的担子重，心中有这样那样的牵挂，等等。这些牵挂所形成的"担子"比物质的担子更可怕，而进入澄明之境的人不会感受到这样的压力。正如《心经》所说的："心无挂碍。无挂碍故，无有恐怖，远离颠倒梦想，究竟涅槃。"[①]

进入最高的境界，还必有道德上的用显现出来，即在任何条件下会不计利害得失地、不图回报地帮助他人、利益他人，甚至奉献自己的生命。有例为证，释迦牟尼佛因彻见自己的本来面目，进入真正的境界之无，因此在需要的时候连自己的生命也可奉献出来。例如，老虎饿得不行了，佛说：如果你需要，你把我吃了吧。这就是佛教中"舍身饲虎"的故事。到了这个境界的人常被凡夫俗子视为傻瓜。这正好就是"大智若愚"所说的意思。为什么会有这样的道德功用呢？道理很简单，因为进入了这种境界，就等于完成了世界观、价值观、人生观、智慧观上的质的转化，小我升华为大我，世界、他人、自我一如一体，无有分别，体充法界，性同虚空。于是便能"无缘大慈，同体大悲"。慈是给予别人快乐，即使无缘，即使无回报，甚至是仇人怨敌，也无二无别。悲是能拔苦，由于世界万物没有分别，他人如同"我"的一部分或"我"本身，因此他能义无反顾地帮助他人。所以，进入境界之无的人所表现出的高尚的道德风范和行为不是装出来的，不是思想斗争的产物，而是体性之用的自然显现、流露，用智顗大师的话说就是"善心开发"。[②]

[①]《般若波罗蜜多心经》，[唐]三藏译，大正藏第8册，第251页。
[②]《童蒙止观·六妙法门》，福建莆田广化寺佛经流通处，第57页。

至此，我们便可对康德所说的幸福与道德能否超越二律背反而实现统一的问题做出肯定的回答，其基础、桥梁、机理取决于对境界之无的亲证、亲历。如果进入了境界之无，那么便不会出现幸福与道德的二律背反，而能将它们完美地统一起来。这是理论上的论证。其实，这在实践上不是不可行的，因为许多长期致力于慈善事业的人都有这样的共同感受：奉献本身就是幸福，就是快乐，甚至"施比受更有福"，所得的享受更美好、更持久。

第五节　心灵哲学视野下的心理健康问题

最后，我们再来探讨一下价值性心灵哲学眼中的"心理健康"问题。一般而言，心理健康是指人的认知、情感、意志能正常运行，心态平和，人格完善，在任何有利或不利的环境中都心安身泰、积极向上、充满愉悦。这不仅对心理本身是必要的、重要的，而且与身体的健康也息息相关。因此世界上没有人不追求这种价值。但问题是怎样实现心理的健康呢？

美国著名心理学家马斯洛对此问题的解决办法和回答独具一格，颇值得我们思索。显然，成功的科学家、人类学家、艺术家、音乐家、心理学家等无疑是我们一般人景仰和崇敬的一类人。马斯洛曾对这一类人做过专门的个案和调查研究。经过统计、总结、提炼，他发现：这一类人相对而言是心理最健康的人。他们在日常生活、学习、工作、文艺欣赏或投身于大自然时，常有奇妙、着迷、忘我并与外部世界融为一体的美好感觉。而此感觉又使他们情绪饱满、高涨，其体验常常难以名状。他们有自信心，少见抑郁等负面情绪。他们也有心灵的低谷和创伤，但他们能用一定的办法使其愈合，进而重回振作的精神状态。他们更有自主性，更具独立性，他们善于适应环境，注重人际关系的协调。他们能够平静地、幽默地抵制文化缺陷，用或大或小的努力来改进它们。因此他们不只是适应环境，而且还会且能够改造、提升环境。

这一类人是马斯洛所说的、所提倡的自我实现的人。其特点是在所有需要中，他们最看中自我实现的需要，总想让自己的潜在价值变成现实，干出一番轰轰烈烈的事业来。这些人不仅在客观上利益社会和他人，影响着许多人的自我选择、自我设计和自我发展，而且也利益着自己。因为他们最共同的内在特点就是都有高峰体验。高峰顶验又叫顶峰体验，是指心灵深处所发生的欣喜、满足、激动、快慰、超然、美妙的情感体验，它带给这些人的是心灵的自由、洒脱、轻安，是人性的解放，是前途的宽广，是希望，是憧憬，是振奋。除了这些特征之外，它还有许多重要标志。例如，处于高峰体验的人具有极高的认同感，最接近其真正的自我，最接近自己独一无二的人格或特质的顶点，其潜能能发挥到最大程度，因此他们具有创造性。进到这种境界，高峰体验与创新步入了良性循环的轨道。由创造性的、有成效的劳动而获得了高峰体验，进而由于有此体验，他们会更具创造性。因为这种体验是创新最适宜的心理土壤。此外，他们还有更果断、更富有幻想、更加独立的特点。他们很少有教条主义的偏见，更少关注物质财富和地位，他们热衷于挖掘、放大生命的意义。最重要的是，他们所进入的高峰体验是一种超然物外、物我双亡或冥然一体的大一统境界。据称，许多成功人士的高峰体验中都有近乎东方哲学所倡导的"天人合一""无为""无彼无此"的元素。从内在机理来讲，他们之所以有许多那样的美好感受，其心理机制就是进入了这种"无"的境界。

高峰体验经常发生在自我实现的人身上，换言之，处于需要金字塔的顶端的人即追求自我实现的人更容易、更经常得到高峰体验，因为达到这个阶段的人有一种个人发展的需要，他们更为关注，甚至只专一于自己的事业。根据东方的禅修理论和实践，专一是通向美好体验的坦途。有道是：制心一处，无事不办。儒道释都不同程度地倡导这种价值观。当然，马斯洛也承认，没有达到自我实现境界的人也可能有这种体验。例如，通过处理好与周围环境的关系，安排自己独处便可能如此。

另外，高峰体验还有层次上的差别。因为人的每一种需求的满足都会产生相应的快乐体验，需求的层次不同，得到的快感也不同。例如，伴随着低层次的财色名食睡需求，以及中级层次的安全需要、社交需要、尊重需要的满足都会有相应的愉悦体验。其中包含与高峰体验相同的元素，如愉快、惊喜等，但体验的质和量都不可与高峰体验相提并论。吸毒之所以是许多吸毒者难以去掉的瘾，是因为伴随着吸毒的需要的满足，也会有一种特殊快乐体验。这种体验在某些方面近乎高峰体验，如极其快乐、忘我、一切烦心事暂时忘却，等等。但它又根本有别于高峰体验，例如，它的动机是逃避现实，其境界是低级的，甚至是局限于自然本能的，是封闭于狭隘的自我的，其快慰是缺暂的，而快慰之后，是更大的失落，其代价是心身的伤害。总之，无积极、高崇、美好、至善可言。伴随着宗教行为如祷告、礼拜、诵经、默想等而发生的体验可被看作是高峰体验的一种形式，尤其是在无私的博爱、奉献、布施、忍耐等行为中所获得的体验更是如此，而禅定中的体验则是比自我实现的人所获得的高峰体验更高级、更美好、更殊胜的高峰体验。例如，那些高僧大德在"开悟"时所经历的"桶底脱落、身心俱泯、虚空粉碎、大地消失、彻底轻安"等感受无疑是更稀有难得的高峰体验。

高峰体验一点也不神秘。高级的高峰体验尽管不可能出现在一般人身上，但他们可获得初中级的高峰体验。据研究考证，世界上有 2/3 以上的人经历过高峰体验。因为许多人都有这样的经验，即在全神贯注地从事自己很乐意做的工作如劳动、学习、写作、思考、创作等时，有时会体验到自我、环境的突然消失以及十分美好的感受。这就是高峰体验。

佛教一方面强调世间不可乐想，另一方面又认为人类不仅有摆脱苦难、得到快乐的可能性，而且还有这样的现实性，即不需要到世间以外、到烦恼和生死以外去求快乐，在当下就能得到快乐。不仅如此，佛教所理解的快乐种类和范围远远超出一般人的体验及追求。什么是乐呢？智顗对乐的理解是："乐即无苦，名为解脱，三德高广具足。"[①]乐的标志是：一无苦，即无痛苦、不掺杂烦恼；二解脱，所谓解即无缚，脱即自在；三是法身、解脱、般若三德具足。这种乐显然是一种高级的高峰体验。智顗认为：把世人所贪着、珍视的快乐也算在内，快乐的范围和种类大致说来不外乎外在的世间乐及内在的禅悦法乐。前者是外在的五尘即色、声、香、味、触与我们身上的五根即眼、耳、鼻、舌、身五种感官相对应、相连接而产生的，或者说是财、色、名、食、睡、权势等满足了人相应的感官欲望而出现的心理感受，如美妙的颜色（图画、美女）等刺激眼睛，满足了人的视感官执着美色的欲求，随之人的内心就得到了愉悦的体验。其他感性快乐可以此类推。这类快乐的主要基础或来源是外部事物，因为没有外物色、香、味的刺激就没有相应的快乐，没有财、色、名、食、睡就没有占有这些东西之后的那

---

① [隋]智顗：《妙法莲华经入疏》，[唐]湛然记，[宋]道威入疏，上海古籍出版社1990年版，第164页。

些满足感、快乐感。

　　东方的"无"的智慧之所以极力倡导通过禅修进入物我、能所双忘的状态，是因为那里有极其美好的东西，即有特种形式的高峰体验。佛道自不待言，崇尚刚健有为的儒家在论及个人的内治、修身时，其实也有与佛道趋同的一面，尤其是宋明儒学。例如，王阳明在论述圣人的心灵境界时，在一定程度上借鉴了佛教的"大圆镜"说、"无所住而生其心"说。他说："圣人致知之功至诚无息……妍媸之来，随物见形，而明镜曾无留染……'无所住而生其心'，佛氏曾有是言，未为非也……妍者妍，媸者媸，一过而不留，即是'无所住'处。"①就是说，圣人之心不可能绝对不与外界打交道，绝对不应对外物。而要应对外物，便要生其心，这与一般人无别。不同之处在于，圣心在接触、应对外界时，不起分别心，不住于任何东西之上，不起爱憎、贪舍之心，一过而不留，因此能永保平静、平常之态。这就像镜子一样，可以照万物，而一物不留存于其内。一旦进入这种平静之态，必然伴有美好的体验，如有圣人之心则更是如此。圣心"以天地万物为一体。其视天下之人，无外内远近，凡有血气，皆其昆弟赤子之亲，莫不欲安全而教养之，以遂其万物一体之念"②。

　　圣人不仅真、诚、善、美，而且无烦无恼，快乐无比。更有甚者，圣人之乐不是常见的七情之乐，而是真乐、大乐。王阳明说："乐是心之本体，虽不同于七情之乐，而亦不外于七情之乐。虽则圣贤别有真乐，而亦常人之所同有但常人有之而不自知，反自求许多忧苦，自加迷弃。虽在忧苦迷弃之中，而此乐又未尝不存。但一念开明，反身而诚，则即此而在矣。"③就是说，喜怒哀乐等七情中的乐是乐的一种，它根源于人的私欲的满足。除此之外，还有一种"真乐"，它在七情之上，但又可在七情之中，同时无论是凡还是圣，都潜在地有这种乐，因为它是心之本体的属性。但是凡人不自知，常自加迷失。怎样才能得到这种乐呢？只要一念豁然开朗，返求自身，正心诚意，就能体会到这种快乐。有人针对上述观点提出疑问说：人在伤心痛苦时，还有这种乐吗？王阳明回答说："虽哭，

---

① ［明］王守仁：《王阳明全集（上）》，吴光、钱明、董平，等编校，上海古籍出版社2012年版，第61页。
② ［明］王守仁：《王阳明全集（上）》，吴光、钱明、董平，等编校，上海古籍出版社2012年版，第47页。
③ ［明］王守仁：《王阳明全集（上）》，吴光、钱明、董平，等编校，上海古籍出版社2012年版，第61页。

此心安处即是乐也。本体未尝有动。"①即使是哭，只要心灵安稳，保持心之不动，我们仍可认为他处在快乐之中。还有这种情况，即使是圣人在修齐治平的过程中，也有不如意的时候，如退隐于世、处于边缘地位，或被贬被囚，这时他能快乐吗？处在这种状况的人，我们还能说他是圣人吗？王阳明等人认为，圣人之为圣人，不在于他的贵贱、贫富、尊卑，甚至也不在于他的知识的多寡、才能的高下，而在于他是否有大心，是否致良知。如果有大心，就可认定他是圣人，如果是圣人，即使处在不利的生活环境之中仍会充满快乐，"无入而不自得"②。"无入"指的是无论处在什么环境、条件之下，君子、圣人都能悠然自得。圣人之所以能做到这一点，根源在于圣人得道了，并安心于道。王阳明说：圣人"'发愤忘食'，是圣人之志，如此真无有已时；'乐以忘忧'，是圣人之道，如此真无有戚时"③。也就是说：由于有圣人之志，因此他发奋不已；由于有圣人之道，因此他乐以忘忧，甚至没有任何烦恼。显然，这种真乐的体验无疑是一种高级的高峰体验。之所以高级，乃因为它建立在"无欲""无私我"的生存智慧之上。

除了外在的快乐之外，世界上还有一个广大的、无边无际的、层次和形式极多的喜乐领地，这就是人的心。这些快乐尽管离不开一定的客观物质环境，如要得到禅乐，需要修禅的必备条件有衣食具足、清静的居所等，但是，这类乐不是由物质的刺激所引起的，而是通过建构自己的心理结构、调整自己的心态、改造自己的人性而得到的，因此其与外物没有直接的关系，是一种发源于自心的快乐。心本身是其直接源泉。这样的喜乐一般的人很少或几乎没有领略过，但它们的存在和多种多样的形式则是不容否认的。爱好思维创作的人可以间接地推知这种快乐。演奏家、指挥家等进入艺术表演过程所得的心灵享受也有助于理解这种快乐形式。既然进行一般的创作、表演、思维时能伴有乐趣，那么作为"思维修"的禅定给人以乐趣应是不成问题的。属于禅悦法乐的快乐的种类极其多，例如，我们对一百思不得其解的疑团，某一天突然有了悟解，此时便能得到一种高级的、无法言说的喜悦。同样，对佛法的理解也能产生这类快乐。"以内解在心，名意喜也。喜动于形，名踊跃，即身喜也。从妙人，闻妙法，得妙解，三业具喜也。"

---

① ［明］王守仁：《王阳明全集（上）》，吴光、钱明、董平、等编校，上海古籍出版社2012年版，第175页。
② ［明］王守仁：《王阳明全集（上）》，吴光、钱明、董平、等编校，上海古籍出版社2012年版，第71页。
③ ［明］王守仁：《王阳明全集（上）》，吴光、钱明、董平、等编校，上海古籍出版社2012年版，第84页。

"意泰然而得安隐（稳）。"①总之，从听闻、谈论、悟解、思维佛法中我们能得到身、口、意三喜；从修持禅定中也可得到高低层次不同的喜乐，如从四禅四定中就能分别得到不同层次的快乐。修实相禅能得净妙之乐。《法华经》云："悉与诸佛禅定解脱等娱乐之具，皆是一相一种，圣所称叹，能生净妙第一之乐。"智顗在逐字逐句注疏该经的著作《妙法莲华经入疏》中说：一相即实相，一种是种智般若德，认识、把握、证悟此实相无相无不相之理，得认识一切种类的事物的智慧，就能生净妙之乐。②最高的快乐当然是伴随着证得涅槃境界时所发生的快乐。在此意义上可以说"寂灭为乐"。这种乐也有不同的层次：第一，生灭灭已，寂灭为乐。也就是说，进入了一种寂灭无为的境界并最终灰身灭智，就进入了这种快乐境界。这是小乘所追求的最高快乐。第二，大乘圆教追求的比这高，《法华玄义》云："即于生灭，仍是寂灭，不待灭已，方称为乐，是为圆教佛界相性。"可见，在智顗大师看来，寂灭、真正的快乐并不在现实生活之外，并不是逃避现实生活、灰身灭智才有快乐。在人的现实生活中，即不是在"灭己"之后，也可得寂灭之乐。在一切环境、内外各种缘中，如果心如如不动，保持一种无为、无念、无住的心态，心与一切圆融无碍，那么当下就是最高的快乐或最高的高峰体验。在此意义上，智顗说："有道即真贵，无为是富乐"，"常知心眼开，得入清凉地"。③

最后还应注意的是，智顗倡导的快乐、大乐是以空慧为基础或建立在空悲双运基础上的大乐。世界诸法一如一体，无能乐之主体，亦无所乐之对象，乐而无乐，无乐而乐。此乐是安心于实相的一种状态，不可言说，不可思议，玄妙至极。而有此体，必有慈悲、智慧、解脱等妙用显发，必有智慧、断德、思德显现，亦即能令一切有情同得法乐。

既然圣人是获得究竟解脱、无漏幸福同时又自利利他、自匠匠他、自觉觉他的人，那么一般的人大概不会拒绝成圣。如果有成圣的愿望，那么自然又会思考如何成圣、成圣有无捷径可走之类的问题。捷径肯定是有的，那就是研究圣人是如何成圣的。因为学做圣人就是以圣人为师，如果能弄清圣人以何为师，那么成

---

① [隋]智顗：《妙法莲华经入疏》，[唐]湛然记，[宋]道威入疏，上海古籍出版社1990年版，第129-130页。
② [隋]智顗：《妙法莲华经入疏》，[唐]湛然记，[宋]道威入疏，上海古籍出版社1990年版，第164页。
③ [隋]智顗：《观心论》，《大正藏》第46册，第585页。

圣的方向和出路便找到了。圣人的老师是谁呢？答案很简单，圣人以究竟谛理或本体之无为师，悟解此理，依理而行，终至成圣。换言之，圣人所以由凡转圣，关键在于：他们通过他们的终极关怀，找到了宇宙万物的终极实在或真实，彻悟了一切诸法的体空之理，进而于一切时空安心于其上。

终极关怀是做人达到了较高自觉程度的人必然要面对和思考的一个问题，也是一般人生哲学不可回避的一个重大课题。当然，不同的人对它的理解是不一样的。例如，德裔美国基督教神学家蒂利希（P. Tillich，1886—1965，傅伟勋译为"田立克"）在论述"终极关怀"时认为，它有两个层面：一是客观性层面，即被关涉的终极性东西，如存在本身或自在之在（being-itself），或自在；二是主观性层面，即对这种终极的东西（如无限、无条件、绝对等）的关切（ultimate concern）。傅伟勋先生认为，终极关怀（ultimate concern）必然涉及终极真实（ultimate reality/truth）、终极目标（ultimate goal）和终极承诺（ultimate commitment）。在说明宗教的本质特点及其与非宗教的区别时，他强调：以上四方面是"宗教所成立的几个不可或缺的基本要素"①。也就是说，宗教之所以为宗教，之所以与非宗教判然有别，乃是因为宗教在具有其他特点的同时，包含有这四个基本要素。不同宗教之所以相互区别，又是因为它们表现、组织这四个要素的方式各不相同。就佛教来说，它有一个从终极关怀到终极实在，再到终极目标和终极承诺的过程。所谓终极承诺，指的是一种根本的价值取向，即在有了上述三种"终极"之后的一种追求、承诺，如"心性的向上转移（如去恶从善或转迷开悟），以及人格的彻底改变"②。

其实，非宗教的人生哲学也有自己的终极关怀。即使不是每种人生哲学都如此，但从理上说，都应该如此。当然，它们关注终极问题的内容和方式是不一样的。例如，许多世间哲学不一定有终极承诺，不一定自觉探讨终极实在，或者不一定把境界之无、工夫之无与作为终极实在的本体之无关联起来，不一定自觉探讨它们之间的关系，当然更谈不上实现它们之间的统一。冯友兰先生在考察玄学时指出：玄学家尽管也谈"体无"，但他们的这一概念指的并不是对本体的把握，而是指一种"以无为心的精神境界"。例如，郭象的特点在于破除了本体的"无"，

---

① 傅伟勋：《生命的学问》，浙江人民出版社1996年版，第5页。
② 傅伟勋：《生命的学问》，浙江人民出版社1996年版，第21页。

而肯定境界之"无"。①中国其他重视空无问题的学派，如儒家、墨家、管仲学派等，在论述"无"的本质、特点以及其对认识世界和做人的作用时，一般关注的是境界之无和工夫之无，尽管涉及了终极目标和终极承诺，发表了关于终极关怀的大量有价值的思想，但不太关心终极实在或本体之无，至少没有明确地探讨终极实在与终极关怀以及本体之无与境界之无、工夫之无的关系和统一。道家和宋明儒学尽管有一些例外，但相对于佛教而言是有相当的差距的。牟宗三先生甚至认为，道家"无"的形上学是一种境界形态的形上学，因为其目的是要提炼"无"的智慧，以达到一种境界。其他的大教大圣尽管极其重视"无"的问题，但是包括宋明如王阳明的儒学等在内的大教大圣着力探讨的是以"无"的智慧为基础的工夫上的"无"。②

当我们自觉切入终极关怀与终极实在的关系、境界之无、工夫之无与本体之无的关系时，首先要对它们做出明确的界定。所谓终极关怀，无疑是指对人的终极性、根本性问题的深切关注。例如，蒂利希本人的所作所为就鲜明地体现了他关于终极关怀的概念，其表现是：深切地关注人类的现实处境，尤其是精神处境，关注人类的未来和命运。可见，他理解的终极关怀就是对人类的最重要的、绝对无条件的东西的关切。终极实在指的应该是绝对真实的、可真正作为其他事项尤其是人生、做人之基础的东西，在佛教那里表现为究竟谛理、万事万物的本来面目，或第一义空。笔者以为，这里要探讨的终极真实就是本体之无。

量子力学也告诉我们：构成事物的粒子都是瞬息万变的，即使是在短时间内，也找不到保持了同一性的粒子。例如，我们通常所看到的光其实是沿电场振荡方向随机分布的许多电磁的集合，也就是说，光是一小块叫作光子的能量流。量子力学还告诉我们：特定光子下一刻的状态是什么、朝哪里行进，都是不确定的，是随机的。当一个光子到达垂直的偏振片时，我们不能明确预言它能通过还是不能通过。量子力学能够说的只是：光子有$(\cos\theta)^2$的概率通过，有$(\sin\theta)^2$的概率不通过。换言之，光子总是同时处于 V 状态和 H 状态，即光子既处于 V 状态，也处于 H 状态，或者说处于这两个状态的叠加。

如果能像这样如实解剖和认识万事万物的没有同一性、可得到性的本质，那么人就不会拼命追求那些心爱的东西，而能够真正看破、放下一切。诚如牟宗三

---

① 冯友兰：《中国哲学史新编（第4册）》，人民出版社1986年版，第162页。
② 牟宗三：《才性与玄理》，学生书局1985年版，第1-2页。

第十七章 主要问题研究

先生所言：境界之无是通过提炼"无"的智慧所到达的。而一旦进入了境界之无，便有自利利他等奇妙功效。在历史上，许多圣贤主要是通过心性的操作，如调节心理或善巧安心的"工夫之无"而进入境界之无的。这是可以的，也是行得通的。除这种方式之外，还可通过改变世界观、本体论和价值观的途径来实现。我们上述的论述强调的正是这一渐进性的方式。其要点在于：通过观照事物的本性，把握其真空妙有、实无假有的本性，完成价值观的转换，进而通过工夫之无落实到行动之中，真正做到于相离相、于念离念。一旦工夫成熟，就会水到渠成、由凡转圣、得到解脱。

除了这种渐进性的方式之外，还可通过非渐进性方式进入境界之无，以实现本体之无、工夫之无与境界之无的统一。在这方面，禅宗和天台宗等做了成功的探讨。在我们看来，三者之所以能借助顿超直入的方式实现统一，关键在于：三者之间存在体与用、目的与手段的内在客观关系。例如，本体之无与境界之无、工夫之无是体用不二的关系。既然如此，只要亲证万物本来之空理，或如智顗大师所说，顺理而解，则在相尽解极的同时，当下便入万法一如一体、无来无去、无生无灭、无断无常、无一无异、寂然永乐的澄明境界。根据圣贤的经验，其操作的关键在于：对于所面对的一切事物、一切现象，不管有无价值、是好是坏，都依理而行，即不取不舍、于念离念、于相离相、内外不住、住无所住。任纵外境千变万化，内心始终如虚空一般，或如大圆镜一样，一照即了，不留踪影，不起分别。正如《六祖坛经》所说的："人性自有利钝，迷人渐修，悟人顿契……我此法门，从上以来，先立无念为宗，无相为体，无住为本。无相者，于相而离相；无念者，于念而无念；无住者，人之本性，于世间善恶好丑，乃至冤之与亲，言语触刺欺争之时，并将为空，不思酬害。念念之中，不思前境……于诸法上，念念不住，即无缚也。"[①]如果能顿超直入诸法谛理、本体之无或终极真实，那么渐修所用的工夫便是多余。因为这里的本体之无即工夫之无。有道是："心平何劳持戒，行直何用修禅？"[②]当然，这是一般人所做不到的。因此一般人若

---

① [唐]慧能：《六祖坛经》，载宋玉衡、李捷编《金刚经·坛经》，钟明译注，书海出版社2001年版，第139-140页。
② [唐]慧能：《六祖坛经》，载宋玉衡、李捷编《金刚经·坛经》，钟明译注，书海出版社2001年版，第131页。

想完成三者的统一、真正进入境界之无，最好是按看破、放下、自在的渐进模式进行。

第六节　心灵与生、死

对于世间一切生命来说，生或死是其存在的基本状态，也是其必然经历的阶段和过程。对于人类而言，生不可选择，死不可避免，生和死既是最确定的事情，又是最不确定的事情。我们最能确定的是人人皆会死，而最不确定的是不知道死亡何时降临。对于世间任何个体而言，或者有生命，或者无生命，二者只能居其一。因此，一个正在谈论死亡的任何人都不可能亲身经历过死亡，此谓"生者不知死"；而一旦他亲身经历死亡时，他已经再也不能对死亡说些什么了，此谓"逝者不知死"。可无论如何，死亡作为人生的铁的事实，需要我们对其做出解释。

无疑，迄今为止，心灵与生、死仍是世界上最深奥、最神奇、最神秘的现象。它们不仅是传统哲学的基本问题，也是当代心灵哲学、死亡哲学、医学、伦理学、神经科学等具体科学研究的前沿性课题。自 20 世纪以来，许多著名的思想家、哲学家、文学艺术家和相当一批顶尖的神经科学家都卷入其中，倾注巨大的热情和努力予以探赜索隐，从而使我们对心灵、生、死、意识与大脑等及其关系的认识不断向前推进。

一、心灵与生、死的语言分析

从科学研究的程序和逻辑进程上讲，要对这些对象做有效的探究，首先要明确这些对象的真实而具体的所指。众所周知，这里所用的语词都具有歧义性。因此这里的前提性的工作就是对有关语词做词源学、词义学、逻辑学的研究。

（一）"生"之意义

据词源学和词义学的考证，"生"是象形字，其甲骨文、金文字形上面是初生的草木，下面是地面或土壤，其本义是草木从土里生长出来。《康熙字典》的"午集上""生字部"解释："〔古文〕《唐韵》所庚切《集韵》《韵会》《正韵》师庚切，并音甥。"①《说文解字》"生部"指出：生，进也。象艸木生出土上。凡生之属皆从生。所庚切。十一部。凡生之属皆从生。②同时，"生"又可作名词、动词、形容词或虚词，从而具有许多的引申义，如发生、产生、生存、存活、生活、生命、生灵、生物、天生、好生、怎生，等等。作为汉字的部首之一，"生"可衍生出非常丰富的相关词义。

作为与"死"相对的"生"指存活，是活着的状态。古时的中国人认为，活着的事物意味着有灵气。自殷商起，古人就用"阴阳"概念来解释世界上的万事万物，例如，认为事物是阴阳的结合，纯阴不生，纯阳不长。人就是阴阳的结合。人之阳为魂，人之阴为魄。《礼记·郊特牲》说："魂是灵，魄是尸"，"魂气归于天，形魄归于地"。《礼记·祭统》道："众生必死，死必归土，此之谓鬼。骨肉毙于下阴如野土，其气发扬于上为昭明。"由此可见，人之生是魂魄的结合，而人之死则是魂魄的分离。实际上，古人讲的"爱之欲其生，恶之欲其死"（《论语·颜渊》）、"陷之死地而后生"（《孙子·九地》）、"公子自度终不能得之于王，计不独生而令赵亡"（《史记·魏公子列传》）、"然后知生于忧患，而死于安乐也"（《孟子·告子下》），等等，指的都是人活着的状态。

医学上对生命的传统定义主要有三个重要的特征：一是活着的状态，即新陈代谢、生长、繁衍、对环境的适应性、动植物器官完成功能的状态；二是有机体从出生到死亡之间的存活期；三是生命物体与非生命物体区别开的特征。后者的特点是不是活物，其具体表现是：①对环境失去一切反应；②完全没有反射和肌张力；③停止自主呼吸；④动脉压陡降；⑤脑电图平直。而前者则恰恰相反。现代医学常以脑功能的活动状态为标准判断生命的活着状态。③

从生物学上说，能拥有活着状态的东西就是生物体，或者说，活着就是生命的内在本质和外在表征。关于生命的常见界定是，"由高分子的核酸蛋白体和其他物质组成的生物体所具有的特有现象。能利用外界的物质形成自己的身体和繁殖后代，按照遗传的特点生长、发育、运动，在环境变化时常表现出适应环境的

---

① [清]陈廷敬、张玉书编撰：《康熙字典(标点整理本)》，上海辞书出版社2007年版，第706页。
② [东汉]许慎撰、[清]段玉裁注：《说文解字注》，上海古籍出版社2011年版，第273页。
③ 辞海编辑委员会编：《辞海》，上海辞书出版社1999年版，第2084页。

能力"①。而自然界中具有生命的物体"包括植物、动物和微生物三大类"②。

宗教对生命的看法大不相同。例如，佛教所说的"生"（巴利文与梵文：Jāti），义译为出生、诞生，十二因缘之一，是在轮回中产生的生命体。在四圣谛中，生与老、死一样被看作是一种苦。佛教所说的生命是指一切有情，其他的存在被称为无情。而有情就是一切众生。众生具体有"四生"。依《佛说大乘金刚经论》：四生者一者卵生，如鱼鸟之类，由贪心所致，贪高为鸟，谋深为鱼；二者胎生，因贪恋淫欲而堕胎为人与畜生；三者湿生，因贪食酒肉故堕烂蛆虫蠛蠓之类；四者化生，因心多变异，面是背非，遂堕化为飞行蛾虫之类。总之，佛教所说的众生就是指四圣六凡的十法界。

"生"的英译文有：birth、grow、living、procreate、student 等，指的是"死"的反面，即 living。它意味着非死的、有生命的状态，意指"活着的状态、有生命的生物的行为"与"度过一生的特定方式、生活的方式"。③

（二）"死"之意义

"死"是会意字。"甲骨文从歹（即歺，表示枯骨），从人，像人跪坐在枯骨旁边，会人死之意。"④《说文解字》"死部"说：死[息姊切]，澌也，人所离也。从歹，从人。凡死之属皆从死。⑤《康熙字典》解释为：《广韵》息姊切。《集韵》《韵会》《正韵》想姊切。并斯上声。《白虎通》：死之言澌，精气穷也。⑥

从语义、语用学上讲，"死"可以作动词、名词、形容词或副词用，例如，死去、死却、死亡、死限、死刑、死因、死板、死心眼、死寂、死对头、死货、死急、死沉，以及死气沉沉、死灰复燃、死记硬背，等等。其实，中国古代关于"死"的说法不仅非常丰富，也特别委婉、多变。对死亡的思考，不仅是许多文人墨客、哲学家、科学家的天经地义、常思常新的课题，而且也是一般的普通百姓的经常性话题。古人早就将这一课题提高到了极重要的地位，如说"生死事大"。但有意思的是，在一般人的意识中，又充满着对死亡的恐惧，甚至谈"死"色变，

---

① 辞海编辑委员会编：《辞海》，上海辞书出版社 1999 年版，第 2084 页。
② 辞海编辑委员会编：《辞海》，上海辞书出版社 1999 年版，第 2084 页。
③ 王同亿主编译：《英汉辞海(上)》，国防工业出版社 1987 年版，第 3052 页。
④ 张章主编：《说文解字(下)》，中国华侨出版社 2012 年版，第 379 页。
⑤ 张章主编：《说文解字(下)》，中国华侨出版社 2012 年版，第 379 页。
⑥ [清]陈廷敬、张玉书编撰：《康熙字典(标点整理本)》，上海辞书出版社 2007 年版，第 527 页。

第十七章 主要问题研究

是故一般都不直说"死"字，而是用别的委婉话语来替代，如此就形成了汉语中众多的"死"的说法。例如，不同社会地位的人的"死亡"各有其称：天子死为"崩""山陵崩""驾崩""晏驾""千秋""百岁""升霞""登遐"；诸侯死为"薨"；大夫死曰"卒"；士死称"不禄"；庶人叫"死"。而一般官员和百姓的死亡称"殁""殂""千古""殒命""捐生""就木""溘逝""作古""弃世""故""终"，等等。对于父母的死，晚辈讳称"孤露""弃养"，长辈去世则婉称"见背"。从年龄上说，古人对不满 20 岁的死亡称之为"殇"。具体又分为 8~11 岁死者称"下殇"，12~15 岁死者为"中殇"，16~19 岁死者为"上殇"。青壮年死者谓之"夭亡"或"疾终"。老年死者则称之为"寿终"，男的还加上"正寝"，女的加上"内寝"字样。而自称父亲的死为"失怙"，自称母亲的死为"失恃"。还有，因死因不同而称之为"殉""阵亡""客死"等，所以有"殉职""殉道""牺牲""凶死""遇难"等说法。信教之人的死有的称为"圆寂""示寂""涅槃""羽化""归主""无常""坐化"等不同说法。而民间还有众多对死的敬称，如"仙逝""反真""登遐""就本""星陨""辞世""过世""去世""逝世""作古""千古""已故"，等等。现代社会，人们对"死"的讳称更是五花八门。除了沿用古人的称谓外，还新增了"安息""长眠""谢世""离世""亡故""永别""就义""捐躯""殉国"以及口头语的"老了""没了""坏了""去了""走了"，等等。所有这些"死"的委婉语的背后都蕴含着深厚的文化积蕴，它不仅反映了我国古代社会制度、宗教崇拜、崇尚正义、乐知天命等丰富的文化内涵，也体现了古代人们对死的态度、看法以及对死者的尊重。

其实，无论中外，古人特别是过往的常识是没有真正认识到死亡的本质和秘密的。默多克（G. Murdock）、列维-布留尔（L. Lévy-Bruhl）、卡西尔（E. Cassirer）、弗雷泽（J. G. Frazer）等文化人类学者的研究成果表明，原始人几乎都相信"死人活着"。"对原始人的思维来说，要想象自然死亡实际上是不可能的。"[①]原始的宗教神话就是关于不死的信仰，"在某种意义上，整个神话可以被解释为就是对死亡现象的坚定而顽强的否定"，其蕴含的"对生命的不可毁灭性的统一性

---

① [法]列维-布留尔：《原始思维》，丁由译，商务印书馆 1986 年版，第 269 页。

的感情是如此强烈如此不可动摇,以致到了否定和蔑视死亡这个事实的地步"。①在现代社会,因绝大多数人能死在医院里,自然死亡成了死亡最重要的一种方式,所以,医学上的死亡定义也就上升为科学死亡定义中最重要的一种。当然,医学是十分严格的科学,加之死亡的本质问题极其复杂,因此在确定死亡的精确化标准和程序时就显得有点步履维艰,且众说纷纭。

从生理学、医学上看,与"生""活"相对的"死亡"是指"机体生命活动的终止阶段。人和高等动物可因生理衰老而发生生理死亡或自然死亡,多因各种疾病造成病理死亡,也可因机械的、化学的或其他因素引起意外死亡。其过程分为:(1)临床死亡。表现为病人心跳停止、呼吸停止、反射消失。(2)生物学死亡,又称'脑死亡'。指先是大脑皮质,以后整个中枢神经系统发生不可逆变化,最后各个器官和组织的功能相继解体的过程,大脑功能的永久性丧失,外表征象是躯体逐渐变冷,发生尸僵,形成尸斑"②。其中,生物学死亡也是现代医学意义上的死亡,以脑死亡为标准。"脑死亡概念的提出始于法国。1959年,在第23届国际神经学会上,法国学者首次提出'昏迷过度'的概念,并使用'脑死亡',用以说明这类病人苏醒的可能性几乎为零。1968年第22届世界医学大会上,以'脑功能不可逆性丧失'为新的脑死亡为标准,并制定了世界上第一个脑死亡的标准。目前,全世界国家中,已有80多个国家以脑死亡为标准,美、德、英、法、澳等十多个国家已经实行了脑死亡立法。"③可以看出,生理学死亡如今被看成是一个过程,而不仅仅是一个事件,因为曾经被认为指示死亡的条件是可逆的。在死亡过程中,生死分界线位置的取决因素已经超越了生命体征的存在与否。一般来说,用临床死亡来判断法律死亡既非必要,也不充足。如果一个患者的心脏和肺都在工作,但已经被判定脑死亡,即使临床死亡还未发生,也可以宣布法律死亡。奇怪的是,随着科学知识和医学的进步,对死亡精确的医学定义反而变得更难。

(三)"心灵"辩证

考古学、人类学、民族志学、语言学等学科研究表明,心灵观念起源于原始

---

① [德]恩斯特·卡西尔:《人论》,甘阳译,上海译文出版社1985年版,第107页。
② 辞海编辑委员会编:《辞海(彩图珍藏版)6》,上海辞书出版社1999年版,第3605页。
③ 杨足仪:《死亡哲学》,经济科学出版社2013年版,第4页。

的灵魂观念。依词源学和词义学的考证，"心灵"（mind）是从"灵魂"（soul）演变而来的。希腊文psyche即灵魂，意指肺或呼吸、气息，后变为灵魂、精神或神灵。其他各民族都有灵魂观念，我们称之为"灵魂"，古罗马人称作"普纽玛"，印第安阿尔衮琴部落人称为"奥塔赫朱克"，阿比彭人称作"洛阿卡尔"，祖鲁人则称作"吞吉"。[①]

在灵魂信仰体系中，灵魂被认为是与空气或气息相似的东西。它可以在人的躯体中，也可逸出体外，游荡于空气中，或寄于树木、山野或各种动物的身上。可以设想，原始人知道活人和尸体的区别，但他们仍然相信："死人活着。"他们认为，人死后其灵魂会继续以幽灵或游魂的形式存在，死亡只是生命形式的转换。在中国的民间信仰中，灵魂多半是与神灵或鬼魂联系在一起的："神为魂，灵为魄。魂魄者，阴阳之精，有生之本也。及其死也，魂气上升于天为神，体魄降于地曰鬼。"[②]魂魄象征天地之气，魂属于阳，来自天，主精神；魄属于阴，来自地，主形体。魂魄相合则生，相离则死。人死时，魂归于天，成神，魄归于地，变鬼，所以，《礼记·祭仪》说："众生必死，死必归土，此之谓鬼。"[③]《礼记·祭法》《说文解字》更是直言："人死曰鬼""人所归为鬼"[④]。其实，神是高级的鬼，鬼是低级的神。不是任何人死后都能成神，但是，人一无例外地都会变成鬼。大量考古发掘表明，古人有厚葬的传统，此种做法不仅是情感的表达，也是他们相信死人还活在另一个世界仍可享用这些东西的表现。

进入文明社会，灵魂观念"经过改头换面、改造包装后，潜入、内化、定型于文明社会的思想观念之中，逐渐成了人的文化心理结构以及关于人、关于世界的常识图景中的天经地义、不言而喻的组成部分"[⑤]，即"民间心理学"。虽然人们对于FP有许多的争论，但如丘奇兰德所言，FP是"所有正常社会化了的人为了理解、预言、解释和控制人、高等动物的行为所使用的前科学的常识概念框架。这一框架包括如此概念：信念、愿望、疼痛、愉快、爱、恨、快乐、害怕、

---

① [英]爱德华·泰勒：《原始文化》，连树声译，上海文艺出版社1992年版，第419-420页。
② 方向东：《大戴礼记汇校集解（上）》，中华书局2008年版，第595页。
③ [西汉]戴圣：《礼记精粹》，陈才俊编，傅春晓注译，海潮出版社2012年版，第245页。
④ [东汉]许慎：《说文解字全鉴》，李兆宏、刘东方解译，中国纺织出版社2012版，第145页。
⑤ 高新民、刘占峰，等：《心灵的解构——心灵哲学本体论变革研究》，中国社会科学出版社2005年版，第13页。

怀疑、记忆、认知、愤怒、同情、意图等。它体现了我们对人的认知的、情感的和目的性的性质的最基本理解"①。FP不仅涉及心理世界的内部关系，还关涉心与身、心与世界的关系，更代表的是普通人对人的心理结构、心理运动学、动力学、原因论的基本看法，是一种常识人学概念图式，其基本的构想已渗透到了所有社会的、逻辑的、政治的和其他习俗的结构之中，为我们留下了"弥足珍贵的旧观念"②。

二、心身观照与生死关怀

"心灵"的困惑当用"心"去解决。"打开心扉""认识你自己"是人类共同的心愿。今天，我们看到现代科学包括医学、生理学、心理学、物理学、化学、神经科学、人工智能、语言学、逻辑学、哲学、宗教等不仅以自己的方式对此问题进行着关照，而且也开始了多角度、多方法、多层次、多学科的综合性研究。

（一）心身结构

对心身进行关照的重要任务就是要揭示人自身的静态结构与流适变化的动态过程及其本质，形成科学的心理图景和心身学说，以刻画人类宇宙的地形学、地貌学、动力学、结构论和原因论。

人类对人自身的心身关照是从心、身两个方面切入的。考古学、人类学、民族志学、语言学等方面的证据充分表明：灵魂观念（即心灵观念）是人类原始思维观念中最早产生的观念之一。原始人基于自身有限的认识，加上大胆的想象与猜测，形成了人类早期的灵魂学说。进入文明社会以来，灵魂观念及相应的心身学说无论是在哲学还是在相关的科学中，一直享有十分独特的地位。可喜的是，在求解心灵之谜的过程中，已逐渐发展形成了专门以各种心理现象及其本质、心理与物理关系为对象的学科，即心灵哲学，或称为"哲学心理学""心理学哲学"。广义的心灵哲学除了应包括对心理现象的哲学探讨之外，还包括了对作为具体经验科学的心理学（包括当今的认知心理学）的成果的哲学概括与总结，以及关心

---

① Churchland P M. "Folk psychology". In Churchland P M, Churchland P S (Eds.). *On the Contrary*. Cambridge: The MIT Press, 2002: 3.
② Fodor J A. *The Elm and the Expert*. Cambridge: The MIT Press, 1994: 1-2.

和重视与传统的心灵哲学有一定区别的种种新思潮,并注重吸收、总结概括脑科学、神经科学、医学、生理学、人工智能、语言哲学等众多学科的成果。

进入20世纪,科学狂飙突进,硕果累累。自20世纪六七十年代起,仅脑科学方面,无论是在研究的方法技术、深度、广度、力度还是成果上,都取得了令人瞩目的成就。20世纪60年代,随着认知科学和神经科学的兴起,心灵的探秘者开始了对意识的跨学科、多学科研究,形成了多种并行不悖的研究进路和方法论策略。其主要可分四种:一是认知心理学的研究进路,二是人工神经网络研究进路,三是认知神经科学的研究进路[即寻找特定意识的神经相关(the neural correlates of consciousness,NCC)进路],四是生成认知进路[从涉身认知—嵌入式认知—延展认知到生成认知(embodied—embedded—extended—enactive cognition)研究进路,也称4EC进路]。其中,第一种进路是类比法,将人脑与计算机的机能性质加以类比,采用还原主义自上而下的策略,先去确定心智能力,再去寻找它所具有的计算结构;第二种进路实际上也运用了类比法,重视功能模拟,采用的是自下而上的策略,试图在建立人脑神经网络模型的基础上,创造出真正的人工神经网络;第三种进路与第二种研究方法策略一样,也是还原主义的自下而上的策略,只不过它是从认知神经科学的角度寻找意识的神经相关物的;第四种进路强调研究生命自组织动力系统的机制,并在此基础上揭示意识的本质和奥秘,其目的是消除各种形式的二元论,将心-身难题转化为身-身问题,以消解"解释鸿沟"。在过去的100年间,有近40位科学家荣获诺贝尔生理学或医学奖。其中有17位科学家的获奖是关于神经信号产生和突触传递(即神经活动的基本过程)方面的,6位科学家的获奖是由于听觉和视觉功能方面的突出贡献,另有6位科学家的获奖是由于在神经体液调节(神经内分泌)和生长因子方面的杰出成就,还有7位科学家的获奖是关于脑高级功能、脑疾病和行为方面取得的重大突破的。[①]这些数据告诉我们:对大脑以及与之密不可分的意识的关注,既是时代的主旋律,也是最有吸引力的前沿课题。

在对意识、心灵的研究中,一些脑科学家还提出了许多千奇百怪、五花八门的意识理论,如意识的"剧场假说""探照灯假说""微管假说""树突子-心

---

① 李葆明:《心智家园:神经与脑科学》,上海科技教育出版社2002年版,第6页。

理子假说""心理神经一元论""惊人的假说""神经达尔文主义""动力核假说",等等,它们是西方科学家、哲学家在现代科学背景下,特别是在脑科学基础上形成的关于意识问题的当代解答,其主导倾向是唯物主义、自然主义。

迄今,科学已为我们刻画了一幅幅关于大脑世界的新的结构论、地理学、地貌学、运动论和动力学图景,如在静态结构上,大脑由 1000 多亿个神经细胞组成;每个细胞都有约 10 000 多个来自其他神经的传入,从一个细胞到另一个细胞的传递只需约 7 个步骤。整个大脑是由两个半球组成的,其功能既分化又整合。而脑的绝大部分是由细胞的列阵、集合、柱、映射图、网络、功能通路,以及多开关的连接等形式组成部分的,它们有高度特异化的功能。大脑的动态结构显示:它是一个功能分布式的复杂结构,而心理、意识活动其实就是在这特殊而又复杂的结构系统中完成的。[①]目前,尽管我们对大脑的认识已深入到分子、量子水平,通过对神经元的分子、原子内在结构及其动态机制的揭示,认识到大脑毋庸置疑是一个独一无二的物质系统,但是,这些毕竟不是对意识本身的认识,也没回答大脑和意识究竟是何关系,并且新的问题接踵而来,更令人困惑,例如,如何解答被称为"世界之结"的意识谜题?物理脑之水究竟是如何酿成意识美酒的?为什么单纯的物理事件会产生意识经验呢?面对诸如此类的问题,诠释者们依据各自所看重的科学事实材料做出了不同的解答。

纵观当代心身问题的研究与争论,我们不难看到两个重要的特点,具体如下。

其一,建构与遮蔽。这是自古以来心灵神秘化倾向的现代延续。由于对梦幻、想象、思维、意识与身体等的无知或少知,在原始人的灵魂观念基础上,又形成了许多遮蔽的叠加,例如,设想心是生命的主宰、心是人的中心、心是大脑中的"小人"、心是生命的原则,如此等等,心被赋予了种种神奇的功能和神秘性,仿佛成了可以脱离肉体之身的另一个"我",可以不受限制,自由出入任何场所,甚至长生不朽、轮回转世。当代各种新二元论和民间心理学从本质上说就是这些遮蔽和神秘化的当代表现。

其二,解构与解蔽。就是将心灵去神秘化、自然化。这又表现为多种形式:一是心灵的自然化倾向。因众多科学家的积极介入,目前,心身问题已突破传统

[①] 杨足仪:《心灵哲学的脑科学维度》,中国社会科学出版社 2011 年版,第 65 页。

的形而上学问题而日渐转化为科学的前沿问题。二是同化,其表现是,哲学家依据"各自所寻找到和所推崇的原则如古代的唯物主义本原理论、现代的计算主义、物理主义等,对灵魂作出解释和说明,以消除它的异质性、神秘性"①。三是方法的更新。这一方面是运用语言学、逻辑学等的工具和手段去分析"心""灵魂""意识"之类的心理语言的意义、内容及其产生的过程,从而驱散心灵的迷雾,铲除传统的心灵观;另一方面是利用现代医学、脑科学、计算机科学等方面的成果去揭示思维的过程和心智的本质,而心灵的极端自然化则表现为取消主义。四是有关心身问题的研究及其理论构架大都有非常明确的本体论承诺,这主要表现为许多的研究者都力图在自己特有的世界观和方法论的基础上承诺意识的存在地位,进而去揭示意识的本质和机制,如此等等。

在人的心身关照上,宗教尤其是佛教表现出极大的热情与努力,从而构造出了别样的心灵图景。

佛教之心往往是指"众生"之心,即一切有情生命之心。佛教将一切生命体称之为"有情",而将其他存在称之为"无情"。众生就是在三世六道中轮回的一切生命体,佛教称之为"六凡",包括天、人、阿修罗、饿鬼、地狱、畜生。从内涵上说,众生系以五蕴等众缘假合而生,故名;从与本体、法身的关系看,法身为烦恼所缠,往来生死,故称众生。一般以为无明烦恼所覆、流转生死者为众生。当然,若广义言之,佛及菩萨亦含摄于众生之中。

佛教认为,从俗谛上讲,众生是心身统一的。心、身不是空无所有,有"有"的一面,可生命之基。生命之有可从五蕴、十二入、十八界进行透视。佛教认为,一切有情生命,无论是人还是其他众生,其共有的、最基本的构成元素就是阴,阴分色、受、想、行、识五种。这是从众生产生的认识根源的角度对众生心身的构成因素进行描述。"五蕴"又称"五阴",其中,"色"是指众生的物质性躯体,即自然科学所指的生物肉体,它具有可朽性、可见性和质碍性。"色"又分地、水、火、风四大种。但这四大种不是指实体的物质,而是以其特性命名的,主要分别指坚硬、润湿、炽热、流动等性质。"受"是指众生对内外所领取的或接纳的有关刺激作用于自身的感受。从形式而言,"受"又分内受、外受和内外

---

① 高新民:《人心与人生——广义心灵哲学论纲》,北京大学出版社2006年版,第3页。

受三种。依佛教看，从人的感觉体验来讲，一切受从本质上说都是苦，所谓"诸受粗细无不是苦"①。"想"是指人对境或事物所生起的想象、联想以及产生的观念、思虑等的思维活动。"行"是指不同于思想的、选择自己行为方式的意志活动。②"识"既可指众生觉了、分别的意识活动，又可以是这些活动产生的结果，即各种认识。其中，受、想、行、识合称为"名"，所以，五阴又称"名色"。五阴之中，识最重要，受、想、行都是识所派生的现象，被称为心所法，而识亦被称为心王。

十二入是由佛教对名色进一步区分为十二个方面或因素所得。"入"即涉入、输入的意思。十二入就是六根和六尘相互关涉而产生的见识。眼、耳、鼻、舌、身、意六根是众生产生认识的六种处所，也是构成人的躯体的六个方面。六根所对的六种对象分别是色、声、香、味、触、法六尘。六根与六尘相互作用，产生了相应的六识，即眼识、耳识、鼻识、舌识、身识和意识。六根、六尘加六识一共十八种法，即所谓的十八界，这是佛教对构成众生的十八种基本元素的揭示。

从真谛上说，佛教以为心身毕竟空寂，没有实体性的心身。尽管五阴是构成众生心身的基本元素，但从本质看，构成众生的五阴是因缘和合而生的，因缘条件不存在，色、受、想、行、识也就不存在，一切并非永恒。从终极本质上说，色如聚沫，受即浮泡，想如野马，行如芭蕉，识为幻法。因此，众生的本来面目实际上是空无所有，毕竟空寂，一切心身都不过是色尘空性，是即不是，不是即是，不存在是什么与不是什么的问题。种种显现与六尘境象，本来都是妙明无上智慧的本真心体，别无二相。因此，从实相、本质上说，五阴、十二入、十八界非空非有，"皆如炎幻响化，悉不可得"③。

其实，五阴、十二入、十八界分别从不同的方面对众生特别是人的构成进行了分析。五阴阐述的是人及其万念产生的认识根源，十二入和十八界则是从人的认识所依的器官、对象及其相互作用的结果对人的构成的描述，其目的是要揭示人的心身的构成与特点。可见，佛教之人不是一种简单的心身二元存在。佛教之心灵观，既是本体论的，又是认识论的。"心"之本体，就是心的本性或本质。作为体之心，是一切现象、事物的本体、基础。在佛教看来，世界的相状、色彩等属性都是心所

---

① 《四念处》，《大正藏》第 46 册，第 555-562 页。
② 高新民：《人心与人生——广义心灵哲学论纲》，北京大学出版社 2006 年版，第 443 页。
③ 高新民：《人心与人生——广义心灵哲学论纲》，北京大学出版社 2006 年版，第 445 页。

赋予的，心是万物的本质，是一切价值包括涅槃、般若、佛性等的最高载体，又是一切价值的价值主体。宇宙万有为一心，即一切皆心，"一切万法由心而起"，正如偈说："心如工画师，画种种五阴，界内界外一切世间中，莫不从心造。"①

（二）生、死本性

古人云："生死事大。"这道出了人类对自身命运这一重大问题的根本关切。但究竟生、死为何呢？我们能否摆脱死亡的恐惧与焦虑，甚至从死亡中解脱出来呢？众所周知，了生脱死是自古以来就深藏于人类心底的普遍心愿和迫切需求。由此，我们看到，无论是宗教、科学、艺术还是哲学，都试图给我们开出破解死亡的药方，即宗教的药方、哲学的药方、科学的药方和艺术的药方。宗教是以人的生死问题为核心的理论和实践体系。我们在特定意义上也可说，它是能抵御、驱散人类心灵所笼罩的死亡阴影的一种最古老的武器。哲学的方法历史悠久，但因各执其说，至今难有定论。科学的方法直到近代才发展起来，迄今在对于人自身的宇宙之谜的破解上依然有限。艺术的方法一般以某种宗教、哲学为基点对死亡进行艺术审视，所以，其很难跳出宗教、哲学的框架。

宗教自创立以来，不仅为人类建立起了特定的人生观、伦理观和价值观，也提供了对人自身之谜的某种解答。在现实生活中，所有的宗教都是以人的生死问题作为其根本问题的。当然，这在观照生死、揭示出路时有其偏颇。马克思说："一切宗教都不过是支配着人们日常生活的外部力量在人们头脑中的幻想的反映。在这种反映中，人间的力量采取了超人间的力量的形式。"②人类创立宗教，正是要克服死亡、战胜死亡、超越死亡，实现永生与永恒，诚如哲学家费尔巴哈所言：若世上没有死这一回事，那亦没有宗教。③它的确也建立了自己自圆其说的博大精深的理论和实践体系，只是其有效性多局限于观念层面。

从理论上专心研究生、死并在实践上切实践行以死解脱的莫过于佛教了。佛教的根本任务和终极旨向就是解脱。"解脱"（moska）即涅槃（nirvana），其特点是彻底灭除此岸的烦恼，而获得彼岸的自由。因此，如何从烦恼走向自由，

----

① [隋]智顗：《摩诃止观》，《大正藏》第46册，第51-52页。
② [德]马克思、[德]恩格斯：《马克思恩格斯全集(第3卷)》，中共中央马克思恩格斯列宁斯大林著作编译局编译，人民出版社1972年版，第345页。
③ [德]费尔巴哈：《费尔巴哈哲学著作选集》，荣震华、李金山译，商务印书馆1984年版，第534页。

就成为佛教解脱必须回答的核心问题。

解脱当以一定的生命观为基础。从整体上看，佛教生命观是一个动态结构，其根本思想就是缘起法则。佛教认为，世界上万事万物都是相互依存、相待而有的关系，即所谓"此有故彼有，此生故彼生；此无故彼无，此灭故彼灭"①。生缘老死，自心做主。老死为生起作因（业），为生、住、异、灭起因，"如是业果，前中后际，生死轮回，不待外缘"②。生与死是整个生命流转中的不同阶段，而由生到死共分十二个阶段，名为十二因缘或十二支，即无明-行-识-名色-六入-触-受-爱-取-有-生-老死。这就是说，十二因缘分为无明、行、识、名色、六入、触、受、爱、取、有、生、死共十二个环节，依次前者为后者之因，组成了动态的、因果相继的生命链条，生生于老死，轮回周无穷。在轮回不已的状态中，生和死只是其中的某个阶段。十二因缘不仅揭示了十二个环节的相因关系，更阐明了生命和死亡的根源性与个体性，展示了生命的多样性、多元性和无限性。

十二因缘中，首因是无明。对于人来说，无明是一种迷暗的大势力，也是指人没有解脱生死流转的超越智慧、处于黑暗大势力中的茫然状态，是人生痛苦不幸的总根源。在心理的深浅结构中，它像真心一样，就居住在心的最底层，比无意的阿赖耶识还深。阿赖耶识尤其是其中的识精是生灭与不生灭的和合，就作用而言，它是其他一切心身现象的直接总根源。但它的生起又根源于无明。此无明是无始无明，是相对于枝末无明而言的。根据佛教的观点，枝末无明依根本无明，根本无明依真如或真心，此乃缘起法自然之理。无明之先更无初始之惑法，故称为无始。质言之，无始为根本之异称，以成无明有始之义。依此义，佛教以忽然念起为无明；天台家称之为元品无明，大乘起信论之注疏家则称之为根本无明。心正是在这个无始无明的驱使下，试图去明了那个本来就明明白白的、它所依的真心，于是便有了最初的一念妄动，这样，心及世界万物便开启了它的发生史，十二因缘的循环之轮便开始了它的周而复始的转动。

十二因缘，顺看，是生命的流转，逆看，是生命的还灭与超越。"死"既是一个生命周期的终点，同时又是下一个生命周期的起点，这包括人的生、老、病、死，物的生、住、变、灭，世界的成、住、坏、空。任何生命在没有获得解脱前，

---

① 《杂阿含经》卷10，《大正藏》第2册，第67页。
② ［唐］玄奘、窥基编译：《成唯识论》卷8，《大正藏》第31册，第45页。

都会依此因果律周而复始，轮回无穷。此世的善恶之业，必产生相应的果报，或现报，或生报，或后报。现报，此身受。生报，次身受。后报，二生、三生、千万生受，如此因果循环，永不中止。①正所谓"有情轮回生六道，犹如车轮无始终"②。这是佛教对生死及其根源、过程的看法。

佛教的生死观实际上是从现实的人出发，通过对人生的种种痛苦的考察，提出了许多发人深省的观点。而对人生痛苦的体验和领悟是佛教理论的基础。

释迦牟尼佛初转法轮时先说的四圣谛是早期佛教理论的基础。"四圣谛"是指"苦、集、灭、道"四谛。其中，苦谛宣扬一切皆苦，人生除了生、老、病、死四大苦外，还有怨憎会苦、爱别离苦、求不得苦、略摄一切五蕴苦等许多的苦。"生苦"，是指一切有情生命自有生命以来就被众苦所逼。例如，身体在母胎中形成要经受十月的内热煎熬，一朝分娩要受挤压之苦，身处在世更要受冷、热、风、寒的刺激。而有了生命，老苦、病苦、死苦就尾随而至了。"死苦"，是生命走完其历史行程、寿命终结时所受的苦。这些苦既有生命由坏到死所受的种种折磨，也有外在的恶缘所逼而致的身心俱损、呼吸断道。"苦谛"中当以"死苦"为最苦，"世间大苦莫甚于生死。有生则有死，有身则有众苦所集"③。痛苦源于自身，这就从根本上决定了痛苦是无时不有、无时不在的。集谛是终极真实之意，是探求人生各种不幸、痛苦的原因和根据，被归为十二因缘。灭谛揭示应对症下药，应根除或超越病根，从而回归生命真实，获得空明清静、至乐无穷的境界。道谛指明人由痛苦入涅槃、由烦恼入清静的正确方法和手段，其内容包括"三学八正道"，即戒（戒律）、定（禅定）、慧（智慧）三种学理和正语（远离妄语）、正业（远离各种杀道、淫行）、正命（远离孽缘，过正道生活）、正精进（远离懈怠）、正念（远离恶念）、正定（远离胡思乱想）、正见（远离偏见）、正思维（远离分别心）八种方法。

（三）生、死的流转与死后续存的有无

死亡是如何发生的？死了，是一死百了还是有什么东西继续存在呢？死神降

---

① 杨足仪：《死亡哲学》，经济科学出版社2013年版，第76页。
② 《心地观经》卷3，《大正藏》第3册，第302页。
③ 《念佛警策勤修念佛法门·念佛速了生死第八》，弘一佛堂出版发行，第29页。

临之时通往死亡之乡的过程又是怎样的呢？死亡之乡又在哪里？所有这些问题至今依然是未有定论的。

关于死亡的过程与死后有无续存的问题，人们基本形成了两大不同的看法，那就是人死断灭与灵魂不死。二者既有一定的事实依据，又具有信仰主义的性质。依世俗之眼见，人的生命只有一次，短暂而有限，人死如灯灭。现代科学一直不断地深入研究，试图对此做出证明。另外，一些人，包括近代一些著名科学家对灵魂、意识及死后有无续存的看法大都持审慎态度。比如，恩格斯在总结自然科学研究生命现象的成果时，曾鉴于当时自然科学尚未搞清楚生命是如何产生的情况，对死亡及死后去向不曾妄断，他说："或者是有机体的解体，除了那组成有机体实体的化学构成部分，再不留下什么东西；或者还留下某种生命的本原，即某种或多或少地和灵魂相同的东西。这种本原不仅比人，而且比一切活的有机体都活得更久。"[①]而一切宗教可以说都相信灵魂不死。

在宗教看来，人的生命不止一次。早期的宗教、神话表现出对死亡顽强的反抗和坚定的否定。在系统宗教阶段，人的不死性维系于万能的"神"，这个神就是造物主。人由神创造，死后又归于神。如此，人的生和死便与神联系在一起了，人的不死性与神性便得到了统一。

在系统宗教中，佛教对死亡的过程及死后世界的考察最为详尽且独特。这集中体现在"四有说"中。佛典认为，生命是由一期一期的阶段构成的连续的过程。一个个体生命的整个过程有四个阶段，即生有、本有、死有和中有。所谓的"有"是由一定的因缘所产生和决定的业报而形成的果。"生有"是指一期生命结束与下一期生命产生之身心，即通常所谓的投胎转世、由死转生之身。"本有"是指从出生到生命死亡时的全过程，是从生有到死有的全过程。"死有"是指生命终止时的刹那心身，即所谓的临终状态。"中有"是指从死后到再生的转变过程。按照"四有说"，佛教对死亡过程的解密可分四个时期：从濒死期到死亡时刻，经历死后阶段后再走向死后的来世、来生。如此，佛教形成了关于生命、生命的产生、生命的过程、生命的死亡以及生命的转向等系统性的理论。

以佛教生死观看，生命个体是连续的，有前世、今生和来世。这当然只是一

[①] ［德］马克思、［德］恩格斯：《马克思恩格斯选集(第3卷)》，中共中央马克思恩格斯列宁斯大林著作编译局编译，人民出版社1972年版，第570页。

种信仰。如前所述，生命也是有开端的。在此之前，人的生命有其存在的形式（天的形式），人不是无中生有。生命的死亡及死后去向由十二因缘所定，形成了生命的流转。生与死只是生命全过程的两个阶段，或者说是生命的两种表现形式。生死轮转、生死互通，生生死死、死死生生，轮回往复，无穷无尽，由此构成生命的无限演变过程。而这一切都承认了生命及其死亡是"有"，而不是"无"，这就是佛教生死观的世俗谛。当然，从真谛上讲，佛教主张心身毕竟空。不管怎么说，佛教肯定了生而为人是极其幸运的事，是自身造作的极大福报。是故佛教经常感叹：人身难得。试想，宇宙自然万物中，只有我们生而为人，成为万物之灵，这就已经足够了，难道我们不应该感谢上苍、敬畏自然、感恩生命吗？如蒙田所说的，每个人的生命都"受到自然的厚赐"，为人并活着，就是大自然的恩赐。所以，无论从世俗的角度还是从宗教的视野看，我们都应感恩地活着。感恩地活着，就要直面人生，理解生、死，向死而生。

三、生、死超越与人的解放

超越生死、追求不朽是隐藏于人类心底的一种强烈的冲动。这种冲动来自人类从根本上不相信死亡是人的必然命运，来自对死亡至深的恐惧，来自不甘让死亡夺去希望的情绪性要求，也来自对最终幸福的渴望。当然，从最终意义上讲，人必死无疑，就算人类想尽一切有效办法来延续生命，充其量不过是暂时的维系而已。所以，严格地讲，任何超越死亡的不朽追求都只能是一种信仰。不过，同样是相信不死，方式截然不同，有原始式的，有文明式的，有宗教式的，有世俗式的，还有认知式的。从人在死亡意识觉醒之后产生的种种超越死亡的意向形式看：有人求仙访道以求肉体不朽，有人著书立说以求思想不朽，有人建功立业以求职业不朽，有人积德行善以求道德不朽，有人认识到死生本性，明白死生的自然性从而顺应自然，不为生乐，不为死悲，十分平静地接受死亡。还有人以享乐主义超越死亡的策略，认为人生唯一真实的就是肉体的存在，唯一可以留恋的就是肉欲和物质的享受，没有享受，即使多活几年也毫无意义。

（一）生、死超越的方式与道路

原始的灵魂不死的信仰和中国的鬼神信仰，是古人找到的死亡超越的最合适方式。这一方式实际上是古人对生命迷思的解读方式之一，自有其存在的合理性。试想，那时如果没有了对鬼神的信仰，人们会想象死后是一片寂寞空虚，对于脆弱的人类来说，没有了寄托该是一件多么可怕的事情！所以，我们今天不能狭隘地、完全从自己的立场去看待原始的鬼神信仰现象。即便是今天，鬼神信仰依然还是部分人对死亡理解的一种方式。更为重要的是，与此信仰相伴随而衍生出的许多有意义的风俗习惯，成了中国传统文化不可或缺的一部分。

如果说原始信仰（包括原始崇拜、巫术、禁忌、远古神话等）主要是在幻想中说明现实的话，那么，人为宗教就不得不对它的说明做出更加令人信服的合理辩护，这就是为什么宗教从原始宗教发展到世界性宗教，形成了大而全的体系，天、地、人无所不包，力图穷尽一切并做出终极解释的重要原因。就世界性宗教来说，基督教通过耶稣的死而复活来宣扬永恒不死，其基本态度就是：死亡是为了救赎，救赎是为了再生。也就是说，基督教实现救赎与永恒的方式是以死来克服死，是置之死地而后生。佛教是以生死轮回来超脱生死的，其基本态度是：泯灭现世一切贪欲和苦难，以达到超脱生死轮回的最高境界。佛教把死亡解释为转化，死亡是其业报轮回的重要组成部分，以此否定人的必死性，而不朽的实现则是要超脱因果循环的报应，直至"涅槃"。与基督教、佛教不同，道教是以"肉体无死"超越生死的。道教对待死亡的态度不是基督教式的"复活"，也不是佛教式的"无生"，而是刻意追求"无死"。但这种无死与基督教或佛教的人的肉体的某种湮灭方式不同，是肉体生命的长生，即尽其所能地追求长生不死、得道成仙。这当然只能是一种理想，而没有任何现实性，充其量，如我们前面所说的，其只有概念上的可能性。

无论是基督教、佛教还是道教，都无一例外地构建了两个世界，即现实的、"世俗的"世界与理想的、"神圣的"世界。前者是不幸的、应予超越的世界，后者是天神的世界，是神圣幸福与永恒不朽的世界，是人们通过修身、修心、修道的努力造化方可进入的神的世界。就此而言，一切宗教不仅晓谕众生死亡的根源，更是晓谕死后世界的一切。这样的设计与安排，使那些依附于宗教旗帜下的人们，不管死后何去何从，毕竟"知道"了死后还有一个归宿，还有另外一个世界的存在，如此，惶然不安的心总算平静了下来，不朽的渴望也总算得到了的慰藉。可见，宗教既是一种信仰体系，也是一种实践体系，借此，它可提供一种特殊的死亡理念和信仰，也可提供一种摆脱死亡焦虑、超越生死烦恼的现实途径。宗教这种双重作用是理论与实践的结合、精神需求与思想工具的结合、信仰与理性的结合。这对于人类而言，既是一种信仰的支持，又是某种可操作性的实践手段，在很大程度上缓解了人们的内心焦虑和恐惧，给予人们心灵和精神上莫大的慰藉。蒂利希说："宗教，就这个词的最广泛和最根本的意义而言，是指一种终极的眷注。"①这种终极眷注映照着人类精神生活的所有层面：在认识上，它是人类追求的终极实在；在道德层次，它是修身养性的最高境界；在艺术世界，它是终极意义的无限期盼。就此而言，宗教的世界就是人类情感的世界。叔本华十分推崇宗教给人的巨大的心理情感安慰作用，说："由于对死亡的认识所带来的反省，致使人类获得形而上学的见解，并由此得到一种慰藉，反观动物则无此必要，也无此能力。所有宗教和哲学体系，主要即为针对这种目的而发，以帮助人们培养反省的理性，作为对死亡观念的解毒剂。"②马林诺夫斯基、荣格等人也都有类似的看法。直到今天，无论是在西方的圣诞节、穆斯林的朝觐月，还是在佛教的佛旦日中，从那些乘坐现代化交通工具的香客到骑着牲畜的朝觐者再到一步一长叩的佛教徒身上，都能见证宗教信仰的巨大吸引力与诱惑力。

当然，并不是世间所有的人都能接受信仰式的超越方式。许多人希望对死亡的超越认知能够更加令人信服，更加经得起论证推敲。于是，有人另辟蹊径，探索出一条世俗式的、认知式的、功业式的超越之路。

认知式的超越是基于理性认识的，相信死亡不是人的消亡，而只是永恒不灭的物质的另一种存在形式。这种立场肯定了、达到了灵魂不灭论、生死轮回说以及死而复活观所共同肯定的东西，因为根据这一观点，死亡并不等于断灭，死亡只是永恒不灭的东西的一种转化标志。古希腊的原子论学派的观点和古代中国的"元气说"就是一种理性认知式的不朽方式。原子论者把死亡解释为基本元素的分离。对人来说，原子的聚合就叫生，原子离散，称为死。因此，人的生死无非就是原子的偶然聚散而已，因此，"死对于我们无干，因为凡是消散了的都没有感觉，而凡无感觉的就是与我们无干的"，"死亡不过是感觉的丧失"。③这

---

① [美]保罗·蒂利希：《文化神学》，陈新权、王平译，工人出版社1988年版，第7页。
② [德]叔本华：《爱与生活的苦恼》，陈晓南译，中国和平出版社1986年版，第149页。
③ 北京大学哲学系外国哲学史教研室编译：《古希腊罗马哲学》，商务印书馆1961年版，第343、366页。

种理性的死亡观以某种有力的形式提供了永恒生命的证明。它与近代文明时期人们所熟知的"能量守恒"和"物质不灭"颇为相似，在认识上打破了人们对信仰式超越的迷恋，回归理性，去思考死亡之谜，去战胜对死亡的恐惧心理，这不仅为人们超越死亡找到了一种新的、令人信服的认识方式，而且也在事实上成为今天的人们理解死而不朽的重要方式之一。

功业式的超越方式是从死亡的价值出发，通过创造久存于世的人生价值而达到不朽。这种方式实际上表明：人的身体虽死，但精神永生。这种方式是目前最世俗化，也是最能够为受过理性教育洗礼的现代人所理解和接受的超越，是"雁过留影，人过留名"的青史留名式的超越，是中国儒家传统所追求的不朽之道。

儒家的不朽有"大人物"和"小人物"之分。"大人物"的不朽就是著名的"三不朽"，即"立德、立功、立言"。"小人物"的不朽就是通过家族绵延、子承父业、丧葬嫁娶等形式实现的不朽。

据《左传·襄公二十四年》载："太上有立德，其次有立功，其次有立言，虽久存不废，此之谓不朽。"立德、立功、立言是指人生在世，应建立超群出众的品德，成就影响极大的事业，写下万代留传的名言。三不朽涉及人生的三个重要层面：道德完善、功业完满、名留青史。它极为精炼地概括了儒家追求的"内对外王""修身养性""治国天下"的积极入世的人生态度和理想，是儒家思想一以贯之的追求，达到了这三方面的完满便是获得了人生的价值，实现了对死亡的不朽追求。这是中国古代士大夫不朽追求的基本方式，它激励着一批又一批的仁人志士的自我价值的实现。古往今来，多少仁人志士、民族英雄、革命先烈牺牲小我完成大我，他们"德盛于身、业垂于世"，流芳千古，永垂不朽。

世上大多数人都是普通人，都是"小人物"，他们不像大人物那样能做出丰功伟业。普通人的不朽又是怎样实现的呢？依冯友兰先生之说，小人物的不朽不侈求像大人物那样为世人所熟记，只讲求家族子孙后代的纪念。因此，这种不朽表现在家族绵延、子承父业、丧葬嫁娶，是通过丧葬嫁娶等风俗礼仪的形式来实现的。在古代，家族被认为是能够传宗接代、香火不绝的载体。只要有后，就有可能让死者活在后辈的心中，才能使死者得以传颂而致不朽。因此，"有后"比一切都重要，至少有后就有人记住自己，逢年过节在自己的坟头上烧几炷香，因此即便是长埋于地下，也能活在人间，达到不朽。如此，中国人特别是儒家重视祭祀祖先、嫁娶等风俗礼仪就不难理解了。

不论是"大人物"的不朽还是"小人物"的不朽，都能激励人们在有限的生命中去追求更长久、更为世人所记住的东西，这种认识不仅是人们的一种精神寄托，也是完善生命的一种驱动力，激励着人们不断地追求久存于世的价值，若如此，死又何妨！

科学也在为人类如何好好地活，以及如何活得长、活得久远而努力奋斗。今天，人们以科学的手段和力量来抵抗死神。自热力学熵理论建立，到生命科学、基因工程、人工智能等的出现，科学家以此来解释和说明人的生死大事，阐明起死回生的可能性以及生命的延续性。

熵理论的建立使科学家有了解释死亡的可能性。著名科学家薛定谔在《生命是什么？——活细胞的物理学观》（*What Is Life? — The Physical View of Living Cells*）一书中指出："每一个过程、事件、突发事变——你叫它什么都可以，一句话，自然界中的正在进行着的每一件事件，都意味着这件事在其中进行的那部分世界的熵在增加。因此，一个生命有机体在不断地产生熵——或者可以说是在增加正熵——并逐渐趋近于最大熵的危险状态，即死亡。要摆脱死亡，就是要活着，唯一的办法就是从环境中不断地吸取负熵。"[①]这就是说，一个有机体要保持生命的活力，就得依靠负熵的增加来避免衰退，"或者更确切地说，新陈代谢中的本质的东西，乃是使有机体成功地消除了当它自身活着的时候不得不产生的全部的熵"[②]。后来，薛定谔又进一步补充说，生命是自组织的低熵状态，生命是开放体系。

从某种意义上说，生命系统就像一个组织与分工都十分有序的工厂，显示了自组织过程的最高表现。候鸟的春去秋来、动物冬眠的习性、心脏的节拍起搏以及人体的新陈代谢，等等，这些生命现象错综复杂地交织在一起，构成了一个有序与无序环环相连的生物体系。从地球到整个生物圈，甚至缩小到单个的生物，无一不是一个开放体系。人体"同样是一个开放系统。人体基本上是摄入食物，

---

① ［奥］埃尔温·薛定谔：《生命是什么？——活细胞的物理学观》，罗来鸥、罗辽复译，湖南科学技术出版社1973年版，第70页。
② ［奥］埃尔温·薛定谔：《生命是什么？——活细胞的物理学观》，罗来鸥、罗辽复译，湖南科学技术出版社1973年版，第70页。

汲取热能、消化，然后再排泄出去。即，不仅与环境之间有能交换，物质上也有交换（吸进、再排除）。但这基本上是一个相对稳定的体系，所接受的和所输出的，接近于相等。因此，人体可保持一定的温度，与外界有一定的温差，造成熵减小的体系，构成了人类工作、发展的基本条件"[1]。生命从无序中吸收有序，将有序集于自身，从而维系自身的生计。换句话说，在非平衡条件下，熵流会产生有序和组织，进而产生生命。由此可见，"生命过程只能在非平衡态中存在，'只要活着，就维持着非平衡态。'而也只能在远离平衡态，系统才可能建立一种定态，经历若干亚稳态，跃迁为另一新的定态。生物体系的空间有序性（组织结构的有序性）和时间有序性（生命节奏）皆源于此过程"[2]。因此，人类现在所要做的实际上就是在不违背自然规律的前提下，想方设法地使系统的熵减小，而不是使熵增加。在科学家眼中，人就是一种特别的物质生命体：质料形态为生物大分子结构，体温在35～37℃，是一种自主学习、自校正、自适应的高度进化的自组织系统。

今天，世界变成了工厂，人类在仿造生物的部分器官的基础上，依靠基因工程如克隆技术创造了绵羊多莉，接下来企图大胆地造人，或可说，科学在帮助我们"起死回生"、延缓死亡以抵抗死亡，甚至可以说，科学在向死亡宣战。我们暂且不管这些"奇迹"是否属实，但它可以确切地向我们表达一个信息："科学在朝着起死回生这一目标努力，至少它想延迟死亡的来临。"[3]

总之，人类在追求长生不老的漫漫历史征途中，所创设的一切文化工程，无论是宗教、神话，还是现代科学技术，都是事关人类生死的大业。这对于人类生活条件的改善、生活质量的提高，对生命的价值和意义的尊崇无疑是有重要的意义的。值得我们深思的是，这种追求是否违反了人的本性？是否伤害了人类情感？是否破坏了自然法则？倘若给人类及其生活的世界带来灾难的话，那么这种追求又有什么意义呢？对于科学技术，神学家、伦理学家伯拉德·哈林（Bernard Haring）说得好："基因技术应把注意力从现在转移到未来，从医患关系中关注

---

[1] 冯端、冯步云：《熵》，科学出版社1992年版，第95页。
[2] 冯端、冯步云：《熵》，科学出版社1992年版，第96页。
[3] 李书崇：《与死亡言和：东西方死亡现象漫谈》，四川人民出版社2002年版，第336页。

第十七章　主要问题研究

个人人格至上转到关注医学的社会共同责任和关注整个人类社会。"①

（二）人的解放的维度

如果把生死超越看成是追求生命的不朽的话，那么，解放就是争取生命的自由。在汉语中，人的解放是指人作为主体解除外在力量的束缚后得到的自由和发展。马克思说过，解放就是"把人的世界和人的关系还给人自己"②。这就是说，人的解放就是解除对人的各种外在束缚，消除人的异化状态，恢复人的本性。所以，人的解放就是人的自由，这种自由既是人的自由状态，也是人的自由自觉的活动，更是人自由全面的发展，它不仅包括人从社会关系中获得自由，也包括人从自然界中获得自由，其实质就是实现人的主体性，使人真正成为世界和人类自身的主人。

人类自诞生以来，始终面临着来自自然、社会、自身的各种力量的束缚，而不断破除这些束缚以求得自由，便构成了人的解放和人的发展的历史生成过程。"解放是一种历史活动，而不是思想活动，'解放'是由历史的关系，是由工业状况、商业状况、农业状况、交往关系的状况促成的。"③由此造成了人类社会由低级到高级的发展过程。而"随着社会生产无政府状态的消失，国家的政治权威也将消失。人终于成为与自己的社会结合的主人，从而也就成为自然界的主人，成为自己本身的主人——自由的人"④。所以，人的自然解放、社会解放、人性解放就构成了人的解放的基本维度。

人的自然解放维度是把自然看成是束缚人的一种外在力量。当然，从根本上讲，自然是人类的母体，人来自自然，人的生成和发展离不开自然，人与自然具有同根性、依存性。但自人与猿揖别，人类就从一般动物中提升出来，以主体的姿态立于世界上，尽管如此，人类仍然摆脱不了大自然的束缚。要摆脱，就必须

---

① [荷]E. 舒尔曼：《科技文明与人类未来——在哲学深层的挑战》，李小兵、谢京生、张峰，等译，东方出版社 1995 年版，第 61 页。
② [德]马克思、[德]恩格斯：《马克思恩格斯全集(第 3 卷)》，中共中央马克思恩格斯列宁斯大林著作编译局编译，人民出版社 2002 年版，189 页。
③ [德]马克思、[德]恩格斯：《马克思恩格斯选集(第 42 卷)》，中共中央马克思恩格斯列宁斯大林著作编译局编译，人民出版社 1972 年版，第 368 页。
④ [德]马克思、[德]恩格斯：《马克思恩格斯全集(第 19 卷)》，中共中央马克思恩格斯列宁斯大林著作编译局编译，人民出版社 1956 年版，第 247 页。

立足于自然、协调好人与自然的关系，真正做到超越自然、利用自然、改造自然，最终自由地支配自然。果如此，就完成了人类的自然解放。对于人类来说，对自然的认识越充分、越深刻、越全面，就越能让自然为人类服务，人类从自然获得的解放就越全面，"人在怎样的程度上学会改变自然界，人的智力就在怎样的程度上发展起来"①。处于野蛮时代的原始初民，在变幻莫测的大自然面前显得渺小而脆弱，他们像牲畜那样仰仗自然，几乎完全受自然力的支配。这时的自然界"是作为一种完全异己的、有无限威力的和不可制服的力量与人们对立的，人们同它的关系完全像动物同它的关系一样，人们就像牲畜一样服从它的权力，因而，这是对自然界的一种纯粹动物式的意识（自然宗教）"②。从原始宗教发展到系统宗教，这体现了人类能力的提升和增强，但人类还是"谦卑地承认自己要依赖于他们那看不见的权力，恳求他们的怜悯，恳求他们赐予他一切美好东西，保护他免遭从各个方面威胁着他们有限生命的危险与灾难，最后，在痛苦和悲哀到来之前，将他的灵魂从躯体的重负下解脱出来，带到一个更为欢乐的世界去，在那里他可以和一切好人的灵魂永远同在，享受安定与幸福"③。从这种意义上说，人类的自然解放仍然任重而道远。

人的社会解放是指人从自身所处的各种复杂的社会力量束缚中解脱出来，获得自由与发展。自人成为人以来，就形成了相对独立的世界——人类社会。人类社会中的人是社会生活中的人，也是社会关系中的人，这样的人的本质"在其现实性上是一切社会关系的总和"④。这意味着社会中的人既要承受复杂社会关系的重重压力，又要受其束缚与制约，社会形态、社会结构、社会发展的程度以及社会中的各种关系，无不对人类产生重大的影响。所以，人的社会解放就主要表现在人的政治解放、经济解放、文化解放等方面。

人的政治解放是个人主体性与社会共同体分裂状态的消弭。马克思在从《论

---

① ［德］马克思、［德］恩格斯：《马克思恩格斯选集（第4卷）》，中共中央马克思恩格斯列宁斯大林著作编译局编译，人民出版社1995年版，第329页。
② ［德］马克思、［德］恩格斯：《马克思恩格斯选集（第1卷）》，中共中央马克思恩格斯列宁斯大林著作编译局编译，人民出版社1972年版，第35页。
③ ［英］詹·乔·弗雷泽：《金枝（上）》，徐育新、汪培基、张泽石译，中国民间文艺出版社1987年版，第88-89页。
④ ［德］马克思、［德］恩格斯：《马克思恩格斯全集（第1卷）》，中共中央马克思恩格斯列宁斯大林著作编译局编译，人民出版社1972年版，第18页。

犹太人问题》到《黑格尔法哲学批判导言》，再到《德意志意识形态》《关于费尔巴哈的提纲》等名作中，阐述了他关于人的政治解放思想。早先，马克思是从对宗教的批判开始的。他认为："对其他一切批判的首要前提是对宗教的批判。"①紧接着，马克思在费尔巴哈的启发下对黑格尔的法哲学进行了批判，认为黑格尔的法哲学颠倒了主客观关系，其国家不是黑格尔的思辨思维中由理念形成的独立实体，而是阶级统治的一种工具。国家的政治解放虽然脱去了封建社会的"神圣外衣"，但这种新型国家政权的产生又产生了新的束缚。即便如此，马克思也充分肯定了"政治解放当然是一大进步"②：因为政治解放能使国家摆脱一切宗教束缚，同时也使市民社会从政治中获得解放。可见，马克思已清醒地意识到了政治解放所带来的市民社会与国家政治的各种弊端，并认识到了资产阶级革命的极端片面性和根本局限性，提出了超越政治解放的人类解放。由此，"论证人类解放目标，探讨实现人类解放的手段和途径，成为了马克思社会政治思想发展的一根红线"③。自然，政治解放成了马克思历史唯物主义的首要命题，是解决人类解放必须要分析和面对的首要命题，正是在对这一命题的探寻中，马克思找到了实现人类解放的正确途径。

人类终极解放的物质基础需要借助人类在经济层面的解放来建构。这是因为，人受外在力量束缚的异化状态，从社会层面上看，不仅表现为政治力量的异化和社会力量的异化的对立，而且表现为社会力量这个有机体的经济力量的异化。就其根源来说，它决定于生产力和生产关系的矛盾。在社会中，经济力量方面的异化使人与人之间的关系表现为物与物之间的关系，进而导致了商品的拜物教、货币的拜物教、资本的拜物教等异化现象。所有这些现象都掩盖或扭曲了人与人之间的本质关系。既然如此，经济解放的核心是要消除社会层面的异化力量，主要是使生产关系中生产力这个异己的力量被掌控在人类自己自觉的活动中，使生产关系中人与人之间的关系不再表现为物与物之间的关系，而表现为人与人之间的本真关系，一句话，就是要消灭剥削，消除压迫，实现人人自由、平等。从

---

① ［德］马克思、［德］恩格斯：《马克思恩格斯全集(第1卷)》，中共中央马克思恩格斯列宁斯大林著作编译局编译，人民出版社1995年版，第1页。
② ［德］马克思、［德］恩格斯：《马克思恩格斯全集(第3卷)》，中共中央马克思恩格斯列宁斯大林著作编译局编译，人民出版社2002年版，第174页。
③ 郁建兴：《马克思国家理论与现时代》，东方出版中心2007年版，第71页。

社会制度层面说，实现人的解放就是最终消灭私有制，实现共产主义社会。必须看到，马克思在考察经济力量的异化时，既看到了经济力量异化的不利方面，又看到了这一异化力量对社会历史发展的推动作用，以及在推动社会历史发展的过程中所积累的物质财富、社会财富、精神财富。所以，我们不能仅仅站在人本主义的立场上对其做出评价，而应把它放到历史中去评价，以客观揭示其历史作用。

人类的文化解放要从"文化"这一概念出发，层层剥开。在启蒙运动以前，"文化"一词被普遍认为用来化育人类的天性；在启蒙运动后，文化主要是指与人类的物质文明相对应的精神领域。文化人类学家爱德华·泰勒说："文化，或文明，就其广泛的民族学意义来说，是包括全部的知识、信仰、艺术、道德、法律、风俗以及作为社会成员的人所掌握和接受的任何其他的才能和习惯的复合体。"[1]刘同舫教授认为，文化具有政治力量的内涵早已有之，而文化被理解为高级文化或者是文化话语，人类学的文化是较晚才出现的。还有人认为，高级文化是统治者对被统治者的压迫，是被统治者服从于统治者的文化。[2]所以，对于人而言，文化也是一种既定并生成着的外在力量，文化解放也是人的解放维度之一。

现实社会中，文化是民族、国家的血脉，是特定时期、特定社会物质文明和精神文明发展的深层根基，其核心是价值观念和行为规范的集合。就表现形式而言，文化是在长期的历史发展中积淀而成的强大的文化传统，制约着社会的组织结构、人们的生活方式和精神面貌，其作用主要有：首先，一定的文化基质为人和人类社会的存在与发展提供了必需的社会条件。世界上不同的民族和国家，在各自长期的历史发展中，形成了蕴含着独特价值观念与文化精神的文化结构，这是一定社会文化最基本的基质，即文化基因。它们是确保本民族正常运转和发展的原形（生）态的能量及动力。其次，文化的碰撞、交流、融合与传承，促进了人与人类社会的发展。不同文化之间的碰撞、交流、摩擦与融合，实际上是文化的整合与传承，是文化竞争中的优胜劣汰。优秀的文化价值被吸收并得到传播而继承下来，落后的文化价值被摒弃。一般而言，外来的先进文化，在器物层面是较易被接受和吸收的。而在精神层面上，因受本族文化传统深远的影响，人们对

---

[1] [英]爱德华·泰勒：《原始文化》，连树声译，上海文艺出版社1992年版，第1页。
[2] 刘同舫：《马克思人类解放理论的演进逻辑》，人民出版社2011年版，第3页。

外来文化思想价值观念的认同则不是那么容易的。这在很大程度上取决于这个国家和民族的固有文化能否与外生的文化基质相容，以及能否通过文化的整合最终完成自身文化的变革。最后，文化的综合功能对人和社会的发展有促进作用。文化的综合功能主要表现为：第一，信息功能，即用符号系统固定、表达、储存、传递和加工社会信息，以构筑和维持梦想的内涵作用。第二，教化功能。一定的文化知识、文化价值规范和文化精神能有效地教化人、改造人、提升人，使人从自然、蒙昧、野蛮、无知的状态，不断地走向社会、开化、文明、全面发展的状态，促进着梦想内涵的深化与境界的提升。第三，凝聚力与亲和力。一定民族和国家的文化精神，总是深深地参透在民族、国家的生命力、创造力和凝聚力之中的，是维系国家统一和民族团结的精神纽带及重要源泉。数千年来，中华文化以巨大的凝聚力、亲和力、感召力和向心力，凝聚着强大的中国精神，而这种精神又潜伏在中华民族集体意识的底层，成为凝聚和激励中华民族绵延发展的不竭精神动力。

随着人们认识的不断发展和对文化的内在需要的不断提升，文化在现当代已经发展成为一种批判的手段。众所周知，在马克思主义关于人类解放的理论中，文化解放的重要性是显而易见的。例如，在马克思看来，文化解放与市民社会紧密联系一起。在人类生活的各个领域，政治和经济代表着对人类权力和金钱的支配，文化则代表着对人类精神领域的支配。人类通过文化的解放解除了资本主义对于人的精神方面的压迫，因而文化领域的解放使人类解放的范围大大拓展。由于有这一观察人类解放的维度，因此马克思对人类解放的探讨便有了更加广阔的理论背景。

在《政治经济学批判》中，马克思提出了文化发展的三大阶段，而这三个阶段对应于社会历史发展的三大形式。基于这样的关联，马克思通过对三大形式的论述对文化解放做了阐述：第一种社会形式是"人的依赖关系（起初完全是自然发生的），是最初的社会形式"[①]。这一阶段生产力的发展水平不高，没有丰富的文化精神产品，人类的文化信仰仅仅局限在对图腾和一些传统仪式的信仰之上。在这一时期，文化的解放处于一个最初的形态。由于文化领域尚未独立，因

---

① ［德］马克思、［德］恩格斯：《马克思恩格斯全集(第30卷)》，中共中央马克思恩格斯列宁斯大林著作编译局编译，人民出版社1995年版，第107页。

此文化解放还未成为一个历史使命。第二种社会形式是"以物的依赖性为基础的人的独立性"①。在此阶段，社会分工导致了商品经济的发展，人与人之间的物质交换程度逐渐加大，使得人的多方面的功能得到了充分的发展，相应地，文化也有了较大的发展。在此种社会形态中，文化空间和文化市场得到了前所未有的扩展。但是，这时的文化发展是以政治和经济利益为取向的，文化逐渐变得平庸化、标准化、无风格。特别是基于资本主义制度的狭隘性，文化解放在这一阶段也未能充分展开。第三种社会形式是"建立在个人全面发展和他们共同的社会生产能力成为他们的社会财富这一基础上的自由个性"②，即人的全面发展阶段。马克思认为，由于社会生产力得到了巨大发展，所以物质和精神财富得到显著提高，文化在形式和内容上都得到了多元的发展。在此种情况下，人们可以在现有的社会条件下选择自己感兴趣的、更有特长的、可以自由地占有和支配的社会物质财富，也可以依据自身所具有的特性选择和消费符合自身发展的精神文化产品，能够充分发挥自己的智慧和创造力，能够充分享受文化所带来的愉悦。在这一历史形态中，文化的解放才最终实现。

在人的解放的多维构成中，如果把人性的解放看成是目的的话，那么，经济解放、政治解放、文化解放就都是条件，而劳动解放则是基础。"劳动"最初是来源于经济学中为社会财富的增长服务的活动的。后来黑格尔把它提升到了哲学的高度，认为劳动是具有历史性和主观性的人的外化活动。法国空想主义者傅立叶把劳动看作是一种天赋人权、一种娱乐活动。马克思在继承、批判这些思想的基础上，阐述了劳动对人之为人以及人类社会的存在和发展的决定性作用。马克思指出，劳动本身体现了人的类本质，是人的自由自觉的活动。马克思以劳动为基础，深入"历史的发源地"的生产方式中，从而真正认识历史的发展就在"尘世的粗糙的物质生产中"，即不再是在天上的云雾中，而是在现实的劳动中，科学地说明了"尘世粗糙的物质生产"就在于劳动的异化的现实，因此，要想在现实中消除异化劳动，只有借助劳动本身。在《关于费尔巴哈的提纲》中，马克思

---

① [德]马克思、[德]恩格斯：《马克思恩格斯全集(第30卷)》，中共中央马克思恩格斯列宁斯大林著作编译局编译，人民出版社1995年版，第107页。
② [德]马克思、[德]恩格斯：《马克思恩格斯全集(第30卷)》，中共中央马克思恩格斯列宁斯大林著作编译局编译，人民出版社1995年版，第108页。

首次把社会实践提高到世界观的高度，指出社会历史不应到抽象的人以及先验的劳动、抽象的自由劳动中去寻找，应该到现实的社会实践中去寻找。社会的异化不应这样去寻找，即仅仅从"人的本质""类"的观念中寻找，而应该通过人类生活实践所创造的客观条件以及由实践所创造的社会环境中去寻找，同样，要认识人类解放的本质，也只能到这些异化现象发生的每个历史发展阶段所形成的现成的物质世界中去探索。

人性的解放是人的解放的另一重要层面，它是指人从自身的束缚中解放出来，恢复人性的丰富本质，获得自由而全面的发展。这里，"人性的丰富本质"是指人之为人的本性，它并不只是单个的或唯一的，而是人的各方面的属性包括自然属性、社会属性、精神属性等多重性质的集合，即人是"自己先天和后天的各种能力得到自由发展的个人"①，体现为人的智力、体力、品质、个性等方面都得到发展。只有人的这些丰富特性得到充分体现，并在社会现实中得到充分的发挥，才能够说"把人的世界和人的关系还给自己"②，才谈得上人的全面的自由与发展。所以，任何对"人"的反思，如果只取其中一点都会陷入偏颇。历史上，无论是把人的本质归结为人的自然属性的自然主义人学思想，还是把人的本质归结为理性人的古典理性主义人学思想，抑或是把人的本质归于社会性的社会主义人学思想，再或者是把人的本质归于非理性的现代人本主义思想，尽管都有其合理性，但都走向了各自的片面境地。真正的"人学"（hominology）应是关于人的存在、人性、人的本质、人的活动和人的发展，以及人生的意义、价值、目的与道路等基本原则的学问，是从根本上回答"什么是人"及"如何做人"的问题。正是在对这些有关问题的追问中，涌现出了自然主义、宗教神秘主义、人文主义、唯物主义、理性主义、人本主义、历史主义、自由主义、意志主义、存在主义等多种人学思想的竞相发展。

在人学的百花园中，马克思主义人学思想独树一帜。马克思在批判和继承前人人学成果的基础上，运用辩证唯物主义和历史唯物主义方法，从社会历史发展

---

① ［德］马克思、［德］恩格斯：《马克思恩格斯全集(第3卷)》，中共中央马克思恩格斯列宁斯大林著作编译局编译，人民出版社1975年版，第37页。
② ［德］马克思、［德］恩格斯：《马克思恩格斯全集(第1卷)》，中共中央马克思恩格斯列宁斯大林著作编译局编译，人民出版社1956年版，第443页。

和人的实践活动出发,以追求全人类的幸福为己任,创立了实践唯物主义的人学理论,实现了从理论人学的理论范式向实践人学的理论范式的转变。在对人的现实性的理解的基础上,马克思全面揭示了人的本质。他指出:"一个种的全部特性、种的类特性就在于生命活动的性质,而人的类特性恰恰就是自由自觉的活动。"[①]这种自由自觉的活动不是别的,就是人的劳动。"一当人们自己开始生产他们所必需的生活资料的时候,他们就开始把自己和动物区别开来。"[②]人是劳动的产物,也是劳动的主体,人类的历史就是人类的劳动史,离开了劳动,人类的存在和解放都是不可思议的。但是,仅仅依此来归结人的本质还是不够的,在其现实性上,人是全部社会关系的总和。如列宁所言,人由现象到本质、由所谓初级的本质到二级的本质,这样不断地加深下去,以至于无穷。马克思从现实的人出发,围绕人的本质、人的价值与人的发展,展开了对人性、人的主体性、人的需要、人的自由、人权、平等、民主等一系列问题的论述。这些论述为我们探讨人的解放奠定了基础、指明了方向。

(三)人的解放的心理机制、原理与方式

人的解放落实到主体,就是个体主体的解放和人类的解放,这二者并不是孤立的。就个人而言,如马克思所言:"个人怎样表现自己的生活,他们自己就是怎样。"[③]在现实生活中,怎样做人以及人做得怎样,都与人的有目的的活动,以及人实现自我、求得自身解放的过程息息相关。

人的解放除了要有上述的社会政治、经济、文化、实践活动等外在的条件及对其清醒的认识外,还必须有对人自身的心身结构、本质及其流变过程的足够的认识。因为人的心身是我们存在的基础,人的解放不仅仅是人从束缚他的各种外在制约中解放出来,而且是从自身的束缚中解放出来,恢复人的丰富本质,获得自由而全面的发展。因而,人的解放与自由除了需要相应的社会和物质条件外,

---

① [德]马克思、[德]恩格斯:《马克思恩格斯全集(第42卷)》,中共中央马克思恩格斯列宁斯大林著作编译局编译,人民出版社1972年版,第96页。
② [德]马克思、[德]恩格斯:《马克思恩格斯选集(第3卷)》,中共中央马克思恩格斯列宁斯大林著作编译局编译,人民出版社1995年版,第24页。
③ [德]马克思、[德]恩格斯:《马克思恩格斯选集(第1卷)》,中共中央马克思恩格斯列宁斯大林著作编译局编译,人民出版社1995年版,第67页。

还依赖于特定的心态结构和感受结构。也就是说，人的解放除了外在条件，在很大程度上还取决于人的内在条件，特别是取决于人的心态，取决于我们秉承怎样的生活观、价值观。在此意义上说，人的解放的基本方式是同时改造外部世界和内部世界。我们这里重点探讨人的解放的内在条件。

一般而言，决定人的解放的内在条件也是多因素的复合体，其主要的因素包括：人的个体潜能、生理状况、心理结构、人格品性、兴趣爱好、知识结构与素质、价值取向及社会实践能力，等等。它们对人的解放的作用是显而易见的，因为外在物质条件相同而内在状况不同，其生存状态和生活质量就会判然有别，在同样的生存境况下、同样的生而为人，有的人欢快地活着，怀抱感恩之心欣然接受人生的一切；有的人赖活着，得过且过、浑浑噩噩地过完一生；有的人活着却已经死了，而有的人死了，他还活着；还有些人因为人生无趣而选择自绝于世；还有一些人立志为生命立命，努力地寻找和创造人类的终极归宿与寄所，试图为人类的生活提供信念和理想，为人生确立意义和价值，为世界提供终极的解释。总之，在探讨人的解放时，若不关注和重视心灵的维度，是不能找到有效的途径的，至少是不全面的，因为大量事实说明，一代又一代人的试图通过改天换地、增加物质财富而求解脱、过上自由幸福生活的愿望，似乎从来没有真正实现过，反倒是离得越来越遥远。因此一切思考、求索、探究最后都将聚焦于心灵之上。

在历史上，柏拉图较早地对心灵进行过系统的研究。他指出，心灵（或灵魂）是一切事物运动的本原，是生命运动的原则，它具有自动性、不朽性、善恶性、等级性、轮回性、至善性等多重特性，是人之为人的基点。他还把心灵分成理性、激情、欲望三部分（相当于现代心理学中的知、情、意），它们处于彼此协调和斗争的状态。如果人的理性成功地控制了激情与欲望，那么人就拥有健康的心灵，表现出良好的美德，生活也会充满幸福，"一个心灵美好的人，心灵中的理性就居于主导地位，欲望和激情则处于被动状态，这样他就能成为一个有节制的美德之人"[1]。现代心灵哲学也认为，人的心灵结构是纷繁复杂的，并因时因地和有条件地变化着。弗洛伊德、林维尔（P. Linville）、埃德尔曼、查默斯等人的"自我"（self）、"自我面"（self-aspects）、"原我"（protoself）、意识的"难

---

[1] Shim S H. "A philosophical investigation of the role of teachers: a synthesis of Plato, Confucius, Buber, and Freire". *Teaching and Teacher Education*, 2008, 24（3）: 515-535.

解问题"（hard problem），等等，都表明了心灵与意识的复杂性和重要性。

现代西方人本主义思潮主要流派之一的法兰克福学派十分重视对人的心理学维度的研究。它认为，人类面临的生存危机主要是心理危机。因此，解决人的生存状态及人的解放与发展问题除了要从经济、政治等条件着手之外，还应从心理、意识和本能等方面综合研究，找到解决心理问题的办法。弗洛姆认为，当代人的异化其实是人的心理的病态，人丧失了自我意识，就成了没有感性和理性的机器。他把异化的根源归于人类文化，认为正是人类文化的深层作用压制和摧残了人的本性，干预了人的自然生活。所以，人类文化越发达、科学技术越进步，人的异化就越严重。法兰克福学派的另一个代表人物马尔库塞认为，在当代发达资本主义社会，科学技术和大众文化的操控，改造了人们的生理需要结构，造成了心理上压抑性的节制，造就了压抑的社会和单向度的人。这在一定程度上保护着资本主义制度的运行，是进行制度变革的障碍。由此，人的解放和社会变革应该从变革人们的思维方式和生活方式切入，让人们从心理上、意识上切实认识到资本主义制度的压抑，让革命意识深入行为的心理结构和本能意识里，进行意识、欲望、本能等方面的变革。

佛教心灵哲学的代表人物之一智𫖮（天台宗大师）认为，三界无别法，唯是一心作，心能地狱，心能天堂，心能凡夫，心能圣贤。这就是说，上天入地、成凡至圣，无论是做人享福，还是下地狱受难，生死流转，成佛至圣，都是由心的状态而定的。因此，从心入手，直指心要，就能无明转明，观心无心，无一无二，不一不异，这就是佛、就是圣。反之，若心念念贪，愚痴无明，视无为有，以假当真，那与畜生何异。所以，凡圣之差就在心态之差。如果我们能静心、制心、调心，保持平常心、不动心，就能超越生死轮回，去凡转圣，进入涅槃境界。由此可见，佛教的生死困惑与人生痛苦的根源不在于外部，而在于心。因此，生死超越与人的解脱途径也就不必借助于各种外力，需返回自身。佛教向众生昭示：超越生死困惑的根本途径是从根本上觉悟到痛苦之源在于心，在于种种的妄心、贪心，尤其是不死的贪欲。既然如此，解脱之路、超越痛苦之路就在人"心"，"天堂""地狱"不离心。所以，佛教所谓的解脱就是从烦恼走向自由，实现由凡转圣。凡夫与至圣，并非绝对对立，而是相互转化的。只要做到"制心一处"，将心调整到最佳状态，那么进入这种状态虽非易事，但也绝非做不到。因为最佳心态并不是凡夫具有的妄心之外的什么他心，而是由凡夫有漏之心升华而成的无漏之心，它们是同一个心的两面，可谓一体二门。

在特定意义上，我们可以说，进入最佳心态，直至获得终极解放是简便易行的，因为人的心之所以没有进入这种状态，是因为人心在无明的操控下，充斥的是川流不息的妄心、乱心，只要认识到它们的本质，将它们像大扫除一样清除干净，人立马就进到了绝对平静、绝对幸福、美妙的心境，直至转凡成圣，成为自利利他、既解放了自己又能解放他人的人格圆满的人。换言之，只要我们善于调节心理，"制心一处"，让心永远处于一种平和、安详、如如不动的"直心"状态，我们就能"无事不办"，哪怕是做完人也不是难事。因为圣凡的差别就在于心的状态不同，如果能时时刻刻、事事处处都保持"平常心"或"常行直心是"，那么人就能超越于凡夫而迈进圣贤的行列。怎样做到这一点呢？说起来非常简单，就是从一开始即从有发心至圣或生出求解脱的动机时起，认真处理好当下一念以及接踵而至的每一心念，直至穿衣吃饭、挑柴担水、语默动静，让这种平静、常一的心态不动不失，直至永远。

（四）人类解放的理想与道路

人的解放不仅是许多理论共同关注的主题，而且在实践上也是一般人追求的最高价值所在。但它们在如何实现这一最高价值的方式、途径与道路等主张上却大相径庭，从而形成了不同的人类解放道路。

一般来说，宗教都是极力宣称以人的解脱与解放为己任的。在宗教的终极关怀中，基督教渴望"死而复活"，它通过耶稣的死而复活来宣扬解脱、解放与永恒不死。基督教对于死亡的最终态度就是：死亡是为了救赎与解脱，救赎、解脱是为了解放和再生。按基督教的原罪说，因为人祖是上帝按照自己的样式造出的，所以具有与上帝一样不死的属性。但人祖犯了不可饶恕的"罪"，所以上帝收回了其不死的属性，从此人类的不死之身便没有了。为了替人类赎罪，耶稣牺牲自我，被血淋淋地钉死在十字架上。耶稣的死不是他个人的死，而是关系整个人类对于死的克服。所以，基督教实现救赎与解放的方式是以死来克服死，是置之死地而后生。在基督教看来，人类要想获得解放而"永生"，就得依附耶稣，成为一个虔诚的基督徒。基督徒从信教的第一天起，他们的全部生活就在于分享基督的这种死亡，他们信仰他们现有的生命是基督的生命。因此，每个虔诚的基督徒在临死的时候都相信自己没有被遗弃，上帝在自己的身边，天使在迎接他们升入美丽永恒的天国。

佛教关于死亡的基本态度是：泯灭现世一切贪欲和苦难，达到超脱生死轮回的涅槃境界。佛教把死亡解释为转化，死亡是其业报轮回的重要组成部分，以此否定人的必死性，肯定人的永恒性。佛教认为，痛苦的根源是自身，是人所固有的贪欲，尤其是对生的贪欲。要超脱生死，就要达到"无生"。所谓"无生"，首先就是肉体的毁灭，即世俗所认为的"死"。"无生"的最终目的是达到佛之"永生"。欲求"无生"，就要达到"涅槃"的最高境界。在佛教看来，涅槃是生死的尽际，不再为生死所束缚，不再感觉有什么痛苦，真正达到了完全自由自在的彼岸世界。佛教倾其全力向人们昭示生之痛苦，以磨灭人们对生的欲望。同时，佛教又通过"因果报应"之说昭告世人：如果前世行善，则有善报，死后就会升入"天国"。如果前世行恶，则有恶报，死后就入"地狱"。这使得信仰者更虔诚地行善，相信死后会上天堂，不用受那无尽的苦难。于是佛教又从这个方面减轻或消除了人们对死亡的惧怕。尤其是大乘佛教把解脱生死痛苦的最终希望寄托在建立佛国净土上，以佛国净土的理想来超越现世生命短暂的痛苦，提供与死言和的基本途径。

与基督教、佛教不同，道教讲求"羽化登仙"，以"肉体无死"超越生死。道教对待死亡的态度不是基督教式的"复活"，也不是佛教式的"无生"，而是刻意追求"无死"。但这种无死与基督教或佛教的人的肉体的某种湮灭方式不同，是肉体生命的长生，即尽其所能地追求长生不死、得道成仙。"嫦娥奔月"的古老神话流露出人类对现世肉体生命长生的渴望。在古代社会，延续现世肉体生命长生不死的最实在的办法就是直接求助于"不死之药"，如"仙丹"，以服食"丹药"来摆脱死亡，是成仙的关键。道教长生理论的集大成者葛洪便是这样认为的。历史上，追求不死之药而实现肉体生命长生的愿望最为强烈的莫过于历代君王了。例如，秦始皇二十八年（公元前219年），因痴迷方术以求不死之药，秦始皇派徐福带领3000名童男童女前往仙山献祭，以求长生不死的仙药，徐福等一行人未果。秦始皇三十二年巡行碣石海边，秦始皇又派卢生访求古代传说中的仙人羡门和高誓，再派韩终、侯公、石生前往海上求不死之药，可谓耗尽人力物力。

实际上,"一切宗教都不过是支配着人们日常生活的外部力量在人们头脑中的幻想的反映。在这种反映中,人间的力量采取了超人间的力量的形式"①。因此,宗教所许诺的永恒与解放终究是不能实现的,因为这一切都是幻想,而"幻想使得人在一种让理智昏迷和眼睛眩惑的光辉中去看自然界。人的语言就称这种光辉为神性、神"②。神、天堂、涅槃等,都是人类幻想的产物,是人类精神追求无限、永恒的表现,那些在现实中实现不了的愿望、做不成的事情,都可以在想象中去完成。

在人的解放道路上,以马尔库塞为代表的法兰克福学派提出了所谓的第三种革命道路——总体革命道路,这是对资本主义制度进行全面的、总体的改造之路。在这里,马尔库塞所说的总体革命包括意识革命(即心理革命)、政治革命、经济革命、文化革命等。可见,马尔库塞在人的解放和发展问题上,面对现代人的生存处境,在全面系统地分析和批判资本主义社会异化的病态时,注重运用马克思主义历史主义的方法,从经济、政治、意识和本能等方面综合研究人的生存境遇。马尔库塞认为,弗洛伊德的心理分析理论太过强调欲望冲动对人的行为的意义,忽视了社会环境对人的影响。而马克思又过分强调人的理性和社会经济、政治因素对人的行为的作用,忽视了人的非理性因素和人的心理因素,二者都有失偏颇(这当然是他的一己之见)。他主张将二者结合起来,例如,在强调要用马克思主义的观点批判和改造现代异化社会的同时,强调用弗洛伊德主义来解释社会历史,认为历史是人的本能冲动与科学理性、社会文明的冲突史。现代发达的科学技术和物质文明抑制了人的本性发展,人被严重异化,应该通过心理本能结构的革命,从心理上唤醒人们对自己单向度性的警惕,启迪人们的否定性和批判性思维,让人们在内心深处意识到人性受到压抑的严重性,只有认识到突破压抑、走向自由,才能变革思维方式和心理结构,从而恢复批判和否定意识,才有可能推翻资本主义制度的保护性力量,实现社会解放,为人的全面发展创造条件。因此,马尔库塞把意识革命看作是总体革命中最为重要的革命,是完全可以独立并

---

① [德]马克思、[德]恩格斯:《马克思恩格斯全集(第3卷)》,中共中央马克思恩格斯列宁斯大林著作编译局编译,人民出版社1972年版,第345页。
② [德]路德维希·费尔巴哈:《费尔巴哈哲学著作选集(下卷)》,荣震华、王太庆、刘磊译,商务印书馆1962年版,第163页。

优先于经济变革和政治变革的。

无疑，马尔库塞等人对当代发达资本主义社会的深入揭露与批判、对现代人心理状态深入细致的分析、对人的异化现象与生存危机的深切关注以及对人的解放与发展的殷殷期盼，无不袒露出思想家的温暖的人性关怀，给了我们许多重要的启示和借鉴。但我们必须看到，马尔库塞关于人的解放道路的看法是有严重的局限性和乌托邦性质的。

从根本上讲，马尔库塞在人的解放道路上提出的走不同于议会斗争和暴力革命的"第三条道路"，即走以心理和本能革命为主的总体革命道路是一条唯心主义之路，更是不可能实现的乌有之路。马尔库塞将人的本质归结为非理性的本能、欲望，把社会变革归结为人的思想意识、心理、本能等主观因素，否定社会政治、经济等客观因素对社会变革的决定作用，其关于人的本质及人的解放、发展等人学思想是脱离了社会实践基础的唯心主义观点。当他将社会变革的根源归结为人的心理和本能结构的变革而并不是生产资料所有制的变革，并将实现社会变革的希望寄托在所谓的新的主体力量实则并不代表先进生产力的"新左派"身上，看不到社会关系和物质生产方式实现社会变革的根本途径时，马尔库塞踏上了一条现代乌托邦道路。

如果说人类解放是从人的依赖到物的依赖再朝向人的全面发展进发的话，那么，这一目标是指人类整体即每个人都实现了自由而全面的发展，人类社会实现了从必然王国走向自由王国的状态。这时的社会"将是这样一个联合体，在那里，每个人的自由发展是一切人的自由发展的条件"①。这时的人摆脱了各种各样的束缚，既摆脱了对"人的依赖性"，又摆脱了对"物的依赖性"，实现了人的"自由个性"的全面发展②，真正成为社会发展与个人发展的统一，这就是人类的理想国——共产主义社会。

马克思认为，"全部人类历史的第一个前提无疑是有生命的个人的存在"③，

---

① [德]马克思、[德]恩格斯：《马克思恩格斯选集(第1卷)》，中共中央马克思恩格斯列宁斯大林著作编译局编译，人民出版社2012年版，第442页。
② [德]马克思、[德]恩格斯：《马克思恩格斯文集(第8卷)》，中共中央马克思恩格斯列宁斯大林著作编译局编译，人民出版社2009年版，第52页。
③ [德]马克思、[德]恩格斯：《马克思恩格斯选集(第1卷)》，中共中央马克思恩格斯列宁斯大林著作编译局编译，人民出版社2012年版，第146页。

而一定数量的人构成的人群及其生产劳动构成了人类社会。因此，有生命的、活生生的、现实的人是寻求人类解放的历史起点、逻辑起点，而人们的实践则是通向人类解放的必由之路。

马克思通过对唯心主义和旧唯物主义的分析指出，以往的关于人的解放方案总是脱离生活本身的，在远离尘世的天国中、在抽象的思维体系中兜兜转转，解决不了任何现实问题。马克思脚踏实地，在衣食住行的世俗生活中找到了人类解放的科学法宝。

马克思主义认为，人要活着、要生活，就要从事生产活动。在活动中，由于分工从而形成了人们之间的各种关系，包括社会物质关系、政治关系，等等，其中，最基本、最重要的是生产关系。而一定的生产关系必须服务于一定的社会生产力及其发展。当生产关系适合生产力时，就会促进生产力的发展，否则就会阻碍生产力的发展。而阻碍生产力的生产关系迟早会被抛弃，被新的生产关系所取代。正是在现实的实践活动和斗争中形成的生产力与生产关系、经济基础与上层建筑之间的矛盾运动，推动着人类社会的发展与人的解放。

在自然经济时代，生产的简单、分工的简单造成了生产关系的简单，社会矛盾没有充分展开。但是，到了商品经济社会，特别是发达的商品经济社会，生产的社会化使得各种因素的作用及其关系明朗化，社会矛盾充分展开，人们更能看清社会矛盾的运动与作用规律。进入资本主义社会，在资本主义生产方式的推动下，社会生产力得到了快速的发展，人类的生活水平得到了显著的提高，人性获得了一定程度的释放。然而，随着生产力的进一步提高，资本主义生产资料的私有制与生产的社会化的矛盾激化，社会陷入了经济危机、政治危机、社会危机之中。只有打破资本主义生产关系，才能把生产力的发展推向新的高度，才能为人实现自身的自由全面发展打造更为充实的物质基础。这伟大的历史使命自然是不可能由资产阶级来完成的，只能由无产阶级承担。

无产阶级是人类历史上具有最先进生产力的代表，它随着资本主义的形成、发展而产生、成长，也是资本主义的掘墓人。随着资本主义生产力的发展，无产阶级与资产阶级之间的对立会变得越来越激烈，无产阶级也从自发的阶级成长为自觉的阶级。基于先进性与革命性，它将超越民族、国家的界限，走向世界的联合。无产阶级把人类的利益当作是落脚点和终极目标，消灭一切阶级，消除一切不利于人类发展的异化现象，组成自由人的联合体，实现全体社会成员的自由全面发展。

自由人的联合体——共产主义是马克思主义绘就的人类理想蓝图，但它并不是可望而不可即的空中楼阁。从作为一种社会运动和社会实践的维度来说，共产主义正在实现中。现存的社会主义理论、社会主义制度和社会主义建设实践活动不正是共产主义不可分割的组成吗？因此，现实的社会主义事业的向前推进，也就意味着我们在向着共产主义接近。然而，共产主义的实现将是一个漫长的充满曲折的历史过程，只有在社会主义社会充分发展和高度发达的基础上才能实现。

人人同筑梦，造梦为人人。这里的"人"是根本，是关键，人既是主体，也是梦想成真的目的，他不是别人，是你、我、他，是广大的人民群众。应坚持"以人为本"，把"人"置于发展的首要的、根本的地位，始终代表最广大人民群众的根本利益，使社会发展的成果惠及广大人民，使每个社会成员的尊严、平等、自由与幸福的权益得到加强和保证，每个社会成员的需求应不断地、持续地得到满足和提高，具体表现在每个人的物质生活条件及其满足需要的程度、人的价值与尊严的实现程度以及对个体差异的尊重与保护、人的平等自由的程度等方面。

后　记

　　本书是由高新民、刘占峰和宋荣写作完成的。除拟定提纲、统稿外，高新民撰写了主体内容，刘占峰和宋荣撰写了部分内容。参与研究和对本书内容有贡献的同志有费多益、吴胜锋、陈剑涛、杨足仪、陈丽、沈学君和刘明海等。研究生张文龙在核对引文、规范处理等方面付出了大量宝贵的劳动，研究生柯文涌、陈帅、刘凯、胡孝聪、吴燕、马明秀、刘蓓蓓等协助做了大量辅助性工作。在此一并致以真诚的谢意。

高新民
2018 年 5 月 10 日